W0257926

Chemisch-Technisches Lexikon

Herausgegeben von Dieter Osteroth

Mit Beiträgen von G.Beckmann H.J.Delavier P.Ettmayer
H.P.Dörner P.Feuerlein H.Groll M.Härtel D.Hody E.Höcke
F.Kaiser H.Kaiser H.Kellerwessel K.Kirschmann E.Kuhnle
U.Ladisch G.M. Leuteritz H.G.Mende W.Möller M.Nitsche
A.Peters H.Quack K.Redeker H.Rieschel H.Samans
E.A.Scheuermann D.Stahlmann I.Stojanovic G.Subat
K.Sztatecsny H.Vogt K.Wacks K.Weber J.Werther
F.Widmer F.-F.Wiese H.Wilke W.Wittenberger

Mit 420 Abbildungen und 74 Tabellen

Springer-Verlag
Berlin Heidelberg New York 1979

Dipl.-Chem. Dr. Dieter Osteroth
Direktor der Dynamit Nobel AG
Leiter des Werkes Witten
Lehrbeauftragter der Universität Karlsruhe
Postfach 1269
5810 Witten/Ruhr

Cip-Kurztitelaufnahme der Deutschen Bibliothek
Chemisch-technisches Lexikon/hrsg. von Dieter Osteroth.
Mit Beitr. von G. Beckmann . . . - Berlin, Heidelberg, New York:
Springer 1979

ISBN-13: 978-3-642-67011-4   e-ISBN-13: 978-3-642-67010-7
DOI: 10.1007/978-3-642-67010-7

NE: Osteroth, Dieter [Hrsg.] ; Beckmann, Günter [Mitarb.]

Das Werk ist urheberrechtlich geschützt. Die dadurch begründeten Rechte, insbesondere die der
Übersetzung, des Nachdruckes, der Entnahme von Abbildungen, der Funksendung, der Wiedergabe auf photomechanischem oder ähnlichen Wege und der Speicherung in Datenverarbei-
tungsanlagen bleiben, auch bei nur auszugsweiser Verwertung, vorbehalten.
Bei Vervielfältigung für gewerbliche Zwecke ist gemäß § 54 UrhG eine Vergütung an den Verlag
zu zahlen, deren Höhe mit dem Verlag zu vereinbaren ist.
© by Springer-Verlag Berlin · Heidelberg 1979
Softcover reprint of the hardcover 1st edition 1979

Die Wiedergabe von Gebrauchsnamen, Handelsnamen, Warenbezeichnungen usw. in diesem
Werk berechtigt auch ohne besondere Kennzeichnung nicht zu der Annahme, daß solche Namen
im Sinne der Warenzeichen- und Markenschutz-Gesetzgebung als frei zu betrachten wären und
daher von jedermann benutzt werden dürften.

2152/3140-543210

Dem Andenken meines Sohnes Dirk Osteroth
(1961–1979)

Dieter Osteroth

Vorwort

Als Herr Dr. Boschke vom Springer-Verlag mit dem Vorschlag, die Herausgabe eines chemisch-technischen Lexikons zu übernehmen, an mich herantrat, erschien mir die Aufgabe reizvoll, an der Gestaltung eines Werkes mitzuwirken, wie es im deutschen Sprachraum noch nicht vorliegt. Von Beginn an bestand kein Zweifel daran, daß eine schwierige Aufgabe zu lösen war: Es galt, ein Werk abzufassen, das lexikalisch geordnet einerseits dem Fachmann orientierende Auskunft über Maschinen und Apparate der chemischen Technik sowie über Produkte, Verfahren und Hilfsmittel der chemischen Industrie zu geben vermag, das andererseits aber über den engen Kreis der Fachleute hinaus auch für Chemie-Kaufleute, Mitarbeiter bei Behörden, Lehrkräfte an Hochschulen, Fachhochschulen und Fachschulen sowie für Studenten ein brauchbares Nachschlagewerk sein kann. Ein einbändiges Lexikon sollte entstehen, das die Vielzahl von Monographien, speziellen Lehrbüchern und vielbändigen Nachschlagewerken sinnvoll zu ergänzen vermag und bei möglichst hohem Informationsgehalt in Form eines stets greifbaren, handlichen Nachschlagewerkes direkt am Arbeitsplatz seinen Standort finden kann.

Ich habe versucht, dieser Aufgabe zusammen mit einer Anzahl angesehener Fachleute aus der Industrie und von Hochschulen aus der Bundesrepublik, Österreich und der Schweiz gerecht zu werden. Ihnen, ferner auch den beteiligten Firmen sowie vielen nicht genannten Fachkollegen sei für Mitarbeit, Rat und Hilfe gedankt. Es war ungemein schwierig, aus der erdrückenden Fülle des vorliegenden Materials eine gerechte Auswahl zu treffen; Autoren und Herausgeber sind sich der Tatsache bewußt, daß die Auswahl zuweilen subjektiv ausgefallen sein mag. Im vorgesehenen Rahmen konnten rund 1200 Stichworte sowie 420 Abbildungen aufgenommen werden; sie zusammen vermitteln sicherlich nur einen Ausschnitt aus dem Gesamtgebiet der chemischen Technik. Autoren und Herausgeber haben sich jedoch bemüht, trotz dieser notwendigen Beschränkungen die wichtigsten Stichworte der jeweiligen Sachgebiete sachkundig auszuwählen und in verständlicher Form abzuhandeln. Durch zahlreiche *Querverbindungen* (↑), insbesondere bei Stoffen und Verfahren, sind zudem die größeren Zusammenhänge erschlossen.

Der Herausgeber und die Autoren hoffen, mit dem vorliegenden Werk eine Lücke im deutschen Schrifttum zu schließen, bitten zugleich aber die Benutzer um Anregungen und Hinweise für kommende Auflagen.

Witten, im März 1979   Dieter Osteroth

Mitarbeiterverzeichnis

Die hinter den Namen stehenden Initialien sind zur Identifikation bei dem von dem jeweiligen Mitarbeiter verfaßten Stichwort aufgeführt.

Dr.-Ing. Günter Beckmann (G. B.)
Chemische Werke Hüls AG
4370 Marl 1

Prof. Dr. Hans Joachim Delavier (H.J.D.)
An den Teichen 2
3300 Braunschweig-Stöckheim

Dipl.-Ing. Dr. Peter Ettmayer (P.E.)
a.o. Professor am Institut für chemische
Technologie anorganischer Stoffe der
Techn. Universität Wien
Getreidemarkt 9
A-1060 Wien

Ing. Harald P. Dörner (H.P.D.)
Fachbereich Sieb- und Aufbereitungstechnik
Allgaier Werk GmbH
Ulmer Straße 45/75/89
7336 Uhingen

Dr.-Ing. Peter Feuerlein (P.F.)
Buss AG
CH-4133 Pratteln 1

Hubert Groll (H.G.)
Sulzer Weise GmbH
7520 Bruchsal

Dipl.-Ing. (Dipl.-Chem.) Martin Härtel (M.H.)
Techn. Direktor
Didier-Werke (Säurebau) AG
Postfach 2006
5330 Königswinter 1

Dr. sc. techn. Dieter Hody (D.H.)
Escher Wyss AG
CH-8023 Zürich

Ing. (grad.) Erich Höcke (E.H.)
Dorr-Oliver GmbH
Postfach 129165
6200 Wiesbaden 12

Obering. Fritz Kaiser (F.K.)
Alpine AG
Postfach 101109
8900 Augsburg 1

Dr. Heinz Kaiser (H.K.)
BASF Aktiengesellschaft
6700 Ludwigshafen

Dr.-Ing. Hans Kellerwessel (H.KE.)
KHD Industrieanlagen AG
Humboldt Wedag
Wiersbergstraße
Postfach 910404
5000 Köln 91

Dr. Karl Kirschmann (K.K.)
Lurgi Gesellschaften.
Postfach 119181
6000 Frankfurt am Main 2

Dipl.-Ing. Ernst Kuhnle (E.K.)
Bizerba-Werke
Wilhelm Kraut KG
Postfach 107
7460 Balingen 1

Dipl.-Ing. Ulrich Ladisch (U.L.)
Nubilosa
Reichenaustr. 81
7750 Konstanz

Dr.-Ing., Dipl.-Ing. Günter M. Leuteritz (G.M.L.)
Buss AG
CH-4133 Pratteln 1

Dipl.-Ing. Hanns G. Mende   (H.G.M.)
Luwa-SMS GmbH
Postfach 120
Kaiserstr. 13–15
6308 Butzbach 1

Dr. Werner Möller   (W.M.)
Firma Dr. C. OTTO & COMP., GmbH
Postfach 1849/1850
4630 Bochum

Dr.-Ing. Manfred Nitsche   (M.N.)
Firma Johann Haltermann (GmbH & Co.)
Ferdinandstr. 55–57
2000 Hamburg 1

Dipl.-Chem. Dr. Dieter Osteroth   (D.O.)
Direktor der Dynamit Nobel AG
Leiter des Werkes Witten
Lehrbeauftragter an der
Universität Karlsruhe
Postfach 1269
5810 Witten/Ruhr

Dr. Arnd Peters   (A.P.)
Jenaer Glaswerk Schott & Gen.
Postfach 2480
6500 Mainz

Dr. Hans Quack   (H.Q.)
Gebr. Sulzer AG
CH-8401 Winterthur

Dr.-Ing. Kurt Redeker   (K.R.)
Firma Wilh. Bitter
Berliner Str. 125
Postfach 140149
4800 Bielefeld 14

Dr.-Ing. Hartmut Rieschel   (H.R.)
Maschinenfabrik
Köppern GmbH & Co. KG
Postfach 320
4320 Hattingen 1

Hans Samans   (H.S.)
Leipziger Straße 12
8756 Kahl a. Main

Emil A. Scheuermann   (E.A.SCH.)
Chemiker (VDL)
Science Relations Service
Wolfermoos 9
7763 Öhningen

Dr. Ing. Dirk Stahlmann   (D.ST.)
Geschäftsführer Paul Schoeller
Postfach 252
5160 Düren

Dipl.-Ing. Chem. Ivan Stojanovic   (I.S.)
Buss AG
CH-4133 Pratteln 1

Dr. Gerd Subat   (G.S.)
Didier-Werke AG
(Säurebau)
Postfach 2160
5330 Königswinter

Dr. Klaus Sztatecsny   (K.S.)
Langer Grund
7101 Lampoldshausen

Prof. Dr.-Ing. Helmut Vogt   (H.V.)
Fachbereich Verfahrenstechnik der Techn.
Fachhochschule Berlin
Luxemburger Str. 10
1000 Berlin 65

Dipl.-Chem. Klaus Wacks   (K.W.)
Martinswerk GmbH
Hauptabteilung Diversifikation
Postfach 1209
5010 Bergheim

Dipl.-Ing. Klaus Weber   (K.WE.)
Extraktionstechnik GmbH
Humboldtstr. 56
Postfach 760147
2000 Hamburg 76

Dr.-Ing. habil. Joachim Werther   (J.W.)
BASF Aktiengesellschaft
6700 Ludwigshafen

Prof. Dr. sc. techn. Fritz Widmer   (F.W.)
Institut für Verfahrens- und Kältetechnik
Eidgenössische Technische Hochschule Zürich
CH-8092 Zürich

Dr. Friedrich-Franz Wiese   (F.-F.W.)
BASF Aktiengesellschaft
6700 Ludwigshafen

Dipl.-Chem. Dr. Herbert Wilke   (H.W.)
Seitz Werke GmbH
Postfach 1049
6550 Bad Kreuznach

Dr. techn. Dipl.-Ing. Walter Wittenberger (W.W.)
Hessenring 64
6050 Offenbach am Main

Abbau, biologischer, ist der Abbau organischer Substanzen, gewöhnlich in Wasser durch lebende Mikroorganismen. Er hat besonders große Bedeutung für die Reinigung von Abwasser erlangt. (↑ *Abwasser, Abwasserbehandlung, Abwasserreinigung, Belebtschlammverfahren*). D.O.

Abfackeln. Verbrennen nicht nutzbarer bzw. überschüssiger Gase mit offener Flamme, z. B. in chemischen Anlagen und Raffinerien, Erdölfeldern usw. Dabei werden je nach den örtlichen Gegebenheiten senkrechte, ca. 50 bis 100 m hohe fest verankerte Rohrleitungen errichtet, die am oberen Ende mit einer ständig brennenden Zündflamme versehen sind, welche die möglichen unregelmäßigen Gasausbrüche zündet und gefahrlos verbrennt. Bei regelmäßigem Gasanfall erfolgt Verbrennung unter Dampfkesseln, Raffinerieöfen usw. D.O.

Abfall. Hierunter versteht man nicht weiter verwendbare bzw. nicht abtrennbare Nebenprodukte, die im Gegensatz zu Rückständen, die dem (↑) *Recycling* unterworfen werden können, als nicht mehr brauchbar verworfen werden müssen (↑ *Abfallbörse, Deponie*). D.O.

Abfallbörse. Hierbei handelt es sich um eine Selbsthilfe-Aktion der chemischen Industrie, welche die in einem bestimmten Chemiebetrieb nicht mehr verwertbaren Zwangsanfälle anderen Chemiebetrieben zur Weiterverwendung anbietet (Verband der Chemischen Industrie Karlstr. 21 − Postfach 11 90 81 6 Frankfurt/M. 9). D.O.

Abfallverwertung ist das Nutzbarmachen der in Abfallstoffen enthaltenen verwertbaren Inhaltsstoffe, die erneut Produktionsprozessen zugeführt werden. Beispiele sind z. B. Müllsortierung zum Zwecke der Rückgewinnung von Metallen oder Rückführung von Kunststoffabfällen und Altglas, Verwertung von Altpapier usw. (↑ *Abfallbörse, Recycling*). D.O.

Abgase sind gasförmige (↑) *Emissionen* aus industriellen Feuerungen, aus Verbrennungsmotoren, Hochöfen und anderen Prozessen. Sie werden oft vor dem Abblasen in die Atmosphäre wegen ihres hohen Wärmegehaltes sowie noch brennbarer Bestandteile vorher weiterverwendet (z. B. in Abhitzekesseln) und vor Eintritt in die Atmosphäre von staubförmigen, giftigen und die Umwelt belästigenden Bestandteilen wie Flugasche, Aschen aus metallurgischen Prozessen, Schwefeldioxid usw. befreit (↑ *Absorber, Absorbieren, Adsorption, Elektrofilter, Filter, Gasreinigung, Gaswä-*

sche, Radialstromwäscher, Schlauchfilter, Sprühsättiger, Strahlwäscher, Venturi-Wäscher, Zyklone). D.O.

Abhitze ↑ *Abwärme* D.O.

Abscheidegrad ↑ *Filtereffekt* H.W.

Absetzapparaturen, diskontinuierliche. Es handelt sich um Dekantierbehälter, Spitzkästen, Klärspitzen usw. mit stark geneigten konischen Unterteilen, die beispielsweise in der Kohleaufbereitung vielfach eingesetzt werden. Der Horizontal-Klärapparat findet vorwiegend in der Kali-Industrie Verwendung. Diese Apparaturen werden zunehmend durch kontinuierlich arbeitende Absetzapparate, z. B. Rundeindicker, ersetzt. In kleinen und mittelgroßen Anlagen zur Klärung von kommunalen Abwässern wird der trichterförmige „Dortmundbrunnen" (s. Abb.) oder „Emscherbrunnen" eingesetzt. Der *Emscherbrunnen* ist ein Längsabsetzbecken mit darunter angeordnetem Faulraum. Schwebestoffe, die in der Absetzrinne abgeschieden werden, gelangen direkt in den Faulraum. Aufsteigende Gasblasen, hervorgerufen durch den Faulprozeß, werden seitlich abgeführt. Der klassische Emscherbrunnen wird heute weitgehend verdrängt durch die Einführung beheizter Faulräume und durch mechanisierte Emscherbrunnen (s. Abb.), (↑ *Absetzapparaturen, kontinuierliche*). E.H.

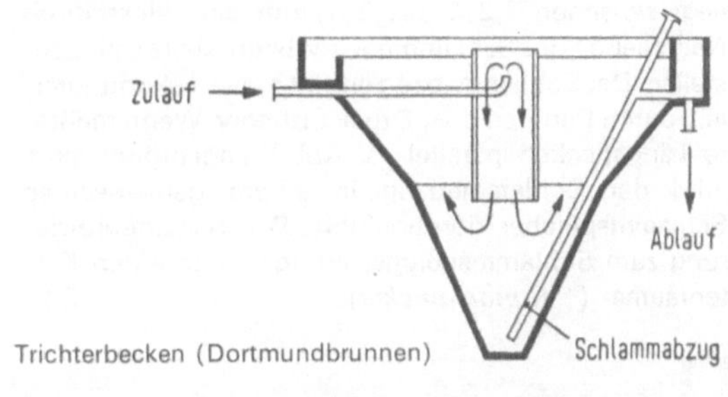

Trichterbecken (Dortmundbrunnen)

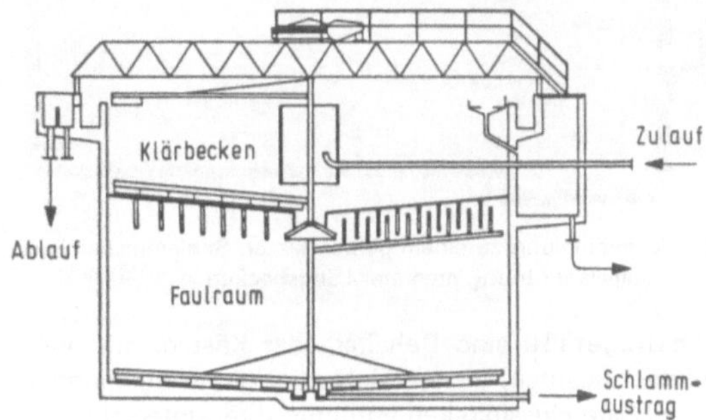

Clarigester (Mechanisierter Emscher-Brunnen)

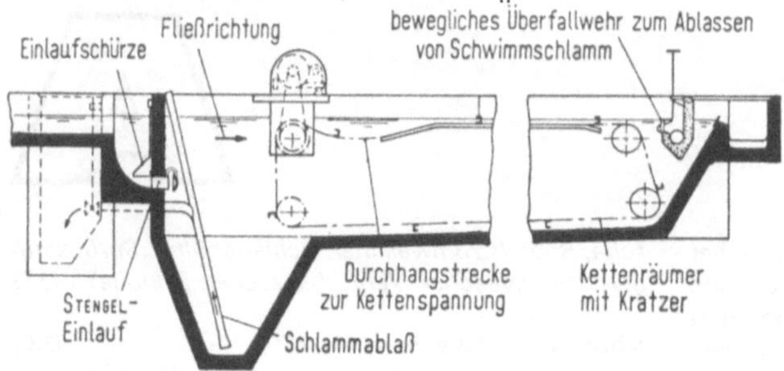

Modernes Längs-Absetzbecken mit Kettenräumer

Absetzapparaturen, kontinuierliche. Große Bedeutung haben Rechteck- und Längsbecken, die bevorzugt in kommunalen und industriellen Abwasserreinigungsanlagen aufgrund der günstigeren Flächennutzung und der geringen Baukosten eingesetzt werden. In ihnen strömt die Suspension kontinuierlich und horizontal. Ein durchströmtes Längsbecken wird in folgende Bereiche eingeteilt: a) den Einlaufbereich, in dem sich Zulaufwasser und die Schwebestoffe gleichmäßig über den vertikal zur Fließrichtung befindlichen Fließquerschnitt verteilen. b) den Absetzbereich, in dem die Schwebestoffe sedimentieren. c) den Auslaufbereich, in dem Wasser und Restschwebestoffe gesammelt und abgeführt werden. Die häufigste Anwendung finden Längsabsetzbecken (s. Abb.), bei denen das zu klärende Wasser durch das Einlaufsystem in das Becken eintritt und sich über den Querschnitt verteilt. Der Schlamm-Sammelraum mit Ablaßleitung befindet sich meist einlaufseitig und ist als konische Trichterspitze ausgebildet. Die Schlammtrichteranzahl richtet sich nach der Beckenbreite. Die Trichterwandneigung liegt zwischen 1,2:1 bis 2:1, um ein selbsttätiges Nachfließen des Schlammes zur Abzugsstelle sicherzustellen. Der Schlammabzug erfolgt meist diskontinuierlich durch Pumpen oder Drucklufttheber. Wenn mehrere Längsbecken parallel (s. Abb.) angeordnet sind, wird der Schlammabzug in einem gemeinsamen Schlammspeicher durchgeführt. Die Schlammförderung zum Schlammspeicher erfolgt durch einen Kettenräumer (↑ *Rundeindicker*).   E.H.

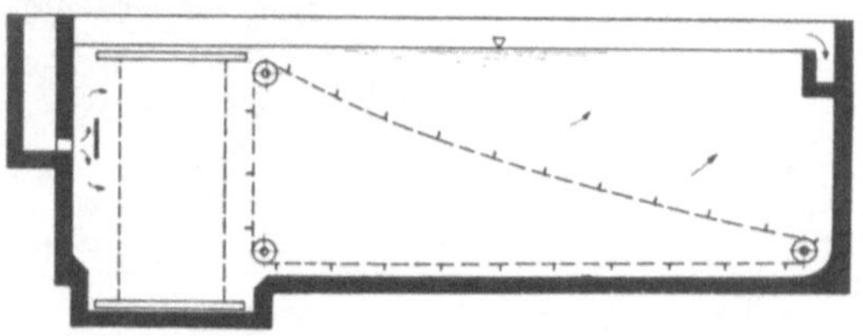

Schlammräumung zu einem gemeinsamen Schlammspeicher bei Parallelanordnung mehrerer Längsbecken

Absitzgefäße sind Behälter oder Kästen, mit oder ohne Einbauten, in den sich zwei nicht miteinander mischbare Flüssigkeiten aufgrund ihrer unterschiedlichen Dichten trennen. Meist arbeitet man kontinuierlich, mit ständigem Zulauf und entspr. Ablauf der beiden getrennten Phasen.   D.O.

Absorption ↑ *Gasreinigung*   D.O.

Absorptions-Kälteanlage. Eine Absorptions-Kälteanlage (s. Abb.) unterscheidet sich von einer (↑) *Kompressionsanlage* grundsätzlich dadurch, daß anstelle einer mechanichen Kompression eine thermische Kompression des Kältemittels durch das System Absorber + Kocher stattfindet. Der aus dem Verdampfer kommende Kältemitteldampf wird in einem Absorber von einer Flüssigkeit absorbiert, wobei außer der Verflüssigungswärme auch noch Lösungswärme frei wird. Infolgedessen muß der Absorber gekühlt werden, wobei die abzuführende Wärmemenge größer ist als im Kondensator. Die mit Kältemittel angereicherte Absorptionslösung gelangt über eine Pumpe in den Kocher, der unter dem gleichen Druck steht wie der Kondensator. Hier wird das Kältemittel durch Erhitzen und Kochen der Lösung ausgetrieben. Der aus dem Kocher strömende Kältemitteldampf gelangt in den Kondensator und von dort über eine Drosselvorrichtung in den Verdampfer, womit der Kältemittelkreislauf geschlossen ist. – Die ausgekochte, kältemittelarme Lösung fließt über ein Lösungs-Drosselventil wieder in den Absorber, der unter dem gleichen Druck steht wie der Verdampfer. Ein Wärmeaustauscher zwischen der heißen schwachen Lösung und der kalten starken Lösung verringert die Wärmeverluste. Neben dem Kältemittelkreislauf besteht somit in der Absorptionsanlage noch ein Lösungskreislauf. Die erforderliche Zirkulationsmenge der Lösung und somit die notwendige Pumpenleistung ist um so kleiner, je größer der Unterschied der Kältemittelkonzentration zwischen der starken und der schwachen Lösung ist. Um eine große Konzentrationsdifferenz zu erzielen, die auch als „Entgasungsbreite" bezeichnet wird, muß im Absorber möglichst viel Kältemittel je kg Lösung absorbiert werden, wogegen im Kocher möglichst alles Kältemittel aus der Lösung ausgetrieben werden soll. Da die Absorptionsfähigkeit der Lösung um so größer ist, je tiefer die Absorbertemperatur ist, wird für die Kühlung des Absorbers möglichst kaltes Kühlwasser in größeren Mengen benötigt. Andererseits wird im Kocher um so mehr Kältemittel aus der Lösung ausgetrieben, je höher

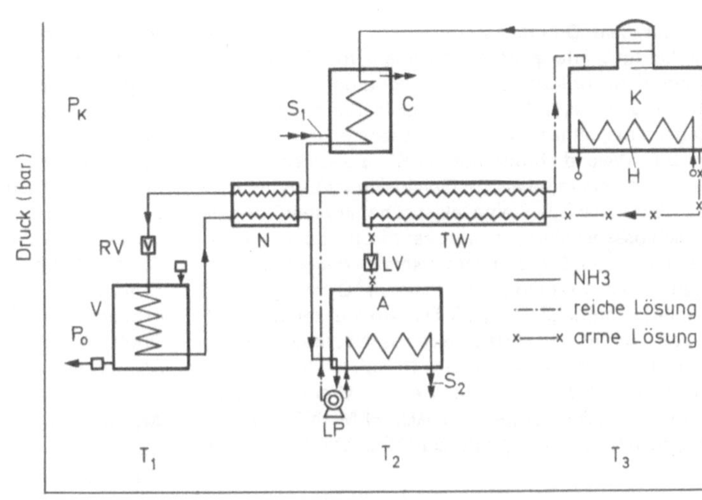

Fließband einer Absorptions-Kälteanlage. A = Absorber; C = Kondensator; H = Heizschlange; K = Kocher/Austreiber; LP = Lösungspumpe; LV = Lösungsventil; N = Flüssigkeitsnachkühler; P_K = Druckniveau Kondensator; P_0 = Druckniveau Verdampfer; RV = Druckreduzierventil Flüssigkeit; S_1, S_2 = Kühlwasserschlangen; T_1 = Temp.-Niveau Verdampfer; T_2 = Temp.-Niveau Kühlwasser; T_3 = Temp.-Niveau Heizschlange; TW = Temp.-Wechsler reiche Lösung/arme Lösung; V = Verdampfer (Kälteerzeugung)

die Kochertemperatur ist. Je tiefer die Verdampfertemperatur ist, die mit der Absorptionsanlage erreicht werden soll, um so tiefer muß die Lösung im Absorber durch Kühlwasser abgekühlt werden; im Kocher ist hingegen eine um so höhere Endtemperatur der Lösung erforderlich. Bei höheren Verdampfertemperaturen, wie sie z.B. in Klimaanlagen in Frage kommen, kann der Kocher mit billigem Abdampf beheizt werden. Sollen jedoch mit einer Absorptionsanlage Temperaturen von −30° C bis −40° C erzeugt werden, dann wird Frischdampf oder eine andere hochwertige Wärmequelle benötigt. H.Q.

Absperrklappen (zentrische Lagerung der Platte) (s. Abb.). Es handelt sich um Absperrarmaturen mit drehender Bewegung des Absperrkörpers. Die Armatur schließt durch 90°-Drehung der Betätigungseinrichtung. Der Absperrkörper wird gebildet aus einer Schei-

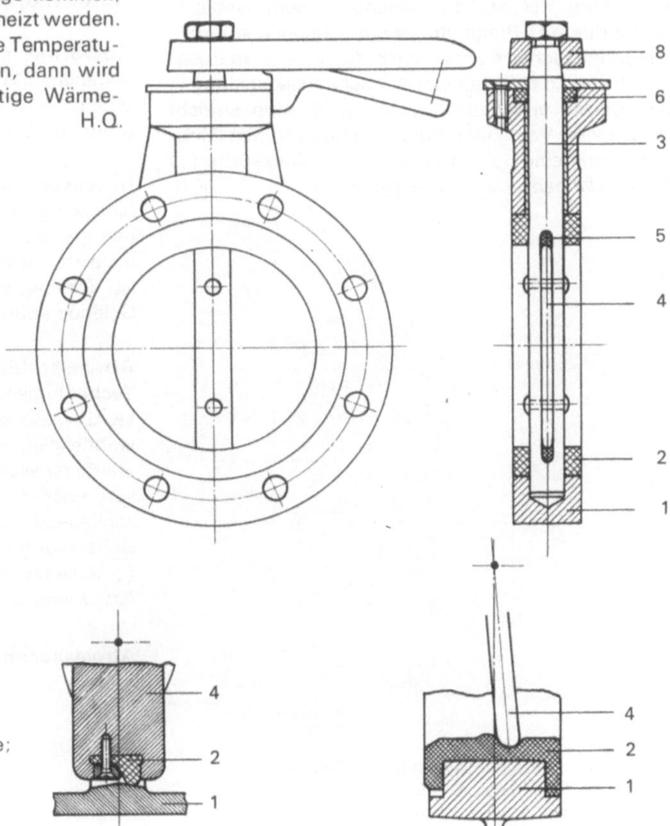

Klappe mit zentrischer Lagerung. 1 = Gehäuse; 2 = Dichtring; 3 = Spindel; 4 = Scheibe; 5 = Klappendichtung; 6 = Spindeldichtung; 8 = Hebel

be mit dem Durchmesser des Gehäuseinneren, die Abdichtung erfolgt im allgemeinen über Weichdichtungen. *Ausführung a:* Weichdichtung im Gehäuse, Innendurchmesser kleiner als der Plattendurchmesser, daher Vorspannung in Geschlossenstellung. *Ausführung b:* Weichdichtung auf der Klappe, deren Außendurchmesser größer als der Gehäuseinnendurchmesser ist. Somit hat man eine elastische Vorspannung in Geschlossenstellung. Durch zentrische Lagerung erhält man einen Drehmomentausgleich der Strömungskräfte. Die Drehmomente sind in Öffnungs- und Schließrichtung gleich groß. Die Armatur zeichnet sich durch eine sehr kurze Bauweise aus. Nachteile: Druckverlust am Klappenkörper in „Offen"-Stellung, nicht molchbar. Werkstoffe: Gehäuse aus: Grauguß, Stahl, Silumin, Auskleidungen mit AU, FPM, NBR, PTFE, Klappenkörper und Spindel aus Niro-Stahl.   K.R.

Absperrklappen (exzentrische Lagerung der Platte) (s. Abb.). Gegenüber der zentrisch gelagerten (↑) *Klappe* sind hier die erforderlichen Schaltmomente von der Durchflußrichtung abhängig. Die Strömungskraft unterstützt die Schließbewegung oder die Öffnungsbewegung. Der Vorteil gegenüber der zentrisch gelagerten Klappe: Die Klappendichtung kann nachgespannt oder ausgetauscht werden ohne den Klappenkörper aus dem Gehäuse ausbauen zu müssen. Die Abdichtung der Spindel gegenüber dem Gehäuse gelingt durch O-Ringe etc. Es gibt Sonderausführungen exzentrischer Klappenlagerungen mit einem Hebelgetriebe, so daß die Klappe in der Schließstellung in der Rohrachsenrichtung bewegt wird. Man erreicht dadurch eine Verminderung der Reibung an den Dichtungen und eine höhere Lebensdauer. Werkstoffe (↑) *Absperrklappen – zentrische Lagerung.*   K.R.

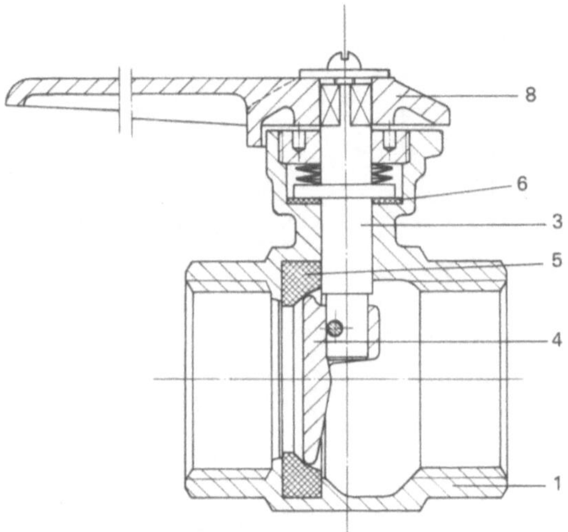

Klappe mit exzentrischer Lagerung. 1 = Gehäuse; 3 = Spindel; 4 = Klappe; 5 = Dichtring; 6 = Spindeldichtung; 8 = Hebel

Absperrorgane sind Rohrleitungsarmaturen, die in die Rohrleitung eingeschweißt, eingeschraubt oder eingeflanscht werden. Mit Absperrarmaturen kann der Durchfluß in einer Leitung freigegeben oder die Leitung dicht verschlossen werden. Absperrorgane können nach der Arbeitsbewegung der Absperrkörper und der Lage zur Durchflußrichtung unterteilt werden in: Schieber: (↑) *Keilplattenschieber, Parallelplattenschieber;* Ventile: (↑) *Geradsitzventil, Schrägsitzventil, Eckventil, Kolbenschieberventil.* Hähne: (↑) *Kugelhahn, Kükenhahn, Zylinderkükenhahn;* Klappen: (↑) *mit zentrischer Lagerung, mit exzentrischer Lagerung;* Quetscher: (↑) *Querquetscher und Längsquetscher, Membranventil, Schlauchquetschventil.*   K.R.

Abtriebssäule ↑ *Rektitiziersäule*   H.M.

Abtriebsteil ↑ *Rektifikation*   H.M.

Abwägen. Unter Abwägen versteht man das Abteilen einer vorgegebenen Warenmenge aus einem großen Vorrat (z.B. rieselfähigen oder flüssigen Materials) mittels einer Waage. Beim selbsttätigen Abwägen wird das Wägegut selbsttätig in gleiche Mengen abgeteilt, z.B. zum Herstellen von Packungen (Fertigpackungen). Das abgewogene Wägegut wird dabei jeweils aus der Lastschale selbsttätig oder von Hand entleert (DIN 8120). (↑) *Wägen* und die einzelnen Wagen.   E.K.

Abwärme ist die bei wärmetechnischen Prozessen abgehende Wärme, die im Arbeitsprozeß selbst nicht benutzt wird, aber z.B. in Abwärmekesseln zur Erzeugung von Dampf herangezogen werden kann.   D.O.

Abwasser ist durch industriellen, gewerblichen oder häuslichen Gebrauch verschmutztes Wasser, welches naturgemäß sowohl in seiner Menge wie Zusammensetzung sehr starken Schwankungen unterworfen ist. Zum Abwasser werden auch die von bebautem Gelände abfließenden Niederschläge gerechnet. D.O.

Abwasserbehandlung. Hierunter versteht man alle Technologien, welche das Ziel verfolgen, eine schadlose Abwasserreinigung und Abwasserableitung zu gewährleisten, wobei die Rückgewinnung wiederverwertbarer Wertstoffe angestrebt werden kann. Abwasser werden mechanisch vorbehandelt und anschließend durch mikrobiologische und chemische Behandlung (↑ *Flockung*) von Schmutzstoffen befreit (↑ *Abwasserreinigung,* physikalisch-chemisch, *Abbau, biologischer*).   D.O.

Abwasserreinigung, physikalisch-chemisch.

Methode	Anwendungsbeispiele
Fällung	Schwermetalle in Form von Hydroxiden und Oxidhydraten, CN^- als Berlinerblau; F^- als CaF_2, Fe, Al, Ca als Phosphate

Abwasserreinigung (*Fortsetzung*)

Methode	Anwendungsbeispiele
Oxidation- Reduktion- Neutrali- sierung	Farbstoffe, H_2S, CN^- werden mit Chlor oder $KMnO_4$ oxidiert CrO_4^{2-} wird durch $NaHSO_3$ zu Cr^{3+} reduziert und als $Cr(OH)_3$ ausgefällt Säurehaltige Abwässer werden neutralisiert.
Adsorption- Austauscher- adsorption	Z. B. Entfernung von aromatischen Kohlenwasserstoffen mit A-Kohle. Abscheidung von gelösten Buntmetall-Ionen an Austauschern.
Flotation	Erztrüben, Abscheidung von Ölen und Fetten, Pflanzenleimen usw. Abwässer aus Papier- und Zellstoffabriken
Zentrifu- gieren	Fette und Öle oder Kohlenwasserstoffe in Abwässern
Eindampfen	stark salzhaltige Abwässer
Kristallisa- tion	stark salzhaltige Abwässer
Extraktion	Benzol, Leichtöle, Phenole
Elektrolyse	Aufbereitung von kupfer-, nickel-, chrom- oder silber-haltigen Abwässern aus Beizereien, Galvanisieranstalten, Fotogroßlabors

D.O.

Acetaldehyd wird heute überwiegend durch Partialoxidation von (↑) *Äthylen* gewonnen (Wacker-Hoechst):

$$H_2C{=}CH_2 + {}^1/_2 O_2 \xrightarrow[\text{Luft (oder } O_2\text{), 3 bar, 120--130°C}]{\text{wässr. Pd/Cu-Kat.-Lösung}} CH_3C{\displaystyle \substack{H \\ \diagdown \\ O}}$$

Die Reaktion findet in einem Zweiphasen-System (gas/flüssig) statt. Daneben wird auch die katalytische Dehydrierung von (↑) *Äthanol* am Cu- oder Ag-Kontakt durchgeführt:

$$CH_3{-}CH_2OH \xrightarrow{\text{Cu, 270--300°C}} CH{-}C{\displaystyle \substack{H \\ \diagdown \\ O}} + H_2$$

bzw. die oxidative Dehydrierung am Silberkontakt:

$$CH_3{-}CH_2OH + {}^1/_2 O_2 \xrightarrow{\text{Ag}\atop\text{450--550°C, 3 bar}}$$
$$CH_3{-}C{\displaystyle \substack{H \\ \diagdown \\ O}} + H_2O$$

D.O.

Aceton. Gewinnung nach dem Wacker-Hoechst-Verfahren (↑ *Acetaldehyd*)

$$CH_3{-}CH{=}CH_2 + {}^1/_2 O_2 \xrightarrow{\text{Pd/Cu-Katalysator-Lös.}\atop\text{110--120°C, 10--15 bar}}$$
$$CH_3{-}CO{-}CH_3$$

oder durch Dehydrierung von (↑) *Isopropanol*; entweder als katalytische Dehydrierung an Cu- oder ZnO-Kontakten:

$$(CH_3)_2CHOH \xrightarrow{\text{Cu}\atop\text{500°C, 3 bar}} (CH_3)_2CO + H_2$$

oder als oxidative Dehydrierung an Ag- oder Cu-Katalysatoren

$$(CH_3)_2CHOH + {}^1/_2 O_2 \xrightarrow{\text{Cu}\atop\text{400--600°C}} (CH_3)_2CO + H_2O$$

Aceton fällt auch als Nebenprodukt bei der Phenolsynthese durch Cumol-Oxidation (Hock-Verfahren) an

Als Zwischenprodukt entsteht dabei Cumolhydroperoxid (↑ *Phenol*). D.O.

Acetylen-Herstellung. Die Gewinnung von Acetylen ist durch Pyrolyse von Kohlenwasserstoffen im Bereich von Methan bis zum Rohöl möglich. Alle Prozesse zur Durchführung des stark endothermen Spaltprozesses sind durch hohe Temperaturen, sehr kurze Verweilzeiten und rasches (↑) *Quenchen* der Spaltprodukte gekennzeichnet. Man unterscheidet direkte Spaltverfahren, bei denen eine direkte Wärmeübertragung (meist elektrische Aufheizung im Lichtbogen) erfolgt (z. B. Lichtbogen-Verfahren der Chemischen-Werke Hüls AG), Verfahren mit indirekter Wärmeübertragung, wie der Wulff-Prozeß (Regenerativ-Verfahren mit alternierender Aufheizung feuerfest ausgekleideter Öfen und nachfolgender Spaltung), sowie Verfahren, bei denen die benötigte Wärme durch Teilverbrennung des Einsatzproduktes erhalten wird (z. B. der Sachsse-Bartholomé-Prozess der BASF, bei dem Leichtbenzin eingesetzt wird, sowie der Tauchflammenprozeß für Rohöl der gleichen Firma). Daneben hat auch heute noch die Umsetzung von Calciumcarbid mit Wasser technische Bedeutung. D.O.

Acrylnitril ↑ *Ammonoxidation, Sohio-Acrylnitril-Verfahren, Wirbelschicht* D.O.

AD-Merkblätter. Die (↑) *Unfallverhütungsvorschrift* „Druckbehälter" (VBG 17) gestattet es nur solche Druckbehälter zu betreiben, die „den allgemein anerkannten Regeln der Technik" entsprechen. Als solche gelten die von der Arbeitsgemeinschaft Druckbehälter aufgestellten Richtlinien für Werkstoffe, Berechnung, Herstellung und Ausrüstung von Druckbehältern, die AD-Merkblätter (Heymanns-Verlag KG, Gereonstr. 18–32, 5000 Köln 1). F.WI.

Nr.	Aus- gabe	**G Grundsätze**
G 1	9.71	AD-Regelwerk; Aufbau, Anwendung, Verfahrensrichtlinien

AD-Merkblätter (*Fortsetzung*)

Nr.	Ausgabe	G Grundsätze
G 1 Anl. 1	10.70	Zusammenstellung wichtiger im AD-Regelwerk verwendeter DIN-Normen

A Ausrüstung

A 1	6.77	Sicherheitseinrichtungen gegen Drucküberschreitung Berstsicherungen
A 2	9.68	Sicherheitsventile
A 3	4.62	Bau, Ausrüstung und Prüfung von Warmwasserbereitern mit Gebrauchswassertemperaturen bis etwa 95° C
A 4	5.76	Gehäuse von Armaturen
A 5	9.75	Öffnungen und Verschlüsse an Druckbehältern
A 5 Anl. 1	9.75	Hinweise für die Anordnung von Mannlöchern und Besichtigungsöffnungen

B Berechnung

B 0	2.77	Berechnung von Druckbehältern
B 1	2.77	Zylindrische Mäntel und Kugeln unter innerem Überdruck
B 2	2.77	Kegelförmige Mäntel unter innerem und äußerem Überdruck
B 3	2.77	Gewölbte Böden unter innerem und äußerem Überdruck
B 5	2.77	Ebene Böden und Platten nebst Verankerungen
B 6	2.77	Zylindrische Mäntel unter äußerem Überdruck
B 7	2.77	Schrauben
B 8	2.77	Flansche
B 9	2.77	Ausschnitte in Zylindern, Kegeln und Kugeln unter Innendruck
B 10	2.77	Dickwandige zylindrische Mäntel unter innerem Überdruck
B 11	2.77	Rohre unter innerem und äußerem Überdruck
B 13	2.77	Einwandige Balgkompensatoren

H Herstellung

| H 1 | 4.68 | Schweißen von Druckbehältern aus Stahl |
| H 3 | 7.69 | Prüfung von Fertigteilen aus Stahlblech |

HP Herstellung, Prüfung

HP 0	4.75	Allgemeine Grundsätze für Auslegung, Herstellung und erstmalige Prüfung
HP 2/1	4.75	Verfahrensprüfung für Fügeverfahren Verfahrensprüfung für Schweißverbindungen
HP 2/1 Anl. 1	2.77	Verfahrensprüfung für Schweißverbindungen Abgrenzung des Geltungsbereiches für Stahl
HP 3	4.75	Schweißaufsicht, Schweißer
HP 4	4.75	Prüfaufsicht und Prüfer für zerstörungsfreie Prüfung
HP 5/1	4.75	Herstellung und Prüfung der Verbindungen Arbeitstechnische Grundsätze
HP 5/2	4.75	Herstellung und Prüfung der Verbindungen Arbeitsprüfung an Schweißnähten
HP 5/3	4.75	Herstellung und Prüfung der Verbindungen Zerstörungsfreie Prüfung der Schweißnähte
HP 5/3 Anl. 1	4.75	Verfahrenstechnische Mindestanforderungen für die zerstörungsfreien Prüfverfahren
HP 7/1	4.75	Wärmebehandlung, Allgemeine Grundsätze
HP 7/2	4.75	Wärmebehandlung, Ferritische Stähle
HP 7/3	4.75	Wärmebehandlung, Austenitische Stähle

N Druckbehälter aus nichtmetallischen Werkstoffen

N 1*	4.69	Druckbehälter aus glasfaserverstärkten Kunststoffen (GFK)
N 2	6.71	Druckbehälter aus Elektrographit und Hartbrandkohle
N 2 Anl. 1	11.71	Anlage 1 zum AD-Merkblatt N 2
N 4	6.74	Druckbehälter aus Glas

S Sonderfälle

| S 1 | 9.73 | Abgrenzung zwischen der Berechnung gegen vorwiegend ruhende Innendruckbeanspruchung und der Berechnung gegen Schwellbeanspruchung |

W Werkstoffe

W 0	5.74	Allgemeine Grundsätze für Werkstoffe
W 1	6.77	Unlegierte und legierte Stähle für Bleche
W 2	8.56	Austenitische Stähle
W 3/1	3.68	Gußeisenwerkstoffe – Gußeisen mit Lamellengraphit (Grauguß) unlegiert und niedriglegiert
W 3/2	5.74	Gußeisenwerkstoffe – Gußeisen mit Kugelgraphit unlegiert und niedriglegiert
W 3/3	4.70	Gußeisenwerkstoffe – Austenitisches Gußeisen mit Lamellengraphit
W 4	9.64	Rohre aus unlegierten und legierten Stählen als Bestandteile von Druckbehältern
W 4 Anl. 1	4.69	Anlage 1 zum AD-Merkblatt W 4
W 5	2.73	Stahlguß
W 6/1	6.72	Aluminium und Aluminiumlegierungen – Knetwerkstoffe
W 7	11.70	Schrauben und Muttern aus Stahl
W 8	12.75	Plattierte Stahlbleche
W 10	11.76	Werkstoffe für tiefe Temperaturen, Eisenwerkstoffe
W 12	6.77	Nahtlose Hohlkörper aus unlegierten und legierten Stählen für Druckbehältermäntel
W 13	9.73	Unlegierte und legierte Stähle für gewalzte Teile und Schmiedestücke
1. bis 12. Änderung	12.75	Erste bis zwölfte Änderung und Ergänzung von AD-Merkblättern
13. Änderung	5.76	Dreizehnte Änderung und Ergänzung von AD-Merkblättern
14. Änderung	11.76	Vierzehnte Änderung und Ergänzung von AD-Merkblättern
15. Änderung	2.77	Fünfzehnte Änderung und Ergänzung von AD-Merkblättern
16. Änderung	6.77	Sechzehnte Änderung und Ergänzung von AD-Merkblättern

*) Diese AD-Merkblätter sind vorläufige Ausgaben.

Addukt-Kristallisator. Ein Kristallisator mit Hilfsstoff zur Bildung von kristallisierenden Additionsverbindungen ($\uparrow$ *Solvate*) in (meistens) Reaktor-Kristallisatoren. H.J.D.

Adipinsäure-Herstellung. Wichtigstes Verfahren ist die zweistufige Oxidation von Cyclohexan, wobei in erster Stufe in flüssiger Phase mit Luft gearbeitet wird:

$$\text{Cyclohexan} \xrightarrow[\text{Katalysator}]{O_2} \text{Cyclohexanol} + \text{Cyclohexanon}$$

Man arbeitet in der ersten Stufe bei 125–165° C und 8–15 bar in der Flüssigphase; das anfallende KA-Öl (Keton-Alkohol-Öl) wird in der zweiten Stufe entweder mit Salpetersäure bei 50–80° C in Gegenwart von NH_4-Metavanadat/Cu-Nitrat oder aber bei 80–85° C unter 6 bar Druck in Gegenwart von Cu- und Mn-Acetat (und in der Regel in Essigsäure als Lösungsmittel) mit Luft oxidiert:

$$\text{KA-Öl} \xrightarrow{\text{Oxydation}} HOOC-(CH_2)_4-COOH$$

Das Rohprodukt wird durch Umkristallisation gereinigt. D.O.

Adipinsäurenitril. Das zur Herstellung von Hexamethylendiamin (6,6- Polyamid wird aus Adipinsäure und Hexamethylendiamin polykondensiert) benötigte Adipinsäurenitril kann außer auf chemischem Wege durch elektrolytische Hydrodimerisation aus Acrylnitril gewonnen werden. Diese Alternative hat in den letzten Jahren Bedeutung erlangt. Nach den von mehreren Gesellschaften betriebenen Verfahren wird Acrylnitril elektrolytisch an einer Blei-Kathode unmittelbar zu Adipinsäurenitril umgesetzt:

$$2\ CH_2{=}CH{-}CN{+}2H_2O{+}2e \longrightarrow NC{-}(CH_2)_4$$
$$-CN{+}2OH.$$

Man verwendet semipermeable Membranen als Diaphragmen mit Schwefelsäure im Anodenraum oder Zellen ohne Diaphragma. Der Elektrolyt besteht aus einer wäßrigen Emulsion und/oder Lösung von Acrylnitril und enthält zur Erhöhung der elektrischen Leitfähigkeit quartäre Ammoniumsalze. Ein Alternativverfahren besteht in der Verwendung von Kalium- (oder Natrium-) Amalgam, das bei der Chloralkali-Elektrolyse nach dem ($\uparrow$) *Amalgam-Verfahren* anfällt, in dispergierter Form zur Reduktion von Acrylnitril. H.V.

Adsorption. Unter Adsorption versteht man die Entfernung und somit Konzentrierung von Gasen oder Dämpfen aus Luft und/oder Gasen durch Kapillarkondensation oder Anlagerung an der inneren Oberfläche. Gleichfalls können großmolekulare Stoffe aus flüssiger Phase entfernt werden. Adsoprtionsmittel sind ($\uparrow$) *Aktivkohle, Kieselgel* (gleich Silicia-Gel), ($\uparrow$) *Tonerde*-Gel (gleich Aluminiumoxid-Gel, auch Alu-

gel), ($\uparrow$) *Bentonit* und in seltenen Fällen Silicate der 2–3-wertigen Metalle. Zu den Adsorptionsmitteln zählen auch ($\uparrow$) *Molekularsiebe*, bei welchen jedoch kein reiner Adsorptionsvorgang vorliegt. Adsorptionsmittel sind (bei Abwesenheit von Schadstoffen) beliebig oft zu regenerieren. Bei Molekularsieben geht nach etwa 1000 Cyclen die Anfangsleistung auf 80% herab und behält dann aber diesen Wert konstant bei. Die Regeneration von Aktivkohle ist durch Ausdämpfen möglich. Soll nur gelegentlich getrocknet werden, so bedient man sich einer Ein-Adsorberanlage, die nach Sättigung regeneriert werden kann. Eine Nachkühlung des heißen Adsorptionsmittelbettes ist angebracht. Um kontinuierlich trocknen zu können, ist eine sog. Zwei-Adsorberanlage erforderlich, bei welcher ein Adsorber adsorbiert, während der andere regeneriert und gekühlt wird. Beschreibung und Aufbau geht aus der Tabelle „Absorption von und mit, S.8" hervor. Nach gleichem System arbeiten die Lösemittelrückgewinnungsanlagen mit Aktivkohle. Während ein Adsorber beladen wird, wird der andere ausgedämpft und gegebenenfalls der Inhalt mit Heißluft getrocknet. Allgemein ist die Trocknung nicht erforderlich, da die hydrophobe heiße Kohle beim Umschalten auf Beladung ihren Wassergehalt bei gleichzeitiger Adsorption der Dämpfe an die Austrittsluft abgibt. Ein positiver Faktor ist gleichzeitig die auftretende Adsorptionswärme. K.W.

Adsorptionsmittel. Die Beladung mit Gasen oder Dämpfen ist abhängig vom Partialdampfdruck, von der Konzentration und vom Siedepunkt des entsprechenden Stoffes. Unterbegriffe: 1. „Restbeladung" ist eine Beladung mit Gasen oder Dämpfen, die in einem bestimmten Porenbereich irreversibel festgehalten wird und durch übliche technische Methoden nicht ausgetrieben werden kann. 2. „Freie Beladung" (verfügbare Beladung) bezeichnet den Teil von Gasen oder Dämpfen, der unter üblichen technischen Bedingungen beliebig oft desorbiert (ausgetrieben) werden kann. 3. „Gesamtbeladung" wird das Produkt aus Restbeladung und freier Beladung genannt. Die Beladung wird in Gew.% bezogen auf reines und aktiviertes Adsorptionsmittel berechnet. K.W.

Äthanol. Die industrielle Herstellung erfolgt aus ($\uparrow$) *Äthylen* durch indirekte oder katalytische Hydratisierung. Bei der indirekten Hydratisierung wird in erster Stufe Äthylen mit Schwefelsäure zu Schwefelsäureäthylestern umgesetzt:

$$CH_2{=}CH_2{+}H_2SO_4 \xrightarrow[10-35\ \text{bar}]{55-80°\ C} C_2H_5OSO_3H{+}H_2O$$

$$C_2H_5OSO_3H{+}CH_2{=}CH_2 \xrightarrow{55-80°\ C}$$

$$(C_2H_5O)_2SO_2{+}H_2O$$

Durch Verseifen wird in der letzten Stufe bei 70–100° C Äthanol gewonnen. Bei der katalytischen Hydratisierung wird Äthylen unter Druck in Gegenwart saurer

Adsorption von und mit

| | Aktivkohle | Kieselgel | Tonerdegel | Molekularsiebe | | | | Bem. |
				0,3 nm	0,4 nm	0,5nm	1 nm	
Kohlenwasserstoffe	++	−	−	−	−(+)	+	+	
Chlorkohlenwasserstoffe	++	−(+)	−	−	+	+	+	u. Halogen-KW
Ester	++	−(+)	−	−	+	+	+	
Äther	++	−(+)	−	−	+	+	+	
Alkohole	++	−(+)	−	−	+	+	+	
Mercaptane	+	−	−	−	+	+	++	
H_2S	+	−	−	+	++	++	++	
SO_2	+	−(+)	−	−	++	+	++	
CO	−	−	−	−	+	++	++	
Stickoxide	+ (Vorsicht)	−	−	−	+	++	++	
NH_3	−	−	−	+	++	++	++	
HCl	−	−	−	−	−	−	++	Mordenit
Halogene	++	−	−	−	+	+	++	außer F_2
PH_3	−	−	−	+	−	−	−	bei Gehalt an Zn-Ionen
Hg	s. dort!	−	−				dort!	Bei Gegenwart von Ag-Ionen
Phenol-Abkömmlinge	(Porenverstopfung) +	−	−	−	−	−	(+)	sh. Kieselgel!

Katalysatoren (H_3PO_4/SiO_2) in der Gasphase umgesetzt:

$$CH_2{=}CH_2 + H_2O \xrightarrow[300°\,C,\ 70\ bar]{H_3PO_4/SiO_2} CH_3-CH_2OH$$

Bei diesem Verfahren muß wegen der geringen Umsetzung (ca. 4%) Äthylen mehrfach im Kreislauf gefahren werden. Äthanol wird außerdem durch Vergären u.a. von Sulfitablaugen (aus Zellstoff-Fabriken) industriell gewonnen.   D.O.

Äthinylierung ↑ *Reppe-Chemie*   D.O.

Äthoxylierung. Umsetzungen von (↑) *Äthylenoxid* mit Verbindungen, welche reaktive Wasserstoffatome enthalten:

$$R-X-H+\overset{\displaystyle O}{\overbrace{CH_2-CH_2}} \longrightarrow R-X-CH_2-CH_2-OH$$

R=H   X=O, S, NH, $-C{\underset{OH}{\overset{O}{\diagup}}}$, −NR usw.
   Alkylrest
   Arylrest

Da die Primärprodukte wiederum eine reaktive OH-Gruppe enthalten, kann weiteres ÄO addiert werden, z.B.:

$$\overset{\displaystyle O}{\overbrace{CH_2-CH_2}} + H_2O \longrightarrow HO-CH_2-CH_2-OH$$

Äthylenglykol

$$\overset{\displaystyle O}{\overbrace{CH_2-CH_2}} \longrightarrow HO-CH_2-CH_2-O-CH_2-CH_2-OH$$

Diglykol

$$\overset{\displaystyle O}{\overbrace{CH_2-CH_2}} \longrightarrow HO-(CH_2-CH_2-O-)_3-H$$

Triglykol   D.O.

Äthylalkohol ↑ *Äthanol*   D.O.

Äthylen-Herstellung. Die Gewinnung von Äthylen erfolgt durch thermische Spaltung gesättigter Kohlenwasserstoffe. In USA werden in erster Linie Äthan, Propan und Butan (aus Erdgas) sowie Raffineriegase katalytisch gecrackt, während in der Bundesrepublik (↑) *Naphta* der bevorzugte Rohstoff ist. Bei diesen Spaltreaktionen fällt auch Propan an. Heute dominiert in der Bundesrepublik das (↑) *Steamcracken* von Naphta. Die Aufarbeitung des Reaktionsgemisches erfolgt nach dessen sorgfältiger Trennung durch mehrstufige Tieftemperaturdestillation. Neben der C_2- und C_3-Fraktion fallen C_4- und C_5-Schnitte an.   D.O.

Aethylen-Hochdruckpolymerisation ↑ *Rohrreaktor, Polyäthylen*   G.L.

Äthylenglykol (Glykol). Dieser zweiwertige Alkohol bildet sich durch Hydrolyse von (↑) *Äthylenoxid:*

$$CH_2\overset{O}{-}CH_2 + H_2O \xrightarrow[\text{saurer Katalysator}]{50-70°\,C}$$

$$HO-CH_2-CH_2-OH$$

Als Nebenprodukt bilden sich dabei Polyglycole, z.B. Diäthylenglycol:

$$HO-CH_2-CH_2-OH + CH_2\overset{O}{-}CH_2 \to HO-CH_2-CH_2$$
$$-O-CH_2-CH_2-OH$$
   D.O.

Äthylenoxid (ÄO). Wird heute nahezu ausschließlich durch Direktoxidation von (↑) *Äthylen* in Gegenwart von Silberkatalysatoren hergestellt:

$$\begin{array}{c} CH_2 \\ \| \\ CH_2 \end{array} + {}^1/_2 O_2 \xrightarrow[\text{250-300°\,C, 10-20 bar}]{Ag} CH_2\overset{O}{-}CH_2$$

Das Verfahren wird im (↑) *Röhrenreaktor* am Festbettkatalysator durchgeführt; die Reaktionswärme wird an siedende Flüssigkeiten wie Tetralin abgegeben und zur Dampferzeugung herangezogen. Fließbettverfahren haben bislang keine Bedeutung erlangt. Das Chlorhydrin-Verfahren hat keine Bedeutung mehr (↑ *Propylenoxid*).   D.O.

Affinität an Molekularsieben. Die Affinität an Molekularsieben hängt von verschiedenen physikalischen Faktoren und zwischenmolekularen Kräften ab, die jedoch nicht zu einer zahlenmäßig erfaßbaren Einheit vereinigt werden konnten und deshalb zur sog. Polaritätsreihe führten. Da diese Kräfte sich auch auf den Siedepunkt auswirken, wird nach der gebrachten Faustformel eine Errechnung der Affinität aus leicht erhältlichen Daten möglich, um dem Techniker entsprechende Relationen zwischen den Adsorbaten zu geben. Unter Affinität versteht man die Festigkeit, mit der Molekularsiebe bestimmte Adsorbate binden und festhalten. Man spricht von schwächerer Adsorbierbarkeit, von Verdrängungsgasen oder Verdrängungsflüssigkeiten. Für diese Eigenschaften macht man in Patent- und Firmenliteratur die Polarität oder eine mögliche Polarisierbarkeit verantwortlich. Die Tabelle,

Polaritätsreihenfolge bei der Adsorption an Molekularsiebe

H_2O	Wasser
NH_3	Ammoniak
CH_3OH	Methanol
$H_2S,\ SO_2$	Schwefelwasserstoff, Schwefeldioxid
$n\text{-}C_8H_{18}$	n-Octan
$\overline{n\text{-}C_7H_{16}}$	n-Heptan
$\overline{n\text{-}C_6H_{14}}$	n-Hexan
$\overline{n\text{-}C_5H_{12}},\ CO_2$	n-Pentan, Kohlendioxid
$\overline{C_3H_6}$	Propylen
$n\text{-}C_4H_{10}$	n-Butan
$\overline{C_2H_4}$	Äthen (Äthylen)
$\overline{C_3H_8}$	Propan
$\overline{C_2H_6}$	Äthan
$\overline{CH_4}$	Methan
$\overline{CO}$	Kohlenmonoxid.

übernommen aus Grace, Informationsschrift M 2, zeigt eine sogenannte Polaritätsreihe. Affinity on Molecular Sieves. The affinity on molecular sieves is dependent on various physical factors and intermolecular forces, which, however, can not be measured quantitatively. This led to the use of the so called polarity series. Since these forces have also an effect on boiling point, a simple formula is presented, which enables the calculation of affinity from data that are easily obtained. This enables the technologist to compare different adsorbates. Bei genauer Betrachtung der Polaritätsreihenfolge fällt auf, daß verschiedene aufgeführte Stoffe weder über Polarität noch über Doppelbindungen verfügen. Diese sind in der Tabelle unterstrichen angeführt. Mitunter wird auch der Parachor der Verbindungen für die wechselnde Affinität zu Molekularsieben verantwortlich gemacht. Dieses bringt jedoch alles keine einheitliche Klärung, da man die einzelnen Anziehungskräfte nicht zahlenmäßig erfassen kann. Daß die angeführten Theorien den Sachverhalt nicht erfassen, sondern daß der Siedepunkt des Adsorbates eine entscheidende Rolle bei der Adsorption spielen könnte, wurde bereits früher publiziert[1]. Es hat sich nun zwischenzeitlich ergeben, daß diese Abhängigkeit vom Siedepunkt bei der Adsorption an Molekularsiebe tatsächlich besteht. Nach der Formel am Ende der Tabelle lassen sich Zahlenwerte für die Affinität jeder an Molekularsieb zu bindenden Verbindung angeben. Da Wasser bei der Anlagerung an Molekularsiebe die höchste Anlagerungskraft zeigt, geht man nicht fehl, wenn man dem Wasser in der Tabelle den Wert 100 gibt. In diesem Falle lassen sich für alle anderen Stoffe die prozentualen Affinitäten angeben. Wenn man nun die Tabelle mit den aufgeführten Werten für die verschiedensten Verbindungen mit der Polaritätsreihenfolge der Tabelle vergleicht, stellt man eine weitgehende Übereinstimmung fest. Nun darf aber bei Benutzung der Affinitätsreihe ein wichtiger Umstand nicht übersehen werden: Molekularsiebe adsorbieren die einzelnen

---

[1] *K. Wacks,* Fette · Seifen · Anstrichmittel *71*, 831 [1969].

Affinitätsreihe

Stoff	MG	Kp(K)	$\dfrac{Kp}{MG}$	$Ln\,\dfrac{Kp}{MG}$	$33{,}003 \times Ln\,\dfrac{Kp}{MG}$ $(K \times Mol^{-1})$
Äthylamin	45,086	289,6	6,423	1,86	61,38
Äthanthiol,					
Äthylmerkaptan	62,136	308	4,957	1,601	52,83
Äthen	28,054	169,1	6,028	1,796	59,28
Anilin	93,13	457,4	4,911	1,592	52,54
Ätin	26,038	189,2	7,266	1,983	65,45
Bromäthan	108,978	311,4	2,857	1,05	34,65
Butin $-(1)$	54,092	281,1	5,197	1,648	54,38
Chloräthan	64,519	2,86,1	4,470	1,497	49,40
Chloräthan	62,503	259,1	4,145	1,422	46,93
(C_2H_3Cl)					
2-Chlornitrobenzol	157,563	517,5	3,284	1,189	39,24
3-Chlornitrobenzol	157,563	508,5	3,288	1,172	38,68
Cycloheptan	98,189	391	3,982	1,382	45,61
Cyclohexadien (1,3)	80,130	353,4	4,410	1,484	48,97
Cyclohexan	84,162	353,8	4,204	1,434	47,32
Cyclohexanol	100,62	433,6	4,309	1,461	48,21
Cyclohexanon	98,146	428,8	4,369	1,475	48,68
Cyclopropan	42,081	238,5	5,668	1,735	57,26
Diäthyläther	74,124	307,6	4,150	1,423	46,96
Dibutylamin	129,248	432	3,342	1,207	39,83
Dichlordifluor-methan	120,93	245	2,026	0,706	23,30
Dichlormethan	84,941	313,5	3,691	1,306	43,10
1,2 Dichlorpropan	112,95	369,8	3,274	1,186	39,14
1,3 Dichlorpropan	112,95	398	3,524	1,260	41,58
2,2 Dimethylpropan	72,151	282,5	3,915	1,365	45,05
Difluormethan	52,03	221,4	4,255	1,448	47,78
Dimethylmethan-	73,097	426	5,828	1,763	58,18
2,2 Dimethylpropan	72,151	282,5	3,915	1,365	45,05
Furfurol	90,087	434,6	4,829	1,574	51,94
Methanol	32,043	337,7	10,540	2,355	77,72
2-Methylpropen	56,108	266,4	4,748	1,558	51,41
Pyridin	79,103	388,5	4,911	1,592	50,46
Tetrachlormethan	153,839	349,7	2,273	0,821	27,09
Thiophen	84,142	357	4,243	1,445	47,68
Trichlormethan	119,39	334,2	2,799	1,029	33,96
Wasser	18,016	373	20,704	3,03	100
Benzol	78,114	353,12	4,521	1,509	49,79
D_2O	20,029	374,4	18,692	2,928	96,62
NO	30,008	151,8	5,059	1,621	53,49
NO_2	46,008	294,2	6,395	1,855	61,22
CO_2	44,011	194,5	4,419	1,486	49,04
CO	28,11	81,5	2,899	1,064	35,11
Kr	83,80	120,1	1,433	0,360	11,88
NH_3	17,032	239,5	14,062	2,643	87,22
Ar	39,944	87,2	2,183	0,781	25,77
SO_2	64,066	263	4,105	1,412	46,60
H_2S	34,082	212,6	6,238	1,831	60,42
Trisilan	92,33	325,9	3,530	1,261	41,61
PH_3	33,999	185,5	5,456	1,697	56,00

Für $H_2O = 100$ gilt Affin. $= F \cdot Ln\,\dfrac{Kp}{MG}$ $[K \times Mol^{-1}]$

$F = 33{,}003$

Klassifizierung der Zeolithe nach Barrer (ansteigende Molekülgröße)

He, Ne,	Kr	C_3H_8	CF_4	SF_6	$(CH_3)_3N$	C_6H_6	Naphthalin Chinolin	1, 3, 5-tri-äthyl-benzol	$(n\text{-}C_4F_9)_3$
Ar, CO,	Xe	$n\text{-}C_4H_{10}$	C_2F_6	$i\text{-}C_4H_{10}$	$(C_2H_5)_3N$	$C_6H_5CH_3$	6-decyl-1, 2, 3, 4-tetra-hydronaph-thalin		
H_2, O_2	CH_4	$n\text{-}C_7H_{16}$	CF_2Cl_2	$i\text{-}C_5H_{12}$	$C(CH_3)_4$	$C_6H_4(CH_3)_2$		1,2,3,4,5, 7,8,13,14, 15, 16-deca hydrochry-sen	
N_2, HH_3	CH_3OH	$n\text{-}C_{14}H_{30}$	CF_3Cl	$i\text{-}C_8H_{18}$	$C(CH_3)_3Cl$		Cyclohexan Thiophen	2-butyl-1l hexyl-indan	
H_2O	CH_3CN CH_3NH_2	etc. C_2H_5Cl	$CHFCl_2$	etc. $CHCl_3$ $CHBr_3$ CHJ_3 $(CH_3)_2CHOH$	$C(CH_3)_3Br$ $C(CH_3)OH$ CCl_4 $C\,Br_4$		Furan Pyridin Dioxan	$C_6F_{11}CF_3$	
(3 A) Typ 5	CH_3Cl CH_3Br	C_2H_5Br C_2H_5OH							
adsor-biert nicht→	CO_2 C_2H_2 CS_2	$C_2H_5NH_2$ CH_2Br_2 CH_2Cl_2 CHF_3 $(CH_3)_2NH$ $CH_3J_1B_2H_6$		$(CH_3)_2CHCl$ $C_2F_2Cl_4$ $n\text{-}C_3F_8$ $n\text{-}C_4F_{10}$ $n\text{-}C_7H_{16}$ B_5H_{10}					
Typ 4 (4 A)									
adsorbiert nicht									
		Typ 3 (4,8–4,98) adsorbiert nicht							
		Typ 2 (CaX, 7–8 A) adsorbiert nicht							
		Typ 1 (9–12A) adsorbiert nicht							

+ (Diese Angaben wurden dem Buch „Molecularsieves and their use", herausgegeben von Joseph Crosfield & sous Ltd., Warrington/England, entnommen)

Verbindungen nur in Abhängigkeit von ihrem eigenen Porenradius, d. h., sie können nur Stoffe aufnehmen, deren Moleküle kleiner sind als der Porenradius des Molekularsiebes. Eine entsprechende Aufstellung wurde vor längerer Zeit von *Barrer* gegeben (s. Tabelle). Bei dieser Anordnung bleibt jedoch eine Frage offen: Stickstoff soll von einem Molekularsieb mit der Porenöffnung 0.3 nm adsorbiert werden, aber bei einem Molekularsieb der Porenöffnung zwischen 0.3 und 0.5 nm läßt sich Stickstoff zur Bestimmung der BET-Oberfläche selbst bei Temperaturen der flüssigen Luft nicht adsorbieren. Der Affinitätsunterschied zwischen Stickstoff (33.54) und Sauerstoff (34.21) ist nicht groß, aber dennoch kann man großtechnisch mit Molekularsieben vom Typ 4 A bei Temperaturen nahe dem Siedepunkt des Sauerstoffes diesen aus Luft gewinnen. Desgleichen läßt sich auch nach dem Druckwechselverfahren unter Raumtemperatur mit Molekularsieb eine an Sauerstoff angereicherte Luft herstellen. Dieses Verhalten des Stickstoffs, welches zum Thema in keinem großen Zusammenhang steht, wäre einer Erklärung wert. In der Tabelle sind einige Gase und Flüssigkeiten zusammengestellt, bei welchen die Affinität bereits berechnet wurde. Wie man aus der Tabelle sieht, spielen der Siedepunkt und das Moleku-largewicht des betreffenden Stoffes eine entscheiden-de Rolle. Der Affinitätsgrad ergibt sich aus dem Logarithmus naturalis von Kochpunkt dividiert durch Molekulargewicht. Um für Wasser = 100 zu erhalten, ist die Multiplikation mit einem Faktor erforderlich. Er beträgt in diesem Falle 33.003. Die erforderlichen Daten für Kochpunkt und Molekulargewicht können für fast jeden Stoff aus einem beliebigen Tabellenwerk entnommen werden. Das Vorliegen von Zahlenwerten für die einzelnen Verbindungen macht auch eine Co-Adsorption, speziell bei niederen Partialdampfdrucken, übersichtlicher. K.W.

Airmix®-Mischer. Pneumatischer Mischer für Schüttgüter, bei dem sich der Mischvorgang aus Einzelimpulsen zusammensetzt; das Mischgas wird über Sintermetallfilter durch Laval-Düsen, die in einem kreisförmigen Luftführungsring angeordnet sind, in den Mischbehälter geleitet (Austrittsgeschwindigkeit 200—400 m/sec). Infolge der hohen kinetischen Energie der gerichteten Gasstrahlen wird das Mischgut spiralförmig an den Behälterwandungen nach oben gerissen, während im unteren Bereich unmittelbar über dem Mischkopf im Zentrum ein geringer Unterdruck entsteht, der eine Abwärtsbewegung des Mischgutes bewirkt, dessen Austrag nach dem Mischprozeß über

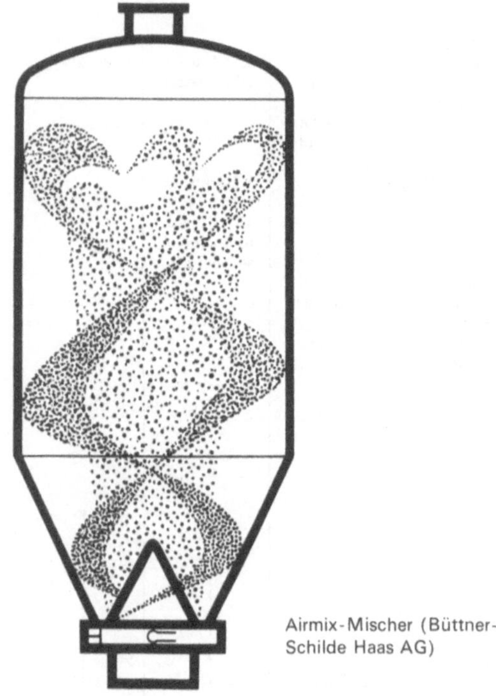

Airmix-Mischer (Büttner-Schilde Haas AG)

einen Kegelverschluß erfolgt (s. Abb.). Der Vorgang verläuft vollautomatisch.   D.O.

Aktive Oberfläche. Unter aktiver Oberfläche wird die Fläche eines Stoffes, speziell die Fläche eines Adsorptionsmittels, verstanden, die durch monomolekulare Bedeckung und Kapillarkondensation mit bestimmten Molekülen ermittelt werden kann. Bei Adsorptionsmitteln wird nicht nur die innere, sondern auch die äußere Oberfläche gemessen. Diese steigt proportional der Teilchenzerkleinerung. Die Angabe erfolgt in m^2/g. Berechnungsformeln: Kieselgel, akt. Tonerde: Adsorptionswert in Gew. % bei 20% rel. Feuchte × bei 100% rel. Feuchte × 1,27. Für Molekularsiebe gilt Adsorptionswert in Gew. statt 1,27 nur 0,96.   K. W.

Aktivkohle. Besteht bis auf geringen Mineral-Gehalt aus reinem Kohlenstoff und enthält eine Vielzahl von Poren verschiedenen Durchmessers, welche die innere Oberfläche ausmachen. Man unterscheidet: 1. Adsorptionskohle mit großer aktiver Oberfläche und kleinem scheinbarem Porendurchmesser (weniger als 1 nm) sowie die gewöhnlich Entfärbungskohle genannte Pulverkohle zur Entfärbung von Zuckersäften, Ölen und Lösungsmitteln mit relativ geringer Oberfläche und größeren Poren (über 3 nm). 2. Mäßig aktivierte Kohle, die meist katalytischen Zwecken dient oder für besondere Zwecke mit einem Katalysator oder reaktionsfähigem Element oder Salz imprägniert ist. Adsorptionskohlen kommen als Stäbchen mit einem Durchmesser von 1,6 bis 4,5 mm oder als Granalien mit

einer Korngröße bis zu 6 mm in den Handel. Diese Kohlen dienen der Rückgewinnung von Lösemitteldämpfen und Gasen. Kohlen mit besonderem Rückhaltevermögen (hohe Restbeladung) dienen als Gasschutzkohlen für Filtereinsätze in Schutzmasken. Aktivkohle wird ferner eingesetzt zur Zerstörung von Ozon und Chlor im Trinkwasser sowie z. B. zur Adsorption von Vinylchlorid. — Herstellung: folgt aus jedem kohlenstoffhaltigen Material (Holz, Holzkohle, Torf, Torfkoks, Braunkohle (nicht alle Arten), Steinkohle, Kokosschalen, Zuckerrohrabfälle usw.). Die Aktivierung = Porenbildung erfolgt auf 2 Wegen: 1. Physikalische Aktivierung durch Einwirkung von Wasserdampf, Kohlendioxid, einem sauerstoffhaltigen Gasgemisch entweder allein oder in Mischung. 2. Chemische Aktivierung. Hier werden bevorzugt Zinkchlorid, Ortho-Phosphorsäure, Kaliumcarbonat und Kaliumrhodanid eingesetzt.   K. W.

Alarmpläne. Für Anlagen, in denen leicht entzündliche oder giftige Gase hergestellt, verarbeitet oder gelagert werden, müssen Alarmpläne erstellt und den Beschäftigten zur Kenntnis gebracht werden. In Großanlagen (>100 m^3 Rauminhalt des Behälters) sind regelmäßige Übungen nach Alarmplan durchzuführen. Über diese Übungen muß Buch geführt werden (Unfallverhütungsvorschrift „Gase" (VBG 61) § 44). Alarmpläne müssen ferner im Sonderfall auch für Anlagen erstellt werden, die den „Erlassen über sehr giftige Stoffe" (sog. ↑ *Seveso-Erlasse*) unterliegen.   F.WI.

Aldol-Kondensation. Durch Säuren oder Basen katalysierte Addition einer Carbonyl-Gruppe an eine aktivierte Methylen-Gruppe. Beispiel: Synthese von 2-Äthylhexanol (wichtiger Alkohol für die Weichmacher-Herstellung) aus Butyraldehyd (aus der (↑) *Oxo-Synthese*):

$$2CH_3-CH_2-CH_2-C{\overset{H}{\underset{O}{<}}} \xrightarrow[-H_2O]{OH^-}$$

$$CH_3-CH_2-CH_2-CH=C-C{\overset{H}{\underset{O}{<}}}$$
$$\underset{CH_2-CH_3}{|}$$

$$\xrightarrow[Katalysator]{2H_2} CH_3-CH_2-CH_2-CH_2-CH-CH_2OH$$
$$\underset{CH_2-CH_3}{|}$$

D.O.

Algizide sind chemische Mittel zur Bekämpfung von Algen. Bewährte Verbindungen sind z.B. Kupfersulfat, Chlorkalk, Aluminiumsulfat.   D.O.

Alkydharze sind die wichtigste Gruppe unter den Lackrohstoffen; sie sind aufgebaut aus einer Dicarbonsäure (↑ *Phthalsäure, Adipinsäure, Sebacinsäure*), einem mehrwertigen Alkohol (↑ *Glycerin, Trimethylolpropan, Pentaerythrit*) und einem geeigneten natürlichen Öl (Sojaöl, Leinöl, Fischöl) bzw. einer daraus hergestellten Säure (↑ *Kunstharze*).   D.O.

Alkylierung. Man versteht darunter die Anlagerung von Alkylgruppen an Kohlenwasserstoffe z.B. die Anlagerung von Äthylen an Benzol in Gegenwart von Friedel-Crafts-Katalysatoren zu Äthylbenzol, der Vorstufe von Styrol:

$$\langle\!\bigcirc\!\rangle + CH_2{=}CH_2 \xrightarrow[85-95°C]{AlCl_3} \langle\!\bigcirc\!\rangle\!-CH_2{-}CH_3$$

$$\xrightarrow{-H_2} \langle\!\bigcirc\!\rangle\!-CH{=}CH_2$$

Ebenso geben höhere a-Olefine an Benzol geradkettige Alkylbenzole, die Vorstufen der Alkylbenzolsulfonate, die heute wichtigste Gruppe anionenaktiver Tenside sind. In der Mineralölindustrie versteht man unter Alkylierung speziell die Anlagerung von Isobuten an Isobutan zu Isooctan, das als hochklopffeste Komponente für Kraftstoffe verwendet wird.   D.O.

Aluminium. Al; Atomgew. 26,9815; Dichte: 2,698; Kristallstruktur: kub.f.z.; Fp: 659°C; a: 23,86 10^{-6} grd^{-1}; λ: 2,37 W/cm grd; ϱ: 2,5 10^{-6} Ω cm E: 71000 MN/m². – Aluminium ist ein weiches, ausgezeichnet kaltduktiles Metall. Es zeichnet sich durch geringe Dichte aus, durch sehr gute Leitfähigkeit für Wärme und Elektrizität und durch hervorragende Resistenz gegen atmosphärische Einflüsse und Oxidation. Aluminium läßt sich gut unter Inertgas mit Lichtbogen, mit Hilfe geeigneter Flußmittel auch autogen nach dem Punktschweißverfahren und durch Hochfrequenz-Widerstandserhitzung schweißen. Aluminium und Aluminiumlegierungen lassen sich untereinander auch durch Hartlöten verbinden, nicht aber mit Schwermetallen. – Aluminium wird im chemischen Apparatebau in der Regel nur in unlegierter Form, als Reinstaluminium verwendet, weil seine Korrosionsfestigkeit mit zunehmender Reinheit sehr stark steigt. Die üblichen Legierungszusätze, die Aluminium aushärtbar machen, vermindern die Korrosionsfestigkeit. Silumin, eine Gußlegierung des Aluminiums mit 12 bis 13% Si, ist gegen Ammoniak und Ammoniumsalze sowie gegen kalte Salpetersäure beständig; es läßt sich spanabhebend sehr gut bearbeiten im Gegensatz zu Reinstaluminium, das nur bei hohen Schnittgeschwindigkeiten gut bearbeitet werden kann. – Magnesiumhaltige Aluminiumlegierungen zeichnen sich durch hohe Beständigkeit gegen Seewasser und gegen den Korrosionsangriff durch Nahrungsmittel aus.   P.E.

Aluminium

°C	20			100		
	1%	10%	konz	1%	10%	konz
HCl	2	3	3	3	3	3
					stark abh. v. Reinheit	
H_2SO_4	1–2	1–2	1	3	3	3

°C	20			100		
	1%	10%	konz	1%	10%	konz
HNO_3	2	3	1–2	3	3	3
		gegen rote rauchende HNO_3 best. bis 40°C				
H_3PO_4	1–2	3	3	1–2	3	3
HF	3	3	3	3	3	3
CH_3COOH	1	1	1	3	3	2
NaOH	3	3	3	3	3	3
NH_4OH	2	2	3	2	3	3
		stark abh. v. Reinheit d. Al. Silumin besser als Al.				
NaCl	1	1	2	2	2	1
					stark abh. v. Reinheit	
NH_4Cl	1	1	1	1–2	1–2	1–2
						Lochfraß!

Gase

°C	20	200	400	600	800	1000
Luft	1	1	1–2	3		
H_2O	1	1–2	3	3		
Cl_2	1*–3+	3	3	3	3	3
		Entzündung ab 200°C *trocken +feucht				
SO_2	1	1	1	1	ub	ub
H_2S	1	1	1	2	2	

1: chemisch beständig Korr. Angriff <2,4 g/m² Tag <0,1 mm/Jahr. 2: chemisch bedingt beständig bzw. verwendbar Korr.-Angriff 2,4–24 g/m² Tag (0,1–1 mm/Jahr). 3: chemisch unbeständig >24 g/m² Tag >1 mm Jahr

Aluminiumtriflorid. AlF_3 wird hauptsächlich als Zusatz zum Schmelzbad bei der elektrolytischen Gewinnung von Aluminium (30–40 kg AlF_3/t Al.) benötigt. AlF_3 kommt in der Natur nicht vor und wird synthetisch gewonnen:

1. *Flüssigphase-Verfahren*
$$Al(OH)_3 \text{ (fest)} + 3\,HF \cdot aq \rightarrow AlF_3 \cdot 3\,H_2O \text{ (fest}$$
$$AlF_3 \cdot 3\,H_2O \text{ (fest)} \xrightarrow{\text{Wärme}} AlF_3 \text{ (fest)}$$
$$+ 3\,H_2O \text{ (gasf.)}$$

2. *Gasphase-Verfahren*
$$Al(OH)_3 \text{ (fest)} + 3\,HF \text{ (gasf.)} \rightarrow AlF_3 \text{ (fest)}$$
$$+ 3\,H_2O \text{ (gasf.)}$$

Die Gasphase-Verfahren (z.B. BUSS/STAUFFER-Prozeß) haben die größere wirtschaftliche Bedeutung. Weiterhin kann AlF_3 durch Umsetzung von Fluorkieselwasserstoffsäure (H_2SiF_6) mit $Al(OH)_3$ hergestellt werden (↑ *Fluorwasserstoff*).   I. S.

Amalgan-Verfahren. Verfahren zur Herstellung von Chlor (↑ *Chlorerzeugung durch Elektrolyse*), Natronlauge und Wasserstoff aus Kochsalz und Wasser durch (↑) *Elektrolyse*. Eine Elektrolysezelle mit Quecksilber-Kreislauf ist in der Abb. dargestellt. Bei der Elektrolyse einer nahezu gesättigten wäßrigen NaCl-Lösung wird an der horizontalen perforierten Anode (3) Chlor abgeschieden. Als Kathode dient Quecksilber, das als Film von etwa 3 mm Dicke über den leicht geneigten Zellenboden (2) fließt, abgeschiedenes Natrium unmittelbar zu Natriumamalgam legiert und damit einer Reaktion mit der Sole entzieht. Die noch gut fließfähige Quecksilber-Natrium-Legierung (Amalgam) mit etwa 0,3 % Natrium wird aus der Elektrolysezelle (1) einem Zersetzer zugeführt. In der Ausführung als Turmzersetzer (6) rieselt Amalgam fein verteilt unter Wasser über Graphit-Brocken oder -Kugeln und wird dabei zersetzt. Bei älteren Pilen-Zersetzern fließen Amalgam und Natronlauge in Schichten übereinander. Amalgam-Zersetzer wirken als elektrisch kurzgeschlossene galvanische Zellen. Elektrische Energie wird nicht zurückgewonnen. Es entstehen Natronlauge (chlorid-frei) und Wasserstoff. Von Natrium weitgehend befreites Quecksilber wird über einen Kühler (8) der Elektrolysezelle im Kreislauf zugeführt. Richtwerte s. Tabelle.

Richtwerte moderner Amalgam-Zellen

Stromstärke	50 . . . 500 kA
Stromdichte	7000 . . . 10 000 A/m² (Graphit)
	10 000 . . . 13 000 A/m² (Titan)
Zellspannung	4,2 . . . 4,6 V
Stromausbeute	96 . . . 97%
Energiebedarf	3300 . . . 3600 kWh/t Cl_2
Anoden	Graphit; Titan, beschichtet
Kathode	Quecksilber
Neigung des Zellenbodens	1,5 . . . 2%
Quecksilber-Inhalt	3500 kg bei 300 kA
Elektrolyt	310 . . . 270 g NaCl/l
Temperatur	70 . . . 80° C

Auch bei sorgfältigster Betriebsführung ist die Emission von Quecksilber nicht völlig vermeidbar. In Sedimenten von Gewässern kann Hg durch Mikroorganismen zu hochtoxischem Methylquecksilber umgesetzt werden, das vom tierischen und menschlichen Organismus weitgehend resorbiert und nur langsam wiederausgeschieden wird. Infolge ökologischer Forderungen ist daher das Amalgamverfahren gegenüber dem (↑) *Diaphragma-Verfahren* zurückgedrängt worden, doch ist es neuerdings gelungen, die Quecksilber-Emission drastisch zu senken (s. Tabelle).   H.V.

Quecksilberemissionen (g Hg/t Cl_2)

Quelle	vor 1970	ca 1972/73	seit 1975
Solesystem	10– 80	3– 30	0,07–1,30
Zellensaalluft	4– 15	4– 8	3– 5
Prozeßabluft	5– 20	0,1– 1,0	0,001–0,002
Chlor	0,1	0,1	0,01–0,02
Natronlauge	7– 35	5– 20	0,03–0,15
Wasserstoff	5– 20	4,5–10,0	0,001–0,015
Abwasser	20–100	5– 15	0,0 – 3,0
Rückstände	1– 10	0,1–0,2	0,001–0,010

Ameisensäure kann durch Reaktion von Natriumhydroxid mit CO gewonnen werden:

$$CO + NaOH \xrightarrow{\;120°\,C,\; 8\ bar\;} HCOONa$$

$$\xrightarrow{\;Säure\;} HCOOH$$

Weiterhin ist die basenkatalysierte Hydratisierung von Kohlenoxid möglich:

$$CO + H_2O \xrightarrow{\;Katalysator\;} HCOOH$$

Anstelle von Wasser können auch Alkohole eingesetzt werden, bevorzugt Methanol:

$$CO + ROH \xrightarrow[\;70°\,C,\; 20–200\ bar\;]{\;Katalysator\;} HCOOR$$

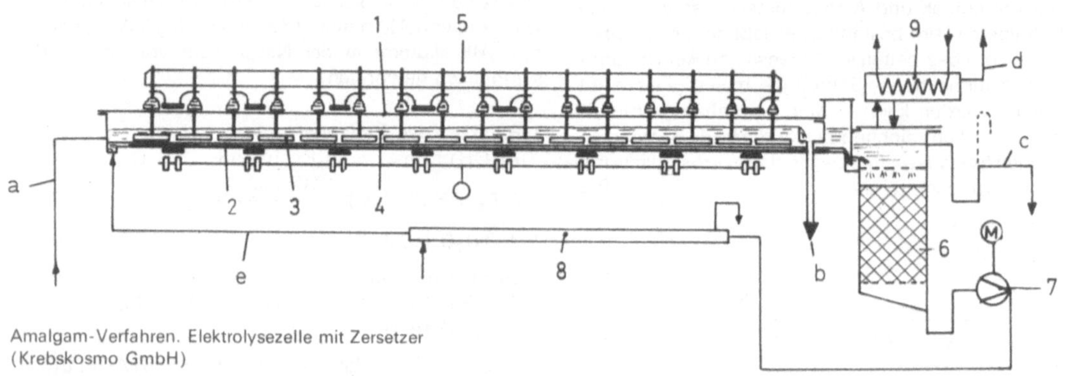

Amalgam-Verfahren. Elektrolysezelle mit Zersetzer (Krebskosmo GmbH)

1 = Elektrolysezelle; 2 = Zellenboden mit Hg-Kathode;
3 = Anoden; 4 = Elektrolyt-Lösung;
5 = Anodennachstellträger; 6 = Amalgam-Zersetzer;
7 = Quecksilberpumpe; 8 = Quecksilberkühler;
9 = Wasserstoffkühler. a = konzentrierte Sole;
b = verarmte Sole und Chlorgas; c = Lauge;
d = Wasserstoff; e = Quecksilberzirkulation.

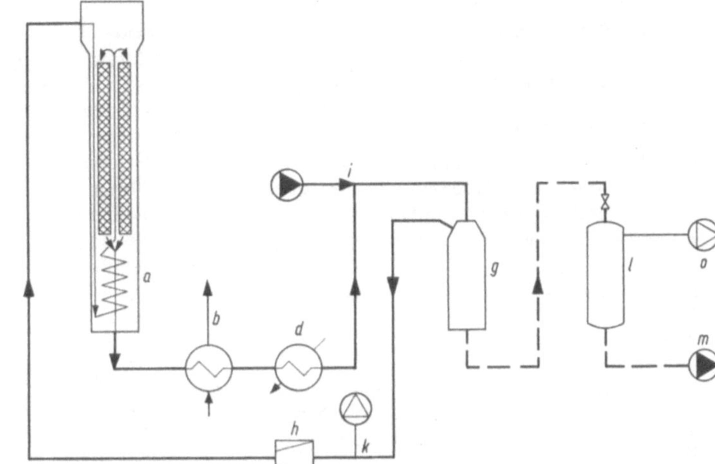

Schaltung einer Ammoniaksynthese mit Wasser- oder Luftkühlung.
a = NH_3-Konverter; b = Abhitzekessel,
d = Gaskühler; g = Abscheideflasche; h = Umlaufpumpe;
i = Frischgaseinspeisung;
k = Entspannungsgasentnahme;
l = Zwischenentspannungsbehälter;
m = NH_3-Abgabe flüssig;
o = Löseabgabe

Bei der Oxydation von Naphta zu Essigsäure entsteht als Nebenprodukt Ameisensäure. Ameisensäure findet insbesondere als Zusatz bei der Grünfuttersilage Verwendung, daneben aber auch als Hilfsmittel in der Textilindustrie und Färberei. D.O.

Ammoniak-Synthese. Das wichtigste Verfahren zur technischen Darstellung von Ammoniak ist die von F. Haber im Labormaßstab ausgearbeitete und von C. Bosch in die Technik übertragene Synthese aus den Elementen:

$$3H_2 + N_2 \xrightleftharpoons{\text{Katalysator}} 2NH_3 + 92{,}8 \text{ kJ}$$

Das wirtschaftliche Optimum liegt im Druckbereich von 300–400 bar. Die typische Schaltung einer Ammoniak-Syntheseanlage zeigt die Abb., Kreislaufgas tritt in den NH_3-Konverter (a) ein und wird zunächst in einem Wärmeaustauscher im Gegenstrom zu dem abreagierten Gas auf Reaktionstemperatur (ca. 500°C) vorgeheizt; darauf folgt im Katalysatorbett die Umsetzung unter beträchlicher Wärmeentwicklung. Nach Verlassen des NH_3-Konverters durchströmt das Kreislaufgas den Abhitzekessel (b), in dem Dampf erzeugt wird. Die weitere Abkühlung erfolgt mit Luft oder Kühlwasser im Gaskühler (d); durch Kühlung auskondensiertes NH_3 wird in der Abscheideflasche (g) abgeschieden. Frisches Synthesegas wird bei (i) in den Gaskreislauf eingespeist, der mit der Umlaufpumpe (h) aufrechterhalten wird. Das in (g) angefallene flüssige NH_3 wird zunächst in den Zwischenentspannungsbehälter (l) geleitet und kann bei (m) abgegeben werden. Im NH_3 gelöste Gase (H_2, N_2, CH_4, Ar) werden desorbiert und bei (o) abgezogen (↑ *Hochdruck-Reaktoren, Synthesegas* zur NH_3-Synthese). D.O.

Ammoniak-Verbrennung (s. Abb.). Die katalytische Oxidation von (↑) *Ammoniak*, zumeist zur Gewinnung von (↑) *Salpetersäure*, erfolgt nach Gleichung:

$$4NH_3 + 5O_2 \longrightarrow 4NO + 6H_2O - 907 \text{ kJ}$$

Das entstehende NO ist bei den hohen Reaktionstemperaturen (750–950°C) metastabil und zerfällt:

$$2NO \longrightarrow N_2 + O_2 - 181 \text{ kJ}$$

Durch sehr kurze Verweilzeiten (ca. 1/1000 s) der Verbrennungsgase am Katalysator und rasche Abkühlung gelingt es bis zu 98,5% NO zu gewinnen. Als Katalysator dienen feinmaschige, horizontal angeordnete runde Pt/Rh-Drahtnetzscheiben, durch die meist von oben nach unten, das NH_3/Luft-Gemisch geleitet wird. Die Reaktionswärme hält die Netze auf Verbrennungstemperatur. Man arbeitet überwiegend bei Normaldruck. D.O.

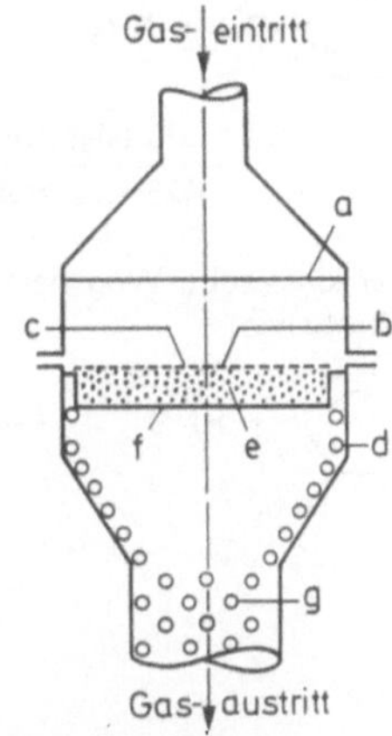

Schematische Darstellung eines Ammoniak-Verbrennungsofen 118. a = Lochblech zum Erzielen einer laminaren Strömung; b = Pt/Rh-Netze; c = Raschig-Ringe; d = Dampfschlangen; e = Stütznetz; f = Schürze; g = Überhitzer

Ammonoxidation sind Oxidationsreaktionen in Gegenwart von (↑) *Ammoniak*. Beispiele: *Blausäure* (Andrussow-Verfahren)

$$CH_4 + NH_3 + 1\tfrac{1}{2}O_2 \xrightarrow[1000\text{–}1200°C]{Pt} HCN + 3H_2O$$

Acrylnitril (Sohio-Prozeß)

$$CH_2{=}CH{-}CH_3 + NH_3 + 1^1/_2 O_2 \xrightarrow[450° C, 1,5\ bar]{Kat.}$$
$$CH_2{=}CH{-}CN + 3H_2O$$

Die Reaktion verläuft mit modifizierten Wismutmolyb-
dat-Katalysatoren im Wirbelbett bei geringem Luft-
überschuß und etwas Wasserdampfzugabe. Andere
Verfahren verwenden anstelle von Propen Propan.

D.O.

(↟) Terephthalsäure (LUMMUS–Verfahren)

$$\text{(p-Xylol)} + 2NH_3 + 3O_2 \xrightarrow{Katalysator} \text{(Terephthalodinitril)} + 6H_2O$$

Anilin. Die Gewinnung erfolgt z.B. durch Aminolyse
von Chlorbenzol (↑ *Phenol*) oder (↑) *Phenol:*

$$\text{C}_6\text{H}_5{-}Cl + 2NH_3$$

$$\xrightarrow[180-222°C]{CuCl} \text{C}_6\text{H}_5{-}NH_2 + NH_4Cl$$

Die Reaktion wird unter Druck mit wässrigem Ammoniak durchgeführt; Phenol kann ferner durch Aminolyse von Phenol in der Gasphase an Al_2O_3/SiO_2-
Katalysatoren erhalten werden:

$$\text{C}_6\text{H}_5{-}OH + NH_3$$

$$\xrightarrow[425°C,\ 200bar]{Katalysator} \text{C}_6\text{H}_5{-}NH_2 + H_2O$$

Der klassische Weg besteht in der Reduzierung von
Nitrobenzol:

$$\text{C}_6\text{H}_6 + HNO_3 \longrightarrow \text{C}_6\text{H}_5{-}NO_2 + H_2O$$

$$\downarrow Reduktion$$

$$\text{C}_6\text{H}_5{-}NH_2$$

Reduziert (früher mit Eisenspäne und Salzsäure) wird
heute durch Hydrierung in der Gasphase an Cu-, Cr-
oder Ni-Katalysatoren:

$$\text{C}_6\text{H}_5{-}NO_2 + 3H_2$$

$$\xrightarrow[\substack{300-475°C \\ 1-5bar}]{Katalysator} \text{C}_6\text{H}_5{-}NH_2 + 2H_2O$$

D.O.

Anode. Fließt negative Elektrizität (Elektronen) vom
Elektrolyten zur Elektrode einer elektrochemischen Zel-
le, so heißt dieser Strom anodisch, und die betreffende
Elektrode ist die Anode. Gegenteil: (↑) *Kathode.* Die
Begriffe Anode und Kathode sind vom Potential der
Elektrode völlig unabhängig und nur durch die Strom-
richtung gekennzeichnet: Beim Aufladen eines Akku-
mulators ist dessen positiver Pol die Anode, bei der
Entladung die Kathode. Bei (↑) *bipolar* geschalteten
Elektroden sind alle innen liegenden Elektroden gleich-
zeitig auf einer Seite Anode, auf der anderen Seite
Kathode bei praktisch gleichem Potential.   H. V.

Anschwemmfilter sind (↑) *Filterapparate,* bei denen
auf ein grobporiges (↑) *Filtermittel* vor der (↑) *Filtration*
durch einen Anschwemmprozeß ein porenverfeinern-
des, Trüblauf verhinderndes, körniges oder faserförmi-
ges (↑) *Filterhilfsmittel* aufgebracht wird (Grundan-
schwemmung, Vorbelag, precoat) (↑ *Blattfilter*).

H.W.

Arbeitsstoffe, gefährliche. Die Verordnung über
gefährliche Arbeitsstoffe (ArbStoffV) definiert Arbeitsstoffe mit folgenden Eigenschaften als „gefährlich": 1.
explosionsgefährlich; 2. brandfördernd; 3. leicht entzündlich; 4. entzündlich; 5. giftig; 6. gesundheits-
schädlich (mindergiftig); 7. ätzend; 8. reizend. Für
Stoffe und Zubereitungen mit den erwähnten Eigenschaften regelt die ArbStoffV: Die Verpackung (§§ 5
und 8), Kennzeichnung (§§ 6 und 9), Schutzmaßnahmen (§ 13) sowie die gesundheitliche Überwachung
der Beschäftigten (§ 17 bis 21). Für folgende Stoffe
enthält der Anhang II der ArbStoffV besondere Vorschriften: 1. Arsen; 2. Benzol, Tetrachlorkohlenstoff,
Tetrachloräthan und Pentachloräthan; 3. Strahlmittel;
4. Thomasphosphat; 5. Blei; 6. Fluor; 7. Silikogener
Staub; 8. Magnesium; 9. Schmälzmittel; 10. Ammonnitrat. Entsprechende Vorschriften für (↑) *krebserzeugende* Arbeitsstoffe werden z.Z. vom „Ausschuß für
gefährliche Arbeitsstoffe" (§28 ArbStoffV) erarbeitet
(Verordnung über gefährliche Arbeitsstoffe (Arb-
StoffV) Neufassung vom 8. Sept. 1975 Carl Heymanns
Verlag KG Köln).   F.WI.

Arbeitsstoffe, krebserzeugende. Der Umgang mit
erwiesenen oder potentiellen krebserzeugenden Arbeitsstoffen erfordert besondere Vorsicht und Maßnahmen der Gesundheitsvorsorge. Diese Stoffe werden folgendermaßen unterteilt (Stand 1977): A 1.
Stoffe, die beim Menschen erfahrungsgemäß bösartige
Geschwülste zu verursachen vermögen: 4-Aminodi-
phenyl; Arsentrioxid und Arsenpentoxid, arsenige
Säure, Arsensäure und ihre Salze; Asbest (in Form
atembarer Stäube)[1]; Benzidin und seine Salze; Benzol;
chromathaltiger Staub aus dem alkalischen Oxida-
tions-Prozeß mit Kalk bei der Chromat-Herstellung;

---

[1] Zigarettenraucher tragen ein erhöhtes Bronchialkrebsrisiko.

Dichlordimethyläther[2]; Monochlordimethyläther[3]; 2-Naphthylamin; Nickel(in Form atembarer Stäube von Nickelmetall, Nickelsulfid und sulfidischen Erzen, Nickeloxid und Nickelcarbonat, wie sie bei der Herstellung und Weiterverarbeitung auftreten können); Steinkohlenteer[4]; Vinylchlorid.A 2. Stoffe, die bislang nur im Tierversuch sich eindeutig als cancerogen erwiesen haben, und zwar unter Bedingungen, die der möglichen Exponierung des Menschen am Arbeitsplatz vergleichbar sind: Acrylnitril[5]; Äthylenimin; Beryllium und seine Verbindungen; Calciumchromat; „Chromic-Chromate"; Diazomethan; 1,2-Dibromäthan; 3,3-Dichlorbenzidin; Dimethylcarbamidsäurechlorid; 1,1-Dimethylhydrazin; N-Dimethylnitrosamin; Dimethylsulfat; Hexamethlylphosphorsäuretriamid; Hydrazin; Kobalt (in Form atembarer Stäube von Kobaltmetall und schwerlöslichen Kobaltsalzen); 4,4-Methylen- bis (2-chloranilin); Nickelcarbonyl; 1,3-Propansulton; ß-Propiolacton; Propylenimin; Strontiumchromat. Für die Stoffe nach A 1. und einige Stoffe nach A 2. gibt die MAK-Kommission keine (↑) *MAK-Werte* an, da z.Z. keine noch als unbedenklich geltende Konzentration angegeben werden kann. Der Ausschuß für (↑) *gefährliche* Arbeitsstoffe legt daher für diese Stoffe, sofern sie technisch von Bedeutung sind, technische (↑) *Richtkonzentrationen* fest. Daneben nennt die MAK-Kommission eine Reihe von Stoffen, die im Verdacht krebserzeugender Wirkung stehen und daher mit Vorrang untersucht werden sollen: Acetamid; Alkali-Chromate; Bitumen[6]; Bleichromat[7]; Chlorierte Biphenyle (technische Produkte); Chloroform; Chromsäure; 4,4-Diaminodiphenylmethan; Isopropylöl (Rückstand der Isopropylalkohol-Herstellung); Kepone; Phenyl-2-naphtylamin; Trichloräthylen; Zinkchromat[7]. Anhänge zur Verordnung über gefährliche (↑) *Arbeitsstoffe*, die besondere Vorschriften für krebserzeugende Arbeitsstoffe enthalten, sind z.Z. in Vorbereitung, ebenso eine (↑) *Unfallverhütungsvorschrift:* „Umgang mit krebserzeugenden Arbeitsstoffen".

---

[2] Nicht zu verwechseln mit dem asymmetrischen (Dichlormethyl)-methyläther.

[3] Die Einstufung bezieht sich auf technischen Monochlordimethyläther, der nach vorliegenden Erfahrungen bis zu 7% Dichlordimethyläther als Verunreinigung enthalten kann.

[4] Hautkrebs nach langer und intensiver Exposition.

[5] Starker Verdacht eines carcinogenen Risikos auch für den Menschen.

[6] Häufig mit Steinkohlenteer verschnitten, Hautkrebs nach langer und intensiver Exposition.

[7] Starker Verdacht eines carcinogenen Risikos auch für den Menschen. **F.Wl.**

ArbStoffV. (↑) *Verordnung* über gefährliche Arbeitsstoffe. **F.Wl.**

Aromaten-Gewinnung (petrochemische). Petrochemisch werden Aromaten, für die wachsender Bedarf in der Industrie besteht, durch Dehydrierung von Naphthenen bzw. Dehydrocyclisierungsprozesse von Paraffinen bei Reforming-Prozessen gewonnen. Zur Herstellung spezieller Aromaten, z.B. von Xylolen, geht man vorteilhaft von entspr. naphthenreichen Benzinschnitten aus, die dem „Platformerprozeß", d.h. einem mehrstufigen katalytischen (↑) *Reformieren* an einem platinhaltigen Katalysator, unterworfen werden. Es folgt die Reinaromatengewinnung aus dem Reformat z.B. durch (↑) *Extraktion* oder extraktive (↑) *Destillation* (↑ *Kohlewertstoffe*). **D.O.**

Asbest. (↑) *Arbeitsstoffe*, krebserregende; (↑) *Richtkonzentration*, technische; (↑) *Stäube*, fibrogene. **F.Wl.**

Aspirateure sind Geräte zum Reinigen von Getreide, Sämereien und dergleichen (↑ *Sortierverfahren*). Sie bestehen aus hintereinandergeschalteten Windsichtern und Sieben, beispielsweise in folgender Reihenfolge: 1. Steigrohrsichter zum Ausscheiden von Stroh, Heu, Staub und sonstigen leichten Verunreinigungen; 2. „Schrollensieb" für das Aushalten von Bindfäden und groben Steinen und Klumpen als Siebrückstand; 3. „Körnersieb" zum Aushalten sonstiger grober Verunreinigungen; 4. „Sandsieb" zum Aushalten von Sand und sonstigen feinen, relativ schweren Verunreinigungen im Siebunterlauf; der Rückhalt diese Siebs, das vorgereinigte Getreide, wird; 5. einem weiteren Steigrohrsichter zugeführt, der als Leichtgut beispielsweise auf den Sieben noch abgelöste Schalenteilchen austrägt. **H.Ke.**

Atommüll sind radioaktive Abfälle, wie sie besonders bei der Energiegewinnung in Kernkraftwerken und bei der Brennstoff-Wiederaufbereitung anfallen. **D.O.**

Aufheizstrecke ↑ *Verdampfungszone* **F.W.**

Ausschlußgrenze ↑ *Rückhaltevermögen* **H.W.**

Austauschgrad. Der Austauschgrad, auch (Verstärkungsverhältnis) s von Rektifizierböden, gibt das Verhältnis der im Betrieb erreichten Anreicherung zur Anreicherung eines theoretischen Bodens an. s ist von den konstruktiven Ausführungen des Bodens, von dessen Belastung und von den Stoffeigenschaften des Gemisches abhängig (s. Abb.). s kann Werte über 1

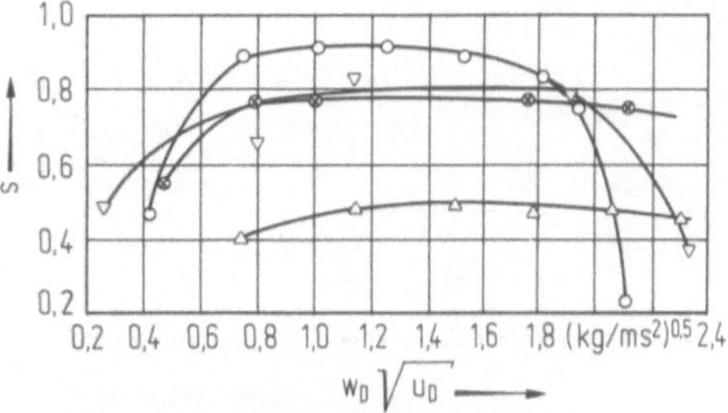

Abhängigkeit des Austauschgrades „s" vom Belastungsfaktor für einen Rektifizierboden. □ C_2H_5OH/H_2O (45 Mol-%) ; ▽ CH_3OH/H_2O (80 Mol-%); ⊗ CH_3OH/C_2H_5OH (55 Mol-%); △ $CHCl_3/C_2H_5OH$ (45 Mol-%)

erreichen, z.B. bei Luftzerlegungsanlagen mit langen gleichsinnigen Flüssigkeitswegen (s = 1,2). Unter den stofflichen Variablen übt die Oberflächenspannung in Form des Oberflächenspannungsgradienten den größten Einfluß aus. (An der Phasengrenze kommt es zu einem Oberflächenspannungsgefälle infolge Konzentrationsänderungen bei der Stoffübertragung). Der Austauschgrad wird experimentell gemessen, kann aber auch mit ausreichender Genauigkeit errechnet werden, wobei die hierfür notwendigen Stoffcharakteristika der Gemische in der Regel unbekannt sind und zuvor ermittelt werden müssen.   H.M.

Austauschlinien im (↑)*McCabe-Thiele-Diagramm.* Die Flüssigkeits- und Dampfkonzentration in Rektifiziersäulen-Querschnitten liegen im y/x-Bild auf Austauschlinien. Sind die molaren Verdampfungswärmen der Komponenten gleich, so kann die Austauschlinie als Gerade dargestellt werden, wenn unberücksichtigt bleibt, daß Lösungswärmen auftreten und der Dampf jeder Komponente überhitzt ist. Die Austauschlinien für Komponenten mit verschiedenen molaren Verdampfungswärmen können nach Kirschbaum oder Billet aufgestellt werden. Oberhalb der Einspeisung des Ausgangsgemisches stellt die Verstärkungslinie die Zustände im Verstärkungsteil und unterhalb die Abtriebslinie diejenigen im Abtriebsteil dar. Besitzt die leichtersiedende Komponente eine kleinere molare Verdampfungswärme als die schwerersiedende, so verlaufen die Austauschlinien oberhalb der Austauschgeraden im y/x-Bild (s. Abb.) und die benötigte theoretische (↑) *Bodenzahl* wird größer. Ist das Verhältnis der Verdampfungswärmen entgegengesetzt, so verlaufen die Austauschlinien unterhalb der Austauschgeraden, und es werden weniger theoretische Böden benötigt (↑ *Rektifikation*).   H.M.

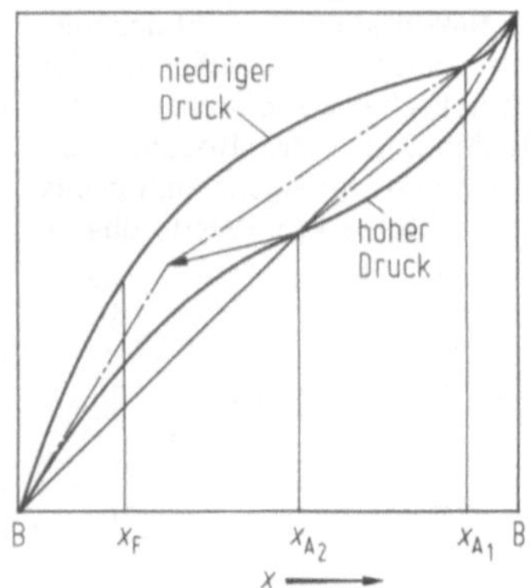

Zweidruckverfahren im McCabe-Thiele-Diagramm (n=∞)

Azeotrope Rektifikation. Weil aus siedenden Flüssigkeitsgemischen mit azeotroper Konzentration der Komponenten ein Dampf mit gleicher Konzentration aufsteigt, läßt sich eine weitere Anreicherung durch Verdampfen nicht erreichen. Man kann aber durch eine

kontinuierliche (↑) *Rektifikation* in (↑)*Zweisäulen-Rektifizieranlagen* das lösliche azeotrope Zweistoffgemisch in reine Komponenten zerlegen, da mit steigendem Druck die azeotrope Zusammensetzung sich nach der Komponente mit der größeren Verdampfungswärme hin verschiebt; die beiden Rektifiziersäulen müssen unter verschiedenem Druck arbeiten. (s. Abb.). Ein weiterer Weg, um ein azeotropes Gemisch stetig in reine Komponenten zu trennen, besteht in der Zugabe eines dritten Stoffes, der mit einer Komponente des ursprünglichen Gemisches als ein Azeotrop siedet. Als Beispiel sei die Gewinnung von reinem Äthylalkohol aus wässriger Lösung mit Benzol als Zusatzstoff (oft Schleppmittel genannt) bei 1 bar dargestellt. Es sind 3 Rektifizierkolonnen und ein Scheidegefäß nötig (s. Abb.). Ist das Ausgangsgemisch stark äthanol-haltig, so fließt es bei M_1 der 1. Alkoholkolonne zu; bei schwacher Ausgangskonzentration fließt es bei M_3 der 3. Wasserkolonne zu.

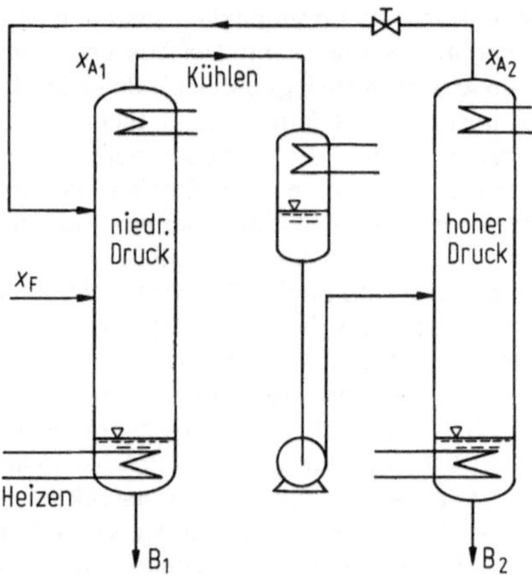

Zweidruckverfahren zur Trennung eines azeotropen Gemisches

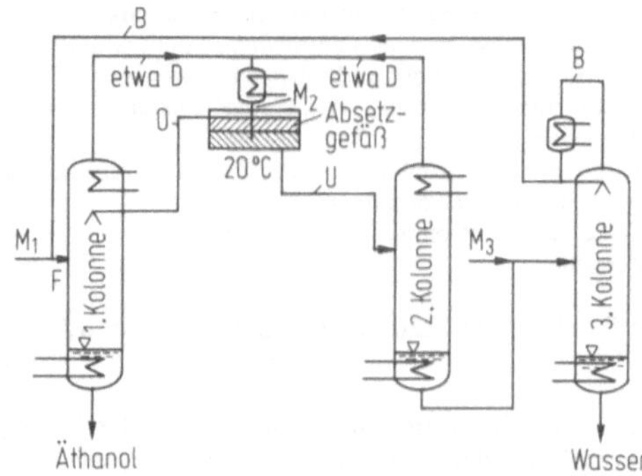

Azeotrope Rektifikation eines Äthylalkohol-Benzol-Wasser-Gemisches, Zugabe des C_2H_5OH-H_2O-Gemisches je nach Konzentration bei M_1 oder M_3 in die erste oder dritte Kolonne

ABC sind azeotrope Punkte der binären und D des ternären Gemisches in Mol-%

	A	B	C	D
C_6H_6	55,7	–	70,4	74,1
C_2H_5OH	44,3	89,5	–	18,5
H_2O	–	10,5	29,6	7,4

Zusammensetzung der Schichten im Scheider bei 20° C

Schicht	obere O	untere U
Vol %	84	16
C_6H_6	74,6 Mol %	4,2 Mol %
C_2H_5OH	21,6	35,0
H_2O	3,8	60,8

H.M.

Azeotroper Punkt (siedender Mehrstoffgemische). An diesem Punkt tritt eine Umkehr der relativen (↑) *Flüchtigkeiten* ein: Nun besitzt der Dampf die gleiche Konzentration wie die Flüssigkeit, aus der er gebildet wird; die relative Flüchtigkeit α besitzt hier den Wert 1. In einem bestimmten Bereich diesseits und jenseits der azeotropen Konzentration ist die eine Komponente die leichtflüchtigere, im anderen Bereich die andere die leichtflüchtigere. H.M.

Bakterienfiltration ↑ *Entkeimungsfilration* E.A.Sch.

Bakteriostatisch wirken chemische Mittel, welche das Wachstum der Bakterien hemmen. Als Beispiele seien Antibiotika angeführt, ferner Verbindungen, die antimetabolische Wirkung haben, etwa Sulfanilamid. Auch die in Deodorantmitteln eingesetzten Wirkstoffe wie chlorierte und bromierte Derivate der Salizylanilide, Carbanilide oder Bisphenole wirken bakteriostatisch (↑ *Bakterizid*). D.O.

Bakterizid wirken chemische Mittel, welche Bakterien töten. Wirksame chemische Substanzen, welche auch als Desinfektionsmittel angewendet werden, sind z.B. Phenol, Kresole, Äthanol, quartäre Ammoniumverbindungen des Types $(R_4N)X$, wie Benzylcetyldimethylammoniumchlorid usw. (↑ *Bakteriostatisch*). D.O.

Bakterizide sind chemische Mittel zur Bekämpfung von Bakterien (↑ *Bakterizid*). D.O.

Ballenreisser dienen zum Aufschluß von Preßballen ohne homogenes Gefüge wie Schälspäne oder Linters (s. Abb.) (nicht Kautschukballen). Die von der Drahtumhüllung befreiten Preßballen werden von der mit Reißnocken bestückten, rotierenden Trommel erfaßt und aufgelockert. Je nach Verbundfestigkeit kann ein Ballenreißer mit schrägem Zulaufschacht Verwendung finden oder ein Gerät mit regulierbarem, horizontalem Vorschub über Transportkette; letzteres insbesondere für Lintersballen. H.S.

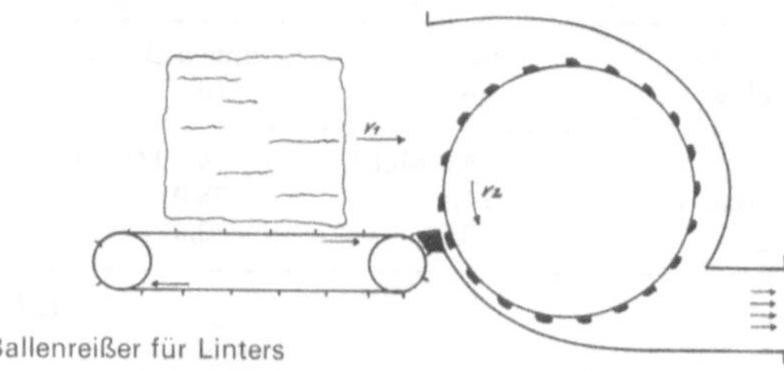

Ballenreißer für Linters

Bandfilter (Bandzellenfilter) (↑) *Filterapparate;* dienen zur kontinuierlichen (↑) *Vakuumfiltration* und zum Auswaschen sehr großer Mengen gut filtrierbarer Feststoffe. Herzstück ist ein über 2 Stirnwalzen umlaufendes, das (↑) *Filtermittel* tragende Band, das über Saugzellen geführt wird. Die Abdichtung erfolgt durch endlos mitlaufende Gleitdichtungen. Der (↑) *Filterkuchen* wird an der Antriebstrommel abgeworfen. Bei Bandzellenfilter besteht das umlaufende Band aus einzelnen aneinandergehängten Filterkästen, welche über die Sauger gleiten. H.W.

Bandgranulator (s. Abb.). Wird in der Gummi- und Kunststoffindustrie als Folge-Aggregat nach Polymerisations- und Polykondensationsreaktoren, Extrudern

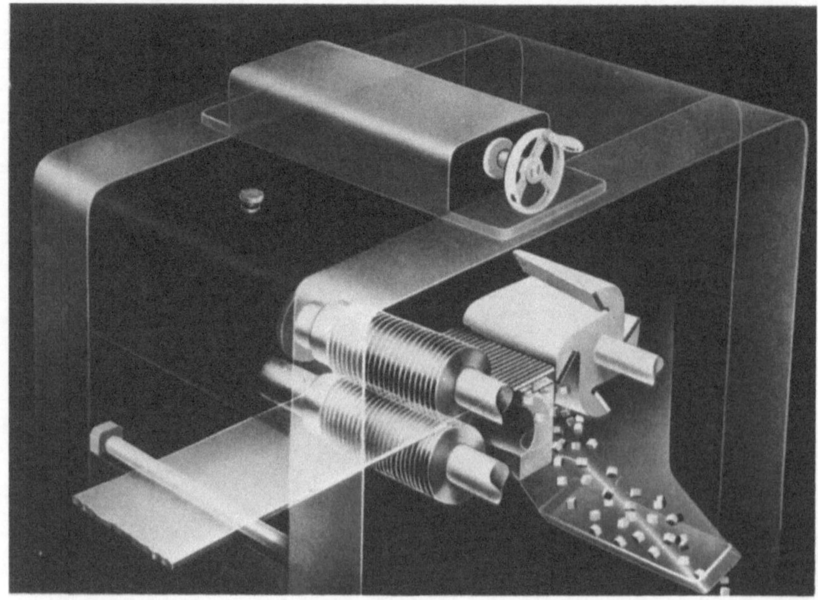

Bandgranulator
(Bauart Condux)

oder Walzwerken eingesetzt. Die zu einem Band gleichmäßiger Breite und Dicke erstarrte Kunststoffschmelze, bzw. das von der Walze abgezogene unvulkanisierte Band einer Gummi-Mischung wird durch Längs- und Querschnitt zu etwa würfelförmigem Granulat geschnitten. Bei Kunststoffen ist eine Granulatgröße von 3, 4 oder 5 mm gebräuchlich, bei unvulkanisierten Gummi-Mischungen 8–10 mm. H.S.

Bandtrockner eignen sich in Ein- oder Mehrbandausführung besonders zum kontinuierlich Trocknen von breiigen, pastösen, rieselfähigen, körnigen, pulvrigen und kristallinen Produkten, die nur geringen mechanischen Beanspruchungen ausgesetzt werden dürfen. Bereitet die Übergabe von einem Band zum anderen keine Schwierigkeiten, so können Mehrbandtrockner eingesetzt werden. Die Anlagen bestehen aus der Bandtrockneranlage, der Aufgabevorrichtung, der

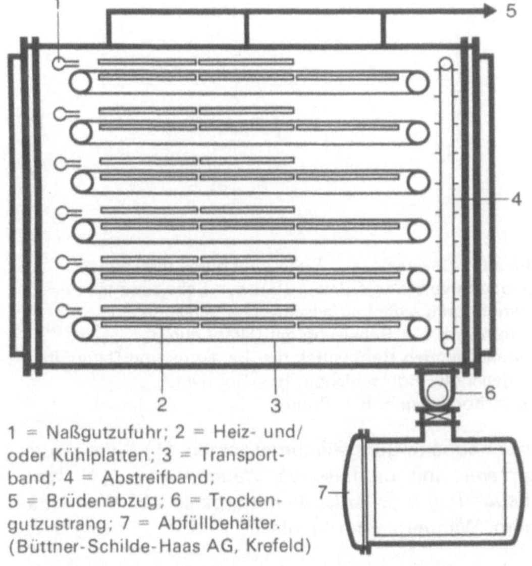

1 = Naßgutzufuhr; 2 = Heiz- und/ oder Kühlplatten; 3 = Transportband; 4 = Abstreifband; 5 = Brüdenabzug; 6 = Trockengutzustrang; 7 = Abfüllbehälter. (Büttner-Schilde-Haas AG, Krefeld)

Austragseinrichtung, dem Oberflächen- oder Mischkondensator und der Vakuumpumpe (s. Abb.). Bei der (↑) *Gefriertrocknung* wird das Naßgut zuerst eingefroren und dann als Granulat auf den Trockner aufgegeben. Die zum Trocknen erforderliche Wärme wird durch Strahlung und Kontakt an das Gut herangebracht (Heiz- bzw. Kühlplatten in Form von Rohrrosten oberhalb und unterhalb der Bänder). D.O.

Bandzellenfilter ↑ *Bandfilter, Filterapparate* H.W.

Barometrischer Mischkondensator. Er besteht aus einem mit Rieselplatten (P) oder ähnlichen Einbauten versehenen Gehäuse und dem barometrischen Fallrohr (F) zum Abfluss von Kühlwasser und Kondensat. Dampf (und Brüden) z.B. von einem Dampfstrahlejektor treten durch den Stutzen (D) von unten in den Kondensator ein, während von oben durch den

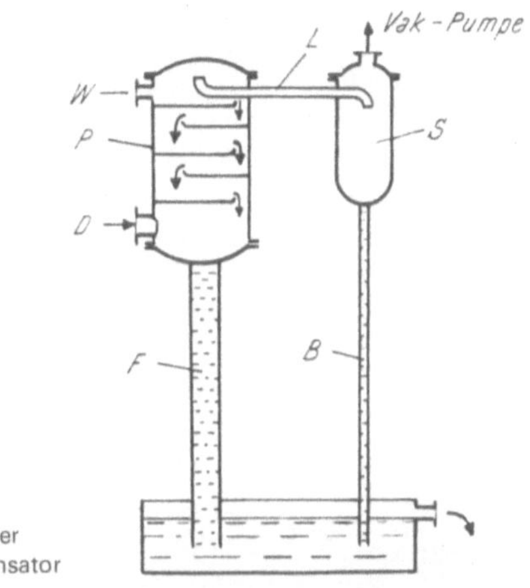

Trockener baromatrischer Mischkondensator

Stutzen (W) Kühlwasser zugeführt wird. Luft (bzw. Gase) wird durch das Rohr (L) über den Spritzwasserfänger (S) mittels einer Vakuumpumpe (Wasserringpumpe, Kolbenpumpe) abgesaugt. Kühlwasser und Kondensat fließen durch die barometrische Kondensatabführung selbsttätig ab (s. Abb.). Das Fallrohr muß naturgemäß mindestens 10 m lang sein. D.O.

BASF-Wirbelfließverfahren zur thermischen (↑) *Crackung* von Rohöl (s. Abb.). Die endotherme Spaltung erfolgt in einer aus inerten Feststoffpartikeln bestehenden (↑) *Wirbelschicht*, wobei die erforderliche Wärme durch die in der Regenerator-Wirbelschicht aufgeheizten Feststoffpartikeln zugeführt wird. Die Aufheizung des Feststoffs im Regenerator wird durch Verbrennung des bei der Spaltung entstandenen und auf den Feststoffpartikeln abgeschiedenen Kohlenstoffs sowie durch zusätzliche Verbrennung von Heizöl bewirkt. J.W.

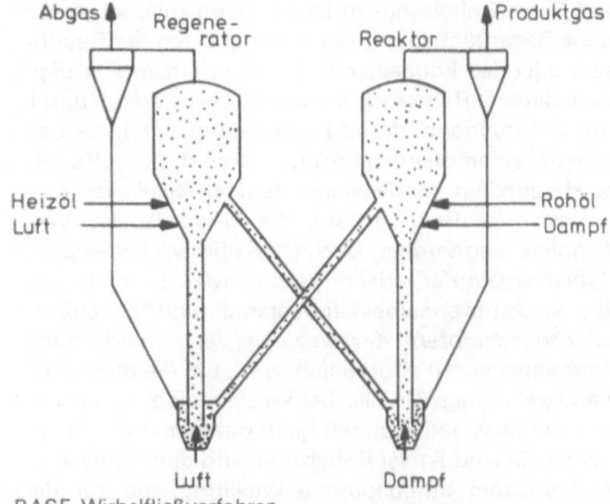

BASF-Wirbelfließverfahren

Beanspruchungsmechanismus (s. Abb.). Man unterscheidet in der (↑) *Zerkleinerungstechnik* (nach Rumpf): I. Zerkleinern durch Druck mit zwei Festkörperflächen. II. Zerkleinern durch Prall mit nur einer

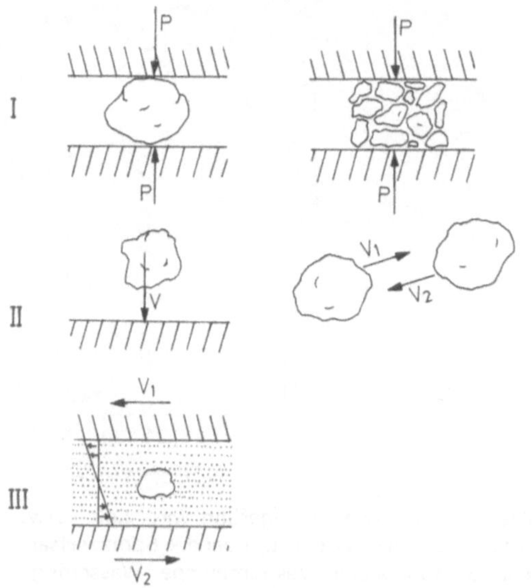

Beanspruchungsmechanismen

Festkörperfläche, aber auch gegenseitiger Aufprall der Mahlgutteilchen. III. Zerkleinern innerhalb einer Scherströmung, also ohne die Hilfe von Festkörperflächen. IV. Zerkleinern durch Einleiten nichtmechanischer Energie (Sprengung, Strahlung, thermische Beanspruchung).   H.S.

Indirekte Beheizung ↑ *Beheizungssysteme*   F. W.

Beheizungssysteme. Man unterscheidet grundsätzlich zwischen direkter und indirekter Beheizung (s. Abb.). Bei direkter Beheizung wird das Heizmedium, beispielsweise Wasserdampf oder Rauchgase, unmittelbar in die zu erwärmende flüssige Lösung eingeblasen. Diese Beheizungsart ist nur dann zulässig, wenn keine Beeinträchtigung der Lösung durch die Rauchgase oder den kondensierenden Wasserdampf erfolgt. Bei indirekter Beheizung ist das (↑) *Heizmedium* durch eine stofftrennende Wandung von der zu erwärmenden oder zu verdampfenden Lösung getrennt. Dampfförmige Heizmedien kondensieren dann beispielsweise an Rohren oder Rohrregistern, die innerhalb des Verdampfers angeordnet sind (↑ *Rohrkorbverdampfer, Robertverdampfer*) oder in Heizmänteln, die außerhalb des Verdampferraumes angebracht sind (↑ *Dünnschichtverdampfer, Kesselverdampfer*). Sind hohe Heiztemperaturen erforderlich, wird, um die dann notwendigen hohen Drücke bei Wasserdampf zu umgehen, mit flüssigen Wärmeträgern gearbeitet (↑) *Heizmedien*. Bei induktiver Beheizung wird durch eine vom Wechselstrom durchflossene Wicklung, die auf die elektrisch leitende Behälterwand aufgebracht ist, in dieser ein elektrischer Strom induziert, dessen Energie sich in Wärme umsetzt. Bei der Auslegung des Beheizungssystems für einen Verdampfer ist auf ein günstiges (kleines) Verhältnis von Flüssigkeitsvolumen zu

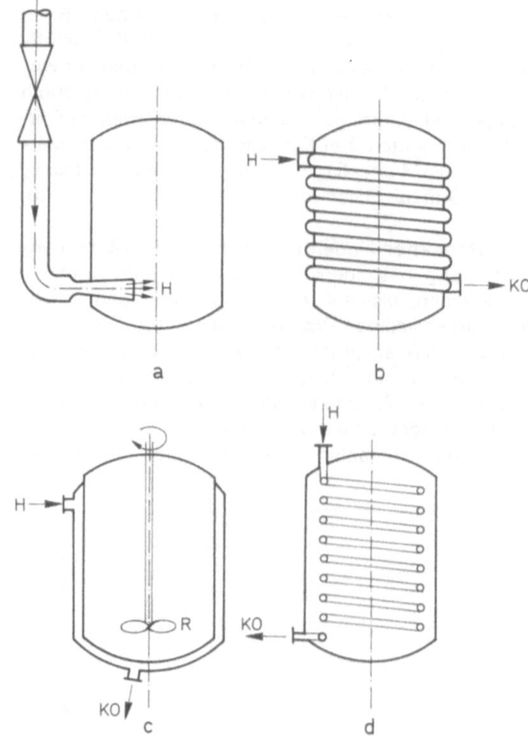

Beheizungssysteme. a = Beheizung durch direktes Einblasen von Wasserdampf (H); b = Beheizung mit Dampf durch außen aufgeschweißte Schlange aus Halbrohren; c = Beheizung mit Dampf durch außenliegenden Heizmantel; d = Beheizung mit Dampf in eingehängter Rohrschlange; H = Heizdampf; KO = Kondensat; R = Rührer

Wärmeübertragungsfläche zu achten. (↑) *Beheizungssysteme*, mit organischen Wärmeträgern, (↑) *Wärmeübertragungs-Anlagen* mit organischen Wärmeträgern, Wärmeträger, organische.   F.W.

Beheizungssysteme mit organischen Wärmeträgern. Die Auswahl eines Heizsystems ist von großem Einfluß auf Investitions- und Betriebskosten. Es muß daher optimal den betrieblichen Aufgaben angepaßt werden. Insbes. müssen die Temperatur- und Wärmemengenbereiche sowie die Entfernungen zwischen Erhitzern und Wärmeverbrauchern berücksichtigt werden. Es kann dadurch sein, daß ein kombiniertes Flüssigphasen-Dampfphasensystem sich als optimale Lösung anbietet (s. Abb.). Wegen der guten Flexibilität hinsichtlich Wärmemengen und Temperaturen, der Unabhängigkeit von den Entfernungen zum Wärmeverbraucher, der besseren Reguliermöglichkeit und des Vorteils, daß man im gleichen System heizen und kühlen kann, werden bevorzugt Flüssigphasensysteme benutzt. Je nach Aufgabe kann man acht Systeme für die Beheizung mit flüssigen oder dampfförmigen (↑) *organischen Wärmeträgern* in (↑) *Wärmeübertra-*

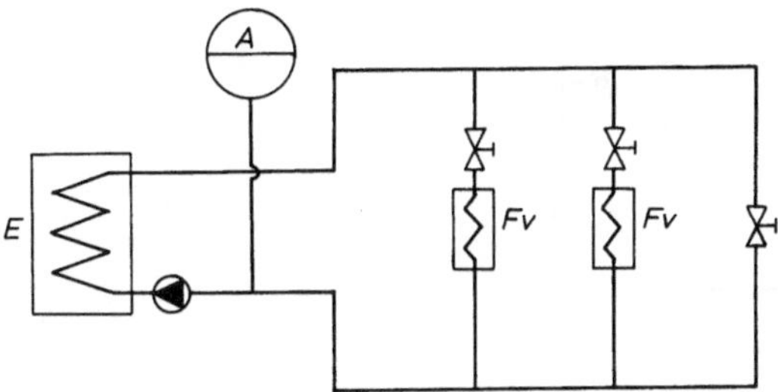

1. E = Erhitzer; A = Ausdehnungsgefäß;
   Fv = Flüssigkeitsverbraucher

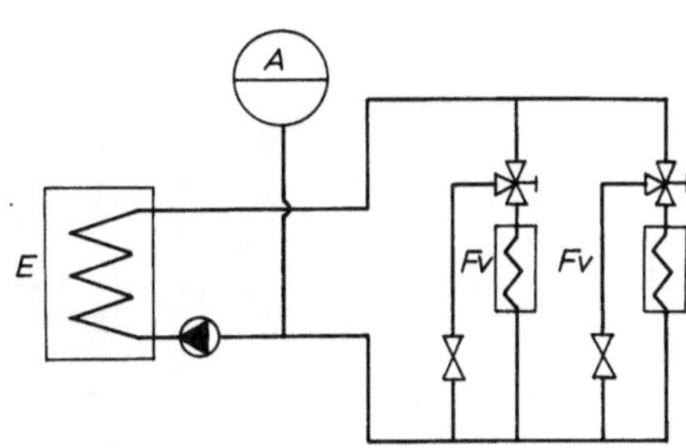

2. E = Erhitzer; A = Ausdehnungsgefäß;
   Fv = Flüssigkeitsverbraucher

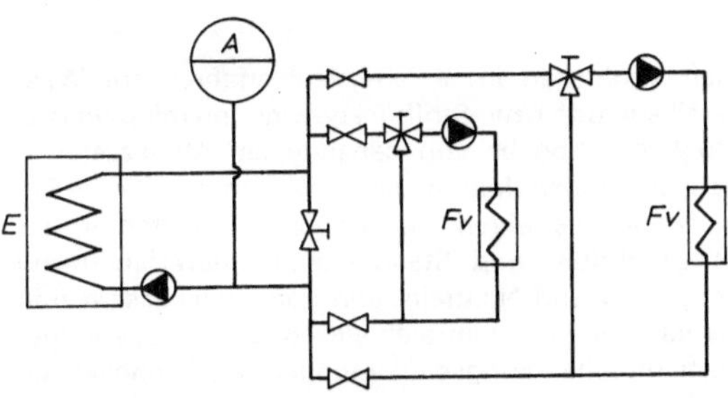

3. E = Erhitzer; A = Ausdehnungsgefäß;
   Fv = Flüssigkeitsverbraucher

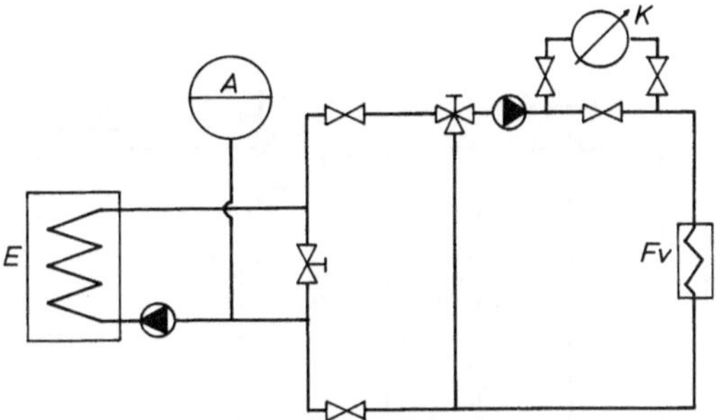

4. E = Erhitzer; A = Ausdehnungsgefäß;
   Fv = Flüssigkeitsverbraucher; K = Kühler

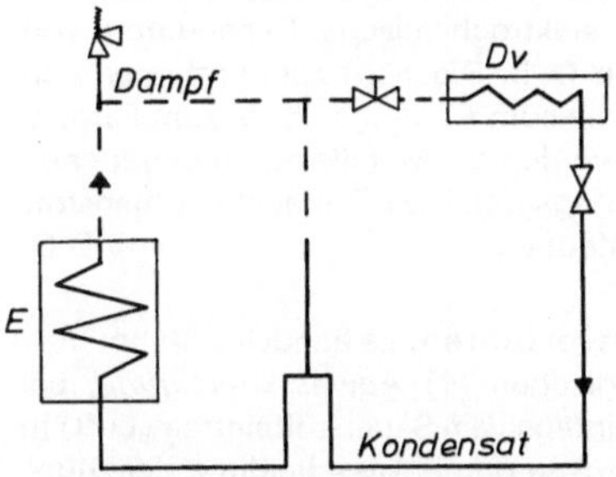

5. E = Erhitzer; Dv = Dampfverbraucher

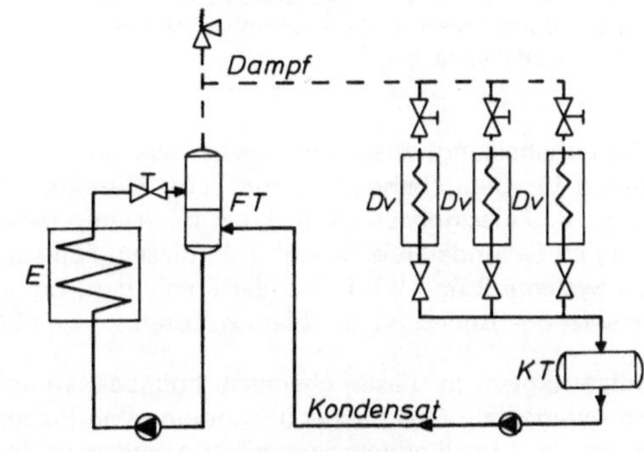

6. E = Erhitzer; Dv = Dampfverbraucher;
   FT = Flash-Tank; KT = Kondensat-Tank

gungsanlagen unterscheiden: 1. Flüssigphasenbeheizung mit konstanter Vorlauftemperatur und Überströmventil (s. Abb.). Die Wärmeträgermenge für die Verbraucher wird von Hand oder mit einem Regelventil dosiert. Zur Sicherung der Durchflußmenge ist ein Überströmventil nötig. 2. Flüssigphasenbeheizung mit Dreiwegeventil und Bypassleitung (s. Abb.). Dieses System hat den gleichen Nachteil wie das erste System. Alle Verbraucher werden mit der gleichen Vorlauftemperatur gespeist, die ihrerseits bestimmt wird von dem Verbraucher, der die höchste Temperatur benötigt. 3. Flüssigphasenbeheizung mit Sekundärkreisen (s. Abb.). Bei dieser Schaltung erhält jeder Verbraucher eine eigene Umwälzpumpe und stellt sich über das Dreiwegeventil jeweils seine Vorlauftemperatur ein. Unabhängig von den Schwankungen im Erhitzer ist eine genaue Temperaturregelung möglich. Zur Sicherung der Durchflußmenge im Primärkreis ist ein Überströmventil nötig. 4. Flüssigphasensystem mit wechselweisem Heizen und Kühlen (s. Abb.). Bei dieser

Schaltung ist ein Kühler in den Sekundärkreis eingebaut. Zusätzlich kann mit einem Kühlvorrat gearbeitet werden, wenn eine schnelle Abkühlung erforderlich ist. 5. Dampfbeheizung mit natürlicher Zirkulation (s. Abb.). Die Höhendifferenz zwischen Verbraucher und Erhitzer ermöglicht ein Beheizungssystem ohne Pumpen, so daß erhebliche Energiekosten eingespart werden. Der Siphon dient zur Sicherung des Flüssigkeitsstandes im Verdampfer. 6. Dampfbeheizung mit Kondensatpumpen (s. Abb.). In einem Flashtank werden Dampf und Flüssigkeit getrennt. Die Verdampfung kann direkt im Erhitzer erfolgen oder durch Druckabsenkung im Flashtank. Das Kondensat fließt einem Sammelbehälter zu und wird in den Flashtank zurückgepumpt. 7. Dampfbeheizung mit Flüssigphasen-Sekundärkreis (s. Abb.). Es handelt sich um eine Misch-

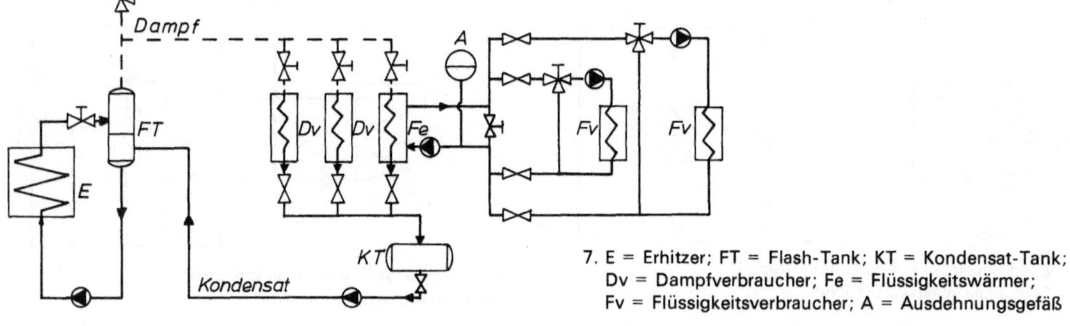

7. E = Erhitzer; FT = Flash-Tank; KT = Kondensat-Tank;
Dv = Dampfverbraucher; Fe = Flüssigkeitswärmer;
Fv = Flüssigkeitsverbraucher; A = Ausdehnungsgefäß

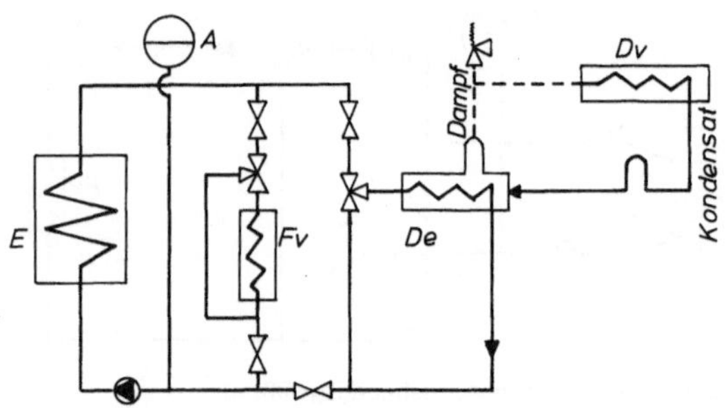

8. E = Erhitzer; Fv = Flüssigkeitsverbraucher;
De = Dampferzeuger; Dv = Dampfverbraucher;
A = Ausdehnungsgefäß

phasenbeheizung, zusammengesetzt aus den Systemen 6 für Dampfbeheizung und 3 für Flüssigbeheizung. 8. Flüssigphasenprimärkreis mit Dampfbeheizung im Sekundärkreis (s. Abb.). In diesem Falle sind die Systeme 2 und 5 miteinander kombiniert, um ein schwieriges Beheizungsproblem zu lösen. M.N.

Beizanlagen. In diesen chemisch hochbeanspruchten Anlagen zur Oberflächenbehandlung von Erzeugnissen der Metallindustrie werden Beizprozesse chemisch oder elektrochemisch mit Säuren, Laugen oder Salzlösungen durchgeführt, zur Erzielung sauberer, metallisch blanker Oberflächen (meist als Vorstufe für eine nachfolgende Kaltverformung oder um metallische und nichtmetallische, anorganische und organische Überzüge aufbringen zu können) .Beizanlagen benötigen in der Regel spezielle Abwasser- und Abluftanlagen. Häufig sind aus wirtschaftlichen Gründen auch Säureregenerationsanlagen erforderlich. Weiterhin sind Einrichtungen zum Transport des Beizgutes wie auch zur Säurelagerung notwendig. Die in Beizereien, galvanotechnischen Betrieben, Feuerverzinkereien etc. anfallenden schadstoffhaltigen Abwässer müssen behördlichen Auflagen entsprechend soweit behandelt werden, daß nur umweltunschädliche, neutrale Abwässer abgegeben werden. Die Abwässer-Anfälle sollten so gering wie möglich gehalten werden. Die erforderlichen Abwasser-Behandlungsverfahren sind sehr unterschiedlicher Art, lassen sich aber prinzipiell unterteilen in: a) Kreislaufverfahren zur Wassereinsparung bzw. Stoffrückgewinnung mit geringstmöglicher Abgabe von behandeltem Abwasser: Ionenaustauschverfahren, Lancy-Verfahren, Säure-Regenerationsverfahren, und Didier-VFR-Verfahren u.a. b) Durchfluß- und Standbehandlungsverfahren zur Entgiftung und Neutralisation von Spülwässern und verbrauchten Konzentraten einschließlich zugehöriger Feststoffbehandlungseinrichtungen wie Schnellklärer, Zyklone usw. M.H. u. G.S.

Beizen, von Metallen. Hierunter versteht man eine chemische oder elektrochemische Behandlung von Metalloberflächen (z. B. Blechen) zum Entfernen von Deckschichten oder zum Aufrauhen bzw. zum Färben. Vor dem Beizen werden die Metalle durch Eintauchen in geeignete Lösungsmittel wie Tetrachlorkohlenstoff oder Benzin „entfettet". D.O.

Belebtschlammverfahren. Es handelt sich um Verfahren zur biologischen (↑) *Abwasserreinigung*, bei denen sich unter intensivem Sauerstoffeintrag (Luft) in das Belüftungsbecken durch Ausscheidung der zugesetzten Mikroben schleimige Flocken bilden, in denen die biologische Selbstreinigung stattfindet. Die Flocken setzen sich im Absetzbecken der Anlagen als Schlamm ab, von dem ein Teil an das Belüftungsbecken zurückgeführt wird (↑ *Abbau, biologischer*). D.O.

Bentonit ist ein durch Verwitterung vulkanischer Tuffe entstandener montmorillonit-reicher Ton. Er wird als Naturprodukt aufbereitet und in der Adsorptionstechnik eingesetzt. Er ist auf Grund seiner Eigenschaften (hoher Abrieb bei dynamischem Arbeiten, zu große Quellung bei max. Feuchtigkeit oder in Gegenwart von tröpfchenförmigem Wasser) nur für statische Trocknung geeignet. Bentonit kann neben Wasser auch Säurespuren aufnehmen und chemisch binden. Der Abstand zwischen den Gitterebenen schwankt zwischen 4 und 13 Å. Wasser wird zwischen die Gitterebenen eingelagert. Die Quellung der Gitterebenen kann bei der Aufnahme höherer Kohlenwasserstoffe bis 27,7 Å erreichen. Der wirksame Anteil ist der Montmorillonit, $Al_2 [(OH)_2/Si_4O_{10}] \cdot nH_2O$, welcher durch isomorphe Vertretbarkeit Natrium oder Calcium-Ionen, in geringerem Maße auch Magnesium- oder Eisen-(II)-Ionen enthält. Werden diese Ionen durch Säureaufschluß, zumeist Chlorwasserstoffsäure, entfernt, erhält man ein vorzügliches Adsorptionsmittel für die Entfernung von Großmolekülen, z. B. Farstoffen. Ein derartiges Produkt wird zur Entfärbung von Fetten und Ölen eingesetzt. Die herausgelösten Bestandteile dienen in der Wasseraufbereitung als hervorragende Flockungsmittel.   K.W.

Benzin. Sammelbegriff für leichtsiedende flüssige Kohlenwasserstoffe bis zum Siedeende von etwa 200° C.   D.O.

Benzoesäure wird großtechnisch durch Luftoxydation von Toluol in flüssiger Phase gewonnen:

$$CH_3 \xrightarrow[140-170°C]{O_2\,[Luft],\ Katalysator} COOH$$

Sie dient hauptsächlich als Zwischenprodukt zur Herstellung von (↑) *Phenol* durch oxydative Decarboxylierung

$$COOH \xrightarrow{O_2\,[Luft],\ Katalysator} OH + CO_2$$

und wird ferner als Zwischenprodukt zur Herstellung von (↑) *Caprolactam* sowie u.a. bei der Parfümölherstellung benötigt. Benzoesäuremethylester ist ein zwangsweise anfallendes Nebenprodukt bei der Herstellung von (↑) *Dimethylterephthalat* z. B. nach dem Katzschmann-Prozeß.   D.O.

Benzol gilt als krebserzeugender (↑) *Arbeitsstoff* der Gruppe A 1. Chronische Benzolexposition kann beim Menschen zu Blutbildveränderungen führen, die sich in seltenen Fällen zur Leukämie steigern. Benzol darf nur verwendet werden, wenn es aus technischen Gründen nicht durch weniger gefährliche Arbeitsstoffe ersetzt werden kann (Verordnung über gefährliche (↑) *Arbeitsstoffe*, Anhang II, No. 2). (↑) *TRK-Wert* 8 ppm (1977).   F.WI.

Bergius-Verfahren ist im Prinzip die Hydrierung von Braun- oder Steinkohlen in prinzipiell zwei Phasen: In der ersten Phase („Sumpfphase") wird die mit zurückgewonnenem „Anreiböl" zu einem Brei vermischte getrocknete Kohle bei Drücken bis zu 400 bar im Temperaturbereich von etwa 450–500° C in Gegenwart von Eisenkatalysator hydriert (spaltende Hydrierung); in der zweiten Phase („Gasphase") werden die Produkte mit Siedepunkt bis zu ca. 325° C dann in Gegenwart geeigneter Katalysatoren hydriert, wobei wiederum zwei Teilprozesse zu unterscheiden sind: 1. Raffinierende Hydrierung, 2. hydrierende Spaltung

(„Benzinierung"). Die bei der Aufarbeitung der Sumpfphase anfallenden Produkte mit einem Siedepunkt oberhalb 325° C werden in der Sumpfphase hydriert. Das Verfahren wurde bis zum Ende des Zweiten Weltkrieges im großtechnischen Maßstab zur Gewinnung von flüssigen Treibstoffen eingesetzt und findet heute erneut Beachtung (↑ *Rohrreaktor*). D.O.

Berstscheiben gehören zu den (↑) *Druckentlastungseinrichtungen.* Sie sollen verhindern, daß der für einen Behälter oder eine Apparatur höchstzulässige Druck überschritten wird (s. Abb.). Vorteile gegenüber (↑) *Sicherheitsventilen:* Geringere Kosten, größere Querschnitte möglich, Wartungsfreiheit, geringer Platzbedarf. Nachteile: Beim Ansprechen wird nicht nur der unzulässige Überdruck, sondern der Gesamtdruck der Apparatur entspannt: Größere Gefahr für die Umgebung; Betriebsunterbrechung zum Einbau einer neuen B. Wie auch bei anderen Druckentlastungseinrichtungen dürfen sich weder vor noch hinter der B. Absperrarmaturen befinden.   F.WI.

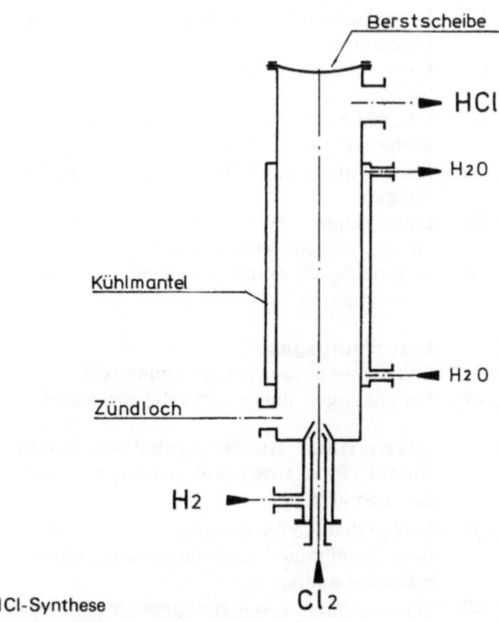

HCl-Synthese

Berufsgenossenschaft. Die Berufsgenossenschaften (BG-en), Körperschaften des öffentlichen Rechts, sind aufgrund der Reichsversicherungsordnung (RVO) Träger der gesetzlichen Unfallversicherung (§ 646 RVO), durch die der Unternehmer von seiner Haftung gegenüber den Opfern von Unfällen und (↑) *Berufskrankheiten* abgelöst ist (§ 636 RVO). Darüber hinaus haben sie für die Verhütung von Unfällen und Berufskrankheiten zu sorgen. Zu diesem Zweck erlassen sie (↑) *Unfallverhütungsvorschriften*, Richtlinien etc. und überwachen durch „Technische Aufsichtsbeamte" die Arbeitssicherheitsmaßnahmen in den Betrieben (§ 712 RVO). Für die chemische Industrie ist die: Berufsgenossenschaft der chemischen Industrie, Gaisbergstr. 11, 6900 Heidelberg, zuständig.   F.WI.

Berufskrankheiten sind die in der Berufskrankheiten-Verordnung (BeKV) aufgezählten 55 Erkrankungen (§ 551 RVO). Berufskrankheiten sind (genau wie Arbeitsunfälle) anzeigepflichtig und werden analog entschädigt. Liste der Berufskrankheiten (Stand 1977):

1   Durch chemische Einwirkungen verursachte Krankheiten

11   Metalle und Metalloide
11 01   Erkrankungen durch Blei oder seine Verbindungen
11 02   Erkrankungen durch Quecksilber oder seine Verbindungen
11 03   Erkrankungen durch Chrom oder seine Verbindungen
11 04   Erkrankungen durch Cadmium oder seine Verbindungen
11 05   Erkrankungen durch Mangan oder seine Verbindungen
11 06   Erkrankungen durch Thallium oder seine Verbindungen
11 07   Erkrankungen durch Vanadium oder seine Verbindungen
11 08   Erkrankungen durch Arsen oder seine Verbindungen
11 09   Erkrankungen durch Phosphor oder seine anorganischen Verbindungen
11 10   Erkrankungen durch Beryllium oder seine Verbindungen

12   Erstickungsgase
12 01   Erkrankungen durch Kohlenmonoxid
12 02   Erkrankungen durch Schwefelwasserstoff

13   Lösemittel, Schädlingsbekämpfungsmittel (Pestizide) und sonstige chemische Stoffe
13 01   Schleimhautveränderungen, Krebs oder andere Neubildungen der Harnwege durch aromatische Amine
13 02   Erkrankungen durch Halogenkohlenwasserstoffe
13 03   Erkrankungen durch Benzol oder seine Homologe
13 04   Erkrankungen durch Nitro- oder Aminoverbindungen des Benzols oder seiner Homologe oder ihrer Abkömmlinge
13 05   Erkrankungen durch Schwefelkohlenstoff
13 06   Erkrankungen durch Methylalkohol (Methanol)
13 07   Erkrankungen durch organische Phosphorverbindungen
13 08   Erkrankungen durch Fluor oder seine Verbindungen
13 09   Erkrankungen durch Salpetersäureester

13 10   Erkrankungen durch halogenierte Alkyl-, Aryl- oder Alkylaryloxide
13 11   Erkrankungen durch halogenierte Alkyl-, Aryl- oder Alkylarylsulfide
13 12   Erkrankungen der Zähne durch Säuren
13 13   Hornhautschädigungen des Auges durch Benzochinon

Zu den Nummern 11 01 bis 11 10, 12 01 und 12 02, 13 03 bis 13 09: Ausgenommen sind Hauterkrankungen. Diese gelten als Krankheiten im Sinne dieser Anlage nur insoweit, als sie Erscheinungen einer Allgemeinerkrankung sind, die durch Aufnahme der schädigenden Stoffe in den Körper verursacht werden, oder gemäß Nummer 51 01 zu entschädigen sind.

2   Durch physikalische Einwirkungen verursachte Krankheiten

21   Mechanische Einwirkungen
21 01   Erkrankungen der Sehnenscheiden oder des Sehnengleitgewebes sowie der Sehnen- oder Muskelansätze, die zur Unterlassung aller Tätigkeiten gezwungen haben, die für die Entstehung, die Verschlimmerung oder das Wiederaufleben der Krankheit ursächlich waren oder sein können
21 02   Meniskusschäden nach mindestens dreijähriger regelmäßiger Tätigkeit unter Tage
21 03   Erkrankungen durch Erschütterung bei Arbeit mit Druckluftwerkzeugen oder gleichartig wirkenden Werkzeugen oder Maschinen
21 04   Vibrationsbedingte Durchblutungsstörungen an den Händen, die zur Unterlassung aller Tätigkeiten gezwungen haben, die für die Entstehung, die Verschlimmerung oder das Wiederaufleben der Krankheit ursächlich waren oder sein können
21 05   Chronische Erkrankungen der Schleimbeutel durch ständigen Druck
21 06   Drucklähmungen der Nerven
21 07   Abrißbrüche der Wirbelfortsätze

22   Druckluft
22 01   Erkrankungen durch Arbeit in Druckluft

23   Lärm
23 01   Lärmschwerhörigkeit

24   Strahlen
24 01   Grauer Star durch Wärmestrahlung
24 02   Erkrankungen durch ionisierende Strahlen

3   Durch Infektionserreger oder Parasiten verursachte Krankheiten sowie Tropenkrankheiten
31 01   Infektionskrankheiten, wenn der Versicherte im Gesundheitsdienst, in der Wohlfahrtspflege oder in einem Laboratorium tätig oder

durch eine andere Tätigkeit der Infektionsgefahr in ähnlichem Maße besonders ausgesetzt war

31 02 Von Tieren auf Menschen übertragbare Krankheiten

31 03 Wurmkrankheit der Bergleute, verursacht durch Ankylostoma duodenale oder Strongyloides stercoralis

31 04 Tropenkrankheiten, Fleckfieber

4 Erkrankungen der Atemwege und der Lungen, des Rippenfells und Bauchfells

41 Erkrankungen durch anorganische Stäube

41 01 Quarzstaublungenerkrankung (Silikose)

41 02 Quarzstaublungenerkrankung in Verbindung mit aktiver Lungentuberkulose (Silikose-Tuberkulose)

41 03 Asbeststaublungenerkrankung (Asbestose)

41 04 Asbeststaublungenerkrankung (Asbestose) in Verbindung mit Lungenkrebs

41 05 Durch Asbest verursachtes Mesothelom des Rippenfells und des Bauchfells

41 06 Erkrankungen der tieferen Atemwege und der Lungen durch Aluminium oder seine Verbindungen

41 07 Erkrankungen an Lungenfibrose durch Metallstäube bei der Herstellung oder Verarbeitung von Hartmetallen

41 08 Erkrankungen der tieferen Atemwege und der Lungen durch Thomasmehl (Thomasphosphat)

42 Erkrankungen durch organische Stäube

42 01 Farmer-(Drescher-)Lunge

42 02 Erkrankungen der tieferen Atemwege und der Lungen durch Rohbaumwoll- oder Flachsstaub (Byssinose).

---

43 Obstruktive Atemwegserkrankungen

43 01 Durch allergisierende Stoffe verursachte obstruktive Atemwegserkrankungen, die zur Unterlassung aller Tätigkeiten gezwungen haben, die für die Entstehung, die Verschlimmerung oder das Wiederaufleben der Krankheit ursächlich waren oder sein können

43 02 Durch chemisch-irritativ oder toxisch wirkende Stoffe verursachte obstruktive Atemwegserkrankungen, die zur Unterlassung aller Tätigkeiten gezwungen haben, die für die Entstehung, die Verschlimmerung oder das Wiederaufleben der Krankheit ursächlich waren oder sein können

5 Hautkrankheiten

51 01 Schwere oder wiederholt rückfällige Hauterkrankungen, die zur Unterlassung aller Tätigkeiten gezwungen haben, die für die Entste-

hung, die Verschlimmerung oder das Wiederaufleben der Krankheit ursächlich waren oder sein können

51 02 Hautkrebs oder zur Krebsbildung neigende Hautveränderung durch Ruß, Rohparaffin, Teer, Anthrazen, Pech oder ähnliche Stoffe

6 Krankheiten sonstiger Ursachen

61 01 Augenzittern der Bergleute

Zur Verhinderung besonders häufiger oder besonders schwerer Berufskrankheiten sind spezielle ($\uparrow$) *Unfallverhütungsvorschriften* erlassen worden, z.B.:

UVV	BK-No.
13 Lärm (VBG 121)	2301
2 Schutz gegen gesundheitsgefährlichen mineralischen Staub (VBG 119)	4101, 4102, 4103, 4104, 4105
Schutzmaßnahmen beim Umgang mit krebserzeugenden Arbeitsstoffen (in Vorbereitung)	1103, 1108, 1301, 1310, 1311, 5102

F.WI.

Berufskrebs $\uparrow$ *Arbeitsstoffe*, krebserzeugende; Berufskrankheiten. F.WI.

Beryllium wird hauptsächlich als Legierungsmetall verwendet, z.B. für funkenarme Werkzeuge. Als Legierungsbestandteil ist es physiologisch neutral, dagegen als Staub, Rauch (BeO) und auch in Form seiner Salze sehr giftig. Die durch Beryllium hervorgerufene anzeigepflichtige ($\uparrow$) *Berufskrankheit* wird als Berylliose bezeichnet (BK No. 1110). Beryllium ist ein im Tierversuch krebserzeugender ($\uparrow$) *Arbeitsstoff:* Ein ($\uparrow$) *MAK-Wert* kann nicht angegeben werden. F.WI.

Beschichtungen, säurefeste, mit Kunststoffen. Im letzten Jahrzehnt haben Beschichtungen auf Kunstharzbasis zunehmend an Bedeutung gewonnen. Man verwendet ($\uparrow$) *Epoxidharze*, ($\uparrow$) *ungesättigte Polyesterharze*, ($\uparrow$) *Polyurethanharze* und ($\uparrow$) *Vinylesterharze* (s. Tabelle). Die Schichtdicken liegen in der Regel oberhalb 1 mm; für mechanisch stark beanspruchte Flächen oberhalb 4 mm. Vorteile liegen in der Preiswürdigkeit im Vergleich zu Plattenbelägen und in der schnellen und einfachen Reparaturmöglichkeit, allerdings müssen gerade bei der Ausführung von Kunstharzbeschichtungen besondere Forderungen an die Untergrundverhältnisse gestellt werden: Normalerweise darf die Feuchtigkeit des Untergrundes (Beton oder Zementestrich) ca. 3% nicht überschreiten, da sonst Haftungs- oder Aushärtungsstörungen auftreten können. Wichtig sind außerdem die bei den Beschichtungssystemen einzuhaltenden Mindesttemperaturen der Untergründe. Ein wesentlicher Nachteil der meisten Kunstharzbeschichtungen liegt im Vergleich zu Plat-

Stoffwert-Tabelle für Kunstharzbeschichtungen (SI-Einheiten)

Werkstoff-basis	Beschichtg.	Druck-festigk.	Zug-festigk.	E-Modul	lineare Wärme-ausdehng.	Temp. max.	Beständigkeit (grobe Orientierungs-angaben)			
							Säure	Lauge	Lös.-mittel	Öle Fette
		$N \cdot mm^{-2}$ bei RT	$N \cdot mm^{-2}$ bei RT	$10^4 N \cdot mm^{-2}$ bei RT	$10^{-5} \cdot K^{-1}$ bei RT	°C	+ beständig − unbeständig (+) bedingt beständig			
Polyesterharz	Spachtelung	70–120	7–18	0,5–1,6	2,0–3,0	50–60	+	(+)	(+)	+
Epoxidharz	Spachtelung	70–120	7–15	0,5–1,8	2,0–4,5	50–60	(+)	+	(+)	+
	Fließspachtel	50–100	7–15	0,4–0,8	2,5–5,0	50–60	(+)	+	(+)	+
Vinylester-harz	Fließspachtel	70–110	8–18	0,5–0,8	2,5–4,0	50–60	+	+	+/(+)	+
Acrylatharz	Fließspachtel	30–50	8–15	0,2–0,3	5,0–8,0	60–70	+	+	(+)	+
Polyurethan-harz	Spachtelung	50–90	5–30	0,1–1,5	3,0–5,0	50–60	+	(+)	(+)	+
	Fließspachtel	50–90	5–30	0,1–1,5	3,0–5,0	50–60	+	(+)	(+)	+

tenbelägen in der eingeschränkten Temperaturbelast-barkeit (ca. 50–60 °C) die durch die unterschiedlichen Ausdehnungskoeffizienten von Beschichtung und Untergrund gegeben ist. Oberhalb dieses Temperaturbereiches ist in der Regel mit Ablösungen vom Untergrund oder Rissbildung zu rechnen. Einsatzbereiche liegen vorrangig im Schutz von Industriefußböden wie auch im Schutz von Behältern, Tassen und Rinnen (↑ *Säureschutztechnik*).   M.H. u. G.S.

Bettfilter (↑ *Filterapparate*) sind einfache offene (für Schwerkraftfiltration) oder geschlossene (für (↑) *Druckfiltration*) Behälter mit körnigen (↑) *Filtermitteln* in dicker Lage (500–1 500 mm). Das Filterbett wird in gestufter Körnung über grob nach fein durchströmt. Regenerierung erfolgt durch Rückspülung. Sie dienen vorwiegend zum Reinigen von Trink- und Brauchwasser mit geringen Feststoffanteilen.   H.W.

Biotechnik ↑ *Biotechnologie*   D.O.

Biotechnologie. Hierunter versteht man technologische Verfahren, bei denen Mikroorganismen für chemisch-technische Prozesse nutzbar gemacht werden. Wichtige Beispiele für dies heute in voller Entwicklung befindliche Gebiet sind die seit langem bekannten technisch betriebenen Gärungsprozesse, z.B. zur Gewinnung von Alkohol, Essigsäure, Buttersäure, Citronensäure, Milchsäure usw., die Massenzucht von Mikroorganismen z.B. zur Eiweißgewinnung, die Gewinnung von Antibiotika (Penicillin) sowie die Mithilfe von Mikroorganismen bei der Synthese von Steroiden. Große Bedeutung hat ferner der Einsatz von Mikroorganismen bei der (↑) *Abwasserreinigung* und (↑) *Müllbeseitigung*. Altbekannte Beispiele sind die Brotherstellung, die Bier- und Weinbereitung sowie die Essiggärung.   D.O.

Bipolare Schaltung einer Elektrode. Innerhalb einer Zellenbatterie sind die Elektroden isoliert in Reihe geschaltet und nur über den Elekrolyten verbunden. Jede Elektrode (bis auf die Außenelektroden) ist auf einer Seite als Anode, auf der anderen als Kathode bei nahezu gleichem Potential wirksam. Nur die äußeren Elektroden haben elektrische Anschlüsse, alle anderen ersparen nicht nur die Kontaktierungen, sondern auch deren Widerstände. Nachteilig sind die unvermeidbaren (↑) *Parasitströme*, die einzelne Elektroden umgehen und die (↑) *Stromausbeute* mindern (Gegensatz: (↑) *unipolare Schaltung*).   H. V.

Blasendestillation. In einem beheizten Behälter (Blase) wird aus einem Flüssigkeitsgemisch mit Komponenten, die verschiedene Siedetemperaturen besitzen, ein Dampf erzeugt, der im Phasengleichgewicht zur jeweiligen Blasen-Flüssigkeitskonzentration steht. Dabei ist die leichtestsiedende Komponente meist in um so größerer Konzentration im Dampf enthalten, je größer die Siedetemperaturdifferenz zu den einzelnen Komponenten ist. Die Blasenflüssigkeit verarmt beim Abdampfen an Leichtersiedenden. Zu dieser geringeren Konzentration steht ein Dampf im Phasengleichgewicht, der eine niedrigere Konzentration an Leichter-

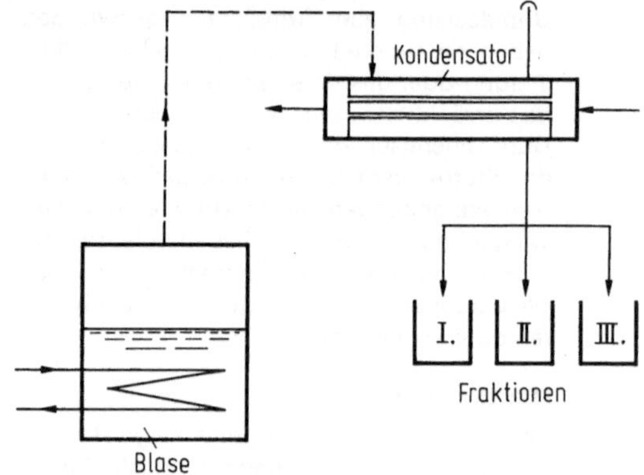

Prinzip der Blasendestillation

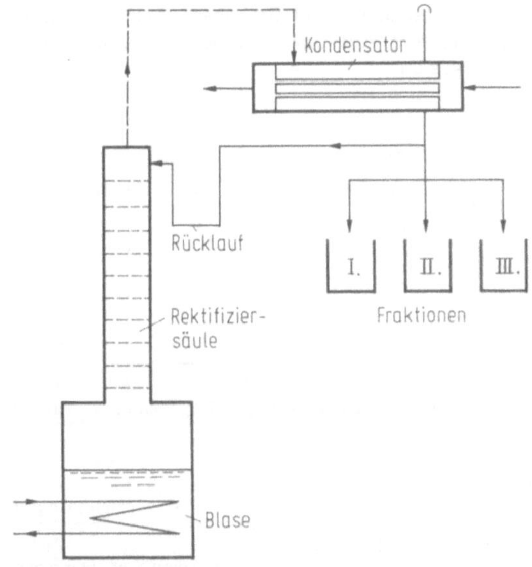

Prinzip der Blasendestillation mit einer Rektifizier-Säule

siedenden besitzt als der Dampf zum Beginn der Destillation. Wird nur ein Teil der Blasenflüssigkeit abdestilliert, so besitzt das gewonnene Destillat (= nacheinander kondensierte Dämpfe) eine größere Konzentration an Leichtersiedendem als die Ausgangsflüssigkeit. Wird der gesamte Blaseninhalt mit Ausnahme der nichtflüchtigen Verunreinigungen abgedampft, so besitzt das von nichtflüchtigen Stoffen gereinigte Destillat die gleiche Konzentration wie die Ausgangsflüssigkeit (s. Abb.). Eine (↑) *Rektifizierkolonne* auf der Blase ermöglicht die Fraktionen durch (↑) *Rektifikation* als reine Komponenten zu gewinnen (s. Abb.). Dabei ist das (↑) *Rücklaufverhältnis* am Ende einer Fraktion zu steigern, bis die Trennleistung der Rektifiziersäule für die reine Fraktion nicht mehr ausreicht. Von da ab fällt eine Zwischenfraktion mit Bestandteilen der nächsten Fraktion an, ehe letztere als reine Komponente zu gewinnen ist. Die Rektifiziersäule arbeitet dabei als reine Verstärkungssäule. H.M.

Blasensäulenreaktor (BSR). Obschon er zu den wichtigsten Grundtypen der Reaktionsapparate zählt, wird der BSR in der industriellen Reaktionstechnik (*Reaktoren*) weit weniger benutzt als z.B. der begaste Rührkesselreaktor (RKR) oder der Rohrreaktor (RR). Die Ursache liegt im schwierigen „Scale-up" dieser Reaktoren-Art. Der BSR ist eine einfache und billige Konstruktion und bietet günstige Voraussetzungen für eine isotherme Fahrweise. Einsatzbereich: für kontinuierliche und diskontinuierliche Gas/Flüssigreaktionen, z.B. homogen katalysierte Oxidationen (Cyclohexan zu Cyclohexanol, Cyclohexanol zu Cyclohexanon, Paraffinoxidation) oder Hydratisierung von Isobutylen in wässriger Schwefelsäure zu Isobutanol. Im kontinuierlichen BSR steigt das Reaktionsgas als Blasenschwarm in der Flüssigkeit entweder im Gleich- oder

Gegenstrom (s. Abb.) nach oben. Das Gas wird am Boden der Kolonne durch statische Verteiler wie Siebböden, Fritten aus Sinterwerkstoffen oder gelochte Rohre in der Flüssigkeit dispergiert. Die Blasen vergrößern sich beim Aufsteigen durch Koaleszenz und durchmischen die Flüssigkeit infolge ihrer Schleppwirkung. Bei mittleren (auf den freien Querschnitt bezogenen) Gasgeschwindigkeiten (< 4 cm/s) befinden sich die Blasen im quasilaminaren Bereich ohne nennenswerte, gegenseitige Beeinflussung, oberhalb Aufstiegsgeschwindigkeiten von 10 cm/s im Turbulenzbereich. Austauschfläche und Gas-Holdup im BSR werden durch den Turbulenzgrad bestimmt. In großtechnischen BSR (Aufstiegsgeschwindigkeiten von 5 cm/s) lassen sich bei Energiedissipationsdichten von etwa 0,3 bis 1,3 kW/m^3 spezifische Austauschflächen von einigen Hundert m^2/m^3 erzielen, womit der BSR niedrigere Werte aufweist als der RKR. BSR kommen vor allem bei solchen Gas/Flüssig-Reaktionen infrage, deren Stofftransportwiderstand auf der Flüssigkeitsseite liegt und die relativ langsam verlaufen. Die Verweilzeit der Flüssigkeit ist im allgemeinen hoch. G.L.

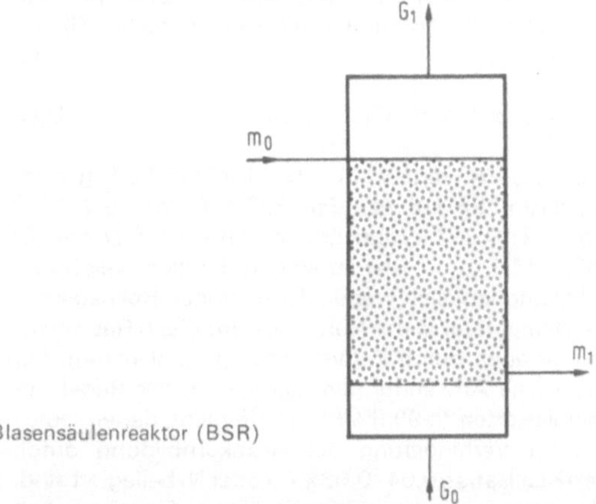

Blasensäulenreaktor (BSR)

Blasenverdampfung. Technisch wichtiger Verdampfungsbereich, in dem praktisch alle Verdampfer betrieben werden. Die direkt auf der Heizfläche an einer Keimstelle (↑ *Keimbildung*) sich bildenden und ablösenden Blasen führen zu einer hohen Turbulenz in der Flüssigkeit in der Nähe der Heizfläche und damit zu einem hohen Wärmeübergang. Man erreicht bei Temperaturdifferenzen zwischen Siedetemperatur der Flüssigkeit und Heizwandoberfläche von ca. 10° C < Δ T < 30° C Wärmestromdichten 100 kW/m^2 < q* < 1000 kW/m^2 (↑) *Wärmeübergang* bei der Verdampfung. F.W.

Blasformen, von Thermoplasten, ist unter der Bezeichnung „Hohlkörperblasen" bekannt; entscheidendes Merkmal für ein nach diesem Verfahren hergestelltes Blasformteil ist, daß der Durchmesser der Hohlköreröffnung kleiner als der größte Durchmesser des Hohlkörpers ist. Will man z. B. eine Flasche herstellen, so wird zunächst ein Schlauch in etwa der Länge der Flasche extrudiert (sog. Vorformling). Das zwei- oder mehrteilige Werkzeug, in dem die Gestalt der Flasche vorgebildet ist, umschließt den Vorformling, der dann mit Druckluft aufgeblasen wird und sich dabei an die Wandung der Form anschließt. Nach der Abkühlung öffnet sich das Werkzeug und stößt das fertige Teil aus.

H.K.

Blattfilter (↑ *Filterapparate*). Druckblattfilter haben einen druckfesten, leicht vom Filterelementensatz zu trennenden horizontalen oder vertikalen Filterbehälter, wobei mehrere (↑) *Filterelemente* auf einer Sammelachse für den Filtratablauf angeordnet sind. Beidseitig mit Siebgeweben oder Tüchern bespannte Rahmen sind starr oder auf rotierender Zentralachse angeordnet. Der (↑) *Filterrückstand* wird bei abgefahrenem Filterbehälter von Hand oder durch Rüttelvorrichtungen abgestoßen bzw. bei geschlossenem Filterbehälter mittels Düsen abgespritzt. Die (↑) *Filterfläche* beträgt bis zu 100 m², der (↑) *Filtrationsdruck* 3 bis 6 bar. Blattfilter sind automatisierbar. Sie dienen zur (↑) *Klärfiltration* großer Flüssigkeitsmengen unter Verwendung von (↑) *Filterhilfsmitteln, Anschwemmfilter, Filtervorbelag*) oder zur Feststoffgewinnung. Mit Vakuum arbeitende Blattfilter sind Tauchnutschen (Kelly-Filter).

H.W.

Blausäure ↑ *Ammonoxidation* D.O.

Blei: Pb; Atomgew. 207,19; Dichte: 12,1 g/cm²; Kristallstruktur kub.f.z.; Fp: 327,4° C; α: 29,4 10^{-6} grd^{-1}; λ: 0,352 W/cm grd; ϱ: 19,2 10^{-6} Ω cm; E: 16200 MN/m². – Blei ist außerordentlich weich und duktil und läßt sich wegen der niedrigen Rekristallisationstemperatur in der Nähe oder unterhalb Raumtemperatur auch durch Kaltverformung nicht härten. Für chemische Anwendungen kommen in der Regel nur Feinbleisorten (>99,9% Pb) in Betracht, denen lediglich zur Verhinderung der Grobkornbildung durch Rekristallisation 0,04–0,08% Cu oder Ni beilegiert sind. Blei bedarf wegen seiner geringen Eigenfestigkeit eigener Stützkonstruktionen oder es wird in Form der Homogenverbleiung angewendet, bei der die mechanischen Belastungen durch den Stützmantel, meist Stahl, aufgenommen werden. Es besitzt gute Beständigkeit gegen Schwefelsäure und gelöste Salze wie Sulfate, Phosphate und Carbonate. Sehr verdünnte Schwefelsäure oder konz. heiße Schwefelsäure greifen Blei etwas an.

Blei

°C	20			100		
	1%	10%	konz	1%	10%	konz
HCl	1	1	2	1	2	3
						stark abhängig v. Reinheit
H_2SO_4	1	1	2	1	1–2	3
HNO_3	3	3	3	3	3	3
H_3PO_4	1	1	1–2	2	2–3	3
			geringe Mengen SO_4^{2-} verhindern Angriff			
HF	1	1	1	2	2–3	3
CH_3COOH	3	3	1–2	3	3	1–2
					O_2 verstärkt Angriff	
NaOH	1–2	1–2	1	2	2	2–3
		Carbonate u. Sulfate wirken Korr.-hemmend				
NH_4OH	1–2	1–2	1–2	2	2	2
NaCl	2	2	2	2	2	2
NH_4Cl	1	1	1	1	1–2	1–2

Gase

°C	20	200	400	600	800	1000
Luft	1	2–3				
H_2O	1	1				
Cl_2	1	1	3	3	3	3
SO_2	1	1				
H_2S	1	1				

1: chemisch beständig Korr.-Angriff <2,4 g/m² Tag <0,1 mm/Jahr. 2: chemisch bedingt beständig bzw. verwendbar Korr.-Angriff 2,4–24 g/m² Tag (0,1–1 mm/Jahr). 3: chemisch unbeständig >24 g/m² Tag >1 mm Jahr

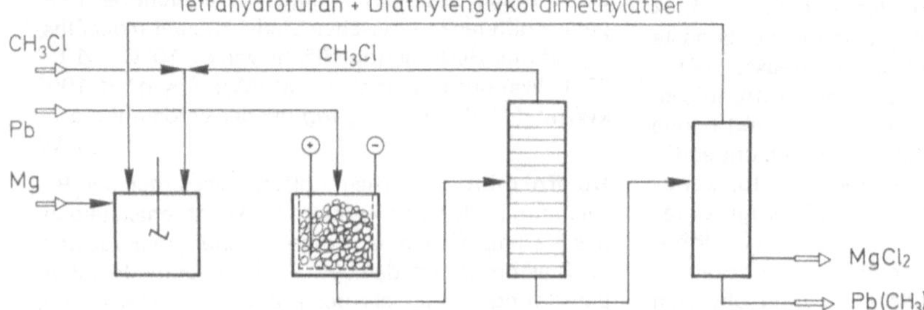

Bleialkyle.
Fließband der Elektrosynthese von Bleialkyl nach dem Verfahren der Nalco Chemical Co. 1 = Grignard-Reaktor; 2 = Elektrolysezelle; 3 = Destillation; 4 = Bleialkyl-Abtrennung. (Nach: E. Guccione, Chem. Engng. 72 (1965) Nr. 13, p.102)

Blei hat in der Chemie hauptsächlich als korrosionsarmer Werkstoff Bedeutung. Von den organischen Bleiverbindungen spielen Bleialkyle als Antiklopfmittel mengenmäßig die größte Rolle. Blei in Form von Abrieb, Staub oder Rauch kann zu Erkrankungen führen (Plumbismus). Besonders gefährdet sind gewerbliche Bleilöter und Beschäftigte beim Aufarbeiten von bleihaltigem Schrott.

Berufskrankheit No. 1101

MAK (1977): Blei: 0,1 mg/m^3

Bleitetraäthyl   0,01 ppm =
Bleitetramethyl   0,075 mg/m^3

Bleiarsenat und Bleichromat sind in die Liste krebserzeugender (↑) *Arbeitsstoffe* aufgenommen worden.

P.E.

Bleialkyle (s. Abb.). Die als Antiklopfmittel in Verbrennungsmotoren benutzen Bleialkyle, bes. Bleitetramethyl und Bleitetraäthyl lassen sich durch direkte elektrochemische Synthese wirtschaftlicher herstellen als nach dem herkömmlichen Verfahren der Druckreaktion von Alkylchlorid mit Natrium-Blei-Legierung. Zur Elektrosynthese werden Magnesium und Alkylchlorid im Grignard-Reaktor (1) in Gegenwart eines wasserfreien Gemischs von Tetrahydrofuran und Diäthylenglykoldimethyläther zu Alkylmagnesiumchlorid umgesetzt und als Elektrolyt verwendet. Der Elektrolysezelle (2) wird laufend Bleigranulat zugesetzt, das als Anode dient und dort zu Bleialkyl reagiert. Das Gehäuse der Zelle ist kathodisch geschaltet und durch ein Diaphragma vom Anoden-Granulat getrennt. An der Kathode werden Magnesiumchlorid-Ionen zu Magnesium und Magnesiumchlorid reduziert. Um Ablagerungen von Magnesium auf der Kathode zu vermeiden und damit die Gefahr eines Kurzschlusses zu umgehen, wird Alkylchlorid im Überschuß zugesetzt, so daß sich auch an der Kathode Alkylmagnesiumchlorid bildet und der Elektrolyse unterworfen wird (↑ *Bleitetraäthyl, Bleitetramethyl*).

H. V.

Blindscheibe (Blindflansch). Eine Blindscheibe besteht aus einem Rundblech, das zwischen die Flanschen eingesetzt wird, um die Leitung abzusperren. Zur Sichtbarmachung ist die Blindscheibe mit einem herausragenden Stiel versehen. In der Leitung vergessene Blindscheiben sind eine häufige Unfallursache!

W.W.

Blockwärmetauscher. DIABON®-Block-WT (Baureihe DK, s. Abb., SIGRI Elektrographit GmbH, Meitingen) sind zur Wärmeübertragung korrosiver Medien, bei beengten Platzverhältnissen zur Erzielung hoher Wärmeübergangszahlen und untergeordneter Bedeutung von Verschmutzung und Verkrustung geeignet. Apparategrößen: bis 9 m Länge und 1360 mm Blockdurchmesser, Austauschfläche bis 500 m². Zulässiger Betriebsdruck beidseitig 6 bar Überdruck (bei Sonderkonstruktionen bis 15 bar). Der Block-WT ist aus kreuzweise gebohrten zylindrischen Blockelementen baukastenförmig zusammengesetzt. Das Produkt strömt durch die Axialbohrungen, das Medium durch

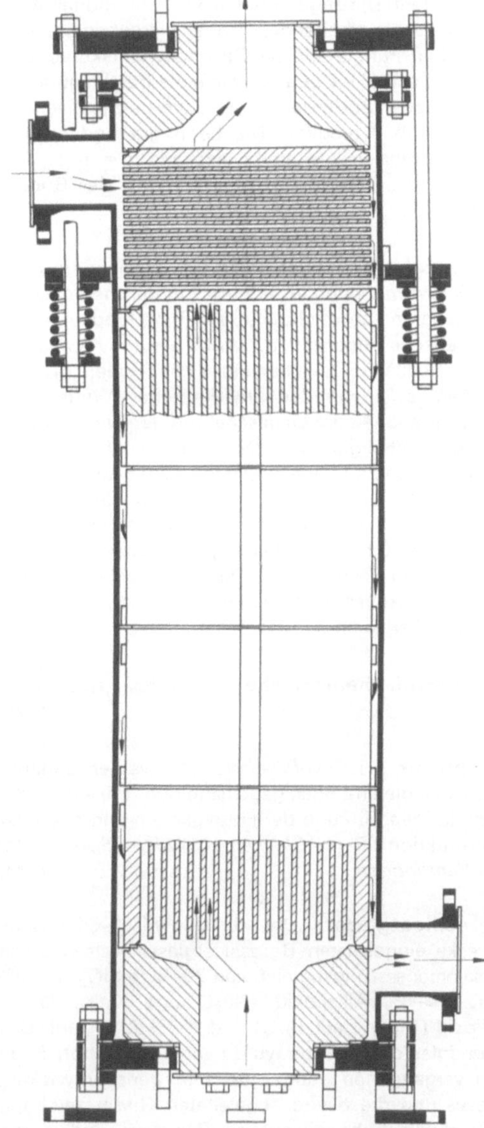

DIABON®-Blockwärmetauscher, Baureihe DK

die Querbohrungen (normal Bohrungsdurchmesser von 8, 14 und 18 mm). Die Blockhöhe beträgt 250 mm bis zu einem Blockdurchmesser von 600 mm. Bei größeren Durchmessern beträgt die Blockhöhe 500 mm. Die produktseitige Abdichtung erfolgt mit ungesintertem PTFE oder SIGRAFLEX®, die Abdichtung der Blocksäule gegen den Stahlmantel durch einen AP-Kautschuk-Ring.

W.W.

Boden, theoretisch arbeitend. Man geht von der Voraussetzung aus, daß in einer (↑) *Rektifiziersäule* der von einem Boden aufsteigende Dampf im Phasengleichgewicht mit der vom Boden ablaufenden Flüssigkeit steht. Die zugeordneten Konzentrationen eines „theoretisch" arbeitenden Bodens ergeben im y/x-Schaubild Punkte auf der Gleichgewichtskurve. Einfach ist nach ($\uparrow$) *McCabe-Thiele* die Bestimmung der theoretischen Bodenzahl n_{th} für Zweistoffgemische im y/x-Schaubild möglich. Die benötigte Bodenzahl n einer Rektifiziersäule ergibt sich aus $n = n_{th} \cdot s^{-1}$, wobei s das ($\uparrow$) *Verstärkungsverhältnis* des Bodens bedeutet.   H.M.

Bodenzahl, praktische. Da die Anreicherung von ($\uparrow$) *Rektifizierböden* im Betrieb von der theoretischen Anreicherung abweicht, muß zur Ermittlung der n_p die theoretische Bodenzahl n_{th} durch den ($\uparrow$) *Austauschgrad* (Verstärkungsverhältnis) s der Böden dividiert werden. s ist von den physikalischen Werten und Konzentrationen der Gemische und den Destillationsdrücken abhängig, wird ferner aber auch durch die Konstruktion und Belastung der Böden beeinflußt. Der Mittelwert s_m einer Kolonne liegt in vielen Fällen zwischen 0,5 und 0,8, z. B.für Alkohol-Wassergemische bei 0,6 − 0,8, bei Kohlenwasserstoffen und organischen Gemischen bei 0,5−0,6, bei hochsiedenden Flüssigkeiten, Mineralölen usw. bei 0,35 − 0,5. In Sonderfällen kann s_m über 1 betragen.   H.M.

Bodenzahl, theoretische $\uparrow$ *McCabe − Thiele Diagramm*   H.M.

Böden für ($\uparrow$) *Rektifizierkolonnen* werden benannt nach der gleich- oder gegensinnigen, der ein- oder mehrflutigen Führung der Flüssigkeiten und nach der Konstruktion z.B. ($\uparrow$) *Glocken-*, ($\uparrow$) *Sieb-*, *Sprüh-* oder ($\uparrow$) *Ventilböden.*   H.M.

Borosilicatgläser. Die für technisch-chemische Zwecke eingesetzten Borosilicatgläser weisen einen Zusammensetzungsbereich von 70–80% SiO_2, 7–13% B_2O_3, 4–8% Alkalioxid (Na_2O und K_2O), Erdalkalioxid (MgO, CaO, BaO) und 2–7% Al_2O_3 auf. Das Grundglas dieses Typs wurde von Otto Schott Ende des vergangenen Jahrhunderts in Jena entwickelt. Dieses und die davon abgeleiteten Gläser zeichnen sich durch hohe chemische Resistenz und durch besondere Temperaturwechselbeständigkeit aus. ($\uparrow$ *Neutralglas, Borosilicatglas 3.3, Glas*).   A.P.

Borosilicatglas 3.3. Die Definition dieses für die technische Anwendung auch in großem Maßstab wichtigsten Glases basiert auf dem relativ niedrigen Ausdehnungskoeffizienten von $3,3 \cdot 10^{-6} \cdot K^{-1}$. Dieser Werkstoff verbindet also die grundsätzlichen Vorteile des Glases (völlige Transparenz und leichte Säuberungsmöglichkeit aufgrund der optimal porenfreien, glatten Oberfläche, sehr hohe chemische Beständigkeit) mit der guten Temperaturwechselbeständigkeit, weshalb hieraus auch dickwandige, große Werkstücke hergestellt werden können. So wurde dieser Werkstoff besonders geeignet für den technischen Einsatz im

Kontakt mit hochkorrosiven chemischen Verbindungen. Spezielle Anwendung findet Borosilicatglas 3,3 (in Deutschland Duran®, in den USA „Pyrex") daher sowohl für Großapparaturen für die hohen Anforderungen der pharmazeutischen und chemischen Industrie (z. B. zur Säureaufbereitung, -Rückgewinnung, -Konzentration), für Labor-Apparaturen (über Normschliffe miteinander vielseitig kombinierbar) und für hochresistente Abwasser- („Boresist"®) oder inerte Nahrungsmittel-Rohrsysteme (z. B. Milchleitungen). Für alle Anwendungen gibt es komplette Baukastensysteme. Materialkennwerte:

Hydrolyseklasse 1	(für Duran®: Verbrauch von 0,026 ml 0,01N HCl nach ISO/R 719 bzw. DIN 12 111)
Säureklasse 1	(für Duran®: Gewichtsverlust von 0,35 mg/dm² nach 3stündigem Kochen in 6 N HCl nach DIN 12 116)
Laugenklasse 2	(für Duran®: Gewichtsverlust von 136 mg/dm² nach 3stündigem Kochen in einer Mischung aus gleichen Raum-Teilen 1 N Na_2CO_3 und 1N NAOH nach ISO 695 bzw. DIN 52 322).

Wasserfreie (z. B. organische) Verbindungen greifen den Werkstoff nicht an, auch nicht aggressive Gase wie Chlor, Brom, Chlorwasserstoff oder die Säureanhydride SO_x oder NO_x. Von den Mineralsäuren greift nur Flußsäure in allen Konzentrationen bei allen Temperaturen stark an, indem auch das Glasnetzwerk unter Bildung des leicht flüchtigen SiF_4 zerstört wird. Die Wirkung von Phosphorsäure wird deutlich nur in höherer Konzentration und bei Temperaturen >250° C. Alle übrigen Mineralsäuren greifen Borosilicatglas 3,3 praktisch nicht an. In ihrer Angriffswirkung durchlaufen sie − als Funktion der Konzentration − ein Maximum, das etwa bei den halbkonzentrierten Säuren liegt. Die aggressivste dieser Säuren, die halbkonzentrierte ($\sim$6-N) Salzsäure, benötigt bei Siedetemperatur jedoch zum Abtrag einer Schichtdicke von 1µm beim Duran® ca. 7 Monate. Die hydrolytische Angriffswirkung nimmt mit der Zeit durch Auslaugung der Oberflächenschicht ab: Infolge des Stehenbleibens des Kieselsäuregerüsts bildet sich eine zunehmend resistentere Kieselgelschicht, bis die chemische Wechselwirkung zu einem Gleichgewicht gekommen ist, bei dem praktisch kein Abtrag mehr stattfindet. Salzlösungen korrodieren praktisch nicht, sofern sie frei von Fluorid-Ionen in Gegenwart von Wasserstoff-Ionen und von Phosphat-Ionen sind. Von Laugen, insbes. bei pH deutlich >10, wird das Glas durch Bildung löslicher Komponenten zerstört. Der Abtrag ist linear mit der Zeit, er nimmt mit steigender Temperatur exponentiell zu.

Materialkennwerte:
Dichte: 2,23 g/cm³
linearer Ausdehnungskoeffizient: $3,3 \cdot 10^{-6} \cdot K^{-1}$
Wärmeleitfähigkeit: $1,2 \ W \cdot m^{-1} \cdot K^{-1}$

spezifische Wärme: $0.98 \ J \cdot g^{-1} \cdot K^{-1}$
untere Kühltemperatur, Viskosität $10^{14.5}$ dPa s: 510° C
obere Kühltemperatur, Viskosität 10^{13} dPa s: 560° C
Erweichungstemperatur, Viskosität $10^{7.6}$ dPa s: 820° C
Verarbeitungstemperatur, Viskosität 10^4 dPa s: 1260° C
Zugfestigkeit 35–100 $N \cdot mm^{-2}$
Elastizitätsmodul 64 $kN \cdot mm^{-2}$
Poissonsche Zahl 0,2
Für Duran®:
zulässige Beanspruchung auf Druck K/S=100 $N \cdot mm^{-2}$ (= 10 $kp \cdot mm^{-2}$)
zulässige Beanspruchung auf Zug und Biegung K/S= 4 $N \cdot mm^{-2}$ (= 0,4 $kp \cdot mm^{-2}$)
Temperaturwechselbeständigkeit bei großen Bauteilen: 120 K
maximale Gebrauchstemperatur: bis 200° C.

Die maximale Gebrauchstemperatur und die Beanspruchung mit Temperaturwechsel werden vom Glasgegenstand bestimmt, d. h. von seiner Gesamtmasse, seiner Wanddicke, seiner Form und der Art der thermischen Beanspruchung. Die angegebenen Grenzwerte gelten für die dicksten und größten Glasapparateteile. Für kleinere und dünnere Glasteile können die thermischen Grenzwerte deutlich höher liegen. A.P.

Brackwasser ist mit Meereswasser vermischtes Süßwasser der Flußmündungen, für das eine eigene Fauna und Flora charakteristisch ist. Brackwasser ist häufig stark bakterienhaltig. D.O.

Brauchwasser ist ein meist noch nicht aufbereitetes (↑) *Grund-* oder (↑) *Oberflächenwasser*, das zu technischen Zwecken (hauptsächlich Kühlwasser) eingesetzt wird, nicht jedoch als Trinkwasser geeignet ist. D.O.

Brecher (s. Abb.). Ein- und Zweiwalzenbrecher werden zur groben Vorzerkleinerung, in Brocken anfallender spröder Materialien eingesetzt. Es sind langsam laufende Aggregate (60–200 UpM) mit hohem Dreh-

moment, die auch zum staubarmen Brechen spröder Harze zum Zweck besserer Löslichkeit gebräuchlich sind. Die mit Brechnocken unterschiedlicher Form und Größe bestückten Brecherwellen arbeiten durch einen feststehenden Brechkamm; ein gleicher Kamm an der aufsteigenden Seite dient als Abstreifer. Lediglich Stachelwalzenbrecher, als Doppelwalzenbrecher mit pyramidenförmigen Nocken ausgebildet, sind ohne Brech- und Abstreifkamm. Diese Walzen arbeiten gegeneinander drehend. H.S.

Brennstoffzellen. In Brennstoffzellen wird elektrische Energie durch die Oxidation von Brennstoffen mit einem natürlichen Oxidationsmittel (Luftsauerstoff) gewonnen. Im Gegensatz zu Wärmekraftwerken wird jedoch die chemische Energie nicht zunächst in Wärme umgewandelt und dann aus dieser nur zu einem kleineren Teil elektrische Energie gewonnen, sondern es wird ohne den Umweg über die Wärme direkt elektrische Energie erhalten. Prinzip: Aus neutralen Teilchen (in nicht elektronenleitender Phase, Gas oder Dampf) werden durch eine Durchtrittsreaktion an einer festen Elektrode Ionen gebildet, die im Elektrolyten weitergeleitet werden. Die Elektrodenreaktion erfordert also eine Dreiphasengrenze, die technisch in hochporösen Körpern [porösen Metallelektroden (Sinter- oder Pulverelektroden), Kohleelektroden oder Elektroden mit organischen Bindemitteln] realisiert wird. Als Elektrolyt benutzt man wäßrige Lösungen, gelegentlich auch unbewegt in einen porösen Träger eingebettet, Schmelzen, Ionenaustauschermembranen oder Festelektrolyte. Mit Wasserstoff-Sauerstoff-Brennstoffzellen lassen sich Stromdichten von 50 bis 2000 A/m^2 bei einer Zellspannung von 1,0 bis 0,7 V erzielen. Die Betriebstemperatur liegt zwischen 80 und 200° C. Bekannt gewordene Brennstoffzellen-Batterien haben Leistungen bis zu 30 kW. H.V.

Brikettierung. Unter Brikettierung versteht man die Verfestigung von körnigem Schüttgut unter der Anwendung eines äußeren Druckes in einer mehr oder

Einwalzenbrecher
mit mittelfeinen Brechnocken
(Bauart Condux)

weniger geschlossenen Form mit dem Ziel, gleich große, möglichst gleichmäßig verdichtete größere Körper herzustellen. Der Preßdruck hat eine definierte Richtung. In der Regel erhält man ein Massenprodukt vieler Körper, die bei Transport und Weiterverarbeitung als Haufwerk behandelt werden (Bulkverladung, Absacken). Die Brikettierung erfogt auf verschiedenen Brikettpressen wie Ständerpressen, (↑) *Stempelpressen*, (↑) *Strangpressen* und (↑) *Walzenpressen*, die nach unterschiedlichen Preßprinzipien arbeiten. Man unterscheidet Brikettierung unter Verwendung von Bindemitteln und bindemittellose Brikettierung. 1. *Bindemittellose Brikettierung:* Hat zur Voraussetzung, daß das zu brikettierende Material über ausreichende Plastizität verfügt, die unter Druck eine plastische Verformung der Einzelkörner gestattet, so daß diese sich unter Verminderung des intergranularen Zwischenraumes aneinanderlegen. Der Zusammenhalt im Brikett erfolgt durch van der Waals'sche-Kräfte, die an den Korngrenzflächen wirksam werden. Hartes und sprödes Material wird während der Verdichtung zerbrochen, so daß dem Verdichtungsvorgang ein Zerkleinerungsvorgang überlagert ist. Es entstehen sekundäre Kornrisse, die nicht geschlossen werden können. Darüber hinaus erfährt das Material eine elastische Verformung, die Schubspannungen und Scherspannungen im soeben gebildeten Brikettkörper zur Folge haben. Nach der Druckentlastung folgt eine Expansion des Briketts, die abhängig von der Höhe der vorgenannten Spannungen zur Zerstörung des erhaltenen Briketts führen kann. Abhängig von den Materialeigenschaften werden die plastischen oder elastischen Verformungen überwiegen. 2. *Brikettierung mit Bindemitteln:* Je härter und spröder ein Material ist, umso geringer ist die Aussicht, daß die bindemittellose Brikettierung zum Erfolg führt. Derartige Materialien müssen unter Verwendung eines Bindemittels brikettiert werden. Der Zusammenhalt im Brikett wird durch Bindemittelbrücken zwischen den in größeren Abständen liegenden Einzelkörnern erzielt. Bindemittel: a) thermoplastische Bindemittel, wie Teer, Pech oder Bitumen; b) wasserlösliche Klebstoffe, wie Sulfitablauge und Melasse. (Letztere ergibt in Mischung mit Hydratkalk angewendet durch die Bildung von Calcium-Saccharaten eine chemische Bindung mit Hilfe von Kristallbrücken); c) wasserlösliche Salze, wie Kieserit oder Salzkomponenten in Düngermischungen. (Bindung über Feststoffbrücken infolge einer Rekristallisation nach Trocknung der Briketts.); d) organische Quellbinder, wie Stärke oder Cellulose. Nur Stärke wird in größerem Umfang und zwar für die Brikettierung von Holzkohle zur Erzeugung von Grillbriketts verwendet. Die Verfestigung der Briketts erfolgt durch Trocknung. Die Bindung ist reversibel wasserlöslich. In den letzten Jahren wurde für Materialien, die bei erhöhter Temperatur verbesserte plastische Eigenschaften aufweisen, die Heißbrikettierung entwickelt. Hierbei wird mit Material-Temperaturen zwischen 400–1000°C gearbeitet. Steinkohle wird z.B. bei 400–500°C brikettiert, während Phosphate bei 800–1000°C verarbeitet werden müssen. Das Hauptanwendungsgebiet der Heißbrikettierung liegt in der Verpressung von heißem Eisenschwamm bei 700–800°C. – Bei der Brikettierung handelt es sich um eine verhältnismäßig alte Technik, die in den 30er – 40er Jahren des vorigen Jahrhunderts für die Erzeugung von Steinkohlenbriketts und Braunkohlenbriketts eingeführt wurde und in diesen Industriezweigen nach wie vor eine nicht geringe Bedeutung hat. Darüber hinaus werden Erze, Metallstäube und Feuerfeststoffe brikettiert. Im Bereich der Chemie ist die Brikettierung von Hydratkalk, Natriumcyanid, Maleinsäureanhydrid, Dimethylterephthalat, Gips und Soda von Interesse (↑ *Brikettierungsprinzip*).　　　　H.R.

Brikettierungsprinzip. Eine (↑) *Brikettierung* ist gemäß der in der Skizze (s. Abb.) dargestellten Preßprinzipien möglich: a) der Preßstempel taucht mit konstantem Hub in eine Form ein. Der erreichbare

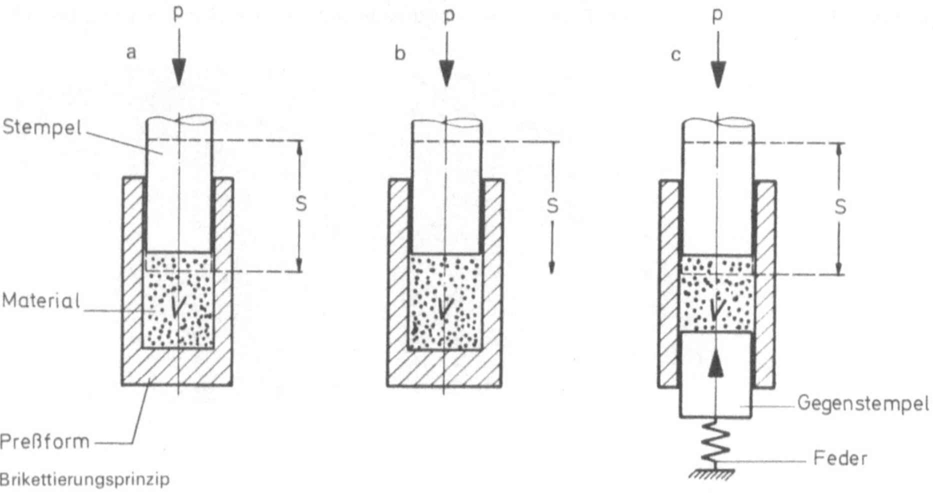

Brikettierungsprinzip

Preßdruck ist von der eingebrachten Materialmenge abhängig; ein technisch schwierig zu beherrschendes Prinzip, da die Konstanthaltung der Materialmenge in der Praxis nicht einfach ist. Anwendung bei (↑) *Stempelpressen* und Tablettenpressen. b) Der Hub des Preßstempels und damit das Brikettvolumen sind veränderlich. Der Vorschub des Stempels wird beendet, wenn ein vorgewählter Preßdruck erreicht ist. Dieses Prinzip liefert Briketts ähnlicher Qualität, jedoch von unterschiedlichem Volumen. Es wird in der Praxis für die meisten Massengüter angewandt. (↑ *Walzenpressen*). c) Bei konstantem Hub des Preßstempels wird ein konstanter Preßdruck dadurch erzielt, daß ein Gegenstempel bei Erreichen des vorgewählten Druckes ausweicht. Wie bei Prinzip b) werden Briketts unterschiedlichen Volumens, aber ähnlicher Qualität erzeugt. Das Prinzip liegt (↑) *Strangpressen* zugrunde, die für die Brikettierung von Braunkohle und Torf verwendet werden. Der bei der (↑) *Brikettierung* aufgewendete Druck wird bei Stempelpressen in bar definiert. Bei der Bindemittel-Brikettierung werden Preßdrücke zwischen 200–500 bar aufgewendet, während für die bindemittellose Brikettierung Drücke zwischen 800–2000 bar erforderlich sind. Für Walzenbrikettpressen kann kein Druck definiert werden, da sich die Walzen in der Preßzone linienförmig berühren. Man spricht von „spez. Preßkraft", die in kN/cm definiert wird und auf die Walzenbreite bezogen ist. Eine einfache Umrechnung von „spez. Preßkraft" in Preßdruck ist nicht möglich. Bei der Bindemittelbrikettierung werden Preßkräfte von 10–60 kN/cm aufgewendet, während bei der bindemittellosen Brikettierung Preßkräfte bis zu 150 kN/cm erforderlich sind.
H.R.

Brikettpressen. Stets sehr schwere Maschinen zur Produktion von Briketts nach dem Verfahren der (↑) *Brikettierung*. Für eine universelle Anwendung am weitesten verbreitet sind (↑) *Walzenpressen*. Daneben werden für die Brikettierung von Braunkohle und Torf in großem Umfange (↑) *Strangpressen* eingesetzt. (↑) *Stempelpressen* mit einem horizontalen Drehtisch oder Schubtisch, der die Preßformen trägt, werden bevorzugt für die Erzeugung von feuerfesten Steinen und dergl. verwendet (Leistung bis zu 6000 Stck/h). Hydraulische Ständerpressen werden in geringem Umfange zur Produktion von Großblock-Steinen, wie z. B. Salz-Lecksteinen eingesetzt (Leistung 100–160 Stck/h).
H.R.

Bronze. Unter Bronze versteht man Legierungen mit mindestens 60% Cu und einem oder mehreren Hauptlegierungszusätzen, jedoch nicht überwiegend Zn. Die Bezeichnung erfolgt nach dem Hauptlegierungszusatz, z.B. Aluminiumbronze, Bleibronze etc. – Bronze läßt sich sehr gut gießen, spanlos und spanabhebend verarbeiten, löten und schweißen. Alle Bronzesorten sind gegen Atmosphärilien sehr korrosionsfest, auch gegen Seewasser. – Spannungsrißkorrosion wird beobachtet. Bronzesorten zeichnen sich durch hohen Verschleißwiderstand aus; deshalb wird Bronze für hochbeanspruchte Teile, Schneckenräder, Pumpen etc. eingesetzt. In der chemischen Industrie haben Aluminiumbronzen mit 3,5–5% Al (Kaliindustrie, Papierindustrie), Siliciumbronzen mit 1,5–3,5 Si, bis 1% Mn für Siebgewebe und hochbeanspruchte Teile und Manganbronzen (13–15% Mn, 0,5–1,5% Fe) für Anwendungen in hoch chloridhaltigen Lösungen Eingang gefunden. – Gegen Säuren ist Bronze wesentlich beständiger als Messing oder Kupfer.

Bronze

°C	20			100		
	1%	10%	konz	1%	10%	konz
HCl	2	2	2	3	3	3
					O_2 verstärkt Angriff	
H_2SO_4	2	2–3	3	3	3	3
					O_2 verstärkt Angriff	
HNO_3	2–3	3	3	3	3	3
H_3PO_4	2	2–3	2–3	2–3	3	3
HF	1–2	1–2	1	1–2	1–2	1
CH_3COOH	1	1	1	1	1	2
$NaOH$	1–2	1–2	1–2	2	2	2
NH_4OH	3	3	3	3	3	3
					O_2 verstärkt Angriff	
$NaCl$	1	1	1	1–2	1–2	2
NH_4Cl	1	2	2	2	2	2

Gase

°C	20	200	400	600	800	1000
Luft	1	1	1–2	2	3	
H_2O	1	1	2	2		
Cl_2	1	2	3	3	3	3
SO_2	2	2	3	3	3	
H_2S	2	3	3	3	3	

1: chemisch beständig Korr.-Angriff <2,4 g/m² Tag <0,1 mm/Jahr. 2: chemisch bedingt beständig bzw. verwendbar Korr.-Angriff 2,4–24 g/m² Tag (0,1–1 mm/Jahr). 3: chemisch unbeständig >24 g/m² Tag >1 mm Jahr
P.E.

Brüdendampf. Der beim Eindampfen beispielsweise einer Salzlösung entweichende Dampf, der z.T. noch mitgerissene Flüssigkeitströpfchen aufweist, und eventuell leicht überhitzt ist (↑ *Siedepunkterhöhung, Mehrstufenverdampfung*).
F.W.

Brüdenkompression. Die Brüdenkompression ist eine Maßnahme zur Verbesserung des Wärmehaushaltes einer Verdampferanlage. Der Brüdenkompression liegt die Idee zugrunde, den Wärmeinhalt der Brüden im Verdampfungsprozess wieder einzusetzen (s. Abb.). Aus zwei Gründen kann man die Brüden nicht direkt in demselben Verdampfer, aus dem sie entweichen, als Heizmedium einsetzen: − Die Brüden steigen um die Siedepunktserhöhung ΔT_S überhitzt aus der Lösung auf. (↑ *Siedepunkterhöhung*). Die Kondensationswärme der Brüden steht damit erst bei einer Temperatur zur Verfügung, die um ΔT_S unter dem Siedepunkt $T_{S,L}$ der Lösung liegt. − Für eine wirtschaftlich sinnvolle Wärmeübertragung muß zwischen der Kondensationstemperatur der Brüden $T_{K,B}$ und der Siedetemperatur der Lösung $T_{S,L}$ eine Temperaturdifferenz $\Delta T_{Wü}$ von 10 bis 20° C zur Verfügung stehen. Die Darstellung in einem Temperatur/Entropie-Diagramm (T,s-Diagramm) zeigt, wie diese Probleme mit Hilfe der Büdenkompres-

sion gelöst werden können (s. Abb.). Man komprimiert die beim Druck p_1 anfallenden Brüden auf den Druck p_2 und kann nun ihre Kondensationswärme auf dem notwendigen Temperaturniveau $T_{K,B}$ ausnützen. In Großanlagen werden die Brüden in Turbokompressoren verdichtet, für kleinere Apparate haben sich Dampfstrahlinjektoren vorteilhaft erwiesen. Im stationären Betrieb kommt eine Verdampferanlage mit Brüdenkompression fast ohne zusätzlichen Heizdampf aus (nur kleine Mengen zur Deckung der Wärmeverluste). Zum Anfahren wird jedoch stets Frischdampf benötigt. Die Anwendung der Brüdenkompression ist wirtschaftlich bei

− kleinen Druckdifferenzen $p_2 - p_1$
− kleinen Siedepunkterhöhungen ΔT_S
− sauberen Medien, die nicht zur Verkrustung der Heizrohre neigen. Bei starker Verkrustung verlangt der erhöhte Wärmewiderstand ein höheres $\Delta T_{Wü}$.

Eine andere Lösung zur Verbesserung des Wärmehaushaltes in Verdampferanlagen ist die (↑) *Mehrstufenverdampfung*.   F.W.

Brüdenkondensator. Von einem Kühlmedium durchströmter Wärmeaustauschapparat zur Verflüssigung der aus der Lösung entwichenen Brüden (↑ *Vakuumverdampfung*).   F.W.

Brüdenraum. Dampfraum über dem Flüssigkeitsspiegel, in welchem Einrichtungen zur Abscheidung der im Dampf mitgerissenen Tröpfchen eingebaut sind, z.B. Prallbleche, Füllkörperschichten, Maschendrahtpakkungen, Umlenkbleche (↑ *Robertverdampfer, Flüssigkeitsabscheider*).   F.W.

Burn-out (↑) *Wärmeübergang* bei der Verdampfung.   F.W.

Butadien-Herstellung. Ausgangsprodukte für die Butadien-Gewinnung sind C_4-Schnitte aus dem (↑) *Steamcracken* von (↑) *Naphtha* oder Butan und Buten-Gemische aus (↑) *Raffineriegasen* bzw. Erdgas. Die Isolierung von Butadien ist nicht durch einfache Destillation möglich. An die Stelle der früher üblichen Extraktionsverfahren ist heute die (↑) *Extraktivdestillation* getreten.   D.O.

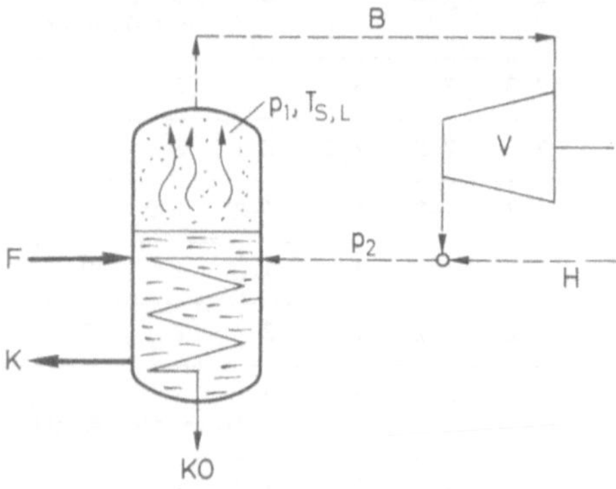

Brüdenkompression. F = Frischlösung; K = Konzentrat; B = Brüden; V = Brüdenkompressor; H = Heizdampf; KO = Kondensat

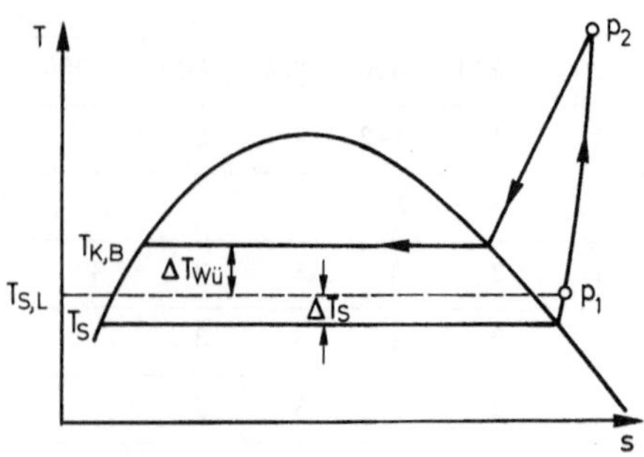

Temperatur-Entropiediagramm des Lösungsmittels.
$p_2 - p_1$ = Druckdifferenz bei der Brüdenkompression;
$T_{S,L}$ = Siedetemperatur der Lösung beim Druck p_1;
$T_{K,B}$ = Kondensationstemperatur der Brüden beim Druck p_2; ΔT_S = Siedepunktserhöhung;
T_S = Siedetemperatur des Lösungsmittels beim Druck p_1

Butene sind zwangsläufig in großen Mengen anfallende Nebenprodukte aus (↑) *Crackprozessen*. Zunehmende Bedeutung gewinnt die Olefin-Disproportionierung (Metathese), bei der an geeigneten Schwermetallkatalysatoren (WO_3/SiO_2) folgende Reaktion abläuft:

$$CH_3-CH=CH_2 \xrightarrow{\text{Katalysator}} CH_3-CH + CH_2$$
$$CH_3-CH=CH_2 \quad \text{30 bar, 500°C} \quad CH_3-CH + CH_2$$

D.O.

Cadmium dient hauptsächlich zum Korrosionsschutz, daneben zur Herstellung von Pigmenten (z.B. CdS = Cadmiumgelb). Cadmium (als Staub oder CdO-Rauch) sowie seine Salze sind sehr giftig; sie haben in Japan zu der Umweltkrankheit „Itai-Itai" geführt. Erkrankungen durch Cadmium oder seine Verbindungen sind anzeigepflichtige (↑) *Berufskrankheiten* (BK No. 1104). MAK (1977) für Cadmiumoxid-Rauch: 0,1 mg/m³.   F.WI.

Caisson-Eindicker. Bei diesen Eindickern ist die Stahl- oder Betonmittelsäule durch einen Senkkasten (Caisson) ersetzt, der den Bau von (↑) *Rundeindickern* bis zu Durchmessern von 200 m ermöglicht.   E.H.

ε-Caprolactam. Dieses cyclische Amid aus ε-Aminocapronsäure dient hauptsächlich zur Herstellung von (↑) *Nylon* 6. Seine Synthese erfolgt entweder auf dem klassischen Wege über (↑) *Cyclohexanonoxim* durch eine säurekatalysierte Beckmann-Umlagerung

oder aber aus (↑) *Benzoesäure* über Cyclohexancarbonsäure, die mit Nitrosylschwefelsäure in rauchender Schwefelsäure das Lactam bildet:

Es sind noch weitere Herstellungswege bekannt. Caprolactam liefert durch Polymerisation das gewünschte Polyamid.   D.O.

Carbonylierung ist die Einführung der Carbonylgruppe in organische Verbindungen bei Gegenwart geeigneter Katalysatoren wie Carbonylverbindungen oder Edelmetallverbindungen. Die wichtigsten Carbonylierungsreaktionen sind (↑) *Reppe-Synthesen*, die (↑) *Hydroformylierung*, (↑ *Oxo-Synthese, Roelen-Prozeß*) sowie die (↑) *Koch'sche Synthese.*   D.O.

Carbonylierung von Olefinen, z.B. Äthylen, kann mit CO in Gegenwart eines Reaktionspartners mit beweglichen Wasserstoffatomen nach folgendem Schema durchgeführt werden:

Hierin bedeutet X z.B. $-OH$, $-OR$, $-NHR$, $-SR$ usw. Als Katalysatoren eignen sich Metallcarbonyle wie Eisen-, Kobalt- oder Nickelcarbonyl, aber auch Carbonyle von Edelmetallen wie Rhodium und Rutenium. Ein wichtiges Beispiel ist die Gewinnung von Propionsäure:

    D.O.

Chargenwaage ↑ *Mehrkomponentenwaage*   E.K.

Chemie-Normpumpen (nach DIN 24256 bzw. ISO 2858) weisen gleiche Austauschbarkeit wie Niederdruckpumpen nach DIN 24255 auf; sie eignen sich

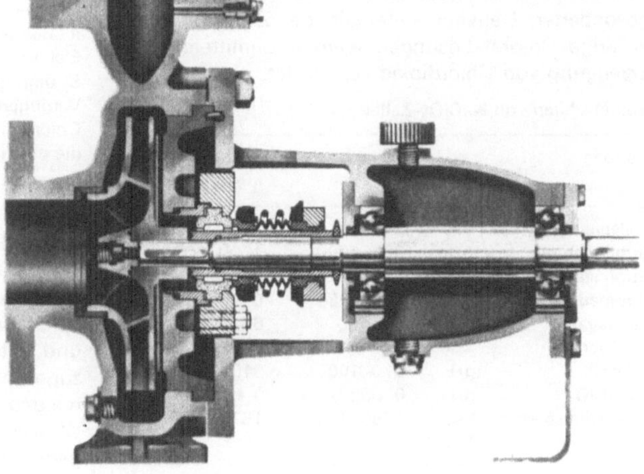

Chemie-Normpumpe
nach DIN 24256 mit Gleitringdichtung
(Fabrikat: SULZER)

jedoch für Betriebsdrücke bis 25 bar und von −100° C bis +350° C je nach Material. Um gute NPSH (Net Positive Suction Head)-Werte zu erreichen, sind die Saugstutzen i. a. bis zu 2 Nennweiten größer gehalten als die Druckstutzen. Die Laufräder tragen Rückschaufeln zur Entlastung der Wellenabdichtungen (s. Abb.). Diese können ohne Änderung weiterer Teile als Pakkungsstopfbuchse (gekühlt oder ungekühlt) ausgeführt werden oder mit den verschiedensten (↑) *Gleitringdichtungen* (einfach oder doppelwirkend) belastet oder entlastet (mit Feder oder Faltenbalg) (↑ *Pumpen*).   H.G.

Chemiepumpen ↑ *Kreiselpumpen*   W.W.

Chloralkali-Elektrolyse. Elektrolysiert werden wäßrige Lösungen oder Schmelzen von Alkalimetall-Chlor-Verbindungen (NaCl, KCl, im weiteren Sinne auch HCl). Die größte Bedeutung hat die wäßrige Kochsalz-Elektrolyse. Durch Entladung des Chlorids entsteht an der Anode Chlor. An der Kathode entsteht entweder Natrium, das unmittelbar in Quecksilber legiert und abgeführt wird(↑*Amalgam-Verfahren*) oder Wasserstoff (im alkalischen Arbeitsbereich; ↑*Diaphragma-Verfahren*). Bei fester Kathode, Verzicht auf ein Diaphragma und geeigneter Reaktionsführung können Chlor und Hydroxid in derselben Apparatur durch Folgereaktionen zu Hypochlorit (ClO^-), Chlorat (ClO_3^-) oder Perchlorat (ClO_4^-) umgesetzt werden.   H. V.

Chlorat-Erzeugung. Die wäßrige Lösung eines Alkalichlorids (vorzugsweise NaCl) wird zwischen Elektroden (Graphit oder Platin) unter Verzicht auf ein Diaphragma elektrolysiert. An der Kathode entsteht Wasserstoff, an der Anode Chlor, das aber nicht als Gas entweicht, sondern zu unterchloriger Säure HOCl hydrolysiert. Die HOCl dissoziiert teilweise zum Hypochlorit, das zu einem Teil direkt an der Anode zu Chlorat oxidiert wird und zum anderen Teil mit der hypochlorigen Säure im Innern der fast neutralen Elektrolytlösung (pH=6,0 − 6,8) ohne weiteren Energieaufwand zu Chlorat umgesetzt wird (s. Abb.). Diese Reaktion läßt man neuerdings vorzugsweise in einem gesonderten Behälter außerhalb der Zelle ablaufen. Wäßrige Chlorat-Lösungen werden unmittelbar zur Erzeugung von Chlordioxid verwendet.

Betriebsdaten von $NaClO_3$-Zellen

Anoden		Graphit	Ti + Edelmetall
Zellspannung	V	2,9–3,8	3–4
Stromdichte	A/m²	300–1000	1500–6000
Stromstärke	kA	6–30	6–60
Stromausbeute		0,80–0,85	0,88–0,96
Temperatur	°C	40–45	60–80
pH-Wert		6–7	6–7
NaCl	g/l	310–100	310–80
$NaClO_3$	g/l	0–500	0–650
Elektrizitätsbedarf	kAh/t $NaClO_3$	1780–1890	1570–1640

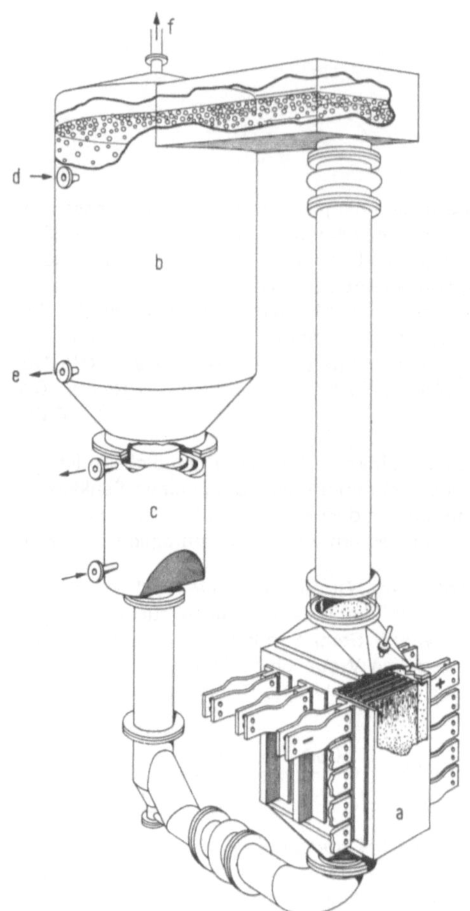

Chlorat-Erzeugung

Elektrosynthese von Chlorat (Krebs & Cie). a = Elektrolysezelle; b = Chloratreaktor; c = Kühler; d = Elektrolyteintritt; e = Elektrolytaustritt; f = Wasserstoffaustritt. Die Elektrolytlösung wird durch das in der Zelle gebildete Gas (überwiegend Wasserstoff) nach dem Mammutpumpenprinzip im Kreislauf durch die Zelle (a), den Reaktor (b) und den Kühler (c) geführt. Bei modernen Zellen mit hohen Stromdichten und kleinen Elektrodenabständen lassen sich hohe Strömungsgeschwindigkeiten in der Zelle erzielen: Mit Verringerung der Verweilzeit wird die unerwünschte Chloratbildung an der Anode weitgehend unterbunden und die chemische Chlorat-Bildung im Reaktor begünstigt

Chlorerzeugung durch Elektrolyse. Ein Fließbild einer üblichen Chlor-Anlage nach dem (↑) *Amalgam-Verfahren* zeigt die Abb. Technisches Kochsalz wird zunächst gelöst (1), von Verunreinigungen (Calciumsulfat, Mg, Fe etc.) durch Ausfällung, Sedimentation und Filtration befreit (2, 3) und der Elektrolyse (4) zugeführt. Aus dem elektrolytisch erzeugten Chlor werden Reste von Salznebeln durch Waschen (8) in Wasser entfernt. Nur trockenes Chlor ist nichtaggressiv gegenüber Stählen. Deshalb wird Chlor durch Kontakt

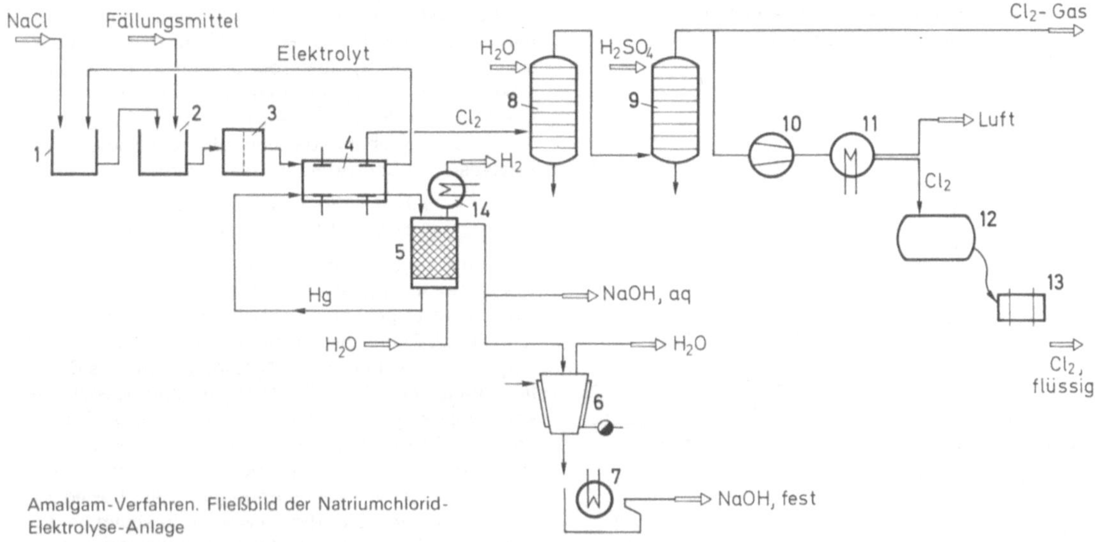

Amalgam-Verfahren. Fließbild der Natriumchlorid-Elektrolyse-Anlage

mit konzentrierter Schwefelsäure sorgfältig getrocknet (9) und gasförmig dem Verbrauch zugeführt oder zum Versand durch Kompression (10) und Kühlung (11) kondensiert und aus dem Chlor-Lager (12) in Fässer (13) abgefüllt. −50%ige Natronlauge wird dem Zersetzer (5) in handelsüblicher Qualität entnommen. Transport in Kesselwagen ist üblich. Alternativ kann Lauge bis zum wasserfreien Natriumhydroxid eingedampft (6) und durch Kühlung in Walzenkühlern (7) oder Pelletiermaschinen zum Versand in fester Form aufbereitet werden. Wasserstoff wird auf Umgebungstemperatur gekühlt (14), um den Großteil des mitgeführten Quecksilberdampfs zu kondensieren und in den Zersetzer (5) zurückzuführen. Restgehalte von Wasserdampf und Quecksilber können durch regenerative Adsorption aus dem Wasserstoff entfernt werden. H. V.

Chlormethane. Die Gewinnung aller vier Chlormethane gelingt durch Gasphasenchlorierung unter schwachem Druck von Methan, wobei meist ohne Katalysator gearbeitet wird:

$$CH_4 \xrightarrow[400-440°C]{Cl_2} \begin{cases} CHCl_3 \\ CH_2Cl_2 \\ CHCl_3 \\ CCl_4 \end{cases} + HCl$$

Weiterhin führt auch katalytische (↑) *Oxichlorierung* in einer CuCl₂/KCl-Schmelze zu einem Gemisch der Chlormethane. Für die Herstellung der einzelnen Chlormethane sind ferner spezielle Verfahren bekannt. D.O.

Chloroform wird in der chemischen Industrie als Reaktionsmedium und Extraktionsmittel häufig verwendet. Es gehört zu den (↑) *chlorierten* Kohlenwasserstoffen mittlerer Lebertoxizität, gilt aber neuerdings als möglicherweise krebserregender Arbeitsstoff. MAK

(1977) 10 ppm = 50 mg/m³; (↑) *Berufskrankheit* No. 1302. F.WI.

Chlorwasserstoff, „Salzsäuregas". Die Gewinnung erfolgt nach dem klassischen Verfahren durch Umsetzung von Schwefelsäure und Kochsalz in mechanischen Sulfatöfen mit Durchsätzen bis zu mehr als 10 t/h nach:

$$NaCl+H_2SO_4=NaHSO_4+HCl \quad (150-300°C)$$
$$NaHSO_4+NaCl=Na_2SO_4+HCl \quad (650-800°C)$$
$$2NaCl+H_2SO_4=Na_2SO_4+2HCl \quad (550-650°C)$$

Durch den hohen Zwangsanfall an Chlorwasserstoff bei der Chlorierung organischer Verbindungen hat dieses Verfahren an Bedeutung verloren; man zerlegt heute umgekehrt Chlorwasserstoff elektrolytisch in Chlor und Wasserstoff. Die Herstellung von reinem Chlorwasserstoff gelingt nach:

$$H_2+Cl_2=2HCl$$

Technisch arbeitet man in wassergekühlten Quarzöfen mit Hilfe von konzentrisch angeordneten Quarzrohren (Prinzip des ↑ *Daniellschen Hahns*) als Brenner, wobei das innere Rohr für die Zuführung des Chlors, das äußere für die Wasserstoff-Zufuhr dient. Man arbeitet mit geringem Wasserstoff-Überschuß (ca. 2%), um chlorfreien Chlorwasserstoff zu erhalten. D.O.

Chromguß. Der Zusatz von Chrom zu Gußeisen verleiht dem Werkstoff höhere Korrosionsfestigkeit und vor allem Zunderbeständigkeit. Da der Kohlenstoffgehalt mit dem Legierungselement Chrom zu Chromcarbiden reagiert, muß zur Erzielung hinreichender Zunderbeständigkeit der Chromgehalt auf den Kohlenstoffgehalt abgestimmt werden. Weitere Legierungselemente (wie Mo) verbessern die Korrosionsbeständigkeit gegen Schwefel-, Salpeter-, Phosphor- und

Essigsäure; Kupfer vermindert den Korrosionsangriff durch Salzsäure und Schwefelsäure.

Chromguß

°C	20			100		
	1%	10%	konz	1%	10%	konz
HCl	3	3	3	3	3	3
H_2SO_4	3	3	2–3	3	3	3
H_3PO_4	1	1	1	1–2	2	2
HNO_3	1	1	2–3	2	2	3
HF	3	3	3	3	3	3
CH_3COOH	1	1	1	1	1	2
NaOH	1	1	1	1	1–2	2
NH_4OH	1	1	1	1	1	1
NaCl	1	1	1	1	2	2
NH_4Cl	1	1	1	1	1	1–2

Gase

	20	200	400	600	800	1000
Luft	1	1	1	1–2	2	
Cl_2	1	2	3	3	3	3
				gegen feuchtes Cl_2 beständig		
H_2O	1	1	1	2	2	
SO_2	1	1	1	2	2	
				gegen feuchtes SO_2 beständig		
H_2S	1	1	2	2	3	

1: chemisch beständig Korr.-Angriff <2,4 g/m² Tag <0,1 mm/Jahr. 2: chemisch bedingt beständig bzw. verwendbar Korr.-Angriff 2,4–24 g/m² Tag (0,1–1 mm/Jahr). 3: chemisch unbeständig >24 g/m² Tag >1 mm Jahr   P.E.

Claus-Verfahren. Es dient der Gewinnung von elementarem Schwefel aus H_2S-haltigen Gasen (mit 30 und mehr % H_2S) aus Gaswäschen in Raffinerien, Kokereien, Schwelereien, Vergasungsanlagen und Viskosebetrieben. H_2S wird bei Luftunterschuß verbrannt, wobei SO_2 entsteht, das mit überschüssigem H_2S katalytisch zu Schwefel umgesetzt wird:

$$2\,H_2S + 3\,O_2 = 2\,SO_2 + 2\,H_2O$$
$$4\,H_2S + 2\,SO_2 = 6\,S + 4\,H_2O$$

Die durch unvollständige Verbrennung von H_2S in der Brennkammer entstehenden Reaktionsgase werden im Abhitzekessel gekühlt, wobei flüssiger Schwefel anfällt. Durch Zumischen heißer Gase werden H_2S und SO_2 aufgeheizt und in der 1. Kontaktstufe des Reaktionsofens bei 250–300° C katalytisch umgesetzt. Der entstehende Schwefeldampf wird im Schwefelkondensator flüssig abgeschieden, während der restliche H_2S in der 2. Kontaktstufe umgesetzt und im nachgeschalteten Schwefelkondensator gleichfalls flüssig abgeschieden wird. Die Abgase werden in einem Zentrifugalabscheider von mitgeführtem Schwefel befreit, und letzte Spuren von H_2S werden in der Nachverbrennung unschädlich gemacht (s. Abb.).   K. K.

Copolymerisate. Zur Verbesserung chemischer oder mechanischer Eigenschaften werden Copolymerisate z. B. aus Styrol und Acrylnitril (SAN) sowie schlagzäh modifizierte Produkte aus Acrylnitril-Butadien-Styrol (ABS) hergestellt. Eine Produktvariante ist ein Copolymerisat aus Acrylnitril Styrol-Acrylester (ASA). Bei den SAN-Produkten ist die chemische Beständigkeit, bei den ABS-Produkten sind daneben die mechanischen Eigenschaften erheblich verbessert; ASA-Produkte zeichnen sich durch besonders gute Witterungsbeständigkeit aus. Die genannten Produkte eignen sich u. a. besonders für Haushaltsgeräte, für den Gehäusebau für den Elektrotechnik und für den Automobilbau. Sie können nach allen für thermoplastische Kunststoffe bekannten Verfahren, z. B. nach dem (↑) *Spritzgießver-*

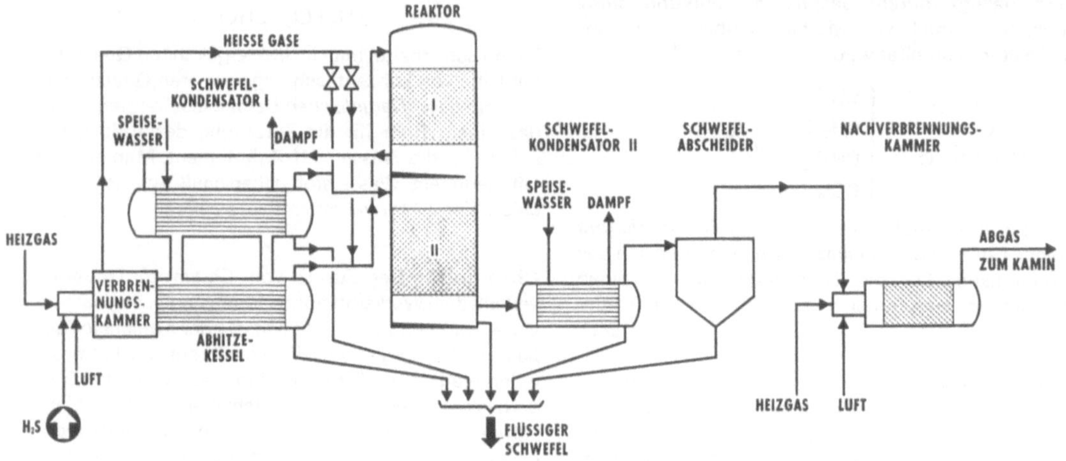

Claus-Verfahren (Lurgi/Frankfurt)

fahren verarbeitet werden. Nach dem (↑) *Extrusionsverfahren* hergestellte Platten lassen sich durch das (↑) *Thermoformverfahren* zu Trinkbechern und Verpackungsbehältern sowie zu flächigen, schalenartigen Teilen, wie Kühlschrankinnenbehälter, verarbeiten.

H.K.

Cottrell-Möller-Verfahren ↑ *Elektrofilter* D.O.

Cracken (Kracken). Unter Cracken versteht man die thermische Zersetzung von Kohlenwasserstoffen im Bereich von ca. 400–500° C. Man arbeitet im allgemeinen mit Katalysatoren (katalytisches Cracken) und unter Druck. Die Reaktion hat in der petrochemischen Industrie große Bedeutung, um bei der Aufarbeitung von Erdöl den natürlichen Anfall von Benzinen und Dieselöl auf Kosten des Anfalls von Schwerölen zu erhöhen. Katalytisches Cracken kann sowohl an Festbettkatalysatoren wie mit bewegtem Kontakt (Wirbelschicht- und Fließbettverfahren) durchgeführt werden; als Kontakt dienen z.B. Al_2O_3 und SiO_2 mit geringen Mengen Schwermetalloxiden (z.B. Cr_2O_3) (↑ *Crackgasse, Hydrocracken, Steamcracken, BASF-Wirbelfließverfahren, Fluid-Catalytic-Cracking-Verfahren, Lurgi-Sandcracker, Wirbelschicht*). D.O.

Crackgasse. Gasförmige, z.T. ungesättigte Kohlenwasserstoffe aus Crackprozessen, die wegen ihres Gehaltes an niederen Olefinen als Ausgangsprodukte in der chemischen Industrie verwendet werden. Rein thermisches Cracken liefert mehr gasförmige Produkte als katalytisches Cracken. D.O.

Cumol. Technische Gewinnung erfolgt durch Umsetzung von (↑) *Propylen* mit (↑) *Benzol*.

Die Umsetzung kann sowohl in flüssiger Phase in Gegenwart von H_2SO_4, $AlCl_3$ oder HF bei niedrigen Temperaturen (35–70° C) und niedrigen Drucken (bis 7 bar) oder in der Gasphase bei 250–350° C, 3–10 bar Druck an H_3PO_4/SiO_2-Katalysatoren durchgeführt werden (↑ *Alkylierung*). D.O.

Cut-off ↑ *Rückhaltevermögen* E.A.Sch.

Cyanwasserstoff (Blausäure) ist heute von großer Bedeutung für zahlreiche Synthesen. HCN wird durch Dehydratisierung von (↑) *Formamid* gewonnen

$$HCONH_2 \xrightarrow[400°\,C]{Katalysator} HCN + H_2O,$$

sowie durch (↑) *Ammonoxydation* von Methan

$$CH_4 + NH_3 + 1^1/_2 O_2 \xrightarrow[1000-1200°\,C]{Katalysator} HCN + 3H_2O,$$

bzw. „Ammondehydrierung":

$$CH_4 + NH_3 \xrightarrow[1200-1400°\,C]{Katalysator} HCN + 3H_2$$

Anstelle von Methan können auch andere niedere Kohlenwasserstoffe verwendet werden. D.O.

Cyclohexanol/Cyclohexanon lassen sich durch Flüssigphasenreaktion von Cyclohexan mit Luft in Gegenwart von Mn- oder Co-Katalysatoren gewinnen.

Weiterhin kann man (↑) Phenol zu Cyclohecanol hydrieren und dieses katalytisch zu Cyclohexanon dehydrieren.

Einfacher ist die einseitige Umwandlung von Phenol in Gegenwart von Palladium-Katalysatoren. D.O.

Cyclohexanonoxim. Seine Darstellung gelingt durch Oximierung von (↑) *Cyclohexanon* mit Hydroxylaminsulfat bei mäßiger Temperatur:

Weitere Möglichkeiten sind die Photonitrosierung von Cyclohexan

oder die Nitrierung von Cyclohexan in flüssiger Phase und anschließende Hydrierung von Nitrocyclohexan:

Cyclohexanonoxim ist Zwischenprodukt der (↑) ε-*Caprolactamsynthese*. D.O.

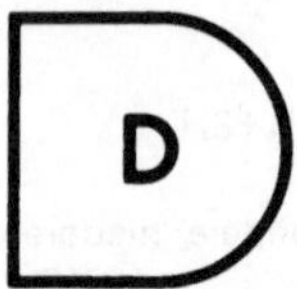

Dampfdom ↑ *Tauchrohrverdampfer*   F.W.

Dampfdruckkurve. Für reine Stoffe lassen sich alle thermodynamischen Gleichgewichtszustände zwischen zwei Aggregatszuständen (gasförmig/flüssig, flüssig/fest, gasförmig/fest) in einem Druck-Temperatur-Diagramm (p-T-Diagramm) darstellen (s. Abb.). Die Dampfdruckkurve für ein Medium oder eine Lösung gibt die Abhängigkeit der Siedetemperatur vom Druck, der auf das Medium wirkt, an. Diese Abhängigkeit läßt sich für viele Stoffe durch einen Ansatz folgender Form darstellen:

$$\log p = A + \frac{B}{T}$$

mit A und B als Stoffkonstanten. Für die Berechnung von Verdampfungsvorgängen ist sie darum die wichtigste thermodynamische Grundlage. Für reine Stoffe und stark verdünnte Lösungen (ideale Lösungen) existieren theoretische Ansätze zur Berechnung der Dampfdruckkurve (↑ *Siedepunkterhöhung*).   F.W.

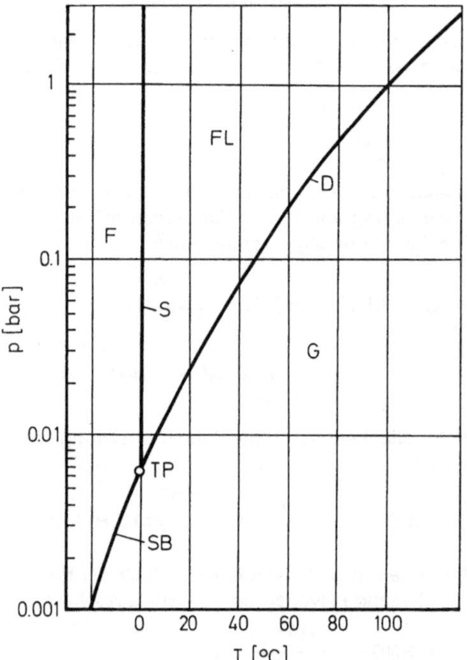

Dampfdruckkurve. F = fest; FL = flüssig; G = gasförmig;
D = Dampfdruckkurve; S = Schmelzdruckkurve;
SB = Sublimationsdruckkurve; TP = Tripelpunkt

Dampfstrahlgebläse ↑ *Strahlverdichter*   F.W.

Daniell'scher Hahn. Vom englischen Chemiker John Daniell (1790–1845) erfundener Brenner zur gefahrlosen Verbrennung von Heizgasen mit reinem Sauerstoff, der aus einem weiten Rohr besteht, welches im Inneren ein koaxial angeordnetes zweites engeres Rohr enthält (s. Abb.). Beide Gase werden getrennt dem Brenner zugeführt, so daß erst an der Brennermündung die Vermischung beider Gase möglich ist. Der Brenner findet Verwendung beim autogenen Schweißen sowie bei der (↑) *Chlorwasserstoff-Synthese*.   D.O.

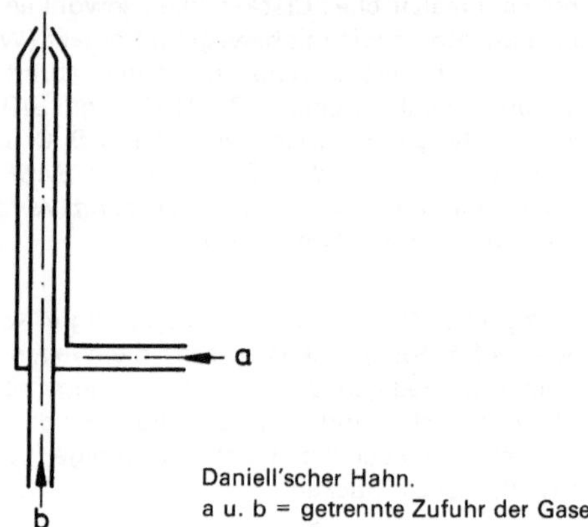

Daniell'scher Hahn.
a u. b = getrennte Zufuhr der Gase

Dekanter (Dekantierzentrifugen) sind die heute am weitesten verbreiteten Zentrifugen für die Trennung von Feststoff-Flüssigkeit-Gemischen im kontinuierlichen Betrieb. Es handelt sich um horizontal gelagerte Schneckenzentrifugen, wobei man zylindrische und konische Konstruktionen unterscheidet, jedoch überwiegen heute Konstruktionen mit einem zylindrischen Teil zur Erzielung großer Klarfläche für festsoffarmen Überlauf und langem Konus für weitgehende Feststoffentwässerung. Das Prinzip eines Dekanters zeigt die Abb. Das Schleudergut tritt axial durch das verstellbare Einlaufrohr (1) in den Schneckenhohlkörper des Dekanters ein und fließt durch eine Öffnung weiter in den „Sumpf", dessen Niveauhöhe durch die Wehrscheibe (6) eingestellt werden kann. In diesem Trommelraum wird das Schleudergut auf Betriebsdrehzahl beschleunigt, und durch die Einwirkung der hohen Zentrifugalbeschleunigung setzen sich die Feststoffteilchen in kürzester Zeit an der Trommelwand ab. Der Rotor besteht aus der zylindrisch-konischen Vollmanteltrommel (5) und einer darin konzentrisch gelagerten Transportschnecke (4), die den Feststofftransport zum konischen Trommelende hin bewirkt. Schnecke und Trommel rotieren mit unterschiedlicher Drehzahl. Die Flüssigkeit strömt zwischen den Schneckenwendeln entgegen der Förderrichtung des Feststoffes der

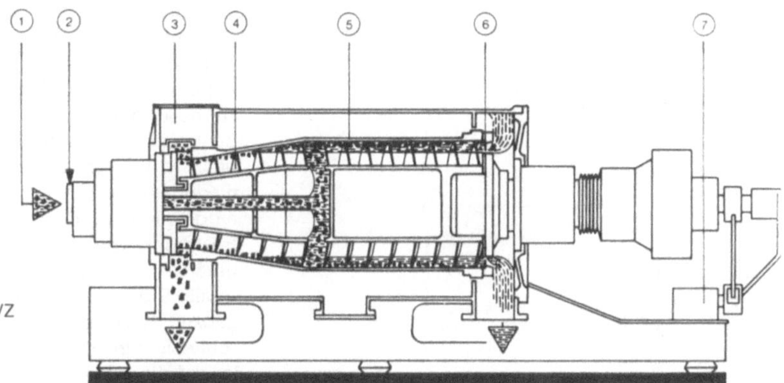

Prinzip der Dekantierzentrifuge KVZ
(Krauss-Maffei AG,
Geschäftsbereich Imperial-Ver-
fahrenstechnik, München)

größeren Trommelöffnung zu. Der von Flüssigkeit befreite Feststoffteil wird durch die Öffnungen im Trommelkopf in das Feststoff-Fanggehäuse (3) ausgeworfen; die geklärte Flüssigkeit fließt im Flüssigkeitsschacht ab. (2) ist ein Waschrohr, (7) eine mechanische Drehmomentüberlastsicherung, ↑ *Vollmantelzentrifugen, Zentrifugen*). W.W.u.D.O.

Dekontamination ist die Beseitigung toxischer Stoffe mittels physikalischer und chemischer Methoden. Besondere Bedeutung kommt der Dekontamination heute beim Betrieb von Kernenergiekraftwerken sowie bei der Aufarbeitung von Brennelementen zu (Entseuchung von Kleidung, Körperoberfläche oder Entaktivierung von Geräten). D.O.

Dephlegmator. Ein Teilkondensator, an dessen Kühlflächen aus einem Gemischdampf mehr Schwerersiedendes kondensiert, als der Dampf prozentual enthält. Dadurch reichert sich der Restdampf an Leichtersie-

dendem an. – Wird auf den Kopf einer (↑) *Rektifizier-Säule* ein Dephlegmator so installiert, daß Kühlwasser um die Rohre und Dampf in den Rohren strömt, dann ist die Flüssigkeit, die aus den Rohren abtropft, nicht gleichmäßig über den Querschnitt verteilt, weil die Kühlwasserführung ein ungleiches Temperaturgefälle an den Dephlegmatorrohren erzeugt. Mehrere Stutzen am Dephlegmatormantel ermöglichen es, durch Variieren des Kühlwasserniveaus die Kühlfläche zu variieren, welche die Rücklaufmenge der Säule erzeugt (s. Abb.). Wird dagegen Kühlwasser in den Rohren des Dephlegmators geführt und um den Rohren kondensiert ein Teil der Kopfdämpfe, so sammelt ein Fangboden den Rücklauf (s. Abb.). Ein Dephlegmator kann auch nach einer Rektifizier-Säule vorgesehen werden; die Kopfdämpfe kondensieren dann z.T. als Rücklauf und der Rest in einem nachgeschalteten Produktkondensator (s. Abb.). Wird außer durch Teilkondensation auch durch gegen-

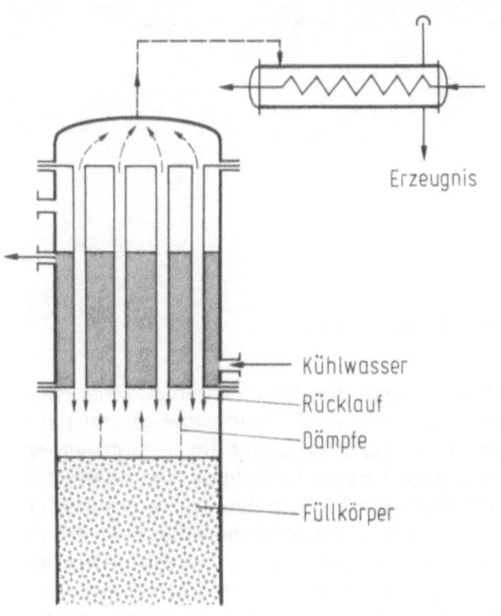

1. Dephlegmator

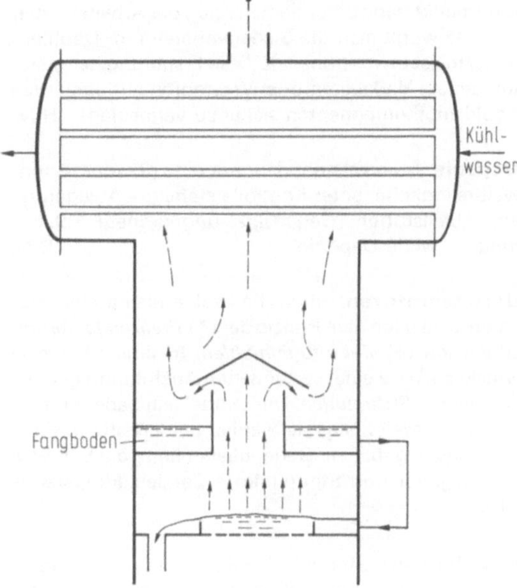

2. Dephlegmator mit Fangboden

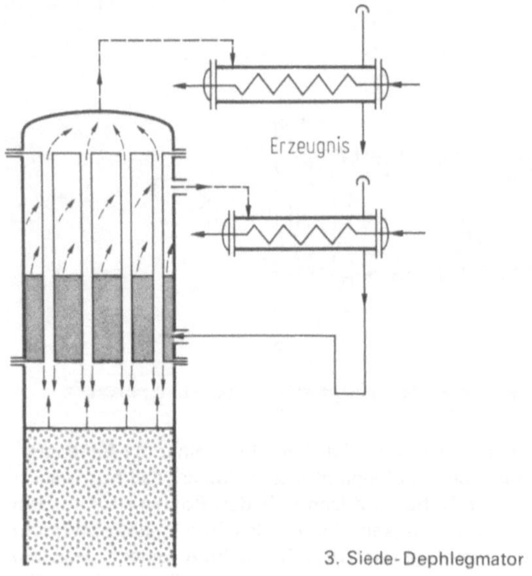

3. Siede-Dephlegmator

sinnige Führung von Kondensat und Dämpfen eine Rektifizierwirkung erzeugt, so kann man in einem Dephlegmator die Anreicherungswirkung von 1 bis ca. 3 theoretischen Böden erreichen. Ein *Siede-Dephlegmator* besitzt als Kühlung eine verdampfende Flüssigkeit, z.B. Wasser bei Atm.-Druck, wenn man mit 100° C kühlen will. Ein konstantes Vakuum am Kondensator für die Dämpfe des Siede-Dephlegmators ermöglicht eine tiefere Siedetemperatur, oder man verwendet eine tiefer- oder höhersiedende Flüssigkeit im Dephlegmator (s. Abb.). Besitzt das Gemisch bzw. eine Komponente in der Rektifizier-Säule einen Erstarrungspunkt nahe unter dem Bereich der Arbeitstemperatur, so wählt man die Siedetemperatur im Dephlegmator meist etwas höher als diese Erstarrungstemperatur, um ein Verkrusten oder Verstopfen mit errstarrten Kopfdampfkomponenten sicher zu vermeiden.   H.M.

Deponie. Man versteht darunter eine geordnete, umweltfreundliche, unter Kontrolle stehende Ablagerung von Abfallstoffen (Gegensatz: ungeordnete Ablagerung = „wilde Deponie".   D.O.

Desintegratoren, auch Korbschleudermühlen genannt, sind nach dem Prinzip der (↑) *Prallzerkleinerung* arbeitende (↑) *Zentrifugalmühlen*. In ihrer Bauweise entsprechen sie einer vergrößerten Ausführung gegenläufiger (↑) *Stiftmühlen*. Die „Stifte" sind aber nun als Stäbe zu bezeichnen; sie werden beiderseitig in Führungsringen gehalten. Gegenüberstellung der Systeme Desintegrator und Stiftmühle (↑ Zerkleinerungstechnik).   H.S.

Desodoriseur. Störende Geruchsstoffe (z. B. in Speiseölen) werden durch Wasserdampfdestillation unter Vakuum und bei höheren Temperaturen entfernt. Der

Desodoriseur besteht aus mehreren übereinander angeordneten Stufen, von denen jede mit Heiz- bzw. Kühlsystemen, mit Dampfbrausen und Umwälzvorrichtungen (↑ *Mammutpumpen*) ausgerüstet ist. Das zu desodorierende Produkt strömt in einstellbaren Zeitintervallen durch die einzelnen Stufen von oben nach unten. In der obersten Stufe wird es unter niedrigem Druck (z. B. 33 − 53 mbar) entgast und aufgewärmt, in den mittleren Stufen wird unter einem Restdruck von 4 − 8 mbar desodoriert und in der untersten Stufe unter dem gleichen Restdruck gekühlt. In alle Stufen des Desodoriseurs strömt während des ganzen Prozesses Direktdampf durch das Produkt, das schließlich in einem außenliegenden Oberflächenkühler auf die geforderte Endtemperatur gekühlt wird (s. Abb.).   K.K.

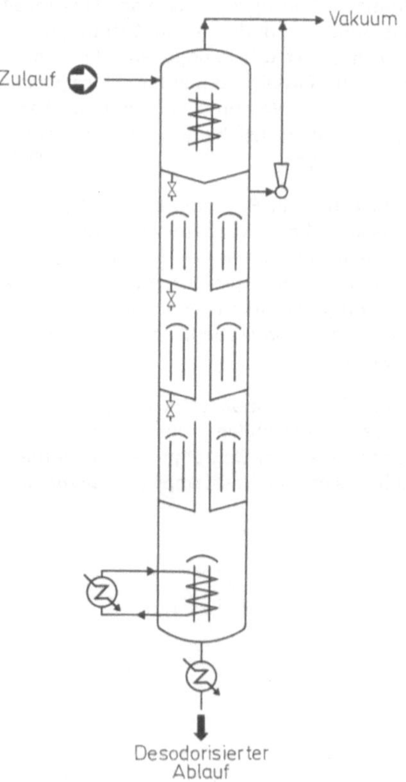

Desodoriseur (Lurgi/Frankfurt)

Destillation. Durch Verdampfen eines Teils einer siedenden Flüssigkeit wird Dampf erzeugt, der nach Kondensation als Destillat anfällt. Im Dampf werden gelöste und ungelöste nichtflüchtige Verunreinigungen aus der Flüssigkeit nur in dem Maße anzutreffen sein, wie diese durch mitgerissene Flüssigkeitströpfchen in das Destillat gelangen. Bei Wasserverdampfung mit nachgeschaltetem gut wirksamen Zentrifugal- und/oder Schwerkraftbrüdenabscheider sind in destilliertem Wasser nur Spuren der sonstigen Blasenflüssigkeit enthalten. Die Konzentration der Verunreinigungen sinkt im Destillat auf 10^{-3} bis 10^{-4} der Blasenflüssigkeit. Nochmaliges Verdampfen dieses Destillates ergibt ein Bidestillat mit einem Verhältnis an Verunreinigungen zur ersten Blasenflüssigkeit von 10^{-6} bis 10^{-8}. Besteht die Flüssigkeit aus zwei ineinander vollöslichen Komponenten mit verschiedenen Siedepunkten, so wird im Destillat eine Anreicherung der leichterflüchtigen Komponente erreicht; eine vollständige Trennung der Komponenten ist jedoch durch Destillation nicht möglich, weil der gebildete Dampf im Phasengleichgewicht zur Flüssigkeit steht und stets auch schwerersiedende Anteile mitverdampfen (↑ *Rektifikation*). Man unterscheidet zwei Verdampfungsarten: 1. Die *offene Verdampfung*: Der gebildete Dampf verläßt den Raum, in dem er aus der Flüssigkeit gebildet wurde (↑ *Blasendestillation*). 2. Die *geschlossene Verdampfung*: Der gebildete Dampf bleibt mit der restlichen Flüssigkeit in Berührung und besitzt daher jene Zusammensetzung, die im Phasengleichgewicht zur Restflüssigkeit steht. Wird bei der offenen Verdampfung eines Stoffgemisches der sich nacheinander bildende Dampf getrennt kondensiert und aufgefangen, so enthalten die ersten Fraktionen mehr leichtersiedende Anteile als die folgenden; diese Arbeitsweise wird als fraktionierte Destillation bezeichnet (↑ *Rektifikation, Blasendestillation*).   H.M.

Destraktion ist ein Verfahren der Stofftrennung, das zwischen Destillation und Extraktion einzuordnen ist und darauf beruht, daß Gase wie CO_2, Äthylen, Äthan, Propylen, Dimethyläther, N_2O, NH_3 usw. im überkritischen Zustand als „Extraktionsmittel" wirken. So wirkt überkritisches Äthylen auf Paraffinöl wie ein Lösungsmittel, wobei eine „überkritische Gasmischung" entsteht. Beim Entspannen des Äthylens wird dann das „gelöste" Paraffinöl wieder abgeschieden. Weil das überkritische Gas zuerst die Komponente mit dem niedrigsten Siedepunkt und dann die im Siedepunkt folgenden Fraktionen aufnimmt, entspricht der Vorgang einer fraktionierten Destillation. Für die großtechnische Anwendung ist entscheidend, daß der extrahierte Stoff nur durch geringfügige Temperatur- bzw. Druckänderungen sofort aus der Gasphase ausgeschieden wird.   D.O.

Desublimation. Kristallerzeugung aus Gasen (Dämpfen: Kondensation). Wenn die einfache Sublimation (Desublimation) nicht möglich ist, unterscheidet man die Vakuum-Sublimation (ohne Hilfsstoff) von der Trägergas-Sublimation (mit Hilfsstoff). Fraktionierte Sublimation kann zur Trennung von Komponenten im Gemisch sublimierender Stoffe bzw. zur Anreicherung einzelner Komponenten führen.   H.J.D.

Desublimatoren. Anordnungen zur Erzeugung von Kristallisat aus Gasphasen sind im allgemeinen Kombinationen von Sublimator (Erzeuger der gasförmigen Phase) und Desublimator (Kristallisator), von denen Trägergas-Sublimatoren und Vakuum-Sublimatoren

unterschieden werden, wie Horden-, Teller-, Turbinen-Sublimator.   H.J.D.

Detergentien sind (↑) *Waschmittel*, Reinigungsmittel und Netzmittel die u.a. (↑) *Tenside* enthalten.   D.O.

Detonation. Eine Detonation ist eine schnelle, exotherme chemische Reaktion, die mit einer Stoßwelle gekoppelt ist. Detonationen sind in Feststoffen und Flüssigkeiten, aber auch in Gasen möglich. Die Detonationsgeschwindigkeiten von Explosivstoffen betragen etwa 1500 bis 9000 m/sec. Explosionen von Gas/Luftgemischen können z.B. in Rohrleitungen in Detonationen übergehen; die Strecke vom Beginn der Explosion bis zum Auftreten der detonativen Stoßwelle nennt man die *Anlaufstrecke* einer Detonation. Wegen der Vorkompression durch die Stoßwelle kann der erreichte Explosionsdruck wesentlich höher sein, als das meist bei Gas/Luft-Explosionen übliche 8-10-fache des Anfangsdruckes vor der Explosion.   F.Wl.

Dialyse ist ein Verfahren der (↑) *Membran-Trenntechnik*. Aus einer Lösung hochpolymerer Stoffe (Makromoleküle, Kolloide, solvatisierte Aggregate) lassen sich niedermolekulare Substanzen durch Dialyse abtrennen. Der Stofftransport erfolgt (nach den Gesetzen der Diffusion) aufgrund eines Konzentrationsgefälles durch eine diskriminierende Membran. Die dispergierte Phase (Lösung) befindet sich auf der einen Seite der Membran, das Dispersions- oder Lösungsmittel auf der gegenüberliegenden Membranseite. Das Konzentrationsgefälle muß durch geeignete Verfahren aufrecht erhalten werden. Die Dialysier- oder Diffusionsgeschwindigkeit ist um so kleiner, je höher das Molekular- bzw. Teilchengewicht der dialysierenden Substanz ist. Beeinflussende Faktoren sind: Konzentrationsgefälle, Temperatur, Viskosität; Membraneigenschaften (Fläche, Dicke, Permeabilität, Ladung). Die Abtrennung von geladenen Teilchen (Ionen) läßt sich durch Anlegen einer Gleichspannung um das 20-fache beschleunigen (↑ *Elektrodialyse*). Dialysiergeräte sind meist Schlauch- oder Plattendialysatoren mit Membranen, die überwiegend aus Cellulose bestehen, z.B. Cuprophan. Anwendungen: Bestimmen von Teilchengewichten, Reinigen von Biopolymeren, Entgiften des Blutes (Hämodialyse, Diafiltration).   E.A.Sch.

Diaphragma. Ionendurchlässige Trennwand im Raum zwischen den Elektroden, die die Produkte und/oder die Reaktanden im elektrochemischen Prozeß trennen soll. Diaphragmen haben verschiedene Aufgaben zu erfüllen: im einfachsten Fall sollen nur die an den Elektroden entstehenden Gase voneinander getrennt werden, während Anolyt und Katholyt vermischt werden dürfen (↑ *Wasser-Elektrolyse*). Bei der Chloralkali-Elektrolyse nach dem (↑) *Diaphragma-Verfahren* soll neben der Trennung der Gase das Eindringen des Katholyten in den Anodenraum verhindert werden, was durch eine aufgezwungene hydrodynamische Strömung in entgegengesetzer Richtung bewirkt wird. Permselektive Membranen erlauben nur einer Ionenart (Anionen oder Kationen) den Durchtritt. Jedes Diaphragma vergrößert den Spannungsabfall, weil der stromführende Querschnitt im Diaphragma verengt wird. Gewöhnlich steigt der Spannungsabfall mit dem Trenneffekt. Diaphragmen sollen aus nichtleitendem, chemisch beständigem Material sein und hohe mechanische Festigkeit aufweisen. Die im einzelnen verwendeten Werkstoffe sind vielfältig: Asbest (Fasern, Papier, Gewebe), Keramik, mikroporöser Gummi, Kunststoffe wie mikroporöses Polyvinylchlorid mit bis 80% Leervolumenanteil, gesintertes (niederdruckpolymerisiertes) Polyäthylen, Polypropylen und beschichtete Glasfasergewebe werden kommerziell angewendet.   H. V.

Diaphragma-Verfahren. Verfahren zur Herstellung von Chlor, Natronlauge und Wasserstoff aus Kochsalz und Wasser durch Elektrolyse. Kennzeichnender Unterschied zum (↑) *Amalgam-Verfahren* ist die Verwendung eines (↑) *Diaphragmas*, das den Elektrolytraum in zwei Teile trennt und zwei Aufgaben hat: Es soll die Vermischung des an der Anode entstehenden Chlors mit dem kathodisch entstehenden Wasserstoff verhindern, und es soll den an der Kathode entstehenden Hydroxyl-Ionen den Durchtritt zum Anodenraum verwehren, um unerwünschte Sekundärreaktionen durch Pufferung der anodischen Grenzschicht zu vermeiden. Das wird technisch erreicht, indem man ständig Anolyt unter Überdruck durch das Diaphragma in den Kathodenraum fließen läßt, um OH$^-$-Ionen zurückzudrängen. Daher ist die Lauge aus Zellen nach dem Diaphragma-Verfahren immer chlorid-haltig. Kochsalz fällt größtenteils beim nachfolgenden Eindampfen der Lauge (auf einen Gehalt von 50%) aus; weitere Entfernung ist kostspielig. Schaltung der Elektroden (↑) *bipolar* oder (↑) *unipolar* (s. Abb.).

Richtwerte moderner Diaphragma-Zellen

Stromstärke	60 . . . 150 kA
Stromdichte	2200 . . . 2800 A/m²
Zellspannung	3,8 . . . 4,2 V
Stromausbeute	96 . . . 97%
Energiebedarf	3000 . . . 3300 kWh/t Cl$_2$
Anode	Graphit; Titan, beschichtet
Kathode	Stahl
Lauge aus den Zellen	130 . . . 150 g/l NaOH
	180 . . . 210 g/l NaCl

H. V.

Dicarbonsäuren sind z.B. wichtige Komponenten u.a. für Polykondensationsreaktionen sowie zur Weichmacherherstellung (↑ *Adipinsäure, Phthalsäureanhydrid, Maleinsäureanhydrid, Terephthalsäure, Dimethylterephthalat*).   D.O.

1,2-Dichloräthan ↑ *Vinychlorid*   D.O.

Dichroismus (optischer Dichroismus) ist die Eigenschaft von parallel zur optischen Achse geschnittenen Kristallen, den ordentlichen Strahl nahezu vollständig zu absorbieren, den außerordentlichen dagegen durchzulassen (Kristalle geeignet als Polarisationsfilter).   H.J.D.

Differentialmühle. Sie ist die Sonderform einer (↑) *Korundscheibenmühle*, bei welcher beide Mahlscheiben mit unterschiedlicher Geschwindigkeit in gleicher Richtung rotieren. Die geringe Differenzgeschwindigkeit gibt eine schonende Scherbeanspruchung des Mahlgutes bei hohen Zentrifugalkräften und hoher Durchsatzleistung.   H.S.

Differentialthermoanalyse (**DTA**). Sie dient zur Feststellung thermischer Vorgänge in einem zu unter-

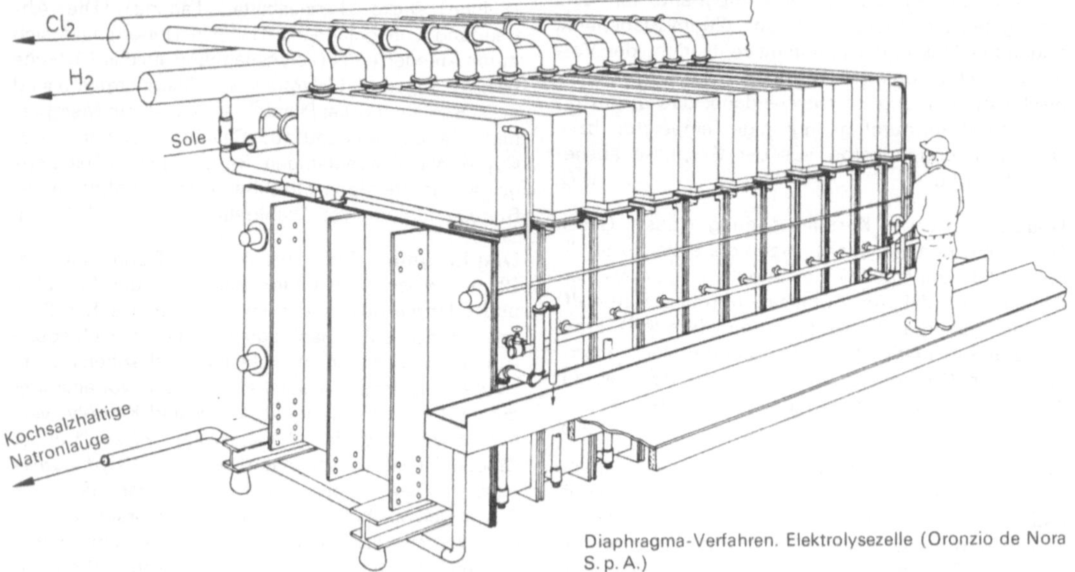

Diaphragma-Verfahren. Elektrolysezelle (Oronzio de Nora S. p. A.)

Dispax-Reactor
(Werkfoto Janke & Kunkel KG.)

suchenden Stoff oder Stoffgemisch. In einem Ofen werden nebeneinander die zu untersuchende Probe und eine inerte Vergleichssubstanz linear aufgeheizt. Aus der geschriebenen Differenz zwischen den Temperaturen der Probe und der Vergleichssubstanz kann man Rückschlüsse ziehen auf exotherme oder endotherme chemische Reaktionen, Phasenumwandlungen etc. Zur Prüfung der Stabilität chemischer Reaktionsmischungen ist die DTA bestenfalls als orientierender Vorversuch geeignet. Bessere Ergebnisse liefert der (↑) *Wärmestauversuch.*   F.WI.

Dimethylterephthalat-(DMT)-Herstellung. Die Herstellung geschieht heute überwiegend nach dem Katzschmann-Verfahren der Dynamit Nobel AG, bei dem ein Gemisch von p-Xylol und p-Toluylsäuremethylester einer Flüssigphasenoxydation unterworfen wird:

$$\text{(p-Xylol)} + \text{(p-Toluylsäuremethylester)} \xrightarrow[\text{Co/Mn–Katalysator}]{\text{Luft, 140–160°C}} \text{(p-Toluylsäure)} + \text{(Monomethylterephthalat)}$$

Das Reaktionsgemisch wird mit Methanol verestert:

$$\text{(p-Toluylsäure)} + \text{(Monomethylterephthalat)} \xrightarrow[\text{30–40bar, 240°C}]{\text{CH}_3\text{OH}} \text{(p-Toluylsäuremethylester)} + \text{(Dimethylterephthalat)}$$

Aus dem Rohestergemisch wird p-Toluylsäuremethylester destillativ abgetrennt und in die Oxydation zurückgegeben, während Dimethylterephthalat durch Umkristallisieren und Destillieren auf Faserreinheit gebracht wird.   D.O.

Dispax-Reactor (s. Abb.). Kontinuierlich arbeitende Dispergiermaschine, wobei der Durchlauf viskoser Stoffe zwischen Rotor und Stator so erfolgt, daß mechanisch erzeugte Hochfrequenz eine hohe Scherwirkung auf das Produkt ausübt. Einsatzbereich: Lack- und Farbenindustrie, Pharmazie, Kosmetik und Nahrungsmittelindustrie.   H.S.

Dispergiermaschinen. Sammelbegriff verschiedener Naßfeinmühlen zur Erzeugung von Emulsionen, Dispersionen und Suspensionen hoher und niedriger Viskosität (↑ *Dispax-Reaktor; Ultra-Turrax; Korundscheibenmühle; Naßmahlung*).   H.S.

Doppelrohrwärmetauscher (s. Abb.) bestehen aus zwei konzentrisch ineinanderliegenden Rohren verschiedenen Durchmessers. Mehrere dieser Doppelrohre werden übereinander zu Rohrwänden verbunden. Die Medien bewegen sich im Gegenstrom. Beim Erhitzen strömt die Flüssigkeit im Innenrohr aufwärts, der Dampf im Ringrohr abwärts. Beim Kühlen strömt die Flüssigkeit im Ringraum. Doppelrohr-WT sind für hohe Drücke des im Innenrohr bewegten Mediums verwendbar.   W.W.

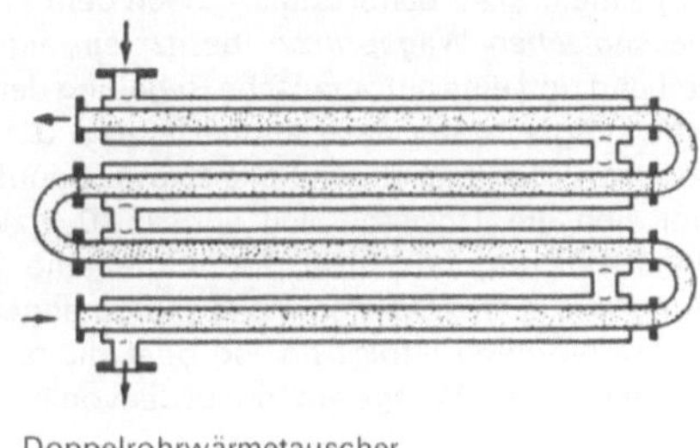

Doppelrohrwärmetauscher

Doppelstrommühle: ist eine vertikale (↑) *Schlagleistenmühle* zur (↑) *Prallzerkleinerung.* Der den Mahlraum abgrenzende, im Kreisumfang angeordnete Siebkorb ist dreigeteilt. In der Mitte befindet sich ein durchgehender Reibring als Gegenprallfläche; links und rechts davon sind die Siebeinlagen ebenfalls als durchgehende Ringe angeordnet. Das über eine verlängerte Einlaufschurre zentral (↑ *Zentrifugalmühle*) aufgegebene Mahlgut gelangt zunächst auf den Reibring und infolge der Luftströmung erst dann auf die Siebeinlagen.   H.S.

Doppelunwuchtsieb (s. Abb.). Ein vielverwendeter Linearschwinger, bei dem der Antrieb über zwei gegenläufig angetriebene Wuchtmassenpaare erfolgt, die oberhalb oder unterhalb des Siebbodens angeordnet sind. Synchronisation der beiden Antriebswellen entweder zwangsweise über Zahnradpaare oder unter bestimmten Voraussetzungen selbsttätig. Während größere Einheiten über separate Unwuchtzellen angetrieben werden, verwendet man für mittlere und kleinere Maschinen zwei Unwuchtmotoren. Doppelunwuchtsiebe arbeiten als überkritische Freischwinger. Durch geeignete Wahl der Isolierfeldern erreicht man relativ geringe Rückstellkräfte auf das Fundament. Dem Einsatzfall entsprechend wird der Wurfwinkel eingerichtet. Die Maschine selbst wird bei Trockensiebungen horizontal oder leicht geneigt eingebaut, bei

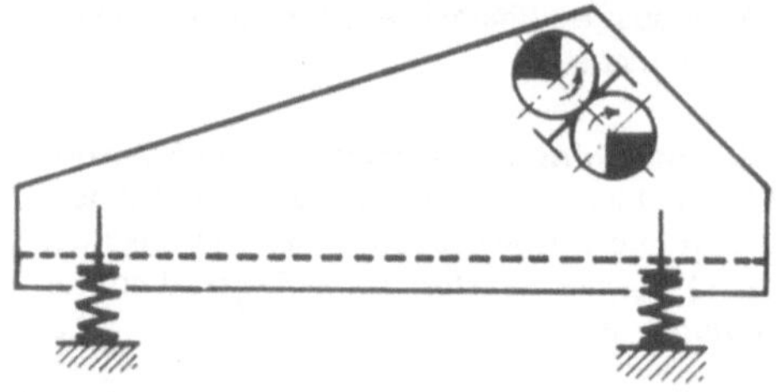

Doppelunwuchtsiebe

Entwässerungssieben leicht ansteigend. Gebräuchlich: Ein- und Mehrdecker mit Siebflächen von 0,5–20 m². Schwingdaten: 600–3000 min⁻¹ bei 15–1,5 mm Hub. Anwendung: Trocken- und Naßsiebungen vorwiegend im Mittelkornbereich. Entwässerungssiebungen.   H.P.D.

Dosierbandwaage. Mit dieser Waage (s. Abb.) wird ein vorgegebener, konstanter Materialfluß (kg/h oder t/h) erzielt. Sie arbeitet zumeist nach dem (↑) *elektromechanischen Wägeprinzip*, besitzt ein eigenes Förderband und eine automatische Regelung der Bandgeschwindigkeit oder der Bandbelastung. Durch Variation von Bandgeschwindigkeit und Bandbelastung läßt sich ein Dosierbereich von 1:20 erzielen. Die Bandbelastung (kg) und die momentane Förderleistung (kg/h, t/h) werden meist analog angezeigt. Die Sollwertvorgabe erfolgt analog oder digital. Die Genauigkeit dieser Waage entspricht der von Förderbandwaagen.   E.K.

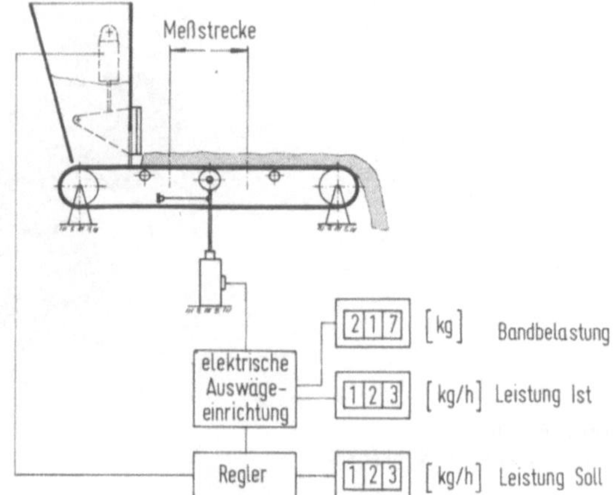

Dosierbandwaage (belastungsgeregelt)

Dosiervorrichtungen. Bei kontinuierlichen Arbeitsprozessen müssen Mahl-, Förder- oder Abfüllapparaturen gleichmäßig beschickt werden. Die Geräteauswahl richtet sich nach Art und Beschaffenheit der zu dosierenden Medien: a) flüssige Medien: *Tropfvorrichtung* für Kleinstmengen, *Dosierpumpe* für größere Mengen. b) trockene Stoffe: *Dosierbandwaage*, absolute Genauigkeit mit Toleranzen kleiner 0,5%. *Schüttelspeiseapparate*, angetrieben durch einen Getriebemotor über Exzenter und Rüttelteller; für körnige, gut rieselfähige Stoffe. *Vibrationsrinnen*, mit regulierbarer Amplitude für gut rieselnde Stoffe. Gegenüber Schüttelspeiseapparaten besteht höhere Dosiergenauigkeit. Vibrations-Dosierrinnen können aber bei der Förderung pulverförmiger Stoffe problematisch sein infolge Wallbildung oder seitlichem Überfließen des Mediums. *Einfach-* und *Doppeldosierschnecken* für pulverförmige Stoffe mit schwerem Fließverhalten. Zur Vermeidung des Komprimierens sind die Schneckenwendel gelegentlich mit Aussparungen versehen (ausgeklinkt) oder als Paddel ausgebildet. *Sperrschieber* als Bunkerauslauf oder innerhalb von Rohrleitungen für einwanfrei rieselnde Grieße oder Granulate. *Irisblenden* mit regulierbarer *Manschette* (Muconventil) als verbessertes System gegenüber einfachem Sperrschieber. Sie erlauben die exakte Dosierung der Zulaufmenge (auch bei flüssigen Medien) und sind für Hand-, Elektro- oder pneumatische Betätigung lieferbar. H.S.

Drehkolben-Verdichter ↑*Umlaufkolben-Verdichter*
W.W.

Drehrohrofen. Kontinuierlich arbeitender Ofen, der (im Prinzip) aus einem feuerfest ausgekleideten, schwach geneigten, auf Rollen drehbar gelagerten Eisenrohr besteht, welches durch Zahnräder in langsame Drehung (ca. 0,3 bis 3 U/min) versetzt wird (s. Abb.). Die Beschickung erfolgt durch ein schräg in die Trommel hineinragendes Rohr. Das Gut wandert

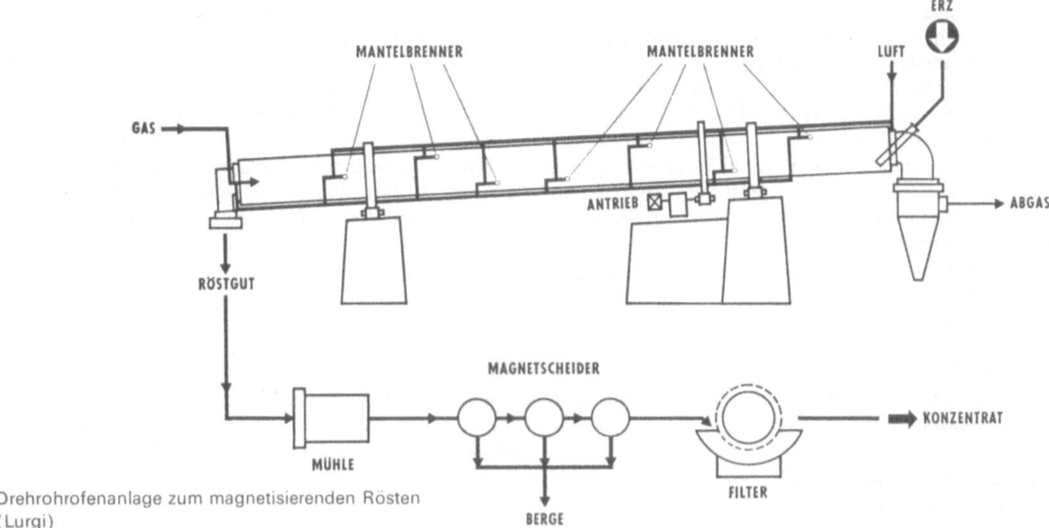

Drehrohrofenanlage zum magnetisierenden Rösten
(Lurgi)

langsam selbsttätig der am auslaufenden Ende des Drehrohres angeordneten Feuerung entgegen (Gegenstromprinzip). Sie finden u. a. in der Zement-, Soda-, Hütten- und Schwefelsäureindustrie für Aufschlussprozesse, Kalzinieren, Sintern und Rösten sowie auch Trocknen Verwendung. D.O.

Drehschieberpumpen werden als (↑) *Vakuumpumpen* verwendet. W.W.

Druckbehälter sind allseitig geschlossene Hohlkörper, in denen betriebsbedingt ein höherer als der atmosphärische Druck vorhanden ist oder entstehen kann. Für ortsfeste Druckbehälter gilt die Unfallverhütungsvorschrift: Druckbehälter (VBG 17), sie bestimmt die Anforderungen bezüglich Bau, Aufstellung, Ausrüstung, Prüfung und Betrieb. Eine wichtige Kenngröße von Druckbehältern ist das Druckliterprodukt p × l (p = höchstzulässiger Überdruck, l = Volumen des Druckraumes in Litern). Je nach dem Druckliterprodukt sind Druckbehälter nicht prüfpflichtig (p × l < 200), nur erstmalig prüfpflichtig (p × l > 200 bis 1000) oder prüf- und überwachungspflichtig (p × l > 1000) (Näheres s. VBG 17, § 5, dort auch Schaubild der Prüfgruppen). Manometer und (↑) *Sicherheitsventile* sind regelmäßig auf ihre Beschaffenheit und Wirksamkeit zu überwachen. Das gilt auch für andere (↑) *Druckentlastungseinrichtungen* (§ 10 und 11). Der Zerknall eines Druckbehälters muß der Berufsgenossenschaft, der Gewerbeaufsicht und dem Sachverständigen auch dann mitgeteilt werden, wenn kein Personenschaden auftritt (§ 37). Ortsbewegliche Druckbehälter unterliegen der (↑) *Druckgasverordnung*, ebenso Druckgasflaschen. F.Wl.

Druckbehälter (s. Abb.) 1. *Zylindrische Behälter:* Ausführung erfolgt in Größen, die noch ab Werk geliefert werden können (100 bis 500 m3 Inhalt). 2. *Kugelbehälter* weisen nach Oberfläche und Materialverbrauch die optimale Form für Druckbehälter auf. Die größten Ausführungen gehen heute bis zu einem Wert von D · p=50 000 cm bar. Die Kugelbehälter werden wegen ihrer Größe am Aufstellungsort aus Einzelteilen montiert. Folgende Stützkonstruktionen sind gebräuchlich: a) tangentiale Einzelstützen; b) Dreipunktstützung; c) Ringlagerung; d) Flächenlagerung. Zur Ausrüstung von Druckbehältern gehören: 1. Druckanzeige mit Alarm, 2. Temperaturanzeige, 3. Überfüllsicherung, 4. Füllstandanzeiger, 5. Sicherheitsventile, 6. Erdung, Blitz- und Brandschutz, 7. Befahrungseinrichtung. P.F.

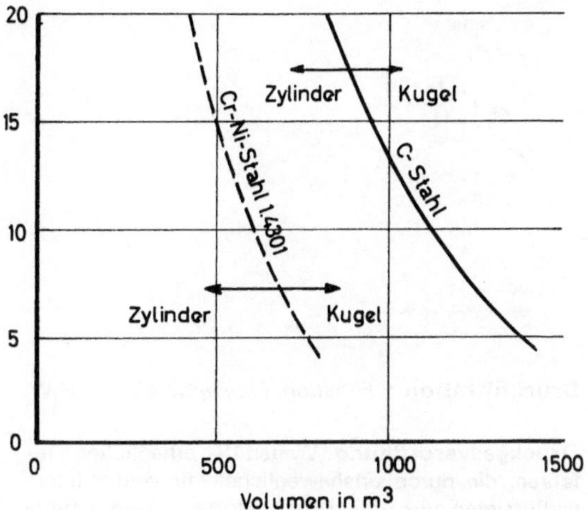

Druckbehälter

Druckblattfilter ↑ *Blattfilter, Filterapparate* H.W.

Druckentlastung. Vorrichtungen zum Verhindern von Überdrucken, die Behälter oder Apparate beschädigen oder zerstören könnten. Dazu gehören (↑) *Sicherheitsventile*, (↑) *Berstscheiben* und Tauchungen (bis 1 bar Überdruck) (VBG 17, § 11). Daneben gibt es Druckentlastungseinrichtungen, die Auswirkungen von Explosionen im Inneren von Behältern gering halten sollen, z.B. Explosionsklappen, Berstfolien. Durch das Ansprechen von D. dürfen keine Personen gefährdet werden, deshalb ist Druckentlastung in Arbeitsräume hinein unzulässig. Auslegung von Druckentlastungen: VDI-Richtlinie 3673: Druckentlastung von Staubexplosionen. Explosionsschutz-Richtlinien mit Beispielsammlung Richtl. No. 11 der BG Chemie. Druckerei Winter, Postfach 106140, 6900 Heidelberg. AD-Merkblätter A 1 (Berstsicherungen) und A 2 (Sicherheitsventile).   F.WI.

Druckfaß. Druckfässer dienen zum Fördern von Flüssigkeiten mit Hilfe von Druckluft oder Schutzgas. Sie unterliegen strengen Sicherheitsbestimmungen und müssen vom TÜV abgenommen werden. Zu den Sicherheitseinrichtungen gehören: Rückschlagventil an der Zulaufleitung, Manometer, Sicherheitsventil, Abblasventil, Absperrvorrichtungen. Prinzip (s. Abb.): Der Behälter enthält die zu fördernde Flüssigkeit. Durch Druckluft oder Druckgas wird der Inhalt durch das bis nahe zum Boden reichende Steigrohr in den angeschlossenen Apparat gefördert. Druckfässer können mit Rührwerk, Heiz- oder Kühlmantel ausgestattet sein. Vor Öffnen eines Druckfasses sind alle vorgeschriebenen Sicherheitsmaßnahmen zu beachten (vor dem Lösen der Schrauben des Mannlochdeckels darf kein Überdruck im Gefäß vorhanden sein; Abblasventil öffnen, auch wenn das Manometer keinen Druck anzeigt!). In bestimmten Zeitabständen sind Druckproben und Dichtigkeitsprüfungen vorzunehmen.   W.W.

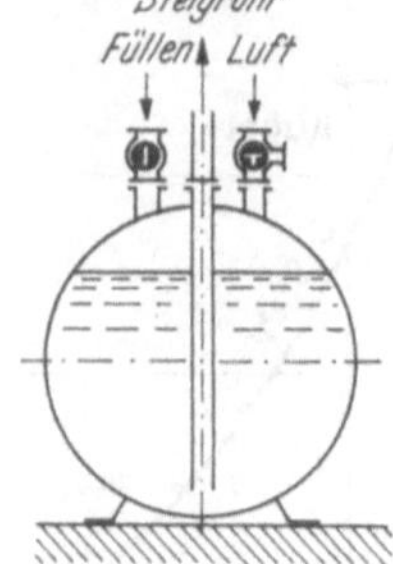

Prinzip eines Druckfasses

Druckfiltration ↑ *Filtration, Filterapparate*   H.W.

Druckgasverordnung. Wegen der erheblichen Gefahren, die durch ortsbewegliche, mit verdichteten, verflüssigten oder unter Druck gelösten Gasen gefüllte Behälter auftreten können, wurde hierfür die „Druckgas-Verordnung" (Druckgas V) geschaffen. Sie umfaßt: 1. Allgemeine Vorschriften: z.B. Sachlicher Geltungsbereich (§ 1), Begriffsbestimmungen (§ 2), Allgemeine Anforderungen (§ 3), Ausnahmen (§ 5). 2. Vorschriften für ortsbewegliche Druckbehälter: z.B. Füllen (§ 7), Prüfungen (§ 9), Bauartzulassung (§ 14), Prüffristen (§ 15). 3. Vorschriften für Füllanlagen: z.B. Erlaubnis (§ 17), Füllanlagen in Verbindung mit genehmigungsbedürftigen Anlagen (§ 18), Prüfungen (§ 20). 4. Weitere allg. Vorschriften, Übergangs- und Schlußvorschriften: z.B. Sachverständige (§ 24), Anzeige von Unfällen und Schadensereignissen (§ 25), Deutscher Druckgasausschuß (§ 27). Die Druckgasverordnung verlangt (§ 3), daß Druckgasbehälter und Füllanlagen „nach den allgemein anerkannten Regeln der Technik betrieben werden". Diese Forderung ist erfüllt, wenn Behälter und/oder Füllanlagen den „Technischen Regeln Druckgase" (TRG) entsprechen. Anlagen mit *ortsfesten* Behältern für verdichtete, verflüssigte oder unter Druck gelöste Gase s.u. (↑) *Gase.* Verordnung über ortsbewegliche Behälter und über Füllanlagen für Druckgase (Druckgasverordnung) mit allgem. Verwaltungsvorschrift (Heymanns-Verlag KG, 5000 Köln 1).   F.WI.

Drucknutschen ↑ *Nutschenfilter, Filterapparate*   H.W.

Druckstoßfestigkeit. Die druckstoßfeste Bauweise von Apparaten und Behältern ist eine Maßnahme des (↑) *Explosionsschutzes*, durch die Auswirkungen einer Explosion auf ein Mindestmaß reduziert werden. Die D. ist dann erfüllt, wenn die Apparatur dem maximalen Explosionsdruck standhält, wobei eine bleibende Verformung wegen der Seltenheit des Ereignisses bewußt in Kauf genommen wird. (Gegensatz zur druckfesten Bauweise). Die Berechnung druckstoßfester App. wird nach den (↑) *AD-Merkblättern* vorgenommen, wobei als Festigkeitskennwert die Streckgrenze bzw. die 0,2% – Dehngrenze angenommen wird. Der Sicherheitsbeiwert gegen den Festigkeitskennwert kann gleich 1 gesetzt werden.   F.WI.

Dünnschichtverdampfer. Die einzudampfende Flüssigkeit wird durch mechanische Mittel (an einer umlaufenden Welle befestigte Rührflügel oder Wischer, s. Abb.) auf der Innenseite eines außen beheizten Zylinders zu einem dünnen Flüssigkeitsfilm verteilt; die Rührblätter bewirken eine dauernde hohe Turbulenz im Film. Beim einmaligen Durchlauf der Lösung durch den Apparat erreicht man kurze (↑) *Verweilzeiten* und eine enge Verweilzeitverteilung. Diese Art der Flüssigkeitsverteilung in dünner Schicht eignet sich besonders für die Verdampfung unter Vakuum. Dank der damit erreichbaren schonenden Behandlung der Stoffe haben Dünnschichtverdampfer ein breites Anwendungsgebiet in der chemischen Industrie und der Lebensmittelindustrie gefunden. Ferner eignen sich spezielle Apparateausführungen mit starren Rührflügeln für die Verarbeitung viskoser und hochviskoser Flüssigkeiten. (Viskositäten von 100 Pa · s und mehr; Filmtruder).   F.W.

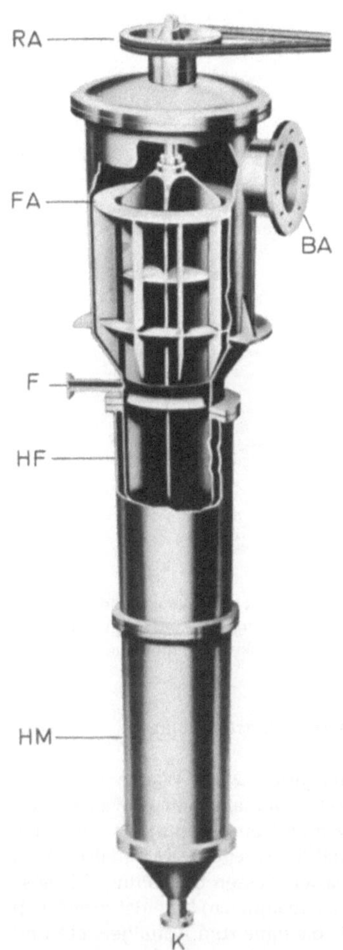

Dünnschichtverdampfer. RA = Rotorantrieb;
BA = Brüdenaustritt; FA = Flüssigkeitsabscheider;
F = Frischlösung; HF = Heizfläche; HM = Heizmantel;
K = Konzentrat

Durchflußverdampfer werden vornehmlich zur Behandlung von Stoffen eingesetzt, die sich, sofern sie längere Zeit höheren Temperaturen ausgesetzt sind, chemisch oder physikalisch in unzulässiger Weise verändern. Die gewünschte Endkonzentration der Lösung wird hier bereits nach einmaligem Durchfluß durch die Rohre erreicht. Durchflußverdampfer (s. Abb.) sind daher oft mit vergleichsweise langen Heizkörpern (~ 7 m) ausgestattet (↑ *Kletterfilmverdampfer*). F.W.

Duroplaste unterscheiden sich grundsätzlich von (↑) *Thermoplasten*. Während bei Thermoplasten die langen, zum Teil wirr durcheinander liegenden Molekül-

ketten untereinander ohne Verbindungen sind, sind die langen Molekülketten der Duroplaste wie bei einem Netz miteinander verknüpft (vernetzte Kunststoffe). Vor ihrer Verarbeitung sind Duroplaste pulverförmig oder flüssig, sie vernetzen erst durch die Zugabe von Härter, Beschleuniger und/oder durch Wärmeeinwirkung infolge chemischer Reaktion. Nach der Aushärtung, bei der Wärme frei wird, können Duroplaste – im Gegensatz zu Thermoplasten – durch Erwärmen nicht mehr verformt werden. Wird über ein bestimmtes Maß hinaus Wärme zugeführt, so zersetzt sich das Material. Aus dem molekularen Aufbau der engen Vernetzung ergibt sich, daß solche Stoffe hart und steif sind. Durch Verstärkung mit Glasfasergewebe erhält man Festigkeitswerte, die metallischen Werkstoffen (Aluminium) nahekommen. Die (↑) *Thermoplaste* und Duroplaste zeichnen sich u. a. dadurch aus, daß sie sich zu kompakten festen Formteilen verarbeiten lassen. Daneben ist es aber auch möglich, Thermoplaste und Duroplaste zu verschäumen (↑ *Schaumstoffe*).   H.K.

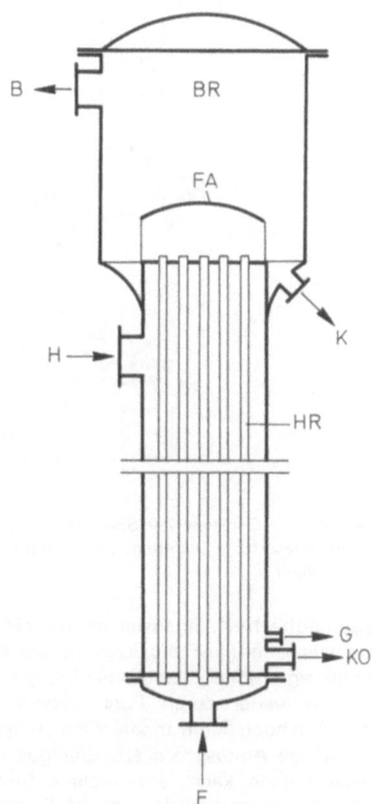

Durchflußverdampfer. F = Frischlösung; B = Brüden;
K = Konzentrat; H = Heizdampf; KO = Kondensat;
HR = Heizregister; G = Gase; BR = Brüdenraum;
FA = Flüssigkeitsabscheider

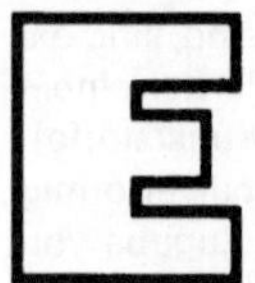

Eckventil (s. Abb.). Ein Sitzventil mit geradliniger Bewegung des Absperrkörpers. Die Ablaufrichtung steht senkrecht zur Zuströmung. Die Schließbewegung erfolgt gegen die Zuflußrichtung durch Spindeldrehung. (Steigende oder nichtsteigende Spindel). Sonstige Merkmale wie (↑) *Geradsitzventile*. K.R.

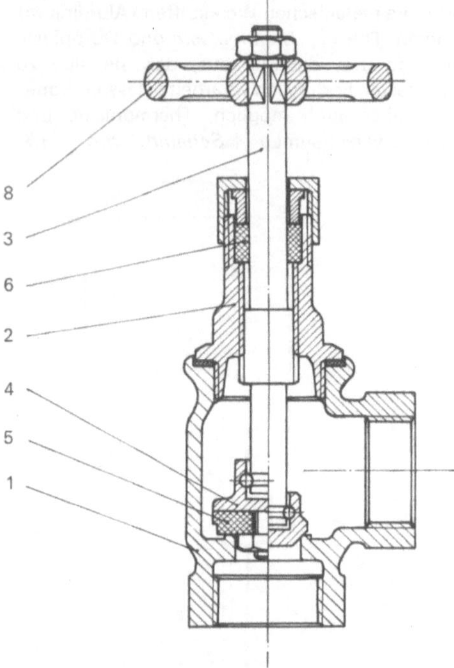

Eckventil. 1 = Gehäuse; 2 = Spindelführung; 3 = Spindel; 4 = Ventilteller; 5 = Dichtring; 6 = Packung; 8 = Handrad

Eigensicherheit. Eigensichere Stromkreise sind eine Maßnahme des (↑) *Explosionsschutzes*. Ein Stromkreis gilt als eigensicher, wenn seine Energie so gering ist, daß sie weder durch Funken beim Öffnen und Schließen noch durch andere Wärmewirkungen explosionsfähige Atmosphäre (zündfähiges Gas/Luft-Gemisch zünden kann. Eigensichere Stromkreise haben ihre Hauptanwendung bei Meß- und Regelanlagen in explosionsgefährdeten Bereichen. VDE 0170/0171. F.WI.

Eindampfen ↑ *Konzentrieren*, Verdampfung F.W.

Eindampfpfanne. Mit dieser einfachen Einrichtung wurde früher vielfach die Kochsalzgewinnung betrieben. Derartige Konstruktionen haben einen schlechten Wärmehaushalt und erfordern durch die diskontinuierliche Betriebsweise viel Handarbeit (s. Abb.). F.W.

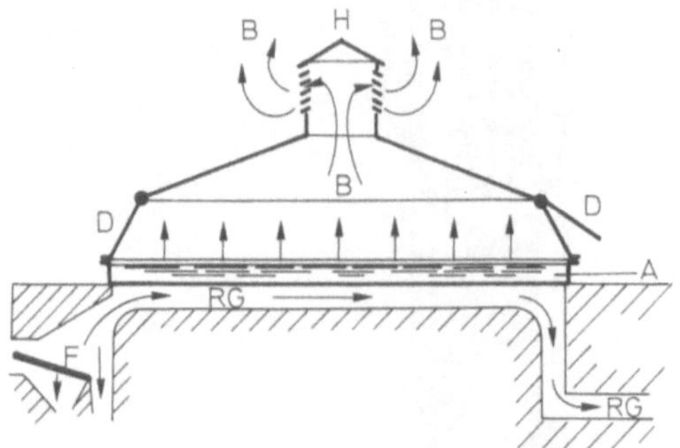

Eindampfpfanne. A = Pfanne mit einzudampfender Lösung (Sole); B = Brüden; F = Feuerung; RG = Rauchgase zur Beheizung der Pfanne; D = Deckel zur Entnahme des Konzentrates (Salz)

Einfrier-Temperatur ↑ *Glastemperatur* D.O.

Einkomponentenwaage. Diese Waage (s. Abb.) wird vorwiegend zum automatischen Abwägen gleicher Mengen aus einem Vorrat benützt (selbsttätige Waage). Dabei steuert die Waage die Materialzufuhr in den Wägebehälter, sowie dessen Entleerung. Die Materialzufuhr erfolgt bei geeignetem Material zumeist im Grobstrom (schnell) bis nahe zum Abfüllgewicht und im Feinstrom (langsam) bis zum eigentlichen Abfüllgewicht. Die Abfülleistung beträgt im allgemeinen 100 – 1000 Einheiten/Std. Solche Waagen (mit Dosiereinrichtung) sind meist eichpflichtig. Bei fließkritischem (klebrigen) Material ist die Entleerung des Wägebehälters problematisch, weshalb man von einem Teilvorratsbehälter auf der Waage eine entsprechende Menge

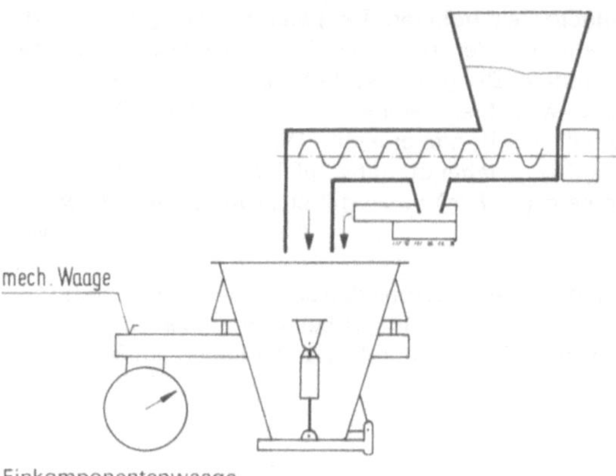

Einkomponentenwaage

entnimmt (Entnahmeabwägung). Im allgemeinen wird die abgewogene Menge in ein nicht mitgewogenes Gebinde entleert (Nettoabfüllung). Befindet sich das Gebinde während der Wägung auf der Waage, spricht man von Bruttoabfüllung. Mechanische und elektromechanische Bauarten sind üblich (↑ *Waage, elektromechanische, Waage, mechanische, Mehrkomponentenwaage*).   E.K.

Einkristalle sind Kristalle mit regelmäßig, ohne Störungen angeordneten Bausteinen. Die meisten in der Natur vorkommenden Kristalle bestehen aus vielen kleinen bis sehr kleinen Einkristallen, den Kristalliten, so daß natürliche Kristalle im allgem. keine glatten Begrenzungsflächen haben. Manche Kristalle sind optisch aktiv (drehen die Polarisationsebene des polarisierten Lichtes), können elektrisch polar werden, bei Piezoelektrizität durch mechanische, bei Pyroelektrizität durch Temperaturänderung. Die Stärke der Lichtabsorption im Kristall hängt von der Einfallsrichtung ab (Dichroismus, Pleochroismus).   H.J.D.

Einkristall - Kristallisatoren - (Erzeuger). Einkristalle werden aus Lösungen in Kühlungs-, Verdampfungs- oder Temperatur-Differenz-Kristallisatoren erhalten. Aus Schmelzen werden Einkristalle in Zuchtöfen (entweder nach dem Gradienten- oder dem Ziehverfahren), tiegelfreien Schmelzkristallisatoren oder Hochdruck-Temperatur-Anordnungen erzeugt, aus Gasen in Sublimatoren oder Kristallisatoren, in denen chemische Transport-Reaktionen angewandt werden.   H.J.D.

Einrollenmühle. Aus dem System der (↑) *Pendelmühlen* abgeleitete Konstruktion zur Druckzerkleinerung körniger Schüttgüter. Während der Mahldruck der Mahlrollen bei der Pendelmühle durch die Fliehkraft entsteht, ist bei der Einrollenmühle der Mahldruck der Mahlrolle gegen den Mahlring durch eine Ölhydraulik einstellbar. Die Mühle kann mit aufgesetztem Windsichter und auch mit einem System der (↑) *Mahltrocknung* kombiniert werden.   H.S.

Einschichtenfilter (↑) *Filterapparate*. Es handelt sich vorwiegend um mit Überdruck arbeitende Apparate zur (↑) *Feinfiltration* und (↑) *Entkeimungsfiltration*, die aus zwei druckfest verschraubbaren platten- oder tellerförmigen Gehäuseteilen bestehen. Das Filterunterteil trägt auf Unterstützungslochblechen das (↑) *Filtermittel*. Diese sterilisierbaren Filter sind geeignet zur (↑) *Mikro-* und (↑) *Ultrafiltration* (Filterfläche bis 0,25 m², Druck bis 6 bar).   H.W.

Einspritzkondensator ↑ *Mischkondensator*   D.O.

Einzelkornsortierung ist das Sortieren nach der Farbe und anderen optischen Eigenschaften (z.B. Glanz, Transparenz); es ist wohl das älteste „Sortierverfahren" überhaupt und wurde erst sehr spät mechanisiert: Noch in der Mitte dieses Jahrhunderts klaubte

man die Rohstückkohlen von Hand. Man nennt diese Art der Sortierung Einzelkornsortierung, weil nicht – wie bei anderen Sortierverfahren – ein Schüttgut-Kollektiv oder eine Suspension behandelt, sondern vielmehr Korn für Korn auf seine Eigenschaften geprüft wird. Maschinen für das Sortieren nach der Farbe hat man zunächst für landwirtschaftliche Produkte, z.B. Kaffeebohnen, entwickelt. Sie werden heute auch in der Mineralaufbereitung benutzt. Ihre Arbeitsweise ist aus der Abb. ersichtlich. Statt der Farbe können auch die Eigenstrahlung radioaktiver Minerale sowie die durch sichtbares Licht oder durch Röntgenstrahlen angeregte Fluoreszenzstrahlung (letzteres z.B. für das Sortieren von Diamanten) als Trennmerkmal genutzt werden.   H.Ke.

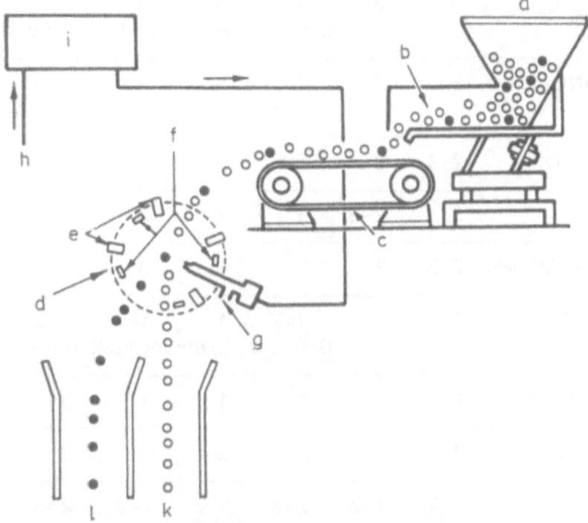

Optisches Sortiergerät (Bauart Gunson's Sortex Ltd., London). a=Aufgabebunker; b=Aufgaberinne; c=gemuldetes Aufgabeband; d=optische Meßeinrichtung; e=Fotozellen; f=gefärbte Hintergrundplatten; g=Druckluftdüsen mit Schnellschlußventilen; h=Impuls von den Fotozellen; i=Verstärker; j=Haupt-Materialstrom; k=abgelenkter Materialstrom. (Aus Moir, 1976)

Eisen. Fe; Atomgew.: 55,847; Dichte: 7,87 g/cm³; Kristallstruktur: krz (RT-910° C, 1398–1536° C) kfz: (910–1398° C); Fp: 1536° C; α: 11,6 · 10⁻⁶ grd⁻¹; λ: 0,724 (W/cm grd); ϱ: 8,6 · 10⁻⁶ Ω cm; E: 215000 MN/m². – Der Werkstoff Eisen, der neben geringen Mengen Si, Mn, Cr im wesentlichen nur Kohlenstoff (bis 1,7% C) enthält, wird als unlegierter Baustahl bezeichnet und ist im ungehärteten Zustand schmiedbar. Durch Wärmebehandlung bei Temperaturen >720° C und Abschrecken in Wasser oder Öl lassen sich diese Stähle härten. Stahlsorten mit C-Gehalten >1,6% sind nicht schmiedbar und spröde und werden als Gußeisen (↑ *Grauguß, Hartguß*) Sphäroguß, Temperguß bezeichnet. – Stähle mit Kohlenstoffgehalten zwischen 0,7 und 1,3% zeichnen sich durch besondere Härtbarkeit aus und werden nach ihrem Verwendungszweck als Werkzeugstähle bezeichnet. Durch Legierungszusätze, insbes. Cr, Mo, W und V

54 Eisen

kann die Anlaßbeständigkeit gehärteter Stähle bedeutend erhöht werden, was wiederum erhöhte Schnittgeschwindigkeit gestattet. Ebenfalls durch Legierungselemente läßt sich die Korrosionsfestigkeit des Eisens und seiner Legierungen stark erhöhen. Die Oxidationsbeständigkeit der chemisch beständigen Stähle wird durch Chromzusatz von >12% (↑ *rostfreie Stähle*), die Beständigkeit gegen den Angriff von Säuren etc. durch Legieren mit Chrom und Nickel und/oder Mn (↑ *Stähle, säurebeständige*) erreicht. Eisen mit Legierungszusätzen an Cr, Al, Si zeichnet sich durch Beständigkeit gegen oxidierende Atmosphäre bei hohen Temperaturen aus (↑ *Stähle, Zunderbeständige, Heizleiterlegierungen*). Mechanische Verarbeitbarkeit: spanlos und spanabhebend gut bearbeitbar. Walzbar, schmiedbar, tiefziehbar. Gute Schweißbarkeit.

Eisen

°C	20			100		
	1%	10%	konz	1%	10%	konz
HCl	3	3	3	3	3	3
H_2SO_4	3	3	1–2	3	3	1
					techn. Verwend. für H_2SO_4>68%	
HNO_3	3	3	1*	3	3	2–3
					techn. Verwend. f. HNO_3>97%	
H_3PO_4	2–3	3	3	3	3	3
HF	3	2–3	1	3	3	2
CH_3COOH	2–3	3	3	3	3	3
NaOH	1	1	1–2	1	1–2	1–2
					Gefahr d. Spannungsrißkorrosion	
NH_4OH	1	1	1	1	1	1
NaCl	2	2	3	2	3	3
NH_4Cl	1–2	1–2	2–3	2–3	2–3	2–3
					H-Ionen verstärken Angriff	

Gase

°C	20	200	400	600	800	1000
Luft	1–2	2	3	3		
H_2O	1	1	1	2	3	
Cl_2	1	2	3	3	3	3
SO_2	1	1	2	2	3	3
					H_2O verstärkt Angriff	
H_2S	2	3	3	3	3	3

Gußeisen

°C	20			100		
	1%	10%	konz	1%	10%	konz
HCl	3	3	3	3	3	3
H_2SO_4	3	3	1	3	3	1
					techn. Verwend. f. H_2SO_4>68%	

°C	20			100		
	1%	10%	konz	1%	10%	konz
HNO_3	3	3	2	3	3	2
H_3PO_4	2	2–3	3	3	3	3
HF	3	3	3	3	3	3
CH_3COOH	2–3	3	3	3	3	3
NaOH	1–2	1–2	2	2	2	2
NH_4OH	1	1	1	1	1	1
NaCl	2	2	3	2	3	3
					durch Inhibitoren schützbar	
NH_4Cl	1–2	1–2	2–3	2–3	2–3	2–3

Gase

°C	20	200	400	600	800	1000
Luft	1	1–2	3	3	3	
H_2O	2	1	2–3	3		
Cl_2	1	2	3	3	3	3
					H_2O verstärkt Angriff	
SO_2	1	1	2	2	3	3
					H_2O verstärkt Angriff	
H_2S	1–2	2	2	3	3	3

Siliciumguß

°C	20			100		
	1%	10%	konz	1%	10%	konz
HCl	1	2	2	2	2	2
H_2SO_4	1	1	1	1	2	1
HNO_3	1–2	1	1	3	3	1
H_3PO_4	1	1	1	1–2	2	2
					F-Ionen verstärken Angriff	
HF	3	3	2	3	3	3
CH_3COOH	1	1	1	1	1	1

°C	20			100		
	1%	10%	konz	1%	10%	konz
NaOH	1–2	2	2	2	2	2–3
NH_4OH	1	1–2	1–2	1–2	1–2	1–2
NaCl	1	1	1	1	1	2
NH_4Cl	1	1	1	1	1	1–2

Gase

°C	20	200	400	600	800	1000
Luft	1	1	1	1–2	2	
H_2O	1	1	1	1	2	
Cl_2	1	2	3	3	3	3
			gegen feuchtes Cl_2 bei 20° C beständig			
SO_2	1	1	1	2	2	3
H_2S	1	1	1	2	2	2

1: chemisch beständig Korr.-Angriff <2,4 g/m² Tag <0,1 mm/Jahr. 2: chemisch bedingt beständig bzw. verwendbar Korr.-Angriff 2,4–24 g/m² Tag (0,1–1 mm/Jahr). 3: chemisch unbeständig >24 g/m² Tag >1 mm Jahr. P.E.

Ejektor ↑ *Mischdüsen* D.O.

Elektrochemie. Derjenige Bereich von Wissenschaft und Technologie, der sich mit der gegenseitigen Umwandlung von chemischer und elektrischer Energie beschäftigt. Er betrifft Vorgänge, bei denen chemische Reaktionen mit dem Übergang elektrischer Ladungen verknüpft sind. Zur Elektrochemie gehören im weitesten Sinne die Vorgänge in (↑) *Elektrolysezellen*, galvanischen Zellen, (↑) *Brennstoffzellen*. H.V.

Elektrode. Im üblichen Sprachgebrauch ein elektronenleitender Werkstoff, der mit einem (↑) *Elektrolyten* in leitender Berührung steht. Meßelektroden dienen zur Konzentrationsmessung (pH-Messung). Stromführende Elektroden werden in Elektrolysezellen und galvanischen Zellen (Brennstoffzellen) eingesetzt. Vielfältig sind die technisch verwendeten Werkstoffe. Neben Metallen (Nickel, Blei, Platin, Silber, Eisen, Kohlenstoffstähle, legierte Stähle, Quecksilber) wird vielfach Graphit eingesetzt. Mit breitem Erfolg werden neuerdings Elektroden verwendet, die aus einem korrosionsbeständigen, leitenden Trägermaterial (z. B. Titan oder Tantal) bestehen, das mit einer dünnen, elektrokatalytisch wirksamen Deckschicht (z. B. Platin, Silber, Platin-Iridium-Legierung, ca. 1 µm dick, oder Rutheniumoxid) versehen ist. Solche maßbeständigen Elektroden ersetzen den früher allein gebräuchlichen Graphit bei der Herstellung von Chlor. Sehr vielfältig

sind die Elektrodenformen: Bleche, Rohre, Stifte, Netze, Streckmetallgitter, für Sonderformen geschweißte, gelötete Elektroden, auch im Verbund mit hochleitenden Metallen wie Kupfer und Aluminium. Flüssigkeitsdurchströmte Elektroden werden auch als Partikelelektroden ausgebildet. Die Elektrode besteht hier aus Partikeln, die im Festbett unbewegt liegen (Schüttelektrode) oder durch die hydrodynamische Strömung des Elektrolyten aufgewirbelt werden (Wirbelschichtelektrode). H.V.

Elektrodialyse ist ein Verfahren der (↑) *Membrantrenntechnik* (↑ *Dialyse*). Geladene Teilchen (Ionen) wandern unter dem Einfluß eines elektrischen Feldes durch ionenselektive Membranen (Ionenaustauschermembranen), wobei die vorgelegte Lösung von den betr. Ionen befreit wird. Die Membranen bestehen aus Polymeren, die ionenaktive Gruppen gebunden enthalten. Moderne Elektrodialysatoren sind vielzellig (Stapelzelle) d. h. kation- und anion-selektive Membranen sind alternierend zwischen den Elektroden angeordnet. Läßt man eine Salzlösung durch einen solchen Membranstapel fließen, wird die Lösung in jeder zweiten Zelle entsalzt (Verdünnungskammer) und in den dazwischenliegenden Zellen konzentriert (Anreicherungskammer), ohne daß sich die beteiligten Volumina ändern. Die Kammern sind (meist) vertikal nach dem Prinzip einer Filterpresse (Plattendialysator) oder als Kapillar- und Spulendialysator angeordnet. Man arbeitet normalerweise mit einem Spannungsgefälle von 15–25 Volt je cm und mit 6–8 Zellen pro cm. Um Konzentrationspolarisation und pH-Verschiebung an der Membran zu verhindern (↑ *Umkehrosmose* und ↑ *Modul*), sorgen Abstandshalter (z.B. Netzgewebe) zwischen den Membranen, für eine Verwirbelung der Flüssigkeitsströme. Der Quotient Membranfläche/Lösungsvolumen bestimmt die Leistung. Dialysatoren bis 500 m² Membranfläche bzw. einer Kapazität von 0,2 m³/s sind im Betrieb z. B. zur Wasserentsalzung bis zu einem Rohwassersalzgehalt von 5 g/l, in der Lebensmittelindustrie und Pharmazie, zur Demineralisierung (Molke, Zuckersäfte, Fermenterbrühe, Proteinlösung) und Entsäuerung (Zitrussäfte, Weinstabilisierung). Beispielsweise werden zur Stabilisierung von 1000 l Wein 0,6 KWh benötigt. Pilotanlagen in der Hydrometallurgie und zur Aufbereitung spez. Industrieabwässer sind in Erprobung. Nachteilig sind der relativ hohe Energieverbrauch und die Wärmeentwicklung. H.W.

Elektrofilter. In einem Gas suspendierte Staub- oder Nebelteilchen werden elektrisch aufgeladen und an geerdeten Elektroden abgeschieden. Aufgeladen werden die Teilchen durch Ionen, die durch Sprühentladungen (Korona) der unter 10 000 – 80 000 V Gleichspannung stehenden Sprühdrähte erzeugt werden. In dem zwischen Sprüh- und Niederschlagselektrode gebildetem elektrischen Feld werden die geladenen Staub- oder Nebelteilchen vornehmlich von den Niederschlagselektroden angezogen. Elektrofilter werden als Röhren- und als Plattenfilter gebaut (s. Abb.). Bei den Röhrenfiltern bildet die Rohrwand die Niederschlagselektrode; in den Rohren sind drahtförmige Sprühelektroden isoliert aufgehängt. In Plattenfiltern dienen senkrechte, parallel angeordnete Platten als Niederschlagselektroden, zwischen ihnen sind die Sprühelektroden isoliert eingespannt. Anwendungsbeispiele: Entstaubung von Rauchgasen aus Kraftwerken und Müllverbrennungsanlagen, von Abgasen aus Zementfabriken und Sinteranlagen, Gichtgasreinigung, Entstaubung von Abgasen aus Stahlwerken und NE-Metallhütten, Reinigung von Röstgasen, Entnebelung von Nutz- und Abgasen der chemischen Industrie, Entteerung von Kokereigas, Spaltgas und Abgasen von Elektrodenbrennöfen.   K.K.

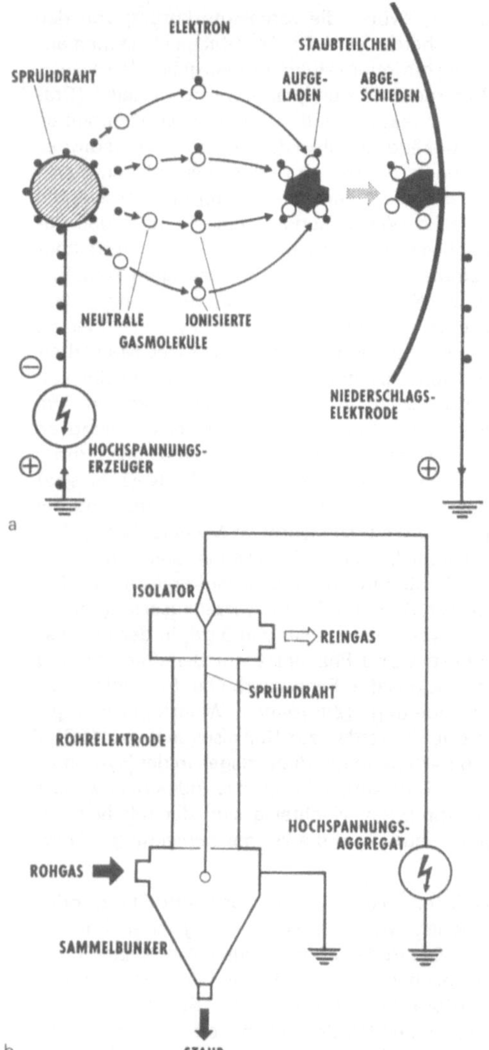

a) Vereinfachte Darstellung des Abscheidevorgangs.
b) Die Grundform des Elektrofilters
(Lurgi/Frankfurt)

Elektroglas. Hierzu gehört eine große Anzahl von Glasarten, die für besondere elektrotechnische Anwendungen entwickelt wurden. Sie weisen z. B. einen hohen Isolationswiderstand, große Durchschlagfestigkeit, besondere Dielektrizitätsmoduln oder einen an andere Werkstoffe optimal angepassten Ausdehnungskoeffizienten auf. So sind besonders bekannt die Einschmelzgläser zur Verschmelzung mit Metallen (z. B. mit Wolfram, Molybdän, Platin, Eisen usw.), Glasdurchführungen zum Energie- oder Nachrichtenaustausch mittels stromführenden, völlig isolierten Leitern aus hermetisch abgeschlossenen Räumen und die Gläser für Fernseh-, Röntgen-, Sende- und Bildverstärker-Röhren. (↑ *Glas*).   A.P.

Elektrolyse. Als Elektrolyse bezeichnet man die Auswirkungen eines Stromflusses durch (↑) *Elektroden* mit angrenzendem (↑) *Elektrolyten*, wenn dadurch eine chemische Reaktion bewirkt wird. Eine Elektrolyse äußert sich in einer direkten Umwandlung von elektrischer Energie in chemische Energie infolge der Elektrodenreaktionen (an jeder der beiden Elektroden einer Zelle). Im Sinne der ursprünglichen Wortbedeutung ist Elektrolyse eine Zerlegung von Substanzen z. B. die (↑) *Wasser-Elektrolyse* oder die (↑) *Salzsäure-Elektrolyse* oder die (↑) *Alkalichlorid-Elektrolyse* nach dem (↑) *Amalgam-Verfahren*. Allgemeiner kann Elektrolyse auch die weitere Reaktion elektrolytisch erzeugter Stoffe unmittelbar miteinander oder mittelbar mit weiteren Stoffen umfassen (z. B. die elektrochemische Herstellung von (↑) *Chlorat* aus Natriumchlorid oder von (↑) *Bleialkylen* und damit die Elektrosynthese einbeziehen. Elektrolysen haben zur Herstellung anorganischer Produkte erhebliche technische Bedeutung, seit einigen Jahren auch für eine Vielzahl organischer Produkte. Vielfach gelingt es, Verunreinigungen in Produkten, aber auch in Abwässern durch Elektrolyse selektiv zu entfernen.   H.V.

Elektrolyt. Eine Substanz, die im festen, flüssigen oder gelösten Zustand ganz oder teilweise aus Ionen besteht. Elektrolytlösungen haben überragende technische Bedeutung. Als Lösungsmittel dient vorzugsweise (wegen der resultierenden ziemlich guten Leitfähigkeit) Wasser, doch werden auch organische Lösungsmittel (Äther, Dimethylformamid) verwendet. Bei Salzschmelzen werden Zusätze von Salzen verwendet, die die Elektrodenreaktionen nicht beeinflussen, aber durch Bildung eines Eutektikums die Betriebstemperatur zu senken gestatten. Neuerdings werden für Brennstoffzellen und Elektrolysezellen Feststoff-Elektrolyte verwendet, beispielsweise Polytetrafluoräthylenähnliche Strukturen, bei denen hydratisierte Wasserstoff-Ionen über Sulfonsäuregruppen transportiert werden, oder Mischoxide, beispielsweise ZrO_2, dotiert mit Oxiden des Calciums, Magnesiums, Yttriums oder der Seltenen Erden, die bei hohen Temperaturen Sauerstoff-Ionen transportieren.   H.V.

Ellipsen-Schwingsiebe (s. Abb.) sind eine Weiterentwicklung der Kreisschwingsiebe. Wird z.B. ein Kreisschwingsieb mit Unwuchtantrieb über schräggestellte Lenker auf einem elastisch gelagerten Grundrahmen abgestützt, so beschreibt der Siebkasten eine ellipsenförmige Schwingung. Die Lenker erlauben eine freie Schwingbewegung des Siebkastens nur senkrecht zu ihrer Anordnung. In Richtung der Lenker jedoch schwingt der Grundrahmen mit. Andere Systeme verwenden mehrfache Wuchtmassen oder in Sieb- bzw. Förder-Richtung wirkende Resonanzüberhöhung der ursprünglichen Kreisschwingung, um elliptische Schwingungsformen zu erhalten. Durch die ellipsenförmige Bewegung des Siebkastens wird erreicht, daß die Maschine auch horizontal arbeiten kann, dabei aber umlaufende Beschleunigungsvektoren erhalten bleiben, um evtl. Klemmkörner leichter aus den Maschen zu werfen. Gebräuchlich: Siebbreiten: 1000–2000 mm, Sieblängen: 1500–4000 mm, Schwingzahlen: 600–1500 min^{-1}, Antriebsleistung: 1,5–2,0 kW/m^2, Siebneigung: 0–5°. Anwendung: Trocken- und Naßsiebungen im Mittel- und Feinkornbereich.

H.P.D.

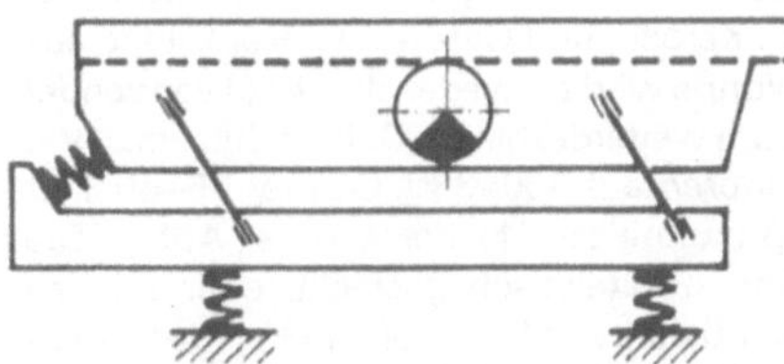

Ellipsen-Schwingsiebe

Emission. Die Abführung (beabsichtigt oder unbeabsichtigt) von festen, flüssigen oder gasförmigen luftverunreinigenden Stoffen jeder Art und Herkunft, in die Atmosphäre.

H.V.

Emulsionstrennung durch (↑) *Filtration* kann durch Spaltung von W/O- und O/W-Emulsionen in die reinen Phasen mittels Koagulation der emulgierten Tröpfchen durch mechanische Überwindung der Grenzflächenspannung mit spez. (↑) *Filtermittel* erreicht werden. Beispiele sind die (↑) *Klärfiltration* von kosmetischen Präparaten und die Entfernung ätherischer, ölartiger und terpen-artiger Verbindungen aus Spirituosen mit (↑) *Filterschichten* und die Entölung von Kesselspeisewasser mittels (↑) *Koaleszer*. Bei der Emulsionstrennung durch (↑) *Ultrafiltration* wird mittels Membranen (↑ *Filtermembran*) aus Celluloseacetat (für Öl in Wasser) oder aus Polyamid (für Wasser in Öl-Emulsion) eine Teilchentrennung durchgeführt. Das erreichbare Konzentrationsverhältnis liegt bei 50 zu 50. Durch Nachverdampfung im (↑) *Fallstromverdampfer* z. B., kann dieses Zwischenkonzentrat bis auf den für Altöl vorgeschriebenen Gehalt von < 10% Fremdstoffe entwässert werden (Faudi-Verfahren). Das Ultrafiltrations-Verfahren ist besonders umweltfreundlich.

E.A.Sch.

Energiezufuhr ↑ **Reaktoren**

G.L.

Entkeimungsfiltration. Dies ist ein physikalisches Verfahren zur Verminderung der Keimzahl. Die Bezeichnung „Sterilfiltration" ist nicht korrekt, da „steril" Abwesenheit von allen vermehrungsfähigen Keimen (einschl. Sporen, Hefen, Pilzen, Viren, Rickettsien und Protozoen) bedeutet (DAB 7). Unter Entkeimungsfiltration versteht man die Entfernung von Bakterien und anderen Mikroorganismen, die größer als 0,2 µm sind, aus Flüssigkeiten und Gasen durch Filtration mit keimdichten sterilisierten Filtermitteln in sterilisierten Filterapparaten. (↑ *Mikrofiltration*). In der Praxis der pharmazeutischen Industrie gilt ein Präparat als „keimfrei", wenn es pro 10^6 ml nicht mehr als einen vegetativen Keim enthält. Filtermittel zur Entkeimungsfiltration sind im wesentlichen Filterschichten bzw. Filtermembranen. Die erhaltenen Präparate müssen auch frei von Pyrogenen (fiebererregende Inhaltsstoffe von Bakterien) sein; dies wird in vielen Fällen mit asbest-haltigen Filterschichten durch Adsorption erreicht. Gesundheitliche Bedenken gegenüber Asbestfasern (Krebs) haben in den USA zum Verbot asbest-haltiger Filtermittel für die Produktion von Parenteralien und zur Entwicklung asbestfreier Filterschichten ähnlich filteraktiver Wirkung geführt.

E.A.Sch.

Entsalzungsanlagen dienen zur Gewinnung von Trinkwasser bzw. auch Brauchwasser aus Meerwasser (bzw. Brackwasser). In der Praxis werden heute thermische Verfahren (Ausfrieren, Destillation) sowie physikalisch-chemische Verfahren (↑ *Ionenaustausch, Membrantechnik, Elektrodialyse, Umkehr- und Druck-Osmose*) angewandt.

D.O.

Entschäumer sind Substanzen, die schäumenden Flüssigkeiten zugesetzt werden, um die Schaumbildung zu reduzieren oder gänzlich zu vermeiden, z.B. bei der Eindampfung von Zuckerlösungen oder bei der Herstellung von Papier, Zellstoff usw. Geeignet sind u.a. Fettsäurepolyglykolester, langkettige Alkohole, natürliche Öle und Fette, Silikone.

D.O.

Entschwefelung. Rohöle enthalten geringe Mengen Schwefelverbindungen, die bei der Destillation teilweise in die Destillate übergehen. Durch (↑) *Cracken* der ursprünglichen Schwefelverbindungen entstehen Schwefelwasserstoff, Mercaptane, Disulfide und weitere Schwefelverbindungen, die aus den Destillaten entfernt werden müssen. Die Entfernung von Schwefelwasserstoff gelingt durch Waschen mit Lauge. Mercaptane können durch (↑) *Süssen* in Disulfide übergeführt und extrahiert werden. Bei der sog. Wasserstoff-Entschwefelung (Wasserstoffraffination) werden die Schwefelverbindungen unter hohem Druck in Gegenwart schwefelfester Katalysatoren hydrierend entschwefelt, wobei Schwefelwasserstoff gebildet wird. Die Entfernung von Schwefelwasserstoff aus Gasen kann durch trockene Reinigung mit Eisenoxidhydrat bzw. Naßwäsche (z.B. nach dem Alkazid-Verfahren (BASF), Verwendung einer Lösung von Kaliumsalzen von Aminosäuren, oder mit K_2CO_3-Lösung) geschehen. **D.O.**

Entsorgung ist die Beseitigung von Abfällen, Abwässern und Abgasen aller Art (↑ *Abbau, biologischer, Abfall, Abfallbörse, Abfallverwertung, Abwasser, Atommüll, Belebtschlammverfahren, Deponie, Flokkungsmittel, Gasreinigung, Gaswäsche, Gewerbemüll, Industriemüll, Klärschlamm, Müll, Müllkippen, Rückstandsverwertung, Sperrmüll*). **D.O.**

Entspannungsverdampfung. Bei diesem Verfahren wird die Lösung unter Druck in den beheizten Rohren bis höchstens auf Siedetemperatur erhitzt und anschliessend durch eine Drosselstelle auf tieferen Druck in einen Brüdenraum entspannt. Infolge der bei tieferem Druck niedrigeren Siedetemperatur (↑ *Dampfdruckkurve*) wird ein Teil der Lösung unmittelbar verdampfen. Soll eine Lösung eingedampft werden, bei der Feststoff aus der Lösung ausfällt (Erreichen der Sättigungsgrenze mit steigender Temperatur und Ausdampfen des Lösungsmittels), so muß beispielsweise bei Verdampfung in Rohren mit einer ungünstigen Krustenbildung (↑ *Verkrustung*) gerechnet werden. Bei der Entspannungsverdampfung kann dies umgangen werden. Das Prinzip der Entspannungsverdampfung wird vor allem bei der Süsswassergewinnung aus Meerwasser in vielen hintereinandergeschalteten Verdampferstufen vorteilhaft eingesetzt (↑ *Mehrstufenverdampfung*). **F. W.**

Entstaubung. Von Gütern: Entfernung des Staubanteils unter etwa 10 bis 1000 µm zwecks besserer Handhabung durch (↑) *Sieben*, (↑) *Windsichtung*, Waschen. Gleicher Erfolg durch Bindung des Staubes durch Agglomerieren (Tablettieren, Instantisieren), Ölen. Von Luft: Abscheiden des Staubes bis auf den jeweils zulässigen Höchstwert durch (↑) *Staubfilter*, (↑) *Zyklon*. **F.K.**

Epoxide ↑ *Äthylenoxid, Propylenoxid, Oxiran-Prozess* **D.O.**

Epoxidharze bilden sich durch Umsetzung von Epichlorhydrin (↑ *Äthylenoxid*) mit Diphenolen, wobei Di- und Polyepoxide entstehen, die unter Polyaddition z. B. mit Diphenolen, Diaminen, zyklischen Säureanhydriden usw. hochmolekulare Verbindungen liefern. **D.O.**

Epoxidierung. Umsetzung von (↑) *Epoxiden* mit Verbindungen mit reaktiven Wasserstoffatomen (↑ *Äthoxylierung*). **D.O.**

Erdölchemie ↑ *Petrochemie* **D.O.**

Erdöl-Destillation. Man führt zunächst eine Normaldruck-Destillation bei etwa 350–380° C durch und gewinnt dabei Topgas (Propan, Butan), „Straight-Run-Benzin", Kerosin und Gasöle. Der Rückstand aus der ersten Kolonne wird entweder als Heizöl verwendet oder im Vakuum weiterdestilliert. Dabei erhitzt man ihn im (↑) *Röhrenofen* auf 350–380° C unter 25–40 Torr und verdampft ohne zu (↑) *cracken* (s. Abb.). Die Destillate können katalytisch gecrackt, oder z.B. zu Schmieröl verarbeitet werden. Das im (↑) *Röhrenofen* auf ca. 350–380°C erhitzte Rohöl strömt als Flüssigkeits-Dampf-Gemisch in eine Fraktionierkolonne und wird dort unter Normaldruck in mehrere Destillate mit eng begrenzten Siedebereichen zerlegt: gasförmige Kohlenwasserstoffe („Topgas", Propan. Butan,

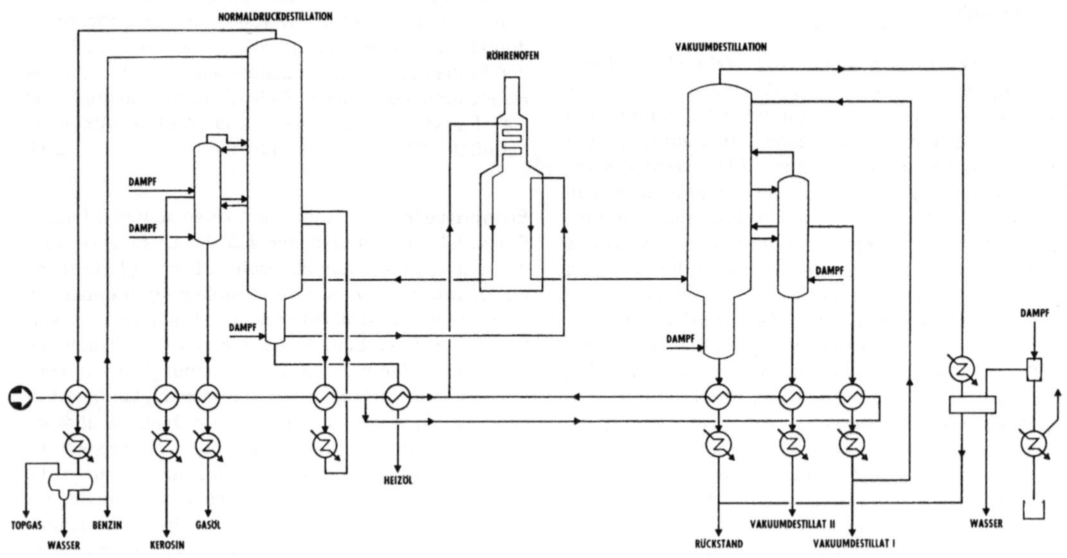

Erdöl-Destillation (Lurgi/Frankfurt)

Leichtbenzin), leichtsiedende flüssige Kohlenwasserstoffe („Straight-Run-Benzine"), höhersiedende Komponenten (Kerosin, Dieselöl) und ein Rückstand, der entweder als Heizöl verwendet oder wiederum erhitzt und in einer nachfolgenden Vakuumkolonne erneut fraktioniert wird. Dabei fallen die höhermolekularen Anteile an ohne zu cracken, sie werden z. B. auf Schmieröle verarbeitet oder den Crackanlagen zugeführt. Der Vakuumrückstand wird – je nach Rohölsorte – auf Zylinderöle oder Bitumenen verarbeitet. K.K.

Erdölfraktionen, die bei der Erdöl-Destillation bei der Normaldruck-Destillation anfallen, sind:

Leichtbenzin	ca. 30–100° C
Schwerbenzin	ca. 100–200° C
Leichtöl	200–250° C
Diesel/Heizöl	250–350° C

Das Sumpföl der atmosphärischen Kolonne wird in der anschließenden Vakuumkolonne weiter zerlegt, wobei Gasöl (leichtes Heizöl) zwischen 200 und 400° C und schweres Heizöl anfallen. D.O.

Erweichungspunkt ↑ *Erweichungstemperatur* D.O.

Erweichungstemperatur ist diejenige Temperatur, bei der amorphe Stoffe (Gläser und die meisten Polymere) in sich zusammenzusinken beginnen; diese Temperatur liegt in der Regel meist wesentlich unter der Temperatur, bei welcher die betreffende Substanz völlig geschmolzen ist. D.O.

Essigsäure wird auch heute noch in großen Mengen durch die „Essiggärung" von Äthylalkohol unter der Einwirkung von Essigbakterien gewonnen. Weiterhin wird heute Essigsäure durch Oxydation von Alkanen und Alkenen gewonnen; als Einsatzprodukte dienen z.B. Butan, Butene oder Leichtbenzin. Schließlich hat auch die Oxydation von (↑) *Acetaldehyd* Bedeutung. Weiterhin ist die (↑) *Carbonylierung* von (↑) *Methanol* zu erwähnen:

$$CH_3OH + CO \xrightarrow[150-200°C]{Rh/J_2, \text{ geringer Druck}} CH_3-COOH$$

Neben diesem Niederdruckverfahren (Monsanto) hat noch das Hochdruckverfahren (BASF) Bedeutung, welches mit CoJ_2 als Katalysator unter 680 bar Druck bei 250° C arbeitet. Beide Verfahren arbeiten in Flüssigphase. Essigsäure gehört zu den wichtigsten Großprodukten der chemischen Industrie. D.O.

Essigsäureanhydrid, auch Acetanhydrid genannt, wird großtechnisch durch Umsetzung von Essigsäure mit (↑) *Keten:*

$$CH_3-COOH + H_2C=C=O \longrightarrow (CH_3-CO)_2O$$

oder durch oxydative Dehydratisierung von Acetaldehyd mit Peressigsäure (entsteht intermediär durch Oxydation von Acetaldehyd) erhalten:

$$CH_3-C\diagdown\substack{O-OH\\O} + CH_3-C\diagdown\substack{H\\O}$$

$$\xrightarrow[-H_2O]{\text{Katalysator, } 50-60°\text{ C}} (CH_3-CO)_2O$$

D.O.

Etagendrucknutschen ↑ *Horizontalplattenfilter, Filterapparate* H.W.

Etagenofen. Besteht aus einem ausgemauerten zylindrischen Stahlmantel, der in mehrere horizontale Etagen („Herde") unterteilt ist. Das zu röstende Gut wird gleichmäßig auf den obersten Herd aufgegeben, durch ein Rührwerk abwechselnd nach außen und innen bewegt und dabei durch Öffnungen der nächsten Etage zugeführt. Als Rührwerk dient eine vertikal angeordnete, langsam rotierende Hohlwelle, an der auf jeder Etage mehrere horizontale Rührarme mit Rührzähnen angebracht sind. Welle und Rührwerke werden innen mit Luft gekühlt (s. Abb.). Bei exothermen (↑) *Röst-* und (↑) *Verbrennungsvorgängen* wird Luft, bei endothermen Prozessen, z.B. (↑) *Kalzinierungen,* werden heiße Verbrennungsgase in den unteren Teil des Ofens eingeblasen. Der Ofen arbeitet also nach dem Gegenstromprinzip: Luft- bzw. Heizgase strömen dem thermisch zu behandelndem Gut entgegen. D.O.

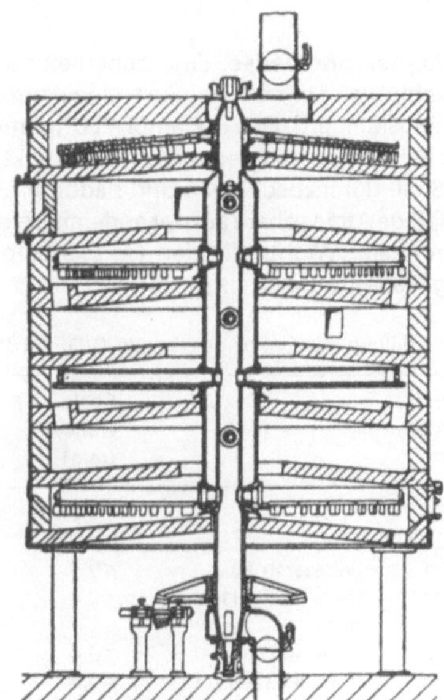

Mechanischer Röstofen nach Herreshoff

Eutrophierung ist die Anreicherung von Pflanzennährstoffen (insbes. Phosphor und Stickstoff) in Oberflächengewässern, die ein Massenwachstum von

Blau- und Grünalgen hervorrufen und zum völligen Verbrauch des Sauerstoffs im Gewässer führen kann.

D.O.

Exhaustoren ↑ *Lüfter*   W.W.

Explosionsgefährlichkeit. Explosionsgefährliche Stoffe unterliegen dem Sprengstoffgesetz (SprengG v. 13.09.1976) und dürfen nur unter den dort aufgeführten Sicherheitsvorkehrungen hergestellt, verarbeitet, gelagert und verwendet werden. Diese Stoffe sind in den Anlagen I und II zum SprengG aufgelistet. Besteht bei einem *neuen* Stoff der Verdacht der Explosionsgefährlichkeit, muß der Hersteller bzw. Verwender diesen bei der Bundesanstalt für Materialprüfung (BAM) anzeigen (§2.1 SprengG).Die BAM stellt anhand genormter Prüfverfahren (↑*Stahlhülsentest, Fallhammertest, Reibtest*) fest, ob der Stoff explosionsgefährlich ist. (§ 2.2 SprengG).   F.WI.

Explosionsgrenzen. Als untere/obere Explosionsgrenze bezeichnet man den Gehalt brennbarer Gase oder Dämpfe in Luft, unterhalb/oberhalb dessen keine explosionsartige Flammenausbreitung erfolgt. Liegt der Gehalt zwischen den Explosionsgrenzen, spricht man von „explosionsfähiger Atmosphäre". Die E. wird in Volumprozent angegeben, bei Stäuben in g/m^3. Die Angabe einer oberen E. bei Stäuben ist nicht möglich. Zahlenwerte s. Tabelle der sicherheitstechnischen (↑) *Kennzahlen*. Zusammenhang zwischen E. und dem Dampfdruck einer brennbaren Flüssigkeit (↑ *Flammpunkt*).   F.WI.

Explosionsklasse. Eine sicherheitstechnische Kennzahl, welche die Fähigkeit eines gezündeten explosionsfähigen Gas (Dampf)/Luftgemisches (explosionsfähiger Atmosphäre) ausdrückt, durch einen Spalt durchzuschlagen und dadurch eine explosionsfähige Atmosphäre auf der anderen Seite des Spaltes zu zünden. (Wichtig für den (↑) *Explosionsschutz* durch gekapselte Bauweise).

Einteilung der Explosionsklassen (VDE 0165/62)

Expl.-Klasse		Spaltweite (mm)	Mindestzündenergie (mJ)
1		>0,6	>0,06
2		0,4–0,6	>0,025
3a	(Wasserstoff)	<0,4	
3b	(Schwefelwasserstoff)	<0,4	<0,025
3c	(Acetylen)	<0,4	
3n	(für alle Gase und Dämpfe der E-Klasse 3 geeignet)	<0,4	

F.WI.

Explosionsschutz. Wo mit brennbaren Gasen, brennbaren Flüssigkeiten oder brennbaren Stäuben umgegangen wird, besteht die Möglichkeit, daß daraus im Gemisch mit Luft (↑ *Explosionsgrenzen*) eine „explosionsfähige Atmosphäre" entsteht. Sind dies mehr als 10 l in zusammenhängender Menge in geschlossenen Räumen, spricht man von „gefahrdrohender Menge explosionsfähiger Atmosphäre". Maßnahmen des Explosionsschutzes haben die Aufgabe, die Bildung gefahrdrohender Mengen expl. Atmosphäre zu verhindern, wenn dies nicht möglich ist, deren Zündung zu vermeiden oder, wenn auch dies nicht möglich ist, die Auswirkungen einer Explosion auf ein unbedenkliches Maß zu vermindern. Maßnahmen, welche die Bildung gefahrdrohender expl. Atmosphären verhindern, haben den besten Sicherheitseffekt und werden deshalb auch „primärer Explosionsschutz" genannt. Dazu gehören z.B. Ersatz brennbarer Lösemittel durch wässrige Lösungen, Austausch niedrigsiedender Kohlenwasserstoffe durch solche mit ausreichend hohem Flammpunkt, Inertisierung im Innern von Apparaten und Behältern, Lüftungsmaßnahmen sowie Gaswarnanlagen, evtl. mit Auslösung von Notfunktionen. Sind Maßnahmen des primären Expl.-Schutzes nicht möglich, muß die Zündung evtl. auftretender gefährlicher expl. Atmosphären verhindert werden, indem Zündquellen ausgeschaltet oder in ihrer (↑) *Zündenergie* hinreichend vermindert werden. Als Zündquellen kommen z.B. in Frage: Heiße Oberflächen (auch durch Reibung z.B. von Lagern), Flammen und heiße Gase, mechanisch erzeugte Funken, statische Elektrizität, elektrische Anlagen, elektromagnetische Wellen (Licht, Wärmestrahlung), sowie chemische Reaktionen. Die Schutzmaßnahmen richten sich nach der Art der möglichen Zündquelle sowie nach dem Risiko des Auftretens gefährlicher expl. Atmosphären. Dazu wurde eine Zoneneinteilung geschaffen: Zone 0: gef. expl. Atm. ist ständig oder langzeitig vorhanden, Zone 1: gef. expl. Atm. tritt gelegentlich auf, Zone 2: gef. expl. Atm. tritt nur selten und dann auch nur kurzzeitig auf. Zonen 11 und 12 s.u. Staubexplosionen. – Ist auch der Explosionsschutz durch Vermeidung von Zündquellen nicht sicherzustellen. müssen Maßnahmen getroffen werden, welche die Auswirkungen einer Explosion auf ein unbedenkliches Maß reduzieren, z.B. Explosions-(↑) *Druckentlastung, Explosionsunterdrückung, Druckstoßfestigkeit* der Apparate. Richtlinien Nr. 11 der BG Chemie. Explosionsschutz-Richtlinien mit Beispielsammlung (Druckerei Winter, Postfach 106140, 6900 Heidelberg 1).   F.WI.

Explosionsschutz bei Mahlanlagen. Unabhängig von Mahlanlagen mit (↑) *Inertisierung* wird im chemischen Betrieb mehr und mehr die Ausführung „explosionsdruckstoßfest" gefordert. Für solche Einsatzbereiche bis zu einem Explosions-Überdruck von 10,5 bar (Aluminiumstaub-Explosion) werden Mühlen aus entsprechenden Werkstoffen gefertigt, z.B. Späroguß GGG 50, rostbeständiger Stahlguß u.a. Gehäuse und Mühlentür sind starkwandiger als bei normalen Mühlen; zu den Handradverschraubungen kommen weitere Zusatzverschraubungen. Wichtig ist die Vermeidung von Zündfunken durch wirkungsvolle (↑) *Fremdkörperabscheidung*, sowie durch ausreichende Erdung der Anlage. Explosions-Unterdrückungssysteme in Rohrleitungen bestehen in der Kombination von IR-Detektoren mit Pulverlöschern (z.B. Ammoniumphosphat). Die IR-Strahlung einer Flamme löst so innerhalb von 5 Millisekunden den Löschvorgang aus. Großvolumige Behälter solcher Mahlanlagen, wie Feingutbunker, Filterabscheider werden teils für 3 bar Überdruck ausgelegt, erhalten dann aber noch Berstmembranen zur Druckentlastung, sowie Druckmembran-Detektoren, welche alle Antriebselemente, sowie die Mahlgutzufuhr stoppen. H.S.

Explosionsunterdrückung. Die E. ist eine Maßnahme des (↑) *Explosionsschutzes*, durch die die Auswirkungen einer Explosion auf ein Mindestmaß reduziert werden. Durch die E. wird in eine im Behälter „anlaufende" Explosion hinein ein geeignetes Löschmittel gesprüht, so daß nur eine Teilexplosion mit entsprechend geringer Drucksteigerung stattfindet. Voraussetzung ist das Vorhandensein von schnellen Detektoren (meistens auf Druck, seltener auf Strahlung ansprechend) und schnelles Ansprechen des Löschmittel-Verteilungssystems. Auch in Rohrleitungen ist die Unterdrückung von Explosionen auf diese Weise möglich, nicht dagegen die von (↑) *Detonationen*. (↑ *Explosionsschutz*) (Richtlinie No. 11 der BG Chemie). F.WI.

Extraktion. Dieser Prozeß, dessen Bezeichnung sich von extrahere (= herausziehen) ableitet, ist als das Herausziehen eines Stoffes aus einem Stoffgemisch anzusehen bei gleichzeitiger Beladung einer zweiten Phase mit diesem Stoff. Verfahrenstechnisch beschränkt sich der Begriff auf Prozesse, bei denen ein Stoffaustausch stattfindet ohne gleichzeitigen oder nur unbedeutenden Wärmeaustausch, so daß Schleppdestillation, Trocknung und ähnliche Verfahren nicht unter diesen Begriff fallen. In der chemisch-technischen Terminologie bezieht sich der Begriff Extraktion ausschließlich auf den Stoffaustausch zwischen den Systemen Fest/Flüssig und Flüssig/Flüssig, während solche Vorgänge zwischen Systemen Fest/Gasförmig und Flüssig/Gasförmig unter den Begriffen (↑) *Adsorption* und (↑) *Absorption* behandelt werden. Im allgem. besteht der Extraktionsprozeß aus dem Zusammenbringen eines Stoffgemisches (Trägersubstanz zu extrahierender Stoff) mit einem in Bezug auf den zu extrahierenden Stoff möglichst selektiven Extraktionsmittel und nach Übergang des zu extrahierenden Stoffes in das Extraktionsmittel aus der Trennung des Extraktes (Extraktionsmittel + extrahierter Stoff) von der Trägersubstanz. Der Prozeß wird meist in mehreren Stufen durchgeführt. Die Extraktionsparameter Anzahl der Stufen, Extraktionsmittelmenge — lassen sich im Falle der Flüssig/Flüssig-Extraktion durch das Nernst'sche Verteilungsgesetz angeben, welches das Verhalten von Raffinat (Trägerflüssigkeit), Extrakt und Extraktionsmittel zueinander darstellt. Im Falle der Fest/Flüssig-Extraktion besteht kein definiertes Gleichgewicht zwischen einzelnen Phasen. Die theoretisch-graphische Darstellung des Extraktionsprozesses erfolgt mittels Dreiecksdiagrammen. — Die Flüssig/Flüssig-Extraktion wird technisch z.B. angewendet bei der Gewinnung von Toluol, Butadien, Schmierölen, Behandlung von Kerosin (Edeleanu-Verfahren), u.ä. Die Fest/Flüssig-Extraktion (im großtechnischen Maßstab) wird angewendet bei der Gewinnung von Speiseölen, Zucker, Metallen, Genußmitteln, u.ä. Kontinuierliche Anlagen mit Durchsatzleistungen bis 5000 t/24 h sind in Betrieb. Extraktionsmittel sind meist leicht flüchtige Kohlenwasserstoffe, Alkohole, Wasser u.ä., die es ermöglichen, durch Destillation das Extraktionsmittel von dem Trägerstoff und dem Extrakt relativ leicht zu trennen und zurückzugewinnen. — Sowohl bei der Flüssig/Flüssig- wie bei der Fest/Flüssig-Extraktion wird ein mehrstufiges Gegenstromprinzip, diskontinuierlich oder kontinuierlich, angewandt. Zur Durchführung der Flüssig/Flüssig-Extraktion dienen: Batterien von Mischer-Scheider-Gruppen, Füllkörper-Siebboden-Rührkolonnen, pulsierende Kolonnen, Extraktionszentrifugen (s. dort). Die Fest/Flüssig-Extraktion wird mehrstufig im Gegenstrom durchgeführt, entweder durch Suspendieren des mechanisch aufbereiteten Feststoffes im Extraktionsmittel oder (bevorzugt) durch Perkolation des Extraktionsmittels durch ein statisches Feststoffbett. Am wirtschaftlichsten stellt sich die Anwendung von kontinuierlich den Feststoff transportierenden Extrakteuren dar, in denen das Extraktionsmittel im Gegenstrom durch das Feststoffbett perkoliert, (z.B. im (↑) *Karussell-Extrakteur*). Eine industrielle Extraktionsanlage beinhaltet zusätzliche Verfahrensstufen wie Abtrennung des gebundenen Extraktionsmittels aus dem Feststoff und aus dem Extrakt (Miscella) mittels Destillation und Rückgewinnung des Extraktionsmittels (Lösungsmittel) durch Kondensation sowie Rückgewinnung des Lösungsmittels aus der Abluft und dem Abwasser durch geeignete Apparaturen (↑ *Extraktionsanlage*). K.WE.

Extraktionsanlage zur Fest/Flüssig-Extraktion. Sie umfaßt außer der Extraktionsanlage im engeren Sinne weitere Verfahrenschritte zur Trennung und Rückgewinnung des Lösungsmittels aus dem extrahierten Feststoff, aus dem Extrakt (Miscella) und aus Abwasser und Abluft (s. Abb.). Der extrahierte, lösungsmittelfeuchte Feststoff wird nach Ausfall aus dem Extrakteur in einen Apparat mit Rührwerkskaskaden gefördert, in dem er einer Wärmebehandlung (mittels Dampf) unterzogen wird. Dabei wird das Lösungsmittel abdestilliert. In Abhängigkeit von den spezifischen Eigenschaften des Feststoffes, wie Temperaturempfindlichkeit und Verhalten in wasserfeuchter Atmosphäre, kommen für diesen Prozeßschritt verschiedene verfahrenstechnische und konstruktive Varianten in Frage. Im Sinne einer Energierückgewinnung werden die aus dem Feststoff abdestillierten Lösungsmitteldämpfe für die Voreindampfung der Extraktlö-

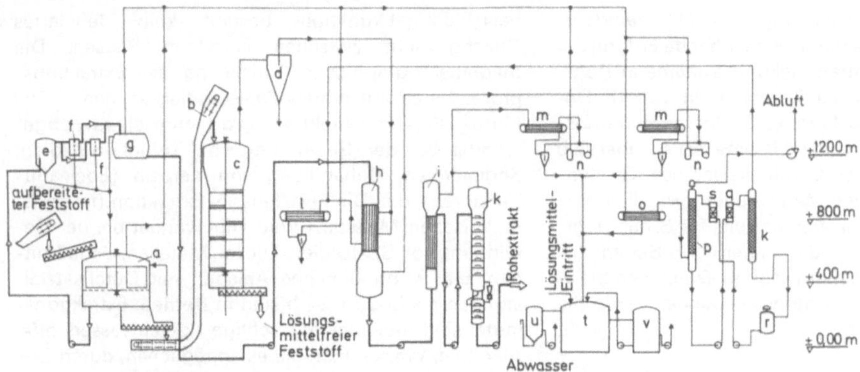

Extraktionsanlage. a = Karussellextrakteur; b = Trogkettenförderer (gasdicht); c = Desolventizer; d = Brüdenwäscher; e = Miscella-Absetztank; f = Miscella-Sicherheitsfilter; g = Miscella-Vorlage; h = Fallfilmverdampfer; i = Steigefilmverdampfer; k = Stripping-Kolonne; l = Kondensator für Desolventizer-Brüden; m = Kondensator für Brüden aus der Miscella-sung benutzt. Destillation; n = Vakuumpumpen; o = Abluftvorkühler; p = Absorptionskolonne; q = Vorwärmer; r = Tank; s = Kühler; t = Lösungsmittel-/Wasserscheider; u = Abwasser-Nachscheideverdampfer; v = Lösungsmittelarbeitstank. (Extraktionstechnik GmbH, Hamburg)

Meist arbeitet man unter reduziertem Druck mit mehreren Verdampfungsstufen, so daß ein lösungsmittelfreier Extrakt die Anlage verläßt. Auch für diesen Destillationsprozeß sind verschiedenste konstruktive Varianten bekannt (↑ *Karussel-Extrakteur*).

K.WE.

Extraktivdestillation ist eine (↑) *Destillation*, bei der durch Zugabe eines selektiven Lösungsmittels der Trennfaktor des zu trennenden Gemisches vergrößert wird. Im Gegensatz zur (↑) *azeotropen Destillation* wird das Lösungsmittel im oberen Teil der Kolonne kontinuierlich eingebracht, und das zu trennende Anfangsgemisch tritt etwas tiefer in die Kolonne ein. Lösungsmittel mit schwerersiedender Komponente fließt am Boden der Kolonne ab, während die leichter flüchtige Komponente als Kopfprodukt entweicht.

D.O.

Extruder. Man versteht unter dieser Bezeichnung entweder Schnecken- oder Kolbenstrangpressen. Schneckenpressen, die heute große Bedeutung haben, arbeiten kontinuierlich (z.B. aus einem Vorrat an thermoplastischer Formmasse) und ähneln in ihrem grundsätzlichen Aufbau (↑) *Schneckenreaktoren;* Kolbenstrangpressen arbeiten diskontinuierlich und müssen vor jedem Hub des Kolbens erneut mit Produkt (z.B. Schmelze von Thermoplasten) beschickt werden.

D.O.

Extrudieren von Thermoplasten. Das Extrusionsverfahren dient der Herstellung von Halbzeug (Rohre, Profile, Platten, Blasfolien). Die Verarbeitungsmaschine ist der Extruder. Er besteht aus einem Plastifizierzylinder, in dem sich ein oder mehrere heizbare Schnecken drehen, die den erwärmten Kunststoff kneten, plastifizieren und gegen eine Düse befördern. Wird die Formmasse durch eine Ringdüse gepreßt, können Schlauchfolien geblasen werden; mit einer Breitschlitzdüse stellt man Platten oder Folien her, mit einer Profildüse Rohre, Profile oder Tafeln

H.K.

Fallfilmverdampfer. Im Fallfilmverdampfer wird die eventuell vorgewärmte Flüssigkeit über spezielle Verteilvorrichtungen den aussenbeheizten Rohren möglichst gleichmässig aufgegeben und strömt dann in Form eines natürlichen Riesel- oder Fallfilmes unter Wirkung der Schwerkraft entlang der Innenfläche der Rohre nach unten. Eine schlechte Flüssigkeitsverteilung führt zu Bachbildung (nur teilweise benetzte Rohrinnenfläche) und somit zu einer mangelhaften Ausnutzung der Verdampferfläche. Die sich durch Verdampfung der Flüssigkeit bildenden Brüden und die Restflüssigkeit können im Gleich- oder Gegenstrom zueinander geführt werden. In Apparaten dieser Bauart (s. Abb.) erreicht man wegen der kurzen (↑) *Verweilzeit* der Lösung eine schonende Produktbehandlung (↑ *Durchflussverdampfer*). Fallfilmverdampfer sind hinsichtlich der Art der Eindampfung zur Gruppe der (↑) *Dünnschichtapparate* zu zählen. F.W.

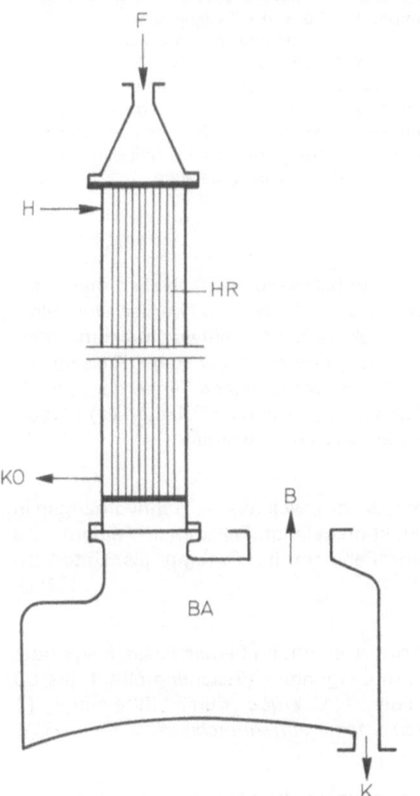

Fallfilmverdampfer. F = Frischlösung; B = Brüden;
K = Konzentrat; BA = Brüdenabscheider; H = Heizdampf;
KO = Kondensat; HR = Heizregister

Fallhammertest. Dies ist ein Verfahren zur Feststellung der (↑) *Explosionsgefährlichkeit* eines Stoffes. Das Testverfahren ist im Sprengstoffgesetz (SprengG Anh. III Pos. III) festgelegt. Ein Stoff gilt als explosionsgefährlich, wenn bei sechs Versuchen mit einem Fallhammer von 10 kg und einer Fallhöhe von 0,4 m (Schlagenergie 4080 J) mindestens einmal eine Explosion eintritt. F.WI.

Fallstromverdampfer ↑ *Fallfilmverdamper* F. W.

Farbgläser sind Glasarten, die durch Zusatz färbender Ionen (z. B. Eisen-Titanoxid zur Braunfärbung von Neutralglas (zum Lichtschutz empfindlicher pharmazeutischer Präparate), Chromoxid zur Grünfärbung (Flaschenglas), Kobalt-Ionen zur Blaufärbung) oder dispergierter, submikroskopischer, farbiger Kristalle (Kolloide) gefärbt sind. Die Farbe des Glases wird häufig durch die Größe der farbgebenden Teilchen festgelegt, die Teilchengröße wird häufig durch nachträgliche Erhitzung (Temperung, Anlassen) gesteuert. Solche Gläser nennt man auch Anlaufgläser. Farbgläser schwächen das von einer Lichtquelle ausgesandte Gemisch von Strahlung verschiedener Wellenlängen entweder gleichmäßig (Neutralfilter) oder unter Bevorzugung gewisser Wellenlängengebiete (Farbfilter). Von Bedeutung sind u. a. Neodym-gefärbte Gläser als Festkörperlaser geworden. (↑ *Glas*). A.P.

Fasern, synthetische Herstellung. Synthetische Fasern und Fäden z. B. aus Polyamid, Polyester oder Polyacrylnitril werden als Endlosfäden auf Spulen aufgewickelt und als Fasern zu Stapeln geschnitten und zu Ballen gepreßt, in den Handel gebracht. Die Hauptaufgabe bei der Herstellung von Fasern und Fäden besteht darin, den polymeren, meist in Granulatform vorliegenden Rohstoff physikalisch in fadenförmige Gebilde umzuformen und die Makromoleküle des Polymers in Faserlängsrichtung zu orientieren, wodurch die Fäden ihre Festigkeit erhalten. Man unterscheidet drei Spinnverfahren (s. Abb.) für Synthesefasern:

| Polymer | Verfahren | | |
	Schmelz-spinnen	Trocken-spinnen	Naß-spinnen
Polyacrylnitril		x	x
Polyamide	x		
Polyester	x		
Polypropylen	x		
Viskose			x

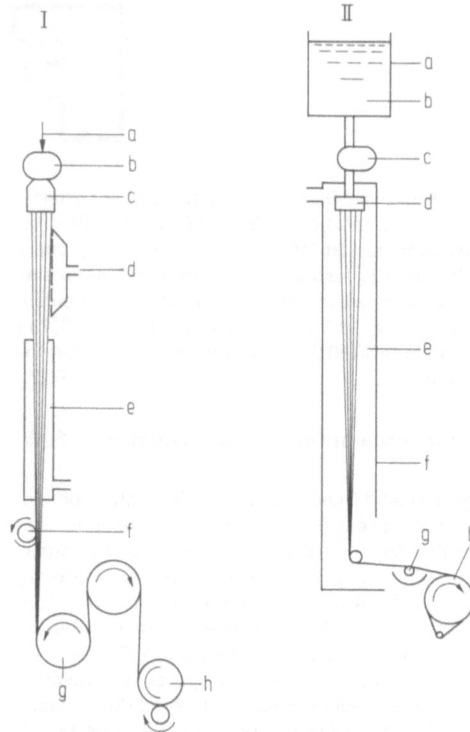

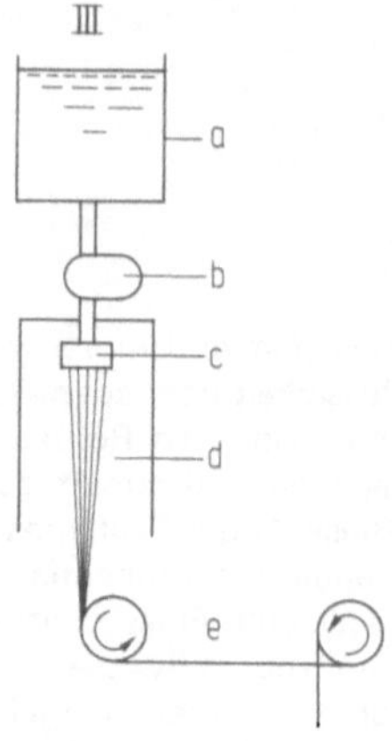

a = Polymerschmelzeleitung;
b = Spinnpumpe; c = Düse; d = Anblasung zur
Abkühlung der Fäden; e = Spinnschacht; f = Fadenölung
und Benetzung; g = Abzugsgaletten; h = Aufwicklung.
II. Trockenspinnen. Eine Polymerlösung wird durch Düsen
ausgesponnen, die Fadenbildung erfolgt durch Verdampfen
des Lösungsmittels. a = Spinnvorlage; b = Spinnlösung;
c = Spinnpumpe; d = Düse; e = Fadenanblasung;
f = Blasschacht; g = Fadenölung; h = Abzugsgalette.
III. Naßspinnen. Eine Polymerlösung wird durch Düsen in
ein Fällbad gesponnen, die Fadenbildung erfolgt durch
Ausfällung des Polymers aus der Spinnlösung, wenn die
Löslichkeitsgrenze des Polymers im Lösungsmittelgemisch
überschritten wird. a = Spinnvorlage; b = Spinnpumpe;
c = Düse; d = Fällbad; e = Abzugsgaletten

Faser-Herstellung.
I. Schmelzspinnen. Das geschmolzene Polymer wird durch
Spinndüsen ausgepreßt, die Fadenbildung erfolgt durch
Erstarrung der Schmelze.

An den Spinnprozeß schließen sich die Weiterverarbeitungsprozesse an, die im wesentlichen für alle Polymere gleich sind.

Strecken: Verstrecken des Rohfadens um ein Vielfaches seiner Länge und leichtes Verzwirnen der vorherparallellaufenden Einzelkapillaren.

Texturieren: Kräuseln des glatten Garnes zur Erzielung eines bauschigen Materials.

Stapelfasern werden nach dem Texturieren in definierte Längen geschnitten (Stapellängen um ca. 40 mm).

D.ST.

Faserspritzverfahren. Es dient der Verarbeitung von Duroplasten. Dabei werden (↑) *Rovings* in einem Schneidwerk geschnitten und gleichzeitig mit dem Reaktionsharz (samt Reaktionsmittel) unter Verwendung spezieller Faser-Harz-Spritzgeräte auf die Form gespritzt. Der auf der Form entstehende lose Faserfilz wird mit Laminierrollen verdichtet und „entlüftet". Das Verfahren eignet sich, ähnlich wie das (↑) *Handverfahren*, vorwiegend für großflächige Teile kleinerer bis mittlerer Stückzahlen.

H.K.

Faß-Pumpen (Behälter-Pumpen). Neben den automatisch betriebenen (↑) *Hebern* werden vor allem transportable, elektrisch oder mittels Druckluft angetriebene (↑) *Tauchpumpen*, in der Regel Kreiselpumpen eingesetzt (z.B. verschiedene Typen der „Flux"-Pumpen). Auch die von Hand betriebenen (↑) *Flügelpumpen* können verwendet werden.

W.W.

Fehlkorn ist das Korn, welches bei Trennvorgängen in die falsche Fraktion gelangt. Fehlkorn im Feingut wird als Überkorn, Fehlkorn im Grobgut als Unterkorn bezeichnet.

H.P.D.

Feinfiltration. Abtrennung feindisperser, fester oder flüssiger Verunreinigungen (Teilchengröße 1 bis 50 µm) aus einer (↑) *Trübe* durch Filtermittel (↑ *Mikrofiltration, Membrantrenntechnik*).

H.W.

Feinstaub ist jener Teil des (↑) *Gesamtstaubes*, der in der menschlichen Lunge nicht mehr vom Abscheidesystem der Bronchien festgehalten wird, sondern bis zu den Lungenbläschen vordringt (sog. alveolengängiger

Staub). Er umfaßt definitionsgemäß „ein Staubkollektiv, das ein Abscheidesystem passiert, das in seiner Wirkung der theoretischen Trennfunktion eines Sedimentationsabscheidens entspricht, der Teilchen mit einem aerodynamischen Durchmesser von 5 µm zu 50% abscheidet." Für inerte (↑) *Stäube* wurde ein MAK-Wert von 8 mg/m^3 Feinstaub festgelegt (Dtsch. Forsch. Gemeinschaft, Stand 1977). Die Grenzkonzentrationen für fibrogene (↑) *Stäube* sind geringer.
F.WI.

Festbett-Trockner (Schachttrockner) sind für grobkörnige, abriebempfindliche Schüttgüter mit langer Trocknungszeit geeignet. Sie zeichnen sich durch besonders geringen Energieverbrauch aus, da die im Gegenstrom zum Trockengut geführte Luft das Feuchtgut vorwärmt. Kennzeichnend ist auch ein sehr gutes Verweilzeitspektrum für das Schüttgut.
D.ST.

Feststoff-Filtration ↑ *Scheidefiltration*
H.W.

Fettalkoholgewinnung. Fettalkohole sind durch Hochdruckhydrierung von natürlichen Fettsäuren oder deren Estern bei Drucken von 300–325 at und 300–320° C an Kupferchromit-Katalysatoren erhältlich:

$$R-COOH+2H_2 \longrightarrow R-CH_2OH+H_2O$$

Man arbeitet sowohl an Festkontakten wie auch mit aufgeschlämmten Katalysator. Weiterhin sind Fettalkohole durch Hydrolyse von Aluminiumalkoxiden erhältlich, die aus Aluminiumtrialkylen durch Oxydation gewonnen werden:

$$Al\begin{smallmatrix}R\\-R\\R\end{smallmatrix}+1^1/_2O_2 \rightarrow Al\begin{smallmatrix}OR\\-OR\\OR\end{smallmatrix}$$

$$\xrightarrow{3H_2O} Al(OH)_3+3\ R-OH$$

Aluminiumalkyle sind nach dem (↑) *Ziegler-Prozeß* zugänglich. Fettalkohole, die auf diesem Weg hergestellt werden, sind unter dem Namen Alfole® im Handel.
D.O.

Fetthärtung. Man versteht darunter die Hydrierung der ungesättigten Fettsäuren in Fetten oder ungesättigter Fettsäuren in Gegenwart von Nickelkatalysatoren. Man arbeitet meist diskontinuierlich in Autoklaven mit Rührwerk oder Zirkulationspumpe (↑ *Schleifenreaktor*), und führt die Reaktion bei Fettsäuren unter 25 bar Druck, die vom Neutralölen bei 5 bar Druck durch; Temperaturbereich 110 bis 180° C. Seit einigen Jahren wird die Reaktion bei sehr großen Durchsätzen kontinuierlich in turmartigen Hydrierreaktoren mit Einbauten im Gleichstromverfahren bei 5–25 bar und Temperaturen zwischen 160–200° C ausgeführt. D.O.

Fettsäuren, höhere. Sie werden durch Hydrolyse natürlicher Öle und Fette (↑ *Fettspaltung*) gewonnen; die rohen Spaltfettsäuren werden destillativ aufgearbeitet, wobei jedoch eine Trennung von gesättigten und ungesättigten Fettsäuren nicht möglich ist; die

Gewinnung von Ölsäure und anderen ungesättigten Fettsäuren erfolgt nach speziellen Verfahren. In den Staaten des Ostblocks werden Paraffine in flüssiger Phase mittels Luft zur Gewinnung von Fettsäuren oxidiert; auf diesem Wege können jedoch nur die gesättigten Säuren gewonnen werden.
D.O.

Fettspaltung. Hydrolytische Spaltung von Fetten, die heute ausschließlich nur mit Wasser diskontinuierlich in Autoklaven mit Rührwerk oder Umwälzung mit Zirkulationspumpe oder kontinuierlich in Reaktionsrohren („Spalttürmen") bzw. mehreren intereinander geschalteten Autoklaven im Gegenstromverfahren durchgeführt wird:

$$\begin{matrix} CH_2-OOC-R' & & CH_2-OH & R'-COOH \\ | & & | & \\ CH-OOC-R'' & +3H_2O \rightarrow & CH-OH & +\ R''-COOH \\ | & & | & \\ CH_2-OOC-R''' & & CH_2-OH & R'''-COOH \end{matrix}$$

Man arbeitet im Druckbereich von 30–60 bar mit direkter Dampfeinspritzung.
D.O.

Filmverdampfung (↑) *Wärmeübergang* bei der Verdampfung
F.W.

Filter (techn. „das" F.) ↑ *Filterapparate*
H.W.

Filter, hydrostatische, arbeiten ohne zusätzliche Druckanwendung lediglich mit dem Druck der über dem Filtermittel stehenden Flüssigkeitssäule (↑ *Filterapparate*).
H.W.

Filterapparate sind Apparate mit eingebauten oder auswechselbaren (↑) *Filtermitteln* zur (↑) *Filtration*. Eingeteilt werden Filterapparate nach der Art der (↑) *Filterelemente*, der verwendeten Filtermittel, nach Betriebsweise oder nach der zu lösenden Aufgabe (s. Tabelle und Abb. auf S. 64/65).
H.W.

Filterbelag ↑ *Filterkuchen*
H.W.

Filtereffekt. Er kennzeichnet die Reinheit des Filtrates. Er wird bestimmt durch die Wirksamkeit des Filtermittels und den Abscheidegrad. Als Maßzahl kann die Trenngrenze (↑ *Rückhaltevermögen*) genannt werden, z.B. „kein Teilchen $> X$ µm im Filtrat" oder „keimfrei". Eine evtl. Resttrübung kann auch in Nephelometereinheiten angegeben werden. Die Trennschärfe (Trenngüte) eines Filtermittels kann nur durch eine Trennkurve exakt charakterisiert werden (↑ *Rückhaltevermögen, Filtration*).
H.W.

Filtereindicker sind im Aufbau den Filterapparaten sehr ähnliche Vorrichtungen zum vorwiegend kontinuierlichen Konzentrieren von Trüben. Filtereindicker trennen in Filtrat und Dickschlamm, der dann wirtschaftlicher einer (↑) *Scheidefiltration* unterworfen werden kann.
H.W.

Übersicht „Filterapparate" (s. nebenstehende Abb.)

Nr.	Apparatetyp	Arbeitsweise	vorwiegende Verwendung
1	(↑) *Nutschenfilter*	diskontinuierlich mit Überdruck, mit Vakuum	Grobfiltration, Scheidefiltration, Entkeimungsfiltration
2	(↑) *Horizontalplattenfilter*	diskontinuierlich mit Überdruck	Klärfiltration, Feinfiltration, Entkeimungsfiltration
3	(↑) *Kammerfilterpresse* (↑ *Filterpressen*)	diskontinuierlich	Grobfiltration, Scheidefiltration, Klärfiltration, Feinfiltration
4	Rahmenfilterpresse (↑) *Filterpressen*	diskontinuierlich mit Überdruck	Grobfiltration, Scheidefiltration
5	(↑) *Siebkorbfilter*	diskontinuierlich mit Überdruck	Grobfiltration, Scheidefiltration
6	(↑) *Kerzenfilter*	diskontinuierlich mit Überdruck	Klärfiltration, Feinfiltration Entkeimungsfiltration, Mikrofiltration
7	Druckblattfilter (↑) *Blattfilter*	diskontinuierlich mit Überdruck	Grobfiltration, Scheidefiltration, Klärflitration
8	(↑) *Zentrifugalreinigungsfilter*	diskontinuierlich mit Überdruck	Grobfiltration, Scheidefiltration, Klärfiltration, Feinfiltration
9	(↑) *Einschichtenfilter*	diskontinuierlich mit Überdruck, mit Vakuum	Klärfiltration, Feinfiltration, Entkeimungsfiltration, Mikrofiltration
10	(↑) *Schichtenfilter mit Umleitkammer*	diskontinuierlich mit Überdruck	Klärfiltration, Feinfiltration, Entkeimungsfiltration
11	(↑) *Modul*	diskontinuierlich mit Überdruck	Mikrofiltration, Ultrafiltration, Hyperfiltration, Mikrofiltration Entkeimungsfiltration
12	(↑) *Bettfilter*	diskontinuierlich mit Überdruck	Klärfiltration, Feinfiltration
13	(↑) *Filterzentrifuge*	diskontinutierlich oder kontinuierlich mit Überdruck	Grobfiltration, Scheidefiltration
14	Drucktrommelfilter (↑) *Trommelfilter*	kontinuierlich mit Überdruck	Grobfiltration, Scheidefiltration
15	Vakuumtrommelfilter (↑) *Trommelfilter*	kontinuierlich mit Vakuum	Grobfiltration, Scheidefiltration Klärfiltration
16	(↑) *Trommelzellenfilter*	kontinuierlich mit Vakuum	Grobfiltration, Scheidefiltration
17	(↑) *Bandfilter*	kontinuierlich, mit Vakuum	Grobfiltration Scheidefiltration
18	(↑) *Planzellenfilter*	kontinuierlich mit Vakuum	Grobfiltration, Scheidefiltration

H.W.

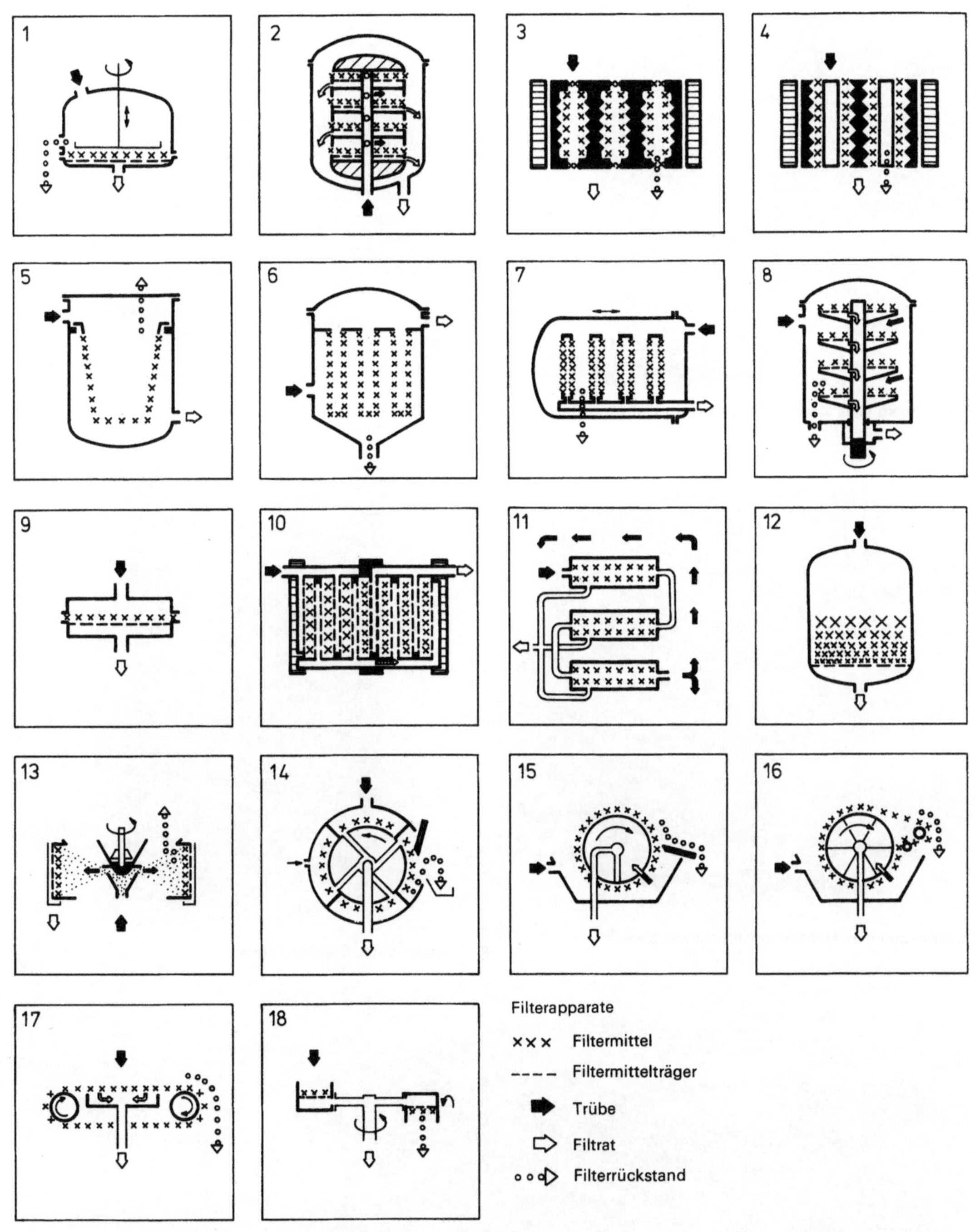

Filterelemente sind die kleinsten, selbständig wirksamen Einheiten eines Filterapparates z.B. Filterplatte, -blatt und -rahmen. Das Filterelement ist der Träger des Filtermittels (s. Abb.-Tafel, S. 68). H.W.

Filterfilze sind aufgeschichtete, teilweise regellos miteinander verschlungene kurze, natürliche, synthetische Fasern unterschiedlicher Werkstoffe, die zu einer mehr oder weniger dicken Schicht verfestigt als (↑) *Filtermittel* bei der (↑) *Tiefenfiltration*, (↑) *Gasreinigung* (Nadelfilze) oder Hochtemperatur- (↑) *Feinfiltration* in Atomreaktorkreisläufen (Titanvlies) mit hoher Feststoffaufnahme und gutem Abscheidegrad bis in den Bereich um 1 µm Verwendung finden (s. Abb.).

Filterkammern einer Kammerfilterpresse

Filterrahmen und Filterplatten einer geschlossenen Rahmenfilterpresse

Filterelement eines Horizontalplattenfilters, 3-teilig

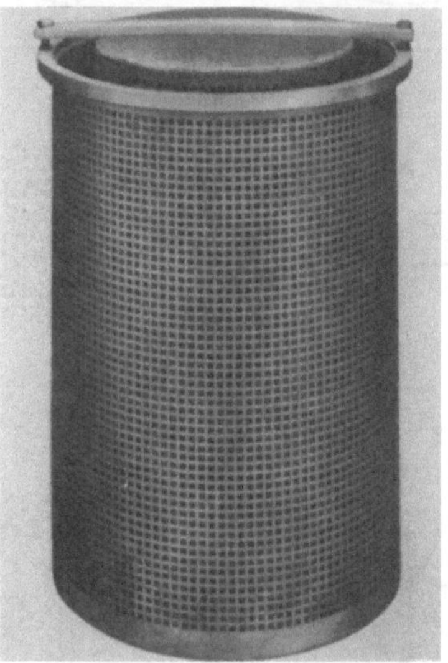

Korbeinsatz eines Siebkorbfilters

Blattfilter-Elemente

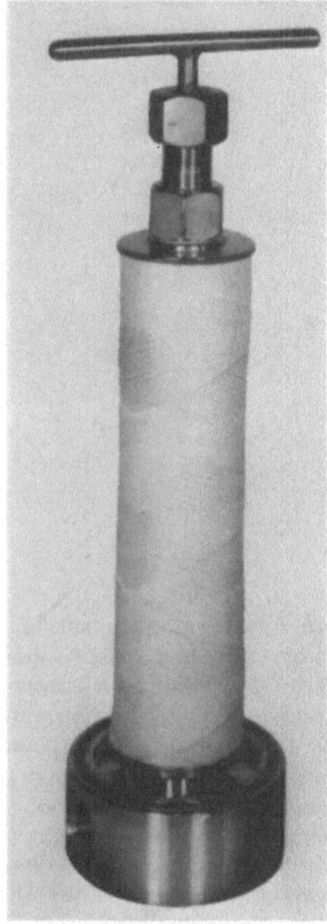

Verbund ↑ *Filtermittel/*
Filterelement; ↑ *Filterkerze*
1 Textilwickelkerze
2 Membranfilterkerze

Im Gegensatz zu (↑) *Filtergeweben* haben non-woven Filtermittel keine den Durchfluß mindernde verdichtete Knoten.   E.A.Sch.

Filterfläche ist der in einem Filterapparat zur Filtration ausgenutzte Anteil eines Filtermittels oder Filterelementes, gemessen in m². H.W.

Filterformeln. Die Theorie der (↑) *Filtration* führte zu Gleichungen, die vor allem für die Bildung von (↑) *Filterkuchen* (eingeschränkte) praktische Bedeutung haben. Grundlage ist das Gesetz von Hagen-Poiseuille:

$$V = \frac{\pi r^4}{8} \cdot \frac{1}{\eta} \cdot \frac{\Delta p}{l} \cdot t$$

V=Filtratmenge Δp=Druckdifferenz
r=Porenradius l=Porelänge
η=Viskosität t=Zeit

Die von Kozeny und Carman entwickelte Gleichung für die Durchströmung von Filterkuchen:

$$U = \frac{\dot{V}}{F} = \frac{1}{c} \cdot \frac{\epsilon^3}{(1-\epsilon^2)} \cdot \frac{1}{O^2} \cdot \frac{1}{\eta} \cdot \frac{\Delta p}{l}$$

U=Durchflußgeschwindigkeit   O=spez. Oberfläche
F=Filterfläche   c=Koezny-Konstante
V=Durchflußmenge/t ϵ=Porosität

enthält immer noch empirisch zu ermittelnde Konstanten, die keinesfalls alle filtrationsbestimmenden Parameter erfassen (z.B. die Komprimierbarkeit des Filterkuchens, den Einfluß der Kuchenfeuchtigkeit, Grenzflächenerscheinungen u.a.).Die Berechnung eines Filtrationsablaufes aus Stoffdaten ist wegen der großen Zahl der Einflußgrößen und der Veränderlichkeit der Feststoffeigenschaften während der Filtration kaum möglich. Praxisnahe (↑) *Filtrationsversuche* führen rascher und sicherer zur Lösung eines Filtrationsproblemes.   H.W.

Filterfritten sind körnige Schüttungen unterschiedlichster Werkstoffe, die durch Preß- und Sinterprozesse zu porösen Formkörpern regulierbarer Porenzahl und -größe verarbeitet werden (s. Abb.). Fritten oder Sinterwerkstoffe sind ohne Stützkonstruktion teilweise bis 20 bar druckfest und werden als (↑) *Filtermittel* bei der Filtration insbes. in Gas-, Öl- und Treibstoffleitungen und als (↑) *Filterelement* verwendet. (Abscheidebereich: 200—1 µm).   E.A.Sch.

Filtergewebe sind das weitaus gebräuchlichste Filtermittel aus natürlichen oder synthetischen Fasern, bzw. Metall-Fasern und -Drähten bei der (↑) *Scheidefiltration* (↑ *Anschwemmfilter, Gasreinigung*) (s.

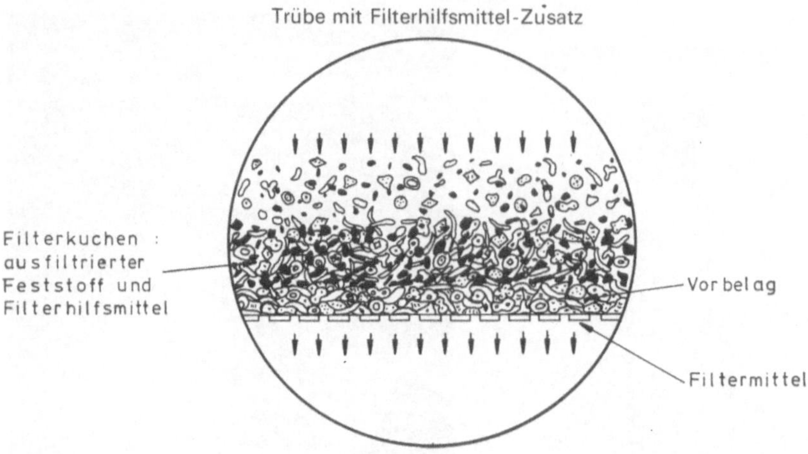

Prinzip einer Filtration mit Filterhilfsmittel (Seitz)

Abb.). Je nach Webart sind Filtergewebe besonders exakt in der Maschenweite (Leinenbindung), haben eine glatte, zur Abnahme des Filterkuchens geeignete Oberfläche (Köperbindung, Satin), oder sind besonders filteraktiv (Tressengewebe, ↑ *Filtermittel*). Kenngrößen: Schuß- und Kettenfadenanzahl und Faden (Faser)stärke (unterer Abscheidegrad: 2 µm).

E.A.Sch.

Filterhilfsmittel sind inerte, körnige oder faserförmige Produkte zur Verbesserung der (↑) *Filterleistung* und/oder des (↑) *Filtereffektes* sowie für (↑) *Filtervorbelage/(Filtration)*. Bevorzugt werden verwendet: (↑) *Kieselgure* und Perlite, aber auch Zellstoff- und Asbestfasern, Holzmehl, grafitierte Kohle u.a. Kieselgure sind durch Glühen, Enteisen und Sichten aufgearbeitete fossile Diatomeen von porös-körniger Struktur, die weitgehend aus SiO_2 bestehen. Perlite sind durch Glühen und Sichten aus Blähtonen hergestellte Aluminiumsilicate mit schuppenförmiger Blättchenstruktur. Organische Filterhilfsmittel ermöglichen die rückstandsarme Verbrennung von Filterrückstän-

den. Asbest entfernt zusätzlich adsorptiv kolloidale und gelöste Anteile. Zumischungen faserförmiger zu körnigen Filterhilfsmitteln stabilisieren den (↑) *Filterkuchen*. Anwendung der Filterhilfsmittel: 1. als (↑) *Filtervorbelag* (precoat) in (↑) *Anschwemmfiltern*. Sie erhöhen den (↑) *Filtereffekt* grobporiger (↑) *Filtermittel* und erleichtern deren Regenerierung (↑ *Trommeldrehfilter*); 2. zur Verbesserung der (↑) *Filterleistung* werden Filterhilfsmittel vor der Filtration in die (↑) *Trübe* eingerührt (batch-Verfahren) oder kontinuierlich dosiert. Sie lockern den (↑) *Filterrückstand* auf und verhindern dadurch die rasche Verstopfung der (↑) *Filtermittel* und führen zur Verlängerung der (↑) *Standzeit* eines Filters. Die Dosierung der Filterhilfsmittel hat nach Art, Körnung und Menge in Anpassung an Trübstoffcharakter und -menge der Trübe zu erfolgen (↑ *Filtrationsversuche*) (s. Abb.).

H.W.

Filterkerze (Filterpatrone). Eine Einheit aus (↑) *Filterelement* und (↑) *Filtermittel*, die, einzeln oder in Serie in entsprech. Gehäuse untergebracht als (↑) *Kerzenfil-*

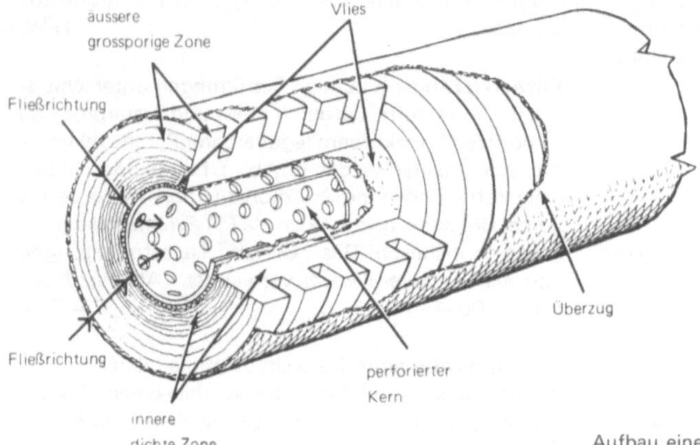

Aufbau einer Filterkerze

ter einen der verbreitesten Filterapparate darstellt (s. Abb.). Filterkerzen gibt es in allen Werkstoffen und Formen: gelochter Zylinder (Siebkerze, ↑ *Filtersieb*), Rohre aus Sinterwerkstoffen (↑ *Filterfritte*, auch in Aktivkohle) und (↑) *Filterfilze* (aus Textilien, Synthese- und Metallfasern) gewickelte, sternförmig gefaltete (plissierte) Filterkerzen (↑) *Filtermembran*.   H.W.

Filterkuchen ist der bei der fest-flüssig-Trennung durch Filtration auf dem Filtermittel zurückbleibende feuchte Feststoffanteil der Trübe, gegebenenfalls vermischt mit Filterhilfsmitteln. Die Eigenschaften des Filterkuchens (Durchlässigkeit, Saugfähigkeit, Adhäsionsverhalten, Kompressibilität u.a.m.) bestimmen den Filtrationsverlauf (↑ *Filtrationszyklus*); sie können durch (↑) *Filterversuche* erfaßt und teilweise durch (↑) *Filterformeln* berechnet werden. Wird der aufgebaute Filterkuchen zum Filtermittel, spricht man von Kuchenfiltration (↑ *Anschwemmfilter*). Die spezifische Filterkuchendicke (= Dicke des Filterkuchens in mm bezogen auf trockene Feststoffmenge in kg je m²) wird in kg.m^{-2}/mm angegeben (↑ *Filterhilfsmittel, Scheidefiltration*).   H.W.

Filterleistung, spezifische, ist die Gesamtleistung eines Filterapparates oder Filtermittels bezogen auf die (↑) *Filterfläche* von 1 m² während der Laufdauer einer (↑) *Filtration* (= Standzeit des Filters)Sie wird angegeben in l·m^{-2} oder kg·m^{-2} in x h..   H.W.

Filtermembranen (Membranfilter). Es handelt sich um bis 200 µm dicke, elastische, poröse Membranen (membrana = Häutchen) aus Cellulose, – Derivaten und Polymeren. Sie werden auf Grund ihrer strukturellen Gleichmäßigkeit als (↑) *Filtermittel* großer Trennschärfe und als typisches Oberflächenfilter bei der Mikrofiltration, Ultrafiltration, Hyperfiltration, Entkeimungsfiltration und anderer (↑) *Membrantrenntechnik* in (↑) *Einschichtenfiltern* bzw. abgewandelten (↑) *Schichtenfiltern*, als röhrenförmige sterilisierbare oder plissierte (↑) *Filterkerze* in Kerzenfiltern und speziellen (↑) *Moduln* eingesetzt. Herstellung und Struktur differieren je nach Verwendung. (↑ *Membrantrenntechnik*); Abscheidebereiche: 12–0,001 µm. Die Kenngrößen sind: mittlerer Porendurchmesser bzw. (↑) *Rückhaltevermögen* und die *spez.* (↑) *Filtriergeschwindigkeit*.
    E.A.Sch.

Filtermedium ↑ *Filtermittel*   H.W.

Filtermittel (**Filtermedium, Filterstoff,** Filtrum), ist die teildurchlässige Schicht, die den Feststoff bei der Stofftrennung durch Filtration zurückhält. Filtermittel werden nach folgenden Kriterien ausgewählt: 1. Filterversuchen, 2. gewünschtem Trenneffekt bzw. Trennschärfe, 3. Eigenschaften der Trübe (z.B. Kompatibilität mit dem Filtermittel, Viskosität, Kornverteilung, Neigung des Filtermittel zur Verstopfung biologische Abbaugefahr des Filtermittel), 4. verfahrenstechnischen Kriterien (z.B. mechanische Festigkeit, Oberflächenbe-

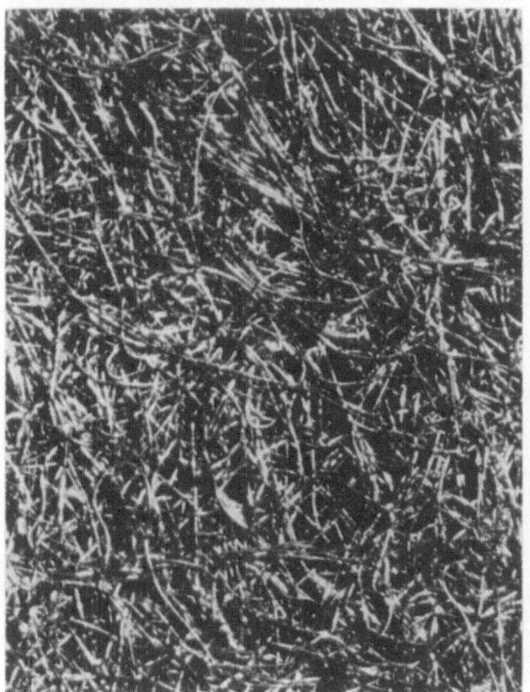

Filterfilz (Metallfasern)

Filterfritte

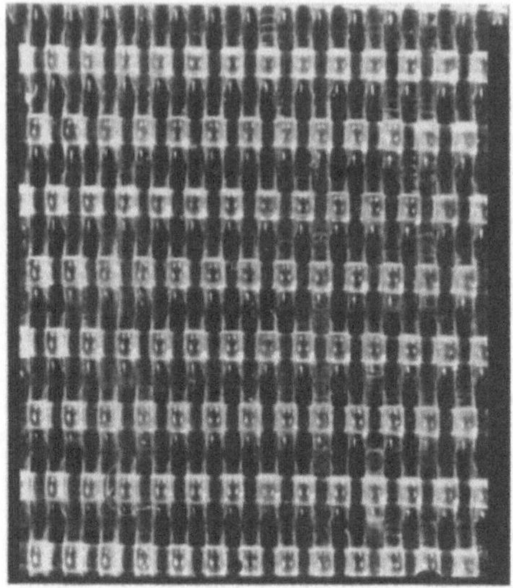

Filtergewebe

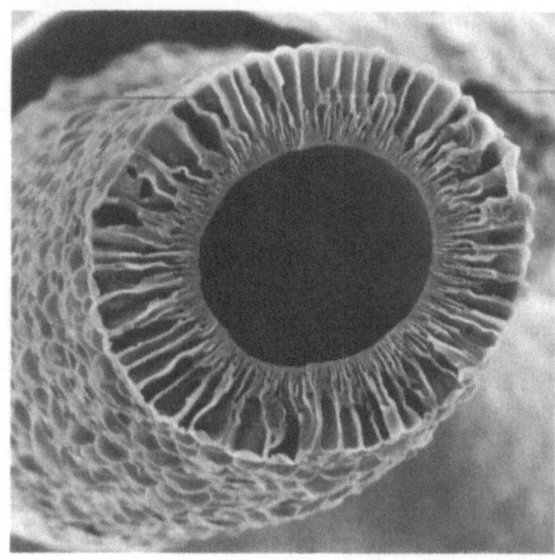

Filtermembran in Form einer Hohlfaser

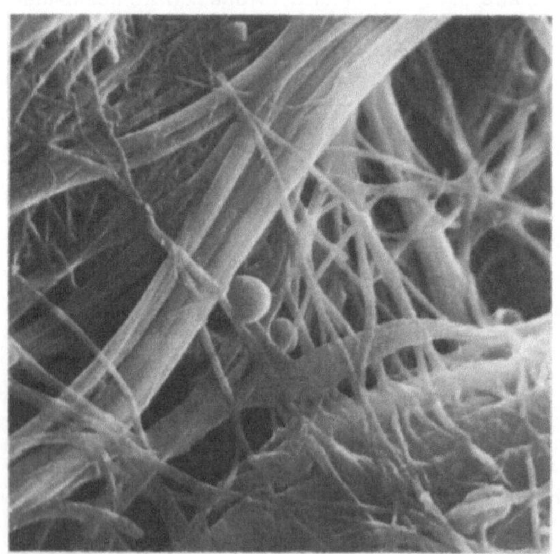

Filterschichte

Filtersieb

schaffenheit). Gebräuchliche Filtermittel sind (vgl. Tafel): (↑) *Filtersiebe, Filtergewebe, Filterfritten, Filterfilze, Filterschichten, Filterpapiere, Filtermembranen.* Entsprechend dem Abscheidevorgang werden sie in Oberflächen-(Sieb-) Filtermittel und Tiefen-Filtermittel und Schüttungen eingeteilt. Filterfritten und Filterpapiere bilden Übergänge (↑ *Oberflächenfiltration, — Tiefenfiltration).* Filtermittel werden aus fast allen Werkstoffen in den verschiedensten Formen angeboten: Haufwerk (lose Schüttungen von Kies, Sand, Kohle), Scheibe, Band, Sandwich, Beutel, Schlauch, Rohr, Spirale, Hohlfaser, Hohlkugel, gewickelt oder sternförmig gefaltet (plissiert). Wichtigste Kenngrößen: mittlerer oder maximaler Porendurchmesser bzw. (↑) *Rückhaltevermögen* (Trennkorngröße, Anschlußgrenze, cut-off) in Prozenten, bezogen auf einen bestimmten Teilchendurchmesser sowie der Durchfluß gegenüber reinem Wasser (Luft).　　　　E.A.Sch.

Filterpapiere sind durch Entwässern einer Faseraufschlämmung vorwiegend pflanzlicher Herkunft gebildete flächige, teilweise verfilzte, z.T. mit Bindemittel und Zusätzen versehene, als (↑) *Filtermittel* meistens in (↑) *Nutschenfilter* verwendete Schichten. Das Flächengewicht liegt bei < 150 g/m². Papierfilter dienen zur Laborfiltration, Glasfaserfilter zur Gasreinigung und Entkeimungsfiltration von Luft, Kunstharz-imprägnierte Papiere zur Filtration von Öl und Benzin. Hochreißfestes Filterpapier wird zum Schutz der Filtertücher (↑ *Filtergewebe*) in (↑) *Filterpressen* eingesetzt. Der Abscheidebereich liegt teilweise bis unter 0,5 μm (Glasfaserfilter); entscheidend ist hier die Faserdicke. Kenngrößen: Flächengewicht (g/m²), Dicke (mm), Filtrationszeit (DIN 53137). Auf Grund ihres (↑) *Filtereffek-*

tes sind Filterpapiere zwischen (↑) *Filterschichten* und (↑) *Filterfilzen* einzuordnen.　　　　　　E.A.Sch.

Filterpatronen ↑ *Filterkerzen*　　　　　　H.W.

Filterpressen (s. Abb.) (↑) *Filterapparate*) dienen zum diskontinuierlichen Abtrennen, Auswaschen und Entwässern großer Mengen Feststoffe aus konzentrierten Trüben. Mehrere beweglich auf Holmen ruhende (↑) *Filterelemente* mit dazwischen gelegten (↑) *Filtermitteln* werden durch zwei Kopfstücke mittels z. T. hydraulisch betriebener Spindel zusammengepreßt; entleert wird von Hand oder automatisch. Offene Filterpressen haben Filtratablauf aus jeder Kammer oder jeder Filtratplatte durch frei auslaufende Hähne; bei geschlossenen Filterpressen läuft das (↑) *Filtrat* aus einem Sammelkanal (Bohrungen in den Filterelementen) ab. Bei Kammerfilterpressen bildet ein erhöhter Rand der gleichartigen Filterplatten den Hohlraum für den (↑) *Filterkuchen*. Bei Rahmenfilterpressen liegt zwischen den Filtratsammelplatten ein Hohlrahmen zur Aufnahme des Filterkuchens. Zum Auswachen und Entwässern der Filterrückstände werden bevorzugt Rahmenfilterpressen eingesetzt. (Filterkuchendicke bei Rahmenfilterpressen bis zu 70 mm, bei Kammerfilterpressen 150 mm. (↑) *Filtrationsdruck* 3—15 bar. Filterfläche bis zu einigen 100 m²).　　　　　　H.W.

Filterpressen (Schule, Hamburg)

Filterrückstand ↑ *Filterkuchen*　　　　　　H.W.

Filterschichten sind durch Entwässern einer Aufschlämmung aus Zellstoff-, Asbest-, Kieselgur-, Aluminiumoxid-Gemischen gebildete, mehrere mm dicke auf der Filtratseite zum Schutz gegen Faserabgabe verfestigte Filtermittel (s. Abb.). Das Flächengewicht liegt bei > 300 g/m². Sie werden vorwiegend benutzt

in Schichtenfilter, in Nutschenfilter zur Feinfiltration bzw. Klärfiltration, sowie zur Entkeimungsfiltration. Neuartige, asbest-freie, nicht fasernde Filterschichten sind asymmetrisch aufgebaut und enthalten meist Kieselgur-Zellstoff-Gemische (↑ *Entkeimungsfiltration*). Filterschichten zeichnen sich aus durch spez. Tiefenwirkung (↑ *Tiefenfiltration*), hohe Feststoffaufnahme und einen Abscheidebereich bis weit unter 0,5 µm (adsorptiv). (Kenngrößen: spez. Filtriergeschwindigkeit, Flächengewicht (g/m²). (↑ *Filtereffekt*.)　　　　　　H.W.

Filtersiebe sind Lochbleche, Siebe oder Spaltsiebe (s. Abb.). Sie können als (↑) *Filtermittel* bei der (↑) *Oberflächenfiltration* bzw. (↑) *Grobfiltration* dienen, (z.B. als Siebkorbfilter, Siebkerzenfilter oder Spaltsiebe zur mechanischen Abwasserreinigung mit Schlitzweiten von 0,25–1,5 mm). Sie finden auch als Einsätze in (↑) *Filterzentrifugen* Verwendung. (Abscheidebereich ~ 2500–15 µm, Kenngrößen: Loch-Schlitzdurchmesser und Verhältnis freie Fläche zur Gesamtfläche). Filtersiebe werden ferner als (↑) *Filterelemente* verwendet.　　　　　　E.A.Sch.

Filterstoff ↑ *Filtermittel, Filtermedium*　　　　　　H.W.

Filtertrockner ist ein Filterapparat, der neben der Feststoffabtrennung gleichzeitig die vollständige oder teilweise Trocknung des Filterrückstandes übernimmt (↑ *Nutschenfilter*).　　　　　　H.W.

Filtertücher ↑ *Filtergewebe*　　　　　　H.W.

Filterversuche dienen zur Ermittlung optimaler (↑) *Filterapparate, Filtermittel, Filterhilfsmittel* und Filtrationsbedingungen. Die Ergebnisse mit kleinflächigen Laboratoriumsfiltern lassen sich mit einiger Erfahrung flächenproportional auf Betriebsverhältnisse übertragen, wenn Betriebsbedingungen (Temperatur, Konzentration, Druck, Chargenfolge etc.) berücksichtigt werden. Computer-assistierte Filterversuche sind, insbes. für die (↑) *Membrantrenntechnik* üblich.　　H.W.

Filtervliese ↑ *Filterfilze*　　　　　　H.W.

Filtervorbelag (precoat) ↑ *Anschwemmfilter, Filterhilfsmittel*　　　　　　H.W.

Filterzentrifugen, (↑ *Zentrifugen, Filterapparate*) ermöglichen in einer Vielzahl von Typen eine Erhöhung der (↑) *Filtriergeschwindigkeit* bei der (↑) *Scheidefiltration* durch das Schwerkraftfeld einer Zentrifuge. Perforierte Zentrifugentrommeln tragen das (↑) *Filtermittel*. Auf diesem baut sich der (↑) *Filterkuchen* auf, der dann bei diskontinuierlichen Korbzentrifugen manuell, oder kontinuierlich durch Schälmesser (Schälzentrifugen), bei kontinuierlich laufenden Zentrifugen periodisch durch Ausschieben des Rückstandes (Schubschleudern) oder durch Schnecken (Siebschneckenzentrifugen) ausgetragen werden kann. Filterzentrifugen lassen sich durch Programmsteuerung automatisieren. Sie dienen vorwiegend zur Trennung gut filtrierbarer Feststoffe mit Leistungen bis zu 20 to. h^{-1} und Restfeuchten bis zu 6%. Haupteinsatzgebiete sind Salzprodukte, Düngesalze, Zucker, Kohle, Kunststoffgranulate.   H.W.

Filterzyklus ist die Folge der Einzeloperationen (Vorbelagsbildung – Filtrieren – Waschen des Filterkuchens – Entwässern des Filterkuchens – Austrag des Filterrückstandes – Auswechseln oder Reinigen des Filtermittels – Öffnen und Schließen des Filterapparates) bei einer Filtration.   H.W.

Filtrat ist die aus einer (↑) *Trübe* durch (↑) *Filtration* erhaltene partikelfreie oder partikelarme Flüssigkeit.
                                                H.W.

Filtration (Filtrieren, Filtern) ist eine verfahrenstechnische Grundoperation, welche die mechanischen Verfahren zur Stofftrennung von grob- bis feinstdispersen festen und flüssigen Bestandteilen aus Flüssigkeiten und Gasen mittels poröser, teildurchlässiger Filtermittel, die in einem Filterapparat untergebracht sind, umfaßt. Je nach Dispersionsmittel und der abzutrennenden dispersen Phase unterscheidet man Flüssigkeitsfilter und Gasfilter. Flüssigkeitsfilter dienen 1. zur Abtrennung von Feststoffen aus Flüssigkeiten (↑ *Trüben*) ↑ *Scheide-Filtration* (Feststoffgehalt in der Regel > 1–10 g/l) oder 2. zur (↑) *Klärfiltration* (Feststoffgehalt < 1 bis 10 g/l) sowie 3. zur (↑) *Emulsionstrennung*, (*Koaleszer*). Gasfilter dienen zur Entfernung von Aerosolen in fester Form (= Stäube) oder flüssiger Form (= Nebel) aus Gasen (↑ *Gasreinigung*). Die von Feststoffen befreite oder gereinigte fluide Phase ist das (↑) *Filtrat;* der auf oder in dem Filtermittel verbleibende Feststoff ist der (↑) *Filterrückstand*, in dickeren Lagen auch (↑) *Filterkuchen* genannt. Je nach Größe der abzutrennenden Teilchen kennzeichnet man unterschiedliche Filtrationsverfahren, wobei fließende Übergänge zwischen den Teilgrößenbereichen bestehen.
Nach dem Abscheidevorgang bei der Abtrennung von Feststoffen aus Flüssigkeiten und Gasen unterscheidet man (↑) *Oberflächenfiltration* und (↑) *Tiefenfiltration*. Bei Oberflächenfiltration werden die Teilchen durch Siebwirkung vorwiegend *auf* dem Filtermittel, bei Tiefenfiltration vorwiegend *im Innern* desselben abgelagert. Der Dispersitätsgrad (Partikelgrößenverteilung) und die Konzentration der abzutrennenden Teilchen bestimmen das gemäß der Tabelle anzuwendende Filterverfahren (↑ *Membrantrenntechnik*. Physikalische Daten wie Viskosität und Temperatur sowie chemische Eigenschaften der zu filtrierenden Trübe erfordern Anpassung des Filtermittels und des Filterapparates an das Verfahren. Zur Scheidefiltration dienen vorwiegend relativ grobporige Filtermittel. Reicht deren Rückhaltevermögen nicht aus, so kann es durch

Tabelle. Filtrationsverfahren

Teilchengrößen	Filtration	Trennaufgaben
> ~ 30 µm	↑ *Grob*	Kristallisate, Flokkungen, Zement- und Kohleschlämme, Kaolinaufbereitg.
50 bis 1 µm	↑ *Fein*	feinkörnige Aktivkohle, Pigmente, Trägerkatalysatoren, Gelteilchen in Lakken, Trübungen in Wasser
5 bis 0,1 µm	↑ *Mikro*	Entkeimungsfiltration, trägerfreie Katalysatoren, Hydrauliksysteme
0,1 – 0,001 µm	↑ *Ultra*	Kolloid -und Virusabtrennung, Konzentrieren von Enzymen, Vaccinen etc.
Moleküle MG < 1000	↑ *Hyper*	Meerwasserentsalzung, Fruchtsaftkonzentrierung, Abwasseraufbereitung

einen Filtervorbelag (precoat) aus (↑) *Filterhilfsmittel* verdichtet werden (↑ *Anschwemmfilter*). Aus einer (↑) *Grobfiltration* wird so (oder bei ansteigender Filterkuchen-Dicke) eine (↑) *Feinfiltration*. Zur Kennzeichnung von Filtermittel und Filtrationsvorgang dienen Begriffe wie (↑) *Filtereffekt*, (↑) *spez. Filtriergeschwindigkeit*, wirksame (↑) *Filterfläche*, (↑) *Filtrationszeit*, (↑) *Filterleistung*, spez., bzw. Filterstandzeit, (↑) *Filterzyklus*, (↑) *Rückhaltevermögen*. Jede Filtration ist ein strömungsmechanischer Vorgang, der nur unter dem Einfluß einer äußeren Kraft – einem Druckgefälle – verläuft. Die Druckdifferenz zwischen Filterein- und -ausgang heißt (↑) *Filtrationsdruck*. Das Druckgefälle kann durch Unterdruck, Überdruck, hydrostatischen Druck oder Zentrifugalkräfte erzeugt werden (s. Vakuumfilter, Druckfilter, Filterzentrifugen etc.). Die Auslegung von (↑) *Filterapparaten* erfolgt durch die Auswertung von (↑) *Filtrationsversuchen*. Der zeitliche Filtrationsablauf ist ebenfalls durch den Laborversuch auf Betriebsfiltergröße übertragbar. Es wurden (↑) *Filterformeln* entwickelt, die für ein konstant bleibendes Ausgangsprodukt zum Ansatz von Optimierungsrechnungen verfahrenstechnische Vorteile bringen können. Zur Lösung der Filtergleichungen muß für jede Trübe eine Reihe von Parametern durch Versuche ermittelt werden. Das ist meist zeitaufwendiger und weniger aussagekräftig als ein empirischer Filtrationsversuch unter Berücksichtigung der Betriebsbedingungen. Für die Feinfiltration in Tiefenfiltern gibt es wegen der ca. 20 Einflußgrößen keine mathematischen Ansätze.   H.W.

Filtrationsdruck ist der zum Überwinden des bei einer Filtration entstehenden Widerstandes notwendige Druck, gemessen als Differenzdruck in bar zwischen Ein- und Ausgang des ($\uparrow$) *Filterapparates*. Er wird gebildet durch den Strömungswiderstand des Apparates, des Filtermittels und des Filterkuchens.   H.W.

Filtrationszeit ist die Zeitdauer der ($\uparrow$) *Filtration* (ohne Nebenoperationen) bis zur Verstopfung des Filtermittels oder Auffüllung des Kuchenraumes in einem Filterzyklus, angegeben in min oder h.   H.W.

Filtriergeschwindigkeit, spezifische, ($\uparrow$ *Filtration*), ist der pro Flächeneinheit (m^2) bei konstantem ($\uparrow$) *Filtrationsdruck* (bar) erzielte Volumenstrom ($m^3 \cdot s^{-1}$) oder Massenstrom ($kg \cdot s^{-1}$). Der Volumenstrom bzw. Massenstrom ist die pro Zeiteinheit (s oder h) anfallende Filtratmenge (1 oder m^3) bzw. (g od kg). Die spezifische Filtriergeschwindigkeit wird angegeben in $1 \cdot m^{-2} \cdot h^{-1}$ oder in $kg \cdot m^{-2} \cdot h^{-1}$.   H.W.

Fischer-Tropsch-Verfahren. Hierunter versteht man die Hydrierung von Kohlenoxid zu gesättigten Kohlenwasserstoffen, z. B.:

$$12\ CO + 7\ H_2 \longrightarrow C_6H_{14} + 6\ CO_2$$

$$6\ CO + 13\ H_2 \longrightarrow C_6H_{14} + 6\ H_2O$$

Als Kontakt wurden ursprünglich Kobaltkatalysatoren bei Normaldruck verwendet. Später wurden alkalisierte Eisenkatalysatoren im mittleren Druckbereich bis zu 50 bar bei 200–250° C eingesetzt. Dieses Verfahren, das heute erneut Interesse findet, wurde in Deutschland bis Ende des Zweiten Weltkrieges im großtechnischen Maßstab in mehreren Anlagen durchgeführt; es diente zur Erzeugung von Benzin und flüssigen Treibstoffen. Gegenwärtig läuft in Südafrika noch eine moderne Großanlage. ($\uparrow$ *Rohrreaktor*).   D.O.

Flammensperren in Rohrleitungen. Ist in Rohrleitungen mit dem Auftreten explosibler Gemische und deren Zündung zu rechnen, müssen entsprechende Schutzmaßnahmen eingebaut werden. a) Mechanische Flammensperren. Die Abb. zeigt die explosionssichere 3-fach Bandsicherung (TOTAL Foerstner & Co., Ladenburg), bestehend aus je einem glatten und geriffelten Stahlband, die spiralförmig zu kreisförmigen Scheiben aufgewickelt werden. Dadurch entsteht eine Vielzahl von Kanälen mit gleichgroßem dreieckigen Querschnitt. In der Regel werden meist drei Bandsicherungen hintereinandergeschaltet und gemeinsam in ein druckfestes Gehäuse eingebaut. Die Wirksamkeit der mechanischen Flammensperren beruht auf der Beobachtung, daß enge Durchtrittsquerschnitte die Weiterleitung von Explosionen (oder auch Detonationen) speziell von Brenngasen unterbinden. b) Automatische Löschmittelsperren für explosionsgefährdete staubführende Rohrleitungen. Die Wirkung (s. Abb.) beruht darauf, daß eine Explosion in einer Rohrleitung durch einen optischen Flammenmelder erkannt wird, dessen Auslöseimpuls über Verstärker in kürzester Zeit die sprengkapselbetätigten Ventile von Löschmittelvorratsbehältern öffnen, wodurch der Weg für das Löschmittel in das Rohrinnere über Zerstäubungsanordnungen durch Expansion des Treibmittels Stickstoff freigegeben wird. Als Löschmittel wird Löschpulver, vorzugsweise auf der Basis von Ammoniumphosphat verwendet.   W.W.

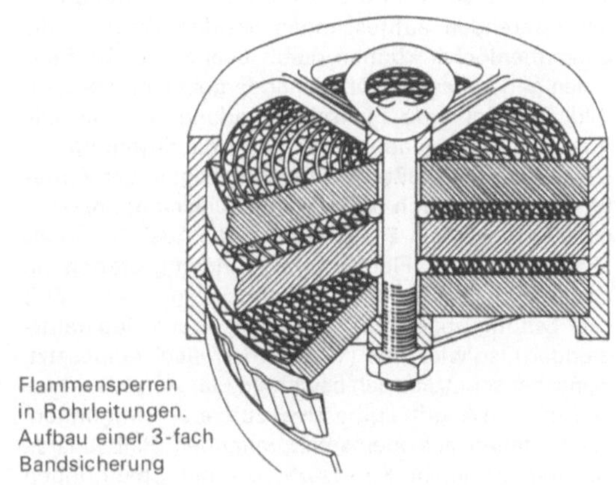

Flammensperren in Rohrleitungen. Aufbau einer 3-fach Bandsicherung

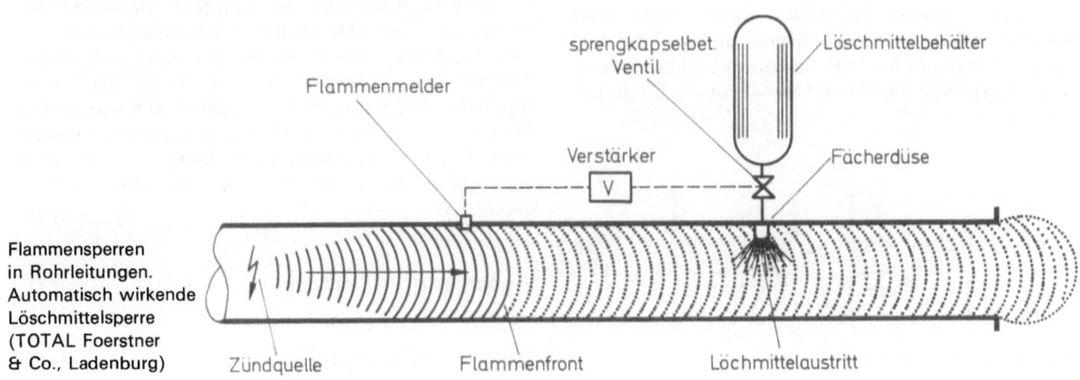

Flammensperren in Rohrleitungen. Automatisch wirkende Löschmittelsperre (TOTAL Foerstner & Co., Ladenburg)

Flammpunkt. Der F. einer brennbaren (↑) *Flüssigkeit* ist diejenige Temperatur, bei der sich in einer genormten (s.a. DIN 51755, DIN 51758 und DIN 51584) Prüfapparatur über der Flüssigkeit Dämpfe in ausreichender Menge bilden, damit ihr Gemisch mit Luft gerade entflammt werden kann. Die F. einiger brennbarer Flüssigkeiten sind in der Tabelle sicherheitstechnischer (↑) *Kennzahlen* angegeben. Wenn sichergestellt ist, daß bei einem chemischen Verfahren der Flammpunkt der Reaktionsmischung um mehr als 5 °C unterschritten ist, wird bei Leckagen die untere (↑) *Explosionsgrenze* nicht erreicht.   F.WI.

Flanschverbindungen von Rohren. Flanschen sind tellerförmige Erweiterungen an den Rohrenden. Die beiden aneinanderliegenden Flanschen, zwischen die eine Dichtung gelegt wird, werden durch Schrauben miteinander verbunden. Die Flanschen liegen zumeist nur mit schmalen Ringflächen, den sog. Arbeitsleisten, aufeinander. Um eine gleichmäßige Dichtung zu erzielen, müssen stets die sich gegenüberliegenden Schrauben nacheinander (und wiederholt) angezogen werden. Die wichtigsten Befestigungsarten der Flanschen auf dem Rohrende (s. Abb.). Bild I zeigt einen mit dem Rohr fest verbundenen Flansch, Bild II lose Flanschen (a und a_1), die auf die umgebördelten Rohrenden aufgeschoben werden (Vorteil: die Schraubenlöcher können durch Drehen der Losflanschen genau passend übereinandergebracht werden). Bild III zeigt eine Flanschverbindung, bei der die Aussparung des einen Flansches in die Erhöhung des Gegenflansches paßt. Die Dichtung liegt in der Vertiefung und kann auch bei starkem Druck nicht „herausgeblasen" werden. Die Abb. zeigt die Ausführung als „Feder und Nut". Flanschverbindungen gestatten ein rasches Auswechseln von Rohrleitungsteilen. Muß eine Leitung abgesperrt werden (z.B. aus Reparaturgründen), so wird eine (↑) „*Blindscheibe*" eingesetzt. Flanschenschutzkappen bewahren Flanschverbindungen vor dem Angriff aggressiver Luftverunreinigungen. Sie bestehen aus ineinandergreifenden Halbschalen aus transparentem Kunststoff, die mit Spannringen verbunden werden. Undichtheiten werden erkannt, austretendes Fördermedium wird aufgefangen. Für Hartporzellan- und Steinzeugrohre werden zweiteilige Flansche verwendet. Spannringverbindungen werden mitunter an Stelle von Flanschverbindungen für gebördelte und glatte Rohre (z.B. Fallrohre) bei Flüssigkeits- und Druckluftleitungen mit Rohrweiten von 60 bis 600

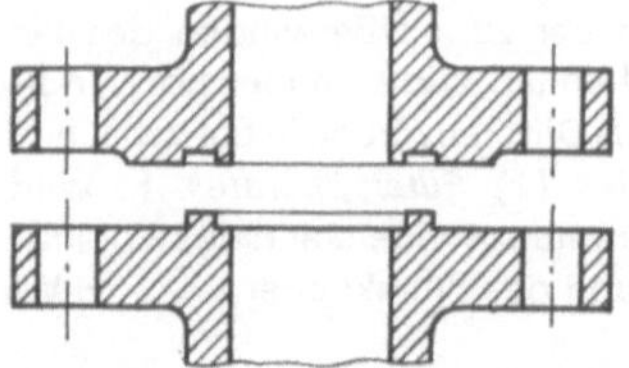

Abdichtung durch Feder und Nut

mm gewählt. Um die aneinanderstoßenden Rohrenden wird ein Spannring, vorteilhaft ein Mehrfachspannring mit Gummimanschette, gelegt und durch Schrauben oder einen Schnellspannverschluß festgezogen.   W.W.

Flash-Verdampfung ↑ *Entspannungsverdampfung, Mehrstufenverdampfung*   F.W.

Fliehkraft-Rollenmühle ↑ *Pendelmühle*   H.S.

Fliehkraftkugelmühle ↑ *Kugelmühlen*   H.S.

Fließbett ↑ *Wirbelschicht*   J.W.

Fließbettstrahlmühle. Sie besteht aus einem Behälter mit konischem Unterteil, in welchem das über Zellenschleuse oder Drehschieber eingetragene Material ein Fließbett bildet (s. Abb.). Durch eine am Behälterboden montierte Lavaldüse wird senkrecht in das Fließbett ein Preßluftstrahl mit über 300 m/sec geblasen. Er unterstützt die Fluidisierung, bewirkt aber bevorzugt die Prallzerkleinerung durch unterschiedlich beschleunigte Mahlgutpartikel. Im oberen Behälterteil steigt eine Fontäne Gut/Gasgemisch mit hohem Massefluß und relativ niedriger Geschwindigkeit auf und wird von dem darüber befindlichen Windsichter klassiert.   H.S.

Fließrinne. Rinne zum Transport pulverförmiger Feststoffe. Die Fließrinne besitzt einen porösen oder gelochten Boden, der in Aufwärtsrichtung von einem gasförmigen Fördermedium durchströmt wird, wodurch der Feststoff nach dem Verfahrensprinzip der (↑) *Fluidisation* in einen fließfähigen Zustand versetzt wird. Der Fördervorgang wird häufig mit Aufheizen oder Kühlen des Feststoffs durch das Fördermedium verknüpft.   J.W.

Flocculation ↑ *Flockung*   D.O.

Flocker ↑ *Flockungsmittel*   D.O.

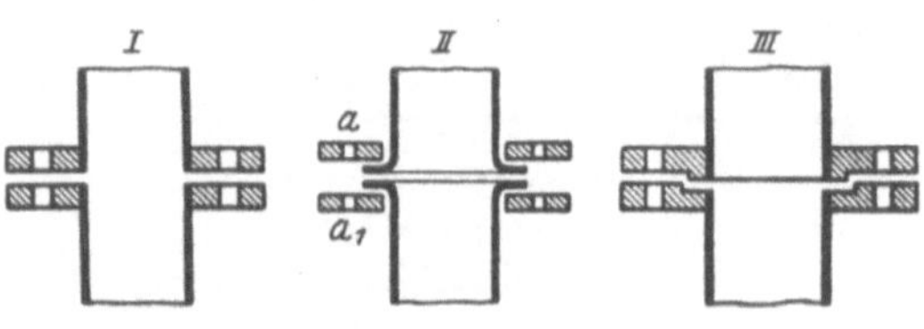

Befestigungsarten von Flanschen

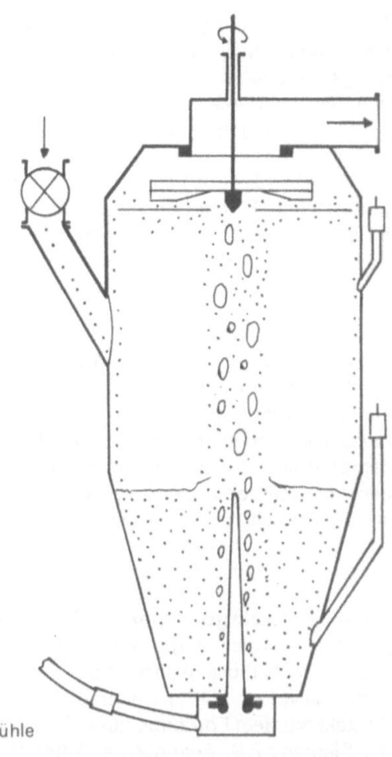

Fließbettstrahlmühle

Flockung. Bei der Flockung werden feinstsuspendierte oder kolloidal gelöste Stoffe durch Zugabe geeigneter (↑) *Flockungshilfsmittel* in einen Zustand übergeführt, in welchem sie durch mechanische Verfahren vom Wasser abgetrennt werden können. Der Flockung geht eine (↑) *Koagulation* vorauf.   D.O.

Flockungsmittel sind Stoffe, welche die in einer (↑) *Trübe* verteilten feinsten Feststoffteilchen oder Kolloide koagulieren, d.h. eine filtrierbare Zusammenballung zu Flocken bewirken. Hierzu zählen u.a. Klärmittel wie Eisensulfat, Eisenchlorid, Aluminiumsulfat usw., die innerhalb bestimmter pH-Bereiche voluminöse flockige Niederschläge bilden, welche Verunreinigungen adsorbieren, aber auch organische Polymere wie Stärke, Cellulose, Leim oder synthetische Polymerisate auf Basis von Polyacrylat, Polyacrylamid usw.   D.O.

Flotation. Unter diesem Begriff faßt man Trennverfahren zusammen, welche die unterschiedlichen Grenzflächenspannungen von Feststoffen gegenüber einer Flüssigkeit (Wasser) und einem Gas (Luft) als Trennmerkmal nutzen. Die Flotation kann zum Abtrennen der (aller) in einer Flüssigkeit dispergierten Feststoffe aus dieser Flüssigkeit dienen (Abwasserflotation), man kann sie aber auch zum Trennen von zwei oder mehreren in einer Flüssigkeit dispergierten Feststoffkomponenten voneinander benutzen (↑ *Sortierverfahren*). Es ist dann nötig, die Benetzbarkeit durch

Reagenzien selektiv zu beeinflussen. Das Prinzip ist in der Abb. schematisch (Bleiglanz/Quarz-Trennung) dargestellt. In die Suspension der zu trennenden Feststoffkomponenten gibt man ein Reagenz, das eine Komponente schlecht benetzbar macht − hier z.B. Kaliumamylxanthogenat für den Bleiglanz − und ferner ein Reagenz, welches die Schaumbildung fördert − hier Terpineol. − Bläst man nun Luft in die Suspension, so lagert sich der schlecht benetzbare Bleiglanz an die Luftblasen an und sammelt sich in einem Schaumprodukt an der Oberfläche der Suspension. Als Gerät für die Flotation dienen meist oben offene Behälter mit Belüftungsrührwerken sowie Abstreifern für den sich bildenden Schaum. Durch geschickte Auswahl der Reagenzien gelingt es oft, mehrere Komponenten nacheinander und separat im Schaum auszubringen, z.B. Kupferkies, Bleiglanz, Zinkblende und Pyrit aus komplexen Metallerzen. Die Flotation ist heute das Standard-Aufbereitungsverfahren für die meisten sulfidischen Metallerze. Sie wird ferner in der Eisenerz-, Kalisalz- und Steinkohlenaufbereitung angewandt sowie u.a. zur Reinigung von Altpapierpulpe und von Abfallgips aus Phosphorsäurefabriken.   H.Ke.

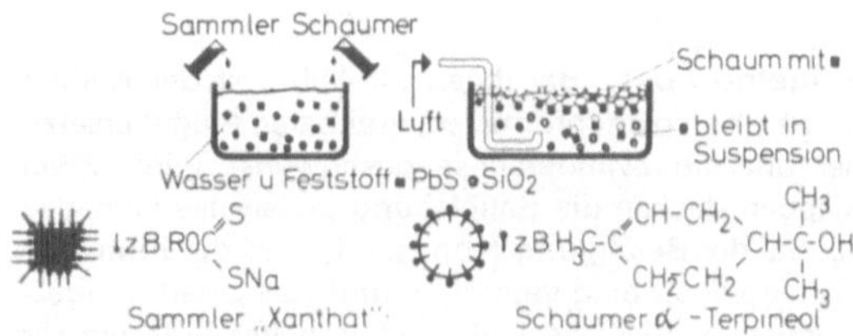

Prinzip der Flotation

Flüchtigkeit. Hierunter versteht man die Neigung verdampfbarer Flüssigkeiten, in die Dampfform überzugehen. Die Flüchtigkeit ist vom Dampfdruck der Flüssigkeit abhängig. (↑ *Flüchtigkeit, relative*).   H.M.

Flüchtigkeit, relative. Hierunter versteht man den Grad der Anreicherung eines Dampfes an leichtersiedender Komponente beim Destillieren, wobei der Dampf mit der siedenden Flüssigkeit bestehend aus leichtersiedender Komponente 1 und schwerersiedender Komponente 2 im (↑) *Phasengleichgewicht* steht. Für ideale Zweistoff-Gemische besteht dabei der Zusammenhang:

$$\alpha_{12} = \frac{y_1 \cdot x_2}{y_2 \cdot x_1} \qquad y_1 > y_2$$

Hierin bedeuten y die Konzentration an leichtersiedender und x die Konzentration zu schwerersiedender Komponente in [Mol-%]. Je näher die Siedetemperaturen bei gleichem Druck beieinanderliegen, umso kleiner wird α. Je größer α ist, um so leichter lassen sich die Gemische trennen. Bei idealen Gemischen ist α stark vom Druck abhängig, nicht jedoch von der Konzentration. α kann aus dem Verhältnis der Dampfdrücke der Komponenten bei gleicher Temperatur errechnet werden (s. Abb.). Bei nichtidealen Gemischen ist a von der Konzentration abhängig und kann dabei von einem Wert über 1 bis unter 1 sinken, wobei 1 einen azeotropen Punkt bedeutet.   H.M.

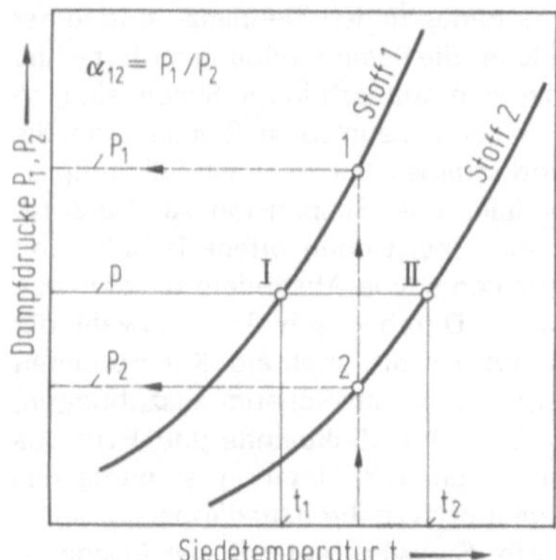

Bestimmung der relativen Flüchtigkeit eines idealen Zweistoffgemisches aus den Dampfdruckkurven P_1 = f(t) und P_2 = f(t); $a_{12} = \dfrac{P_1}{P_2}$

Flügelpumpen. Bei ihnen (s. Abb.) ist der Kolben durch einen plattenförmigen, drehbaren Flügel ersetzt, der um die Zylinderachse geschwenkt wird. Zwei Klappen decken die Saugleitung gegen das Gehäuse ab. Bei der Betätigung (von Hand) wird der Pumpenraum abwechselnd vergrößert und verkleinert. Flügelpumpen werden als Faß- und Behälter-Pumpen für kleine Leistungen eingesetzt. Fördermenge 20 bis 400 l/min, Förderhöhe bis 60m.   W.W.

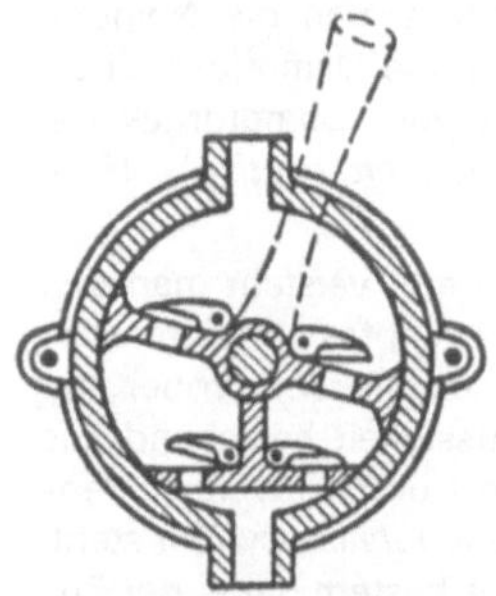

Wirkungsweise der Flügelpumpe

Flüssigkeiten, brennbare, werden nach der „Verordnung über brennbare Flüssigkeiten" (↑ VbF) folgendermaßen klassifiziert:

↑ Flammpunkt °C	Vollständig mit Wasser mischbar	Gefahrenklasse nach VbF
<21	nein	A I
21 bis 55	nein	A II
55 bis 100	nein	A III
<21	ja	B

Die Verordnung regelt u.a. Anzeige von und Erlaubnis für Anlagen zur Lagerung, Lagerungsverbote (Durchgänge, Treppenhäuser, Flure, Keller), zulässige Lagermengen, wiederkehrende Prüfungen, Einsetzung von Sachverständigen und Meldung von Schadensereignissen. Der „Deutsche Ausschuß für brennbare Flüssigkeiten" (§ 23 VbF) legt die Regeln der Technik fest, durch deren Einhaltung die Anforderungen der VbF erfüllt sind. Sie werden als Technische Regeln für brennbare Flüssigkeiten (↑ *TRbF*) bezeichnet und vom Bundesarbeitsministerium veröffentlicht.   F.WI.

Flüssigkeitsabscheider. Da beim Verdampfungsvorgang oft Flüssigkeitströpfchen durch den Brüdendampf mitgerissen werden, sind konstruktive Maßnahmen im Verdampfer (↑ *Brüdenraum*) zur Trennung von Flüssigkeit und Dampf vorzusehen. Bei gewissen Verdampferbauarten, die im Gleichstrom betrieben werden (↑ *Kletterfilmverdampfer, Fallfilmverdampfer*) werden Flüssigkeit und Dampf in (↑) *Zyklonabscheidern* getrennt. Alle Abscheidevorrichtungen verursachen in der Dampfströmung einen Druckverlust. F.W.

Flüssigkeitsringpumpen, in der Regel Wasserringpumpen, werden hauptsächlich als Vakuumpumpen, aber auch als Flüssigkeitspumpen verwendet. Die Betriebsflüssigkeit als Energieträger steht in direktem Kontakt mit dem Fördermedium. Prinzip (Elmo-Pumpe der Siemens AG, Erlangen; s. Abb.): Ein exzentrisch gelagertes Lauf- oder Flügelrad 1 rotiert im Gehäuse 3, ohne die Wandung zu berühren und nur an einer Stelle bis nahe an die Gehäusewand reicht. Die Betriebsflüssigkeit 6 bildet mit dem Laufrad einen mitumlaufenden Ring, der am oberen Scheitelpunkt die Laufradzelle voll ausfüllt, sich dann von der Laufradnabe 2 abhebt und das Fördermedium durch den Saugschlitz 4 eintreten läßt. Auf der Druckseite nähert sich der Flüssigkeitsring wieder der Nabe, verdichtet das Fördermedium und schiebt es über den Druckschlitz 5 aus. Für Wasser werden Saughöhen bis 7 m erreicht bei Förderströmen von 0,5 bis 120 m³/h. Flüssigkeitsringpumpen werden auch als Vorpumpe für selbstansaugende Kreiselpumpen eingesetzt.   W.W.

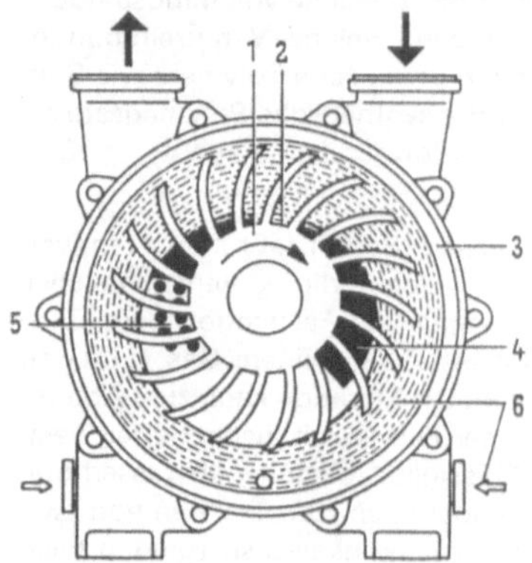

Flüssigkeitsringpumpe (Elmo-Pumpe der Siemens AG, Erlangen)

Fluid-Catalytic-Cracking-Verfahren. Katalytisches ($\uparrow$) *Cracken* schwerer Kohlenwasserstoffe in einem ($\uparrow$) *Wirbelschichtreaktor*. Die Crackreaktion ist endotherm und mit einer Ablagerung von Kohlenstoff auf der Katalysatoroberfläche verbunden, die den Katalysator rasch inaktiv werden läßt. Eine Wirbelschicht-Crackanlage besteht daher aus zwei miteinander verbundenen Wirbelschichten. Der Kohlenstoff, der sich in der Reaktor-Wirbelschicht auf den Katalysatorpartikeln abgelagert hat, wird in der mit Luft fluidisierten Regenerator-Wirbelschicht abgebrannt. Durch die Verbrennung wird gleichzeitig die für die Crackreaktion benötigte Wärme aufgebracht, wobei der Katalysator die Rolle des Wärmeträgers übernimmt. Der Einsatz von Wirbelschichten in Verbindung mit pneumatischen Förderungen erlaubt den kontinuierlichen Austausch des Katalysators zwischen Reaktor und Regenerator und damit eine kontinuierliche Fahrweise des Gesamtprozesses. Ausgehend von diesem grundsätzlichen Verfahrensablauf sind mehrere Verfahrensvarianten entwickelt worden; als Beispiel zeigt die Abb. das Kellogg-Orthoflow-System.   J.W.

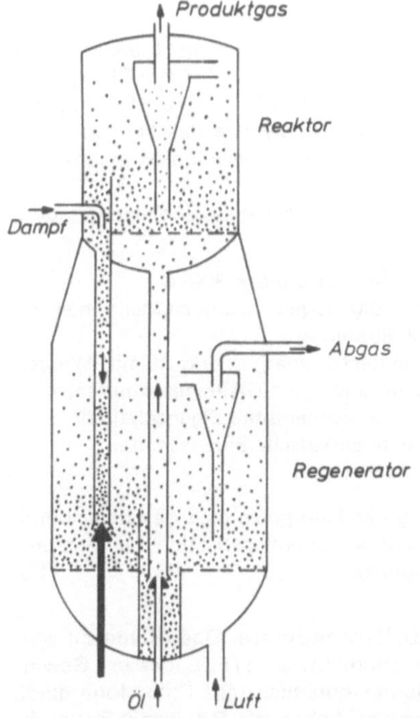

Katalytisches Cracken in der Wirbelschicht nach dem Kellogg-Orthoflow-System

Fluid-Coking-Verfahren. Verfahren zur Verkokung schwerer Rückstandsöle, die in einer ($\uparrow$) *Wirbelschicht* zu Koks, Crackgasen und leichtersiedenden Kohlenwasserstoffen gespalten werden (s. Abb.). Zwischen der Erhitzer-Wirbelschicht und der Reaktor-Wirbelschicht zirkuliert als Wärmeträger der bei der Verkokung entstehende Koks, der im Erhitzer durch Teilver-

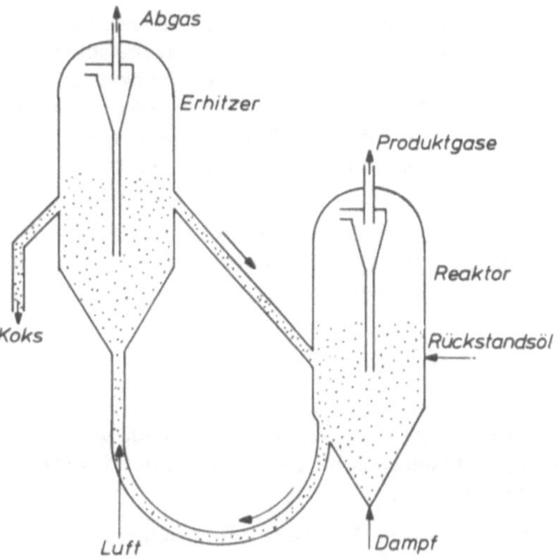

Fluid-Coking-Verfahren

brennung mit Luft aufgeheizt wird und dadurch dem Verkokungsreaktor die notwendige Wärme zuführt.
                J.W.

Fluidatbett $\uparrow$ *Wirbelschicht*   J.W.

Fluidisation (s. Abb.). Ein der ($\uparrow$) *Wirbelschicht* zugrunde liegendes Verfahrensprinzip, das darin besteht, daß eine Schüttung von Feststoffpartikeln (Korngrößen zwischen 50 µm und einigen Millimetern) durch einen aufwärts gerichteten Strom eines Fluids — eines Gases in den meisten technischen Anwendungen — in einen flüssigkeitsähnlichen Zustand versetzt wird, sobald der Volumenstrom V des Fluids den ($\uparrow$) *Lockerungspunkt* $\dot{V}_L$ überschreitet. Im „fluidisierten" Zustand werden die Feststoffteilchen durch den Fluidstrom in Schwebe gehalten; die fluidisierte Partikelschicht läßt sich wie eine Flüssigkeit rühren, in die Schicht eingebrachte spezifisch schwe-

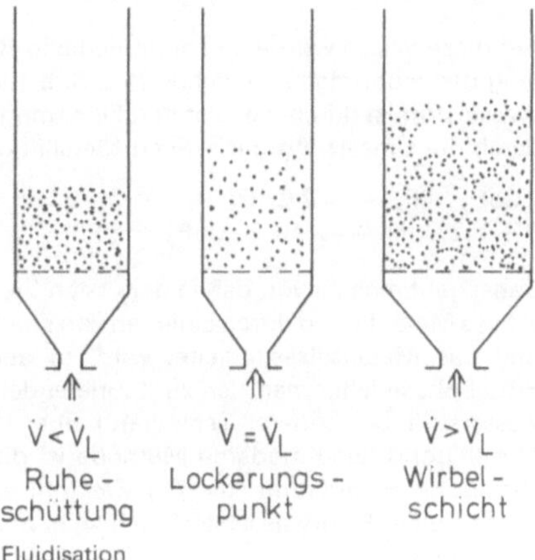

Fluidisation

rere Objekte versinken, spezifisch leichtere schwimmen auf. Die Fluidströmung durch eine Wirbelschicht ist dadurch gekennzeichnet, daß der Druckverlust des Fluids beim Durchströmen der Schicht gleich dem um den Auftrieb verminderten Gewicht der Partikelschüttung pro Flächeninhalt des Bettquerschnitts ist. J.W.

Fluor. Wegen seiner enormen Reaktionsfähigkeit läßt sich Fluor nur durch (↑) *Elektrolyse* von wasserfreiem flüssigen (↑) *Fluorwasserstoff* gewinnen:

$$2\,HF \xrightarrow{\text{Elektrolyse}} F_2 + H_2$$

Da HF den Strom mangels Ionenbildung nicht leitet, löst man in ihm Kaliumfluorid. Neuerdings verwendet man geschmolzenes Kaliumhydrogenfluorid. Praxis – Methoden:

1. Elektrolyse einer Schmelze der Zusammensetzung KF · (2,5–5) HF bei 30–70° C
2. Elektrolyse einer Schmelze der Zusammensetzung KF · (2–2,5) HF bei 80–120° C
3. Elektrolyse von geschmolzenem KHF_2 bei 250° C.

Als günstigste erwies sich die unter 2. genannte Methode mit Kohle als Anodenmaterial. Grünlichgelbes, stehend riechendes, sehr giftiges Gas, Kp. −188,14° C (↑ *Fluorierung*). I.S.

Fluorchlormethane ↑ *Fluorkohlenstoffe*   D.O.

Fluorierung ist die Einführung von (↑) *Fluor* in organische Verbindungen durch Substitution von −Cl, −Br und −J in entsprechenden organischen Halogeniden durch (↑) *Fluorwasserstoff* oder Substitution von −H in organischen Verbindungen durch Fluor. Wichtigste Methode ist die Substitution von Halogenatomen in Halogeniden durch HF in Gegenwart von Antimonpentachlorid, z. B.:

$$SbCl_5 + 3\,HF \longrightarrow SbCl_2F_3 + 3\,HCl$$
$$SbCl_2F_3 + CCl_4 \longrightarrow SbCl_4F + CCl_2F_2$$
$$SbCl_4F + 2\,HF \longrightarrow SbCl_2F_3 + 2\,HCl$$

Auf diese Weise wird eine kontinuierliche Regenerierung des Fluorträgers gewährleistet. Substitution von Wasserstoff ist durch elementaren Fluor möglich, bzw. durch die Umsetzung mit aktiven Metallfluoriden:

$$2\,CoF_2 + F_2 \longrightarrow 2\,CoF_3$$
$$RH + 2\,CoF_3 \longrightarrow RF + CoF_2 + HF$$

Dabei geht man so vor, daß in der ersten Prozeßphase aktives Metallfluorid durch Einleiten von Fluor über das Bett des Metallsalzes geleitet wird. In der zweiten Prozeßphase leitet man den zu fluorierenden Kohlenwasserstoff bei höherer Temperatur über das aktive Metallfluorid. Eine moderne Methode ist die elektrochemische Fluorierung, die (↑) *Elektrolyse* einer in wasserfreien Fluorwasserstoff gelösten organischen Verbindung. I.S.

Fluorkohlenstoffe. Sammelbezeichnung für aliphatische, alicyclische und aromatische Kohlenstoffverbindungen, in denen Wasserstoffatome der ihnen zugrundeliegenden Kohlenwasserstoffe teilweise oder ganz durch Fluoratome ersetzt sind. In diese Gruppe ordnet man auch die Fluorchlor-, Fluorbrom- und Fluorjodkohlenwasserstoffe ein. Große Bedeutung haben aliphatische gesättigte Fluorchlorwasserstoffe erlangt, die durch (↑) *Fluorierung* von Tetrachlorkohlenstoff, Chloroform oder Perchloräthylen erhalten werden:

$$CCl_4 + HF \longrightarrow CCl_3F + HCl$$
$$CCl_4 + 2\,HF \longrightarrow CCl_2F_2 + 2\,HCl$$
$$CHCl_3 + 2\,HF \longrightarrow CHClF_2 + 2\,HCl$$
$$C_2Cl_4 + Cl_2 + 3\,HF \longrightarrow C_2Cl_3F_3 + 3\,HCl$$
$$C_2Cl_4 + Cl_2 + 4\,HF \longrightarrow C_2Cl_2F_4 + 4\,HCl$$

Die Haupteinsatzgebiete sind Treibmittel für Aerosole (ca. 50% des Gesamtverbrauches), Kältemittel, Zwischenprodukte für (↑) *Fluorkunststoffe*, Treibmittel für Kunststoffschäume (in erster Linie Polyurethane) sowie technische Reinigungsmittel (Lösungsmittel). Wichtigste Fluorkohlenstoffe sind $CFCl_3$ und CF_2Cl_2.

I.S.

Fluor-Kunststoffe. Sie umfassen Fluorkunststoffe wie Polytetrafluortähylen (PTFE) $(-CF_2-CF_2-)_n$, Polytrifluorchloräthylen (PCTFE) $(-CFCl-CF_2-)_n$ und Fluorelastomere wie Copolymere des (↑) *Vinylidenfluorids* ($CH_2=CF_2$) und des Hexafluorpropylens ($CF_3-CF=CF_2$).
Die allgemeinen besonders hervorzuhebenden Eigenschaften sind

1. Verwendbar von −200 bis + 300° C.
2. Extrem beständig gegen Lösungsmittel, Chemikalien und UV-Strahlung.
3. Niedere Oberflächenenergie und damit Wasser- bzw. Öl-abweisend; gute Gleiteigenschaften.
4. Ausgezeichnete mechanische Eigenschaften.
5. Ausgezeichnete elektrische Eigenschaften.
6. Schwer bis unbrennbar.

Die Herstellung der Fluorpolymeren geschieht durch Polymerisation bzw. Copolymerisation der entsprechenden Monomeren. I.S.

Fluorkunststoff-Monomere. Das wichtigste Monomer ist Tetrafluoräthylen (TFE), dessen Gewinnung aus Difluorchlormethan (aus Chloroform durch (↑) *Fluorierung* erhältlich) durch Pyrolyse in Platinrohren erfolgt:

$$2\,CHClF_2 \xrightarrow{800-1000°\,C} CF_2=CF_2 + 2\,HCl$$

Ähnlich kann auch Trifluormethan (CTFE) eingesetzt werden:

$$2\,CHF_3 \longrightarrow CF_2=CF_2 + 2\,HF$$

Tetrachloräthylen muß unter besonderen Vorsichtsmaßregeln in Sperrzonen gelagert werden, da es sich bei Temperaturen von über $-20°$ C und einem Druck von 7 bar explosionsartig zersetzen kann:

$$CF_2=CF_2 \longrightarrow C + CF_4 \quad (\Delta H=-61KJ/Mol=-4,76\ Kcal/Mol)$$

Weitere wichtige fluorhaltige Monomere sind Trifluorchloräthylen (CTFE), welches aus Trifluorchloräthan erhältlich ist:

$$CClF_2-CCl_2F \xrightarrow[-ZnCl_2]{Zn} CClF = CF_2$$

sowie Hexafluorpropylen (HFP), welches durch Pyrolyse von Tetrafluoräthylen gewonnen wird:

$$3\,CF_2 = CF_2 \xrightarrow{800-1300°\,C} CF_3-CF= CF_2$$

und das Vinylidenfluorid (VDF), dessen Gewinnung aus Difluorchloräthan nach

$$CH_3-CClF_2 \xrightarrow{700-900°\,C} CH_2 = CF_2 + HCl$$

bzw. aus 1, 1, 1–Trifluorchloräthan nach

$$CH_3-CF_3 \xrightarrow{1100-1300°\,C} CH_2=CF_2 + HF$$

gelingt.   I.S.

Fluorwasserstoff (Flußsäure). HF, in wäßriger Lösung Flußsäure genannt, ist die wichtigste anorganische Fluorverbindung; HF ist unterhalb $19°$ C bei Atmosphärendruck eine farblose, stehend riechende Flüssigkeit. Fluorwasserstoff ist außerordentlich hygroskopisch und in allen Verhältnissen mit Wasser mischbar. HF wird heute ausschließlich aus Flußspat durch Umsetzung mit Schwefelsäure gewonnen:

$$CaF_2 + H_2SO_4 \longrightarrow 2\,HF + CaSO_4$$

Reiner Fluorwasserstoff (min. 99,9% HF) wird durch Destillation des Rohproduktes in einer unter Druck arbeitenden Füllkörperkolonne hergestellt.   I.S.

Flußsäure ist die ca. 40%ige, sehr stechend riechende Lösung von (↑) *Fluorwasserstoff* in Wasser; sie verursacht schwer heilende, sehr schmerzhafte Wunden, und ihre Dämpfe greifen die Atmungsorgane an.
D.O.

Förderbandwaage. In einer Fördereinrichtung für Massengüter eingebaute selbsttätige Waage (s. Abb.) zum Wägen oder Abwägen der transportierten Warenmengen. Meist als Neigungswaage, Federwaage oder (↑) *elektromechanische Waage* ausgeführt. Nach Art und Ermittlung des Gewichtes der Warenmenge unterscheidet man zwischen addierenden (diskontinuierliche Addition aufeinander folgender Wägungen) und integrierenden (stetige Integration des Produktes aus momentaner Bandbelastung und Bandgeschwindigkeit) Förderbandwaagen. Förderbandwaagen sind entweder mit einem eigenen Transportband ausgerüstet oder in eine vorhandene Bandanlage eingebaut.

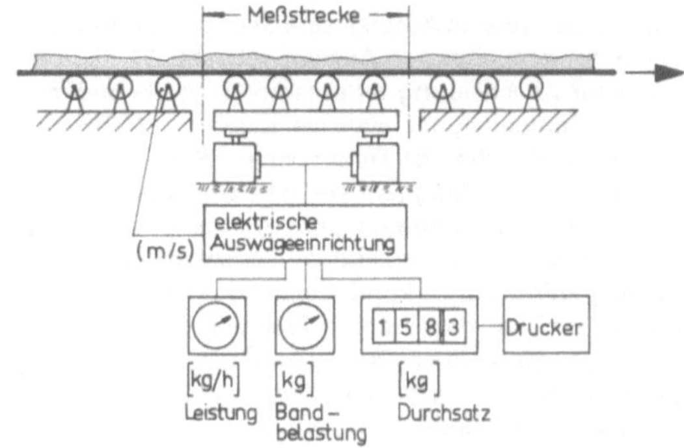

Förderbandwaage (el. mech.)

Die Bandbelastung (kg, t) oder die Förderleistung (kg/s, t/h) wird meist analog angezeigt. Die Gesamtmenge (kg, t) wird in digitaler Form angezeigt oder abgedruckt. Geeichte Förderbandwaagen erreichen eine Geschwindigkeit von ±0,5 bis 1%.   E.K.

Fördern flüssiger Stoffe. Um eine Flüssigkeit in einer Rohrleitung zu fördern, muß eine Druckdifferenz vorhanden sein. Der erforderliche Druck wird entweder von der Flüssigkeit selbst erzeugt (↑ *Heber*), durch Druckgase (↑ *Druckfaß*) oder man verwendet (↑) *Pumpen*.
W.W.

Formaldehyd wird aus Methanol durch katalytische Dehydrierung und oxidierende Dehydrierung gewonnen:

$$CH_3OH \xrightarrow[550-600°\,C]{Ag} CH_2O+H_2$$

$$CH_3OH+{}^1/_2O_2 \xrightarrow[350-450°\,C]{MoO_3/Fe_2O_3\text{-Kat.}} CH_2O+H_2O$$

Die Reaktion wird im (↑) *Röhrenofen* ausgführt.
D.O.

Formamid $HCONH_2$ und seine beiden Methylderivate sind wegen ihrer starken Polarität wichtige selektive Lösungsmittel. Die Gewinnung erfolgt durch Umsetzung von Methylformiat und Ammoniak bzw. N-Methyl- und N,N-Dimethylamin. Eine direkte Synthese aus CO und NH_3 bzw. den genannten Methylaminen ist gleichfalls bekannt. (↑ *Cyanwasserstoff*).   D.O.

Fremdkörperabscheidung. Mahlsysteme und andere Maschinen müssen vor Schäden durch Fremdkörpereinwirkung geschützt werden. Es kommen einzeln oder kombiniert folgende Verfahren zur Anwendung: *Maschendrahtsieb* als einfacher, billiger Schutz vor groben Fremdkörpern, ist aber nur bei frei rieselfähigen Stoffen anwendbar. *Ballistische Fremdkörperabscheidung* durch Einbau einer (↑) *Hammermühle* mit seitlichem Auswurfschacht. Das durchlaufende Gut wird vor- oder fertiggemahlen. Nicht mahlbare Fremdkörper erfahren beim ersten Aufprall eine Beschleunigung und fliegen tangential in den Auswurfschacht. *Magnetsysteme* zur Abscheidung ferromagnetischer Fremdkörper: a) Plattenmagnet evtl. als Kaskade im Zulaufschacht angeordnet, b) Trommelmagnet mit seitlicher Auswurfzone, c) Magnetroste, d) Rohrmagnete zum Einbau in Förderleitungen und e) Aushebemagnete oberhalb von Transportbändern. *Induktive Metallabscheidegeräte* zum kontinuierlichen Ausscheiden sämtlicher elektrisch leitfähiger Fremdkörper, also auch nicht-magnetisierbarer VA-Legierungen, sowie Bunt- und Leichtmetalle. *Induktive Metalldetektoren* oberhalb von Förderbändern und ähnlichen Transportmitteln, kombiniert mit optischer oder akustischer Anzeige. H.S.

Füllkörper sollen die für den Stoffaustausch benötigte große Berührungs-Oberfläche zwischen Dampf und Flüssigkeit in einer (↑) *Ratifiziersäule* bieten. Der Stoffaustausch ist um so besser, je größer die Oberfläche ist. Es wurden verschiedenste Füllkörperformen

entwickelt. Am bekanntesten sind Raschig-Ringe (Rohrstücke, bei denen der Durchmesser gleich Länge ist), Berl-Sattelfüllkörper und Pallringe (s. Abb.). Füllkörper werden aus keramischen, metallischen und anderen Werkstoffen hergestellt. Die Trennwirkung von Füllkörpern hängt im wesentlichen von einer gleichmäßigen Flüssigkeitsverteilung in der Säule ab. Da die (↑) *Randgängigkeit* der Flüssigkeiten von der

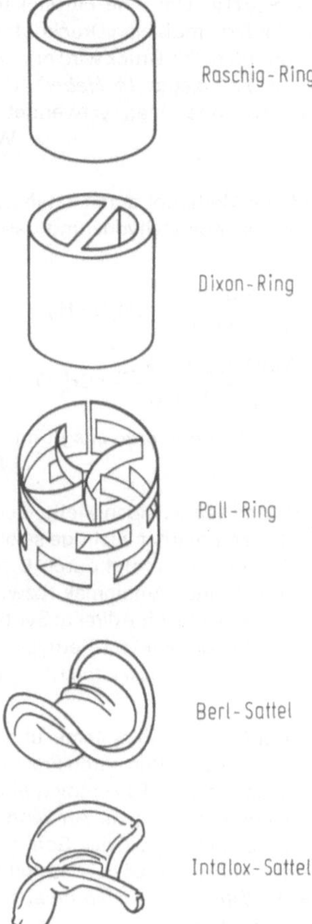

Füllkörper

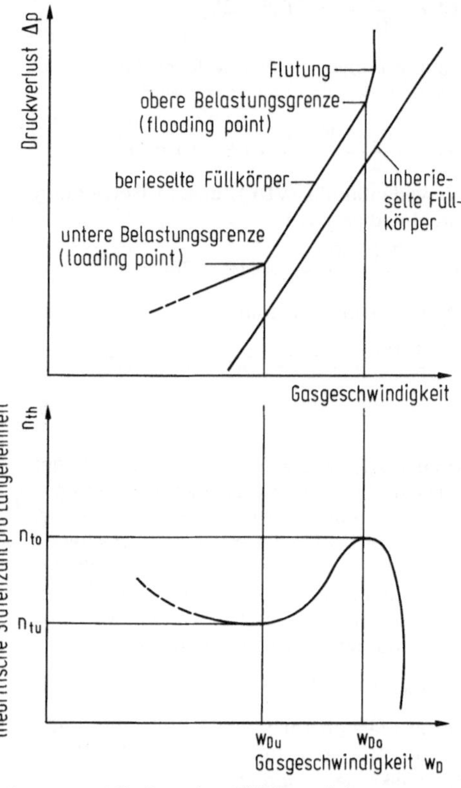

Belastungsverhältnisse einer Füllkörpersäule

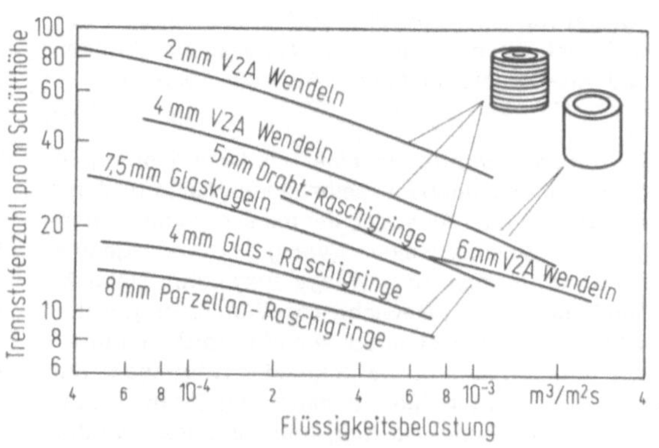

Trennstufenzahl pro Meter Schütthöhe abhängig von der Flüssigkeitsbelastung für verschiedene Füllkörper von Laboratoriumskolonnen beim Rückflußverhältnis ∞

geordneten Lage der Füllkörper am Säulenmantel abhängt, hat Kirschbaum gewellte Mäntel vorgeschlagen. Die Leistung und Wirkung von Füllkörperschüttungen wird durch experimentell ermittelte Belastungskurven dargestellt. Technisch interessant ist der Bereich zwischen unterer Grenzgeschwindigkeit W_{Du} und oberer W_{Do} (s. Abb.). – Zur Vorausberechnung geben Kirschbaum und Mitarbeiter die Beziehung an:

$$W_{Do} = C^x \sqrt{\frac{\gamma E'}{\gamma D}} \ [m/s]$$

worin γ_D [kp/m³] das spezif. Gewicht des Gemischdampfes, γ_F das der Flüssigkeit und C^x ein von dem Füllkörper abhängiger Faktor bedeutet. Bei Raschig-Ringen aus Porzellan von 8 bis 50 mm Abmessung, steigt C^x von 0,7 bis auf 1,5. Füllkörper werden bei nichtverschmutzenden Gemischen eingesetzt. Das Verhältnis Füllkörperabmessung zum Säulendurchmesser wird meist zwischen 1 zu 10 bis 20 gewählt (↑ *Wertungszahl*). Dixon-Ringe (Raschig-Ringe mit Mittelsteg) aus Drahtgewebe werden wegen ihrer guten Wirksamkeit in Labor- und Technikumsrektifizierkolonnen eingesetzt. So lassen sich mit 3 x 3 mm Dixonringen 40 theoretische Böden pro Meter erreichen, wenn die Kolonne beim Anfahren nicht geflutet wird bzw. 60 theoretische Böden pro Meter nach einem gefluteten Anfahren, weil sich dann zwischen den Gewebemaschen Flüssigkeitslamellen bilden. Für 1 l Dixonringe 3 x 3 mm werden ca. 1,2 m² Gewebe benötigt. Der gute Rektifiziereffekt wird durch die große Oberfläche erreicht (s. Abb.). Für Kolonnen im großtechnischen Maßstab wurden Metallgewebe-Packungen entwickelt. Senkrechtstehende z.T. gewellte Gewebestreifen werden dabei als Pakete aufeinander gesetzt. Wird statt Gewebe verschieden gewelltes Streckmetall für senkrechte Einbauten benutzt, so werden diese Kolonnen als Fallfilm- oder Riesel-Kolonnen bezeichnet; anfangs wurden anstelle von Streckmetall dünne Bleche verwendet, die jedoch den Nachteil der Bachbildung besitzen, daneben aber den Vorteil eines geringen Druckverlustes. – Spray-Pac ist eine besondere Art von Füllkörper-Packungen: Wabenförmige, aus Streckmetall gebildete Packungen mit waagerechten rombischen Querschnitten halten im unteren Zwickel der Romben Flüssigkeit durch die Dampfströmung. Vorteile dieser Packung sind große Dampf- und Flüssigkeitsbelastungen bei relativ kleinen Druckverlusten, als Nachteil ist der oft geringe Anreicherungseffekt (je nach Romben- und Streckmetallgröße 1 bis ca. 7 n_{th}/m) zu erwähnen (↑ *Wertungszahl von Füllkörpern*).   H.M.

Füllkörper-Rektifiziersäulen. Diese Kolonnen besitzen wegen der Verschlechterung der (↑) *Wertungszahl* mit steigender Schütthöhe meist mehrere Unterteilungen. Ihre (↑) *Füllkörper* liegen auf einer Auflage, und die Flüssigkeit wird durch einen Flüssigkeitswandabweiser einem Verteiler zugeleitet. Der Rücklauf wird eventuell mit einem Zulauf vermischt auf die

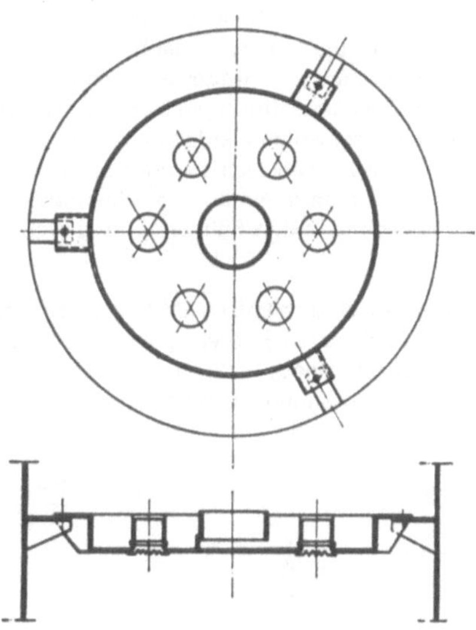

Flüssigkeitsverteilersysteme (Luwa-SMS, Butzbach, Hessen)

darunterliegende Schüttung verteilt (↑ *Randgängigkeit*). Als Verteiler werden Brausen oder Düsen verwendet. Als Nachteile gelten dabei der notwendige Druck zum Verteilen der Flüssigkeit und die meist ungleichmäßige Verteilung über den gesamten Querschnitt; zu feine Tropfen werden mit dem Dampfstrom mitgerissen. Verteilerböden mit ca. 50% freiem Querschnitt der Säule verteilen durch Überlauftüllen die Flüssigkeit. Schlitze in den Tüllen ermöglichen es, auch kleine Mengen zu verteilen, wobei ca. 300l/h pro m² Kolonnenquerschnitt die geringste übliche Menge sind (s. Abb.). Die Auflagen für die Füllkörper müssen nicht das gesamte Füllkörpergewicht tragen, da abhängig vom geometrischen Verhältnis Füllkörperabmessung zu Säulendurchmesser die Füllkörper sich nach einer gewissen Höhe am Mantel abstützen. Ebenes Streckmetall, von Roststäben unterstützt, besitzt oft einen zu kleinen freien Querschnitt, der z.T. von querliegenden Füllkörpern verdeckt wird. Kastenförmige, gelochte Bleche nebeneinander ermöglichen es, den freien Querschnitt zu vergrößern. Als erste Lage werden oft auf den Rost größere Füllkörper gelegt und darüber erst die kleineren. Bei keramischen Füllkörpern können Abrieb und Füllkörper-Bruchteile bis auf die Auflage kommen und sie verstopfen; der freie Querschnitt wird dort so klein, daß ein Flüssigkeitsstau auftritt. Tragroste zur Aufnahme der statischen Kräfte (Stabteilung 2- bis 3-mal Füllkörpergröße) mit einer Auflage aus Drahtgewebe (Maschenweite ca. ³/₄ der Füllkörperabmessung, das 70 bis 80% freien Querschnitt besitzt) haben sich bewährt. Flüssigkeitsrandabweiser werden als Konus ausgebildet, der dicht am Mantel befestigt ist und die Flüssigkeit in eine Verteilertasse leitet. Es werden auch verschieden geneigte und verschieden lange Zacken des Konus nach innen z.T. bis zur Mitte ausgeführt, an denen die Flüssigkeit verteilt abläuft. Für kleinere Säulendurchmesser werden konische Verteiler eingesetzt, die mehrere nach oben ausgebördelte Dampfdurchtrittsöffnungen und nach unten ausgebördelte Flüssigkeitsöffnungen besitzen. Zu- und Abläufe bei Füllkörpersäulen werden in bzw. aus den Verteilertassen flüssig aufgegeben oder als Dampf aus dem Dampfraum entnommen, um die Flüssigkeits- und Dampfströme in den Füllkörpern nicht zu stören.

H.M.

Fungizide sind chemische Mittel zur Bekämpfung von Pilzen bzw. deren Sporen. Sie wirken dabei fungizid (d.h. pilzabtötend) oder fungistatisch, (d.h. hemmend); eine strenge Unterscheidung ist meist nicht möglich. In der Praxis werden sowohl anorganische Wirkstoffe wie Kupferkalk- oder Kupfersodabrühe, ferner Schwefel und Sulfide, Arsenate sowie auch weiter Kupfer-, Zinn- und Quecksilberverbindungen eingesetzt. Organische Fungizide sind z.B. chlorierte Phenole und Kresole sowie einige metallorganische Zinnverbindungen.

D.O.

Furanharze entstehen bei der Kondensation von Furfurylalkohol und Formaldehyd bzw. einem Phenol- oder Phenol- bzw. Harnstoff-Formaldehyd-Kondensationsprodukt. Sie eignen sich u. a. als Klebstoffe und Kitte und dienen weiterhin im Metallguß für die Herstellung von Kernen und Formen.

D.O.

Gase. Anlagen, in denen verdichtete, verflüssigte oder unter Druck gelöste Gase hergestellt, verarbeitet oder gelagert werden, stellen eine erhebliche Gefahrenquelle für die Beschäftigten und die Umgebung dar. Deshalb gilt für sie eine eigene (↑) *Unfallverhütungsvorschrift* (UVV) „Gase" (VBG 61). Sie behandelt die wichtigsten Arbeitsvorgänge, die beim Umgang mit diesen Gasen auftreten. Zum Unterschied von der (↑) *Druckgasverordnung*, die für Gase in *ortsbeweglichen* Behältern gilt, umfaßt diese UVV-Gase in ortsfesten Behältern sowie Anlagen zum Verflüssigen, Lösen, Verdampfen und Fortleiten dieser Gase (§ 1). Die UVV „Gase" behandelt u.a.: Bau und Anordnung der Räume (§ 4), Schutzzonen um Behälter (§ 5), Aufstellen von Behältern (§§ 7–9), Rohrleitungen (§§ 10–12), Kennzeichnung (§ 13), Pumpen, Manometer, Armaturen (§ 15–17), Füllanlagen (§ 19), Prüfung (§§ 22–26), Betrieb (Schutzmaßnahmen) (§ 27–44). Anlagen dieser Art dürfen nur betrieben werden, wenn sie den Bestimmungen dieser UVV entsprechen. Für Bau, Ausrüstung und Betrieb der Verdichter gilt die Unfallverhütungsvorschrift „Verdichter" (VBG 16), für Bau und Ausrüstung der Behälter die Unfallverhütungsvorschrift „Druckbehälter" (VBG 17).   F.WI.

Gashydrate (Eishydrate) sind physikalische Komplexkörper, in denen normalerweise nicht kristallisierbare, nicht-polare Gase, wie Edelgase, Chlor, Brom, niedere Alkane, mit Wasser zu kristallisierbaren Gashydraten verbunden sind (↑ *Solvate*).   H.J.D.

Gasreinigung. Technische Rohgase, z.B. (↑) *Synthesegase*, (↑) *Raffineriegase*, Erdgas, Stadtgas usw., ferner auch industrielle Abgase und Prozeßabluft, enthalten Begleitstoffe, die als Verunreinigungen (z.B. Kontaktgifte) entfernt werden müssen oder als Wertstoffe gewonnen werden. Geeignete technische Methoden zur Gasreinigung sind: 1. (↑) *Absorption* ((↑) *Gaswäsche*); 2. (↑) *Adsorption*; 3. mechanische Gasreinigung z.B. mit (↑) *Zyklonen* oder (↑) *Schlauchfiltern*; 4. elektrische Gasreinigung mit sog. (↑) *Elektrofiltern*; 5. Katalytische Gasreinigung (z.B. CO-Entfernung in Stadtgas durch Konvertieren: $CO + H_2O \overset{kat.}{\rightleftharpoons} CO_2 + H_2$) und Kombinationen der genannten Verfahren.   D.O.

Gaswäsche. Gaswaschanlagen bestehen im Prinzip aus einem Waschturm (Absorber) und einer Regenerierkolonne (Regenerator). Der Waschturm enthält geeignete Einbauten (Füllkörper oder Böden) für einen optimalen Stoff- und Wärmeaustausch; über diese rieselt das Waschmittel dem Gasstrom entgegen (Gegenstromprinzip) und belädt sich dabei mit den auszuwaschenden Gasbestandteilen. Am Boden (Sumpf) der Kolonne wird das beladene Waschmittel abgezogen, zum Regenerator befördert und hier regeneriert; die regenerierte Waschflüssigkeit kehrt zum Absorber zurück (Kreislaufverfahren). Man unterscheidet physikalische Wäschen, bei denen der Absorptions- und Regenerierungsverlauf nur von der Druck- und Temperaturfunktion des Lösungsgleichgewichtes Gas/Flüssigkeit bedingt sind (z.B. Druckwasserwäsche), von chemischen Wäschen, wobei solche mit Regenerierung von denen ohne Regenerierung unterschieden werden müssen. Die Regenerierung kann thermisch oder chemisch geschehen.   D.O.

Gebläse dienen der Verdichtung von Luft oder anderen Gasen. Das Druckverhältnis Enddruck:Anfangsdruck beträgt 1,1 bis 3,0. — Kolbengebläse (↑) *Kolben-Verdichter*. — Umlaufkolbengebläse (Drehkolbengebläse) (↑) *Umlaufkolben-Verdichter*. In Verwendung sind verschiedene Systeme: Roots-Gebläse, Schrauben-Gebläse (↑*Schrauben-Verdichter*), Flüssigkeitsring-Gebläse (↑ *Flüssigkeitsring-Pumpen*). — Roots-Gebläse. Im Gehäuse wälzen sich zwei symmetrisch gestaltete Rotoren in entgegengesetzter Richtung ab. Die Rotoren haben einen ungefähr achtförmigen Querschnitt und sind durch ein Zahnradgetriebe synchronisiert, so daß sie sich ohne gegenseitige Berührung an der Innenwand des Gehäuses frei bewegen. Die Spaltweite zwischen Kolben und Gehäusewand und den Kolben (Rotoren) untereinander beträgt wenige Zehntel Millimeter, die Gebläse können daher ohne mechanischen Verschleiß mit hoher Drehzahl laufen. Von jedem der Kolben wird bei einer Umdrehung eine bestimmte Gasmenge erfaßt und anschließend vom anderen Kolben verdrängt. Druckverhältnis: bis 2,0; Förderströme bis 20 000 m³/h. Verwendung: Erzeugung von Druckluft oder als Vakuumpumpe. — Turbogebläse (↑ *Turbo-Verdichter*). Turbo- oder Kreiselgebläse bewältigen Förderströme bis 120 000 m³/h bei Radialgebläsen, bis 300 000 m³/h bei Axialgebläsen. Verwendung: Pneumatische Förderung. — Strahlgebläse (Injektoren). Mit Strahlgebläsen wird ein Druckverhältnis bis 3,0 erreicht. Sie arbeiten als Dampf-, Wasser- oder Luftstrahlgebläse. Prinzip eines Dampfstrahlgebläses: Der Betriebsdampf tritt bei e in das Gehäuse b durch eine Düse a ein. Er dehnt sich dort adiabatisch aus und tritt aus der Düse mit großer Geschwindigkeit (300 bis 1400 m/s; das Wasser bei Wasserstrahlapparaten mit 10 bis 50 m/s) aus, reißt das zu fördernde Medium (Luft) durch den Saugstutzen f mit und mischt sich mit ihm in der Mischdüse c. Das entstandene Gemisch tritt mit einer Geschwindigkeit, die kleiner ist als die Geschwindigkeit des aus der Düse strömenden Dampfes, in den Diffusor d ein, dort wird die Geschwindigkeit in Druck umgewandelt, d.h. das Gemisch wird komprimiert und durch den Druckstutzen ausgepreßt (s. Abb.). – Injektoren dienen zur Entfernung von Gasen aus Apparaturen, zur Winderzeugung in Feuerungen sowie zur Erzeugung von Vakuum († *Vakuumpumpen*). – Korrosionsfeste Strahlapparate werden aus Porzellan oder Kunststoff gefertigt. **W.W.**

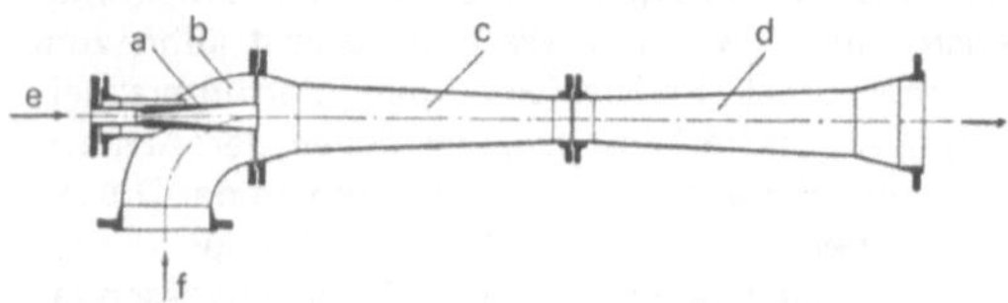

Dampfstrahlapparat (Standard-Messo Gesellschaft für Chemietechnik mbH & Co./Duisburg)

Gebläsemühle. Zur Gruppe der (↑) *Zentrifugalmühlen* zählende und mit einer Vielzahl von Schlagleisten auf dem Rotor ausgestattete Mühle. Sie arbeitet zur Feinmahlung nach dem Prinzip der (↑) *Prallzerkleinerung*. Während bei einer (↑) *Schlagkreuzmühle* in der Regel 5–6 Schlagarme gegen den im Kreisumfang angeordneten Siebkorb arbeiten, ist eine Gebläsemühle gleicher Größe mit 36 im Rotor montierten Schlagleisten ausgestattet (s. Abb.). Damit wird der allen Zentrifugalmühlen eigene Ventilatorcharakter verstärkt und ein Mehrfaches an Luft mit dem Mahlgut durchgeschleust. Dies ist bei Stoffen wichtig, deren Feinmahlung in niedrigem Temperaturbereich erfolgen muß. **H.S.**

Gefahrengruppen, für brennbare Flüssigkeiten. Brennbare Flüssigkeiten unterliegen der „Verordnung über brennbare Flüssigkeiten" (VbF). Hier heißt es: „Brennbare Flüssigkeiten im Sinne dieser Verordnung sind Stoffe mit einem Flammpunkt, die bei 35° C weder fest noch salbenförmig sind, bei 50° C einen Dampfdruck von 3 kg/cm² (3,06 bar) oder weniger haben und zu einer der nachstehenden Gruppen gehören.

1. *Gruppe A:* Flüssigkeiten, die einen Flammpunkt nicht über 100° C haben und hinsichtlich der Wasserlöslichkeit nicht die Eigenschaften der Gruppe B aufweisen, und zwar:

Gefahrklasse I: Flüssigkeiten mit einem Flammpunkt unter 21° C.

Gefahrklasse II: Flüssigkeiten mit einem Flammpunkt von 21–55° C.

Gefahrklasse III: Flüssigkeiten mit einem Flammpunkt von über 55–100° C.

2. *Gruppe B:* Flüssigkeiten mit einem Flammenpunkt unter 21° C, die sich bei 15° C in jedem beliebigen Verhältnis in Wasser lösen oder deren brennbare, flüssige Bestandteile sich bei 15° C in jedem beliebigen Verhältnis in Wasser lösen" (↑ *Stehtanks, Zündgruppen*). **D.O.**

Gefahrenklassen s. Verordnung über brennbare (↑) *Flüssigkeiten* und ↑ *Stehtanks* **F.WI.**

Gefriertrocknen. Basis der Gefriertrocknung ist der Entzug von Wasser aus der zu trocknenden Flüssigkeit durch Sublimation. Die feuchte Flüssigkeit wird gefroren und – um tragbare Trocknungsgeschwindigkeiten zu erreichen – unter Vakuum gesetzt. Wird der Umgebungsdruck geringer als der Dampfdruck über

Rotor- und Siebkorb einer Gebläsemühle

dem Eis, so bildet sich durch Sublimation unmittelbar aus der festen Phase Wasserdampf, der in der Folge kondensiert und in Form von Wasser oder Eis abgezogen wird. Der Gefriertrockner setzt sich aus einer Vorrichtung zur Erzeugung bzw. zur Erhaltung des Vakuums, der Trockenkammer mit Kälteteil und einer Vorrichtung zur Abtrennung des Wasserdampfes (Kondensator, Kühlfalle) zusammen. Wegen der einfacheren Abdichtung werden Gefriertrockner meistens für diskontinuierlichen Betrieb ausgelegt. Die Gefriertrocknung wird überall dort eingesetzt, wo es bei Bewältigung großer Wassergehalte um die schonende Trocknung temperaturempfindlicher Stoffe und die Erhaltung organischer Geschmacksstoffe geht, z. B. in der pharmazeutischen und medizinischen Technik (Trocknung von Fermenten, Seren, Proteinen, Bakterien- und Viruskulturen) sowie vor allem in der Lebensmitteltechnik (Trocknung von Kaffee, Tee, Säften, Extrakten). K.S.

Gegenstrom-Strahlmühle. Die zur Gruppe der (↑) *Strahlmühlen* gehörenden Gegenstrom-Strahlmühlen (s. Abb.) werden teils bei chemischen Vorprodukten, Sulfaten und Phosphaten, vorwiegend aber bei abrasiven harten Materialien wie Seltene Erden, Glimmer, Feldspat, Quarz eingesetzt. Über zwei gegeneinander gerichtete Strahlrohre trifft das Mahlgut in der Mahlkammer frontal aufeinander. Stärkste Zertrümmerung erleiden hierbei die zentral auftreffenden Partikel. Andere Teilchen werden teilzertrümmert und fliegen teils in das Gegenrohr und von dort mit geringerer Geschwindigkeit zurück in die Mahlkammer. H.S.

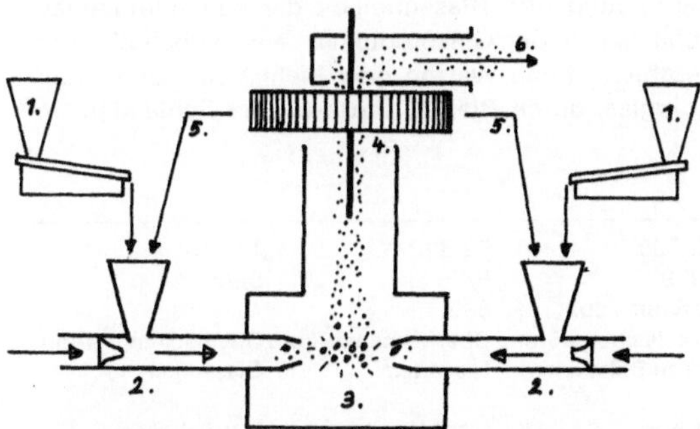

Gegenstrahl-Mahlanlage. 1 = Aufgabegut; 2 = Strahlrohr; 3 = Mahlkammer; 4 = Windsichtung; 5 = Grobgut-Rücklauf; 6 = Feingut-Austritt

Gemischte Schaltungen ↑ *Mehrstufenverdampfung* F.W.

Geradsitzventil. Diese Absperrarmatur bedient sich einer geradlinigen Schließbewegung des Ventilkörpers (s. Abb.). Die Schließbewegung wird über die Drehbewegung einer (steigenden oder nichtsteigenden) Spindel eingeleitet. Die Schließbewegung verläuft senkrecht zur Rohrachse, weshalb eine Umlenkung des

Mediums im Armaturenkörper erforderlich wird (Druckverluste). Geschlossen wird gegen die Druckkraft des Mediums. Die Durchflußrichtung ist vorgegeben, damit die Spindeldichtung in gesperrtem Zustand entlastet ist. Die Sitzdichtung ist metallisch oder sie geschieht mit Hilfe von elastischen Dichtringen im Ventilteller. Zur Abdichtung der Spindel verwendet man Stopfbuchspackungen, Faltenbälge oder Membrandichtungen zwischen Ventilteller und Gehäuse. Der Faltenbalg und die Membran verhindern das Eindringen des Mediums in den Bereich der Betätigungsspindel, sind aber nur bei niedrigen Betriebsdrücken anwendbar. Werkstoffe: Grauguß, Stahl, Messing, Bronze. K.R.

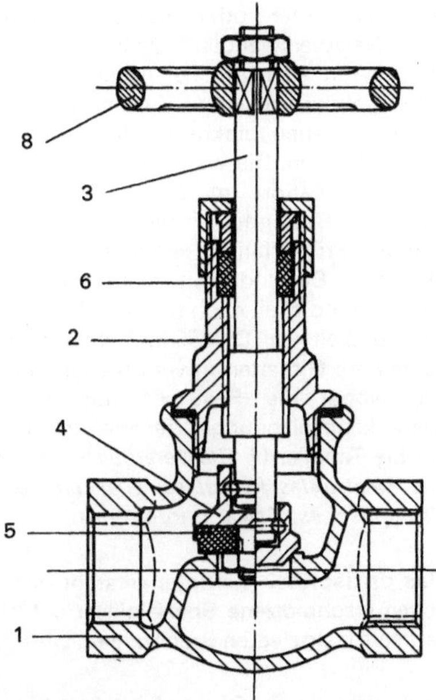

Geradsitzventil. 1 = Gehäuse; 2 = Spindelführung; 3 = Spindel; 4 = Ventilteller; 5 = Dichtring; 6 = Packung; 8 = Handrad

Gewerbemüll ↑ *Industriemüll* D.O.

Gläser, phototrope (photochrome) enthalten kleine Mengen von Silberhalogeniden neben CeO_2, Cu_2O oder Sb_2O_3. Nach dem Schmelzprozess werden die Glasprodukte getempert, d. h. einer kontrollierten Erhitzung unterworfen. Dabei scheiden sich Silberhalogenid-Kristalle aus, die möglichst nicht kleiner als 50 und nicht größer als 300 A sein sollen. Bei Bestrahlung mit Licht kleiner Wellenlängen zerfallen die Silberverbindung unter Dunkelfärbung des Glases, nach Beendigung der Anregung oder auch durch Licht größerer Wellenlängen rekombiniert das ausgeschiedene elementare Silber mit dem Halogenid unter Aufhellung des Glases. Anwendung z. B. als Sonnenschutzgläser. (↑ *Glas*). A.P.

Glas ist ein anorganischer, isotroper, aus der Schmelze erstarrter Werkstoff. Bei gelegentlich gegebener Nahordnung der Glasbestandteile gibt es praktisch keine Fernordnung, also kein Kristallgitter. Daher wird Glas auch als unterkühlte Schmelze oder Flüssigkeit bezeichnet. Die üblichen Gläser weisen ein Grundgerüst oder Netzwerk aus SiO_2 (Netzwerkbildner) auf. Ein reines SiO_2-Glas wird durch Einschmelzen des kristallisierten Quarzes (Bergkristall) als Quarzglas erhalten. Als weiterer „Netzwerkbildner" kann z. B. Borsäure B_2O_3 eingeführt werden. In diese Netzwerke können Kationenoxide wie Al_2O_3 sowie Alkalioxide (besonders Na_2O, K_2O) und Erdalkalioxide (bevorzugt CaO, auch MgO oder BaO) eingebaut werden. Da diese Kationen die dreidimensionalen Netzwerke aus SiO_2-Tetraedern unter- oder abbrechen, nannte man sie auch „Netzwerkwandler". Da kein Kristallgefüge vorliegt, lassen sich wie bei mischbaren Flüssigkeiten weitestgehend beliebige Zusammensetzungen realisieren, in denen praktisch alle Elemente eingesetzt werden können. Die wichtigsten Glastypen umfassen die (↑) Kalknatron- und die (↑) Borosilicatgläser. Die chemische Beständigkeit wird mit Hilfe von drei genormten Prüfverfahren ermittelt: die hydrolytische (Wasser-) Beständigkeit nach DIN 12 111, die Säurebeständigkeit nach DIN 12 116 und die Laugenbeständigkeit nach DIN 52 322. Nach diesen Verfahren werden die Glasarten in verschiedene Klassen eingeteilt, wobei die Resistenz mit größerwerdender Klassenkennzeichnungsziffer abnimmt. Eine Übersicht gibt die Tabelle. (↑ *Glasverarbeitbarkeit, Glasherstellung, Elektroglas, Farbgläser, Glaskeramik, Kristallglas, Glas optisches, Gläser phototrope*).   A.P.

Glas, optisches. Hierunter versteht man extrem homogen erschmolzene Spezialgläser mit bis auf die 5. Dezimale festgelegten Brechzahlen. Die optische Qualität wird durch besonders hohen Aufwand bei der Fertigung (Freiheit von Blasen, Schlieren, Fremdkörpern) sowie eine extrem sorgfältige Entspannung erreicht, die über Wochen gehen kann. (↑ *Glas, Verarbeitbarkeit*).   A.P.

Glas-Herstellung. Gewöhnlich werden oxidische oder carbonatische Rohstoffe gemischt (Gemenge) und mit maximal 50% Glasscherben des zu fertigenden Glases versetzt. Die Rohstoffe stammen aus natürlichen Vorkommen (z. B. Sand, Kalk, Feldspat) oder sind chemisch hergestellte bzw. aufbereitete Produkte (z. B. Soda, Borsäure, Tonerde). Die Reinheitsansprüche an die Rohstoffe richten sich nach der vom Glas zu fordernden Qualität, insbes. bzl. optischer Kriterien (Freiheit von Farbstichen), aber auch Abwesenheit unerwünschter Ionen. Das Gemenge wird mit den Scherben in Schmelzaggregaten aus feuerfesten Steinen, bei extrem hohen Anforderungen (optische Gläser) aus Platin oder in Platin-Verkleidung, eingeschmolzen. Mit steigender Größe spricht man von Tiegeln (1–60 l), Häfen (80–600 l) oder Wannen („normale" Wannen von 10–300 t, Schwimmerwannen für Tafelglas bis 1300 t Fassungsvermögen). Die kleineren Einheiten werden diskontinuierlich, die Wannen kontinuierlich betrieben. Die notwendigen Temperaturen (meist >1400° C) werden durch Beheizung mit Öl und/oder Gas, z. T. auch mittels elektrischer Energie erreicht. Das Gemenge schmilzt auf, es folgt das Abblasen der durch die chemischen Reaktionen freigesetzten Gase (z. B. CO_2), wobei dieser Läuterprozeß durch Zugabe von gasbildenden Hilfsmitteln (z. B. Sulfaten) beschleunigt wird. Schließlich wird, nach Beruhigung und Blasenfreiheit der nun homogenen Schmelze, zu den Glasprodukten „ausgearbeitet". Dies geschieht durch Walzen oder Ziehen zu Flach- oder Rohrglas, durch Blasen, Pressen oder Schleudern in

Normverfahren zur Glasprüfung (mit Klasseneinteilung)

DIN-Nr.:	12 111	28 817	52 339	52 322	12 116
Ausgabe:	5/76	5/76	1979	5/76	5/76
Entspricht ISO:	719	720	Entwurf 4802	695	/
Bezeichnung:	Grießtest	Grießtest	Oberflächenprüfung ganze Behältnisse	Oberflächenprüfung Glasartikel	Oberflächenprüfung Glasartikel
Prüfmatial:	Glasgrieß 315–500 µm	Glasgrieß 300–425 µm			
Angriffsmedium:	Wasser	Wasser	Wasser	1 N Mischlauge	6 N Salzsäure
Temperatur °C:	98	121	121	Siedetemperatur	Siedetemperatur
Zeit (min):	60	30	60	3 h	6 h
Analysenverfahren:	Titration	Titration	Titration	Gravimetrie	Gravimetrie
Angabe des Ergebnisses:	$\dfrac{\text{ml } 0{,}01 \text{ N HCl}}{\text{g Grieß}}$	$\dfrac{\text{ml } 0{,}02 \text{ N } H_2SO_4}{\text{g Grieß}}$	$\dfrac{\text{ml } 0{,}01 \text{ N HCl}}{100 \text{ ml Auslauglösung}}$	(Gewichtsverlust) mg/dm² (nach 3 h)	(Gewichtsverlust) mg/dm² (nach 3 h)
Bewertung:	Hydrolyseklassen Kl: Verbrauch ml: 1 bis 0,10 2 0,10 bis 0,20 3 0,20 bis 0,85 4 0,85 bis 2,0 5 2,0 bis 3,5	ohne Klassen	Behältnisklassen 1–3, B und D Maximalwerte abhängig vom Behältnisvolumen	Laugeklassen Kl: Verlust mg: 1 bis 75 2 75 bis 175 3 über 175	Säureklassen Kl: Verlust mg: 1 bis 0,7 2 0,7 bis 1,5 3 1,5 bis 15 4 über 15

Formen zu Hohlgläsern (Flaschen, Trinkgläser u. ä.) oder anderen Werkstücken. (↑ *Glasverarbeitbarkeit, Glas*). A.P.

Glaskeramik. Im Gegensatz zur Keramik, deren Gegenstände erst geformt und dann gebrannt werden, handelt es sich bei der Glaskeramikherstellung um ein typisches Glasproduktionsverfahren: Ein Gemenge wird eingeschmolzen, die Produkte werden aus der Schmelze ausgeformt und nachträglich über spezielle Temperverfahren keramisiert. Zugrunde liegt ein nennenswerter Gemengeanteil von leicht kristallisierenden Verbindungen, bevorzugt auf der Titan- und Zirkondioxid-Basis. Diese Bestandteile werden zunächst glasig eingeschmolzen, bilden jedoch Kristallkeime, die bei erneuter Erwärmung statistisch verteilt feinkristallin zu Kristallgrößen von 300 Å bis einigen μm wachsen. Durch genaue Dosierung der Masse der Kristallbildner und exakte Temperaturführung erhält man einen noch transparenten oder bereits opak gewordenen Werkstoff, der neben der glasigen Phase einen hohen Anteil an kristalliner Phase enthalten kann. Hauptvorteil: Durch geschickte Zusammensetzung heben sich die Volumenexpansion der Glasphase und die Volumenkontraktion der Kristallphase gegenseitig auf, so daß Ausdehnungskoeffizienten von fast Null erreicht werden. Damit erhalten diese Werkstoffe ihre Bedeutung auf all den Anwendungsgebieten, in denen höchste Temperaturwechselbeständigkeit (problemloser Temperaturschock von − 200 auf + 600° C) sowie äußerste Längen- und Form-Konstanz gefordert werden. Sie werden benutzt zur Herstellung von Hochspannungsisolatoren, Spiegelträgern für Teleskope, Herdabdeckungen, Kochgeschirren, Knochenersatz bei der chirurgischen Transplantation. Eine Spielart, die spanabhebend bearbeitet werden kann, findet für viele andere Einsatzgebiete Anwendung. (↑ *Glas*). A.P.

Glasrohre. Glasrohre werden mit geteilten Schellenringen und zweiteiligen Beilagen aus Kunststoff verbunden. Die Abb. zeigt die KF-Flanschverbindung des Jenaer Glaswerkes Schott & Gen., Mainz. Die Dichtfläche des Bundflansches ist als „Kugel" bzw. „Pfanne" ausgebildet (Kugelflanschsystem „KF"). Dadurch lassen sich die Rohrenden bis zu 3° gegeneinander auswinkeln, eine spannungsfreie Montage ist gewährleistet. Der Übergang von Glasrohren auf Rohrleitungen aus anderen Werkstoffen ist durch Verwendung von Flanschen mit plangeschliffenen Dichtflächen möglich. Glasrohre können auch mit Hilfe von PTFE-Faltenbälgen verbunden und durch Rohrschellen gehaltert werden. W.W.

Glastemperatur, auch als Einfrier-Temperatur bezeichnet, ist eine Materialkonstante von Hochpolymeren und gibt die Temperatur an, oberhalb derer die Hauptkette des Polymeren beweglich wird. Sie ist charakterisiert durch eine Änderung der physikalischen Eigenschaften, die nicht sprunghaft, sondern allmäh-

lich eintritt; unterhalb der Glastemperatur werden die Moleküle unbeweglich und glasartig-spröde. In der Praxis benutzt man diese Versprödung, die durch Unterkühlung und fester Kohlensäure (−83° C) oder flüssigem Stickstoff (−193) erreicht werden kann, zur (↑) *Kaltmahlung* von Kunststoffen. D.O.

Glasverarbeitbarkeit. Obgleich Glas als unterkühlte Schmelze, also als Feststoff ohne klares Gitter, bezeichnet werden kann, regelt sich unter optimalen Bedingungen (Kühlung, Entspannung) eine der Zusammensetzung entsprechende weitgehend ungestörte Netzwerkstruktur ein. Bei schneller Abkühlung (Abschrekken) können starke Störungen im Aufbau fixiert werden. Sie sind als Spannungen umso gravierender bemerkbar, je größer der lineare Ausdehnungskoeffizient ist. Sie sind mittels polarisiertem Licht (Spannungsprüfer) aufgrund spezifisch gefärbter Zonen im Glas erkennbar. Spannungen können die Festigkeit, z. B. die Empfindlichkeit gegen plötzliche Beanspruchung auf Zug oder Druck (Schlag) erheblich erhöhen (Härten, neben thermischer auch chemische Härtung durch Ionenaustausch), was technisch bei vielen Glasprodukten angewendet wird. Andererseits können Spannungen bei Überschreitung der Grenzbelastbarkeit plötzlich gelöst werden, besonders durch plötzliche Temperaturschwankungen (Thermoschock). Da sehr viele Glasprodukte weiterverarbeitet werden, worunter immer eine Heißverarbeitung zu verstehen ist, und beim technischen Gebrauch von erhöhter Temperatur bzw. stärkerem Temperaturwechsel beansprucht werden, kommt dem linearen Koeffizienten der Wärmedehnung a große Bedeutung sowohl bzl. der Wärmespannung als auch der Verschmelzbarkeit mit anderen Gläsern oder Werkstoffen (Einschmelzgläser) zu. Die bei der Formgebung des Glases aus dem Schmelzfluß

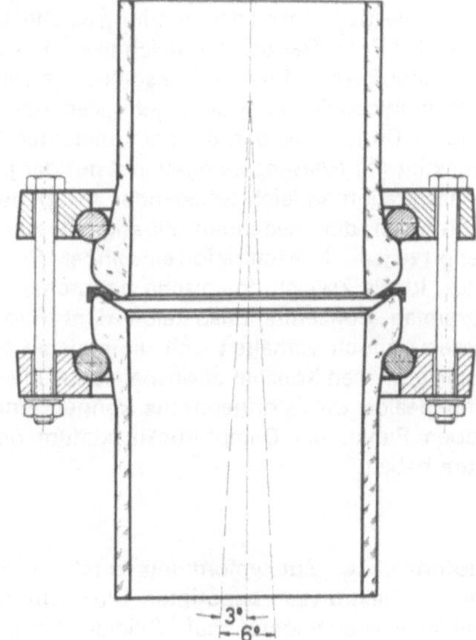

Glasrohre.
KF-Flanschverbindung für den Rohrleitungsbau

primär entstehenden Spannungen werden durch – je nach Glasdicke und Glasart verschieden langes – erneutes Erwärmen auf Transformationstemperatur beseitigt (Kühlung, Entspannung).

Beim Erwärmen durchlaufen die Gläser zwischen Raumtemperatur und Schmelztemperatur einen weiten Zähigkeitsbereich vom bekannten elastisch-spröden Zustand mit $>10^{13}$ dPa s über den plastischen Bereich von $10^8–10^4$ dPa s bis zum flüssigen Zustand bei $10^4–10^1$ dPa s. Dabei wird ein Spektrum von 16 Zehnerpotenzen stetig überstrichen; einen Fixpunkt (Schmelz- oder Erstarrungspunkt) gibt es nicht. Gewisse Abschnitte der Viskosität sind für Herstellung, Verarbeitung und Anwendung des Glases von besonderer Bedeutung:

1. Die *Transformationstemperatur* bei 10^{13} bzw. $10^{14,5}$ dPa s (Entspannungs- oder Kühlungsbereich), in dem das vorwiegend elastische in das plastische Verhalten übergeht.
2. Die *Erweichungstemperatur* bei $10^{7,6}$ dPa s zur Kennzeichnung des beginnenden zähflüssigen Verhaltens, d.h. der raschen Verformung sowie des Haftens an anderen Werkstoffen und
3. die *Verarbeitungstemperatur* bei 10^4 dPa s, bei der der flüssige Bereich erreicht wird, in dem die meisten Verarbeitungstechniken wie Pressen, Blasen, Ziehen oder Schleudern angewendet werden.   A.P.

Gleichgewichtskurve. Sie bildet die Voraussetzung für die Beurteilung einer Flüssigkeitstrennung durch (↑) *Rektifikation*. Bringt man eine Mischung von zwei in jedem Verhältnis miteinander mischbaren Flüssigkeiten zum Sieden, so ist im Regelfall die Siedetemperatur des Gemisches von dem der reinen Komponenten verschieden, und der Dampf besitzt eine andere Zusammensetzung als die siedende Flüssigkeit. Hierauf beruht die Möglichkeit der Trennung solcher Gemische durch (↑) *Rektifikation*. Die Gleichgewichtskurve eines siedenden Zweistoffgemisches stellt die jeweilige Konzentration des Dampfes an leichter siedender Komponente y (in Mol-%) dar, die bei konstantem Gesamtdruck im (↑) *Phasengleichgewicht* mit der jeweiligen Konzentration an leichtersiedender Komponente x (in Mol-%) in der siedenden Flüssigkeit steht. Dabei gehört zu jeder Konzentration eine andere Siedetemperatur. Ideale Zweistoffgemische gehorchen über den gesamten Konzentrationsbereich dem Raoult'schen Gesetz, jedoch verhalten sich die meisten Gemische nur in gewissen Konzentrationsbereichen ideal. Solche nichtidealen Zweistoffgemische können einen azeotropen Punkt, ein Dampfdruckmaximum oder -minimum haben.   H.M.

Gleichrichter. Zur Umformung von Wechselstrom in den bei Elektrolysen benötigten Gleichstrom werden Halbleiter-Gleichrichter auf Silicium-Basis (früher Germanium) verwendet. Maschinenumformer (Motorgeneratoren) sind wegen ihres kleineren Wirkungsgrads weitgehend verdrängt worden. Halbleiter-Dioden sind nur bis zu einer zulässigen (↑) *Sperrspannung* betreibbar, oberhalb derer reversibler Stromdurchbruch einsetzt. Da der Gleichrichter-Wirkungsgrad mit der Spannung steigt, werden Elektrolysezellen durch Anwendung der (↑) *Serien-* bzw. (↑) *Parallelschaltung* elektrisch vorzugsweise so geschaltet, daß kleine Stromstärken bei hohen Spannungen (jedoch unterhalb der Sperrspannung) resultieren.   H.V.

Gleitringdichtungen sind formbeständige Gleitflächendichtungen für drehende Maschinenteile. Werkstoffe sind Metalle, Kohle, Kunststoffe und Sinterwerkstoffe. Mit ihnen wird in Pumpen, Trockentrommeln, Rührwerken u.a. die Dichtung von Flüssigkeiten und Dämpfen bis 200°C bewerkstelligt. Entscheidend ist die gute Beweglichkeit des rotierenden Gleitringes. Als Nebendichtungen werden in der Regel schmiegsame Nut- und Stützringe oder O-Ringe verwendet. Eingebaut wird ein Gleitringsatz. Bei Gleitflächendichtungen werden die Anpreßkräfte vom Betriebsmitteldruck bzw. durch zusätzliche Federn erreicht. Die Dichtungen stellen sich selbsttätig nach und erfordern außer Schmierung keine Wartung. Die Abb. zeigt die Anordnung einer Gleitringdichtung. Der Gleitring 1 ist feststehend, der Gleitring 2 wird vom Drehteil mitgenommen (Form- und Reibschluß). Beim Einbau wird der axial verschiebbare Ring durch Schraubenfedern 3 (oder Federbalg) und im Betrieb zusätzlich durch den Druck des Mediums angepreßt. Die Dichtung der Gleitringe gegen das Gehäuse oder die Welle erfolgt durch O-Ringe, Nutringe oder Weichstoffpackungen (4). *Metallfaltenbalg-Gleitringdichtungen* für Chemiepumpen, Rührwerke, Getriebe und Ventilatoren besitzen einen geschweißten Faltenbalg mit Endstücken zur Aufnahme des Axialdichtungsringes und als Befestigungselement.   W.W.

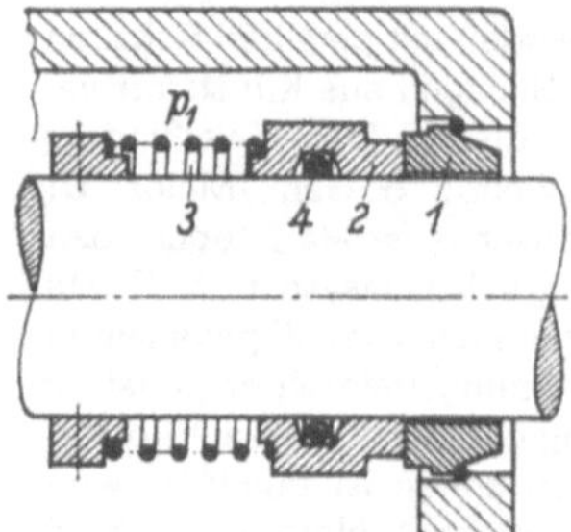

Gleitringdichtung, Innenanordnung

Glockenböden. Glockenböden besitzen schalenförmige, nach unten offene, Hauben, die Dampfdurchtrittsöffnungen im Boden überdecken. Man unterscheidet statische und dynamische Glocken (S. Abb.). Die Form der Glocken ist sehr vielfältig, hauptsächlich zylindrisch oder konisch, flach oder gewölbt, mit Füßen oder Befestigung durch Stege im Hals oder mit Flansch, der auf dem Bodenblech aufliegt (s. Abb.).

Die Zacken oder Schlitze sollen den Dampfstrom (besonders bei kleinen Dampfmengen) aufteilen, damit sich kleinere Blasen in der Flüssigkeit bilden, deren größere Oberflächen einen besseren Rektifiziereffekt ergeben. – Glocken werden meistens in einem gleichseitigen Dreieck auf den Böden angeordnet, wobei die Teilung bei Glocken mit 50 mm ∅ 80 bis 90 mm, bei 80 mm ∅ meist 120 bis 130 mm beträgt (s. Abb.). Strömungsgünstige Glocken mit geringem Druckverlust sind z.B. Vakuumglocken der Luwa-SMS, mit denen Druckverluste bis herab zu ca. 1,5 Torr pro Boden zu erreichen sind (s. Abb.). Zu- und Ablaufwehre sollen die Flüssigkeit gleichmäßig über den Querschnitt des Bodens verteilen bzw. ablaufen lassen. Ablaufschächte müssen einen Flüssigkeitsabschluß besitzen, um dort ein Dampfdurchströmen zu verhindern. Falls der Schachtquerschnitt und/oder der Bodenabstand zu klein sind, kann es zum Stauen im

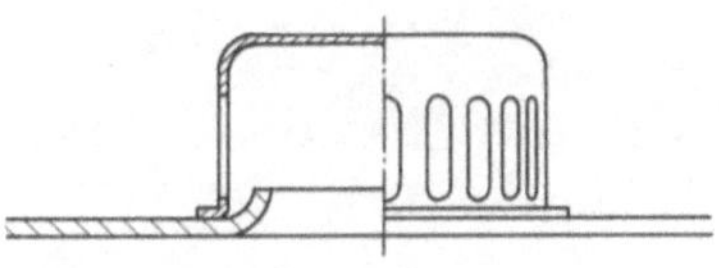

zylindrisch, flach, Flansch

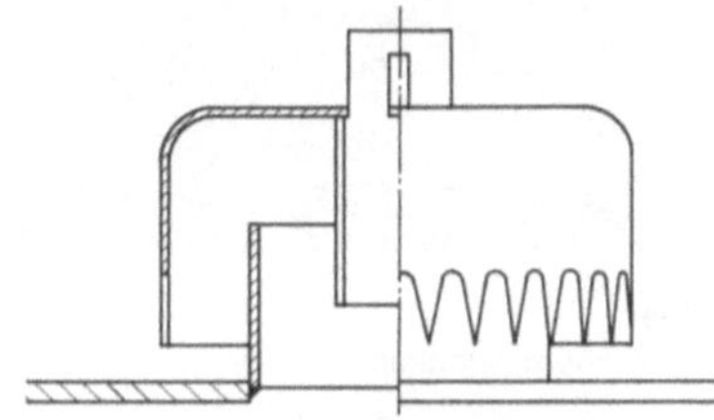

Steg und Keil (zylindrisch, flach)

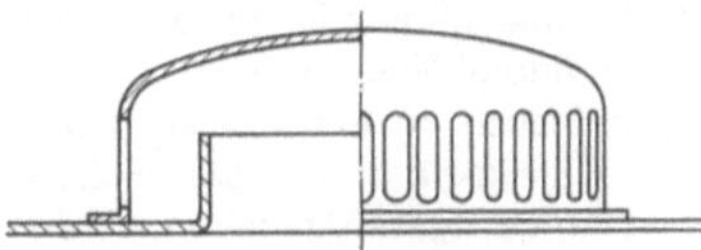

zylindrisch, gewölbt, Flansch

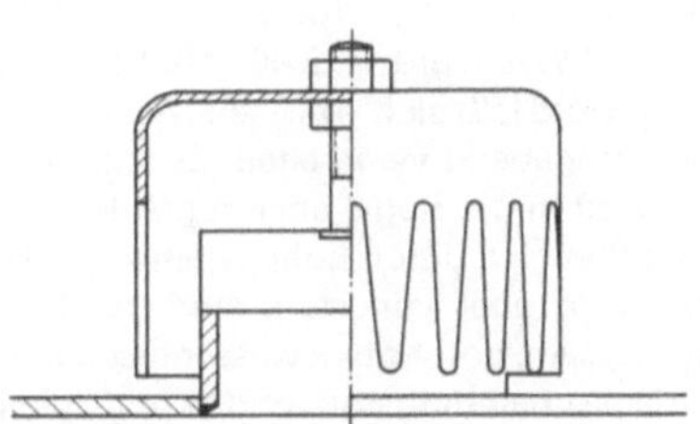

Steg und Mutter, verstellbar (zylindrisch, flach)

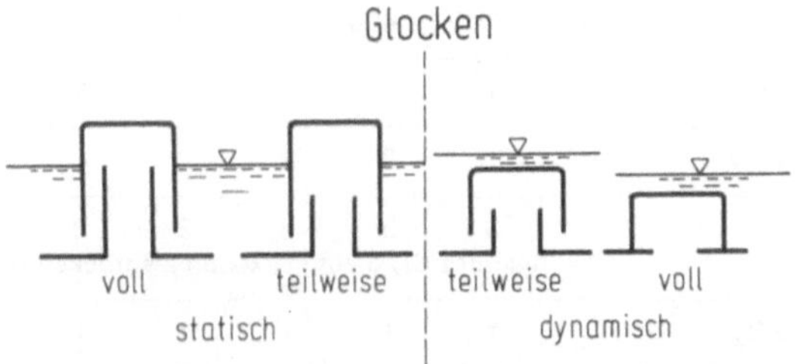

Glocken

Glockenböden

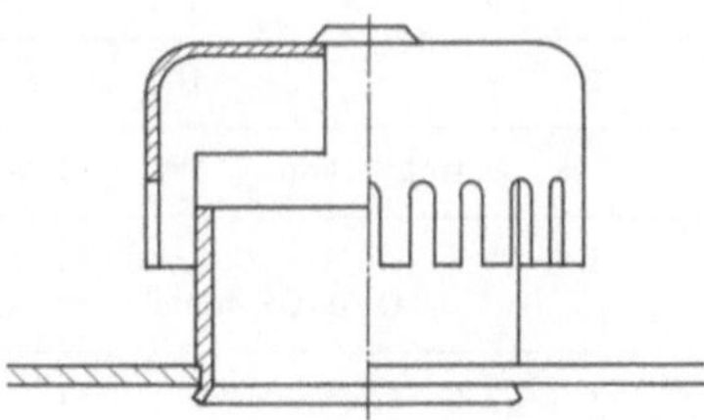

Steg und Lasche (zylindrisch, flach)

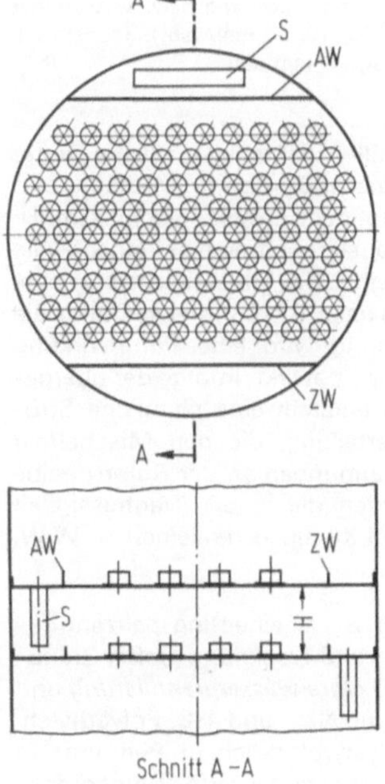

Schnitt A–A

Glockenböden.
s = Schacht; AW = Ablaufwehr; ZW = Zulaufwehr;
H = Bodenabstand

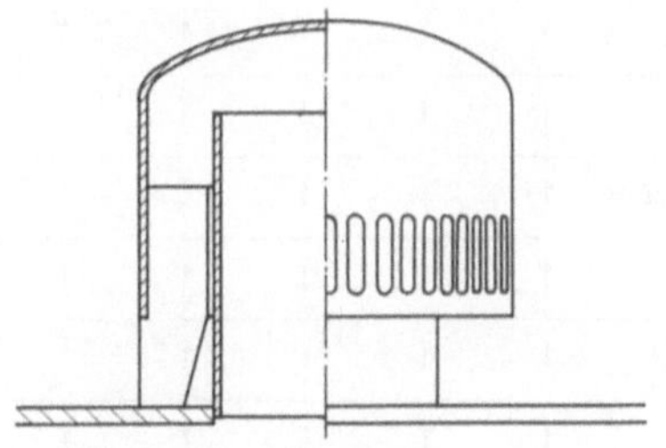

Füße (zylindrisch, gewölbt)

Glockenböden.

Glockenböden.
Luwa-SMS Vakuum-Glocken

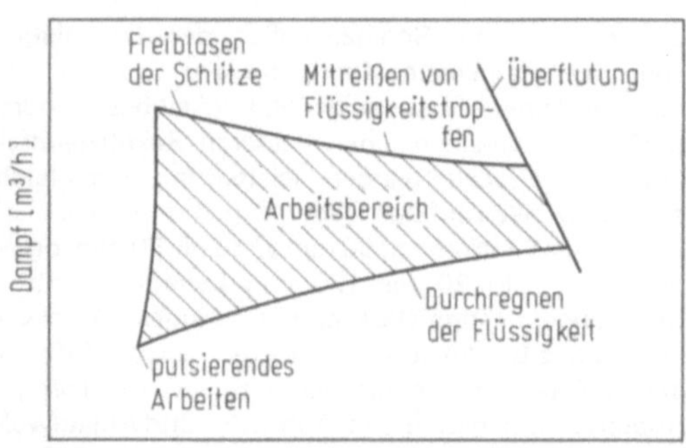

Glockenböden.
Arbeitsbereich eines Glockenbodens nach Young
(schematisch)

Schacht kommen, und der Boden überflutet. Abhilfe: ausreichende Querschnitte im Schacht, daß die Flüssigkeitsgeschwindigkeiten unter ca. 0,1 m/s bleiben. Mitgerissene Blasen im Schacht steigen nach oben gegen den Flüssigkeitsstrom. Der Flüssigkeit muß Gelegenheit zum Entgasen gegeben werden.   H.M.

Gold. Au; Atomgew.: 196,967; Dichte: 19,29 g/cm³; Kristallstruktur: kfz; Fp: 1063° C; a: 14,16 · 10⁻⁶ · grd⁻¹ λ: 3,14 W/cm grd; ϱ: 2,06 · 10⁻⁶ Ω cm; E: 80000 MN/m². – Gold läßt sich von allen Metallen am besten spanlos formgebend verarbeiten. Es kann geschweißt werden, wird in der Regel aber mit Goldloten gelötet. Gold zeichnet sich durch hohe chemische Beständigkeit aus, wird aber von stark oxidierend wirkenden Säuren langsam, von Königswasser rasch angegriffen. In der chemischen Industrie werden mit Gold plattierte Apparaturen verwendet.

Gold

°C	20			100		
	1%	10%	konz	1%	10%	konz
HCl	1	1	1	1	1	1
			O₂ u. Ox.-mittel verstärken Angriff			
H₂SO₄	1	1	1	1	1	1
HNO₃	1	1	1	1	1	1
H₃PO₄	1	1	1	1	1	1
HF	1	1	1	1	1	1
CH₃COOH	1	1	1	1	1	1
NaOH	1	1	1	1	1	1
NH₄OH	1	1	1	1	1	1
NaCl	1	1	1	1	1	1
NH₄Cl	1	1	1	1	1	1

Gase

°C	20	200	400	600	800	1000
Luft	1	1	1	1	1	1
H₂O	1	1	2	2		
Cl₂	1	3	3	3	3	3
			feuchtes Cl₂ greift stärker an als trockenes			
SO₂	1	1	1	1	1	1
H₂S	1	1	1	2		

1: chemisch beständig Korr.-Angriff <2,4 g/m² Tag <0,1 mm/Jahr. 2: chemisch bedingt beständig bzw. verwendbar Korr.-Angriff 2,4–24 g/m² Tag (0,1–1 mm/Jahr). 3: chemisch unbeständig >24 g/m² Tag >1 mm Jahr.   P.E.

Goratoren fördern alle fließfähigen Stoffe unter gleichzeitigem Zerkleinern, Zerfasern, Mischen und Mahlen (s. Abb., Gorator der Hoelschertechnic GmbH, Herne). In einem Gehäuse rotiert eine auf einer Welle schräg montierte Scheibe. Sie führt gleichzeitig eine Taumelbewegung in axialer Richtung aus. Durch die Zentrifugalbeschleunigung wird eine Pumpwirkung ähnlich der Kreiselpumpe bewirkt. Infolge der übergelagerten Bewegungen entsteht eine räumliche Strömungs- und Schubverteilung, die den Mischeffekt hervorruft. Durch Verzahnungen an der Rotorscheibe und im Gehäuse werden die in der Tragflüssigkeit enthaltenen Fasern und Klumpen zerkleinert.   W.W.

Granulat-Zentrifuge. Sie ist eine Ringspaltzentrifuge für die Entwässerung und Trocknung großer Granulatmengen nach der (↑) *Unterwassergranulierung* und kommt vorzugsweise für ND- und HD-Polyäthylen, Polypropylen und Polystyrol (auch in Perlform) in Betracht. Im Prinzip wird bei dieser vertikal angeordneten Zentrifuge nach dem Siebeffekt gearbeitet, der jedoch durch einen Ringspalt erreicht wird, der seinerseits mit Kaliberringen auf die gewünschten Spaltbrei-

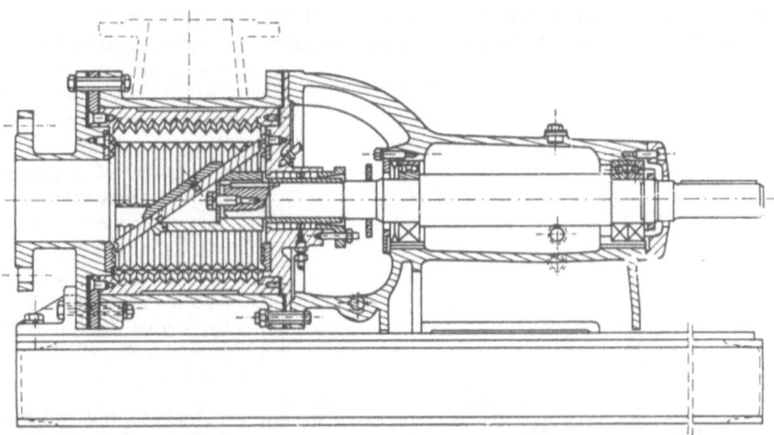

Gorator
(Hoelschertechnic GmbH,
Herne/Westf.)

ten (0,3 bis 1,5 mm) eingestellt werden kann. Die Granulatzentrifuge läuft kontinuierlich mit Drehzahlen zwischen 1500 und 2200 U/min, die je nach Einsatz gewählt werden können; die Arbeitsweise ist periodisch-automatisch, wobei der Ringspalt beim Austrag der Charge geöffnet wird und die eingeklemmten Teile freigibt. D.O.

Granulieren. In der (↑) *Zerkleinerungstechnik* Begriff für staubarme Zerkleinerung im eng begrenzten Kornbereich. Tablettenmasse, Phenolharzpreßmasse und andere ähnliche Substanzen erhalten durch Granulieren gute Rieselfähigkeit sowie gleichbleibende Schüttdichte. Bevorzugte Granuliermühlen sind: (↑) *Zahnscheibenmühlen* (vertikal) sowie (↑) *Schneidmühlen*, jeweils mit reduzierter Drehzahl. Ferner (↑) *Siebschüsselmühlen* mit oszillierendem Rotor. In der Kompaktier-Technik wird die Granulierung pulverförmiger Substanzen durch Agglomeration betrieben:Aufbau-Granulat. Bekannt sind Rollgranulierung, Granuliertrockner und Granuliermischer, ferner Verfahren der Schmelzgranulierung. Kombinierte Verfahren Kompaktieren und Zerkleinern ergeben sich aus Brikettiervorgängen oder Preßwalzen-Durchlauf mit nachfolgender Granulierung (↑) *Regranulieren*. H.S.

Granulierung von Thermoplasten, Thermoplaste kommen in Granulatform (Zylindergranulat z. B. 2 mm ⌀ 2,5 mm lang oder Brandgranulat $2 \times 3 \times 5$ mm) in den Handel. Das (↑) *Granulieren* findet im Anschluß an den Polymerisations- bzw. Polykondensationsprozeß statt. Dabei wird das Polymer entweder zu vielen parallelen Drähten gesponnen, die dann zerhackt werden (ergibt Zylindergranulat) oder zu einem breiten Band (z. B. 500 mm breit) auf ein gekühltes endloses Stahlband abgelegt und nach der Erstarrung in zwei Koordinaten zerteilt (Bandgranulat). Für sehr oxidationsempfindliche Polymere kommen praktisch nur die Strang (Draht-) granulierverfahren infrage, weil der Luftzutritt bei einer Bandgranuliereinrichtung nur mit großem

Aufwand verhindert werden kann. Dem Vorteil der hohen Granulierleistung einer Bandgranulierungsanlage stehen außerdem die Nachteile der großen Baulänge und erhebliche und Staub-Entwicklung entgegen. D.ST.

Grauguß. Als Grauguß werden Eisenwerkstoffe mit C-Gehalten zwischen 1,7 und 4,3% C bezeichnet. Die graue Farbe rührt von ausgeschiedenem Graphit her. Grauguß hat nur eine verhältnismäßig geringe Zugfestigkeit, aber eine ausgezeichnete Gießbarkeit, so daß sich komplizierte Formen leicht herstellen lassen; er ist ferner leicht zerspanbar und meist korrosionsbeständiger als unlegierter Stahl, jedoch empfindlich gegen Schlag, Stoß und Wärmespannungen. Häufig wird Grauguß mit 14–18% Si legiert (Silicium-Gußeisen), das an Korrosionswiderstand säurefeste Stähle übertrifft, aber sehr hart und spröde ist. Nickel-Gußeisen enthält 15–20% Ni und ist ebenfalls sehr korrosionsbeständig. Aluminium-Gußeisen ist hinsichtlich der Zunderbeständigkeit mit hochchromhaltigen Stählen vergleichbar (↑ *Eisen*). P.E.

Grenzkorn. Hierunter versteht man die Anteile eines Korngemisches, deren Korngrößen der Siebmaschenweite benachbart sind. Hoher Grenzkornanteil erschwert eine Siebung. H.P.D.

Grobfiltration ↑ *Scheidefiltration, Filtration, Feinfiltration* H.W.

Großraum-Schneidgranulator (s. Abb.). Seit etwa 1972 aufgekommener Begriff für (↑) *Schneidmühlen*, welche wesentlich größer als die bisher geläufigen Maschinen waren. Die in der Schemazeichnung abgebildete Maschine hat einen Rotor-Durchmesser von 750 mm, bei einer Arbeitsbreite ab 1000 bis 2400 mm. Charakteristisch ist der sich aus Schrägteilung des Gehäuses und außermittigem Einlauf ergebende keilförmige Einzugswinkel. Der Antriebsmotor sitzt als Gegengewicht an dem hydraulich ausschwenkbaren Oberteil.   H.S.

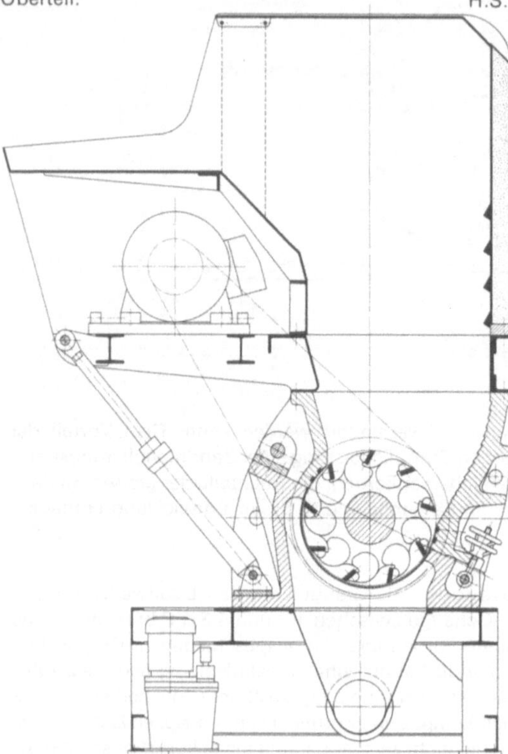

Schnittzeichnung eines Großraum-Schneidgranulators (Bauart Condux)

Großreaktoren für Polymerisationsanlagen. Die Großreaktoren haben bis zu ca. 200 m³ Inhalt. Der zulässige Innendruck liegt bei 16–20 bar. Sie dienen zur Erzeugung aller wichtigen Niederdruckpolymerisa-

te (z. B. PVC, Polystyrol, Polyolefine, Polybutadien, Polyisopren usw.). Die Betriebsweise ist diskontinuierlich oder kontinuierlich bei Jahresleistungen von 30 000 bis 100 000 t. Gerührt wird mit bodengetriebenen ($\uparrow$) *Impellerrührern* (s. Abb.); an der zylindrischen Wand des Reaktors sind drehbare Stromstörerplatten angebracht. Die gute Mischwirkung beruht auf der starken Umwälzströmung (s. Abb.), die durch die unterschiedlichen Rotationsströmungen im Unter- und Oberteil des Flüssigkeitsraumes erzeugt wird. Seitenansicht einer Stromlinie im gerührten Reaktor (s. Abb.). Auch hohe Flüssigkeitsviskositäten sind beherrschbar. Zur Kühlung dient ein auf die Reaktorhaube gesetzter Rückflußkühler, Voraussetzungen für Rückflußkühlung sind:

1. Reaktor muß mit Stand gefahren werden.
2. Reaktorinhalt muß sieden.
3. Katalysator darf nicht flüchtig sein.
4. Ansatz darf nicht schäumen.
5. Intergase (z. B. N_2 oder H_2) stören die Kondensation; ihr Anteil im Gasraum soll möglichst gering sein.

Reaktor mit Rückflußkühler und Gasumwälzventilator zur Verbesserung der Kondensation bei Anwesenheit von Intergasen (s. Abb.). Das Kühlsystem beherrscht auch Reaktionen mit starker Wärmetönung. Zur Betriebssicherheit besitzt der Großreaktor neben dem Sicherheitsventil noch eine Einrichtung zur Notentspannung und eine Notstoppung. Die Notentspannung ist eine in der Menge genau abgestimmte Entspannung in ein geschlossenes Kondensationssystem; Notstoppung ist die Einmischung einer Chemikalie zur Reaktionsunterbrechung durch Gasblasenrührung. Die Reaktorhülle besteht aus Spezialstahl; hohe Steifigkeit wird durch Ausnutzung der Tragfähigkeit des

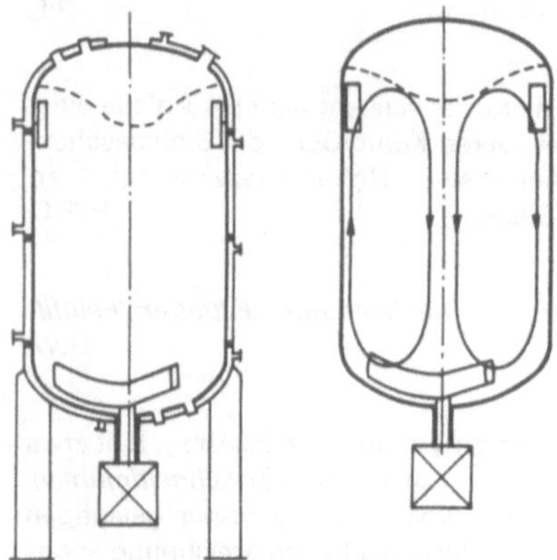

(links). Rührsystem eines Großreaktors mit bodengetriebenen Impeller und Stromstörerplatten in der Nähe der Trombe
(rechts). Umwälzströmung im gerührten Reaktor

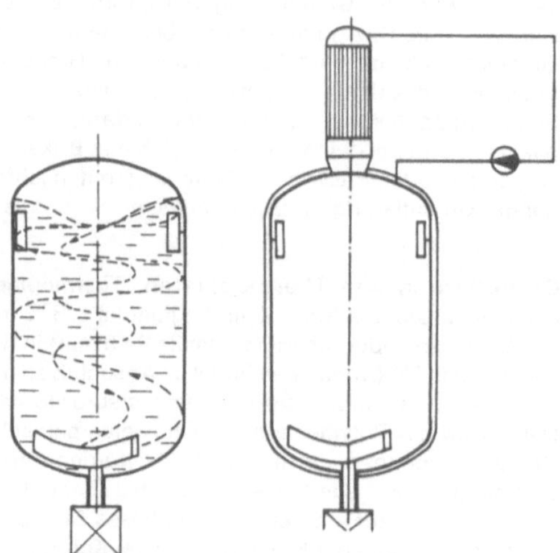

(links). Stromlinien resultierend aus der Überlagerung von Umwälzung und Rotation
(rechts). Großreaktor mit Rückflußkühler einschließlich Kreislaufventilator

Kühlmantels erreicht. Die Reaktorreinigung erfolgt durch automatisches Ausspritzen mit Hochdruckwasser ohne Öffnen des Reaktors; infolge geringer Emissionen ist dieser Weg umweltfreundlich. G.B.

Grundwasser stammt hauptsächlich aus grundwasserführenden Schichten, in die es durch Versickern gelangte; weiterhin entsteht Grundwasser durch aus aufsteigenden Gesteinsschmelzen freiwerdendes Wasser. Auch in Hohlräumen der Erde oder lockerem Gestein anstehendes Wasser wird als Grundwasser bezeichnet. D.O.

Gummierungen. Man unterscheidet zwischen Hart- und Weichgummierungen, der Verwendung von Natur- und von Synthesekautschuk. *Hartgummierungen* werden meist im Autoklaven („Werkstattgummierung"), aber auch an ortsfesten Behältern („Baustellengummierung") durch Wärmezufuhr über Dampf oder heißes Wasser („Heißwassergummierung") ausgeführt. Sie lassen sich nur auf metallischen Untergründen ausführen und sind thermisch und — bis auf Sonderfälle — auch chemisch höher beanspruchbar als Weichgummierungen. Nachteile: Spröder und geringer dehnbar als Weichgummierungen, daher empfindlicher gegen Schlag, Abrieb und Verformung. *Weichgummierungen* lassen sich auf alle in der Praxis vorkommende Untergründe aufbringen, d. h., auch auf ortsfeste Stahl- und Stahlbetonkonstruktionen (z. B. Apparate, Lager- und Arbeitsbehälter). Durch die Anwendung selbstvulkanisierender, synthetischer Elastomertypen auf Basis Chloropren wurde es möglich, ohne zusätzliche Zufuhr von Wärme und Druck Weichgummierungen wirtschaftlich an Objekten beliebiger Größe auszuführen. Die zunächst plastischen Folien werden auf den Träger nach vorheriger Grundierung aufgeklebt und an den Nähten durch Druck „verschweißt." Sie erreichen ihren elastischen Endzustand je nach Mischungseinstellung bei Umgebungstemperatur nach einigen Wochen. Durch diese Technik hat der Oberflächenschutz durch Gummierungen auch im Bereich des Säurebaues zunehmend an Bedeutung gewonnen. Eine andere Gummierungstechnik geht von bereits ausvulkanisierten Folien verschiedener Elastomertypen aus, wobei die Nähte durch Verklebung gebildet werden. Die chemische Beständigkeit wird durch die Kleb-Nahtverbindung bestimmt. An der Baustelle ausgeführte Weichgummierungen der beschriebenen Art sind gegenüber zahlreichen anorganischen Medien wie nicht-oxidierenden Säuren, Laugen und Salzlösungen beständig. Nicht brauchbar sind sie in Anwesenheit von Lösungsmitteln, insbes. chlorierten Kohlenwasserstoffen und Aromaten. Für die gleichzeitig abrasive und chemische Beanspruchung haben sich Spezialqualitäten bewährt. In der Praxis betragen die Foliendicken üblicherweise 2–6 mm. Die thermischen Einsatzgrenzen sind vom Elastomertyp, vom beanspruchenden Medium sowie vom Untergrund abhängig und liegen normalerweise zwischen etwa 80 und 100 °C, teilweise auch darüber. Ist auf Grund besonders hoher chemischer, thermischer oder mechanischer Beanspruchung eine Vormauerung vorzusehen, übernimmt die Gummierung die Funktion einer (↑) *Dichtschicht*. Richtlinien zur Gummierung von Apparaten gibt VDI 2537 in Verbindung mit VDI 2532 und 2533. Untergeordnete Bedeutung im Bereich der Auskleidung mit Folien haben die thermoplastischen Werkstoffe. Wegen der guten Verklebbarkeit mit dem Untergrund wird hier vorzugsweise (↑) *Polyvinylchlorid* (PVC) benutzt, insbes. bei Beanspruchung durch oxidierende Medien wie Salpetersäure und Chromsäure. M.H. u. G.S.

Gußeisen ↑ *Chromguß, Grauguß, Hartguß, Sphäroguß, Temperguß* P.E.

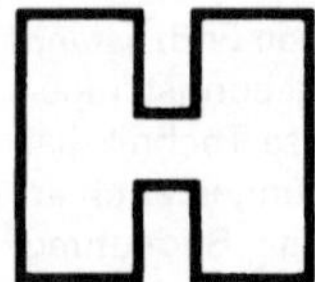

Haarnadelwärmetauscher (U-Rohr-WT). Bei diesem Typ wird die Rohrausdehnung durch die U-förmigen Rohre, die an beiden Enden in den Rohrboden eingewalzt sind, aufgefangen (s. Abb.). **W.W.**

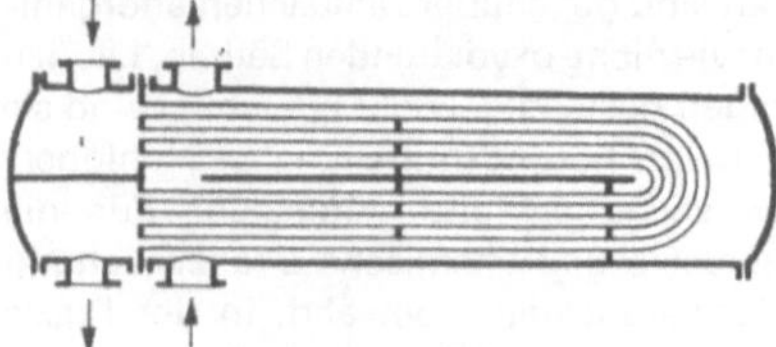
Haarnadelwärmetauscher

Hackrotor ↑ *Schnitzelmaschine* **H.S.**

Härte, bleibende. Hierunter versteht man diejenige (↑) *Härte* des Wassers, die durch Sulfat- und Chlorid-Ionen bedingt ist, deren Calcium- und Magnesiumsalze beim Kochen nicht gefällt werden. **D.O.**

Härte, temporäre (↑) *Härte des Wassers* **D.O.**

Härte des Wassers. Natürlich vorkommendes Wasser ist nie chemisch rein, sondern enthält gelöst Gase (N_2, O_2, CO_2) sowie eine Reihe von Salzen, unter denen die des Natriums, Calciums und Magnesiums am wichtigsten sind. Da die Hydrogencarbonate in der Hitze in Carbonate zerfallen, die z.T. schwerlöslich sind,

$$Ca(HCO_3)_2 \longrightarrow CaCO_3 + H_2O + CO_2$$

unterscheidet man die bleibende Härte von der vorübergehenden (temporären) Härte. Als Härte des Wassers wird sein Gehalt an Erdalkali-Ionen bezeichnet, wobei sich die Gesamthärte aus den Einzelhärten summiert (Calcium-Härte, Barium-Härte, Strontium-Härte). **D.O.**

Härtegrad. Praktische Maßeinheit ist der Deutsche Grad (°d, früher auch °dH, wobei 1°d = 10,00 mg CaO/l entspricht).

	Erdalkali-Ionen mmval/l	Deutsche Grad °d	Englische Grad °e	Franz. Grad °f	US-Grad °US
1 mval/Erdalkali-Ionen	1,00	2,80	3,51	5,00	50,0
°d	0,357	1,00	1,25	1,78	17,8
°e	0,285	0,798	1,00	1,43	14,3
°f	0,200	0,560	0,702	1,00	10,0
°US	0,020	0,056	0,070	0,10	1,0

D.O.

Härten ↑ *Rohrreaktor* **G.L.**

Hafnium. Hf; Atomgew.: 178,49; Dichte: 13,1 g/cm³; Kristallstruktur: hexagonal dichte Packung <1777° C krz 1777–2222° C; Fp: 2222° C; a: 5,9 · 10⁻⁶ grd⁻¹; λ: 0,22 W/cm grd; ϱ: 30 · 10⁻⁶ Ω cm; E: 140600 MN/m². – Hafnium ist deutlich härter und fester als Zirkonium und läßt sich ähnlich wie Titan verarbeiten. Im Korrosionsverhalten ist Hafnium dem Zirkonium sehr ähnlich mit einem im Vergleich zu Zirkonium geringfügig höherem Korrosionswiderstand. Für den chemischen Apparatebau ist Hafnium derzeit noch zu teuer.

Hafnium

°C	20			100		
	1%	10%	konz	1%	10%	konz
HCl	1	1	1	1	1	1
H_2SO_4	1	1	1	1	1–2	3
					F-Ionen verstärken Angriff	
HNO_3	1	1	1	1	1	1
					F-Ionen verstärken Angriff	
H_3PO_4	1	1	1	1	1	1–2
					F-Ionen verstärken Angriff	
HF	3	3	3	3	3	3
CH_3COOH	1	1	1	1	1	1
NaOH	1	1	1	1	1	1
NH_4OH	1	1	1	1	1	1
NaCl	1	1	1	1	1	1
NH_4Cl	1	1	1	1	1	1

Gase

°C	20	200	400	600	800	1000
Luft	1	1	2	3	3	3
H_2O	1	1	1	2–3	3	3
Cl_2	1	1	3	3	3	3
SO_2	1	1	1	2	3	3
H_2S	1	1	2	2	3	

1: chemisch beständig Korr.-Angriff <2,4 g/m² Tag <0,1 mm/Jahr. 2: chemisch bedingt beständig bzw. verwendbar Korr.- 2,4–24 g/m² Tag (0,1–1 mm/Jahr). 3: chemisch unbeständig >24 g/m² Tag >1 mm/Jahr. **P.E.**

Rotor und Siebkorb
einer Hammerkorbmühle
(Bauart Condux)

Hammerkorbmühlen (s. Abb.). Bei Hammerkorbmühlen wirken die auf einem fliegend gelagerten Rotor pendelnd an der Peripherie aufgehängten Hämmer zerkleinernd. Sie stellen sich infolge der Zentrifugalkraft radial und arbeiten gegen einen den Mahlraum kreisförmig umschließenden Siebkorb. Sie zählen daher zu den (↑) *Zentrifugalmühlen.* Die sich aus dem Mahlsystem ergebende Vielzahl von Hammerschlägen ist zur Pulverisierung besonders bei zäh-elastischen und fasrigen Produkten wie MC und CMC günstig, sowie bei einer Reihe von Rinden und Wurzeldrogen. Schnittzeichnung (↑) Zerkleinerungstechnik. H.S.

Hammermühle ↑ *Messerkreuzmühle* H.S.

Hammermühlen (s. Abb.). In der (↑) *Zerkleinerungstechnik* werden Hammermühlen zur Grobmahlung als einfache Maschinen eingesetzt. Pendelnd

aufgehängte Hämmer stellen sich durch Zentrifugalkräfte radial und zerschlagen die von oben auf den Schlagkreis oder tangential zum Schlagkreis oder tangential zum Schlagkreis zugegebenen Stoffe. Kontinuierlicher Durchlauf erfolgt nach unten; Feinheitsbeeinflussung hierbei durch das eingebaute Sieb oder durch Spaltroste. H.S.

Handverfahren, auch als Handauflege- oder Kontaktverfahren bekannt, dient der Verarbeitung von Duroplasten. Mit ihm gelingt es, besonders große Formteile in einem Stück nahtlos herzustellen. Außerdem ist dieses Verfahren für die Prototypanfertigung sowie für kleinere Nullserien wegen der niedrigen Formkosten ideal. Die ein- oder mehrteiligen offenen Formen werden in der Regel für größere Stückzahlen ebenfalls aus glasfaserverstärkten Duroplasten handwerklich hergestellt. Formen aus Holz, Gips und anderen Formmassen dienen vorwiegend der Herstellung von Einzelstücken (Prototypen). Vor Beginn der Arbeit wird die Form mit einem Trennmittel behandelt (je nach Reaktionsharz z. B. mit Wachslösungen, Silicontrennmittel, Polyvinylalkohol-Lösungen u. a.). Ist dieses völlig getrocknet und gegebenenfalls aufpoliert, wird der mit Härter versehene Harzansatz auf die Form gespritzt oder mit einem Pinsel oder einer Lammfellrolle aufgetragen und sogleich die erste Lage des vorher zugeschnittenen Verstärkungsmaterials aufgelegt. Die völlige Durchtränkung erfolgt durch erneuten Harzauftrag und Anrollen des Laminates mit einer Entlüftungsrolle. Hierauf wird die nächste Lage Verstärkungsmaterial aufgelegt, erneut durchtränkt und so fort, bis die gewünschte Schichtdicke erreicht ist. Auch bei sorgfältigem Entlüften mit Riffelwalzen gelingt es bei diesem Verfahren allerdings nicht, völlig luftblasenfreie Laminate herzustellen. Handlaminate haben immer eine (der Form zugewandte) glatte und eine (der Form abgewandte) rauhe Oberfläche (s. Tabelle, S. 98). H.K.

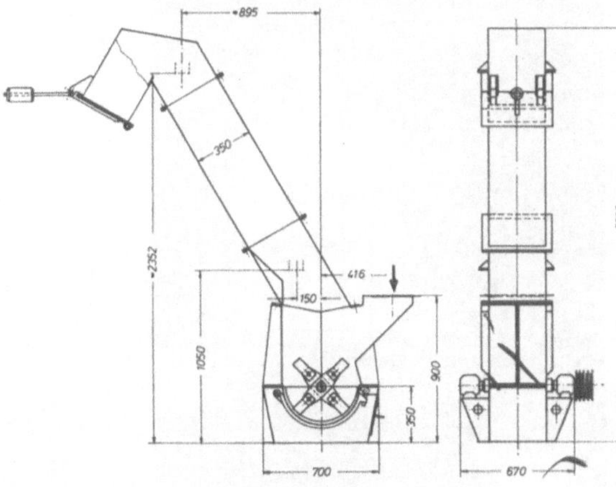

Schema einer Hammermühle mit Auswurfschacht für
ballistische Fremdkörperabscheidung (Bauart Condux)

Zusammenstellung bekannter Verarbeitungsverfahren für Kunststoffe.

	Formen	Arbeitsgeräte	Verstärkungsmaterial
Handverfahren	meist einteilig, offen	Lammfellrolle, Pinsel, Riffelwalze	Matte, Gewebe (Roving)
Faserspritzverfahren	meist einteilig, offen	wie beim Handverfahren, zusätzlich 3-Komponenten-Spritzgerät	Roving
Kaltpreßverfahren	zweiteiliges, geschlossenes Kunststoffwerkzeug	Presse	Matte, Gewebe, Vorformling aus Roving
Warmpreßverfahren	zweiteiliges, geschlossenes, hartverchromtes Stahlwerkzeug	Presse	Naßpressen: wie bei Kaltpressen; Harzmatten, fließfähige Prepregs: Matte; nicht fließfähige Prepregs: Gewebe (Matten)
Wickelverfahren	ein- oder mehrteiliger Kern	Wickelanlage mit Tränkbad (ähnlich einer Drehbank)	Roving, Gewebe oder -bänder (Matten)
Schleuderverfahren	Schleuderanlage ein- oder mehrteilige Hohlform	Schleuderanlage Antrieb für Hohlform, Speziallöffel, Dosierlanze	Matten, Gewebe (Roving)
Profilziehverfahren	Profilziehanlage Ziehdüse, beheizbar	Profilziehanlage Tränkbad, Abzieh- und Schneidvorrichtung	Roving (Gewebe)
Kontinuierliche Plattenherstellung	(Well-)Plattenanlage	(Well-)Plattenanlage	Matten, Roving

Hartguß. Gußeisen, das infolge seiner chemischen Zusammensetzung und der Abkühlungsbedingungen nicht Graphit-Ausscheidungen, sondern den Kohlenstoff in Form von Zementit (Fe_3C) gebunden enthält, wird als weißes Gußeisen oder Hartguß bezeichnet. Hartguß besitzt hohen Verschleißwiderstand und hohe Härte und ist nicht verformbar, nur durch Schleifen bearbeitbar und auch nicht schweißbar (↑ *Eisen*).

P.E.

Hastelloy ®. Unter diesem Namen versteht man eine Reihe von Nickel-Molybdän-Legierungen (Hastelloy A, B und C) bzw. Nickel-Silizium-Legierungen (Hastelloy D), die sich durch besondere Korrosionsbeständigkeit gegen Salzsäure und Schwefelsäure auszeichnen. Hastelloy C widersteht auch dem Angriff von verd. HNO_3 unterhalb 70° C und von konz. HNO_3 bei Raumtemperatur. Hastelloy A, B und C können spanlos warm und —mit Zwischenglühen— auch kalt verformt werden. Hastelloy D ist eine Gußlegierung und läßt sich nur mit Hartmetallwerkzeugen und durch Schleifen spangebend bearbeiten. Alle Legierungen können autogen oder widerstandsgeschweißt werden.

P.E.

Heber. Aus einem Ballon oder Faß kann Flüssigkeit mit Hilfe eines Winkelhebers abgehebert werden (s.

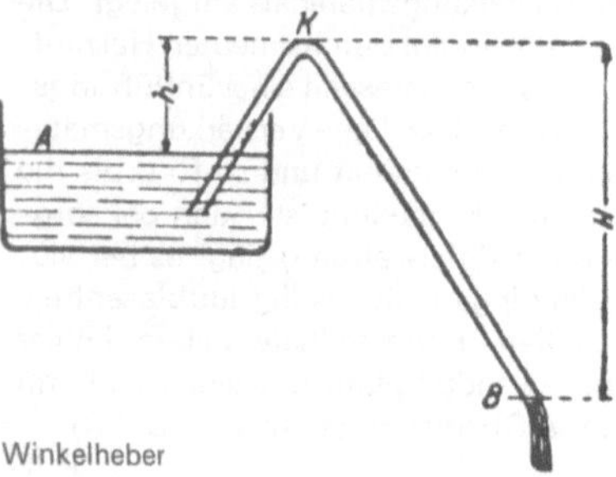

Winkelheber

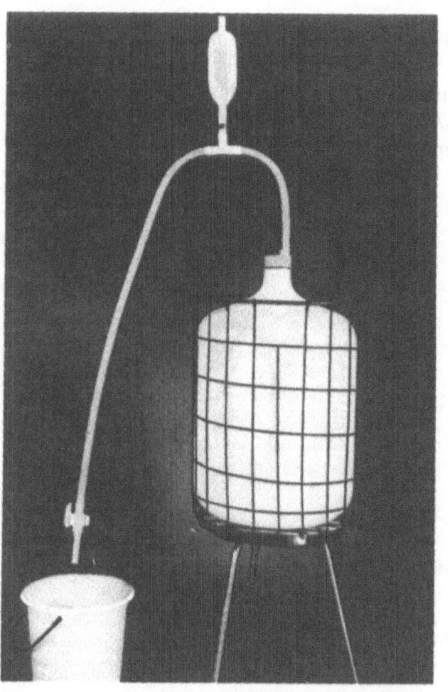

Unitas-Heber (Peters + Westebbe KG, München)

Abb.). Zur Inbetriebnahme muß der Heber vollständig mit Flüssigkeit durch Eingießen, Eindrücken oder Ansaugen gefüllt werden. Maßgebend für das Ausfließen ist die Höhendifferenz H–h. Der Flüssigkeitsspiegel A im Gefäß muß höher liegen als der Auslauf B. K ist die Kuppe des Winkelhebers. Für das gefahrlose Füllen des Hebers sind geeignete Vorrichtungen zu verwenden. Bei den automatischen Saughebern wird durch Betätigen eines Saugkörpers Unterdruck erzeugt, der die Flüssigkeit in den Heber einsaugt. Beispiele: Unitas-Heber (Peters & Westebbe KG, München), s. Abb. Beim Monopolheber (s. Abb.) wird der Unterdruck durch Ein- und Ausstülpen einer Saugkappe in den trichterförmigen Unterteil erzeugt. Drucklufttheber werden mit Hilfe eines Druckballes (z.B. Otal-Abfüllpumpe der Otto Bürkle KG, Stuttgart; s. Abb.) oder eines Fußtretbalges betätigt. Bei diesen Einrichtungen liegt der Flüssigkeitsauslauf höher als der Flüssigkeitsstand im Gefäß. Immer weitere Verbreitung finden jedoch (↑) *Faßpumpen* an Stelle von Hebern.   W.W.

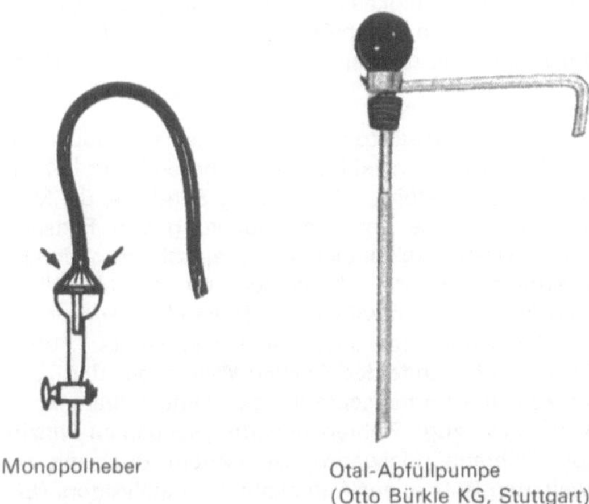

Monopolheber

Otal-Abfüllpumpe
(Otto Bürkle KG, Stuttgart)

Heißabschlag. Bessere Bezeichnung (↑) *Heißgranuliervorrichtung*   H.S.

Heißgranulierung. Neben der Kaltgranulierung auf einem (↑) *Bandgranulator* oder (↑) *Stranggranulator* wird auch die Heißgranulierung von Kunststoffschmelzen, bes. bei Polyamid, Polyester und Polyäthylen angewandt. Viel verwendet werden (↑) *Unterwassergranulatoren.* Daneben (i.bes. bei PVC) wird die Heißgranulierung mit Luft als kühlendem Medium angewandt. Je nach Anordnung der Schneidwerkzeuge unterscheidet man zentrische und exzentrische Granuliervorrichtungen.   H.S.

Heizflächenbelastung ↑ *Wärmeübergang bei der Verdampfung*   F.W.

Heizleiterlegierungen sind Legierungen auf der Basis Eisen oder Nickel mit 15–25% Cr und – für höchste Heizleitertemperaturen (1.350°C) – bis zu 5% Al. Legierungen auf Nickelbasis sind im allgemeinen nach Gebrauch kaum kaltspröde, und auch in reduzierender und kohlenstoffhaltiger Atmosphäre verwendbar. Eisen-Kobalt-Chrom-Aluminium-Legierungen sind nach Gebrauch kaltspröde. Alle Legierungen sind schweißbar und hartlötbar, Flußmittelreste verursachen aber bei hohen Temperaturen Korrosion, ebenso niedrig schmelzende Oxide und Silikate im Kontakt mit dem Heizleiter.   P.E.

Heizmedien. Das am meisten in der Verdampfertechnik angewandte Heizmedium – Wärmeträger genannt – ist Sattdampf. Bei der Kondensation des Sattdampfes auf der Heizmittelseite eines Verdampferrohres erreicht man dabei eine konstante Heiztemperatur (↑ *Dampfdruckkurve*) und ähnlich hohe Wärmeübergangskoeffizienten (α bis $5 \cdot 10^4$ [W/(m²k)] wie auf der Seite des zu verdampfenden Stoffes. Unter solchen Umständen wird der Wärmedurchgangskoeffizient einen maximalen Wert annehmen und die Verdampferfläche wird minimal. Es ist jedoch zu beachten, daß bei technischen Anwendungen, die hohe Heiztemperaturen erfordern, die notwendigen Drücke des Wasserdampfes recht hohe Werte annehmen (t $\approx$ 230°C, $p_s \approx$ 30 bar).

Tabelle gebräuchlicher Heizmedien

Medium	Temperatur-bereich °C	Schmelz-punkt p ≈ 1 bar °C	Siedepunkt p ≈ 1 bar °C	spez. Wärme bei 320°C kJ/(kg K)	Verdampfungs-enthalpie p ≈ 1 bar kJ/kg
Wasser	2–215	0	100	4,187	2260
Dowtherm A	20–400	12	257,5	2,760	285
Marlotherm L	−40–300	−70	280	2,760	290
Salzschmelzen	200–600	142	–	1,560	–
Na-K (44% K)	40–760	18,3	825	1,000	–
Blei	300–930	327	1620	0,163	–

In vielen Betrieben der chemischen Industrie stehen zwar Dampfnetze von p = 30 bar zur Verfügung, doch sind die Installationen und Apparate in diesem Druckbereich vergleichsweise aufwendig und teuer. Leichter zu handhaben sind bei hohen Temperaturen Flüssigkeiten, die die notwendige Wärme ohne Phasenänderung übertragen. Die Tabelle zeigt einige typische Wärmeträgerflüssigkeiten mit ihren physikalischen Eigenschaften, die in der Verdampfertechnik gebräuchlich sind. Im Vergleich zu Wasserdampf als Heizmedium müssen jedoch oft niedrigere Wärmedurchgangskoeffizienten und kleinere spezifische Wärmen in Kauf genommen werden (↑ *Beheizungssysteme* mit organischen Medien; (↑) *Wärmeübertragungsanlagen* mit organischen Medien; Wärmeträger, organische).   F.W.

Heizregister ↑ *Beheizungssysteme*   F.W.

Heizwände. Für höhere Dampfdrücke müßten (↑) *Mantelwärmetauscher* sehr dickwandig ausgeführt sein, man verwendet daher Konstruktionen, bei denen die Wand des Reaktionsgefäßes vom Druck des Heizmittels weitgehend entlastet ist. Die Abb. zeigt Heizwandkonstruktionen. Bei der Frederking-Heizung (= Beheizen mit heißem Wasser unter Druck) sind in die gußeiserne Kesselwand Rohrschlangen eingegossen. Bei einer Kesselwandstärke von 70 mm haben die Rohre einen Innendurchmesser von 22 mm und einen äußeren von 34 mm, bei einem Abstand von 60 bis 100 mm; geeignet für Beheizungen mit Hochdruckdampf. Bei schmiedeeisernen Reaktionsgefäßen wird die Rohrschlange auf die Gefäßwandung aufgeschweißt (Samka-Berohrung, s. Abb.). Günstig in bezug auf die Wärmeübertragung verhalten sich auf die Gefäßewand aufgeschweißte Kanäle, die die Form von Halbrohren (s. Abb.) oder Winkelprofilen (s. Abb.) haben. Bei der Doppelwand-Stehbolzen-Schweißverbindung (s. Abb.) wird bei glattem Innenmantel der Außenmantel in Abständen von ca. 100 mm kreisförmig durchbrochen, nach innen eingebeult und mit der Gefäßwand verschweißt. Dadurch kann der Außenmantel in Einzelteilen aufgebracht und eine beliebige Unterteilung in Heizkammern vorgenommen werden. Zum Schutz gegen Wärmeverluste durch Abstrahlung müssen die Apparate isoliert werden.   W.W.

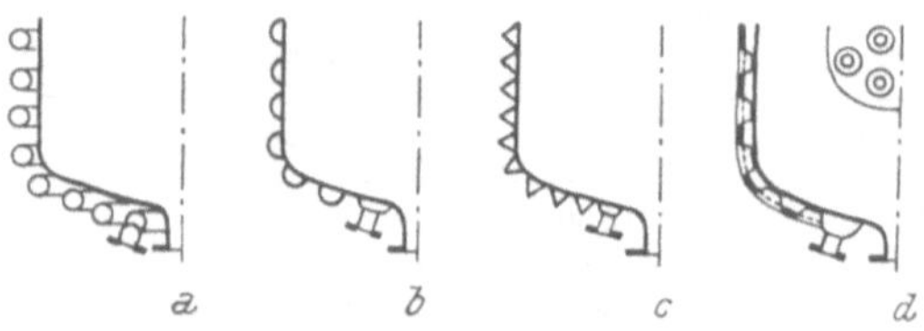

Heizwandkonstruktionen. a=Aufgeschweißte Rohrschlangen (Samka-Berohrung); b=Aufgeschweißte Kanäle aus Halbrohren; c=Aufgeschweißte Winkelprofile; d=Doppelwand-Stehbolzen-Schweißverbindung

Herbizide sind Unkrautvertilgungsmittel, welche entweder radikal gegen die gesamte Vegetation vorgehen (= Totalherbizide wie Chlorate) oder aber sich selektiv gegen bestimmte Pflanzen richten und Nutzpflanzen unversehrt lassen; der Wirkungsmechanismus ist sehr unterschiedlich. Wichtig sind heute Wuchsherbizide, unter deren Einwirkung sich Pflanzen „zu Tode wachsen" (z.B. 2,4-Dichlorphenoxyessigsäure).   D.O.

H.E.T.P. (Height Equivalent of a Theoretical Plate). Diejenige Füllkörper-Schnitthöhe, mit welcher beim (↑) *Rektifizieren* die Wirkung eines (↑) *theoretischen Bodens* erreicht wird. Sie wird durch Versuche mit (↑) *Testgemischen* ermittelt. Nach Hands und Whitt gilt für Raschig-Ringe

$$\text{HETP} = 21{,}3 \cdot \sqrt{d \cdot \frac{v}{L}} \quad [\text{m}]$$

wenn d in m den Durchmesser der Raschig-Ringe, v [kp/h m] die Zähigkeit der Rücklaufmenge L [kp/h m²] angeben. Die so ermittelten Werte stimmen oft mit den Meßwerten gut überein.   H.M.

Hochdruck-Reaktoren. In der chemisch-industriellen Praxis werden zahlreiche Synthesen unter hohem Druck durchgeführt, z.B. die NH_3-Synthese, die Methanol-Synthese und die Hydrierung von Fettsäuremethylestern zu Fettalkoholen. Typische Hochdruckreaktoren sind die „Konverter" für die (↑) NH_3-*Synthese*, die entweder als Röhrenkonverter oder Hohlraumkonverter ausgebildet werden (s. Abb.). Während bis Ende des Zweiten Weltkrieges der Röhrenkonverter vorherrschte, werden heute Vollraumkonverter bevorzugt. Röhrenkonverter gleichen im Prinzip den Röhrenbündelwärmeaustauschern, doch mit erweiterten Röhren zur Aufnahme des Katalysators (Eisenoxid-Kontaktmassen). Um die Röhren strömt das in den Katalysator eintretende Gas und wird dabei auf die Reaktionstemperatur vorgeheizt. Bei Vollraumkonvertern wird dagegen nahezu der gesamte Querschnitt des Einsatzes mit Katalysator gefüllt, wobei das Katalysatorvolumen in Schichten unterteilt ist, zwischen denen jeweils eine Kühlung des Reaktionsgases durch Zumischen von Kaltgas oder Wärmeabfuhr erfolgt, d.h. daß in diesem Falle die Reaktionstemperatur im Wärmeaustauscher erreicht werden muß.   D.O.

Hohlkörperblasen (↑) *Blasformen*   H.K.

Horden-Trockner sind Festbett-Trockner, bei denen das Trockengut auf Horden verteilt und von Trockengas überströmt wird. Die Schütthöhe des Feststoffes auf den Horden ist ausschlaggebend für die Trocknungsgeschwindigkeit. Wenn eine Transporteinrichtung für die Horden in der Trockenkammer vorgesehen wird, kann dieser Prozeß kontinuierlich betrieben werden (↑ *Schranktrockner*).   D.ST.

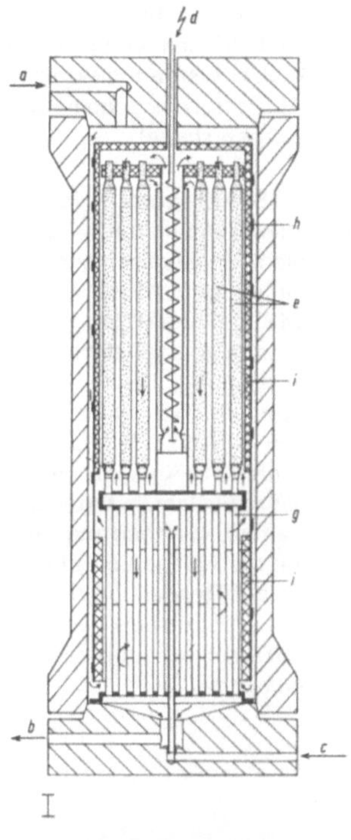
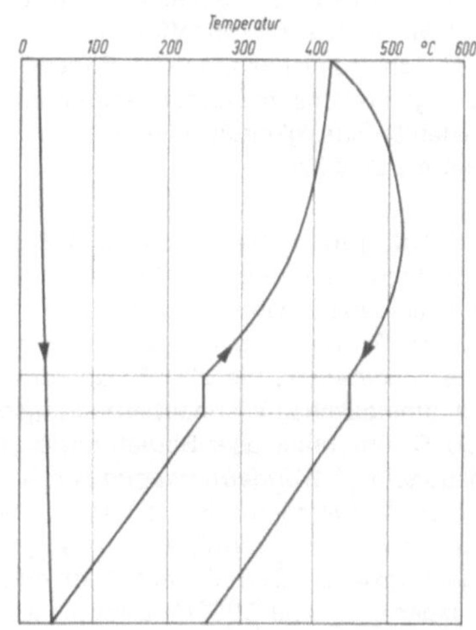

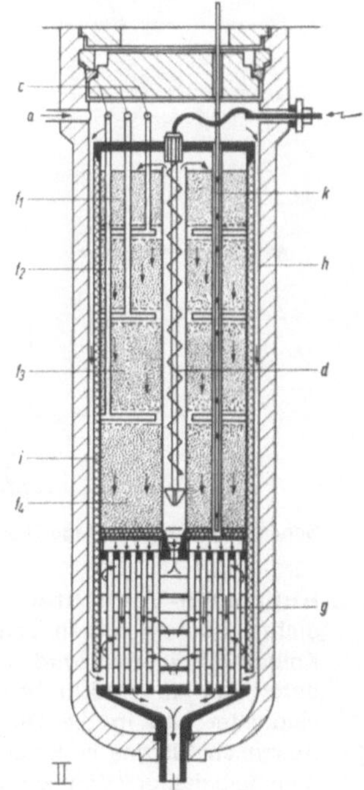
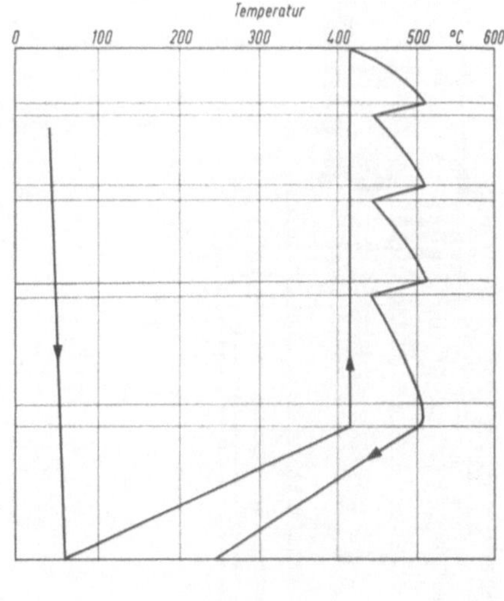

Hochdruck-Reaktoren.
I. IG-Röhrenkonverter (Haber-Bosch). a = Gaseintritt;
b = Gasaustritt; c = Kaltgaseintritt; d = elektrische
Heizung; e = Kontaktrohre; g = Wärmetauscher;
h = Gasführung im Ringspalt; i = Isolierung. II.Uhde-
Vollraumkonverter, Temperaturregelung mittels Kaltgas.

a = Gaseintritt; b = Gasaustritt; c = Kaltgaseintritt;
d = elektrische Heizung; f = Kontaktraum;
g=Wärmetauscher;
h = Gasführung im Ringspalt; i = Isolierung;
k = Thermoelemente

Horizontalplattenfilter sind (↑) *Filterapparate* mit einem auswechselbaren Plattenpaket mit horizontal liegenden (↑) *Filterelementen* in heizbaren, druckfesten, zylindrischen Filterbehältern. Sie dienen zur diskontinuierlichen, temperaturkonstanten (↑) *Feinfiltration*, auch zur Feststoffgewinnung mit Überdruck und eignen sich besonders für höher viskose, toxische, feuergefährliche, sauerstoff-empfindliche und niedrig siedende Flüssigkeiten (Filterflächen bis 20 m², Filtrationsdruck 3 bar).   H.W.

HT-Anlagen (= Heat-Transfer-Anlagen) dienen zur indirekten Beheizung mit flüssigen Wärmeträgern. Im allgemeinen kann man bei der Energieversorgung chemischer Prozeßanlagen folgende Temperaturbereiche unterscheiden: 1. bis 320° C: überdruckloser Betrieb mit mineralischen Wärmeübertragungsölen. 2. Bis ca. 350° C: überdruckloser Betrieb mit organischen Wärmeträgern (↑ *Wärmeübertragungsanlagen* mit organischen Wärmeträgern). 3. Bis 400° C: Überdruckbetrieb mit Diphyl, dampfförmig oder flüssig. 4. Bis 500° C: überdruckloser Betrieb mit Salzschmelzen (HTS-Anlagen). 5. Über 500° C: Direktbeheizung von Prozeßanlagen. Kernstück der HT-Anlage ist der HT-Erhitzer, der mit gasförmigen oder flüssigen Brennstoffen betrieben wird (für kleinere Leistungen als 250 000 kcal/h werden elektrische Erhitzer bevorzugt). Die Abb. zeigt das Schema eines Einzugerhitzers. (↑ *Beheizungssysteme*).   D.O.

HTS-Anlagen (= Heat-Transfer-Salt-Anlagen) erreichen Temperaturen bis 500° C. Als Wärmeüberträger dient ein Gemisch aus 53% Kaliumnitrat, 7% Natriumnitrat und 40% Natriumnitrit (Erstarrungspunkt 143° C). Eine HTS-Anlage besteht aus dem Erhitzer mit Brenneranlage, elektrischer Steuerung und Temperaturregelung, Salztank, Tauchpumpe, Armaturen und Rohrleitungen sowie Meß- und Sicherheitseinrichtungen (s. Abb.). Wie die üblichen HT-Anlagen werden auch HTS-Anlagen mit Zwangsumlauf gefahren. Das ganze System, mit Ausnahme des Erhitzers, ist mit einer Dampfbegleitheizung für 16 atü-Dampf versehen, damit die Anlage vor Inbetriebnahme oder nach Abstellen auf Temperaturen oberhalb des Erstarrungspunktes der Salzschmelze gehalten werden kann (↑ *HT-Anlagen*). Anwendung z.B. bei (↑) *Phthalsäureanhydrid-Anlagen*.   D.O.

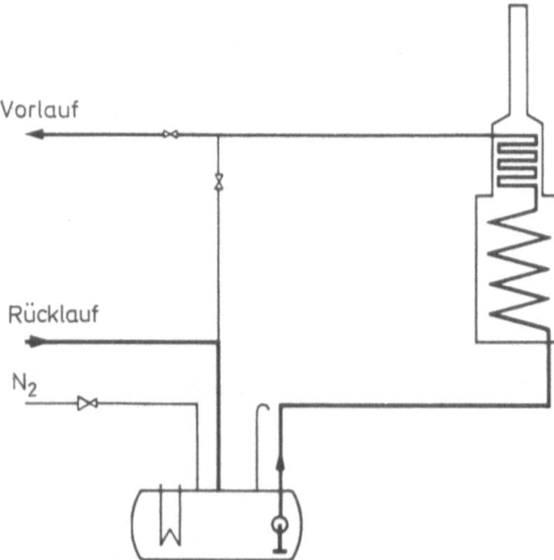

Schema einer HTS-Anlage (Luwa-SMS)

Hubkolben-Verdichter werden als Kolben-Verdichter oder Membran-Verdichter gebaut. — In den Kolben-Verdichtern wird das Gas in einem Zylinder durch den hin- und herbewegten Kolben angesaugt, verdichtet und in die Druckleitung gefördert. Zum Ausgleich für das stoßweise Arbeitstempo wird ein Sammelbehälter (Windkessel) zwischengeschaltet. — Kolben-Verdichter sind für höchste Drücke (bis 3500 bar) und Förderströme bis 25 000 m³/h geeignet. — Nach der Anzahl der Zylinder, die das Gas hintereinander passieren muß, unterscheidet man zwischen ein-, zwei- und mehrstufigen Verdichtern, nach der Bauart liegende und stehende Verdichter. — Bei einfachwir-

Aufbau des IG-Erhitzers (Luwa-SMS)

kenden Verdichtern liegen die Saug- und Druckventile auf der gleichen Seite des Kolbens, beim Hin- und Hergang des Kolbens finden daher nur eine Ansaugung und eine Verdichtung statt. Beim doppeltwirkenden Verdichter liegen auf beiden Kolbenseiten je ein Ansaug- und ein Druckventil. Beim einmaligen Hin- und Hergang des Kolbens wird daher zweimal angesaugt und zweimal verdichtet. – In der chemischen Industrie werden in der Regel Verdichter mit 15000 m³/h Ansaugleistung und Enddrücken bis 700 bar verwendet. – Für Enddrücke bis 5 bar werden Kolben-Verdichter einstufig gebaut, bis ca. 12 bar zweistufig, für höhere Drücke drei-bis siebenstufig. In der ersten Stufe gelangt das Gas in einen Zylinder von großem Durchmesser, dann in den Zwischenkühler und von hier in den nächsten Zylinder mit kleinerem Durchmesser zur weiteren Verdichtung. Die Abb. zeigt die Arbeitsweise eines dreistufigen, liegenden Kolben-Verdichters. Das Gas wird durch die Saugleitung S vom Niederdruckzylinder N angesaugt, auf 3 bis 4 bar verdichtet und im Zwischenkühler ZK auf die Anfangstemperatur abgekühlt. Von hier strömt das Gas in den Mitteldruckzylinder M, wo es auf 9 bis 12 bar verdichtet wird, anschließend durch den Kühler ZK in den Hochdruckzylinder H, in dem auf mehr als 30 bar verdichtet wird. Nach erneuter Kühlung (Endkühler EK) strömt das Gas durch einen Abscheider (Wasser- und Ölspuren) über den Windkessel W in die Druckleitung D. –

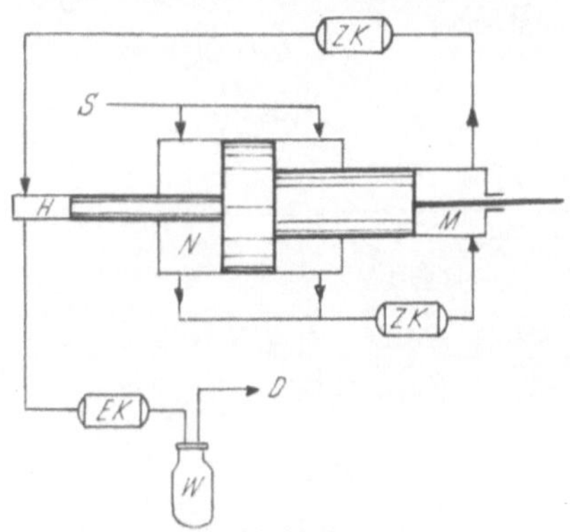

Schema eines dreistufigen Kolben-Verdichters

Soll das zu komprimierende Gas ölfrei erhalten werden (z.B. für O_2) werden *Trockenlauf-Verdichter* verwendet. Sie besitzen an Stelle der ölgeschmierten Kolbenringe solche aus Teflon® mit Kohle und Molybdänsulfid-Zusatz bzw. berührungsfreie Labyrinthkolben. Das auf dem Kolben angebrachte Labyrinth (radialer Abstand von der Zylinderwand < 0,1 mm) dichtet den Kolben gegen die Zylinderwand ab. Das zu verdichtende Gas muß vollkommen trocken sein. – Auch die *Membran-Verdichter* liefern ölfreies Druckgas, da die zu verdichtenden Gase nicht mit der Stopfbuchse oder dem Schmiermittel in Berührung kommen. Die Verdrängungsarbeit wird durch eine nachgiebige, hin- und hergestülpte Membran aus Stahl, Nickel oder Kunststoff geleistet. Membran-Verdichter sind vor allem für kleine Fördermengen (bis 100 m³/h) und Enddrücke bis 2000 bar geeignet. Es werden Druckverhältnisse bis 20:1 erreicht. Während der Förderbewegung ist der Druck auf die Membran von beiden Seiten nahezu gleich. Durch Mehrlagenmembranen wird die Betriebssicherheit erhöht. W.W.

Hubkolbenpumpen. Prinzip (s. Abb.): In einem Zylinder bewegt sich ein Kolben mit der Hubweite s hin und her. Der Kolben erzeugt bei der Rückwärtsbewegung im Pumpenraum Unterdruck, so daß infolge des äußeren Luftdruckes A die Flüssigkeit durch die Saugleitung und das Saugventil in den Pumpenraum gesaugt wird. Bei der Vorwärtsbewegung des Kolbens wird das Saugventil automatisch geschlossen und die im Pumpenraum befindliche Flüssigkeit über das Druckventil in die Druckleitung gedrückt. Die Förderhöhe H_n (=Unterschied zwischen Unterwasserspiegel UW und Oberwasserspiegel OW) setzt sich zusammen aus der Saughöhe H_s und der Druckhöhe H_d. Die Saughöhe beträgt etwa 7 m. Solche Pumpen werden in

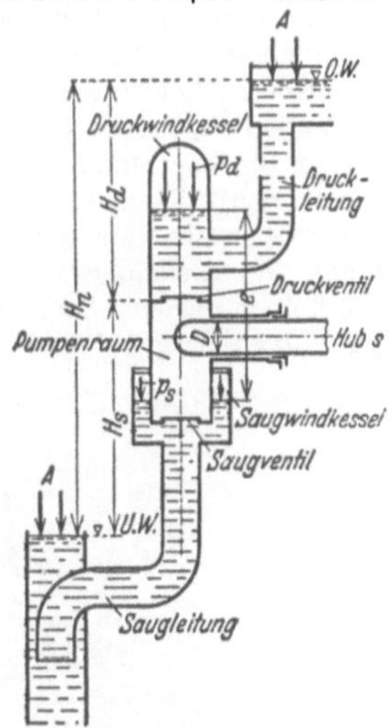

Prinzip der Kolbenpumpe

der Regel durch Elektromotoren angetrieben. Die Drehbewegung wird durch einen Kurbeltrieb in die hin- und hergehende Kolbenbewegung umgeformt. Als Kolben werden Scheibenkolben oder Tauchkolben (Plungerkolben, für verunreinigte Flüssigkeiten) verwendet. Bei einfach wirkenden Kolben-Pumpen bewirkt der Hin- und Hergang des Kolbens nur einen Fördergang. Diese absatzweise Förderung ergibt Druckschwankungen, die durch Windkessel in der Saug- und Druckleitung ausgeglichen werden (oder man verwendet mehrfach wirkende Kolbenpumpen). Bei doppelt wirkenden Kolben-Pumpen wird bei jedem Hub auf der einen Seite angesaugt und auf der anderen gedrückt (s. Abb.). Sie besitzen zwei Saug- und zwei Druckventile. Es fließt ein stetiger Strom und Stöße werden vermieden. Als Flüssigkeitspumpen werden Hubkolben-Pumpen verhältnismäßig wenig eingesetzt. Sie sind geeignet für kleine und mittlere Förderströme (bis 160 m³/h) und hohe bzw. höchste Förder-

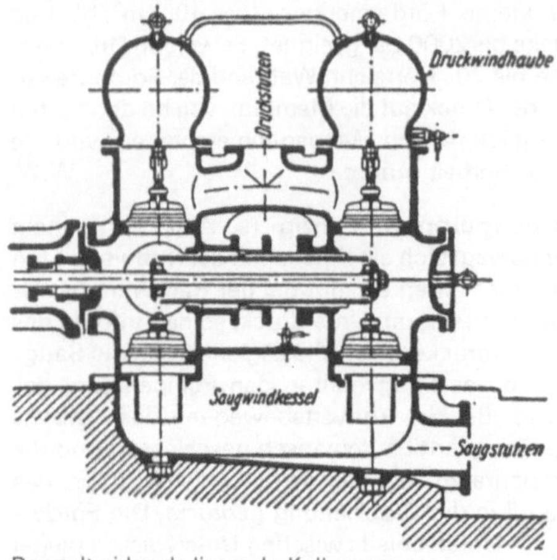

Doppeltwirkende liegende Kolbenpumpe

drücke (bis 6000 bar). Ihr Hauptanwendungsgebiet finden sie als (↑) *Kolben-Verdichter*. Beim Einsatz als Vakuumpumpe (Trockenluftpumpe) müssen die kondensierbaren Anteile vorher durch Kondensationseinrichtungen abgetrennt werden. Eine Sonderkonstruktion ist die taumelnde Kolbenpumpe (Taumelscheiben-Pumpe) (Serva-Technik, Heidelberg) mit einer Motorachse, die schräg zur Kolbenstange steht (s. Abb.). Der Umfang der „Schwungscheibe" schiebt den Kolben bei jeder Umdrehung hin und her, wobei der Kolben um 180° gedreht wird. Seine einseitig abgeplattete Fläche gibt in stetem Wechsel die Ansaug- und Ausstoßbohrung frei. Verwendung als Dosierpumpe (auch für pastöse Flüssigkeiten) für eine max. Fördermenge zwischen 1,4 und 1700 ml/min. Kolben aus Porzellan, Zylinderbuchse aus Graphit mit Teflon-Dichtung. W.W.

Hydrocracken. Beim katalytischen (↑) *Cracken* entstehen niedrigmolekulare Verbindungen, die mehr Wasserstoff enthalten als die höhermolekularen Einsatzstoffe; infolge von Verarmung an Wasserstoff kann Koksbildung einsetzten. Um Verarmung an Wasserstoff entgegenzuwirken, führt man die Hydrocrackung unter Zuführung von zusätzlichem Wasserstoff im Bereich von etwa 300–350° C und 150 atü in Gegenwart von Cr/Mo-Trägerkontakten (saure Träger wie SiO_2/Al_2O_3, Zeolithe) durch. Der Anfall an (↑) *Raffineriegas* ist dabei nur gering, während man hohe Ausbeuten an wertvollen Produkten im Siedebereich von 100–300° C erhält. D.O.

Hydroformylierung, auch Oxo-Synthese oder Roelen-Prozeß genannt, ist ein großtechnisches Verfahren zur Herstellung von Aldehyden aus Olefinen, Kohlenmonoxid und Wasserstoff:

$$R-CH=CH_2+CO+H_2$$

$$\text{Katalysator} \begin{cases} R-CH_2-CH_2-C{\overset{H}{\underset{O}{\lessgtr}}} \\ R-CH-CH_3 \\ \qquad C{\overset{H}{\underset{O}{\lessgtr}}} \end{cases}$$

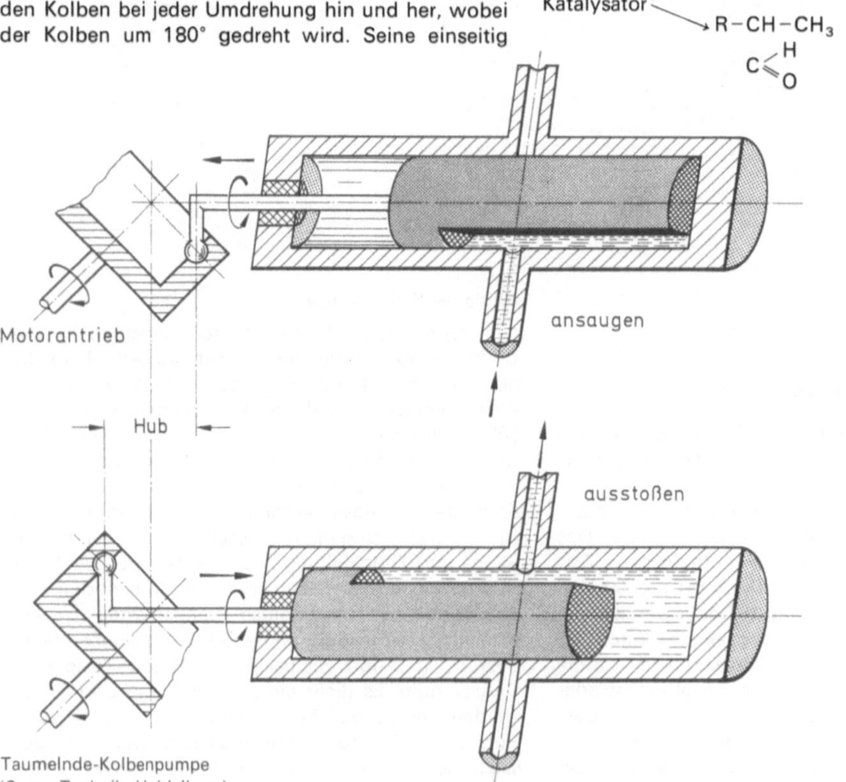

Taumelnde-Kolbenpumpe
(Serva-Technik, Heidelberg)

Es handelt sich um eine homogen katalysierte Reaktion, bei der Co-, Rh- oder Ru-Verbindungen in Form löslicher Carbonylkomplexe als Katalysator eingesetzt werden. Bevorzugt dient Kobalt als Katalysator:

$$2\ HCo(CO)_4 \rightarrow Co(CO)_8 + H_2 + Co$$

Kobalttetracarbonylwasserstoff bildet sich aus Kobalt unter den Reaktionsbedingungen der Synthese. Beispiel: Synthese von Butyraldehyd:

$$CH_3-CH=CH_2+CO+H_2$$

$$\frac{Katalysator}{250-300\ bar,\ 140-180°C} \nearrow CH_3-CH_2-CH_2-C{\scriptstyle\lesseqgtr}{}^H_O$$

$$\searrow CH_3-CH-CH_3 \quad C{\scriptstyle\lesseqgtr}{}^H_O$$

Die Aldehyde aus der Oxo-Synthese haben als solche kaum Bedeutung und werden weiter in (↑) *Oxo-Alkohole* oder (↑) *Oxo-Säuren* übergeführt.　　D.O.

Hydroraffination ↑ *Raffinerie*　　D.O.

Hydrozyklone. Es handelt sich um konische Geräte, in denen Suspensionen (ohne Anwendung rotierender Apparateteile) durch tangentiales Einströmen (unter Druck) nach dem Prinzip des (↑) *Zyklons* getrennt werden (s. Abb.). Sie dienen u.a. zum Eindicken und Entwässern.　　D.O.

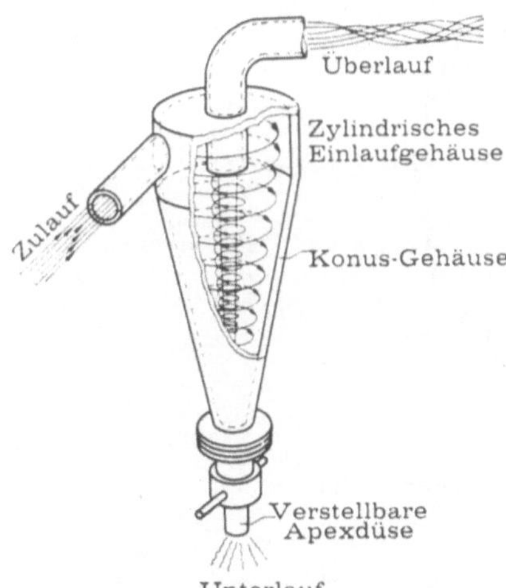

Hydrozyklon Dorr Clone (Dorr-Oliver GmbH, Wiesbaden)

Hyperfiltration (umgekehrte Osmose) ist ein Verfahren der (↑) *Membrantrenntechnik*. Wird der osmotische Druck (s. Abb.) zweier durch eine teildurchlässige Membran getrennter Flüssigkeiten unterschiedlicher Konzentration durch einen hydrostatischen Druck überkompensiert, so fließt Dispersionsmittel (entgegen dem Konzentrationsgefälle) aus der konzentrierten Flüssigkeit ab: umgekehrte Osmose (s. Abb.). Mit der Hyperfiltration sind Stofftrennungen im molekularen Bereich (Molekulargewicht < 1000) möglich (↑ *Ultra-*

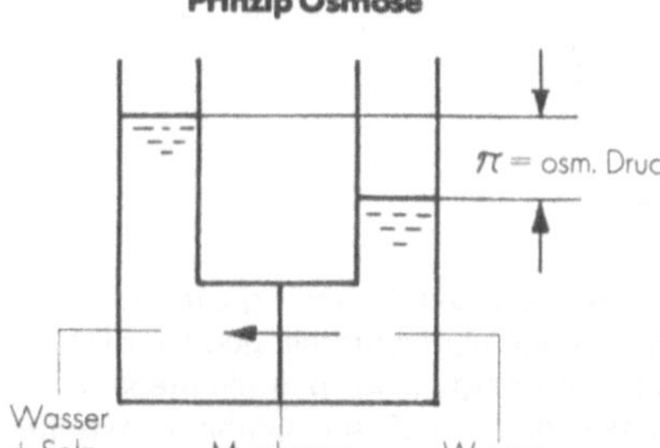

Prinzip Osmose (DDS, Nakskaw, DK)

filtration). (↑) *Filtermittel* sind vorwiegend asymmetrische Lösungsmembranen, (↑*Filtermembran*) hergestellt aus Celluloseacetat und Polymeren, z. B. Polyamid. Die Diskriminierung erfolgt überwiegend auf Grund eines Diffusionspotentials. Die spez. (↑) *Filtriergeschwindigkeit* (Wasserfluß) liegt bei ~ 300–2000 $l \cdot m^{-2} \cdot d^{-1}$; das Salzrückhaltevermögen liegt bei ~ 87–99% und steigt mit der Ionen-Wertigkeit an. Die Membran-Anordnung erfolgt anwendungsbezogen in verschiedenartigen (↑) *Moduln* ab 50 l/h bis 50 m³/h; große Anlagen sind in der Regel als Vielfaches einer 50m³/h-Einheit gebaut (↑ *Filterapparate*). Verfahrensparameter sind: (↑) *Filtrationsdruck* 10 bis 120 bar; Temperatur 20–30° C; ph-Bereich 4–11; Gehalt der Rohlösung an lösl. Feststoff in der Regel ~ 15000 mg/l. Im Gegensatz zur (↑) *Filtration* fällt aus der mit Rohlösung bezeichneten (↑) *Trübe* neben dem (↑) *Filtrat* (hier Permeat genannt) noch das Retentat (Konzentrat) an. Das Verhältnis Permeat zu Rohlösung heißt Ausnutzungsrate. (Beispiel: aus 100 l Rohlösung werden 30 l Retentat und 75 l Permeat erhalten, Ausnutzungsrate = 75%). Das Permeat einer Hyperfiltration ist frei von Makromolekülen, fast frei von Bakterien, weitgehend frei von organischen Stoffen und nach USP XIX als Wasser pro injectione zugelassen. Anwendung: Brackwasser-Aufbereitung (Anlagen bis 200000 m³/d), Meerwasserentsalzung; Wertstoffwiedergewinnung (Recycling) und Entgiften von Industrieabwässern am Ort des Entstehens (keine zentralen Anlagen); Konzentrieren, z. B. von Fruchtsäften, Milchzucker aus Molke; Produktentwässerung. Die Hyperfiltration ist ein umweltfreundliches, energiesparendes Verfahren.　　H.W.

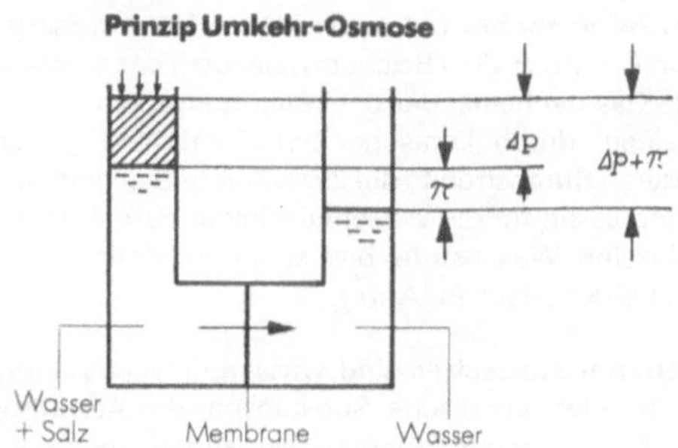

Prinzip Umkehrosmose (DDS, Nakskaw, DK)

Immission. Die Zuführung von festen, flüssigen oder gasförmigen luftverunreinigenden Stoffen, die ständig oder vorübergehend in Bodennähe verweilen, in die Atmosphäre. Ein Zusammenhang zwischen Immission und (↑) *Emission* ist in der VDI-Richtlinie 2289 angegeben. H.V.

Impellerrührer. Im Unterteil eines Rührreaktors, vorzugsweise in Bodennähe angeordnetes Rührorgan mit drei Rührarmen, die kreissymmetrisch angeordnet sind. Der Querschnitt der Rührorgane ist oval oder länglich, die Hauptachse des Querschnitts ist senkrecht, d. h. parallel zur Reaktorachse angeordnet. Durch seine Drehung versetzt der Impellerrührer die Flüssigkeit im Unterteil des Reaktors in Rotation. G.B

Impfkristalle ↑ *Kristallisatoren* H.J.D.

Industriemüll ist Müll aus Industriebetrieben, der oft einer besonderen direkten Behandlung unterzogen werden muß (Sondermüll) und dann nicht auf Deponien abgelagert werden kann. D.O.

Inertisierung mit einem Inertgas (Schutzgas) wird durchgeführt, um unerwünschte Reaktionen mit Sauerstoff zu vermeiden. Sie ist bei Mahlprozessen sauerstoff-empfindlicher oder zündfähiger Substanzen notwendig. Es wird das gesamte Mahlsystem mit einem Schutzgas (Kreislauf-Führung) abgedeckt, bevorzugt wird Stickstoff. Verluste durch Leckstellen, mehr aber noch durch austretenden Stickstoff an den Material-Austragschleusen, werden durch Neueinspeisung von Stickstoff ersetzt. Zur Vermeidung des Aufheizens ist der Einbau eines Gaskühlers unerläßlich. H.S.

Injektoren ↑ *Strahlgebläse* W.W.

Inkrustierung ↑ *Verkrustung* F.W.

Intos-Wascher (=Intensiv-Otto-Stufenwascher) der Dr. C. Otto & Co. (Bochum), bei dem das zu waschende Gas nacheinander die Füllkörperschichten der einzelnen, durch konische Zwischenböden getrennten Stufen durchströmt; die Zwischenböden sind als Auffangtassen für die Waschflüssigkeit ausgebildet. Jede einzelne Waschstufe besitzt einen eigenen Waschmittel-Kreislauf (s. Abb.). D.O.

Ionenaustauscher sind wasserunlösliche anorganische oder organische Substanzen, die Atomgruppen enthalten, deren Ionen gegen andere Ionen ausgetauscht werden können; man unterscheidet Anionen-

und Kationenaustauscher. Sie spielen eine große Rolle bei der Wasserreinigung sowie bei Rückgewinnung von Metallen und (↑) *Dekontamination* von Abwässern. Die wichtigsten anorganischen Ionenaustauscher sind Zeoloithe und Alkalialuminiumsilicate. Organische Ionenaustauscher sind Polymere mit reaktiven Gruppen, z.B.:

$$\cdots-CH_2-CH-\!\!-CH_2-\!\!-CH-\!\!-CH_2-\!\!-CH-\cdots$$

$$SO_3^{\ominus}Na^{\oplus} \qquad SO_3^{\ominus}Na^{\oplus} \qquad SO_3^{\ominus}Na^{\oplus}$$

Kationenaustauscher (schematisch) D.O.

Isomerisierung ist die Umlagerung von organischen Molekülen, z.B. n-Paraffinen in Isoparaffine, die als Kraftstoffe eine höhere Klopffestigkeit in Otto-Motoren aufweisen. Besondere Bedeutung in der Mineralölindustrie hat die Isomerisierung von n-Butan in Isobutan (↑ *Alkylierung, Polymerbenzin, Metathese*). D.O.

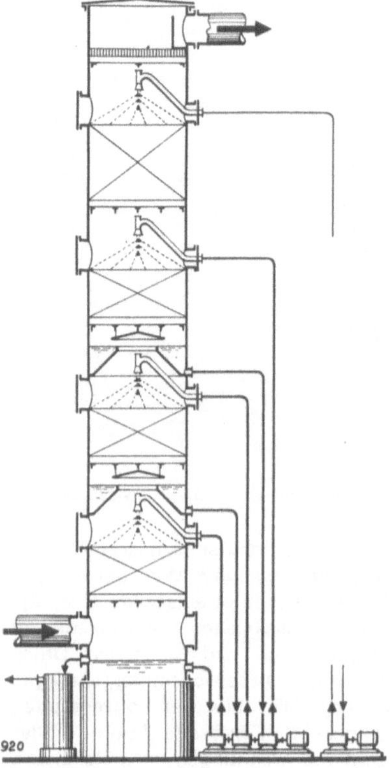

Intos-Wascher im Schnitt

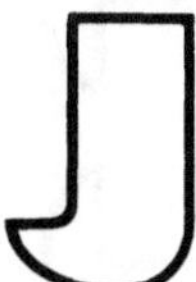

Jalousiesichter. Die an einem Schaufelgitter (Jalousie) entlangstreichende, mit Sichtgut beladene Luft wird unter scharfer Richtungsänderung durch das Gitter hindurchgesaugt. Dabei können nur die feinen Teilchen die Umlenkung mitmachen; Grobgut bleibt außerhalb. Die Jalousie kann stillstehen oder rotieren. Verwendung für mittlere Feinheit und Trennschärfe; bei rotierendem Jalousie-Sichtrad oder hoher Luftgeschwindigkeit (↑ *Strahlmühle*) auch herab bis zu einigen μm (s. Abb.). F.K.

Jet-O-Mizer ↑ *Ovalrohrstrahlmühle* H.S.

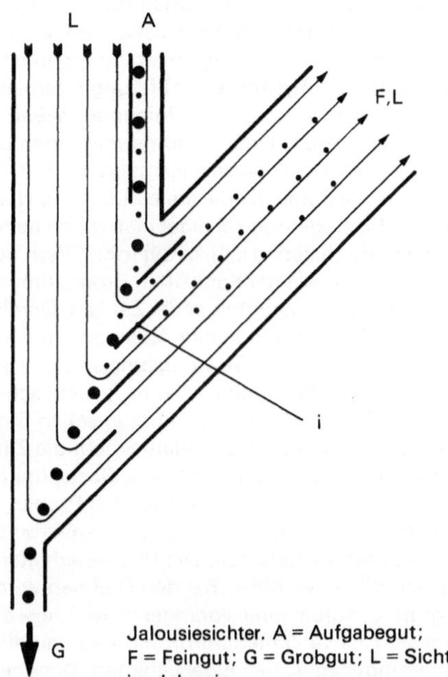

Jalousiesichter. A = Aufgabegut;
F = Feingut; G = Grobgut; L = Sichtluft;
i = Jalousie

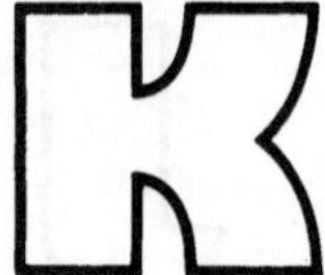

Käfigventil ↑ *Kolbenschieberventil* K.R.

Kälteanlagen. Kälteanlagen sind Hilfsbetriebe in chemischen Anlagen, in denen Reaktionen bei tiefen Temperaturen ablaufen, Reaktionswärme abgeführt werden muß oder Stoffe mit tiefen Siedepunkten getrennt werden sollen. Kälte wird auch benötigt zur Lagerung und zum Transport verflüssigter Gase. Je nach dem Temperaturbereich, in dem die Kälte zur Verfügung gestellt werden soll, unterscheidet man: 1. Tieftemperatur- oder Kryotechnik (unterhalb von −150° C). 2. Bereich der normalen Kältetechnik (−150°–0° C). 3. Bereich des kalten Wassers (über 0° C). Zur Tieftemperaturtechnik gehören z.B. Luftzerlegungsanlagen oder die Verflüssigung von Erdgas. Zur Kältetechnik gehören die destillative Trennung von Aethylen und Propylen, die Lagerung von Flüssiggasen wie Propan, Butan oder Chlor, die Erzeugung von Eis oder die Kühlung von Rührbehältern mit Kühlsole. In den Kaltwasserbereich gehören die Kühltürme und die Kaltwassererzeugung für Klimaanlagen (↑ *Absorptionskälteanlage, Kompressionskälteanlage* (s. Abb.), *Kältemittel*). H.Q.

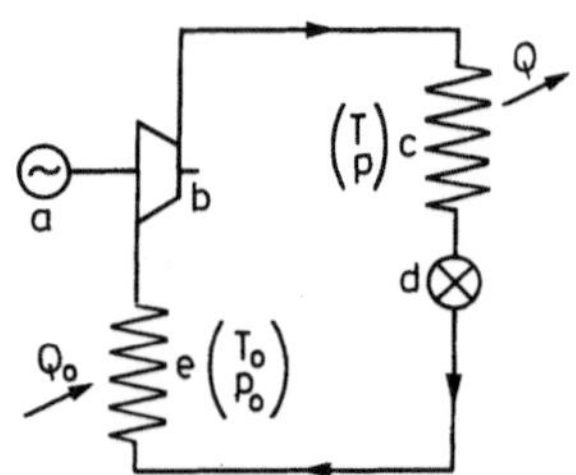

Schema einer einstufigen Verdichter-Kälteanlage.
a = Motor; b = Verdichter; c = Verflüssiger;
d = Regelventil; e = Verdampfer

Kältemittel. Der Begriff „Kältemittel'' bezeichnet den Arbeitsstoff einer Kältemaschine (s. Tabelle), vornehmlich den einer Kompressionskältemaschine. Hilfsstoffe, die ausschließlich der Weitergabe einer erzeugten Kälteleistung dienen, nennt man „Kälteträger''. Als Kältemittel kommen alle Substanzen in Frage, deren Tripelpunktstemperatur niedriger ist als die Verdampfertemperatur der Kälteanlage und deren kritische Temperatur höher ist als die Kondensationstemperatur. Bei den Gaskältemaschinen verwendet man sogar Stoffe oberhalb ihrer kritischen Temperatur. Die technischen Kältemittel lassen sich einteilen in anorganische Verbindungen, Kohlenwasserstoffe und halogenierte

Kohlenwasserstoffe. Andere organische Verbindungen wie Äther, Ester, Alkohole usw. sind technisch ohne Interesse. Bei den Halogenverbindungen ist eine von der Du Pont eingeführte Bezifferung international übernommen worden, die sich folgendermaßen aufbaut: 1. Ziffer = Anzahl der C-Atome vermindert um 1. 2. Ziffer = Anzahl der H-Atome vermehrt um 1. 3. Ziffer = Anzahl der F-Atome. Ist die erste Ziffer eine Null, so fällt sie fort. Isomere unterscheidet man durch nachgestellte kleine Buchstaben a, b, c. Cyclische Verbindungen erhalten ein C vor der Kennziffer. Bromatome zeigt man durch ein B mit nachfolgender Zahl an. Gemische erhalten die Bezeichnung ihrer Komponenten unter Angabe des Anteils in Gewichtsprozenten. Abweichend davon erhielten einige azeotrope Gemische die Nummern 500 bis 504. Bei den anorganischen Stoffen wird dem abgerundeten Molekulargewicht die Ziffer 7 vorangestellt. Ammoniak z.B. hat die Bezeichnung R 717. Bei den Parafinen bis einschließlich Propan wird das Bezifferungsverfahren für die Halogenverbindungen unverändert beibehalten. Die Butane erhalten die Kennziffern 600 bzw. 600a. Bei den Olefinen wird die Zifferngruppe durch eine vorangestellte 1 erweitert. Wichtigstes Auswahlkriterium für ein Kältemittel sind seine thermodynamischen Eigenschaften. Daneben ist für den Betrieb noch wünschenswert, daß das Kältemittel chemisch stabil, unkorrosiv, unbrennbar und ungiftig ist. Gute Wärmeübertragungseigenschaften und ein niedriger Preis sind ebenfalls von Bedeutung. Die am meisten verwendeten Kältemittel sind Ammoniak und die Fluorkältemittel R 11, R 12, R 22, R 13 und R 114. H.Q.

Kalandrieren ist ein Verarbeitungsverfahren für Thermoplaste: Zur Herstellung von Folien − meist aus PVC oder auch aus schlagfestem Polystyrol − können Kalander benutzt werden. Kalander bestehen in der Regel aus mehreren (meist vier) hintereinander angeordneten, beheizten Walzen, auf die der bereits plastifizierte Rohstoff aufgegeben wird. Die Plastifizierung wird auf einem vorgeschalteten Walzwerk oder auf einem Extruder (↑ *Extrudieren*) vorgenommen. Kalander ermöglichen einen beachtlichen Ausstoß bei hohem Anspruch an die Dickentoleranz der Folie. H.K.

Kalknatrongläser umfassen einen Zusammensetzungsbereich von 71–75% SiO_2, 12–16% Alkalioxid (Na_2O und K_2O), 10–15% Erdalkalioxid (CaO und MgO) sowie 0,5–2,5% Al_2O_3. Sie werden als Werkstoff zur Herstellung von Flachglas (Fenster-, Spiegelglas), Hohlglas (Flaschen-, Konservenglas), Glasfasern (Iso-

Tabelle: Kältemittel

Nummer	Chem. Bezeichnung	Chem. Formel	Mol. Gew. [kg/kmol]	Siedepunkt bei 1.013 bar [°C]	Verd. Wärme [kJ/kg]
R 10	Tetrachlorkohlenstoff	CCl_4	153.84	+ 76.7	194.3
R 11	Trichlorfluormethan	CCl_3F	137.38	+ 23.8	180.3
R 12	Dichlordifluormethan	CCl_2F_2	120.93	− 29.8	165.2
R 13	Chlortrifluormethan	$CClF_3$	104.47	− 81.4	148.5
R 14	Tetrafluorkohlenstoff	CF_4	88.01	−127.9	136.1
R 20	Chloroform	$CHCl_3$	119.39	+ 61.3	247.0
R 21	Dichlorfluormethan	$CHCl_2F$	102.92	+ 8.8	242.3
R 22	Chlordifluormethan	$CHClF_2$	86.48	− 40.8	233.7
R 23	Fluonform	CHF_3	70.02	− 82.1	243.3
R 30	Methylenchlorid	CH_2Cl_2	84.93	+ 40.2	322.6
R 31	Chlorfluormethan	CH_2ClF			
R 32	Methylenfluorid	CH_2F_2			
R 40	Methylchlorid	CH_3Cl	50.94	− 24.2	424.8
R 41	Methylfluorid	CH_3F			
R 110	Hexachloräthan	C_2Cl_6	236.76	+186	169.8
R 111	Pentachlorfluoräthan	C_2Cl_5F			
R 112	Tetrachloridifluoräthan	$C_2Cl_4F_2$			
R 113	Trichlortrifluoräthan	$C_2Cl_3F_3$	187.39	+ 47.6	146.8
R 114	Dichlortetrafluoräthan	$C_2Cl_2F_4$	170.94	+ 3.8	136.1
R 115	Chlorpentafluoräthan	C_2ClF_5	154.48	− 39.1	124.2
R 116	Hexafluoräthan	C_2F_6			
R 142b	Chlordifluoräthan	$C_2H_3ClF_2$	100.5	− 9.8	215.2
R 152a	Difluoräthan	$C_2H_4F_2$	66.05	− 25.0	318.5
R 216	Dichlorhexafluorpropan	$C_3Cl_2F_6$	220.93	+ 35.7	117.4
R 12-B1	Bromchlordifluormethan	$CBrClF_2$	165.37	− 3.7	129.0
R 13-B1	Bromtrifluormethan	$CBrF_3$	148.93	− 57.7	118.8
RC 316	Dichlorhexafluorcyclobutan	$C_4Cl_2F_6$			
RC 318	Octafluorcyclobutan	C_4F_8	200.0	− 5.8	116.5
R 500	R 12 (73.8%), R 152a (26.2%)		99.31	− 33.5	201.1
R 501	R 22 (75%), R 12 (25%)		93.11	− 41	Kein Azeotrop
R 502	R 22 (48.8%), R 115 (51.2%)		111.63	− 45.4	172.3
R 503	R 23 (40.1%), R 13 (59.9%)		87.5	− 88.7	172.6
R 504	R 32 (48.2%), R 115 (51.8%)		79.2	− 57.2	243.2
R 50	Methan	CH_4	16.04	−161.5	510.6
R 170	Äthan	C_2H_6	30.07	− 88.8	487.0
R 290	Propan	C_3H_8	44.10	− 42.1	423.3
R 600	Butan	C_4H_{10}	58.13	− 0.5	385.8
R 600a	i-Butan-Butan	C_4H_{10}	58.13	− 11.7	364.3
R 1150	Äthylen	C_2H_4	28.05	−103.7	480.4
R 1270	Propylen	C_3H_6	42.09	− 47.7	438.3
R 702	Wasserstoff	H_2	2.02	−252.8	445.8
R 704	Helium	He	4.00	−268.9	20.9
R 717	Ammoniak	NH_3	17.03	− 33.3	1370
R 718	Wasser	H_2O	18.02	+100.0	2258
R 720	Neon	Ne	20.18	−246.0	89.4
R 728	Stickstoff	N_2	28.01	−195.8	199.6
R 729	Luft		28.97	−194.4	205.2
R 732	Sauerstoff	O_2	32.00	−183.0	211.9
R 740	Argon	A	39.95	−185.9	163.2
R 744	Kohlendioxid	CO_2	44.01	− 78.5*	573.6*
R 744 A	Stickoxidul	N_2O	44.02	− 88.5	149
R 764	Schwefeldioxid	SO_2	64.07	− 10.0	116
	Schwefelhexafluorid	SF_6	146.07	− 50.8**	120.4**

* Sublimation   **beim Tripelpunktsdruck 2.06 bar   H.Q.

liermaterial) und speziellen Produkten (z. B. Glasbausteine) eingesetzt. Wichtigste Materialkennwerte sind:

Hydrolyseklasse: 3 bis 4 nach DIN 12 111
Säureklasse: 1 nach DIN 12 116
Laugenklasse: 1–2 nach DIN 52 322
d: um 2,5 g/cm³
linearer Ausdehnungskoeffizient $a_{200-300°C}$:
$8–10 \cdot 10^{-6} \cdot K^{-1}$. (↑ *Glas*).   A.P.

Kaltmahlung. Sie ist abhängig von Verfahrensstufen im Produktionsprozeß, aber auch durch Produkteigenschaften und beabsichtigten Mahleffekt bedingt. Die bekanntesten Systeme sind: (↑) *Granulierung* von Kaffee-, Tee- und anderen Extrakten im Eisstadium bei −55 bis −40°C. Die Stoffkonzentration liegt bei 20–45% Feststoffanteil. Unterkühlung klebender Substanzen oder Vegetabilien z.B. Wacholderbeeren, auf −20°C zum Zweck der sonst nicht möglichen Trockenschrotung, Granulierung oder Pulverisierung. Anwendung von Kohlensäureschnee mit −80°C oder flüssigem Stickstoff mit −192°C. a) zur Versprödung polymerer Stoffe durch Erreichen der (↑) *Glastemperatur* mit dem Ziel der Feinmahlung. b) zur Verbesserung der Mahlbarkeit von Gewürzen bei Schonung der ätherischen Öle. c) Senkung der Mahltemperatur thermoempfindlicher Stoffe. Sowohl das Durchschleusen des Mahlgutes durch ein Stickstoffbad (Austragschnecken) als auch die Eindüsung kalter Stickstoffgase in Granulatbunker und Mühleneinläufe sind üblich.   H.S.

Kalzinieren ist das Erhitzen fester Produkte bis zu einem bestimmten Zersetzungsgrad, z. B. bis zum Zerfall von Natriumbicarbonat zu (↑) *Soda*, bis zur teilweisen oder völligen Entfernung von Kristallwasser (Gips, Soda) oder bis zum völligen Zerfall von Kalk zu Calciumoxid und CO_2 („Kalkbrennen").   D.O.

Kammeröfen ↑ *Vorkokung*   D.O.

Kammerseparatoren (s. Abb.) sind durch eine Separatortrommel charakterisiert, die in mehrere hintereinander geschaltete Kammern unterteilt ist. Die Flüssigkeit wird in der Mitte aufgegeben und durchströmt diese Kammern von innen nach außen. Man verzichtet dabei auf eine hohe Drehzahl und erreicht trotz eines relativ kleinen Absitzweges große Verweilzeiten durch hintereinander geschaltete Absetzkammern. Kammerseparatoren dienen hauptsächlich zum Klären von Flüssigkeiten mit relativ hohem Gehalt an leichtseparierbaren Feststoffen (↑ *Separator, Zentrifugen*).   D.O.

Kanalofen ↑ *Tunnelofen*   D.O.

Kanalsichtrad. Ein rotierendes Sichtrad (s. Abb.) mit etwa radialen Kanälen wird von außen nach innen von Sichtluft durchströmt. Die Kanäle wirken als Steigrohrsichter unter Fliehbeschleunigung. Dadurch wären theoretisch sehr hohe Feinheiten erzielbar. Infolge von Störungen durch die Corioliskraft sind jedoch die Leistungen schlecht, so daß praktische Anwendungen selten sind.   F.K.

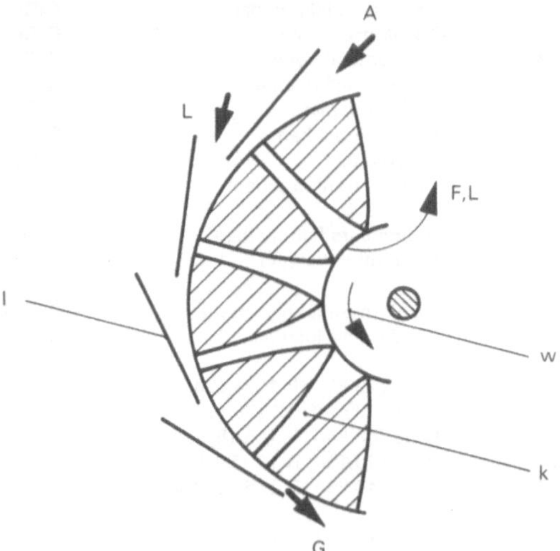

Kanalsichtrad. A = Aufgabegut; F = Feingut; G = Grobgut; L = Sichtluft; I = Leitschaufeln; k = Kanäle; w = Drehsinn

Karussell-Extrakteur. Dieser kontinuierlich, nach dem Prinzip der Gegenstrom-Perkolation arbeitende Fest/Flüssig-Extrakteur (s. Abb.) besteht aus einem lösungsmitteldichten Gehäuse mit einem extrem langsam rotierenden (↑) *Zellenrad*. Das Zellenrad fördert das kontinuierlich zulaufende, aufzubereitende Extraktionsgut vom Einfallschacht über einen feststehenden Siebboden mit konzentrischen, sich nach unten erweiterten Siebschlitzen in einem Umlauf zum Ausfallschacht. Dabei erfolgt die Extraktion durch Lösungsmittel-Berieselung. Das Lösungsmittel perkoliert durch das Materialbett und den Siebboden hindurch und wird in den darunterliegenden Miscella-Kammern aufgefangen. Die Aufgabepunkte und die Miscella-Kammern sind so angeordnet, daß die Flüssigkeit sich im

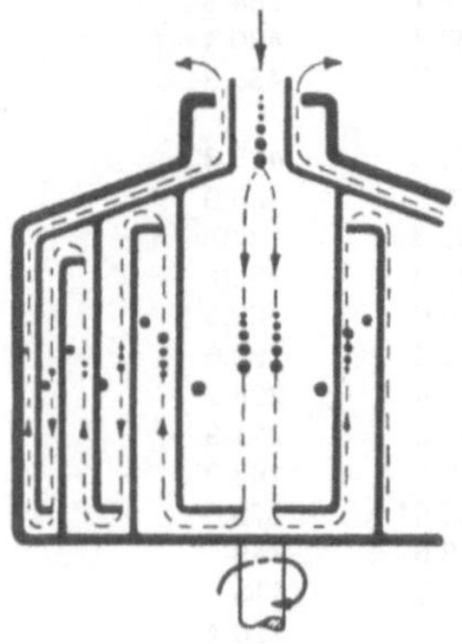

Schema der Kammerzentrifuge (Westfalia Separator AG, Oelde i. W.)

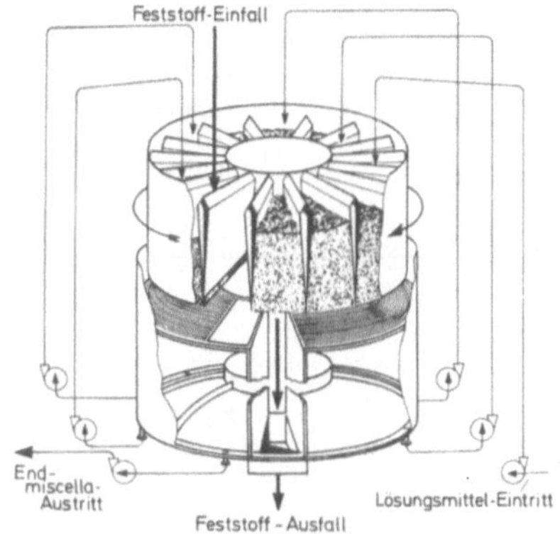

Perkolations-Karusseltrakteur
(Extraktionstechnik GmbH, Hamburg)

Gegenstrom zum Feststoff bewegt. Der Karussell-Extrakteur kann je nach Leistung mit einem oder mehreren Umläufen des Extraktionsgutes arbeiten, die etagenförmig übereinander angeordnet sind.   K.WE.

Karusselnutschenfilter ↑ *Planzellenfilter, Filterapparate*   H.W.

Kaskaden-Verdampfung ↑ *Mehrstufenverdampfung*   F.W.

Kathode. Fließt negative Elektrizität (Elektronen) von der Elektrode in den Elektrolyten einer elektrochemischen Zelle (oder positive Elektrizität in entgegengesetzter Richtung), so heißt dieser Strom kathodisch. Die Elektrode ist die Kathode. Gegenteil (↑) *Anode*.   H.V.

Keilplattenschieber. Diese Absperrarmaturen haben einen sich geradlinig bewegenden keilförmigen Absperrkörper (s. Abb.) und eine steigende oder nichtsteigende Spindel. Die Dichtung gegenüber dem Gehäuse ist im allgemeinen metallisch oder besteht aus Dichtringen aus härterem Werkstoff (Stellite). Die Dichtigkeit hängt von der Fertigungspräzision und Vorspannung des Keiles im Gehäuse ab. Um die Betätigungskräfte beim Öffnen und Schließen zu senken, sind Vorrichtungen entwickelt worden, die bei geteilten Keilplatten über Kniehebel, Keile etc. die senkrechte Spindelbewegung in eine horizontale Plattenverschiebung gegen die Dichtringe umwandeln, wenn die Schließstellung erreicht ist. Es handelt sich um hochwertige, zuverlässige Armaturen mit geringen Druckverlusten, aber großem Bauvolumen. Die Spindeldichtung gelingt über Packungen. Werkstoffe: Grauguß, Stahl, Niro-Stahl, Rotguß Sphäroguß.   K.R.

Keimbildung. Für die Entstehung einer Dampfblase an einer beheizten Oberfläche ist das Vorhandensein einer Keimstelle von großer Bedeutung. Kleine Vertiefungen oder Poren in den Oberflächen vermögen Gas- bzw. Dampfreste zurückzuhalten; diese wirken als Keime für die entstehenden Dampfblasen. In hochpolierten Oberflächen sind i. a. keine Keimstellen vorhanden, und es kommt beim Verdampfungsvorgang zum gefürchteten (↑) *Siedeverzug*. Bei technisch rauhen Oberflächen, die zudem oft nach gewisser Betriebszeit einen porösen Belag (↑ *Verkrustung*) tragen, sind stets genügend Keimstellen vorhanden, um eine stabile (↑) *Blasenverdampfung* zu gewährleisten.   F.W.

Kennzahlen (Kenndaten), sicherheitstechnische, sind Werte, die zur sicherheitstechnischen Beurteilung von Stoffen und Verfahren, bei denen diese Stoffe auftreten, erforderlich sind. Zu den K. gehören z.B. Siedepunkt, Flammpunkt, untere und obere Explosionsgrenze in Luft, Zündtemperatur, Gefahrenklasse nach VbF und die Explosionsklasse. Weitere Kenndaten sind z.B. Explosionsfähigkeit nach dem Sprengstoffgesetz, Selbstentzündlichkeit, Staubexplosionsfähigkeit, und die exotherme Zersetzung.

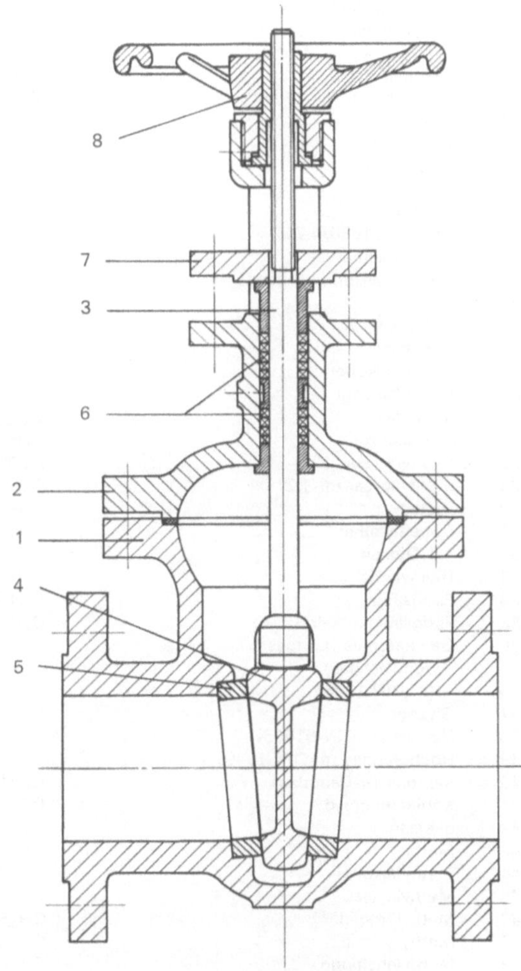

Keilplattenschieber. 1 = Gehäuse; 2 = Deckel; 3 = Spindel; 4 = Absperrplatte; 5 = Sitzring; 6 = Spindelpackung; 7 = Nachstellring; 8 = Handrad

Kennzahlen einiger brennbarer Gase und Dämpfe

Lfd. Nr.	Name	Formel	Mol.-gew.	Siedepunkt °C	Dichteverhältnis (gasf.) (Luft=1)
1	2	3	4	5	6
1	Acetaldehyd (Äthanal)	C_2H_4O	44,1	20	1,52
2	Aceton	C_3H_6O	58,1	56	2,0
3	Acetylen	C_2H_2	26,0	− 84	0,9
4	Äthan	C_2H_6	30,1	− 89	1,04
5	Äthyläther	$C_4H_{10}O$	74,1	34,5	2,55
6	Äthylalkohol	C_2H_6O	46,1	78	1,59
7	Äthylacetat	$C_4H_8O_2$	88,1	77	3,04
8	Äthylbromid	C_2H_5Br	109,0	38	3,76
9	Äthylchlorid	C_2H_5Cl	64,5	12	2,22
10	Äthylen	C_2H_4	28,1	−104	0,97
11	1,2 Dichloräthan	$C_2H_4Cl_2$	99,0	84	3,42
12	Äthylenglykol	$C_2H_6O_2$	62,1	197	2,14
13	Äthylenoxid	C_2H_4O	44,0	11	1,52
14	Ammoniak	NH_3	17,0	− 33	0,59
15	n-Amylalkohol	$C_5H_{12}O$	88,1	138	3,04
16	i-Amylacetat	$C_7H_{14}O_2$	130,2	142	4,49
17	Anilin	C_6H_7N	93,1	184	3,22
18	Anthrazen	$C_{14}H_{10}$	178,2	340	6,15
19	Benzaldehyd	C_7H_6O	106,1	179	3,66
20	Benzine (n. DIN 51630/4.71)				
	(Petroläther	−		≥25/ ≤80	~2,8
	(Testbenzin, Lackbenz.)	−		>135/<220	~5,0
21	Benzol	C_6H_6	78,1	80	2,7
22	Butadien-1,3	C_4H_6	54,1	− 4	1,87
23	n-Butan	C_4H_{10}	58,1	− 1	2,05
24	n-Butylalkohol	$C_4H_{10}O$	74,1	118	2,55
25	i-Butylalkohol	$C_4H_{10}O$	74,1	108	2,55
26	n-Butylen	C_4H_8	56,1	− 6	1,94
27	Chlorbenzol	C_6H_5Cl	112,6	132	3,88
28	Cyanwasserstoff	HCN	27,0	26	0,93
29	o-Dichlorbenzol-1,2	$C_6H_4Cl_2$	147,0	179	5,07
30	Dicyan	C_2N_2	52,0	− 21	1,8
31	Dimethyläther	C_2H_6O	46,1	− 25	1,59
32	1,4-Dioxan	$C_4H_8O_2$	88,1	101	3,03,
33	Divinyläther	C_4H_6O	70,1	39	2,41
34	Essigsäure	$C_2H_4O_2$	60,0	118	2,07
35	Essigsäureanhydrid	$C_4H_6O_2$	102,1	140	3,52
36	Generatorgas (Luftgas, Schwachgas) (n. DIN 1340)	−	−	−	0,8/0,9
37	Glyzerin	$C_3H_8O_3$	92,1	290	3,17
38	Heizöle (n. DIN 51603)	−	−	−	−
39	Hochofengas (n. DIN 1340)	−	−	−	0,9/1,1
40	Kampfer (δ-Campher)	$C_{10}H_{16}O$	152,2	209	5,24
41	Kohlenmonoxid	CO	28,0	−191	0,97
42	o-Kresol	C_7H_8O	108,1	191	3,73
43	Methan	CH_4	16,0	−161	0,55
44	Methylalkohol	CH_4O	32,0	65	1,1
45	Methylacetat	$C_3H_6O_2$	74,1	57	2,56
46	Methylbromid	CH_3Br	95,0	4	3,27
47	Methylchlorid	CH_3Cl	50,5	− 24	1,78
48	Methylenchlorid	CH_2Cl_2	84,9	40	2,93
49	Naphtalin	$C_{10}H_8$	128,2	218	4,42
50	Nitrobenzol	$C_6H_5NO_2$	123,1	211	4,25
51	Phenol	C_6H_6O	94,1	182	3,24

Flamm-punkt °C	Explosionsgrenzen in Luft (1013 mbar 20°C) Vol.-Konz. in % untere	obere	in g/m³ untere	obere	Zünd-temperatur °C	Zünd-gruppe (Expl.-klasse) VDE	Gruppe und Ge-fahren-klasse (VbF)	Verd.-zahl (Äther =1)	Lfd. Nr.
7	8	9	10	11	12	13	14	15	16
– 27	4,0	57,0	73	1040	140	G 4(1)	B	–	1
<– 20	2,5	13,0	60	310	540	G 1(1)	B	2,1	2
–	2,3	82,0	16	880	305	G 2(3c)	–	–	3
–	3,0/3,2	12,5/15,5	37/40	155/195	515	G 1(1)	–	–	4
<– 20	1,7	36,0	50	1100	180	G 4(1)	A I	1,0	5
12	3,5	15,0	67	290	425	G 2(1)	B	8,3	6
– 4	2,1/2,5	11,5	75/90	420	460	G 1(1)	A I	2,9	7
<–20	6,7	11,3	300	510	510	G 1	A I	–	8
–	3,6	14,8	95	400	510	G 1(1)	–	–	9
–	2,7	28,5/34,0	31	330/390	435	G 2(2)	–	–	10
12	6,2	16,0	250	660	435	G 2(1)	A I	4,1	11
111	3,2	53	80	1320	425	G 2	–	600,0	12
–	2,6	100,0	47	1820	440	G 2(2)	–	–	13
–	15,0	28,0	105	200	630	G 1(1)	–	–	14
49	1,3	10,5	47	380	300	G 3(1)	A II	–	15
25	1,0	10,0	60	550	380	G 2(1)	A II	13,0	16
76	1,2	11,0	48	425	630	G 1	A III	–	17
121	0,6	–	45	–	(540)	G 1	–	–	18
64	1,4	–	60	–	190	G 4	A III	–	19
<–20	~1,2	~7,5	–	–	~280	G 3(1)	A I	–	
>21/ <55	~0,6	~6,5	–	–	~240	G 3(1)	A II	–	20
–11	1,2	8,0	39	270	555	G 1(1)	A I	3,0	21
–	1,1/2,0	10,0/12,5	25/45	230/290	415	G 2(1)	–	–	22
–	1,5/2,0	8,5	37/49	210	365	G 2(1)	–	–	23
35	1,4/1,7	10,0/11,3	43/50	310/350	340	G 2(1)	A II	33,0	24
27	1,7	–	50	–	430	G 2(1)	A II	24,0	25
–	1,6	9,3/10	35	220/235	440	G 2(1)	–	–	26
28	1,3/1,5	7,0/11,0	60/70	330/520	(590)	G 1(1)	A II	2,5	27
<–20	5,4	46,6	60	520	535	G 1(1)	–	–	28
66	2,2	9,2/12,0	130	570/750	(640)	G 1	A III	57,0	29
–	6,0	32/43	130	700/930	–	–	–	–	30
–	3,0	18,6	57	360	240	G 3(1)	–	–	31
11	1,9	22,5	70	820	375	G 2(1)	B	7,3	32
<–20	1,7	27,0/36,5	50	800/1060	360	G 2	A I	–	33
40	4,0/5,4	17,0	100/135	430	485	G 1(1)	–	–	34
49	2,0/2,7	10,2	85/115	430	330	G 2(1)	A II	–	35
–	~20,0	~75,0	–	–	~600	G 1(1)	–	–	36
160	–	–	–	–	400	G 2	–	–	37
>55	~0,6	~6,5	–	–	~220	G 3(1)	A III	–	38
–	~30,0	~75,0	–	–	~600	G 1(1)	–	–	39
66	0,6	~4,5	38	~280	(460)				40
–	12,5	74,0	145	870	605	G 1(1)	–	–	41
81	1,3	–	58	–	555	G 1	A III	–	42
–	5,0	15,0	33	100	595	G 1(1)	–	–	43
11	5,5	31/44	73	410/590	455	G 1(1)	B	6,3	44
–10	3,1	16,0	95	500	475	G 1(1)	A I	2,2	45
–	8,6	20,0	335	790	535	G 1	–	–	46
–	7,1	18,5	150	400	625	G 1(1)	–	–	47
–	13,0	22,0	450	780	605	G 1	–	1,8	48
80	0,9	5,9	45	320	520	G 1	–	–	49
88	1,8	–	90	–	480	G 1	A III	–	50
79	–	–	–	–	595	G 1	A III	–	51

Kennzahlen einiger brennbarer Gase und Dämpfe (*Fortsetzung*)

Lfd. Nr.	Name	Formel	Mol.-gew.	Siedepunkt °C	Dichteverhältnis (gasf.) (Luft=1)
1	2	3	4	5	6
52	Phosphorwasserstoff	PH_3	34,0	− 88	1,17
53	Phtalsäureanhydrid	$C_6H_4O_3$	148,1	285	5,11
54	Propan	C_3H_8	44,1	− 42	1,56
55	Di-i-Propyläther	$C_6H_{14}O$	102,2	69,0	3,53
56	n-Propylalkohol	C_3H_8O	60,1	97	2,07
57	i-Propylalkohol	C_3H_8O	60,1	82	2,07
58	Propylacetat	$C_5H_{10}O_2$	102,1	102	3,52
59	Propylen	C_3H_6	42,1	− 48	1,49
60	Schwefelchlorid	S_2Cl_2	135,0	138	4,66
61	Schwefelkohlenstoff	CS_2	76,1	46	2,64
62	Schwefelwasserstoff	H_2S	34,1	− 60	1,19
63	Tetrahydronaphtalin	$C_{10}H_{12}$	132,2	208	4,56
64	Toluol	C_7H_8	92,1	111	3,18
65	Vinylchlorid	C_2H_3Cl	62,5	− 14	2,16
66	Wasserstoff	H_2	2,0	−253	0,07
67	o-Xylol	C_8H_{10}	106,2	144	3,66

Kerzenfilter (↑ *Filterapparate*). In einem druckfesten Filtergehäuse sind eine oder mehrere (↑) *Filterkerzen* auswechselbar untergebracht, die zur diskontinuierlichen Klärfiltration mit oder ohne Filterhilfsmittel dienen. Regenerierung durch Rückspülung ist möglich.
H.W.

Kesselstein ↑ *Verkrustung*   F.W.

Kesselverdampfer sind beispielsweise aussenbeheizte Rührwerkskessel, die mit einem Heizmantel

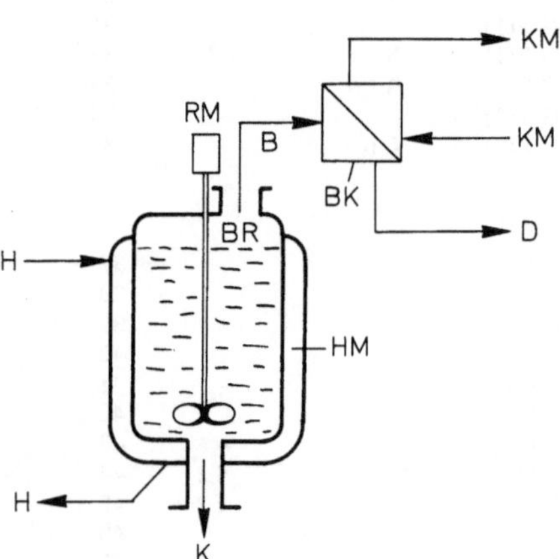

Kesselverdampfer. H = Heizmittel; HM = Heizmantel;
K = Konzentrat; B = Brüden; BR = Brüdenraum;
BK = Brüdenkondensator; D = Destillat; KM = Kühlmittel;
RM = Rührwerkmotor

versehen sind (s. Abb.). In Kesselverdampfern besteht meist ein ungünstiges Verhältnis zwischen dem Flüssigkeitsvolumen und der Wärmeaustauschfläche (↑ *Beheizungssysteme*). Die Folge ist eine sehr lange (↑) *Verweilzeit* des Produktes im Apparat. Infolge von Überhitzungen (↑ *Siedeverzug*) können Schädigungen der einzudampfenden Lösung auftreten.   F.W.

Keten entsteht durch katalytische Dehydratisierung von Essigsäure

$$CH_3-C{\overset{\displaystyle\nearrow O}{\searrow OH}} \xrightarrow[-H_2O]{\text{Katalysator } 700°\,C} H_2C{=}C{=}O$$

sowie ferner durch Pyrolyse von Aceton

$$CH_3-CO-CH_3 \xrightarrow{600-700°\,C} H_2C{=}C{=}O+CH_4$$

Es dient insbesondere als Zwischenprodukt bei der Herstellung von (↑) *Essigsäureanhydrid* sowie für eine Reihe von Synthesen, u.a. Sorbinsäure (Konservierungsmittel).   D.O.

Kieselgel ist eine amorphe aktive Kieselsäure mit einem bestimmten Gehalt an Strukturwasser, welches beim „Aktivieren" nicht entfernt werden kann (es wird erst bei 1073 K (800° C) unter Zerstörung der Eigenschaften ausgetrieben). Im Zusammenhang mit dem Strukturwasser steht die Porigkeit des Kieselgels. Engporige Kieselgele weisen 5 bis 7 Gew.%, mittelporige 3–5 Gew.% und weitporige Kieselgele weniger als 3 Gew.% Strukturwasser auf. Die „gefällten Kieselsäuren" unterscheiden sich nicht von Kieselgelen.

Flamm-punkt °C	Explosionsgrenzen in Luft (1013 mbar 20° C)				Zünd-tempe-ratur °C	Zünd-gruppe (Expl.-klasse) VDE	Gruppe und Ge-fahren-klasse (VbF)	Verd.-zahl (Äther =1)	Lfd. Nr.
	Vol.-Konz. in %		in g/m³						
	untere	obere	untere	obere					
7	8	9	10	11	12	13	14	15	16
–	–	–	–	–	(100)	–	–	–	52
152	1,7	10,5	100	650	580	G 1	–	–	53
–	2,1	9,5	39	180	470	G 1(1)	–	–	54
<–20	1,0	21,0	45	900	405	G 2(1)	A I	–	55
15/22	2,1	13,5	50	340	405	G 2(1	B	–	57
10	1,7/2,0	8,0	70/85	340	430	G 2(1)	A I	6,1	58
–	2,0	11,7	35	210	(455)	–(1)	–	–	59
–	–	–	–	–	385	G 2	–	–	60
<–20	1,0	60,0	30	1900	102	G 5(3b)	A I	1,8	61
–	4,3	45,5	60	650	270	G 3(1)	–	–	62
77	0,8	5,0	45	275	425	G 2	A III	190	63
6	1,2	7,0	46	270	535	G 1(1)	A I	6,1	64
–	3,8	29,3	95	770	415	G 2(1)	–	–	65
–	4,0	75,6	3,3	64	560	G 1(3a)	–	–	66
30	1,0	6,0/7,6	44	270/335	465	G 1(1)	A II	13,5	67

Standardwerk:
K. Nabert und G. Schön, „Sicherheitstechnische Kennzahlen brennbarer Gase und Dämpfe", 2. Aufl., Deutscher Eichverlag GmbH, Burgplatz 1, 3300 Braunschweig. Kennwerte für die Explosionsheftigkeit von Stäuben s. VDI-Richtlinie 2263. F.Wl.

1. Engporiges Kieselgel dient zur Entfernung von H_2O-Dampf aus Gasen, welche frei von alkalischen oder Fluorid-Ionen enthaltenden Bestandteilen sind (führen zur Zerstörung). Ferner Verwendung zum Trocknen von organischen mit Wasser nicht mischbaren Flüssigkeiten (Aliphaten, Aromaten, verflüssigte Kohlenwasserstoffe mit niedrigem Siedepunkt einschließlich Erdgas sowie Halogen-Kohlenwasserstoffe). Bei Aromaten dürfen phenolische Hydroxylgruppen nicht vorhanden sein, da diese zu Porenverstopfungen führen können. Die (↑) *Restbeladung* beträgt ca. 7 Gew.%, die (↑) *freie Beladung* ca. 5 Gew.%. Vor Benetzung mit flüssigem oder tröpfchenförmigem Wasser ist Kieselgel zu schützen, da es sonst durch den hohen Dampfdruck in den Kapillaren in Teilchen zerspringt. In der Adsorptionstechnik, speziell der Druckluft-Technik wird zum Schutze des Kieselgels eine Schutzschicht von etwa 30 cm Höhe aus (↑) *Tonerdegel* oder wasserfestem Kieselgel eingesetzt.
Kieselgel kommt granuliert (0–10 mm) oder in Kugelform von 1–3 mm sowie von 2–5 mm mit einem geringen Gehalt an Aluminiumoxid in den Handel. Das Material ist hitzebeständig, es verträgt kurzzeitige Überhitzung bis 673 K (400° C) ohne Schäden. Eine Porenverkleinerung unter Abgabe von Strukturwasser und Erhöhung des Rüttelgewichts (sh. dort) tritt ab 753 K (480° C) ein.
Mit Kobalt (H/II)-chlorid imprägniert ist das „Blaugel" (Silica-Blaugel, Indikator-Gel). Die Imprägnierung liegt zwischen 2–5 Gew.%. Der Farbumschlag von

Kenndaten

SiO_2–Gehalt (aktiviert)	93,0 Gew.%
SiO_2–Gehalt (geglüht)	min. 99,5 Gew.%
Konstitutionswasser	~7,0 Gew.%
Wasserlösl. Verunreinig.	max. 0,5 Gew.%
pH	um 4,0
innere Oberfläche	~800 m²/g
scheinbarer mittl. Porendurchmesser	2,3 nm
spezif. Wärme	0,83 J/g H_2O · K (0,22 Kcal/Kg° C)
mittl. Adsorptionswärme	ca. 2900 KJ/Kg H_2O (ca. 700 Kcal/Kg H_2O)
Schüttgewicht aktiv	~700 Kg/m³
Partikelgewicht	~1,1 g/cm³
wahres spezif. Gewicht	~2,2 g/cm³
Porenvolumen	~0,43 cm³/g
Regenerationstemp.	393–453 K (120–180° C)

Blau (trocken) nach Rosa liegt im Bereich zwischen 10 und 18 Gew.% Beladung mit Wasserdampf. Bei Blaugel darf die Regenerationstemperatur 180° C nicht überschreiten. (Verwendung für Exsikkatoren und in Trocknungsanlagen für Schauaugen zur optischen Kontrolle der Beladung eines Adsorbers)– *Mittel- und weitporige Kieselgele* unterscheiden sich von dem engporigen Material durch geringere aktive *Oberfläche*, ein (↑) *Rüttelgewicht* von weniger als 600 dm³, einen größeren scheinbaren/Porendurchmesser sowie ein mehr oder weniger milchiges Aussehen. Kennzeichen: Sie zerspringen nicht mehr mit flüssigem Wasser. Unter weitporige Kieselgele fallen auch die „gefällten Kieselsäuren."

SiO$_2$–Gehalt (aktiviert)	96,0 Gew.%
SiO$_2$–Gehalt (geglüht)	min. 99,5 Gew.%
Konstitutionswasser (Mittel)	4,0 Gew.%
Wasserlösl. Verunreinigen	max. 0,5 Gew.%
pH	7,2–9,2
Innere Oberfläche	500 m^2/g
scheinbarer mittl. Porendurchmesser	6–12 nm
Schüttgew. (aktiviert)	~420 Kg/m^3
Wahres spez. Gewicht	~2,2 g/cm^3
Porenvolumen	0,7–1,2 cm^3/g

Für Trocknung ungeeignet; benutzt in der analyt. und techn. Chemie und Stabilisierung eiweißhaltiger Getränke (Bier). K.W.

Kies-Tiefbettfilter ↑ *Bettfilter, Filterapparate* H.W.

Kippwannenfilter ↑ *Planzellenfilter,* ↑ *Filterapparate.* H.W.

Klärfiltration. Hierunter versteht man die Abscheidung mengenmäßig geringfügiger (< 1 bis 10 g/l) und feindisperser bis Kolloidaler, bzw. mikrobieller Trübungsteilchen aus Flüssigkeiten mit dem Ziel, ein klares oder keimfreies Filtrat zu gewinnen, wobei der Filterrückstand meistens wertlos ist. H.W.

Klärschlamm nennt man die bei der mechanischen, biologischen oder chemischen Reinigung von (↑) *Abwässern* anfallenden, stark wasserhaltigen Anteile. D.O.

Kletterfilmverdampfer. Durch die intensive Verdampfung der Lösung in den Rohren entsteht eine ringförmige Filmströmung mit einem Dampfkern. Die Flüssigkeit wird durch den mit hoher Geschwindigkeit strömenden Dampfkern mitgerissen und an den Rohrwänden nach oben gefördert. Die Trennung von Brüden und Flüssigkeit erfolgt bei diesem Langrohrverdampfer in einem seitlich angebrachten Zyklon (s. Abb.). Dieser Verdampfertyp ist wegen der schwierigen Reinigung nicht zum Eindampfen krustenbildender Lösungen geeignet, hingegen wird er mit gutem Erfolg bei schäumenden Lösungen eingesetzt. F.W.

Knetpumpen ↑ *Schraubenpumpen* W.W.

Koagulation. Bei der Koagulation wird das elektrische Potential von Kolloiden durch Zusatz entgegengesetzt geladener Ionen entladen. Bei anschließender (↑) *Flockung* erfolgt dann eine Agglomeration der Teilchen unter Vernetzung durch (↑) *Flockungsmittel* (z.B. multifunktionelle organische Makromoleküle). D.O.

Koaleszer. Hierunter versteht man (↑) *Filterapparate* oder (↑) *Filtermittel,* die in der Lage sind, emulsoide Zweiphasensysteme durch einen Filtrationsprozeß in die einzelnen Phasen zu zerlegen (↑ *Emulsionstrennung*). H.W.

Koch'sche Synthese. Umsetzung von Olefinen mit Kohlenoxid (↑ *Carbonylierung*) in Gegenwart von Protonenkatalysatoren (wie Schwefelsäure, Fluorwasserstoff und Phosphorsäure), gegebenenfalls in Kombination (z.B. mit Bortrifluorid). Es entstehen Gemische verzweigter isomerer Carbonsäuren nach:

$$R-CH_2-CH=CH_2 \overset{+H^+}{\rightleftharpoons} R-CH_2-\overset{+}{CH}-CH_3$$
$$\rightleftharpoons R-\overset{+}{CH}-CH_2-CH_3 \rightleftharpoons R-\overset{+}{C}\overset{\diagup CH_3}{\diagdown CH_3}$$

$$\underset{\diagup}{\overset{\diagdown}{}}\overset{+}{C}+CO \rightleftharpoons \underset{\diagup}{\overset{\diagdown}{}}-\underset{\underset{O}{\|}}{C}-\overset{+}{C} \xrightarrow[-H^+]{H_2O} \underset{\diagup}{\overset{\diagdown}{}}-C-C\overset{\diagup O}{\diagdown OH}$$

Man arbeitet in flüssiger Phase bei 20–100 bar Druck im mäßigen Temperaturbereich (ca. 80°C). D.O.

Kohlechemie. Basis für die organischen Synthesen im industriellen Maßstab sind heute fast ausschließlich Erdöl (↑ *Petrochemie*) und Erdgas. In Deutschland wurden in der Zeit zwischen den beiden Weltkriegen im

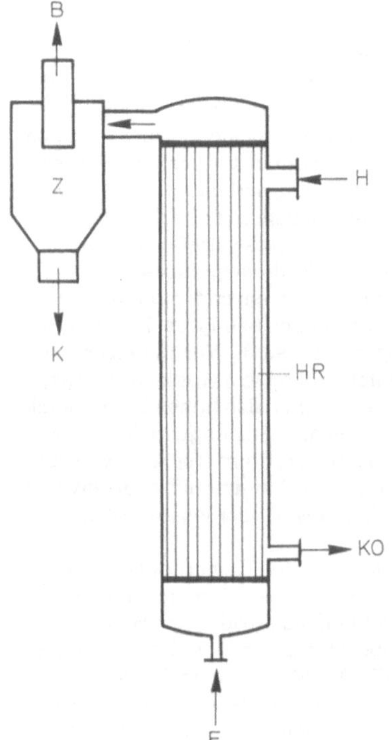

Kletterfilmverdampfer. F = Frischlösung; K = Konzentrat; B = Brüden; H = Heizdampf; KO = Kondensat; HR = Heizregister; Z = Zyklonabscheider

Rahmen der Autarkie-Bestrebungen große Anstrengungen unternommen, auf der Basis von Braun- und Steinkohlen alle benötigten Rohstoffe für organische Synthesen zu gewinnen und insbesondere auch Kohlenwasserstoffe herzustellen. Kohlechemie ist im Hinblick auf die derzeitige Situation beim Erdöl erneut ein aktuelles Arbeitsgebiet geworden. (↑ *Kohlehydrierung, Fischer-Tropsch-Synthese, Pott-Broche-Verfahren, Bergius-Verfahren, Vergasung, Verkokung, Schwelung, Steinkohlenteer, Acetylen, Kohlenwertstoff-Anlage*).   D.O.

Kohlehydrierung ist die Bezeichnung für Verfahren, die dazu dienen, Kohle in Kohlenwasserstoffe überzuführen. (↑ *Fischer-Tropsch-Verfahren, Bergius-Verfahren, Pott-Brocke-Verfahren, Rohrreaktor*).   D.O.

Kohlenwasserstoffe, chlorierte (CKW) werden technisch hauptsächlich als Löse- und Reinigungsmittel, aber auch als Reaktionsmedien sowie als Einsatzstoffe verwendet. Die CKW besitzen recht unterschiedliche Toxizität. Hauptangriffspunkt ist die Leber. CKW hoher Lebertoxizität sind z.B. Tetrachloraethan, Tetrachlorkohlenstoff, Pentachloraethan. Diese drei CKW unterliegen nach der „Verordnung über gefährliche (↑) *Arbeitsstoffe"* einem bedingten Verwendungsverbot.

CKW mittlerer Lebertoxizität sind z. B. Chloroform und Trichloraethylen. Schließlich gibt es noch CKW sehr geringer Legertoxizität, z. B. 1.1.1-Trichloraethan und Methylenchlorid. Beim Umgang mit CKW sind die betr. (↑) *MAK-Werte* zu beachten. Beim offenen Umgang sind geeignete Absaugungen erforderlich. Erkrankungen durch CKW sind meldepflichtige (↑) *Berufskrankheiten* (BK Nr. 1302); Verordnung über gefährliche (↑) *Arbeitsstoffe*, Anh. II, Nr. 2. Merkblatt über den Umgang mit chlorierten Kohlenwasserstoffen (CKW-Merkblatt für den Beschäftigten) (Bestell-Nr. ZH 1/129. Carl Heymanns-Verlag KG, 5000 Köln 1). Sicherheitsregeln für den Umgang mit aliphatischen Chlorkohlenwasserstoffen und deren Gemischen (CKW-Regeln für den Betrieb) (Bestell-Nr. ZH 1/222, Carl Heymanns-Verlag KG, 5000 Köln 1).   F.WI.

Kohlenwertstoff- oder Nebenproduktenanlage. Die Apparate und Einrichtungen der Nebenproduktenanlage (s. Abb.) haben die Aufgabe, aus den dampf- und gasförmigen Entgasungsprodukten durch Reinigungs- und Aufbereitungsverfahren ein sauberes

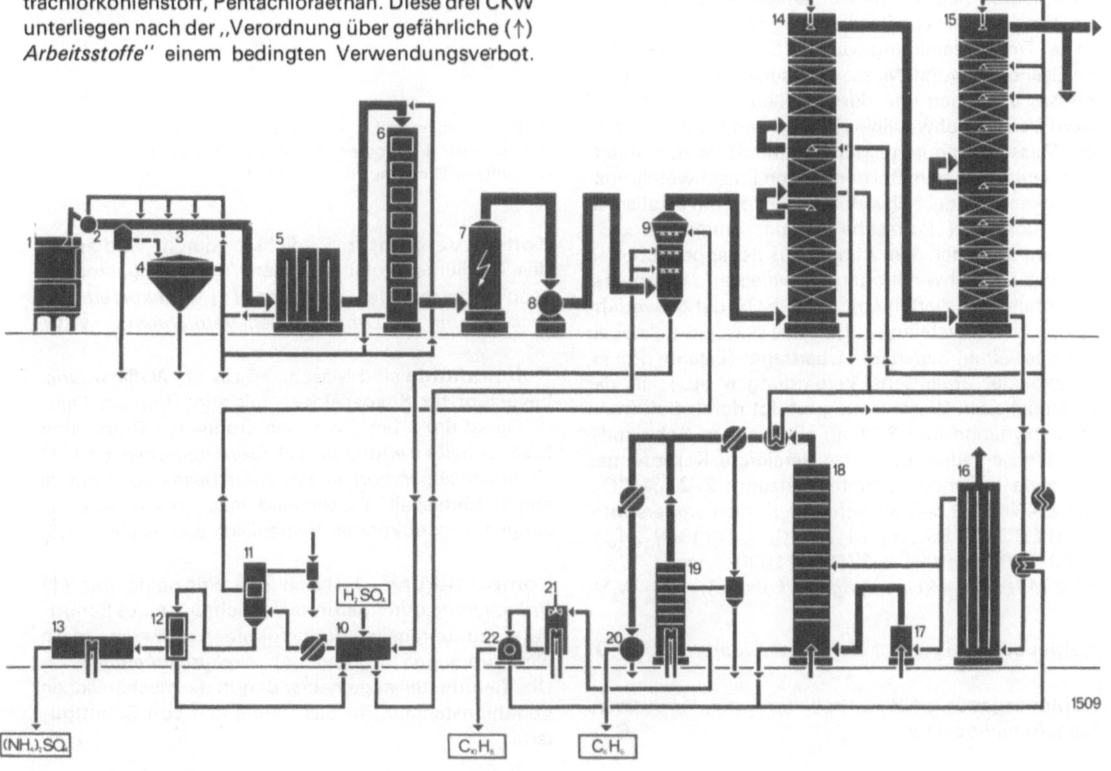

Brenngas und aus den abgeschiedenen Stoffen absatzfähige Handelsprodukte herzustellen sowie verbleibende Abfallstoffe unschädlich zu machen. In der Vorlage auf den Koksöfen scheiden sich Teer und Gaswasser ab. Das Gas wird durch Einspritzen von Ammoniakwasser auf etwa 100° C und in nachgeschalteten indirekten Gasvorkühlern durch Kühlwasser auf ca. 30° C gekühlt. Für die feinsten Teernebel erfolgt eine Abscheidung durch ein (↑) *Elektrofilter*. Angeschlossen ist eine Teerscheideanlage, wo Teer und Gaswasser getrennt werden; ein Teil des Gaswassers wird im Kreislauf zur Vorlagenberieselung verwendet. Das der Kühlung nachgeschaltete Gasgebläse erzeugt den für die Absaugung aus den Öfen erforderlichen Unterdruck und fördert das Gas durch die weiteren Waschstufen. Im Otto-(↑)*Sprühsättiger* wird das im Gas enthaltene Ammoniak mit einer schwefelsauren Waschlösung entfernt und durch Vakuum-Eindampfung kristallines Ammoniumsulfat erzeugt. Die Benzol- und Naphthalin-Abtrennung geschieht durch Auswaschen mit einer Teerölfraktion als Waschmittel. Die Gewinnung des Rohbenzols aus dem angereicherten Waschöl gelingt durch Abtrieb und Wärme- und Dampfzufuhr. Zur Entschwefelung des Gases werden trockene und nasse Gasreinigungsverfahren benutzt. In der Trockenreinigung wird der Schwefelwasserstoff an Eisenoxydhydrat-Massen (Raseneisenerz oder Luxmasse) absorbiert und durch Sauerstoff zu Schwefel oxydiert. Die Schwefelgewinnung und Regenerierung der Masse wird durch Extraktion mit Schwefelkohlenstoff vorgenommen. Bei den nassen Entschwefelungsverfahren wird der Schwefelwasserstoff mit alkalischer Waschlösung („Pottasche", Soda, Ammoniak etc.) entfernt und nach dem Abtrieb aus der angereicherten Lösung auf Schwefel oder Schwefelsäure verarbeitet (Neutralisationsverfahren). Bei den Oxydationsverfahren der Entschwefelung enthält das Waschmittel neben der Base einen Sauerstoff-Übertäger (Eisenhydroxid, Arsenoxide, organische Verbindungen etc.); in der angereicherten Waschlösung erfolgt durch Belüftung eine Oxydation und Bildung elementaren Schwefels, der abgeschieden wird. Das gereinigte Koksofengas hat etwa folgende Zusammensetzung: 2–2,5% CO_2, 0,2–0,4% O_2, 2,5–3,5% schwere Kohlenwasserstoffe, 6–10% CO, 47–55% H_2, 24–29% CH_4, 7–11% N_2, H_0 = 4200–5200 kcal/m^3 = 17600–21800 kJ/m^3 = 17,6–21,8 MJ/m^3. (↑ *Schwelung, Verkokung*).   W.M.

Kohleverflüssigung ↑ *Kohlehydrierung*   D.O.

Kohlevergasung ↑ *Wirbelschichtreaktor, Vergasung, Wirbelschichtreaktor*   G.L.

Kolbenpumpen ↑ *Hubkolbenpumpen, Umlaufkolbenpumpen*   W.W.

Kolbenschieberventil (Käfigventil). Es handelt sich um eine Armatur mit kolbenförmigem Absperrkörper und geradliniger Schließbewegung (s. Abb.), die durch eine steigende oder nichtsteigende Spindel eingeleitet wird. Eine Weichdichtung (Ring) dichtet am kolbenförmigem Sperrkörper durch radiale Vorspannung. Der Spindelbereich wird durch eine gleichartige Weichdichtung am Kolbenoberteil gegen das Medium abgedichtet. Die Schließbewegung erfolgt gegen die Druckkraft des Mediums. – Werkstoffe: Grauguß, Stahl, Messing, Bronze.   K.R.

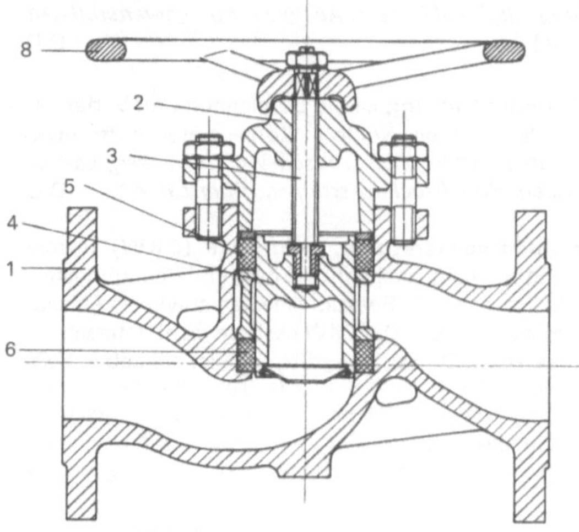

Kolbenschieberventil. 1 = Gehäuse; 2 = Deckel; 3 = Spindel; 4 = Kolben; 5 = oberer Dichtring; 6 = unterer Dichtring; 8 = Handrad

Kolben-Verdichter verdichten durch Verdrängen des Mediums (volumetrischer Verdichtungsprozeß). Man unterscheidet zwischen (↑) *Hubkolben-Verdichtern* und (↑) *Umlaufkolben-Verdichtern*.   W.W.

Kolloidmühle sind Maschinen zur (↑) *Naßmahlung*, bevorzugt für Suspensionen mit angestrebtem Feinheitsgrad um 1 μm. Zwischen profilierten Rotor- und Statorscheiben erfolgt bei (↑) *Zahnringmühlen* und (↑) *Korundscheibenmühlen* eine Scherbeanspruchung im engen Mahlspalt. Dieser wird mechanisch oder bei einigen Konstruktionen hydraulisch eingestellt.   H.S.

Kompaktierung. 1. Nach den Prinzipien der (↑) *Brikettierung* durchgeführte Verdichtung eines Schüttgutes zu unregelmäßig geformten, größeren, meist plattenförmigen Körpern (↑ *Preßgranulierung*). 2. Übergeordneter, allgemeiner Begriff der mechanischen Verfahrenstechnik für das Verdichten von Schüttgütern.   H.R.

Kompensatoren ↑ Rohrleitungen, *Dehnungsausgleich*   W.W.

Kompressionskälteanlagen. Kälteanlagen sind meist in sich geschlossene Systeme, die mit einem Kältemittel arbeiten, das in der Anlage zirkuliert. Der einfachste Kältekreislauf – die Kompressionskälteanlage (s. Abb. S. 108) – besteht aus einem Kompressor, in dem der Kältemitteldampf verdichtet wird, einem Kondensator, in dem der Dampf bei hohem Druck verflüssigt wird, wobei die Kondensationswärme an die Umgebungsluft oder an Kühlwasser abgegeben wird. Anschließend wird das verflüssigte Kältemittel in einem Entspannungsventil gedrosselt und im Verdampfer verdampft. Hier im Verdampfer wird die Kälteleistung nach außen abgegeben. Für die Theorie der Kälteanlagen benötigt man die ersten beiden Hauptsätze der Thermodynamik. Aus dem ersten Hauptsatz folgt, daß bei der Kompressionskälteanlage die im Kondensator abgegebene Wärmemenge gleich der Kälteleistung plus der Verdichterleistung ist. Mit Hilfe des zweiten Hauptsatzes kann man berechnen, welche Verdichterleistung A_{min} mindestens benötigt wird, um eine Kälteleistung Q_K bei der Temperatur T_K zu erzeugen, wobei noch die Umgangstemperatur T_U bekannt sein muß:

$$A_{min} = Q_K\,(T_U - T_K)/T_K$$

Die tatsächlich benötigte Verdichterleistung ist größer als A_{min}, da der Kälteprozeß nicht ideal verwirklicht werden kann. **H.Q.**

Kompressoren ↑ *Verdichter* **W.W.**

Kondensation. Verdichten bzw. Verflüssigen von Gasen oder Dämpfen, z.B. durch Kühlung oder Drucksteigerung. **D.O.**

Konverter. 1.) Kippbare birnenförmige Öfen aus Stahl mit feuerfester Wandauskleidung, in denen die flüssige Beschickung durch Einblasen von Luft oder Sauerstoff Oxidationsprozessen unterworfen wird. 2.) Gelegentlich werden auch Reaktionsapparate in der chemischen Industrie sowie in der Mineralölindustrie als Konverter bezeichnet (↑ *Hochdruck-Reaktoren*)). **D.O.**

Konvertieren ↑ *Stadtgas* **D.O.**

Konzentrieren (einer Lösung oder einer Suspension). Durch Verdampfen des leichterflüchtigen Lösungsmittels wird der nicht verdampfte Anteil aufkonzentriert. Beim Konzentrieren nimmt dementsprechend der Feststoffgehalt (z.B. Eindampfen einer Salzlösung) oder die Viskosität des Sumpfproduktes zu. Der Begriff des Konzentrierens bezieht sich bei thermischen Trennverfahren somit auf den nicht verdampften Anteil. Aus dem Bereich mechanischer Trennverfahren seien Filtration, Zentrifugieren und Sedimentation erwähnt, mit denen beispielsweise Fest-Flüssigsuspensionen auf höheren Feststoffgehalt aufkonzentriert werden können. **F.W.**

Korbsichtrad. Ein von außen nach innen durchströmter Rotor ist am Umfang mit axial angeordneten Stäben besetzt (auch Siebblech wird verwendet). Diese weisen das Grobgut teils durch (↑) *Jalousiesichter* teils durch Fliehkraft in den Kanälen zwischen den Stäben (↑ *Kanalsichtrad*), teils durch Spiralsichtung (↑ *Spiralsichter* und ↑ *Schraubensichtung, Schraubensichter*) innerhalb derselben nach außen ab. Da noch keine Vereinigung mit einer passenden Grobgutsichtzone gelungen ist, bleibt das Grobgut verhältnismäßig unsauber, sodaß dieses Verfahren praktisch nur bei (↑) *Sichtermühlen* (s. Abb.) benutzt wird. **F.K.**

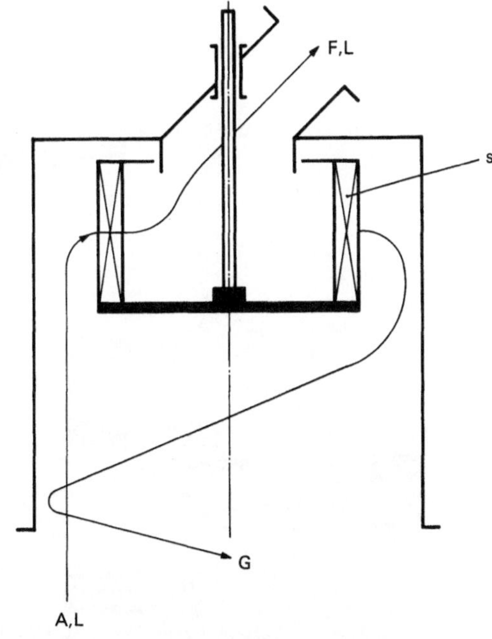

Korbsichtrad einer Sichtermühle. A = Aufgabegut aus Mühle; F = Feingut; G = Grobgut; L = Sichtluft

Korngrößenverteilung (Kornverteilung) ist die Mannigfaltigkeit der Größe von Teilchen (z. B. Kristallen) im Haufwerk (z. B. Kristallisat), die allgemein in industriellen Kristallisationsprozessen (außer bei Züchtung von Einkristallen) auch bei strenger Einhaltung enger Grenzen der Kristallisation (z. B. auch im klassierenden Kristallisator) anfällt. Nach Rumpf wird zwischen Dispersitätsgröße (Größe zur Definierung des Einzelkorns, Volumen, geometrische Abmessung, Sinkgeschwindigkeit) und Mengenart (Anzahl, Oberfläche, Masse der Teilchen) unterschieden; ist die Meßmethode festgelegt (Mengenart und Dispersitätsgröße gegeben), so wird durch Ermittlung der Mengenanteile, die zwischen bestimmten Zahlenwerten der Dispersitätsgröße liegen, die Verteilungsfunktion gewonnen. Allgemein werden Kornklassen festgelegt. Man unterscheidet Summenverteilung (Mengenanteil zwischen 0 und gewähltem Wert der Dispersitätsgröße) und Dichteverteilung. An der Summenverteilungskurve ist abzulesen, wieviel Prozent der Gesamtmenge kleiner als eine gegebene Dispersitätsgröße sind, während die Rückstandskurve die Summenverteilung bezeichnet, die angibt, wieviel Prozent der Gesamtmenge größer sind als eine vorgegebene Dispersitätsgröße. Die Messung von Kornverteilungen erfolgt nach Zähl-, Sedimentations- und präparativen Verfahren. Kornverteilungen folgen verschiedenen Verteilungsgesetzen. In industriellen Kristallisationsprozessen werden bestimmte Korngrößen bzw. -verteilungen gefordert (↑ *Kristalltracht*), um die Wirtschaftlichkeit des Verfahrens optimieren zu können.

H.J.D.

Kornvergröberung. Verfahren zur Erhöhung der Korngröße von feinkörnigen und staubförmigen Produkten durch Einsatz mechanischer oder thermischer Mittel. Es werden angewendet: Die (↑) *Brikettierung, Preßgranulierung, Pelletierung, Sintern* und (↑) *Prillen*.

H.R.

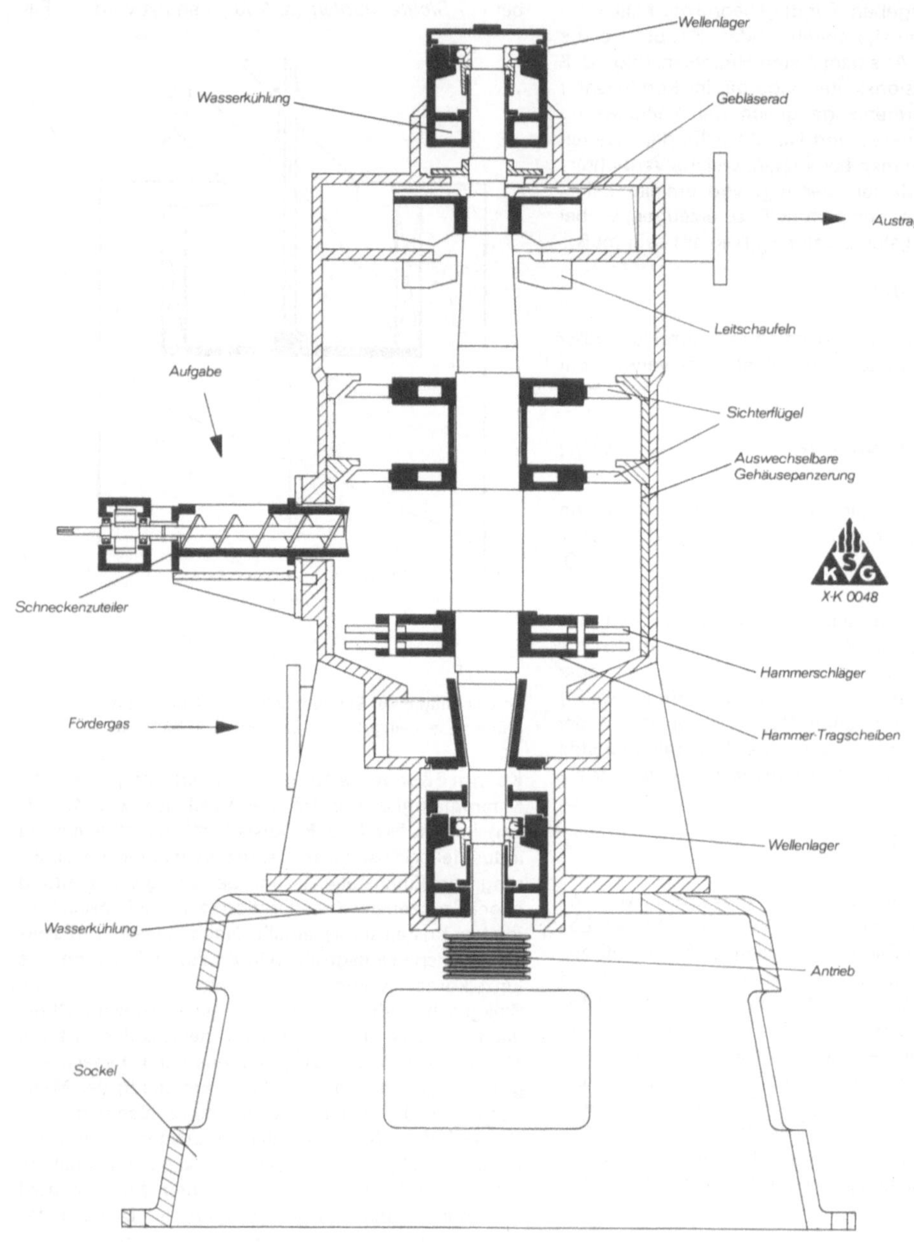

Schnittbild einer Kreiselmühle (Werkfoto EVT Energie- und Verfahrenstechnik)

Korundscheibenmühlen sind zur (↑) *Naßfeinmahlung* von Suspensionen bestimmte (↑) *Kolloidmühlen*, deren profilierte Mahlscheiben aus Korund bestehen. Zwischen dem durch Rotor- und Statorscheibe gebildeten Spalt fließt das zu mahlende Material. Vom Zentrum aus geht die konische Einzugszone in den mittleren Teil mit sog. Luftzügen über und schließlich in den äußeren, tragenden Rand. Die Zentrifugalkraft bewirkt den Durchtritt. Der Anpreßdruck der Korundmahlscheiben wird mechanisch oder je nach Mühlenkonstruktion hydraulisch eingestellt.   H.S.

Kracken ↑ *Cracken*   D.O.

Kreisel-Verdichter (Turbo-Verdichter) sind für große Gasmengen geeignet, sie arbeiten nach dem Prinzip der (↑) *Kreiselpumpe*. Sie besitzen eine Reihe hintereinander geschalteter Schaufelräder, das Gas wird im Laufrad beschleunigt und strömt mit hoher Geschwindigkeit in einen Ringkanal, die Geschwindigkeit sinkt und der Druck steigt. Nun wird das Gas durch Kanäle umgelenkt und der nächsten Stufe zugeführt. Infolge der hohen Drehzahl (3000 bis 6000 U/min) ist Direktantrieb mit Elektromotor oder Dampfturbine möglich. Nach der Richtung des aus dem Laufrad ausströmenden Gases wird zwischen Radial-Verdichtern und Axial-Verdichtern unterschieden. – Die Radial-Verdichter werden als Einwellenmaschinen oder als Getriebe-Verdichter gebaut; Zwischenkühlung ist erforderlich. Bei den Getriebe-Verdichtern laufen die Stufenräder mit verschiedenen Drehzahlen, daher kann jede Stufe mit der günstigsten Drehzahl betrieben werden. Einhäusige Radial-Verdichter besitzen 6 hintereinander angeordnete Laufräder (Stufen). Es werden Enddrücke bis 9 bar und Förderströme bis 100 000 m³/h erreicht. Für Drücke bis 35 bar werden zwei oder drei Gehäuse hintereinander geschaltet. – Axial-Verdichter bewältigen große Fördermengen (bis 300 000 m³/h). Das Gas strömt axial durch die Laufräder. Sie sind in der Regel mit mehreren Stufen ausgerüstet. Sie haben einen bis 10% höheren Wirkungsgrad als Radial-Verdichter. Axial-Verdichter mit einer radialen Endstufe werden z.B. für Luftzerlegungsanlagen verwendet (Drücke bis 11 bar, Förderleistung bis 500 000 m³/h).   W.W.

Kreiselmühle (s. Abb.). Ist die vertikale Ausführung einer (↑) *Sichtermühle*, bei der das mittels Dosierschnecke aufgegebene Mahlgut zwischen profilierter Gehäusewandung und rotierendem Hammerschlägerwerk pulverisiert wird. Der von einem eingebauten Windsichter erzeugte Luftstrom zieht das Feingut nach oben: zwei mitlaufende Sichterflügel klassieren und führen das Grobgut in die Mahlzone zurück.   H.S.

Kreiselpumpen (Zentrifugal- oder Turbo-Pumpen). Prinzip (s. Abb.): Im Gehäuse 1 dreht sich mit hoher Drehzahl das Laufrad 4 und schleudert die Flüssigkeit vom Zentrum (Saugstutzen 2) infolge der Zentrifugal-

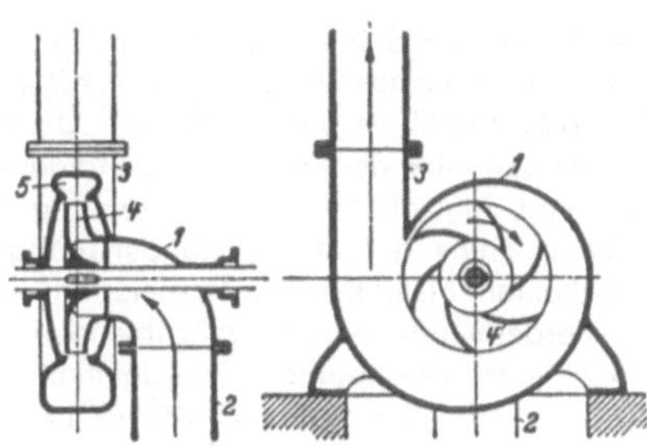

Prinzip der Kreiselpumpe (einstufig)

kraft nach außen in das Gehäuse und damit in den Druckstutzen 3. Die Leitvorrichtung 5 besteht aus einem Leitrad mit Schaufelkranz, das bei größeren Förderhöhen einen höheren Wirkungsgrad bewirkt. Die Wellen werden mit Hilfe von Stopfbuchsen oder Gleitringdichtungen abgedichtet. Die Fördermenge ist abhängig von der Umfangsgeschwindigkeit des Laufrades und der Dichte des Fördermediums. Nach der Strömungsrichtung des Fördermediums im Laufrad wird unterschieden zwischen radialer, diagonaler und axialer Bauart. *Radialpumpen* (die häufigste Bauart) sind für reine bis verschmutzte Flüssigkeiten geeignet. Einstufige Pumpen erreichen Förderströme bis 1500 m³/h bei Förderhöhen bis 175 m (Drehzahl 750 bis 3000 U/min). Für sehr große Förderhöhen werden die Pumpen mehrstufig gebaut. Zwischen je zwei Stufen ist ein Zwischenstück 6 (s. Abb.) erforderlich, in dem

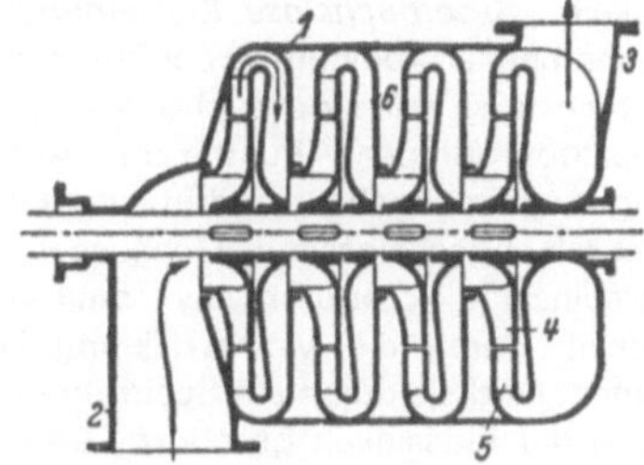

Prinzip der Kreiselpumpe (mehrstufig)

die Flüssigkeit radial nach innen geführt wird. Diese Hochdruckpumpen erreichen Förderströme bis 2000 m³/h, Drehzahl 1500 bis 6000 U/min. Bei den *Diagonalpumpen* strömt die Flüssigkeit dem Laufrad axial zu, sie wird radial umgelenkt. Sie finden Verwendung als Kühlwasser- und Umwälzpumpen in Kläranlagen für reines und verschmutztes Wasser. In *Axialpumpen* (Propellerpumpen) strömt die Flüssigkeit dem Laufrad axial zu und wieder ab. Im Gegensatz zu Radial- und Diagonalpumpen tritt keine Änderung der Hauptströmungsrichtung in der Pumpe ein. Der Förderstrom beträgt bis 100 000 m³/h, Förderhöhe bis 6 m, Drehzahl 150 bis 1500 U/min. Verwendung finden sie in Wasserversorgungsanlagen. Kreiselpumpen müssen, soweit es sich nicht um selbstansaugende Typen handelt, zur Inbetriebnahme mit der Flüssigkeit gefüllt werden. Für das Selbstansaugen sind besondere Konstruktionen oder das Vorschalten von z.B. Flüssigkeitsring- oder Strahlpumpen erforderlich. Die Kreiselpumpe hat gegenüber der Kolbenpumpe folgende Vorteile: geringerer Platzbedarf, direkte Kupplung mit der Antriebsmaschine, geringere Instandshaltungs- und Betriebskosten, gleichmäßiger Förderstrom, Regulierung der Fördermenge durch Drehzahländerung und die Möglichkeit, verunreinigte Flüssigkeiten zu fördern. Nachteile sind der geringere Wirkungsgrad und das schlechte Ansaugvermögen. Pumpenwerkstoffe: Verschiedene Metalle und Legierungen, Email, Keramik, Elektrographit, Kunststoffe. *Sonderkonstruktionen. Wirbelradpumpe:* Im Gehäuse ist ein Wirbelrad zurückgesetzt angeordnet, das Fördermedium fließt nicht durch das Laufrad hindurch, sondern am Wirbelrad vorbei. Es können daher Medien mit sehr groben Verunreinigungen gefördert werden, ohne Gefahr der Verstopfung der Pumpe. Dieses Prinzip ist u.a. bei den Robot-Abwasserpumpen (Noggerath, Hamburg) verwirklicht. *Ringkanalpumpe:* Dieser Pumpentyp ist für kleine Förderströme (bis 8 m³/h) bei Förderhöhen bis 240 m konstruiert. Dies wird z.B. bei der Chemie-Wirbelpumpe CWK (Klein, Schanzlin & Becker AG, Nürnberg) durch ein Laufrad erreicht, das auf beiden Seiten einen Schaufelkranz mit vielen kurzen Schaufeln hat. Das Laufrad wird beiderseits von einem Ringkanal umschlossen und dadurch von zwei Seiten beaufschlagt. Die Flüssigkeit zirkuliert während einer Umdrehung des Laufrades mehrfach zwischen Ringkanal und Schaufeln, es entsteht eine „innere Mehrstufigkeit". *Stopfbuchslose Kreiselpumpen:* Schwierigkeiten bei der Abdichtung der Pumpenwelle führte zur Entwicklung der stopfbuchslosen „Chemiepumpen" (Spaltrohrpumpen). Pumpe und Antriebsmotor sind eng zusammengebaut und in einem nach außen hermetisch abgeschlossenen Gehäuse untergebracht. Der gemeinsame Rotor dreht sich somit in der Förderflüssigkeit. Damit die Motorwicklung keinen Schaden nimmt, wird sie durch ein Spaltrohr gegen die Einwirkung der Flüssigkeit geschützt. Das Spaltrohr übernimmt die Trennung zwischen dem mit dem Pumpendruckraum verbundenen, flüssigkeitsgefüllten Rotor und dem nicht benetzten Statorraum, in dem sich die Wicklung befindet. Die Abb. zeigt Bau und Arbeitsweise der Hermetic-Pumpe CN (Guß- und Stahlveredlung GmbH, Sindelfingen bei Freiburg). Das Fördermedium gelangt durch den Saugraum 1 in das Laufrad 2 und wird von diesem zum Druckstutzen 3 gefördert. Über einen selbstreinigenden Aufbaufilter wird ein Teil der Flüssigkeit abgenommen und durch die Gehäusebohrung 4 in den Rotorraum geführt. Hier verzweigt sich dieser Kühl-/Schmierstrom, und zwar in einen Teil, der durch die pumpenseitigen Lager 5 zu den Rückenschaufeln des Laufrades geführt wird und in einen anderen Teil, der zum einen die vom Motor in das Medium abgegebene Wärme abführt, und zum anderen durch das pumpenferne Lager 6 und die Hohlwelle 7 zum Saugraum 1 zurückgeführt wird. Befindet sich die Flüssigkeit jedoch im Siedezustand, dann geschieht

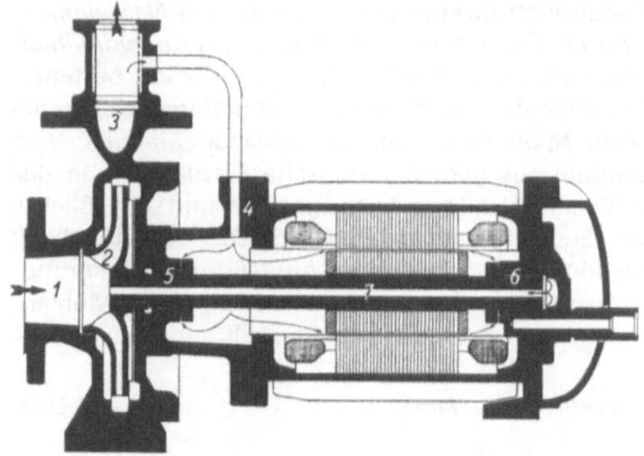

Hermetic-Pumpe CN (Guß- und Stahlveredlung GmbH, Sindelfingen bei Freiburg i. Br.)

die Rückführung des Teilstromes nicht in den Saugraum, sondern durch eine getrennte Leitung in den Zulaufbehälter. Die Hohlwelle ist in diesem Fall verschlossen. Die Pumpe dient zum Fördern aggressiver, giftiger, feuergefährlicher und leichtflüchtiger Medien.
W.W.

Kreiskolben-Pumpen arbeiten nach dem Verdrängerprinzip (s. Abb.). Im Pumpengehäuse werden zwei flügelartige Kolben zwangsläufig durch ein außenliegendes Stirnradgetriebe gegeneinander in Bewegung gesetzt. Es findet eine stetige Raumvergrößerung und -verminderung statt, wodurch die Saug- und Druckwirkung hervorgerufen wird. Die berührungslose Arbeitsweise der Verdränger ist maßgebend für die weitgehende Unempfindlichkeit gegen Trockenlauf. Die Pumpen sind selbstansaugend und zum Fördern viskoser Medien geeignet. Es können Fördermengen bis 500 m³/h und Förderhöhen von 100 m und mehr erreicht werden.
W.W.

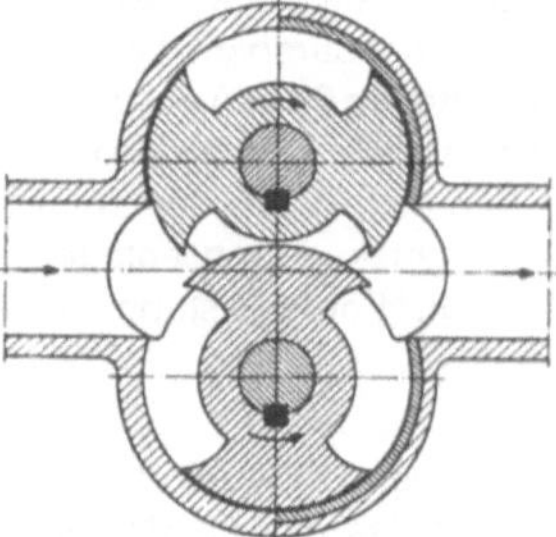

Kreiskolben-Pumpe Type KRL (Lederle KG, Freiburg i. Br.)

Kreisschwingsiebe. Das Exzentersieb (s. Abb.) besteht aus einem rechteckigen Siebkasten (Verhältnis Länge: Breite = 3:1–2:1), der mit einer Neigung von 10–20° elastisch über Federn auf einem Grundrahmen aufgebaut ist. Durch den Massenmittelpunkt des Siebkastens ist eine Exzenterwelle geführt, die sowohl in den Seitenwänden des Siebkastens als auch auf dem Grundrahmen gelagert ist. Die Exzentrizität der Welle bestimmt die Schwingkreisgröße. Die durch die Bewe-

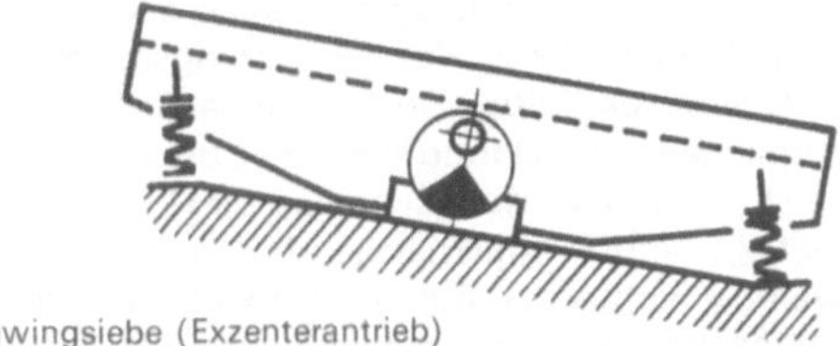

Kreisschwingsiebe (Exzenterantrieb)

gung des Siebkastens ausgelösten Zentrifugalkräfte werden durch exzentrisch angeordnete Gegengewichte ausgeglichen. Das Exzentersieb führt kreisförmige Schwingungen in vertikaler Ebene aus; durch die Zwangssteuerung der Amplitude ist es belastungsunabhängig. Gebräuchlich: Ein- und Mehrdecker mit Siebflächen bis zu 15 m², Maschinengewichte: bis zu 20 t, Antriebsleistungen: 2,2–30 kW, Schwingzahlen: 700–2000 min⁻¹ bei 2–10 mm Hub. Anwendung: Trocken- und Naßsiebung vorwiegend im Mittel- und Grobkornbereich. Durch Belastungsunempfindlichkeit auch gegen stoßweise Beaufschlagung bevorzugt als Vorabscheider eingesetzt.

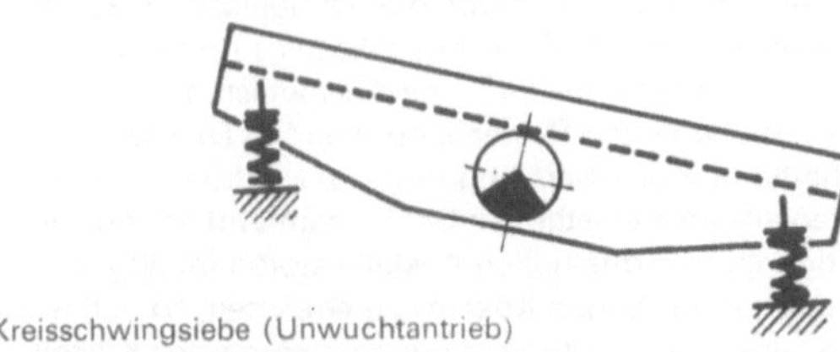

Kreisschwingsiebe (Unwuchtantrieb)

Das Kreisschwingsieb mit Unwuchtantrieb (s. Abb.), auch Vibratorsieb genannt, ist die meistverwendete Universal-Siebmaschine. Ein rechteckiger Siebkasten mit längs- oder quergespanntem Siebboden wird über eine Welle mit Unwuchten in vertikale Kreisschwingungen versetzt. Die Maschine ist mit einer Neigung von 10–20° elastisch über Federn direkt am Boden bzw. in einem Gerüst abgestützt. Kreisschwingsiebe arbeiten i.a. als überkritische Einmassenschwinger. Eine Welle mit beidseitigen einstellbaren Wuchtmassen wird im Massenmittelpunkt des Siebkastens in den Seitenwänden gelagert. Antrieb erfolgt über Keilriemen und Drehstrommotor oder über elastische Kupplung und Motor. Die Federung wird relativ weich gewählt, damit die Kräfte auf die Stützkonstruktion klein bleiben. Unerwünschten Amplitudenerhöhungen bei Durchfahren der kritischen Drehzahl wird durch federgesteuerte Wuchtmassen begegnet. Durch Anordnung der Unwuchten außerhalb des Massenmittelpunktes wird teilweise bewußt die normal erzielte Kreisschwingung in beschleunigende oder verlangsamende Ellipsen-Schwingformen am Ein- oder Auslauf verändert. Kleine Vibratorsiebe können auch über einen Vibrationsmotor angetrieben werden. Dabei sind die Unwuchtmassen beiderseitig auf den freien Wellenenden eines Drehstrommotors mit entsprechend dimensionierter Lagerung angeordnet. Drehrichtung der Antriebswelle i.a. in Siebrichtung, in speziellen Fällen

auch gegenläufig. Gebräuchlich: Ein-, Zwei- und Dreidecker mit Siebflächen von 1–15 m², Maschinengewichte: bis zu 15 t, Antriebsleistung: 0,5–30 kW, Schwingzahlen: 600–3000 min⁻¹. Anwendung: Trocken- und Naßsiebung im Mittel- und Feinkornbereich.

H.P.D.

Kristalle sind Festkörper mit im Raumgitter angeordneten Bausteinen (Molekülen, Atomen, Ionen), welche Struktur und Abmessungen des Kristalls, ein durch ebene Flächen begrenzter Polyeder, bestimmen. Das Kristallgitter ist durch wiederholtes räumliches Aneinanderreihen sog. Elementarzellen (Kristallzellen) gebildet, die alle Besonderheiten der Kristallstruktur enthalten. Formelemente des Kristalls sind Flächen, Kanten und Ecken, die in gesetzmäßiger Wiederholung und Anordnung auftreten; jeder Kristall hat also eine Symmetrie (Symmetrieebenen, -achsen und -zentren) (↑ *Einkristalle*).

H.J.D.

Kristallglas, Bleikristallglas. Dies sind Gläser mit höherem Gehalt an Schwermetalloxiden, insbes. Bleioxid. Sie zeichnen sich durch ihre Lichtbrechung aus, die durch besonderen Schliff zur Geltung gebracht wird (Trink- und Schmuckglas). Nach dem Kristallglaskennzeichnungsgesetz vom 25. 6. 1971 bzw. der Änderung vom 29. 8. 1975 sind folgende Parameter einzuhalten:

Hochbleikristall 30%	Mindestens 30% PbO, Dichte mindestens 3,00 und Brechzahl mindestens 1,545.
Bleikristall 24%	Mindestens 24% PbO, Dichte mindestens 2,90 und Brechzahl mindestens 1,545.
Pressbleikristall	Mindestens 18% PbO, Dichte mindestens 2,70 und Brechzahl mindestens 1,520.
Kristallglas	einzeln oder als Summe mindestens 10% an PbO/ZnO/BaO/K_2O, Dichte mindestens 2,45 und Brechzahl mindestens 1,520.
oder	einzeln oder als Summe mindestens 10% an PbO/ZnO/BaO/K_2O, Dichte mindestens 2,40 und Oberflächenhärte nach Vickers 550±20.

(↑ *Glas*).

A.P.

Kristallisation. Thermisches (nicht fluides) Trennverfahren: Abscheidung einer festen Phase mit Gitterstruktur, eines (↑) *Kristalls* oder Kristallisates (Gesamtheit der Kristalle in einem System) aus einer homogenen Lösung (↑ *Lösungskristallisation*), einer Schmelze (↑ *Schmelzkristallisation*) oder aus Gasen und Dämpfen (Kondensation), (↑ *Desublimation*). Amorphe Stoffe kristallisieren unter bestimmten Bedingungen spontan (u. a. Glas oder amorphe Niederschläge in der chemischen Analytik). Voraussetzung jeder Kristallisation ist das Vorhandensein von Kristallkeimen, die entweder in der Lösung durch Übersättigung oder in der Schmelze bzw. im Gas durch Unterkühlung gebildet oder zur Lösung zugegeben werden (↑ *Impfkristalle*) bzw. durch Abrieb anderer Kristalle (Sekundär-Keimbildung) oder durch katalytischen Effekt anderer Substanzen (Kerne, Nukleatoren) entstehen (daher Blankfiltration von Lösungen vor Einleiten der Kristallisation ggf. hermetisches Abschließen des Systems während der Kristallisation zum Schutz vor Fremdkeimen). Der Keimbildung folgt das (↑) *Kristallwachstum*, meistens nach bestimmten Regeln (Kristallisationsregelung: Konzentration, Temperatur sowie andere Größen), damit Kristalle mit bestimmten Eigenschaften erzeugt werden (Reinheit, mechanische Widerstandsfähigkeit, (↑) *Kristalltracht*, (↑) *Korngrößenverteilung* usw.), optimal geeignet für nachfolgende Prozesse (Sedimentieren, Filtrieren, Zentrifugieren, Trocknen, Sichten, Fördern, Lagern, Verpacken) oder die Verwendung des kristallischen Stoffes. Kristallisation, vor allem Keimbildung, kann durch äußere Einflüsse verstärkt, vereinfacht, beschleunigt oder in der Gleichmäßigkeit verbessert werden (u. a. durch Ultraschall, elektrische oder magnetische Felder, ggf. Strahlung radioaktiver Stoffe). Die meisten Kristallisationen aus wässrigen Lösungen erfolgen im Bereich von +25 °C bis +115 °C. Ferner wird das gesamte Gebiet von 1,3 × 10⁻⁹ kbar (Molekular-Sublimation) bis 100 kbar (Diamant-Synthese) sowie von 0,1 s (Fällungskristallisation) bis ca. 6 Monate (Einkristall-Züchtung von Äthylendiamintartrat) überstrichen. Wärmetechnische Gesichtspunkte und thermodynamische Betrachtungen sind bei Kristallisationen von hervorragender Bedeutung (u. a. Wirtschaftlichkeit, Wärmeempfindlichkeit der Phasen, Stoffe oder Komponenten), ebenso wie die kinetischen Größen Viskosität und Diffusion (↑ *Kristallisator-Typen, Kristallisationsgebiet, Metastabiles, Rekristallisation, Fraktionierte Kristallisation, Adduktive Kristallisation*).   H.J.D.

Kristallisation, adduktive. Ist die Kristallisation eines unter den gleichen Bedingungen sonst nicht kristallisierenden Stoffes, der nach Zugabe eines Hilfsstoffes mit diesem eine kristallisierende Additionsverbindung (Addukt) bildet (↑ *Solvate, Gashydrate*). Im Rahmen der (↑) *Schmelzkristallisation* ist das (↑) *Zonenschmelzen* zu nennen, in dem der Kristallerzeugung aus Gasen verschiedene Formen der (↑) *Desublimation* (↑ *Kristallisation*).   H.J.D.

Kristallisation, fraktionierte. Werden beide Phasen, z. B. Kristallisat und Mutterlauge bei der (↑) *Lösungskristallisation*, bis zur Beendigung des Vorganges nach bestimmten Schemen (Dreiecks- oder Diamant-Schema) aufgearbeitet, so nennt man den Vorgang fraktionierte Kristallisation.   H.J.D.

Kristallisationsgebiet, metastabiles. Das zwischen der Sättigungskurve (Löslichkeitskurve, Grenzli-

nie des stabilen Lösungsgebietes) bei der (↑) *Lösungskristallisation*, bzw. dem Erstarrungspunkt bei (↑) *Schmelzkristallisation* und dem labilen Gebiet der spontanen Keimbildung liegende Übersättigungsintervall bzw. Unterkühlungsintervall wird metastabiles Gebiet genannt (Impfkristalle wachsen, Kristallkeime werden nicht oder nur geringfügig gebildet). Nach Beobachtungen unterscheidet man im metastabilen Gebiet eine 1. Überlöslichkeitskurve (Übersättigungskurve), bei deren Erreichen von der Sättigungskurve her die ersten Keime gebildet werden, und eine 2. Überlöslichkeitskurve, bei deren Erreichen die spontane Kristallbildung stark steigt (bei vorhandenen Impfkristallen zwischen 1. und 2. Überlöslichkeitskurve Sekundär-Keimbildung; das Gebiet wird auch, z. B. in der Zuckertechnologie, Intermediärgebiet genannt). Die Lage der Überlöslichkeitskurven und damit die Breite des metastabilen Gebietes wird von Kristallisationsbedingungen beeinflußt (u. a. von der Intensität der Durchmischung (Rühren) der Lösung, der Übersättigung an Gelöstem, der Konzentrierungs- bzw. Kühlungsgeschwindigkeit, von der Masse der vorhandenen Impfkristalle). Um die Kristallisation zu den gewünschten Kristallen (Kristallisaten) führen zu können, ist die Kenntnis der Lage des metastabilen Gebietes des jeweiligen Systems notwendig. Das Aufrechterhalten enger Übersättigungs- bzw. Unterkühlungsintervalle im metastabilen Gebiet während der Kristallisation ist in industriellen Kristallisatoren im allg. nicht (oder nur mit hohen Kosten) zu erreichen, so daß u. a. Sekundär-Keimbildung, Agglomerierung des Kristallisats und Kristallmißbildungen auftreten können, weil im gegebenen Kristallisations-System mehrere Zustandsgebiete nebeneinander bestehen.   H.J.D.

Kristallisator-Typen ↑ *Kristallisation*   H.J.D.

Kristallisatoren (Kristaller) sind Apparate oder Apparate-Maschinen-Kombinationen, in denen die Bedingungen aufrechterhalten werden, unter denen gebildete Kristalle oder Impfkristalle wachsen. Es wird u. a. eine gleichmäßige Verteilung der Kristalle in der Muttersubstanz zum gleichmäßigen Abbau der Übersättigung und folglich zum gleichmäßigen Wachsen der Kristalle angestrebt, so daß eine gewünschte Korngrößenverteilung erzielt wird; wichtig sind dabei die Vermeidung von Agglomeration und der Einschluß von Mutterlauge in die Kristalle. Man unterscheidet Kristallisatoren zur Keimbildung, zum Kristallwachstum, zur Kristallisaterzeugung, zur Einkristallzüchtung (↑ *Einkristall-Erzeuger*). Weitere Beispiele sind (↑) *Lösungskristallisatoren*, (↑) *Schmelzkristallisatoren*, Kristaller für (↑) *fraktionierte Kristallisation*, (↑) *Desublimatoren* und (↑) *Addukt-Kristallisatoren*. Kristallisatoren werden sowohl für Chargenbetrieb (diskontinuierlich) oder Durchlaufbetrieb (kontinuierlich) gebaut. Der automatischen Überwachung und Steuerung oder Regelung kommt steigende Bedeutung zu, wobei die wichtigsten zu erfassenden Größen — Übersättigung,

Kristallgehalt und Korngrößenverteilung — in vielen Fällen nicht direkt gemessen werden können und durch Hilfsgrößen erfaßt werden müssen (↑ *Kristallisation, Kristallwachstum, Korngrößenverteilung, Addukt-Kristallisator, Verdampfungskristallisator*).

H.J.D.

Kristallisatoren, fraktionierende, für Lösungen sind u. a. Rührwerksbehälter-Kaskaden, Tellerkristallisatoren, für Schmelzen unter anderem Kristallisierwalzenstuhl, -schnecke, -kolonne, Zonenschmelze, Druck- und Pulsierkolonne.

H.J.D.

Kristallkeim (Keim) ist der Ausgangskörper für einen (↑) *Kristall,* der unter den gewählten Bedingungen (der Lösung, Schmelze oder des Gases) einen bestimmten Radius haben muß, damit er wachsen kann (kritischer Keim); Keime mit geringerem Radius (Unterkeime, Embryos) verschwinden wieder in der Lösung, Schmelze (Mutterphase). Der Radius des Kristallkeims ist um so kleiner, je größer Übersättigung oder Unterkühlung ist. Diffusion und Viskosität sind von großem Einfluß. Bildet sich ein Keim in einer Mutterphase, so entsteht eine Grenzfläche; die Keimbildungsenergie ist positiv und beträgt stets ein Drittel der für die Erzeugung der Grenzfläche nötigen Energie. Kritische Keimradien für die Tropfenkondensation von Wasser bei 275,2 K wurden zu 0,89 nm (80 Molekel im Kristallkeim) und bei 261,0 K zu 0,80 nm (72 Molekel) gemessen. Bei homogener Keimbildung werden Keime aus der Lösung oder Schmelze (Eigenkeime) bei heterogener Keimbildung durch fremde Stoffe (Fremdkeime) gebildet. Primäre Keime entstehen aus dem Stoffvorrat infolge Übersättigung oder Unterkühlung, sekundäre Keime durch Absplitterung von bestehenden Keimen (z. B. werden beim dendritischen Wachstum durch Scherkräfte in der gerührten Lösung Partikel abgetrennt) oder durch Abtrennen von Molekülaggregaten, die lose am primären Keim haften, einen gewissen Ordnungsgrad erreicht haben, aber noch nicht in das Gitter eingebaut sind, durch Diffusion oder Scherkräfte in der gerührten oder strömenden Lösung. Einflüsse von Außen, wie Ultraschall oder mechanische Erschütterungen (Energiezufuhr), verstärken die Keimbildung bzw. -sgeschwindigkeit. In wässrigen Lösungen erfolgt die Primärkeimbildung an Fremdstoffen heterogen, die primären Keime induzieren die Sekundärkeimbildung, die von den Bedingungen im Kristallisator abhängen, wie Rührgeschwindigkeit, Übersättigung, Kristalltyp, jedoch nicht von Anzahl, Größe, Oberflächenbeschaffenheit und chemischer Natur der Primärkeime.

H.J.D.

Kristallklassen. Die Einteilung der Kristalle in Kristallklassen beruht auf Symmetrieeigenschaften; Kristalle, die die gleichen Symmetrieeigenschaften haben, gehören in die gleiche der 32 Kristallklassen. Flächen sind kennzeichnende Elemente des Kristalls; sie lassen sich auf ein gemeinsames Koordinatensystem beziehen. Kristalle mit gleichartigem System von Koordinaten zählen zu einem Kristallsystem. Bezeichnet man die Achsen mit a, b, c und die Achsenwinkel mit α, β, γ, so sind Länge und Lage der Achsen in den 7 Kristallsystemen folgende (geordnet nach abnehmendem Symmetriegrad): reguläres (tesserales, kubisches) $a=b=c$, $\alpha=\beta=\gamma=90°$, hexagonales $a=b\neq c$, $\alpha=\beta=90°$, $\gamma=120°$, trigonales (rhomboedrisches) $a=b=c$, $\alpha\neq\beta\neq\gamma\neq90°$, tetragonales (quadratisches) $a=b\neq c$, $\alpha=\beta=\gamma=90°$, rhombisches (orthorhombisches) $a\neq b\neq c$, $\alpha=\beta=\gamma=90°$, monoklines (monosymmetrisches) $a\neq b\neq c$, $\alpha=\beta=90°\neq\gamma$, triklines (asymmetrisches) $a\neq b\neq c$, $\alpha\neq\beta\neq\gamma\neq90°$. Zu jedem Kristallsystem zählen 2 bis 7 Kristallklassen, unterschieden durch das Vorhandensein verschiedener Symmetrieelemente. Die Lage einer Fläche wird durch den sog. Millerschen Index angegeben: Da Achsenlänge und -winkel kristallarteigen und konstant sind, sind auch die Flächenwinkel gleichbleibend, wodurch ein unbekannter Kristall durch Vermessen seiner Flächenwinkel identifiziert werden kann. Aufgrund der inneren Symmetrie und Anordnung unterscheidet man 230 Raumgruppen, zu der zur vollständigen Beschreibung der Kristallstruktur noch die Anzahl der Bausteine in der Elementarzelle angegeben werden muß.

H.J.D.

Kristalltracht (Tracht) ist die Gestaltsbezeichnung für einen Kristall, umfassend Kombination (Gesamtheit seiner Flächen) und Habitus (Größenverhältnis seiner verschiedenen Flächen). Man unterscheidet bei den Trivial-Trachten folgende: Fasern, Nadeln, Stengel, Prismen oder Säulen und Balken, Tafeln, Plättchen oder Lamellen und Blättchen; zweig- und baumartige Kristalle werden als Dendriten, um einen Mittelpunkt geordnete Kristalle als Sphärolithe bezeichnet. In industriellen Kristallisatoren muß mit der Agglomeration von Einzelkristallen gerechnet werden. Die Tracht wird beeinflußt von Temperatur, Übersättigung (Unterkühlung), Druck, pH-Wert, Viskosität und Zusammensetzung der Mutterlösung während der Kristallisation und vom Lösungsmittel. Verunreinigung sind Ionen oder Moleküle von Zersetzungsprodukten des Lösungsmittels oder Ionen oder Moleküle fremder Stoffe. Folgende Vorgänge, hervorgerufen durch Verunreinigungen an Kristallflächen, kann man unterscheiden:

1. Trachtänderung durch (↑) *Adsorption* winziger Mengen fremder Stoffe, die das Wachstum einer oder mehrer Flächen hemmen (blockieren), die ggf. wieder desorbiert werden können;

2. selektive (flächenspezifische) Adsorption größerer Mengen einer Verunreinigung; orientiertes Aufwachsen einer Verunreinigung (Epitaxie); Überwachsen (Einschluß) einer Verunreinigung;

3. Mischkristallbildung zwischen arteigenen Bausteinen und Verunreinigung(en). Die Bindungen dabei reichen von schwachen, elektrostatischen Kräften bis zur chemischen Bindung (Solvatation, Komplexbindung). Die Wirkung (Stärke) der Verunreinigung(en)

auf die Trachtänderung ist unterschiedlich. Industriell wichtige Trachtänderungen nach Garrett:

Stoff	Verunreinigung	Art der Wirkung
NaCl, KCl, NH_4Cl	Pb^{2+}	erzeugt größere Kristalle
NaCl	$Na_4Fe(CN)_6$	Kuben — Dendriten, reduzierte Tendenz z. Backen
NaCl, NH_4Cl	Harnstoff	Kuben — Oktaeder
NH_4Cl	Ammoniumsalze von PO_4^{2-}, CO_3^{2-}, SO_4^{2-}, F^-, J^-, SCN^-	Dendriten — Rosetten — Platten — Kuben bei steigender Konzentration der Verunreinigungen
Saccharose	Raffinose	Nadeln

Die Tracht ist bei industriellen Kristallisationsprozessen von Bedeutung, weil im allg. eine bestimmte Tracht vorausgesetzt bzw. erzeugt werden muß, damit die Folgeprozesse (Trennen, Zentrifugieren, Trocknen, Sichten, Lagern, Verpacken, Transportieren) optimiert werden können.   H.J.D.

Kristallwachstum ist die Vergrößerung des Kristallkeimes bzw. Impfkristalls (Zunahme von Masse, Fläche oder Länge, Kristallwachstumsgeschwindigkeit) in der Mutterphase (Lösung, Gas, Schmelze) durch Aufnahme von weiteren Kristallbausteinen (Moleküle, Atome, Ionen) bis zur Ausbildung der gewünschten (↑) *Kristalltracht*, Kristallgröße (Kristallgrößenverteilung). Der Mechanismus des Kristallwachstums ist verschieden und u. a. abhängig von Stoffcharakteristika bzw.

den Kristallisationsbedingungen. Angestrebt wird ein Kristallwachstum im metastabilen Übersättigungsgebiet, um Sekundärkeimbildung zu vermeiden. Zur Erklärung des Mechanismus des Kristallwachstums sind eine Reihe von Theorien entwickelt worden (u. a. Gibbs, Volmer, Kossel und Stranski).   H.J.D.

Kühlkristallisationsverfahren. Das Verfahren dient u. a. zur Behandlung und Aufarbeitung der beim (↑) *Beizen* von Metallen anfallenden Beizabsäuren. Diese enthalten neben Eisensalzen noch größere Mengen freier, reaktionsfähiger Säure und können wegen der schädlichen Wirkung auf pflanzliches und tierisches Leben nicht unmittelbar in Abwasserkanäle oder Wasserläufe geleitet werden. Die Beseitigung ist durch Neutralisation und Ausfällen mit Kalkmilch oder anderen Alkalisierungsmitteln möglich, wobei die anfallenden Schlammengen und deren Entwässerung, Aufarbeitung sowie Deponie oft neue Schwierigkeiten bieten. Trotz zumeist höherer Investitionskosten sind Verfahren der Auskristallisation der Eisensalze und Rückgewinnung der freien Säure oft vorteilhafter. Beim kontinuierlichen Otto-Intos-Kühlkristallisationsverfahren (s. Abb.) z. B. erfolgt die Kühlung der aufzubereitenden Flüssigkeit mit einem Kühlmittel (Kühlsole, Wasser etc.) in mehreren Stufen. Die zylindrischen Kristallisationsbehälter mit konischen Böden besitzen als Einbauten neben den Kühlspiralen eine pneumatisch wirkende Förder- und Umwälzvorrichtung. Nach Durchlauf der Kühlstufen wird der Kristallbrei in einer Zentrifuge abgetrennt. Die aufbereitete Flüssigkeit wird durch Wasser- und Frischsäurezusatz auf die erforderliche Beizbadkonzentration eingestellt und in den Beizprozeß rückgeführt.   W.M.

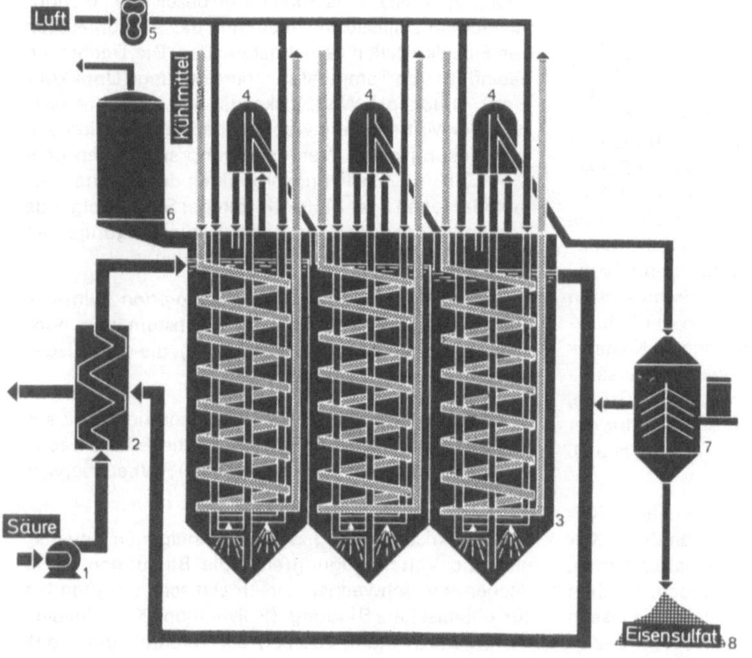

Kühlkristallisationsverfahren.
1 = Säure-Aufgabepumpe;
2 = Wärmeaustauscher;
3 = Kristallisationsbehälter;
4 = Pneumatische Fördereinrichtung;
5 = Drehkolben-Gebläse;
6 = Abluft Waschturm;
7 = Zentrifuge;
8 = Salzlager

Kühltürme. In Verdunstungs-Kühltürmen (Naß-Kühltürmen) wird das aus dem Fabrikationsbetrieb stammende Warmwasser durch direkte Berührung mit atmosphärischer Luft abgekühlt. Wird es der Fabrikation wieder zugeführt, sind Wassereinsparungen bis 95% der umlaufenden Menge möglich. Das angelieferte Warmwasser wird auf eine große Fläche verteilt, die Luft strömt entgegen. Ein Teil des Wassers verdunstet, wodurch der Hauptwassermenge Wärme entzogen und an die Luft abgegeben wird. Die Wasserverteilung geschieht entweder mit Hilfe von Düsen bzw. über mehrere Böden mit Tropflatten, auf die die Wassertropfen aufprallen und erneut versprühen oder mit Hilfe von Einbauten, z.B. Rieselflächen aus Asbest-Zement oder Rieselgitter aus Kunststoff. Die Luft wird von außen angesaugt (saugender oder drückender Ventilator (↑ *Lüfter*). Ventilator-Kühltürme sind für mittlere und kleinere Leistungen ausgelegt („Kleinkühltürme").

Kühlturm (Escher Wyss GmbH, Ravensburg)

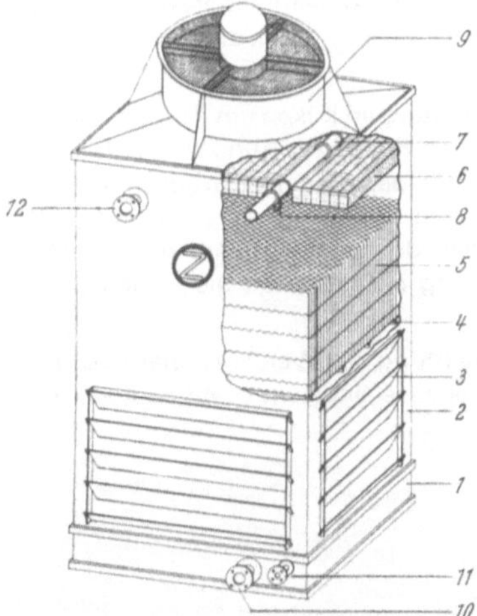

Zschocke-Ventilatorkühler, Type ZWK-W Göppner

Beispiele: Bei dem Zschocke-Ventilatorkühler, Type ZWK-W (Eisenwerke Kaiserslautern Göppner GmbH, Abt. Zschocke-Entstaubung und Wasserrückkühlung) wird, wie die Abb. zeigt, das rückzukühlende Wasser durch den Zulaufstutzen 12 und die Sprühleitung 7 zugeführt und durch feststehende Vollkegeldüsen 8 auf die Hochleistungs-Rieseleinbaukörper 5 versprüht und in ihnen gleichmäßig verteilt. Durch die Lamellenzwischenräume (Abstand ca. 30 mm) fördert ein Saugventilator 9 Luft im Gegenstrom. Das gekühlte Wasser sammelt sich in der Auffangschale 1 (Austrittsstutzen 10, Überlaufstutzen 11). Die feuchtigkeitsgesättigte, erwärmte Luft tritt nach Passieren des Tropfenabscheiders 6 aus dem Kühlturm aus. Das Kühlergehäuse 2 mit den Jalousien ist aus glasfaserverstärktem Polyester gefertigt oder aus Stahlprofilen mit Asbestzementplattenverkleidung. Die Rieseleinbauten (Kunststoffwaben besonderer Konstruktion) liegen auf der Auflage 4 auf. Bei dem in der Abb. dargestellten Kühlturm der Escher Wyss GmbH, Ravensburg (Durchmesser 0,72 bis 4,5 m, Höhe 1,89 bis 5,4 m), wird das rückzuküh-

lende Wasser durch einen Verteilerarm (Segnersches Wasserrad) gleichmäßig über eine Füllkörperschicht verteilt. Es durchfließt sie und wird unten gesammelt. Gleichzeitig wird Außenluft durch einen Axialventilator im Gegenstrom durch die Füllkörperschicht gesaugt. Die Füllkörperschicht besteht z.B. aus mit Phenolharz getränkter Sulfatzellulose in wellpappeähnlichem Aufbau in mehreren Schichten. Das Gehäuse ist aus glasfaserverstärktem Polyester gefertigt. Für sehr große Durchsatzmengen werden Naturzug-Kühltürme verwendet. Sie bestehen aus einem Kamin mit Einbauten (Roste, Rieselflächen) oder Füllkörpern im unteren Drittel (s. Abb.). Das rückzukühlende Wasser wird oberhalb dieser Verteilerschicht zugeführt, durchfließt sie in dünner Schicht bis zum Sammelbecken. Die durch das Warmwasser erwärmte Luft, die die Einbauten nach oben durchströmt, bewirkt, daß kalte Luft von unten her nachgezogen wird. Durch die hyperbolische Form des Kamins wird diese Saugwirkung unterstützt. Die Türme mit einer Wasserdurchsatzleistung von z.B. 43 000 t/h sind in Stahlbeton ausgeführt. Ihre Höhe

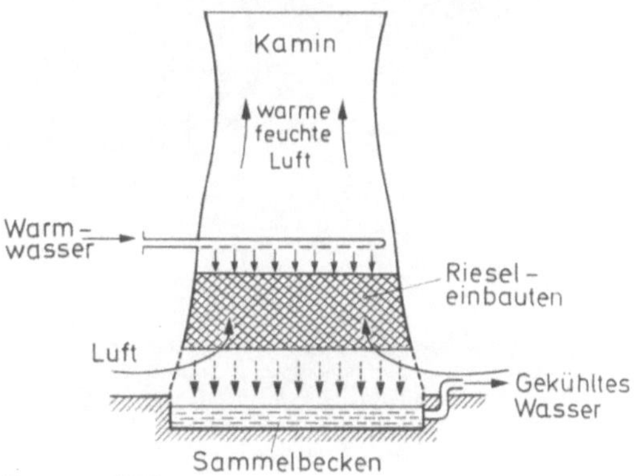

Naturzug-Kühlturm

kann mehr als 100 m betragen bei einem Basisdurchmesser von über 80 m (Balcke-Dürr AG, Ratingen). Ebenfalls mit natürlichem Zug arbeitet der Trocken-Kühlturm mit Seilnetzmantel, System Leonhardt & Andrä, der Balcke-Dürr AG, Ratingen, der in seiner Form den großen Beton-Kühltürmen ähnelt. Der Mantel besteht aus einer vorgespannten Membranschale. Der Seilnetzmantel mit dreieckigen Maschen ist ab einer bestimmten Höhe über dem Gelände luftdicht beplankt. Das Seilnetz hängt an einem Stahlbetonmast, die Seile des Mantels sind gegen ein Ringfundament verspannt. Als Wärmetauschelemente sind zu- und abschaltbare Rippenrohre über den Turmquerschnitt angeordnet.   W.W.

Kühlungskristallisator. Beim Kristallisieren in Bewegung wird — im Gegensatz zum Kristallisieren in Ruhe — das Kristallkorn ständig in der Schwebe gehalten, dadurch ständig mit übersättigten Lösungsschichten in Kontakt gebracht und hierdurch das Kristallwachstum beschleunigt. Ein Beispiel für einen Kühlungskristallisator zeigt die Abb. Weitere Möglichkeiten sind die Kristallisierwiege (Kristallisation in einer Schaukelrinne) sowie der Rohrkristallisator (Kristallisation im schwach geneigten Drehrohr mit Kaltluftgegenstrom).   H.J.D.

Kükenhahn (eingeschliffenes Küken, Kegelküken). Ein kegelförmiger, mit etwa rechteckigem Durchgang versehener Absperrkörper, der in das Gehäuse einge-

schliffen ist. Die metallische Dichtwirkung wird oft durch Fettschmierung unterstützt. Bei Gasarmaturen erfolgt zusätzlich eine Vorspannung des Kükens durch Federkraft. Verformungen des Gehäuses unter sich änderndem Innendruck müssen durch die Vorspannung ausgeglichen werden. Die Spindelabdichtung gelingt durch Stopfbuchsen bzw. Rundschnur-Ringe. Der Durchgang ist im allgemeinen eingeschnürt gegenüber dem Leitungsquerschnitt (nicht molchbar). Bei Spezialausführungen — Schmierhähne — ist ein Nachschmieren der Kükendichtflächen über entsprechende (um die Durchgangsöffnungen verlaufende) Nuten möglich. Die Betriebssicherheit der Armatur erfordert Wartung in vorgeschriebenen Intervallen. Werkstoffe: Grauguß, Sphäroguß, Stahl, Rotguß, Messing.   K.R.

Kükenhahn mit elastischer Abdichtung (Kegelküken) (s. Abb.). Hier dichtet ein kegelförmiger Abschlußkörper gegenüber dem Gehäuse durch elastische Dichtelemente.

Ausführung 1: Dichtung im Küken um den Durchgang angeordnet, meist in Form von Rundschnur-Ringen. Küken steht unter Vorspannung. Die im geschlossenen Zustand auftretenden Druckkräfte werden entweder durch Dichtmaterial oder metallische Anlage aufgefangen. Die Abdichtung erfolgt durch die Rundschnur-Ringe.

Ausführung 2: Dichtung aus Weichmaterial (z.B. PTFE) wird in das Gehäuse eingelegt (Käfigbuchse). Um

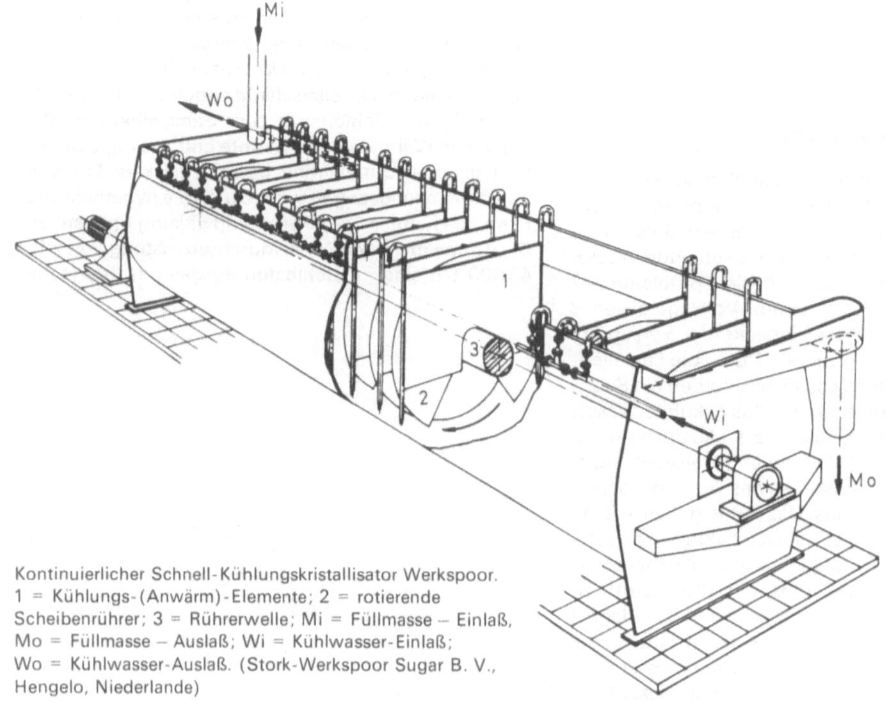

Kontinuierlicher Schnell-Kühlungskristallisator Werkspoor.
1 = Kühlungs-(Anwärm)-Elemente; 2 = rotierende
Scheibenrührer; 3 = Rührerwelle; Mi = Füllmasse – Einlaß,
Mo = Füllmasse – Auslaß; Wi = Kühlwasser-Einlaß;
Wo = Kühlwasser-Auslaß. (Stork-Werkspoor Sugar B. V.,
Hengelo, Niederlande)

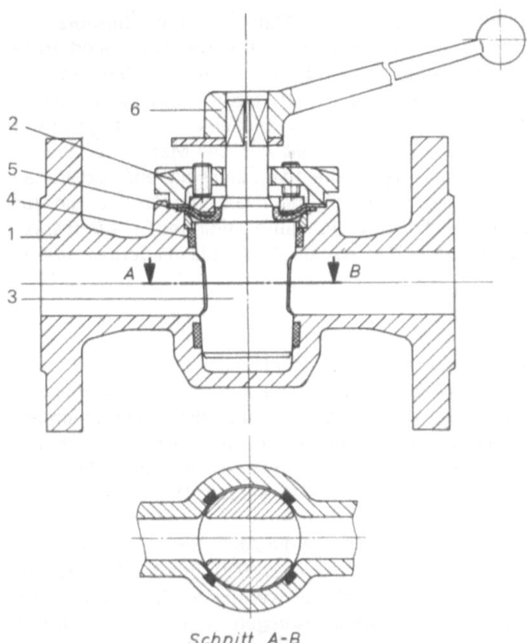

Schnitt A-B

Kükenhahn mit elastischer Abdichtung und Kegelküken.
1 = Gehäuse; 2 = Deckel; 3 = Küken; 4 = Käfigbüchse;
5 = Spindeldichtung; 6 = Betätigungshebel

ein Ausbrechen bei der Schaltbewegung zu vermeiden, sind die Buchsen in Schwalbenschwanzausführungen gekammert. Man hat so eine totraumfreie Armatur aus Materialien hoher Korrosionsbeständigkeit, die daher besonders geeignet ist für korrosive Medien. Zur Abdichtung nach außen dienen ein oberer, umlaufender Käfigbund und zusätzliche Teflonscheibendichtungen. – Werkstoffe: Sphäroguß, Stahl, Edelstahl, Titan.
K.R.

Kükenhahn (Zylinderküken – weichdichtend). Diese Absperrarmaturen haben ein zylindrisches Küken (s. Abb.), welches oft einen rechteckförmigen Durchgang hat. Es genügt die 90°-Drehung des Kükenschaftes zum Schließen der Armatur. Es werden zum Abdichten weichdichtende Werkstoffe in Büchsenform benutzt. Über einen Druckring kann die Vorspannung eingestellt werden. Das Gehäuse und die Dichtbüchse sind im allgemeinen konisch, um die Vorspannung in radialer Richtung durch axiales Spannen zu ermöglichen. Der Durchgang ist meist eingeschnürt (nicht molchbare Armatur). Werkstoffe: Grauguß, Sphäroguß, Stahl, Rotguß, Messing.
K.R.

Kugelhahn – gelagerte Kugel. Gegenüber der Ausführung mit schwimmender Kugel erfolgt hier die Lagerung der Kugel in Zapfen (s. Abb.). Im geschlossenen Zustand des Hahnes werden die Druckkräfte durch Lager aufgefangen; die Belastung der Dichtungen ist

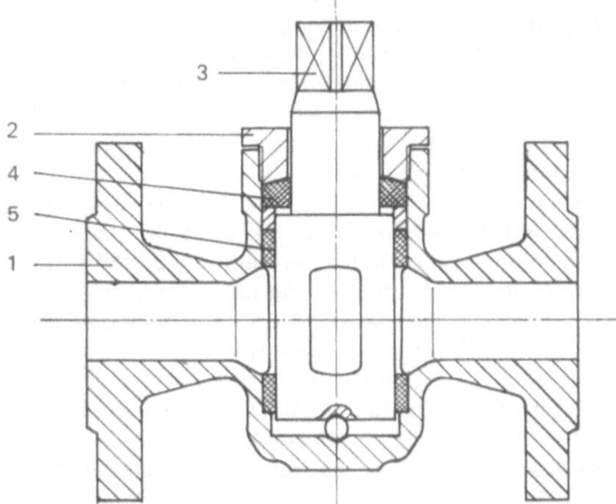

Kükenhahn mit Zylinderküken. 1 = Gehäuse;
2 = Druckring; 3 = Küken; 4 = Spindeldichtung;
5 = Käfigbüchse

reduziert. Das Anpressung der Dichtung an die Kugel wird durch eine Federvorspannung erzielt. Der Dichtringträger ist mit einer zusätzlichen Dichtung gegen das Gehäuse abgedichtet. Die Durchmesser der gehäuseseitigen Abdichtung und die Auflagedurchmesser des Dichtringes an der Kugel sind so gewählt, daß durch die entstehende Differenzfläche der Leitungsdruck die Federanpressung der Dichtung an die Kugel unterstützt. Steigt bei einer Temperaturerhöhung der Druck im Hahngehäuse, so wird über die Differenzfläche die Dichtung von der Kugel abgehoben und der Gehäusedruck reduziert. Die Spindelabdichtung entspricht der bei (↑) *Kugelhähnen* mit schwimmender Kugel.
K.R.

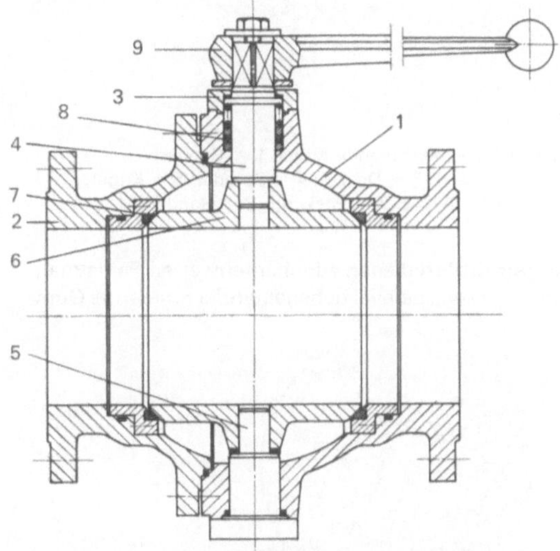

Kugelhahn – gelagerte Kugel. 1 = Gehäuse I; 2 = Gehäuse II; 3 = Deckel; 4 = Spindel; 5 = Lagerzapfen; 6 = Kugel;
7 = Dichtringträger mit Kugeldichtung;
8 = Spindeldichtung; 9 = Betätigungshebel

Kugelhahn – schwimmende Kugel ist eine Armatur mit einem kugelförmigem Absperrkörper, der in der Durchgangsrichtung mit vollem, rundem Querschnitt durchbohrt ist. Geschlossen wird durch eine 90°-Drehung der Mitnehmerspindel im Uhrzeigersinn, drehend um eine Achse quer zur Durchflußrichtung. Die Abdichtung an der Kugel erfolgt mittels elastischer Dichtungen aus NBR, FPM, PTFE u.ä. Bei kleineren Nennweiten mit geringen bis mittleren Betriebsdrükken ist die Kugel schwimmend unter Vorspannung in den Dichtschalen gelagert. Die Spindelabdichtung geschieht mit Rund-Schnur-Ringen, Manschetten oder Stopfbuchs-Packungen. Der Kugelhahn ist eine wartungsfreie Armatur ohne Durchflußverluste. Kugelhähen sind molchbar. Werkstoffe: Grauguß, Stahl, Edelstahl, Silumin, Messing, Bronze, Kunststoff. K.R.

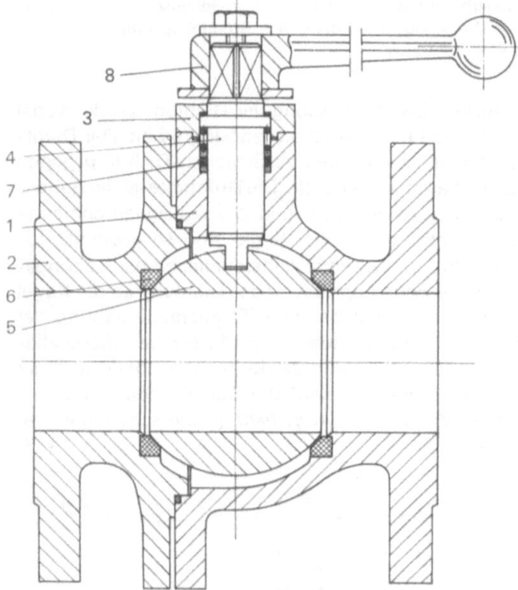

Kugelhahn, schwimmende Kugel. 1 = Gehäuse I; 2 = Gehäuse II; 3 = Deckel; 4 = Spindel; 5 = Kugel; 6 = Kugeldichtung; 7 = Packung; 8 = Handhebel

Kugelmühlen dienen zur chargenweisen Feinstmahlung. Auf zwei parallel nebeneinander rotierende Gum-

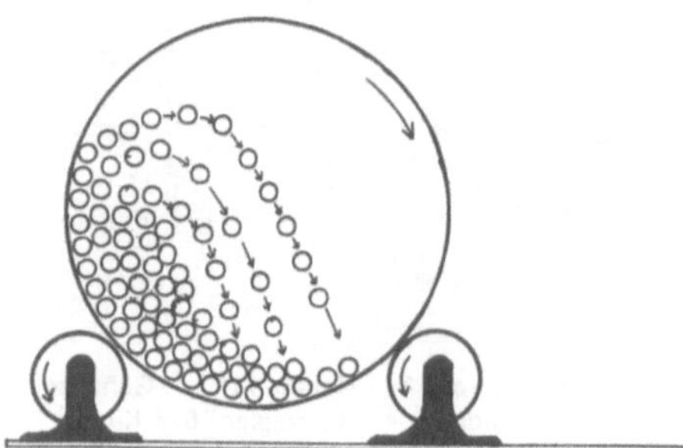

miwalzen werden die Mahltöpfe aus Hartporzellan oder Stahl aufgelegt (s. Abb.). Die Töpfe sind zu je einem Drittel mit Mahlgut sowie Mahlkugeln aus Hartporzellan, Steatit oder Stahl mit unterschiedlichem Durchmesser gefüllt. Die Zerkleinerung erfolgt durch Prall (Kugelfall) und Reibung. Die Mahldauer, die oft Stunden, ist entscheidend für den Feinheitsgrad. Variationen sind die (↑) *Fliehkraft-Kugelmühle* die für kontinuierlichen Durchlauf bestimmte (↑) *Rührwerkskugelmühle* (Naßmahlung), und die (↑) *Schwingmühle*.　　　　　　　　　　　　　　　　　　　H.S.

Kunstharz-Anlagen. Zur Herstellung von (↑) *Kunstharzen* (Alkydharzen, ungesättigten Polyesterharzen, Epoxyharzen usw.) dienen meist diskontinuierlich arbeitende Reaktionskessel mit Rührwerk, die mit Hochdruckdampf, (↑) *Wärmeübertragungsmitteln* oder Elektro-Induktion beheizt werden. Das Schema einer Hochtemperatur-Universalanlage für Betriebstemperaturen bis 300° C zeigt die Abb.; solche Apparaturen werden in Größen zwischen 500 und 30 000 l gebaut (s. Abb.). Neuderdings werden auch kontinuierlich arbeitende Kunstharz-Anlagen (z. B. (↑) *Resinator*®) gebaut (↑ *Schneckenreaktoren*).　　　　　D.O.

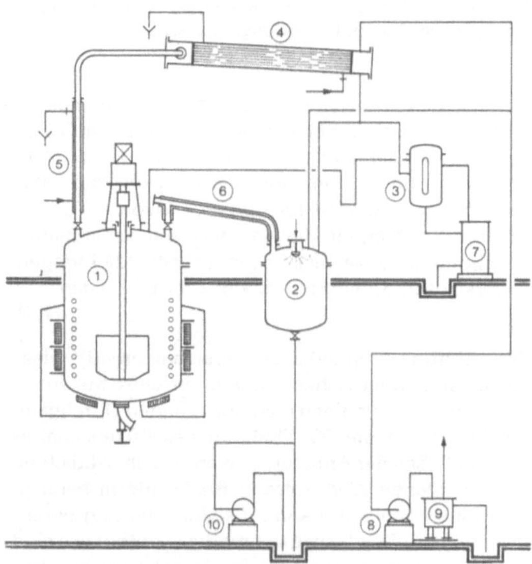

Schema einer Hochtemperatur-Universalanlage (Carl Canzler, Düren). 1=Reaktionskessel; 2=Vorlage; 3=Zwischenvorlage (Trenngefäß); 4=Kondensator; 5=Rückflußkühler; 6=Sublimierrohr; 7=Meßgefäß; 8=Vakuumpumpe; 9=Umlaufbehälter; 10=Flüssigkeitspumpe

Kunstharze. Unter den Hochtemperatur-Kunstharzen spielen (↑) *Alkydharze* sowie (↑) *Polyester* die wichtigste Rolle. Sie bilden die Grundlage für moderne Lacke; darüber hinaus finden Polyester auch ausgedehnte Verwendung zur Herstellung von (↑) *Polyesterfasern* der heute wichtigsten Gruppe unter den Synthesefasern, als Schmelzkleber, zur Herstellung glasfaserverstärkter Kunstoffteile aller Art sowie als thermoplastische Werkstoffe. – Es handelt sich um Polykondensationsprodukte aus mehrwertigen Alkoholen (Glykol, Glycerin, Butandiol) und Dicarbonsäuren (Phtalsäure, Isophtalsäure, Terephthalsäure, Adipinsäure, Sebacinsäure); bei den (↑) *Alkydharzen* kommen noch Fettsäuren bzw. Öle hinzu. Man führt in der ersten Stufe Veresterung bzw. Umesterung und in der zweiten Stufe die Polykondensation durch. Die beiden Reaktionsstufen können im gleichen oder auch in getrennten Reaktionsgefäßen ablaufen; ferner kann diskontinuierlich oder kontinuierlich gearbeitet werden (↑ *Kunstharz-Anlagen*). Man unterscheidet: 1. Schmelz- oder Transportgas-Verfahren: Das Reaktionswasser wird durch in die Schmelze eingeleitetes Inertgas mitgenommen und zusammen mit übergehenden Dämpfen kondensiert. 2. Vakuum-Verfahren: Das Reaktionswasser wird durch ein Vakuum von ca. 30–40 Torr aus der Schmelze gezogen. 3. Azeotrop-Verfahren: Reaktionswasser wird durch ein Schleppmittel, meist Xylol, entfernt. Es bildet sich dabei ein azeotropes Gemisch aus Wasser- und Lösungsmitteldampf, welches kondensiert wird und sich in einem nachgeschalteten Trenngefäß in zwei Schichten trennt. Setzt man anstelle von Säuren deren Methylester ein, so wird bei der Umesterung (anstelle der Veresterung) Methanol in Freiheit gesetzt (Umesterung z.B. mit (↑) *Dimethylterephthalat*). Phthalsäure wird in Form von (↑) *Phthalsäureanhydrid* eingesetzt. Wichtigste Öle zur Herstellung von Alkydharzen sind Leinöl, Sojaöl, Ricinusöl und Tallöl (↑ *Kunststoffe*).   D.O.

Kunststoffe. Bis zur Erfindung des Celluloids im Jahre 1865, das aus Nitrocellulose und Campher hergestellt wird, standen als organische Werkstoffe sowie Bindemittel für Lacke und Anstrichmittel nur natürliche Rohstoffe aus dem Pflanzen- und Tierreich zur Verfügung. Auch Celluloid ist – ähnlich wie z. B. Viscose-Seide, Kupferseide oder Acetatseide – ein „halbsyntetisches" Produkt auf der Basis von Zellulose (Zellstoff). Die ersten „vollsynthetischen" Kunststoffe sind die um die Jahrhundertwende von O. Röhm hergestellten Polyacylester, die damals jedoch noch keine Bedeutung erlangen konnten. 1907 stellte H. L. Baekeland technische Harze aus (↑) *Phenol* und (↑) *Formaldehyd* her, die unter dem Namen Bakelit die Epoche der vollsyntetischen Kunststoffe einleiteten. Sie haben ein niedriges spezifisches Gewicht in der Größenordnung von 1; manche sind leichter, andere schwerer als Wasser. Sie eignen sich zur Herstellung von Gebrauchsgegenständen aller Art. Leicht, billig und schnell lassen sich aus ihnen größte Serien nahezu beliebig geformter Fertigteile herstellen. Sie sind unempfindlich gegen Wasser und lassen sich mit Spezialeigenschaften ausstatten, die für bestimmte Anwendungsgebiete (z. B. für die Elektroindustrie, das Verpackungswesen, das Bauwesen oder die Maschinenindustrie) wichtig sind. Auch in der Landwirtschaft, in der Spielwarenindustrie und in der Haushaltsbranche – um nur einige zu nennen – haben die Kunststoffe einen bedeutenden Markt gefunden. In aufgeschäumtem Zustand lassen viele Kuststoffe weitere interessante Eigenschaften erkennen; u. a. sind sie ideale Wärmedämmstoffe, was sich besonders die Bauindustrie zunutze macht. Sie können schnell und wirtschaftlich zu Halbzeug hergestellt und anschließend verformt und dann mit den herkömmlichen Holzbearbeitungsmaschinen gesägt, gefräst, geschnitten, geklebt und gebohrt werden (↑ *Duroplaste, Thermoplaste, Kunstharze*).   H.K. u. D.O.

Kunststoffe, Buchstabenabkürzungen für. ABS = Acrylnitril-Butadien-Styrol; CA = Cellulose-Acetat; CAB = Cellulose-Aceto-Butyrat; CAP = Cellulose-Aceto-Propionat; CMC = Carboxy-Methyl-Cellulose; CF = Kresol-Formaldehydharz; CN = Cellulose-Nitrat; CP = Cellulose-Propionat; EC = Äthyl-Cellulose; EP = Epoxiharz; MF = Melamin-Formaldehydharz; PA = Polyamid; PC = Polycarbonat; PCTFE = Polytrifluormonochloräthylen; PE = Polyäthylen; PETP = Polyäthylenterephthalat; PF = Phenol-Formaldehydharz; PIB = Polyisobutylen; PMMA = Polymethylmethacrylat; POM = Polyacetal; PP = Polypropylen; PS = Polystyrol; PTFE = Polytetrafluoräthylen; PUR = Polyurethan; PVAC = Polyvinylacetat; PVAL = Polyvinylalkohol; PVB = Polyvinylbutyral; PVC = Polyvinylchlorid; PVCA = Polyvinylacetat; PVDC = Polyvinylidenchlorid; PVF = Polyvinylfluorid; PVFM = Polyvinylformal; SAN = Styrol-Acrylnitril-Copolymer; SB = Styrol-Butadien-Copolymer; SI = Silicone; UF = Harnstoff-Formaldehydharz; UP = ungesättigte Polyester.   D.O.

Kupfer. Cu; Atomgew.: 63,54; Dichte: 8,9 g/cm^3; Kristallstruktur: kfz; Fp: 1083° C; a: 17 · 10^{-6} grd^{-1}; λ: 3,98 W/cm grd; ϱ: 1,6 · 10^{-6} Ω cm; E: 121000 MN/m^2. – Kupfer zeigt in unlegierter Form nur mäßige Festigkeit, aber sehr gute Verformbarkeit und hohe Dehnung. Es weist nach Silber die höchsten Werte für die elektrische und die Wärmeleitfähigkeit auf. Kupfer läßt sich gut weich als auch hart löten; beim Schweißen besteht stets die Gefahr der Sauerstoffaufnahme, die die Schweißnaht versprödet. Außerdem machen bereits geringe Sauerstoffgehalte Kupfer anfällig für die „Wasserstoffkrankheit" die zu einer Gefügezerstörung durch Bildung von Wasserdampf im Innern des Metalls führt. Reines und weich geglühtes Kupfer läßt sich nur schlecht spanabhebend bearbeiten. Reines Kupfer wird wegen seiner Geschmeidigkeit, der guten Lötbarkeit und der ausgezeichneten Wärmeleitfähigkeit in der chemischen Industrie für Rohrleitungen, Kessel, Heiz- und Kühlschlangen etc. verwendet. – Kupfer zählt zu den legierungsfreudigen Metallen. Kupfer–Zinklegierungen (↑ *Messing*) Kupfer-Zinn-Legierungen (↑ *Bronze*) Kupfer-Nickellegierungen (↑ *Monelmetall*)

Kupfer-Nickel-Zink-Legierungen (↑ *Neusilber, Alpaka*) finden in der chemischen Industrie ausgedehnte Verwendung.

Kupfer

°C	20			100		
	1%	10%	konz	1%	10%	konz
HCl	2	3	3	3	3	3
						O_2 verstärkt Angriff
H_2SO_4	2	1–2	2–3	3	3	3
HNO_3	2–3	3	3	3	3	3
H_3PO_4	1–2	2	2–3	3	3	3
				F-Ionen verstärken Angriff		
HF	1	1	1	1	1–2	2
						O_2 verstärkt Angriff
CH_3COOH	1	1	1	1	1	2
NaOH	1	1	1–2	1–2	1–2	1–2
						O_2 verstärkt Angriff
NH_4OH	2–3	2–3	3	2–3	3	3
				O_2 u. Ox.-Mittel verstärken Angriff		
NaCl	1–2	1–2	2	2	2	2
NH_4Cl	1–2	1–2	1–2	1–2	1–2	1–2

Gase

°C	20	200	400	600	800	1000
Luft	1	1–2	2	3	3	3
H_2O	1	1	1–2	2		
				>150° C Spaltkorrosion		
Cl_2	1	1–2	3	3	3	3
SO_2	1	1	2	2	3	
H_2S	2	2	3	3	3	3

1: chemisch beständig Korr.-Angriff <2,4 g/m² Tag <0,1 mm/Jahr. 2: chemisch bedingt beständig bzw. verwendbar Korr.-Angriff 2,4–24 g/m² Tag (0,1–1 mm/Jahr). 3: chemisch unbeständig >24 g/m² Tag >1 mm Jahr   P.E.

Kurbelsiebe (s. Abb.). Ein über schräggestellte Lenkerfedern abgestützter Siebkasten wird von einem Kurbel- oder Exzenterantrieb zu geradlinigen Schwingungen angeregt. Die Schubstange der Kurbel ist senkrecht zu den Lenkern angeordnet. Eine umlaufende Gegenmasse vermag die Siebkastenmasse nur beschränkt auszugleichen. So ist der Einsatz nur auf relativ geringe Beschleunigungswerte und auf untergeordnete Siebaufgaben begrenzt. Einen besseren Massenausgleich bietet das Gegenschwingsieb, bei dem zwei Siebkästen gegeneinander geschaltet sind und von einer Welle gegensinnig angetrieben werden.

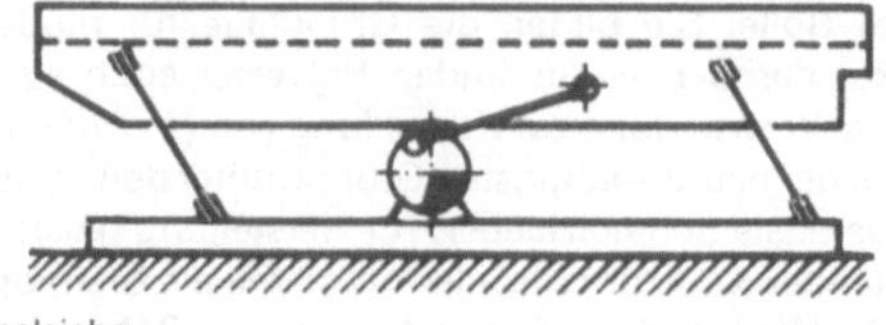

Kurbelsiebe

Nahezu vollkommener Massenausgleich wird durch das sog. Verbundkurbelsieb erreicht. Zwei Kurbelwellen, welche parallel zu den Lenkern gelagert sind, greifen an jeder Seite in der Schwerpunktlinie des Siebkastens an. Beide Kurbelwellen müssen synchronisiert gegenläufig betrieben werden. Anwendung: Mittel- und Grobtrennungen horizontal oder leicht geneigt eingebaut bei Trockensiebungen oder mit leicht ansteigender Siebbahn für Entwässerungssiebungen.   H.P.D.

Kurbelsiebe (Resonanzantrieb) (s. Abb.). Große Linearschwingsiebe werden als Resonanzschwinger gebaut. Dabei ist i.a. ein Siebkasten über schräggestellte Lenker auf einem Gegenrahmen angeordnet. Beide Massen sind über Speicherfedern verbunden. Ein Kurbelantrieb, vorteilhaft über weiche Kopplungsfeder am Siebkasten angeschlossen, um Lagerkräfte beim Anlauf gering zu halten, versetzt beide Massen in entgegengerichtete Schwingungen mit dem Amplitudenverhältnis $M_1 \times a_1 = M_2 \times a_2$. Das gegeneinander schwingende Feder-Massesystem führt einen steten Wechsel von kinetischer und potentieller Energie aus. Die in Resonanznähe arbeitende Antriebskurbel gleicht dabei zwangsläufig auftretende Reibungs- und Dämpfungsverluste aus. Resonanzschwingsiebe werden angeboten als Zwei- und Mehrmassensysteme. Varianten sind besonders in der Speicherfederung zu finden. Zusätzliche Anschlagpuffer erzeugen hohe Beschleunigungsspitzen in der Bewegungsumkehr. Gebräuchlich: Siebbreiten: 800–2600 mm, Sieblängen: 2000–8000 mm, Schwingzahlen: 500–1000 min⁻¹ bei 25–10 mm Hub, Leistung: ca. 1 kW/m². Anwendung: Siebung trockener und nasser Produkte im Mittel- und Feinkornbereich. Entwässerungssiebungen. Siebstraßen für Klassieraufgaben.   H.P.D.

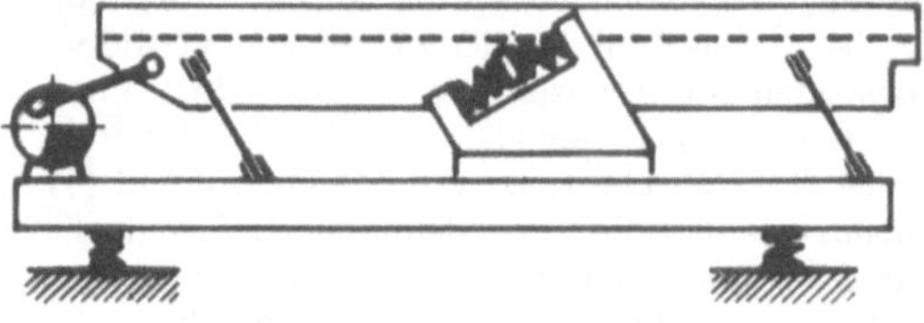

Kurbelsiebe (Resonanzantrieb)

Kurzwegfraktionierung ↑ *Molekulardestillation*
     H.M.

Kurzwegverdampfer ↑ *Molekulardestillation*, Molekularverdampfer
     F.W.

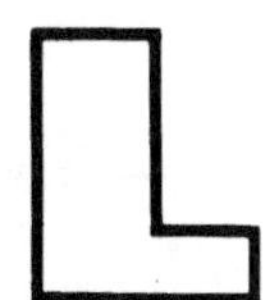

Laboratoriumsrichtlinie. Da die Mannigfaltigkeit der Arbeiten in Laboratorien nicht durch eine strenge (↑) *Unfallverhütungsvorschrift* erfaßt werden kann, sind die Sicherheitsbestimmungen in Form einer Richtlinie zusammengestellt worden. Die „Richtlinien für chemische Laboratorien'' umfassen folgende Kapitel: 1. Geltungsbereich, 2. Einrichtungen, Geräte, Chemikalien, 3. Verhalten der Beschäftigten, Schutzmittel, 4. Gefährliche Arbeiten, 5. Anhänge (Arbeiten in Technika, Druckbehälter, Löschmittel etc.). *Diese Richtlinien sind in jedem Laboratorium auszulegen.* Sie stellen den Stand der Sicherheitstechnik in Laboratorien dar; von ihnen darf nur abgewichen werden, wenn mindestens gleichwertige andere Sicherheitsmaßnahmen ergriffen worden sind (Berufsgenossenschaft der Chemischen Industrie Richtlinie Nr. 12). F.WI.

Lärmbelästigung ist die Belastung des menschlichen Organismus durch Lärm jeglicher Art (Verkehrslärm, Maschinenlärm, Fluglärm usw.). Große Lärmbelastung führt zu schweren gesundheitlichen Schädigungen; deshalb kommt Maßnahmen zur Lärmbekämpfung große Bedeutung zu. (↑ *Emissionen, Imissionen*)
D.O.

Lärmschutz. Gemäß § 15 der Arbeitsstättenverordnung (ArbStättV) ist in Arbeitsräumen der Schallpegel so niedrig zu halten, wie es nach Art des Betriebes möglich ist. Der Beurteilungspegel am Arbeitsplatz in Arbeitsräumen darf auch unter Berücksichtigung der von außen einwirkenden Geräusche höchstens betragen:

55 dB(A)	bei überwiegend geistigen Tätigkeiten
70 dB(A)	bei einfachen oder überwiegend mechanisierten Bürotätigkeiten und vergleichbaren Tätigkeiten
85 dB(A)	bei allen sonstigen Tätigkeiten
55 dB(A)	in Pausen-, Bereitschafts-, Liege- und Sanitätsräumen. D.O.

Läutern. Hierunter versteht man in der Aufbereitung mineralischer Rohstoffe das Dispergieren und Abschlämmen toniger, wertloser Bestandteile. Es ist vielfach nötig bei durch Lehm verunreinigtem Kalkstein und Dolomit, manchmal auch bei Erzen und Rohphosphat, und es ist dann der erste Schritt in der Reihe der (↑) *Sortierverfahren* zur Gewinnung der wertvollen Bestandteile. Als Geräte dienen Schwerterwäschen (Tröge, in denen sich eine mit „Schwertern'' besetzte Welle dreht, welche das Rohgut in feststoffreicher Suspension umwälzen und transportieren und dabei die Ton- und Lehmklumpen zerkleinern und dispergieren), Läutertrommeln (rotierende Trommeln mit nach innen weisenden „Schwertern'') oder bei leicht dispergierfähigen Verunreinigungen auch Schwingwascher (schwingende Tröge) oder ggf. in ein Wasserbad eintauchende oder stark bebrauste Siebmaschinen.
H.Ke.

Lamelleneindicker. Der Lamelleneindicker ist eine Sonderkonstruktion einer Sedimentationsapparatur, die auf der Schwerkraftsedimentation basiert. Es handelt sich um Rechtecktanks mit 25 bis 50° geneigten Lamellenplatten in geringen Abständen (ca. 35–50 mm), auf denen sich die Feststoffpartikel ablagern (s. Abb.). Dieses Prinzip, das vorwiegend bei sich schnell absetzenden Feststoffen angewendet wird, hat gegenüber mechanisch angetriebenen Krählwerkskonstruktionen den Vorteil, daß der Dickschlamm selbsttätig in den Absetztrichter rutscht. Eine weitere Feststoffverdichtung wird durch Vibrationselemente erreicht. Die benötigte Grundfläche ist wesentlich geringer als bei Rundeindickern. Die max. Baugröße ist jedoch auf 500–600 m² Sedimentationsfläche begrenzt. Diese entspricht einem Eindickerdurchmesser von ca. 20–27 m Durchmesser.
E.H.

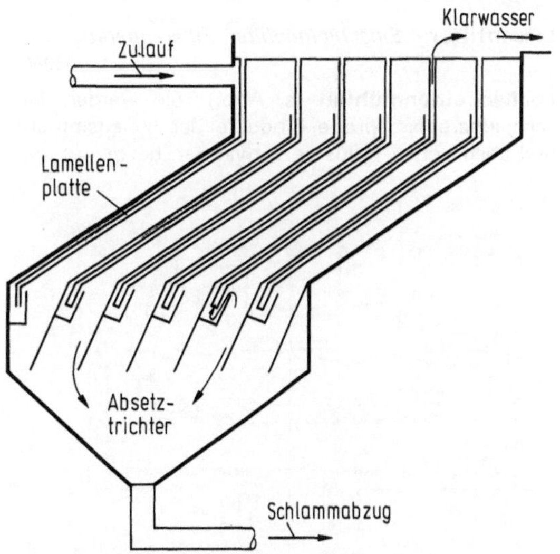

Lamelleneindicker

Lamellenwärmetauscher nehmen eine Mittelstellung zwischen Platten- und Rohrbündel-WT ein. Beim Lamellen-WT, System Ramén (s. Abb.), ist die in den Mantel eingeschobene Lamellenbatterie aus mehreren übereinanderliegenden und an den Enden miteinander verschweißten Lamellenrohren aufgebaut. Das Gehäuse ist je nach den Betriebs- und Druckverhältnissen

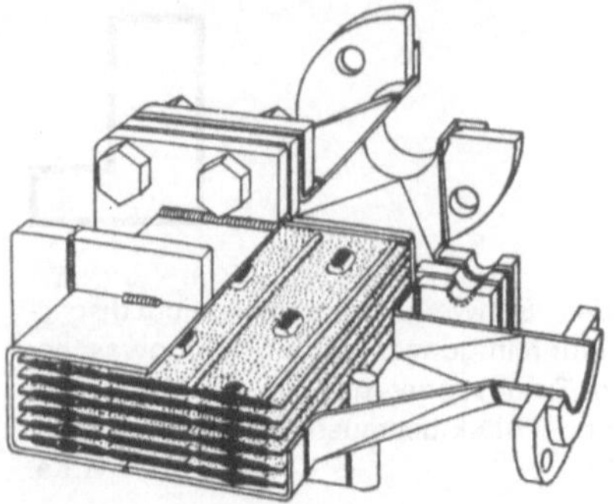

Lamellenwärmetauscher (System Ramén) mit rechteckigem Querschnitt (Fritz Voltz Sohn, Frankfurt/Main)

rechteckig oder rund gewählt. Die Lamellenrohre stützen sich infolge ihrer Profilierung gegenseitig und gegen das Gehäuse ab, so daß bei relativ geringen Wandstärken (1,5 bis 2 mm) Überdrucke bis 20 bar, bei Spezialprofilierung bis 40 bar, bei großen Austauschflächen, aufgenommen werden. Bei gleichem Bauvolumen beträgt die Austauschfläche von Lamellen-WT das 2- bis 2,5-fache gegenüber Röhren-WT. Eine Stopfbuchse gleicht die Differenz der Längenänderung zwischen Lamellenbündel und Mantel aus. Verwendung für die Wärmeübertragung zwischen Flüssigkeiten, Flüssigkeiten gegen Gase oder Dämpfe, Gase gegen Dämpfe und zur Kondensation.   W.W.

Langrohrverdampfer ↑ *Kletterfilmverdampfer* F.W.

Linsenfilter ↑ *Einschichtenfilter, Filterapparate*
H.W.

Lochscheibenmühlen (s. Abb.). Sie werden für schneidbare bis spröde Produkte der Lebensmittel- und chemischen Industrie verwendet, bevorzugt zur

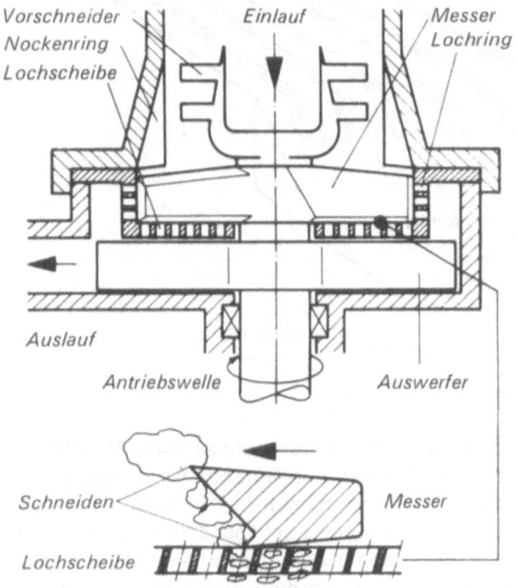

Lochscheibenmühle (Bauart Fryma)

Naßmahlung. Die Zerkleinerung bewirkt der auf einer Lochplatte rotierende, hochtourige Messerbalken. Vorzerkleinerung durch die oberen Schneiden, Nachzerkleinerung durch die unteren Schneiden entsprechend Form und Durchmesser der in Lochscheibe und Lochring enthaltenen Durchtrittsöffnungen (1,5–22 mm ⌀). Der unterhalb der Lochscheibe gleichzeitig rotierende Auswerferbalken beschleunigt den Materialdurchtritt und übt eine Pumpwirkung aus.   H.S.

Lockerungspunkt. (Minimalfluidisation, engl. minimum fluidization). Grenzzustand, der den Übergang von der ruhenden Partikelschüttung in den Zustand der (↑) *Wirbelschicht* kennzeichnet. Allerdings zeigen nur Partikelschüttungen mit engen Korngrößenverteilungen einen scharf definierten Lockerungspunkt, breite Korngrößenverteilungen ergeben eine allmähliche Auflockerung innerhalb eines breiten Bereiches des Fluiddurchsatzes, wobei dann vereinbarungsgemäß aufgrund einer Messung des Druckverlustes beim Durchströmen der Schüttung in Abhängigkeit vom Fluiddurchsatz der Schnitt der extrapolierten Festbettkennlinie mit der für die Wirbelschicht charakteristischen Linie konstanten Bettdruckverlustes als Lockerungs„punkt" definiert wird.   J.W.

Lösemittel-Extraktion nach dem Lurgi-Verfahren. Der zu gewinnende Stoff (z. B. ein Pflanzenöl) wird kontinuierlich im Gegenstrom mit Lösemittel (z. B. Leichtbenzin) aus dem Feststoff (z. B. Ölsaaten) extrahiert. Aus dem extrahierten Gut und dem Extrakt wird das Lösemittel durch Destillation zurückgewonnen. Der Extrakteur besteht aus einem horizontalen endlosen Rahmenband, das auf zwei endlosen Stabsiebbändern aufliegt. Beide laufen mit gleicher Geschwindigkeit um. Das Extraktionsgut wird an dem einen Ende des oberen Siebbandes gleichmäßig den Rahmenzellen zugeführt, am anderen Ende auf das untere Siebband umgeschichtet und am Ende dieses unteren Bandes ausgetragen. Das Lösemittel durchströmt das Extraktionsgut in mehreren Stufen und im Gegenstrom zur Bandbewegung; es reichert sich dabei stetig mit Wertstoff an. Diese angereicherte Lösung wird auch innerhalb der einzelnen Stufen umgepumpt. Das frische Lösemittel, das am Ende des unteren Siebbandes aufgegeben wird, wäscht die noch an der Oberfläche des Materials haftenden Reste von Wertstoff vollständig aus (s. Abb.).   K.K.

Lösungsmittel – Kennzahlen
(s. Tabellen S. 136–143)

Lösungskristallisation ist die (↑) *Kristallisation* aus homogener Lösung. Im Rahmen der Lösungskristallisation sind zu nennen: Fällungskristallisation (= schnelle Kristallisation nach chemischer Reaktion oder Zumischen eines Stoffes mit höherer Löslichkeit); Aussalzen (= Herausdrängen eines Nichtelektrolyten oder eines schwachen Elektrolyten aus wässriger Lösung durch Zugabe eines starken Elektrolyten); Aus-

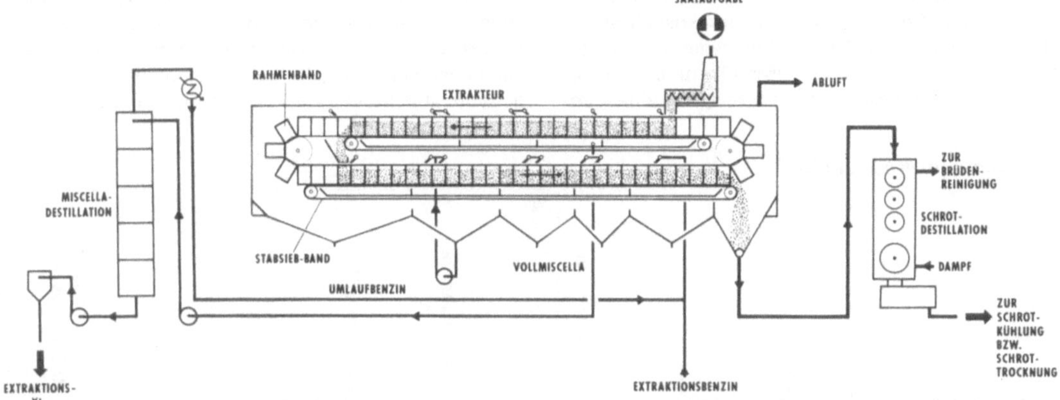

Lösemittel-Extraktion (Lurgi/Frankfurt)

frieren (Lösungsmittel wird kristallisiert, nicht aber Gelöstes). H.J.D.

Lösungskristallisatoren (Lösungskristaller) zur Erzeugung von Kristallisat aus Lösungen können wie folgt unterschieden werden: a) *Kühlungskristallisatoren* haben Kühlflächen zum Erzielen der Übersättigung für Keimbildung oder Kristallisation. Beispiele sind Kristallisiertrog oder -wanne mit Verdunstungskühlung durch Luft, Tellerkristallisator, Walzenkristallisator oder Drehrohrkristallisator mit Wandkühlung oder eintauchenden Kühlelementen. b) *Verdampfungskristallisatoren* mit Heizflächen zum Erzielen der Übersättigung. Beispiele sind Verdampfungskristallisator mit Korb-Kalander („Roberts") oder Röhrenheizkammer, Plattenheizkammer und dergl. verschiedener Form, mit oder ohne Rührer (s. Abb.), mit Zwangsumlauf; Dünnschichtverdampfungskristallisatoren mit

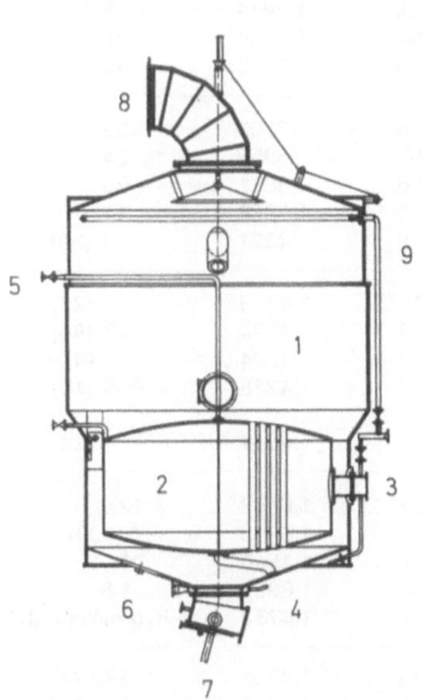

Verdampfungskristallisator mit Röhrenheizkammer (Linsenheizkammer). 1 = Kristallisationsraum; 2 = Heizkammer; 3 = Dampfzuführung; 4 = Kondensatableitung; 5 = Heizkammerentlüftung; 6 = Zuleitung für einzudampfende Lösung; 7 = Ableitung von Kristall-Mutterlösung-Gemisch (Kochmasse, Füllmasse in der Zuckerindustrie); 8 = Brüdenableitung; 9 = Ausdämpfeinrichtung

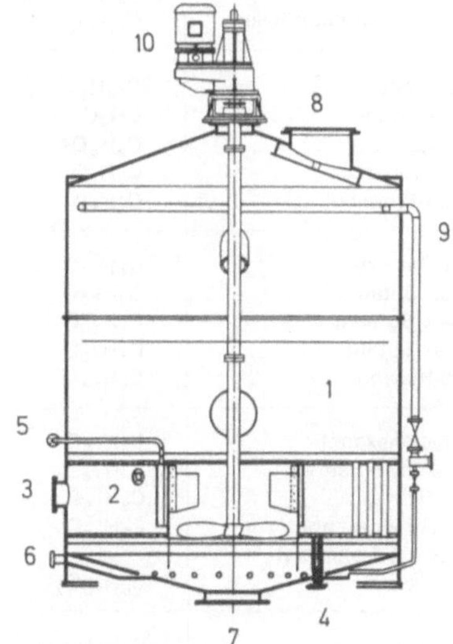

Verdampfungskristallisator mit Röhrenheizkammer (Planparallelheizkammer) und Rührer.
1 = Kristallisationsraum; 2 = Heizkammer;
3 = Dampfzuführung; 4 = Kondensatabteilung;
5 = Heizkammerentlüftung; 6 = Zuleitung für einzudampfende Lösung; 7 = Ableitung von Kristall-Mutterlösung-Gemisch; 8 = Brüdenableitung;
9 = Ausdämpfeinrichtung; 10 = Rührerantrieb mit Rührer. Die Abb. stellen Verdampfungskristallisatoren dar, die u. a. in der Zuckerindustrie verwendet werden. Die V arbeiten unter vermindertem Druck im Kristallisationsraum, um die Siedetemperatur der hochkonzentrierten Sukroselösungen bzw. Sukrosekristall-Lösung-Gemische so weit zu senken, daß thermische Sukrosezersetzung minimiert wird (Kristallisationstemp. 70 bis 85° C). (BMA Braunschweig)

Wischer. c) *Vakuumkristallisatoren* mit adiabatischer Verdampfung. Beispiele sind Vakuumkristallisatoren mit Zwangsumlauf der Suspension, liegende mehrstufige Vakuumkristallisatoren; Wirbelbettkristaller. d) *Klassierende Kristallisatoren* zur Erzeugung eines großen und möglichst einheitlichen Kristallisates, daher auch Wachstumskristallisatoren genannt. e) *Reaktionskristallisatoren* für die Kombination von unmittelbar nebeneinander oder zeitlich voneinander wenig getrennt ablaufender Reaktion und Kristallisation, z. B.

Lösungsmittel-Kennzahlen[1]

Namen (gebräuchliche)	Formel	Mol	Siedetemperatur (K. P.) °C bei 760 Torr = 1013 mbar	Erstarrungstemperatur (E. P.) °C	Dichte bei 20 °C (g/cm³)	Brechungszahl n_D^{20}	Verdunstungszahl[*] (Diäthyläther = 1)
Wasser	H_2O	18	100	0	0,998	1,3330	~ 80 (95)
n-Hexan	C_6H_{14}	86,2	68,8	− 93,5	0,664	1,3779	1,4
Cyclohexan	C_6H_{12}	84,2	80,8	6,4	0,778	1,4264	3,5
Benzol	C_6H_6	78,1	80,1	5,5	0,879	1,5007	3
Toluol	C_7H_8	92,1	110,8	− 95	0,867	1,4969	6,1
o-Xylol	C_8H_{10}	106,2	144,4	− 25	0,880	1,5054	13,5
m-Xylol	C_8H_{10}	106,2	139,1	− 49	0,864	1,4972	13,5
p-Xylol	C_8H_{10}	106,2	138,4	13,3	0,861	1,495	13,5
Äthylbenzol	C_8H_{10}	106,2	136,1	− 94	0,867	1,496	14
Tetrahydronaphthalin	$C_{10}H_{12}$	132,2	207	− 35	0,970	1,5413	190 (31)
Dipenten	$C_{10}H_{16}$	136,2	177,6	− 75	0,842	1,480	(94)
Methanol	CH_4O	32	64,7	− 97,8	0,792	1,3287	6,3
Äthanol	C_2H_6O	46,1	78,3	−114	0,789	1,3614	8,3
n-Propanol	C_3H_8O	60,1	97,2	−126	0,804	1,3856	16
iso-Propanol	C_3H_8O	60,1	82,4	− 88,5	0,785	1,3772	10
n-Butanol	$C_4H_{10}O$	74,1	117,7	− 89,8	0,810	1,3993	33
iso-Butanol	$C_4H_{10}O$	74,1	107,7	−108	0,803	1,3959	24
sek-Butanol	$C_4H_{10}O$	74,1	99,5	−115	0,806	1,3971	20
tert-Butanol	$C_4H_{10}O$	74,1	82,6	24,3	$0,780^{25}$	1,3838	11
n-Hexanol	$C_6H_{14}O$	102,2	155,8	− 44,6	0,819	1,4191	(38)
Cyclohexanol	$C_6H_{12}O$	100,2	160	25,1	$0,942^{30}$	$1,4629^{30}$	(28)
2-Athylbutanol	$C_6H_{14}O$	102,2	146,5	−114	0,833	1,4224	142 (90)
n-Octanol	$C_8H_{18}O$	130,2	195	− 15	0,825	1,4304	(4)
2-Äthylhexanol	$C_8H_{18}O$	130,2	184	− 76	0,833	1,4328	~600 (18)
Tetrahydrofurfurylalkohol	$C_5H_{10}O_2$	102,1	178	<− 80	1,054	1,4517	(29)
Pyridin	C_5H_5N	79,1	115,3	− 42	0,983	1,5092	12,7
Anilin	C_6H_7N	93,1	184,4	− 6	1,022	1,5855	(33)
Morpholin	C_4H_9ON	87,1	129	− 3,1	1,001	1,4540	26
Schwefelkohlenstoff	CS_2	76,1	46,3	−115,5	1,26	1,635	1,8
Dimethylsulfoxid	C_2H_6OS	78,1	189	18,5	1,101	1,4783	hygroskopisch
Isophoron	$C_9H_{14}O$	138,2	215	− 8	0,923	1,4781	330 (23)
Diacetonalkohol	$C_6H_{12}O_2$	116,2	167,9	− 47	0,938	1,4241	150 (90)
Furfurol	$C_5H_4O_2$	96,1	161,7	− 36,5	1,16	1,5261	75
Formaldehyd-dimethylacetal	$C_3H_8O_2$	76,1	42,3	−104,8	0,860	1,3534	1,4

[*] Bei Verdunstungszahlen über 15 ergibt sich aus der Bestimmungsmethode ein Fehler von mehr als 5%, der sich mit steigender Verdunstungszahl vergrößert. In ( ) Werte nach DIN 53249.
[1] Mit freundlicher Genehmigung der Fa. Hoechst A.G. der 6. Aufl. des Werkes „Lösemittel Hoechst" (1976) entnommen.

Carbonisierungsturm, Reaktions-Verdampfungs-Kristallisator, Kühlungskristallisator für doppelte Umsetzungen, Ausfällen und Aussalzen. f) *Sprühkristallisatoren*, bei denen es sich um Räume handelt, in denen heiße Lösungen oder Schmelzen in kalte Luft oder kalte Lösungen in heiße Gase gesprüht werden, so daß durch Kühlung und/oder Verdampfung des Lösungsmittels feines Kristallisat, auch agglomerisiert, entsteht: Spritzturm, Zerstäubungskristallisator, (↑) *fraktionierender Kristallisator.* H.J.D.

Dampfdruck in Torr bei 20°C (1 Torr = 1,33 mbar)	Flammpunkt (Fl. P.) °C	Zündgrenzen (Expl.-Grenzen) in Vol.-% in Luft bei 760 Torr = 1013 mbar		Viskosität bei 20°C, cP (mPa·s)	Dielektrizitätskonstante bei 20°C	Spezifische Wärme bei 20°C (cal/g/°C) (1 cal~4,2 Joule)	Verd.-Wärme in cal/g 760 Torr = 1013 mbar (1 cal~4,2 Joule)	Wasseraufnahme bei 20°C in Gew.-%	Löslichkeit in Wasser bei 20°C in Gew.-%	Elektrische Leitfähigkeit in S·cm^{-1} bei 20°C
		untere	obere							
17,5	–	–	–	1,0	80	1,0	539	∞	∞	4,4×10^{-8}
120	–26	1,2	7,4	0,32	1,9	0,53	82	< 0,01	< 0,01	<10^{-13}
77	–18	1,2	8,3	0,94	2,02	0,47	86	0,01		1,9×10^{-14}
75	–11	1,2	8,0	0,65	2,3	0,42	94,3	0,06	0,07	4,43×10^{-14}
21	6	1,2	7,0	0,58	2,4	0,41	86,5	0,05	0,05	1,4×10$^{-14/25}$
5	30	1,0	7,6	0,80	2,6	0,4	83	0,09	0,02	6,7×10$^{-16/25}$
7	25	1,1	7,0	0,61	2,4	0,4	82	0,07	0,02	8,6×10$^{-16/25}$
7	25	1,1	7,0	0,65	2,3	0,4	81	0,02	0,02	7,6×10$^{-16/25}$
7	15	1,0		0,68	2,4	0,41	145,7	0,05	0,02	3×10^{-13}
0,2	77	0,8	5,0	2,2	2,8	0,46	79	0,72		<10^{-9}
1,7	46	2**		1,7	2,3	0,47	67	0,2		3×10^{-12}
96	11	5,5	44	0,55	33,6	0,60	263	∞	∞	1,5×10$^{-9/25}$
44	12	3,5	15	1,22	25,0	0,59	204	∞	∞	1,3×10$^{-9/25}$
14	15	2,1	13,5	2,2	20,1^{25}	0,56	166	∞	∞	9,2×10$^{-9/18}$
32	12	2	12	2,4	19,9^{25}	0,60	159	∞	∞	5,8×10$^{-8/25}$
4,4	35	1,4	11,3	2,95	17,9	0,69	143	20,0	7,8	9,1×10^{-9}
9	27	1,5	10,7	3,9	18,0	0,665	138,2	16,4	8,5	8×10^{-8}
12	24	2,1**		4,2	15,8^{25}	0,67	134,4	44,1	12,5	3,7×10$^{-7/16}$
31	9	2,3	8	3,3^{30}	10,9^{30}	0,73^{25}	136	∞	∞	2,7×10$^{-8/27}$
0,7	63	1,3		5,44	13,3^{25}	0,50	116	7,2	0,58	2,0×10$^{-7/25}$
2^{30}	68	2,0		41^{30}	15,5^{30}	0,51	108	11,8	3,6	8×10$^{-10/25}$
1,9	58	1,8**		5,6	12,2	0,59	108,9	4,56	0,63	2,1×10^{-8}
<0,1	81	0,8**		9,1	10,3	0,53	97	4,4	0,03	1,39×10$^{-7/23}$
0,05	74	1,8	12,7	10	7,4	0,56	92,8	2,55	0,1	0<10^{-9}
0,25	74	1,7**		6,6	13,6^{23}	0,45	120	∞	∞	1,2×10^{-6}
15,4	23	1,7	10,6	0,96	13,2	0,41	107,3	∞	∞	4×10$^{-8/25}$
0,6	76	1,2	11	4,4	6,9	0,5	104	5	3,5	2,4×10$^{-8/25}$
8	36	2,6**		2,37	7,3^{25}	0,46	110	∞	∞	1,0×10^{-6}
298	–30	1,0	60	0,36	2,6	0,24	84,1	0,9	0,2	3,7×10$^{-3/25}$
0,4	95	1,8	***	2,3	48,9	0,49	162	∞	∞	3×10^{-8}
0,2	93	0,8	3,8	2,4	19,9	0,43	83	4,3	1,2	1,0×10^{-6}
0,3	58	1,4	8,1	2,9	23,9	0,45	111	∞	∞	1,6×10^{-7}
1,1	60	2,1	19,3	1,54	41,7	0,42	107,5	4,8	8,3	0,3×10^{-5}
330	–34	5**		0,32	2,7	0,52	90	4,3^{16}	23	<10^{-9}

** Aus dem Flammpunkt errechneter Wert.

Lösungsmittel-Kennzahlen *(Fortsetzung)*

Name (gebräuchliche)	Formel	Mol	Siedetemperatur (K. P.) °C bei 760 Torr = 1013 mbar	Erstarrungstemperatur (E. P.) °C	Dichte bei 20°C (g/cm³)	Brechungszahl n_D^{20}	Verdunstungszahl* (Diäthyläther = 1)
Essigsäure	$C_2H_4O_2$	60,1	118,1	16,6	1,049	1,3718	24
Essigsäureanhydrid	$C_4H_6O_3$	102,1	140	− 73	1,082	1,3904	31
Methylacetat	$C_3H_6O_2$	74,1	57	− 98,1	0,931	1,3593	2,2
Äthylacetat	$C_4H_8O_2$	88,1	77,2	− 83,6	0,901	1,3725	2,9
n-Propylacetat	$C_5H_{10}O_2$	102,1	101,6	− 95	0,888	1,3847	6,1
iso-Propylacetat	$C_5H_{10}O_2$	102,1	88,8	− 73,4	0,873	1,3772	4,2
n-Butylacetat	$C_6H_{12}O_2$	116,2	126,5	− 73,5	0,882	1,3951	14
iso-Butylacetat	$C_6H_{12}O_2$	116,2	117,2	− 99	0,870	1,3902	7,7
2-Äthylbutylacetat	$C_6H_{16}O_2$	144,2	162	<− 75	0,878	1,4109	40
3-Methoxybutylacetat	$C_7H_{14}O_3$	146,2	170	<− 80	0,953	1,4091	75
Glykolmonoacetat	$C_4H_8O_3$	104,1	189	<− 80	1,11	1,4209	∼ 600 (18)
Methylglykolacetat	$C_5H_{10}O_3$	118,1	145	− 65	1,005	1,4019	35
Äthylglykolacetat	$C_6H_{12}O_3$	132,2	156,2	− 62	0,975	1,4058	60
n-Butylglykolacetat	$C_8H_{16}O_3$	160,2	192	− 63,5	0,941	1,4139	190 (31)
Äthyldiglykolacetat	$C_8H_{16}O_4$	176,2	217	− 25	1,009	1,4213	(9,3)
n-Butyldiglykolacetat	$C_{10}H_{20}O_4$	204,3	247	− 32	0,979	1,4262	>1200 (2,2)
Milchsäureäthylester	$C_5H_{10}O_3$	118,1	154	− 26	1,030	1,4124	80
Glykolsäurebutylester	$C_6H_{12}O_3$	132,2	188,5	− 26	1,022	1,4255	∼ 460 (18)
n-Butyl-n-butyrat	$C_8H_{16}O_2$	144,2	166,4	− 91,5	0,870	1,4066	45
iso-Butyl-iso-butyrat	$C_8H_{16}O_2$	144,2	148,7	− 80,7	0,853	1,3999	21
Oxalsäurediäthylester	$C_6H_{10}O_4$	146,1	185,4	− 40,6	1,079	1,4102	(41)
Butyrolakton	$C_4H_6O_2$	86,1	204	43	1,128	1,436	(19)
Methylenchlorid	CH_2Cl_2	84,9	39,7	− 97	1,323	1,4242	1,8
Chloroform	$CHCl_3$	119,4	61,3	− 63,5	1,487	1,4467	2,5
Tetrachlorkohlenstoff	CCl_4	153,8	76,8	− 23	1,595	1,4631	4
Äthylenchlorid	$C_2H_4Cl_2$	99	84,5	− 35,5	1,253	1,4451	4,1
1,1,1-Trichloräthan	$C_2H_3Cl_3$	133,4	74,1	− 30,6	1,325	1,4376	2,4
1,1,2,2-Tetra-chloräthan	$C_2H_2Cl_4$	167,9	146,4	− 42,5	1,595	1,4942	33
Trichloräthylen	C_2HCl_3	131,4	86,9	− 83	1,464	1,4777	3
Tetrachloräthyien	C_2Cl_4	165,9	121	− 23,5	1,623	1,5058	9,5
2,2′-Dichlor-diäthyläther	$C_4H_8OCl_2$	143	179	− 46,8	1,222	1,457	190
Trichlorfluor-methan	$CFCl_3$	137,4	23,8	−111	1,49	1,384	1
Trifluortrichlor-äthan unsym.	$C_2F_3Cl_3$	187,4	47,6	− 35	1,574	1,355	1,3
Chlorbenzol	C_6H_5Cl	112,6	131,8	− 45	1,106	1,5248	12,5
o-Dichlorbenzol	$C_6H_4Cl_2$	147	179,2	− 18,3	1,304	1,5515	57
Äthylenchlorhydrin	C_2H_5OCl	80,5	128	− 67,5	1,200	1,4420	45
Epichlorhydrin	C_3H_5OCl	92,5	116	− 57	1,180	1,442	13
Nitromethan	CH_3O_2N	61	101,2	− 29	1,139	1,3819	63
Nitrobenzol	$C_6H_5O_2N$	123	210,8	5,7	1,203	1,5521	(17)
N-Dimethylformamid	C_3H_7ON	73,1	155	− 61	0,949	1,4305	(73)
N-Dimethylacetamid	C_4H_9ON	87,1	165,5	− 20	0,94	1,4355	170

Lösungsmittel-Kennzahlen *(Fortsetzung)*

Dampfdruck in Torr bei 20°C (1 Torr = 1,33 mbar)	Flammpunkt (Fl. P.) °C	Zündgrenzen (Expl.-Grenzen) in Vol.-% in Luft bei 760 Torr = 1013 mbar untere	obere	Viskosität bei 20°C, cP (mPa·s)	Dielektrizitäts-konstante bei 20°C	Spezifische Wärme bei 20°C (cal/g/°C) (1 cal~4,2 Joule)	Verd.-Wärme in cal/g 760 Torr = 1013 mbar (1 cal~4,2 Joule)	Wasseraufnahme bei 20°C in Gew.-%	Löslichkeit in Wasser bei 20°C in Gew.-%	Elektrische Leitfähigkeit in S·cm^{-1} bei 20°C
11,8	40	4,0	17,0	1,22	6,2	0,49	96,8	∞	∞	$6\times10^{-9/25}$
4	49	2	10,2	0,91	20,7	0,44	105	reag.	reag.	$5\times10^{-9/25}$
170	−10	3,1	16	0,38	7,3	0,50	104,4	8	24	$3,4\times10^{-6}$
73	− 4	2,1	11,5	0,45	6,0	0,48	87,6	3,0	7,9	$<10^{-9}$
25	10	1,7	8,0	0,58	6	0,47	80	2,9	2,3	$2,2\times10^{-7/17}$
46	4	1,8	8,0	0,57	6,1	0,52	79,4	1,9	2,9	$5,7\times10^{-7}$
10	25	1,2	7,5	0,73	5,0	0,46	73,9	1,4	0,7	$1,3\times10^{-8}$
13	18	1,6	10,5	0,70	5,3	0,46	73,8	1,65	0,7	$<10^{-9}$
2	49	1,6**		1,17	4,8		78,5	0,57	0,64	$<10^{-9}$
1	60	0,8	4,7	1,43	8,0	0,46	76	4	3	$0,8\times10^{-8}$
3	92	7,8	27,7	5,2	12,9^{30}	0,52	119	∞	∞	$1,1\times10^{-6}$
3,5	47	1,7	8,2	1,14	9,1	0,49	88	∞	∞	5×10^{-9}
2	51	1,7	8,3	1,35	8,3	0,49	81	6,5	22	4×10^{-9}
0,3	75	1,6	8,4	1,8	6,8	0,47	66	1,7	1,5	5×10^{-9}
0,1	98	1,5**		2,8	8,4	0,54	66,5	∞	∞	8×10^{-9}
<0,01	~ 108	0,6**		3,6	7,0	0,48	57	3,7	6,5	$<10^{-8}$
1,8	46	1,5**		2,9	13,1	0,51	72	∞	∞	$1\times10^{-6/25}$
1	72,5	1,2		4,4	13,3	0,50	89	25	7,5	$2,5\times10^{-7}$
3	50	1**		1,2	4,6	0,46	66	2,4	0,1	$<10^{-9}$
3	37	1,2**		1,02	4,5	0,46	70	0,5	0,38	2×10^{-11}
0,2	76	0,8**		2,1	8,6	0,44	70	1,2^{25}	3,6^{25}	$2,8\times10^{-8}$
0,7	94	0,25**		2,0	39	0,40	133	∞	∞	$1,5\times10^{-6}$
356	−	13	22	0,43	9,1	0,28	78,7	0,14	2,0	$4,3\times10^{-11}$
160	−	−	−	0,57	4,8	0,23	59	0,1	0,8	$2\times10^{-10/25}$
91	−	−	−	0,97	2,24	0,20	46,5	0,008	0,08	$4\times10^{-18/18}$
65	13	6,2	16	0,83	10,5	0,31	77,3	0,16	0,80	3×10^{-8}
100	−	−	−	1,1	7,5	0,26^{25}	58	0,09	0,01	$3,9\times10^{-9/25}$
5	−	−	−	1,8	8,2	0,27	55,1	0,03	0,32^{25}	$2,4\times10^{-8}$
58	−	7,9		0,57	3,3	0,22	57,3	0,02	0,1	8×10^{-12}
14	−	−	−	0,9	2,4	0,22	50	0,01	0,02	$5,55\times10^{-4}$
0,8	55	0,8**		2,3	20,5	0,37	64	0,1	1,02	$3,6\times10^{-5}$
670	−	−	−	0,44	2,3	0,20	43,5	0,01	0,14	2×10^{-12}
270	−	−	−	0,69	2,4	0,21	35,1	0,01	0,017	2×10^{-13}
8,8	28	1,3	11	0,80	5,7	0,32	77,6	0,04	0,05	$7\times10^{-11/25}$
1	66	2,2	12	1,5	9,8	0,36^{25}	65	0,031^{25}	0,013^{25}	$3\times10^{-11/25}$
6	55	5	16	3,6	26^{25}	0,47	132	∞	∞	$6,6\times10^{-4}$
13	28	2,3	34,4	1,2	23	0,38	98	1,2	5,9	$5,4\times10^{-8}$
28	36	7,1	63	0,66	38,6	0,42	135	2,2	9,5	$5\times10^{-7/25}$
0,3	90	1,8		2,0	35,5	0,35	79	0,24	0,19	$2,05\times10^{-10/25}$
3,7	58	2,2	16	0,92	37,6	0,5	138	∞	∞	$\sim 10^{-7/25}$
1	70	1,7	11,5	0,92	37,8	0,48	119	∞	∞	

Lösungsmittel-Kennzahlen (Fortsetzung)

Technische Lösemittel (Gemischte)	Siedetemperatur (K. P.) °C bei 760 Torr = 1013 mbar	Dichte bei 20°C (g/cm³)	Brechungszahl n_D^{20}	Verdunstungszahl* (Diäthyläther = 1)
Petroläther	min. 25–max. 80	0,630–0,680[15]	~1,37	~ 1,5
FAM-Normalbenzin	min. 65–max. 95	0,690–0,705[15]	~1,39	~ 3,5
Siedegrenzenbenzine				
Benzin I	min. 60–max. 95	~0,68	~1,39	~ 3,5
Benzin II	min. 80–max. 110	~0,70	~1,40	~ 3,5
Benzin III	min. 100–max. 140	~0,72	~1,41	~ 9,5
Testbenzin	min. 130–max. 220	~0,75	1,43 –1,44	~ 50
Dekahydronaphthalin (Dekalin)	188–193	0,885	1,46 –1,48	94
Terpentinöl	150–180	0,86 –0,87[15]	1,465–1,478	(96)
Solvent naphtha	min. 150–max. 195 (bei 180 min. 90%)	min. 0,86	1,50	~ 55 (95)
Amylalkohol technisch	100–140	0,80 –0,83[15]	1,39 –1,40	
Amylacetat technisch	105–148	0,870–0,873[15]	1,39 –1,40	~ 13
Methylcyclohexanol	160–180	0,910–0,915[15]	1,455–1,465	~800
Methylcyclohexanon	170–178	0,910–0,914[15]	1,44 –1,45	~ 53

Name (gebräuchliche)	Formel	Mol	Siedetemperatur (K. P.) °C bei 760 Torr = 1013 mbar	Erstarrungstemperatur (E. P.) °C	Dichte bei 20°C (g/cm³)	Brechungszahl n_D^{20}	Verdunstungszahl* (Diäthyläther = 1)
3-Methoxybutanol	$C_5H_{12}O_2$	104,2	161,1	– 85	0,921	1,416	160 (79)
Glykol	$C_2H_6O_2$	62,1	197,4	– 12,4	1,113	1,4318	~ 600
Diglykol	$C_4H_{10}O_3$	106,1	245,5	– 6,5	1,116	1,4470	~2000
Triglykol	$C_6H_{14}O_4$	150,2	288	– 4,3	1,123	1,4559	
Methylglykol	$C_3H_8O_2$	76,1	124,5	– 85	0,964	1,4021	34
Äthylglykol	$C_4H_{10}O_2$	90,1	135	<– 80	0,930	1,4081	43
n-Propylglykol	$C_5H_{12}O_2$	104,1	150,5	<– 70	0,911	1,4132	68
n-Butylglykol	$C_6H_{14}O_2$	118,2	171	<– 70	0,901	1,4196	160 (60)
Methyldiglykol	$C_5H_{12}O_3$	120,2	193	– 65	1,020	1,4263	~ 900 (12)
Äthyldiglykol	$C_6H_{14}O_3$	134,2	202	– 80	0,990	1,4270	~1200 (6)
n-Butyldiglykol	$C_8H_{18}O_3$	162,2	230	– 68	0,954	1,4322	>1200 (3)
Glycerin	$C_3H_8O_3$	92,1	290	18,2	1,261	1,4744	
Di-Äthyläther	$C_4H_{10}O$	74,1	34,6	–116,3	0,714	1,3526	1
Di-n-Propyläther	$C_6H_{14}O$	102,2	90,5	–122	0,746	1,3807	2,8
Di-iso-Propyläther	$C_6H_{14}O$	102,2	67,8	– 85,5	0,724	1,3681	1,6

Flammpunkt (Fl. P.) °C	Zündgrenzen (Expl.-Grenzen) in Vol.-% in Luft bei 760 Torr = 1013 mbar		Dielektrizitätskonstante bei 20°C	Spezifische Wärme bei 20°C (cal/g/°C) (1 cal ~4,2 Joule)	Verd.-Wärme in cal/g 760 Torr = 1013 mbar (a cal ~4,2 Joule)	Wasseraufnahme bei 20°C in Gew.-%
	untere	obere				
<-20	$\sim 1{,}2$	$\sim 7{,}5$	$\sim 1{,}8$	$\sim 0{,}5$	82	$\sim 0{,}04$
<-20	$\sim 1{,}1$	~ 7	$\sim 1{,}8$			$\sim 0{,}04$
<-20	$\sim 1{,}1$	~ 7	$\sim 1{,}8$			$\sim 0{,}04$
<-10	$\sim 1{,}0$	$\sim 6{,}5$	$\sim 1{,}8$			$\sim 0{,}04$
<-10	$\sim 0{,}8$	$\sim 6{,}5$	$\sim 1{,}8$			$\sim 0{,}035$
min. 21	$\sim 0{,}6$	$\sim 6{,}5$	$\sim 1{,}8$			$\sim 0{,}04$
67–68	0,7	4,9	2,2	$\sim 0{,}5$		$\sim 0{,}05$
>32	0,7		$\sim 2{,}7$			$\sim 0{,}06$
min. 21	~ 1	$\sim 7{,}5$				0,08
40–45	1,2	8	$\sim 14^{25}$	$\sim 0{,}65$		10,0
23	1	~ 10	$\sim 4{,}7$			2,0
68	1,3**		13,3		108	6,7
48	1,2**				117	3,0

Dampfdruck in Torr bei 20°C (1 Torr = 1,33 mbar)	Flammpunkt (Fl. P.) °C	Zündgrenzen (Expl.-Grenzen) in Vol.-% in Luft bei 760 Torr = 1013 mbar		Viskosität bei 20°C, cP (mPa·s)	Dielektrizitätskonstante bei 20°C	Spezifische Wärme bei 20°C (cal/g/°C) (1 cal ~4,2 Joule)	Verd.-Wärme in cal/g 760 Torr = 1013 mbar (1 cal ~4,2 Joule)	Wasseraufnahme bei 20°C in Gew.-%	Löslichkeit in Wasser bei 20°C in Gew.-%	Elektrische Leitfähigkeit in $S \cdot cm^{-1}$ bei 20°C
		untere	obere							
0,9	60	1,5	12,7	3,7	14,4	0,53	116	∞	∞	$1{,}2 \times 10^{-6}$
$<0{,}1$	119	3	28	21	42	0,58	191	∞	∞	1×10^{-8}
0,01	146	1,2	22	36	31,5	0,55	150	∞	∞	5×10^{-8}
0,001	173	0,9	9,2	48	23	0,53	179	∞	∞	1×10^{-8}
7	37	2,5	20,0	1,7	17,3	0,53	135	∞	∞	2×10^{-7}
3,8	42	1,8	14,0	2,1	13,5	0,56	131,7	∞	∞	5×10^{-8}
<1	51	5,5	23,3	2,8	11,8	0,55	107	∞	∞	$8{,}6 \times 10^{-7}$
1	67	1,2	10,6	3,2	9,4	0,52	95	∞	∞	2×10^{-8}
<1	95	1,6	16,1	4	17,5	0,54	91	∞	∞	$1{,}1 \times 10^{-7}$
$<0{,}5$	90	1,5	9,9	3,8	14,2	0,55	96	∞	∞	5×10^{-8}
$<0{,}5$	105	0,7	5,3	5,9	10,8	0,55	78	∞	∞	2×10^{-8}
$<0{,}01$	160	0,9**		1412	41	0,57	184	∞	∞	$\sim 0{,}6 \times 10^{-7/25}$
440	-40	1,7	36	0,24	4,3	0,55	86,1	1,3	6,9	$3{,}7 \times 10^{-13/25}$
56	-15	1**		0,42	3,4	0,48	82	0,68	0,3	$<10^{-9}$
130	-22	1	21	0,33	3,9	0,53	68	0,6	0,9	$<10^{-9}$

Lösungsmittel-Kennzahlen *(Fortsetzung)*

Name (gebräuchliche)	Formel	Mol	Siedetemperatur (K. P.) °C bei 760 Torr = 1013 mbar	Erstarrungstemperatur (E. P.) °C	Dichte bei 20°C (g/cm³)	Brechungszahl n_D^{20}	Verdunstungszahl* (Diäthyläther = 1)
Di-n-Butyläther	$C_8H_{18}O$	130,2	142	− 95	0,768	1,4010	19
Diglykoldimethyläther	$C_6H_{14}O_3$	134,7	159,8	− 64	0,945	1,4077	~ 90
Tetrahydrofuran	C_4H_8O	72,1	66	−108,5	0,888	1,4073	2,3
Dioxan	$C_4H_8O_2$	88,1	101,3	11,8	1,034	1,4221	7,3
Aceton	C_3H_6O	58,1	56,2	− 94,3	0,791	1,3587	2,1
Methyläthylketon	C_4H_8O	72,1	79,6	− 86,6	0,805	1,3788	3,3
Methylisobutylketon	$C_6H_{12}O$	100,2	117	− 83,5	0,801	1,3958	6,7
Cyclohexanon	$C_6H_{10}O$	98,1	156,7	− 32	0,948	1,4500	40
Mesityloxid	$C_6H_{10}O$	98,1	128	− 59	0,857	1,4442	16

Lüfter (Ventilatoren, Exhaustoren). Lüfter werden fast ausschließlich zum Fördern von Luft oder anderen Gasen (Entlüften, Kühlen, Trocknen) verwendet. Die erreichbare Verdichtung ist gering (Druckverhältnis unter 1,1). – Der Zentrifugal-Lüfter besteht aus einem Schaufelrad, das in einem Spiralgehäuse läuft. Das Schaufelrad saugt das gasförmige Medium in das Gehäuse und drückt es in den Ausblasstutzen. – Radial-Lüfter saugen das Medium axial an und fördern es radial. Bei Axiallüftern wird das Medium axial angesaugt und axial gefördert. – Die Fördermenge beträgt bis 500 000 m³/h, der Förderdruck bis 10 mbar bei Niederdrucklüftern, bis 100 mbar bei Hochdrucklüftern. – Schrauben- oder Propeller-Ventilatoren werden nur für Lüftungszwecke verwendet. W.W.

Luft als Oxidationsmittel in der organischen Chemie: Luft dient bei zahlreichen Prozessen als Oxidationsmittel. Beispiele: a) Oxidation in flüssiger Phase: (↑) *Dimethylterephtalat-Herstellung, Terephthalsäure-Herstellung, Fettsäure-Herstellung, Adipinsäure.* b) Oxidation in der Gasphase: (↑) *Phthalsäureanhydrid-Herstellung, Maleinsäureanhydrid-Herstellung.* In der anorganischen Chemie wird Luft z. B. bei *der* (↑) *Salpetersäure-Herstellung* für die (↑) *Ammoniak-Verbrennung* bzw. bei der (↑) *Schwefelsäure-Herstellung* (↑ *Schwefelverbrennung, Röstung*) eingesetzt. D.O.

Luftoxidationsverfahren ↑ *Luft als Oxidationsmittel* D.O.

Dampfdruck in Torr bei 20°C (1 Torr = 1,33 mbar)	Flammpunkt (Fl. P.) °C	Zündgrenzen (Expl.-Grenzen) in Vol.-% in Luft bei 760 Torr = 1013 mbar		Viskosität bei 20°C, cP (mPa·s)	Dielektrizitätskonstante bei 20°C	Spezifische Wärme bei 20°C (cal/g/°C) (1 cal~4,2 Joule)	Verd.-Wärme in cal/g 760 Torr = 1013 mbar (1 cal~4,2 Joule)	Wasseraufnahme bei 20°C in Gew.-%	Löslichkeit in Wasser bei 20°C in Gew.-%	Elektrische Leitfähigkeit in $S \cdot cm^{-1}$ bei 20°C
		untere	obere							
4,8	25	0,9	8,5	0,7	3,1	0,49	68,8	0,19	0,03	$1,6 \times 10^{-8}$
11	57	1,4**		2,0	7	0,40	74,4	∞	∞	3×10^{-8}
131	−21,5	1,5	12	0,48	7,6	0,42	106,8	∞	∞	$<10^{-9}$
30	11	1,9	22,5	1,52	2,3	0,42	98,6	∞	∞	2×10^{-8}
175	<−20	2,5	13,0	0,32	21,4	0,51	125,3	∞	∞	$5,5 \times 10^{-8}$
78	− 1	1,8	11,5	0,42	18,8	0,52	105	12	26	5×10^{-8}
5	14	1,4		0,59	13,1	0,46	87	1,8	2,8	$3,5 \times 10^{-8}$
3,3	43	1,3	9,4	2,2	18,2	0,43	98	8,0	2,3	$5 \times 10^{-18/25}$
8	31	1,6**		0,60	15,6	0,52	86	3,4	2,8	$1,1 \times 10^{-6/0}$

Luftstrahlmühlen ↑ *Strahlmühlen*   H.S.

Lurgi-Sandcracker zum thermischen (↑) *Cracken* von Naphta. Die endotherme Spaltung zu (↑) *Äthylen* und (↑) *Propylen* erfolgt in einer aus Sandpartikeln bestehenden (↑) *Wirbelschicht,* wobei die notwendige Wärme durch aufgeheizten Sand zugeführt wird. Der abgekühlte und durch die Reaktion mit Kohlenstoff beladene Sand wird in einer mit den Abgasen einer Brennkammer betriebenen Steigleitung durch Abbrennen des Kohlenstoffs wieder aufgeheizt (s. Abb.).
J.W.

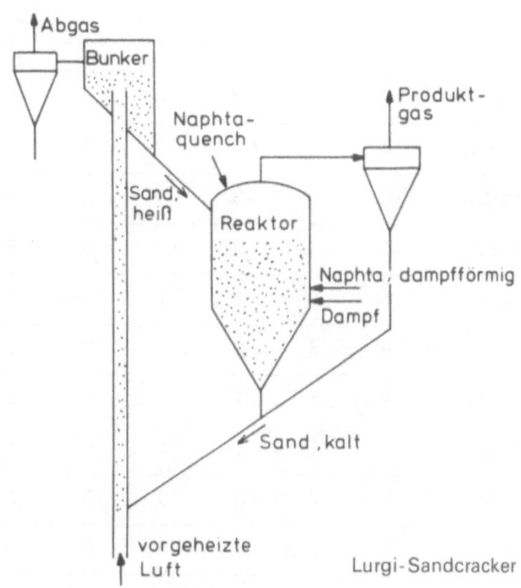

Lurgi-Sandcracker

Magnesium. Mg; Atomgew. 24,32; Dichte: 1,738 g/cm^3; Kristallstruktur: hexag. dichteste Packung; Fp: 650° C; a: 25,5 · 10^{-6} grd^{-1}; λ: 1,56 W/cm grd; ϱ: 4,63 · 10^{-6} Ω cm; E: 42800 MN/m^2. – Magnesium läßt sich spanlos und spanabhebend verarbeiten, wobei zu beachten ist, daß Mg-Späne sich bei erhöhter Temperatur leicht entzünden können und Mg-Brände weder mit Wasser noch Trockenfeuerlöschern gelöscht werden können. Magnesium wird in der chemischen Technik selten in chemisch agressiver Umgebung eingesetzt. Magnesiumlegierungen sind beständig gegen Atmosphärilien und Alkalien, nicht aber gegen Säuren mit Ausnahme von Flußsäure. – Verwendung findet Magnesium bzw. Magnesiumlegierungen für Armaturen und als Opferkathoden zum kathodischen Schutz von Tanks, Rohrleitungen etc. P.E.

Magnetkupplungspumpen ↑ *Wärmeübertragungsanlagen mit organischen Wärmeträgern* M.N.

Magnetscheidung ist ein (↑) *Sortierverfahren* zum Trennen von ferro- oder paramagnetischen Teilchen aus einem dispersen Feststoffgemenge. In einem inhomogenen Magnetfeld wirkt auf Feststoffteilchen eine Kraft, die u.a. abhängig ist von der Suszeptibilität des Teilchens und dem Produkt aus Feldstärke und Feldgradient. Man kann daher durch ein inhomogenes Feld Teilchen unterschiedlicher Suszeptibilität unterschiedlich stark aus ihrer Bewegungsbahn ablenken oder die Teilchen höchster Suszeptibilität an den Stellen höchster magnetischer Kraftwirkung zurückhalten. Es gibt eine Fülle von Magnetscheider-Bauarten, die sich u.a. unterscheiden nach: a) dem Ablenk- oder Rückhalteprinzip,. b) der Feldstärke (Starkfeld-, Schwachfeldscheider), c) der geometrischen Anordnung der Magnete und der Art der Zufuhr des Aufgabegutes und der Abfuhr der Produkte (u.a. Trommel-, Walzen- und Bandscheider), d) der Verarbeitung des Feststoffgemenges in Luft oder als Suspension (Trocken-, Naß-

Magnesium

°C	20			100		
	1%	10%	konz	1%	10%	konz
HCl	3	3	3	3	3	3
H$_2$SO$_4$	3	3	3	3	3	3
HNO$_3$	3	3	3	3	3	3
H$_3$PO$_4$	3	3	3	3	3	3
HF	1	1	1	1	1–2	2
CH$_3$COOH	3	3	3	3	3	3
NaOH	1	1	1	1	1	1
NH$_4$OH	1	1	1	1	1	1
NaCl	1–2	2	3	3	3	3
NH$_4$Cl	2	2–3	3	3	3	3

Gase

°C	20	200	400	600	800	1000
Luft	1	3	3			
H$_2$O	1	2	3			
Cl$_2$	1	1	2	3		
SO$_2$	2	3	3	3		
			O$_2$ u. H$_2$O verstärken Angriff			
H$_2$S	2–3	3	3	3		

1: chemisch beständig Korr.-Angriff <2,4 g/m^2 Tag <0,1 mm/Jahr. 2: chemisch bedingt beständig bzw. verwendbar Korr.-Angriff 2,4–24 g/m^2 Tag (0,1–1 mm/Jahr). 3: chemisch unbeständig >24 g/m^2 Tag >1 mm Jahr.

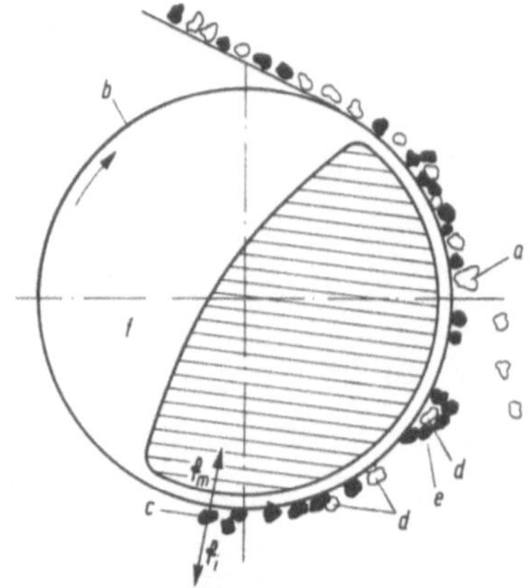

Trocken-Trommelscheider (schematisch) nach Schubert. a=unmagnetisches Teilchen, sich von der Trommel lösend; b=Trommel; c=magnetisches Teilchen, sich von der Trommel lösend (f$_i$+f$_m$=0); d=unmagnetische Teilchen, die ins Magnetprodukt gelangen; e=magnetische Teilchen, die unmagnetische einschließen; f=Magnete, f$_i$ Summe aus Erdanziehung, Trägheits-, Haft- und Reibungskräften, f$_m$ Anziehungskraft des Magnetfeldes

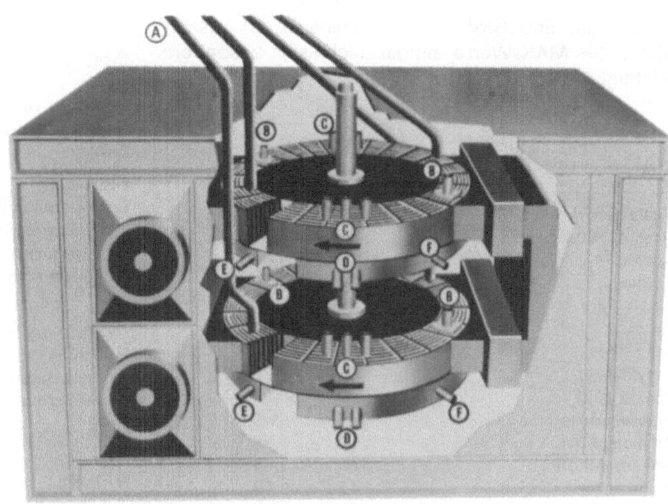

Rückhaltescheider
(Naß-Starkfeld-Magnetschneider).
(Bauart Jones der KHD Industrieanlagen AG)

scheider). Die häufigste Bauform der Schwachfeldscheider ist der Trommelscheider (s. Abb.). Als Trokkentrommelscheider oder Magnettrommel dient er vielfach zum Ausscheiden von metallischen Eisen aus Schüttgütern, in der Ausführung als Naß-Trommel-Permamentmagnet-Scheider ist es *das* Gerät für die Aufbereitung magnetitischer Eisenerze. Die Abb. zeigt das Arbeitsprinzip eines Rückhaltescheiders als Starkfeld-Naß-Magnetscheider: durch einen Aufgabeschacht A gelangt die Feststoffsuspension in die mit scharfkantigen Platten S bestückte, zwischen den Magnetpolen P angeordnete Kammer K, in der die Teilchen hoher Suszeptibilität an den Schneiden der Platten zurückgehalten werden, während die Suspension des restlichen Feststoffes durch den Austragschacht B abfließt. Die Abb. zeigt vereinfacht eine Ausführungsform des Rückhaltescheiders Bauart JONES der KHD Industrieanlagen AG, Köln. Die Kammern F sind hier am Umfang zweier Scheiben E angeordnet, die sich im Feld des luftgekühlten D Magneten C drehen. Das durch die Leitungen A als Suspension zugeführte Aufgabegut erreicht die Kammern im Bereich der höchsten Feldstärke. Das Unmagnetische fließt hindurch in die Leitungen E, das Magnetische wird zurückgehalten, bis die Kammer durch die Drehung der Scheibe in die neutrale Zone C zwischen den Polen gelangt, und dann in die Konzentratleitung D gespült. In Stellung B können schwachmagnetische Teilchen in die Mittelgutleitung F ausgetragen werden.

H.Ke.

Mahlhilfen (z. B. Talkum oder hochdisperse Kieselsäure) dienen zur Unterstützung von Mahlvorgängen bei solchen Stoffen, die zum Kleben, Ansetzen oder Verschmieren neigen. Auch Wasser ist Mahlhilfe bei der Feinmahlung von Feststoffen wie PTFE auf Korundscheibenmühlen. Kälte ist gleichfalls ein Mahlhilfsmittel (↑ *Kaltmahlung*).

H.S.

Mahltrocknung. Schon beim normalen Mahlen z. B. mit (↑) *Zentrifugalmühlen* nimmt die mit dem Mahlgut angesaugte Luft einen Teil der Mahlgutfeuchte auf und leitet sie ab. Gezieltere Mahltrocknung wird bei gleichzeitiger Zufuhr von Heißluft bewirkt. Dieses Trocknungsverfahren erzielt hohe räumliche Verdampfungsleistungen, da beim Mahlvorgang immer neue feuchte Bruchstellen freigelegt werden. Zum Vergleich.

Mahltrockner	3000 kg/m³ · h	
Schaufeltrockner	30 kg/m³ · h	
Sprühtrockner	15 kg/m³ · h	
Trockenschrank	3 kg/m³ · h	H.S.

MAK-Werte. Der MAK-Wert ist die höchstzulässige Konzentration eines Arbeitsstoffes als Gas, Dampf oder Schwebstoff in der Luft am Arbeitsplatz. Beim Einhalten normaler Arbeitszeiten und Unterschreiten des MAK-Wertes tritt im allgem. keine Gesundheitsschädigung der Beschäftigten ein. Die MAK-Wert-Liste wird jährlich von einer Kommission der Deutschen Forschungsgemeinschaft (DFG) überarbeitet und vom Bundesarbeitsministerium veröffentlicht. Nur die jeweils neueste Liste ist rechtsverbindlich. Die Liste

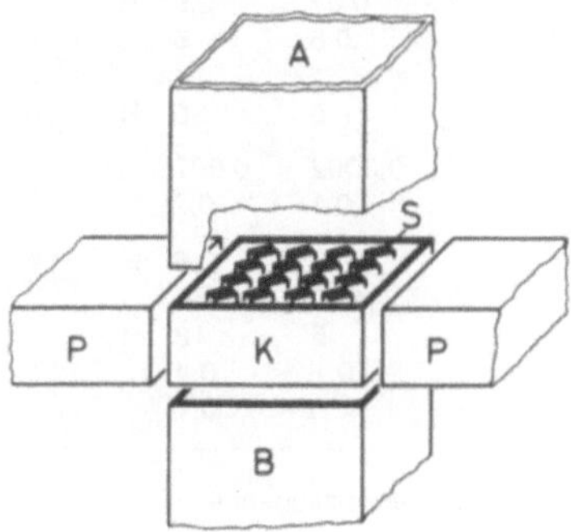

Prinzip des Rückhaltescheider

umfaßt ca. 360 Stoffe. Der nachstehende Auszug nennt die MAK-Werte einiger technisch besonders wichtiger Stoffe: (Stand 1977)

Stoff	MAK ppm	mg/m³	H;S
Acetaldehyd	200	360	
Acetanhydrid	5	20	
Aceton	1000	2400	
Acrolein	0,1	0,25	
Acrylnitril	*		H
Äthanol	1000	1900	
Äthyläther	400	1200	
Äthylbenzol	100	435	
Äthylenoxid	50	90	
Ameisensäure	5	9	
Ammoniak	50	35	
iso-Amylalkohol	100	360	
Anilin	5	19	H
Antimon		0,5	
Arsentrioxid und Arsenpentoxid, arsenige Säure, Arsensäure und ihre Salze	*		
Benzol	*		H
Blei		0,1	
Bleichromat	*		
Bleitetraäthyl (als Pb berechnet)	0,01	0,075	H
Brom	0,1	0,7	
1,3-Butadien	1000	2200	
Butan	1000	2350	
Butanol (alle Isomeren)	100	300	
Butylacetat (alle Isomeren)	200	950	
Butylalkohol (alle Isomeren)	100	300	
Cadmiumoxid (Rauch)		0,1	
Chlor	0,5	1,5	
Chlorbenzol	50	230	
Chloroform	10	50	
Chlorwasserstoff	5	7	
Chromsäure		0,1	
Cyanide (als CN berechnet)		5	H
Cyanwasserstoff	10	11	H
Cyclohexan	300	1050	
Cyclohexanol	50	200	
Cyclohexanon	50	200	
DDT		1	H
Diazomethan	0,2	0,4	
1,2-Dichloräthan	20	80	
Dichlordifluormethan (R-12)	1000	4950	
Dichlormethan	200	720	
Dichlorvos	0,1	1	H
Dimethylamin	10	18	
N,N-Dimethylanilin	5	25	H
Dimethylformamid	20	60	H
Dimethylsulfat	0,01	0,05	H

Stoff	MAK ppm	mg/m³	H;S
Dinitrobenzol (alle Isomeren)	0,15	1	H
Dioxan	100	360	H
Essigsäure	10	25	
Essigsäureäthylester	400	1400	
Essigsäureamylester (alle Isomeren)	100	525	
Essigsäureanhydrid	5	20	
Fluor	0,1	0,2	
Fluoride (als Fluor berechnet)		2,5	
Fluorwasserstoff	3	2	
Formaldehyd	1	1,2	S
Heptan	500	2000	
Hexan (n-Hexan)	100	360	
Hydrazin	0,1	0,13	H
Jod	0,1	1	
Keton	0,5	0,9	
Kobalt (in Form atembarer Stäube von Kobaltmetall und schwer löslichen Kobaltsalzen)		0,5	
Kohlendioxid	5000	9000	
Kohlenoxid	50	55	
Kresol (alle Isomeren)	5	22	H
Kupfer (Rauch)		0,1	
Kupfer (Staub)		1	
Maleinsäureanhydrid	0,2	0,8	S
Methanol	200	260	H
Methylamin	10	12	
N-Methylanilin	2	9	H
Methylchlorid	50	105	
Morpholin	20	70	
Naphtalin	10	50	
Nickel (in Form atembarer Stäube von Nickelmetall Nickelsulfid und sulfidischen Erzen, Nickeloxid und Nickelcarbonat, wie sie bei der Herstellung und Weiterverarbeitg. auftreten können)	*		S
Nicotin	0,07	0,5	H
Nitroglycerin	0,5	5	
Nitrotoluol (alle Isomeren)	5	30	H
Osmiumtetroxid	0,0002	0,002	
Ozon	0,1	0,2	
Pentachlorphenol	0,05	0,5	H
Pentan	1000	2950	
Phenol	5	19	H
Phosgen	0,1	0,4	
Phosphor (gelb)		0,1	

* siehe unter (↑) *Arbeitsstoffe,* krebserzeugende.
(H) Gefahr der Hautresorption.
(S) Gefahr der Sensibilisierung.

Stoff	MAK ppm	mg/m³	H;S
Phosphoroxidchlorid	0,5	3	
Phosphorpentachlorid		1	
Phosphortrichlorid	0,5	3	
Propan	1000	1800	
iso-Propylalkohol	400	980	
Quarz (einschl. Cristobalit und Tridymit (Feinstaub)		0,15	
Quarzhaltiger Feinstaub		4	
Quecksilber	0,01	0,1	
Salpetersäure	10	25	
Salzsäure	5	7	
Schwefelsäure		1	
Schwefelwasserstoff	10	15	
Stickstoffdioxid	5	9	
Styrol	100	420	
Tetrachloräthylen	100	670	
Tetrachlorkohlenstoff	10	65	H
Tetrahydrofuran	200	590	
Toluol	200	750	
Trinitrotoluol	0,15	1,5	H
Vanadium (V_2O_5-Rauch)		0,1	
Vinylchlorid	*		
Xylol (alle Isomeren)	200	870	
Zinkoxid (Rauch)		5	

* siehe unter (↑) *Arbeitsstoffe*, krebserzeugende.
(H) Gefahr der Hautresorption.
(S) Gefahr der Sensibilisierung.   F.WI.

Maleinsäureanhydrid-Herstellung. Erfolgt analog der (↑) *Phthalsäureanhydrid-Herstellung* durch katalytische Oxidation von Benzol in einem Röhrenreaktor an einem Festbettkontakt nach:

$$\bigcirc + 4\tfrac{1}{2}\,O_2 \xrightarrow{V_2O_5} \text{CO–O–CO} + 2CO_2 + 2H_2O$$

Maleinsäureanhydrid kann über Hydrolyse zu Maleinsäure schließlich zu Fumarsäure isomerisiert werden:

$$\text{CO–O–CO} \xrightarrow{H_2O} \text{COOH–COOH} \longrightarrow \text{HOOC–COOH}$$

Maleinsäureanhydrid   Maleinsäure   Fumarsäure
                                            D.O.

Mammutpumpe ist ein Druckluft-Flüssigkeitsheber, der im Prinzip aus einem Rohr besteht, das in eine Flüssigkeit eintaucht und mit ihr gefüllt ist. Wird in dieses Rohr unten Druckluft eingeleitet, so entsteht dadurch eine Luft-Flüssigkeitsmischung, deren spezifisches Gewicht niedriger als das der Flüssigkeit selbst ist. Dadurch steigt die Flüssigkeit im Rohr empor bis zu

einem Überlauf. Pumpen dieser Art eignen sich nur für geringe Hubhöhen. In der Flüssigkeit schwimmende oder aufwirbelbare feste Stoffe können mit dem Flüssigkeitsstrom übergetrieben werden; die Mammutpumpe eignet sich daher auch für die Förderung von grobem Material (z. B. zum Heben von Rüben in Zuckerfabriken) Die Förderhöhe wird hauptsächlich von der Eintauchtiefe des Förderrohres, seinem Durchmesser, dem Luftdurchsatz und der Blasengröße bestimmt (s. Abb.). – Mammutpumpen arbeiten ohne bewegte Teile, sie sind robust und werden bevorzugt für Schlämme, stark verschmutzte oder aggressive Flüssigkeiten verwendet, solange es nicht auf große Förderhöhen ankommt.   D.O.u.K.K.

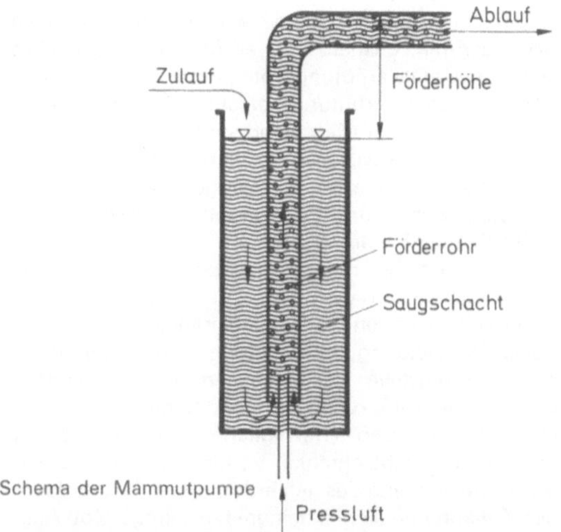

Mannloch. Öffnung in Apparaturen, Kolonnen, Tanks, Behältern usw. zum Betreten der Anlagen nach Öffnung des verschraubten Deckels (der mit einer Dichtung versehen ist).   D.O.

Mantelwärmetauscher. Der druckfeste Reaktionskessel (Innenkessel) ist mit einem Vollmantel umgeben, der das Heizmittel (Dampf, Druckwasser) bzw.

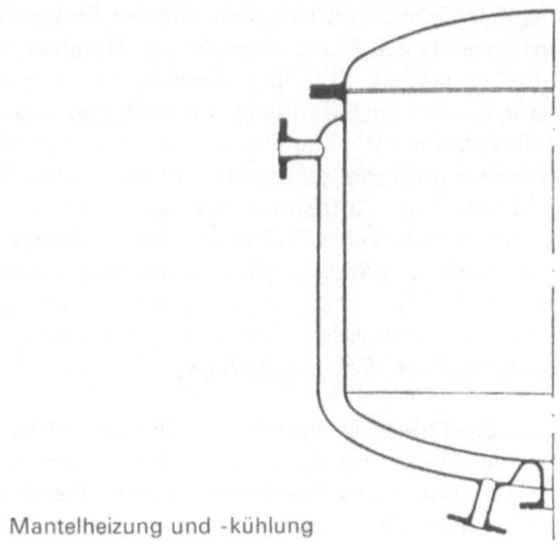

das Kühlmittel (Wasser, Kühlsole) aufnimmt. Die Mantelhöhe muß den Flüssigkeitsspiegel im Kessel überragen. Sattdampf wird dem Mantel oben zugeleitet, Kühlsole tritt von unten ein. Da der Reaktionskessel keinerlei Einbauten enthält, kann ein darin befindlicher Rührer bis nahe an die Kesselwand reichen; eine leichte Reinigung des Innenkessels ist möglich (s. Abb.). Nachteilig ist die beschränkte Heiz- oder Kühlfläche (ca. 2/3 der Gesamtoberfläche). In der Regel wird ein Dampfmantel nur bis 5 bar betrieben, um zu dicke Gefäß- und Mantelwände zu vermeiden. W.W.

Maschinenschutz ist der Schutz der Beschäftigten vor Unfallgefahren, die von maschinellen Einrichtungen ausgehen können. Ein erheblicher Teil der Unfälle in der chemischen Industrie wird durch Maschinen hervorgerufen, deshalb gibt es für diese auch viele spezielle Unfallverhütungsvorschriften (z.B. VBG 7; (38 Einzelunfallverhütungsvorschriften)). Allgemeine Gefahrenstellen an Maschinen sind z.B.: 1. Sich drehende Teile (Schwungräder, Riemenscheiben, Zahn- und Kettenräder, Wellen, Kupplungen, Walzen etc.). 2. Quetsch-, Scher- und Einzugsstellen (Walzen), Auflaufstellen (z.B. an Förderern). Der Umfang der Schutzmaßnahmen richtet sich u.a. danach, ob sich die Gefahrenstellen im Arbeits- und Verkerhrsbereich oder außerhalb befinden. Schutzmaßnahmen sind z.B.: Völlige Verkleidung der Gefahrenstelle, Umwehrung der Gefahrenstelle (feste Absperrung, durchgriffsicher), Verdeckung (vor der offenen Seite, durchgriffsicher), Verriegelung (Bewegliche Abschirmung mit Endschalter, Lichtschranke. Verhindert, daß der Beschäftigte während des gefahrdrohenden Zustandes in den Gefahrenbereich hineingreifen kann), Not-Aus-Schalter: werden im Notfall betätigt und bringen die Maschine in einen ungefährlichen Zustand. Sie müssen leicht erreichbar und auch vom Gefährdeten selber bedienbar sein.   F.WI.

Massengut-Zentrifugen sind eine Gruppe von Maschinen, die für die Behandlung von Schlämmen und Suspensionen mit einem verhältnismäßig hohen Feststoff-Anteil konstruiert sind. Sie sind mit mechanischen Vorrichtungen versehen, die ein Entleeren der separierten festen Phase ermöglichen. Hauptsächliche Aufgaben sind: 1. Filtration: Gewinnung einer festen Phase, aus der die Flüssigkeit abzentrifugiert wurde, 2. Sedimentation: Rückgewinnung einer reinen, flüssigen Phase und/oder einer festen, entwässerten Phase, 3. Klassierung: Aufteilung der festen Phase nach Korngröße in einzelne Fraktionen. Dabei werden Teilchen einer bestimmten Größe herausrepariert, während kleinere Teilchen mit der abströmenden Flüssigkeit herausgetragen werden (↑ *Dekanter, Pendelzentrifuge, Schälzentrifuge, Schubzentrifuge*).   D.O.

McCabe-Thiele-Diagramm. Dieses Diagramm dient der Ermittlung der theoretischen Bodenzahl für die Trennung eines Gemisches mittels Treppendiagramm im y/x-Schaubild (worin y = leichtersiedende

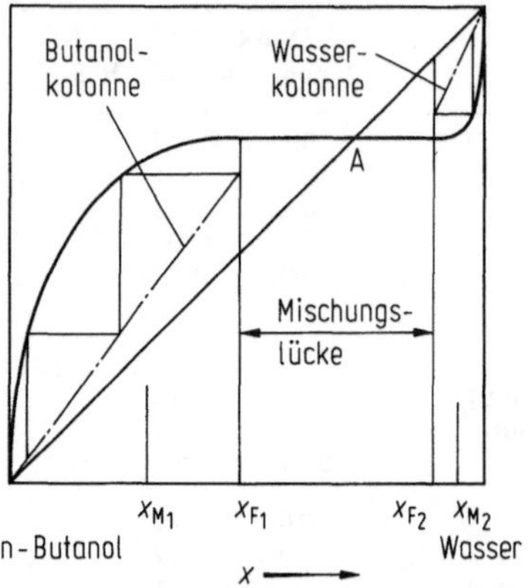

McCabe-Thiele-Diagramm für Trennung eines heteroazeotropen Gemisches bei konstantem Druck

Komponente in [Mol-%] im Dampf, x = leichtersiedende Komponente in [Mol-%] in der Flüssigkeit bei konstantem Druck bedeutet). Die Gleichgewichtskurve im y/x-Schaubild gibt also die y_1 Werte der Dampfkonzentration an, die im Phasengleichgewicht zur Flüssigkeitskonzentration x_1 steht. Nach Festlegen des

(↑) *Rücklaufverhältnisses* $v = \dfrac{R}{E}$ (R = Rücklaufmenge

in die Rektifizierkolonne; E = Erzeugnismenge) zeichnet man die Austauschlinien bzw. -geraden ein; ein Treppenlinienzug von X_E ausgehend zwischen der Gleichgewichtskurve und dieser Austauschlinie ergibt die Anzahl der theoretisch-Böden. (s. Abb.) (↑ *Austauschlinien* im McCabe-Thiele-Diagramm, ↑ *Bodenzahl*, praktische, *Bodenzahl*, theoretische, *Phasengleichgewicht*).   H.M.

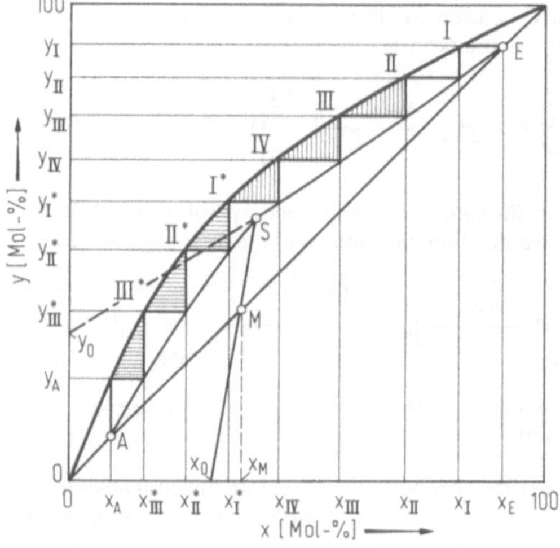

Bestimmung der theoretischen Bodenzahl nach McCabe-Thiele

Mehrfacheffekt ↑ *Mehrstufenverdampfung*   F.W.

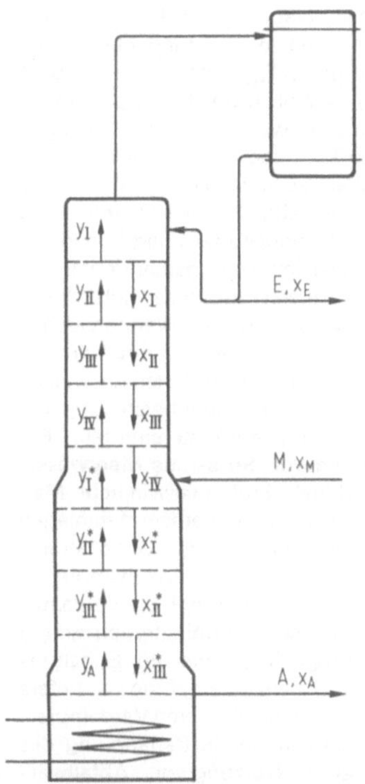

Schematische Darstellung einer stetig arbeitenden Rektifiziersäule mit Angabe der Zustände von Dampf und Flüssigkeit nach dem Verfahren von McCabe-Thiele gemäß vorstehender Abb.

Mehrkomponentenwaage (Chargenwaage). Die Waage (s. Abb.) steuert die Zufuhr von mehreren Komponenten (Materialien) nacheinander nach vorgegebenem Programm (Rezept) in den Wägebehälter, sowie dessen Entleerung. Die abgefüllte Menge wird auch als „Charge" bezeichnet. Das Material wird im allgemeinen mittels Grob- und Feinstrom zugeführt.

Die Steuersignale werden durch rückwirkungsfreie Abschaltmarken, analog vorgegebene elektrische Widerstandswerte (Potentiometersteuerung) oder vorgegebene Digitalsollwerte ausgelöst. Diese Werte werden manuell, über Lochkarte oder Computer vorgegeben. Die Steuersignale werden entweder nach fortlaufender Gewichtswertvorgabe (additive Wertvorgabe) oder nach Nettowertvorgabe ausgelöst. Moderne Waagen arbeiten mit automatischem Gesamtablauf, Sollwertkontrolle und Registrierung der Komponentengewichte. Eine Waage wird mit bis zu ca. 10 Komponenten beschickt. Die Feinstromzuführung erfolgt mit 3 d/s und dauert $\sim$ 5 sec. Die Dosiergenauigkeit erreicht dann 1 bis 2 d. Die Zuführleistung im Grobstrom ist 10 bis 15 mal derjenigen im Feinstrom. Bei steigender Dosierleistung treten größere Dosierfehler auf. Als Dosierorgane werden Schnecken, Vibrationsrohre und dergl. verwendet. (↑) *Waage, mechanische* und *Waage, elektromechanische* Bauarten sind üblich.   E.K.

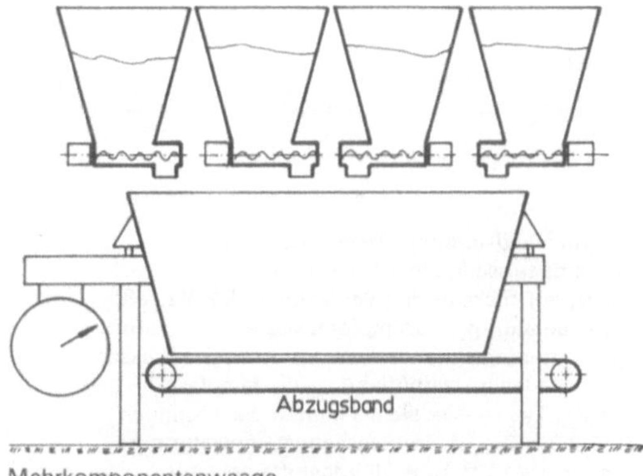

Mehrkomponentenwaage

Mehrstufenverdampfung. Durch Hintereinanderschalten mehrerer Verdampferstufen kann wie bei der (↑) *Brüdenkompression* ein erhöhter thermischer Wir-

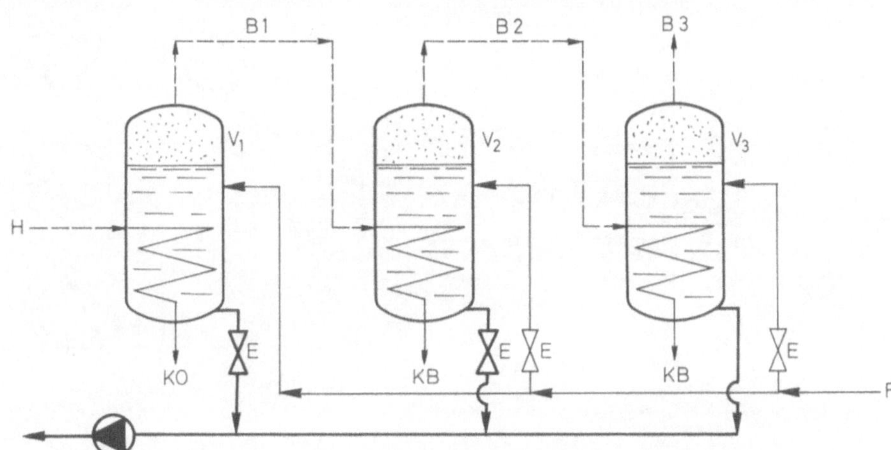

Mehrstufenverdampfung. F = Frischlösung; V_1, V_2, V_3 = Verdampfer; B1, B2, B3 = Brüden; E = Expansionsventil; H = Heizdampf; KO = Kondensat; KB = Kondensat der Brüden

kungsgrad erreicht werden (s. Abb.). Die im Verdampfer V1 entweichenden Brüden werden einem zweiten Verdampfer V2 als Heizmedium zugeführt. Zu beachten ist, daß die Verdampfungsenthalpie der Brüden erst bei

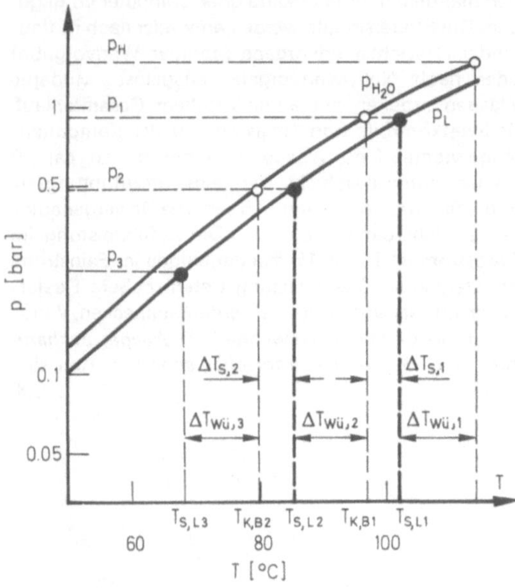

Mehrstufenverdampfung. Temperatur- und Druckverhältnisse in einer Dreistufenanlage.
p_1, p_2, p_3 = Drücke in den Verdampfern V1, V2, V3;
T = Temperatur; p_L = Dampfdruckkurve der Lösung;
p_{H_2O} = Dampfdruckkurve des Lösungsmittels Wasser;
$\Delta T_{S,i}$ = Siedepunktserhöhung im Verdampfer V_i
(i=1,2,3); T_{S,L_i} = Siedetemperaturen der Lösungen
L_i (i=1,2,3); T_{K,B_i} = Kondensationstemperatur der Brüden B_i (i=1,2); T_H = Heizdampftemperatur;
p_H = Druck des Heizdampfes; $\Delta T_{Wü,i}$ = Temp. differenz für Wärmeaustausch im Verdampfer V_i

ihrer Kondensationstemperatur T_{K,B_1} = T_{S,H_2O} (p_1) frei wird und außerdem die Siedetemperatur der Lösung im Verdampfer V2 noch um $\Delta T_{Wü}$ tiefer liegen muß (↑ *Brüdenkompression*) (s. Abb.). Der Druck p_2 im Verdampfer V2 ist darum so zu wählen, daß die Lösung in V2 bei der Temperatur $T_{S,L2}$ siedet. (↑ *Dampfdruckkurve*) Abgesehen von Wärmeverlusten nach aussen ist es mit einer derartigen Schaltung möglich mit 1 kg frischem Heizdampf die doppelte Leistung wie in nur einem Verdampfer zu erzielen. Die Aneinanderreihung weiterer Verdampfer bietet grundsätzlich keine Schwierigkeiten und verbessert den Wärmehaushalt der Anlage. Letztlich ist die richtige Anzahl der Verdampferstufen für ein spezifisches Problem durch eine wirtschaftliche Optimierung (Gegenüberstellung der Investitions- und Betriebskosten) zu ermitteln. Für Anlagen zur Gewinnung von Süss- aus Meerwasser wurden bereits 30 und mehr Stufen verwirklicht. Man unterscheidet bei Mehrstufen-Verdampferanlagen grundsätzlich zwischen Gleich- oder Gegenstromschaltung (Gleichstrom: Brüden und einzudampfende Lösung strömen im gleichen Sinn durch die Verdampfergruppen). Des weiteren sind Kombinationen mit (↑) *Brüdenkompression* möglich (gemischte Schaltungen). Vorteile der Mehrstufenverdampfung: a) tiefere Temperaturen der Lösung in den höheren Verdampferstufen; damit thermisch schonende Behandlung des Gutes b) Möglichkeiten der Nutzung von „Abfallwärmen" c) wegen der niedrigen Temperatur sind die Wärmeverluste an die Umgebung klein. Nachteilig ist, daß die tiefen Drücke einen Vakuumbetrieb notwendig machen.   F.W.

Mehrzweck-Kreiselpumpen bieten nahezu unbegrenzte Möglichkeiten der Anpassung an gegebene Verhältnisse. Die Aufstellung kann gemäß Abb. horizontal oder vertikal mit axialem Saugstutzen oder

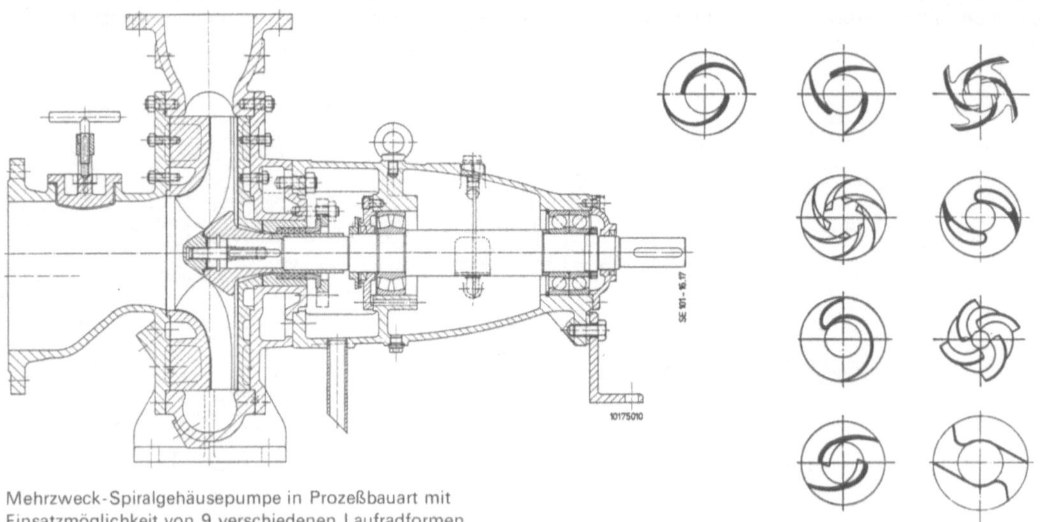

Mehrzweck-Spiralgehäusepumpe in Prozeßbauart mit Einsatzmöglichkeit von 9 verschiedenen Laufradformen (Fabrikat: SULZER)

seitlichem Eintritt erfolgen; dabei steht die Wellenabdichtung unter Zulaufdruck. Verschiedene austauschbare Laufradformen (s. Abb.), ermöglichen bei sonst gleicher Pumpe die Verwendung an den verschiedensten Stellen einer Anlage zur Förderung von: sauberen oder verschmutzten Flüssigkeiten, Schlämmen und Dickstoffen, viskosen Fördermedien, solchen mit groben oder verspinnenden Bestandteilen, mit empfindlichen Kristallen oder Flocken, wie auch stark gashaltigen Aufschwemmungen usw. H.G.

Membran-Pumpen. Mit Membran-Pumpen (s. Abb.) können aggressive Flüssigkeiten und Suspensionen gefördert werden, da Tauchkolben K und Zylinder Z durch eine zwischengeschaltete Membran R aus Metall, Gummi, Leder oder Kunststoff vom eigentlichen Pumpenraum getrennt sind. Die Membran bewegt sich in einem flachen, linsenförmigen Raum, gegen den sie oben und unten anschlägt. Dieser Raum steht durch Öffnungen mit dem Zylinder Z und dem Ventilgehäuse V in Verbindung. Beim Heben des Kolbens wird Unterdruck erzeugt, die Membran hochgezogen, wodurch Unterdruck im Ventilgehäuse entsteht und die Flüssigkeit über das Saugventil S angesaugt wird. Beim Niedergehen des Kolbens überträgt sich der im Zylinder entstehende Druck auf die Membran, sie wird gegen die untere Wölbung der Kammer gedrückt, so daß die in V befindliche Flüssigkeit über das Druckventil D in die Förderleitung gedrückt wird. Beim Pumpen von Suspensionen werden Kugelventile verwendet. Die Pumpe hat eine Füllvorrichtung (angeschlossen bei F), durch die vor Inbetriebnahme Flüssigkeit eingefüllt wird. M ist die Einrück- bzw. Abstellvorrichtung. Membran-Pumpen geben Förderströme bis ca. 80 m³/h bei einer Saughöhe bis 8 m und einer Förderhöhe bis 50 m. In Ex-Bereichen werden vorteilhaft druckluftbetriebene Membran-Pumpen verwendet. Arbeitsweise der Sandpiper®-Pumpe s. Abb. (BIG, Industriemaschinen, Essen): In den beiden Membrankammern sind zwei flexible, an ihren Rändern eingeklemmte, senkrecht stehende Membranen, die mit ihren beweglichen Mitten durch eine horizontale Achse verbunden sind. Diese Verbindung bewirkt, daß sich die Membranen simultan zueinander bewegen. Jede Membrankammer ist mit einem Einlaß- und einem Auslaß-Portklappenventil versehen. Die beiden Einlaßventile befinden sich in einer gemeinsamen Sammelleitung, Einlaß ist der am Pumpenkopf angeordnete Ansaugstutzen. Auch beide Ausgangsventile führen in eine gemeinsame Sammelleitung mit dem Auspumpstutzen am Boden der Pumpe. Ein Steuerschieber reguliert das alternierende gleichzeitige Vollpumpen und Entlüften der beiden Membran-Innenkammern mit Druckluft. Tritt die Luft in eine der Kammern ein, drückt sie die Membran waagrecht nach außen, wodurch die andere, mit ihr durch die Achse verbundene Membran nach innen gezogen wird und einen Ansaugvorgang bewirkt. Ist dieser beendet, wechselt der Steuerschieber automatisch die Funktionen der beiden Membrankammern fortwährend aus. Die Druckluft drückt dann von der einen Seite der Membran gegen das zu fördernde Medium auf der anderen Seite der Membran und pumpt es aus. Bis zu 3,6 m beginnt der Ansaugvorgang völlig selbständig (größere Tiefen durch Angießen). Die Förderhöhe beträgt bis 70 m. Die Pumpe kann ohne Schaden „trocken" laufen, daher keine Absperrvorrichtung erforderlich. W.W.

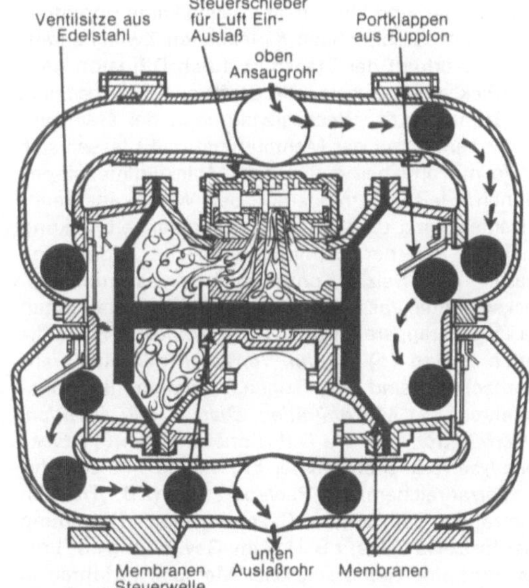

Sandpiper-Membranpumpe (BIG, Industriemaschinen, Essen)

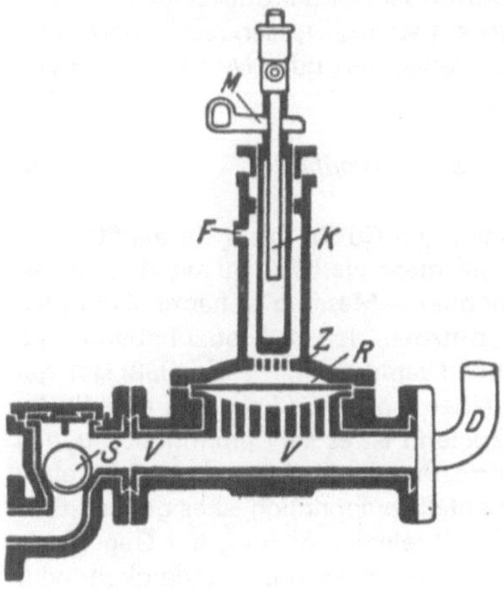

Prinzip einer Membranpumpe

Membran-Trenntechnik. Es handelt sich um Stofftrennprozesse mit Hilfe von Membranen, d.h. Trennprozesse, bei denen der Gas- oder Flüssigkeitstransport über eine diskriminierende Membran (↑ *Filtermittel*) durch Konvektion, Diffusion oder intermediäre Bildung einer chemische Verbindung erfolgt. Entsprechend unterscheidet man: Porenmembranen (↑ *Filtermembranen*), Löslichkeitsmembranen (Diffusionsmembranen) und Carrier-Membranen. Letztere sind technisch noch unbedeutend. Nach dem strukturellen Aufbau teilt man ein in: symmetrische (isotrope), asymmetrische (anisotrope) und Vlies-Membranen. Membranen (membrana = Häutchen) können als Xerogel, Gel (Wassergehalt > 30%) und flüssig vorliegen. Technisch interessant sind trockene und feuchte, elastische Membranen (↑ *Mikrofiltration, Ultrafiltation, Hyperfiltration*) hergestellt aus Cellulose-Derivaten und Polymeren durch 1. Verdunsten und/oder 2. Fällen (Phaseninversion), 3. Kernbestrahlung mit nachfolgendem Ätzen (Kernporen-Membranfilter), 4. Ziehen und Spinnen (Hohlfasermembran), 5. Beschichten (Compositemembran), 6. Grenzflächenpolymerisation, 7. Anschwemmen (dynamisch geformte Membranen). Konvektiver Transport erfolgt durch Membranen mit Poren bis etwa 0,01 µm nach dem Gesetz von Hagen-Poiseuille (↑ *Filterformel*). Der Transport durch sehr enge Poren gehorcht den Gesetzen der single-file-Diffusion. Die obere Grenze liegt herstellungsbedingt bei 12 µm. Die Stofftrennung geschieht dabei nach der Partikelgröße entsprechend dem mittleren Porendurchmesser der Membran (↑ *Filtermembran*) an deren Oberfläche (↑ *Oberflächenfiltration*). Unterschied der Membranfiltration (Siebfiltration) zur konventionellen Filtration: Feinheit der noch abtrennbaren Teilchen (↑ *Filtration*, s. Tabelle). Sind die Poren einer Membran ca. 0,001 µm und kleiner (im Idealfall eine porenfreie Matrix mit ausschließlich molekularen Zwischenräumen), so erfolgt der Transport durch Diffusion nach dem Fick'schen Gesetz. Die Stofftrennung geschieht auf Grund spezif. Wechselwirkungen der Gemisch-Komponenten mit der Membranmatrix. Es lassen sich Stoffe mit annähernd gleichen Moleküldimensionen trennen; leistungsmindernd bei Membran-Trenn-Systemen wirkt u. a. die sogn. Membranverblockung (fouling): auf der Membranoberfläche bilden sich Phasen aus Salz (Konzentrationspolasisation) u. Deckschichten aus Kolloiden, Bakterien, Ausfällungen u. a. m. Filterapparate für die Ultrafiltration u. Hyperfiltration heißen (↑) *Modul*. Verfahren der Membrantrenntechnik sind die sogen. Membranfiltrations-Verfahren: (↑) *Mikrofiltration, Dialyse, Ultrafiltration, Hyperfiltration* und die Diffusionsverfahren:(↑) *Elektrodialyse* (z.B. Brackwasser-Entsalzung), Piezodialyse (Salzanreicherung), Pervaporation (z.B. Trennen azeotroper Gemische), Gaspermeation (Trennung Gas/flüss., Gas/Gas; z.B. Helium-Gewinnung aus Erdgas) und eine Reihe spezieller Membranverfahren in der Medizintechnik, z.B. Organersatz (künstl. Nieren, Lungen), Wirkstoffverkapselungen ionenselektive Membranen in der Analytik, Membranreaktor, (↑ *Biotechnologie*), Biokonversion (biol. Brennstoffzellen). Durch die etwa 1960 einsetzende stürmische Entwicklung geeigneter Membranen wurde die Methode eine Alternative zu herkömmlichen, vor allem thermischen Trennverfahren, da energiesparend und umweltfreundlich (Gebiete: Wasser und Abwasser, Nahrungsmittel, Fermentation, Metallurgie, Wertstoffrückgewinnung).

E.A.Sch.

Membranfilter ↑ *Filtermembranen*   E.A.Sch.

Membrantechnologie ↑ *Membran-Trenntechnik*
          E.A.Sch.

Membranventile. Absperrarmaturen mit einer Membran als Absperrkörper (s. Abb.). Man hat eine geradlinige Schließbewegung senkrecht zur Zu- und Abflußrichtung des Mediums, die über steigende oder nichtsteigende Spindeln eingeleitet wird. In Schließstellung dichtet die Membran gegen einen Dichtsteg ab; die Durchflußrichtung ist beliebig; die Druckverluste sind gering. Membranventile sind nur für geringe Nenndrücke einsetzbar. Eine getrennte Spindelabdichtung ist nicht erforderlich. Werkstoffe: Grauguß, Messing, Rotguß.   K.R.

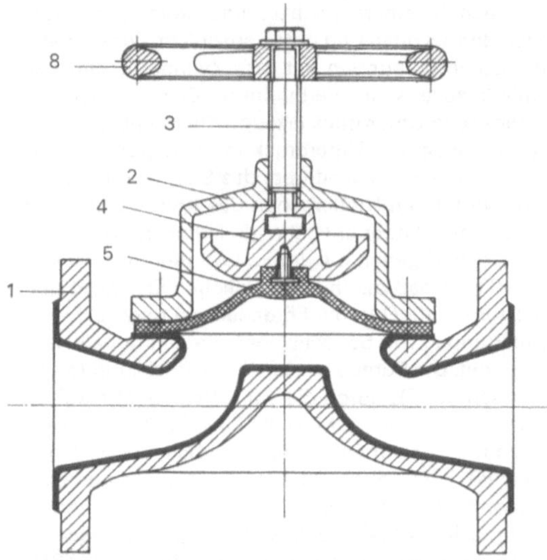

Membranventil. 1 = Gehäuse; 2 = Deckel; 3 = Spindel; 4 = Druckstück; 5 = Schließmembran; 4 = Handrad

Messerkreuzmühle ist Sonderform einer (↑) *Hammermühle*, wobei ein starres Messerkreuz rotiert. Stellung und Form der radial stehenden Messer richten sich nach der Aufgabe.   H.S.

Messermühle ↑ *Schneidmühle*   H.S.

Messing. Legierungen Cu-Zn mit mehr als 50% Cu. Messingsorten mit mehr als 67% Cu werden oft als „Tombak" bezeichnet. — Messing ist härter als Kupfer, läßt sich aber trotzdem leicht spanabhebend und spanlos formgebend verarbeiten. Messing läßt sich gut löten und schweißen, sofern es kein Blei enthält. Im kaltverformten Zustand ist es sehr empfindlich gegen Spannungsrißkorrosion (mit steigendem Zn-Gehalt zunehmend). Ebenfalls empfindlich ist es gegen „Entzinkung" durch Lokalelementbildung bei Gegenwart von Chlor-Ionen. Die Korrosionsbeständigkeit wird durch Al verbessert. — Verwendung: für Armaturen,

Kondensatoren in wärmetechnischen Apparaten mit hoher Korrosionsbeanspruchung, Plattierung von Flußstahl.

Messing

°C	20			100		
	1%	10%	konz	1%	10%	konz
HCl	3	3	3	3	3	3
H_2SO_4	3	3	3	3	3	3
						O_2 verstärkt Angriff
HNO_3	3	3	3	3	3	3
H_3PO_4	1–2	1–2	1–2	2	2	2–3
HF	2	2	1–2	2	2	1–2
CH_3COOH	1	1	1	1	1	2
NaOH	2	2	2	2–3	2–3	2–3
NH_4OH	3	3	3	3	3	3
						Spannungsrißkorrosion
NaCl	2	2	3	2	3	3
						Entzinkung
NH_4Cl	1–3	1–3	1–3	1–3	1–3	1–3
						Spannungskorrosion

Gase

°C	20	200	400	600	800	1000
Luft	1	1–2	2	3	3	3
H_2O	1	2	3			
			Entzinkung bei höherer Temperatur			
Cl_2	1–2	3	3	3	3	3
			feuchtes Cl_2 greift stärker an			
SO_2	2	2	3	3	3	3
						H_2O verstärkt Angriff
H_2S	2	3	3	3	3	

1: chemisch beständig Korr.-Angriff <2,4 g/m² Tag <0,1 mm/Jahr. 2: chemisch bedingt beständig bzw. verwendbar Korr.-Angriff 2,4–24 g/m² Tag (0,1–1 mm/Jahr). 3: chemisch unbeständig >24 g/m² Tag >1 mm/Jahr.   P.E.

Metathese ↑ *Butene*   D.O.

Methanol. Die großtechnische Synthese besteht in der Hydrierung von Kohlenoxid:

$$CO + 2H_2 \longrightarrow CH_3OH$$

Das Hochdruckverfahren (BASF, UK-Wesseling) arbeitet mit ZnO/Cr_2O_3-Kontakten unter 300–350 bar bei 320–380°C mit nur geringem (↑) *Synthesegas*-Umsatz von etwa 12–15% pro Durchgang, wobei das nicht umgesetzte Gasgemisch im Kreislauf gefahren wird. Unter den Niederdruckverfahren ist das ICI-Verfahren heute führend; der Katalysator auf Basis von Cu/Zn/Al stellt hohe Anforderungen an die Reinheit des Synthesegases, welches vor allem schwefel- und chlorfrei sein muß. Das Verfahren wird im Druckbereich von 50–100 bar bei 240–260°C durchgeführt. Weiterhin sind sog. Mitteldruckverfahren bekannt, die zwischen etwa 100 und 250 bar bei etwa 230–330°C arbeiten.   D.O.

Micronizer ↑ *Spiralstrahlmühle*   H.S.

MIK-Wert, Abkürzung für Maximale Immissions-Konzentration. Diejenige Konzentration eines festen, flüssigen oder gasförmigen luftfremden Stoffs in bodennahen Schichten der Atmosphäre, unterhalb derer nach dem derzeitigen Wissensstand Mensch, Tier, Pflanze und Sachgüter geschützt sind. Der MIK-Wert ist (ebenso wie der (↑) *MIR-Wert*) nicht an der technischen Realisierbarkeit orientiert. Man unterscheidet Mittelwerte über 1/2 Std., über 24 Std. und über 1 Jahr.   H.V.

MIK-Werte

Angaben in mg/m³ bei 20°C und 1,013 bar

	MIK Mittelwerte über		
	30 min	24 h	1 a
Acetaldehyd	12		
Aceton	360		
Aluminiumfluorid (als F berechnet)	0,5	0,3	0,1
Äthanol	300		
Ammoniak	2	1	0,5
Anilin	0,24		
Benzol	10		
Blei und anorg. Bleiverbindungen (als Pb berechnet)		0,003/ 0,004	0,0015/ 0,002
2-Butanon (Methyläthylketon)	90		
Cadmiun-Verbindungen (als Cd berechnet)		$5 \cdot 10^{-5}$	
Chloroform	30		
Dichlormethan	150	50	20
Essigsäuremethylester	45		
Fluorwassestoff	0,2	0,1	0,05
Formaldehyd	0,07		
Kohlenoxid	50	10	10
Kresol	0,6		
Methanol	40		
Naphthalin	7,5		
Natriumfluorid	0,3	0,2	0,1
Nitrobenzol	0,85		
Ozon	0,15	0,05	0,05
Phenol	0,6		

MIK-Werte (*Fortsetzung*)

Angaben in mg/m³ bei 20° C und 1,013 bar

| | MIK Mittelwerte über | | |
	30 min	24 h	1 a
Quecksilber			
Schwefeldioxid	1	0,3	0,1
Schwefelsäure	0,2	0,1	0,05
Stickstoffdioxid	0,2	0,1	
Stickstoffmonoxid	1	0,5	
Tetrachloräthylen	110		
Tetrachlormethan	10		
Tetrahydrofuran	180	60	30
Toluol	60		
Trichloräthylen	16	5	2
Xylol	60		
Zink-Verbindungen als Zn berechnet)		0,1	0,05

Mikrofiltration ist ein Teil der (↑) *Membrantrenntechnik* im Trennbereich von etwa 10 µm bis 0,1 µm. Filtermittel sind symmetrische Porenmembranen (↑ *Filtermembran*). (↑) *Filterapparate* sind Ein- und Mehrschichtengeräte, Filterkerzen oder Kerzenfilter. Filtriert wird in der Regel statisch, neuerdings auch durch Überströmung der Filtermembran. Die Filtrationsstromdichte ist etwa linear dem angewandten Filtrationsdruck, der in der Regel zwischen 1 und 10 bar liegt. Das Membranfilter diskriminiert nach der Partikelgröße entsprechend seinem mittleren Porendurchmesser. Durch die Art des Abscheidevorganges (↑ *Oberflächenfiltration*), sind insbes. bei der Flüssigkeits-Filtration hinsichtlich des Gehaltes und der Art des Feststoffes Grenzen gesetzt. Die Filtrationsstromdichte oder spezif. Filtriergeschwindigkeit liegt für reines Wasser zwischen 500 m³ · m⁻² · h⁻¹ bei einem 5 µm-Filter und 15 m³ · m⁻² · h⁻¹ bei einem 0,2 µm Filter, die wirksame Druckdifferenz bei 1 bar. Technische Einsatzgebiete sind: Feinklärung, Hochreinigung von Flüssigkeiten und Gasen in der Mikroelektronik und Präzisionsteileindustrie, (↑) *Entkeimungsfiltration* in der Pharma-, Kosmetik-, Getränke-Industrie und Biotechnologie.   H.W.

Minimalfluidisation ↑ *Lockerungspunkt*   J.W.

MIR-Wert. Abkürzung für Maximale Immissions-Rate. Sie bildet zusammen mit dem (↑) *MIK-Wert* die „Maximalen Immissionswerte." Diese sind rein wirkungsbezogene, wissenschaftlich begründete und aus praktischen Erfahrungen abgeleitete Werte mit medizinischer oder naturwissenschaftlicher Indikation. Näheres siehe VDI-Richtlinie 2310.   H.V.

Mischdüsen bewirken in Rohrleitungen die Mischung zweier Komponenten dadurch, daß eine Komponente in der Düse ejektorartig (↑ *Ejektor*) die andere Komponente ansaugt und anschließend beide innig miteinander vermischt werden.   D.O.

Mischer-Absitz-Systeme. Eine Apparate-Kombination aus einer Mischstufe (z. B. Rührkessel mit Propeller-Rührwerk), in der die zu mischenden Phasen in innigen Kontakt gebracht werden, und einem nachgeschalteten (↑) *Absitzgefäß*, in dem eine Phasentrennung stattfindet.   D.O.

Mischkondensator (Einspritzkondensator). Dampf und Kühlwasser werden unmittelbar in Berührung gebracht, wobei der Dampf die Verdampfungswärme an das kalte Wasser abgibt, es erwärmt und selber dabei kondensiert. Das abfließende Wasser wird mit kondensierten Brüden vermischt (s. Abb.). Außer Wasser sind auch andere flüssige Kühlmittel brauchbar (↑ *Barometrischer Mischkondensator, Rotierender Mischkondensator*).   D.O.

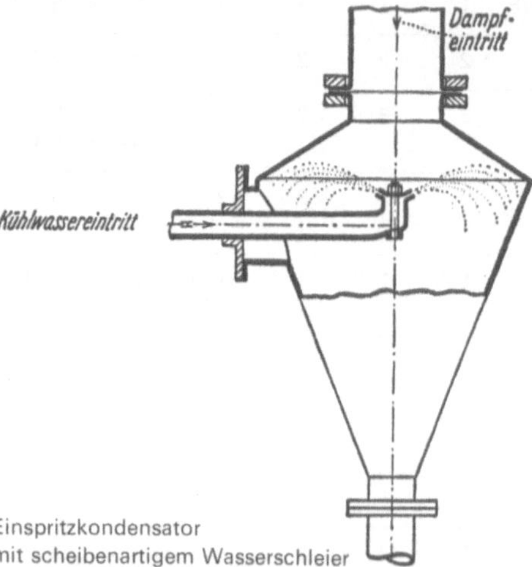

Einspritzkondensator mit scheibenartigem Wasserschleier

Mischkondensator, rotierender. Dieses Gerät ist eine Art Wasserstrahlpumpe, welche die Brüden aus einem Verdampfapparat oder dergl. ohne Vorschaltung eines besonderen Kondensators ansaugt und niederschlägt. Bei seiner Aufstellung brauchen keine barometrischen Höhenunterschiede berücksichtigt zu werden. Aus einem neben dem Aggregat stehenden Wasserbehälter wird Treibwasser durch die Turbinengänge des Laufrades mit hoher Geschwindigkeit zwischen zwei feste, parallel und kreisförmig um das Laufrad angeordnete Lamellen geschleudert und dabei eine Vielzahl von Wasserstrahlen gebildet, welche nach Art eines Ejektors Luft wie auch die kondensierbaren Dämpfe in die durch die Lamellen gebildete tellerförmige Düse reißen. Die Dämpfe werden dabei durch die Wasserstrahlen augenblicklich kondensiert. Anstelle von Wasser können auch andere Umlaufmedien wie Phenol, Chlorbenzol usw. verwendet werden. Zur Erzielung höherer Vakuua von ca. 3–5 Torr kann auf den rotierenden Mischkondensator direkt ein Dampfstrahler aufgesetzt werden (s. Abb.).   D.O.

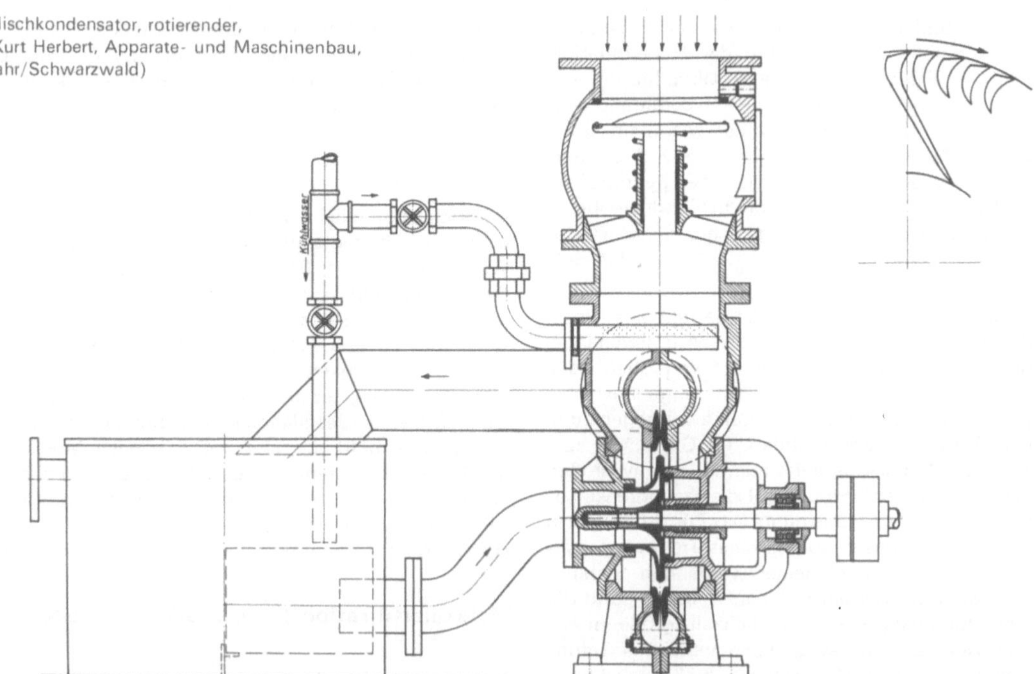

Mischmühle ist eine Maschine zum kontinuierlichen Mahlen und Mischen von Trockenstoffen oder zum Mahlen bei gleichzeitiger Benetzung mit Flüssigkeit. Bevorzugt sind (↑) *Zahnscheibenmühlen* und (↑) *Korundscheibenmühlen*, beide in horizontaler Bauweise. Pulsation und Turbulenz zwischen den Mahl- und Mischscheiben beschleunigen die Benetzung und das Durchtränken selbst hydrophober Trockenstoffe. H.S.

Modul (plural: die Moduln) sind (↑) *Filtrationsapparate* zur (↑) *Ultrafiltration u.* (↑)*Hyperfiltration.* Der Zwang zu hohen Leistungen bei den nur geringen spezif. Filtriergeschwindigkeiten von Membranen führte zur kompakten, austauschbaren Membranfiltrationseinheit mit Filterflächen bis zu 30 000 m²/m³, dem Modul. Man unterscheidet drei Bauarten: Platten- oder Sandwich-Modul (s. Abb.), Rohrbündel-Modul (s. Abb.), Hohlfaser-Modul (s. Abb.). Ultrafiltrations-Moduln arbeiten bei Niederdruck bis 10 bar, Hyperfiltrations-Moduln bei 5–40 bar, spezielle Hochdruck-

Moduln zur Meerwasserentsalzung bis 150 bar. Die zugeführte Rohlösung (↑*Trübe*) wird im Kreislauf, ein- oder mehrstufig, in laminarer oder turbulenter Strömung über die Membran geführt und in das Konzentrat

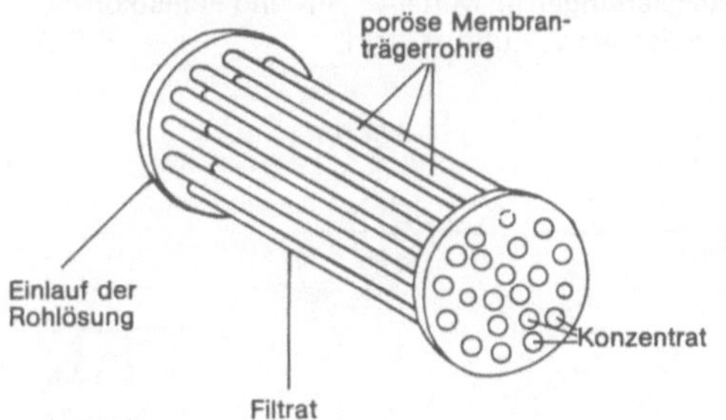

Rohrbündel-Modul

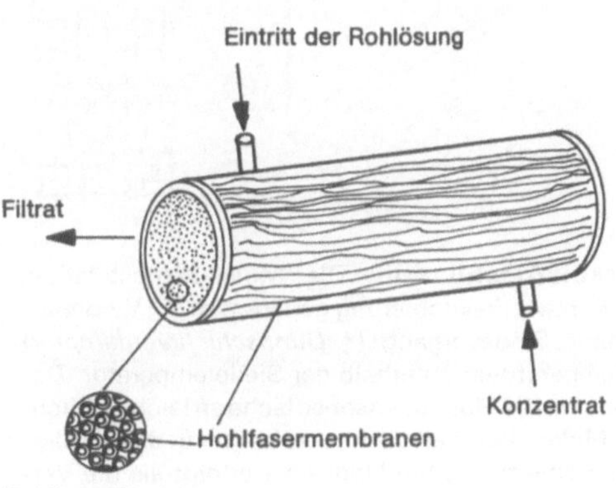

Hohlfaser-Modul

Sandwich-Modul

(Retentat) und die Reinlösung, genannt Ultrafiltrat bei der Ultrafiltration, Permeat bei der Hyperfiltration, getrennt. (↑ *Filterapparate*). Bei der Ultrafiltration wird so die Porenverstopfung, bei der Hyperfiltration die Konzentrationsüberhöhung an der Membran überwunden. Membran-Austausch muß alle 2–3 Jahre erfolgen. Moduln sind nicht sterilisierbar. Kenngrößen: Modulkapazität in m^3 Permeat pro m^3 Modul während eines Tages; Membranpackungsdichte in m^2/m^3 Modul.   E.A.Sch.

Mogensen Sizer (s. Abb.). Er besteht aus einem rechteckigen Siebkasten mit mehreren untereinander angeordneten Siebflächen, die mit von oben nach unten zunehmender Neigung fest eingebaut sind. Schwingungserregung linear durch zwei gegenläufig angetriebene Vibrationsmotoren. Im Gegensatz zum klassischen Wurfsieb arbeitet man mit relativ großen Maschenöffnungen bezogen auf die Trenngrenze sowie mit sehr großer Siebneigung. Das Prinzip besteht in der mehrfachen Wiederholung eines Trennvorganges auf gleichen oder auch feiner werdenden Siebmaschenweiten, bei der ein Kornhaufwerk aufgrund der hohen Durchgangswahrscheinlichkeit größenmäßig zerlegt wird. Das ungewöhnliche Verhältnis Trenngrenze zu verwendeter Siebmaschengröße erzielt hohe Durchgangsgeschwindigkeiten sowie große spezifische Aufgabeleistungen. Gebräuchlich: Siebflächen: 0,5 × 1,1 m – 2,0 × 1,3 m, Maschinengewichte: 400–1800 kg, Schwingzahlen: 1000–3000 min^{-1} bei 10–1 mm Hub, Antriebsleistung: 1–6 kW. Anwendung: Trockensiebungen im Mittel-, Fein- und Feinstkornbereich zwischen 0,1 und 50 mm.   H.P.D.

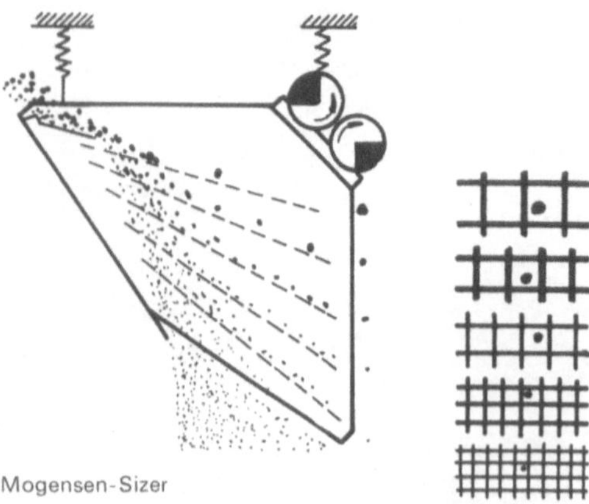

Mogensen-Sizer

Molekulardestillation. Die Molekulardestillation, auch Kurzwegfraktionierung genannt, ist ein Verdampfen ohne Siedevorgang (↑ *Dünnschichtverdampfer*) bei Temperaturen unterhalb der Siedetemperatur. Dabei verarmt die Flüssigkeitsoberfläche an leichter flüchtigen Molekülen, weil die Nachdiffusion in der Flüssigkeit zur Oberfläche hin langsamer erfolgt als die Verdampfung; es muß daher eine mechanische Flüssigkeitsdurchmischung vorgenommen werden. Die mittlere freie Weglänge Λ der Moleküle ist vom Druck p [mbar,] der Temperatur T [°K] und dem Moleküldurchmesser d [cm] abhängig:

$$\Lambda = \frac{T \cdot 10^{-18}}{d^2\, p \cdot 57{,}2}\ [cm]$$

Im Hochvakuum bei Drücken unter 1×10^{-3} mbar wird auch bei höhermolekularen Stoffen die mittlere freie Weglänge > 1 cm. Befindet sich eine Kühlfläche in diesem Abstand von der Flüssigkeitsoberfläche, so erfolgt hier Kondensation. Nichtkondensierbare Gase verschlechtern das Resultat, weil ihre Moleküle diejenigen der Flüssigkeit auf deren freien Wegen behindern, die Flüssigkeit muß also zuvor entgast werden. Durch Molekulardestillation können Komponenten mit gleichem Dampfdruck, aber verschiedenen Moleküldurchmessern, getrennt werden. Anwendung: bei höhermolekularen z.T. temperaturempfindlichen Stoffen, z.B. Vitamin-Konzentrierung, Destillation von Riechstoffen, Monoglyceriden usw.   H.M.

Molekularfiltration ↑ *Ultrafiltration*   E.A.Sch.

Molekularsiebe (zeolithische Metall-Aluminium-Silicate). Zeolithe kommen als Mineralien vor. Bedingt durch ihr Kristallgitter haben sie durch Kristallwasser besetzte Hohlräume, die einen von der Struktur abhängigen völlig gleichmäßigen Durchmesser haben. Das Kristallwasser kann durch Erhitzen > 527 K (254° C), besser 673 K (400° C), ausgetrieben werden. Solche Zeolithe sind jedoch zur dynamischen Adsorption ungeeignet, da beim Austreiben des Wassers eine Aufteilung des Großkristalls in Einzelkristalle eintritt und sich so die mechanische Festigkeit verringert. Die Kleinkristalle müssen hinterher durch ein Bindemittel in eine bestimmte Form gebracht werden; evtl. kann ein Teil des Naturmaterials in einer Kolloidmühle zerkleinert und die Suspension als Bindemittel für andere Mikrokristalle benutzt werden. Molekularsiebe werden daher meist synthetisch hergestellt (meist in der Natrium-Form). Das Verhältnis Natriumoxid zu Aluminiumoxid beträgt im Idealfall 1, das Verhältnis Siliciumdioxid zu Aluminiumoxid liegt zwischen 1,8 und ca. 10. Herauslösen von Aluminiumoxid mit Säure aus Zeolithen der Mordenit-Gruppe lassen sich für katalytische Zwecke höhere Siliciumdioxid-Anteile erreichen.

Naturzeolithe

Faujasit, (Na_2, Ca) $Al_2Si_5O_{14} \cdot 10\,H_2O$
Chabasit, auch Würfelzeolith, $CaAl_2Si_4O_{12} \cdot 6\,H_2O$
Gmelinit, (Na_2Ca) $Al_2Si_4O_{12} \cdot 6\,H_2O$
Phillipsit, Kalkharmotom. $(Ca, K_2, Na_2)_2$
$[Al_4Si_{11}O_{30}] \cdot 10\,H_2O$
Harmotom, $(Ba, K_2)_2$ $[Al_4Si_{11}O_{30}] \cdot 10\,H_2O$
Heulandit, $CaAl_2Si_6O_{16} \cdot 5\,H_2O.$

K.W.

Molekularverdampfer (s. Abb.) bei Betriebsdrükken unter ca. 10 Pa, (↑) *Molekulardestillation*   F.W.

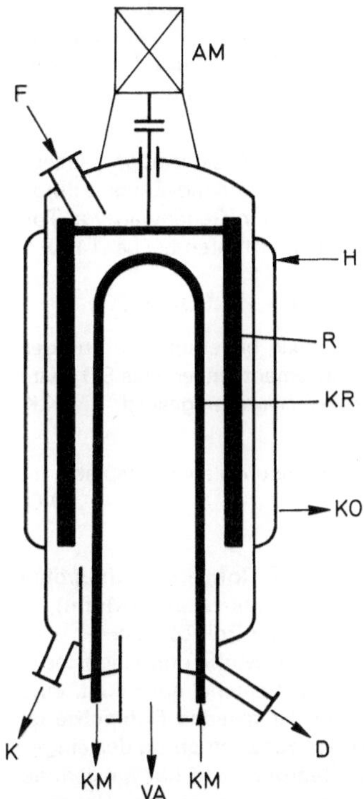

Molekularverdampfer. F = Frischlösung; K = Konzentrat; H = Heizdampf; KO = Kondensat; KR = Kondensator; AM = Antriebsmotor; R = Rotor mit Wischer; D = Destillat (kondensierte Brüden); KM = Kühlmittel; VA = Vakuumanschluß. (Apparatetyp der Firma Canzler, Düren)

Molybdän. Mo; Atomgew. 95,94; Dichte: 10,2 g/cm^2 Kristallstruktur: kubisch raumzentriert; Fp: 2610° C; a: 5,1 · 10^{-6} grd^{-1}; λ: 1,38 W/cm grd; ϱ: 5,03 · 10^{-6} · Ω cm; E: 351500 MN/m^2. – Molybdän ist ein hartes, bei Raumtemperatur relativ sprödes Metall, das sich kalt kaum verformen läßt. Spanlose Formgebung ist im allgemeinen nur bei höheren Temperaturen (Rotglut) möglich. Molybdän läßt sich etwa wie hochfester Stahl spanabhebend bearbeiten, wegen Grobkornbildung und Versprödung in der Schweißnaht aber nur unter Festigkeitsverlust schweißen. Obwohl Molybdän gegen nicht oxidierende Säuren gute Korrosionsbeständigkeit besitzt, haben sich Molybdänbauteile wegen ihrer mangelnden Duktilität und Schweißbarkeit in der chemischen Industrie kaum eingeführt. Geschmiedete Bauteile aus Molybdän werden gelegentlich für Säurefestpumpen, Ventile, Förderschnekken etc. eingesetzt. Erhebliche Bedeutung haben dagegen Molybdändruckgußkerne und -Düsen für Aluminium- und Zinkdruckgußmaschinen und Strangpreßmatrizen.

Molybdän

°C	20			100		
	1%	10%	konz	1%	10%	konz
HCl	1	1	1	2	2–3	2–3
					Fe^{3+}-Ionen verstärken Angriff	
H$_2$SO$_4$	1	1	1	2	2	3
HNO$_3$	1–2	3	3	3	3	3
H$_3$PO$_4$	1	1	1	2	1–2	1
			Mo$_0$O$_4^{2-}$ verstärkt Angriff autokatalytisch			
HF	1	1	1	1	1	1
CH$_3$COOH	1	1	1	1	1	1
NaOH	1	1	1	1	1	2
			beständig in Abwes. u. Oxidationsmitteln			
NH$_4$OH	1	1	1	1	1	1
NaCl	1	1	1	1	1	1
NH$_4$Cl	1	1	1	1	1	1

Gase

°C	20	200	400	600	800	1000
Luft	1	1–2	3			
H$_2$O	1	1	2	3		
Cl$_2$	1	1	2	3	3	3
SO$_2$	1	1	2	2	3	
H$_2$S	1	1	1	2	2	

1: chemisch beständig Korr.-Angriff <2,4 g/m^2 Tag <0,1 mm/Jahr. 2: chemisch bedingt beständig bzw. verwendbar Korr.-Angriff 2,4–24 g/m^2 Tag (0,1–1 mm/Jahr). 3: chemisch unbeständig >24 g/m^2 Tag >1 mm Jahr.   P.E.

Monelmetall. Legierung aus 67% Ni + 33% Cu, die gut verarbeitbar, auch spanlos verformbar ist und sich durch höchste Korrosionsbeständigkeit gegen Salzwasser, diverse Säuren und Salzlösungen auszeichnet. Monelmetall findet Verwendung für Armaturen, Rohrleitungen, Filtergewebe, Behälter für Beizlösungen und Destillationsanlagen. Hervorzuheben ist seine ausgezeichnete Beständigkeit gegen Fluoride und Flußsäure, auch gegen gasförmiges HF und F$_2$. Wenig beständig ist Monelmetall gegen Ammonsalze und Ammoniaklösungen bzw. -Gas.

Monel-Legierung

°C	20			100		
	1%	10%	konz	1%	10%	konz
HCl	2	3	3	3	3	3
H$_2$SO$_4$	1	1	2	1	1	3
					O$_2$ verstärkt Angriff	
HNO$_3$	3	3	3	3	3	3

Monel-Legierung (*Fortsetzung*)

°C	20			100		
	1%	10%	konz	1%	10%	konz
H_3PO_4	1	1	1	1	1–2	2–3
HF	1	1	1	1	1	1
CH_3COOH	2	2	2	2	2	2
NaOH	1	1	1	1	1	1
NH_4OH	2–3	2–3	3	2–3	2–3	3
			O_2 u. Ox.-Mittel verstärken Angriff			
NaCl	1	1	1	1	1	1
NH_4Cl	1	1	1	1	1	1

Gase

°C	20	200	400	600	800	1000
Luft	1	1	2	3	3	
H_2O	1	1	1	2	2	
Cl_2	1	1	2	3	3	3
SO_2	1	1	1	1	2	
H_2S	1	1	2	2	3	

1: chemisch beständig Korr.-Angriff <2,4 g/m² Tag <0,1 mm/Jahr. 2: chemisch bedingt beständig bzw. verwendbar Korr.-Angriff 2,4–24 g/m² Tag (0,1–1 mm/Jahr). 3: chemisch unbeständig >24 g/m² Tag >1 mm Jahr.   P.E.

Müll ist Abfall organischer und anorganischer Zusammensetzung von außerordentlich stark schwankender Zusammensetzung, der aus Haushalten, von der Straße, aus Gewerbe und Industrie stammt. Man kann ihn in Deponien lagern, in Müllverbrennungsanlagen verbrennen oder eine Müllkompostierung durchführen, bei welcher die organischen Bestandteile verrotten und Dünger liefern.   D.O.

Müllbeseitigung kann durch Ablagerung auf Deponien, Müllverbrennung, Müllvergasung sowie durch Kompostierung erfolgen. Bei der Ablagerung auf Deponien wird häufig eine Müllverdichtung zur Verringerung des Raumbedarfes und zur Vermeidung von Hohlräumen, die Ratten als Unterschlupf dienen können, mittels Planierraupen durchgeführt.   D.O.

Müller-Kühne-Verfahren. Gleichzeitige Erzeugung von Schwefelsäure und Portland-Zement durch Umsetzung von Gips mit Koks in Gegenwart von Ton und Zuschlagsstoffen in Drehrohröfen bei ca. 1400° C nach

$$2\ CaSO_4 + C = 2\ CaO + 2\ SO_2 + CO_2$$

Das entstehende Calciumoxid bildet mit Ton und den Zuschlagstoffen Portlandzementklinker. Das SO_2 wird katalytisch zu (↑) *Schwefelsäure* umgesetzt.   K.K.

Müllkippen sind ungeordnete Ablagerungsplätze für Müll (↑ *Deponie*).   D.O.

Muffenverbindungen von Rohren. Muffenrohre besitzen an einem Ende eine Ausweitung (Muffe), in die das glatte Ende des zweiten Rohres gesteckt wird (s. Abb.). Der Raum zwischen Muffe und eingestecktem Rohrende wird mit Dichtmaterial ausgefüllt. Eine geringe Abweichung von der geraden Rohrachse ist möglich, der Wulst w dient zur Zentrierung des eingeschobenen Rohres. Muffenrohre sind nur für geringe Drücke und niedrige Temperaturen geeignet. Verwendung für festverlegte Leitungen, z.B. unter der Erde. Zwei glatte Rohrenden werden durch eine Doppelmuffe verbunden.   W.W.

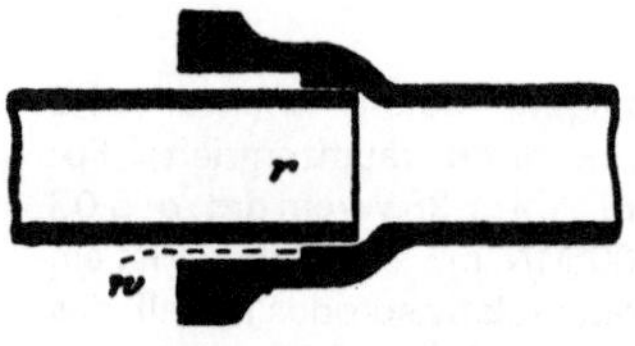

Muffenverbindung

Multiplikationsfaktor zu Einheiten

Zehnerpotenz	10^{-12}	10^{-9}	10^{-6}	10^{-3}	10^{-2}	10^{-1}	10	10^2	10^3	10^6	10^9	10^{12}
Vorsilbe	Piko	Nano	Mikro	Milli	Zenti	Dezi	Deka	Hekto	Kilo	Mega	Giga	Tera
Kurzzeichen	p	n	µ	m	c	d	da	h	k	M	G	T

D.O.

Naphta. Unstabilisierte, unveredelte Benzinfraktion, d.h. die Anteile des Erdöls, die zwischen etwa Raumtemperatur und 200°C sieden. Dient in Europa als wichtigstes Einsatzprodukt für die Erzeugung petrochemischer Grundstoffe wie (↑) *Äthylen, Propylen, Synthesegas* usw.   D.O.

Naßmahlung sind alle Mahlvorgänge in flüssiger Phase, wobei Reibung und Scherbeanspruchung der Feststoffteile oder Agglomerate in einer Suspension erfolgen. Trockenstoff und Flüssigkeit können mit zwei getrennten Dosiervorgängen gleichzeitig in die Mühle gegeben werden (↑ *Mischmühle*). Dabei ist die Mahlung zugleich mit einer Intensivbenetzung verbunden. Bevorzugte Maschinen: (↑) *Korundscheibenmühle, Zahnringmühle, Zahnscheibenmühle.* Das System der Intensivbenetzung bei gleichzeitigem Mahlvorgang ist Bestandteil eines kontinuierlichen Extraktionsverfahrens.   H.S.

Naßsichten. Nasse Stromklassierung (Korngrößentrennung) eines in Flüssigkeit suspendierten Staubes mit Zentrifugen, Hydro- (↑) *Zyklonen*, Absetz (sedimentations)apparaten wie Rechenklassierer, Schraubenklassierer, Aufstromapparaten wie Spitzkasten, Klassierkegel. Anwendung vor allem in der Mineralaufbereitung, bei der Naßzerkleinerung und zur Erzielung feinster Trennungen unterhalb des Arbeitsbereichs der (↑) *Windsichtung.*   F.K.

Neusilber. Legierungen bis 25% Ni, 45–67% Cu, Rest Zink, sie werden wegen ihrer hohen Anlaufbeständigkeit als Neusilber (Alpaka) bezeichnet. Neusilber ist gut kalt und warm verformbar, spanabhebend gut bearbeitbar, gut lötbar und schweißbar. Es wird in korrosionsgefährdeter Umgebung wenig eingesetzt.   P.E.

Neutralglas. Diese zuerst entwickelten (↑) *Borosilicatgläser* enthalten mindestens 7% B_2O_3 und bis zu 5% Erdalkalioxide (besonders BaO). Sie haben einen linearen Ausdehnungskoeffizienten um $5 \times 10^{-6} \times K^{-1}$ und sind gegenüber Wasserangriff sehr resistent. Da die Wasserresistenz aufgrund des abgegebenen Alkalioxids bestimmt wird (↑ *Glas*; Tabelle Normverfahren), das in neutralem Wasser eine pH-Erhöhung bewirkt, nannte man diese Gläser „Neutralgläser" (bekannt z. B. als Jenaer Glas, Geräteglas 20, Fiolax). Sie werden gelegentlich noch zur Herstellung dünnwandiger Laboratoriumsgeräte benutzt, finden heute hauptsächliche Verwendung in der pharmazeutischen Industrie (Ampullen, Fläschchen aus Glasrohr), im Haushalt für hitzebeständige Bedarfsgegenstände wie Teegläser, Kaffemaschinen, Heißwasserbereiter, in der Technik für Schaugläser an Hochdruckkesseln für Dampferzeuger usw.   A.P.

NH_3-Synthese ↑ *Hochdruck-Reaktoren*   D.O.

Nickel. Ni; Atomgew. 58,71; Dichte: 8,85 g/cm³; Kristallstruktur: kfz; Fp: 1455°C; a: $13 \cdot 10^{-6}$ grd⁻¹; λ: 0,605 W/cm grd; ϱ: $6,14 \cdot 10^{-6}$ Ω cm; E: 224000 MN/m². – Nickel besitzt mittlere Festigkeitseigenschaften, läßt sich leicht verformen und spanabhebend bearbeiten. Es hat hervorragende Beständigkeit gegen Salzwasser, organische Säuren und Laugen jeder Konzentration. Nickel läßt sich hart und – mit Einschränkungen – weich löten und schweißen. Reinnickel ist gut kalt verformbar und läßt sich gut für korrosiv beanspruchte Rohrleitungen verwenden (Nickellegierungen: (↑) *Monelmetall, Hastelloy, Superlegierungen*).

Nickel

°C	20			100		
	1%	10%	konz	1%	10%	konz
HCl	1	2	3	2	3	3
H_2SO_4	1–2	2–3	3	2	3	3
				O_2 verstärkt Angriff sehr stark		
HNO_3	3	3	3	3	3	3
H_3PO_4	1	1	1	2	2	2
HF	1	1	1	1	1	1
CH_3COOH	1–2	1–2	1–2	2–3	2–3	2
				O_2 verstärkt Angriff		
NaOH	1	1	1	1	1	1
NH_4OH	1–2	3	3	3	3	3
				O_2 verstärkt Angriff		
NaCl	1	1	1	1	1	1
NH_4Cl	1	1	1	1	1	1

Gase

°C	20	200	400	600	800	1000
Luft	1	1	2	2	3	
H_2O	1	1	1	2	2	
Cl_2	1	1	2	3	3	3
SO_2	1	1–2	2	3	3	3
H_2S	1–2	2	3	3	3	3

1: chemisch beständig Korr.-Angriff <2,4 g/m² Tag <0,1 mm/Jahr. 2: chemisch bedingt beständig bzw. verwendbar Korr.-Angriff 2,4–24 g/m² Tag (0,1–1 mm/Jahr). 3: chemisch unbeständig >24 g/m² Tag >1 mm Jahr   P.E.

Niederdruck-Gasbehälter werden zur Speicherung von Stadtgas, Faulgas sowie von Gasnebenprodukten in der chemischen Industrie verwendet. Sie besitzen zylindrische Ausführung mit beweglichem Dach; die Betriebsdrücke liegen je nach Auflast bei 100 mm bis 500 mmWS. Man unterscheidet grundsätzlich: 1. ND-Gasbehälter mit Wasserbecken (s. Abb.), sowie ND-Gasbehälter bestehend aus Ring- oder Vollbecken mit einfacher oder teleskopartiger Glocke oder mit sogenannten Haktassen. Die Führung der Glocke erfolgt in stehendem Gerüst oder spiralförmig. 2. Wasserlose ND-Gasbehälter mit fest umbautem Behälterraum in polygonaler oder runder Ausführung und beweglicher Scheibe (s. Abb.). Die Scheibenranddichtung wird sowohl trocken mit angepreßter Kunststoffdichtung als auch flüssig mit Dichtungsöl ausgeführt.   P.F.

Niederdruckpumpen (nach DIN 24255). Unabhängig vom Fabrikat können Niederdruckpumpen mit genormten Baumaßen und Leistungsbereichen gegenseitig ausgetauscht werden. Diese Pumpen werden bei einem zulässigen Betriebsdruck bis 16 bar, Förderströmen bis 1800 m³/h, Förderhöhen bis 95 m und Betriebstemperaturen bis max. 350° C gebaut. Sie dienen als „leichte Pumpen" untergeordneten Zwecken, und zwar vorwiegend zur Förderung von sauberem oder leicht verunreinigtem, nicht aggresivem, kaltem bis warmem Wasser. Wellenabdichtung erfolgt überwiegend durch ungekühlte oder gekühlte Packungsstopfbuchsen sowie (↑) *Gleitringdichtungen*.   H.G.

Niob. Nb (Cb=Columbium im angelsächs. Sprachgebrauch); Atomgew. 92,906; Dichte: 8,55 g/cm³; Kristallstruktur: kubisch-raumzentriert; Fp: 2468° C; a: $7,88 \cdot 10^{-6}$ grd; λ: 0,523 W/cm grd; ϱ: $15,22 \cdot 10^{-6}$ Ω cm; E: 110000 MN/m². − Niob ist wie Tantal ein

Niob

°C	20			100		
	1%	10%	konz	1%	10%	konz
HCl	1	1	1–2	1	1–2	2
H_2SO_4	1	1	1	1	1	1–2
HNO_3	1	1	1	1	1	1 F-Ionen verstärken Angriff
H_3PO_4	1	1	1	1	1	1 F-Ionen verstärken Angriff
HF	3	3	3	3	3	3
CH_3COOH	1	1	1	1	1	1
NaOH	2	2	2	2–3	2–3	3
NH_4OH	1–2	2–3	2–3	2–3	3	3
NaCl	1	1	1	1	1	1
NH_4Cl	1	1	1	1	1	1

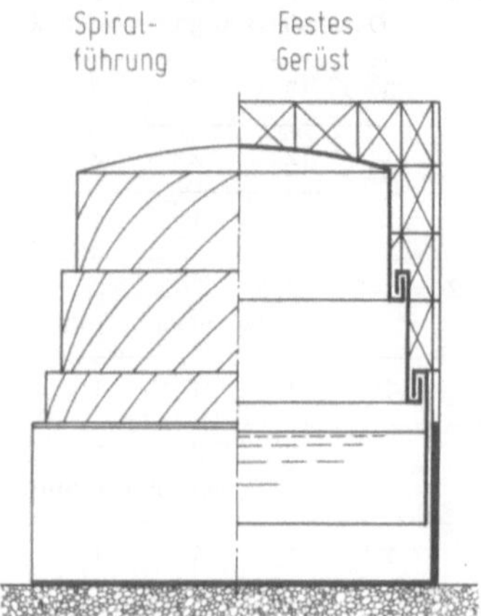

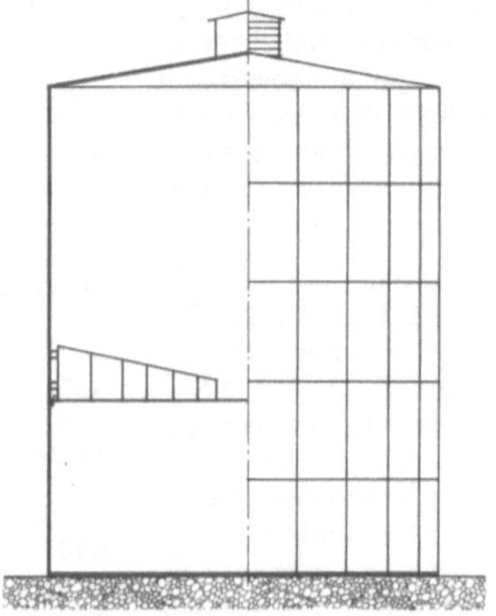

Niederdruck-Gasbehälter

außerordentlich korrosionsfestes Metall, das in kompakter Form von den meisten Säuren außer Flußsäure nicht angegriffen wird. Es ist in reinem Zustand weich und duktil, wird aber bereits durch geringe Mengen von Verunreinigungen wie Sauerstoff, Kohlenstoff, Stickstoff und Wasserstoff hart und spröde. Das Metall wird durch Kaltverformung relativ wenig verfestigt; durch Glühen des kaltverfestigten Metalls in Hochvakuum wird es wieder weich und duktil. Niob läßt sich wie Tantal durch Edelgas-Elektroschweißverfahren schweißen; mit üblichen Werkzeugen, besser aber mit

Gase

°C	20	200	400	600	800	1000
Luft	1	1–2	2	3	3	3
H_2O	1	1	2	3	3	3
Cl_2	1	2	3	3	3	3
SO_2	1	1	1	2	3	3
H_2S	1	1–2	2	3		

1: chemisch beständig Korr.-Angriff <2,4 g/m² Tag <0,1 mm/Jahr. 2: chemisch bedingt beständig bzw. verwendbar Korr.-Angriff 2,4–24 g/m² Tag (0,1–1 mm/Jahr). 3: chemisch unbeständig >24 g/m² Tag >1 mm Jahr

Hartmetallwerkzeugen, läßt es sich spanabhebend bearbeiten. Niob wird meist in reiner Form oder legiert mit Molybdän, Wolfram, Titan oder Zirkonium eingesetzt. In der chemischen Industrie wird meist reines Niob verwendet, während die Legierungen wegen ihrer hohen Warmfestigkeit eher in der Hochtemperaturtechnologie (Raumfahrt) Verwendung finden. Niob hat etwa die ähnlichen Anwendungsgebiete wie (↑) *Tantal*, obwohl es nicht ganz dessen Korrosionsbeständigkeit erreicht.　　　　　　　　　　P.E.

Nutschenfilter (↑ *Filterapparate*) sind offen (Vakuumnutschen) oder haben einen druckfesten Füllraum (Drucknutschen). Sie besitzen ein waagerecht fest eingebautes oder auswechselbares (↑) *Filtermittel.* Zum Teil sind sie mit Verstreich- oder Austragsrührwerk versehen. Sie dienen zur (↑) *Klärfiltration* und (↑) *Entkeimungsfiltration* kleiner Chargen oder zum absatzweisen Abtrennen größerer Feststoffmengen auch aus hohen Trübekonzentraten. Der Feststoffaustrag erfolgt von Hand, durch Bodenabsenkung, Kippen oder ein Austragsrührwerk. Spezielle Konstruktionen sind für Kuchenauswaschung, Extraktion und Rückstandstrocknung im Filterbehälter, bes. für die Pharmatechnologie (sterilisierbar) vorgesehen. Filterfläche bis zu 10 m².　　　　　　　　　　H.W.

Nylon ↑ ε-*Caprolactam*　　　　　　　　　　D.O.

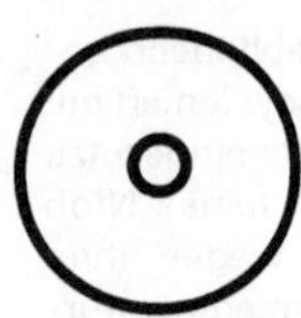

Oberflächenfiltration ist eine Filtration, bei der die Feststoffe einer Trübe bevorzugt durch Siebwirkung auf dem Filtermittel zurückgehalten werden (↑ *Scheidefiltration, Tiefenfiltration, Membrantrenntechnik*).

H.W.

Oberflächenwasser ist Wasser aus oberirdischen natürlichen oder künstlichen Gewässern wie Flüssen, Seen und Talsperren.

D.O.

Ölbinder werden bei Unfällen mit Mineralöl und Mineralölprodukten eingesetzt; sie sind meistens gleichzeitig oleophil (ölanziehend) und wasserabstoßend (hydrophob). Geeignete Grundmaterialien sind u.a. Torf, Holzmehl, Holzkohle, Cellulose usw.

D.O.

Olefin-Herstellung. Der wichtigste technische Weg zu Olefinen ist das (↑) *Cracken* von Kohlenwasserstoffen aus Erdölfraktionen. An erster Stelle sind das thermische Cracken zu nennen, welches im Temperaturbereich von etwa 400–500° C einsetzt, sowie das (↑) *Steam-Cracken*, (↑ *Äthylen-Herstellung, Propen-Herstellung, Butene, Ziegler-Prozeß, Olefine, höhere, Butadien-Herstellung*).

D.O.

Olefine, höhere. Ihre Gewinnung kann durch (↑) *Steamcracken* höherer wachshaltiger Paraffinfraktionen („Wachscracken") erfolgen. Weiterhin haben die katalytische Paraffin-Dehydrierung, das chemische Dehydrieren von Paraffinen über Chlorierung und Dehydrochlorierung sowie der (↑) *Ziegler-Prozess* Bedeutung. Für die Dehydrierungsreaktionen setzt man n-Paraffine ein, die aus Erdölfraktionen über Molekularsieb-Adsorption oder Harnstoff-Extraktiv-Kristallisation gewonnen werden. Große Mengen von höheren α-Olefinen dienen als Rohstoff für die Synthese von Alkylbenzolen, die zur Herstellung von Alkylbenzolsulfonaten, den wichtigsten anionenaktiven (↑) *Waschrohstoffen*, benötigt werden. D.O.

Osmose, umgekehrte ↑ *Hyperfiltration* E.A.Sch.

Oszillations-Granulatoren. Bei diesen Geräten arbeitet ein Rotor mit parallel zur Achse verlaufenden Stäben oszillierend gegen ein muldenförmiges Sieb, welches im Halbkreis den Mahlraum nach unten abschließt (s. Abb.). Reibung und Druck zwischen den Stäben und der Sieboberfläche bewirken die Zerkleinerung, wobei die Granulatgröße durch die Lochweite des Maschendrahtsiebes bestimmt wird. Je nach Aufgabe werden Stäbe mit konisch abgeflachten Arbeits-

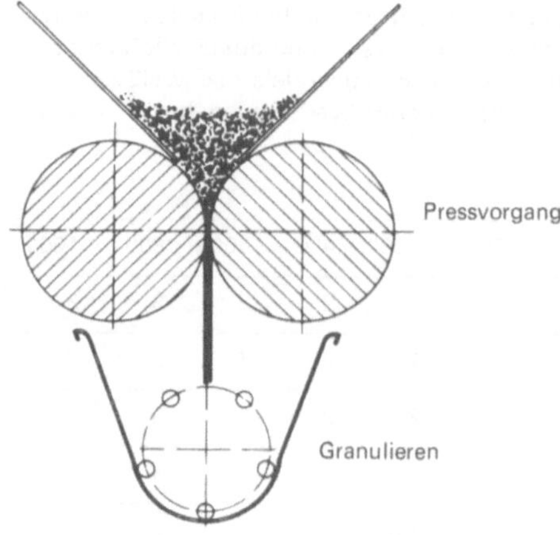

flächen oder Rundstäbe eingebaut. Eine dritte Alternative ist die Ausführung mit umlaufendem Lamellenrotor.

H.S.

Ovalrohrstrahlmühle. Der Name dieser Feinstmühle ergab sich aus ihrer ovalen Bauform. Das Prinzip ähnelt dem einer (↑) *Spiralstrahlmühle*. Das über Injektor im Gasstrom eindosierte, rieselfähige Mahlgut erfährt seine Zerkleinerung durch Prall und Eigenreibung, wobei sich gegenüber einer Spiralstrahlmühle höhere Differenzgeschwindigkeiten ergeben. Die Trenngrenze zwischen den gröberen, der Zentrifugalkraft folgenden und den kleineren, von der Schleppkraft der Luft ausgetragenen Partikeln wird von der Strömungsgeschwindigkeit an der Sichtzone und dem Durchmesser des Auslaßrohres bestimmt. H.S.

Oxichlorierung ↑ *Chlormethane, Vinylchlorid* D.O.

Oxidatoren zur (↑) *Luftoxidation.* Apparaturen, in denen Oxidationsreaktionen mit Luft in flüssiger oder gasförmiger Phase durchgeführt werden. Als Beispiel für Oxidationen in flüssiger Phase zeigt die Abb. einen Oxidator zur Herstellung von (↑) *Dimethylterephtalat* nach dem Katzschmann-Verfahren. Die Reaktionswärme wird durch unter Druck verdampfendes Wasser abgeführt. Luft wird über einen Verteiler am Boden des Reaktors unter Druck eingeblasen. Als Beispiel für die Oxidation in gasförmiger Reaktion zeigt die Abb. einen herkömmlichen Röhrenreaktor für die Herstellung von (↑) *Phthalsäure-Anhydrid* (PSA), der mit einem

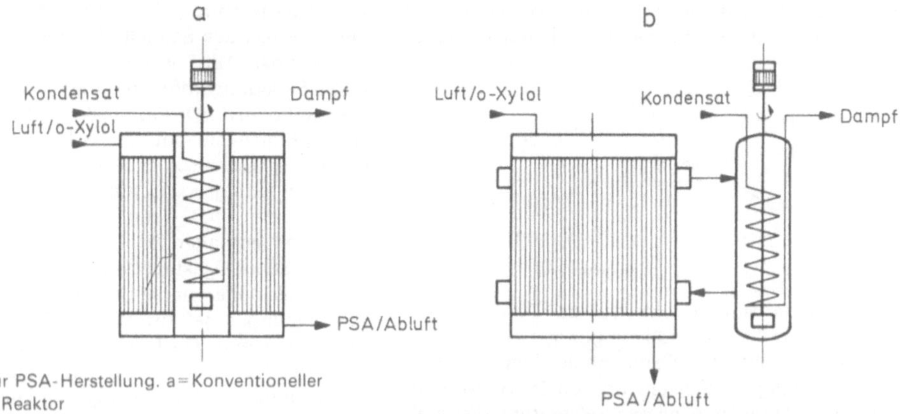

Röhrenreaktoren für PSA-Herstellung. a=Konventioneller
Reaktor; b=BASF-Reaktor

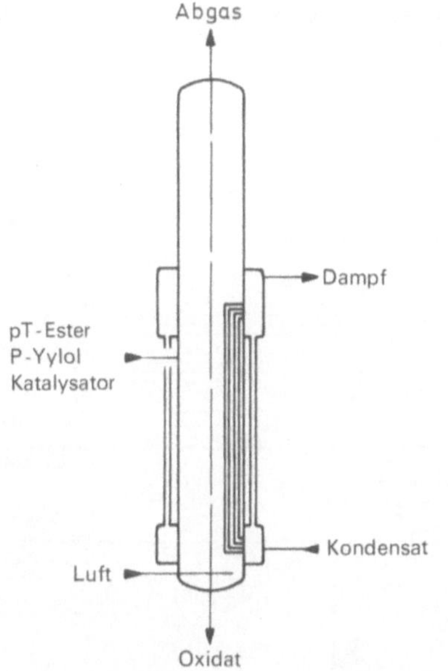

Oxidator für DMT-Herstellung

Salzbad ($NaNO_3$/$NaNO_2$-Gemisch) gefüllt ist; die
Reaktionswärme wird über die Schmelze an Wasser
abgegeben, das unter Druck verdampft. Beim BASF-
Reaktor wird die Schmelze im Kreislauf über einen
außerhalb des Röhrenreaktors angeordneten Salzbad-
kühler abgeführt.   D.O.

Oxiran-Prozeß. Indirekte Epoxidierung, insbesondere von Propylen zu Propylenoxid, wobei organische
Hydroperoxide ihren Aktivsauerstoff selektiv abgeben
und Epoxide nach folgender Reaktion bilden:

$$R-OOH+CH_3-CH=CH_2 \longrightarrow$$
$$CH_3-CH-CH_2+R-OH$$
$$\diagdown_O\diagup$$

Etwa 30% der heutigen Weltproduktion werden in
insgesamt 6 Anlagen in USA, Japan und Europa nach
diesem Prozeß gewonnen, der in flüssiger Phase bei
Gegenwart von Molybdänkatalysator verläuft.

i-Butan-Variante:

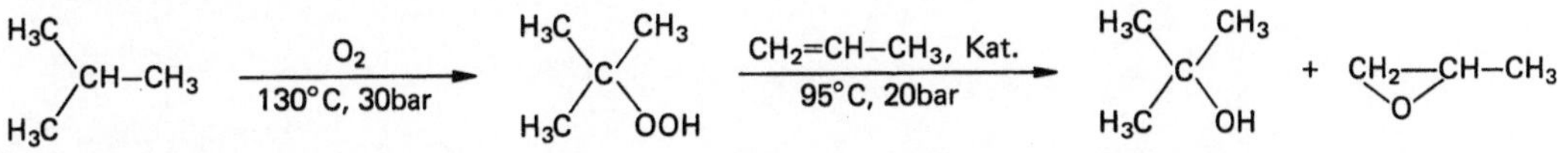

Styrol-Variante:

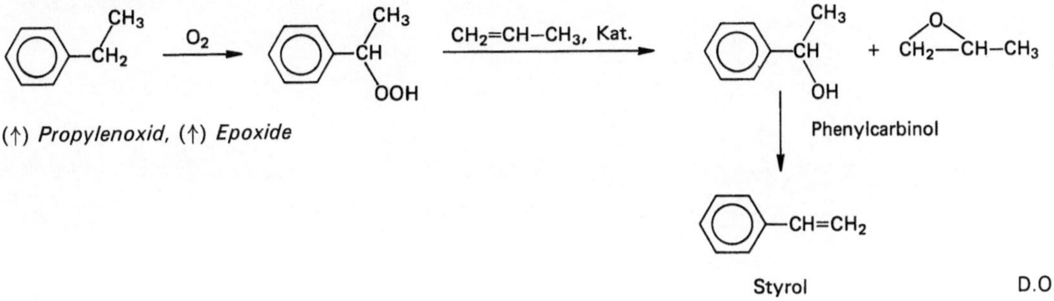

(↑) *Propylenoxid*, (↑) *Epoxide*

Phenylcarbinol

Styrol   D.O.

Oxo-Alkohole. Destillierte Oxo-Aldehyde lassen sich katalytisch zu den entsprechenden Alkoholen hydrieren:

$$R-CH_2-CH_2-C\overset{H}{\underset{O}{\,}} \quad \xrightarrow[\text{Ni}]{H_2,\ 80\ \text{bar},\ 115°C} \quad R-CH_2-CH_2-CH_2OH$$

$$R-CH-CH_3 \quad\longrightarrow\quad R-CH-CH_3$$

Bei Einsatz der Rohprodukte aus der Oxo-Synthese sind schärfere Reaktionsbedingungen erforderlich (z.B. 280 bar, 200°C). Oxoalkohole dienen in sehr großem Umfang zur Herstellung von (↑) *Waschrohstoffen* und (↑) *Weichmachern* (↑ *Hydroformylierung*).

D.O.

Oxo-Carbonsäuren. Oxo-Aldehyde lassen sich unter milden Reaktionsbedingungen mit Luft sowohl in Gegenwart von Metallsalzkatalysatoren sowie auch ohne Katalysatoren zu den entsprechenden Carbonsäuren oxidieren:

$$R-CH_2-CH_2-C\overset{H}{\underset{O}{\,}} \quad \xrightarrow[\text{Katalysator}]{\text{Luft }(O_2)} \quad R-CH_2-CH_2-COOH$$

$$R-CH-CH_3 \quad\longrightarrow\quad R-CH-CH_3 \quad COOH$$

(↑ *Hydroformylierung*)   D.O.

Oxo-Säuren ↑ *Hydroformylierung*   D.O.

Oxo-Synthese ↑ *Hydroformylierung, Oxo-Säuren, Oxo-Alkohole*   D.O.

Ozongewinnung. Ozon ist die dreiatomare Modifikation O_3 des Sauerstoffes, wurde 1839 entdeckt und erstmals 1857 in der von Siemens entwickelten Ozon-Entladungsröhre in größerer Menge hergestellt. Die Methode, durch sog. „stille elektrische Entladung" O_3 zu produzieren, hat sich bis heute nicht gewandelt, doch ist sie technisch so vervollkommnet worden, daß man jetzt jede gewünschte Ozonquantität wirtschaftlich erzeugen kann. Ozon entsteht aus Sauerstoff oder Sauerstoff enthaltenden Gasgemischen in endothermer Reaktion. O_3 ist metastabil, somit nicht beständig und muß daher nach der Herstellung bald seiner Verwendung zugeführt werden. Es gibt Platten- und Röhrenozoneure. Die Röhrenozoneure haben sich wegen ihrer Robustheit besser durchgesetzt (s. Abb.). Anwendungen: Wasserreinigung, Bleichung, techn. Gewinnung von Dicarbonsäuren über Ozonide ungesättigter Fettsäuren (Ozonolyse).

K.W.

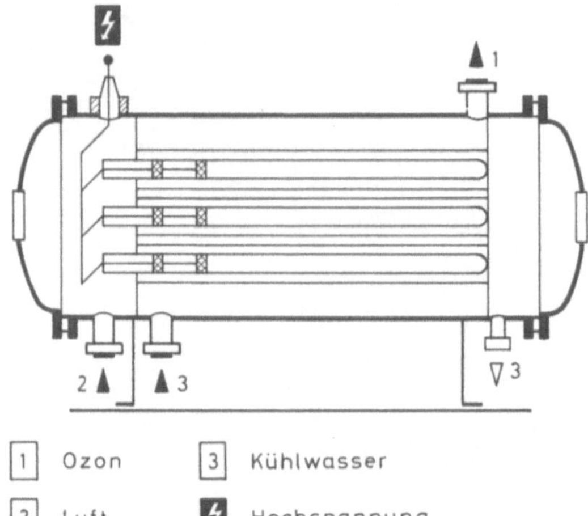

| 1 | Ozon | 3 | Kühlwasser |
| 2 | Luft | ⚡ | Hochspannung |

Schema eines Gebr. Herrmann-Ozoneurs, Köln

Panzerpumpen haben ein radial in der Mitte geteiltes Gehäuse, das vollständig mit einem Verschleißeinsatz aus Sondermaterial ausgekleidet ist (s. Abb.). Sie werden dort verwendet, wo das Fördergut besonders abrasive Bestandteile, wie Ferrosilicium, Koksgrus usw. enthält oder wo mechanischer Verschleiß durch gleichzeitig auftretende Korrosion stark beschleunigt wird. H.G.

Parallelplattenschieber (s. Abb.). Sie sind ähnlich den (↑) *Keilplattenschiebern* gebaut, jedoch sind die Dichtringe um den Gehäusedurchgang parallel zu einander angeordnet. Zur Abdichtung verwendet man daher vielfach Weichdichtungen. Es gibt auch Ausführungen mit geteilten Platten, die unter Federvorspannung stehen. Die Dichtwirkung wird durch den Mediumdruck erhöht. Die Platten dichten ausgangsseitig ab. Zur Spindelabdichtung verwendet man Packungen, deren Material dem Durchflußmedium angepaßt wird. Nachteilig sind große Toträume und ein großes Bauvolumen. Werkstoffe: Grauguß, Stahl, Sphäroguß. K.R.

Parallelschaltung von Zellen. Elektrische Parallelschaltung mehrerer Zellen. Bei großen Elektrolyseanlagen werden einzelne Zellen zu Blöcken zusammengefaßt und parallel geschaltet, um die zulässige Spannung am Gleichrichter nicht zu überschreiten (Gegensatz: (↑) *Serienschaltung*). H.V.

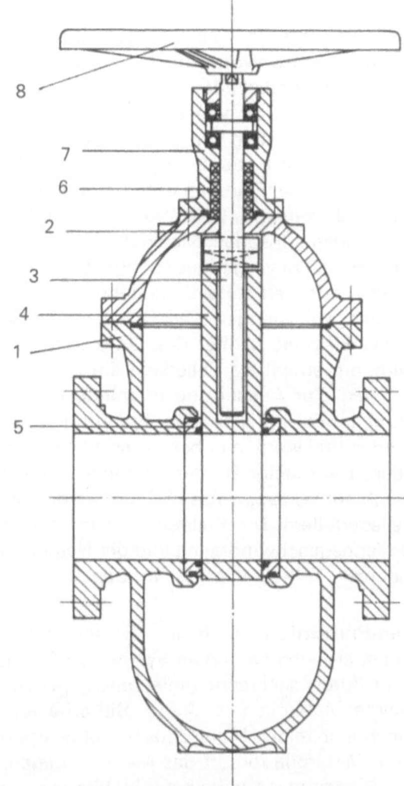

Parallelplattenschieber (Leitrohrschieber). 1 = Gehäuse; 2 = Haube; 3 = Spindel; 4 = Absperrplatte; 5 = Sitzring; 6 = Spindelpackung; 7 = Spindelführung; 8 = Handrad

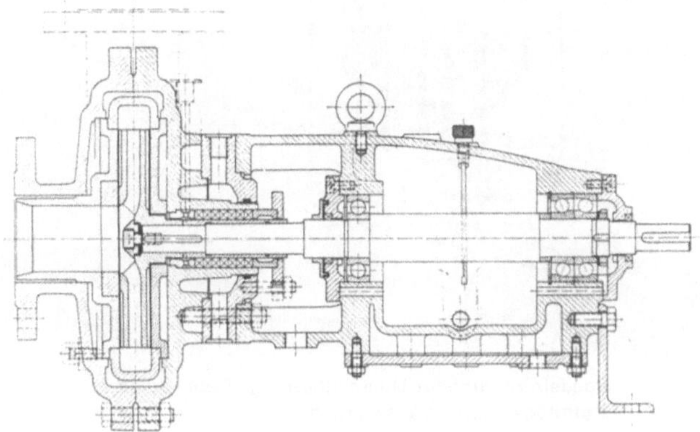

Pumpe mit Gehäusepanzer in Prozeßbauart (Fabrikat: SULZER)

Parasitstrom. Bei der (↑) *Elektroylse* derjenige Stromanteil, der von einer (↑) *Elektrode* nicht zur (spannungsmäßig) nächsten fließt, sondern eine oder mehrere Elektroden umgeht, ohne dort chemische Arbeit zu leisten. Parasitstrom tritt vor allem bei Zellen mit bipolar geschalteten Elektroden auf, bei denen der Strom die Rohrleitungen für Zu- und Abfuhr des Elektrolyten benutzt.   H.V.

Pelletierung ist ein eingedeutschtes englisch-amerikanisches Wort, abgeleitet von pellet = Kügelchen. Man findet auch die Bezeichnung: Pelletisierung. Es handelt sich um ein Verfahren der (↑) *Kornvergröberung*, bei dem von sehr feinem Staub ausgegangen wird. Falls das ursprüngliche Material zu grob ist, ist zuvor eine Feinmahlung nötig, die den Prozeß erheblich verteuert. Der Kornaufbau erfolgt durch Anlagerung von frischem Material an sog. Pelletkerne mit Hilfe eines Rollvorganges (Schneeballeffekt). Das Pelletieren erfordert stets die Zugabe nicht unerheblicher Feuchtigkeitsmengen. Die Pellets werden nach Korngröße klassiert, wobei das Unterkorn zurückgeführt wird, um erneut als Pelletkern am Kornaufbau teilzunehmen. Zur Aushärtung ist mindestens eine Trocknung, in vielen Fällen eine Sinterung erforderlich. Als Bindemittel werden neben Wasser bevorzugt Bentonit oder zuckerhaltige Binder zugegeben. Die Pelletierung geschieht vorzugsweise in Pelletiertrommeln oder auf Pelletiertellern. Die Pelletgröße kann durch Wahl der Umfangsgeschwindigkeit und der Neigung von Trommel bzw. Teller beeinflußt werden.   H.R.

Pendelmühlen, auch als „Raymond-Mühlen" bekannt, arbeiten nach dem System der Druckzerkleinerung durch senkrecht umlaufende, pendelnd aufgehängte Mahlrollen (s. Abb.). Sie arbeiten gegen die Innenbahn einer Mahlschüssel; eine Pflugschar vor jeder Mahlrolle fördert das Mahlgut gegen die Rolle. Ein Windsichter oberhalb der Mahlrollen erzeugt einen aufsteigenden, regulierbaren Luftstrom zum Austrag

des Feingutes. Das Grobe fällt zurück in die Mahlschüssel. Die Umlaufgeschwindigkeit der Mahlrollen ist als Optimum mit 7 m/sec festgelegt (↑ *Einrollen-Pendelmühle*).   H.S.

Pendelzentrifugen sind chargenweise arbeitende Filterzentrifugen, die bei hohen Zentrifugalkräften niedrige Restfeuchten gewährleisten. Die stufenlose Veränderung der Drehzahl erlaubt dabei eine weitgehende Anpassung an die unterschiedlichen Betriebsbedingungen; ferner führt die außerordentlich gute Waschmöglichkeit des Kuchens zu sehr reinen Produkten. Solche Zentrifugen sind an Deckenträgern oder einem Brückenständer hängend elastisch bzw. an drei Punkten pendelnd elastisch aufgehängt und werden vorzugsweise für Untenentleerung gebaut. Die Suspension gelangt dabei durch ein Füllrohr oder einen Kegel in die Trommel. Durch den Einfluß der Zentrifugalkraft werden sowohl Mutterlauge als auch Waschflüssigkeit abgeschleudert. Die Kristalle können im Stillstand von Hand oder durch hydraulische Ausräumer (bei niedriger Drehzahl) ausgetragen werden, wobei bei vollautomatisch arbeitenden Maschinen der einmal festgelegte Zyklus ohne Unterbrechung wiederholt wird. Eine Pendelzentrifuge für Untenentleerung zeigt die Abb. (↑ *Siebzentrifugen, Zentrifugen*).   D.O.

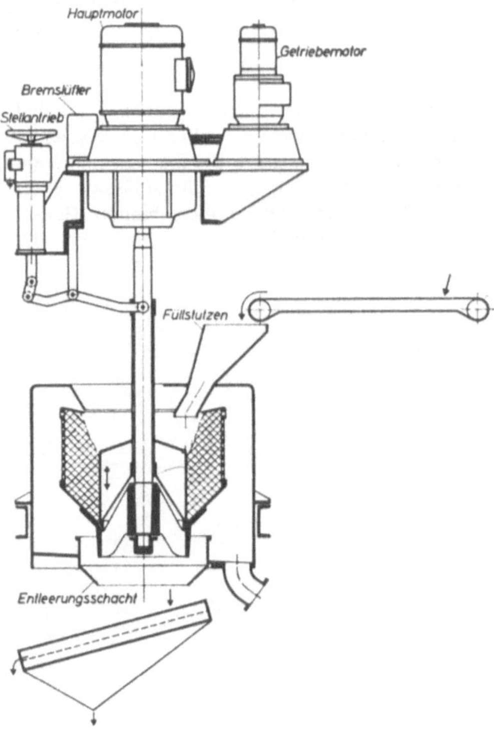

Pendelzentrifuge für Untenentleerung (Gebr. Heine, Zentrifugenfabrik, Viersen/Rhld.)

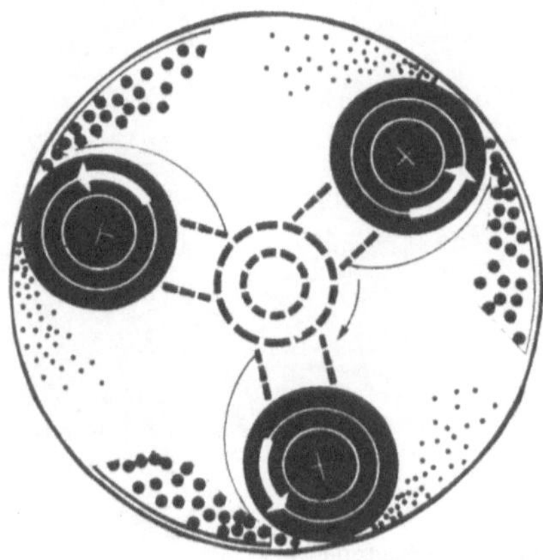

Schema einer Pendelmühle

Periodensystem

Legend box (center of table):

- Ordnungszahl — 34
- Atommasse — 78,96
- Elementsymbol — **Se**
- Name — Selen
- Konfiguration der Valenzelektronen — $4p^4$

Periode	I_a	II_a	III_b	IV_b	V_b	VI_b	VII_b	VIII_b	VIII_b	VIII_b	I_b	II_b	III_a	IV_a	V_a	VI_a	VII_a	VIII_a
1	1 1,008 **H** Wasserstoff $1s^1$																	2 4,0026 **He** Helium $1s^2$
2	3 6,941 **Li** Lithium $2s^1$	4 9,012 **Be** Beryllium $2s^2$											5 10,81 **B** Bor $2p^1$	6 12,011 **C** Kohlenstoff $2p^2$	7 14,01 **N** Stickstoff $2p^3$	8 15,999 **O** Sauerstoff $2p^4$	9 18,998 **F** Fluor $2p^5$	10 20,183 **Ne** Neon $2p^6$
3	11 22,99 **Na** Natrium $3s^1$	12 24,312 **Mg** Magnesium $3s^2$											13 26,98 **Al** Aluminium $3p^1$	14 28,086 **Si** Silicium $3p^2$	15 30,97 **P** Phosphor $3p^3$	16 32,064 **S** Schwefel $3p^4$	17 35,453 **Cl** Chlor $3p^5$	18 39,948 **Ar** Argon $3p^6$
4	19 39,10 **K** Kalium $4s^1$	20 40,08 **Ca** Calcium $4s^2$	21 44,955 **Sc** Scandium $4s^2 3d^1$	22 47,90 **Ti** Titan $4s^2 3d^2$	23 50,94 **V** Vanadium $4s^2 3d^3$	24 52,00 **Cr** Chrom $4s^1 3d^5$	25 54,94 **Mn** Mangan $4s^2 3d^5$	26 55,847 **Fe** Eisen $4s^2 3d^6$	27 58,93 **Co** Kobalt $4s^2 3d^7$	28 58,71 **Ni** Nickel $4s^2 3d^8$	29 63,546 **Cu** Kupfer $4s^1 3d^{10}$	30 65,37 **Zn** Zink $4s^2 3d^{10}$	31 69,72 **Ga** Gallium $4p^1$	32 72,59 **Ge** Germanium $4p^2$	33 74,92 **As** Arsen $4p^3$	34 78,96 **Se** Selen $4p^4$	35 79,91 **Br** Brom $4p^5$	36 83,80 **Kr** Krypton $4p^6$
5	37 85,47 **Rb** Rubidium $5s^1$	38 87,62 **Sr** Strontium $5s^2$	39 88,905 **Y** Yttrium $5s^2 4d^1$	40 91,22 **Zr** Zirkon $5s^2 4d^2$	41 92,906 **Nb** Niob $5s^1 4d^4$	42 95,94 **Mo** Molybdän $5s^1 4d^5$	43 98,91* **Tc** Technetium $5s^1 4d^6$	44 101,07 **Ru** Ruthenium $5s^1 4d^7$	45 102,905 **Rh** Rhodium $5s^1 4d^8$	46 106,4 **Pd** Palladium $5s^0 4d^{10}$	47 107,86 **Ag** Silber $5s^1 4d^{10}$	48 112,4 **Cd** Cadmium $5s^2 4d^{10}$	49 114,82 **In** Indium $5p^1$	50 118,69 **Sn** Zinn $5p^2$	51 121,8 **Sb** Antimon $5p^3$	52 127,6 **Te** Tellur $5p^4$	53 126,90 **I** Iod $5p^5$	54 131,3 **Xe** Xenon $5p^6$
6	55 132,91 **Cs** Cäsium $6s^1$	56 137,34 **Ba** Barium $6s^2$	57 138,90 **La** Lanthan $6s^2 5d^1$	72 178,49 **Hf** Hafnium $6s^2 5d^2$	73 180,94 **Ta** Tantal $6s^2 5d^3$	74 183,85 **W** Wolfram $6s^2 5d^4$	75 186,2 **Re** Rhenium $6s^2 5d^5$	76 190,2 **Os** Osmium $6s^2 5d^6$	77 192,2 **Ir** Iridium $6s^2 5d^7$	78 195,09 **Pt** Platin $6s^1 5d^9$	79 196,97 **Au** Gold $6s^1 5d^{10}$	80 200,59 **Hg** Quecksilber $6s^2 5d^{10}$	81 204,37 **Tl** Thallium $6p^1$	82 207,2 **Pb** Blei $6p^2$	83 209,0 **Bi** Bismut $6p^3$	84 210* **Po** Polonium $6p^4$	85 210* **At** Astat $6p^5$	86 222* **Rn** Radon $6p^6$
7	87 223* **Fr** Francium $7s^1$	88 226,02* **Ra** Radium $7s^2$	89 227* **Ac** Actinium $7s^2 6d^1$	104 260* **Ku** Kurtschatovium $7s^2 6d^2$	105 260* **Ha** Hahnium													

58 140,12 **Ce** Cer $5d^0 4f^2$	59 140,9 **Pr** Praseodym $5d^0 4f^3$	60 144,24 **Nd** Neodym $5d^0 4f^4$	61 147* **Pm** Promethium $5d^0 4f^5$	62 150,35 **Sm** Samarium $5d^0 4f^6$	63 151,96 **Eu** Europium $5d^0 4f^7$	64 157,25 **Gd** Gadolinium $5d^1 4f^7$	65 158,93 **Tb** Terbium $5d^0 4f^9$	66 162,5 **Dy** Dysprosium $5d^0 4f^{10}$	67 164,93 **Ho** Holmium $5d^0 4f^{11}$	68 167,26 **Er** Erbium $5d^0 4f^{12}$	69 168,93 **Tm** Thulium $5d^0 4f^{13}$	70 173,04 **Yb** Ytterbium $5d^0 4f^{14}$	71 174,97 **Lu** Lutetium $5d^0 4f^{14}$
90 232,03* **Th** Thorium $6d^2 5f^0$	91 231,03* **Pa** Protactinium $6d^1 5f^2$	92 238,02* **U** Uran $6d^1 5f^3$	93 237,04* **Np** Neptunium $6d^1 5f^4$	94 242* **Pu** Plutonium $6d^0 5f^6$	95 243* **Am** Americium $6d^0 5f^7$	96 247* **Cm** Curium $6d^1 5f^7$	97 247* **Bk** Berkelium $6d^0 5f^9$	98 252* **Cf** Californium $6d^0 5f^{10}$	99 254* **Es** Einsteinium $6d^0 5f^{11}$	100 253* **Fm** Fermium $6d^0 5f^{12}$	101 256* **Md** Mendelevium $6d^0 5f^{13}$	102 254* **No** Nobelium $6d^0 5f^{14}$	103 257* **Lr** Lawrencium $6d^1 5f^{14}$

Die mit einem * gekennzeichnete Zahl ist die Atommasse des stabilsten oder am besten untersuchten Isotops des betreffenden Elements.

Perchloräthylen ↑ *Tetrachloräthylen*   D.O.

Perkolation. Dieser Prozeß, dessen Bezeichnung sich von lat: percolare=durchsickern lassen, ableitet, ist die Gewinnung von Auszügen (z.B. aus Ölsamen, Wirkstoffen aus zerkleinerten Drogen usw.) mit Hilfe von langsam durch das zerkleinerte Gut durchlaufenden Lösungsmitteln (↑ *Extraktion*).   D.O.

Perlenreibmühle, Perlmill ↑ *Rührwerkskugelmühle*
    H.S.

Pestizide ist eine Sammelbezeichnung für im chemischen Pflanzenschutz angewandte Pflanzenschutz- und Schädlingsbekämpfungsmittel. Sie werden nach ihren Anwendungsgebieten eingeteilt in (↑) *Insektizide* (=Insektenbekämpfungsmittel), (↑) *Herbizide* (=Unkrautvertilgungsmittel), (↑) *Rodentizide* (=Nagetierbekämpfungsmittel), Nematozide (= Nematoden Bekämpfungsmittel), Molluskizide (= Schneckenbekämpfungsmittel) (↑) *Fungizide* (= Pilzbekämpfungsmittel).   D.O.

Petrochemie. Sie ist der jüngste Zweig der chemischen Großindustrie, der auf Basis von Erdöl und Erdgas chemische Großprodukte gewinnt. Die Petrochemie nahm in den Jahren zwischen den beiden Weltkriegen ihren Ausgang in Amerika und begann nach dem Zweiten Weltkrieg auch in Europa die klassische Kohlechemie zu verdrängen; so trat (↑) *Äthylen* aus Erdölfraktionen an die Stelle von (↑) *Acetylen* und Calciumcarbid, der heutige Bedarf an Aromaten wäre nicht mehr aus (↑) *Teerprodukten* zu decken (↑ *Aromaten, Butane, Butene, Naphta, Olefine Paraffine, Raffineriegas, Synthesegas, Wasserstoff*).
    D.O.

Phasengleichgewicht. Bei einem idealen Zweistoffgemisch mit der relativen Flüchtigkeit α_{12} läßt sich das Phasengleichgewicht errechnen nach:

$$y^1 = \frac{\alpha_{12} \cdot x_1}{100 + x_1 \cdot (\alpha_{12}^{-1})} \cdot 100 \ [\text{Mol \%}]$$

Dabei bedeutet Index 1 die leichter- und 2 die schwerer-siedende Komponente, y die Konzentrationen der leichtersiedenden Komponente des Gemischdampfes und x jene der Flüssigkeit, aus welcher der Dampf gebildet wird in ([Mol-%]). Phasengleichgewichte nicht idealer Gemische werden mit Gleichgewichtsapparaturen bestimmt, in denen Flüssigkeit verdampft und zusammengehörige Blasen- und Dampfkonzentrationen gemessen werden.   H.M.

Phenol. Als Ausgangsmaterial kann Benzol dienen und der klassische Weg über Benzolsulfonierung beschritten werden:

$$\text{C}_6\text{H}_6 + \text{H}_2\text{SO}_4 \xrightarrow[-\text{H}_2\text{O}]{110-150°\text{C}} \text{C}_6\text{H}_5-\text{SO}_3\text{H} \xrightarrow{\text{NaOH}} \text{C}_6\text{H}_5-\text{SO}_3\text{Na}$$

$$\text{C}_6\text{H}_5-\text{SO}_3\text{Na} + 2\text{NaOH} \xrightarrow[\text{(Schmelze)}]{320-340°\text{C}} \text{C}_6\text{H}_5-\text{ONa} + \text{Na}_2\text{SO}_3 + \text{H}_2\text{O}$$

$$\downarrow \text{SO}_2$$

$$\text{C}_6\text{H}_5-\text{OH} + \text{Na}_2\text{SO}_3$$

Dieser veraltete Prozeß (Schmelze) wird nur noch an wenigen Stellen durchgeführt. Weiterhin kann man Benzol durch Chlorierung oder (↑) *Oxichlorierung* in Monochlorbenzol überführen und dieses zum Phenol verseifen:

$$\text{C}_6\text{H}_6 \xrightarrow[\substack{\text{FeCl}_3-\text{Katalysator} \\ 25-50°\text{C}}]{\text{Cl}_2, -\text{HCl}} \text{C}_6\text{H}_5-\text{Cl}$$

$$\text{C}_6\text{H}_6 \xrightarrow[\substack{-\text{H}_2\text{O} \\ \text{CuCl}_2/\text{FeCl}_3/\text{Al}_2\text{O}_3-\text{Kontakt} \\ 240°\text{C}}]{\text{HCl} + 1/2\,\text{O}_2} \text{C}_6\text{H}_5-\text{Cl}$$

$$\xrightarrow{\text{Hydrolyse}} \text{C}_6\text{H}_5-\text{OH}$$

Die Hydrolyse gelingt z.B. katalytisch an $\text{Ca}_3\text{PO}_4/\text{SiO}_2$-Kontakt bei 400–450° C in der Gasphase. Ein weiteres Verfahren ist die (↑) *Aceton*- *Herstellung* durch Oxidation von (↑) *Cumol*, wobei zugleich Phenol anfällt, sowie die Phenolsynthese aus (↑) *Benzoesäure*.   D.O.

Phenolplaste. Es handelt sich um eine Sammelbezeichnung für Polykondensationsprodukte, die aus geeigneten (↑) *Phenolen* (Phenol, Kresol, Xylenol usw.) und (↑) *Formaldehyd* erhalten werden. Wichtigste Vertreter sind Phenol-Formaldehyd-Harze. D.O.

Phthalsäureanhydrid-Herstellung. Die Herstellung beruht auf einer Gasphasenoxydation von o-Xylol (heute wichtigstes Einsatzprodukt) oder Naphtalin am Festbettkatalysator bei etwa 400° C mit Luft:

$$\text{o-Xylol} + 3 O_2 \xrightarrow[\;400°C\;]{V_2O_5-\text{Katalysator}} \text{Phthalsäureanhydrid} + 3 H_2O$$

bzw.

$$\text{Naphtalin} + 9/2\, O_2 \xrightarrow[\;400°C\;]{V_2O_5-\text{Katalysator}} \text{Phthalsäureanhydrid} + 2 CO_2 + 2 H_2O$$

Meist oxidiert man an in Röhren angeordneten Festbettkatalysatoren; weiterhin sind aber auch Fließbetten üblich. Arbeitet man mit einem Röhrenbündelreaktor, so wird die beträchtliche Reaktionswärme von einer Salzschmelze aufgenommen; die Salzschmelze wird im Kreislauf über einen Hochdruckdampferzeuger zum Reaktor zurückgepumpt und die Reaktionswärme zur Dampferzeugung verwertet (↑ *Oxidator, Sherwin-Williams / Badger-Verfahren, Wirbelschicht*). D.O.

Piezoosmose ↑ *Hyperfiltration* H.W.

Pipelines. Pipelines sind Rohrleitungen zum Transport größter Mengen (z.B. Erdöl, Erdgas, Kohle, Erze u.a.) vom Förderort zum Verschiffungshafen oder zum Verarbeiter. W.W.

Planetenpumpe. Die Planetenpumpe ist als „Dauerläufer" für alle schwer und leicht fließbaren Medien geeignet. In einem ringförmigen Kanal, dessen Förderkanalteil einen konstanten Kreisquerschnitt aufweist, sind strahlenförmig zur Mittelachse sog. Planeten (=schwenkbare Scheiben) angeordnet; mindestens drei Planeten sind erforderlich, um eine konstante Ansaug- und Druckleistung zu erbringen. Beim Rotieren schwenken die Planeten in Arbeits- bzw. Ruhestellung ein, indem im Planet durch eine Steuerung um 90° geschwenkt wird, sobald er seine Arbeit verrichtet hat. Im Prinzip wird bei der Planetenpumpe die geradlinig hin- und hergehende Arbeitsweise der Kolben einer Kolbenpumpe durch die Planeten in eine Kreisbahn umgewandelt (s. Abb.). D.O.

Plansiebe. Man unterscheidet: 1. Plansichter (s. Abb.), d.h. Siebmaschinen, bei denen eine Vielzahl von Siebböden übereinander in einem rechteckigen oder quadratischen Kasten (Holz-, Stahl- oder Leichtmetallkonstruktion) angeordnet sind. Der Antrieb erfolgt kreisförmig in Siebebene. Bei kleineren Ausführungen (Einkasten-Plansichter) erfolgt der Antrieb zwangsläufig über Kurbeltrieb. Größere Aggregate haben zwei Siebkästen mit dazwischenliegenden Pendelwellen- oder auch Wuchtmassenantrieb. Die Siebkästen sind in zwei bis zwölf Abteile unterteilt. Die Siebgewebe werden bei diesen relativ niedrig beschleunigten Siebmaschinen durch Bürstenkörper, Gummibälle oder spezielle Gurt- und Kunstoffreiniger freigehalten. Ge-

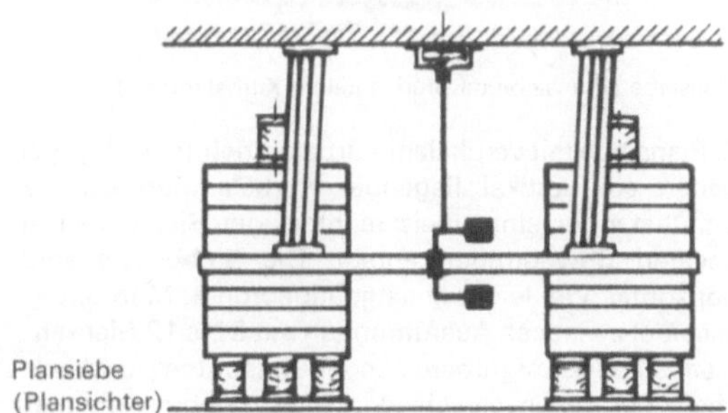

Plansiebe
(Plansichter)

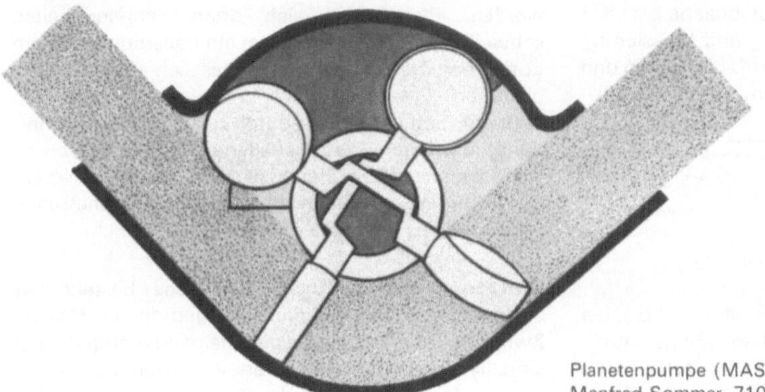

Planetenpumpe (MASO-Dickstoffpumpen
Manfred Sommer, 7101 Untergruppenbach)

bräuchlich: Siebfläche: 1–60 m², Maschinengewichte: bis zu 3000 kg, Antriebsleistungen: bis 4 kW, Schwingzahlen: 200–250 min⁻¹ bei 90–60 mm Hub. Anwendung: Siebung und Klassierung hauptsächlich von Müllereiprodukten, aber auch von Kunststoffpulvern im Fein- und Feinstbereich.

2. Plansiebe mit horizontalem Kurbelantrieb (s. Abb.), bei denen ein rechteckiger Siebkasten über elastische Stützen oder Stützlager auf einem Grundrahmen angeordnet ist. Eine im Grundrahmen gelagerte horizontal wirkende Kurbel, deren Kurbelzapfen üblicherweise im Massenmittelpunkt des Siebkastens gelagert ist, treibt die Maschine an. Die Siebgewebe sind mit einer Neigung von 3–10° im Siebkasten eingebaut. Das Siebgut bewegt sich gegensinnig zur Kreisschwingung zum Siebauslauf hin und legt dabei ein Mehrfaches der ursprünglichen Sieblänge zurück. Gebräuchlich: Siebfläche: 2–16 m², Maschinengewichte: 1000–15000 kg, Antriebsleistungen: 1,5–11 kW, Schwingzahlen: ca. 200 min⁻¹ bei ca. 100 mm Hub. Anwendung: Siebung und Klassierung von zerkleinerten Holzprodukten o.ä. für die Span- und Faserplatten-Industrie sowie für die Papierindustrie.

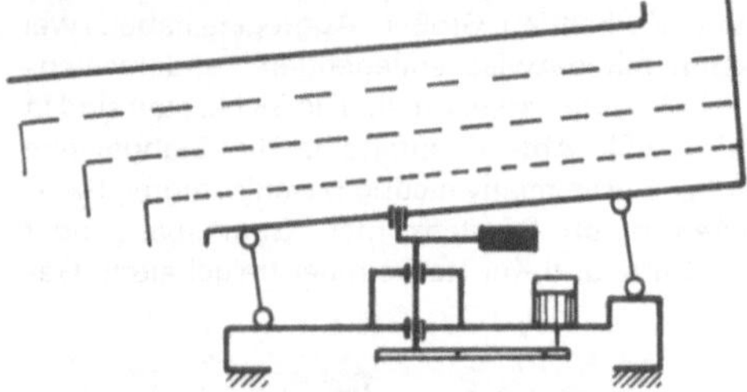

Plansiebe (Plansiebe mit horizontalem Kurbelantrieb)

3. Plansiebe mit vertikalem Kurbelantrieb (s. Abb.), bei denen ein vertikal liegender Kurbelantrieb über 2 Schubstangen einen meist rechteckigen Siebkasten zu linearen Bewegungen anregt. Die Siebböden sind horizontal oder leicht geneigt angeordnet. Man unterscheidet zwischen Ausführungen mit 8 bis 12 Siebrahmen, stapelförmig übereinander angeordnet, und solchen, bei denen verschieden große Siebgewebemaschen hintereinander in einer Ebene aufgebaut sind. Zur Siebgewebereinigung können Bürstenkörper oder Gummikugeln verwendet werden. Siebfläche bis ca. 2 m². Anwendung: Trockene Siebung und Klassierung von Produkten der chemischen, pharmazeutischen und Nahrungsmittelindustrie im Fein- und Feinstbereich.

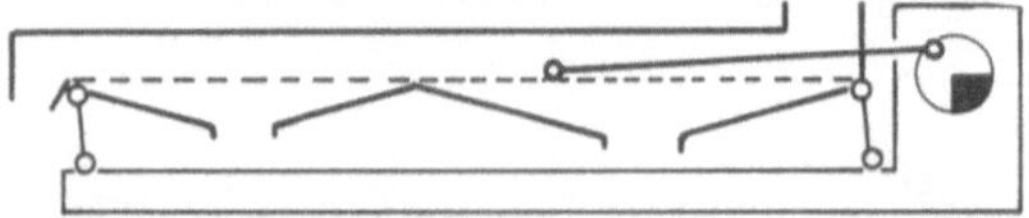

Plansiebe (Plansiebe mit vertikalem Kurbelantrieb)

4. Plansiebe mit Unwuchtmassenantrieb (s. Abb.), bei denen im Gegensatz zum klassischen „Plansichter", dessen Siebe als Stapelelemente ausgeführt sind, Siebrahmen, teilweise komplett mit der notwendigen

Siebreinigung, i.a. stirnseitig in den Siebkasten eingeschoben werden. Die Gewebe wie auch die Produktsammelböden sind leicht geneigt. Der aufgehängte Siebkasten wird bei kleineren und mittleren Baugrößen durch einen horizontal wirkenden Wuchtmassenantrieb kreisförmig bewegt. Platzsparende und kompakte Siebeinheiten besitzen Wuchtmassen oberhalb und unterhalb des Siebkastens. Große Siebeinheiten werden über Pendelwellen angetrieben. Diese Plansiebe werden als 1-, 2-, oder 3-Decker-Maschinen gebaut. Anwendung: Absiebung und Klassierung trockener Produkte bei der Holz- und Futtermittelindustrie.

H.P.D.

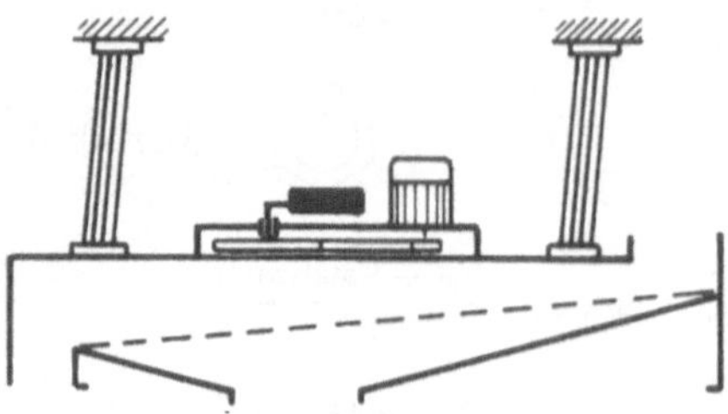

Plansiebe (Plansiebe mit Unwuchtmassenantrieb)

Planzellenfilter (↑ *Filterapparate*) dienen zum kontinuierlichen Abtrennen und Auswaschen sehr großer Mengen gut filtrierbarer Feststoffe mittels Vakuum (↑ *Scheidefiltration*). Eine horizontale, langsam rotierende, in Sektoren mit hohem Bordrand aufgeteilte Filterfläche wird durch einen Steuerkopf nacheinander durch Entwässerungs- und Waschzonen geführt. Der Filterrückstand wird durch Kippen der Zellen ausgetragen.

H.W.

Platin. Pt. Atomgew. 195,06; Dichte: 21,5 g/cm³; Kristallstruktur: kubisch flächenzentriert; Fp: 1769° C; a: 9,09 · 10⁻⁶ grd; λ: 0,715 W/cm grd; ϱ: 9,81 · 10⁻⁶ Ω cm; E: 174000 MN/m². — Platin ist ein weiches, sehr duktiles Metall, das sich schon bei Raumtemperatur ohne Schwierigkeiten plastisch verformen läßt. Häufig ist reines Platin für technische Anwendungen zu weich; in diesem Fall kann es zur Härtung mit Gold, Iridium, Rhodium oder auch mit Zirkonium legiert werden. Platin läßt sich ohne Schwierigkeiten schweißen und auch, vor allem mit Palladium-hältigen Loten, hartlöten. Außerdem läßt es sich auf anderen – billigeren – Metallen durch Walzplattieren oder – in dünnerer Schichtdicke – durch galvanische Abscheidung aufbringen. Platin ist allen anderen Metallen an Korrosionsfestigkeit überlegen: Von allen Säuren greift nur Königswasser Platin an und gegen schmelzende Alkalien ist es ebenfalls unbeständig.

P.E.

Plattenverdampfer. Die Heizfläche besteht aus zahlreichen parallel zueinander angeordneten Platten. Zwischen den Platten, die gegeneinander abgedichtet sind, liegen abwechslungsweise die Strömungskanäle für das Heizmedium und die einzudampfende Lösung

Platin

°C	20			100		
	1%	10%	konz	1%	10%	konz
HCl	1	1	1	1	1	1
				Oxidationsmittel verstärken Angriff		
H₂SO₄	1	1	1	1	1	1
HNO₃	1	1	1	1	1	1
H₃PO₄	1	1	1	1	1	1
HF	1	1	1	1	1	1
CH₃COOH	1	1	1	1	1	1
NaOH	1	1	1	1	1	1
NH₄OH	1	1	1	1	1	1
NaCl	1	1	1	1	1	1
NH₄Cl	1	1	1	1	1	1

Gase

°C	20	200	400	600	800	1000
Luft	1	1	1	1	1	1
H₂O	1	1	1	1		
Cl₂	1	2	2	3	3	3
	feuchtes Chlor greift weniger an als trockenes					
SO₂	1	1	2	2	3	3
H₂S	1	1	2	2	2	3

1: chemisch beständig Korr.-Angriff <2,4 g/m² Tag <0,1 mm/Jahr. 2: chemisch bedingt beständig bzw. verwendbar Korr.-Angriff 2,4–24 g/m² Tag (0,1–1 mm/Jahr). 3: chemisch unbeständig >24 g/m² Tag >1 mm Jahr   P.E.

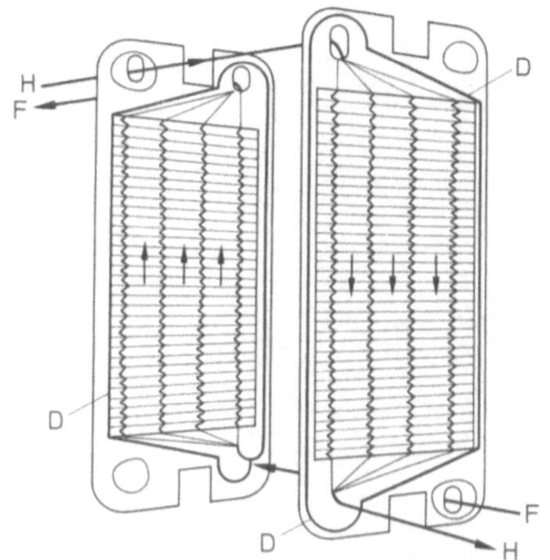

Plattenverdampfer. H = Heizmedium; F = Frischlösung; D = Dichtung

der abgedichtete Platten. Das in ein Gestell eingesetzte Plattenpaket wird durch eine bewegliche Druckplatte mit seitlich angebrachten Spannbolzen zusammengepreßt (s. Abb.). Die Anlage wird in verschiedenen Gestellformen oder als Wandanordnung ausgeführt. Durch die Öffnungen in den Ecken der Platten (s. Abb.)

(s. Abb.). Dieser Apparat wird meist als Vorwärmer betrieben; die eigentliche Verdampfung erfolgt in einem nachgeschalteten Entspannungsraum, in dem Brüden und Konzentrat getrennt werden. Plattenverdampfer arbeiten meist mit einmaligem Durchlauf der Lösung und haben einen sehr geringen Flüssigkeitsinhalt. Sie eignen sich wegen der vergleichsweise kurzen Kontaktzeit der Lösung mit der Heizfläche zur Behandlung temperaturempfindlicher Stoffe. Die Heizfläche dieses kompakten Apparatetyps ist zum Zwecke der Reinigung sehr leicht zugänglich. Auch ist eine einfache Anpassung der Größe der Heizfläche, z.B. bei starker Vergrößerung des Durchsatzes, durch das Einfügen weiterer Platten möglich.   F.W.

Plattenwärmetauscher enthalten (nach Art einer (↑) *Filterpresse*) eine Anzahl profilierter, gegeneinan-

Ahlborn-Varitherm-Plattenwärmetauscher (Eduard Ahlborn GmbH, Hildesheim)

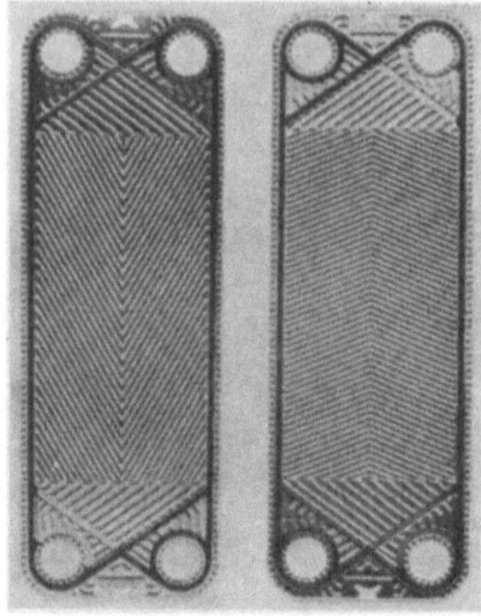

Platten eines Wärmetauschers (Alfa-Laval AB, Lund/Schweden)

fließen die beiden Austauschmedien durch die von je zwei Platten gebildeten Kanäle in der Regel im Gegenstrom (s. Abb.). Plattenstärke 0,5 bis 3 mm, Austauschfläche einer Gesamtapparatur bis 500 m². Verwendung: Erhitzen, Eindampfen und Kühlen von Flüssig-

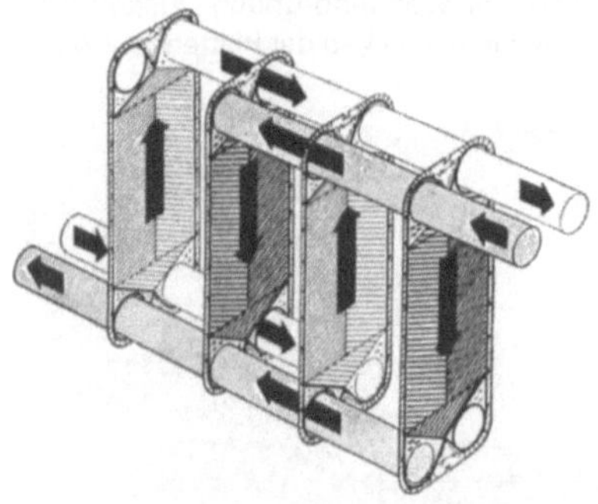

Durchflußprinzip eines Plattenwärmetauschers (Alfa-Laval AB, Lund/Schweden)

keiten und Suspensionen. Im Gegensatz zu dem herkömmlichen Platten-WT besitzt der Ahlborn-Platten-WT, System Varitherm, zwei in der Prägung unterschiedliche Plattenelemente, deren Kombination zu WT mit stark unterschiedlicher Strömungs- und Wärmewiderstandscharakteristik führt. Betriebsdrücke bis 22 bar und Betriebstemperaturen bis 360° C sind möglich. Beim Ahlborn-Freistromapparat sind die Platten schalenförmig gewellt (s. Abb.). Sie benötigen keine metallischen Abstützungen gegeneinander. Die Stoffströme passieren die Fließplatten im ungehinderten, freien Strom (verminderter Durchflußwiderstand und geringere Pumpenleistung). Wegen ihrer chemi-

schen Widerstandsfähigkeit sind Platten-WT aus Graphit, imprägnierter Kunstkohle (z.B. DIABON®) oder metallgetränkter Kohle zum Kühlen aggressiver Medien geeignet. Der Platten-WT der Baureihe PD (SIGRI Elektrographit GmbH, Meitingen) enthält zusammengekittete Graphitplatten mit beiderseits V-förmigen Längsnuten, die zusammengefügt Kanäle mit quadratischem Querschnitt bilden. Verwendbar bis 8 bar Überdruck und 165° C Medientemperatur. Ebenfalls aus aufeinandergeschichteten, profilierten Platten ist der Zellenbau-WT (s. Abb.) der Zimmermann & Jansen GmbH, Düren, aufgebaut. Zwischen den Platten werden Strömungskanäle gebildet, die in ihrer Gesamtheit einen zellenartigen Aufbau ergeben. Der Querschnitt des Dampfweges kann, entsprechend der bei fortschreitender Kondensation eintretenden Volumenverminderung, abgestuft sein.   W.W.

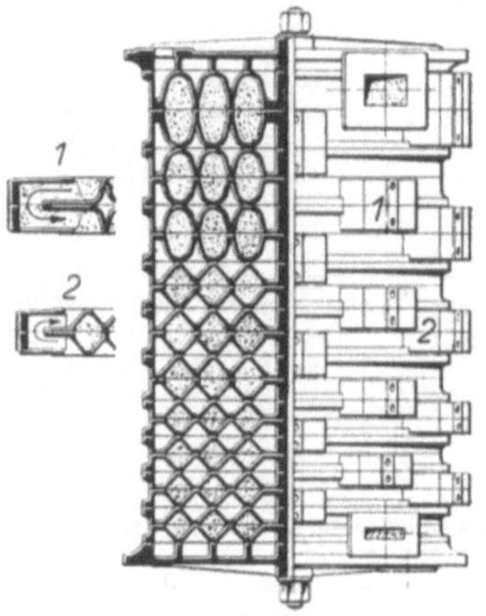

Zellenbau-Wärmetauscher (Zimmermann & Jansen GmbH, Düren)

Pleochroismus. Eigenschaft einiger nicht regulärer (farbiger) Kristalle, in verschiedenen Richtungen verschiedenfarbiges Licht durchzulassen.   H.J.D.

Polyacetal (POM). Polyacetal ist ein thermoplastischer Werkstoff mit teilkristallinem Gefüge aus der Gruppe der Polyformaldehyde (POM = Polyoxymethylen). Er bildet sich durch Copolymerisation von (↑) *Formaldehyd* (oder Trioxan) und einem weiteren Monomeren. Dank seiner Struktur (lineare Ketten) besitzt Polyacetal eine außerordentlich günstige Kombination von Festigkeit mit Zähigkeit sowie ein gutes Rückstellvermögen auch bei wiederholten Belastungen. Deswegen ist es als Werkstoff für federnde Elemente besonders geeignet. Der Schmelzbereich (165–168° C) ist sehr eng. Kurzzeitig kann es bis in die Nähe des

Platten des Freistromapparates (Eduard Ahlborn GmbH, Hildesheim)

Schmelzbereichs thermisch belastet werden, doch sollte eine Dauertemperatur von maximal 100° C nicht überschritten werden (diese Angaben gelten ohne zusätzliche mechanische Belastung). Polyacetal behält seine Zähigkeit bis −40° C. Es nimmt nur sehr wenig Feuchtigkeit auf (im Normalklima etwa 0,2 Gew.-%, bei vollständiger Sättigung mit Wasser bei 20° C nur etwa 0,8 Gew.-%), wobei sich die Maße nur sehr geringfügig ändern. Es ist beständig gegen die meisten organischen Lösungsmittel, ebenso gegen Öle, Fette und Treibstoffe, einschließlich Superbenzin. Bei Polyacetal bestehen keine Bedenken gegen die Verwendung für Bedarfsgegenstände nach § 2.1 des Lebensmittelgesetzes, sofern das Füllgut weder geruchlich noch geschmacklich beeinflußt wird. Im Freien ist die Empfindlichkeit gegen UV-Strahlen zu beachten. Bei längerer Einwirkung von Sonnenlicht verlieren die Teile ihren Oberflächenglanz und verspröden. Graduelle Verbesserungen lassen sich durch Einfärben mit erhöhten Mengen Ruß erzielen. Polyacetal läßt sich nach allen für Thermoplaste bekannten Verfahren verarbeiten. Die größte Bedeutung hat das Spritzgießverfahren (↑ *Spritzgießen*). Halbzeug aus Polyacetal läßt sich auf normalen Werkzeugmaschinen spanend bearbeiten und ferner schweißen sowie kleben (besser mit Reaktions- oder Schmelzklebern als mit Lösungsmittelklebern). Die Oberflächen von Teilen aus Polyacetal lassen sich lackieren, bedrucken, metallisieren und heißprägen. H.K.

Polyaddition. Bei der Polyaddition reagieren bi- und polyfunktionelle Verbindungen mit Substanzen, die leicht ein Proton abspalten. Ein typisches Beispiel ist die Polyaddition von Diisocyanaten mit Polyalkoholen zu (↑) *Polyurethanen:*

$$n \; OCN-R-NCO+n \; HO-R'-OH \longrightarrow$$

$$[-CO-NH-R-NH-COO-R'-O-]_n$$

Setzt man anstelle von Polyalkoholen Polyamine ein, so erhält man Polyharnstoffe:

$$n \; OCN-R-NCO+n \; H_2N-R'-NH_2 \longrightarrow$$

$$[-CO-NH-R-NH-CO-NH-R'-NH-]_n \qquad D.O.$$

Polyäthylen hoher und niedriger Dichte (HDPE und LPDE). Die Polyäthylene sind Polymerisate des (↑) *Äthylens.* Polyäthylen ist ein thermoplastischer Kunststoff (↑ *Thermoplaste*) und hat teilkristalline Struktur. Polyäthylen hoher Dichte (HDPE) enthält lineare Fadenmoleküle und zeigt daher eine höhere Kristallinität als Polyäthylen niedriger Dichte (LDPE). Teile aus HDPE sind im allgemeinen etwas härter als Teile aus LDPE. Bei Zufuhr von Wärme verschieben sich die Molekülketten zunächst gegeneinander, der Stoff wird plastisch und bei weiterer Wärmezufuhr flüssig. − Polyäthylen (PE) gehört zur Gruppe der außerordentlich zähen teilkristallinen Kunststoffe. Wegen seiner Zähigkeit hat sich HDPE für stark stoßbeanspruchte

Verpackungsbehälter, z. B. Bierflaschenkästen, sehr gut bewährt. Die Dauergebrauchstemperatur beträgt ca. 90° C und ist um etwa 10° C höher als die von Polyäthylen niedriger Dichte. Längere direkte Sonneneinstrahlung schädigt Polyäthylen, da ein Verspröden eintritt. Die Versprödung läßt sich durch Beimischen von 2 bis 2,5% Ruß verhindern. Hervorzuheben ist die außerordentlich gute Beständigkeit gegen praktisch alle Lösungsmittel. Durch Säuren, Laugen und Salzlösungen wird es nicht angegriffen. Polyäthylen ist ein elektrischer Isolator mit ausgezeichneten dielektrischen Eigenschaften. In ungefärbtem Zustand ist es wie alle teilkristallinen Kunststoffe durchscheinend milchig-weiß und nicht glasklar. Die wichtigsten Verfahren zur Verarbeitung von Polyäthylen sind das (↑) *Spritzgießen* und das (↑) *Blasformen*. Das Blasformverfahren wird zur Herstellung geschlossener Hohlkörper angewendet. Nach dem Extrusionsverfahren (↑ *Extrudieren*) werden Rohre hergestellt, die als Wasserleitungsrohre und für ähnliche Zwecke eingesetzt werden. Außer Profilen und Stangen werden nach dem Extrusionsverfahren auch Platten produziert, die entweder zur Weiterverarbeitung zu schalenartigen, flächigen Formkörpern nach dem Thermoformverfahren (↑ *Thermoformen*) oder zur Weiterverarbeitung nach handwerklichen Methoden wie Sägen, Biegen, Abkanten, Schweißen usw. bestimmt sind. In geringeren Stückzahlen werden einfachere Formteile aus Polyäthylen durch spanende Bearbeitung hergestellt. Das Verkleben von Polyäthylen ist wegen seiner Indifferenz gegen Lösungsmittel problematisch. Dagegen erhält man durch Warmgas-, Heizelement- oder Wärmeimpuls- und Reibschweißung (↑ *Schweißen*) ausgezeichnete Verbindungen. Das Schweißen im Hochfrequenzfeld ist wegen des niedrigen dielektrischen Verlustfaktors nicht möglich. Das Ultraschweißverfahren läßt sich wegen des niedrigen Elastizitätsmoduls nur in Ausnahmefällen anwenden. Mit Haftklebern können zwar Verbindungen erzielt werden, die Materialfestigkeit wird jedoch nicht erreicht. Aus dem gleichen Grunde ist eine Vorbehandlung (Corona-Entladung, Abflammen) zur Verbesserung der Farbhaftung beim Bedrucken und Lackieren angebracht. H.K.

Polyamide (PA) gehören zu den thermoplastischen Kunststoffen mit teilkristallinem Gefüge und besitzen aufgrund ihrer Struktur hervorragende mechanische Eigenschaften. Sie werden deshalb für Teile verwendet, die gleichzeitig hohe Zähigkeit, Festigkeit und Steifigkeit aufweisen müssen (z. B. Zahnräder). Dabei können je nach Dauer der Temperatureinwirkung und Höhe der mechanischen Belastung Temperaturen von 80 bis 190° C und Dauertemperatur um 100° C zugelassen werden. Polyamide sind gegen Schmieröl, Schmierfett, Kraftstoffe (auch Superbenzin und Benzol), Alkohol, Laugen und viele andere Chemikalien beständig. Wegen ihrer guten Alterungs- und Witterungsbeständigkeit können aus Polyamiden auch Teile hergestellt werden, die häufig im Freien eingesetzt werden, etwa Kotflügel für Mopeds und Motorroller oder Saatrohre für Drillmaschinen. Sie nehmen in normalem Klima bis etwa 3 Gew.-%, Feuchtigkeit auf. Durch den Feuchtigkeitsgehalt werden ihre Eigenschaften beeinflußt; so nimmt mit steigendem Feuchtigkeitsgehalt die Zähigkeit zu, Zugfestigkeit, Elastizitätsmodul und der elektrische Durchgangswiderstand nehmen ab. Das wichtigste Verfahren zur Verarbeitung von Polyamiden ist das Spritzgießverfahren (↑ *Spritzgießen*). Nach dem Extrusionsverfahren (↑ *Extrudieren*) werden Kabel und Drahtseile ummantelt sowie Stangen, Rohre und Platten gefertigt, die zum überwiegenden Teil spanend zu einfacheren Formteilen weiterverarbeitet werden. Polyamide lassen sich mit Werkzeugen unter ähnlichen Bedingungen, wie sie für Leichtmetalle üblich sind, ohne weiteres sägen, fräsen, drehen, hobeln und bohren, ferner mit den von den Klebstoffherstellern angebotenen Resorcin- und Isocyanat-Klebern verkleben und außerdem gut bedrukken, lackieren, metallisieren und warmprägen. Durch Wahl geeigneter Monometer ist es möglich, gleichfalls auch transparente, glasklare Polyamide zu erzeugen, die frei von kristallinen Bereichen sind. So enhällt ein bekanntes, im Handel befindliches Polyamid die Bausteine (↑) *Terephthalsäure* und Terimethylhexamethylendiamin; die Methylgruppen verhindern hiermit ein Annähern der Ketten und damit das Ausbilden kristalliner Bereiche. H.K. u. D.C.

Polyester. Produkte, die durch Polykondensation aus zwei- oder mehrwertigen Alkoholen bzw. zwei- oder mehrwertigen Carbonsäuren (bzw. deren Methylstern) gewonnen werden. Der wichtigste Polyester ist Polyäthylenterephthalat, das fast ausschließlich zur Herstellung von Polyesterfasern dient (↑ *Polyester* für Fasern) (↑ *Schneckenreaktoren*). D.O.

Polyester für Fasern. Mit Abstand wichtigster Polyester für den Synthesefaser-Sektor ist Polyäthylenrephthalat, welches aus (↑) *Äthylenglykol* (↑ *Äthoxylierung*) und (↑) *Dimethylterephthalat* bzw. (↑) *Terephthalsäure* durch Umesterung bzw. Veresterung und nachfolgende Polykondensation des als Zwischenprodukt erhaltenen Bis-(2-hydroxyäthyl)-therephthalates bei etwa 150–250° C gewonnen wird:

Die Polyesterschmelze wird gekühlt und granuliert; die gewonnenen Polyesterchips werden dann getrennt versponnen. Einige Hersteller verspinnen die Schmelze direkt. D.O.

Polyesterharz (UP), ungesättigtes. Die ungesättigten Polyester werden aus zweiwertigen Alkoholen und zweiwertigen gesättigten und ungesättigten Carbonsäuren durch Kondensation gewonnen und sind in Styrol oder anderen Monomeren gelöst. Sie vernetzen durch Polymerisation und härten durch Zugabe von Härtern aus. Ausgehärtetes UP gehört zur Gruppe der duroplastischen Kunststoffe (↑ *Duroplaste*) mit vernetztem Gefüge. Durch Wärmezufuhr kann es im Gegensatz zu thermoplastischen Kunststoffen (↑ *Thermoplaste*) nicht mehr aufgeschmolzen werden. Die unverstärkten, nichtgefüllten, ausgehärteten UP-Harze sind in der Regel hart und spröde, von elastischen Sondermarken abgesehen. Als Konstruktionswerkstoff wird UP grundsätzlich mit Glasfaserverstärkungen in Form von Matten, Geweben, (↑) Rovings oder mit Füllstoffen verarbeitet. Vom Verhältnis der Fasern zum Harz hängen die mechanischen Eigenschaften ab: je mehr Glasfasern das Laminat enthält, um so höher sind die flächenbezogenen, mechanischen Kennwerte. Der Glasgehalt in Fertigteilen reicht von 25 bis 65 und in Sonderfällen bis 80 Gew.-%. Festigkeit und Steifigkeit steigen linear mit dem Glasgehalt an. Sie liegen mit ihren Mindestwerten erheblich über denen der Thermoplaste – auch noch über den Werten von glasfasergefüllten – und erreichen mit ihren Höchstwerten die von Metallen. Neben Glasfasern können den Harzen pulverförmige Füllstoffe, z. B. Quarzmehl, Schiefermehl, Kaolin, Kreide, Metallpulver, Asbestmehl u. a., zugegeben werden. Die Harze werden fast ausnahmslos als Flüssigkeiten geliefert und vom Verarbeiter unter Formgebung und in den meisten Fällen auch mit verstärkendem Textilglas (Glasfasermatte, Glasfasergewebe, Roving) entweder bei Raumtemperatur oder bei erhöhter Temperatur gehärtet. Für die Härtung werden vom Verarbeiter geeignete Härter (organische Peroxide) hinzugegeben. Die Härtung findet dann bei 70 bis 150° C unter Wärmeabgabe und geringer Volumenschwindung statt; zur Vernetzung bei Raumtemperatur müssen zusätzlich Beschleuniger oder beschleunigerhaltige Harze verwendet werden, wobei streng darauf zu achten ist, daß Härter (Peroxid) und Beschleuniger wegen Verpuffungsgefahr nicht in konzentrierter Form miteinander in Kontakt kommen (stets getrennt ins Harz einrühren). Für die Verarbeitung von Einzelstücken und kleine Serien sowie für großflächige Teile eignen sich das (↑) Hand- und das (↑) *Faserspritzverfahren*. Dabei wird meistens mit einteiligen offenen Formen bei Raumtemperatur gearbeitet. Die Fertigteile sind einseitig glatt. Das Faserspritzverfahren eignet sich zusätzlich besonders für Auskleidungen. Kleine Serien können auch im Kaltpreßverfahren in zweiteiligen, geschlossenen Kunststoffwerkzeugen gefertigt werden. Eine Beschleunigung des Preßverfahrens wird durch zusätzliche Heizung beim Warmpreßverfahren in Stahlwerkzeugen erreicht, das besonders für größere Serien geeignet ist. Für die Herstellung runder Behälter und Rohre haben sich das (↑) *Wickel*- und das (↑) *Schleuderverfahren* eingeführt. Besonders mit dem Wickelverfahren lassen sich hochfeste Behälter bis mehrere 100 000 l Inhalt herstellen. Glasfaserverstärktes UP läßt sich spanend bearbeiten. Da die Glasfasern sehr hohe Härte aufweisen, sind große Anforderungen an die Werkzeuge zu stellen. Zum Verkleben werden nach vorherigem Anschleifen der Oberfläche ebenfalls Polyester- oder Epoxidharze verwendet. Die Festigkeit der Klebeverbindungen ist sehr gut. Im Gegensatz zu (↑) *Thermoplasten* läßt sich beschädigtes glasfaserverstärktes Material sehr gut reparieren. Gute Lackierung ist möglich. Dekorpapiere oder -vliese lassen sich bei der Verarbeitung des Harzes leicht in die Oberfläche einarbeiten.   H.K.

Polykondensation. Hierunter versteht man die Reaktion von Bi- oder polyfunktionellen Monomeren mit geeigneten funktionellen Gruppen unter Abspaltung von Wasser oder Alkohol. Beispiele sind die Kondensation von Adipinsäure mit Hexamethylendiamin zu Nylon 6,6:

$$n\,HOOC-(CH_2)_4-COOH + n\,H_2N-(CH_2)_6-NH_2$$
$$\xrightarrow{-2nH_2O}$$

$$[-CO-(CH_2)_4-CO-NH-(CH_2)_6-NH-]_n$$

und die Polykondensation von (↑) *Dimethylterephthalat* mit (↑) *Äthylenglykol* zu Polyäthylenterephthalat:

$$n\,H_3C-OOC-\langle\bigcirc\rangle-COO-CH_3 + n\,HO-CH_2-CH_2-OH$$
$$\xrightarrow{-2nCH_3-OH}$$

$$\left[-OOC-\langle\bigcirc\rangle-COO-CH_2-CH_2-O-\right]_n$$

Polykondensationsprodukte können Thermoplaste oder Duroplaste sein, je nachdem ob die Monomeren zwei oder mehr reaktive Gruppen besitzen und somit kettenförmige Makromoleküle oder vernetzte Strukturen erzeugt werden. Technisch versteht man unter „Polykondensation" im allgem. das Gesamtverfahren der Herstellung des Endproduktes aus den üblichen Rohstoffen, da die Prozesse meist nicht von den Monomeren im chemisch exakten Sinne ausgehen, sondern die Monomeren im Polykondensations-Prozeß nur Zwischenprodukte sind. So wird Polyäthylenterephthalat aus DMT (↑Dimethylterephthalat) und Äthylenglykol hergestellt, wobei Methanol als Nebenprodukt bei der Umesterung entsteht. Statt DMT wird oft auch TPA (↑ *Terephthalsäure*) eingesetzt. Als Katalysatoren wirken u. a. Verbindungen von Sb, Mn, Zn und Li, die meist in glykolischer Lösung zugegeben werden und im Produkt verbleiben. Die großtechnische Polykondensation wird im wesentlichen durch folgende Probleme bestimmt:

Hohe dynamische Viskosität des Produktes (bis zu 20 000 Poise bei Reaktionstemperatur ca. 560 K).

Die Entfernung des abgespaltenen Stoffes aus der hochviskosen Schmelze ist oft aufwendig.

Die thermische Stabilität der Polykondensate bei Reaktionstemperatur ist in der Regel sehr begrenzt.

Bei der Herstellung von Kunstharzen (Duroplasten), die in großen Mengen für Preßmassen und Leime produziert werden, polykondensiert man meist in wäßriger Lösung pH-Wert-gesteuert. Die Reaktionstemperaturen sind niedrig, und es wird im wesentlichen diskontinuierlich gearbeitet. Höhere Viskositäten erhält man erst nach abgeschlossener Reaktion, wenn das Wasser verdampft wird.   D.ST.

Polymerbenzin. Der hohe Anteil an niedrigsiedenden Olefinen in (↑) *Crackgasen* wird zu (↑) *Benzinen* hoher Octanzahl oder zu Mischkomponenten für solche Benzine katalytisch polymerisiert, wobei Dimere, Trimere, Tetramere usw. entstehen. Dies gelingt z.B. bei 175–225° C und Drücken von 28 bis 85 bar in Gegenwart von Phosphorsäure-Katalysatoren nach dem Verfahren der Universal Oil Products Company.   D.O.

Polymere sind makromolekulare Stoffe, welche durch (↑) *Polymerisation, Polykondensation* oder (↑) *Polyaddition* geeigneter Monomerer erhalten werden. In der Regel weisen sie Molekulargewichte von einigen tausend bis zu mehreren Millionen auf, wobei wegen der schwankenden Molekulargewichtsverteilung nur statistische Aussagen über die einzelnen Moleküle möglich sind. Ihrem Bau nach unterscheidet man:

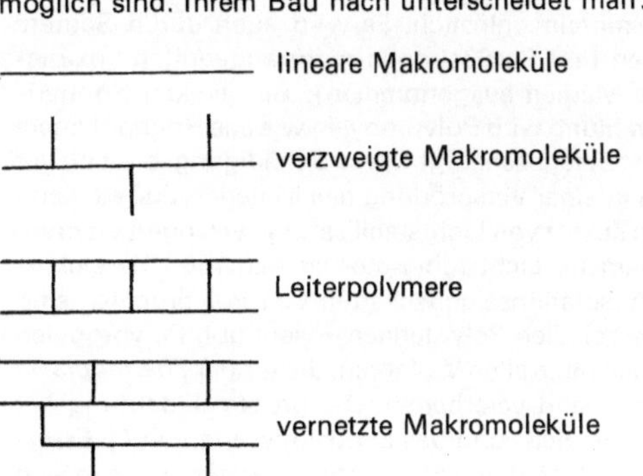

Polymerisationen sind Reaktionen, bei denen reaktionsfähige Monomere – Verbindungen, die reaktionsfähige Doppelbindungen oder Ringe enthalten – sich unter dem Einfluß von Initiatoren (Radikale, Wärme, Licht oder ionisierender Strahlung) zu Polymeren vereinigen. Man unterscheidet dabei Homopolymerisation (nur eine einzige Art Monomerer) von der Copolymerisation (Mischpolymerisation, mehrere verschiedene Monomere). Bei der Polymerisation substituierter Olefine kann man folgende Molekültypen unterscheiden:

isotaktisches Makromolekül

syndiotaktisches Makromolekül

ataktisches Makromolekül

Bei der Polymerisation von zwei Monomeren A und B in etwa gleichem Molverhältnis ergeben sich weitere Varianten:

alternierende Folge $-A-B-A-B-A-B-$

statistische Folge $-A-A-B-A-B-A-$

Verzweigte Makromoleküle können z.B. durch Anwesenheit kleiner Mengen polyfuntioneller Monomerer entstehen. Nach Art der Polymerisation unterscheidet man Polymerisation in Substanz, Lösungsmittelpolymerisation und Emulsionspolymerisation (↑ *Polyäthylen, Polypropylen, Polyacrylate, Polyvinylchlorid, Polystyrol, Polytetrafluoräthylen*).   D.O.

Polypropylen, (PP). Aufgrund seines strukturellen Aufbaus entspricht Polypropylen in seinen Eigenschaften einem Polyäthylen hoher Dichte. Polypropylen hat einen relativ engen Schmelzbereich, zwischen 157 und 162° C; seine Dauergebrauchstemperatur liegt bei 80° C. Es nimmt praktisch kein Wasser auf. Hervorzuheben ist seine Unempfindlichkeit gegen Spannungsrißbildung und die außerordentlich gute Beständigkeit gegen die verschiedensten Chemikalien. Bei Raumtemperatur ist Polypropylen in allen bekannten Lösungsmitteln unlöslich. Es wird auch durch Säuren, Laugen und Salzlösungen nicht angegriffen (oxidierende Medien ausgenommen). Bei direkter Sonneneinstrahlung wird Polypropylen wie alle Hochpolymere mit der Zeit geschädigt. Diese Schädigung, die sich vor allem in einer Versprödung des Materials äußert, kann durch Zusatz von Lichtstabilisatoren verzögert werden; wirksamster Lichtstabilisator ist Aktivruß. Die elektrischen Isolationseigenschaften von Polypropylen sind – wie bei allen Polyolefinen – sehr gut. Polypropylen läßt sich nach allen Verfahren, die für (↑) *Thermoplaste* bekannt sind verarbeiten. Die größte Bedeutung hat das Spritzgieß- und das Extrusionsverfahren (↑ *Extrudieren*). Nach dem (↑) *Spritzgießverfahren* lassen sich

komplizierte Formteile in großen Stückzahlen wirtschaftlich herstellen; dabei hat sich die Schneckenkolben-Spritzgießmaschine als Universalmaschine durchgesetzt. Besondere Bedeutung hat Polypropylen auf dem Grobtextilsektor erlangt: Extrudierte Flachfolien oder Blasfolien, genauer gesagt daraus hergestellte Bändchen, sowie Monofile und Drähte werden unter Einwirkung von Wärme um ein Vielfaches ihrer Länge monoaxial verstreckt. Dabei tritt, bedingt durch die Orientierung der Makromoleküle, eine wesentliche Zunahme der Festigkeit in Reckrichtung ein. Platten, Stäbe und Rohre lassen sich bei kleinen Stückzahlen spanend bearbeiten oder auch durch Biegen und Abkanten verformen. Die Verklebung von Polypropylen ist wegen seiner Indifferenz gegen Lösungsmittel problematisch. Mit Haftklebern können zwar Verbindungen erzielt werden, die Materialfestigkeit wird jedoch nicht erreicht. Aus dem gleichen Grunde ist eine Vorbehandlung (Corona-Entladung, Abflammen) zur Verbesserung der Farbhaftung für das Bedrucken und Lackieren angebracht. Polypropylen läßt sich schweißen. In Frage kommen das Heizelement-, Reib- und Ultraschallschweißen (↑ *Schweißen*). Ein Hochfrequenzschweißen ist wegen des niedrigen dielektrischen Verlustfaktors nicht möglich.   H.K.

Polytetrafluoräthylen wird gewonnen durch Polymerisation von Tetrafluoräthylen in Gegenwart anorganischer oder organischer Peroxide als Initiatoren. Technisch arbeitet man in wässriger Suspension oder Emulsion zwischen 20 und 80° C.   I. S.

Polyurethan (PUR) Polyurethan-Schaumstoffe gehören wie Harnstoff-Formaldehyd und Phenolharz-Schaumstoff zu den Produkten, bei denen die Komponenten (Kunststoff plus Treibmittel) während des Aufschäumens miteinander chemisch reagieren. Polyurethane entstehen bei der exothermen Polyaddition von Di- und Polyisocyanaten mit Hydroxylgruppen tragenden Verbindungen (Polyole) unterschiedlicher chemischer Struktur. Durch Zugabe von physikalischen Treibmitteln, z. B. Trichlorfluormethan, oder durch Erzeugung von Kohlendioxid aus der Wasser-Isocyanat-Reaktion kann das Reaktionsgemisch während der Polyaddition aufgeschäumt werden. Dabei entstehen offenzellige, weich-elastische bis geschlossenzellige, harte Schaumstoffe. Beim Schäumen mit Kohlendioxid aus Wasser und Isocyanat bilden sich neben Urethangruppen in größerer Zahl Harnstoffgruppen, die den weichen Schaumstoffen eine höhere Stauchhärte verleihen. Eine Besonderheit der Polyurethan-Schaumstoffe liegt darin, daß je nach Zusammensetzung der Ausgangsmischung ein harter oder ein weich elastischer Schaumstoff mit allen Zwischenstufen des Härtegrades hergestellt werden kann. Sobald die Komponenten Polyol, Isocyanat, Reaktionsbeschleuniger und Schaumstabilisator usw. miteinander vermischt werden, läuft die Reaktion unter Wärmeentwicklung ab. Wird dabei ein stark verzweigtes kurzkettiges Polyol verwendet, so entsteht ein harter Schaumstoff. Bei Verwendung eines wenig verzweigten hochmolekularen Polyols bildet sich ein weicher Schaumstoff. Das Raumgewicht handelsüblicher Qualitäten liegt bei Polster- und Isolierschaumstoffen meistens im Bereich zwischen 30 und 45 kg/m³. Von besonderer Bedeutung ist die Anwendung von hartem Polyurethanschaum in der Kühlmöbelindustrie für die Isolierung. Weiche Polyurethan-Schaumstoffe werden überwiegend in Blockform auf kontinuierlich arbeitenden Blockschaum-Band-Anlagen hergestellt. Je nach Bedarf werden die Blöcke zu Platten verschiedener Dicke geschnitten. Daneben nimmt die Bedeutung der Formteilherstellung ständig zu (z. B. Vollschaumsitze und Sicherheitspolster im Automobilsektor sowie Sitzkissen für Möbel). Andere PUR-Hartschaum-Typen gehen in die Schuhindustrie (z. B. Schuhsohlen). PUR-Weichschaum läßt sich mit Messern schneiden, profilieren, stanzen, kleben, bohren, fräsen und schälen. Auch PUR-Hartschaum läßt sich sägen, fräsen und kleben.   H.K.

Polyvinylchlorid (PVC) besteht aus Vinylchlorid-Polymerketten. Es kann nach dem Emulsions-, Suspensions- oder dem Masse-Polymerisationsverfahren (E-PVC, S-PVC und M-PVC) hergestellt werden. Mit Weichmachern verarbeitet gibt Polyvinylchlorid einen Werkstoff, der gegenüber weichmacherfreiem PVC völlig neue Eigenschaften aufweist. Die Fertigteile sind in ihrer Flexibilität je nach Weichmacherzugabe hart- bis gummielastisch (Weich-PVC). Wichtigster (↑) *Weichmacher* ist Dioctylphthalat (DOP), hergestellt aus (↑) *Phthalsäureanhydrid* (PSA) und Isooctanol (↑ OXO-Prozeß). Für technische Teile haben sich in erster Linie S-PVC und M-PVC durchgesetzt, die praktisch kein Wasser aufnehmen, gute elektrische Werte haben und universell einsetzbar sind. PVC-hart ist sehr witterungsbeständig und hat eine sehr glatte und harte Oberfläche. Rohre aus PVC setzen infolge ihrer glatten Oberfläche dem Wasserdurchfluß einen wesentlich geringeren Widerstand entgegen als Rohre aus Stahl; es bilden sich fast keine Ablagerungen, so daß der volle Leistungsquerschnitt auf lange Zeit erhalten bleibt. Das Hauptanwendungsgebiet von Hart-PVC-Fertigteilen liegt bei Rohren, Profilen und Platten. Profile werden besonders im Bauwesen als Dachrinnen, Fensterrahmen und Kabelkanäle eingesetzt. Infolge des hohen Chlorgehaltes sind Artikel aus weichmacherfreiem PVC schwer entflammbar. Bei weichgemachten Gegenständen dagegen ist die Brennbarkeit des verwendeten Weichmachers zu beachten. Die physiologische Unbedenklichkeit von Fertigteilen aus PVC wird bei richtiger Weichmacherwahl nicht beeinträchtigt. Bei der Verwendung von weichgemachten PVC-Artikeln als Verpackungsmaterial für Lebensmittel sind die Empfehlungen des Bundesgesundheitsamtes zu beachten. Weichmacherhaltiges PVC wird in weitem Umfang in der Elektroindustrie zur Isolierung und Ummantelung von Leitungen und Kabeln eingesetzt. Die Artikel behalten bei Wärmezufuhr

ohne äußere Belastung ihre Form bis ca. 120° C. Ebenso wie die Flüchtigkeit des Weichmachers von Bedeutung ist, muß auch die Weichmachermigration beachtet werden; hierunter versteht man die Eigenschaft des Weichmachers, aus dem weichgemachten PVC in einen in Kontakt stehenden anderen Stoff abzuwandern, wodurch nicht nur die mechanischen und dielektrischen Eigenschaften des Weich-PVC-Artikels, sondern auch die des Kontaktstoffs verändert werden können. Auch andere Eigenschaften, wie Witterungsbeständigkeit, Ölbeständigkeit und Schwitzverhalten hängen vom richtigen Weichmacher ab. Die ausgezeichnete Beständigkeit von PVC gegen sehr viele Chemikalien macht PVC zur Verwendung im chemischen Apparatebau und für Abwasserleitungen besonders geeignet. Aufgrund der geringen Durchlässigkeit für Wasserdampf und Aromastoffe eignet sich PVC vorzüglich zur Verpackung empfindlicher Nahrungsmittel. PVC läßt sich nach einer Vielzahl von Verfahren zu Gebrauchsgegenständen und Halbfabrikaten verarbeiten. Im Vordergrund steht die Herstellung von Rohren und Profilen nach dem Extrusionsverfahren (↑ *Extrudieren*). Folien werden in erster Linie nach dem Kalanderverfahren (↑ *Kalandrieren*) hergestellt. Platten können durch Extrusion und auch durch Verpressen von Folien gefertigt werden. Die Fertigung von Hohlkörpern nach dem Blasformverfahren (↑ *Blasformen*) für Verpackungszwecke (z. B. Flaschen) findet man häufig. Auch auf Spritzgußmaschinen (↑ *Spritzgießen*) ist PVC gut verarbeitbar. Aus Kostengründen und zur Erzielung bestimmter Eigenschaften können Füllstoffe – wie Kreide, Kaolin, Schiefermehl – beigegeben werden. Halbzeug aus PVC läßt sich nach dem Thermoformverfahren gut bearbeiten. Mit geeigneten Klebern können äußerst haltbare Verbindungen hergestellt werden. PVC läßt sich nach dem Heißluft-, Reibungs-, Heizspiegel- und Wärmeimpulsverfahren (↑ *Schweißen*) sowie nach dem Hochfrequenzverfahren gut verschweißen. Das Bedrucken von Teilen aus PVC ist ohne Schwierigkeiten möglich. Weich-PVC läßt sich im Hochfrequenzverfahren besonders gut verschweißen.   H.K.

Poren-Volumen. Poren mit einem Durchmesser >0,27 nm (2,7 Å) sind zur adsorptiven Aufnahme von Gasen, Dämpfen oder Flüssigkeiten geeignet (↑ *Adsorption, Adsorptionsmittel*). Poren mit einem Durchmesser >60 nm (600 Å) werden besser als Hohlräume bezeichnet. Hierbei gilt:

$$\frac{\text{Gleichgewichtswert bei 100\% relativer Feuchtigkeit}}{95}$$

$$= \text{Porenvolumen in cm}^3\text{/g Adsorptionsmittel}$$

Man geht also davon aus, daß das Porenvolumen bei einer Adsorption von Wasserdampf (bei 100%iger Sättigung der Luft) beim Gleichgewichtswert erreicht ist.   K.W.

Pott-Brocke-Verfahren. Extraktion von Steinkohle unter Druck mit geeigneten Lösungsmitteln wie Tetralin oder Kresol unter Steigerung der Temperatur während der Extraktion bis zu 400° C. Es gelingt so, bis zu 80% der Kohle zu lösen. Der Pott-Brocke-Extrakt kann für die Hydrierung zu Ölen und Treibstoffen eingesetzt werden (↑ *Bergius-Verfahren*).   D.O.

Prallabscheider. Konstruktive Maßnahme zur Trennung von Lösung und Brüden (↑ *Robertverdampfer, Flüssigkeitsabscheider*).   F.W.

Prallglocke ↑ *Prallabscheider, Flüssigkeitsabscheider*
                F.W.

Prallschirm ↑ *Prallabscheider*   F.W.

Pralltellermühlen. Ein sechsarmiges, mit Prallplatten ausgestattetes Schleuderrad wirft das Mahlgut gegen einen in entgegengesetzter Drehrichtung rotierenden,

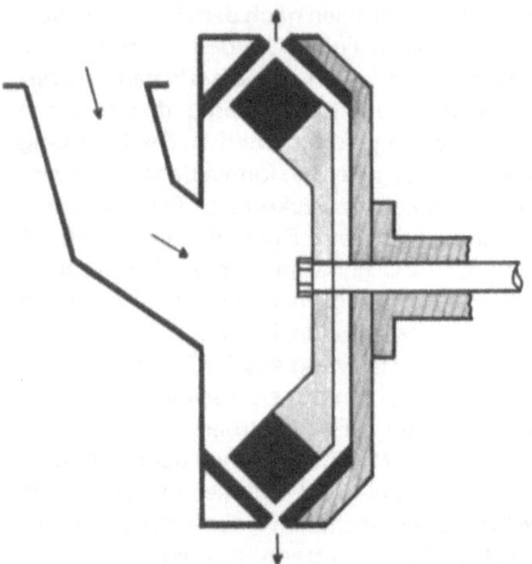

Schema einer Pralltellermühle: System Pallmann

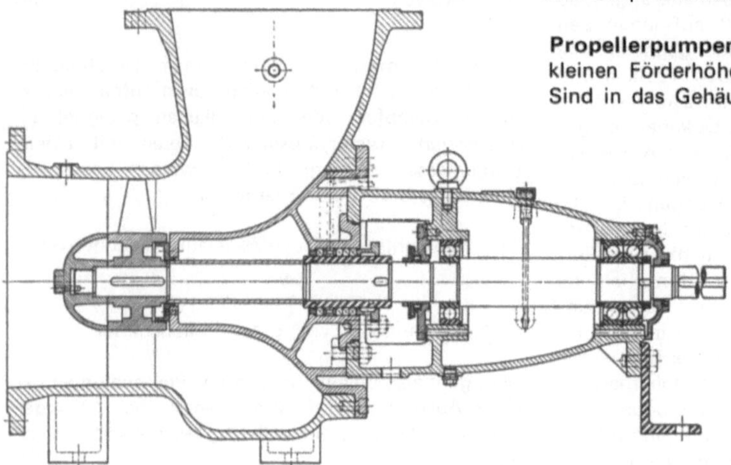

konusförmigen Mahlteller (s. Abb.). Eine ähnliche konische Gegenprallbahn befindet sich als Stator an der ausschwenkbaren Mühlentür. Die Spaltweite zwischen Rotorteller und Stator bestimmt die Mahlfeinheit.   H.S.

Prallzerkleinerung. Sie ist das bei Mahlsystemen am meisten angewendete System und vorwiegend an hochtourige (↑) *Zentrifugalmühlen* gebunden. Hierbei übernimmt der Rotor die Teilchenbeschleunigung. Bei sieblosen Mühlen ist als Gegenprallfläche eine Prallrippenbahn oder es sind mehrere konzentrisch angeordnete Stiftreihen dafür anzusehen. Gewöhnlich umschließt ein durchgehender oder durch geriffelte Reibbacken unterbrochener Siebkranz den Mahlraum und bildet damit die Gegenprallfläche.   H.S.

Precoat, (Filtervorbelag) ↑ *Anschwemmfilter*, Filterhilfsmittel   H.W.

Preßgranulierung. Hierunter versteht man ein Verfahren zur (↑) *Kornvergröberung*, bei dem feinkörniges Material zunächst einer (↑) *Kompaktierung* unterzogen wird. Die meist plattenförmigen, gröberen Stücke, die sog. Schülpen, werden anschließend zerkleinert und gesiebt. Da allgem. ein Granulat bestimmter Korngröße, z.B. 1–4 mm (bei Düngemitteln) angestrebt wird, arbeitet man mit zwei verketteten Kreisläufen. Das Feinkorn aus der Siebung wird zur Kompaktierpresse zurückgeführt, während das Überkorn zwecks Zerkleinerung zur Mühle zurückgeleitet wird. Das Verfahren wird bevorzugt für die Granulierung von Kalisalzen und Mischdüngern, wie Thomaskali oder NPK-Volldüngern angewandt.   H.R.

Prillen ist ein Verfahren zur (↑) *Kornvergröberung*, bei dem körnige Körper aus Lösungen oder Suspensionen in (↑) *Sprühtürmen* hergestellt wurden, wobei die Lösung bzw. Suspension z.B. von der Spitze des Turmes in heiße entgegenströmende Luft gesprüht wird; während des Fallens verdampft das Lösungs- bzw. Suspensionsmittel (meist Wasser).   H.R.

Propellerpumpen dienen für große Förderströme bei kleinen Förderhöhen vorzugsweise zur Umwälzung. Sind in das Gehäuse zur besseren Druckumsetzung

Propellerpumpe in Prozeßbauart
(Fabrikat: SULZER)

Leitschaufeln eingegossen, so darf das Fördergut keine oder nur geringfügig Festteile mitführen. Bei Dickstoffen muß wegen der Betriebssicherheit auf die Leitschaufeln verzichtet werden; in diesem Falle empfiehlt sich ein Spiralgehäuse (s. Abb.). H.G.

Propen-Herstellung ↑ *Äthylen-Herstellung* D.O.

Propylenoxid wird heute noch im großen Umfang nach dem Chlorhydrin-Verfahren gewonnen:

$$2CH_3-CH=CH_2+2HOCl \text{ (wässr. Lösg. von Chlor)}$$

$$\rightarrow \left\{ \begin{array}{l} CH_3-CH-CH_2Cl \\ \quad\quad OH \\ \\ CH_3-CH-CH_2OH \\ \quad\quad Cl \end{array} \right\}$$

Kalkmilch

$$\xrightarrow{Ca(OH_2)} 2H_3C-CH-CH_2+CaCl_2+2H_2O$$
$$\quad\quad\quad\quad\quad\quad O$$

Daneben sind eine Reihe indirekter Oxidationsverfahren bekannt, bei denen stabile Hydroperoxide eingesetzt werden:

$$R-O-O-H+CH_3-CH=CH_2 \rightarrow$$
$$R-OH+CH_3-CH-CH_2$$
$$\quad\quad\quad\quad\quad O$$

Man kann den Flüssigphasen-Prozeß sowohl als simultane Oxidation von Propylen mit einem Peroxidbilder durchführen oder aber ein Hydroperoxid in einer Vorreaktion erzeugen und dieses in der zweiten Stufe als Sauerstoffüberträger verwenden (↑ *Epoxide, Äthylenoxid, Oxiran-Prozess*). In ähnlicher Weise wie Äthylenoxid reagiert auch Propylenoxid (↑ *Äthoxylierung*):

$$R-X-H+CH_3-CH-CH_2 \rightarrow$$
$$\quad\quad\quad\quad\quad\quad O$$

$$\left\{ \begin{array}{l} \quad\quad\quad OH \\ R-X-CH_2-CH-CH_3 \\ \\ R-X-CH_2-CH_2-CH_2-OH \end{array} \right.$$

D.O.

Prozeßpumpen, ein- und zweistufig (nach API 610). Die Norm 610 der Division of Refining des American Petroleum Institute beruht „auf den Kenntnissen und Erfahrungen der Käufer und Hersteller von Kreiselpumpen zum Betrieb in Ölraffinerien." Diese Pumpen finden aber auch in Anlagen der Petrochemie und chemischen Industrie vielseitige Verwendung. Der Grund hierfür liegt nicht nur in der Betriebssicherheit der schweren, robusten Konstruktion (s. Abb.), son-

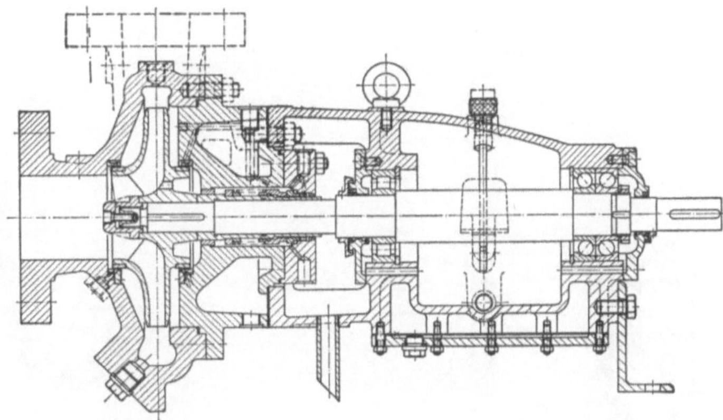

Einstufige Prozeßpumpen nach API 610 mit entlastetem Laufrad (Fabrikat: SULZER)

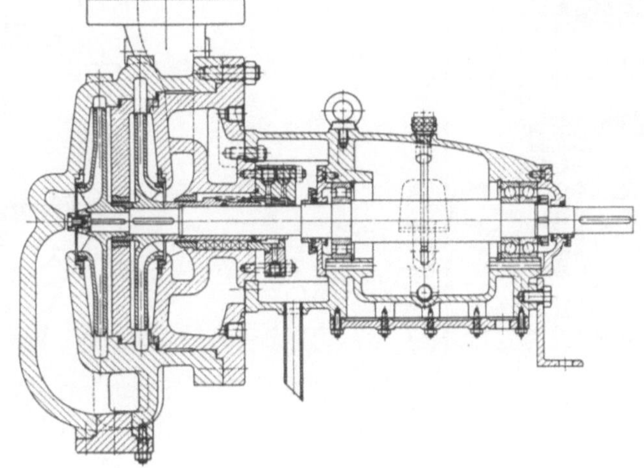

Zweistufige Prozeßpumpe nach API 610 (Fabrikat: SULZER)

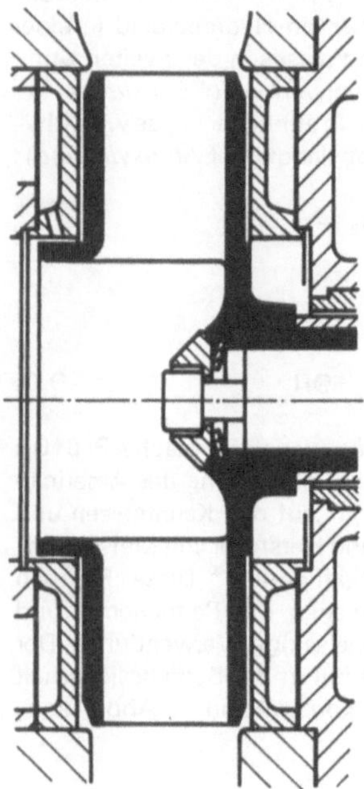

Nicht entlastetes Laufrad

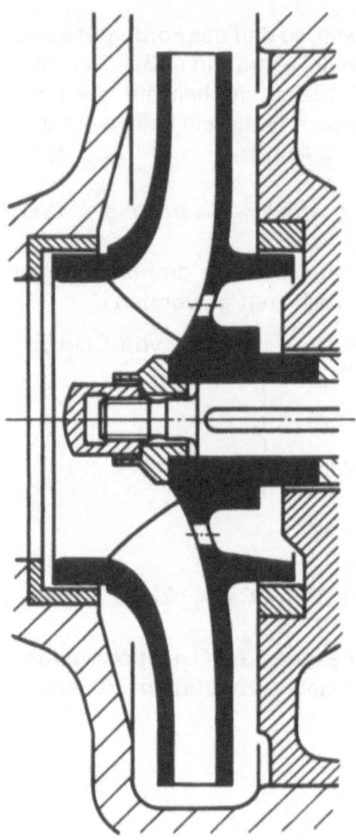

Laufrad mit Entlastungsbohrungen

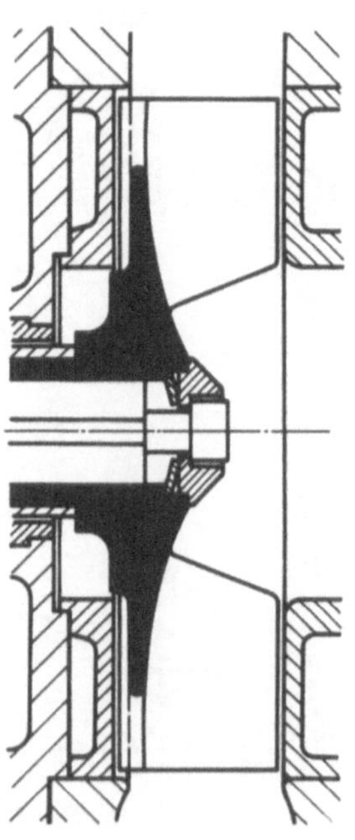

Offenes Laufrad mit Entlastungsschaufeln

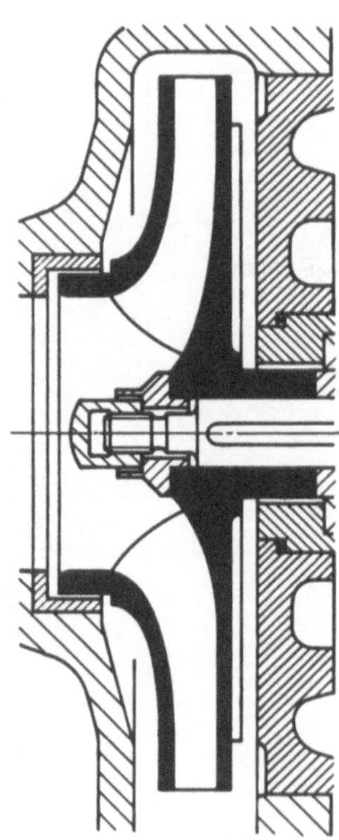

Laufrad mit Entlastungsschaufeln

dern ebenso in der Anpassungsfähigkeit an alle vorkommenden Betriebsverhältnisse im Temperaturbereich von −80° C bis +400° C. Die Gehäuseteile sind für einen Druck von 45 bar bzw. 64/100 bar bei der schweren Reihe konstruiert und mit einem Korrosionszuschlag von wenigstens 3,5 mm ausgeführt. H.G.

Prüfsiebung. Die Korngrößenverteilung eines Produktes über 40 μ wird fast ausschließlich durch Prüfsiebung, und zwar durch Analysensiebungen ermittelt. Dabei wird eine bestimmte Probenmenge des zu untersuchenden Produktes mit Hilfe von Prüfsiebböden unterschiedlicher Maschenweiten in Korngrößenklassen zerlegt. Durch Aufsummierung dieser Korngrößenklassen erhält man Körnungskennlinien (Siebrückstandskurven, Siebdurchgangskurven). Die Prüfsiebung wird als Handsiebung oder als Maschinensiebung auf genormten Siebböden durchgeführt. Sie dient u.a. zur Ermittlung des Gütegrades und Trennerfolges von Siebvorrichtungen und -maschinen.

H.P.D.

Pumpen. Pumpen sind Arbeitsmaschinen, in denen einem fluiden Medium Energie zugeführt wird, die sich in einer Druck- oder Geschwindigkeitserhöhung auswirkt. Einteilung der Pumpen: (↑ *Kreisel-* oder *Zentrifugalpumpen, Verdränger-Pumpen, Schrauben-Pumpen* (Schlepp-Pumpen), *Strahlpumpen*). W.W.

Pumpen. Die für die Auslegung von (↑) *Kreiselpumpen* und Kreiselpumpenanlagen gebräuchlichen Begriffe und Zeichen sowie die betreffenden Einheiten sind in den Normen DIN 24260 — Kreiselpumpen und Kreiselpumpenanlagen — und DIN 1944 Abnahmeversuche an Kreiselpumpen — festgelegt. — Pumpen sind hier definiert als jener Abschnitt der Pumpenanlage, der durch den Saugstutzen als Eintrittsquerschnitt und durch den Druckstutzen als Austrittsquerschnitt begrenzt wird und die Energie der Flüssigkeit erhöht, um das für das Fließen in der gewünschten Richtung notwendige Energiegefälle zu schaffen. In der Chemie und allgemeinen Verfahrenstechnik werden im wesentlichen einströmige, einstufige, teilweise auch zweistufige nicht selbstansaugende Spiralgehäusepumpen eingesetzt zur Förderung von kalten oder

heißen Flüssigkeiten, die giftig, rein bis leicht verunreinigt, leichtflüchtig, aggressiv oder explosiv sein können. Die Konstruktionen bieten deshalb entsprechende Varianten im Hinblick auf Kühlung und Beheizung. Die flüssigkeitsberührten Pumpenteile werden je nach Temperatur, Druckbereich und korrosiven Beanspruchen aus korrosionsbeständigen metallischen und nichtmetallischen Werkstoffen gefertigt oder durch entsprechend beständige Beschichtungen aus Emaille, Gummi oder Kunststoff geschützt. Die Dichtigkeit am Wellenaustritt während des Betriebes wie auch bei Stillstand stellen handelsübliche oder speziell gefertigte Wellenabdichtungen sicher. Die Pumpenbauart ist überwiegend horizontal in Prozeßbauweise, d.h. die Ausbaueinheit (kompl. Läufer einschl. Lagerung, Stopfbuchsgehäuse und Wellenabdichtung) kann aus dem Pumpengehäuse entfernt werden, ohne das Gehäuse von der Rohrleitung zu lösen. Es werden ferner Pumpen in vertikaler Bauart sowie Tauchpumpen zum Einbau in Behältern verwendet; eine besondere Bauart ist die Spaltrohrmotorpumpe, ein vollkommen geschlossenes, leckagefreies Blockaggregat, ohne Wellenabdichtung. Grundsätzlich werden möglichst geringe Haltedruckhöhen resp. NPSH-Werte (Net Positive Suction Head = Maß für das Saugvermögen der Pumpe) angestrebt. (Vgl. EUROPUMP-Broschüre „NPSH bei Kreiselpumpen — Bedeutung, Berechnung, Messung"). Pumpen, einströmig ein- und zweistufig. In Abhängigkeit von Förderhöhe Förderstrom und Nenndrehzahl liegt der praktische Bereich aller einströmigen, ein- und zweistufigen Pumpen fest. Das Laufrad ist überwiegend „fliegend" angeordnet und bietet so den Vorteil nur einer Wellendichtung. Diese kann aber nur dann befriedigend dicht sein, wenn die Welle exakt zentrisch und vibrationsfrei rundläuft, d. h. die theoretisch mögliche, maximale Durchbiegung des freien Endes mit dem Laufrad muß kleiner sein als das Spiel der Spaltringe. Je nach Konstruktion unterscheidet man (s. Abb.) das nichtentlastete Laufrad, das Laufrad mit hinterem Spaltring und Entlastungsbohrungen, das offene Laufrad und das Laufrad mit Entlastungsschaufeln. Die Wellenabdichtung kann damit unter vollen Enddruck der Pumpe, unter Zulaufdruck oder unter Vakuum gestellt werden. Dadurch werden auch die von den Lagern aufzunehmenden Axialkräfte entscheidend beeinflußt, die maßgebend für deren Lebensdauer in Betriebsstunden sind. H.G.

Quecksilber wird in der chemischen Technik außer als Thermometerfüllung hauptsächlich als Katalysator und als Elektrodenmaterial verwendet (Chloralkali-Elektrolyse). Seine Dämpfe sind giftig. Bei Raumtemperatur reicht der Dampfdruck des Hg aus, den MAK-Wert um den Faktor 180 zu überschreiten! Ausgelaufenes Quecksilber muß sorgfältig aufgenommen werden (z.B. mit Mercurosorb®). Kleinpackungen, die für das Quecksilber eines Thermometers ausreichen, sind in Apotheken erhältlich (Hydrargex Reith®). Erkrankungen durch Quecksilber oder seine Verbindungen sind meldepflichtige (↑) *Berufskrankheiten,* Berufskrankheit Nr. 1102. MAK: 0,01 ppm = 0,1 mg/m³.   F.WI.

Quecksilberzellen ↑ *Amalgam – Verfahren*   D.O.

Quenchen ist die plötzliche Herabsetzung der Temperatur von heißen Gasen durch Einspritzen kalter Flüssigkeit oder kühlen Dämpfen. Wird häufig angewandt, um Reaktionen „einzufrieren". (↑) *Trocknen* durch Kühlung oder Kondensation.   D.O.

Querstrommühle. Zur Gruppe der (↑) *Zentrifugalmühlen* zählende und nach dem System der (↑) *Prall-*

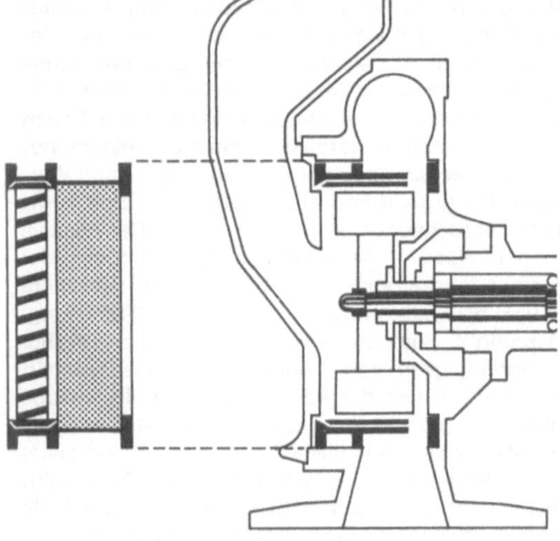

Querstrommühle: System Alpine

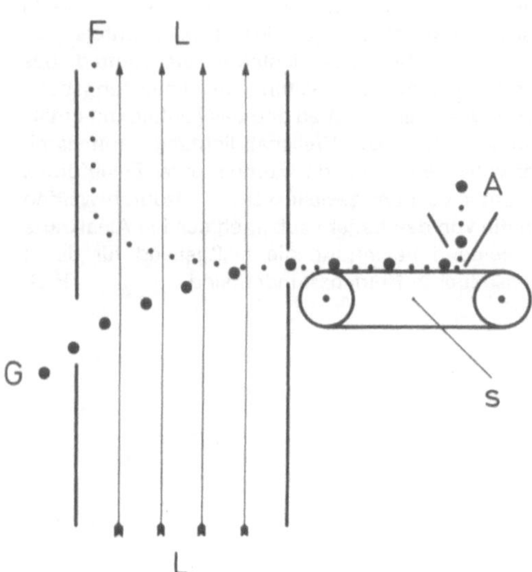

Querstromsichter. A = Aufgabegut; F = Feingut;
G = Grobgut; L = Sichtluft; s = Schleudervorrichtung

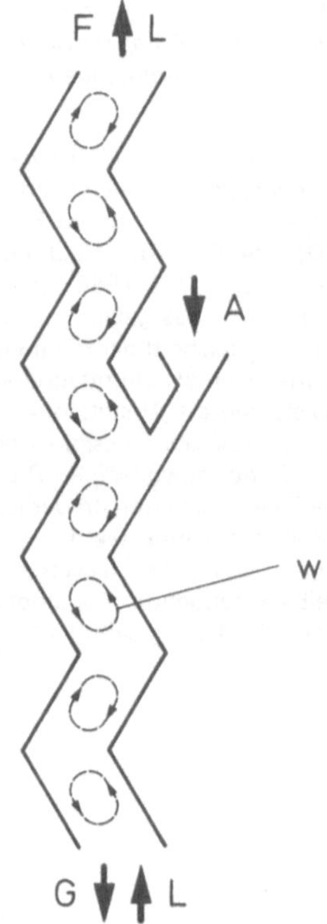

Zickzacksichter (Hersteller Alpine, Augsburg).
A = Aufgabegut; F = Feingut; G = Grobgut;
L = Sichtluft; W = Wirbelbewegung des Grenzkornnahen
Gutes

zerkleinerung arbeitende Feinmühle, deren Rotor den Mahlgutstrom zunächst auf die kreisförmige Gegenprallbahn lenkt (s. Abb.). Der gleichzeitig die Mühle passierende Luftstrom transportiert die schwebeleichten Feinteile zum Austragschlitz. Dieser (alsdann verbreiterte) Austragschlitz kann durch eine kreisförmig angeordnete Siebeinlage abgedeckt sein.   H.S.

Querstromsichter. Das von der Seite in einen Luftstrom eingeschleuderte Gut wird unter der Einwirkung von Strömungs- und Massenkräften aufgefächert. Wird das Gut gegen die Strömung eingeschossen, so daß das Grenzkorn eine stark gekrümmte Bahn beschreibt, spricht man von einem Gegenstromsichter.

Einfache Querstromsichter (s. Abb.) werden wegen ihrer mangelnder Auflösekraft nur selten verwendet. Aufgrund vielversprechender Forschungsergebnisse sind zur Zeit einige neuere Querstromsichter für feine und feinste Trennungen sowie online-Analyse. in der industriellen Entwicklung. Im Zickzacksichter (s. Abb.) wird das grenzkornnahe Gut in jedem Glied einer Querstromsichtung unterzogen, so daß Auflösekraft und Trennschärfe durch die Anzahl der Glieder beliebig erhöht werden können. Verwendung findet der Zickzacksichter bei nach der Kornform schwer siebbaren Gütern, z.B. Müll und Holzspänen. Der Wurfsichter ist die kinematische Umkehr des Gegenstromsichters mit in ruhende Luft eingeschleudertem Gut (Verwendung für Müll).   F.K.

Radialstrom-Wäscher besitzen eine durch zwei Kreisscheiben gebildete Waschzone. Durch Veränderung ihres Abstandes kann bei schwankenden Gasmengen ein konstanter Druckverlauf und damit ein gleichbleibender Reinigungsgrad aufrechterhalten werden. Bei Bedarf kann dem Radialstrom-Wäscher eine Kühlstufe in einem gemeinsamen Gehäuse vorgeschaltet werden (s. Abb.). Radialstrom-Wäscher arbeiten mit geringen oder hohen Gasgeschwindigkeiten je nach Anwendungsgebiet (↑ *Venturi-Wäscher*). D.O.

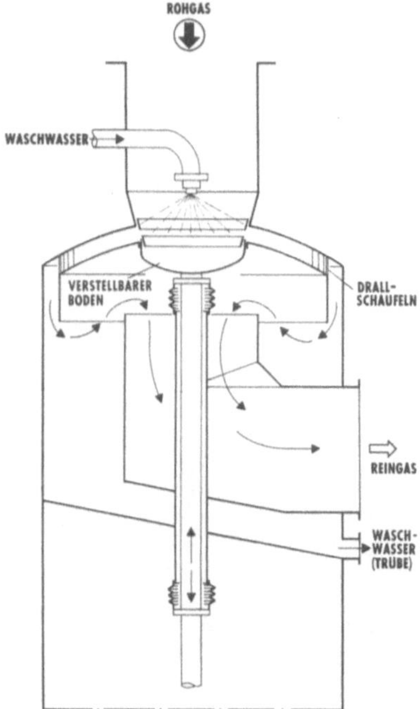

Radialstrom-Wäscher (Lurgi)

Radio-Dekontamination ↑ *Dekontamination* D.O.

Raffinerie. Allgemeine Bezeichnung für Veredlungsanlagen, speziell gebräuchlich für Erdölverarbeitungsanlagen. Sie lassen sich einteilen in: 1. Werke mit „Kraftstoffprofil". 2. Werke mit „Schmierstoffprofil". 3. Werke mit Erzeugung von petrochemischen Produkten. Solche Werke sind gekennzeichnet durch eine Kombination von (↑) *Erdöl-Destillation* und Raffination (chemische Raffination mit Schwefelsäure, Laugen, $AlCl_3$; Bleichen mit Aktivkohle oder Aktiverden; physikalische Raffination durch Lösungsmittelraffination und Extraktion) mit Verfahren wie (↑) *Reforming*,

Alkylierung, Isomerisierung, Hydroraffination, Cracken etc. Das Aufbauprinzip einer Raffinerie zur Erzeugung von Kraftstoffen, Heizöl und Bitumen zeigt das nebenstehende Schema (Lurgi). D.O.

Raffineriegase. Kohlenwasserstoffe, die in größeren Mengen bei der Destillation von Rohöl sowie (↑) *Crack-* und (↑) *Reformierungsprozessen* anfallen. Sie werden wegen ihres Olefingehaltes für petrochemische Synthesen verwandt oder dienen als Heizgase. D.O.

Raymond-Mühlen ↑ *Pendelmühlen* H.S.

Randgängigkeit. Unter dieser Bezeichnung versteht man das Abdrängen eines beträchlichen Teils der Rieselflüssigkeit bei der Destillation zur Wand hin (↑ *Füllkörperkolonnen*). Sie kann ausgeschaltet werden durch sorgfältige Schüttung der Füllkörper, gute Flüssigkeitsverteilung und Einhalten bestimmter Schichthöhen, indem man die Füllkörperschicht in Teilschichten zerlegt und nach jeder Teilschicht durch Einbau eines Verteilerbodens dafür sorgt, daß die Flüssigkeit gesammelt und wieder in der Mitte der darunterliegenden Füllkörperteilschicht zugegeben wird. Je größer der Kolonnendurchmesser ist, umso stärker macht sich die Randgängigkeit bemerkbar. D.O.

Reaktoren. Als Reaktoren für chemische Reaktionen werden schlechthin Apparate bezeichnet, in denen chemische Stoffumsetzungen unter Energiezu- oder Abfuhr stattfinden. Eine Klassifizierung wird im technischen Gebrauch je nach Blickwinkel verschieden und recht willkürlich vorgenommen, etwa: a) nach der Betriebsweise: in diskontinuierliche (satzweise) und kontinuierliche Reaktoren; b) nach dem Aggregatzustand der Reaktionskomponenten: in reine Gas-, Gas/-Flüssig-, Gas/Fest- und Gas/Flüssig/Fest-Reaktoren, um nur die wichtigsten zu nennen; c) nach Konstruktionsmerkmalen resp. Reaktortypen: z.B. in (↑) *Rohr-, Rührkessel-, Schleifen-, Blasensäulen-, Wirbelschicht-,* Festbett, Sumpfphase- und Kolonnen-(boden)-Reaktoren; d) nach der Art der (↑) *Energiezufuhr:* in thermische, photochemische, elektrochemische Reaktoren. Neben den konkret unter c) aufgeführten existiert noch eine beachtliche Anzahl spezielle Reaktionsapparate, zugeschnitten auf spezifische Stoffumsetzungen, z. B. (↑) *Drehrohr-, Schacht-* und (↑) *Etagenöfen* (Steine- und Erden-Industrie, Metallurgie), (↑) *Converter* (Metallurgie), Flugstaubreaktoren (↑ *Fischer-Tropsch-Synthese*), Reaktoren mit umlaufenden Wärmeträgern (Petrochemie), (↑)

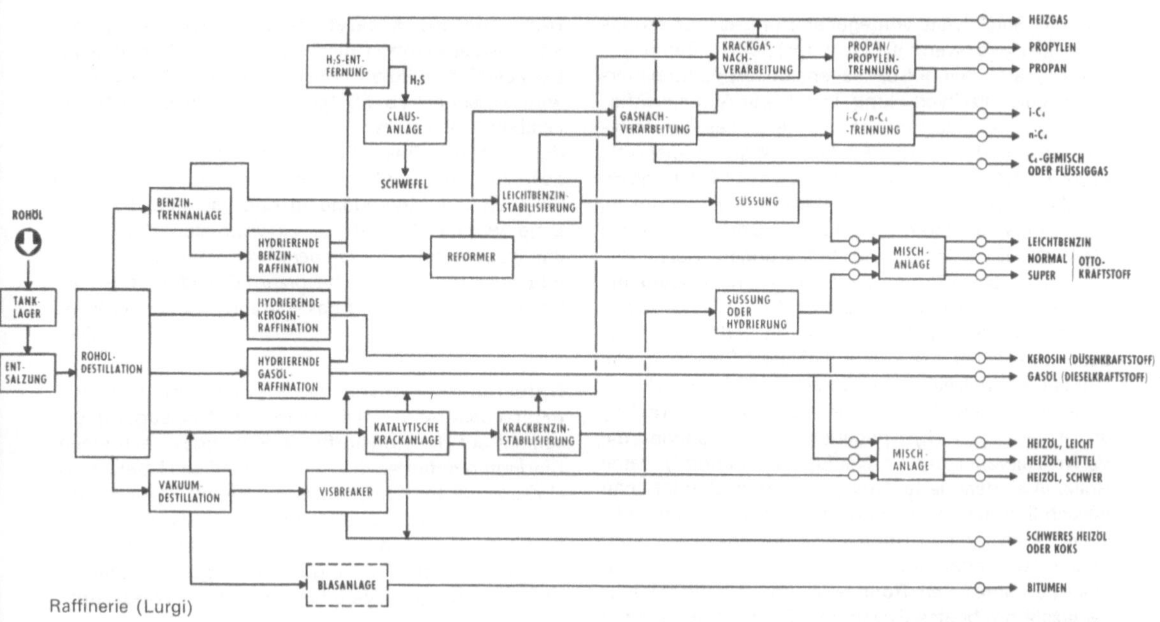

Raffinerie (Lurgi)

Schneckenreaktoren (Polymerisationen), sowie Plasma- und Atomreaktoren. Die Beurteilung eines Reaktors hinsichtlich seiner Eignung für eine bestimmte, chemische Stoffumsetzung erfolgt aufgrund seiner Gesamtwirtschaftlichkeit, für die folgende Kriterien maßgebend sind: a) Raumzeitausbeute (= pro Reaktorvolumen und Zeiteinheit erhaltener Ausstoß an Produkt); b) Investitionskosten und c) Energiekosten.

Beispielsweise sind bei den in der industriellen Technik häufig anzutreffenden, verschiedenartigen Gas/Flüssig und Gas/Flüssig/Fest-Reaktoren (für Hydrierungen, Oxidationen, Alkylierungen etc) wichtige Selektionskriterien: a) die erzielbare spezifische Austauschfläche (zwischen Gas- und Flüssigphase) — beeinflussbar durch die im System installierte Energiedissipationsdichte (kW/m^3); b) das seitens der Stöchiome-

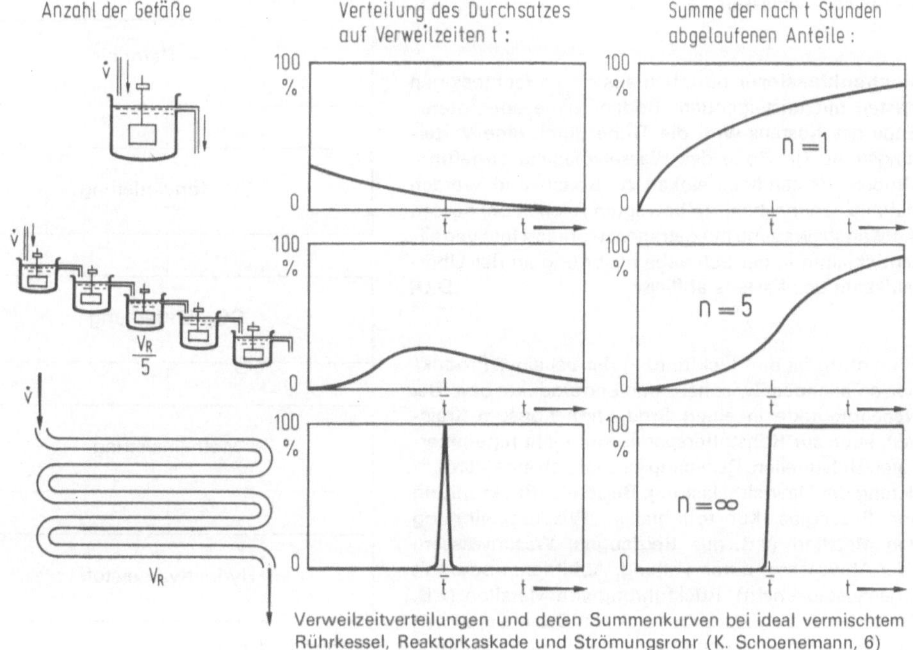

Verweilzeitverteilungen und deren Summenkurven bei ideal vermischtem Rührkessel, Reaktorkaskade und Strömungsrohr (K. Schoenemann, 6)

trie und Selektivität vorgegebene und einzuhaltende Gas-Flüssigkeitsverhältnis (m^3/m^3); c) die geforderte Selektivität – beinflußbar seitens des Apparatebauers durch Verweilzeitverteilung, installierte Austauschfläche und Temperaturführung-, sowie d) das thermodynamische Verhalten des Reaktors (Wärmetransport); e) Art und Zugabeweise des Feststoffes (Katalysator). Für die Berechnung eines Reaktors respektive des im technischen Maßstab erreichbaren Umsatzes, sowie die Wahl optimaler Betriebsbedingungen, Reaktortypen und -abmessungen sind neben Thermodynamik und Mikrokinetik Vorgänge des Stoff- (Diffusion, Konvektion) und Energietransportes von Bedeutung. Insbesondere spielt bei kontinuierlichen Reaktoren die mittlere Verweilzeit $\bar{t}$ – die durch den Quotienten aus Reaktorvolumen V_R (m^3) und Durchsatz $\dot{v}$ (m^3/h) als $t - V_{R/v}$ (h) gegeben ist – sowie die Verweilzeitverteilung („Häufigkeitsfunktion") eine Rolle. Als idealisierte Grenzfälle unterscheidet man hinsichtlich der Verweilzeitverteilung bei kontinuierlichen Reaktoren den Rohrreaktor mit Pfropfströmung (keine Rückvermischung, enges Spektrum) und den ideal durchmischten Rührkessel (vollständige Rückvermischung, breites Spektrum). Die kontinuierlichen technischen Reaktoren liegen meistens zwischen diesen beiden Extremtypen; ihre angenäherte Berechnung erfolgt nach dem Modell der Rührkessel-Kaskade, die ein um so engeres Verweilzeitspektrum aufweist, je größer die Anzahl der hintereinander geschalteten Rührkessel ist. In der Abb. (S. 185) sind die Verweilzeitverteilungen und ihre Übergangsfunktionen (Summenkurven), für die 3 Grundtypen kontinuierlicher Reaktoren abgebildet wieviel Prozent der eingespeisten Eduktmenge den Reaktor nach einer bestimmten Zeit wieder verlassen.   G.L.

Rechenklassierer bestehen aus einem rechteckigen Kasten mit ansteigendem Boden; nahe am unteren Ende des Kastens wird die Trübe durch eine Verteilungsrinne (in Höhe des Wasserspiegels) zugeführt. Grobere Bestandteile sinken zu Boden und werden durch einen mechanisch bewegten Rechen bei dessen Aufwärtsbewegung ausgetragen, während fein verteilter Schlamm in der Schwebe bleibt und an der Überlaufkante des Kastens abfließt.   D.O.

Recycling ist die Rückführung der bei einer Produktion anfallenden Zwischen- und Endprodukte bzw. der Nebenprodukte in einen Produktion-Konsum-Kreislauf, auch zur Rohstoffersparnis von nicht regenerierbaren Hilfsquellen. Recycling ist zugleich eine Verminderung der Umweltbelastung. Beispiele: Rückführung von Bruchglas, Kunstoffabfällen, Wiedergewinnung von Metallen (z.B. aus Beizlaugen, Waschwässern oder Abwässern; durch Fällung, Abfiltrieren oder mit Ionenaustauschern), Rückführung von Metallen (z.B. Konservendosen), Aufarbeitung von Brennelementen aus Kernenergieanlagen usw.   D.O.

Reformieren, katalytisches. Umwandlung von Kohlenwasserstoffen niedriger Octanzahl im Benzinsiedebereich in solch hoher Octanzahl. Die Reaktion wird zwischen 15–50 bar und oberhalb 500° C an Festbettkatalysatoren oder im Katalysatorfließbett durchgeführt. Beim Festbettverfahren arbeitet man bevorzugt mit perlförmigen Platinkatalysatoren, im Fließbett mit Molybdänoxid-Katalysatoren. In erster Linie werden Naphthene zu Aromaten dehydriert; daneben laufen (↑) *Isomerisierungs-* und Cyclisierungsreaktionen ab. Da bevorzugt Dehydrierungsreaktionen ablaufen, liefert das Verfahren nebenher Wasserstoff.   D.O.

Reformingverfahren zur Herstellung von Hydrierwasserstoff. Die Wasserstoff-Erzeugung geschieht auf der Rohstoffbasis Flüssiggas nach einem Reformingverfahren durch kontinuierliche katalytische Umsetzung der Kohlenwasserstoffe mit Wasserdampf und nachfolgender Aufarbeitung der Spaltgase durch Konvertierung, Kohlendioxid-Auswaschung und Methanisierung zu Hydriergas. Das Blockschema (s. Abb.) erläutert den Verfahrensablauf der Wasserstoff-

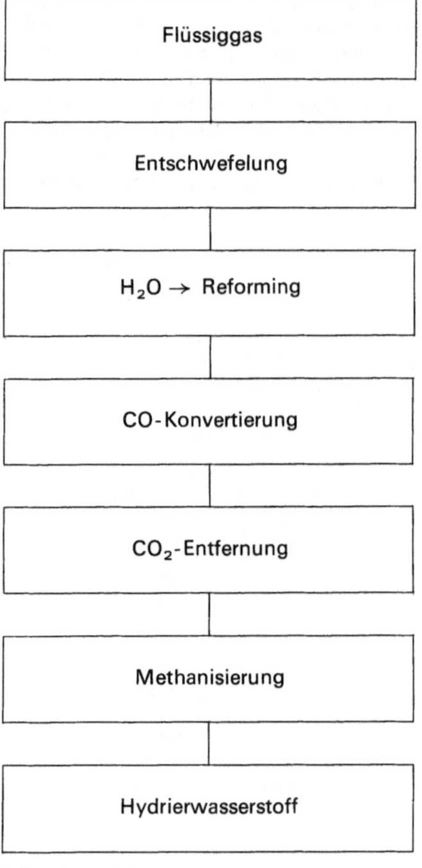

Reformingverfahren

Erzeugung ausgehend vom Flüssiggas über Entschwefelungs-, Reforming-, Konvertierungs-, CO_2-Wasch- und Methanisierungs-Stufen bis zum Hydrierwasserstoff. Die Entschwefelung des Einsatzproduktes gelingt auf der Grundlage chemosorptiver Umsetzung der Schwefelverbindungen in der Gasphase an festem Natriummonoxid (OD-Verfahren). In der Reformingstufe wird durch partielle Oxydation der Kohlenwasserstoffe mit Wasserdampf über einen Katalysator ein vorwiegend aus Wasserstoff bestehendes Spaltgas erzeugt:

$$CnHm + nH_2O \longrightarrow \left(\frac{m}{2} + n\right) H_2 + nCO$$

Die bei etwa 800°C durchgeführte Umsetzung ist endotherm, d.h. sie bedarf der Wärmezufuhr. Neben der angeführten Grundreaktion laufen etliche Nebenreaktionen ab, so daß als weitere Gaskomponenten noch Methan, Kohlenmonoxid und Kohlendioxid vorhanden sind. Das Spaltgas der Reformingstufe hat vor Eintritt in die Konvertierungsstufe etwa folgende, auf den trockenen Zustand bezogene Zusammensetzung: 75–80 Vol.-% H_2; 4–7 Vol.-% CO; 16 Vol.-% CO_2 und 0,1–0,2 Vol.-% CH_4. In der Konvertierungsstufe der Anlage wird der Kohlenoxid-Anteil des Spaltgases durch Umsetzung mit Wasserdampf in Wasserstoff und CO_2 übergeführt:

$$CO + H_2O \rightleftharpoons CO_2 + H_2$$

Das beim Reforming- und Konvertierungsprozeß anfallende Kohlendioxid wird in der CO_2-Wäsche durch Auswaschung mit aktivierter Natriumcarbonat-Lösung entfernt:

$$6CO_2 + 2Na_3AsO_3 + 3H_2O \rightleftharpoons 6NaHCO_3 + As_2O_3$$

$$CO_2 + Na_2CO_3 + H_2O \rightleftharpoons 2NaHCO_3$$

Der durch die Konvertierung auf etwa 23–24 Vol.-% angestiegene Kohlendioxid-Gehalt des Spaltgases wird durch die CO_2-Wäsche auf Gehalte < 0,2 Vol.-% entfernt. – Für die Entfernung restlicher Kohlenmonoxid- und Kohlendioxid-Mengen folgt im weiteren Gang der Gasaufbereitung eine Methanisierungs-Stufe. Durch Umsetzung mit Wasserstoff werden bei der Hydrierung störende Restgehalte Kohlenmonoxid und Kohlendioxid in Methan umgewandelt:

$$CO_2 + 4H_2 \rightleftharpoons CH_4 + 2H_2O$$

$$CO + 3H_2 \rightleftharpoons CH_4 + H_2O$$

Das methanisierte Gas mit einem Wasserstoffgehalt von 98,5 Vol.-% und einem max. CO + CO_2-Gehalt von 10 ppm entspricht den Reinheitsanforderungen der Hydrierprozesse (↑ *Reformieren, Katalytisches*). W.M.

Reformingverfahren, katalytisches, zur Stadtgaserzeugung aus Benzin. Zur kontinuierlichen Erzeugung von normgerechtem Stadtgas aus Benzineinsatzprodukten (s. Abb.) werden in der Benzin-Hydroentschwefelung (Wasserstoffentschwefelung) die

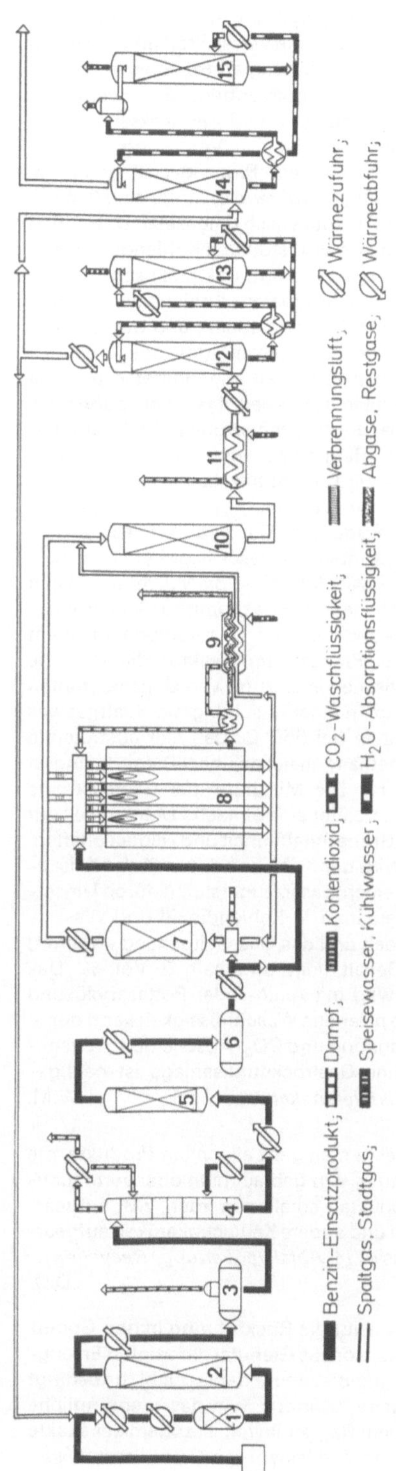

Fließbild zur Stadtgaserzeugung aus Benzin (Dr. C. Otto). 1 = Benzin-Filter; 2 = Hydrierreaktor; 3 = Entspannungsbehälter; 4 = Abtreiber; 5 = Entschwefelungsturm; 6 = Benzin-Zwischenbehälter; 7 = Fast-Reactor; 8 = Reformingreaktor; 9 = Abhitzekessel; 10 = CO-Konvertierungsreaktor; 11 = Abhitzekessel; 12 = CO_2-Waschkolonne; 13 = CO_2-Abtreiberkolonne; 14 = H_2O-Absorberkolonne; 15 = Regenerierkolonne

für die Reformingkatalysatoren schädlichen Schwefelverbindungen durch katalytische Reaktion mit Wasserstoff unter Druck in Schwefelwasserstoff umgewandelt
und durch adsorptive Bindung an Reinigermassen bis
auf Restgehalte von 0,1 ppm entfernt. Zur Hydrierung
der Schwefelverbindungen wird der Wasserstoff des
Reforminggases verwendet. Zur Vergasung wird das
gereinigte Benzin mit dem Prozeßdampf gemischt,
vorgewärmt und im (↑) *Röhrenofen* unter ca. 30 atü ≈
30 bar bei ca. 760° C katalytisch umgesetzt. Dabei wird
ein vorwiegend aus Wasserstoff und Kohlenoxid bestehendes Reforminggas erzeugt, das praktisch frei von
höheren und kondensierbaren Kohlenwasserstoffen
ist. Der Prozeßablauf ist endotherm, und der Röhrenofen besitzt daher mehrere benzin-, gas- oder ölbeheiz-
te Brenner, die den senkrecht angeordneten und mit
Katalysator gefüllten Reformerrohren von außen die
erforderliche Reaktionswärme zuführen. Der Wärmeinhalt der heißen Rauchgase und des austretenden
Reforminggases wird im Abhitzekessel und in Wär-
meaustauschern zur Erzeugung und Überhitzung des
Prozeßdampfes ausgenutzt. Der Heizwert des aus dem
Reformingteil austretenden Gases liegt bei etwa H_0 =
3200 kcal/m^3 = 13400 kJ/m^3 = 13,4MJ/m^3 und damit
unterhalb der üblichen Stadtgasnorm; zur Aufkarburie-
rung mit einer heizwertreicheren Gaskomponente dient
der Fast-Reactor-Process. Im Reaktor dieser Stufe
folgt die katalytische Umsetzung von Benzindämpfen
und Wasserdampf in einer Mischung mit Spaltgas aus
der Reformingstufe bei 550° C. Das hier austretende
Gas hat einen Methangehalt von über 50 Vol.-% und ist
sehr heizwertreich. Die Mischung der Gasteilströme
der beiden Stufen bietet eine einfache Möglichkeit zur
Einstellung der Gasbeschaffenheit und -eigenschaften.
Anschließend wird der Kohlenoxid-Anteil des Misch-
gases aus den beiden Gaserzeugerstufen durch Umsetzung mit Wasserdampf in Kohlendioxid und Wasserstoff umgewandelt und das Gas weitgehend entgiftet;
der Rest-CO-Gehalt liegt unterhalb 2 Vol.-%. Das
gebildete CO_2 wird mit Amin- oder Pottaschelösung
gewaschen; die beladene Waschflüssigkeit kann durch
einfache Entspannung und CO_2-Abscheidung regeneriert werden. Eine Gastrocknungsanlage ist nachgeschaltet (↑ *Reformieren, katalytisches*).   W.M.

Regenerate nennt man ganz allgemein Produkte, die
durch Aufarbeitung von gebrauchten oder verbrauchten Konsumprodukten erhalten werden, z.B. aufgearbeitete Altreifen und andere Kautschukartikel, aufgearbeitete Altöle usw. (↑ *Abfallverwertung, Recycling*).
                                                    D.O.

Regranulieren heißt die Rückführung in den Granu-
latzustand eines zuvor aus Granulat gefertigten Erzeug-
nisses. Das Regranulat muß dabei nicht unbedingt
wieder die gleiche Kornform wie das ursprüngliche
Granulat erreichen. Regranulieren ist zudem der exakte
Ausdruck für jene Zerkleinerungs-Granulierprozesse,
die man in der Kunststoffindustrie oft unrichtig mit
Regenerieren bezeichnet.   H.S.

Reibtest. Verfahren zur Feststellung der (↑) *Explosionsgefährlichkeit* eines (festen) Stoffes. Eine Probe-
menge von 10 mm^3 Volumen wird zwischen einem
festen Porzellanstift und einem beweglichen Porzel-
lanplättchen gerieben. Tritt bei sechs Versuchen mindestens einmal eine Explosion auf, gilt der Stoff als
explosionsgefährlich. Die Einzelheiten der Apparatur
und der Versuchsdurchführung sind in der Anlage III
zum Sprengstoffgesetz (Spreng-G. v. 13. 09. 1976)
beschrieben.   F.WI.

Rekristallisation. Gewonnenes Kristallisat wird abgetrennt, weiter gereinigt und erneut kristallisiert (um-
kristallisiert). Der Vorgang wird auch Raffination genannt.   H.J.D.

Rektifikation. Das Prinzip der Rektifikation besteht
darin, daß der beim Verdampfen eines Flüssigkeitsge-
misches gebildete Gemischdampf im Gegenstrom zum
Kondensat geführt wird, um so durch die innige
Berührung von Dampf und Flüssigkeit (die nicht im
Siedegleichgewicht stehen!) einen Stoff- und Wärmeaustausch zu erreichen. Bei Verwendung von genügend (↑) *Böden* läßt sich schließlich eine vollständige
Zerlegung des Gemisches erzielen (↑ *Rektifizierkolonnen*).   H.M.

Rektifikator. Der Rektifikator von Luwa basiert auf
der räumlichen Trennung von partieller Verdampfung
und partieller Kondensation. Bei diesem nicht-adia-
batischen Prozeß wird die Verdampfungswärme durch
einen äußeren Mantel zu- und die Kondensationswärme aus einem inneren Rotor abgeführt. Der am Mantel
abfließende Rücklauf verdampft teilweise; der aufsteigende Dampf kondensiert partiell am Rotor, von dem
das Kondensat durch Rotation an den Mantel geschleudert wird. Die Verweilzeit des Gemisches ist
klein, der Druckverlust gering. Durch Heizung und
Kühlung läßt sich die Wirksamkeit regeln. Es werden
ca. 2 bis 4 theoretische Böden pro Meter erreicht. Man
verwendet das Gerät für temperaturempfindliche, organische Gemische bei Rektifizier-Drücken zwischen 1
bis ca. 50 Torr (s. Abb.).(↑ *Böden, theoretische,
Rektifikation*).   H.M.

Rektifizierböden. Der Arbeitsbereich von Rektifizierböden ist bei kleinen Gasbelastungen durch ein
stoßweises Arbeiten oder Durchregnen der Flüssigkeit und bei hohen Belastungen durch ein Freiblasen
des Bodens oder Mitreißen der Flüssigkeit bzw. Über-
fluten begrenzt. Nach Young arbeitet ein Rektifizierboden hydrodynamisch einwandfrei im schraffierten Bereich (s. Abb.). Die Grenzen des Arbeitsbereiches
lassen sich berechnen. (↑ *Glockenböden, Siebboden,
Sprühboden, Ventilboden*).   H.M.

Rektifizierböden, ein- und mehrflutige. Wird bei
einer Destillation durch eine zu große Rücklaufmenge
die Flüssigkeitshöhe über den Wehren und damit der

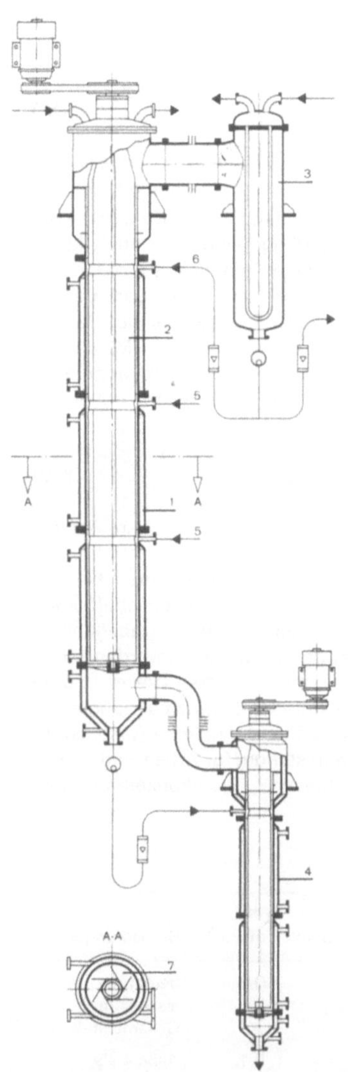

Luwa-Rektifikator (Schnittbild). 1 = Beheizung Rektifikator.
2 = Gekühlter Rotor. 3 = Kondensator.
4 = Dünnschichtverdampfer als Reboiler. 5 = Eintritt des
Zulaufgemisches. 6 = Rücklaufeintritt. 7 = Freier Ringraum
für ansteigenden Produktdampf

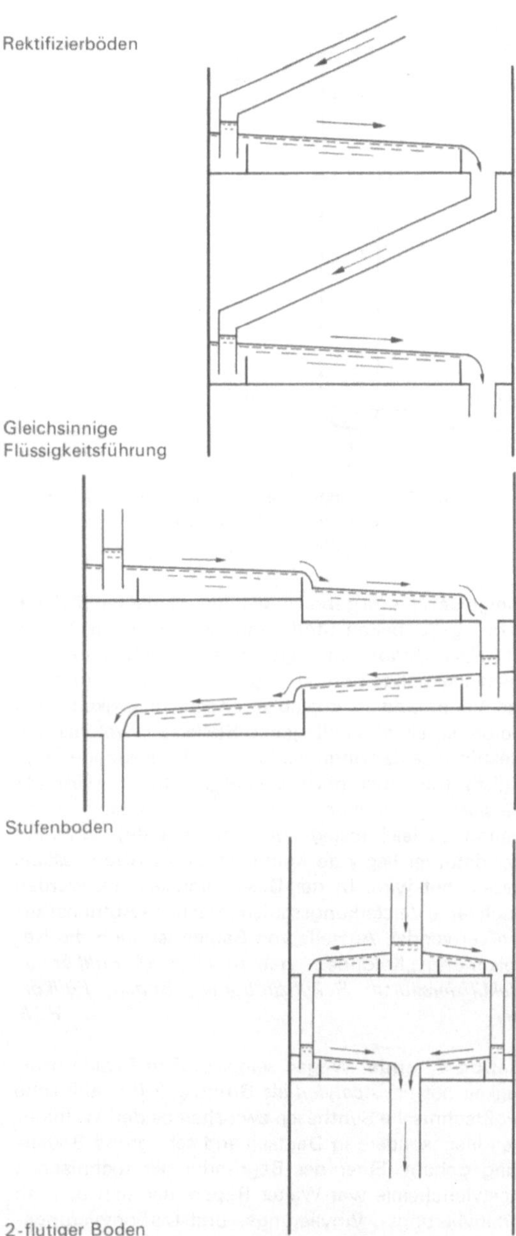

Druckverlust der Böden zu groß, so müssen die Wehre durch zwei- oder mehrflutige Böden verlängert werden (s. Abb.). Zu berücksichtigen ist ferner, daß am Zulauf der Flüssigkeit diese durch den Gradienten höher über dem meist waagerechten Boden steht. Als Abhilfe werden die Böden zuweilen schräg eingebaut, was jedoch zusätzlichen Aufwand bedingt; sie werden öfter als Stufenböden ausgebildet, um den Gradienten zwischen den Wehren zu verringern (besonders bei großen Bodendurchmessern) (s. Abb.). Wegen der besseren Anreicherung werden auch Böden mit gleichsinniger Flüssigkeitsführung gebaut (s. Abb.). Zur Rückführung des Ablaufes auf die Zulaufseite des darunterliegenden Bodens werden auch kastenförmige Bodenträger verwendet. – In Luftzerlegungsanlagen sind Kolonnen mit einem zentralen Rohr üblich, wobei die Böden zwischen den beiden Zylindern als Ringe angeordnet sind und so eine gleichsinnige Flüssigkeitsführung ermöglichen. H.M.

Rektifiziersäulen (s. Abb.) sind meist runde, senkrechtstehende Apparaturen, in denen aufsteigende Gemischdämpfe mit herabfließender Flüssigkeit in

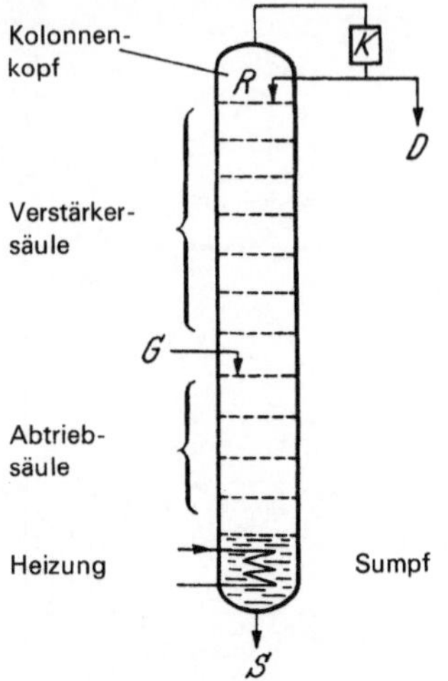

Prinzip einer Rektifizierkolonne. K = Kühler; R = Rücklauf;
G = Flüssigkeitsgemisch; S = Sumpfprodukt;
D = Kopfprodukt (Destillat)

innige Berührung gebracht werden. Man erreicht dabei durch gekoppelten Stoff- und Wärmeaustausch eine (↑) *Rektifikation*, im Regelfall eine Anreicherung an leichtersiedende Komponente im Kochdampf und deren Verarmung in der ablaufenden Flüssigkeit. Den Kolonnenteil oberhalb jener Stelle, an welcher der Rektifiziersäule kontinuierlich kalte bis siedende Flüssigkeit (mit oder ohne Dampf) zuströmt, wird (↑) *Verstärkungssäule* genannt (Verstärkung der Konzentration an leichtersiedender Komponente), während der darunter liegende Kolonnenteil als Abtriebssäule bezeichnet wird. In der Destillationstechnik werden auch reine Verstärkungssäulen oder reine Abtriebssäulen verwendet. Anstelle von Säulen ist auch die Bezeichnung „Kolonnen" gebräuchlich. (↑ *Füllkörper-Rektifiziersäulen, Rektifizierböden, Böden, Füllkörper*). H.M.

Reppe-Chemie. Wegen seiner großen Reaktionsfähigkeit hat (↑) *Acetylen* als Grundstoff für zahlreiche großtechnische Synthesen zwischen beiden Weltkriegen insbesondere in Deutschland sehr große Bedeutung gehabt. Einer der Begründer der technischen Acetylenchemie war Walter Reppe, der sich u.a. mit Äthinylierungs-, Vinylierungs- und Carbonylierungsreaktionen beschäftigte:
Äthinylierung:

$$HC\equiv CH+CH_2{=}O \xrightarrow{Cu_2C_2} HC\equiv C-CH_2OH$$

$$HC\equiv CH+2CH_2{=}O \xrightarrow{Cu_2C_2} HOCH_2-C\equiv C-CH_2OH$$

Vinylierung:

$$HC\equiv CH+R-OK \longrightarrow R-O-CH{=}CHK$$

$$R-O-CH{=}CHK+R-OH \longrightarrow$$
$$R-O-CH{=}CH_2+R-OK$$

(↑) *Carbonylierung:*

$$HC\equiv CH+R-OH+CO \xrightarrow{Katalysator}$$

$$CH_2{=}CH-COOR \qquad\qquad D.O.$$

Resinator®. Kunstharze (Alkydharze, ungesättigte Polyesterharze, Epoxyharze usw.) werden gewöhnlich in diskontinuierlich arbeitenden (↑)*Kunstharz-Anlagen* hergestellt. Neuerdings sind aber auch kontinuierlich arbeitende Anlagen entwickelt worden. Als Beispiel sei der Resinator® der Firma Carl Canzler angeführt, Hauptteile dieser Anlage sind der Reaktor (Kolonne mit 6 Etagen, die je mit einem Mischwerk ausgerüstet sind; jede Etage besitzt unabhängige Induktionsheizung) sowie der Kondensator mit Xylol-Wasser-Trenngefäß (s. Abb.). D.O.

Restbeladung ↑ *Kieselgel* K.W.

Richtkonzentration, technische. Für krebserzeugende Arbeitsstoffe, die beim *Menschen* erfahrungsgemäß zu bösartigen Geschwülsten führen können, nennt die Deutsche Forschungsgemeinschaft keine MAK-Werte mehr, da „keine noch als unbedenklich anzusehende Konzentration angegeben werden kann." Um bei technisch wichtigen Stoffen dieser Gruppe Anhaltspunkte für technische Schutzmaßnahmen zu haben, gibt der Ausschuß für gefährliche Arbeitsstoffe (AgA) beim Bundesministerium für Arbeit und Sozialordnung sog. „Technische Richtkonzentrationen" (TRK) heraus.

TRK-Werte (Stand 1977)

| | TRK | | |
Arbeitsstoff	ppm	mg/m³	Bemerkungen
Arsen u. Verbindungen (Ausnahme: AsH₃)	—	0,2	berechnet als As. im Gesamtstaub
Asbest (Chrysotil, Amosit)	—	0,1 bzw. 2 Fasern/ cm³	Asbest als Feinstaub Definition Faser: Länge > 5 µm Dmr <3 µm Länge/Durchmesser >3:1
asbest- (chrysotil-, amosit-) halt. Feinstaub	—	4,0	Feinstaub
Benzol	8	26	—
Nickel u. seine Verbindungen (Ausnahme: Nickelcarbonyl)			
Nickelelektrolyse u. galvanische Bäder	—	0,05	berechnet als Ni im Gesamtstaub
im übrigen		0,5	berechnet als Ni i. Gesamtstaub

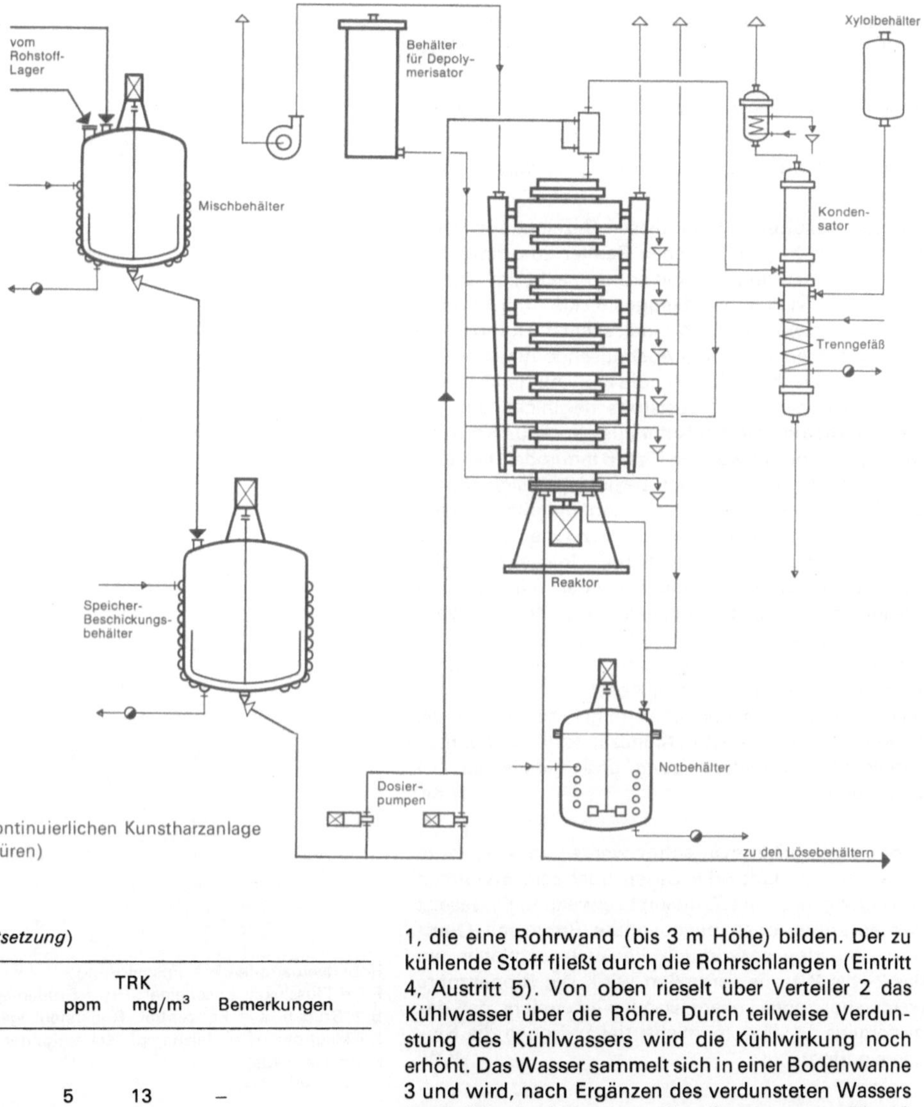

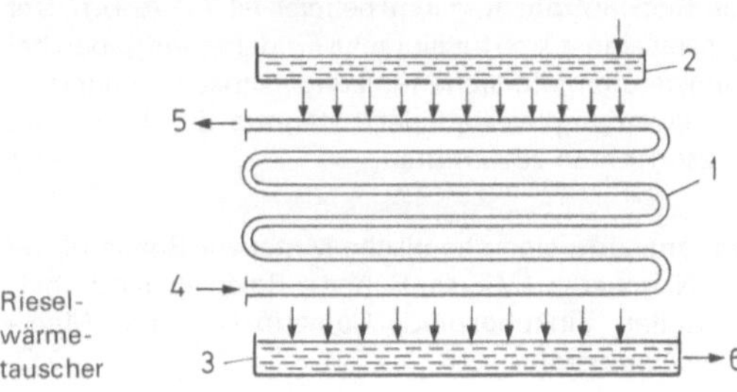

Schema einer kontinuierlichen Kunstharzanlage
(Carl Canzler, Düren)

TRK-Werte (*Fortsetzung*)

Arbeitsstoff	TRK ppm	mg/m³	Bemerkungen
Vinylchlorid bestehende Anlagen der VC- u. PVC-Herst.	5	13	–
im übrigen	2	5	–

Die Einhaltung der TRK am Arbeitsplatz vermindert das Gesundheitsrisiko, vermag dieses jedoch nicht vollständig auszuschließen. TRK-Werte müssen an den Stand der technischen Entwicklung sowie der analytischen Möglichkeiten angepaßt werden. In unregelmäßigen zeitl. Abständen werden sie daher neu festgesetzt. F.WI.

Rieselwärmetauscher, auch Rieselkühler genannt, werden zum Kühlen von Flüssigkeiten oder als Kondensator (z.B. für das Kältemittel Ammoniak) in Kompressionskälteanlagen verwendet. Der Kühler (s. Abb.) besteht aus einer größeren Anzahl Rohrschlangen

1, die eine Rohrwand (bis 3 m Höhe) bilden. Der zu kühlende Stoff fließt durch die Rohrschlangen (Eintritt 4, Austritt 5). Von oben rieselt über Verteiler 2 das Kühlwasser über die Röhre. Durch teilweise Verdunstung des Kühlwassers wird die Kühlwirkung noch erhöht. Das Wasser sammelt sich in einer Bodenwanne 3 und wird, nach Ergänzen des verdunsteten Wassers im Kreislauf wieder zum Verteiler gepumpt. Bis 10 solcher Rohrwände werden hintereinander angeordnet. Je Rohrwand beträgt die Kühlfläche 20 bis 25 m², der Rieselwasserbedarf etwa 10 m³/h (Zusatzwasser 1 m³/h). Bei anderen Ausführungen sind an Stelle der Rohrschlangen Einzelrohre vorhanden, die in senkrechte Sammler münden. Zur Gruppe der Riesel-WT können auch die naß arbeitenden (↑) *Kühltürme* gezählt werden.   W.W.

Ringkanalpumpen ↑ *Kreiselpumpen*   W.W.

Ringspaltzentrifuge ↑ *Granulat-Zentrifuge*   D.O.

Rinnenwäschen. Unter dieser Bezeichnung kann man eine Reihe von einfachen Geräten zusammenfassen, die einer groben Sortierung nach der Dichte dienen. Es sind meist langgestreckte, trogförmige, manchmal gewendelte (Wendelscheider, Humphreys-Spiralen), manchmal zum Austragsende hin schmäler werdende (Fächer-) Rinnen, die man mit der Suspension eines „sandigen" Feststoffs beschickt, d.h. mit einem Feststoff, der von Natur aus eine enge Kornverteilung aufweist (etwa 0,06 bis 0,6 mm) oder der zuvor eng klassiert wurde. Das Schwergut lagert sich entweder in der Rinne ab und wird diskontinuierlich entfernt („long tom" der alten Goldwäscher, z.T. heute noch bei der primitiven Zinn-, Chromit- und Goldseifengewinnung in Entwicklungsländern) oder mittels eines Trennblechs o. dgl. kontinuierlich ausgetragen. Wendelscheider sind weit verbreitet in den Aufbereitungsanlagen für hämatitische Eisenerze. Andere Rinnenwäschen dienen dem Abscheiden der Hauptmenge des Quarzes aus Schwermineralsanden vor der Gewinnung von Ilmenit, Monazit, Rutil und Zirkon mittels (↑) *Magnetscheidung* und elektrischer (↑) *Sortierung.*   H.Ke.

Rippenrohrwärmetauscher werden vor allem zum Erwärmen von Luft oder Gasen oder zum Erwärmen von Flüssigkeiten mit Sattdampf verwendet. Eingesetzt werden außen oder innenberippte Rohre mit Quer- oder Längsrippen, wodurch die Austauschfläche um das 2- bis 3-fache vergrößert wird. Die Rippenrohre werden horizontal verlegt. Damit wird erreicht, daß das gasförmige Medium möglichst tief zwischen die Rippen eindringt.   W.W.

Robertverdampfer. Bei diesem vielverwendeten Verdampfertyp mit natürlichem Umlauf und zentralem Rücklaufrohr beträgt der Durchmesser der Heizrohre etwa 1/25 der Rohrlänge. Nachteilig auf die Umlaufgeschwindigkeit wirkt sich der verhältnismäßig enge Querschnitt des zentralen Rücklaufrohres aus. Ebenfalls hemmend auf den Umlauf ist der Umstand, daß das Rücklaufrohr ringsum beheizt ist (s. Abb.). Der Apparat eignet sich für einfache Eindampfaufgaben bei temperaturempfindlichen niedrigviskosen Lösungen. Robertverdampfer sind der Kategorie der Typen mit kurzen Rohren zuzuordnen.   F.W.

Rodentizide sind chemische Mittel zur Bekämpfung von Nagetieren (Mäuse, Ratten). Beispiele sind Thalliumsulfat, Zinkphosphid, Cumarin-Derivate, Meerzwiebelpräparate.   D.O.

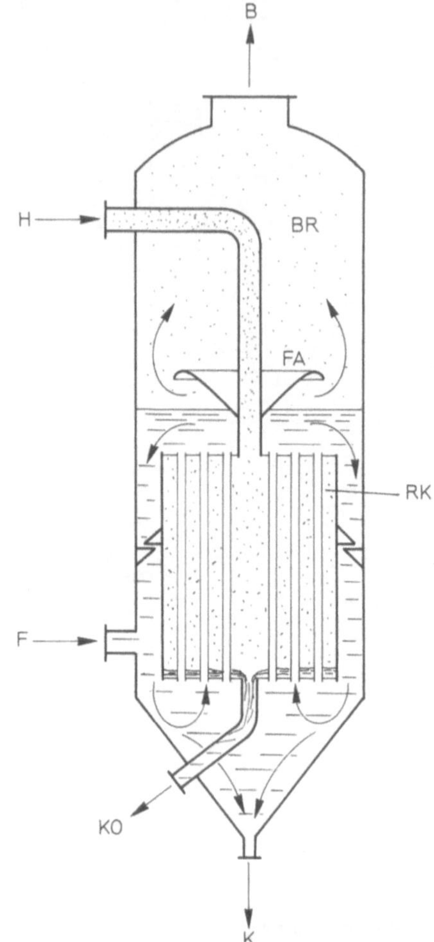

Robertverdampfer. F = Frischlösung;
FA = Flüssigkeitsabscheider; BR = Brüdenraum;
B = Brüden; K = Konzentrat; R = innenliegendes
Rücklaufrohr; H = Heizdampf; KO = Kondensat;
HR = Heizregister

Röhrenofen. Ein Ofentyp, der u.a. in der petrochemischen Industrie sowie in der Erdölverarbeitung große Bedeutung erlangt hat. Es besteht aus einem mit feuerfestem Material ausgekleideten Feuerraum, in dem sich eine oder mehrere Lagen von Rohren befinden, durch welche das aufzuheizende Produkt fließt (↑ *HT-Öfen*). Befeuert wird in der Regel mit Heizöl oder Heizgas, doch auch Öfen für feste Brennstoffe sind in Betrieb.   D.O.

Röhrenspaltofen ↑ *Rohrreaktor*   G.L.

Röhrenwärmetauscher. Neben den (↑) *Schlangenwärmetauschern* zählen zu den Röhrenwärmetauschern die (↑) *Doppelrohrwärmetauscher*, (↑) *Rohrbündel-WT*, (↑) *Haarnadel-WT* und (↑) *Rippenrohr-WT*.   W.W.

Röhrenzentrifugen (s. Abb.) weisen eine Trommel auf, die eine einzige Separierungskammer bildet. In Trommeln von geringem Durchmesser läßt sich ein sehr hohes Beschleunigungsfeld bei hohen Drehzahlen erreichen. Die den freien Raum ausfüllende Flüssigkeit steht relativ zur Trommel still; nur eine dünne zylindrische Schicht von (maximal) dem Durchmesser des Überlaufwehres der Trommel strömt von unten nach oben, während die Flüssigkeit außerhalb dieses Durchmessers am Separierungsvorgang nicht mehr teilnimmt. Verwendung finden solche schnell laufenden, leicht zu reinigenden Maschinen vertikaler Bauweise z. B. zum Abtrennen von Wasser und Schlamm aus Ölkreisläufen. D.O.

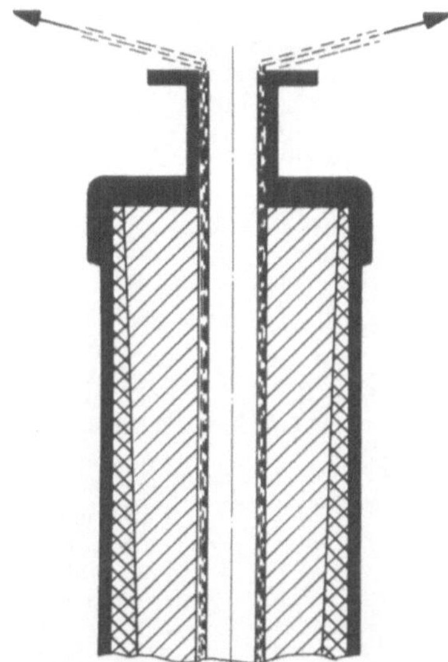

Prinzip der Röhrenzentrifuge

Rösttechnik. Die Rösttechnik befaßt sich mit der thermischen Behandlung bzw. Umwandlung von Feststoffen bei Temperaturen bis 1100° C. Lag ursprünglich der Schwerpunkt bei der Röstung von NE-Metallsulfiden in (↑) *Etagen-* und (↑) *Drehrohröfen* zu NE-Metalloxiden (die durch Reduktion zu NE-Metallen weiterverarbeitet werden) sowie bei der Erzeugung von (↑) *Schwefeldioxid* zur Herstellung von (↑) *Schwefelsäure*, so konnte mit der Entwicklung neuer Röstverfahren und -apparaturen, vor allem mit der Einführung der (↑) *Wirbelschichtöfen*, die Technologie des Röstens auf neue Bereiche ausgedehnt werden (z. B. (↑) *Kalzinierung*, thermische Zersetzungen sowie spezielle Verbrennungs- und Reduktionsverfahren). Typisch exotherme Röstverfahren sind die Röstung sulfidischer Erze, die Verbrennung schwefelhaltiger Minerale sowie die Verbrennung von Ölschiefer und anderen minderwertigen Brennstoffen. Endotherm verlaufen z. B. die (↑) *Kalzinierung* von Bauxit, Dolomit, Magnesit, Eisenspat, Galmei, Rohphosphaten, usw., die thermische Zersetzung von Eisensulfat oder Sulfat-

gemischen; hier wird der Wärmebedarf durch Verbrennung fester, flüssiger oder gasförmiger Brennstoffe oder durch Zufuhr heißer Rauchgase gedeckt. K.K.

Rohrbündelverdampfer. Diese Bezeichnung besagt, unabhängig von der speziellen konstruktiven Gestaltung eines Apparates, daß die Wärmezufuhr über ein System von Röhren erfolgt (↑ *Beheizungssysteme, Robertverdampfer, Schnellumlaufverdampfer, Rohrkorbverdampfer, Kletterfilmverdampfer, Fallfilmverdampfer*). F.W.

Rohrbündelwärmetauscher mit geraden Rohren bestehen aus einem Mantelrohr und den in den beiderseitigen Boden eingesetzten Austauschrohren von kleinem Durchmesser. Die Rohre sind in die Böden eingewalzt, eingeschweißt oder gelötet; Stopfbuchsen werden selten verwendet. Eine starre Verbindung ist nur zulässig, wenn die Temperaturdifferenz zwischen Gehäuse und Rohrbündel 20 K nicht wesentlich übersteigt. In der Regel strömt die Flüssigkeit in den Rohren, der Dampf im Rohrzwischenraum von oben nach unten. Beim Einstromapparat strömt das Heiz- oder Kühlmittel parallel. Bei Mehrstromapparaten (s. Abb.) ist das Rohrbündel in Sektionen unterteilt, die nacheinander durchströmt werden. Der Dampf wird durch Querwände gezwungen, quer zum Rohrbündel zu strömen, wodurch ein höherer Effekt erzielt wird. Die Verwendung von Flachrohren anstelle von zylindrischen Rohren hat den Vorteil, daß bereits bei niedriger Durchflußgeschwindigkeit des Mediums im Rohrinneren Turbulenz auftritt. Durch den Einsatz von Flachrohrbündeln kann die Wärmeübertragungsfläche erheblich vergrößert werden (Fritz Voltz Sohn GmbH & Co. Frankfurt). Rohrbündel-WT mit gewickelten Rohren (s. Abb. S. 194; Linde AG, Höllriegelskreuth) sind für weite Druck- und Temperaturbereiche geeignet, für Apparateheizflächen bis 20 000 m². Beim Arbeiten mit korrosiven Medien werden DIABON®-Rohrbündel-WT (SIGRI Elektrographit GmbH, Meitingen) verwendet. (Länge bis 10 m, Durchmesser bis 2000 mm, Austauschfläche bis 800 m², zulässiger Betriebsdruck 6 bar Überdruck beidseitig). Die Rohre sind in Form einer Dreieckstellung angeordnet und in den Rohrboden eingekittet. Die Deckelkraft am beweglichen Bo-

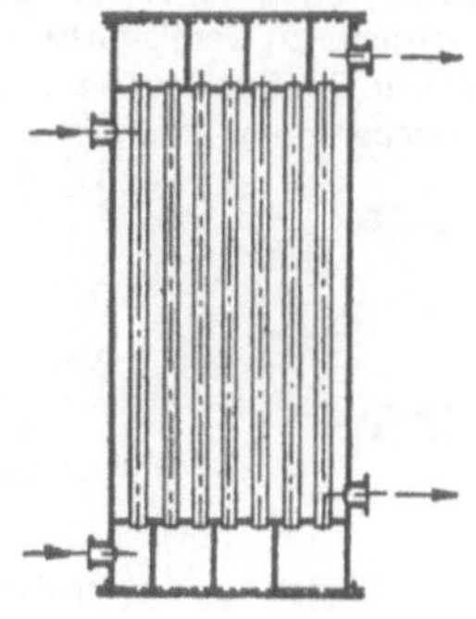

Röhrenbündelwärmetauscher
(Mehrstromapparat)

Rohrbündelwärmetauscher mit gewickelten Rohren (Linde AG, Höllriegelskreuth)

den wird durch Zuganker zum Hinterlegungsring und durch Schraubenfedern aufgenommen. Die Abdichtung des beweglichen Bodens erfolgt durch einen temperaturbeständigen AP-Kautschukring.   W.W.

Rohrkorbverdampfer. Mit dieser Konstruktion werden mehrere Vorteile gegenüber anderen Röhrenverdampfern mit natürlichem Umlauf erreicht. Das Heizregister ist eine z.B. zum Zwecke der Reinigung (↑ *Verkrustung*) vergleichsweise einfach auszubauende Einheit. Der Rücklauf der Lösung strömt im Querschnitt zwischen dem unbeheizten Apparatemantel und dem

Mantel des Rohrkorbes, wodurch die Geschwindigkeit des natürlichen Umlaufes gegenüber Konstruktionen mit zentralem Rücklaufrohr (↑ *Robertverdampfer*) erhöht wird (s. Abb.). Die Verweilzeiten der Lösung im Apparat sind lang.   F.W.

Rohrkupplungen. Rohrkupplungen ermöglichen rasches Verbinden bzw. Lösen einer Rohrleitung. Beispiele: Durch die Sealol-Drehkupplung (s. Abb.) wird eine leckfreie Verbindung hergestellt, wenn mit einer Drehbewegung um die zentrale Achse zu rechnen ist, solange die Anlage unter Druck steht. Abgedichtet wird mit einem einfachen Ring, die kleine Dichtfläche

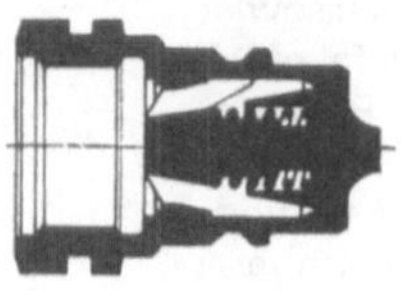

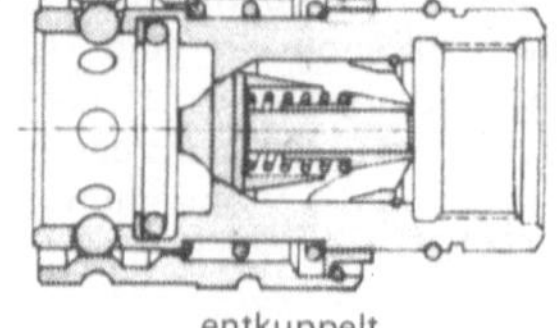

Argus-Schnellverschlußkupplung (Argus GmbH, Ettlingen)

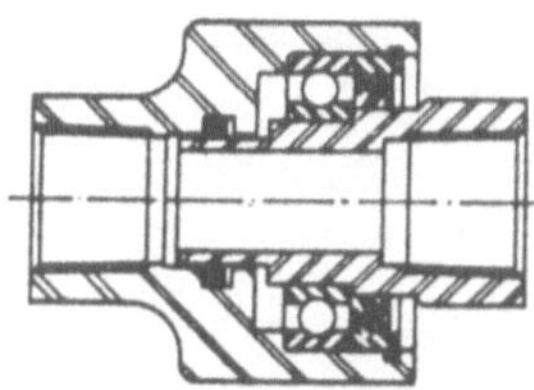

Sealol Drehkupplung
(H. M. Vollmer-Heim,
Lambsheim/Pfalz)

ermöglicht die Verwendung eines Standard-Kugellagers mit nur einem Ring Kugeln. Verwendung bei Plattenpressen, Füllstationen u.a. Zum Trennen und Wiederverbinden gefüllter Leitungen sind Schnellverschlußkupplungen erforderlich. Beim Trennvorgang sperren beide Kupplungshälften den Flüssigkeitsstrom automatisch ab. Betätigt wird die Kupplung durch Verschieben der äußeren gerändelten Hülse (s. Abb.). Die Immun-Kardankupplung (s. Abb.) ist eine Schnellkupplung mit Stahlkern für aggressives und empfindliches Fließgut. Sie ist innen und außen mit dem Superpolyamid Rilsan® überzogen, der Überzug umschließt auch das Hebelwerk. W.W.

Immun-Kardankupplung (Perrot Regnerbau GmbH & Co., Calw)

Rohrleitungen. Eine Rohrleitung besteht aus einzelnen, miteinander verbundenen Rohren (↑ *Rohrverbindungen*). Sie dient dem Transport von gasförmigen, flüssigen und festen Stoffen (↑ *Pneumatische Förderung*). Innerbetriebliche Leitungen verbinden Apparate bzw. Betriebsanlagen miteinander, durch Fernleitungen werden Medien vom Erzeuger zum Verbraucher über große Strecken (z.B. (↑) *Pipelines*) transportiert. Der Querschnitt von Rohrleitungen ist in der Regel kreisförmig, ihr Durchmesser kann bis 5000 mm betragen. Bei der Planung von Produktionsanlagen ist die Anfertigung eines Rohrleitungsplanes (↑ *Rohrleitungsnetz*) wichtig, in ihm müssen Betriebsdruck und -temperatur, Durchsatz, Nennweite sowie alle Armaturen und Meßstellen angegeben sein. Besonders anschaulich ist ein maßstabgerechtes Anlagemodell, in dem die günstigste Führung der Leitungen (dargestellt durch farbige Drähte oder Stäbchen) im Raum erkennbar ist. Die zu fördernden Medien werden durch verschiedene Farben gekennzeichnet (Rohrleitungen, ↑ *Kennzeichnung*). Im Rohrleitungsplan sind Kurzzeichen für Rohrleitungen (DIN 2406) und Kurzzeichen für Armaturen (DIN 28004: Fließbilder verfahrenstechnischer Anlagen, Kurzzeichen) zu verwenden. Zu berücksichtigen ist die Ausdehnung von Rohrleitungssträngen (↑ *Rohrleitungen, Dehnungsausgleich*). Bei

der Wahl einer Rohrleitung sind zu berücksichtigen: Eigenschaften des zu förderndes Stoffes (z.B. Korrosionsverhalten, Viskosität, pH-Wert), Durchflußmengen, Druck- und Temperatur in der Leitung. Die Wandstärke ist abhängig vom Werkstoff und dem Druck in der Leitung. Der Nenndruck (ND) ist nach DIN 2401 (Ausg. Januar 1966) der Druck, für den genormte Rohrleitungsteile bei Zugrundelegung eines bestimmten, in den jeweiligen Maßnormen genannten Ausgangswerkstoffes und der Temperatur von 20°C ausgelegt sind. Der Probedruck muß 50 bis 100% höher liegen als der ND. Die Nennweite eines Rohres entspricht annähernd den lichten Durchmessern der Rohrleitungsstelle (s. DIN 2402). Übergänge von Rohrleitungen verschiedenen Durchmessers und Abzweigungen werden mit Hilfe von Fittings (↑ *Rohrverbindungen*) vorgenommen. Verschiedentlich müssen Rohrleitungen beheizt oder gekühlt (↑ *Rohrleitungen, Beheizen*) und isoliert werden (↑ *Rohrleitungen, Isolieren*). W.W.

Rohrleitungen, Beheizen. Hochviskose oder leicht erstarrende Stoffe lassen sich in der Regel nur bei höherer Temperatur durch Rohrleitungen fördern. Heizmittel: Dampf oder Wärmeträgerflüssigkeiten. a) Begleitheizung. Mit Gefälle verlegte Heizungen sollten alle 50 m durch einen Kondensatableiter entwässert werden (s. Abb.). Die Begleitheizung kann auch in die Isolierschicht der Rohrleitung eingebettet werden. b) Mantelheizungen (s. Abb.) sollen in Strömungsrichtung des Dampfes Gefälle haben und in Abständen von max. 30 m entwässert werden. c) Elektrische Beheizung. Das Rohr wird mit flachen Heizmatten (Heizbänder) umwickelt. W.W.

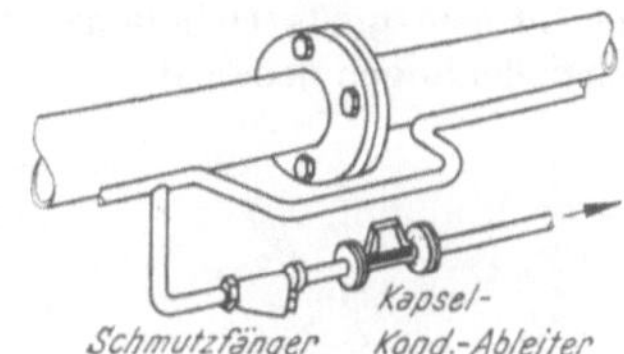

Begleitheizung (Aus Sarco-Leitfaden, Spirax Sarco GmbH, Konstanz)

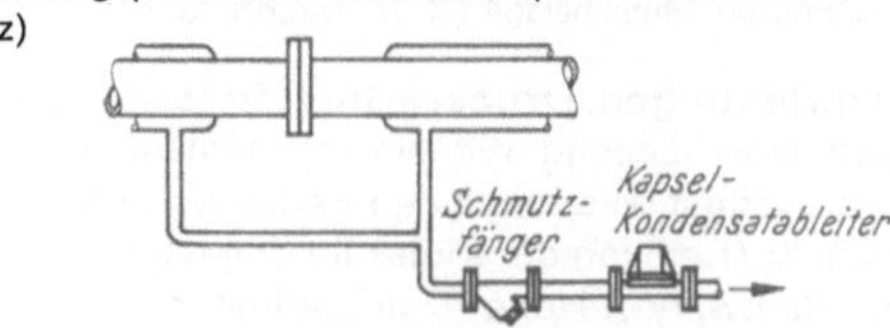

Mantelheizung (Aus Sarco-Leitfaden, Spirax Sarco GmbH, Konstanz)

Rohrleitungen, Dehnungsausgleich. Durch temperaturbedingte Längenänderungen können in Rohrleitungen Zug- und Druckbelastungen auftreten. Die Ausdehnung beträgt bei Eisenrohren bei Erwärmung um 1 K ca. 1 bis 1,2 mm pro 100 m Rohrlänge. Zum Ausgleich werden Dehnungsstücke (Kompensatoren) eingebaut. U-Rohrbögen und Lyrarohre (s. Abb.) werden bei langen Leitungen mit großem Durchmesser

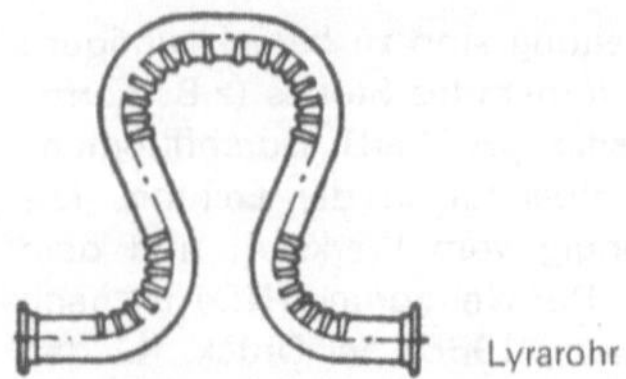

Lyrarohr

im freien Gelände verwendet. Linsenartige Gummi-Kompensatoren (s. Abb.) garantieren eine axiale und radiale Bewegungsaufnahme. Geeignet für Niederdruckleitungen und geringe Längenänderungen. Für größere Winkeländerungen werden Metallschlauch-Gelenkkompensatoren (Wellrohrkompensatoren, Metallbälge, s. Abb.) verwendet. Der Rohrschub wird durch Federwirkung des Faltenrohres abgefangen; für niedrige Drucke und große NW. Beim Stopfbuchs-Kompensator gleitet ein inneres Rohr, das durch

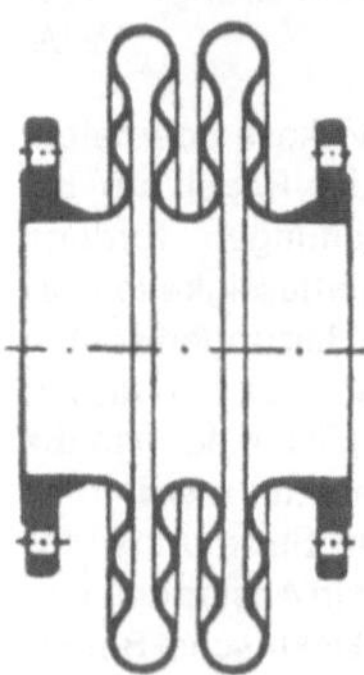

Linsenausgleicher

eine Stopfbuchse abgedichtet ist, in einem Gehäuse. Er nimmt sehr große Dehnungen auf, daher für Heißdampfleitungen geeignet. W.W.

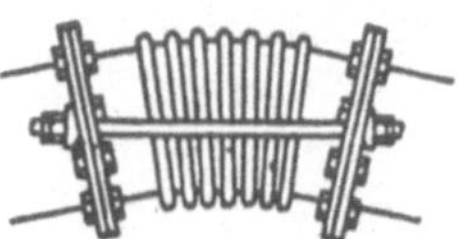 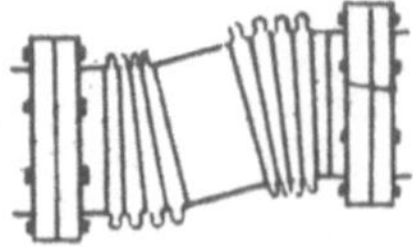

Teddington-Metallbeläge (G. H. Waugh, Köln)

Rohrleitungen, Druckverlust. Der beim Durchströmen einer Leitung mit einem Medium auftretende Druckverlust wird durch den Reibungswiderstand beeinflußt (Reibung der Moleküle untereinander und an der Rohrwand). Hoher Druckverlust tritt auf bei steigender Durchflußgeschwindigkeit, bei Wirbelbildung durch Ablenkung in Ventilen, Krümmern u.a., durch hohe Zähigkeit des durchströmenden Mediums, durch rauhe Rohroberflächen und in langen Rohrleitungen. Bei sehr langen Leitungen wird der Druckverlust durch in bestimmten Abständen eingebaute Pumpen ausgeglichen. W.W.

Rohrleitungen, Gelenkstücke. Durch drehbare Gelenkstücke kann eine Rohrleitung flexibel eingerichtet werden. Hochdruckgelenke (s. Abb.) sind für einen

Betriebsdruck von max. 130 bar ausgelegt, sie sind unter Betriebsdruck um 360° drehbar. W.W.

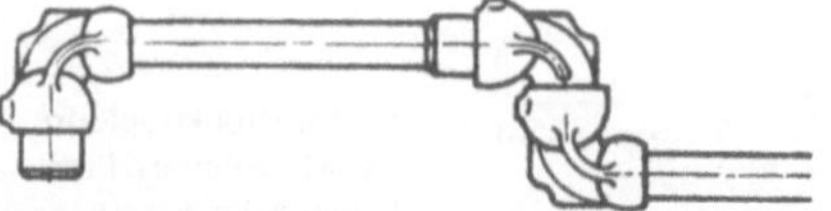

Gelenkleitung (Hermann von Rautenkranz, Internat. Tiefbohr KG, ITAG, Celle)

Rohrleitungen, Isolieren. Man unterscheidet zwischen Wärmeisolierung (Verhinderung der Abgabe von Wärme an die Umgebung) und Kälteisolierung (Schutz vor Aufnahme von Wärme aus der Umgebung). Die Isolierung wird durch ruhende Luftschichten (Schaffung vieler kleiner Hohlräume durch Verwendung von Isoliermaterial) bewirkt. Verwendet werden Glaswolle, Schlackenwolle, Kunststoffschaumstoffe sowie Mischungen aus Kieselgur, Magnesia, Bimsbeton, Kork und Asbestfasern. Sie werden z.B. mit Wasser oder Bindemitteln zu einem dicken Brei verrührt und auf die zu isolierende Fläche aufgetragen und getrocknet. Auch das Anbringen mehrerer dünner Aluminiumfolien wirkt isolierend. Die Isolierung wird durch einen Mantel (Bandage, Blechverschalung, Dachpappe) vor Beschädigung und Eindringen von Luftfeuchtigkeit geschützt. Aufbau einer Rohrisolierung: a) Stopisolierung (s. Abb.). Um das Rohr R

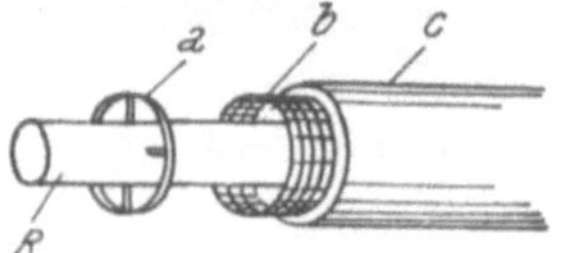

Stopfisolierung

werden in Abständen Stützringe a gelegt, die einen festen Mantel aus Blech, Drahtgeflecht, Gips, Asbest u.a. tragen (in der Abb. Drahtnetz b und Hartmantel c). Um diesen wird noch eine Bandage gelegt. In den Raum zwischen R und b wird das Isoliermaterial gestopft. b) Feste Formstücke (s. Abb.). Die aus

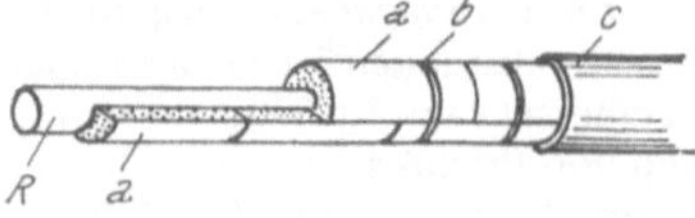

Isolierung mit Formstücken

Isoliermaterial bestehenden Schalen a werden um das Rohr R gelegt und die Fugen mit einem Mörtel (Gips oder plastische Isoliermassen) ausgefüllt. Zur Befestigung wird die Isolierung mit Stahlbändern b umspannt und mit einem Blechmantel c oder Dachpappe umkleidet. c) Zum Isolieren von T-Stücken, Flanschen, Ventilen usw. werden fertige Flanschen- oder Ventilkappen verwendet, die leicht abnehmbar sind (Beseitigung von Undichtheiten). d) Wasser- und Gasrohre werden häufig mit schmiegsamen, wetter- und säurefesten Glasfaservliesen umwickelt. Bei Wasserleitung genügt oft ein Umwickeln mit Strohseilen und Verkleiden mit

Dachpappe. Auf luft- und wasserdichten Überzug der äußeren Isolationsfläche ist zu achten, da kondensierender Wasserdampf das Isoliermaterial durchfeuchten und beim Einfrieren zerstören könnte. W.W.

Rohrleitungen, Kennzeichnung. Die im allgem. neutral gestrichenen Rohrleitungen werden an wichtigen Stellen (Anfang, Ende, Armaturen) mit farbigen Schildern versehen. Die Lage des spitzen Schildes gibt die Durchflußrichtung des Mediums an. Die Kennfarben beziehen sich auf die Stoffgruppe, z.B. grün für Wasser, rot für Dampf, blau für Luft, gelb für Gase (brennbare und nicht brennbare) usw. Die Unterteilung der Stoffgruppen in einzelne Stoffgattungen wird mit Hilfe einer Kennzahl auf dem Schild vorgenommen, z.B. 1 = Wasser, 1,0 = Trinkwasser, 1,1 = Rohwasser . . ., 1,9 = Abwasser. Genaue Richtlinien sind der DIN-Vorschrift 2403 zu entnehmen. Außer der Farbkennzeichnung kann die Art des Durchflußmediums zusätzlich durch Wortangabe, Formel, Kurzzeichen o.a. markiert werden. Farbige Ringe werden nur zu besonderen Kennzeichnungen verwendet (gefährliche Stoffe, Feuerlöscheinrichtungen). W.W.

Rohrleitungsnetz. In Gebäuden werden Rohrleitungen in Staffeln, im Freien in Tunneln, Gräben oder auf Rohrbrücken verlegt. Für Dehnungsausgleich ist zu sorgen. Rohrstränge sollen nie auf Flanschen ruhen, sondern in Abständen (in der Nähe von (↑) *Rohrverbindungen*) unterstützt oder getragen werden. Freihängende Leitungen werden mit Rohrschellen gehaltert, bei Bedarf mit zwischengeschalteter Federung (Bewegungsmöglichkeit). Besonders schwere Leitungen werden auf Rollen gelagert. Für Abzweigungen werden T- und Kreuz-Stücke eingebaut. Durch (↑) *Gelenkstücke* wird die Leitung flexibel. Liegen mehrere Leitungen übereinander, ist es zweckmäßig Energieleitungen in die obere Ebene zu legen. Ein Leitungsnetz für Wasser und Dampf soll so angelegt sein, daß eine spätere Erweiterung möglich ist (Abzweigungen an einigen Stellen, die durch (↑) *Blindscheiben* abgesperrt werden). Die Leitungen sollen nicht zu nahe an der Wand liegen (bessere Reparaturmöglichkeit) und stets in geraden Strängen und rechten Winkeln verlegt sein. Rohrleitungen müssen den Sicherheitsvorschriften entsprechen (Sicherheitsventil, Rückschlagklappe, Entlüftungs- und Entwässerungseinrichtung). Dampfleitungen sollen über Wasserleitungen liegen, sie müssen mit Manometer und Dampfmesser ausgerüstet sein. Nach Stillstand enthält der zuerst ausströmende Dampf fast stets mitgerissenen Rost (kurze Zeit frei ausströmen lassen!). Dampf nur allmählich einstellen (sonst „Schlagen" der Leitung, das zu Rohrbrüchen führen kann). Die Durchflußgeschwindigkeit ist dem Medium anzupassen. Allgemein gilt: für Heißdampf 40–70 m/s, Sattdampf 20–30 m/s, Abdampf 15–25 m/s, Luft 15–40 m/s, Wasser 1–5 m/s, Druckwasser 15–20 m/s. Zur Durchflußkontrolle dienen Schaugläser oder Durchflußmesser. Versorgung von Einzelentnahmestellen aus einer gemeinsamen Hauptleitung: a)

Direkte Abzweigung aus einer Sammelleitung (s. Abb.). Nachteil: Gefahr des Stillstandes bei Reparatur und ungleichmäßige Verteilung bei gleichzeitiger Füllung der Gefäße I bis III. b) Bei der Doppelleitung verzweigt sich die Hauptleitung in zwei Sammelleitungen. Jede Entnahmeleitung ist an beide Sammelleitungen angeschlossen. c) Bei der Ringleitung (s. Abb.) ist die Hauptleitung als Ring ausgebildet, von dem die Entnahmeleitungen abzweigen. (Auswechseln von Rohrteilen ohne Betriebsstörung!). W.W.

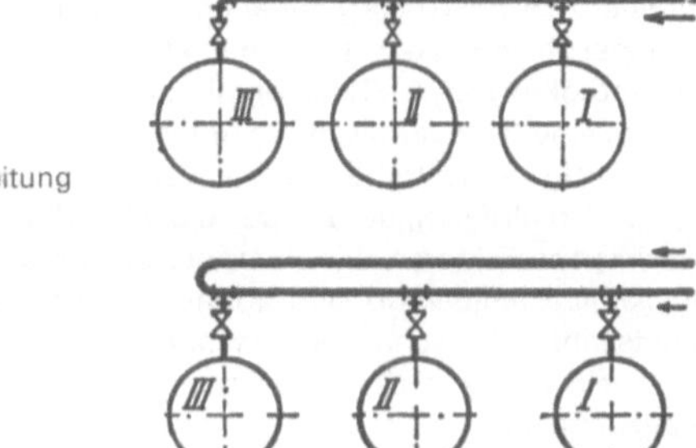

Rohrreaktor (RR). Der RR ist neben dem Ruhrkessel- und Wirbelschichtreaktor der wichtigste Grundtyp der (↑) *Reaktoren*. Einsatzbereich: homogene Gasreaktionen (↑*Aethylen-Hochdruckpolymerisation*, (↑) *Chlorierung* von niederen Kohlenwasserstoffen zu CCl_4, CH_3Cl, CH_2Cl_2 etc., (↑) *Kracken* von Kohlenwasserstoffen im (↑) *Röhrenspaltofen*), homogene und Gas/Flüssig-Reaktionen im Zweiphasen-Strömungsgebiet (↑ *Adipinsäurenitril* aus Adipinsäure + Ammoniak), heterogene Gas- (↑ *Ammoniaksynthese*, Benzinsynthese nach (↑) *Fischer-Tropsch* und Gas/Flüssig-Reaktionen (↑ *Härten* von vegetabilen Ölen und Fetten bzw. den aus ihnen gewonnenen Fettsäuren in Suspensions- oder (selten) Festbett-Reaktoren) respektive Gas/Flüssig/Fest-Reaktionen in der Sumpfphase(↑*Kohle-Hochdruckhydrierung*). Dem Prinzip nach ein Strömungsrohr (s. Abb.) wird der RR ausnahmslos für kontinuierliche

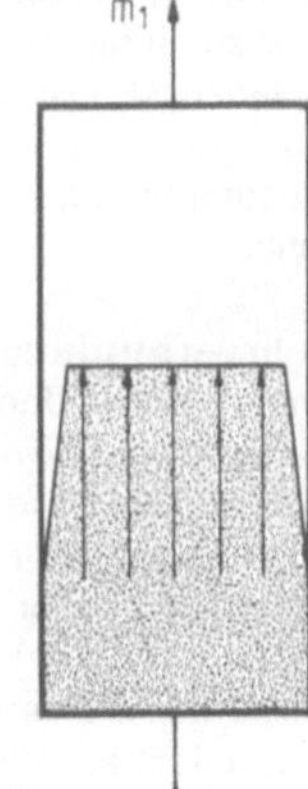

Strömungsprofil im idealen Rohrreaktor (RR)

Prozesse angewendet; er besitzt weder bewegte Teile noch benötigt er zusätzliche Energie zum Vermischen der Reaktanden. Im Idealfall herrscht im RR eine Pfropf- oder Kolbenströmung, bei der alle Volumen-Elemente die gleiche Verweilzeit aufweisen, d.h., es tritt keine Rückvermischung zwischen den einzelnen Vol.-Elementen entlang der Strömungsrichtung auf (ideales Strömungsrohr). In der Praxis weicht das Strömungsprofil infolge von Einbauten, Rohrkrümmern, Temperatur- (= Dichte) Unterschieden meistens beträchlich von der Rechteckform ab, die sich nur bei hoher Turbulenz (Re > 10 000) annähern läßt. Nur bei hoher Raumgeschwindigkeit [= Volumetr. Strömumgsgeschwindigkeit (m^3/h)/Reaktorvolumen (m^3)] läßt sich folglich eine Rückvermischung unterbinden und damit das häufig angestrebte, enge Verweilzeitspektrum (s. Abb.) realisieren, so daß auf die Wirtschaftlichkeit einwirkende Faktoren wie Pumpgeschwindigkeit und Druckabfall limitierend sein können. Einsatz des RR hauptsächlich bei schnellen Reaktionen (Verweilzeiten < 30 min.) oder als Nachreaktor im laminaren Stömungsbereich.   G.L.

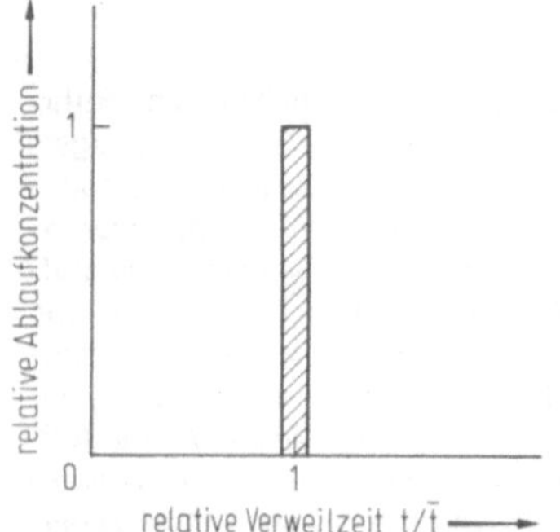

Rohrreaktor (RR): Verweilzeitverteilung im idealen Strömungsrohr (Stoßmarkierung)

Rohrreinigung. Bei der mechanischen Reinigung wird in das Rohr eine Welle mit Bohrkopf eingeführt und maschinell nachgeschoben. Bei dem Rohrreiniger Polly-Pig (Girard Polly-Pig Inc., Houston) wird als Reinigungskörper zelliges Material, gegebenenfalls mit einer spiraligen Umwicklung versehen, verwendet. Das Material ist fest, zugleich aber so stark zusammendrückbar, daß es durch Rohrverengungen, scharfe Biegungen und Ventile hindurchgedrückt werden kann.   W.W.

Rohrverbindungen. Rohre werden zu einem Rohrstrang verbunden durch Verschweißen, genormte Flansche ((↑) *Flanschverbindungen v.R.*) oder Muffen (↑ *Muffenverbindungen v.R.*), Verschrauben (↑ *Schraubverbindungen v.R.*), Verkleben (bei Kunststoffrohren) oder mit Hilfe von Rohrkupplungen (↑ *Rohrkupplungen*). Verbindung von Glasrohren s.u. Glasrohre. Während durch Verschweißen eine sichere aber unlösbare Verbindung hergestellt wird, sind die übrigen Rohrverbindungen lösbar.   W.W.

Rootsgebläse ↑ *Gebläse*   W.W.

Roste, bewegte. Gegenüber festen Rosten arbeiten bewegte Roste mit einem besseren Trennerfolg. Der Verwendungszweck beschränkt sich allerdings auf relativ grobe Siebungen trockener Produkte. Bekannt sind Systeme, bei denen der Rostboden aus einem feststehenden Teil und einem bewegten Teil besteht, die Relativbewegungen zueinander ausführen. Von größerer Bedeutung sind Walzen- oder Scheibenroste, bei denen speziell geformte Scheiben rotieren, die ineinander greifen und sich dabei gegenseitig reinigen. Das Produkt wird gleichzeitig aufgelockert, gefördert und gesiebt. Anwendungsgebiete dieser Walzen- oder Scheibenroste sind Grobtrennungen von Steinkohle, Braunkohle, Holz sowie Steine- und Erden-Produkte. Das *Umbra-Sieb*, die moderne Entwicklung eines bewegten Siebrostes, wird bis zu Trennungen von 1 mm eingesetzt. Die Maschine besteht im wesentlichen aus zwei ineinander schwingenden Siebkästen, die auf zwei Exzenterwellen verlagert und deren Exzenter um 180° versetzt sind. Die Klassierfläche besteht aus vielen Leitschienen mit Nocken an beiden Flanken. Im Betrieb umfahren jeweils die Nocken einer Leitschiene die der benachbarten und bestreichen damit die freien Räume zwischen den Nocken, so daß kein Siebgut anbacken kann. Bei Bedarf wird dieser Siebrost durch ein oberes Siebdeck mit sogenanntem Stoßmaschenantrieb ergänzt. Gebräuchlich: Siebgrößen: 0,5–7,2 m², Gewicht: 1500–8500 kg. Anwendung: Siebungen von Steinkohle, Braunkohle, Erz, Gießereisand und chem. Erzeugnissen.   H.P.D.

Roste, unbewegte (s. Abb.). Feste Roste, auch Siebschurren genannt, bestehen i.a. aus Profilstäben, die durch Distanzstücke auf Spaltweite gehalten werden. Als Roststäbe verwendet man keilförmige oder T-förmige Profile, die derart zusammengebaut werden, daß der Durchgangsquerschnitt sich nach unten erweitert. Die Roststäbe verlaufen üblicherweise in Siebrichtung. Für Trockensiebungen werden Roste mit Neigungen von 35–45° eingebaut, bei siebschwierigen Produkten auch steiler. Speziell für Naßsiebungen wurden Siebvorrichtungen geschaffen, die nach dem abscherenden Klassierprinzip arbeiten. Ein großes Anwendungsgebiet hat das *Bogensieb* erschlossen, welches von den Holländischen Staatsmijnen ursprünglich zur Schlammabscheidung in der Steinkohlen-Aufbereitung entwickelt wurde. Beim Bogensieb wird ein Aufgabeprodukt als Trübe tangential aus einem Überlaufwehr oder einer Düse dem bogenförmig ausgebildeten feststehenden Siebboden zugeführt. Der Siebboden besteht aus quer zur Strömungsrichtung angeordneten Keilroststäben. Die Spaltenweiten betragen i.a. 0,3–1 mm, wodurch sich Trennkorngrößen zwischen 0,1–0,5 mm erzielen lassen. Es sind auch Einsätze mit Spaltweiten zwischen 0,04–40 mm bekannt. Der Feststoffgehalt in der Aufgabetrübe sollte ca. 10 Vol.% nicht übersteigen, damit ausreichende

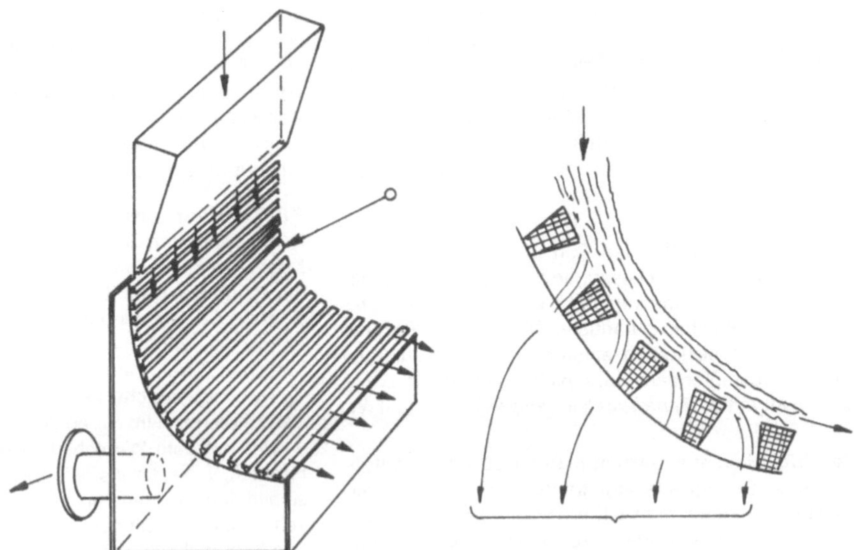

Bogensieb

Trennschärfen erreicht werden. Anwendung: Entschlammung und Entwässerung von Produkten der Kohle-, Steine und Erden-, Nahrungsmittel- und chemischen Industrie. Abwasserbehandlung.   H.P.D.

Rotations-Verdichter ↑ *Umlaufkolben-Verdichter*
W.W.

Rotationsverdampfer werden vielfach als Glasapparaturen bei diskontinuierlichem Betrieb im Laboratorium eingesetzt. Die rotierende Verdampferblase taucht teilweise in das Heizbad ein (s. Abb.). Durch die Drehbewegung wird Flüssigkeit als dünner Film an den Innenwänden mitgenommen. Die Ausdampfung erfolgt aus der Flüssigkeitsoberfläche und teilweise aus diesem Film.   F.W.

Rotex-Siebmaschinen (s. Abb.). Ein rechteckiger Siebkasten, der bis zu fünf übereinander angeordnete verschiedene Siebböden enthalten kann, wird am Aufgabeende über einen Kurbeltrieb in horizontale kreisförmige Schwingungen versetzt. Am Überlaufende des Siebes ist der Kasten über Gummilager oder Lenker abgestützt, so daß die ursprüngliche Kreisbewegung des Siebbodens in eine immer flacher werdende Ellipse übergeht, um in einer gradlinigen Bewegung zu enden. Produkttransport wird durch Neigung des Siebkastens erreicht. Der weit außerhalb des Massenmittelpunktes angeordnete Kurbelantrieb macht den Einsatz eines speziellen Umkehrgetriebes notwendig, das die Ausgleichsmassen antreibt. Die Siebmaschen können durch Gummi- oder Kunststoffbälle unter dem Siebbo-

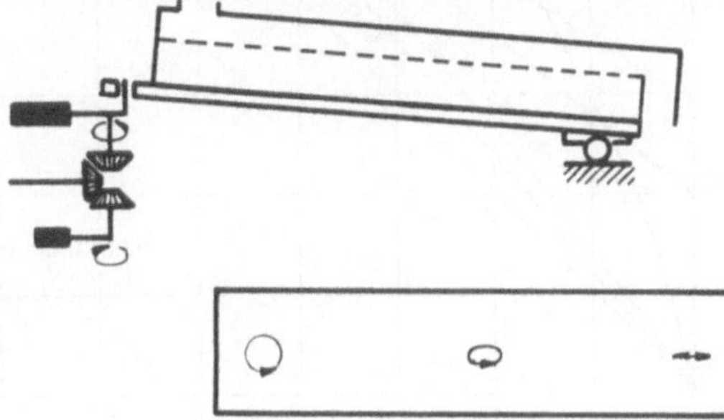

Rotationsverdampfer. F = Frischlösung; H = Heizbad;
M = Motor; RV = Rücklauf-Einstellventil;
BK = Brüdenkondensator; KM = Kühlmittel;
KB = Kondensat der Brüden; K = Konzentrat

Rotex-Siebmaschinen

den offen gehalten werden. Gebräuchlich: Siebbreiten: 500–1500 mm, Sieblängen: 940–3800 mm, Siebneigung: 4°, Antriebsleistung: 0,37–5,5 kW, Schwingzahlen: 210–320 min^{-1} bei 90–50 mm Hub. Anwendung: Fein- und Feinstsiebungen zwischen 0,05 und 10 mm von Produkten der chemischen und pharmazeutischen Lebensmittel- und Futtermittelindustrie. H.P.D.

Rotierende Heizflächen. Zum Eindampfen von temperaturempfindlichen Lösungen sind Apparate entwickelt worden, die eine kurze (↑) *Verweilzeit* des Gutes auf den Heizflächen garantieren. An Verdampfern mit rotierenden Heizflächen entstehen dünne Schichten der einzudampfenden Flüssigkeit unter der Wirkung der Fliehkraft (↑ *Zentrifugalverdampfer*). F.W.

Roving. Hierunter versteht man die zu Rollen aufgewickelten Stränge aus ungedrehter Glasseide. Sie werden in Verbindung mit Gießharzen u. a. bei der Herstellung von Rohrleitungen, Behältern verwendet und kommen ferner in zerhackter Form zum Auflockern von Vorformlingen sowie für das Verstärken ebener oder auch gewellter Gießharztafeln sowie beim (↑) *Faserspritzverfahren* zur Anwendung (↑ *Polyesterharze, ungesättigte; Schleuderverfahren*). D.O.

Rückhaltevermögen ist ein Begriff zur Charakterisierung eines (↑) *Filtermittels*. In der Regel wird angegeben, von welcher Teilchengröße oder Molmasse an aufwärts die dispersen oder gelösten Inhaltsstoffe einer Trübe oder eines Gemisches mehr oder weniger vollständig von Filtermitteln zurückgehalten werden. Das Rückhaltevermögen eines Filtermittels kann durch blockierende Filterrückstände und durch Filterkuchen beeinflußt werden (↑ *Filtereffekt*). H.W.

Rücklaufverhältnis. Das Rücklaufverhältnis, v = R/E, ist das Verhältnis der Rücklaufmenge R, die am Kopf einer (↑ *Rektifiziersäule* zurückfließt, zur Erzeugnismenge E, wobei R + E gleich der Dampfmenge am Kopf der Säule entspricht. Beim Mindest-Rücklaufverhältnis v_m wird mit einer unendlich großen theoretischen Bodenzahl n_{th} die Erzeugniskonzentration X_E [Mol %] erreicht, bei einer geringen Vergrößerung des v_m Wertes wird n_{th} endlich. Das Rücklaufverhältnis v wird mit dem Wirtschaftlichkeits-Faktor z aus v_{min} ermittelt. z besitzt als Mittelwert ca. 1,5 und bewegt sich in den Grenzen von 1,05 bis 2. Der Wirtschaftlichkeits-Faktor z stellt das Verhältnis der Anlagekosten zu den Betriebskosten dar. Je größer der Faktor z wird, um so weniger theoretische Böden werden benötigt (die jedoch einen größeren Durchmesser besitzen), und um so größer wird die Energiezufuhr für die aufsteigende Dampfmenge in der Säule und die Energieabfuhr im Kondensator (s. Abb.). H.M.

Rückstandsverwertung ↑ *Abfallverwertung, Recycling* D.O.

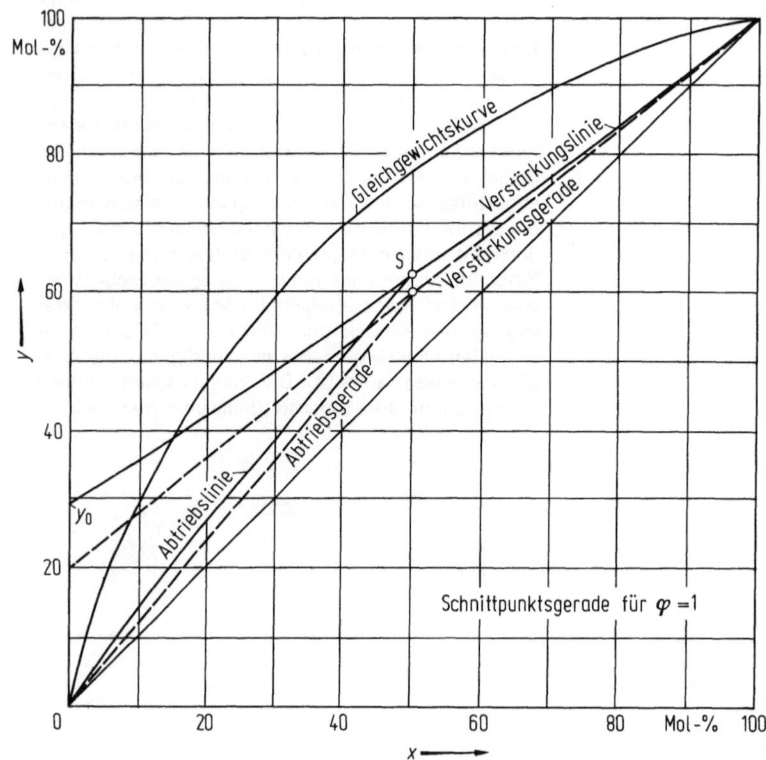

Verstärkungs- und Abtriebslinie bei einem Rücklaufverhältnis am Kolonnenkopfe von $v_0 = 4$ für ein Gemisch mit $r_s = 10000$ kcal/Mol und $r_L = 6000$ kcal/Mol. Verstärkungs- und Antriebsgerade für $v_o = 4$ bei $r_s = r_L$

Rührkesselreaktor (RKR). Der RKR ist neben dem Rohrreaktor (RR) und Wirbelschicht-Reaktor in der chemischen Reaktionstechnik der am häufigsten benützte Typ (↑ *Reaktoren*). Die Reaktorhöhe verhält sich zum -durchmesser etwa wie 2:1. Praktisch erzielte Energiedissipationsdichten liegen vornehmlich zwischen 2 bis 4 kW/m³ (Bereich: 1 – 10 kW/m³), womit sich bei Gas/Flüssig-Reaktionen eine spezifische Austauschfläche von mehreren Hundert m²/m³ erzeugen läßt. Der Betrieb erfolgt satzweise oder kontinuierlich wobei meistens 2 bis max. 5 RKR in Serie geschaltet werden (RKR-Kaskade). Der kontinuierliche RKR steht in Konkurrenz zum (↑) *Blasensäulen-Reaktor*. Einsatzbereich: homogene Gasreaktionen (↑ *Aethylen-Hochdruck-Polymerisation*), homogene Gas/Flüssig-Reaktionen (↑ *Polycarbonate* aus Bisphenol-A + Phosgen, Azotierungen), homogene Flüssig/Flüssig-Reaktionen (↑ *Alkylierung* arom. KW mit Alkylhalogeniden in Gegenwart von $AlCl_3$, (↑) Sulfonierung arom. KW mit Oleum, Nitrierung arom. KW mit H_2SO_4/HNO_3-Gemischen), Fest/Flüssig-Reaktionen (↑ *Kryolith* aus $Al(OH)_3$ + HF + NaCl-Sole, $(NH_4)_2SO_4$ aus $CaSO_4$ + $(NH_4)_2CO_3$-Lös). Das wichtigste Merkmal des idealen RKR ist seine vollständige Durchmischung im Gegensatz zum „idealen" RR. Ideale Durchmischung ist im kontinuierlichen RKR (s. Abb.) praktisch dann gegeben, wenn die mittlere

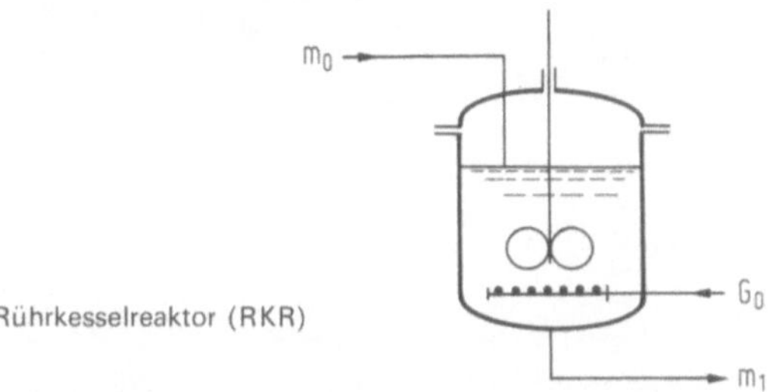

Rührkesselreaktor (RKR)

Verweilzeit etwa 5 – 10 mal höher als die berechnete Mischzeit ist. Als Mischaggregat kommen alle Arten von Rührwerken oder Umwälzpumpen (↑ *Schleifenreaktor*) infrage; bei niedrigviskosen Flüssigkeiten

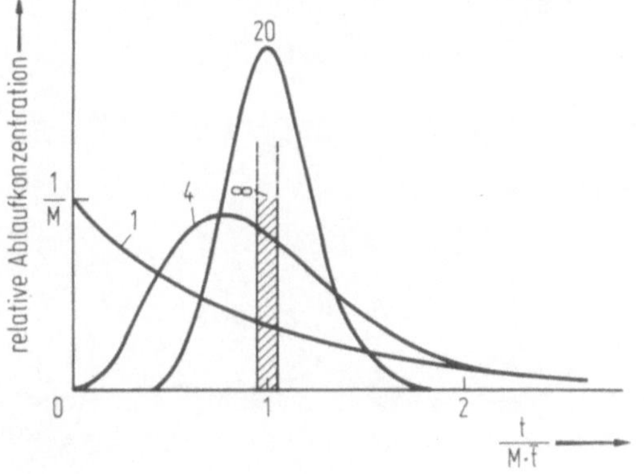

Verteilung der relativen Verweilzeit von RKR-Kaskaden (Stoßmarkierung). M = Anzahl der RKR

und Gas/Flüssig-Reaktionen dienen Turbinenrührer gleichzeitig als Gas-Dispergator. Bei gleichem Umsatz benötigt ein kontinuierlicher RKR ein größeres Reaktorvolumen als der RR (Abhilfe durch Hintereinanderschalten mehrerer RKR). Rührkessel-Kaskaden weisen gegenüber einzelnen, kontinuierlichen RKR ein engeres Verweilzeitspektrum auf. Im theoretischen Fall, daß die Anzahl der RKR unendlich wird, erhält man das Verweilzeitspektrum des idealen RR (s. Abb.). Einsatz des RKR überwiegend bei Produktionen mit vergleichsweise geringem Ausstoß oder häufigem Wechsel (Farbstoffe, Zwischenprodukte, Pharmazeutika).

G.L.

Rührwerkskugelmühlen sind ausschließlich zur Naßmahlung eingesetzt. Der stehende Behälter ist mit Sand oder Stahlkugeln gefüllt. Ein mit profilierten Scheiben oder Stäben bestückter Rotor (Rührwerk) taucht in den Behälter ein und bringt die Mahlkörper in Bewegung. Das mit Druck von unten eingetragene Mahlgut durchströmt die Mahlzone, wobei die bewegten Mahlkörper dei Feststoffe in der Suspension zerkleinern. Ihr Austritt erfolgt am oberen Auslaßrohr durch ein die Mahlkörper zurückhaltendes Sieb oder entsprechenden Spalt. Die Verweildauer des Mahlgutes innerhalb der Scherzone entscheidet den Feinheitsgrad (Ringkammermühle).

H.S.

Rundeindicker sind kontinuierlich arbeitende Absetzbecken. Bei Rundeindickern bis 30 m Durchmesser (s. Abb.) befindet sich der Antrieb in der Mitte des

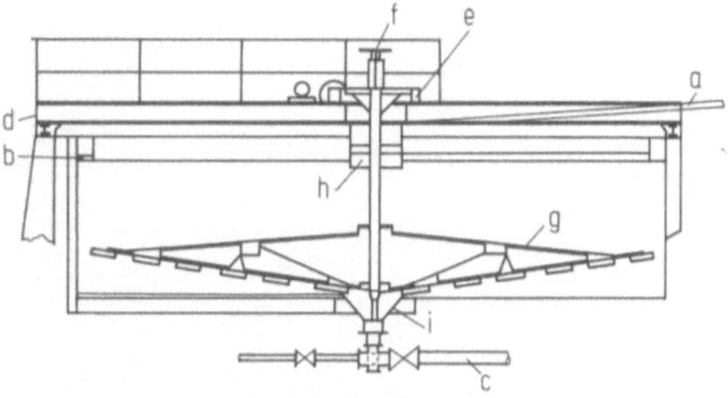

Eindicker in normaler Ausführung für Durchmesser bis zu 30 m. a = Trübezulauf; b = Überlaufrinne; c = Dickschlammaustrag; d = Antriebsverlagerung; e = Schneckenantrieb; f = Hebevorrichtung; g = Krählarme mit Schlammschabern; h = Eintragzylinder; i = Austragkonus

Eindickers auf einer Brücke aus Profilstahl. Die Brücke selbst ist auf dem Behälterrand oder auf separaten Stützen gelagert. An der vom Antrieb ausgehenden Mittelwelle hängen die Krählarme, an denen Schaufeln in bestimmten Abständen befestigt sind, so daß die sich am Boden absetzenden Feststoffe bei langsam drehendem Krählwerk kontinuierlich zum Austragskonus gefördert werden. Der Zulauf der Trübe erfolgt über einen Eintragzylinder, der ebenfalls in der Mitte unter dem Antrieb befestigt ist. Die geklärte Flüssigkeit läuft in eine Rinne am Behälterrand. Das dort angeordnete Überlaufwehr kann höhenverstellbar sein. Bei den *Schlammeindickern* (System Passavant) ist ein besonderes Konstruktionsmerkmal die bei Überlast selbsttätig ausschwenkenden Räumarme. Bei *Rundeindickern* von 30 bis max. 130 m Durchmesser ist der Antrieb auf einer Mittelsäule aus Beton oder Stahl verlagert. Die Krählarme sind am sog. Mittelkäfig befestigt, der mit dem Antrieb fest verbunden ist. Vom Behälterrand zur Mitte führt eine begehbare Fachwerk- oder Vollwandbrücke, unter der die zum Eintragszylinder führende Zulaufrinne und auch die elektrischen Leitungen befestigt sind. Die Arbeitsweise ist ähnlich der Rundeindikker bis 30 m Durchmesser.   E.H.

Rundsiebe mit Doppelunwuchtantrieb (s. Abb.) arbeiten als Wurfsiebe mit schraubenförmiger Schwingbewegung. Das Siebprodukt wird zentral aufgegeben und wandert durch die Schwing-Förder-Bewegung spiralförmig über den Siebboden nach außen; der Überlauf wird kontinuierlich ausgetragen. Unter dem Siebboden ist die Maschine im allgemeinen als Trichter ausgebildet, damit das Feingut ungehindert durchfließen kann. Zwei Vibrationsmotoren dienen als Schwingantrieb. Sie sind entweder mit parallelen Achsen zueinander angeordnet (dabei sind die Schwung-

massen beider Motore jeweils um einen bestimmten Winkel zueinander versetzt), oder mit schräggestellten, um 180° zueinander versetzten Achsen aufgebaut. Gebräuchlich: Ein- und Mehrdecker mit Siebgrößen: $\varnothing$ 600–$\varnothing$ 1600 mm, Schwingzahlen: 750–3000 min^{-1} bei 12–1,5 mm Hub. Anwendung: Trocken- und Naßsiebungen im Fein- und Feinstkornbereich (0,2–20 mm). Schutz- und Kontrollsiebungen von pulverförmigen und körnigen Produkten.   H.P.D.

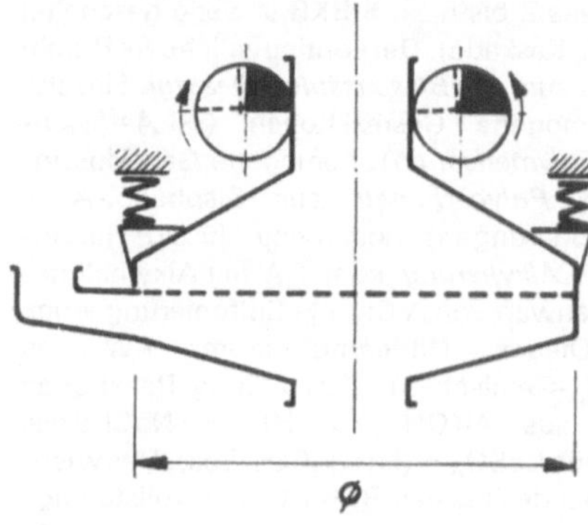

Rundsiebe mit Doppelunwuchtantrieb

Säureschornsteine sind Schornsteine der Chemischen Industrie (und anderer Betriebe), in denen es durch Taupunktunterschreitungen zur Bildung aggressiver Kondensate kommt. Für die Berechnung und Ausführung gilt DIN 1058. Als Säureschutz dient ein Säureschutzfutter, entweder als Etagenfutter oder als freistehende Innenröhre. Bekannte Steinverbände (s. Abb.) sind: a) ZETA-Verband; b) Dübelsteinverband; c) Nut- und Federverband; wobei für die Wahl des jeweils erforderlichen Verbandes die statischen und thermischen Verhältnisse maßgebend sind. Für kaltbetriebene Säureschornsteine haben sich auch Kunstharzbeschichtungen oder Innenröhren aus Kunststoff bewährt. M.H. u. G.S.

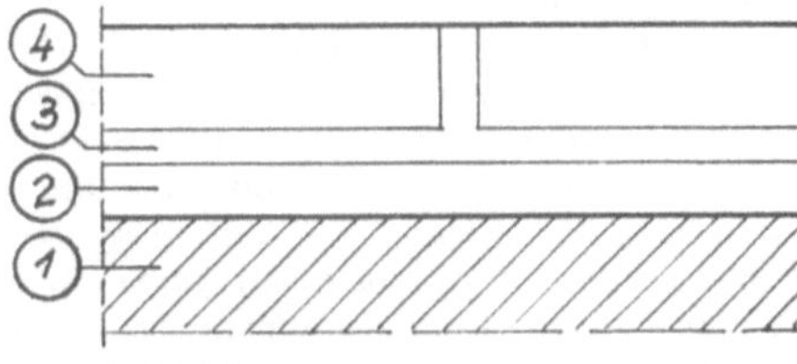

1 Untergrund
2 Dichtungsisolierung
3 Kitt
4 Plattenlage

1a säurebeständige keramische
   Plattenauskleidung

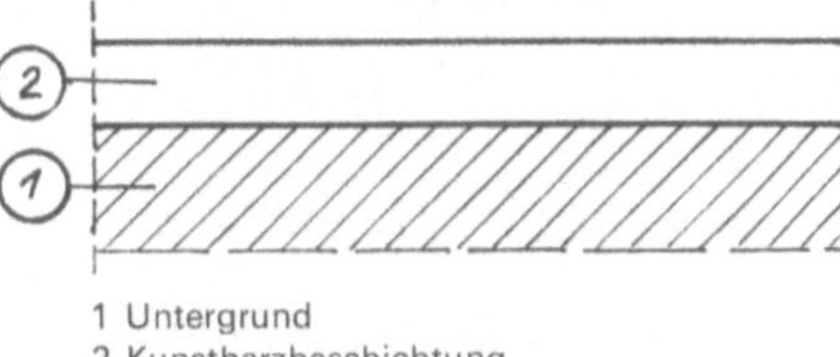

1 Untergrund
2 Kunstharzbeschichtung

1b Kunstharzbeschichtung

Säureschutztechnik

Didier-ZETA®-Verband

Didier-Dübelstein-Verband

Didier-Nut- und Federverband

Säureschornsteine. Kaminverbände für säurebeständige Innenröhren

Säureschutztechnik. Von Spezialfirmen ausgeführter Teil der Oberflächenschutztechnik, erweitert gegenüber dem engeren Begriff Korrosionsschutz, der z. B. durch Lackierungen, Phosphatierungen oder Verzinkungen ausgeführt wird. Die konventionelle Bezeichnung „Säureschutz" bzw. „Säurebau" bezieht sich nicht nur auf den Schutz gegen Angriffe durch Säuren, sondern auch gegen alle anderen chemisch-aggressiven Stoffe wie Laugen, Salzlösungen, Lösungsmittel, Öle und Fette sowie aggressive Gase und Dämpfe. Mit Hilfe der Verfahren der Säureschutztechnik werden Bauteile wie Fußböden, Wände und Decken sowie alle Anlagenteile (chemische Apparate, Behälter etc.) so-

wohl in Stahlbeton- als auch in Stahlbauweise, geschützt. Folgende Techniken (s. Abb.) werden angewandt: a) Ausmauerungen mit (↑) *säurebeständigen Steinen* oder Platten unter Verwendung von Kitten oder Mörteln einschließlich flüssigkeitsdichter (↑) *Zwischenschichten* (↑ *Verlege- und Verfugewerkstoffe*). b) (↑) *Beschichtungen* mit härtbaren organischen Werkstoffen. c) Auskleidungen mit Bahnen aus elastomeren und thermoplastischen Werkstoffen (↑ „*Gummierungen*"). Im Behälterbau eingesetzte *Stahlbetonkonstruktionen* bieten für den nachträglich einzubringenden Säureschutz den Vorteil der hohen Steifigkeit im Vergleich zu normalen Stahlkonstruktionen, wobei runde Behälter wegen der dadurch zu erzielenden guten Verspannung der Auskleidung günstig sind. Bei thermischer Beanspruchung ist sicherzustellen, daß keine durchgehenden Risse entstehen können. Die Betonoberflächen sind vor Auskleidung von vorstehenden Bewehrungsdrähten und Schalungsgraten zu befreien. Haftungsmindernde Beton- bzw. Schalungshilfsmittel sind schädlich. Kiesnester und Lunker müssen mit Zementmörtel oder Kunstharzspachtelmassen ausgefüllt werden, sodaß für den Säureschutzbau eine ebene, griffige und feste Oberfläche verfügbar ist. Auf VDI-Richtlinie 2533 „Gestaltung und Ausführung zu schützender Bauteile aus Stahlbeton, Beton und Mauerwerk" wird verwiesen. Grundsätzlich gilt für die

Herstellung eines konstruktiv einwandfreien Stahlbetonbauwerkes DIN 1045 (Fassung Jan. 1972). *Stahlkonstruktionen* (Behälter, Apparate) müssen im Hinblick auf die nachträglich einzubringende, säurefeste Auskleidung wesentlich biegesteifer berechnet und hergestellt werden, als dies im konventionellen Behälterbau üblich ist. Dies gilt insbesondere dann, wenn diese Konstruktionen thermisch und mechanisch beansprucht werden. Hinweise sind in DIN 28060 bis 28062 festgelegt. Sollen Behälter lediglich weichgummiert werden, ohne nachfolgende Vormauerung, so gelten die üblichen Forderungen an die Stahlkonstruktion (VDI-Richtlinie 2532). Die metallischen Oberflächen sind grundsätzlich sauber zu entrosten. Vor Ausmauerung sind die Apparate auf Dichtigkeit zu prüfen. Wie bei Stahlbetonbehältern ist auch hier eine runde Form zu bevorzugen.   M.H. u. G.S.

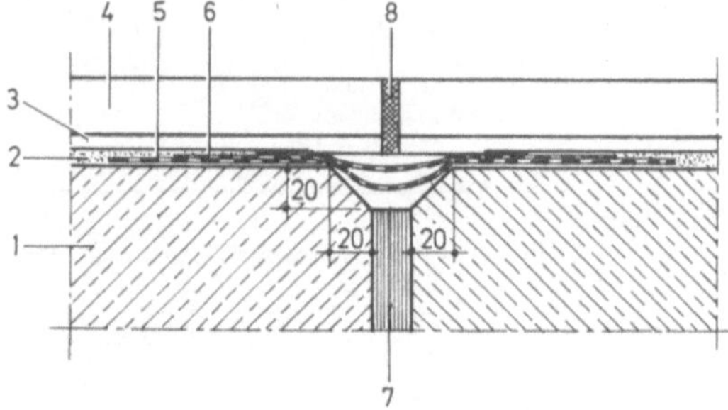

Dehnfuge. 1=Beton; 2=Schutzschicht, Dichtschicht; 3=Kittbett; 4=Keramische Platten; 5=Erste Folienüberlappung; 6=Zweite Folienüberlappung; 7=Blindfüllung; 8=Dehnfugenmasse

Salpetersäure. Ausgangsprodukt für die Herstellung von Salpetersäure ist Stickstoffdioxid, NO_2, welches bis zum Anfang dieses Jahrhunderts fast ausschließlich durch Umsetzung von natürlichem Chile-Salpeter mit

Schwefelsäure gewonnen wurde; daneben spielte noch das Verfahren der „Luftverbrennung" im Lichtbogen eine gewisse Rolle. Heute gewinnt man Stickstoffdioxid durch (↑) *Ammoniakverbrennung*, wobei zunächst NO entsteht, welches sich mit Sauerstoff weiter zum NO_2 umsetzt. Zur Salpetersäuregewinnung sind zahlreiche Verfahren entwickelt worden (s. Abb.). Beim „Conia"-Verfahren wird Ammoniak nach Verdampfung in (1) mit in (4) komprimierter Luft gemischt und in (10) unter Druck entsprechend der Reaktion

$$4NH_3+5O_2{\rightarrow}4NO+6H_2O+\text{Wärme}$$

zu NO umgesetzt. (↑ *Ammoniak-Verbrennung*). Die Abkühlung des Reaktionsgases von 850–950°C auf 40–50°C erfolgt im Dampferzeuger (11, 13), Endgasvorwärmer (12) und im Kondensator (14), wobei in (14) der größte Teil des bei der NH_3-Oxidation gebildeten Wassers unter Bildung von ca. 30–40%iger HNO_3 abgeschieden wird. Nach Oxidation des größten Teiles des im Gas enthaltenen NO zu NO_2 entsprechend der Reaktion

$$2NO+O_2{\rightarrow}2NO_2+\text{Wärme}$$

wird ein Teil des NO_2 in (16) im Gegenstrom in Wasser absorbiert unter Bildung von Salpetersäure mittlerer Konzentration (40 bis 70%) entsprechend der Reaktion

$$4NO_2+O_2+2H_2O{\rightarrow}4HNO_3+\text{Wärme}$$

Nach Ausblasen der gelösten Stickoxide mittels Luft in (15) verläßt die Säure die Anlage als Produkt (50 bis 70%ige HNO_3).
Im oberen Teil der Kolonne (16) wird die zur Bildung der hochkonzentrierten Säure erforderliche restliche Nitrosemenge zu NO_2 oxidiert und nach Kühlung in (17) in der Absorptionskolonne (18) mit hochkonzentrierter Säure (99%ige HNO_3) unter tiefen Temperaturen aus dem Gasstrom ausgewaschen. Das Restgas wird nach Vorwärmung in (12) in (7) entspannt, wobei ein großer Teil der zur Verdichtung der Luft in (4)

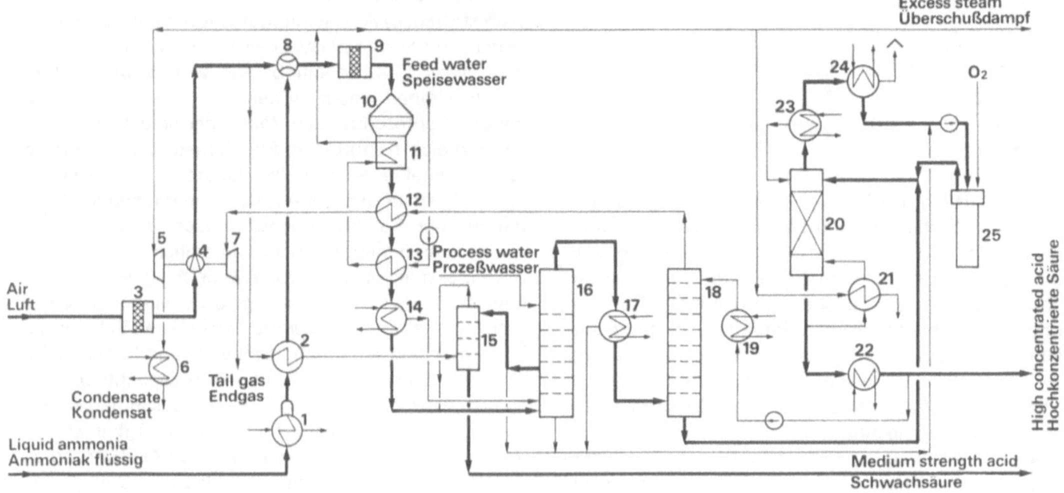

„Conia"-Salpetersäure-Verfahren (Davy Powergas)

erforderlichen Antriebsenergie zurückgewonnen wird. Die Restleistung wird durch eine Dampfturbine (5) oder einen Elektromotor aufgebracht. Die aus (18) abfließende, mit N_2O_4 beladene hochkonzentrierte Salpetersäure wird in der Bleichkolonne (20) in N_2O_4 (Kopfprodukt) und HNO_3 (Sumpfprodukt) zerlegt. Ein Teil des Sumpfproduktes wird zur Auswaschung der Nitrose in (18) zurückgeführt, der Rest verläßt die Anlage als Produktsäure (99%ige HNO_3). Das am Kopf von (20) anfallende N_2O_4 wird im Dephlegmator (23) und in (24) verflüssigt und nach Mischung mit Schwachsäure im Autoklaven (25) unter einem Druck von ca. 50 ata mit Sauerstoff entsprechend der Reaktion

$$2N_2O_4+O_2+2H_2O\rightarrow4HNO_3$$

zu Salpetersäure umgesetzt. Das den Autoklaven verlassende HNO_3-N_2O_4-Gemisch wird in (20) in N_2O_4 und HNO_3 zerlegt. D.O.

Salzfracht ist die Belastung eines fließenden Gewässers mit Salzen. Beispiel: Belastung des Rheins mit Salz aus Abwässern der elsässischen-Kalibergwerke. D.O.

Salzsäure. Wässrige Lösung von (↑) *Chlorwasserstoff.* D.O.

Salzsäure – Elektrolyse. Überschuß-Salzsäure z. B. aus der Kohlenwasserstoff-Chlorierung kann wirtschaftlich durch (↑) *Elektrolyse* in Chlor und Wasserstoff zerlegt werden. Zellen in der Bauart von Filterpressen mit (↑) *bipolar* geschalteten Elektroden und einem Diaphragma zur Trennung der Gase arbeiten bei einer (↑) *Stromdichte* von 4000 A/m^2 mit einer (↑) *Zellspannung* von 2,55 V. Der Energiebedarf beträgt dann 1550 kWh/t Chlor. H.V.

Sand-Mill ↑ *Rührwerkskugelmühle* H.S.

Sandfang. Der Sandfang (s. Abb.), ein dem Klärbecken vorgeschaltetes Absetzbecken, wird vorwiegend in kommunalen und industriellen Abwasseranlagen zur Vorabscheidung grober Feststoffpartikel eingesetzt. Man unterscheidet Langsandfänge, vorwiegend als Doppellängsbecken ausgebildet und Rundsandfänge. E.H.

Sandfilter ↑ *Bettfilter* H.W.

Saugfiltration, (Vakuumfiltration) ↑ *Filtration,* Filterapparate H.W.

Schachtöfen. Schachtförmige, mit feuerfestem Material ausgekleidete Öfen. Bekanntester Vertreter ist der mit Gebläseluft betriebene Hochofen zur Roheisengewinnung. Öfen dieser Bauart dienen auch zur Gewinnung zahlreicher anderer Metalle und zum Brennen von Kalk, Zement, Bauxit usw. D.O.

Schachttrockner ↑ *Trocknung* D.ST.

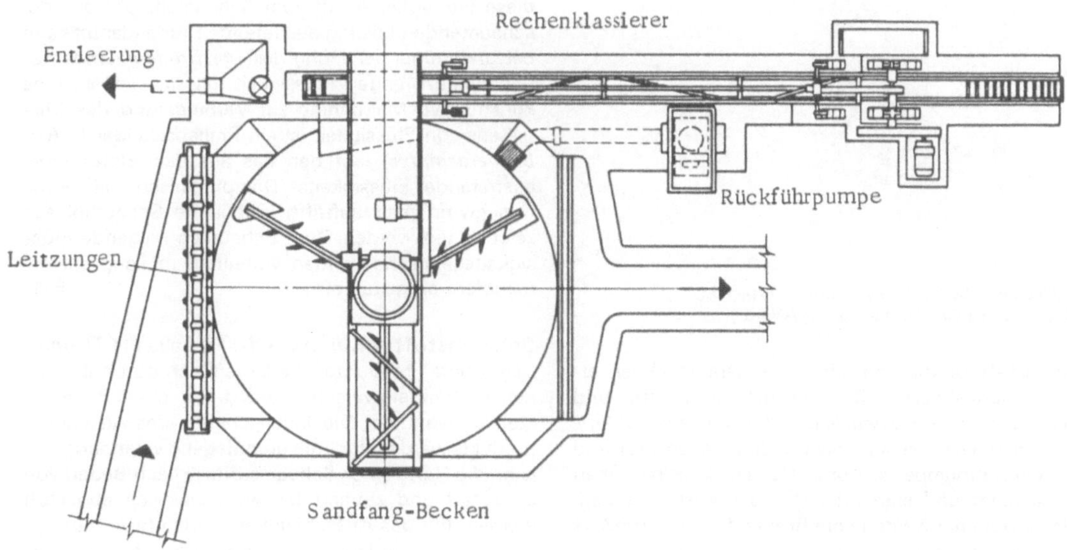

Dorr-Sandfang

Schälsiebzentrifugen (s. Abb.). Siebzentrifugen, die als Schälzentrifugen gebaut sind (↑ *Siebzentrifugen, Zentrifugen*).   W.W.

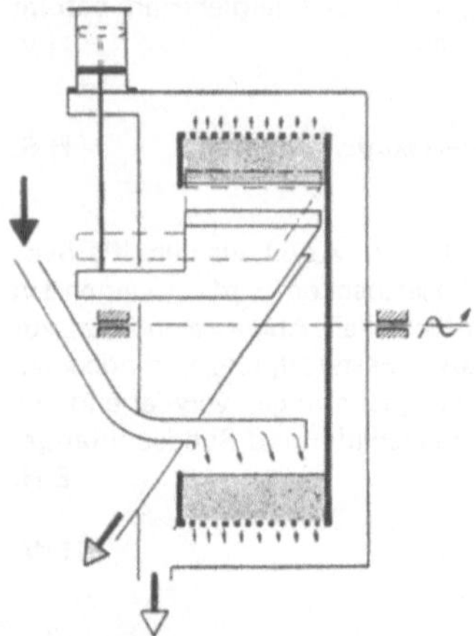

Schäl-Siebzentrifuge Typ HS (Escher Wyss GmbH, Ravensburg/Württ.)

Schälzentrifugen (s. Abb.) sind Vollmantelzentrifugen. Sie eignen sich für besonders schwere, langsam filtrierende Güter. Der Feststoff wird aus der Zentrifuge mit einem Schälmesser ausgetragen (↑ *Zentrifugen, Vollmantelzentrifugen, Schälsiebzentrifugen*).   W.W.

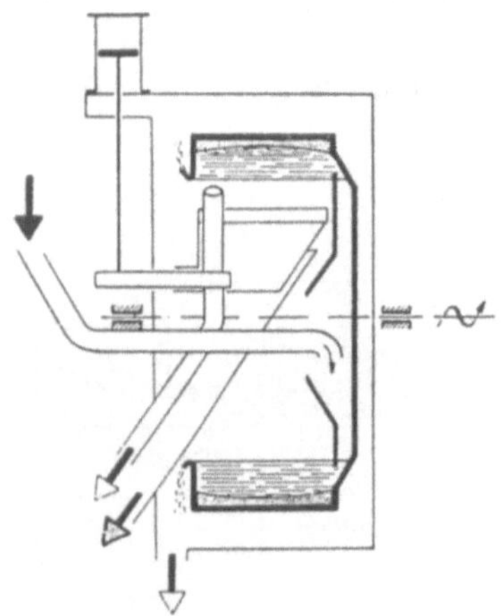

Vollmantel-Überlaufschälzentrifuge, Typ HU (Escher Wyss GmbH, Ravensburg/Württ.).

Schaufeltrockner bestehen aus dem Trockner, einem langgestreckten Zylinder mit Heizmantel und Schaufelwerk, sowie dem Naß- oder Trockenstaubfänger, einem Oberflächen- oder Mischkondensator und der Vakuumpumpe (s. Abb.). Der Trockner hat einen Brüdendom und eine oder mehrere Auslaßklappen. Kleine Trockner werden vom Brüdendom aus, größere durch gesonderte Einfüllstutzen beschickt. Beheizt werden Gehäuse, Schaufelwerk, Stirndeckel und Dom mit Dampf, Warmwasser oder Heißöl. Schaufeltrockner dienen zum kontinuierlichen oder diskontinuierlichen Trocknen größerer Mengen schaufelbarer Güter sowie zum Kalzinieren kristallwasserhaltiger Salze; sie können neben rieselfähigen auch mit breiigen oder flüssigen Produkten beschickt werden, falls das Produkt nach dem Antrocknen leicht zerfällt und in eine krümelige Form übergeht.   D.O.

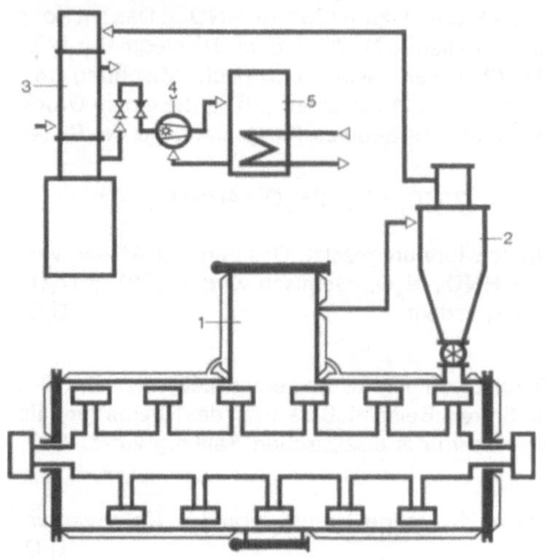

1=Vakuum-Schaufeltrockner; 2=Entstauber; 3=Oberflächen Kondensator; 4=Wasserring-Pumpe; 5=Flüssigkeits-Umlaufbehälter (Büttner-Schilde-Haas AG, Krefeld)

Schaumabscheidung ↑ *Schaumbildung*   F.W.

Schaumbildung. Sind in einzudampfenden Lösungen feine Partikel (Kolloide) suspendiert, so neigen diese Flüssigkeiten oft zum Schäumen. Der aus der schäumenden Lösung austretende Brüdendampf kann bei ungenügender Höhe des (↑) *Brüdenraumes* beträchtliche Mengen Flüssigkeit mit sich reißen. Eine konstruktive Maßnahme zur Verhinderung des Mitreißens von Flüssigkeit ist ein Prallabscheider (↑ *Robertverdampfer*), auf den das aus dem Rohrbündel austretende Flüssigkeits-/Dampfgemisch mit hoher Geschwindigkeit auftrifft, wobei die Schaumblasen zerschlagen werden. Zum Schäumen neigende Flüssigkeitsgemische werden vorteilhaft in Langrohrverdampfern eingedampft.   F.W.

Schaumstoffe; Kunststoff-. Fast alle (↑) *Thermoplaste* und (↑) *Duroplaste* lassen sich durch Zugabe von Treibmitteln verschäumen, d. h. in einen Schaumstoff umwandeln. Die Eigenschaften des Ausgangsprodukts werden dadurch grundlegend verändert; z. B. kann die Härte eines Schaumstoffs je nach Bedarf von sprödhart und zähhart bis weichelastisch abgestuft werden. Für das Ausschäumen werden feste, flüssige oder gasförmige Treibmittel verwendet. Das gasförmige Treibmittel wird unter Druck oder drucklos in das

Ausgangsprodukt Kunststoff mechanisch eingearbeitet. Das flüssige Treibmittel wird im Kunststoff unter Anwendung von Wärme ein Gas, das den Schäumungseffekt hervorruft. Feste Treibmittel sind in der Regel pulverförmige Substanzen, die sich in der Wärme oder durch Reaktion mit einer zweiten Substanz zersetzen und dadurch den Aufschäumprozeß im Kunststoff in Gang setzen. H.K.

Scheidefiltration. Hierunter versteht man die Abtrennung größerer Mengen Feststoffe aus Trüben in Form von (↑) *Filterkuchen* mit dem Ziel, diese rein oder als Abfall mit möglichst geringer Restfeuchte zu gewinnen, wobei das (↑) *Filtrat* Wertstoff sein kann. Bei ausreichend dicken Filterkuchen wird Scheidefiltration zur (↑) *Tiefenfiltration*. H.W.

Schichtenfilter (↑ *Filterapparate*). Es handelt sich um (↑) *Filterpressen-Konstruktionen*, die mit wechselseitig eingesetzten, gleichartigen Filterplatten arbeiten und speziell für die Verwendung von vorgefertigten (↑) *Filterschichten* (↑ *Filtermittel*) konstruiert sind. Sie dienen vorwiegend zur (↑) *Feinfiltration* und (↑) *Entkeimungsfiltration*, können aber auch mit Rahmen zur Aufnahme größerer (↑) *Filterrückstände* ausgestattet werden. Die Unterteilung des Plattenpaketes durch Umleitkammern ermöglicht Vor- und Nachfiltration bzw. Klärung und Entkeimung in einem Filtrationsgang. Schichtenfilter sind sterilisierbar und weisen Filterflächen bis zu mehreren 100 m², auf (Druck bis 6 bar). H.W.

Schiffsverdampfer. Verdampferanlage zur Bereitung von Trinkwasser aus Meerwasser auf Schiffen. Die Ausführung erfolgt meist als Anlage mit (↑) *Mehrstufenverdampfung* oder als Rohrbündelverdampfer. F.W.

Schildräumer für Längsabsetzbecken sind meist so ausgeführt, daß die Schildarme und Räumschilde unter Wasser liegen. Die Schildarme werden hydraulisch oder durch Seilzug gehoben und gesenkt (↑ *Absetzapparaturen, kontinuierliche*). Rechteck- bzw. Längsbekken werden vorwiegend in Beton hergestellt. E.H.

Schläuche und biegsame Rohre. Schläuche aus Gummi oder Kunststoff werden als Betriebsmittel nur verwendet, wenn es sich um einen gelegentlichen Transport von Flüssigkeiten handelt (z.B. Abhebern, provisorische Verbindung von Apparaten u.a.). Bei Spezial-Säureschläuchen ist der Flanschstutzen in die Schlauchwand eingebettet. Für größere Drücke werden Metallschläuche oder metallumflochtene Schläuche verwendet. Metall-Wellenschläuche werden mit Wendelwellung (s. Abb. a) oder Ringwellung (s. Abb. b) hergestellt. Zum Schutz gegen mechanische Beanspruchung und zur Erhöhung der Druckfestigkeit sind die Schläuche mit Drahtgewebe umflochten. W.W.

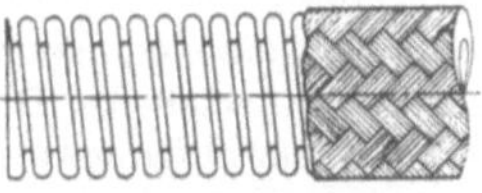

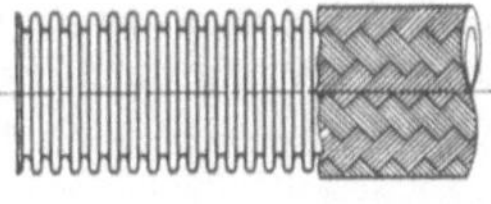

Metall-Wellenschläuche
(Metallschlauch-Fabrik
Pforzheim, vorm.
Hch. Witzenmann GmbH,
Pforzheim)

Schlagempfindlichkeit ↑ *Fallhammertest* F.WI.

Schlagkreuzmühle. Nach dem System der (↑) *Prallzerkleinerung* arbeitende (↑) *Zentrifugalmühle*. Das aus 3, 6–12 Schlagarmen bestehende Schlagkreuz rotiert mit 50–70 m/sec Umfangsgeschwindigkeit gegen einen im Kreis-Umfang angeordneten Siebkorb (s. Abb.). Je nach Aufgabe sind im Siebkorb durchge-

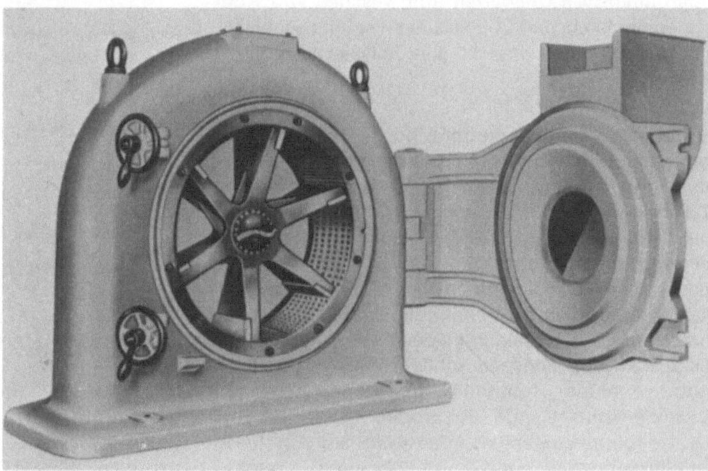

Schlagkreuzmühle
mit geöffnetem Mahlraum
(Werkfoto Condux)

hende Siebringe bzw. Siebkränze angeordnet oder segmentartig einzelne Siebstreifen mit zwischenmontierten Reibelementen (Reibbacken) aus Hartguß.

H.S.

Schlagleistenmühle mit vertikalem Rotor (↑ *Gebläsemühle*). Bei der horizontalen Ausführung mit konischem Rotor erfolgt die Prallbeanspruchung stufenweise in mehreren Etagen ähnlich einer (↑) *Sichtermühle*. Die geriffelte Gegenmahlbahn befindet sich im aufgesetzten, ebenfalls konischen Mühlengehäuse. Durch Unterlegen von Distanzringen zwischen dem Gehäuse und dem Sockel kann der erforderliche Mahlspalt eingestellt werden. Der Austragstutzen verläuft tangential zum äußeren Durchmesser des Stators.

H.S.

Schlagnasenmühle ↑ *Schlagscheibenmühle*   H.S.

Schlagscheibenmühlen. Das Mahlwerkzeug ist eine vielgezahnte Schlagscheibe. Die Nocken oder Schlagnasen arbeiten gegen die ebenfalls mit Nocken bestückte Statorscheibe. Damit wird, ähnlich der (↑) *Stiftmühle*, ein stufenweise fortschreitender Zerkleinerungsvorgang bewirkt. Die endgültige Feinheit beeinflußt das den Mahlraum umschließende, ringförmig angeordnete Sieb. Es ist als durchgehender Siebkranz oder, segmentartig durch Reibbacken unterbrochen, im herausnehmbaren Siebkorb eingespannt.   H.S.

Schlammfiltration ↑ *Scheidefiltration*   H.W.

Schlammkontaktanlagen sind kontinuierlich arbeitende Hochleistungs-Flockungsklärbecken, die im Zwangsdurchlauf betrieben werden. Sie werden bei der Aufbereitung und Reinigung von Oberflächen- und Grundwasser und auch zur Abwasserbehandlung eingesetzt. Dabei werden Vorgänge wie Mischen, Umwälzen, Koagulieren und Flocken unter Chemikalienzusatz, Sedimentieren und Eindicken in einem einzigen kompakten System nebeneinander durchgeführt. Durch intensives Umwälzen und Mischen von Rohwasser, Schlamm und Chemikalien werden beste Flockungsbedingungen erreicht. Ein Beispiel ist der (↑) *Sedimat*.   E.H.

Schlangenwärmetauscher sind Rohrschlangen in Form einer Spirale und können einer gegebenen Apparatur angepaßt und nachträglich eingebaut werden (Zylinderschlangen, die den gesamten Kesselraum ausfüllen oder Bodenschlangen). Sollen Dämpfe kondensiert werden, so umströmt das Kühlmittel die Rohre und steigt im Gefäß von unten nach oben, während die Dämpfe durch das Rohr strömen. Rühren oder Umpumpen tragen zur Steigerung des Wärmeaustausches bei. Soll ein Reaktionsgemisch im Gefäß gekühlt oder erwärmt werden, strömt das Kühl- oder Heizmittel durch die Rohrschlange. Bei großen Kesseln werden mehrere Dampfeingänge angebracht. Zur Erhöhung des Effekts werden mehrere Rohrwindungen ineinan-

der gelegt. Rohrschlangen werden aus Rohren bis zu 80 mm Durchmesser hergestellt. Metallschlangen werden mit Schellen befestigt, Schlangen aus keramischen Material müssen nachgiebig gehaltert sein, um Verspannungen zu vermeiden.   W.W.

Schlauch-Pumpen dienen zum Fördern aggressiver Medien. Die Abb. zeigt die Arbeitsweise der Delasco-Schlauch-Pumpe (Ponndorf Handelsgesellschaft KG, Kassel). Drei Rollen quetschen den Schlauch gegen die teflonbeschichtete Innenwand der Pumpe. Der Schlauchinhalt wird entsprechend der Drehrichtung gefördert. Hinter jeder Rolle entsteht ein Vakuum, das die Ansaugung bewirkt. Das Medium kommt nur mit dem Schlauch in Berührung. Förderleistung bis 15 m³/h. Auch die Arbeitsweise der Vanton-„flex-i-liner"-Pumpe (Vanton Pumpen AG, Fribourg) entspricht dem Ausquetschen eines im Kreis gelegten Schlauches, dessen Innenseite vom „flex-i-liner" und dem Pumpenkörper gebildet wird (s. Abb.). Der exzentrisch angetriebene Rotor streicht auf der Innenseite des Schlauchringes entlang und fördert das Medium von der Eintrittsseite zur Austrittsseite. Die Förderflüssigkeit kommt nur mit der Innenseite des Pumpenkörpers und der Außenseite des „flex-i-liners" in Berührung. Innenliegende Ventile sind nicht vorhanden. Die Pumpe ist in jeder Lage selbstansaugend. Leistungen bis 150 l/min.   W.W.

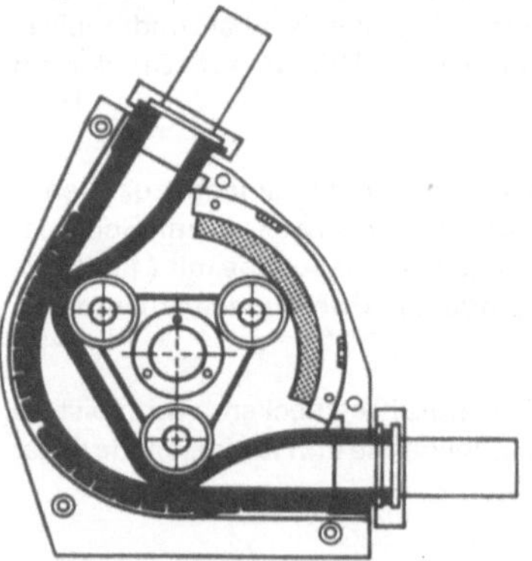

Delasco-Schlauchpumpe   (Ponnolort   Handelsgesellschaft KG., Kassel)

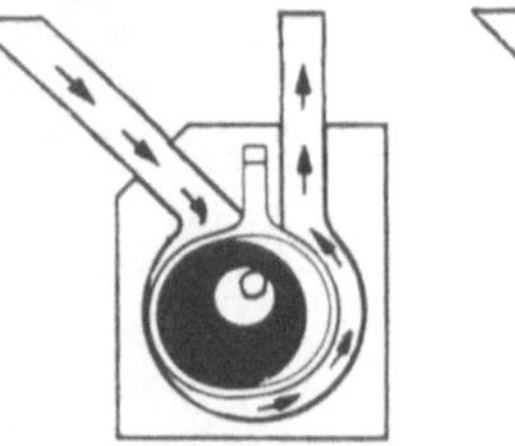
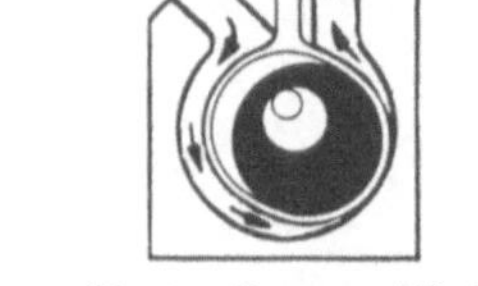

Vanton — „flex-i-liner" — Pumpe (Vanton Pumpen AG, Fribourg/Schweiz)

Schlauchfilter dienen zur Entstaubung von staubhaltigen Gasen. Sie bestehen aus einzelnen Kammern, in denen mehrere Filterschläuche jeweils an gemeinsa-

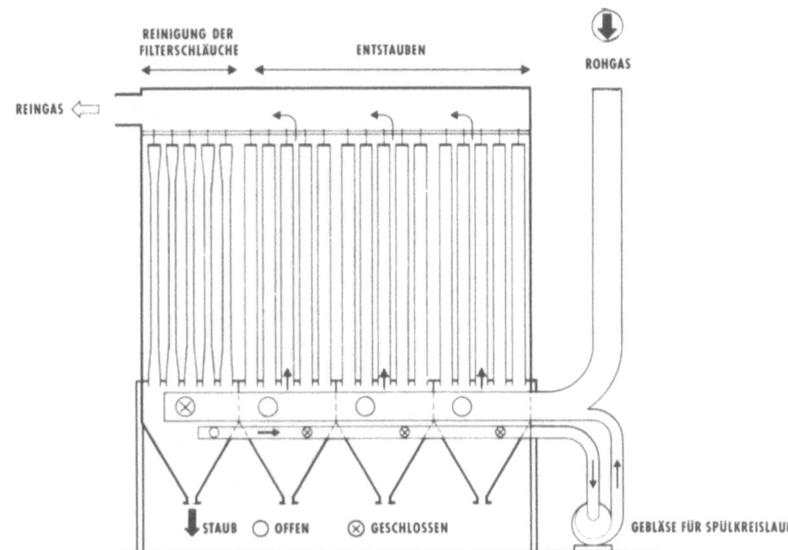

Glasgewebefilter (Lurgi)

men Schlauchgehängen befestigt sind. Das staubhaltige Gas strömt durch die Filterschläuche und tritt als Reingas in den Reingaskanal ein. Ist in den Schläuchen einer Filterkammer soviel Staub abgeschieden, daß der Widerstand zu hoch und der Gasdurchtritt behindert wird, so wird diese Kammer von Gasstrom abgeschaltet und automatisch gereinigt (s. Abb.). Zur Entstaubung heißer Abgase (besonders aus Metallhütten) verwendet man Glasfaserschläuche, deren Glasfasern zur Erhöhung der mechanischen Festigkeit silikonisiert sind; infolge der glatten Oberfläche kann von ihnen der Staub ohne Abklopfen entfernt werden. Der Filterkuchen wird durch Reingas, das im Gegenstrom geführt wird, ausgespült. Glasfilterschläuche haben eine relativ lange Lebensdauer, da sie mechanisch wenig beansprucht werden. D.O.

Schlauchquetschventile. Es handelt sich um Absperrarmaturen mit geradliniger Schließbewegung (s. Abb.). Die Absperrung erfolgt durch das Zusammenpressen eines durchlaufenden Schlauches. Einsatzgebiet: Aggressive Medien bei geringem Betriebsdruck. Eine zuverlässige Abdichtung wird bei dünnwandigen, hochelastischen Schlauchmaterialien über einen langen Betriebszeitraum gewährleistet. K.R.

Schleifenreaktor (SR). In diesem Reaktor, auch Schlaufen- oder Kreislaufreaktor genannt, wird intern (interne Schleife) oder extern eine reproduzierbare, in sich geschlossene Umlaufströmung einer oder mehrerer Reaktionsphasen erzeugt. Bei einem kontinuierlichen Betrieb überlagert sich dem Umlauf ein Durchlauf. Einsatzbereich: homogeneFlüssig/Flüssig-Reaktionen (Cyanoäthylierung von primären Fettaminen mit Acrylnitril), Gas/Flüssig-Reaktionen wie z.B. Oxi-

dation von n-Butan mit Luft zu Essigsäure und Lösungsmittelgemisch, auch heterogen katalysierte Reaktionen wie Hydrierung von Ölen und Fettsäuren (↑*Fetthärtung*), Hydrierung von aliphatischen Nitrilen, Reduktion von Nitroaromaten mit H_2 u.a.m. Die Umlaufströmung der Flüssigkeit kann bei reinen Flüssigkeitsreaktionen wie auch bei Gas/Flüssig-Systemen auf verschiedene Art bewerkstelligt werden: Hydrodynamisch durch einen Flüssigkeitstreibstrahl, der sich in einem koaxialen Impulsaustauschrohr, dessen Durchmesser kleiner als der Reaktordurchmesser ist, ausbrei-

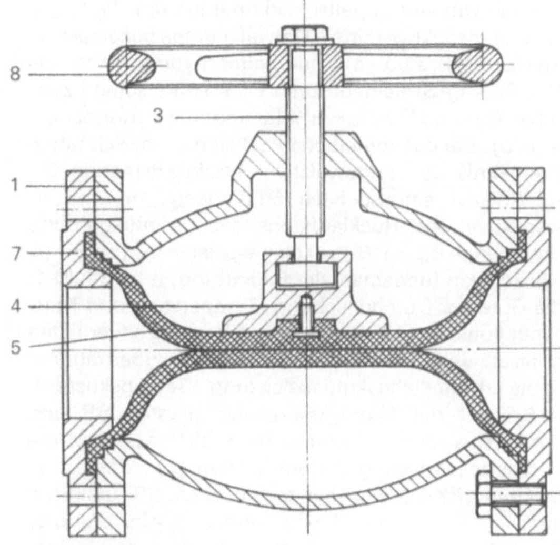

Schlauchquetschventil. 1 = Gehäuse; 3 = Spindel; 4 = Druckstück; 5 = Schlauch; 7 = Spannflansch; 8 = Handrad

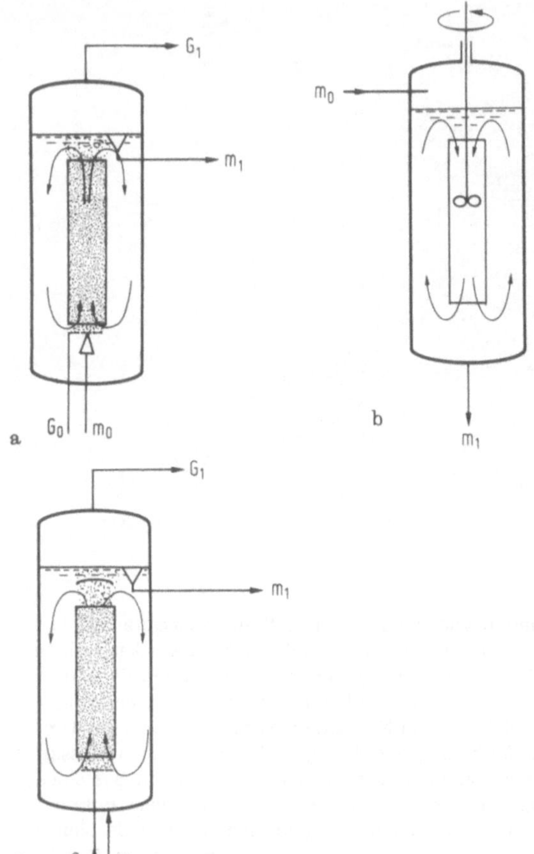

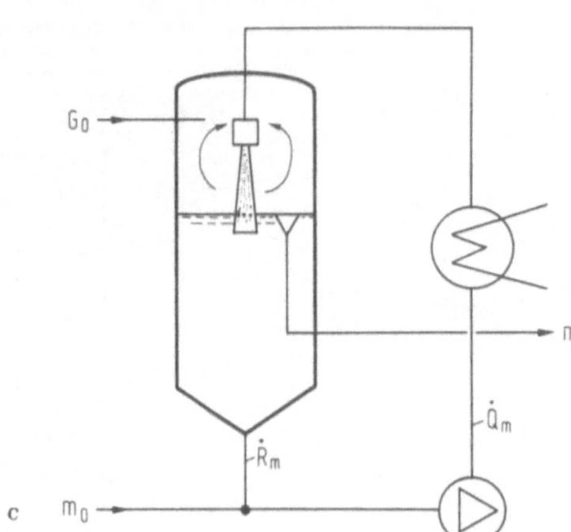

a) Schleifenreaktor (SR) mit hydrodynamischem Antrieb („Stahldüsenreaktor").
b) Schleifenreaktor mit hydrodynamischem Antrieb (für Nur-Flüssigkeits-Systeme).
c) Schleifenreaktor mit hydrodynamischem Antrieb, externem Kreislauf und Reaktionsmischer (Injektor) (Buss-Reaktor).
d) Schleifenreaktor mit hydrostatischem Antrieb (Mammutpumpenprinzip)

tet (s. Abb. a), hydromechanisch durch ein Einsteckrohr mit Umwälzpropeller (bei internen Kreisläufen, s. Abb. b) respektive mittels Umwälzpumpe bei externem Kreislauf (s. Abb. c), oder aber hydrostatisch bei Gas/Flüssig-Systemen durch Dichteunterschied zwischen Gas und Flüssigkeit (Mammutpumpenprinzip, s. Abb. d). Bei kontinuierlichen SR ist die Umwälzzahl n (Verhältnis der umgewälzten Flüssigkeitsmenge Q_m (m^3/h) zur eingespeisten Eduktmenge m_o (m^3/h) respektive das Rücklaufverhältnis (= rückgeführte Stoffmenge R_m (m^3/h) zur eingespeisten m_o (m^3/h) (s. Abb. c) von fundamentaler Bedeutung; n beinflußt 1. die Güte der Durchmischung (Temperatur- und Konzentrationsverteilung, 2. das Verweilzeitverhalten (Umsatz und Selektivität), 3. die Wärmeübertragung, 4. die erforderliche Antriebsleistung (Betriebskosten). — Bei nur mit Flüssigkeit beaufschlagten SR und homogener Durchmischung (n > 20) entspricht die Verweilzeitverteilung der des idealen (↑) *Rührkesselreaktors* (RKR), was bei technischen SR praktisch immer erfüllt ist. – Für die Bauformen (s. Abb. a und c) des SR ist jedoch gas-seitig vor allem bei kleiner Gasbelastung keine ideale Rückvermischung gegeben, so daß hier die Verweilzeitverteilung zwischen der des

(↑) *Rohrreaktors* und der des idealen RKR liegt. Die Übertragung von Laborresultaten auf großtechnische SR ist im Gegensatz zu (↑) *Blasensäulenreaktoren* unproblematisch, da sowohl im Labor als auch im Betrieb derselbe relative Umlauf realisiert werden kann. – Der als Funktionseinheit erhältliche SR (BUSS AG, Basel) (s. Abb. c) wird vor allem bei Gas/Flüssig-Reaktionen eingesetzt, bei denen die Zu- oder Abfuhr großer Wärmemengen und eine Erhöhung der Phasengrenzfläche zwischen den Reaktionspartnern im Vordergrund stehen.   G.L.

Schleppmittel ↑ *azeotrope Rektifikation*   H.M.

Schleudern ↑ *Vollmantelzentrifugen*   D.O.

Schleuderverfahren dient der Verarbeitung von (↑) *Duroplasten*. Die Schleuderapparatur besteht normalerweise aus einer Stahlkokille, die schwingungsfrei mit regelbarer Tourenzahl in Rotation versetzt wird. Der Antrieb kann mittels Rollen, auf denen die Kokille aufliegt, oder durch Keilriemen erfolgen. Das trockene,

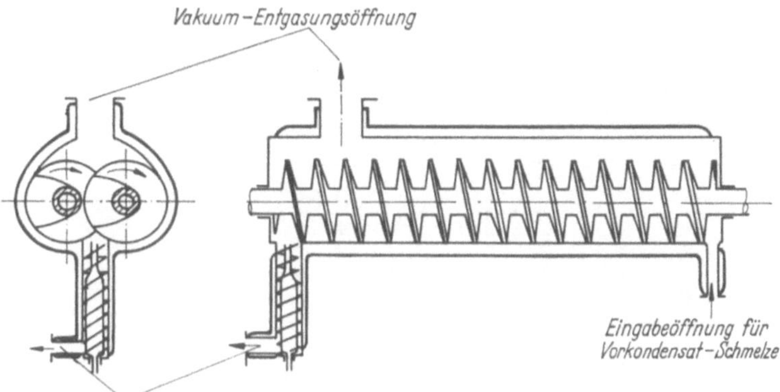

Zweiteiliger, gleichläufiger Schnekkenreaktor mit Dichtprofil vom Typ ZDS-R für die Nachpolykondensation von Polyestern (Werner & Pfleiderer, Stuttgart)

eingerollte Verstärkungsmaterial, Textilglasmatten und/oder (↑) *Rovinggewebe*, werden in die stehende Kokille eingelegt. Beim Anfahren rollen sich die Bahnen ab und legen sich satt an die Trommelwandung. Sodann wird die Dosiervorrichtung in die laufende Trommel eingefahren und die nötige Menge Harzmasse gleichmäßig auf die ganze Länge aufgegeben. Metallringe an den beiden Enden der Kokille verhindern ein Austreten des Reaktionsharzansatzes. Die meist kalthärtende Harzmasse durchtränkt das Verstärkungsmaterial; die Luftblasen entweichen nach innen. Während beim Einbringen der Reaktionsharzmasse die Drehzahl noch niedrig gehalten wird, steigert man sie nun je nach Trommeldurchmesser und Harzviskosität auf eine hohe Tourenzahl. Da der Glasgehalt in direktem Zusammenhang mit der Festigkeit des entstehenden Zylinders bzw. Rohres steht, ist man im allgemeinen bestrebt, einen möglichst hohen Glasanteil zu erreichen. Dieser hängt weitgehend von der maximalen Drehzahl beim Schleudern und vom Durchmesser des Zylinders und damit von der Fliehkraft ab. Man strebt eine Fliehkraft von 100–1000 g_n (g_n = Erdbeschleunigung) an. Das Schleuderverfahren hat vor allem für die Herstellung von Rohren, Masten, Walzen und Behältern Bedeutung, kommt nur für die Serienfertigung in Frage. H.K.

Schmelzkristallisation ↑ *Kristallisation* H.J.D.

Schmelzkristallisatoren. (Schmelzkristaller) dienen zur Erzeugung von Kristallisat aus Schmelzen, das (im Gegensatz zu Lösungen) selten körnig ist. Man verwendet vorwiegend Kühlkristallisatoren mit Oberflächenkühlung im Luft- oder Gasstrom oder mit Kühlflächen, wie Kristallisierband, -wanne, -schnecke, Walzenkristallisator (↑ *fraktionierende Kristallisatoren*). H.J.D.

Schmutzfracht ist die Belastung eines fließenden Gewässers mit sauerstoff-zehrenden Inhaltsstoffen. D.O.

Schneckenpumpen ↑ *Schraubenpumpen* W.W.

Schneckenreaktoren sind Maschinen zur kontinuierlichen Durchführung von Reaktionen, die im Gegensatz zu diskontinuierlichen Autoklaven so gebaut werden können, daß guter Stoff- und Wärmeaustausch auch bei hoher Viskosität des Reaktionsgutes verwirklicht wird. Daher können Reaktionen, deren Verweilzeit bei Autoklavenbetrieb nicht von der Reaktionskinetik, sondern vom Stoff- und Wärmeaustausch abhängt, bei Anwendung von Schneckenreaktoren in wesentlich kürzerer Zeit ablaufen. Beispiele hierfür sind z.B. die kontinuierliche (↑) *Polykondensation* von (↑) *Polyestern* (s. Abb.) oder die Gewinnung von (↑) *Flußsäure* durch Umsetzung von Flußspat mit Schwefelsäure. D.O.

Schneckensiebschleudern (s. Abb.) sind vielseitig anwendbare (↑) *Zentrifugen*, bei denen der vom konischen Sieb zurückgehaltene Feststoff von einer mit etwas abweichender Drehzahl angetriebenen Schnekke vom kleinen zum großen Durchmesser gefördert wird (↑ *Siebzentrifugen, Zentrifugen*). W.W.

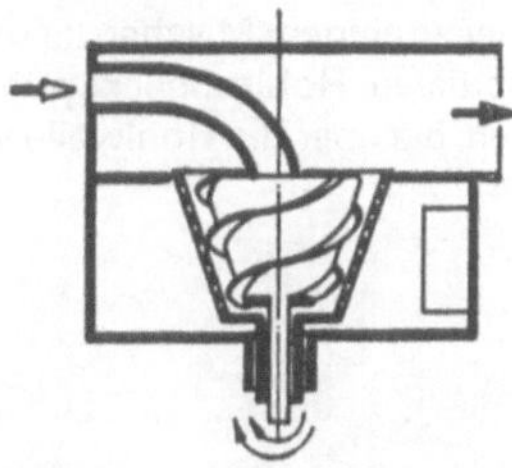

Schema der Siebschleuder Kontrubex (Siebtechnik GmbH, Mühlheim/Ruhr)

Schneckenverdampfer. Das Einsatzgebiet dieser Konstruktion liegt im Bereich der Eindampfung hochviskoser Lösung (Abdampfung des Lösungsmittels aus Polymerschmelzen). Förder- und Knetschnecken transportieren das Gut durch den mantelbeheizten Apparat. Die hohe Viskosität führt zur Entwicklung großer Reibungswärmen im Produkt, die bis zu 50% und mehr des gesamten Wärmebedarfs ausmachen

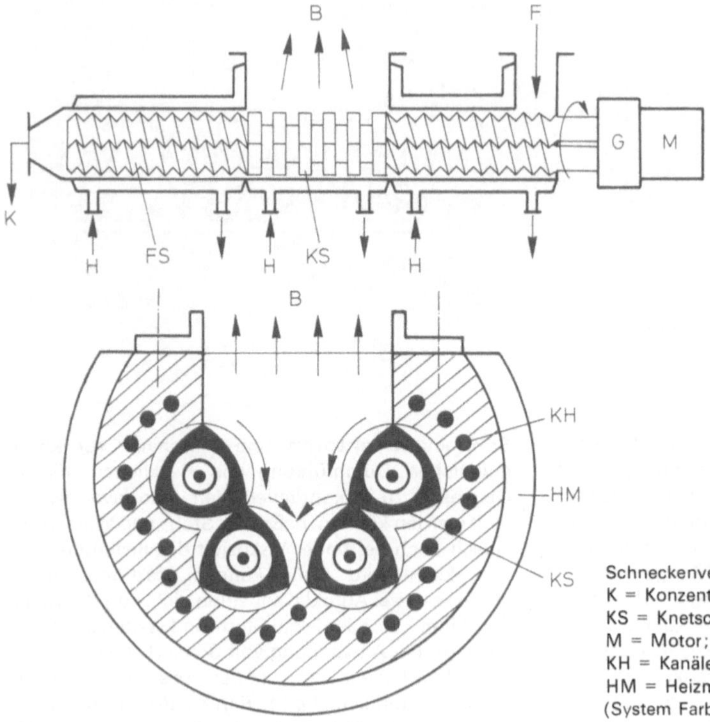

Schneckenverdampfer. F = Frischlösung;
K = Konzentrat; B = Brüden; FS = Förderschnecken;
KS = Knetscheiben innerhalb der Verdampfungszone;
M = Motor; G = Getriebe; H = Heizmedium;
KH = Kanäle für das Heizmedium;
HM = Heizmantel
(System Farbenfabriken Bayer AG)

können. Die ineinandergreifenden Schnecken bewirken eine Selbstreinigung des Apparates (s. Abb.) (↑ *Schneckenreaktor*). F.W.

Schneckenwärmetauscher dienen zum Kühlen, Eindampfen oder Trocknen pulverförmiger, pastöser oder flüssiger Stoffe. In einem geschlossenen, mit Heiz- oder Kühlmantel versehenen Trog drehen sich ein oder mehrere Schneckenpaare, die das Gut unter gleichzeitigem Mischen langsam durch den Trog transportieren. Hohlschnecken-WT besitzen hohle Schnecken, die über die Hohlwelle vom Heiz- oder Kühlmittel durchströmt werden. Die Gewinde der einen Schnecke greifen in die Gewindelücken der zweiten Schnecke ein. Bei geeigneter Anordnung reinigen sich die Schnecken gegenseitig von selbst. Die Hohlschnecken sind ausgelegt für einen Überdruck von 10 bar (bei 350°C) bzw. 12 bar (bei 200°C), Drehzahl 2 bis 15 U/min. Bauarten: Gleichdrall-Hohlschnecken drehen sich in der gleichen Richtung. Bei Gegendrall-Hohlschnecken dreht sich die eine Schnecke im Uhrzeigersinn, die zweite entgegengesetzt (eine Hohlschnecke ist links-, die andere rechtssteigend). Bei beiden Systemen können ein- und mehrgängige Hohlschnecken gepaart werden. Die s. Abb. zeigt ein

Selbstausschälender Schneckenwärmetauscher Selfcleaner (Werkbild Thies KG, Coesfeld und Lurgi Gesellschaften, Frankfurt/Main)

Werkbild des selbstausschälenden Schnecken-WT „Selfcleaner" (Thies KG, Coesfeld und Lurgi Gesellschaften, Frankfurt/Main). W.W.

Schneidgranulator. Gruppenbezeichnung für solche Maschinen, die Kunststoffe in Form von Bändern oder Strängen durch Schneidwirkung granulieren (↑ *Schneidmühle, Bandgranulator, Stranggranulator, Granulieren, Großraum-Schneidgranulator*). H.S.

Schneidmühle. Für die Kunststoffindustrie entwickelte Maschine (s. Abb.) zur (↑) *Regranulierung*. Der mit mehreren Messern bestückte Rotor arbeitet gegen feststehende Messer und zerkleinert feingutarm auf die Korngröße, welche durch die Lochweite eines den Mahlraum begrenzenden Siebes im Unterteil der Maschine bestimmt wird. Die Anwendung in anderen Industriezweigen gelang durch Anpassung der Rotorform, Messerzahl und oft auch der Drehzahl. H.S.

Schnellumlaufverdampfer. Diese Konstruktion mit weiten und kurzen, meist schräg angeordneten Heiz- und Rücklaufrohren, wird wegen der guten Reinigungsmöglichkeit (↑ *Verkrustung*) und der vergleichsweise kurzen Kontaktzeit in der pharmazeutischen Industrie und Nahrungsmittelindustrie eingesetzt (s. Abb.). F.W.

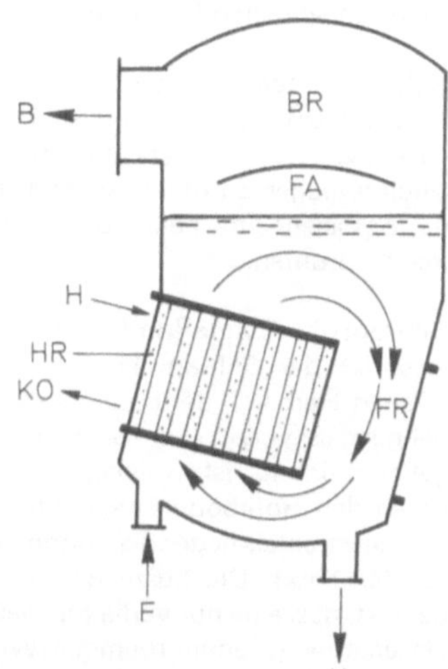

Schnellumlaufverdampfer. F = Frischlösung; FA = Flüssigkeitsabscheider; BR = Brüdenraum; B = Brüden; FR = Fallrohr; K = Konzentrat; H = Heizdampf; KO = Kondensat; HR = Heizregister

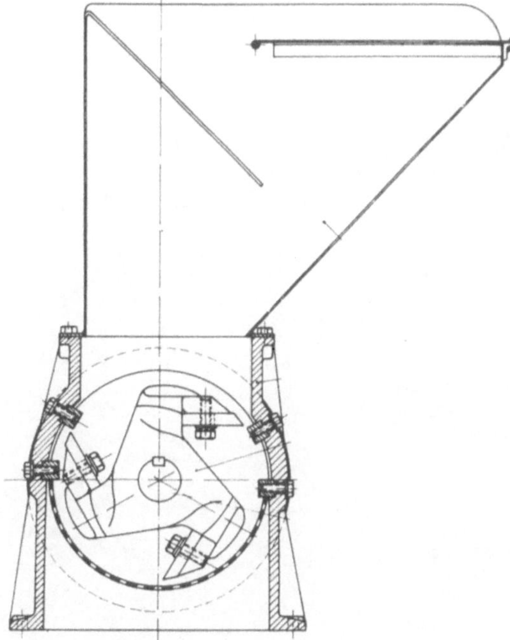

Schnittbild einer Schneidmühle

Schnittpunktsgerade ist diejenige Gerade, auf der die Endpunkte der Abtriebs- und Verstärkungslinien im y/x-Bild einer (↑) *Rektifiziersäule* liegen. Bei siedendem Zulauf auf den Aufgabeboden verläuft die Schnittpunktsgerade senkrecht durch X_M, bei dampfförmiger Einspeisung waagrecht durch Y_M, und bei unterkühltem Zulauf schräg durch $Y_M = X_M$ der Diagonalen,

Schnittpunktgerade in Abhängigkeit vom Zustand des Zulaufs M. Die Geraden vom Mittelpunkt aus haben gegen die Waagrechte die Neigung der jeweiligen φ-Linie.

Fall	Zustand von M	φ
a	überhitzter Dampf	$\varphi < 0$
b	gesättigter Dampf	$\varphi = 0$
c	Flüssigkeit und Dampf	$0 < \varphi < 1$
d	Flüssigkeit mit Siedetemp.	$\varphi = 1$
c	unterkühlte Flüssigkeit	$\varphi < 1$

$$\varphi = \frac{F'-F}{M}$$

F = Ablauf des untersten Verstärkerboden
F' = Ablauf des obersten Antriebsboden
M = Zulaufmenge

▷

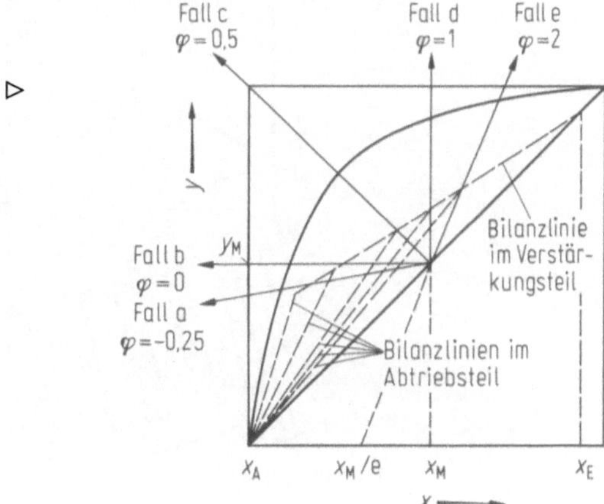

wobei der Abschnitt auf der Abzisse X_M/e ist. Dabei ergibt sich e aus $1 + \dfrac{q_S - q_M}{r}$, wenn q_M der Wärmeinhalt je Mol zuströmender Mischung bei t_M, q_S der Wärmeinhalt je Mol Flüssigkeit auf dem Einlaufboden mit der Siedetemperatur t_S und r die Verdampfungs- bzw. Kondensationswärme je Mol ist. Bei gleichem Rücklaufverhältnis, d.h. gleicher Bilanzlinie im Verstärkerteil, werden bei unterkühltem Zulauf weniger theoretische Böden im Abtriebs- und Verstärkerteil benötigt. Die Dampfmenge D in der Abtriebssäule steigt entsprechend (s. Abb.).   H.M.

Schnitzelmaschinen dienen zur Schnitzelung von Wachs, Ozokerit, Paraffin und ähnlich weichen Materialien. Zu zerkleinernde Blöcke werden seitlich über einen schrägen Zuführschacht an eine vertikal rotierende Messerscheibe herangeführt. Die Schnitzel fallen frei nach unten.   H.S.

Schrägrohr-Schnellumlauf-Verdampfer. Ein Beispiel ist der Schrägrohr-Schnellumlauf-Verdampfer „Bauart Herbert", der durch ein schrägliegendes, verhältnismäßig breites, dabei kurzes Röhren-Heizsystem gekennzeichnet ist welches etwas exzentrisch zwischen den Rohrböden angeordnet ist, mit außerhalb des Heizmantels liegenden luftgekühlten Rücklaufrohren (s. Abb.). Die kurze Bauhöhe des Heizsystems bewirkt, daß eine nur verhältnismäßig geringe Dampfblasenarbeit (Mammutpumpen-Wirkung) für den Umlauf der Flüssigkeit benötigt wird und infolge Schrägstellung des Heizsystems die Umlaufflüssigkeit am oberen Rohrboden selbsttätig „umkippt" und daher keine zusätzliche Dampfblasenarbeit für den seitlichen Schub benötigt wird. So ergibt sich eine relativ hohe

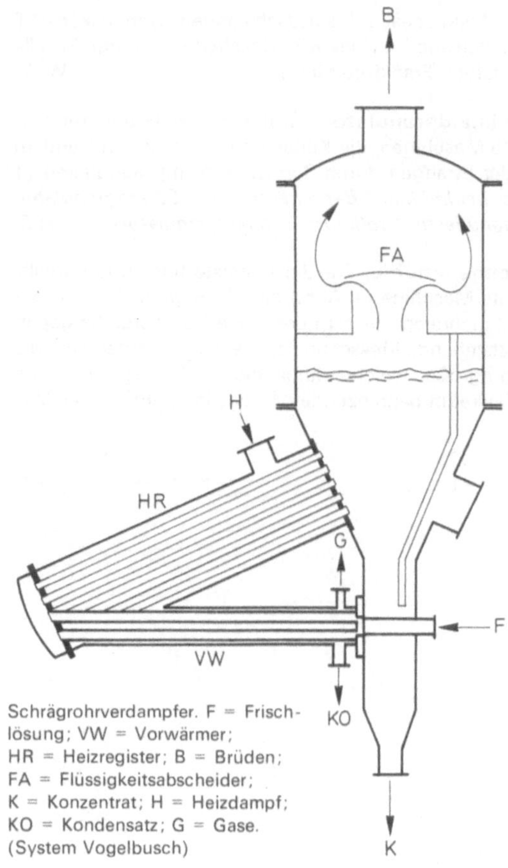

Schrägrohrverdampfer. F = Frischlösung; VW = Vorwärmer; HR = Heizregister; B = Brüden; FA = Flüssigkeitsabscheider; K = Konzentrat; H = Heizdampf; KO = Kondensatz; G = Gase. (System Vogelbusch)

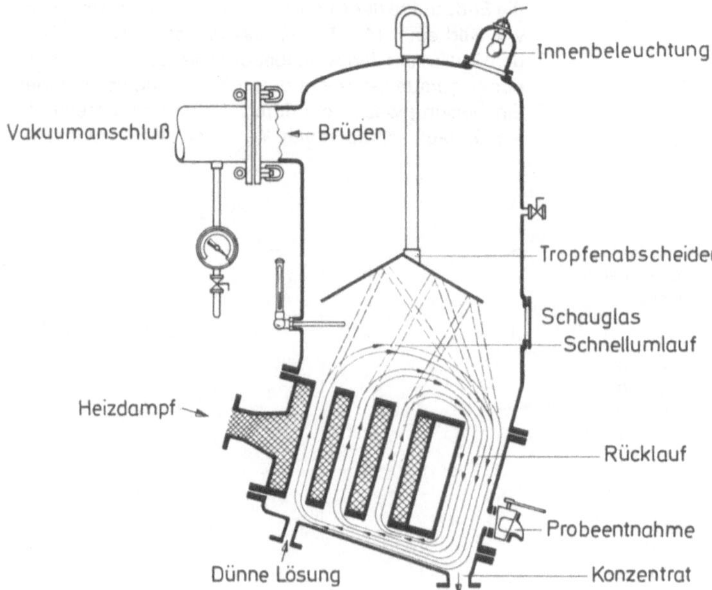

Schrägrohr-Schnellumlauf-Verdampfer (Bauart Herbert)

Umlaufgeschwindigkeit auch bei geringen Temperaturdifferenzen zwischen Eindampfgut und Heizdampf, und selbst bei viskosem Eindampfgut ist noch ein zügiger Umlauf gewährleistet. Da der Durchmesser der Heizrohre jeweils der Viskosität des Eindampfgutes angepaßt wird, kann bis zu sehr hohen Konzentrationen eingedampft werden, sodaß z.B. auch die Einkochung von Marmeladen und Konfitüren möglich ist, ohne Früchte oder Fruchtstücke zu zerstören.   D.O.

Schrägsitzventile (s. Abb.) sind Armaturen mit teller-, scheiben- oder kegelförmigem Absperrkörper und geradliniger Schließbewegung mit vorgegebener Durchflußrichtung. Die Öffnungs- oder Schließbewegung wird eingeleitet durch ein Drehen der (steigenden oder nichtsteigenden) Spindel in der Spindelmutter. Die Spindelachse ist zur Durchflußrichtung der Armatur um 30°–45° geneigt, um die Drosselverluste bei der Umlenkung der Strömung zu vermindern. Weitere Einzelheiten entsprechen dem (↑) *Geradsitzventil*.   K.R.

Schrauben-Verdichter ↑ *Umlaufkolben-Verdichter*
W.W.

Schranktrockner sind schrankartige Trockner mit etagenförmig im Inneren angeordneten Heizplatten für die Aufnahme der Trockenschalen bzw. Horden. Es gehören dazu Oberflächen- bzw. Mischkondensator und eine Vakuumpumpe. Als Heizmittel dienen Dampf, Warmwasser oder Heißöl. Sie sind brauchbar, wenn häufiger Produktwechsel bei kleinen Chargen erforderlich ist, wenn hochwertige Produkte schonend, gegebenenfalls unter Erhalt der Struktur und Form, getrocknet werden sollen, wenn das Naßgut beim Trocknen unter Vakuum aufschäumt und ein lockeres, leichtes Endprodukt erzielt werden soll. Sie eignen sich auch für leicht entzündliche Stoffe und hygroskopische Güter.
D.O.

Schraubenpumpen (Spindelpumpen, Schneckenpumpen) die gegen hohe Gegendrücke (bis 350 bar) arbeiten, können Förderströme bis 200 m³/h bei Förderhöhen bis 9 m erreichen. Prinzip der Einspindelpumpe (s. Abb.: Mohno-Pumpe; Netzsch-Mohnopumpen GmbH, Waldkraiburg): Der Rotor 3, der die Form einer eingängigen Schnecke hat, rotiert in dem

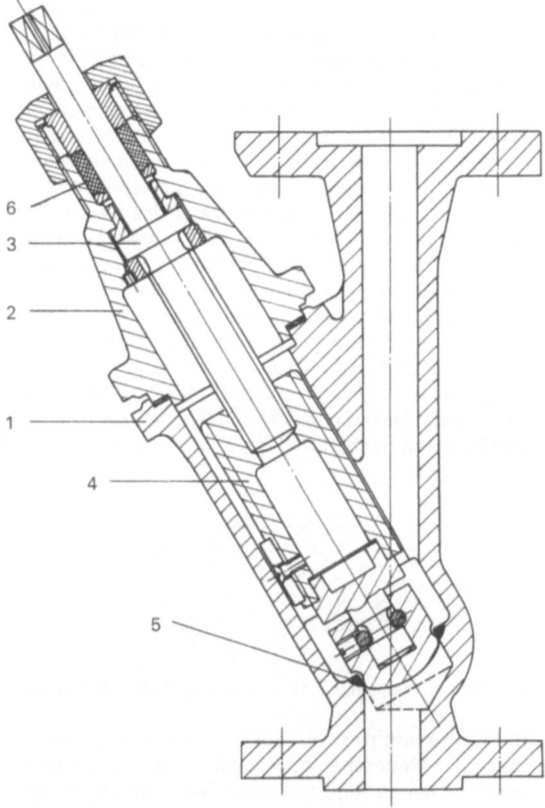

Schrägsitzventil. 1 = Gehäuse; 2 = Spindelführung; 3 = Spindel; 4 = Spindelmutter mit Ventilkegel; 5 = Sitzring; 6 = Spindeldichtung

zweigängigen Stator 2. In jedem Moment der Drehbewegung wird der Saugraum vom Druckraum dichtend abgeschlossen, so daß die Pumpe selbstansaugend und selbstdichtend wirkt. Der von der „dichtenden Linie" zwischen Rotor und Stator eingeschlossene Förderraum bewegt sich stetig wirbelfrei vom Saug- zum Druckraum. 1 ist der Saug- bzw. Druckstutzen, 4 die Kuppelstange mit Universalgelenk, 5 die Antriebswelle. Mit der Pumpe können dünn- bis dickflüssige Medien mit oder ohne Feststoffgehalt gefördert werden. Im Bedarfsfall wird die Pumpe mit einem Heiz-

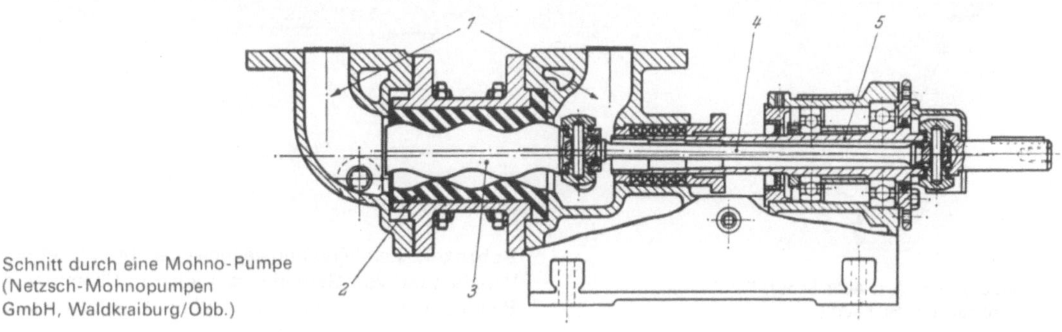

Schnitt durch eine Mohno-Pumpe (Netzsch-Mohnopumpen GmbH, Waldkraiburg/Obb.)

mantel im Gehäuse ausgestattet. Doppelspindelpumpen besitzen zwei nebeneinander angeordnete Spindeln, die gleichläufig rotieren. Diese Bauart ist empfindlich gegen Verunreinigungen des Fördergutes. Knetpumpen sind nach dem Prinzip der Schrauben-Pumpe als Ein- oder Doppelschnecken-Kneter gebaut. Die Abb. zeigt das Schema eines Doppelschneckenkneters (Knetpumpe Z der Paul Leistritz GmbH, Nürnberg). Die obere Hauptspindel saugt das Gut in die größte Schneckenkammer ein; die unten liegende Nebenspindel greift dicht profiliert in die Hauptspindel ein, ihr Fördergang erweitert sich in Pumprichtung, während die Hauptspindel umgekehrt im gleichen Verhältnis an Gangvolumen abnimmt. Infolgedessen wird das Gut auf dem Weg durch die selbstansaugende und gegen hohen Druck fördernde Maschine durch die engen Profilflanken von der Hauptspindel zur Nebenspindel durchgeschert und dabei homogenisiert.

W.W.

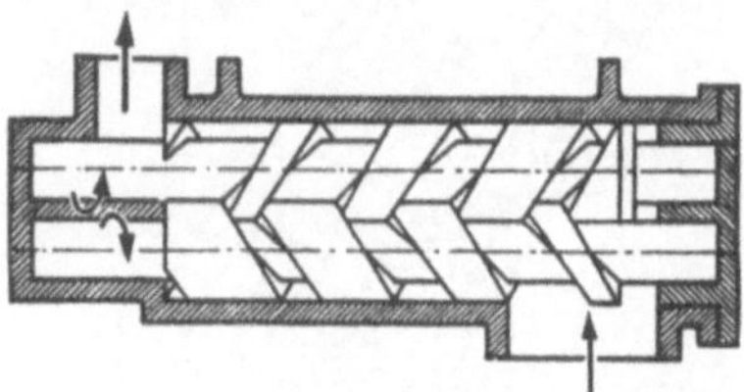

Schema der Knetpumpe Z (Paul Leisteritz GmbH, Nürnberg)

Schraubensichter. (s. Abb.). In einem längsdurchströmten zylindrischen oder kegeligen Sichtraum wird durch einen Leitapparat oder ein Rührwerk ein schraubenförmiges Strömungsfeld erzeugt. In der Mitte eingeführtes Sichtgut wird je nach seiner Korngröße schnell oder langsam zur Wand geschleudert, wodurch seine Bahnen auffächern. Grobgut wird an der Wand aufgefangen, Feingut mit dem Luftstrom ausgetragen. Durch eine zweckmäßige Wahl der Parameter können auch mit sehr großen Sichtern verhältnismäßig feine Trennungen erzielt werden. Anwendung: als Zyklonsichter für Trennungen mittlerer Feinheit und Trennschärfe, als (↑) *Streuwindsichter* und im (↑) *Korbsichtrad*.

F.K.

Schraubverbindungen von Rohren. Gasrohre werden durch Aufschrauben eines kurzen, mit Innengewinde versehenen Rohrstückes auf das mit Gewinde ausgestattete Rohrende, Ansetzen des zweiten Rohres und Zurückschrauben der „Muffe" verbunden (s. Abb.). Bei der Überwurfmutter (s. Abb.) wird eine mit Innengewinde versehene Kapsel auf das Rohrstück aufgeschraubt. Die Doppelkeilring-Verschraubung (s. Abb.) besteht aus dem Verschraubungsstutzen 1, dem Doppelkeilring 2 und der Überwurfmutter 3. Beim Anzug der Überwurfmutter wird der Doppelkeilring durch die Einwirkung der Knickkante in der Überwurfmutter und der Schräge im Verschraubungsstutzen gezielt verformt und radial konzentrisch auf das Rohr gedrückt. Hierbei dringen viele Ringrillen in die Rohroberfläche ein; und es werden gleichzeitig Abdichtung und Rohrhalterung bewirkt. Diese Verschraubung kann bei Stahl-, Metall-, Nichteisen- und Kunststoffrohren verwendet werden.

W.W.

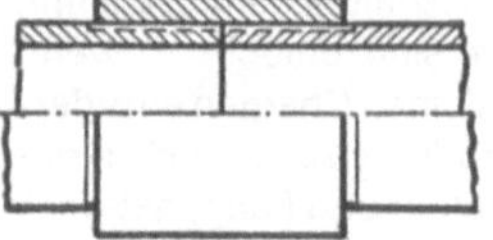

Schraubverbindung mit Gewindemuffe

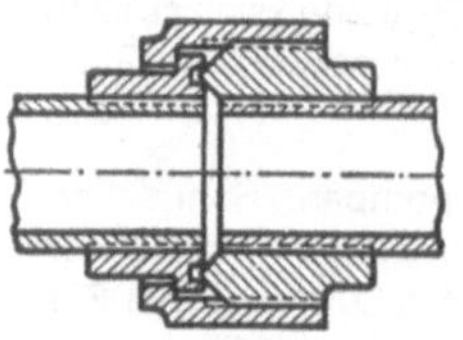

Überwurfmutter

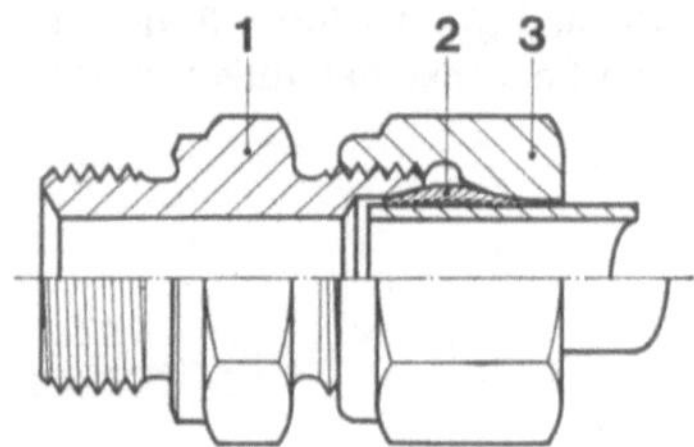

Doppelkeilring-Verschraubung (Jean Walterscheid KG, Siegburg)

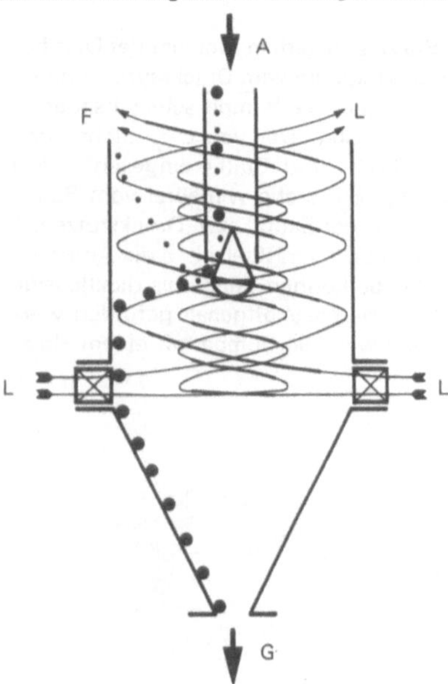

Schraubensichter. A = Aufgabegut; F = Feingut; G = Grobgut; L = Sichtluft

Schroten. Zerkleinerungstechnischer Begriff bei der Verarbeitung von Getreide, aber auch in Chemie und Pharmazie für die mehl- und staubarme Zerkleinerung pflanzlicher Samen, als Voraussetzung für die anschließende Extraktion. Vorwiegend dienen zum Schroten (↑) *Zahnscheibenmühlen* vertikaler Bauart; bei extrem hartschaligen Samen verwendet man (↑) *Schlagscheibenmühlen*.   H.S.

Schubzentrifugen sind kontinuierlich arbeitende (↑) *Siebzentrifugen* mit horizontaler Trommelachse. Während des Schleudervorganges bewegt sich ein Schubboden mittels Kolben axial hin und her und trägt dabei den Filterkuchen gegen das Trommelende. Durch Einstellen von Hublänge und Hubzahl findet kontinuierlicher Austrag statt. Man unterscheidet ein- und mehrstufige Schubzentrifugen, wobei erstere im allgem. nur für leicht filtrierbare Güter eingesetzt werden können. Die Abb. zeigt eine mehrstufige Schubzentrifuge mit Vierfach-Terrassentrommel (1), die sich aus vier mit gleicher Drehrichtung rotierenden, jedoch axial ruhenden Siebkörben (2) zusammensetzt. In der Trommel führen der Schubboden (3) mit Einlaufverteiler (4), Entspannungskörper (5) und Schubringen (6) eine hin- und hergehende Schubbewegung aus, wobei die Feststoffschicht durch die Entspannungskörper peripher und durch die Terrassenanordnung radial aufgelockert und schonend umgeschichtet wird. (7) ist das Einlaufrohr mit Heizmantel (8); (9) ist die Wasserdecke, (10) die Dampfdecke, (11) die Ablaufkammer und (12) das Feststoff-Fanggehäuse (↑ *Zentrifugen*).   W.W.

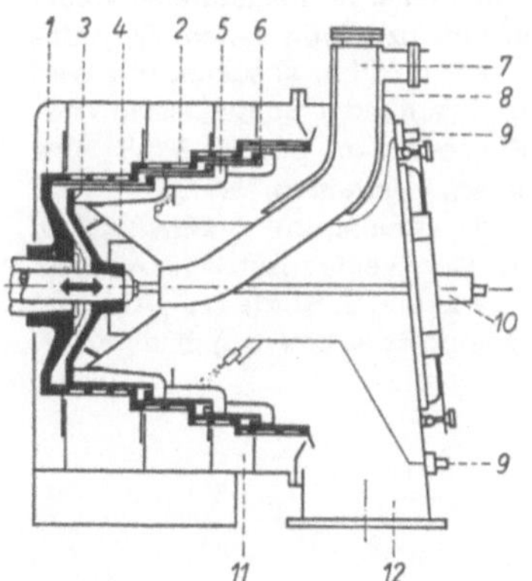

Schema einer mehrstufigen Schubzentrifuge (Krauss-Maffei AG, Geschäftsbereich Imperial-Verfahrenstechnik, München)

Schüttelherde sind Apparate zum Trennen eines feinkörnigen Feststoffgemenges in Bestandteile unterschiedlicher Dichte. Sie bestehen aus einer schwingend gelagerten und durch einen Exzenter- oder Unwuchtantrieb in Längsrichtung bewegten, quer etwas geneigten, rechteckigen oder trapezförmigen „Herdplatte" (s. Abb.), die mit aufgesetzten Latten oder eingeschnittenen Rillen versehen ist. Die Komponente geringer Dichte wird durch einen Wasserfilm in Querrichtung entsprechend der Plattenneigung ausgetra-

gen, die schwere Komponente in den Rillen durch die Schüttelbewegung in Längsrichtung transportiert, während sich Bestandteile mittlerer Dichte fächerförmig zwischen diesen beiden anordnen. Je nach Kornverteilung des Aufgabegutes gewinnt man zusätzlich ein Schlammprodukt. Ersetzt man den über die Herdplatte fließenden Wasserfilm durch einen Luftstrom, der von unten durch die poröse (Siebbelag, Lochplatte) Herdplatte hindurchtritt, so erhält man einen Luftherd, wie er vielfach zum Sortieren von Ölsämereien (z.B. Trennung Erdnußkerne von Erdnußschalen) und gelegentlich auch zum Gewinnen von Einschlüssen wertvoller Metalle aus metallurgischen Schlacken benutzt wird. Ähnliche Geräte wie die Luftherde, jedoch mit Austrag von Schwergut und Leichtgut in entgegengesetzten Richtungen (also ohne die Auffächerung nach der Dichte) dienen unter der Bezeichnung „Steinausleser" oder „Trockensteinausleser" der Reinigung von Getreide, Ölsämereien und dergl.   H.Ke.

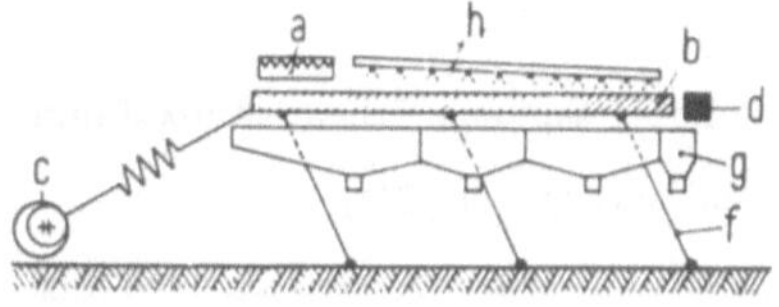

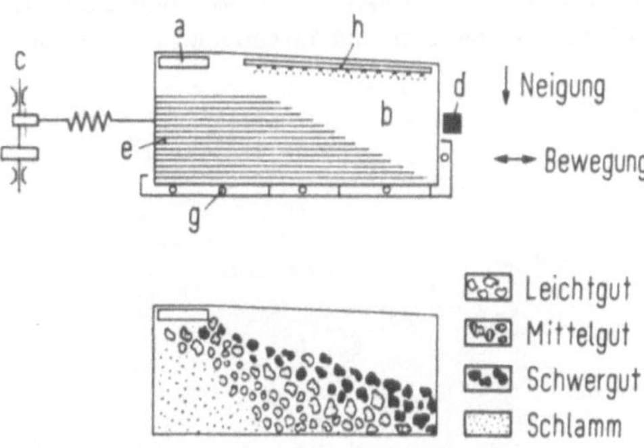

Schüttelherd (Schnellstoßherd). a=Aufgabekasten; b=Herdplatte; c=Exzenterantrieb; d=Prellbock; e=Belattung; f=Lenkerfedern; g=Produkt-Auffangrinnen; h=Brauserohr. oben: Seitenansicht, vereinfacht; mitte: Draufsicht, vereinfacht; unten: schematische Darstellung der Auffächerung des Feststoffes nach Dichte

Schüttgewicht ist das Gewicht eines Stoffes in loser Schüttung pro Volumeneinheit. Es wird angegeben in g/dm³.   K.W.

Schutzgas-Mahlanlage ↑ *Inertisierung*   H.S.

Schwefel-Verbrennung. Zur Erzeugung von SO_2-haltigen Gasen mit bis zu 20% SO_2-Gehalt wird geschmolzener Schwefel filtriert und so fein als möglich zerstäubt, dabei intensiv mit Luft vermischt und verbrannt. Die Zerstäubung kann (bei kleinen Leistungen bis 10 tato S) mit Pressluft oder Dampf, ferner mit Pumpendruck oder rotierenden Zerstäuberbechern geschehen. Die heißen Gase aus der Brennkammer werden in einem Abhitzekessel (Dampferzeugung), in einem Wärmeaustauscher (Luftaufheizung) oder einem Verdampfungskühler (z. B. Kühlturm oder (↑) *Venturiwäscher*) gekühlt. Flüssiger oder fester Schwefel kann auch in einer wirbelnden Sandschicht verbrannt werden; auf gleiche Art lassen sich auch Pyrit und Elementarschwefel gemeinsam verbrennen.   K.K.

Schwefeldioxid (SO_2) wird gewonnen durch (↑) *Schwefelverbrennung*, (↑) *Röstung* sulfidischer Erze, Umsetzung von Gips mit Koks in Gegenwart von Ton und Zuschlagstoffen bei 1400° C (↑ *Müller-Kühne-Verfahren*) sowie durch thermische Zersetzung des in Beizbädern der metallverarbeitenden Industrie enthaltenen Eisensulfats.   D.O.

Schwefelsäure bildet sich aus Schwefeltrioxid und Wasser nach

$$SO_3 + H_2O \rightarrow H_2SO_4$$

Schwefeltrioxid wird aus (↑) *Schwefeldioxid* entweder nach dem älteren Nitrose- (oder Bleikammerverfahren) oder – heute fast ausschließlich – nach dem (↑) *Schwefelsäure-Kontaktverfahren* gewonnen. Beim Nitrose-Verfahren benutzt man die sauerstoffübertragende Wirkung von Stickstoffoxiden. Beim Kontaktverfahren wird Schwefeldioxid in Gegenwart von Katalysatoren in exothermer Reaktion durch Sauerstoff oxydiert:

$$2SO_2 + O_2 \underset{\text{Katalysator}}{\rightleftharpoons} 2SO_3$$

Als Katalysator dienen heute meist Vanadinoxide, deren Wirksamkeit durch Zwischenverbindungen etwa nach folgendem Schema erklärt werden kann:

$$O_2 + 4VO_2 \rightarrow 2V_2O_5$$
$$2V_2P_5 + 2SO_2 \rightarrow 4VO_2 + 2SO_3$$

$$\overline{O_2 + 2SO_2 \rightarrow 2SO_3} \qquad\qquad \text{D.O.}$$

Schwefelsäure-Kontaktverfahren. Durch Wärmetausch mit heißen Kontaktgasen wird das von SO_3 befreite Reaktionsgas wieder auf ca. 400° C aufgewärmt und tritt in die letzte Stufe des Kontaktkessels ein, wo restliches SO_2 zu SO_3 umgesetzt wird (s. Abb.). Schwefeldioxidhaltige Gase aus der Röstung sulfidischer Erze oder aus der (↑) *Schwefelverbrennung* strömen – nach Kühlung in Abhitzekesseln – durch einen Kontaktkessel, in dem SO_2 mit Luftsauerstoff bei Temparaturen zwischen 400 und 600° C katalytisch zu SO_3 umgesetzt wird; Röstgase werden zuvor entstaubt (s. Abb. a). In dem Kontaktkessel liegt der Katalysator auf mehreren, übereinander angeordneten und räumlich getrennten Horden. a) Klassisches Verfahren: das Reaktionsgas wird hinter jeder Kontaktstufe entweder durch Einblasen von Luft bzw. von kaltem SO_2-Gas oder in Wärmetauschern gekühlt, anschließend wird das erzeugte SO_2 in umlaufender Schwefelsäure absorbiert, und die Konzentration auf 98,3 bis 99% eingestellt. Bei diesem Verfahren werden SO_2-Umsätze bis zu 98,5% erreicht. b) Doppelkatalyse Verfahren (Bayer AG): Durch eine zusätzliche Absorptionsstufe zwischen der 2. und 3. Horde (vgl. Abb. b) wird dem Reaktionsgemisch das bereits gebildete SO_3

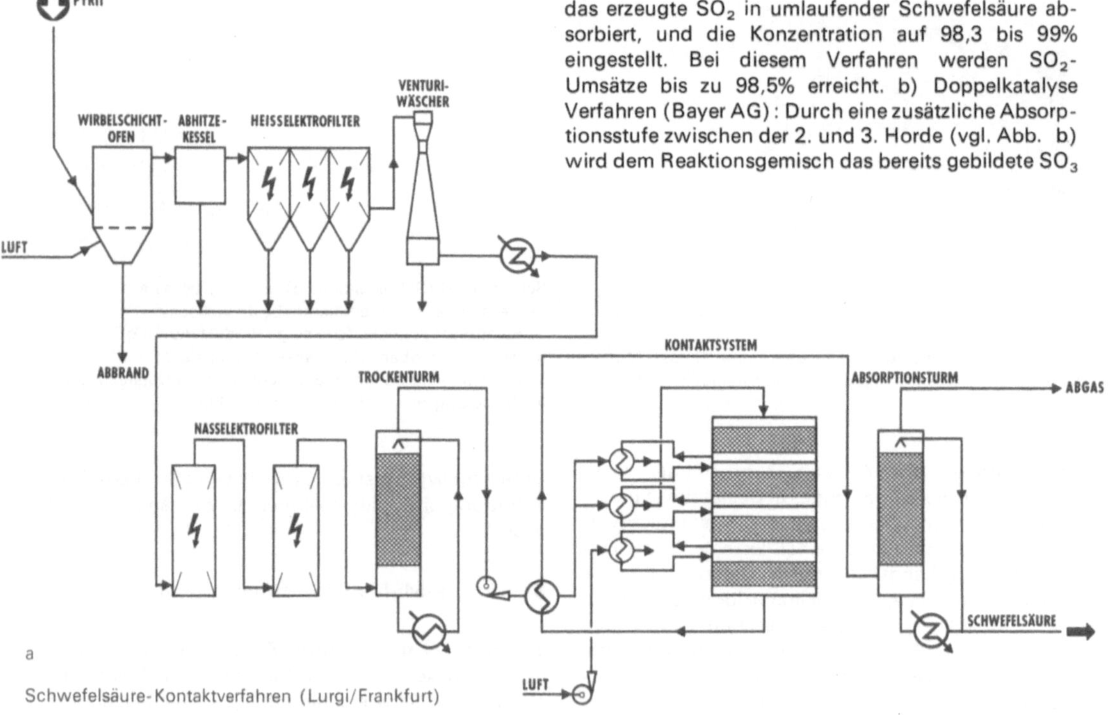

Schwefelsäure-Kontaktverfahren (Lurgi/Frankfurt)

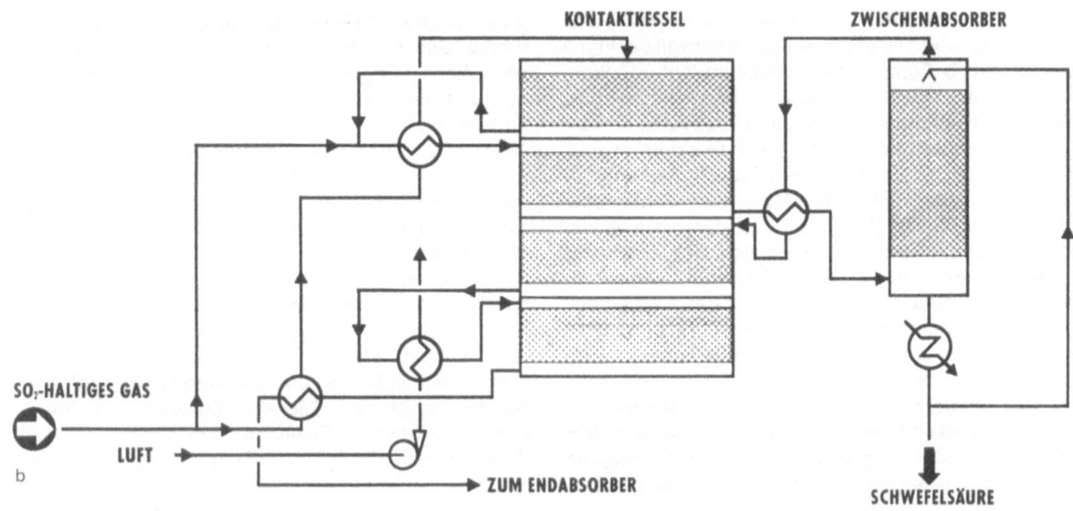

Schwefelsäure-Doppelkatalyse, Verfahren Bayer
(Lurgi/Frankfurt)

entzogen und damit das Reaktionsgleichgewicht zugunsten eines höheren SO_2-Umsatzes (über 99,5%) verschoben; entsprechend vermindert sich die SO_2-Konzentration im Restgas.   K.K.

Schweißen von Thermoplasten. Für das Schweißen gibt es verschiedene Verfahren (s. Tabelle), die sich hinsichtlich der Art der Materialerwärmung unterscheiden. Allen Verfahren gemeinsam ist die gleichzeitige Anwendung von Wärme und Druck. Beim Schweißen werden die Fügeflächen der Schweißpartner nicht schmelzflüssig wie bei Stahl, sondern nur plastisch. Im allgemeinen können nur Kunststoffe vom gleichen Rohstofftyp verschweißt werden, da Unterschiede im Fließverhalten (Viskosität über der Temperatur) die für eine homogene Verbindung erforderliche Verknäuelung der Molekülketten nur teilweise oder gar nicht entstehen lassen. Unterschiedliche Kunststofftypen

Schweißen

Verfahren	Art der Erwärmung
Warmgasschweißen	durch warme Gase, im allgem. Luft
Extrusionsschweißen	Einbringen einer Schmelze in die Nahtfuge
Heizelementschweißen (Wärmeimpuls- oder Wärmekontaktschweißen)	metallische Kontaktflächen, die elektrisch oder mit Gas aufgeheizt werden
Reibschweißen	durch Reibung
Hochfrequenzschweißen	hochfrequenter Wechselstrom im Kondensatorfeld (nur bei polaren Kunststoffen)
Ultraschallschweißen	mechanische Schwingungen im Ultraschallbereich

können in bestimmten Fällen durch Reibschweißen oder Ultraschallschweißen verbunden werden. Die Fügeflächen und der eventuell benötigte Zusatzwerkstoff (Schweißdraht) müssen sauber, d.h. vor allem fettfrei, sein. Die Flächen werden beim Warmgas- und Extrusionsschweißen unmittelbar vor dem Schweißen mit der Ziehklinge abgezogen. Die fertige Schweißnaht soll möglichst langsam abkühlen, damit sich Wärmespannungen weitgehend ausgleichen können. Eine langsame Abkühlung von außen her ist besonders bei dicken Schweißquerschnitten erforderlich, damit sich nicht infolge des hohen Volumenschrumpfs Lunker bilden.   H.K.

Schwelöfen. Zur Schwelung benutzt man meist eiserne oder keramisch ausgemauerte Öfen (Retortenöfen, (↑) *Drehrohröfen*, (↑) *Schachtöfen*, (↑) *Kammeröfen*, (↑) *Tunnelöfen* u.a.), wobei die erforderliche Wärmeenergie mittelbar oder unmittelbar auf das Schwelgut übertragen wird. Bei der früher üblichen Heizflächenschwelung erfolgt die Wärmezufuhr durch Berührung mit einer außen beheizten, heißen Wand. Als Einsatzgut kommen backende und nichtbackende Feinkohlen, Nußkohlen und Briketts in Betracht. Bei den Spülgas-, Wälzgas- oder (↑) *Wirbelbettverfahren* wird die fühlbare Wärme sauerstoff-freier, heißer Verbrennungsgase unmittelbar auf das Verbrennungsgut übertragen. Auch feste Wärmeträger wie vorerhitzter Sand, Koksgruß etc. finden insbesondere bei der Schwelung von Briketts und Formlingen Anwendung. Die Spülgasschwelung mit den günstigen Wärmeübergangsbedingungen auf das Schwelgut ist durch niedrige Arbeitstemperaturen und zugleich schonende Bedingungen für die entweichenden gasförmigen und flüssigen Schwelprodukte gekennzeichnet; der Einsatz in Spülgas-Schachtöfen erfordert ein stückiges und nicht zusammenbackendes Einsatzgut. Die Wirbelbettschwelung von feinkörnigem Schwelgut erlaubt auch die Verwendung backender Kohlen. Das schematische Fließbild (s. Abb.) zeigt den Aufbau einer von der Firma Dr. C. Otto & Comp. GmbH, Bochum, entwickelten, kontinuierlich arbeitenden Spülgas-Schwelretorte. Die Wärmebehandlung des stückigen oder zuvor brikettierten Einsatzgutes erfolgt in einem feuerfest ausgemauerten zylindrischen eisernen Schachtofen von 3,8 m $\varnothing$ (2); Vorratsbunker (1). Das in der Brennkammer (6) erzeugte heiße Rauchgas wird durch ein in der Mittelachse der Retorte angeordnetes Verteilerrohr mit schlitzförmigen Austrittsöffnungen im Querstrom durch die Schüttung geführt und mit den freiwerdenden Schwelprodukten an der Retortenwand abgesaugt. Nach evtl. Abscheidung der flüssigen Schwelprodukte wird der brennbare Gasanteil in der Brennkammer verbrannt und teilweise in die Retorte zur Wärmebehandlung des Schwelgutes rückgeführt. Der Wärmeinhalt der überschüssigen Verbrennungsgase aus der Brennkammer wird im Abhitze-Dampfkessel (8) zur Dampferzeugung genutzt und die Abgase über den Kamin (10) abgeführt. Störendes Backvermögen der Einsatzkohle kann im Oberteil der Retorte durch eine Behandlung mit sauerstoff-haltigen Verbrennungs- und Kühlgasen vermindert oder beseitigt werden. Der als Hauptprodukt des Verfahrens anfallende Schwelkoks wird über die Austragsvorrichtung (3) am unteren Retortenende abgezogen und naß gelöscht oder trocken gekühlt.   W.M.

Schwelung. Die Schwelung oder Tieftemperaturentgasung gehört zu den thermischen Verfahren der Brenstoffveredlung und umfaßt die Wärmebehandlung fester, zumeist bituminöser Brennstoffe wie Steinkohle, Braunkohle, Torf, Ölschiefer, Holz etc. bei Temperaturen zwischen 450–600° C unter Luftabschluß. Dabei erfolgt eine thermische Zersetzung oder Entgasung unter Abspaltung von Dämpfen und Gasen (Schwelteer, Schwelbenzin, Schwelwasser, Schwelgas u.a.), und es verbleibt ein bitumen-freier fester Rückstand (Schwelkoks, Halbkoks, Grude, Holzkohle). Die wirtschaftlichen Ziele der Schwelung haben sich im Laufe der Zeit wiederholt verändert. In Deutschland wurde zunächst eine hohe Teer- und Benzin-Ausbeute als Grundlage für die Treibstoff- und Heizölgewinnung angestrebt. In England war der rauchfreie Schwelkoks als Brennmaterial für die offene Kaminfeuerung das Hauptprodukt. In neuerer Zeit werden Schwelverfahren u.a. im Hinblick auf die Formkokserzeugung aus nichtkokenden Kohlen und als Vorstufe für die Kohlevergasung diskutiert. Die beim Schwelen von Stein- oder Braunkohle anfallenden Schwelkokse sind im Vergleich zu den bei der Verkokung erhaltenen Produkten deutlich reaktionsfähiger und verbrennen ohne Flamm- und Rauchentwicklung. Einsatzmöglichkeiten bestehen als Reduktionsmittel für metallurgische Prozesse, als Hausbrand und in der Energieerzeugung. Die Schwelteer-Ausbeute ist bei Steinkohlen mit ca. 8–14% etwa 2–3fach höher als bei der Verkokung. Der Teer enthält vorwiegend gesättigte und ungesättigte aliphatische Kohlenwasserstoffe und Hydroaromaten. Die Abtrennung und Aufarbeitung der hohen Phenolgehalte im Schwelwasser und im Schwelteer (15–50%) ist nicht immer wirtschaftlich. Beim Schwelgas hängen Ausbeute, Zusammensetzung und Heizwert vom Einsatzprodukt, vom Schwelverfahren und von der Behandlungstemperatur ab. Für Steinkohlenschwelgas gelten als Richtwerte 80–120 m^3/t, Hu 6000–7000 kcal/m^3 = 25200–29300 kJ/m^3 = 25,2–29,3 MJ/m^3,

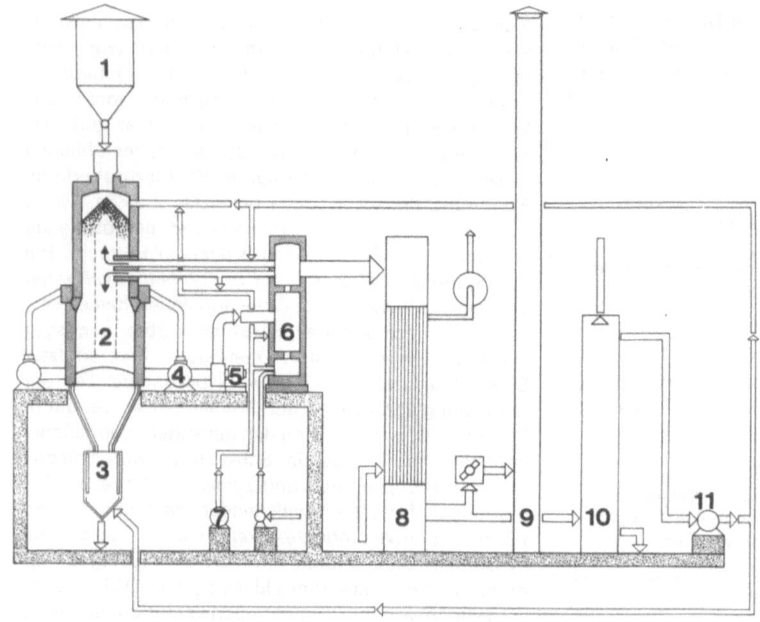

Schematisches Fließband einer Otto-Spülgasretortenanlage. 1 = Vorratsbunker; 2 = Spülgasretorte; 3 = Austragsvorrichtung; 4 = Gasvorlage; 5 = Spülgas-Umlaufgebläse; 6 = Brennkammer; 7 = Luftgebläse; 8 = Abhitze-Dampfkessel; 9 = Rauchgaskamin; 10 = Rauchgas-Nachkühler; 11 = Kühlgasgebläse

für Braunkohlenschwelgas 60–90 m³/t und Hu 2000–3500 kcal/m³ = 8400–14700kJ/m³ = 8,4–14,7 MJ/m³. W.M.

Schwimmdachtanks. Diese (↑) *Stehtanks* haben ein auf dem Flüssigkeitsspiegel schwimmendes Dach; dadurch wird der Gasraum vermieden, und die Verdunstungsverluste werden stark reduziert. Daneben gibt es Tanks mit Festdach und Innenschwimm-Membran. P.F.

Schwingmühlen. In der Schwingmühle (s. Abb.) findet die Zerkleinerung zwischen zwei Flächen – bevorzugt Kugeloberflächen zueinander und zur Mühlenwandung – statt. Ein zu etwa Zweidrittel mit Mahlkörpern gefülltes Mahlrohr schwingt im Rhythmus kreisend zur Achsrichtung. Dabei durchläuft das Mahlgut kontinuierlich das Mahlrohr in langer, schraubenförmiger Bahn bis zum Austragstutzen. Damit werden zusätzlich zur Prallbeanspruchung auch Scher- und Reibungskräfte wirksam. Der Mahlgutaustrag erfolgt durch eine gelochte Stauscheibe an der Stirnseite des Mahlrohres. Die Mahlkörper selbst werden im Rohr zurückgehalten. H.S.

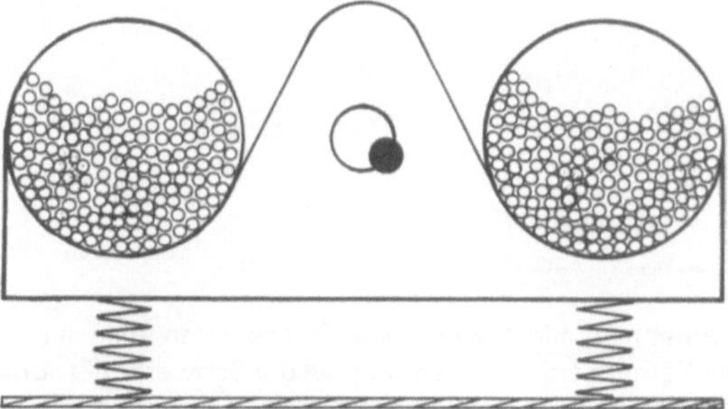

Prinzip einer Schwingmühle

Schwingsiebe mit Zusatzvibrator (s. Abb.). Wenn man das klassische Wurfsieb mit einem zusätzlichen Vibrator ausrüstet, der in einer vom ursprünglichen Siebantrieb abweichenden Frequenz betrieben wird,

erhält man zykloidenförmige Schwingungsformen, die in besonderer Weise das Siebprodukt auflockern und die Siebmaschen von Verstopfungen freihalten. Das *„Cyclorot-Sieb"* verwendet einen zusätzlichen Vibrationsmotor auf einem Kreisschwingsieb mit Unwuchtmassenantrieb; bei den mit *„Doppelfrequenz-Siebmaschinen"* bezeichneten Arten sind zwei oder drei Vibrationsmotoren am Siebkasten angeordnet, die mit unterschiedlicher Drehzahl betrieben werden. Gebräuchlich: Ein- und Mehrdecker mit Siebflächen von 0,5–5 m². Anwendung: Mittel- und Feinsiebungen (1–30 mm), kleinere Maschinen auch für Feinstsiebungen. H.P.D.

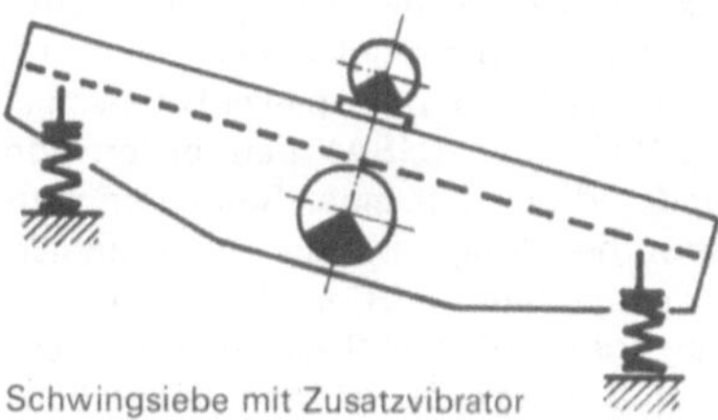

Schwingsiebe mit Zusatzvibrator

Sedimat. Der Sedimat – Schlammeindicker (s. Abb.) wird als Rundbecken in Stahl- oder Stahlbetonbauweise erstellt. Das Becken wird durch Einbauten in mehrere Räume unterteilt. Das Mittelbauwerk umschließt den Reaktionsraum. Der äußere konzentrisch um das Mittelbauwerk angeordnete Raum enthält die Abtrennzone, die Klärzone und den Schlammeindickraum. Der Klarlauf wird über Radialrinnen, die an der Oberfläche sternförmig in den Klärraum ragen oder über eine konzentrisch angeordnete Rundrinne abgezogen. Im Reaktionsraum dreht sich ein Flockungsrührer, dessen Antrieb auf der zentral gelagerten und am Beckenrand angetriebenen Räumerbrücke angeordnet ist. Die Räumerbrücke trägt die Bodenräumschilde sowie die Pumpen für Überschuß- und Kompaktrücklaufschlamm. E.H.

Sedimentation ist ein Trennverfahren für fest-flüssige Stoffgemische. Suspendierte Feststoffe werden durch Einwirkung der Schwerkraft von der Flüssigkeit getrennt, wenn sich die Dichten beider Medien deut-

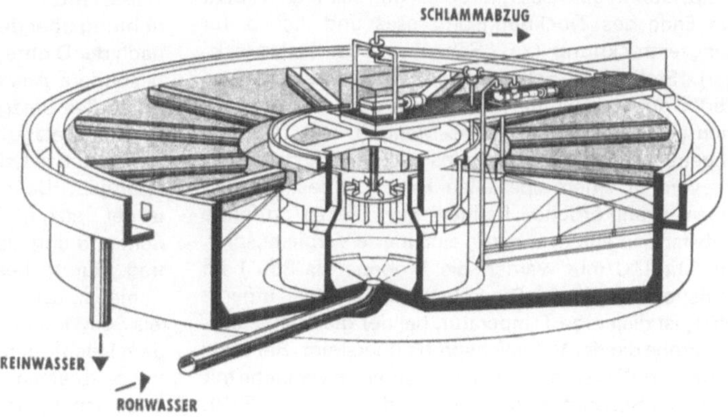

Sedimat (Bauart Lurgi)

lich voneinander unterscheiden. Ist die Dichte der Feststoffe größer als die der Flüssigkeit, so bewegen sie sich abwärts (= Schwerkraft-Sedimentation). Den umgekehrten Fall, bei dem die Dichte des Feststoffes kleiner ist als die der Flüssigkeit, nennt man Schwimmaufbereitung; er wird mit Hilfe von Lufteinblasen bei der Flotation verwirklicht. Es werden diskontinuierlich oder kontinuierlich arbeitende (↑) *Absetzapparate* verwendet. Je nach Art der Suspension und dem weiteren Verwendungszweck wird entweder eine maximale Feststoffkonzentration (Eindickung) oder ein weitgehend geklärter, d. h. feststoffarmer Überlauf (Klärung) angestrebt. Von einigen Absetzgeräten werden beide Bedingungen erfüllt. Zwischen Kläreindicker und regulären Eindickern besteht von der Funktion her kein prinzipieller Unterschied. 1906 führte J.V.N. Dorr (USA) den ersten kontinuierlichen Rundeindicker mit einer Räumvorrichtung ein (Golderzaufbereitung). Für die Dimensionierung von Absetzapparaturen gibt es keine eindeutige Berechnungsformel. Das Stoke'sche Gesetz ist wegen seiner Beschränkung auf kugelförmige Teilchen und niedriger Reynold-Zahlen (Re<0,5) nur bei sog. idealen Verhältnissen anwendbar. Daher sind Absetzversuche nach wie vor die wichtigste Grundlage für die Apparatur-Dimensionierung.   E.H.

Seifen im herkömmlichen Sinn sind die Natriumsalze höherer Fettsäuren; hierbei handelt es sich um die festen Seifen, während Kaliseifen geeigneter Fettrohstoffe wie Sojaöl als Schmierseifen bekannt sind. Die festen Seifen werden gewöhnlich aus 80 T Talg + 20 T Cocosöl durch Verseifung bzw. durch Neutralisation der entsprechenden Fettsäuren hergestellt. Salze mit anderen Metallen werden als „Metallseifen" bezeichnet (Kalkseifen, Eisenseifen usw.).   D.O.

Selbstentzündlichkeit. Für das Trocknen, Mahlen sowie u.U. auch für das Lagern fester Produkte sind Kenntnisse über deren evtl. Selbstentzündlichkeit unerläßlich. Die Trocknungstemperatur muß im allgem. mindestens 50°C unterhalb der Selbstentzündungstemperatur liegen; das gilt für das getrocknete Produkt am Ende des Trocknungsprozesses und insbes. für Langzeittrocknung (z.B. Schaufel- oder Tellertrockner). Stoffe mit Selbstentzündungstemperaturen < 150°C dürfen nur unter besonderen Vorsichtsmaßnahmen gelagert werden (kleine Mengen, evtl. feuerfest abgetrennte Räume). Die Selbstentzündungstemperatur wird in einem speziellen Heizofen bestimmt. In einem Drahtkörbchen befindet sich die zu prüfende Substanz, in einem anderen eine inerte Vergleichsprobe. Mit 1°C/min werden die Proben (bis 350°) im Luftstrom aufgeheizt. Die Selbstentzündungstemperatur T_s ist diejenige Temperatur, bei der die Temperatur der Probe die Vergleichsprobe übersteigt. Bei einer T_s unter 200°C sind zusätzliche isotherme Versuche mit größeren Substanzmengen erforderlich.   F.Wl.

Separatoren sind (↑) *Vollmantelzentrifugen*, die im allgemeinen auf die Gewinnung der flüssigen Komponente hin konstruiert sind. Man unterscheidet: 1. (↑) *Röhrenseparatoren*, 2. (↑) *Kammerseparatoren*, 3. (↑) *Tellerseparatoren*.   D.O.

Serienschaltung. (Reihenschaltung) von Zellen. Elektrische Aneinanderreihung mehrerer Zellen in Serie, um die Summenspannung zu erhöhen. Bei (↑) *Elektrolysezellen* geht man vorzugsweise bis in die Nähe der Sperrspannung des Gleichrichters, um einen hohen Wirkungsgrad des Gleichrichters und kleine Querschnitte der Stromschienen (bei festgelegter optimaler Stromdichte) zu erreichen (Gegensatz: (↑) *Parallelschaltung*).   H.V.

Setzmaschinen sind Apparate zum Trennen eines Feststoffgemenges in Bestandteile unterschiedlicher Dichte (↑ *Sortierverfahren*). Das Prinzip ihrer Arbeitsweise ist in der Abb. skizziert; der Schwerpunkt eines gut durchmischten Schüttguthaufens, der aus zwei Komponenten unterschiedlicher Dichte besteht, möge sich in der Höhe h_1 über der Unterlage befinden.

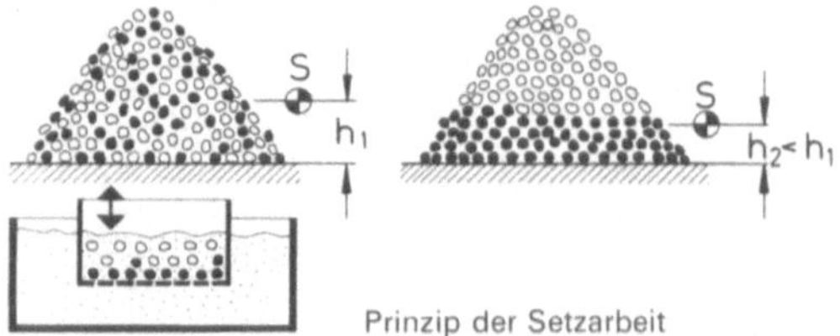

Prinzip der Setzarbeit

Ordnet man alle Körner hoher Dichte unten, die leichten Körner darüber an, so wandert der Schwerpunkt auf die geringere Höhe h_2. Diese niedrigere Schwerpunktlage stellt sich von selbst ein, wenn man die Reibung zwischen den Teilchen aufhebt und diesen so die Gelegenheit gibt, sich umzuschichten. In der Praxis geschieht dies meist, indem man das Gut mit einem Transport-Wasserstrom an einer Schmalseite auf ein rechteckiges Sieb, den Setzgutträger a in der Abb. aufgibt, durch das von unten ein zweiter pulsierender Wasserstrom hindurchtritt. Beim Transport in Längsrichtung über den Setzgutträger schichtet sich das Gut nach der Dichte. Die schwere Komponente wird durch besondere Austragsvorrichtungen e oder unmittelbar durch den Setzgutträger hindurch in den Raum unterhalb des Setzgutträgers (in das Setzfaß b) ausgetragen, während das Leichtgut mit dem Transportwasser bei h überfließt. Beim Schwergutaustrag „durch das Bett" ist der Setzgutträger mit „Setzraupen" (z.B. gebrochenem und eng klassiertem Feldspat) belegt. Beim Austrag durch besondere Austragvorrichtungen (z.B. Schieber, Zellenradschleusen) werden diese meist mittels Schwimmern g gesteuert, die die Grenze zwischen dem Leichtgut und dem Schwergut über dem Setzgutträger abtasten. Für Stoffe, die sich in Wasser auflösen oder dispergieren (Beispiel: Lignit), benutzt man Luft-

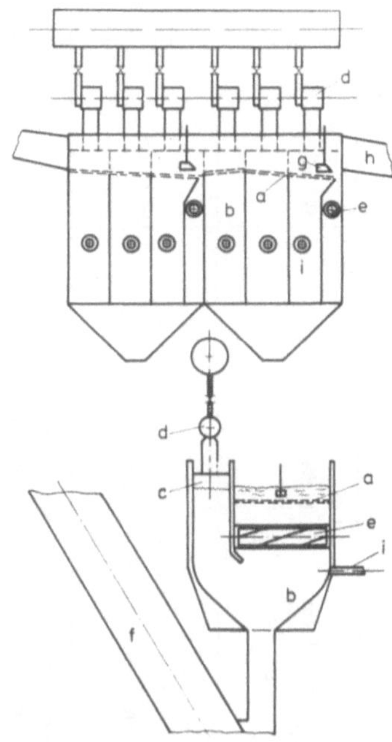

Luftgepulste Erz-Naß-Setzmaschine der KHD
Industrieanlagen AG, Köln, schematischer Längsschnitt
(oben) und Querschnitt (unten). a=Setzgutträger;
b=Setzfaß; c=Luftkammer; d=Luftschieber;
e=Austrag-Zellenradschleusen;
f=Schwergut-Becherwerke; g=Schwimmer;
h=Leichtgutüberlauf; i=Unterwasser-Einlässe

setzmaschinen, bei denen der pulsierende Unterwasserstrom durch einen pulsierenden Luftstrom ersetzt ist und der Transport in Längsrichtung durch eine Schüttelbewegung des geneigten Setzgutträgers bewirkt wird.   H.Ke.

Seveso-Erlasse. Der Ausbruch eines sehr giftigen Stoffes (Tetrachlordibenzodioxin) in Seveso bei Mailand (August 1976) und die daraus folgenden Umweltschäden haben die Bundesländer veranlaßt, Erlasse über „Sicherheitsmaßnahmen beim Umgang mit sehr giftigen Stoffen" (sog. Seveso-Erlasse) herauszugeben. Die Stoffe sind in den Erlassen aufgelistet (Unterschiede nach Ländern). Die Aufsichtsbehörde hat danach u.a. zu prüfen, ob: 1. Vorrichtungen vorhanden sind, die einen Austritt dieser Stoffe in die Betriebsräume und/oder die Umwelt verhindern (z.B. Absorptionssysteme hinter den Sicherheitsventilen). 2. Maßnahmen gegen „Durchgehen" der Reaktion getroffen sind (z.B. Zuführung von Inhibitoren, Notkühlung). 3. Meß- und Regelsysteme funktionssicher sind (z.B. durch redundante Ausführung). In besonderen Fällen müssen (↑) *Alarmpläne* erstellt und mit den Alarm- und Einsatzplänen der zuständigen Behörden koordiniert werden (Min. für Soziales, Gesundheit und Sport RLP AZ 662/663 - 883.0 vom 19. 01. 1977.).   F.Wi.

Sherwin-Williams/Badger-Verfahren zur Herstellung von (↑) *Phthalsäureanhydrid* aus Naphthalin in einer aus Katalysatorpartikeln (V_2O_5 auf Silicagel) bestehenden (↑) *Wirbelschicht*. Die Reaktionswärme dieser exothermen Reaktion wird über in die Wirbel-

SI-Einheiten, abgeleitete, mit besonderem Einheitennamen (s. auch die Tabelle auf S. 224)

Abgeleitete Größe im SI	SI-Einheit		Beziehung zu	
	Name	Zeichen	SI-Basiseinheiten	anderen SI-Einheiten
Ebener Winkel	Radiant	rad	$m\ m^{-1}$*)	
Raumwinkel	Steradiant	sr	$m^2\ m^{-2}$*)	
Frequenz	Hertz	Hz	s^{-1}*)	
Aktivität	Becquerel	Bq	s^{-1}*)	
Kraft	Newton	N	$m\ kg\ s^{-2}$	
Druck, mechanische Spannung	Pascal	Pa	$m^{-1}\ kg\ s^{-2}$	N/m^2
Energie, Arbeit, Wärmemenge	Joule	J	$m^2\ kg\ s^{-2}$	N m
Leistung, Wärmestrom	Watt	W	$m^2\ kg\ s^{-3}$	J/s
Energiedosis	Gray	Gy	$m^2\ s^{-2}$*)	J/kg
Elektrische Ladung	Coulomb	C	$s\ A$	
Elektrische Spannung	Volt	V	$m^2\ kg\ s^{-3}\ A^{-1}$	W/A
Elektrische Kapazität	Farad	F	$m^{-2}\ kg^{-1}\ s^4\ A^2$	C/V
Elektrischer Widerstand	Ohm	Ω	$m^2\ kg\ s^{-3}\ A^{-2}$	V/A
Elektrischer Leitwert	Siemens	S	$m^{-2}\ kg^{-1}\ s^3\ A^2$	A/V
Magnetischer Fluß	Weber	Wb	$m^2\ kg\ s^{-2}\ A^{-1}$	V s
Magnetische Flußdichte	Tesla	T	$kg\ s^{-2}\ A^{-1}$	Wb/m^2
Induktivität	Henry	H	$m^2\ kg\ s^{-2}\ A^{-2}$	Wb/A
Lichtstrom	Lumen	lm	$m^2\ m^{-2}\ cd$*)	cd sr
Beleuchtungsstärke	Lux	lx	$m^2\ m^{-4}\ cd$*)	lm/m^2

*) diese Einheitenbeziehungen gelten nicht allgemein, sondern nur bei den angegebenen Größen.   D.O.

SI-Einheiten, alte Einheiten und Umrechnungsfaktoren

Größe	alte Einheit		neue Einheit		Beziehung zu Basisgrößen des SI-Systems	Umrechnung alt → neu[1] Einheiten	Multiplikations-faktor für den alten Zahlenwert
	Name	Kurz-zeichen	Name	Kurz-zeichen			
Kraft	Kilopond	kp	Newton	N	$1\ N = 1 \cdot \dfrac{kg \cdot m}{s^2}$	$kp \rightarrow N$	9,81[2])
mechanische Spannung	$\dfrac{Kilopond}{Quadratmillimeter}$	$\dfrac{kp}{mm^2}$	$\dfrac{Newton}{Quadratmillimeter}$	$\dfrac{N}{mm^2}$	$1\ \dfrac{N}{mm^2} = 10^6 \dfrac{kg}{s^2 \cdot m}$	$\dfrac{kp}{mm^2} \rightarrow \dfrac{N}{mm^2}$	9,81
Flüssigkeits- und Gasdruck	Atmosphäre, Millimeter Wassersäule, Millimeter Quecksilber-säule	at mm WS Torr	bar Pascal	bar Pa	$1\ bar = 0,1\ MPa$ $1\ Pa = 1\ \dfrac{kg}{s^2 \cdot m}$	$at \left(\,\hat{=}\, 1\ \dfrac{kp}{cm^2} \right) \rightarrow bar$ $mm\ WS \left(\,\hat{=}\, 1\ \dfrac{kp}{m^2} \right) \rightarrow bar$ $Torr\ (\,\hat{=}\, 1\ mm\ Hg) \rightarrow bar$	0,981 $9,81 \cdot 10^5$ $1,333 \cdot 10^{-3}$
Energie, Arbeit Wärmemenge	Meterkilopond Kalorie	mkp cal	Joule	J	$1\ J = 1\ \dfrac{kg \cdot m^2}{s^2}$	$mkp \rightarrow J$ $cal \rightarrow J$	9,81 4,19
Leistung	Pferdestärke	PS	Watt Kilowatt	W kW	$1W = 1\ \dfrac{J}{s} = \dfrac{1\ Nm}{s}$	$PS \rightarrow kW$	0,736
Wärmeleit-fähigkeit	$\dfrac{Kalorie}{Zentimeter \cdot s \cdot {}^\circ C}$	$\dfrac{cal}{cm \cdot s \cdot {}^\circ C}$	$\dfrac{Joule}{Zentimeter \cdot s \cdot K}$	$\dfrac{J}{cm \cdot s \cdot K}$	$1\ \dfrac{J}{cm \cdot s \cdot K} = 10^2 \dfrac{kg \cdot m}{s^3 \cdot K}$	$\dfrac{cal}{cm \cdot s \cdot {}^\circ C} \rightarrow \dfrac{J}{cm \cdot s \cdot K}$	4,19

[1]) Bei Umrechnungen neu in alt muß der neue Zahlenwert durch die angegebenen Faktoren dividiert werden, bei N → kp gilt: Zahlenwert/9,81

[2]) Der Umrechnungsfaktor wird im technischen Gebrauch meist auf 10 gerundet, wenn der Fehler von rund 2% vernachlässigbar klein ist.

D.O.

schicht eintauchende Kühlrohre mittels indirekter Siedekühlung unter Dampferzeugung abgeführt. Aus dem Produktgas wird in einem Kondensator zunächst ein Teil des Phtalsäureanhydrids in flüssiger Phase abgeschieden, während der Rest in nachfolgenden umschaltbaren Kondensatoren desublimiert wird (s. Abb.). J.W.

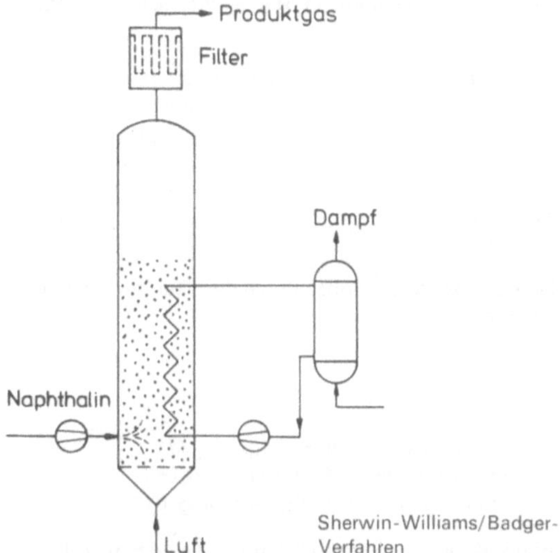

Sicherheitsmanometer sind konstruktiv so gestaltet, daß beim Zubruchgehen des Meßsystems die Entspannung in eine ungefährliche Richtung (Rückseite) erfolgt. Das kann u.a. durch eine ausreichend starke Wand zwischen Meßsystem und Zifferblatt erreicht werden. Den Bau von und Anforderungen an S. beschreibt DIN 16006 Bl. 1. Obwohl generelle diesbezügliche Vorschriften noch nicht existieren, empfiehlt es sich, nur solche Manometer einzubauen. F.WI.

Sicherheitsventile sind die am häufigsten verwendeten (↑) *Druckentlastungseinrichtungen.* Nur, wenn die Verwendung aus betrieblichen Gründen nicht möglich ist (z.B. bei staubendem, verklebendem oder sublimierendem Behälterinhalt oder wenn plötzlich mögliche Drucksteigerungen die momentane Freigabe großer Querschnitte erforderlich machen) kann z.B. auf (↑) *Berstscheiben* ausgewichen werden. Sicherheitsventile gelten als geeignet, wenn sie den Forderungen des (↑) *AD-Merkblattes A 2* „Sicherheitsventile" entsprechen. Sie müssen so eingestellt sein, daß der zulässige Betriebsüberdruck des (↑) *Druckbehälters* nicht um mehr als 10% überschritten werden kann. Wie andere Druckentlastungseinrichtungen dürfen auch Sicherheitsventile nicht absperrbar sein. Wird ein zweites, gleichgroßes Sicherheitsventil verwendet, so ist eine Zweiwegarmatur vor dem Sicherheitsventil zulässig, vorausgesetzt, daß dessen volle Sicherheitsfunktion auch während des Umschaltens gewährleistet ist. Hilfsgesteuerte Sicherheitsventile sind zulässig, wenn

sie ohne Zwischenschaltung fremder Energiequellen zuverlässig arbeiten. Besteht die Gefahr, daß z.B. Korrosion oder Ablagerungen Sicherheitsventile unwirksam machen können, müssen sie in angemessenen Zeitabständen ausgebaut und auf ihre Wirksamkeit überprüft werden. Aus den Ventilen im Falle des Abblasens austretende gefährliche Gase, Dämpfe und Flüssigkeiten müssen gefahrlos abgeleitet werden, wobei durch ausreichende Leitungsquerschnitte dafür gesorgt werden muß, daß die volle Funktion des Sicherheitsventiles erhalten bleibt. (↑) *Unfallverhütungsvorschriften:* VBG 16 „Verdichter", VBG 17 „Druckbehälter", VBG 20 „Kälteanlagen", VBG 61 „Gase". AD-Merkblätter. Seveso-Erlasse. F.WI.

Sichtermühlen. Jedes Mahlsystem, bei welchem im Mühlengehäuse die sieblose Mahlgarnitur sowie ein Wind- oder Wurfsichtsystem eingebaut ist, ist eine Sichtermühle. Die Zerkleinerung erfolgt durch Verwirbelung und Prall. Die Trenngrenze liegt dort, wo die Schleppkraft der Luft stärker auf die Mahlgutpartikel einwirkt als die durch Teilchenbeschleunigung wirksame Zentrifugalkraft (↑ *Kreiselmühle*). H.S.

Siebböden sind Flächengebilde mit gleichartigen Öffnungen in regelmäßiger Anordnung, wie sie als im allgem. schwingende Trennflächen in Siebvorrichtungen verwendet werden. Je nach Form der Sieböffnungen unterscheidet man Siebböden mit runden, quadratischen, rechteckigen und spaltförmigen Öffnungen. Begriffe und Kennzeichen für Siebböden sind u.a. nach DIN 4185 genormt, Maß usw. für Siebböden nach DIN 4189, 4192, 24041, 24042, 24043. Für Prüfsiebe wurden besondere Normen ausgegeben (DIN 4187 und 4188). Man unterscheidet: 1. Gewebesiebböden bestehen aus sich kreuzenden Drähten, Litzen oder Garnen, durch welche die Sieböffnungen gebildet werden. Alle parallel zu den Webkanten verlaufenden Drähte nennt man Kette, die rechtwinklig dazu verlaufenden Drähte heißen Schuß; die Art der Verkreuzung von Kett- und Schußdrähten wird Bindung bezeichnet. Die Maschenweite eines Gewebesiebbodens wird durch den senkrechten Abstand zwischen zwei benachbarten Drähten gemessen. Viel verwendete Werkstoffe für Gewebesiebböden sind Federstahl, Chromstahl und Chrom-Nickelstahl, Messing, Bronze und Nickellegierungen, Gummi, Kunstoff und Naturseide. 2. Lochsiebböden sind Platten oder Bleche mit Sieböffnungen, die durch Stanzen, Bohren, Fräsen oder nach anderen Verfahren eingebracht worden sind. Um das Passieren des Feingutes zu erleichtern, wird der Durchgangsquerschnitt vielfach konisch ausgebildet. Lochbleche werden hauptsächlich hergestellt aus SM-Blech, Chrom und Chrom-Nickelstahlblech, Gummi- und Chemiewerkstoffen. 3. Sonstige Siebböden: Harfensiebböden sind gewebeähnliche Siebböden aus Längsdrähten mit in Abständen eingewebten Querdrähten. Verwendung finden auch geschweißte Siebböden aus sich kreuzenden und an den Kreuzungsstellen aufeinanderliegenden verschweißten Drähten. Geklammerte Siebböden bestehen aus in der Siebebene gewellten Runddrähten, die auch mit glatten Runddrähten wechselweise nebeneinander angeordnet sein können, und Blechklammern, die den Siebbodenverband herstellen. Spaltsiebböden in verschiedenen Ausführungen werden aus verschleiß- und korrosionsfesten Stahlsorten und in zunehmendem Maße auch aus Gummi und Chemiewerkstoffen verwendet.

H.P.D.

Siebböden für (↑) *Rektifizierkolonnen* bestehen aus gelochten Platten mit Zu- und Ablaufwehren sowie Schächten (↑ *Sprühböden*). Wichtige Abmessungen sind das Teilungsverhältnis T zum Lochdurchmesser d, wobei die Löcher meist an den Endpunkten eines gleichseitigen Dreiecks angeordnet sind. Das Verhältnis T/d wird im Regelfall zu 2,8 bis 3, z.T. auch bis 2,2 gewählt. Bei zu enger Lochteilung blasen die Dampfströme gegenseitig die Flüssigkeit vom Boden fort, bei zu großen Lochabständen können Flüssigkeitsteile unbeeinflußt passieren. Für einen guten Stoffaustausch ist eine gleichmäßig sprudelnde Flüssigkeitsschicht auf dem Siebboden notwendig. Da die Löcher für industrielle Siebböden in Bleche gestanzt werden, beträgt der kleinste Lochdurchmesser ca. Blechstärke. Der Grat am Lochrand vom Stanzen wird normalerweise nach unten angeordnet. Bei nichtverschmutzenden Böden, z. B. in Luftzerlegungsanlagen, wird d bis 0,8 mm, bei verschmutzenden Flüssigkeiten, z. B. bei der Erdöltrennung, bis ca. 40 mm ausgeführt. Die Summe aller Lochquerschnitte beträgt etwa 5 bis 15% der Säulenquerschnittsfläche. Die maximale Belastung wird nach Kirschbaum errechnet. Meist sind alle Löcher eines Siebbodens mit gleichem Durchmesser und gleichen Teilungen ausgeführt. Ist der Siebboden nicht eben, so wird der Teil, der tiefer liegt, bei kleinen Dampfbelastungen tropfen, weil der Dampf eine größere Flüssigkeitsschicht durchdringen muß. Als Ebenheit werden daher bei industriellen Böden ± 1 bis 3 mm gefordert. Der Dampfbelastungsbereich von Siebböden kann meist von 100% bis auf ca. 50% gesenkt werden, ehe der Boden tropft. Bei noch geringeren Belastungen „regnet" der Boden. Außer runden Löchern werden besonders bei verschmutzenden Siebböden Langlöcher verwendet. Zu- und Ablaufschächte und Wehre werden wie bei Glockenböden ausgeführt. Ein Spezial-Siebboden ist der Kittel-Boden, bei dem statt eines Lochbleches Streckmetall verwendet wird. Beim Kittel-Boden gibt es eine Variante, bei der das Streckmetall den gesamten Säulenquerschnitt ausfüllt; Zu- und Ablauf werden über den gesamten Querschnitt durch stellenweises wechselndes Durchregnen erzeugt. Die siedende, sprudelnde Flüssigkeit wird dynamisch auf dem Boden gehalten. (Vorteil: Ausnutzen des gesamten Säulenquerschnittes).

H.M.

Siebdurchgangskurve ↑ *Siebrückstandskurve*

H.P.D.

Siebelementenfilter ↑ *Blattfilter, Filterapparate*

H.W.

Sieben ist das Zerlegen eines Kornhaufwerkes nach seiner geometrischen Größe in zwei Korngrößenbereiche mit Hilfe eines Siebbodens, wobei die Maschenweite des Siebbodens annähernd die Trennkorngröße bestimmt. Der Erfolg einer Siebung wird i.a. durch den Siebgütegrad bestimmt (↑ *Windsichtung*).

H.P.D.

Siebfläche, offene. Hierunter versteht man das Verhältnis der Summe aller Flächen der Sieböffnungen zur Gesamtfläche des Siebbodens. Sie beträgt bei Gewebesiebböden zwischen 30–85%, bei Lochsiebböden 15–60%, je nach Größe, Form und Anordnung der Sieböffnungen.

H.P.D.

Siebgütegrad. Er kennzeichnet den Trennerfolg eines Siebvorganges:

$$\eta s = \frac{(a-g)\,(f-a)\cdot 100}{(100-a)\,(f-g)\,a}\cdot 100\ [\%]$$

a = Feinkorngehalt in der Aufgabe [%]
g = Feinkorngehalt im Siebrückstand [%]
f = Feinkorngehalt im Siebdurchgang [%]

Einflußfaktoren auf den Siebgütegrad sind Rohstoffzusammensetzung, Arbeitsweise sowie Betriebsbedingungen der Siebgeräte und -maschinen. Der jeweilige Feinkorngehalt wird durch Prüfsiebung ermittelt.

H.P.D.

Siebhilfen sind Einrichtungen oder Zusätze, die einen Siebvorgang speziell von siebschwierigen Produkten ermöglichen, beschleunigen bzw. optimieren. Man verwendet z.B. (Vornehmlich bei horizontal angeordneten Siebvorrichtungen): 1. Messingstifte, Gummiwürfel, Gummibälle, Kunstoffringe o.ä. grobe abriebfeste Körper zum Sauberhalten der Siebe oder zum Auflösen von Zusammenballungen. 2. Bürsten, frei auf dem Sieb gleitend oder mechanisch bewegt unter dem Siebboden abrollend zum Sauberhalten der Siebe. 3. Luftstrahleinrichtungen, die in besonderer Weise Feinsiebungen ermöglichen. 4. Siebbodenheizung zur Überwindung von Kapillarkräften feuchter Produkte. 5. Naßsiebung durch Flüssigkeitszugabe über Spül- und Brauseeinrichtungen. 6. Anti-Statik-Mittel, die elektrostatische Aufladungen verhindern.

H.P.D.

Siebkennziffer K_v: Gilt als Kenngröße für die senkrecht zum Siebboden wirkende max. Beschleunigungsgröße einer Siebvorrichtung. Sie errechnet sich aus Schwingweite, Frequenz, Wurfwinkel und Siebbodenneigung und wird zur Erdbeschleunigung ins Verhältnis gesetzt.

H.P.D.

Siebkorbfilter (↑ *Filterapparate*). In einem druckfesten Behälter ist ein auswechselbarer, mit Siebgeweben (↑ *Filtermittel*) belegter Filter-„Korb" untergebracht. Siebkorbfilter dienen zum Abscheiden relativ grober Verunreinigungen aus großen Flüssigkeitsmengen, z.B. als Schmutzfänger vor Pumpen oder in Öl- und Kraftstoffbehältern. Regenerierung erfolgt durch Auswaschen des herausgenommenen Korbeinsatzes oder Rückspülung.   H.W.

Siebmaschinensysteme. Man unterscheidet im wesentlichen folgende Systeme: 1. *Roste:* Unbewegte Roste, Bewegte Roste. 2. *Siebmaschinen mit Schwingbewegung in Siebebene:* Plansiebe, Plansichter, Plansiebe mit horizontalem Kurbelantrieb, Plansiebe mit vertikalem Kurbelantrieb, Plansiebe mit Unwuchtmassenantrieb, Rotex-Siebmaschinen, Traversator-Siebmaschinen, Taumelsiebmaschinen: Taumelsiebmaschinen mit Kurbelantrieb, Taumelsiebmaschinen mit Unwuchtantrieb. 3. *Siebmaschinen mit Schwingbewegung senkrecht zur Siebebene (Wurfsiebe):* Kreisschwingsiebe: Kreisschwingsiebe mit Exzenterantrieb, Kreisschwingsiebe mit Unwuchtantrieb, Ellipsenschwingsiebe, Linearschwingsiebe: Kurbelsiebe, Kurbelsiebe (Resonanzantrieb), Doppelunwuchtsiebe, Mogensen-Sizer, Rundsiebe mit Doppelunwuchtantrieb, Schwingsiebe mit Zusatzvibrator, Stößelschwingsiebmaschinen, Spannwellensiebmaschinen. 4. *Trommel- oder Zylinder-Siebmaschinen:* Zylinder-Siebmaschinen mit feststehender Trommel: Trommelsiebe mit rotierenden Wirbelleisten, Trommelsiebe mit rotierenden Wirbelleisten und Vibrationsbewegung, Zylinder-Siebmaschinen mit rotierender Trommel: rotierende Trommelsiebe, rotierende Trommelsiebe mit zusätzlicher Vibrationsbewegung, rotierende Trommelsiebe mit Luftstrahl.   H.P.D.

Siebrückstandskurve ist eine Feinheitskennlinie, bei der über der Teilchengröße der jeweils oberhalb des zugehörigen Abszissenwertes liegende prozentuale Mengenanteil als Ordinate aufgetragen wird. Bei der Siebdurchgangskurve wird der prozentuale Anteil unterhalb des Grenzwertes über diesem aufgetragen.   H.P.D.

Siebschleudern ↑ *Siebzentrifugen*   D.O.

Siebschüsselmühle ↑ *Oszillations-Granulator*   H.S.

Siebzentrifugen (Siebschleudern) zeichnen sich durch eine durchbrochene Trommelmantelfläche aus und arbeiten nach dem Prinzip der Filtration. Als Filtermedium dienen feine Siebe oder Filtertücher. Siebzentrifugen werden sowohl für chargenweise wie auch kontinuierliche Betriebsweise gebaut (↑ *Pendelzentrifugen, Schneckensiebschleuder, Schubzentrifuge, Taumelzentrifuge*).   D.O.

Siedeanalyse. Bei Vielstoffgemischen, vor allem bei den Mineralölen, wird in einem genormten Glaskolben

eine Probe verdampft und die jeweilige Siedetemperatur in Abhängigkeit der angefallenen Volumenmenge Kondensat in ein Diagramm eingetragen (Engler-Analyse, DIN VDM 3672). Um die einzelnen Fraktionen schärfer voneinander zu trennen, wird auf den Siedekolben eine (↑) *Rektifizierkolonne* aufgesetzt. Zur Festlegung der „wahren Siedepunktskurve" trägt man die Temperatur am Kopf der Rektifizierkolonne in Abhängigkeit der angefallenen Destillatmenge, meist in Volumenprozent der gesamten Destillatmenge, in ein Diagramm ein. Die Temperatur, bei der der erste Tropfen Destillat anfällt, kennzeichnet den „Siedebeginn" und die höchste erreichte Temperatur bei Trokkenwerden des Glaskolbens das „Siedeende".   H.M.

Siedepunkterhöhung. Bei der Eindampfung von Lösungen (z. B. Salzlösungen) tritt je nach der Konzentration der Lösung eine Siedepunkterhöhung gegenüber dem reinen Lösungsmittel auf (s. Abb.). Nach der vereinfachten Beziehung von Clausius-Clapeyron kann die Siedepunkterhöhung ideal verdünnter Salzlösungen angenähert berechnet werden.

$$\Delta T_S = \frac{RT^2}{M \cdot r} \, i \cdot x_S$$

mit

R	allgemeine Gaskonstante	[J/kmol ·]
M	Molmasse der Lösung	[kg/kmol]
i	Dissoziationsgrad	[−]
x_S	Konzentration der Lösung (Anzahl Mole Salz/Anzahl Mole Lösungsmittel + Salz)	[−]
r	Verdampfungsenthalpie [J/kg]	F.W.

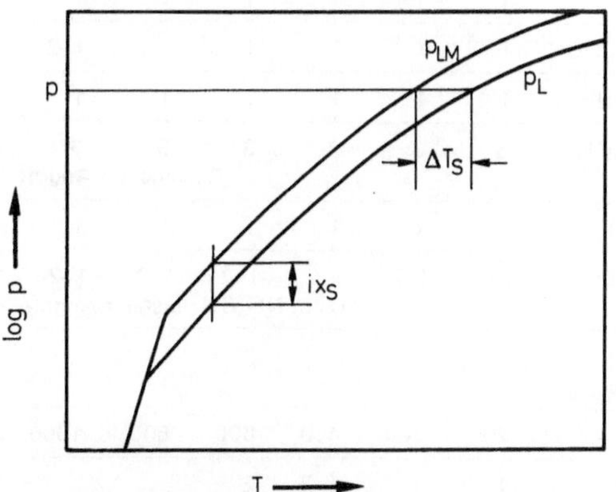

Siedepunkterhöhung. p_L = Dampfdruckkurve der Lösung; p_{LM} = Dampfdruckkurve des Lösungsmittels. (übrige Bezeichnungen im Text)

Siedeverzug. An polierten und sorgfältig entgasten beheizten Oberflächen können in reinen gasfreien Flüssigkeiten keine Dampfblasen entstehen, selbst wenn die Flüssigkeit bis weit über ihren Siedepunkt überhitzt wird (↑ *Keimbildung*). Kommt es in einem solchen Fall (z. B. Glasapparatur) durch eine äußere Störung dennoch zur Bildung einer Dampfblase, so wird die gespeicherte Energie schlagartig für die Dampfbildung verbraucht. Die plötzliche sehr starke Volumenvergrößerung führt dann oft zur Zerstörung des Apparates. Legt man poröse Steinchen (Siedesteinchen), deren Gaseinschlüsse als Dampfblasenkeime wirken, in die Flüssigkeit, so kann der Siedeverzug vermieden werden. F.W.

Silber. Ag; Atomgew. 107,87; Dichte: 10,50 g/cm³; Kristallstruktur: kubisch flächenzentriert; Fp: 961,3° C; α: 19,3 · 10^{-6} grd^{-1}; λ: 4,27 W/cm grd; ϱ: 1,49 · 10^{-6} Ω cm; E: 83500 MN/m². – Silber ist ein weiches, plastisch leicht verformbares Metall, Legierungszusätze vermindern in der Regel die Korrosionsbeständigkeit. Silber läßt sich ausgezeichnet schweißen, sowie weich und hart löten. Es ist beständig gegen Atmosphärilien, gegen Salzsäure und Chloride und gegen Alkalien, nicht aber gegen geschmolzenes Alkalihydroxid.

Silber

°C	20			100		
	1%	10%	konz	1%	10%	konz
HCl	1	1–2	2	1–2	2–3	3
						O₂ verstärkt Angriff
H₂SO₄	1	1	2	1	1	2–3
HNO₃	3	3	3	3	3	3
H₃PO₄	1	1	1	1	1	1
HF	1	1	1	1	1	1
CH₃COOH	1	1	1	1	1	1–2
NaOH	1	1	1	1	1	1
NH₄OH	3	3	3	3	3	3
						O₂ verstärkt Angriff
NaCl	1	1	1	1	1	1
NH₄Cl	1–2	1–2	1–2	1–2	1–2	1–2
						O₂ u. NH₄OH verstärkt Angriff

Gase

°C	20	200	400	600	800	1000
Luft	1	1	1–2	2		
H₂O	1	1	2	2		
Cl₂	1	1	2	3	3	3
SO₂	1	1	1	1	2	ub
H₂S	2	2–3	3	3	3	
						O₂ verstärkt Angriff

1: chemisch beständig Korr.-Angriff <2,4 g/m² Tag <0,1 mm/Jahr. 2: chemisch bedingt beständig bzw. verwendbar Korr.-Angriff 2,4–24 g/m² Tag (0,1–1 mm/Jahr). 3: chemisch unbeständig >24 g/m² Tag >1 mm Jahr P.E.

Sinkscheidung ist ein (↑) *Sortierverfahren*, das die unterschiedliche Dichte der Teilchen eines Feststoffgemenges als Trennmerkmal nutzt. Prinzip (s. Abb.): Man stellt aus einem feingemahlenen (oder verdüsten) Feststoff hoher Dichte und Wasser (ggf. auch einer Salzlösung) eine Suspension her, deren mittlere Dichte zwischen den Dichten der zu trennenden Komponenten liegt. In dieser Suspension (Schwertrübe) schwimmt die leichtere Komponente auf und wird meist mit einem Trübeteilstrom aus dem Trenngefäß ausgetragen, die schwerere Komponente sinkt ab und wird entweder durch mechanische Fördermittel (Beispiel: Schöpfbecherrad) oder ebenfalls mit einem Trübeteilstrom (Beispiel: Schwertrübezyklon) ausgetragen. Anschließend läßt man auf Sieben die Schwertrübe von den Produkten abtropfen (dieser Teil gelangt unmittelbar in den Trennbehälter zurück), dann braust man die Produkte ab, um den restlichen Schwerstoff zurückzugewinnen, der als sog. Dünntrübe erst nach Eindickung und evtl. magnetischer Reinigung (↑ *Magnetscheidung*) in den Kreislauf zurückgeführt wird. Als Schwerstoffe dienen meist Magnetit oder Ferrosilicium. Statt der wässrigen Schwertrübe verwendet man gelegentlich auch ein Fließbett aus feinkörnigem, trockenem Schwerstoff. H.Ke.

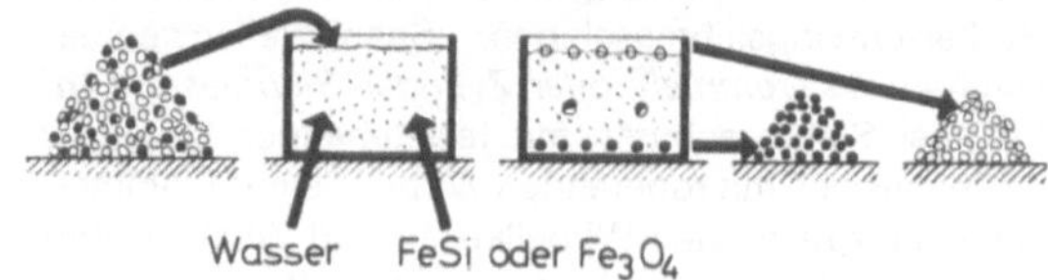

Prinzip der Sinkscheidung

Sintern ist ein Verfahren zur (↑) *Kornvergröberung* und Zusammenbacken von Pulvern zu festen Körpern bei Temperaturen unterhalb der absoluten Schmelztemperatur; dabei wird das Sintergut nicht geschmolzen bzw. es tritt nur ein teilweises Schmelzen niedrigschmelzender Anteile ein. H.R.

Soda. Natriumcarbonat Na₂CO₃, wird nach dem (↑) *Ammoniak-Verfahren* (Solvay) oder durch (↑) *Carbonisierung* von Natronlauge gewonnen. Beim Ammoniak-Verfahren wird von einer gesättigten und gereinigten Kochsalz- (Natriumchlorid) Lösung NH₃-Gas absorbiert. Nachdem die benötigte Menge aufgenommen ist, folgt in Carbonatoren die Ausfällung von Natriumhydrogencarbonat durch Einleiten von CO₂-Gas (gewonnen durch Brennen von Kalk im Kalkofen):

$$2NaCl + 2NH_3 + 2CO_2 + 2H_2O = 2NaHCO_3 + 2NH_4Cl$$

Das Natriumhydrogencarbonat wird durch Filtration von der Mutterlauge getrennt und durch Kalzinieren in der Kalziniertrommel in Soda umgewandelt:

$$2NaHCO_3 = Na_2CO_3 + CO_2 + H_2O$$

CO₂ geht in den Prozeß zurück. Das Filtrat wird mit „Kalkmilch" versetzt und das NH₃ durch Destillation im Destiller mit Dampf ausgetrieben:

$$2NH_4Cl + Ca(OH)_2 = CaCl_2 + 2NH_3 + 2H_2O$$

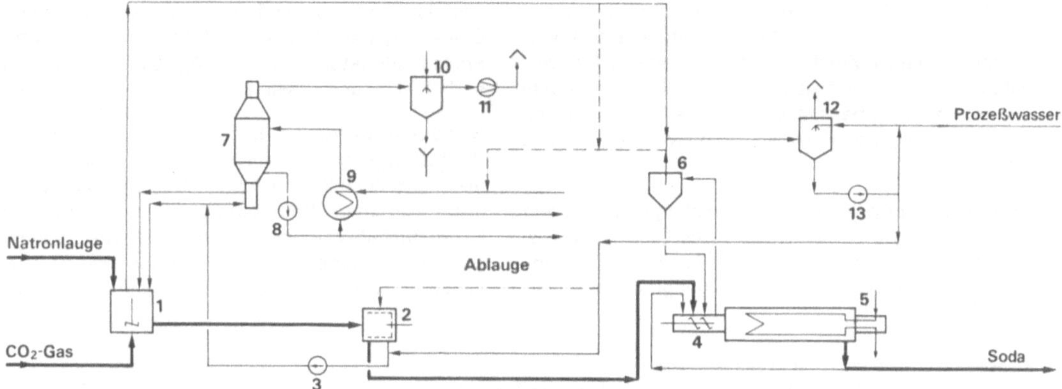

Soda durch Carbonisierung von Natronlauge (Davy Powergas)

Das für den Prozeß erforderliche CO_2 wird in der Kalkofenanlage hergestellt:

$$CaCO_3 \xrightarrow{\Delta} CaO + CO_2$$

welche auch (in der Löschtrommel) die erforderliche Kalkmilch liefert:

$$CaO + H_2O = Ca(OH)_2$$

Durch Carbonisierung wird Soda aus Natronlauge gewonnen. Bei Verarbeitung von Natronlauge aus (↑) *Diaphragma-Zellen* enthält diese nach Eindampfung auf ca. 50 Gew.-% NaOH noch ca. 1% NaCl sowie geringe Gehalte an anderen Salzen. Sie fließt kontinuierlich in den Rührreaktor (1) und reagiert mit dem Carbonatierungsgas zu Natriumcarbonat:

$$2NaOH + CO_2 = Na_2CO_3 + H_2O$$

Die dabei freiwerdende Reaktionswärme wird zur Verdampfung von Wasser ausgenutzt. Die Suspension fließt in die (↑) *Schubzentrifuge* (2), in der die Monohydratkristalle von der Mutterlauge getrennt und gewaschen werden. Der ausgetragene Kristallbrei geht in den Mischer (4), wo er mit Rücklaufsoda vermischt wird, und zur Trocknung in die indirekt beheizte Drehtrommel (5). Ein (↑) *Zyklon* (6) sorgt für Entstaubung der Trocknerbrüden. Die Mutterlauge wird von der Pumpe (3) in den Rührreaktor (1) zurückge-

führt; ein Teilstrom wird abgezweigt und im (↑) *Verdampfungskristallisator* unter Vakuum eingedampft. Dabei reichern sich die mit der Natronlauge eingeführten Verunreinigungen in der Flüssigphase weiter an und werden in Form einer konz. Ablauge ausgeschleust. Der Wärmetauscher (9) kann mit den Trocknerbrüden, bei Verwendung von hochkonzentriertem CO_2-Gas zusätzlich auch mit den Reaktorbrüden beheizt werden. Die wärmetechnisch nicht verwertbaren Brüden werden im Wäscher (12) mit zirkulierender Waschlösung gewaschen; die angereicherte Waschlösung geht in den Mutterlaugenkreislauf zurück (ggf. nach Verwendung zum Auswaschen des Kristallbreis in der Zentrifuge). Bei Einsatz von Natronlauge aus (↑) *Quecksilber-Zellen* kann wegen deren größerer Reinheit auf die getrennte Eindampfung der überschüssigen Mutterlauge verzichtet werden, jedoch muß dann die für die Wasserverdampfung erforderliche Fremdwärme dem Prozeß durch indirekte Beheizung des Rührreaktors (1) zugeführt werden (s. Abb.).

D.O.

Sohio-Acrylnitril-Verfahren, der Standard Oil of Ohio zur Erzeugung von (↑) *Acrylnitril* durch katalytische Oxidation von (↑) *Propylen* und (↑) *Ammoniak* in einer (↑) *Wirbelschicht* aus Katalysatorpartikeln. Die Wärmeabfuhr aus der Wirbelschicht erfolgt mittels in

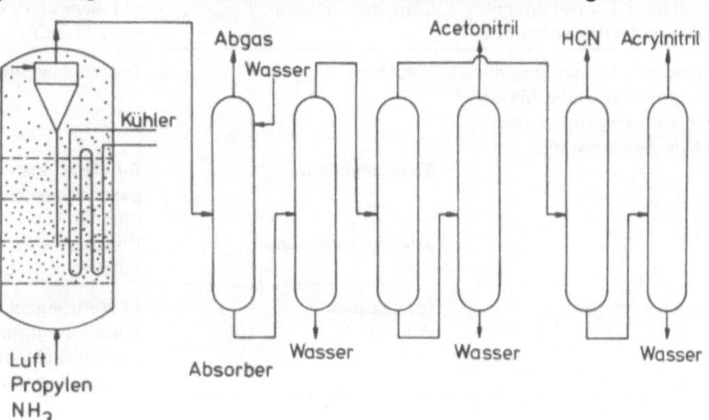

Sohio-Acrylnitrit-Verfahren

die Wirbelschicht eintauchender Kühlrohre über einen Salzkreislauf. In die Wirbelschicht eingebaute Lochbleche dienen zur Zerstörung der Blasen und Neuverteilung des Reaktionsgases. Die Reaktionsprodukte werden im Absorber mit Wasser ausgewaschen und durch nachfolgende Rektifikation getrennt (s. Abb., S. 229).   J.W.

Solvate sind physikalische Komplexkörper, bestehend aus Kristallen des Gelösten und des Lösungsmittels, dessen Moleküle in einem von der Temperatur abhängigen Massenverhältnis in das Kristallgitter eingebaut sind. Ist das Lösungsmittel Wasser, so nennt man die Solvate Hydrate. Solvate sind die einfachste Form der Kristall-Addukte. Beispiel: $MgSO_4 \cdot n\ H_2O$, wobei $n = 1, 2, 4, 6$ und 7 sein kann.   H.J.D.

Sondermetalle. Es handelt sich um metallische Werkstoffe, die wegen ihrer besonderen Eigenschaften trotz ihrer derzeit noch hohen Gestehungskosten nur unter extremen Bedingungen Anwendung finden. Sondermetalle zeichnen sich beispielsweise durch ungewöhnlich hohe Koorosionsbeständigkeit: (↑ *Titan*, Zirkonium, Hafnium, Niob, Tantal, Platinmetalle) durch

Sortierverfahren

Es bedeuten: (n) Sortieren in wäßriger Suspension,
(t) Sortieren im trockenen oder naturfeuchten Zustand

Trennmerkmale	Verfahren	Maschinen bzw. Anlagen (Beispiele)	Stoffe (Beispiele)
Dichte	(↑) *Sinkscheidung* (syn.: Schwertrübeaufbereitung)	Hubrad-, Konus-, Trommelscheider, Schwertrübe-Zyklone (n)	Steinkohle, Erze, Akkuschrott
		Fließbettscheider (t)	Kabelschrott
	Setzarbeit	(↑) *Setzmaschine* (n) Luftsetzmaschine (t)	Steinkohle, Erze, Braunkohle
	Herdarbeit	(↑) *Schüttelherd* (n) Luftherd (t) Steinausleser (t)	Erze, Steinkohle, Getreide, erzhalt. Schlacken
	Rinnenwäsche	Wendelschneider (n) Fächerrinnen (n) uva.	Schwermineralsande, Erze
magn. Suszeptibilität	(↑) *Magnetscheidung*	Trommelscheider (t, n) Walzenscheider (t) Rückhaltescheider (n) uva.	Ausscheiden v. metall. Eisen aus Schüttgütern, Eisenerzaufbereitung, Ausscheiden v. eisenhalt. Verb. aus keram. Rohstoffen, Sintermagnesit.
Benetzbarkeit	(↑) *Flotation* (syn.: Schaumschwimmaufbereit.)	Rührwerks-Flotations-Apparate, pneumatische Flotationsapparate (n)	Erz-, Kohle-, Kalisalz-Phosphataufbereitung, Reinigung von Altpapierpulpe.
Leitfähigkeit	(↑) *Sortierung*, elektr.	Walzenschneider (t)	Kalisalz, Zirkon-Rutil-Vorkonzentrate
Farbe; Verhalten gegenüber Strahlen	(↑) *Einzelkornsortierung* opt. Sortierung	photometr. Sortiergeräte (t)	Hülsenfrüchte, Kaffeebohnen, auch mineral. Rohstoffe, Glasscherben.
Kornform, z.T. in Vbdg. mit Masse und/oder Korngröße	Getreidereinigung	(↑) *Aspirateur* Gesämeausleser (Trieur)	Getreide
Kornform in Verbindung mit Korngröße und/oder Masse nach vorangegangener selektiver Zerkleinerung	Dreschen	Dreschmaschine	Getreide
	Getreidemüllerei	Riffelwalzenstühle m. nachgeschalteten Sieben o. Sichtern	Getreide
	Selektivzerkleinerung	Prallmühlen m. nachgeschalteten Sieben, meist (t)	Phosphaterze
Dispergierfähigkeit	(↑) Läutern Waschen	Läutertrommel, Schwerterwäsche, ggf. in Vbdg. mit Sieben, Schlämmapparaten o. Klassierzyklonen (n)	Kalkstein, Eisenerze, Phosphaterze, landwirtschaftl. Produkte

H.Ke.

hohe Warmfestigkeit (↑ *Niob*, Tantal, Molybdän, Wolfram, Rhenium) durch hohen Elektrizitätsmodul (↑ *Molybdän*, Wolfram) und durch günstiges Festigkeits-Gewicht-Verhältnis aus (↑ *Titan*). Sondermetalle werden in erster Linie in neuen Technologien eingesetzt (z.B. Kernenergie) oder dort, wo die wirtschaftliche Durchführung von Prozessen mit Werkstoffproblemen konfrontiert wird (Beizsäureregenerierung, Meerwasserentsalzung, Chloralkalielektrolyse etc.).   P.E.

Sorption ↑ *Trocknen von Fluiden*   K.S.

Sortierung, elektrische, ist die Trennung von Stoffen unterschiedlicher Leitfähigkeit im elektrischen Feld; Trennmerkmal ist dabei vor allem die „Oberflächenleitfähigkeit", d.h. die Verschieblichkeit von elektrischen Ladungen auf der Oberfläche der Teilchen. Die Trennung wird deshalb maßgeblich durch die Oberflächenfeuchte des Haufwerks und damit durch die Feuchte der umgebenden Luft beeinflußt. Das Verfahren ist daher schwierig durchführbar, und man wendet es meist nur dann an, wenn andere Sortierverfahren versagen; so ist die Sortierung im elektrischen Feld das Standardverfahren für die letzte Stufe der Schwermineralsand-Aufbereitung, nämlich die Trennung Zirkon/Rutil.   H.Ke.

Sortierverfahren sind Trennverfahren zum Zerlegen von dispersen Feststoffgemengen in ihre chemisch oder kristallographisch unterschiedlichen Bestandteile ohne Änderung des Aggregatzustands und ohne chemische Veränderungen. Das Anwenden dieser Verfahren setzt voraus, daß: a) die zu trennenden Komponenten „frei" nebeneinander vorliegen und b) die zu trennenden Komponenten sich in mindestens einer physikalischen oder physikochemischen Eigenschaft erheblich voneinander unterscheiden. *Zu a)*: Manchmal liegen alle Komponenten eines Schüttguts von vornherein als diskrete Teilchen „frei" nebeneinander vor (Beispiel: farbige und farblose Teilchen in einem Altglas-Scherbengemenge). Vielfach setzt sich jedoch ein einzelnes Teilchen aus mehreren Komponenten zusammen (Beispiele: die meisten Roherz-Haufwerke, Autowracks). In diesen Fällen muß man das Gemenge vor dem Sortieren durch Zerkleinern „aufschließen". *Zu b:* Die wichtigsten Eigenschaften, nach denen man in der Praxis Feststoffgemenge trennt, sind in der Tabelle aufgeführt. Vielfach ist nicht nur eine Eigen-

schaft für den Trennvorgang wesentlich; so wirkt sich bei der Magnetscheidung außer der Suszeptibilität die Masse der Teilchen auf den Trennvorgang aus. Das Trennen nach der Korngröße (korrekt als Klassieren, zuweilen auch als Sortieren bezeichnet) kann ebenfalls eine Sortierung bewirken, wenn von vornherein die gröberen und die feineren Kornklassen eine unterschiedliche stoffliche Zusammensetzung aufweisen oder wenn man solche Unterschiede durch eine entsprechend geführte Zerkleinerung (Selektivzerkleinerung) hervorgerufen hat. Die Sortierverfahren werden – was den Massendurchsatz anbelangt – hauptsächlich in zwei Bereichen der Verfahrenstechnik angewandt: a) in der Aufbereitung mineralischer Rohstoffe; b) in der Land-, Nahrungs- und Futtermitteltechnik, obwohl man in diesen Branchen den Begriff „Sortieren" nicht so präzise anwendet (Beispiel: Dreschen des Getreides gleich Selektiv-Zerkleinerung plus Trennen im Luftstrom nach der Teilchenmasse, bzw. Korngröße und Kornform). Für das Beurteilen der Trennschärfe eines Sortiervorganges bestehen grundsätzlich zwei Möglichkeiten: a) wenn es ein Labor-Trennverfahren gibt, das nach dem gleichen Merkmal trennt und dessen Trennschärfe sehr erheblich besser ist als diejenige der betrieblichen Trennung, so fraktioniert man die Produkte der betrieblichen Trennung mittels des Labor-Verfahrens und prüft die Verteilung der Merkmals-Klassen auf die Produkte, b) in allen anderen Fällen geschieht die Beurteilung nur nach den marktüblichen Qualitätsanforderungen (z.B. Fe-Gehalt von Eisenerzkonzentraten, Aschegehalt von Weizenmehl) in Verbindung mit der Ausbeute (hier meist Ausbringen genannt).   H.Ke.

Spaltrohrpumpen ↑ *Kreiselpumpen*   W.W.

Spannwellensiebmaschinen (s. Abb.). Ein elastischer Siebboden ist an einer Vielzahl quer zur Siebrichtung liegenden Trägerleisten befestigt. Die Trägerleisten werden gegeneinander und voneinander bewegt, so daß die Siebbodenzonen zwischen den Trägern wechselweise gespannt und bis zum Durchhängen entlastet werden. In der Spannlage wird der elastische Siebbelag um 3–4% gedehnt. Die Wechselspannbewegung wird erzeugt bei linearer Bewegungsform durch ein Schubkurbelsystem, bei kreisförmiger Bewegung durch ein Doppelexzentersystem oder bei bogenförmiger Bewegung durch ein Kipphebelsystem. Durch

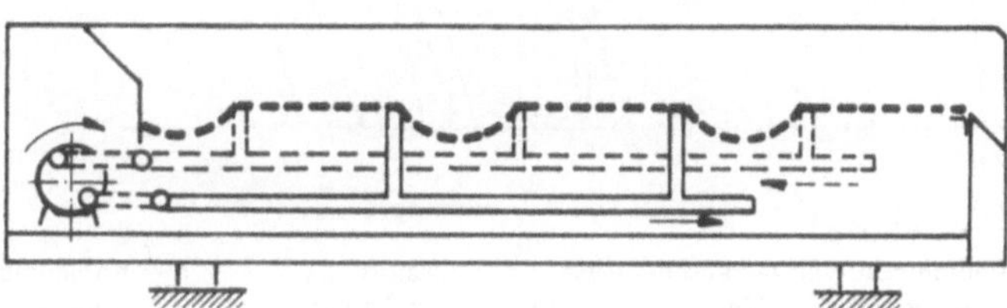

Spannwellensiebmaschinen

das Spannwellensystem wird der Siebboden bis auf 30g beschleunigt, so daß ein Verstopfen wirksam verhindert, ein zum Zusammenbacken neigendes Produkt aufgelockert und evtl. Haftkorn vom Grobkorn abgelöst wird. Gebräuchlich: Siebflächen: 0,4–18 m², Frequenz: 330–1500 min⁻¹ bei 13–3 mm Hub, Neigung: 10–25°, Antriebsleistung: 2,5–3 kW/m², Anwendung: Mittel- und Feinsiebungen zwischen 2 und 50 mm.   H.P.D.

Speicherung technischer Gase. Technische Gase können unterhalb der kritischen Temperatur durch Druck verflüssigt oder aber durch Kühlung bis zum Siedepunkt bei Atmosphärendruck flüssig gelagert werden. Die Druckspeicherung erfolgt in (↑) *Druckbehältern* bei Auslegungstemperaturen von 35°C bis 60°C je nach klimatischen Bedingungen. Die Abb. gibt Beispiele der Dampfdruckkurven technischer Gase. Neben der Druckspeicherung und der Tieftemperaturspeicherung gibt es je nach Größe und Betriebsart wirtschaftliche Lösungen der Lagerung bei reduziertem Druck und teilweiser Kühlung (Semitanks). Neben den Investitionskosten sind wesentliche Faktoren für

die Beurteilung der Wirtschaftlichkeit: 1. Speichergröße; 2. jährliche Umschlagscyclen; 3. Verfügbarkeit und Betriebssicherheit; 4. Personal- und Betriebskosten. Insbesondere bei raschen und häufigen Füll- und Entleerungscyclen ist die Lagerung bei nur teilweiser Kühlung oder eine Kombination von Semi- und (↑) *Tieftemperatur-Stehtanks* zu erwägen. Neben den erwähnten Speicherarten gewinnt die Lagerung großer Mengen in (↑) *Untertagespeichern* an Bedeutung (s. Abb.).   P.F.

Sperrmüll ist Müll aus Gegenständen mit großen Ausmaßen, der nicht in übliche Müllsammelgefäße paßt und in Sonderaktionen erfaßt wird.   D.O.

Sperrschieber-Pumpen.   Sperrschieber-Pumpen dienen zur Erzeugung von (↑) *Vakuum* und sind für größere Förderleistungen geeignet.   W.W.

Sphäroguß. Gußeisenwerkstoff mit >1,7% C, mit geringen Legierungszusätzen von Mg oder Ce. Der

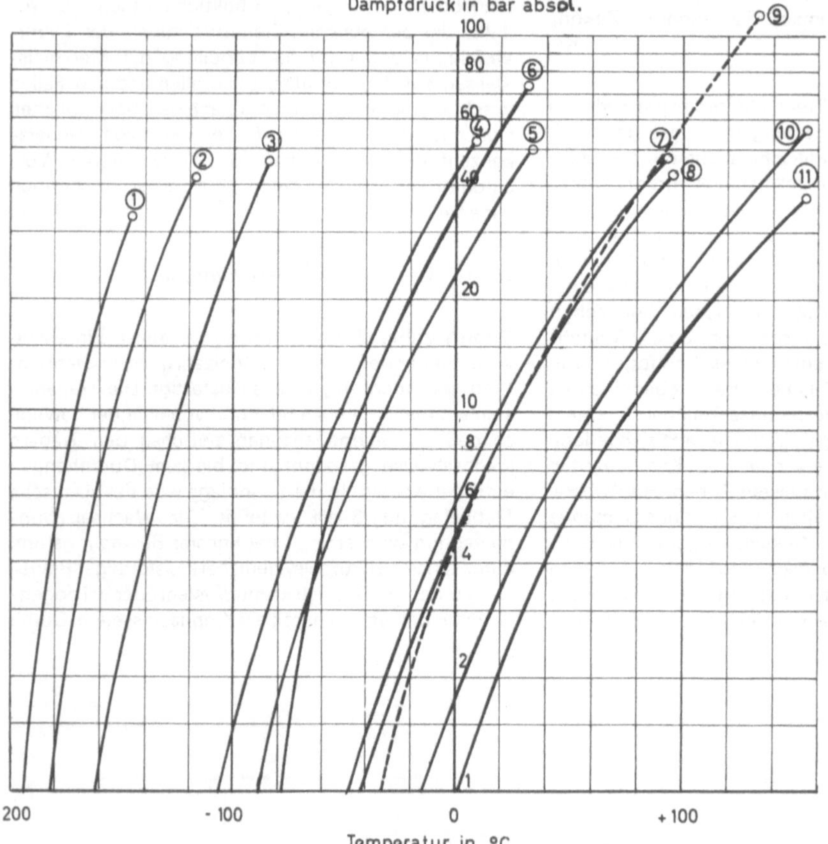

Dampfdruckkurven technischer Gase. 1 = Stickstoff; 2 = Sauerstoff; 3 = Methan; 4 = Aethylen; 5 = Aethan; 6 = Kohlendioxyd; 7 = Propylen; 8 = Propan; 9 = Ammoniak; 10 = Vinylchlorid; 11 = n-Butan.

Speichervolumen in Nm3	10^3	10^4	10^5	10^6	10^7	10^8
Einsatzbereiche für Gasspeicherung	Druckspeicherung					
	Tieftemperatur – Speicherung					
	Untertagespeicher					

Kohlenstoff (Graphit) scheidet sich durch diese Legierungszusätze in sphäroidaler (kugeliger) Form aus (Kugelgraphit) und führt zu einer erheblichen Steigerung der Festigkeit im Vergleich zu grauem Gußeisen. Sphäroguß läßt sich spanabhebend sehr gut bearbeiten und mit Spezial-Werkstoffen auch schweißen. Der Korrosionswiderstand entspricht dem des Graugusses (↑ *Eisen*).   P.E.

Spindelmühle ↑ *Rührwerkskugelmühle*   H.S.

Spindelpumpen ↑ *Schraubenpumpen*   W.W.

Spiralsichter. In einem zylindrischen Sichtraum wird eine von außen nach innen gehende spiralförmige Strömung erzeugt (s. Abb.). Nach innen werden nur Körner unterhalb der durch die Strömungsform bestimmten Trenngrenze mitgenommen, größere werden wieder nach außen geschleudert. Die Rotationskomponente ergibt sich durch tangentiale Einblaskanäle, verstellbare Leitschaufeln oder einen rotierenden Schaufelkranz. Es gibt mehrere Bauarten für feinste und schärfste Sichtungen (für Betrieb und Labor) von etwa 3 bis 200 M. Beim Mikroplex (s. Abb.) tritt die

Sichtluft (L) durch die verstellbaren Leitschaufeln l in den flachzylindrischen Sichtraum (S) ein. Das Aufgabegut fällt durch den Schacht A in den Sichtraum. das Grobgut wird durch die Förderschnecke G ausgetragen, das Feingut F mit der Luft L durch die zentrale Öffnung f, L abgesaugt und später mit einem Filter abgeschieden. Wandstörungen werden durch Rotation der Sichtraumstirnwände vermieden.   F.K.

Spiralstrahlmühle. (↑) *Strahlmühlen* mit Mahlgutbeschleunigung durch Luft-, Gas- oder Heißdampfstrom (s. Abb.). Es treten Beschleunigungen in der Regel > 300 m/sec auf. Das rieselfähige Mahlgut wird über einen Injektor in die flache, zylindrische Mahlkammern eindosiert. Diese ist von einem Ring mit tangential angesetzten Düsen umschlossen. Luft bzw. Transportgas strömt von der äußeren, die Mahlkammer umschließenden Hochdruckkammern bei 6–10 bar über die Düsen in den Mahlraum. Luft und Mahlgut werden in Rotation versetzt. Eigenreibung und gegen-

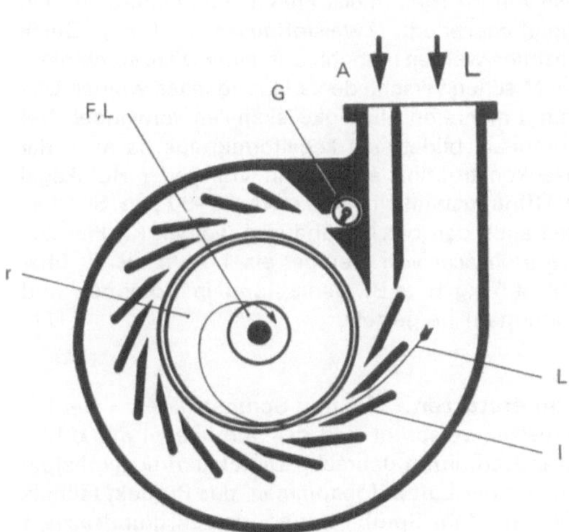

Spiralsichter (Bauart Mikroplex, Hersteller Alpine).
A = Aufgabegut; F = Feingut; L = Sichtluft;
G = Grobgutaustragschnecke; l = verstellbare
Leitschaufeln; r = rotierende Sichtraumwände

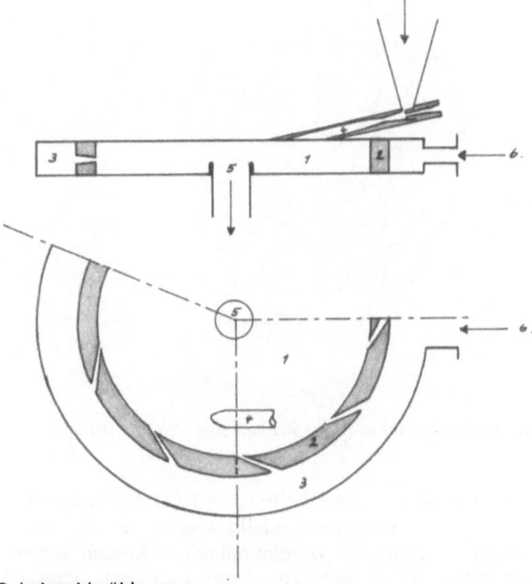

Spiralstrahlmühle.
1 = Mahlkammer; 2 = Düsenring; 3 = Hochdruckkammer;
4 = Material-Eintragdüse; 5 = Austragstutzen;
6 = Preßluft-Anschlußstutzen

seitiger Teilchenstoß bewirken die Mikronisierung. Luft- und Materialaustrag erfolgt über den in der Mitte der Mahlkammer angeordneten Austragstutzen. H.S.

Spiralwärmetauscher, (↑) *System Rosenblad* (s. Abb.) besteht aus einem um einen Kern in Form einer Doppelspirale gewickelten Blechband. Die entstandenen Kanäle, die im Zentrum beginnen und an der Peripherie enden, haben über ihre volle Länge konstanten Querschnitt (Kanalbreite 6–15 mm), daher ist die Strömungsgeschwindigkeit gleichbleibend. Die Flüssigkeiten werden im Gegenstrom geführt. Je m^3 Raum können 80 m^2 Austauschfläche untergebracht werden (bei normalen Röhren-WT nur ca. 40 m^2). Bei einem Manteldurchmesser von 1500 mm beträgt die Austauschfläche z.B. 150 m^2. W.W.

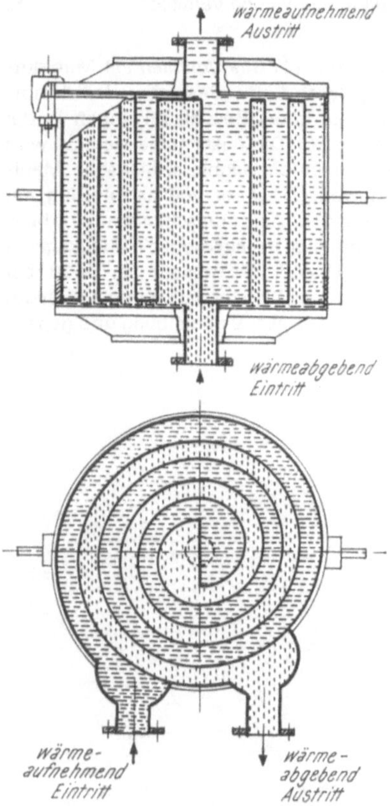

Spiralwärmetauscher (Roca Apparatebau GmbH, Düren)

Spritzgießen. 1. Verarbeitung von (↑) *Duroplasten*. Die in den kalten oder mäßig erwärmten Zylinder gefüllten Preßmassen werden mit einem Kolben in die auf 120–180° C beheizte Form gedrückt. Dieser Vorgang erfordert normalerweise nur Sekunden. In der Form erfolgt die Härtung je nach Wanddicke des Formteils, Reaktionsharztyps und der Formtemperatur in 0,3 bis 3 Minuten. Entformt wird automatisch beim Öffnen der Form. Meist sind mehrere Formen auf einem Drehtisch angeordnet, so daß sich eine schnelle Taktfolge ergibt und eine rationelle Fertigung erzielt wird. 2. Verarbeitung von Thermoplasten. Fast alle thermoplastischen Kunststoffe lassen sich durch Spritzguß verarbeiten. Die Spritzgußmaschine besteht aus einem beheizten Zylinder, in den das Granulat eingegeben, erwärmt und plastifiziert wird. Durch ein oder mehrere Schnecken wird über eine Austrittsdüse die Masse in die nachgeschaltete Form (Werkzeug) gepreßt. Eine Kühlung im Werkzeug läßt das Formteil rasch erstarren. Das teilbare Werkzeug öffnet sich und stößt das Formteil aus. Das Spritzgießverfahren eignet sich im allgemeinen nur für große Stückzahlen, da die Kosten für das Werkzeug relativ hoch sind. H.K.

Sprühböden sind im Prinzip nichts als überlastete (↑) *Siebböden*. Die Dampfgeschwindigkeit in den Löchern ist so groß, daß sich keine sprudelnde Flüssigkeitsschicht bildet, sondern Tropfen hochgeschleudert werden. Ein Abscheider unter dem nächst höheren Boden soll bewirken, daß möglichst wenig Tropfen auf den darüberliegenden Boden gelangen. Sprühböden und Abscheider werden auch in Streckmetall ausgeführt. Da die Belastung hoch ist, wird der benötigte Kolonnenquerschnitt klein (Beispiel: Perform-Kontaktböden von E. Hoppe und G. Krüger). H.M.

Sprühdüsen sind Versprühvorrichtungen (↑ *Sprühtechnik*), in denen die zu versprühende Flüssigkeit entweder durch Dralleinsätze und enge Bohrungen gepreßt und somit durch Druck versprüht wird (Einstoffdüsen, s. Abb.), oder die i.a. überdrucklos zugeführte Flüssigkeit wird innerhalb oder außerhalb der Düse von Preßgas (meist Preßluft) angegriffen und in Tröpfchen zerlegt (Zweistoffdüsen, s. Abb.). Beide Prinzipien werden manchmal in einer Düse kombiniert. Zum Mischen verschiedener Flüssigkeiten werden Düsen mit mehreren Flüssigkeitskanälen verwendet. Der Sprühnebel bildet sich kegelförmig aus; je nach der Düsenkonstruktion erhält man Voll- oder Hohlkegel mit Öffnungswinkeln von etwa 20–90°, in Sonderfällen auch darüber. Sprühdüsen werden für Flüssigkeitsdurchsätze von weniger als 1 kg/h bis zu über 1 000 000 kg/h (z.B. Berieselung in Kolonnen und Kühltürmen) hergestellt. U.L.

Sprüherstarren. Beim Sprüherstarren werden Schmelzen versprüht und der Sprühnebel mit kühler Luft in Berührung gebracht. Die Erstarrungsenthalpie wird von der Luft aufgenommen, das Produkt fällt als Pulver an. Zum Sprüherstarren werden grundsätzlich dieselben oder ähnliche Vorrichtungen wie beim (↑) *Sprühtrocknen* verwendet. Das Sprüherstarren wird hauptsächlich bei der Herstellung von Fett- und Wachspulvern aller Art angewandt. U.L.

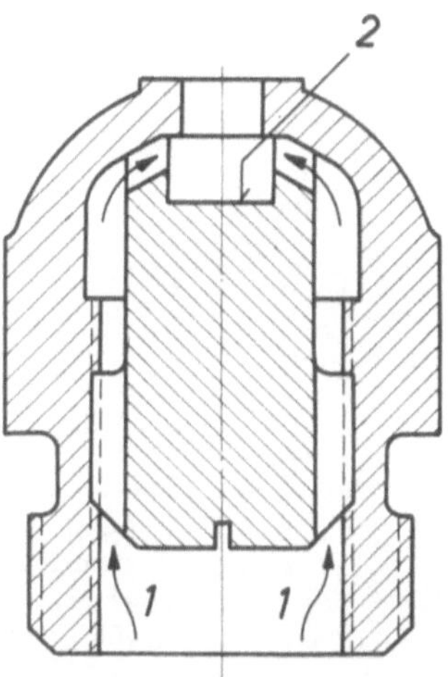

Einstoffdüse (Werkzeichnung Nubilosa, Konstanz).
1 = Flüssigkeit; 2 = Drallkörper

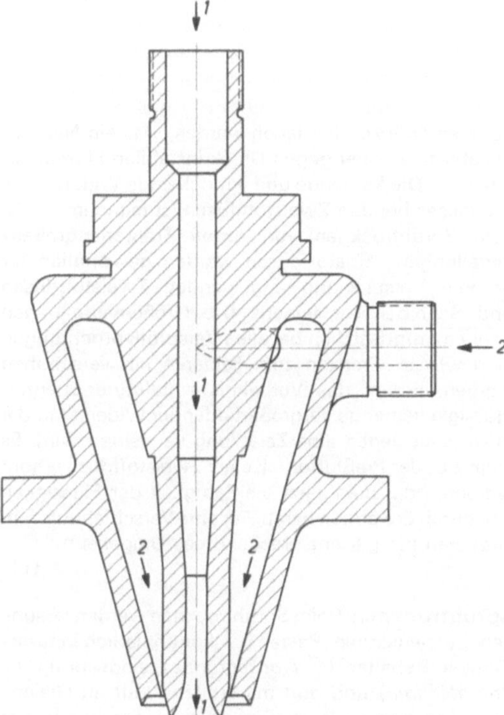

Zweistoffdüse (Werkzeichnung Nubilosa, Konstanz).
1 = Flüssigkeit; 2 = Pressgas

Sprühmix®-Mischer. Es handelt sich um ein Gerät zum Mischen von Schüttgütern mit Flüssigkeiten, bei dem das eingetragene feste Material durch einen aufwärts gerichteten Gasstrom in turbulenten Schwe-

bezustand versetzt wird und sich gleichmäßig über den gesamten Querschnitt des Mischbehälters verteilt. In der Sprühzone verbinden sich Schüttgutpartikel und eingedüste Flüssigkeitstropfen zu Mischagglomeraten, wobei infolge Umhüllung der Flüssigkeit mit Feststoff ein an der Agglomeratoberfläche trockenes, nicht zusammenbackendes Produkt entsteht. Am konischen Auslauf des Apparates findet aufgrund der hohen Gasgeschwindigkeit eine Sichtung statt, die bewirkt, daß unbesprühte Trockenstoffe oder zu leichte Agglomerate erneut in die Sprühzone zurückgeführt werden (s. Abb.). D.O.

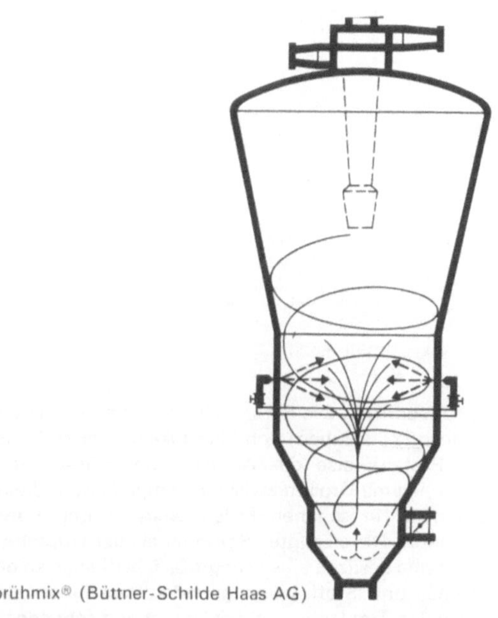

Sprühmix® (Büttner-Schilde Haas AG)

Sprühsättiger. Zum Auswaschen, z.B. von NH_3 aus Koksofengas, benutzt man Düsenwäscher (ohne Einbauten). Dabei wird in unserem Beispiel mit Schwefelsäure aufgefrischte Mutterlauge durch Düsen in verschiedenen Höhen eingesprüht. Von dem sich bildenden feinen „Regen" wird NH_3 aus dem Gas aufgenommen, wobei eine mit Ammonsulfat übersättigte Lösung entsteht, aus welcher sich mittels einer Salzschleuder das ausgefallene Salz abtrennt. Die Mutterlauge wird erneut mit frischer Schwefelsäure versetzt und zum Sättiger gefördert. (↑ *Intos-Wascher*). D.O.

Sprühscheiben (s. Abb., S. 236) sind sich schnell drehende Versprühvorrichtungen (↑ *Sprühtechnik*) in Scheiben-, Becher- oder Radform, denen die zu versprühende Flüssigkeit überdrucklos aufgegeben wird. Durch die rasche Rotation der Scheibe bildet sich auf ihr eine dünne Flüssigkeitshaut, die sich am Scheibenrand zunächst in Fäden und dann weiter in Tröpfchen auflöst. Der erzeugte Sprühnebel bildet sich glockenförmig aus. Oft werden die Scheiben mit düsenähnlichen Bohrungen, Stiften, Kanälen u. a. ausgeführt, um

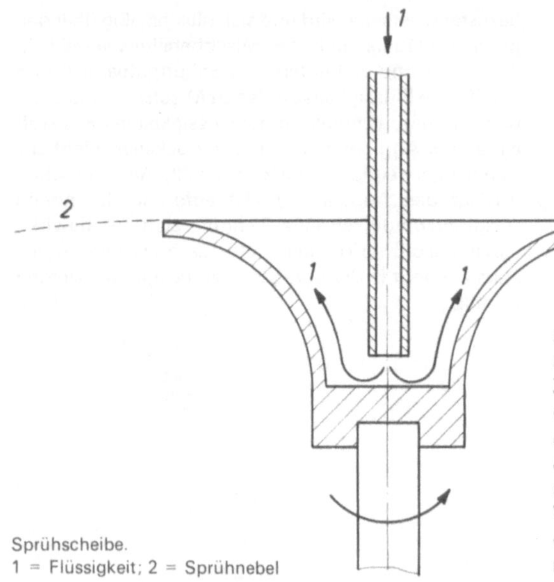

Sprühscheibe.
1 = Flüssigkeit; 2 = Sprühnebel

die Versprühung zu unterstützen. Scheiben werden für Durchsätze von weniger als 1 kg/h bis zu mehreren 1000 kg/h hergestellt.   U.L.

Sprühtechnik. Die Sprühtechnik behandelt das Versprühen (Zerstäuben) von Flüssigkeiten (auch Breien und Pasten), also das Aufteilen der Flüssigkeit in Tröpfchen mit Größen zwischen einigen μm und einigen mm. (In seltenen Fällen werden auch Pulver zerstäubt.) Die erzeugten Sprühnebel oder Tröpfchenschwärme besitzen eine sehr große Oberfläche, so daß Wärme- und Stoffübergänge oder Reaktionen zwischen den Tröpfchen und der Umgebung sehr schnell ablaufen können. *Anwendungen:* (↑) *Sprühtrocknen*, (↑) *Sprüherstarren*, (↑) *Sprühreaktoren*, Sprühböden in (↑) *Kolonnen*, (↑) *Sprühmischen*, Luftbefeuchtung und -kühlung, (↑) *Gaswäscher*, Befeuchten oder Beschichten von Papier- und Textilbahnen u.ä., Ölbrenner, Feuerlöschwesen, Schädlingsbekämpfung, Spraydosen usw. – Vorrichtungen: Beim Versprühen vergrößert sich die gesamte Flüssigkeitsoberfläche stark; somit muß die zur Bildung der neuen Oberfläche nötige Nutzenergie und der durch Prall, Reibung usw. verursachte Energieverlust in irgendeiner Form zugeführt werden. (Die Verlustenergie ist stets wesentlich größer als die Nutzenergie.) Nach der Art dieser Energiezuführung lassen sich die Versprühvorrichtungen einteilen: 1. Flüssigkeitsdruckenergie. Die zu versprühende Flüssigkeit steht unter einem Überdruck zwischen weniger als 1 und einigen 100 bar: einfache Lochbleche und Siebgewebe, Kapillaren, Flüssigkeitsdruckdüsen (Einstoffdüsen); (↑) *Sprühdüsen*. 2. Energie aus verdichteten Gasen. Das unter einem Überdruck zwischen 0,5 und über 10 bar stehende Gas, meist Luft, entspannt sich in oder nach Austritt aus einer Düse und zerteilt dabei die i.a. überdrucklos

zugeführte Flüssigkeit: Preßgasdüsen (Zweistoffdüsen); (↑) *Sprühdüsen*. 3. Energie aus der Wirkung von Zentrifugalkräften: Auf rasch rotierende Scheiben, Becher oder Räder wird die Flüssigkeit überdrucklos aufgegeben und beim Abschleudern versprüht; (↑) *Sprühscheiben*. 4. Sonstige Energiearten wie Ultraschall- oder elektrische Energie. Manchmal werden Versprühanordnungen kombiniert, z.B. eine Preßgasdüse mit einer Flüssigkeitsdruckdüse oder eine Scheibe mit Flüssigkeitsdruckdüsen. Einstoffdüsen und oft auch Scheiben weisen im Gegensatz zu Zweistoffdüsen relativ enge Kanäle für die zu versprühende Flüssigkeit auf. Dies kann beim Versprühen von Material, das gröbere Teilchen (Verunreinigungen) enthält, zu Verstopfungen führen. Einstoffdüsen müssen meist mit höheren Drücken betrieben werden, was ein Nachteil bei abrasiven oder gegen Druck instabilen Flüssigkeiten ist. – Die kühlende und auflockernde Wirkung des Preßgases bei den Zweistoffdüsen ist manchmal, z.B. beim Sprühtrocknen, von Vorteil. Tröpfchengrößenverteilungen: Einstoffdüsen werden gewöhnlich für gröbere Versprühung angewendet, Zweistoffdüsen und Scheiben für feinere. Die Größenverteilungen können grundsätzlich bei allen Versprühvorrichtungen in gewissen Grenzen zum Feineren hin verschoben werden, indem das Verhältnis zugeführte Energie/ Flüssigkeitsmenge vergrößert oder der Widerstand der Flüssigkeit gegen eine Zerteilung verkleinert wird. Es kann z.B. der Preßluftdruck einer Zweistoffdüse erhöht werden, oder man setzt die Zähigkeit der Flüssigkeit z.B. durch Erwärmen herab. Für eine Verschiebung zum Gröberen hin gilt entsprechend das Umgekehrte.   U.L.

Sprühtrocknen. Beim Sprühtrocknen werden Lösungen, Suspensionen, Pasten u.ä. kontinuierlich in turmförmige Behälter (↑ *Trockentürme*) eingesprüht (↑ *Sprühtechnik*) und dort mit erhitzter Luft im Gleich- oder Gegenstrom in Berührung gebracht (wenn der Luftsauerstoff unerwünscht ist, mit Inertgas oder manchmal auch mit überhitztem Dampf). Durch die sehr große Grenzfläche des Sprühnebels zur Luft erfolgen Zufuhr von Verdunstungswärme und Abfuhr der verdunsteten Flüssigkeit von den Tröpfchen äußerst rasch. Dadurch nehmen die Teilchen im 1. Trocknungsabschnitt nur ungefähr die Kühlgrenztemperatur (meist 40 bis 60° C) an, obwohl die Eintrittstemperatur der Trocknungsluft einige hundert ° C betragen kann; außerdem kühlt sich bei Gleichstrombetrieb die Trocknungsluft wegen der hohen Verdunstungsrate sehr rasch (Größenordnung weniger als 1 s) bis fast auf die Austrittstemperatur ab. Das Sprühtrocknen ist also ein sehr schonendes Verfahren und deswegen für temperaturempfindliche Güter wie Kunststoffe, Pharmazeutika, Lebensmittel usw. geeignet. Des weiteren erhält man den getrockneten Feststoff als Pulver, dessen Korngrößenverteilung durch die Art des Versprühens weitgehend beinflußt werden kann (↑ *Sprühtechnik*). Das Pulver fällt entweder teilweise schon im Trockenturm auf dessen Boden und wird dort ausgeschleust, oder es wird zusammen mit der Trocknungsluft in (↑) *Schlauchfilter* oder (↑) *Zyklone* geleitet, wo dann die Trennung Pulver/Luft stattfindet. Die Restfeuchte des Trockenproduktes hängt wesentlich von Temperatur und Feuchte der Trocknungsluft am Austritt aus dem Trockenturm sowie von der Verweildauer der Teilchen im Trockenturm ab. Die Austrittstemperatur der Luft darf nicht so niedrig sein, daß z. B. in der nachgeschalteten Abscheideanlage der Taupunkt unterschritten wird. Die Wasserverdunstungsleistung von Sprühtrocknern erstreckt sich von ca. 1 kg/h bei Laborapparaten bis zu über 5000 kg/h bei den größten Produktionsanlagen, die i.a. Höhen bis zu 30 m erreichen können. Je kg verdunstendes Wasser wird eine Wärmemenge von 4000–10 000 kJ benötigt; der Bedarf an elektrischer Energie stellt sich ebenfalls pro kg verdunstendem Wasser auf 0,02–0,1 kWh; für die Versprühung von 1 kg Naßgut schließlich sind z.B. bei Preßluftdüsen ca. 0,6 Nom^3 Preßluft mit einem Überdruck von 3 bar erforderlich. Schema eines Gleichstrom-Sprühtrockners mit Zweistoffdüsen zeigt die Abb.   U.L.

Sprühtürme dienen der Zerstäubungstrocknung und bestehen im Prinzip aus hohen Zerstäubungstürmen, in welche die zu trocknende Substanz eingedüst und im (heißen oder kalten) Luftstrom getrocknet wird. Man arbeitet sowohl im Gleichstrom wie auch Gegenstrom. Sie haben z.B. große Bedeutung für die Herstellung von Waschpulvern. Bei der Herstellung von Waschpulvern wird wässriger „slurry" bestehend aus Waschrohstoffen, Polyphosphaten und weiteren Substanzen versprüht (↑ *Sprühtechnik, Sprühdüse, Sprühscheibe, Sprühtrocknung*).   D.O.

Stabkorbmühle ↑ *Desintegrator*   H.S.

Stachelwalzenbrecher ↑ *Brecher*   H.S.

Stähle, rost- und säurebeständige. Alle rostbeständigen und säurebeständigen Stähle enthalten Chrom als wichtigsten Legierungsbestandteil. Außer den reinen Chromstählen haben sich vor allem die Chrom-Nickel-Stähle und Chrom-Mangan-Stähle bewährt, wobei geringere Mengen an Molybdän, Aluminium, Titan, Wolfram, Kupfer etc. zur Modifizierung der Eigenschaften bzw. Optimierung auf den Verwendungszweck beitragen. Chromstähle mit niedrigem Kohlenstoffgehalt sind rein ferritisch und nicht härtbar oder vergütbar. Mit steigendem Kohlenstoffgehalt werden sie halbferritisch bzw. martensitisch und sind damit härtbar und vergütbar (Messerstähle). Nickel bzw. Mangan machen Chromstähle austenitisch. Diese Stähle sind nicht härtbar und lassen sich nur durch Kaltverformung verfestigen. Austenitische Stähle sind unmagnetisch. Austenitische Chromnickel- und Chrommanganstähle neigen zur interkristallinen Korrosion, wenn es durch falsche Temperaturbehandlung im kritischen Temperaturbereich zwischen 400 und 800° C zu einer Ausscheidung von Chromcarbiden an den Korngrenzen kommt. Aus diesem Grunde können

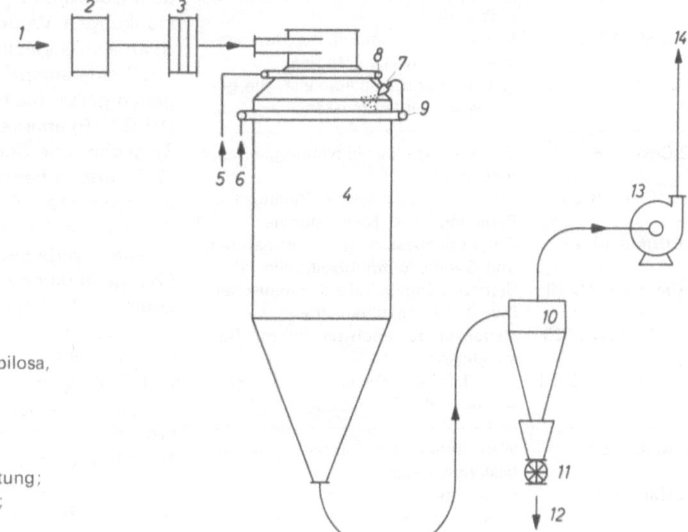

Schema Sprühtrockner (Werkzeichnung Nubilosa, Konstanz).
1 = Kaltluft-Eintritt; 2 = Kaltluftfilter;
3 = Lufterhitzer; 4 = Sprühturm;
5 = Naßgutzufuhr; 6 = Luftzufuhr;
7 = Zerstäubungsdüsen; 8 = Naßgut-Ringleitung;
9 = Preßluft-Ringleitung; 10 = Abscheidung;
11 = Zellenrad; 12 = Produkt-Austritt;
13 = Abluftventilator; 14 = Abluft

Zusammensetzung

Gruppe	Bezeichnung	C %	Cr %	Ni %	Mn %	Mo %	Sonstige Zusätze	Gefüge	Schweißbar ohne Nachbehandl.
Cr	X 8 Cr 17	0,08	17,5	–	0,30	–	–	ferritisch	nein
	X 40 Cr 13	0,40	13	0,50	0,30	–	–	martens.	nein
	X 90 CrMoV 18	0,90	18	–	0,30	1,10	0,1 V	martens.	nein
	X 22 CrNi 17	0,22	17	1,50	0,30	–		martens.	nein
	X 15 CrMo 13	0,15	13	0,50	0,30	1,10		martens.	nein
	X 8 CrTi 17	0,08	17,5	–	0,30	–	+ Ti	martens.	ja
	X 12 CrNi 188	0,12	18	8,50	0,30	–		austen.	nein
	X 5 CrNiMo 1810	0,05	18	10	0,30	2,0	+(Ta,Nb)	austen.	ja
Cr-Ni	X 5 CrNiMo 1713	0,05	17	13	0,30	4,70	(Ta,Nb)	austen.	ja
	X 5 CrNiMoSi 1810	0,05	18	10	0,30	2,00	2,20 Si	austen.	ja
	X 5 CrNiMoTi 2525	0,05	25	25	0,30	2,20	+ Ti	austen.	ja
	X 5 CrNiMoCu 1818	0,05	17,5	17,5	0,30	2,0	+ 2Cu+Ti	austen.	ja
CrMn	X 15 MnCr 1810	0,15	10	0,80	18,0	0,50		austen.	nein
	X 8 CrMn 189	0,08	18	1,50	9,0	–	+ N	austen.	

diese Stähle in der Regel auch nicht autogen (Gefahr der Aufkohlung), sondern nur im elektrischen Lichtbogen geschweißt werden und müssen überdies, außer bei sehr kohlenstoffarmen Legierungen, in der Gegend der Schweißnaht einer thermischen Nachbehandlung unterzogen werden. – Zusätze an kohlenstoffaffinen Elementen (Ti, Nb) verhindern durch Bindung des

Anwendungsgebiete der rost- und säurebeständigen Stähle

Bezeichnung:	Anwendungsgebiet
X 8 Cr 17	Wasser- und Dampfturbinen, Armaturen, Haushaltsgeräte
X 40 Cr 13	Rostfreie Messer, Scheren, Ventile, Kunstharzpreßformen
X 90 CrMoV 18	Hochfeste Messerlegierung, Kugellager in korrosionsgefährdeter Umgebung
X 22 CrNi 17	Seewasserbeständiger Stahl hoher Festigkeit
X 15 CrMo 13	Chirurgische Instrumente, Pumpenteile für aggressive Medien
X 8 CrTi 17	Apparate und Apparateteile, die geschweißt werden müssen
X 12 CrNi 18 8	Gegenstände für die Nahringsmittelindustrie
X 5 CrNiMo 18 10	Schwefelsäureindustrie, Zellulose u. Papierindustrie, Textilindustrie
X 5 CrNiMo 17 13	Chlorionenbeständige Armaturen und Geräte, lochfraßbeständig
X 5 CrNiMoSi 18 10	Säurebeständige Teile d. chemischen Industrie u. Textilindustrie
X 10 CrNiMoTi 2525	Gegenstände höchster chem. Beständigkeit
X 5 CrNiMoCu 18 18	Teile höchster Beständigkeit gegen warme und kalte H_2SO_4
X 15 MnCr 18 10	Warmfeste und gegen organ. Säuren beständige Teile
X 8 CrMn 18 9	Nahrungs- u. Genußmittelindustrie, gegen organische Säuren beständig

Kohlenstoffs (als TiC, NbC) die Ausscheidung von Chromcarbiden und wirken als Stabilisatoren. Die Tabelle zeigt die wichtigsten rost- und säurebeständigen Stähle mit ihren technologischen Eigenschaften und Anwendungsbereichen. P.E.

Stäube, brennbare ↑ *Staubexplosionen* F.WI.

Stäube, fibrogene. Einige mineralische Stäube können zu speziellen Lungenerkrankungen führen, und zwar: 1. Freie kristalline Kieselsäure zur Silicose (evtl. Folgekrankheit: Tuberkulose), 2. Asbest zur Asbestose (evtl. Folgekrankheit: Lungenkrebs (Mesotheliom). Beide Erkrankungen zählen zu den häufigsten schweren (↑) *Berufskrankheiten* in der gewerblichen Wirtschaft: Von 1965 bis 1970 starben 881 Menschen daran, das sind 78% aller tödlich verlaufenen Berufserkrankungen. Wegen der großen Bedeutung fibrogener Stäube im Bereich der Berufskrankheiten wurde für sie 1973 eine eigene Unfallverhütungsvorschrift „Schutz gegen gesundheitsgefährlichen mineralischen Staub" (VBG 119) erlassen. Diese regelt u.a. Anzeigepflicht (§ 3), technische Schutzmaßnahmen (§ 5), Atemschutz (§ 6) und Arbeitsmedizinische (↑) *Vorsorgeuntersuchungen* (§§ 10 bis 17). Wegen der erheblichen Gefährdung der Beschäftigten durch sog. „Sandstrahlarbeiten" verbietet der Anhang II, Nr. 3 der Verordnung über gefährliche Arbeitsstoffe die Verwendung silicogener (> 2% freie kristalline Kieselsäure) Strahlmittel. MAK von freier kristalliner Kieselsäure (1977) 0,15 mg/m³. MAK von kieselsäurehaltigem Feinstaub (1977) 4 mg/m³. TRK von Serpentinasbest 0,1 mg/m³. Für den besonders gefährlichen Blauasbest (Krokydolith) gibt es keinen (↑) *TRK-Wert*. Berufskrankheiten: Nr. 4101 Silicose, Nr. 4102 Silico-Tuberkulose, Nr. 4103 Asbestose, Nr. 4104 Asbestose mit Lungenkrebs, Nr. 4105 Durch Asbest verursachtes Mesotheliom. F.WI.

Stäube, inerte. Staub, der keine eigene toxische Wirkung hat und in den Körperflüssigkeiten nicht oder nur schwer löslich ist, wird als „inert" bezeichnet. Wegen der Belastung des Atemsystems durch solche Stäube wurde für sie ein ($\uparrow$) *MAK-Wert* (1977) von 8 mg/m³ ($\uparrow$) *Feinstaub*) festgelegt.   F.WI.

Stahlhülsentest. Dieser Test ist ein genormtes Prüfverfahren zur Feststellung der ($\uparrow$) *Explosionsgefährlichkeit* eines Stoffes. Der Stoff wird in einer Stahlhülse erwärmt, die durch eine Düsenplatte verschlossen ist. Tritt dabei Zerlegung der Hülse ein, ist der Stoff explosionsgefährlich. Das genaue Prüfverfahren beschreibt die Anlage III. Pos. II des Sprengstoffgesetzes (SprengG v. 13. 09. 1976.).   F.WI.

Staubexplosionen. Stäube können mit Luft explosionsfähige Gemische bilden. Die untere ($\uparrow$) *Explosionsgrenze* liegt bei Stäuben etwa zwischen 15 g/m³ (z.B. Polystyrol) und 45 g/m³ (z.B. Kartoffelstärke). Eine obere Explosionsgrenze kann nicht angegeben werden, da Staub/Luftgemische in der Praxis nie homogen sind. Man unterscheidet die Staubexplosions-Gefahrenklassen:

St 0	nicht	staubexplosionsfähig
St 1	schwach	staubexplosionsfähig
St 2	stark	staubexplosionsfähig

Die Prüfung erfolgt in der sog. „Hartmann-Apparatur": In einem vertikalen Glasrohr von 1200 ml Inhalt wird der auf <60 µm gesiebte Staub aufgewirbelt und mit einer Funkenstrecke (einige J ($\uparrow$) *Zündenergie*) gezündet. Je nach der Heftigkeit der Explosion wird der bewegliche Deckel des Rohres verschieden weit aufgeklappt. Der Öffnungswinkel wird über einen induktiven Geber qualitativ durch die Zahlen 0 bis 2 registriert. – Staubexplosionen können u.U. heftiger verlaufen als die von Gas-(Dampf-)/Luftgemischen, da durch den Staub im Gemisch praktisch kein Sauerstoff verdrängt wird. Der maximale Explosionsdruck von Staubexplosionen kann das 8-10-fache des Anfangsdrucks betragen. Die Heftigkeit (Brisanz) der Explosion drückt sich durch die maximale Druckanstiegsgeschwindigkeit $(dp/dt)_{max}$ aus:

Gefahrenklasse	$(dp/dt)_{max}$ (bar sec^{-1})	
	Hartmann-App.	1 m³-Behälter
St 0	0	0
St 1	1–500	1–100
St 2	>500	100–200

Besteht die Möglichkeit von Staubexplosionen, müssen Maßnahmen des ($\uparrow$) *Explosionsschutzes* ergriffen werden. Das Ausmaß der Schutzmaßnahmen richtet sich u.a. auch nach der Häufigkeit des Auftretens explosionsfähiger Staub/Luftgemische. Man unterscheidet dabei: Zone 10. Bereiche, in denen gefährliche explosionsfähige Staub/Luftatmosphäre langzeitig oder häufig vorhanden ist (z.B. das Innere von Apparaten). Zone 11. Bereiche, in denen damit zu rechnen ist, daß gelegentlich durch Aufwirbeln abgelagerten Staubes gefährliche explosionsfähige Atmosphäre kurzzeitig auftritt. (z.B. Mühlenräume). Staubexplosionen verlaufen häufig zweistufig. Eine lokale Explosion wirbelt den Staub im Raum auf und zündet dann das entstandene explosionsfähige Staub/Luftgemisch. Daher müssen Staubablagerungen regelmäßig entfernt werden; die Räume müssen so gestaltet sein, daß abgelagerter Staub leicht zugänglich ist (Keine Träger, Kabelbrücken!). Beim Umgang mit staubförmigen Stoffen können erhebliche elektrostatische Aufladungen, bes. an isolierten Metallteilen auftreten. Zündgefahren durch elektrostatische Aufladung sind besonders sorgfältig zu vermeiden.   F.WI.

Steamcracken. Beim ($\uparrow$) *Cracken* von Kohlenwasserstoffen, das unter Molzahlvermehrung abläuft, kommt dem Partialdruck des Kohlenwasserstoffes entscheidende Bedeutung zu: Niedriger Partialdruck erhöht die Ausbeute an Olefinen, während höherer Partialdruck die Polymerisations- und Kondensationsreaktionen begünstigt. Um bei der Crackreaktion den Partialdruck zu erniedrigen, mischt man Fremdgase, meist Wasserdampf, zum Reaktionsgemisch, wobei mit zunehmendem Dampfgehalt die Olefinausbeute steigt. Das Verfahren dient zur Pyrolyse leichtsiedender Kohlenwasserstoffe (Äthan bis Schwerbenzin) und wird in Röhrenöfen durchgeführt; die Kohlenwasserstoffe werden dazu in Rohrschlangen auf 800–900°C unter Zusatz von Wasserdampf erhitzt und nach kurzer Verweilzeit gequencht. Man erhält ein Pyrolysegas mit hohem Gehalt an Äthylen und Propylen sowie Butenen und Butadien ($\uparrow$ *Quenchen*).   D.O.

Stehtanks ($\uparrow$ *Tieftemperatur-Stehtanks*). Die meist zylindrisch, oberirdisch oder eingeerdet ausgeführten Stehtanks dienen zur Speicherung von flüssigen Medien ohne oder mit nur geringem Überdruck. Einteilung der Medien in ($\uparrow$) *Gefahrenklassen* nach Flammpunkt, Verdunstungszahl, Dampfdruck, Dampfdichte sowie in ($\uparrow$) *Zündungsgruppen* nach Zündbereich und Zündtemperatur. Daneben ist die Umweltgefährdung der Speichermedien bei der Konstruktion gemäß den jeweiligen Vorschriften zu berücksichtigen. Als Baustoffe verwendet man Handelsbaustähle, Feinkornbaustähle, rost- und säurebeständige Stähle, nickellegierte Stähle für tiefe Temperaturen, Aluminium oder Sonderbaustoffe. Ausführung der Tankdächer: 1. Festdach: Rippen- und Rippenrostgespärre mit loser oder fest verschweißter Dachhaut. 2. ($\uparrow$) *Schwimmdachtanks* zur Verminderung von Verdunstungsverlusten. 3. Festdach mit Innenschwimm-Membran.   P.F.

Steigfilmverdampfer $\uparrow$ *Kletterfilmverdampfer*
   F.W.

Steigrohrsichter (s. Abb.). In einem senkrechten Rohr strömt Sichtluft von unten nach oben und trägt alle Teile, deren Sinkgeschwindigkeit kleiner als die Luftgeschwindigkeit ist, nach oben aus (↑ *Schwerkraftsichter*). Verwendung: für gut rieselnde Güter (z.B. Getreide) und für Güter, die wegen der Kornform schlecht siebbar sind, z.B. Holzspäne.   F.K.

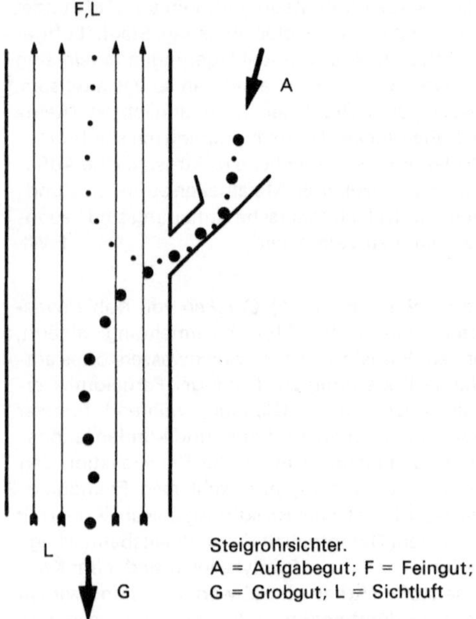

Steigrohrsichter.
A = Aufgabegut; F = Feingut;
G = Grobgut; L = Sichtluft

Steine und Platten, säurebeständige. Formteile aus keramischem bzw. kohlenstoffgebundenem Material dienen als Werkstoffe für Ausmauerungen und Plattenbeläge (s. Tabelle). Säurebeständiges kerami-

sches Material wird aus Spezialtonen mit hohem Flußmittelgehalt hergestellt, die mit Körnungen aus dicht gebrannter Chamotte, Porzellan- oder Steinzeugscherben abgemagert sind. Aufgrund ihrer Zusammensetzung sind diese Steine gegenüber allen Säuren, sauer reagierenden Medien und Lösungsmitteln jeder Konzentration bis zu hohen Temperaturen (ca. 1000 °C, Spezialtypen noch höher) einsatzfähig (jedoch nicht verwendbar bei Flußsäure-Beanspruchung!). Bei alkalischen Beanspruchungen hängt die wirtschaftliche Verwendbarkeit von der Konzentration und Temperatur der alkalischen Medien ab. Hartbrand-Kohlenstoffsteine oder Graphitsteine sind auch bei Beanspruchungen durch Flußsäure und Alkalien einsetzbar, jedoch nicht bei stark oxidierenden Säuren (Chromsäure, konz. Schwefelsäure etc.). Gegenüber keramischem Material sind sie wesentlich beständiger gegen Temperaturwechsel. Mit Kunstharzen imprägniertes Material ist praktisch porenfrei und gut wärmeleitfähig. Je nach Typ (aschereich, aschearm) ist ein bereits merkliches Abbrandverhalten oberhalb etwa 250–300 °C in oxydierender Atmosphäre zu berücksichtigen (↑ *Verlege- und Verfugewerkstoffe, Säureschutz-Technik*).
    M.H. u. G.S.

Steinkohlenteer. Steinkohlenteere, die bei der trockenen Destillation von Steinkohlen als Nebenprodukt anfallen, werden eingeteilt in: a) Hochtemperaturteer aus (↑) *Verkokung*. b) Tieftemperaturteer aus der (↑) *Schwelung*. Lediglich der Hochtemperaturteer aus Kokereien spielt heute noch eine wesentliche Rolle.
    D.O.

Steinkohlenteer-Destillation. Nach Entwässerung des Teers durch mehrtägiges Absetzenlassen bei 60° C oder Abzentrifugieren wird der Teer destilliert. Die heutigen Verfahren arbeiten kontinuierlich, wobei (↑) *Röhrenofen* und (↑) *Rektifizierkolonnen* die wesent-

Stoffwerte für säurebeständige Steine (SI-Einheiten)

Typ	H₂O-Aufnahme	Druckfestigk.	E-Modul	lineare Wärmeausdehng.	Wärmeleitfähigk.	max. Temp.	Säurelöslichk. n. DIN 51 102 Blatt 2
	Gew.-%	$N \cdot mm^{-2}$	$10^4\ N\ mm^{-2}$	$10^{-5} \cdot K^{-1}$	$W \cdot K^{-1} \cdot m^{-1}$	°C	Gew.-%
säurebeständige keramische Steine	3–5	60–100	3–4	0,5–0,8	1,75	1000	0,5–1,5
säurebeständige keramische Steine mit erhöhter Temperaturwechselbeständigkeit	5–8	40–80	2,5–3	0,6–0,8	1,75	1000	1,5–2,0
Hartbrandkohlenstoffsteine	12–18	20–50	0,8–1,5	0,3–0,5	1,6–3,5	300 (oxyd. Atm.)	max. 1
Graphitsteine	12–18	20–40	0,5–1,0	0,15–0,4	ca. 115	400 (oxyd. Atm.)	max. 1

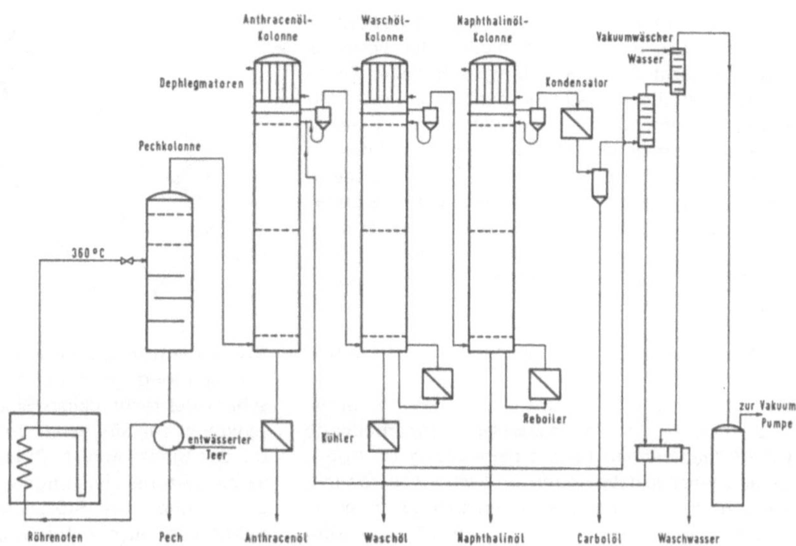

Kontinuierliche Teerdestillation nach dem Teerverwertungsverfahren

lichsten Bauelemente darstellen. Als Beispiel sei das Schema der Teerdestillation nach dem Teerverwertungsverfahren gezeigt. Entwässerter Teer durchläuft zunächst den Pechwärmeaustauscher und wird unter Druck von 3 bar im Röhrenofen auf 360° C erhitzt und dann in die unter 80–100 Torr stehende Pechkolonne entspannt. Nach Entspannen verdampfen alle Ölanteile des Teers, und am Kolonnensumpf wird flüssiges Pech abgezogen. Die Fraktionierung geschieht in drei hintereinandergeschalteten Füllkörperkolonnen mit Dephlegmatoren. Alle Kolonnen stehen unter Vakuum. Man gewinnt:

Leichtöl	0,5– 3%
Carbolöl	2 – 3%
Napthalinöl	10 –12%
Waschöl	7 – 8%
Anthracenöl	22 –28%
Pech	50 –55%

Zusammensetzung von Steinkohlen-Hochtemperaturteer (Franck/Collin, Steinkohlenteer Springer-Verlag 1968)

Verbindung	Kp_{760} (° C)	Fp (° C)	Durchschnittl. Gehalt im Rohteer (Gew.-%)
Naphthalin	217,955	80,290	10,0
Phenanthren	338,4	100	5,0
Fluoranthen	383,5	111	3,3
Pyren	393,5	150,0	2,1
Acenaphthylen	270	93	2,0
Fluoren	297,9	115,0	2,0
Chrysen	441	256	2,0
Anthracen	340	218	1,8
Carbazol	354,76	244,4	1,5
2-Methylnaphtalin	241,052	34,58	1,5
Diphenylenoxid	285,1	85	1,0
Inden	182,44	−1,5	1,0
Summe der Hauptinhaltsstoffe			33,2

Durch nachfolgende Destillation, Kristallisation, Extraktion etc. erhält man reine Produkte wie Naphthalin, Anthracen, Pyridin- und Chinolinbasen, Phenole usw.

D.O.

Stempelpresse. Im allgem. mechanisch angetriebene (↑) *Brikettpresse* zur Erzeugung von zylindrischen oder quaderförmigen Preßlingen. Stempelpressen arbeiten mit einer einseitig offenen Brikettform, in die der

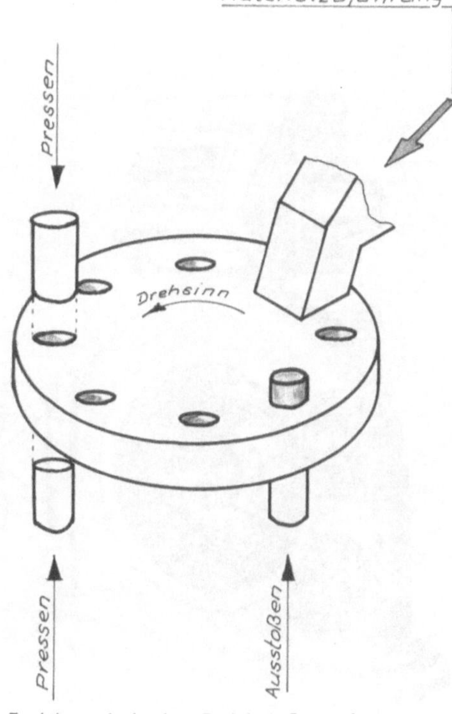

Funktionsprinzip einer Drehtisch-Stempelpresse

Preßstempel eintaucht. Der Preßvorgang besteht im allgemeinen aus 3 Takten: 1. Füllen der Form; 2. Pressen; 3. Ausstoßen des Preßlinges. Bei einer Drehtischpresse (s. Abb., S. 241), bei der z. B. 6–12 Brikettformen in einem horizontalen Drehtisch angebracht sind, erfolgen die genannten Takte simultan in mehreren Formen. Die Maschinen dienten früher zur Steinkohlenbrikettierung, um sog. Lokomotivbriketts zu erzeugen. Heute findet man sie fast ausschließlich in der Keramik- und Feuerfestindustrie zur Erzeugung von Formsteinen als vollautomatische Schubtischpressen mit hydraulischem Antrieb.   H.R.

Sterilfiltration ↑ *Entkeimungsfiltration*   E.A.Sch

Stiftmühlen (vertikale Bauweise). Hochtourige, nach dem Prinzip der (↑) *Prallzerkleinerung* arbeitende (↑) *Zentrifugalmühlen* für die Feinmalung (s. Abb.). Zwischen einer feststehenden und einer rotierenden, seltener auch zwischen zwei gegeneinander rotierenden Stiftmahlscheiben wird das Durchlaufgut bei 80–160 m/sec Umfangsgeschwindigkeit pulverisiert. Die Mahlstifte stehen in 3–4 konzentrischen Ringen (austauschbar). Den Feinheitsgrad beeinflussen: Mühlendrehzahl bzw. Umfangsgeschwindigkeit, Art der Bestiftung (enger oder weiter Stiftabstand) und die Material-Zulaufmenge. Im Unterschied zu anderen Zentrifugalmühlen arbeiten Stiftmühlen sieblos. Eine horizontale Bauart mit 1000 mm Scheibendurchmesser wird für die Naßfeinmahlung von Stärke eingesetzt.
                                                        H.S.

Stösselschwingsiebmaschinen

Stösselschwingsiebmaschinen (s. Abb.). Ein membranartig gespannter stark geneigter quadratischer oder rechteckiger Siebboden wird über Stössel senkrecht zur Siebebene zu Schwingungen angeregt. Da der Siebkasten in Ruhe bleibt, werden nur sehr geringe Antriebsleistungen für die Schwingungserreger benötigt. Die Stössel werden vornehmlich über elektromagnetische Vibratoren angetrieben, seltener über Unwuchtmotoren. Man unterscheidet formschlüssige oder kraftschlüssige Schwingungsübertragung vom Stössel zum Siebboden, die linienförmig oder punktförmig erfolgen kann. Die Siebe arbeiten mit Stösselfrequenzen von 50 oder 100 Hz bei elektromagnetischen Vibratoren, die z.B. bei sog. Schallsiebmaschinen durch mechanische Anschlagvorrichtungen von hochfrequenten Oberschwingungen überlagert werden. Die Neigung des Siebbodens ist abhängig vom Schüttwinkel des Siebproduktes und wird daher

Vertikale Stiftmühle
mit geöffnetem Mahlraum
(Werkfoto Condux)

tungen kann bei den elektromagnetisch betriebenen Sieben die Schwingungsintensität zonen- und gruppenweise geregelt oder auch impulsweise gesteuert werden. Das Aufgabeprodukt muß diesen Maschinen in relativ dünner Schicht gleichmäßig über die Siebbreite verteilt zugeführt werden. Stösselschwingsiebe erzielen beachtliche Durchsatzleistungen. Gebräuchlich: Siebgrößen: 0,2–8 m², Antriebsfrequenzen: 1500, 3000, 6000 min⁻¹, Amplituden: 3–0,1 mm, Antriebsleistung: 0,15–0,5 kW/m². Anwendung: Fein- und Feinstsiebungen trockener und nasser Produkte (↑ *Siebmaschinensysteme*).　　　　H.P.D.

Strahlmühlen. Man versteht darunter eine Gruppe von Feinstmühlen, die keine rotierenden Mahlelemente besitzen, bei denen die Zerkleinerung vielmehr durch Teilchenstoß und Reibung in Gasstrahlen stattfindet. Es überwiegt die Prallbeanspruchung. (↑ *Spiralstrahlmühle, Ovalrohrstrahlmühle, Gegenstrom-Strahlmühle, Fließbettstrahlmühle*). Da die Mikronisierung in den Gasstrahlen und weniger an der Wandung der Mahlkammer stattfindet, ist der Verschleiß auch bei abrasiven Stoffen gering. Lediglich die Transportschaufeln der bei einigen Konstruktionen nachgeschalteten Windsichter (Fließbett- und Gegenstrahlanlage) sind dem Abrieb ausgesetzt.　　　　H.S.

Strahlpumpen (Treibmittel-Pumpen) entsprechen in Bau und Wirkungsweise den (↑) *Injektoren* (Strahlgebläse). Sie fördern auch verunreinigte Flüssigkeiten; die Förderflüssigkeit mischt sich dabei mit dem Treibmittel. Mit Wasserstrahl-Pumpen werden Förderströme von 0,6–10 m³/h bei einem Wirkungsgrad von 0,1–0,3 erreicht. In Dampfstrahl-Pumpen wird der Treibmitteldampf kondensiert und mit der Förderflüssigkeit gemischt. Förderströme 1–70 m³/h. Strahl-Pumpen werden auch als (↑) *Vakuumpumpen* verwendet. Korrosionsfeste Strahlpumpen werden aus Porzellan oder Kunststoffen hergestellt.　　　　W.W.

Strahlschicht (Sprudelschicht, engl. spouted bed) ist eine Variante der (↑) *Wirbelschicht*, bei der ein Fluidstrahl, und zwar in der Mehrzahl der Anwendungen ein Gasstrahl, in verdünnter Phase Feststoff aufwärts fördert, der anschließend in dichter Phase in der die Strahlzone umgebenden Ringzone wieder abwärts sinkt (s. Abb.). Strahlschichten lassen sich bei Feststoffen mit Partikeldurchmessern > 1 mm und engen Korngrößenverteilungen verwirklichen. Ursprünglich in Kanada zur Trocknung von Weizen entwickelt, werden Strahlschichten heute außer zu Trocknungszwecken zum Mischen und Kühlen grobkörniger Feststoffe sowie für Beschichtungs- und Granulationsprozesse technisch eingesetzt.　　　　J.W.

Strahlverdichter (↑ *Brüdenkompression*). Arbeitsweise: Im Strahlverdichter expandiert der Arbeitsdampf in der Treibdüse auf einem Druck, der kleiner als

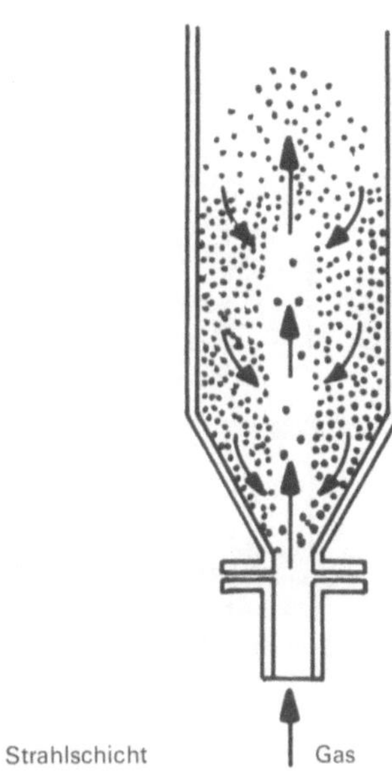

der Brüdendruck ist, wobei sehr hohe Geschwindigkeiten erreicht werden. Die Brüden werden angesaugt und vom Arbeitsdampf mitgerissen. Im Diffusorteil des Strahlverdichters wird die kinetische Energie des Dampfes in Druck umgesetzt, so daß das Dampfgemisch einen etwas höheren Druck aufweist, als er im Heizraum des Verdampfers vorliegt (s. Abb.).　　　F.W.

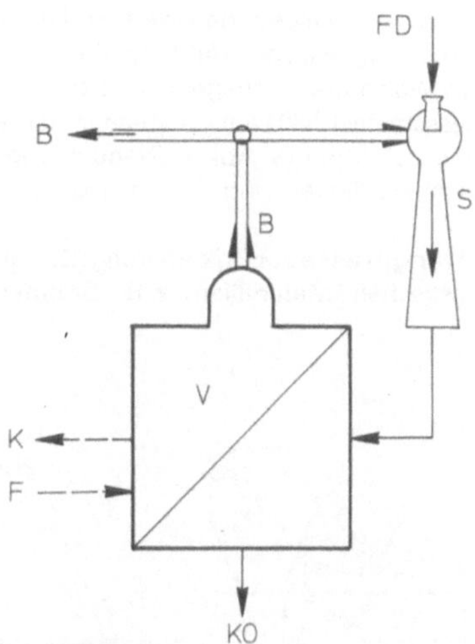

Strahlverdichter. F = Frischlösung; K = Konzentrat; V = Verdampfer; B = Brüden; FD = Frischdampf; KO = Kondensat; S = Strahlverdichter

Strahlwäscher. Arbeiten nach dem Prinzip der Strahlpumpen (↑ *Venturi-Wäscher*).　　　　D.O.

Straight-Run-Benzin. Das direkt als Kopfprodukt bei der Erdöldestillation anfallende Rohbenzin, das im

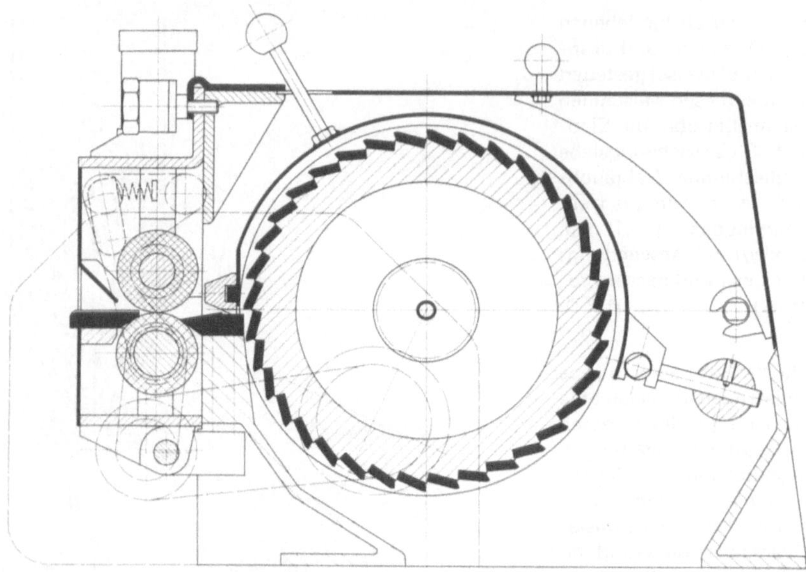

Stranggranulator
mit Querschneidemessern

Regelfall jedoch durch weitere Veredlungschritte wie (↑) *Süßen*, (↑) *Reformieren*, Nachdestillieren usw. den Marktforderungen angepaßt werden muß (↑ *Erdöl-Destillation*).   D.O.

Stranggranualtoren sind Maschinen zum Granulieren thermoplastischer Stränge, welche über eine Lochdüse vom Extruder oder aus dem Polymerisationsautoklaven ausgetragen werden. Die Stränge werden von Einzugswalzen erfaßt und dann vom Schneidrotor (als Walzenfräser ausgebildet oder mit Querschneidemessern bestückt) am feststehenden Messer zu Granulat geschnitten (s. Abb.). Granulatlänge und Einzugsgeschwindigkeit sind meist variabel.   H.S.

Strangpresse zur Brikettierung. Zur Brikettierung von elastischen Materialien, z. B. Braunkohle oder Torf dienen Strangpressen (s. Abb.). Sie besitzen einen horizontal liegenden, offenen Formkanal, der mit Briketts gefüllt ist. Von hinten taucht ein durch einen Schubkurbeltrieb bewegter Stempel in die Form ein, der bei jedem Hub frisches Material in die Form schiebt und zum Brikett preßt. Als Widerlager dient das bei dem vorhergehenden Hub erzeugte Brikett. Der Preßdruck ist nur vom Reibungswiderstand des Brikettstranges im Formkanal abhängig und wird somit in hervorragendem Maße von der Verformbarkeit des Brikettiergutes und seiner elastischen Rückexpansion beeinflußt. Moderne Maschinen besitzen 2–4 Stempel, die von der gleichen Kurbelwelle aus angetrieben werden. Die Pressendrehzahl beträgt 60–120 U/min. Die Leistung beträgt je Stempel bis zu 4 t/h. Strangpressen sind nahezu ausschließlich in der Braunkohlenindustrie und zur Brikettierung von Torf im Einsatz.   H.R.

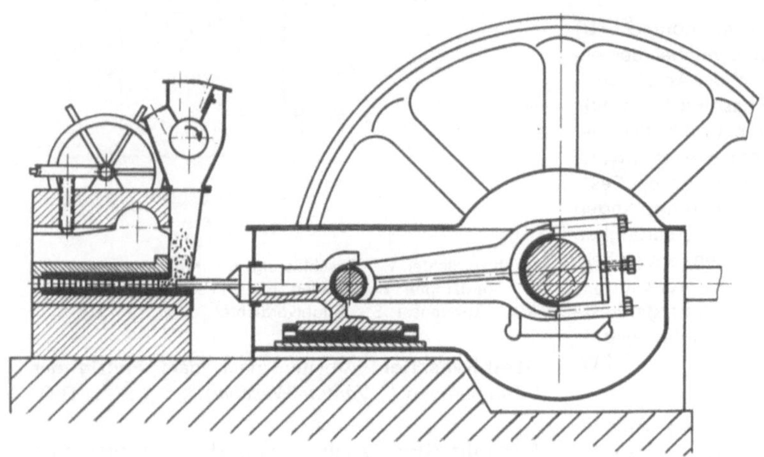

Preßkopf   Triebwerk   Strangpresse

Streuwindsichter (s. Abb.). Dies ist der älteste (Patent von Moodie und Mumford 1885) und immer noch leistungsfähigste und meist verwendete industrielle Windsichter-Typ. Er besteht aus der Vereinigung eines (↑) *Schraubensichters* als Feingutsichter mit einer Schwebedüne am Sichtraumumfang als Grobgutsichter, einem Ventilator und einem Zyklon. Die Rotationskomponente des Schraubensichters wird durch verstellbare „Gegenflügel" im Sichtraum erzeugt. Die Trennschärfe ist mittel bis schlecht. Die Feinheit des Feingutes reicht von etwa 6000 cm²/g Blaine bis etwa 50% größer 90μm; Durchsätze bis mehrere 100 t/h Feingut sind möglich. Es gibt viele grundsätzlich gleiche Bauarten; Verwendung vor allem für Mineralmehle, insbesondere Zement.   F.K.

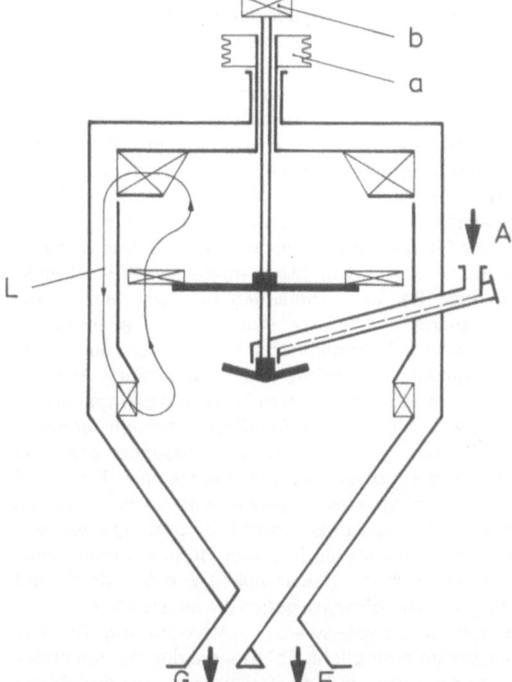

Streuwindsichter (System Heyd, Hersteller Ch. Pfeiffer).
A = Aufgabegut; F = Feingut; G = Grobgut;
a = Hauptantrieb; b = Regelantrieb; L = Sichtluft

Stripper sind (↑) *Rektifizierkolonnen*, in denen man hochsiedende Stoffe temperaturschonend verarbeitet. Durch Einblasen von Wasserdampf vermindert sich der Partialdruck an hochsiedenden Anteilen, und durch den geringen Druckverlust der Spezialeinbauten wird die maximale Temperaturbelastung unterhalb der Zersetzungsgrenze des Produktes erreicht. In der Regel haben Stripper, auch als Nebenturm oder Seitenturm bezeichnet, 4–6 Böden. Neben einer Hauptkolonne angebracht, haben sie die Aufgabe, die Seitenschnitte der Hauptkolonne von den leichteren Anteilen durch Einspritzen von Wasserdampf oder durch erneute Erhitzung zu befreien (s. Abb.).   D.O.

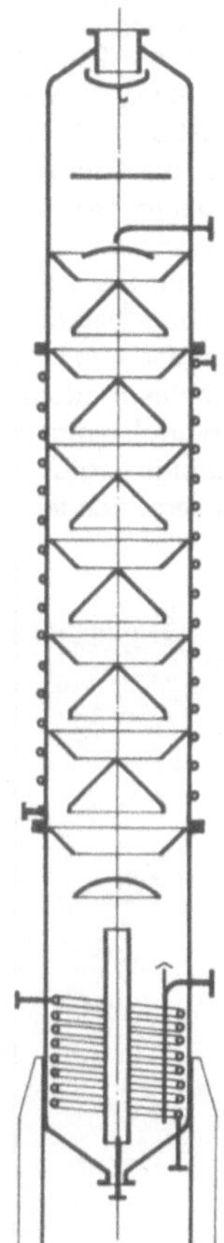

Stripper-Kolonne (Luwa-SMS)

Stromausbeute (oder Stromeffektivität). Man versteht darunter das Verhältnis der realen in der Zeiteinheit erzeugten Produktmenge zur theoretischen Menge, die sich bei bekannter Stromstärke mit Hilfe des Faradayschen Gesetzes errechnen läßt. Die Stromausbeute erfaßt summarisch die durch Nebenreaktionen, Rückreaktionen, gegebenenfalls durch unvollständige Folgereaktionen der Produkte und durch (↑) *Parasitströme* verursachten Verluste und ist damit ein wichtiger Kennwert für den praktischen Betrieb von Elektrolysezellen.   H.V.

Stromdichte ist das Verhältnis der Stromstärke zur geometrischen Oberfläche einer Elektrode. Wichtiger Kennwert technischer Elektrolysen. Praktische Stromdichten reichen gegenwärtig bis zu 15000 A/m².   H.V.

Stromtrockner (pneumatischer Trockner) sind für körnige Schüttgüter mit geringer Trockenzeit geeignet. Das Naßgut wird in einen aufsteigenden Heißgasstrom eingespeist (z. B. mit einer Zellenradschleuse oder Dosierschnecke) und von dem Gasstrom mitgerissen. Die Verweilzeit im Trockner liegt bei 1–2 sec und wird durch die Länge des aufsteigenden Trockenrohres, die Gasgeschwindigkeit, die Gaszähigkeit sowie die Korngröße und Dichte des zu trocknenden Gutes bestimmt. Der Stromtrockner hat bezüglich der Verweilzeit des Feuchtgutes im Trockner einen gewissen selbstregelnden Effekt, da große Körner und Agglomerate auf Grund ihrer größeren Sinkgeschwindigkeit länger im Trockner verweilen. Das Trockengut wird im allgem. in Zyklonen abgeschieden. Stromtrockner werden mit Steigrohrdurchmessern bis zu mehreren Metern und Steigrohrhöhen bis ca. 25 m, gebaut (s. Abb.). Eine Variante ist der (↑) *Doppelrohrstromtrockner*, bei dem das Produkt am Ende des Steigrohres umgelenkt und noch einmal um das Steigrohr herumgeleitet wird. Dadurch ergibt sich eine bessere Wärmeausnutzung bei verminderter Bauhöhe.   D.ST.

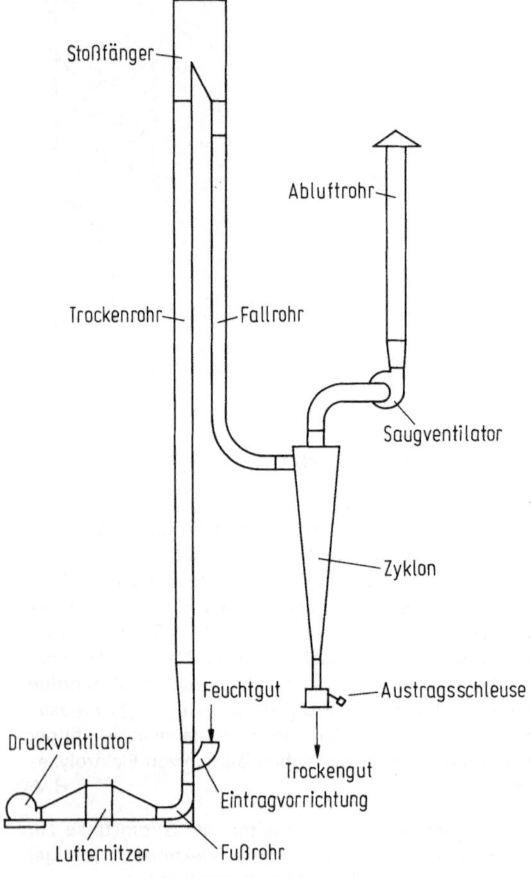

Stromtrockner (Bauart Karl Fischer)

Stufenzahl ↑ *Mehrstufenverdampfung*   F.W.

Styrol wird heute fast ausschließlich durch katalytische Dehydrierung von Äthylbenzol gewonnen:

$$\text{C}_6\text{H}_5-\text{CH}_2-\text{CH}_3 \quad \xrightarrow[\text{550-600°C}]{\text{Katalysator}} \quad \text{C}_6\text{H}_5-\text{CH}=\text{CH}_2 + \text{H}_2$$

Das benötigte Äthylbenzol wird durch (↑) *Alkylierung* von Benzol mit (↑) *Äthylen* hergestellt:

$$\text{C}_6\text{H}_6 + \text{H}_2\text{C}=\text{CH}_2 \quad \xrightarrow[\text{90°C}]{\text{AlCl}_3} \quad \text{C}_6\text{H}_5-\text{CH}_2-\text{CH}_3$$

Insbesondere in USA hat sich die Gasphasenalkylierung durchgesetzt:

$$\text{C}_6\text{H}_6 + \text{H}_2\text{C}=\text{CH}_2 \quad \xrightarrow[\text{300°C, 40-65bar}]{\text{saure Katalysatoren}} \quad \text{C}_6\text{H}_5-\text{CH}_2-\text{CH}_3$$

D.O.

Styrolpolymerisate. Polystyrol (PS) ist ein thermoplastischer Kunststoff, der durch Polymerisation von (↑) *Styrol* gewonnen wird (Standardpolystyrol). Beim schlagfesten Polystyrol (SB) handelt es sich um ein mit Kautschuk modifiziertes Standardpolystyrol, das durch Polymerisation von Styrol in Gegenwart von Polybutadien hergestellt wird. SB ist jedoch nicht glasklar wie Standardpolystyrol, sondern weißlich opak. Durch seinen Kautschukgehalt hat schlagfestes Polystyrol eine merklich bessere Schlagzähigkeit als Standardpolystyrol, die für stark stoßbeanspruchte Teile, wie Schreibmaschinenkoffer, Staubsaugergehäuse, Kühlschrankinnenbehälter und Armlehnen für Personenkraftwagen, ausreicht. (infolge innerer Weichmachung (↑ *Weichmacher*) Andererseits sind wegen des Kautschukgehalts die Härte, die Zugfestigkeit und die Steifigkeit von schlagfestem Polystyrol geringer als die von Standardpolystyrol. Die Dauergebrauchstemperatur von schlagfestem Polystyrol entspricht etwa der von Standardpolystyrol und beträgt je nach Typ ca. 65–85° C. Schlagfestes Polystyrol wird im Fahrzeugbau für Teile der Heizungs- und Lüftungsanlage verwendet, wo Temperaturen in dieser Höhe auftreten. Hervorzuheben ist die Beständigkeit von Standard- und schlagfestem Polystyrol gegen die meisten Säuren und Laugen, die beispielsweise die Verwendung für Starterbatterien ermöglicht. Ebenso wie die meisten anderen Kunststoffe sind die Polystyrole ausgezeichnete Isolierstoffe. Sie werden daher gern zu Gehäusen für elektrische Geräte und Apparate verarbeitet. Schlagfestes Polystyrol altert bei direkter Sonneneinstrahlung wegen der empfindlichen Kautschukkomponente verhältnismäßig wenig.   H.K.

Sublimation ↑ *Trocknen von Fluiden*   K.S.

Süßen. Entschwefelung von Kohlenwasserstoffen aus der (↑) *Erdöl-Destillation*, in erster Linie zum Entfernen von Mercaptanen. Dies geschieht durch chemische Entschwefelung, z.B. mit Natronlauge

$$\text{R}-\text{SH}+\text{NaOH}\rightarrow\text{R}-\text{SNa}+\text{H}_2\text{O}$$

oder aber durch Hydrieren

$$2\text{R}-\text{SH}+\text{H}_2\rightarrow2\text{R}-\text{H}+\text{H}_2\text{S}$$

oder durch Oxidation zu Disulfiden

$$2R-SH \xrightarrow{-2H} R-S-S-R$$

($\uparrow$) *Entschwefelung* D.O.

Superlegierungen ist die Sammelbezeichnung für hochwarmfeste Nickel- und Kobaltlegierungen für Verwendung bei Temperaturen um 1000°C z.B. im Ofenbau der chemischen und petrochemischen Industrie und für Warmarbeitswerkzeuge. Superlegierungen werden überwiegend für Bauteile von Gasturbinen und Düsentriebwerke eingesetzt, bei denen es auf hohe Dauerstandfestigkeit und geringe Kriechneigung bei hohen Temperaturen ankommt. Nickellegierungen sind im allgemeinen zunderbeständiger als Kobaltlegierungen, aber gegen Sulfidkorrosion anfälliger. Kohlenstoffreie oder -arme Legierungen (0,1% C) können in der Regel bei 1000°–1100°C spanlos verformt werden, und sind bedingt schweißbar (WIG oder MIG-Schweißung), wenn eine Lösungsglühung- und Auslagerungsbehandlung angeschlossen wird. Kohlenstoffreiche Legierungen (0,4% C) – vor allem Kobaltbasislegierungen – sind Gußlegierungen. D.O.

Synthesegas. Mischungen aus CO und H_2, die erhalten werden können durch partielle Oxydation von Methan, durch Reaktion von Methan mit CO_2 und Wasserdampf bzw. allein mit Wasserdampf. Synthesegas kann auch aus allen anderen höheren Kohlenwasserstoffen gewonnen werden ($\uparrow$ *Synthesegaserzeugung* aus Erdöl). Weiterhin kann es durch ($\uparrow$) *Vergasung* von Kohle bzw. Koks produziert werden. Verwendung findet Synthesegas u.a. zur Synthese von ($\uparrow$) *Ammoniak*, ($\uparrow$) *Methanol*, Kohlenwasserstoffen (($\uparrow$) *Fischer-Tropsch-Synthese*), ($\uparrow$) *Oxoalkoholen* usw.
D.O.

Synthesegas zur Ammoniak-Gewinnung. Früher wurde Koks zu Generatorgas umgesetzt:

$$C+ \underbrace{{}^1\!/_2O_2+2N_2}_{\text{Luft}} \rightarrow CO+2N_2 \ (-26,4 \text{ Kcal}) \quad (1)$$

$$C+ \underbrace{O_2+4N_2}_{\text{Luft}} \rightarrow CO_2+4N_2 \cdot (-67,4 \text{ Kcal}) \quad (2)$$

Dabei entsteht „Schwachgas", in dem das Verhältnis von Kohlendioxid zu Kohlenmonoxid durch das Boudouard-Gleichgewicht bestimmt wird:

$$CO_2+C \rightleftharpoons 2CO \ (+41,2 \text{ Kcal}) \quad (3)$$

Bei 652°C liegen CO und CO_2 in gleichen molaren Mengen vor, oberhalb 1000°C ist CO_2 in Gegenwart von C nicht beständig. Man erhält also beim normalen Vergasungsprozeß unter 1000°C stets CO und CO_2 nebeneinander. Die Quelle für den Wasserstoff ist der Wassergasprozeß:

$$C+H_2O \quad CO+H_2 \ (+31,4 \text{ Kcal}) \quad (4)$$

$$CO+H_2O \quad CO_2+H_2 \ (-9,8 \text{ Kcal}) \quad (5)$$

Heute arbeitet man mit O_2-angereicherter Verbrennungsluft in einem Arbeitsgang; früher wurde zuerst nach (1) und (2) mit Luft hochgeheizt und dann auf Wasserdampfbetrieb nach (4) und (5) umgeschaltet. Z.Zt. verwendet man anstelle von Koks oder Braunkohle sehr oft Methan, das mit Wasserdampf konvertiert wird:

$$CH_4+H_2O \rightleftharpoons CO+3H_2 \ (+207 \text{ KJ})$$

$$CH_4+2H_2O \rightleftharpoons CO_2+4H_2 \ (+165,5 \text{ KJ})$$

Mit Methan wird eine partielle Oxidation durchgeführt:

$$CH_4+ \underbrace{{}^1\!/_2O_2+2N_2}_{\text{Luft}} \rightarrow CO+2H_2 \ (-2,3 \text{ Kcal})$$
D.O.

Synthesegas-Erzeugung aus Erdöl. Das Blockschema (s. Abb., S. 248) zeigt die Verfahrensstufen der Gaserzeugung und -Aufbereitung für die verschiedenen großtechnischen Synthesen der Herstellung von Ammoniak NH_3, Methanol CH_3OH, Oxo-Alkoholen, Harnstoff CO $(NH_2)_2$ u.a. Die Umwandlung von Rohöl, Erdöldestillaten oder Destillationsrückständen erfolgt nach dem Shell-Vergasungsverfahren durch partielle Oxydation mit Sauerstoff und Wasserdampf bei ca. 36 bar und 1300–1400°C:

$$CnHm + \frac{n}{2} O_2 \longrightarrow nCO + \frac{m}{2} H_2$$

Das Rohgas enthält als Hauptbestandteile H_2 und CO und daneben CO_2, Wasserdampf sowie verschiedene schwefel- und cyan-haltige Verunreinigungen. Es wird in einem Abhitzekessel auf ca. 250°C abgekühlt und durch Wassereinspritzung gequencht. Im Verlauf der weiteren Gasaufarbeitung folgt eine zweistufige H_2S-Wäsche nach dem Alkazid-Verfahren (BASF), in welcher der bei der Vergasung gebildete Schwefelwasserstoff und das hydrolysierte Kohlenoxysulfid entfernt werden. Die Alkazid-Lauge gibt den Schwefelwasserstoff in einem Abtreiber wieder ab, bevor sie im Kreislauf zu den Waschkolonnen rückgeführt wird. Der abgetriebene Schwefelwasserstoff wird nach dem ($\uparrow$) *Claus-Verfahren* durch partielle Verbrennung und katalytische Umsetzung in elementaren Schwefel überführt. Zur ($\uparrow$) *Oxo-* und ($\uparrow$) *Methanol-Synthese* benötigt man ein CO-H_2-Gasgemisch. Hierzu wird das entschwefelte Rohgas einer CO_2-Waschstufe zugeführt, in der das Kohlendioxid mit einer Amin-Lösung im Kreislauf ausgewaschen wird. Das abgetriebene Kohlendioxid ist (evtl. Nachbehandlung) für den Einsatz in der Harnstoff-Synthese oder Nahrungsmittelindustrie geeignet. Zur Verwendung als NH_3-Synthesegas muß der CO-Anteil des entschwefelten Rohgases entfernt werden. Dies geschieht in einer zweistufigen Konvertierung durch katalytische Umsetzung des Gases mit Wasserdampf:

$$CO + H_2O \longrightarrow CO_2 + H_2$$

Das entstandene Kohlendioxid wird wie oben beschrieben ausgewaschen. Restgehalte an CO und CO_2, die für die Synthese störend sind, werden in einer Methanisierungs-Stufe katalytisch zu Methan und Wasserdampf umgesetzt. Der Stickstoff-Anteil des Synthesegases für die (↑) *Ammoniakerzeugung* nach

$$N_2 + 3H_2 \longrightarrow 2NH_3$$

wird aus der Luftzerlegungsanlage für die Sauerstoff-Erzeugung der Vergasung entnommen und im entsprechenden Verhältnis zugemischt.   W.M.

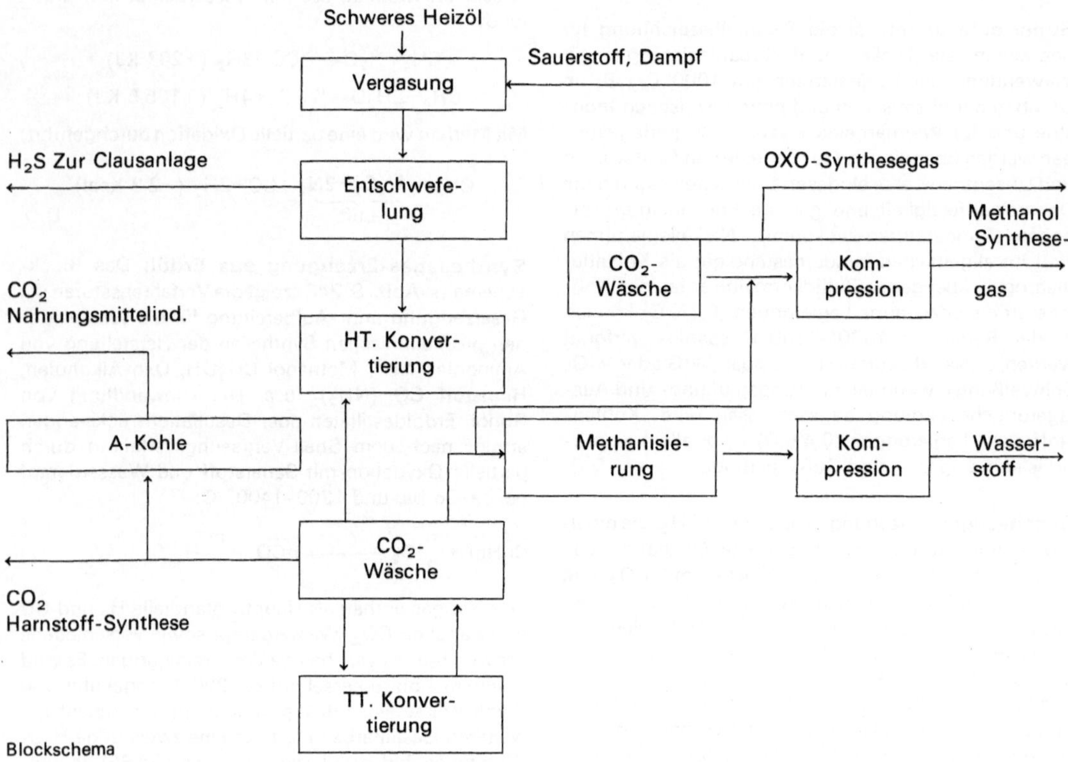

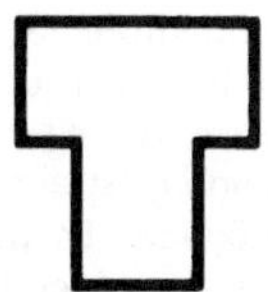

Tantal. Ta; Atomgew. 180,948; Dichte: 16,6 g/cm^3; Kristallstruktur: kubisch raumzentriert; Fp: 2996° C; α: 6,5 · 10^{-6}/grd^{-1}; λ: 0,575 W/cm grd; ϱ: 12,4 · 10$^{-6}\,\Omega$ cm; E: 188300 MN/m^2. – Tantal ist wie Niob kaltduktil und bis zu tiefen Temperaturen gut verformbar, wobei die Kaltverfestigung eher gering bleibt. Tantal wird bereits durch geringe Mengen an Verunreinigungen, vor allem Sauerstoff, Wasserstoff, Stickstoff und Kohlenstoff, hart und spröde. Es läßt sich unter Edelgas elektroschweißen, wobei die Schweißnähte, sofern keine Atmosphärilien während des Schweißens aufgenommen werden, duktil bleiben. Tantal läßt sich spanabhebend bei nicht zu hohen Drehgeschwindigkeiten mit Hartmetallwerkzeugen bearbeiten. – Tantal ist außerordentlich widerstandsfähig gegen fast alle Säuren mit Ausnahme von Flußsäure. Gegen Alkalien ist es nur wenig beständig. Wegen seiner guten Wärmeleitfähigkeit und der Möglichkeit, Tantalrohre mit sehr geringen Wandstärken herzustellen, haben sich Tantalrohre in Wärmetauschern zum Erhitzen oder Kühlen aggressiver Lösungen eingeführt. Tantallegierungen werden wegen ihrer in der Regel geringeren Korrosionsbeständigkeit kaum eingesetzt. Um die hohe Korrosionsfestigkeit zum Tragen zu bringen, ist dafür Sorge zu tragen, daß zwischen Tantal und anderen Metallen kein elektrochemischer Stromkreis entsteht.

Gase

°C	20	200	400	600	800	1000
Luft	1	1	2	3	3	3
H$_2$O	1	1	1	2	3	
Cl$_2$	1	1–2	3	3	3	3
SO$_2$	1	1	1	2	3	3
H$_2$S	1	1–2	2	3		

1: chemisch beständig Korr.-Angriff <2,4 g/m^2 Tag <0,1 mm/Jahr. 2: chemisch bedingt beständig bzw. verwendbar Korr.-Angriff 2,4–24 g/m^2 Tag (0,1–1 mm/Jahr). 3: chemisch unbeständig >24 g/m^2 Tag >1 mm Jahr   P.E.

Tauchbrenner. Die Wärme wird der Lösung direkt über die im Tauchbrenner (mit Oel oder Gas betrieben) gebildeten Rauchgase zugeführt. Da in derartigen Apparaturen keinerlei Wärmeaustauschflächen vorhanden sind, entfällt auch deren Verkrustung und Korrosion. Die Apparate können also mit Vorteil zum

Tantal

°C	20			100		
	1%	10%	konz	1%	10%	konz
HCl	1	1	1	1	1	1
H$_2$SO$_4$	1	1	1	1	1	1
HNO$_3$	1	1	1	1	1	1
					F-Ionen verstärken Angriff	
H$_3$PO$_4$	1	1	1	1	1	1
					F-Ionen verstärken Angriff	
HF	3	3	3	3	3	3
CH$_3$COOH	1	1	1	1	1	1
NaOH	1	1	2	2	2	3
NH$_4$OH	1	2–3	2–3	2–3	3	3
NaCl	1	1	1	1	1	1
NH$_4$Cl	1	1	1	1	1	1

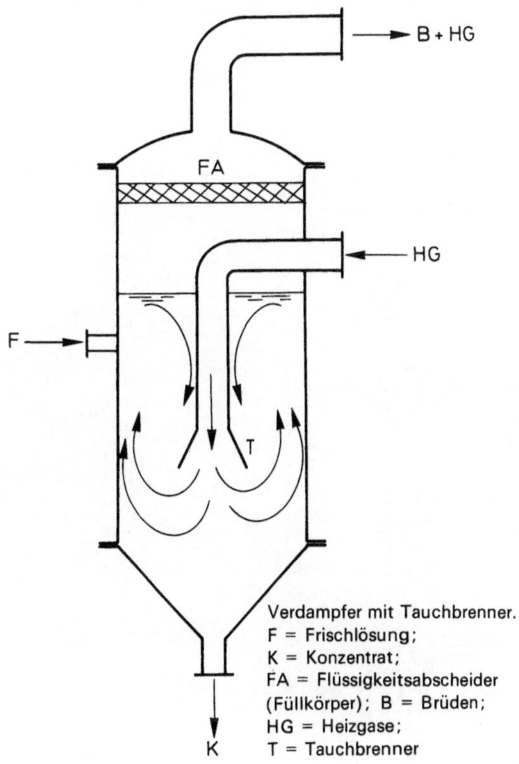

Verdampfer mit Tauchbrenner.
F = Frischlösung;
K = Konzentrat;
FA = Flüssigkeitsabscheider (Füllkörper); B = Brüden;
HG = Heizgase;
T = Tauchbrenner

Eindampfen aggressiver Stoffe eingesetzt werden (s. Abb.). Weil zudem die in die Lösung gepreßten heißen Gase für eine intensive Bewegung im Verdampfer sorgen, ist auch ein Einsatz für viskose Flüssigkeiten möglich. Es gilt zu beachten, daß die Brüden die gesamte Menge der eingeleiteten Verbrennungsgase enthalten und von diesen sorgfältig getrennt werden müssen.   F.W.

Tauchkreiselpumpen erfordern wenig Platz und Wartung. – Das für Zulauf von oben angeordnete Laufrad mit großem Eintritts-Querschnitt (s. Abb.) erfordert nur geringe NPSH (Net Positive Suction Head) und hat besonders dort Vorteile, wo eine gewisse Selbstregulierung gefordert werden muß, z.B. in Extraktionsanlagen. Strömt kein Fördergut in den Auffangbehälter nach, setzt die Pumpe mit der Förderung aus; sie läuft aber ohne Entlüftung selbsttätig wieder, wenn genügend Flüssigkeit nachläuft. Bei der Ausführung mit angegossenem, getrenntem Druckrohr kommt die Wellenabdichtung mit dem Medium nicht in Berührung (↑ *Pumpen*).   H.G.

Tauchnutschen ↑ *Blattfilter, Filterapparate*   H.W.

Tauchpumpen. Als Tauch-Pumpen zum Fördern von Flüssigkeiten aus Gruben und Behältern werden vor allem (↑) *Kreiselpumpen* (Propeller-Pumpen) ver-

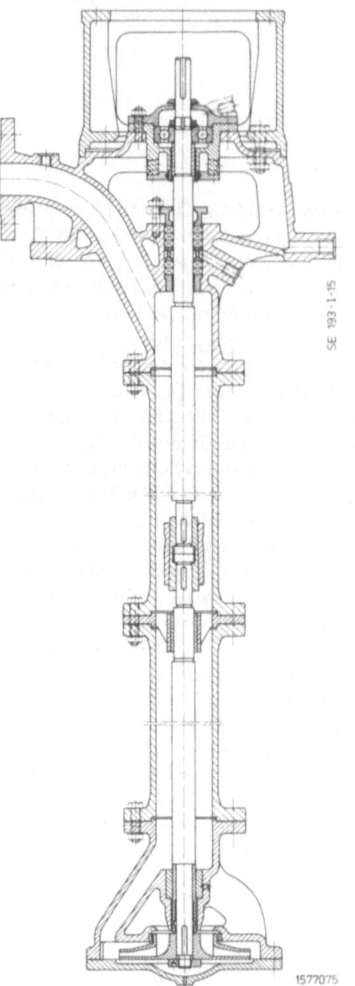

Chemie-Tauchpumpe, Laufradeintritt von oben (Fabrikat: SULZER)

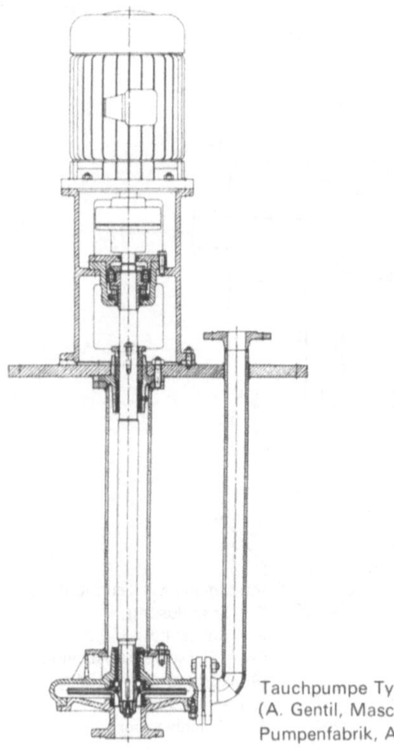

Tauchpumpe Type WNT (A. Gentil, Maschinen- und Pumpenfabrik, Aschaffenburg)

wendet. Die Abb. zeigt die Tauch-Pumpe WNT (Gentil Maschinen- und Pumpenfabrik, Aschaffenburg). Für den gleichen Zweck werden mit Vorteil Wirbelrad-Pumpen (↑ *Kreiselpumpen*) und Mohno-Pumpen (↑ *Schraubenpumpen*) eingesetzt.   W.W.

Tauchrohrverdampfer. Dieser Verdampfertyp zeigt eine waagerechte Anordnung der Heizrohrregister (s. Abb.). Zum Zwecke der Reinigung (↑ *Verkrustung*) sind diese leicht zugänglich. Der Apparat wird oft zur Gewinnung von Süßwasser aus Meerwasser als (↑) *Schiffsverdampfer* eingesetzt.   F. W.

Taumelscheibenpumpen ↑ *Hubkolbenpumpen*
                                               W.W.

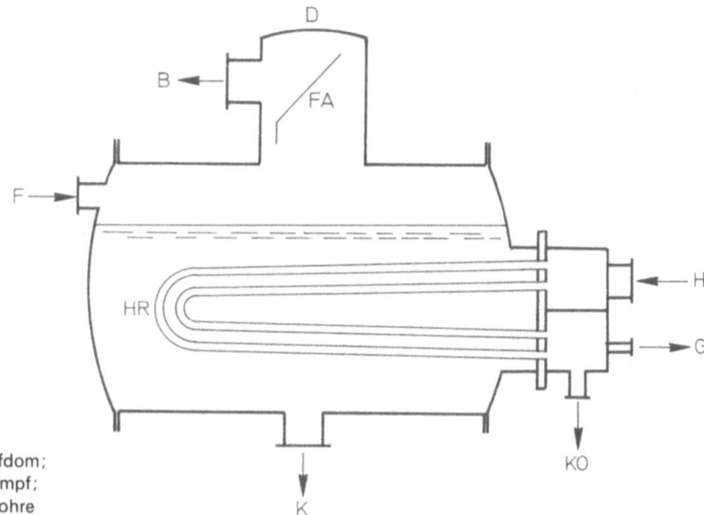

Tauchrohrverdampfer. F = Frischlösung;
K = Konzentrat; B = Brüden; D = Dampfdom;
FA = Flüssigkeitsabscheider; H = Heizdampf;
KO = Kondensat; G = Gase; HR = Heizrohre

Taumelsiebmaschinen. Man unterscheidet: 1. *Taumelsiebmaschinen mit Kurbelantrieb* (s. Abb.), bei denen die Schwingbewegung eines Plansiebes mit der eines Wurfsiebes kombiniert ist, wodurch man eine Taumelschwingung erhält. Die Abb. zeigt das Schema des *Allgaier-Taumelsiebes* mit Kurbelantrieb. Dabei ist

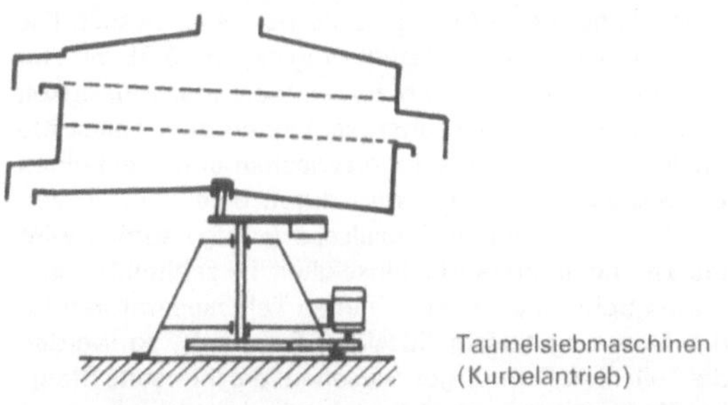

Taumelsiebmaschinen
(Kurbelantrieb)

ein runder Siebkasten auf einem windschiefen Kurbelzapfen drehbar gelagert und wird durch Federlenker daran gehindert, sich mit der Kurbel zu drehen. Um optimale Betriebsparameter reproduzierbar einstellen zu können, lassen sich Exzentrizität, Radial- und Tangentialneigung des Kurbelzapfens verstellen sowie auch die Drehzahl variieren. Ein auf den Kurbelzapfen aufgestecktes Untersetzungsgetriebe wird bei Bedarf zum Antrieb von rotierenden Siebhilfen benutzt. Je nach Siebaufgabe werden Passierleisten und Bürsten oberhalb des Siebbodens und hauptsächlich unter dem Siebgewebe umlaufende Rollenbürsten und/oder Luftdüsen verwendet. Einfache Einrichtungen zum Freihalten der Siebmaschen sind Gummikugeln, die auf einem Lochblech unter dem Siebboden frei beweglich angeordnet sind. Von großer Bedeutung ist der Einsatz der Taumelsiebmaschine zur pneumatischen Siebung nach dem Luftstrahlprinzip. Hierbei wird zusätzlich zu der Taumelbewegung der Siebmaschine das Siebgewebe von unten durch Luftstrahlen gereinigt, das Produkt dabei aufgewirbelt, wobei sich Feingut und

Grobgut trennen, und schließlich das Feingut mit der nach unten durch das Sieb zurückkehrenden Luft durch die Maschen transportiert. Gebräuchlich: Ein- bis Vierdecker mit 0,6–2,6 m $\varnothing$, Antriebsleistung 0,25–4 kW, Drehzahl 180–240 min^{-1}. Anwendung: Fein- und Feinstsiebungen auch siebschwieriger Produkte der Industrien Chemie, Pharmazie, Nahrungsmittel, Steine und Erden, Metallurgie, Holz. 2. *Taumelsiebmaschinen mit Unwuchtantrieb* (s. Abb.): Bei dieser

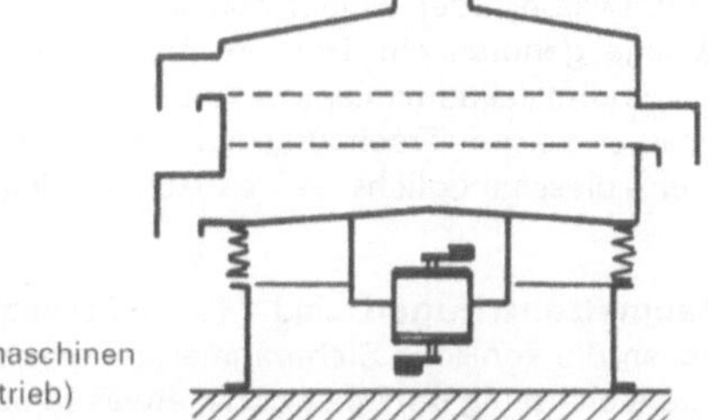

Taumelsiebmaschinen
(Unwuchtantrieb)

Siebmaschinenart ist ein Unwuchtmotor fest mit einem runden Siebkasten verbunden. Siebkasten mit Antriebsmotor sind elastisch über Federn auf der Stützkonstruktion verlagert und arbeiten als überkritisch erregtes Schwingungssystem. An beiden freien Wellenenden des Antriebsmotors sind verschieden große Unwuchtmassen befestigt, die gegeneinander verdreht werden. Dadurch wird eine Schrägstellung der Siebachse gegenüber der Systemachse erreicht. Um regelbare Antriebsdrehzahlen zu erhalten, verwendet man anstelle des Unwuchtmotors eine Unwuchtzelle, die von einem normalen Drehstrommotor über regelbaren Keilriementrieb angetrieben wird. Die Schwingweite ist abhängig von der Siebbelastung. Gebräuchlich: Ein- bis Vierdecker 450–1800 mm $\varnothing$, Antriebsleistung: 0,37–3,0 kW, Schwingzahlen: 3000–750 min^{-1}. Anwendung: Fein- und Feinstsiebungen trockener und nasser Produkte der Industrien Chemie, Keramik, Metallurgie, Nahrungsmittel.   H.P.D.

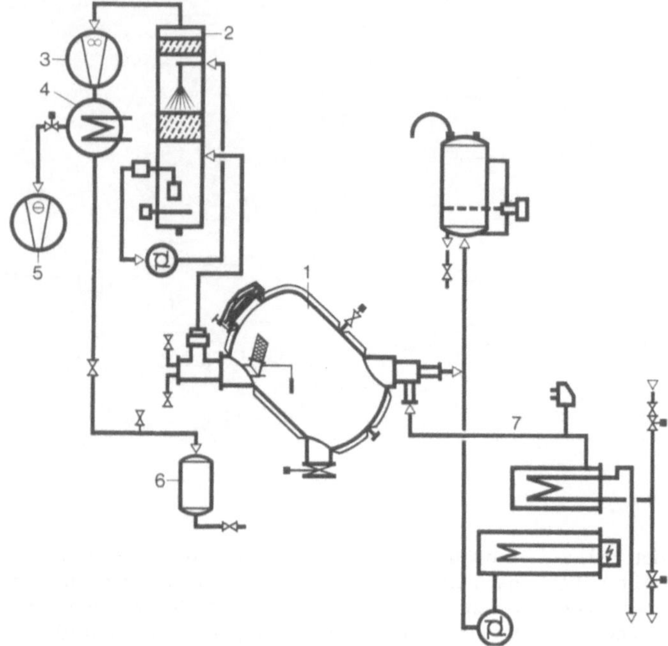

Taumeltrockner.
1=Vakuum-Taumeltrockner; 2=Naßent-
stauber; 3=Wälzkolbenpumpe
(Roots-Pumpe); 4=Kondensator;
5=Drehschieberpumpe; 6=Kondensat-
Sammelgefäß; 7=Heiz- und Kühlmittel-
einrichtung. (Büttner-Schilde-Haas
AG, Krefeld)

Taumeltrockner haben eine schrägstehende, sich drehende Trommel. Füllen und Entleeren erfolgen in der Regel durch denselben Stutzen. Die Trommel ist von einem Doppelmantel umgeben, der mit Dampf, Warmwasser oder Heißöl beheizt werden kann. Zur Anlage gehören ein Trocken- bzw. Naßstaubfänger sowie eine Vakuumanlage (s. Abb.). Sie eignen sich zur chargenweisen Trocknung von rieselfähigem Gut, wenn dieses möglichst keinen Abrieb erleiden darf.

D.O.

Taumelzentrifugen sind (↑) *Siebzentrifugen*, bei denen die konische Siebtrommel um eine senkrechte und gleichzeitig um ihre eigene, etwas schräggestellte Achse rotiert. Infolge der Überlagerung bei der Drehbewegung beschreibt jeder Punkt der Siebtrommel eine Kreisbogenbewegungsschwingung, d. h. die Trommel „taumelt". Das von oben zugeführte Schleudergut wird auf den Trommelumfang verteilt; im konischen Siebkorb wird das Produkt entwässert und infolge der Taumelbewegung der Trommel schrittweise zum oberen Trommelrand transportiert und abgeworfen.

W.W.

Taupunkt. Unter Taupunkt versteht man jenen Temperaturpunkt, an dem die Konzentration von Wasserdampf in Luft oder einem Gas die absolute Sättigung erreicht hat, so daß an einer Fläche der gleichen Temperatur Kondensation eintritt.

F.W.

Teer. Unter Teer versteht man flüssige bis halbfeste Produkte, die bei thermischer Zersetzung organischer Produkte anfallen (↑ *Steinkohlenteer*).

D.O.

Tellerseparatoren weisen eine Trommel auf, die im Innern eine große Anzahl konischer Teller besitzt. Die Teller haben eine Wandstärke von ca. 0,5–0,75 mm, ihr Abstand beträgt je nach zu separierender Flüssigkeit und Konsistenz der auszuschleudernden Feststoffe etwa 0,4–2 mm. Jeder Tellerzwischenraum stellt einen Einzelseparierungsraum dar; durch eine Vielzahl von parallel angeordneten Einzelseparierungsräumen wird die zentral eintretende Flüssigkeit in zahlreiche sehr dünne Schichten zerlegt. Dienen Tellerseparatoren für die Trennung flüssig/flüssig („Trenner"), so werden die Teller mit Bohrungen versehen, die ihrerseits Steigkanäle ausbilden, durch welche die leichtere Komponente austritt, während die schwerere Komponente den Separator über das äußere Ringwehr verläßt. Soll eine Flüssigkeit geklärt werden, so arbeitet man ohne Steigkanäle; das Schleudergut tritt dann von außen in

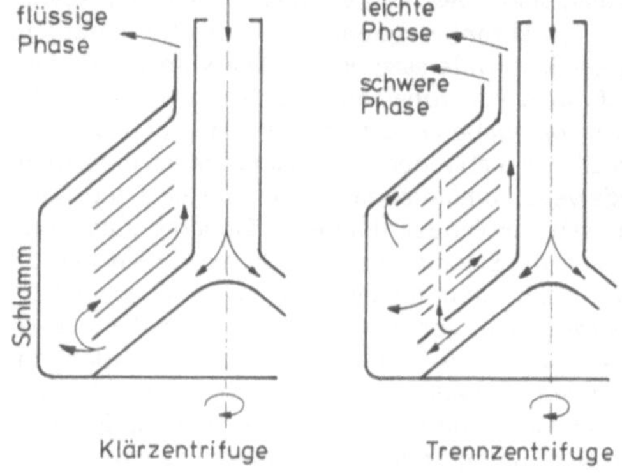

Tellerseparatoren

den Tellereinsatz ein (s. Abb.). Durch entspr. Konstruktion der Separatoren kann eine Austragung der abgeschiedenen Feststoffe innerhalb von Sekunden erreicht werden; aus solchen selbstreinigenden Separatoren wird der am Trommelrand anfallende Schlamm nach Öffnen eines Steuerventils am Trommelumfang ausgetragen. Wird nur eine Teilentschlammung durchgeführt, so braucht die Schleudergutzufuhr nicht einmal unterbrochen zu werden. Selbstreinigende Separatoren werden sowohl als „Klärer" wie als „Trenner" gebaut (s. Abb.). Tellerseparatoren sind die am häufigsten benutzten Separatoren zur Trennung von Flüssigkeitsgemischen; das bekannteste Beispiel ist die Entrahmung von Milch. D.O.

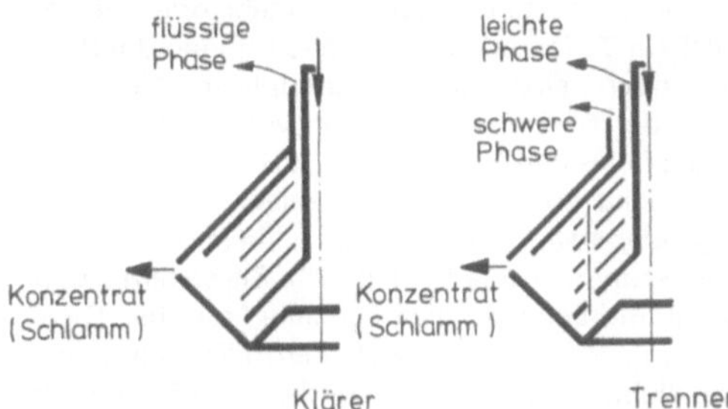

Tellerseparatoren

Tellertrockner dienen zur kontinuierlichen Trocknung bzw. Kühlung rieselfähiger oder zumindest schaufelbarer Güter. Sie zeichnen sich durch geringen Raum- und Grundflächenbedarf bei großen Kontaktflächen aus. Zur Zerstörung von Klumpen, die sich beim Trocknen bilden können, werden die Trockner mit Krählarmen mit Schleppwalzen ausgerüstet. Dampf, Heißwasser oder andere flüssige Heizmedien oder Kühlmittel müssen verfügbar sein. Während der Transportbewegung durch die Schaufeln wird das Gut laufend gewendet und abwechselnd von Innen nach Außen bzw. umgekehrt von Etage zu Etage gefördert. Zur Anlage gehören ein Kondensator für die abgeführten Brüden, Entstauber sowie Einlaß- und Auslaßschleusen und schließlich ein Vakuumaggregat (s. Abb.). D.O.

Temperguß. Weißer (graphitfrei), erstarrter Harrguß wird durch eine langandauernde Glühbehandlung in „Temperguß" umgewandelt; der Kohlenstoff wird dabei entweder als Temperkohle ausgeschieden (schwarzer Temperguß) oder mittels leicht oxidierender Atmosphäre durch „Entkohlung" entfernt (weißer Temperguß). Temperguß unterscheidet sich von Gußeisen durch verbesserte Festigkeits- und Zähigkeitseigenschaften, er läßt sich unter gewissen Voraussetzungen härten, vergüten, löten und verzinken, aber in der Regel nicht schweißen. Die chemische Beständigkeit liegt etwa zwischen der des Gußeisens und des Stahls. P.E.

Tenside ist die Sammelbezeichnung für grenzflächenaktive Verbindungen (↑ *Waschrohstoffe*). D.O.

Terephthalsäure-Herstellung. Die Herstellung von Terephthalsäure erfolgt heute überwiegend nach dem Amoco-Prozeß der Standard Oil of Indiana. Dabei wird p-Xylol, in Essigsäure gelöst, in Gegenwart von Co- und Mn-Acetat sowie bromhaltiger Kokatalysatoren (NH_4Br und Tetrabromäthan) mit Luft in Rührautoklaven unter 15–30 bar und 190–205° C oxidiert

$$CH_3-C_6H_4-CH_3 \xrightarrow[\text{Cokatalysator}]{O_2,\ \text{Katalysator}} HOOC-C_6H_4-COOH$$

Beim Abkühlen kristallisiert rohe Terephthalsäure aus. Die Reinigung der Rohsäure erfolgt durch Lösen in Wasser unter Druck bei 225–275° C und Hydrieren in Gegenwart eines Pd-Katalysators, wobei die Polykondensationsreaktionen störenden Nebenprodukte unschädlich gemacht werden. D.O.

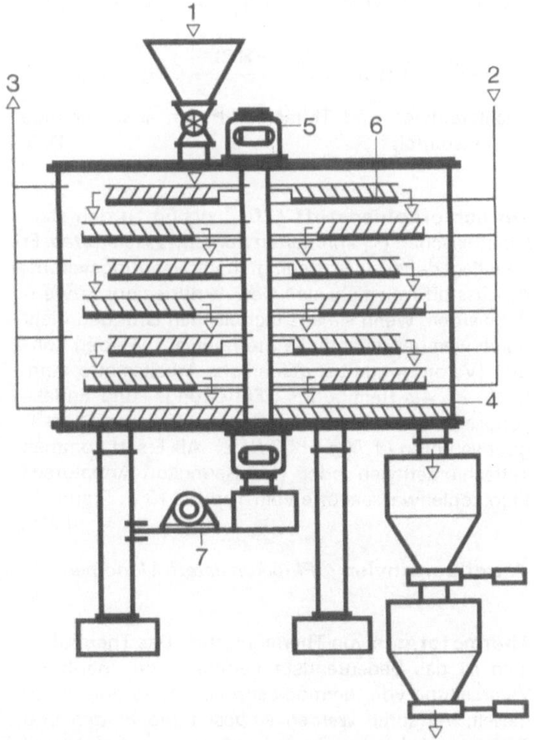

Tellertrockner.
1=Produktzufuhr; 2=Heiz- oder Kühlmedium; 3=Brückenabzug; 4=Gehäuse; 5=Schaufelwelle mit rotierendem Krählwerk; 6=Teller; 7=Antrieb (normalerweise oben oder unten). (Büttner-Schilde-Haas AG, Krefeld)

Testgemische werden zur Bestimmung von Rektifiziereinbauten benötigt, um vergleichbare Werte der Wirksamkeit zu erhalten. Da gleiche Einbauten bei verschiedenen Stoffgemischen nicht die gleiche Trennwirksamkeit besitzen, wurden Testgemische (von F. J. Zuiderweg) zusammengestellt. Es gibt Testgemische für 1 bar und Vakuum. Rektifiziereinbauten sind (↑) *Füllkörper, Böden*, für Rektifizierkolonnen.

H.M.

Tetrachloräthylen. Die Verbindung kann aus 1,2-Dichloräthan durch eine kombinierte Chlorierungs- und Dehydrochlorierungsreaktion (an Festbettkatalysatoren oder an Fließbettkatalysatoren) gewonnen werden:

$$2\ \ ClCH_2-CH_2Cl+5Cl_2 \xrightarrow[350\text{--}450°\,C]{\text{Katalysator}} CCl_2=CHCl$$
$$+CCl_2=CCl_2+7HCl$$

Neben Tetrachloräthylen fällt Trichloräthylen an. Weiterhin kann an Acetylen Chlor addiert werden, wobei als Zwischenprodukt Tetrachloräthan entsteht, welches durch Dehydrochlorierung zu Trichloräthylen und nochmalige Chlorierung und Dehydrochlorierung in Tetrachloräthylen übergeführt werden kann:

$$CH\equiv CH+2Cl_2\rightarrow CHCl_2-CHCl_2 \xrightarrow{-HCl} CHCl=CCl_2$$

$$\xrightarrow{Cl_2} CHCl_2-CCl_3 \xrightarrow{-HCl} CCl_2=CCl_2$$

Trichloräthylen und Tetrachloräthylen sind wichtige Lösungsmittel.

D.O.

Tetrachlorkohlenstoff (CCl_4) gehört zu den stark lebertoxischen (↑) *chlorierten Kohlenwasserstoffen.* Er unterliegt daher einem bedingten Verwendungsverbot: Arbeitsstoffe mit mehr als 1 Gew.% dürfen nur verwendet werden, wenn sie aus technischen Gründen nicht durch weniger gefährliche Stoffe ersetzt werden können. (Verordnung über gefährliche Arbeitsstoffe, Anh. II, Nr. 2). Als Reinigungs-, Entfettungs- und Entlackungsmittel, auch an und in Sauerstoffleitungen, ist T. ganz verboten (↑ *TRgA* 502 *Bl.* 2). Als Ersatz kommen Tetrachloraethylen oder (für Sauerstoff-Armaturen) Fluorkohlenwasserstoffe vom Typ R 113 in Frage.

F.WI.

Tetrafluoräthylen ↑ *Fluorkunststoff-Monomere*

I.S.

Thermoformen von Thermoplasten. Das Thermoformen ist das bedeutendste Verfahren zur spanlosen Verarbeitung von thermoplastischem Halbzeug. Nach diesem Verfahren werden eingespannte Platten und Folien zunächst erwärmt (Umformtemperatur) und dann durch mechanischen Druck (Stempeldruck) sowie Vakuum oder Druckluft verformt, d. h. die erwärmte Folie oder Platte legt sich an die Konturen des Werkzeugs an. Da die Platte oder die Folie an den Rändern fest eingespannt ist, tritt durch den Streckvorgang eine Wanddickenverminderung ein. Das bedeutet, daß nach diesem Verfahren keine Querschnittsveränderungen der Wanddicke noch Durchbrüche geformt werden können.

H.K.

Thermokompression ↑ *Brüdenkompression*   F.W.

Thermoplaste. Bei diesen Kunststoffen sind amorphe und teilkristalline Thermoplaste zu unterscheiden. Sie bestehen aus langen Molekülketten (Makromoleküle), die zum einen in ungeordnetem Zustand vorliegen (amorphe Thermoplaste); zum anderen liegen die Makromolekülketten in Bündeln mehr oder weniger parallel (in Teilbereichen aber auch ungeordnet) nebeneinander (teilkristalline Thermoplaste). Verschlingungen der Makromolekülketten verhindern weitgehend ein freies Fließen der Stoffe, d. h. der Stoff behält seine Gestalt unterhalb seiner jeweiligen (↑) *Erweichungstemperatur.* Erweichten thermoplastischen Stoffen kann man eine Form geben. Sie erstarren dann langsam und behalten die gegebene Form bei. Dieser Vorgang (↑ *Verarbeitungsverfahren*) läßt sich theoretisch beliebig oft wiederholen und ist eine Eigenart der thermoplastischen Kunststoffe (Thermoplaste). Die Erweichungstemperatur liegt bei einigen Thermoplasten schon um 70° C, bei anderen bei 250° C. Anders ist es bei den (↑) *Duroplasten.* Die bedeutendsten Thermoplaste sind: (↑) *Polyvinylchloride* (*PVC*), (↑) *Polyäthylene* hoher und niedriger Dichte (HDPE und LDPE), (↑) *Polypropylene* (*PP*), (↑) *Styrolpolymerisate* (*PS* und SB), (↑) *Copolymerisate* (SAN, ABS und ASA), (↑) *Polyamide* (PA), (↑) *Polyacetale* (POM).   H.K.

Thermosyphon ↑ *Verdampfer mit natürlichem Umlauf*   F.W.

Tiefenfilter ↑ *Tiefenfiltration*   H.W.

Tiefenfiltration ist die Abscheidung fein- bis feinstdisperser Trübungsteilchen aus Flüssigkeiten und Gasen im inneren Gefüge eines relativ dicken (↑) *Filtermittels* (Tiefenfilter), (↑) *Beltfilter* oder (↑) *Filterkuchens* durch Raumsieb-Wirkung (verbunden mit Sorptionswirkung).   H.W.

Tieftemperatur-Stehtank. Die klassischen Speicher sind Doppelmantel-Tanks mit zwischenliegender Isolierung, die mit geringem Überdruck von 0.7–3 m WS betrieben werden. Die Innentanks bestehen aus tieftemperaturzähem Material. Zur Vermeidung von Frosthebungen im Untergrund lagern die Tanks auf einer erhöhten und belüfteten oder beheizten Fundamentplatte. Neuere Entwicklung sind Verbundbauweisen mit Beton- oder Spannbeton und Membranbauweise. Doppelmanteltanks kleiner Abmessung haben meist eine Hochvakuumisolierung. Die Abb. zeigt die prinzipielle Anordnung der (↑) *Isolierstoffe* für Großtanks bis 200 000 m³ Inhalt. Das Tankdach kann entweder als Doppelfestdach mit Isolierung entsprechend dem Mantel oder in offener Konstruktion mit festem Außendach und eingehängtem Zwischendach mit Isolierungsauflage und Reflektionsbelag ausgeführt werden. Das offene Innendach hat den Vorteil einer einfacheren Tankverankerung im Fundament, es sorgt für einen Ausgleich des Gasdruckes und vermeidet die sonst erforderliche Inertgasspülung des Zwischenraumes. Lagertanks bis zu etwa −60 °C werden häufig nur mit einem Stahlmantel und außenliegender Isolierung mit entsprechender Dampfsperre ausgeführt. Für Tieftemperaturtanks werden folgende Werkstoffe verwendet: Feinkornbaustähle bis −60 °C, 3,5% Nickelstahl bis −120 °C, 9% Nickelstahl bis −196 °C, austenitische Stähle, Aluminium und Invar bis −273 °C.

Isolierstoffe für Tieftemperatur-Stehtanks

	Dichte kg/m³	Wärmeleitzahl bei 0 °C Kg W/m°	Unterdruck
Styrol-	70	0.035	ohne
schaumstoff	35	0.033	ohne
Polyurethan-	80	0.033	ohne
schaum	25	0.023	ohne
PVC-Schaum	60	0.037	ohne
Glass-Foam	150	0.054	ohne
Perlite	90	0.050	ohne
		0.002	10^{-3} mmHg
Silica Aerogel	80	0.001	10^{-3} mmHg
Diatomeen-Erde	320	0.040	10^{-3} mmHg
Steinwolle	120	0.001	ohne
Glaswolle	130	0.0006	10^{-3} mmHg

Zu den labormäßig bestimmten Isolierwerten sind Zuschläge für ungenaue Verarbeitung sowie für die Alterung des Isolierstoffes einzusetzen. Bei richtiger Auslegung und Ausführung sollten die Kälteverluste an Wärmebrücken 20% des gesamten Kälteverlustes nicht übersteigen.   P.F.

Tieftemperaturspeicherung. Durch Kühlung technischer Gase bis zum Siedepunkt können diese bei atmosphärischem Druck oder mit geringer Drucküberlagerung gespeichert werden. Tieftemperatur-Speicheranlagen bestehen aus: 1. Gasreinigung durch Abscheidung von schweren Kohlenwasserstoffen, CO_2, H_2O, H_2S etc. mit Hilfe von Phasentrennung, Molekularsieben, Trocknung, Absorption etc. 2. Verflüssigungsanlage für Einspeisung und Kühlung der Boiler-Off-Gase. 3. Tieftemperaturspeicher als (↑) *Tieftemperatur-Stehtank* aus Stahl, Aluminium oder Spannbeton, als Erdspeicher, als unterirdischer Ringspeicher u. a. 4. Verdampfungsanlage mit anschließender Vorwärmung sowie Konditionierung und Regel-

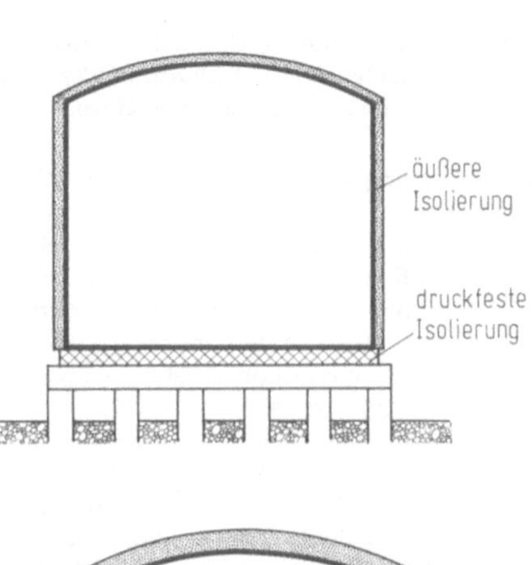

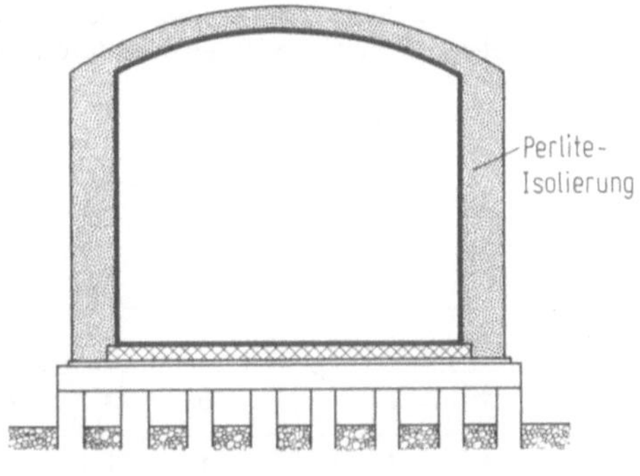

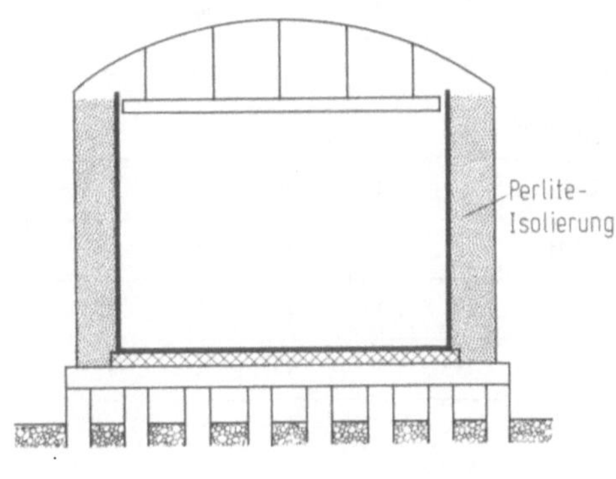

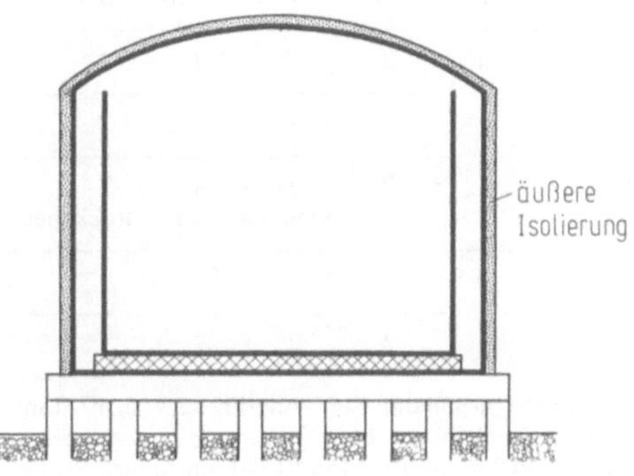

Tieftemperatur-Stehtanks

strecke. Die wirtschaftliche Größe dieser Speichermethode liegt zwischen der (↑) *Druckbehälter-* und der ↑ *Untertagespeicherung* technischer Gase.   P.F.

Titan. Ti; Atomgew. 47,90; Dichte: 4,51 g/cm³; Kristallstruktur: hexagonal dichteste Packung: <882° C, krz: 882–1668° C; Fp: 1668° C; α: 8,7 · 10⁻⁶ grd⁻¹; λ: 0,155 W/cm grd⁻¹; ϱ: 42 · 10⁻⁶ Ω cm; E: 110000 MN/m². – Reines Titan ist ein mittelhartes Metall mit ähnlichen Verformungseigenschaften wie rostfreier Stahl. Kaltverfestigtes Metall muß unter Inertgas (Helium, Argon) guter Reinheit oder im Hochvakuum weichgeglüht werden. Titan und seine Legierungen lassen sich spanabhebend bearbeiten; bei hohen Schnittgeschwindigkeiten besteht Gefahr der Spanentzündung. Titanlegierungen lassen sich nach Schutzgas-Elektroschweißverfahren oder durch Diffusionsschweißverfahren, bzw. Reibschweißung gut verbinden; auch Hartlöten ist möglich. Verschweißungen mit anderen Metallen wie Cu, Ni, Fe etc. sind jedoch wegen Bildung spröder intermetallischer Verbindungen nicht möglich. Plattierungen mit Titanblech nach dem Sprengplattierverfahren sind möglich und handelsüblich. Legierungen: Zur Verbesserung der Festigkeit wird Titan mit Aluminium, Mangan, Vanadin und Zinn legiert. Legierungen mit 15–30% Mo zeichnen sich durch besonders hohe Korrosionsfestigkeit aus. Titan ist gegen feuchtes Chlor, Chloride, Salpetersäure und die meisten organischen Säuren weitgehend beständig. Weniger beständig ist Titan gegen Salzsäure; die Beständigkeit kann durch Zusatz von oxidierenden Mitteln wie Chromaten, Salpetersäure etc. verbessert werden. Auch von Schwefelsäure wird Titan angegriffen. Fluoride und Flußsäure greifen Titan an, ebenso konzentrierte und heiße Alkalien.   P.E.

Titan

°C	20			100		
	1%	10%	konz	1%	10%	konz
HCl	1	1	1	1	2–3	3
H₂SO₄	1	2	3	3	3	3
HNO₃	1	1	1	1	1–2	2
H₃PO₄	1	1–2	3	2	3	3
HF	3	3	3	3	3	3
CH₃COOH	1	1	1	1	1	1
NaOH	1	1	1	1	1–2	1–2
NH₄OH	1	1	1	1	1	1
NaCl	1	1	1	1	1	1
NH₄Cl	1	1	1	1	1	1

Gase

°C	20	200	400	600	800	1000
Luft	1	2	2	3	3	
H₂O	1	1	1	2–3	3	
Cl₂	1*–3⁺	3	3	3	3	3
	* feuchtes Chlor ⁺ trockenes Chlor					
SO₂	1	1	2	3	3	3
H₂S	1	2	2	3	3	

1: chemisch beständig Korr.-Angriff <2,4 g/m² Tag <0,1 mm/Jahr. 2: chemisch bedingt beständig bzw. verwendbar Korr.-Angriff 2,4–24 g/m² Tag (0,1–1 mm/Jahr). 3: chemisch unbeständig >24 g/m² Tag >1 mm Jahr

Tonerde-Gel (Aluminiumoxid-Gel, Alugel) Tonerde-Gel besteht aus aktivem Aluminiumoxid mit einer aktiven inneren Oberfläche von 300–380 m²/g. Die Porendurchmesser sind bei allen Typen praktisch gleich, da herstellungsmäßig keine Variationsmöglichkeiten gegeben sind. Die Leistung von Tonerde-Gel beträgt etwa nur 2/3 derjenigen vom Kieselgel. Es muß eingesetzt werden, wenn: 1. tröpfchenförmiges oder flüssiges Wasser vorhanden ist (weil es bei Benetzung nicht zerspringt). 2. Wenn alkalische Gase oder Dämpfe bzw. Ammoniak zu trocknen sind. 3. Zur Trocknung von Flüssigkeiten, die Kieselgel zerspringen lassen (ungeeignet jedoch zur Trocknung niederer Alkohole und Ketone). 4. Zur Trocknung von Gasen und Flüssigkeiten, welche Fluor-Ionen enthalten. Diese werden chemisch gebunden, wodurch die Kapazität im Laufe der Zeit sinkt. Der mit Tonerde-Gel unter Normalbedingungen erreichbare (↑) *Taupunkt* liegt bei 213 K (−60° C).

Al₂O₃ (aktiviert)	~95,0 Gew.%
Al₂O₃ (geglüht)	~99,6 Gew.%
wasserlösl. Verunreinig.	max. 0,3 Gew.%
pH	~9,3
innere Oberfläche	~380 m²/g
scheinbarer mittl. Porendurchmesser	3,0 nm
spezif. Wärme	0,83 J/g. K (0,22 Kcal/Kg.C°)
mittl. Adsorptionswärme	2900 KJ/Kg H₂O (700 Kcal/Kg H₂O)
Schüttgewicht (aktiviert)	~800 Kg/m³
Partikelgewicht	~1,3 g je cm³
wahres spez. Gewicht	~2,6 g je cm³
Porenvolumen	~0,40 cm³/g
Regenerationstemperatur	423–523 (150–250° C)

K.W.

Top-Benzin ↑ *Straight-Run-Benzin*   D.O.

Traversator-Siebmaschinen (s. Abb.). Ein rechteckiger Siebkasten ist mit einer einstellbaren Neigung von 2–10° auf Lenkern abgestützt und wird seitlich von einem Kurbelantrieb in hin- und hergehende Bewegung versetzt. Ein in diesem Siebkasten pendelnd aufgehängter Siebrahmen wird zu Kopplungsschwingungen angeregt, die durch elastische Anschläge begrenzt werden. Am Siebboden entstehen durch diese Klopfwirkung hohe Beschleunigungsspitzen, die evtl. Siebverstopfungen entgegenwirken. In Längsrichtung des Siebes sind zusätzlich Stege eingezogen. Durch ständiges Stoßen und Umwälzen des Siebgutes an diesen Stegen wird eine intensive Produktauflockerung erzielt. Die Siebverweilzeit kann durch Verändern der Neigung variiert werden. Schwingzahlen: 180–350 min^{-1} bei 40–15 mm Hub. Anwendung: Feinstsiebungen bis 30 micron von Produkten der chemischen Industrie.   H.P.D.

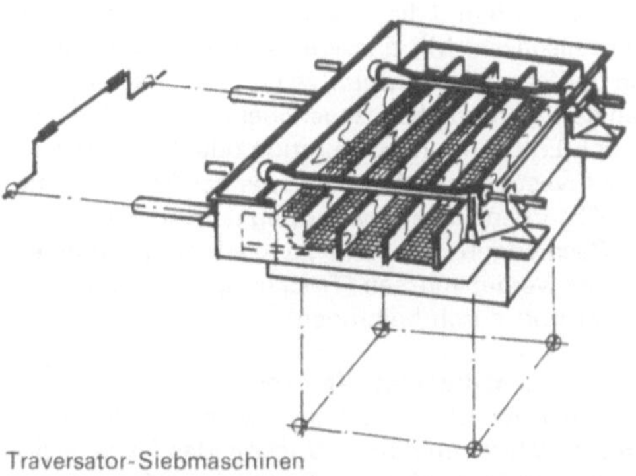
Traversator-Siebmaschinen

TRbF. Technische Regeln für brennbare (↑) *Flüssigkeiten;* Ausführungsbestimmungen zur Verordnung über brennbare Flüssigkeiten (↑ *VbF*).
Die TRbF sind wie folgt gegliedert

	001	Allgemeines, Aufbau und Anwendung der TRbF
101	201	Begriffsbestimmungen
102	202	Allgemeine Sicherheitsanforderungen
103	203	Einrichtung von Lägern
104	204	Allgemeine Bauvorschriften für Tanks
105	205	Oberirdische Tanks
106	206	Unterirdische Tanks
107	207	Tanks mit innerem Überdruck
108	–	Ortsbewegliche Tanks
109	209	Ortsbewegliche Gefäße
110	210	Tankstellen
111	211	Tanks auf Fahrzeugen
112	212	Rohrleitungen innerhalb des Werkgeländes
113	213	Betriebsvorschriften
	300	Fernleitungsrichtlinien des Bundesarbeitsministeriums
	400	Ergänzende Richtlinien des Bundesarbeitsministeriums
	500	Prüfrichtlinien des Bundesarbeitsministeriums

Die TRbF 101 bis 113 gelten für Flüssigkeiten der (↑) *Gefahrenklasse* A I, A II und B, die Nummern 201 bis 213 für A III-Flüssigkeiten. Die TRbF der 400er-Reihe behandeln Behälter aus Kunststoffen (Nr. 403, 404, 405, 406, 409, 410, 411, 412 und 413), Innenbeschichtung von Behältern (Nr. 401, 402), kathodischen Korrosionsschutz (Nr. 408) sowie Abfüllsicherungen und Sicherungen gegen Überfüllen. – Da das Betreiben chemischer Anlagen häufig mit dem Lagern brennbarer Rohstoffe, Zwischen- und Endprodukten verbunden ist, ist das Einhalten der TRbF von großer sicherheitstechnischer Bedeutung.   F.WI.

Treibmittel-Pumpen ↑ *Strahlpumpen*   W.W.

Trennkorngröße ↑ *Filtereffekt*   H.W.

TRgA. Zur Ergänzung und Erläuterung der Verordnung über gefährliche (↑) *Arbeitsstoffe* erarbeitet der Ausschuß für gefährliche Arbeitsstoffe (AgA) sog. Technische Regeln für gefährliche Arbeitsstoffe (TRgA). Sie geben den Stand der sicherheitstechnischen, arbeitsmedizinischen, hygienischen sowie arbeitswissenschaftlichen Anforderungen an gefährliche Arbeitsstoffe hinsichtlich Inverkehrbringen, Abgabe zum Verbrauch und Umgang wieder. Das technische Regelwerk für gefährliche Arbeitsstoffe ist wie folgt gegliedert

001–099	Allgemeines, Aufbau und Anwendung
100–199	Begriffsbestimmungen
200–399	Inverkehrbringen und Abgabe zum Verbrauch von gefährlichen Arbeitsstoffen
400–699	Umgang mit gefährlichen Arbeitsstoffen
700–799	Gesundheitliche Überwachung
900–999	Richtlinien und sonstige Bekanntmachungen des Bundesministers für Arbeit und Sozialordnung

Von diesen Regeln darf ohne Einschaltung der Behörde abgewichen werden, wenn mindestens ebenso wirksame andere Maßnahmen getroffen werden. Diese sind der Behörde auf Verlangen nachzuweisen (ArbStoffV, § 13, Abs. 3; C. Heymanns Verlag, Köln).   F.WI.

1.1.1.-Trichloräthan gehört zu den (↑) *chlorierten Kohlenwasserstoffen* sehr geringer Lebertoxizität. Auch sind keine Fälle des Mißbrauchs als Droge bekannt. Es empfiehlt sich daher als Ersatz für andere chlorierte Kohlenwasserstoffe, insbes. für Trichloräthylen und Tetrachlorkohlenstoff. MAK: 200 ppm = 1080 mg/m³; Berufskrankheit Nr. 1302.   F.WI.

Trichloräthylen ↑ *Tetrachloräthylen*   D.O.

Trichloräthylen wird hauptsächlich als Reinigungs- und Lösemittel verwendet. Es gehört zu den (↑) *chlorierten Kohlenwasserstoffen* mittlerer Lebertoxizität, ist aber als Suchtdroge mißbraucht worden. Neuerdings (MAK-Liste 1977 Abschnitt III B) ist es in den Verdacht krebserzeugender Wirkung geraten. Als Ersatz empfiehlt sich (↑) 1.1.1.-*Trichloräthan.* MAK: 50 ppm = 360 mg/m³, Berufskrankheit Nr. 1302.　F.WI.

Trichtermühlen. Oft gebräuchliche, jedoch unrichtige Bezeichnung für (↑) *Korundscheibenmühlen,* (↑) *Kolloidmühlen,* (↑) *Zahnringmühlen.*　H.S.

Trifluor-chloräthylen ↑ *Fluorkunststoff-Monomere*
I.S.

TRK-Wert. Abkürzung für Technische Richtkonzentration. Für einige krebserregende und erbgutverändernde Arbeitsstoffe können (↑) *MAK-Werte* nicht festgesetzt werden, weil die Wirkungen erst nach Jahren, Jahrzehnten oder erst in künftigen Generationen auftreten und wiederholte kleine Dosen zu einer Summierung führen können. Der TRK-Wert ist diejenige Konzentration eines Arbeitsstoffes als Gas, Dampf oder Schwebstoff in der Luft am Arbeitsplatz, die derzeit als Anhalt für die zu treffenden Schutzmaßnahmen zu betrachten ist. Auch bei Einhaltung des TRK-Werts ist eine Gefährdung der Gesundheit nicht völlig auszuschließen. Bisher sind TRK-Werte für Asbest, Benzol und Vinylchlorid im Anhang 5 zu den Unfallverhütungsvorschriften der Berufsgenossenschaft der chemischen Industrie bekanntgegeben worden (↑ *Richtkonzentration,* technische).　H.V.

Trockentürme ↑ *Sprühtrocknen*　U.L.

Trocknen, adsorptives ↑ *Trocknen von Gasen* K.S.

Trocknen, absorptives. Der Trocknungsvorgang beruht auf der Absorption des Wasserdampfes aus einem feuchten Gas durch ein Trocknungsmittel (Absorbens) mit nachfolgender Hydratation oder chemischer Umsetzung. Die absorptive Trocknung ist mit flüssigen und festen Trocknungsmitteln möglich. Zu den flüssigen Absorbentien gehören Glykole (Diäthylenglykol, Triäthylenglykol), Salzlösungen und anorganische Säuren, zu den festen granulierter Harnstoff, Phosphorpentoxid, Calciumsulfat, Calciumchlorid, Magnesiumperchlorat. Die Abb. zeigt das Schema einer Gastrocknungsanlage mit festem Absorbens. Das Trocknungsmittel absorbiert Wasser, löst sich und wird als wässrige Lösung entfernt. Zu den Vorteilen dieser Bauart gehören die geringen Investitions- und Betriebskosten, die einfache Handhabung und die große Zuverlässigkeit. Je nach Trocknungsmittel können (↑) *Taupunkte* zwischen 0 °C und −100° C erreicht werden. Hauptanwendungsgebiet ist die Trocknung von Instrumentenluft und die Beseitigung von Restfeuchte aus Prozessgasen. Mit flüssigen Absorbentien lassen sich in der Regel (↑) *Taupunkte* bis −20° C erreichen. Wegen der erforderlichen Regenerierung des Lösemittels durch Entspannungsdesorption oder Strippen liegen die Investitionskosten höher als bei Bauarten mit festem Absorbens. Die Anwendung ist sinnvoll, wenn große Gasmengen auf nicht zu niedrige Taupunkte getrocknet werden müssen (Trocknung von Erdgas vor dem Transport durch Leitungen).　K.S.

Trocknen, destillatives. Trocknung mittels (↑) *Destillation* beruht auf dem unterschiedlichen Siedeverhalten von Wasser und der zu trocknenden Flüssigkeit. Wasserhaltige Flüssigkeiten, die ideales oder nahezu ideales Mischverhalten zeigen, können mit Hilfe der gewöhnlichen Destillation getrocknet werden. Liegt

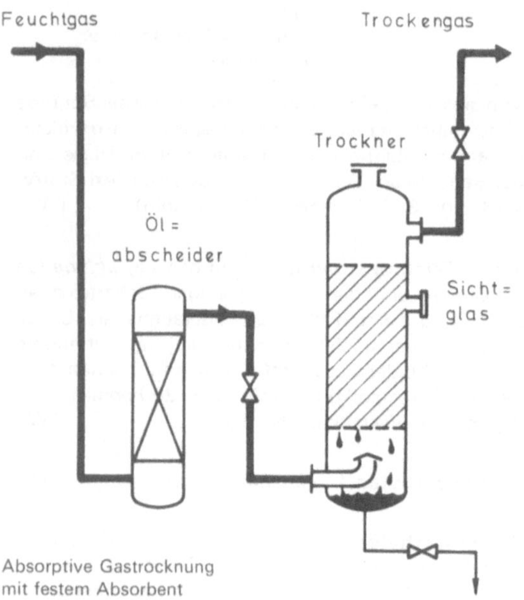

Absorptive Gastrocknung
mit festem Absorbent

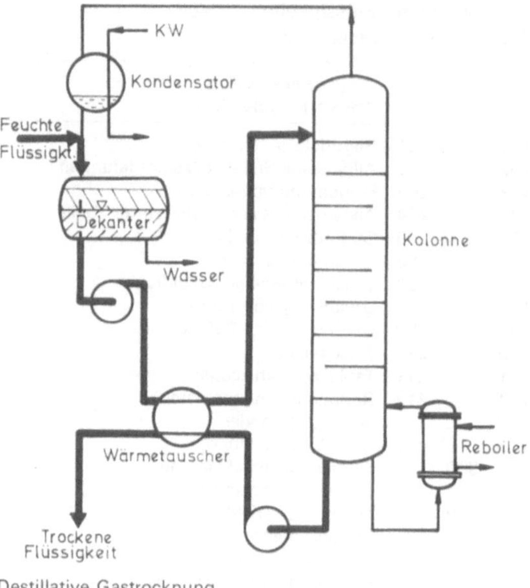

Destillative Gastrocknung

ein Gemisch mit azeotropem Punkt vor, so kann durch Zugabe von Extraktionsmitteln mittels extraktiver Destillation das Wasser entzogen werden. Die Trocknung von höhersiedenden organischen Flüssigkeiten, die oft mit Wasser nicht mischbar sind und Tiefsiedazeotrope bilden, gelingt in einem aus Destillationskolonne und Absetzbehälter (Dekanter) bestehendem System (s. Abb.). Das wasserreiche Einsatzgemisch wird in einem Absetzbehälter gemäß der Löslichkeit in Wasser und organischer Phase aufgeteilt. Die zu trocknende organische Phase wird der Destillationskolonne zugeführt. Das trockene Produkt (erreichbarer Wassergehalt 1 ppm) wird dem Sumpf der Kolonne entnommen. Das wasserreiche Destillat vom Kopf der Kolonne geht nach Kondensation in den Absetzbehälter zurück. In der Praxis werden Kolonnen mit 10–50 effektiven Stufen gebaut; der Gesamtwirkungsgrad liegt bei ca. 5%. Hauptanwendungsgebiete sind Trocknung und Entwachsung von Lösemitteln, Benzin und Benzol.

K.S.

Trocknen durch Kühlung und Kondensation. Bei Abkühlung eines feuchten Gases unter den Taupunkt kondensiert Wasser, das dem Gas entzogen werden kann. Das einfachste und wirtschaftlichste Verfahren ist die Kompression mit nachfolgender Kühlung durch Kühlwasser. Die erzielten (↑) *Taupunkte* liegen aller-

dings über 0° C. (Trocknung von Kokereigasen, Windkanalluft, Luft für Klimaanlagen, Instrumentenluft in klimatisch milden Zonen). Sind niedrigere Taupunkte erforderlich, so muß die Kühlung mit Hilfe von Kältemitteln durchgeführt werden. Die Abb. zeigt das Sche-

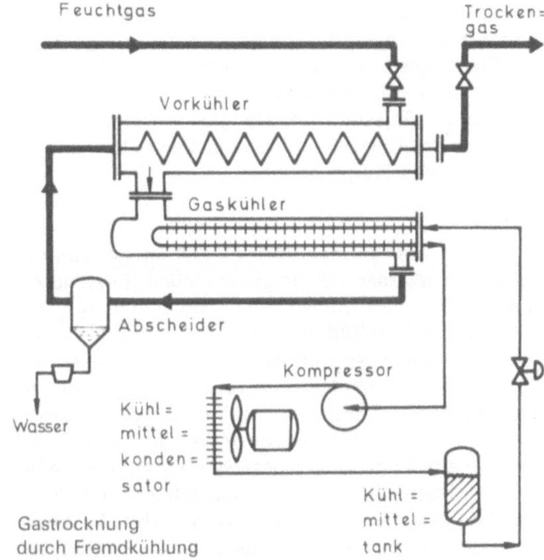

Trocknen mit Adsorptionsmitteln

	Kieselgel E	Tonerdegel	Molekularsiebe 0,3 nm	0,4 nm	Bem.
Kohlenwasserstoffe	+ +	+ (+ +)	+ +	+ +	— — —
Haologen-kohlenwasserstoffe	+ +	+	+ +	+ +	— — —
Ester	+	+	+ +	+ +	— — —
niedere Alkohole	–	–	+	+	bis C_4
höhere Alkohole	+	+	+	+ +	ab C_5
H_2S	+ +	+	+	+	— — —
SO_2	+ +	–	+ +	+	CO-Adsorption
CO_2	+ +	+ +	+ +	+ +	Kieselgel + Tonerdegel bis ~10 bar
Ammoniak	–	+ +	+	+	— — —
Halogenwasserstoffsäuren	–	–	–	–	LiCl, USP 3019
Halogene	+	–	–	–	Mordenit
Äther	+ +	+ +	+ +	+ +	— — —
Ketone	–	–	+ +	+ +	>bis 6 C-Atome
Ketone	+ +	+ +	+ +	+ +	>6 C-Atome
Luft, Gase	+ +	+	+	+ +	statisch: Bentonit + +

K.W.

ma einer Gastrocknungsanlage mit Kältemittelkreislauf. Die Installation des Vorkühlers ist nur für größere Einheiten wirtschaftlich (Trocknung von Instrumentenluft und Luft für Luftverflüssigungs- und -zerlegungsanlagen). Wegen der beim Versprühen einer Flüssigkeit in Gasen erzielbaren großen Stoff- und Wärmeaustauschflächen werden Prozessgase oft durch Abschrecken (Quenchen) gekühlt und getrocknet. Die eingesprühte Quenchflüssigkeit wird im Kreis geführt und vor dem jeweiligen Wiedereinsprühen gekühlt. Als Flüssigkeiten kommen erwünschte Bestandteile des Gases oder Flüssigkeiten mit niedrigem Dampfdruck in Frage.   K.S.

Trocknen von Flüssigkeiten. Ziel ist die Abtrennung von Wasser als unerwünschtem Bestandteil. Wasser in Prozeßströmen oder Kältemitteln führt zu Vereisung und zur Bildung von festen Hydraten (Verlegung von Leitungen und Armaturen; Korrosion). Bei vielen Verfahren (Polymerisationsprozessen, Kohlenwasserstoffreformierung in (↑) *Raffinerien*, (↑) *Alkylierungsprozessen*, Herstellung von Estern, Äthern und Ketonen aus Alkoholen) müssen die Einsatzströme bis auf Wassergehalte im ppm-Bereich getrocknet werden, um Katalysatoraktivität, Selektivität oder Ausbeute nicht zu beeinträchtigen. In diesen Anwendungsbereich fallen weiter die Trocknung von flüssigen Lebensmitteln und die Konzentration von Antibiotika und Blutplasma (Erhaltung der Geschmackstoffe und Proteine, Erhöhung der Haltbarkeit, Verringerung der Transportkosten), sowie einige Sonderverfahren (Trocknung von technischen Ölen, Verhinderung von Trübung in organischen Flüssigkeiten). Die Auswahl des Trocknungsverfahrens hängt von der zu entfernenden Wassermenge, dem geforderten Trockengrad und dem Löslichkeitsverhalten des Wassers in der zu trocknenden Flüssigkeit ab. Die grundlegenden Verfahren sind: (↑)*Trocknen, adsorptives, Trocknen destillatives* und (↑) *Gefriertrocknen*.   K.S.

Trocknen von Fluiden. Unter Trocknung versteht man allgemein das Entfernen von Flüssigkeit aus einem Gut durch Verdunsten oder Verdampfen, wozu in der Regel dem System Wärme zugeführt werden muß. Für das Trocknen von (↑) *Gasen* und von (↑) *Flüssigkeiten* wird der Begriff des Trocknens dagegen ausschließlich auf das Entfernen von Feuchtigkeit bzw. Wasser aus dem jeweiligen Fluid angewendet. Feuchtigkeit oder Wasser können in Prozeßströmen Ursache für die Bildung von Eis und festen Hydraten sein und zum Verlegen von Leitungen und Armaturen führen. Wasser verursacht Korrosion und kann Katalysatoraktivität und Ausbeute beeinträchtigen sowie zu unerwünschten Nebenreaktionen führen. Für die Trocknung von Fluiden werden im Wesentlichen dem Bereich der thermischen Verfahrenstechnik zuzuordnende Methoden wie (↑) *Sorption*, (↑) *Kondensation* bzw. (↑) *Sublimation* und (↑) *Destillation* verwendet.   K.S.

Trocknen von Gasen Ziel ist die Abtrennung von Wasserdampf. Wasserdampf kann in Prozessgasströmen als Katalysatorgift wirken und Nebenreaktionen beschleunigen. Oft könnten sich auch Wasser oder Eis bilden und Armaturen, Ventile oder Leitungen verlegen. Alle kryogenen Prozesse (Luftzerlegung, Erdgasverflüssigung, Heliumextraktion) fordern einen niedrigen (↑) *Taupunkt* und damit einen hohen Trockengrad der eingesetzten Gase. Für die Abtrennung von Wasserdampf aus Gasen haben sich drei Methoden bewährt: (↑) *Trocknen durch Kühlung* und (↑) *Kondensation*. (↑) *Trocknen, absortives* und (↑) *Trocknen, adsorptives*.   K.S.

Trocknung. Die Trocknung ist ein Teilgebiet der Stofftrennung, im engeren Sinne die Trennung einer Flüssigkeit von einem Feststoff durch Verdampfen der Flüssigkeit. Bei der Flüssigkeit handelt es sich meist um Wasser. Da die Bindung der Flüssigkeit an den Feststoff, dessen thermische Empfindlichkeit und die Feststoff-Flüssigkeitsverteilung sehr verschieden sein können, sind die technischen Verfahren vielfältig. Wichtig für Auswahl und Auslegung eines Trocknungsprozesses ist die ohne Produktschädigung maximal mögliche Trocknungsgeschwindigkeit. Sie hängt ab von:

der Trocknungstemperatur
der Korngröße des Feststoffes
den Stofftransportbedingungen der Flüssigkeit (bzw. ihres Dampfes) im Feststoff
den Stoff und Wärmeübergangsverhältnissen Feststoff / Trocknungsgas.

Die technischen Trocknungsprozesse lassen sich nach der Trockenzeit einteilen:

1. *Kurzzeittrockner* (z. B.(↑) *Stromtrockner, Zerstäubungstrockner*) mit Trockenzeiten in der Größenordnung von einigen Sekunden.

2. *Langzeittrockner* (z. B. (↑) *Schachttrockner, Taumeltrockner, Schranktrockner, Schaufeltrockner, Walzentrockner, Bandtrockner, Tellertrockner, Festbett-Trockner*) mit Trockenzeiten in der Größenordnung von Stunden. Eine Unterteilung nach der Art der Wärmeübertragung ist ebenfalls gebräuchlich

Konvektiontrockner
Kontakttrockner
Strahlungstrockner
Trockner mit kapazitiver Erwärmung u. s. w.

Der bei gegebenen thermodynamischen Bedingungen (Temperatur, Partialdruck der zu verdampfenden Flüssigkeit über dem Feststoff) maximal erreichbare Trocknungsgrad [= Gleichgewichtsfeuchte] lässt sich aus den Sorptionsisothermen ermitteln.   D.ST.

Trommelfilter (↑ *Filterapparate*). Man unterscheidet 1. Druck-Trommelfilter (Druck-Drehfilter), rotierende, mit Filtermitteln bespannte, in Zellen aufgeteilte Trommeln in einem druckfesten Gehäuse zur kontinuierlichen Feststoffabtrennung (↑ *Scheidefiltration*). Auswaschen und Entwässerung geschehen mit Überdruck. Der Flüssigkeitsablauf erfolgt aus der Trommelachse, der Feststoffaustrag im drucklosen Teil durch Rückstoß und Schaber. 2. Vakuum-Trommelfilter (zellenlose) dienen zur kontinuierlichen Filtration von Trüben zur Feststoffgewinnung (↑ *Scheidefiltration*) (ohne Kuchenwäsche) oder zur (↑) *Feinfiltration* über dicken Vorbelag von (↑) *Filterhilfsmitteln*. Eine im Innern nicht aufgeteilte, unter Vakuum stehende, mit Siebgewebe belegte Trommel rotiert in einem die Trübe enthaltenden Trog. Der auf die Trommelaußenfläche angezogene Filterrückstand wird im herausragenden Trommelteil durch einströmende Luft entwässert und mit einem Schaber abgenommen (Precoat).   H.W.

Trommelschichtenfilter ↑ *Horizontalplattenfilter, Filterapparate*   H.W.

Trommelsieb, rotierend, mit Luftstrahl (s. Abb.). Speziell für Trennungen im Feinstkorngebiet wird ein Trommelsieb verwendet, das nach dem Luftstrahlprinzip arbeitet. Eine leicht geneigte, mit Hubschaufeln ausgerüstete, rotierende Siebtrommel bewirkt Umwälzen und Transport des Siebproduktes. Durch eine außerhalb der Trommel fest installierte Schlitzdüse wird ein Gas- oder Luftstrahl durch die Siebmaschen geblasen. Ein Verstopfen des Siebes wird hierdurch verhindert. Das Feingut wird mit dem umkehrenden Luftstrom durch den Siebboden gefördert. Dem Feingutrichter muß ein Staubabscheider (Filter) mit Ventilator nachgeschaltet werden. Das Grobgut wird über Schleusen ausgetragen. Gebräuchlich: Trommel-$\varnothing$: 320 mm, Trommellänge: 1000 mm, Trommeldrehzahl: 50 min^{-1}. Anwendung: Feinstsiebungen (300–40 micron) von Produkten der chemischen-, pharmazeutischen- und Lebensmittelindustrie.   H.P.D.

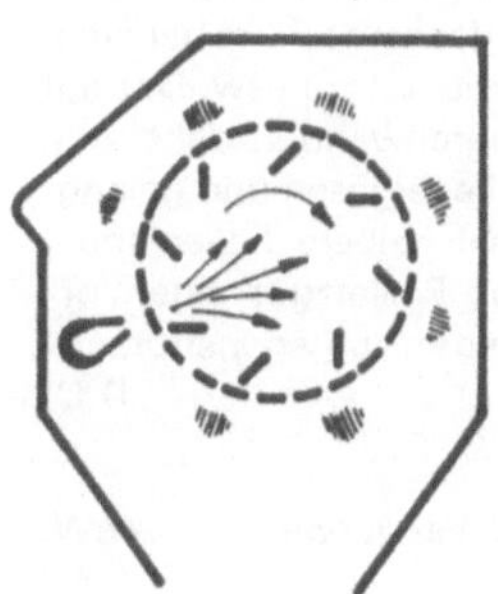
Trommelsiebe,
rotierende, mit Luftstrahl

Trommelsieb mit rotierenden Wirbelleisten (s. Abb.). Einer feststehenden, horizontal angeordneten Siebtrommel (Siebkorb) wird über eine kurze Förderschnecke das Produkt zugeführt. Die Schnecke soll den Produktstrom vergleichmäßigen und das Produkt aufwirbeln. Das Produkt wird von den auf der verlängerten Schneckenwelle befestigten Wirbelleisten, auch

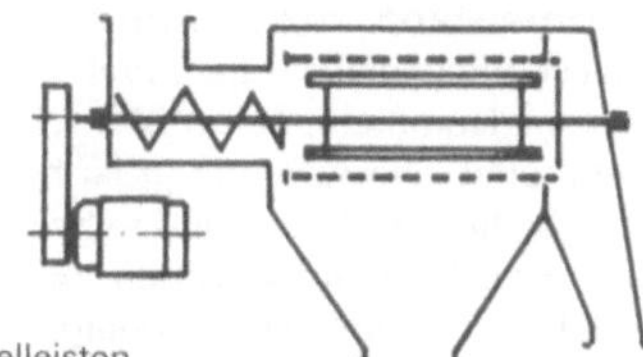
Trommelsiebe
mit rotierenden Wirbelleisten

Schlagleisten genannt, gegen das Siebgewebe bewegt. Damit wird ein aufwirbelnder, passierender und fördernder Effekt erzielt. Der vom Schlägerwerk erzeugte Luftstrom unterstützt die Siebung. Die Siebtrommel wird bevorzugt elastisch aufgehängt. Die Drehzahl der Wirbelleisten ist abhängig vom Produkt und von Trommeldurchmesser. Gebräuchlich: Trommel-$\varnothing$: 150–500 mm, Trommellänge: 300–1000 mm, Drehzahlen: 1000–350 min^{-1}, Antriebsleistung: 0,25–5,5 kW. Anwendung: Kontroll- und Schutzsiebungen (Fremdkörper abscheiden) von staubartigen, pulverförmigen bis körnigen Produkten. Produktauflockerung. Naßsiebung (mit ansteigendem Siebkorb).   H.P.D.

Trommelsieb mit rotierenden Wirbelleisten und Vibrationsbewegung (s. Abb.). Bei dieser Art Trommelsieb wird ein feststehender Siebzylinder mit innen umlaufenden Wirbelleisten zusätzlich zu Schwingungen angeregt, um Siebmaschenverstopfungen zu verhindern. Die Schwingung kann erzeugt werden: a) durch beidseitig exzentrische Lagerung der Welle an den Stirnseiten des Siebzylinders mit umlaufenden Gegengewichten zum Massenausgleich, b) durch Unwuchtgewichte auf der Wirbelleistenwelle, c) durch zusätzliche Rotations- oder Linear-Schwingungserreger am Gehäuse des Siebzylinders. Während bei den erstgenannten Ausführungen Wirbelleisten und Zusatzschwingung gleiche Winkelgeschwindigkeit haben, arbeitet man im Fall c) mit Vibratoren, deren Frequenz 5–20 mal über der Drehzahl der Wirbelleisten liegt. Stets ist die Siebtrommel gegenüber dem Maschinengehäuse schwingungsisoliert gelagert. Gebräuchlich: Trommel-$\varnothing$: 300–700 mm, Trommel-Länge: 600–1500 mm, Trommel-Drehzahl: 750–130 min^{-1}, Antriebsleistung: 2,2–10 kW. Anwendung: Siebung schwer siebbarer Produkte der Kunststoff- und der Lebensmittelindustrie im Fein- und Feinstbereich (3,0 mm bis 80 micron).   H.P.D.

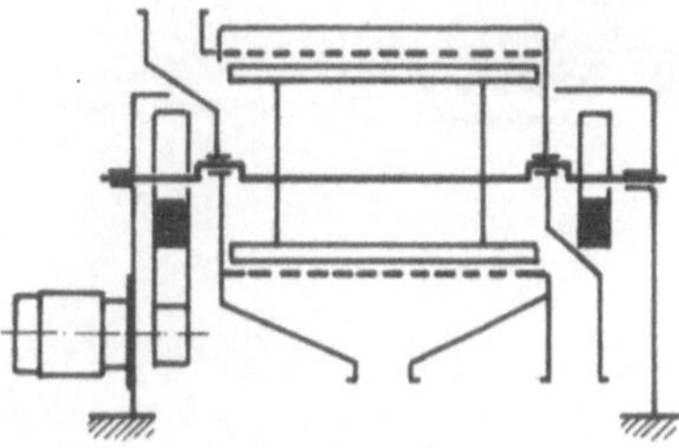
Trommelsiebe mit rotierenden Wirbelleisten und Vibrationsbewegung

Trommelsiebe, rotierende (s. Abb.). Sie bestehen im wesentlichen aus rotierenden konischen oder zylindrischen Trommeln, deren Mäntel mit Siebböden bespannt sind. Die Anordnung ist horizontal oder leicht geneigt; die Maschinen sind teilweise mit innenliegender Führungsspirale versehen zur Unterstützung des Produkttransportes. Durch geeignete Wahl der Trommeldrehzahl wird ein fortwährendes Umwälzen und Transportieren des Siebgutes erreicht. Klassieren in mehrere Fraktionen ist durch Hintereinanderschalten verschieden großer Siebmaschenweiten möglich. Trommelsiebe werden mit beidseitiger oder auch mit einseitiger (fliegender) Lagerung gebaut. Zur Reinigung der Siebmaschen sind am Außenmantel mitlaufende Bürstenwalzen sowie auch Druckluftspülung bekannt. Gebräuchlich: Trommeldurchmesser: 600–5000 mm, Trommeldrehzahl: 20–4 min^{-1}, Antriebsleistung: 0,5–11 kW. Anwendung: Einfache Siebungen (trocken und naß) zwischen 5 und 50 mm, Kontrollsiebungen von Getreideprodukten sowie von Kunststoffgranulaten.   H.P.D.

Trommelsiebe, rotierende

Trommelsiebe, rotierende, mit Vibrationsbewegung (s. Abb.) stellen eine Kombination zwischen Trommelsieb und Vibrationssieb dar. Eine sechseckige Siebtrommel, leicht geneigt angeordnet, wird relativ langsam gedreht. In der Trommelachse liegt eine Exzenterwelle, die außerhalb in einem schwingungsisolierten Rahmen gelagert ist. Die Exzenterwelle wird separat mit relativ hoher Drehzahl angetrieben, so daß sich der normalen Trommeldrehung eine belastungsunabhängige Kreisschwingung überlagert. Die durch die Schwingbewegung auftretenden Massenkräfte werden durch Gegenmassen ausgeglichen. Gebräuchlich: Trommeldurchmesser: 1,8 m, Trommellänge: 3 m, Trommeldrehzahl: 5 min^{-1}, Schwingzahl: 1000 min^{-1}

Trommelsiebe, rotierende,
mit Vibrationsbewegung

bei 9 mm Hub. Anwendung: Siebungen im Mittel- und Feinbereich (spez. Steinkohlenvorklassierung).

H.P.D.

Trommelzellenfilter (↑ *Filterapparate*) dienen zur kontinuierlichen (↑) *Scheidefiltration* mit Feststoff-Auswaschung und -Entwässerung. Durch eine in Zellen aufgeteilte unter Vakuum stehende Trommel wird der Feststoff der Trübe auf ein endlos umlaufendes Filtertuch abgeschieden. Saug- und Waschzonen außerhalb des Trübebehälters sorgen für Spülung und Entwässerung. Die Filterkuchenabnahme geschieht durch Schnüre, Abnahmewalzen oder durch Umlenkrollen.   H.W.

Tropfengröße, kritische. Selbst wenn Vorkehrungen für die Abscheidung von Flüssigkeit aus dem Brüdendampf (↑ *Flüssigkeitsabscheider*) eines Verdampfers getroffen werden, ist der im Brüdenraum strömende Dampf, abhängig von seiner Geschwindigkeit, in der Lage, Tropfen unterhalb einer kritischen Größe mitzureißen. Es ist deshalb darauf zu achten, daß der Brüdenraum genügend groß dimensioniert ist, damit eine kleine Strömungsgeschwindigkeit (kleiner kritischer Tropfendurchmesser) eingehalten werden kann.   F.W.

Trübe nennt man die zu filtrierende Flüssigkeit, gekennzeichnet durch einen mehr oder weniger hohen Feststoffgehalt, die durch Filtration in das Dispersionsmittel (↑ *Filtrat*) und in die disperse Phase (↑ *Filterrückstand*) getrennt werden kann. Bei der (↑) *Hyperfiltration* und (↑) *Ultrafiltration* ist der Ausdruck Rohlösung gebräuchlicher. Die Angabe des Feststoffgehaltes erfolgt in g trockener Feststoff pro l Trübe oder in Gew.-%.   H.W.

Tunnelofen, auch Kanalofen genannt, wird hauptsächlich für Brenngut benutzt, das seine Form behalten soll, z. B. Keramikwaren, brikettierte Erze usw. Das auf Wagen gestapelte Brenngut durchwandert dabei den Kessel im Gegenstrom zu den Feuergasen und gelangt während des Fahrens in immer heißere Feuerzonen. Nach dem Brand passiert das Einsatzgut eine Vorwärmzone, in der es seine Wärme an entgegenströmende Luft abgibt.   D.O.

Turbo- Verdichter ↑ *Kreisel-Verdichter*   W.W.

Überlaufzentrifugen sind (↑) *Vollmantelzentrifugen* mit Überlauftrommeln, die sich zum Klären von Flüssigkeiten von rasch sedimentierenden Feststoffen eignen und sowohl in horizontaler wie vertikaler (s. Abb.) Bauweise zu finden sind. Bei voller Drehzahl wird das Produkt kontinuierlich zugeführt und durch den Spalt zwischen Grundring und Trommelboden unter dem eingestellten Flüssigkeitsspiegel in den Sedimentationsraum geleitet. Auf der Länge der Trommelhöhe sedimentiert der Feststoff, während die geklärte Flüssigkeit am Trommeloberteil überläuft.

W.W.

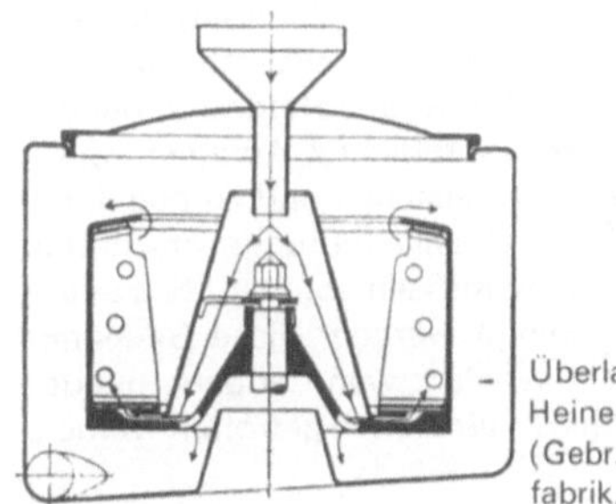

Überlauftrommel der Heine-Universal-Zentrifuge (Gebr. Heine, Zentrifugenfabrik, Viersen/Rhld.)

Überspannung. Man versteht darunter die Differenz zwischen dem Potential einer stromdurchflossenen Elektrode und ihrem Gleichgewichtspotential bei Stromlosigkeit. Die Überspannung ist demnach stromdichteabhängig. Sie kann verursacht werden durch Hemmung a) der Elektrodenreaktion (Durchtritts-Überspannung), b) des Stoffübergangs zu oder von der Elektrode (Diffusions-Überspannung), durch c) vorgelagerte chemische Reaktionen (Reaktions-Überspannung) und d) Kristallbildung (Kristallisations Überspannung).

H.V.

Überwurfmutter ↑ *Schraubverbindungen* von Rohren

W.W.

Ultra-Turrax. Ein Gerät zur chargenweisen (↑) *Dispergierung* hoch- und niedrigviskoser Stoffe, bei dem Rotor und Stator an einem längeren Schaft befestigt sind, um das Eintauchen in Behälter zu ermöglichen (s. Abb.). Rotor und Statorscheibe sind mit vielen Spalten bzw. Schlitzen versehen, in denen durch ein mechanisch erzeugtes Hochfrequenzfeld die gewünschte Zerkleinerung eintritt. Die starke Saugwirkung des Gerätes führt zum Umpumpen der Masse im Behälter.

H.S.

Ultrafiltration (Molekularfiltration) ist ein Verfahren der (↑) *Membrantrenntechnik* im Trennbereich ~ 0,1

µm bis 0,001 µm, bzw. für Makromoleküle (> 1000– ~ 2 Mio Molekulargewicht). Filtermittel sind symmetrische oder asymmetrische Porenmembranen, die Membran-Anordnung geschieht in (↑) *Moduln*. Ultrafilter werden nur noch im Laborbereich als statisch filtrierendes (↑) *Einschichtenfilter* benutzt (meist als Rührzelle). Die derzeitig mögliche Anlagengröße liegt bei 50–100 m² Filterfläche bzw. 500 m³/d Ultrafiltrat. Bei der Ultrafiltration diskriminiert die Membran weitgehend nach Partikelgröße und -Form, entsprechend ihrem mittleren Porendurchmesser; Filtrationsdruck: 1 bis 10 bar Überdruck. Die spezif. Filtriergeschwindigkeit ist mit fallender Trenngrenze (cut-off) abnehmend: 0,5 bis 30 $m^3 \cdot m^{-2} \cdot d^{-1}$ bei 2 bar Differenzdruck. Im Vergleich zur Filtration fällt bei der Ultrafiltration neben dem Ultrafiltrat noch ein Konzentrat an. Der mögliche Konzentrierungsfaktor reicht bis 60%. Die Konzentrate sind weitgehend frei von Salzen und niedermolekularen Stoffen. Anwendung: Konzentrieren (z.B. Molkeproteine, Fermentationsprodukte, Waschenzyme), dezentrales Rückgewinnen von Wertstoffen (z.B. aus Abwässern, Farbpigmente, Hefe, Stärke, nicht ionogene Netzmittel), Stoffrückführung (z.B. Schlichte, Elektrotauchlackdispersionen), Reinigung (z.B. Abwässer von toxischen, biolog., nicht abbaubaren höher molekularen Inhaltsstoffen, von Blut durch Hämodialyse, Entpyrogenisierung von Arzneilösungen). Ultrafiltration ist ein umweltfreundliches, energiesparendes Verfahren.

E.A.Sch.

Umkehrosmose ↑ *Hyperfiltration*

H.W.

Umlaufkolben-Pumpen sind Verdränger-Pumpen, bei denen das Ansaugen und Fördern des Mediums mit Hilfe von Kolben, Rotoren oder Schiebern bewerkstel-

Ultra-Turrax-Rotor und -Stator (Werkfoto Janke & Kunkel KG)

ligt wird. Sie besitzen eine oder zwei Wellen, also einen oder zwei Umlaufkolben. Zu den einwelligen Pumpen zählen: (↑) *Sperrschieber-Pumpen, Drehschieber-Pumpen* (Zellen-Pumpen), (↑) *Flügel-Pumpen, Schlauch-Pumpen* und die (↑) *Flüssigkeitsringpumpen.* Zweiwellige Pumpen sind: (↑) *Kreiskolbenpumpen, Zahnradpumpen* und die (↑) *Wälzkolben-* oder Roots-Pumpen. W.W.

Umlaufkolben-Verdichter (Drehkolben-Verdichter, Rotations-Verdichter sind Verdrängermaschinen, in denen das Gas mit Hilfe von Kolben angesaugt und anschließend verdichtet wird. Sie haben gegenüber den Kolben-Verdichtern folgende Vorteile: direkte Kupplung mit der Antriebsmaschine infolge der hohen Drehzahl, kleinere Abmessungen, gleichmäßiger Förderstrom. Nachteile sind die hohen Reibungsverluste und die geringere Kühlungsmöglichkeit. Zu den Umlaufkolben-Verdichtern zählen die Zellen-Verdichter, Schrauben-Verdichter und Flüssigkeitsring-Verdichter (↑ *Gebläse*). – Beim *Zellen-Verdichter* dreht sich in

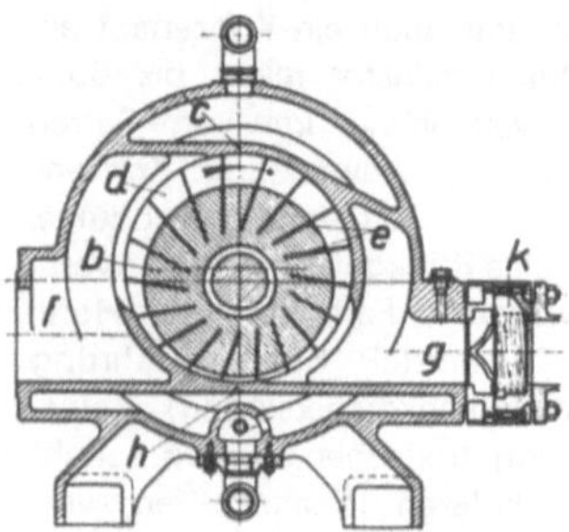

Rotations-Verdichter
(Klein, Schanzlin &
Becker AG,
Frankenthal/Pfalz)

einem zylindrischen Gehäuse (c) ein mit Schlitzen versehener, exentrisch gelagerter Rotor (b). In den Schlitzen gleiten die Schieber (e) entlang der Gehäusewand, sie teilen den sichelförmigen Raum in einzelne Zellen (d) auf. Die Luft wird durch den Eintrittskanal (f) angesaugt, in den Zellen durch Drehen des Kolbens (Verkleinerung des Zellenvolumens) verdichtet und durch den Druckstutzen (g) ausgestoßen. Der Abschluß der Druckseite im unteren toten Punkt (h) wird durch den Kolben und die um wenige hundertstel Millimeter herausragenden Schieber bewirkt, die ein Überströmen in den Saugkanal und einen Druckabfall verhindern. Das Rückschlagventil (k) verhindert bei Stillstand ein Zurückströmen des verdichteten Gases aus der Druckleitung. Gebaut werden Zellen-Verdichter für Förderströme bis 6300 m³/h, erreicht werden Enddrücke bis 4 bar bei einstufiger, bzw. 8 bar bei zweistufiger Ausführung. – Beim (↑)*Schrauben-Verdichter* wälzt sich ein schrägverzahntes Rotorpaar, das mittels eines Gleichlaufgetriebes synchronisiert ist, berührungsfrei im Arbeitsraum. Das gasförmige Medium strömt in die Läuferlücken ein, die Verdichtung, hervorgerufen durch das Drehen der Schrauben, ist gleichmäßig, die erzeugte Druckluft daher impulsationsfrei (s. Abb.). Die Verdichter laufen mit sehr hoher Drehzahl und bewältigen Förderströme von 300–

40 000 m³/h. Sie liefern ölfreie Druckluft (Trockenlauf-Verdichter). – Schrauben-Verdichter sind zum Verdichten verschiedener Gase geeignet. Sie sind unempfindlich gegen Schmutz und haben einen „Selbstreinigungseffekt." Es können große Mengen Flüssigkeiten (Wasser oder Öle) in den Verdichtungsraum eingespritzt werden, daher verwendbar zur Verdichtung empfindlicher Gase (Petrochemie), bei denen die Verdichtungstemperatur wegen Explosionsgefahr begrenzt ist. W.W.

Umlaufpumpe ↑ *Verdampfer mit erzwungenem Umlauf, Schleifenreaktor* F.W.

Umlaufverdampfer ↑ *Verdampfer mit natürlichem Umlauf,* Verdampfer mit erzwungenem Umlauf. F.W.

Unfallverhütungsvorschriften (UVVen) werden von den Berufsgenossenschaften erlassen und vom Bundesminister für Arbeit und Sozialordnung genehmigt. Der Unternehmer ist verpflichtet, Anlagen, Apparate und Maschinen so zu erstellen und zu betreiben, daß sie den jeweiligen Unfallverhütungsvorschriften entsprechen. Ausnahmen müssen von der (↑) *Berufsgenossenschaft* genehmigt werden; diese Genehmigung kann nur erteilt werden, wenn andere, mindestens ebenso wirksame Maßnahmen getroffen werden.

Unfallverhütungsvorschriften der Berufsgenossenschaft der Chemischen Industrie

Abschnitt	VBG-Nr.	Bezeichnung der Vorschrift	Gültig ab
1	1	Allgemeine Vorschriften	1. 4. 1977
1.1	74	Leitern und Tritte	1. 10. 1970
1.2	112	Silos und Bunker	1. 10. 1971
1.3		Zahl der Sicherheitsbeauftragten	1. 10. 1965
2	119	Schutz gegen gesundheitsgefährlichen mineralischen Staub	1. 4. 1973
3	3	Kohlenstaubanlsgen	1. 3. 1958
4	4	Elektrische Anlagen und Betriebsmittel	27. 7. 1962
5	5	Kraftmaschinen	1. 4. 1934
6	6	Triebwerke (Transmissionen)	1. 4. 1934
7 a	7 a	Arbeitsmaschinen, Allgemeines	1. 4. 1934

Abschnitt	VBG-Nr.	Bezeichnung der Vorschrift	Gültig ab
7 b	7 n	Arbeitsmaschinen, Metallbearbeitung: Hämmer, Bohrmaschinen, Drehbänke, Sägen, Fräsen	1. 4. 1934
7 b 2	7 n 2	Arbeitsmaschinen, Metallbearbeitung: Scheren	1. 7. 1954
7 b 5.1	7 n 5.1	Arbeitsmaschinen, Metallbearbeitung: Exzenter- und verwandte Pressen in der Fassung vom 1. 4. 1975	1. 3. 1958
7 b 5.2	7 n 5.2	Arbeitsmaschinen, Metallbearbeitung: Hydraulische Pressen	1. 4. 1961
7 b 5.3	7 n 5.3	Arbeitsmaschinen, Metallbearbeitung: Spindelpressen	1. 4. 1961
7 b 6	7 n 6	Arbeitsmaschinen, Metallbearbeitung: Schleifkörper, Pließt- und Polierscheiben, Schleif- und Poliermaschinen, mit den Nachträgen vom 1. 3. 1959 und 1. 10. 1975	1. 7. 1954
7 c	7 j	Arbeitsmaschinen, Maschinen und Anlagen zur Be- und Verarbeitung von Holz und ähnlichen Werkstoffen	1. 4. 1977
7 e	7 i	Arbeitsmaschinen, Druck	1. 10. 1964
7 f	7 z	Arbeitsmaschinen, Schleudermaschinen (Zentrifugen und Separatoren)	1. 10. 1971
7 g	7 b, y	Arbeitsmaschinen, Wäschereimaschinen	1. 4. 1934
7 h	7 a, b	Sonstige Arbeitsmaschinen	1. 4. 1934
7 i	7 a, c	Arbeitsmaschinen, Spritzgießmaschinen in der Fassung vom 1. 10. 1972	1. 10. 1956
7 k	7 t 1	Schleifkörper und Schleifmaschinen	1. 4. 1967
8	8	Hebezeuge in der Fassung vom 1. 12. 1974	1. 4. 1934
8 a	8 a	Winden	1. 3. 1956
8 b	9	Krane	1. 12. 1974
10	10	Stetigförderer	1. 4. 1977
11 a	11 a	Eisenbahnen	1. 10. 1968
11 b	11 d	Materialbahnen	1. 12. 1974
12	12	Fahrzeuge	1. 10. 1943
12 a	12 a	Flurförderzeuge in der Fassung vom 1. 4. 1973	1. 4. 1957
13	121	Lärm	1. 12. 1974
14	93	Laserstrahlen	1. 4. 1973
15	15	Schweißen, Schneiden und verwandte Arbeitsverfahren in der Fassung vom 1. 4. 1973	1. 1. 1952
16	17	Druckbehälter, mit Nachträgen vom 1. 10. 1967, 1. 4. 1972 und 1. 4. 1974	1. 4. 1965
19	16	Verdichter (Kompressoren)	1. 10. 1967
20	20	Kälteanlagen	1. 12. 1974
21	22	Verwendung von Trockeneis	1. 4. 1934
22	21	Herstellung von Mineralwasser	1. 4. 1934
23 a	86 a	Herstellung von Lacken und Anstrichmitteln	1. 4. 1957
23 b	86 b	Herstellung von Schuhcreme, Bohnerwachs und ähnlichen Erzeugnissen	1. 4. 1957
24	23	Farbspritzen, -tauchen und Anstricharbeiten (Ergänzte Ausgabe Mai 1972)	1. 3. 1958
25	24	Lacktrockenöfen, mit Nachtrag vom 1. 4. 1974	1. 3. 1958
26	57	Elektrolytische und chemische Oberflächenbehandlung von Metallen; Galvanotechnik	1. 3. 1956

Unfallverhütungs-Vorschriften (*Fortsetzung*)

Abschnitt	VBG-Nr.	Bezeichnung der Vorschrift	Gültig ab
27	58	Verwendung von Salpetersäure	1. 4. 1934
28	62	Sauerstoff (mit Liste der Gleitmittel und Dichtwerkstoffe, Stand 31. 8. 1977)	1. 4. 1969
29	61	Gase mit Erstem Nachtrag vom 1. 4. 1977	1. 4. 1974
30	60	Erzeugung und Verwendung von Kohlensäure	1. 4. 1934
31	25	Generatorgasanlagen	1. 7. 1961
32	26	Steinkohlenkokereien	1. 4. 1934
33	33	Metallhütten	1. 4. 1934
34	42	Anlagen und Betrieb von Steinbrüchen über Tage, Gräbereien und Haldenabtragungen, mit Nachtrag vom 1. 10. 1969	1. 2. 1952
35	46	Sprengarbeiten	1. 4. 1971
36	47 a	Schacht- und Drehrohröfen	1. 10. 1971
37	40	Bagger, Lader, Planiergeräte, Schürfgeräte und Spezialmaschinen des Erdbaues (Erdbaumaschinen)	1. 4. 1976
38	37	Bauarbeiten	1. 4. 1977
39	50	Arbeiten an Gasleitungen	1. 4. 1974
40	53	Wasserwerke	1. 4. 1934
43	85	Schutz gegen Milzbrand-Infektion bei der Tierkörperverarbeitung	1. 4. 1934
44	109	Erste Hilfe und Verhalten bei Unfällen	1. 4. 1934
50	122	Sicherheitsingenieure und andere Fachkräfte für Arbeitssicherheit	1. 12. 1974
51	123	Betriebsärzte	1. 12. 1974

Abschnitt	VBG-Nr.	Bezeichnung der Vorschrift	Gültig ab
Anhänge zu den Unfallverhütungsvorschriften			
Anhang 1		Verzeichnis der Einzel-Unfallverhütungsvorschriften der gewerblichen Berufsgenossenschaften (VBG-Vorschriften), Stand vom	1. 4. 1977
Anhang 2		Besondere Krankheitsverhütungsvorschriften für Nitro- und Amidoverbindungen, Phosphor	April 1934
Anhang 3		Liste der Berufskrankheiten	Juni 1968
Anhang 4		Gefährliche chemische Stoffe	März 1969
Anhang 5		Maximale Arbeitsplatzkonzentrationen gesundheitsschädlicher Arbeitsstoffe (MAK-Werte)	

Stichwortverzeichnis

(Bezug: Jedermann-Verlag Dr. O. Pfeffer, Postfach 103 140, 6900 Heidelberg 1). F.WI.

Unfallversicherung ↑ *Berufsgenossenschaft* F.WI.

Unipolare (oder monopolare) Schaltung einer Elektrode. Mehrere Elektroden innerhalb einer Zelle sind parallel geschaltet. Jede Elektrode ist auf allen wirksamen Oberflächen entweder Anode oder Kathode (Gegensatz: (↑) *bipolar*). H.V.

Universalmühlen sind Maschinen für Technikum und Labor, teilweise auch für den Betrieb, um innerhalb der gleichen Mahlanlage und im gleichen Maschinengehäuse wahlweise verschiedene Mahlwerkzeuge einzusetzen (s. Abb.). Dabei erweitern sich die Möglichkeiten einer Anpassung an unterschiedliches Mahlgut und unterschiedliche Aufgabenstellung. Im Bereich der (↑) *Prallzerkleinerung* ist also der alternative Einsatz als (↑) *Gebläse-, Stift-, Schlagkreuz-, Hammerkorb-* oder (↑) *Schlagscheibenmühle* möglich. Da diese Mahlsysteme jedoch mit unterschiedlichen Drehzahlen betrieben werden, ist ein stufenlos regelbarer Antrieb oder polumschaltbarer Motor notwendig.

H.S.

Untertagespeicherung. Man unterscheidet: 1. Porenspeicher: Voraussetzung ist eine poröse Lagerschicht mit 10–20% Porosität und einer dichten und genügend starken Überlagerung von 400–1000 m

Universalmühle mit Mahlgarnituren (Werkfoto Condux)

Stärke. Vorzugsweise werden ausgebeutete Erdgasfelder verwendet. Da nur eine relativ langsame Füllung und Entleerung möglich ist, ist die Methode nur zur saisonalen Spitzendeckung geeignet. Nach Entnahme muß das Gas getrocknet und gereinigt werden. 2. Unterirdische Gefrierspeicher: Meist in trockenem, porösem Material künstlich erstellte Hohlräume, in denen Lagerung bei Tieftemperatur und atmosphärischem Druck erfolgt. Die Behälterwand wird von der Frostzone gebildet. Bisherige Erfahrungen sind sehr unterschiedlich; im allgemeinen wird hohe Wärmezufuhr vom Erdreich beobachtet. 3. Aquifer-Speicher: Aus porösen, wasserhaltigen Schichten wird das Wasser durch den Gasdruck verdrängt. 4. Unterirdische Kavernenspeicher: Als Kavernen dienen stillgelegte Bergwerke oder ausgesolte Salzstöcke. Eine genügend starke und dichte Überlagerung ist auch hier erforderlich. Zur Vermeidung von Kriechbewegungen im Untergrund ist ein relativ hoher Mindestdruck, der mit der Tiefe zunimmt, einzuhalten. Dies kann bei großen Tiefen den verfügbaren Speicherraum wesentlich einschränken.   P.F.

Unterwasser-Granulierung. Sie ist eine an Bedeutung gewinnende Alternative zur Trockengranulierung, wenn das Fließ- und Erstarrungsverhalten der Thermoplaste es zulassen (s. Abb.). Vom Schneidwerkzeug her unterscheidet man zentrische Granuliervorrichtung mit Wasserring und exzentrische Granuliervorrichtung mit ebenem Wasserstrom, ferner die Unterwasser-Stranggranuliervorrichtung.   H.S.

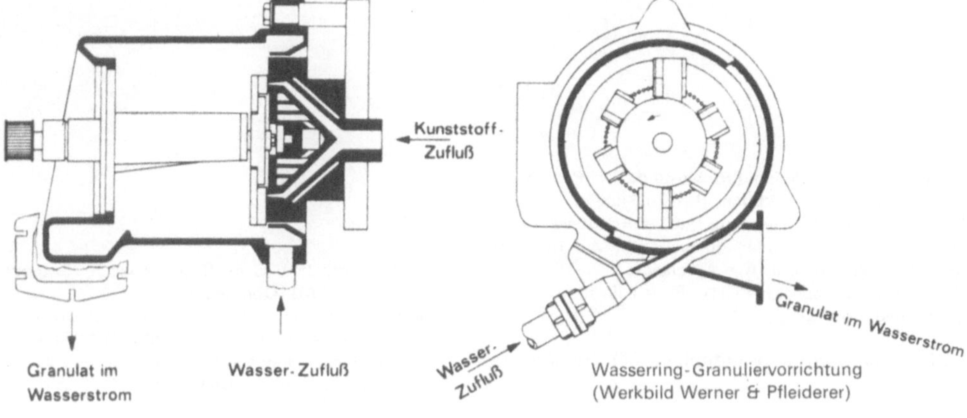

Wasserring-Granuliervorrichtung
(Werkbild Werner & Pfleiderer)

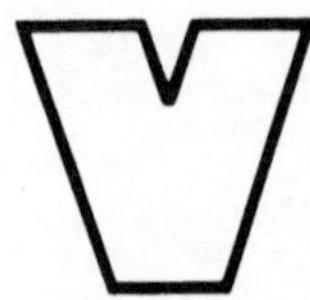

Vakuumblattfilter (Tauchnutschen) ↑ *Blattfilter*
H.W.

Vakuumfiltration (Saugfiltration) ↑ *Filtration*, Filterapparate
H.W.

Vakuumnutschen ↑ *Nutschenfilter, Filterapparate*
H.W.

Vakuumverdampfung. Für temperaturempfindliche Lösungen ist es von Vorteil, wenn durch Absenken des Druckes im Verdampfer niedrigere Siedetemperaturen erreicht werden können. Der gewünschte Siededruck im Verdampfer wird durch die stete Kondensation der Brüden im Brüdenkondensator aufrechterhalten. Die dem Kondensator nachgeschaltete Vakuumpumpe (s. Abb.) dient zur Entfernung der nicht-kondensierbaren Gase und der Falschluft, mittels der der Unterdruck im System auch reguliert werden kann (↑ *Molekularverdampfer*).
F.W.

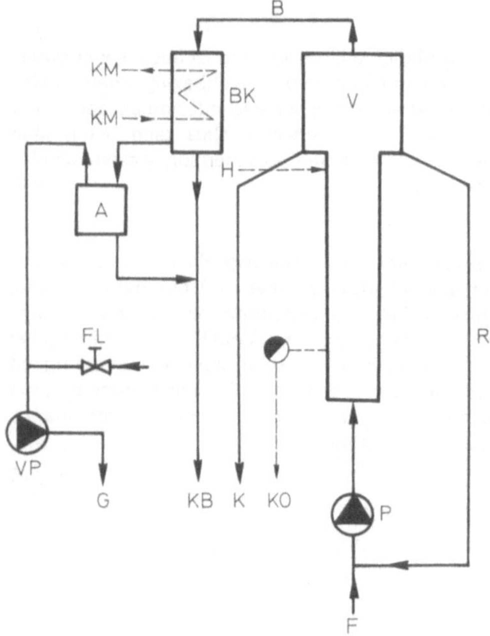

Vakuumverdampfung. F = Frischlösung; P = Pumpe;
V = Verdampfer; B = Brüden; R = Rücklauf;
K = Konzentrat; H = Heizdampf; KO = Kondensat des
Heizdampfes; BK = Brüdenkondensator; KM = Kühlmittel;
KB = Brüdenkondensat; A = Abscheider;
VP = Vakuumpumpe; G = Gase; FL = Falschluftventil zur
Vakuumregulierung

VbF. *Verordnung* über brennbare (↑) *Flüssigkeiten*.
F.WI.

Ventilatoren ↑ *Lüfter*
W.W.

Ventilböden. Anstelle starrer Glocken hat Twinning 1922 einen Boden empfohlen, der in den Bodenöffnungen nietförmige, unten am Schaft aufgespreizte Ventilkörper enthält, die sich bei der Vergrößerung der Dampfbelastung vom Boden bis zum Anschlag heben und einen größeren Dampfquerschnitt freigeben. 1956 entwickelte die Firma Glitsch mehrere Ventilbodenmodifikationen, die mit verschieden schweren Ventiltellern bei gleichen geometrischen Abmessungen den Arbeitsbereich wesentlich vergrößerten. Bei steigenden Dampfbelastungen (s. Abb.) heben sich zuerst die leichten, sodann die schweren Ventile, bis der volle Dampfquerschnitt zur Verfügung steht. Neben diesen dynamischen Ventilböden gibt es teildynamische Luwa-SMS-Ventilböden, bei denen der Ventilteller nach unten gebördelt ist, sodaß bei kleinen Dampfbelastungen der Teller auf dem Boden dichtet und Dampf nur durch einige Schlitze am Tellerrand austritt. Die Begrenzung des Hubes wird erreicht durch untergeheftete Füße oder durch Käfige, in denen sich

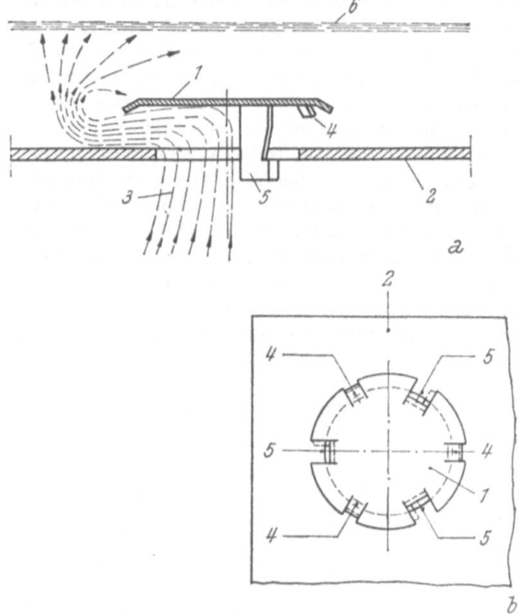

Ballastventil der V-Serie, System Glitsch. (Gutehoffnungshütte Sterkrade AG, Oberhausen);
a = Wirkungsweise; b = V-1-Ventil von oben gesehen
1 = Ballastventil; 2 = Bodenplatte; 3 = Dampfdurchtritt;
4 = Distanznocken für die Gewährleistung der
Auffangsöffnung; 5 = Distanzfüße; 6 = Flüssigkeit

die Teller befinden. Ventilböden können höher als (↑) *Glockenböden* belastet werden und sind zudem wegen der einfachen Massenherstellung preiswert. Meistens sind die Ventilteller rund (50 bis 70 mm ∅), doch gibt es auch quadratische und rechteckige Ventilteller. Es gibt ferner Ventile mit einem einseitigen Drehpunkt, die sich wie Klappen in Flußrichtung öffnen können.

H.M.

Venturi-Wäscher (Lurgi) bestehen aus einem Rohr, das sich vom Eintritt her konisch verengt und anschließend diffusorartig erweitert. Im Einlaufteil befindet sich eine Düse für die Wasch- und Reaktionsflüssigkeit (s. Abb.). Die Gasströmung wird in der Verengung des Rohres beschleunigt und im Diffusor verzögert. Infolge der entstehenden Verwirbelung von Waschflüssigkeit, Staub und Gas werden die Staubteilchen schnell benetzt und chemische Reaktionen beschleunigt. Venturi-Wäscher arbeiten mit relativ geringer Gasgeschwindigkeit und geringem Druckverlust in der Waschzone bei der Kühlung und Vorreinigung von Gasen (z.B. Kühlen und Vorentstauben von Gichtgasen sowie Nutz- und Abgasen der chemischen Industrie, ferner Reaktionen zwischen Gasen und Flüssigkeiten). Mit hohen Gasgeschwindigkeiten (zwischen 50 und 160 m/s) und hohem Druckverlust arbeiten Venturi-Wäscher bei Kühlung und weitgehender Gasreinigung (z.B. Kühlen und Entstauben von Abgasen aus Konvertern, Hochöfen, Kupolöfen, Müll- und Schlammverbrennungsanlagen, aus der Raumentstaubung sowie Auswaschen und Absorbieren von Dämpfen).

D.O.

Venturi-Wäscher (Lurgi)

Verdampfer mit liegend angeordneten Heizkörpern bieten in der Regel die gleichen Vorteile wie (↑) *Filmverdampfer* (↑ *Dünnschichtverdampfer*): 1. Keine Beeinflußung der Siedetemperatur im Verdampfer durch Flüssigkeitsstand in Wärmeaustauscher. 2. Guter Wärmeübergang an einem sich meist turbulent bewegendem Flüssigkeitsfilm. Apparate dieser Bauart zeichnen sich durch niedrige Bauhöhe sowie bequeme Reinigungsmöglichkeit aus, falls die Einheit mechanisch gereinigt werden muß (s. Abb.). Weiterhin besteht die Möglichkeit, den Strom der zu verdampfen-

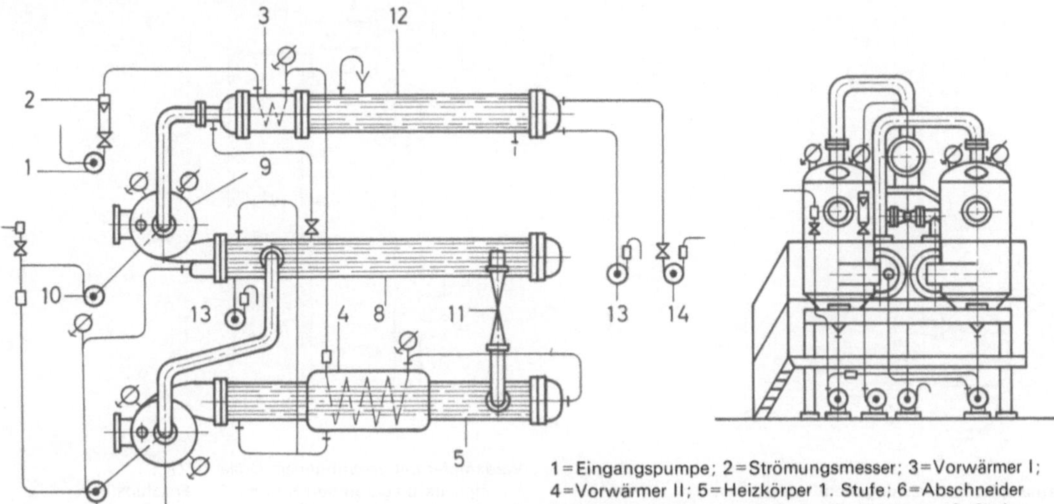

Schema eines Filmverdampfers mit liegenden Heizkörpern (System Gebr. Herrmann, Köln).

1 = Eingangspumpe; 2 = Strömungsmesser; 3 = Vorwärmer I; 4 = Vorwärmer II; 5 = Heizkörper 1. Stufe; 6 = Abscheider 1. Stufe; 7 = Saftpumpe 1. Stufe; 8 = Heizkörper 2. Stufe; 9 = Abscheider 2. Stufe; 10 = Konzentratpumpe; 11 = Brüdenverdichter; 12 = Kondensator; 13 = Kondensatpumpen; 14 = Luftpumpe

den Flüssigkeit mehrzügig durch den Heizkörper zu führen, was ohne Zuhilfenahme von Pumpen durch entsprechende Ausbildung der Hauben erreicht werden kann. Anwendung: Konzentrieren temperaturempfindlicher Substanzen wie Milch, Fruchtsäfte, pharmazeutische Präparate, mehrzügige Flüssigkeitsführung, z.B. beim Eindampfen von Pektinlösung.

D.O.

Verdampfer mit erzwungenem Umlauf. Der Umlauf der einzudampfenden Lösung wird durch eine Kreislaufpumpe intensiviert. Die zirkulierende Flüssigkeitsmenge wird dadurch künstlich vergrößert. Die erhöhte Strömungsgeschwindigkeit führt zu einer Verbesserung des Wärmeübergangskoeffizienten. Dieser Verdampfertyp eignet sich z. B. für die Behandlung viskoser Flüssigkeiten und für die Verdampfungskristallisation. Bei Zwangsumlauf ist wegen der erhöhten Strömungsgeschwindigkeit auch die Gefahr der (↑) *Verkrustung* der Rohrinnenwand geringer (s. Abb.).

F.W.

Verdampfer mit natürlichem Umlauf. In den außenbeheizten senkrechten Verdampferrohren wird die Flüssigkeit durch die entstandenen Dampfblasen wie bei einer (↑) *Mammutpumpe* nach oben gefördert. Die aufsteigende Lösung kühlt sich ab und sinkt infolge ihrer größeren Dichte im offenen Mittelteil des Verdampferkörpers wieder ab (Thermosyphon). In Verdampfern mit natürlichem Umlauf können nur Lösungen mit kleiner Viskosität eingedampft werden (↑ *Robertverdampfer*).

F.W.

Verdampfung. Allgemein: Übergang eines Stoffes vom flüssigen in den dampfförmigen Zustand (Phasenwechsel). (↑ *Dampfdruckkurve*). Die Verdampfung ist ein häufig angewandter Verfahrensschritt zur Trennung von Mehrkomponentengemischen. Man spricht von „Verdampfen", wenn man beim Prozeß am ausgetriebenen Lösungsmittel interessiert ist, z. B. bei der Süßwassergewinnung aus Meerwasser. Der Dampfdruck des gelösten Stoffes ist gegenüber dem des Lösungsmittels vernachlässigbar. Möchte man die aufkonzentrierte Lösung (eingedickte Obst- und Fruchtsäfte) oder den gelösten Stoff selbst gewinnen (Zucker, Salz aus ihren Lösungen) so bezeichnet man diesen Prozeß als „Eindampfen". Entsprechend der breiten Anwendungsmöglichkeiten des Verdampfungsprozesses existieren eine große Anzahl von Verdampferkonstruktionen.

F.W.

Verdampfungsenthalpie. Wärmemenge, die benötigt wird, um 1 kg einer Flüssigkeit bei konstantem

Verdampfer mit erzwungenem Umlauf (1).
F = Frischlösung; FA = Flüssigkeitsabscheider;
B = Brüden; K = Konzentrat; R = Rücklaufrohr;
P = Umwälzpumpe; H = Heizdampf;
HR = außenliegendes Heizregister; KO = Kondensat

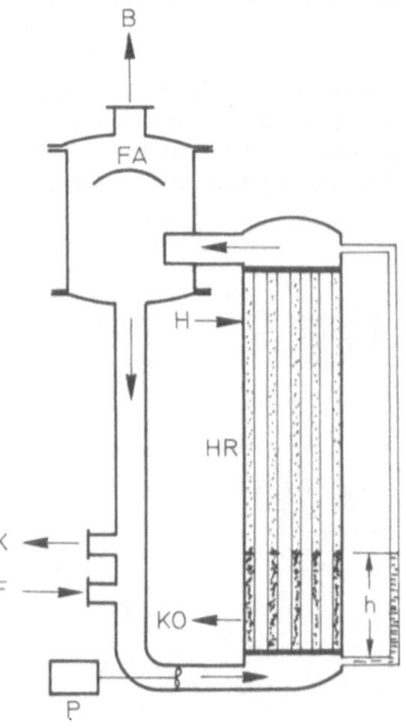

Verdampfer mit erzwungenem Umlauf (2).
Flüssigkeitsspiegel in den Rohren. F = Frischlösung;
P = Umwälzpumpe; B = Brüden; K = Konzentrat;
FA = Flüssigkeitsabscheider; H = Heizdampf;
KO = Kondensat; HR = Heizregister (außenliegend);
h = scheinbarer Flüssigkeitsstand

Druck in Dampf von gleicher Temperatur überzuführen. Sie ist identisch mit der Kondensationswärme.

SI-Einheiten: $r = [\text{j/kg}] = [\text{m}^2/\text{s}^2]$

Wasser hat mit $r = 2258{,}4$ kJ/kg praktisch die größte Verdampfungsenthalpie der technisch interessanten Flüssigkeiten.   F.W.

Verdampfungsentropie. Nach der Troutonschen Regel ist die molare Verdampfungsenropie ($\triangle S = r/T_S$, r = molare Verdampfungsenthalpie [J/kmol], T_S = absolute Temperatur des Siedepunktes K) vieler chemischer Verbindungen bei Atmosphärendruck ungefähr konstant, nämlich $\triangle S \approx 92$ kJ/kmol K.
                                                F.W.

Verdampfungsgeschwindigkeit. Die Anzahl der pro m² Flüssigkeitsoberfläche und Sekunde verdampfenden Moleküle oder die pro m² Flüssigkeitsoberfläche und Sekunde verdampfende Masse

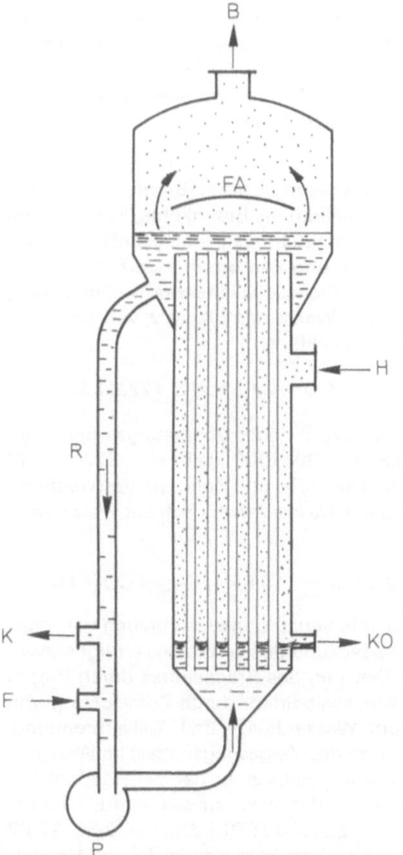

Verdampfer mit erzwungenem Umlauf (3).
F = Frischlösung; FA = Flüssigkeitsabscheider;
B = Brüden; K = Konzentrat; R = außenliegendes Rücklaufrohr; P = Umwälzpumpe; H = Heizdampf;
KO = Kondensat

(Einheit: kg/(m²s). Eine kleinere Verdampfungsgeschwindigkeit erniedrigt die Gefahr des Mitreißens von Flüssigkeitströpfchen.   F.W.

Verdampfungskristallisator. In der Natur liegen zahlreiche Stoffe in gelöster Form vor und müssen aus ihren Lösungsmitteln durch ein Kristallisationsverfahren gewonnen werden (Kochsalz, Zucker, Sulfate etc.). Aufgrund der Löslichkeitskurve des betrachteten Stoffes im Lösungsmittel kann man zwischen folgenden Möglichkeiten der Kristallisation wählen:

a) teilweises Verdampfen des Lösungsmittels (Verdampfungskristallisation)

b) Abkühlung der Lösung (Kühlungskristallisation)

c) Verdampfen und Abkühlen zugleich (Vakuumkristallisation)

Im Verdampfungskristallisator verdampft man das Lösungsmittel, bis die Löslichkeitskurve (Sättigung) oder eine gewisse Übersättigung erreicht wird, so daß die gelösten Stoffe in Form von Kristallen ausfallen (s. Abb.).
Die technischen Ausführungen von Verdampfungskristallisatoren gestaltet man mit Vorteil so, daß die Lösung infolge des statischen Druckes der Flüssigkeitssäule erst im höher angeordneten Entspannungs-

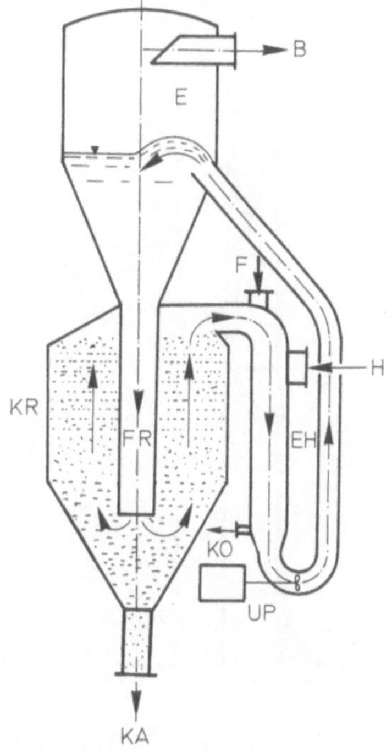

Verdampfungskristallisator. F = Frischlösung;
H = Heizdampf; KO = Kondensat; EH = Erhitzer;
UP = Umwälzpumpe; B = Brüden; KR = Kristallisator;
KA = Kristallaustrag; B = Brüden;
E = Entspannungsraum; FR = Fallrohr

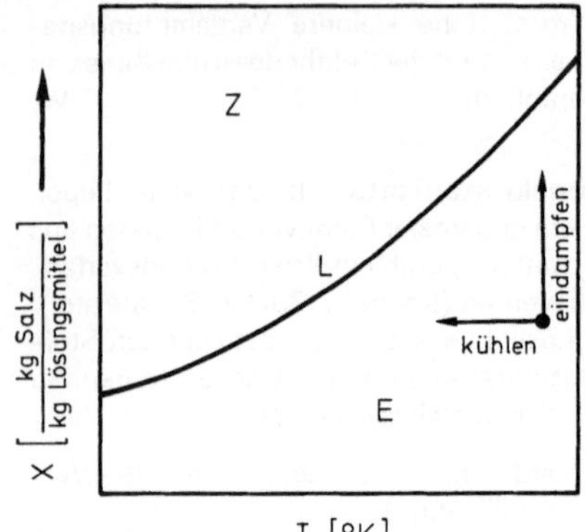

Löslichkeitsverhalten. E = Einphasengebiet : Lösung;
L = Löslichkeitskurve;
Z = Zweiphasengebiet : Salz + Lösung

raum und nicht schon im Erhitzer verdampft (s. Abb.).
Man vermeidet auf diese Art die (↑) *Verkrustung* der
Heizflächen. Die gebräuchlichen Ausführungen von
Anlagen sind meist (↑) *Mehrstufenverdampferanlagen*
(↑ *Kristallisatoren*). F.W.

Verdampfungswärme ↑ *Verdampfungsenthalpie*
F.W.

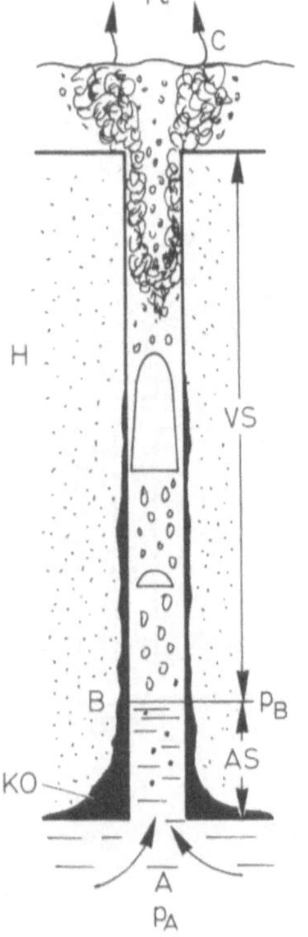

Verdampfungszone. A = Eintritt der Frischlösung;
AS = Aufheizstrecke; VS = Verdampfungszone;
H = Heizdampfer; KO = Kondensatfilm;
p_A, p_B, p_C = Drücke an den Stellen A,B,C

Verdampfungszone. Die zu verdampfende Flüssigkeit tritt meist unterkühlt in das außenbeheizte Verdampferrohr ein (A). An dieser Stelle A herrscht zudem
ein Druck $p_A > p_B > p_C$, so daß die Flüssigkeit zunächst
in der Aufheizstrecke auf die dem Druck entsprechende
Siedetemperatur erwärmt werden muß (s. Abb.). In der
nun folgenden Verdampfungszone kommt es je nach
Flüssigkeitsbelastung und Wärmezufuhr zur teilweisen
oder vollständigen Verdampfung. F.W.

Verdichter (Kompressoren), sind Arbeitsmaschinen
zum Verdichten (und Fördern) von Luft und anderen
Gasen. Druckverhältnis (Enddruck : Anfangsdruck) >
3,0. (Bei (↑) *Gebläsen* 1,1–3,0; bei (↑) *Lüftern* 1,1).
Je nach Bauart wird unterschieden zwischen (↑)
Kolben-Verdichtern und (↑) *Kreisel-Verdichtern*. Antrieb : Direkt gekuppelt mit Dampf- oder Gasturbine
bzw. Elektromotor (für kleine und mittlere Leistungen).
W.W.

Verdrängerpumpen. Bei den Verdrängerpumpen
wird die Förderung durch einen festen Verdränger
(Kolben, Membran, Flügel) bewirkt. Zu den Verdrängerpumpen zählen : (↑) *Hubkolben-Pumpen, Membran-Pumpen, Umlaufkolben-Pumpen, Flügel-Pumpen* und (↑) *Schlauch-Pumpen*. W.W.

Vergasung. „Vergasung" fester Brennstoffe ist die
Umsetzung von Steinkohle, Braunkohle, Koks etc. mit
einem Vergasungsmittel (Luft, Sauerstoff, Wasserdampf) zur Gewinnung von Brenn-, Heiz- oder Synthesegasen für die chemische Industrie. Die Vergasung
mit Luft bei evtl. Wasserdampfzusatz verläuft unter
starker Wärmeentwicklung :

$$C + {}^1\!/_2\, O_2 \longrightarrow CO + 29{,}3\ kcal < 122{,}8\ kJ$$

Das erzeugte Schwach- oder Generatorgas hat einen
Heizwert zwischen 900–1700 kcal/m³ = 3770–7130
kJ/m³ und findet als Heiz- und Brenngas Verwendung.
Die Vergasung mit Wasserdampf nach der Wassergasreaktion

$$C + H_2O + 28{,}6\ kcal = 119{,}8\ kJ \longrightarrow CO + H_2$$

ist endotherm, d.h. verläuft unter Verbrauch von Wärme. Die Wärmedeckung des Verfahrens erfolgt entweder durch Aufheizung des Brennstoffes durch Blasen
mit Luft im Wechselbetrieb, durch Zumischung von
Sauerstoff zum Wasserdampf und Teilverbrennung,
durch Aufheizung des Vergasungsmittels im Wälzgaskreislauf oder Außenbeheizung der Vergasungskammern. Der Heizwert des Wassergases liegt bei 2000–
3000 kcal/m³ = 8380–12570 kJ/m³ = 8,38–12,57
MJ/m³, und es ist Ausgangsprodukt für die Herstellung von (↑) *Synthesegasen* und (↑) *Wasserstoff*. Bei
der Druckvergasung läuft die Vergasungsreaktion unter höherem Druck (20–30 bar) mit größerer Vergasungsintensität ab; das anfallende Gas ist aufgrund
höheren Methan-Gehaltes heizkräftiger und als Stadt-

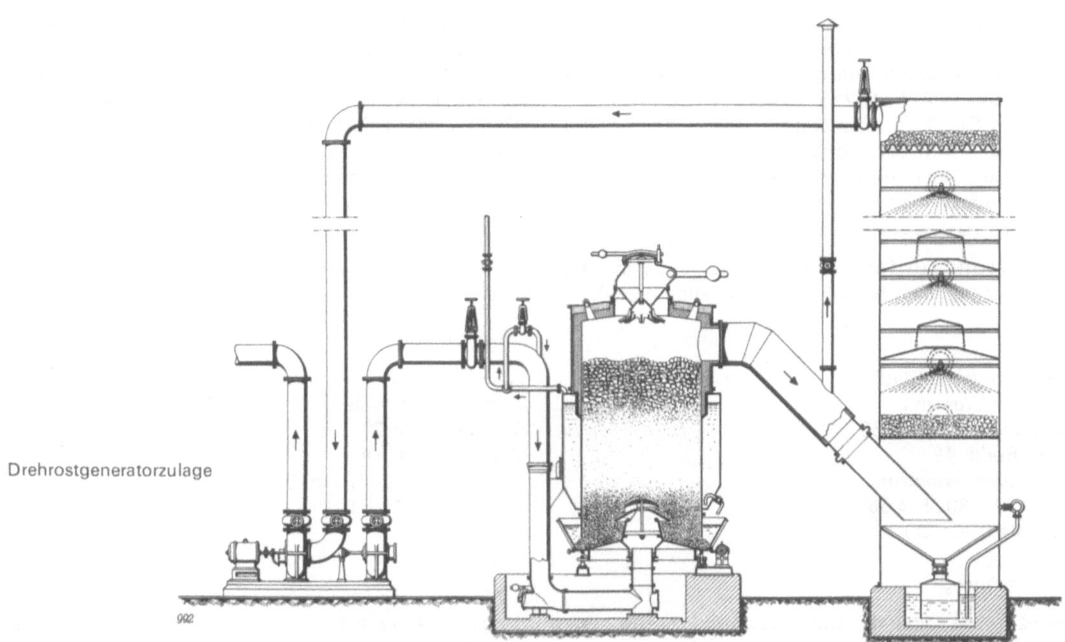

oder Ferngas verwendbar. Die Vergasung wird in Generatoren oder Gaserzeugern durchgeführt; wobei verschiedene Verfahren und Bauarten anzuführen sind: Drehrostgeneratoranlage (s. Abb.) zur kontinuierlichen Erzeugung von Schwachgas aus Koks. Wesentliche Einrichtungen sind die Aufgabevorrichtung für den Brennstoff, der Vergasungsschacht und die Vorrichtung zum Austragen der Asche. Der feuerfest ausge-

mauerte und mit einem Kühlmantel zur Dampferzeugung versehene Schachtofen hat einen Durchmesser von etwa 3 m und setzt 30–50 tato Koks durch. Das entweichende Gas wird in einem nachgeschalteten

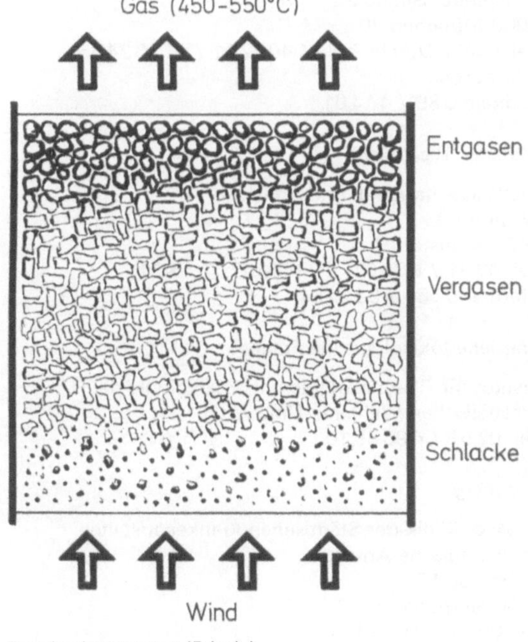

Einschachtgenerator (Prinzip)

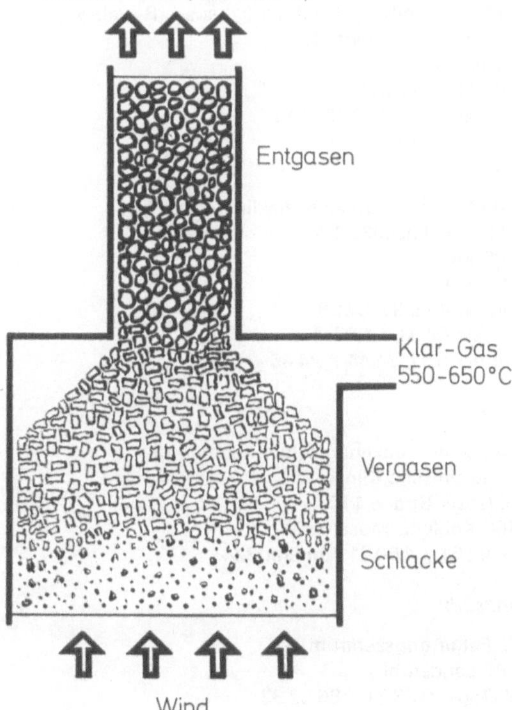

Schwelschachtgenerator (Prinzip)

Gaswascher gereinigt. Für die Schwachgaserzeugung aus Kohlen und bituminösen Brennstoffen werden diese zeitlich zuerst entgast und dann vergast. Das Bildschema (s. Abb., S. 273) zeigt den Reaktionsablauf in einem Einschacht-Generator. Der von Dr. C. Otto entwickelte Schwelschachtgenerator (s. Abb., S. 273) besteht aus einem Generatorunterteil und dem aufgesetzten hohen Schwelschacht. Der Generator hat zwei Gasausgänge. Das am Übergang zum Schwelschacht teilweise abgezogene teerfreie Generatorgas stammt aus der Schwelkoksvergasung im Generatorunterteil. Für die Schwelung im Generatoroberteil dient etwa 40–50% des heißen Generatorgases als Spülgas zur Wärmeübertragung. Das am oberen Generatorschacht austretende Gasgemisch von Schwelgas und Vergasungsgas hat aufgrund hoher Gehalte an gas- und

---

Vergiftungsunfall-Zentren. Folgende Informationsstellen sind Tag und Nacht bereit, Auskünfte über Gegenmaßnahmen bei Vergiftungsunfällen aller Art zu erteilen:

Berlin

I. Medizinische Klinik der Freien Universität im Klinikum Westend
Spandauer Damm 130
1000 Berlin 19
Reanimationszentrum
Tel. 0 30 / 30 35-4 66 / 22 15 / 4 36
Zentrale 0 30 / 30 35-1

Braunschweig

Medizinische Klinik des Städtischen Krankenhauses
Salzdahlumer Straße 90
3300 Braunschweig
Tel. 05 31 / Durchwahl 6 22 90
Zentrale 05 31 / 69 10 71

Hamburg

II. Med. Abteilung des Krankenhauses Barmbek
Giftinformationszentrale
Rübenkamp 148
2000 Hamburg 60
Tel. 0 40 / 63 85-3 46/3 45

Kiel

I. Medizinische Universitätsklinik
Schittenhelmstraße 12
2300 Kiel
Tel. 0431
Durchwahl 5 97-32 68
Zentrale 04 31 / 5 97-1
Pförtner 5 97-24 44 / 24 45

Koblenz

Städtische Krankenanstalten Kemperhof
I. Medizinische Klinik
Koblenzer Straße 115
5400 Koblenz-Moselweiß
Tel. 02 61 / 4 60 21 Apparat 324

Landstuhl

US-Entgiftungszentrum
6790 Landstuhl
Tel. Tags: 0 63 71 / 86 82 33
     Nachts: 0 63 71 / 86 81 18

Ludwigshafen/Rhein

Städtische Krankenanstalten
Entgiftungszentrale
Bremserstraße 79
6700 Ludwigshafen
Tel. 06 21 / Durchwahl 50 34 31
Zentrale 06 21 / 50 31

Mainz

II. Medizinische Universitätsklinik
Langenbeckstraße 1
6500 Mainz
Teil. 0 61 31 / Durchwahl 19 24 18
und 19 27 41 / 2 23 33
Zentrale 0 61 31 / 1 91

München

II. Med. Klinik und Poliklinik rechts der Isar der
Technischen Universität München
Toxikologische Abteilung
Ismaninger Straße 22
8000 München 80
Tel. 0 89 / Durchwahl 41 40 22 11 / 41 40 24 66
falls besetzt:
Zentrale 0 89 / 4 14 01

Münster/Westfalen

Medizinische Klinik und Poliklinik
Westring 3
4400 Münster
Tel. 02 51 / 8 36 67; Zentrale 02 51 / 8 31;
Pförtner 02 51 / 83 22 01

Spezielle toxikologische Fragen:

Institut für Pharmakologie und Toxikologie der
Westfälischen Wilhelms-Universität
Tel. 02 51 / 4 90 55 10

Nürnberg

II. Med. Klinik der Städtischen Krankenanstalten
Toxikologische Abteilung
Flurstraße 17
8500 Nürnberg 5
Tel. 09 11 / 3 98 24 51

dampfförmigen Kohlenwasserstoffen und Teerbestandteilen einen hohen Heizwert. Zur Wassergas-Erzeugung aus ($\uparrow$) *Koks* im Wechselbetrieb wird beim Heißblasen etwa 1 min Luft durch den Generator geblasen und der Wärmeinhalt der „Blasegase" in einem nachgeschalteten Abhitzekessel zur Dampferzeugung genutzt. Beim anschließenden Gasen von ca. 2–4 min Dauer durchströmt Wasserdampf das aufgeheizte Koksbett und erzeugt das heiße „Wassergas". Die Umstellung der Schieber und Ventile erfolgt hydraulisch und automatisch gesteuert. Für die Wassergas-Erzeugung aus ($\uparrow$) *Kohle* hat der Generator einen aufgesetzten Schwelschacht. Das beim Blaseprozeß gebildete Wassergas liefert hier die fühlbare Wärme zur Schwelung der Kohle. Durch Zusatz von Sauerstoff zum Vergasungsmittel Wasserdampf ist es möglich, zu einer kontinuierlichen Fahrweise des Generators zu kommen.   W.M.

Verkokung. Die Verkokung (Hochtemperaturentgasung, trockene Destillation) umfaßt die Verfahren der Erhitzung fester Brennstoffe unter Luftabschluß oberhalb 900° C. Dabei entweichen gasförmige und dampfförmige, kondensierbare Produkte, die sog. flüchtigen Bestandteile, und es verbleibt ein stückiger und fester Koksrückstand. Ausgangspunkt für die Steinkohlenverkokung ist backende Fettkohle (Kokskohle) mit ca. 18–30% flüchtigen Bestandteilen. Der entstehende feste und großstückige Koks wird hauptsächlich im Hochofen zur Roheisenerzeugung eingesetzt. Richtwerte für die Ausbeuten der Steinkohlenverkokung: 68–85% Koks, 1,5–6% Teer, 0,5–1,5% Rohbenzol, 0,6–1,8% Ammonsulfat, 280–420 m³/t Koksofengas (H_0 = 4300 kcal/m³ = 17800 kJ/m³ = 17,8 MJ/m³. Die Ausbeuten schwanken mit Kohlenart und Verkokungsbedingungen. Mit steigender Verkokungstemperatur erhöht sich der Gas- und Leichtölanfall zu Lasten der Teer- und Koksausbeute. Die Verkokung der Kohle geschieht in Kokereien, die bis 5000 tato Kohle durchsetzen. Die wesentlichen Teile einer Kokereianage sind: Kohlenturm, Koksofenbatterien, Füll- und Löschwagen, Löschturm und Koksaufbereitungsanlage. Eine Koksofenbatterie besteht aus 20–80 parallel zueinander angeordneten Öfen, die aus feuerfesten Silikasteinen aufgemauert sind. Die Ofenkammern haben eine Länge bis 17 m, eine Höhe von 4–7,5 m und eine Breite von 40–50 cm. Seitlich sind die Öfen mit feuerfest ausgemauerten Türen verschlossen. Oben besitzen sie 3–5 Füllöffnungen und ein Steigrohr zur Abführung der entweichenden Destillationsgase. Beheizt werden die Ofenkammern durch seitliche Heizwände, die wegen der gleichmäßigeren Wärmeverteilung in einzelne Heizzüge aufgeteilt sind. Als Heizgas kommen Koksofengas sowie das heizwertärmere Generator- oder Gichtgas in Betracht. Ofenkonstruktionen, die für beide Beheizungsgase wahlweise geeignet sind, werden als „Verbundöfen" bezeichnet. Koksöfen haben durchweg eine regenerative Beheizung (Regenerativbeheizung), d. h. sie sind zur Ausnutzung der Abwärme mit Regeneratoren ausgerüstet, die unter-

halb der Ofenkammern liegen. Die Verbrennungsgase speichern ihre Wärme nach Verlassen der Heizzüge in den Regeneratorzellen und dienen nach der Umschaltung in etwa halbstündlichem Zyklus zur Vorwärmung der Verbrennungsluft und des Schwachgases. Koksofengas als Unterfeuerungsgas wird wegen möglicher Crackung nicht regenerativ vorgewärmt sondern gelangt direkt zu den Heizzügen. Die Verkokungsdauer beträgt je nach Abmessung der Öfen und der Heizzugstemperaturen 14–20 Std. Die Abkühlung des ausgegarten glühenden Kokses geschieht im Löschwagen durch intensive Wasserberieselung im Löschturm. In der Kokssieberei folgt die Aufbereitung nach Korngröße und Verwendungszweck.   W.M.

Verkrustung. bei Verdampfern kann sowohl auf der Heizmittel- (außen) als auch auf der Lösungsseite (innen) der Verdampferrohre auftreten. Die Ablagerungen können nach langer Betriebszeit beachtliche Dikken annehmen. Der Wärmeübergang wird in jedem Fall durch die Krusten (schlechte Wärmeleitfähigkeit) stark herabgesetzt, wodurch die Leistung des Verdampfers sinkt. Bei frischdampfbeheizten Rohren ist die Bildung von Kesselstein i. a. gering (aufbereitetes Wasser). Beheizt man einen Verdampfer mit den Brüden einer vorhergehenden Verdampferstufe, so kommt es speziell bei stark schäumenden Lösungen ($\uparrow$ *Schaumbildung*) zu Ablagerungen auf den Heizflächen. Gute Abscheider ($\uparrow$ *Prallabscheider*) verhindern die Inkrustierung. Der Ansatz von Krusten (Kesselstein, Calciumsulfat und andere Salze) auf der Rohrinnenwand (Seite der Lösung) kann durch die Wahl einer nicht zu kleinen Strömungsgeschwindigkeit ($\uparrow$ *Verdampfer* mit erzwungenem Umlauf) weitgehend verhindert werden. Allgemein ist darauf zu achten, daß für die Eindampfung krustenbildender Lösungen Verdampfertypen gewählt werden, die infolge ihrer konstruktiven Gestaltung eine gute Zugänglichkeit zu den verschmutzten Bauteilen ermöglichen ($\uparrow$ *Plattenverdampfer, Dünnschichtverdampfer*).   F.W.

Verlege- und Verfugewerkstoffe. Man verwendet hierfür Bitumenmassen sowie Kitte und Mörtel. Bei *Bitumenmassen* ist die Bindemittelbasis geblasenes Erdölbitumen. Nach ihrem Charakter sind sie thermoplastische Werkstoffe, die mit zunehmender Temperaturbeanspruchung erweichen. Die obere Temperatureinsatzgrenze liegt je nach Bindemitteltyp zwischen 50 und 80 °C. Mit kohlenstoff-haltigen Füllstoffen sind sie sowohl gegen Flußsäure als auch gegen Laugen beständig. Bei höher konzentrierten Säuren bzw. oxidierenden Chemikalien wie auch bei Ölen, Fetten und vielen Lösungsmitteln ist ein Einsatz von Bitumenmassen nicht möglich. *Mörtel* sind hydraulich abbindende, also anorganische Werkstoffe, die nach dem Anmischen mit Wasser erhärten. Das Bindemittel ist normalerweise ein kalkarmer Zement, wie Hochofen-Tonerdeschmelzzement. Die chemische Beständigkeit ist begrenzt. Im sauren Bereich sind sie im allgemeinen nur oberhalb ca. pH 5,5–6,0, im alkalischen Bereich wie üblicher Zementmörtel nur bedingt verwendbar. Auf Grund dieser Eigenschaften spielen sie im Säureschutzbau nur eine untergeordnete Rolle. Als *Kitte* dienen *Kunstharzkitte* und *Wasserglaskitte.* Letztere weisen gute Beständigkeit auf gegen Säuren aller Art und bei allen praktisch vorkommenden Temperaturen und Konzentrationen. Eine Ausnahme ist Flußsäure. Wasserglaskitte sind nicht brauchbar bei alkalischen Beanspruchungen. Gegenüber den Kunstharzkitten haben sie eine geringere Spülfestigkeit. Zu beachten ist ihre verhältnismäßig hohe offene Porosität. Üblicherweise bestehen sie aus zwei Komponenten, dem Kittmehl einschließlich Härter und der Wasserglaslösung. Sondertyp: Mit Wasser anmischbare Einkomponenten-Wasserglaskitte. Ihre obere thermische Beständigkeit liegt infolge ihres anorganischen Aufbaues bei ca. 900 °C. Spezialtypen (Feuerkitte) sind bis ca. 1600 °C einsetzbar. Bei *Kunstharzkitten* werden als Bindemittel kalthärtbare flüssige Kunstharztypen verwendet (s. Tabelle): (↑) *Phenolharze, Furanharze, Epoxidharze, Polyesterharze, Vinylesterharze.* Die zugehörigen Härter sind dem spezifischen Bindemittel angepaßt und häufig bereits dem Füllstoff beigegeben. Je nach chemischer Beanspruchung kommen als Füllstoffe solche mineralischer Art wie Quarzmehl oder kohlenstoff-haltige Materialien verschiedener Körnungen in Betracht. Die Kitte werden häufig für die Verlegung und Verfugung säurefester Auskleidungen benutzt, da sie eine gute Flüssigkeitsdichte sowie hohe Spülfestigkeit aufweisen und einen weiten Beanspruchungsbereich abdecken. Die thermische Einsatzgrenze liegt je nach Kunstharztyp zwischen ca. 120 und 200 °C. Die chemische Beanspruchbarkeit hängt vom Bindemittel- und Füllstofftyp ab, deren spezifische Eigenschaften zu berücksichtigen sind. Als *Zwischenschichten, Dicht-*

schichten oder *Isolierschichten* bezeichnet man Werkstoffe, die zwischen Tragkonstruktion bzw. zu schützendem Untergrund und der darüberliegenden Stein- oder Plattenlage angeordnet werden. Sie sollen eine sichere Abdichtung des Baukörpers gegen die aggressiven Medien garantieren. Sie bestehen in der Regel aus vorgefertigten Bahnen auf der Basis von Thermoplasten oder Elastomeren, die miteinander verschweißt oder verklebt werden, gegebenenfalls auch aus spachtelfähigen Bitumenmassen. In vielen Anwendungsgebieten sind auch im Spritzverfahren aufzubringende Schichten auf Basis wässriger Emulsionen (Kautschuklatex) oder Dispersionen (PVC/PVDC) vorteilhaft. Wegen ihrer begrenzten mechanischen und thermischen Beständigkeit sind die Zwischenschichten ohne Vormauerung oder Plattenlage meist nicht zu empfehlen. In Sonderfällen, wie beim Säureschutz von Fußböden, können auch härtbare Beschichtungswerkstoffe als Zwischenschicht verwendet werden (↑ *Säureschutz-Technik, Säurebeständige Steine und Platten*). M.H. u.G.S.

Verlustwärme. Außer den Wärmemengen, die durch die Wandungen der Apparate und Rohrleitungen an die Umgebung abgegeben werden, sind auch die Wärmemengen als Verluste zu betrachten, die mit den auf höherer als Umgebungstemperatur befindlichen Endprodukten den Prozeß verlassen. Durch eine gute Isolation können die ersteren weitgehend eingeschränkt werden, während die letztgenannten Verluste durch entsprechende Schaltungen der Stoffströme (z. B. Feedvorwärmung durch Abfallwärmen etc.) möglichst klein zu halten sind. F.W.

Verschmutzung ↑ *Verkrustung* F.W.

Stoffwert-Tabelle für Verlegewerkstoffe (Kitte) (SI-Einheiten)

Typ Kurzbezeichnung	Wasseraufnahme Wasserquellung	Druckfestigk.	Zugfestigk.	E-Modul	lineare Wärmeausdehng.	Chem. Beständigk. (grobe Orientierungsangaben)			
						Säure	Lauge	Lsgs-mittel	Öle Fette
	Gew.-%	$N \cdot mm^{-2}$ bei RT	$N \cdot mm^{-2}$ bei RT	$10^4 N \cdot mm^{-2}$ bei RT	$10^{-5} \cdot K^{-1}$ bei RT	+ beständig − unbeständig (+) bedingt beständig			
Mörtel, hydraulich abb.	12–16	20–40	1–4	1,3–2,0	1,0–1,2	−	(+)	(+)	(+)
Wasserglaskitte	10–16	20–60	2–5	0,8–1,0	1,0–1,2	+	−	+	+
Bitumenmassen	0–1	0,1–0,2	−	−	−	(+)	(+)	−	−
Kunstharzkitte									
Phenolharz PF	0–1	50–100	7–15	0,5–0,8	2,0–4,0	+	(+)	+	+
Furanharz FU	0–1	50–100	7–15	0,5–0,8	2,0–4,0	+	+	+	+
Polyesterharz UP	0–1	70–120	7–15	0,5–2,0	2,0–5,0	+	(+)	(+)	+
Epoxidharz EP	0–1	70–120	7–15	0,5–1,5	3,0–5,0	(+)	+	(+)	+
Vinylesterharz	0–1	70–120	9–18	0,5–0,8	2,0–4,0	+	+	+/(+)	+

M.H. u. G.S.

Verstärkungssäule ↑ *Rektifiziersäule* H.M.

Verstärkungsteil ↑ *Rektifikation* H.M.

Verstärkungsverhältnis von Rektifizierkolonnen ↑ *Austauschgrad* H.M.

Verweilzeit. Aufenthaltsdauer von Stoffen in einem Bilanzgebiet, z. B. einem Verdampfer. Sie kann beispielsweise bei der Behandlung von Nahrungsmitteln in einem Verdampfer (Trockner) großen Einfluß auf die Qualität des Produktes haben (Schädigung des Produktes durch zu langen Aufenthalt im Apparat unter hohen Temperaturen). In kontinuierlich betriebenen technischen Apparaten ist die Aufenthaltsdauer der Partikel im Bilanzgebiet im allgemeinen sehr unterschiedlich, so daß die Kenntnis der mittleren Verweilzeit $\bar{t}_r = V_B/V^*$ (V_B = Volumen des betrachteten Bilanzgebietes [m^3], V^* = Volumenstrom des ein- und austretenden Stoffes [m^3/s], $\bar{t}_r$ = mittlere Verweilzeit [s]) meist nicht genügt. Das Verweilzeitspektrum hingegen gibt Auskunft über die „Altersverteilung" der aus dem Apparat austretenden Teilchen. Das Verweilzeitspektrum kann mittels Indikatormethoden gemessen werden, wobei man den zeitlichen Verlauf der Indikatorkonzentration am Behälteraustritt bei stationärer Betriebsweise des Apparates aufzeichnet. F.W.

Vinylacetat. Die Gewinnung erfolgt heute durch eine Palladium-katalysierte Acetoxylierung von Äthylen:

$$H_2C=CH_2+CH_3-COOH+{}^1/_2O_2$$

$$\xrightarrow[\text{110–130° C, 30–40 bar}]{\text{Katalysator}} CH_2=CH-COOCH_3+H_2O$$

Man arbeitet in Flüssigphase mit $PdCl_2/CuCl_2$-Katalysatoren. Daneben sind Verfahren entwickelt worden, die in Gasphase arbeiten. Früher benutzte man die Anlagerung von Essigsäure an Acetylen bei 170–250° C in Gegenwart von $Zn(OOCCH_3)_2$/A-Kohle-Katalysatoren in der Gasphase (↑ *Vinylierung* von höheren Carbonsäuren). D.O.

Vinyläther. Die Herstellung gelingt durch Vinylierung von Alkoholen mit Acetylen nach:

$$R-OH+HC\equiv CH \xrightarrow[\text{3–20 bar, 120–180° C}]{\text{ROK}}$$

$$R-O-CH=CH_2$$

Zur technischen Durchführung benutzt man Rieselkolonnen im Gegenstromverfahren. D.O.

Vinylchlorid. Wird heute fast ausschließlich aus Äthylen gewonnen, wobei als Zwischenprodukt 1,2-Dichloräthan anfällt.

1. Älteres Verfahren (Flüssigphase):

$$CH_2=CH_2+Cl_2 \xrightarrow[\text{4–5 bar, 40–70° C}]{SbCl_3} CH_2Cl-CH_2Cl$$

2. Neueres Verfahren (Oxichlorierung)

$$CH_2=CH_2+2HCl+{}^1/_2O_2 \xrightarrow[\text{2–4 bar}]{CuCl_2 \text{ auf Träger}}$$

$$CH_2Cl-CH_2Cl+H_2O$$

Das Verfahren wird in der Gasphase sowohl am Festbettkontakt wie im Fließbettreaktor durchgeführt. Es ist auch ein Flüssigphase-Verfahren bekannt. Das nach 1. oder 2. gewonnene 1,2-Dichloräthan wird fast ausschließlich rein thermisch gespalten:

$$CH_2Cl-CH_2Cl \xrightarrow{\text{500–600° C, 25–35 bar}}$$

$$CH_2=CHCl+HCl$$

Der anfallende Chlorwasserstoff geht zurück in die Oxichlorierung. Vinylchlorid ist das Monomere für (↑) *Polyvinylchlorid* (PVC). D.O.

Vinylesterharze sind Polymere von Estern (mit organischen Säuren) des im freien Zustand nicht bekannten Vinylalkohols $CH_2 = CH - CH_2OH$, z. B. Polyvinylacetat. D.O.

Vinylfluorid. Die Synthese erfolgt durch Addition von Fluorwasserstoff an Acetylen:

$$HC\equiv CH+HF \xrightarrow{\text{Katalysator}} H_2C=CHF$$

oder Substitution von Chlor in Vinylchlorid gegen Fluor:

$$H_2C=CHCl \xrightarrow[\text{Katalysator}]{HF} H_2C=CHF+HCl$$

D.O.

Vinylidenfluorid ↑ *Fluorkunststoff-Monomere* I.S.

Vinylierung ↑ *Reppe-Chemie* D.O.

Vinylierung von höheren Carbonsäuren. Die Vinylierung höherer Carbonsäuren mit Acetylen geschieht in der Regel in flüssiger Phase nach:

$$R-COOH+HC\equiv CH \xrightarrow[\text{10–15 bar, ca. 160° C}]{\text{Katalysator}}$$

$$R-COO-CH=CH_2$$

Die Reaktionsgeschwindigkeit ist bei Einsatz verzweigtkettiger Carbonsäuren aus der (↑) *Oxosynthese* höher als mit unverzweigten Fettsäuren. D.O.

Vollmantelzentrifugen arbeiten nach dem Prinzip der Sedimentation und zeichnen sich dadurch aus, daß der Schleuderraum durch einen ungelochten Mantel umgrenzt wird. Beispiele für Vollmantelzentrifugen sind Flaschen- oder Becherzentrifugen, die fast ausschließlich als Laborzentrifugen Verwendung finden, und ferner die sehr schnell laufenden Ultrazentrifugen (bis zu 40 000 U/min).   D.O.

Vorabscheider. Suspensionen mit groben Feststoffen >0,5 mm werden häufig vor Einleitung in die (↑) *Absetzapparate* in sog. Vorabscheidern von diesen groben Feststoffen getrennt, um zu verhindern, daß die Räumer und deren Austrag durch grobe Partikel blockiert werden. Zur Vorabscheidung verwendet man häufig konische Behälter oder (↑) *Hydrozyklone* mit nachgeschalteten (↑) *Rechenklassierern* (s. Abb.).   E.H.

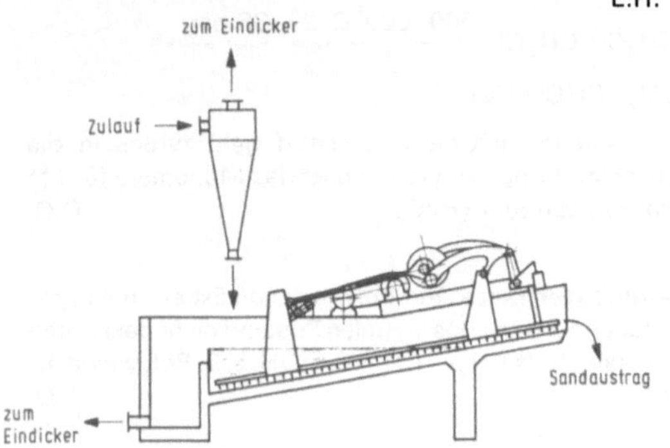

Hydrozyklon mit nachgeschaltetem Rechenklassierer

Vorsorgeuntersuchungen sind erforderlich: 1. Für Jugendliche und werdende Mütter beim Umgang mit gefährlichen (↑) *Arbeitsstoffen*, wenn eine Einwirkung dieser Stoffe vorliegt. 2. Für alle Beschäftigten, wenn sie der Einwirkung bestimmter gefährlicher (↑) *Arbeitsstoffe* ausgesetzt sind. Diese Stoffe sind im Anhang II der (↑) *ArbStoffV* aufgezählt. 3. Darüber hinaus für alle Beschäftigten, sofern: 3.1. für sie der Anhang 2 der (↑) *Unfallverhütungsvorschrift* „Allgemeine Vorschriften" (VBG 1) zutrifft. 3.2. aufgrund anderer (↑) *Unfallverhütungsvorschriften* (z.B. VBG 93 „Laserstrahlen". VBG 119 „Schutz gegen gesundheitsgefährdenden mineralischen Staub", VBG 121 „Lärm") Vorsorgeuntersuchungen vorgeschrieben sind. 4. Bei anderen speziellen Tätigkeiten (z.B. im Eisenbahnbetrieb, beim Umgang mit ionisierenden Strahlen). Der Unternehmer darf Arbeitnehmer nur beschäftigen bzw. weiterbeschäftigen, wenn die vorgeschriebenen Untersuchungen durchgeführt sind, die Untersuchungsfristen eingehalten werden und keine ärztlichen Bedenken gegen die Beschäftigung bestehen. Die Vorsorgeuntersuchungen dürfen nur von „ermächtigten Ärzten" (↑ *ArbStoffV, Unfallverhütungsvorschrift VBG* 1) ausgeführt werden. Der Arbeitgeber hat über die betr. Beschäftigten eine „Gesundheitskartei" (↑ *ArbStoffV*) zu führen. Hinweise für die Durchführung der Vorsorgeuntersuchungen enthalten die „Berufsgenossenschaftlichen Grundsätze".   F.WI.

Vorsätze für Einheiten

Vorsatz			Faktor als	
Name	Zeichen	Bedeutung	Zehner-potenz	Dezimalzahl
Atto...	a...	Trillionstel	10^{-18}	0,000 000 000 000 000 001
Femto...	f...	Billiardstel	10^{-15}	0,000 000 000 000 001
Piko...	p...	Billionstel	10^{-12}	0,000 000 000 001
Nano...	n...	Milliardstel	10^{-9}	0,000 000 001
Mikro...	µ...	Millionstel	10^{-6}	0,000 001
Milli...	m...	Tausendstel	10^{-3}	0,001
Zenti...	c...	Hundertstel	10^{-2}	0,01
Dezi...	d...	Zehntel	10^{-1}	0,1
Deka...	da...	Zehnfache	10	10
Hekto...	h...	Hundertfache	10^2	100
Kilo...	k...	Tausendfache	10^3	1 000
Mega...	M...	Millionenfache	10^6	1 000 000
Giga...	G...	Milliardenfache	10^9	1 000 000 000
Tera...	T...	Billionenfache	10^{12}	1 000 000 000 000
Peta...	P...	Billiardenfache	10^{15}	1 000 000 000 000 000
Exa...	E...	Trillionenfache	10^{18}	1 000 000 000 000 000 000

D.O.

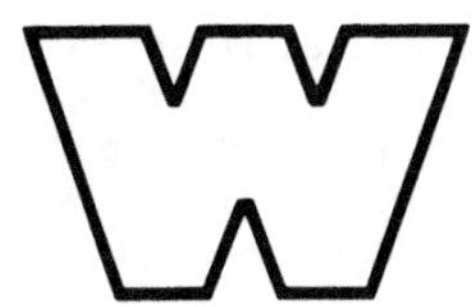

Waage, elektromechanische. Die Last (Wägegut) wirkt über einen Lastträger direkt auf eine oder mehrere Wägezellen, die ein der Belastung proportionales elektrisches Signal liefern, das mittels der elektrischen Auswägeeinrichtung analog oder digital angezeigt wird. Elektromechanische Waagen (s. Abb.) sind in der Regel bis 3000 d eichzulässig. Sie eignen sich besonders für große Lasten, bei beengten Einbauverhältnissen und in korrosiver Umgebung. Zusatzeinrichtungen (z.B. Tarierung) und Nachfolgesysteme wie Drucker, Datenverarbeitung, usw. sind möglich und entsprechen denen mechanischer Waagen. Sind zwischen Lastträger und Wägezelle noch mechanische Wägehebel wirksam, spricht man von einer elektromechanischen Hybridwaage. Mittels dieser Wägehebel können je nach Übersetzung kleiner dimensionierte (billigere) Wägezellen verwendet werden (Typenreduzierung). Durch Anbringen von Gegengewichten lassen sich größere Vorlasten in einfacher Weise kompensieren (z.B. bei Behälterwaagen) (↑ *Mechanische Waage*).

E.K.

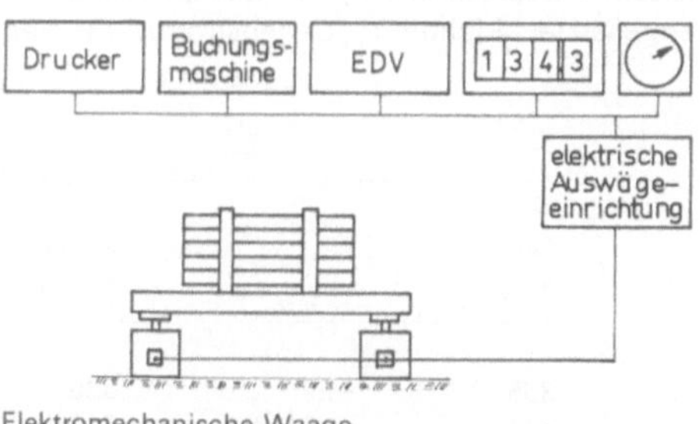

Elektromechanische Waage

Waage, mechanische. Die Last (Wägegut) wirkt über einen Lastträger (z.B. Plattform, Behälter) und ein kraftreduzierendes Wägehebelwerk auf eine mechanische Auswägeeinrichtung. Diese besteht bei selbsteinspielenden Waagen (s. Abb.) aus einem Ein-

bzw. Doppelpendelsystem (Massenkompensation), oder einem Federsystem (Kraftkompensation). Das Gewicht wird analog angezeigt mittels Zeiger oder projizierter optischer Skale. Der digitale Gewichtswert wird mit Hilfe mechanischer oder optisch-elektronischer Analog-Digitalwandler gebildet. Eichfähige Zeigerwaagen haben in der Regel eine Auflösung bis 1000 d (Skalenteile), optische Waagen bis 5000 d und digitalanzeigende Waagen bis 10 000 d. Bei geeichten Handelswaagen sind die erlaubten Fehler ±0,5 d von 0–500 d, ±1 d von 500–2000 d, ±1,5 d über 2000 d. Mindestens 500 d sind vorgeschrieben. Im Verkehr dürfen die Fehler doppelt so groß sein. Die Anzeige ist auf ~ 0,2 d reproduzierbar. Die Federwaage schwingt in 0,5 bis 1 s, die Pendelwaage in 2,5 bis 4 s auf den Gewichtswert ein. Mechanische Tariereinrichtungen werden im allgemeinen bis ~ 50% des Skalenbereichs vorgesehen. Eine Auswägeeinrichtung läßt sich in einfacher Weise auf 2 getrennte Lastträger umschalten. Mechanische oder optisch-elektronische Analog-Digital-Wandler erlauben die Weitergabe der Gewichtswerte an digital arbeitende Systeme wie Drucker, Buchungsmaschinen, Datenverarbeitung, Sollwertsteuerungen. Nichtselbsteinspielende Waagen (z.B. handbediente Laufgewichtswaagen) verlieren an Bedeutung.

E.K.

Wägen. Unter wägen versteht man das Bestimmen des Gewichtes (Masse, g, kg, t) eines Gegenstandes oder einer bestimmten vorhandenen Menge des Wägegutes mittels einer Waage (DIN 8120). Der Lastträger der Waage (z.B. Plattform, Behälter) ist so gelagert, daß das von ihm aufzunehmende Wägegut auch außermittig wirken darf. Wird das durch Wägen bestimmte Gewicht für Kauf oder Verkauf benützt, muß die Waage geeicht sein (Eichordnung). Bei selbsttätigen Waagen verläuft der Wägevorgang ohne Eingreifen von Bedienungspersonal. Muß das Bedienungs-

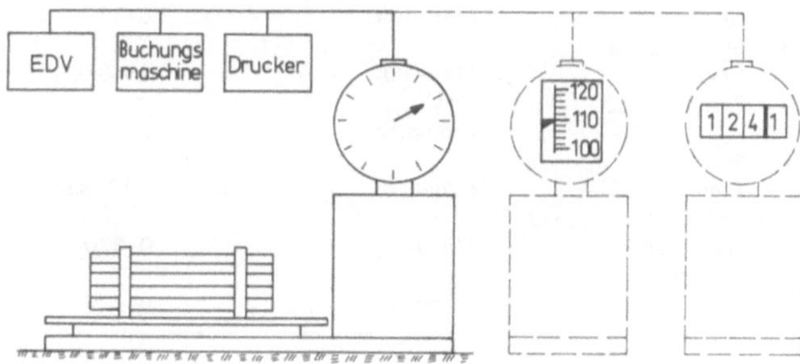

Mechanische Waage

personal außer zum Be- und Entlasten der Waage auch zum Erzielen der Einspiellage eingreifen, spricht man von nichtselbsteinspielenden Waagen, während bei selbsteinspielenden Waagen die Einspiellage ohne Eingriff erreicht wird. E.K.

Wälzkolben-Pumpen (Roots-Pumpen) sind Drehkolben-Pumpen, die vor allem als (↑) *Gebläse* (Beschreibung s. dort), aber auch zum Fördern von Flüssigkeiten aller Art verwendet werden können. W.W.

Wärmeexplosion. Bei ihr gibt es im Gegensatz zur Deflagration und (↑) *Detonation* keine fortschreitende Reaktionszone. Das Produkt oder Reaktionsgemisch erhitzt sich als Ganzes (homogene Explosion). Zur Wärmeexplosion in einem Behälter kann es kommen, wenn die Wärmerate größer wird als über die Behälterwände, Kühlschlangen etc. abgeführt werden kann. (↑ *Wärmestau*, Zersetzung, exotherme). F.WI.

Wärmestau. Eine der größten Gefahren in der chemischen Industrie sind „Selbsterwärmungsprozesse": Die Reaktionswärme wird nicht ausreichend abgeführt, die Temperatur der Reaktanden steigt und damit wiederum die Reaktionsgeschwindigkeit, exotherme (↑) *Zersetzungsreaktionen* können auftreten. Die Folge sind (↑) *Wärmeexplosionen*, die erhebliche Sach- und Personenschäden nach sich ziehen. Maßnahmen gegen Wärmeexplosionen ((↑) *Zersetzung*, exother-

me) sind nur dann möglich, wenn die Temperatur der beginnenden Zersetzung und der zeitliche Temperaturverlauf (mit Induktionszeit) bekannt ist. Deshalb ist es erforderlich, daß Stoffe bzw. Reaktionsgemische unter Bedingungen geprüft werden, die den Verhältnissen in technischen Reaktionsbehältern vergleichbar sind. Dazu eignet sich besonders die „Druck-Wärmestau-Methode": Die Probe (ca. 400 ml) wird in einen Autoklaven gegeben, der sich in einem Dewar-Gefäß befindet. Beide werden zusammen in einen Ofen auf die vorgegebene Temperatur erhitzt. Diese Prüfanordnung gestattet folgende Angaben zu ermitteln: 1. Wärmerate in Abhängigkeit von der Temperatur, 2. Induktionszeit, d.h. die Zeit, nach der es in einem techn. Reaktionsbehälter ausgehend von der Anfangstemperatur zur Wärmeexplosion kommt, 3. Druckanstiegsgeschwindigkeit im geschlossenen Behälter und Zusammensetzung der gasförmigen Reaktionsprodukte. F.WI.

Wärmetauscher sind Apparate, in denen Wärme von einem Medium indirekt auf ein zweites Medium übertragen wird. Sie werden verwendet zum Heizen (Vorwärmen und Verdampfen) bzw. Kühlen von Flüssigkeiten sowie zum Kondensieren von Dämpfen. Wärmetauscher enthalten eine Zwischenwand, die das heiße Medium vom kalten trennt (Rekuperator). Führung der Medien: a) Beide Medien strömen in gleicher Richtung (Gleichstrom, Parallelstrom). b) Die Medien strömen in entgegengesetzter Richtung (Gegenstrom). c) Das

Tabelle Wärmeträger (Temperaturen in ° C)

Nr.	Handelsname	Chem. Charakter	Einsatz-bereich	Film-temp.	EP	Siede-beginn
1.	Santotherm 55	Alkylbenzole	0–315	335	−29	335
2.	Santotherm 66	Polyphenyle	5–343	371	−25/28	340
3.	Gilotherm ALD	Alkylbenzole	0–310	340	−45	310
4.	Gilotherm TH	Hydr. Polyphenole	0–340	370	−25	330
5.	Marlotherm S	Dibenzylbenzole	−15–350	370	−35	390
6.	Diphyl DT	Dimethyl-diphenyloxide	−30–330	340	−54	284/286
7.	Diphyl	Diphenyl/Diphenyloxid	13–400	410	+12,3	256/258
8.	Shell Thermia Öl 27	Mineralöl	0–320	340	−15	>360
9.	Shell Thermia Öl 45	Mineralöl	25–320	340	−30	>360
10.	Texatherm 320	Alkylsubst. Aromaten	0–320	320	−50	>330
11.	Esso Thermalöl T	Mineralöl	−13–320	340	−15	360
12.	BP Transcal 65	Mineralöl	0–320	340	−17	380
13.	Mobiltherm 605	Mineralöl	0–320	350	−12	390

eine Medium strömt in Röhren oder Kanälen, die senkrecht zur Strömungsrichtung des anderen Mediums stehen (Kreuzstrom). Gegenstrom- und Kreuzstrom-Wärmetauscher sind für größere Temperaturübertragungen günstiger als Gleichstromapparate. Mit Sattdampf beheizte Wärmetauscher fordern die ständige Entfernung des Kondensates (↑ *Kondensatableiter*). Nach der Bauart unterscheidet man: (↑)*Mantel-Wärmetauscher, Heizwände, Schlangen-WT, Röhren-WT, Spiral-WT, Platten-WT, Lamellen-WT, Block-WT, WT mit rotierenden Wischerblättern, Schnecken-WT* und (↑) *Riesel-WT.* In (↑) *Kühltürmen* findet ein direkter Wärmetausch zwischen erwärmtem Fabrikationswasser und Luft statt.　　　W.W.

Wärmetauscher mit rotierenden Wischerblättern, d.h. die Dünnschicht- oder Film-WT sind der Gruppe der (↑) *Dünnschicht-Verdampfer* zuzurechnen.　　　W.W.

Wärmeträger, *organische* sind Flüssigkeiten oder Dämpfe, die zur indirekten Beheizung dienen (s. Tabelle). Sie werden vorwiegend zwischen −50°C und +400°C benutzt. Ein organischer Wärmeträger soll wirtschaftlich, schwer entflammbar, nicht korrosiv, geruchlos und physiologisch unbedenklich sein. Für die Auswahl eines Wärmeträgers sind wichtig: 1. *Die benötigte Wärmetauscherfläche*, als Funktion der Wärmeübergangseigenschaften des Wärmeträgers. Je besser der Wärmeübergangskoeffizient, desto mehr Wärme kann pro Flächeneinheit übertragen werden bzw. desto kleiner kann die Wärmetauscherfläche werden. Zu beachten ist, daß Wärmeübergangskennzahlen stark temperaturabhängig sind, so daß für einen bestimmten Temperaturbereich jeweils ein Wärmeträger optimal ist. 2. *Die Energie für das Pumpen* des Wärmeträgers in Abhängigkeit von den Transporteigenschaften und der Viskosität. 3. *Die Anschaffungskosten* für den Wärmeträger und dessen Lebensdauer, die von seiner thermischen Stabilität abhängt. Hohe Zersetzungsraten und kurze Lebensdauer eines Wärmeträgers bei der vorgesehenen Betriebstemperatur erfordern ständige Nach- bzw. Reservefüllungen. Außerdem werden durch die thermische Zersetzung die Eigenschaften des Wärmeträgers hinsichtlich Wärmeübergang und Druckverlust verschlechtert. Hinzu kommen noch die schwer zu kalkulierenden Kosten für Betriebsunfall und Reinigungsarbeiten. 4. *Wärmeträgerbedingte Anlagen-Mehrkosten* wegen besonderer Werkstoffe, Pumpen etc. (↑ *Heizmedien, Wärmeträger, organische*).　　　F.W.

Wärmeübergang bei der Verdampfung. Man unterscheidet bei der Verdampfung 4 Gebiete:

A—B　Verdampfung an freien Flüssigkeitsoberflächen (Wärmeübergang bei freier Konvektion ohne Phasenänderung)

Flamm-punkt	Brenn-punkt	Zünd-temp.	Dampfdruck (bar)		Hersteller
180	210	354	<1	(315°C)	Monsanto
179/180	190/200	374	~1	(340°C)	Monsanto
180	186	395	~1	(320°C)	Rhone-Progil
182	190	420	~1	(340°C)	Rhone-Progil
>190	230	>500	<1	(350°C)	Chem. Werke Hüls
135	−	545	2,28	(320°C)	Bayer AG
115	−	615	11,33	(400°C)	Bayer AG
220	250	340	<1	(320°C)	Shell AG
230	260	355	<1	(320°C)	Shell AG
200	220	360	<1	(320°C)	Texaco
215	245	−	<1	(320°C)	Esso AG
215	240	345	<1	(320°C)	BP AG
214	−	340	<1	(320°C)	Mobil Oil AG

M.N.

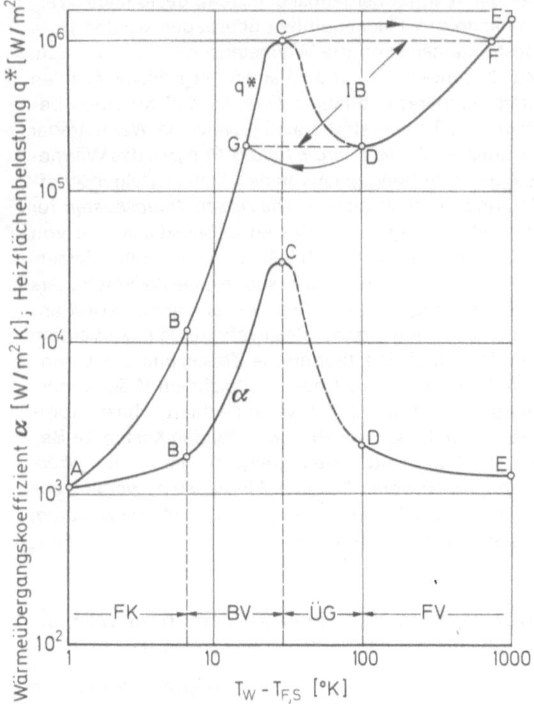

Wärmeübergang bei der Verdampfung. FK = freie
Konvektion; BV = Blasenverdampfung;
ÜG = Übergangsgebiet; FV = Filmverdampfung;
IB = instabile Bereiche. (übrige Bezeichnungen im Text)

B–C   Blasenverdampfung

Bei genügend großer Temperaturdifferenz ΔT
$= T_w - T_{F,S}$ zwischen der beheizten Wand (T_w)
und der umgebenden siedenden Flüssigkeit
($T_{F,S}$) bilden sich auf der Heizfläche Dampfblasen.

Mit steigendem ΔT wachsen der Wärmeübergangskoeffizient α [W/m² °K] und die

Heizflächenbelastung q* [W/m²] $\left[\alpha = \dfrac{q^*}{\Delta T} \right]$
rasch an.

C–D   Übergangsgebiet

Die Zahl der Blasen und ihre Wachs-
tumsgeschwindigkeit sind so groß, daß die
Heizfläche stellenweise mit einem instabilen
isolierenden Dampffilm bedeckt ist. (Instabiler
Bereich, nicht realisierbar).

D–E   Filmverdampfung

Die Heizfläche ist mit einem stabilen, isolieren-
den Dampffilm bedeckt. Praktisch kann folgen-
der Vorgang beobachtet werden:
In der Nähe des Punktes C bewirkt eine kleine
Steigerung der Heizflächenbelastung q* den
Umschlag von der Blasen- zur Filmverdampf-
fung (C→F), verbunden mit einem gefährlichen
Anstieg der Heizflächentemperatur $T_w \cdot T_w$kann

unter Umständen größer als die Schmelztemperatur der Heizwand werden, was zu deren
Zerstörung führt (burn-out). Ein Verlauf C–D–F
ist nicht realisierbar. Die Heizflächenbelastung
hat den Verlauf einer Hystereseschleife, wobei
die Streckenteile C-F und D-G in der angegebenen Weise übersprungen werden (s. Abb.).
F.W.

Wärmeübertragungsanlagen mit organischen
Wärmeträgern sind Anlagen, in denen zur indirekten
Beheizung von Wärmeverbraucher ein *organischer*
(↑) *Wärmeträger* in einem Erhitzer aufgeheizt oder
verdampft und die dem Wärmeträger zugeführte Energie durch Rohrleitungen den Wärmeverbrauchern zugeführt wird. In Sonderfällen kann durch das Zwi-
schenschalten eines Kühlers Wärme abgeführt werden.
Der Vorteil gegenüber einer direkten Flammenbehei-
zung liegt darin, daß man die damit verbundenen
Gefahren – besonders in explosionsgefährdeten Bereichen – vermeidet und daß man den verschiedenen
Wärmeverbrauchern unterschiedliche Wärmemengen
bei verschiedenen Temperaturen gut geregelt zuführen
kann. Organische Wärmeträger werden benutzt, wenn
Wasser als Wärmeträger aus physikalischen oder wirtschaftlichen Gründen ausfällt. Der Wärmeübergang
organischer Stoffe ist schlechter als der von Wasserdampf, so daß bei Heizvorgängen, die durch die
Energiezufuhr begrenzt werden, größere Heizflächen
und eine große Pumpenenergie zur Erzielung einer
hohen Strömungsgeschwindigkeit erforderlich sind.
Auch der Wärmeinhalt pro Gewichtseinheit ist beim
organischen Wärmeträger geringer als bei Wasserdampf. Für die betriebliche Praxis kann die Trägheit
eines organischen Wärmeträgersystems von Nachteil
sein, wenn schnelle Temperaturänderungen wegen der
großen Wärmekapazität der Ölfüllung nicht möglich
sind. Ein Vergleich mit dem dampfförmigen organischen Wärmeträger Diphyl zeigt, daß dieser hinsichtlich Wärmeübergang dem flüssigen Wärmeträger
gleichwertig ist, jedoch bei gleicher Rohrleitung wesentlich höhere Druckverluste aufweist. Dennoch kann
es bei bestimmten Aufgaben sinnvoll sein, einen
dampfförmigen organischen Wärmeträger zu wählen,
z. B. wenn man möglichst gleichmäßige Temperaturen
im Wärmeverbraucher anstrebt. Wegen des einfachen
Aufbaus und der Vielseitigkeit der (↑) *Beheizungssysteme* haben sich organische Wärmeübertragungsanlagen einen festen Platz in der industriellen Behei-
zungstechnik gesichert. Die Anwendung hoher Temperaturen bei niedrigem Betriebsdruck führt zu einer
Herabsetzung der Investitionskosten, weil die Wärmeverbraucher einfacher und kleiner konstruiert werden
können. Beispiele für die Beheizung mit organischen
Wärmeträgern sind: Destillationsanlagen, Furnierpres-
sen, Reaktionsbehälter, Spanplattenpressen, Lagerbe-
hälter, Beschichtungsanlagen, Kaschierwalzen, Trok-
kenzylinder, Kalander, Verdampfer, Galvanikbäder,
Trockentrommeln und Dampferzeuger. – Die technische Ausrüstung für Wärmeübertragungsanlagen ist

einfach und besteht aus dem Erhitzer mit Ausdehnungs- und Vorratsgefäß, den Pumpen, der Brenneranlage oder Elektroheizung mit Regelung und Sicherheitsvorrichtungen, den Armaturen, der Verrohrung, der Isolierung und den Wärmeverbrauchern. Für die Auslegung sind die DIN 4754, die VDI-Richtlinie 3033 und die Unfallverhütungsvorschriften (VBG 17) zu beachten. — Die Wärmezufuhr im Erhitzer ist durch Elektroheizung oder durch Verbrennung fossiler Brennstoffe möglich. Wichtigstes Kriterium ist eine möglichst schonende Wärmezufuhr, um hohe Übertemperaturen im Wärmeträgerfilm an der Wandung zu vermeiden. Ein betriebssicheres Betreiben ist nur möglich, wenn die Filmtemperatur im Erhitzer unterhalb der zulässigen Temperatur gehalten wird, weil sonst Zersetzung auftritt. Die Filmtemperatur hängt ab vom inneren Wärmeübergangskoeffizienten, der Wärmeleitfähigkeit des Rohrmaterials, der Rohrwandstärke, der äußeren Wärmestromdichte und der Wärmeträgertemperatur im Erhitzer (siehe DIN 4754). Die Hauptfehlerquellen bei Wärmeträgererhitzern sind: a) *Direkte Flammenberührung* der Heizflächen durch ungeeignete Brenner, ungenügende Brennerjustierung, einseitiges Brennen durch Koksbildung am Brenner und zu kleinen Feuerraum. b) *Überhöhte Filmtemperatur* durch Betreiben des Erhitzers oberhalb der zulässigen Ofenkapazität, durch Verschmutzung der Heizfläche und zu schnelles Aufheizen. c) *Zu niedrige Strömungsgeschwindigkeit* im Erhitzer durch Kavitation an den Pumpen, weil Gasbildung in der Flüssigkeit auftritt, das Niveau im Expansionsgefäß zu weit abfällt oder der Wärmeträger durch andere Flüssigkeiten verunreinigt ist. d) *Ungleichmäßige Strömungsgeschwindigkeit* in mehrgängigen bzw. vielgängigen Rohrschlangen, die nicht einzeln überwacht werden. e) *Material- und Schweißfehler* in der Rohrschlange, die zu Rohrreißern führen. f) *Wärmestau und thermische Zerstörung* an Ofeneinbauten, weil die Hitze nicht abgeleitet wird. Bei Verwendung von Öl bzw. Gas als Brennstoff müssen die Brenner den DIN-Vorschriften für Gas- oder Ölfeuerungen entsprechen. Bei den vorwiegend benutzten Ölbrennern ist zu unterscheiden zwischen der Zweistufen- und der modulierenden Ausführung, die gleichmäßigere Vorlauftemperaturen ermöglicht. Zur Brennerüberwachung gehört die Kontrolle der Vorlauftemperatur, der Flamme und der Brennstoffversorgung mit der dazugehörenden Störabschaltung. Als Sicherheitsvorrichtungen sind ein Strömungswächter, ein Temperaturbegrenzer und eine Niveausicherung am Ausdehnungsgefäß als Mindestausrüstung vorgeschrieben. Da sich die Wärmeträgerfüllung mit zunehmender Temperatur ausdehnt, ist das Ausdehnungsgefäß so zu dimensionieren, daß es immer die 1,3-fache Menge der Volumenzunahme der Gesamtfüllung bei Maximaltemperatur aufnehmen kann. Das Vorratsgefäß soll groß genug sein, um die ganze Ölfüllung eines Primär- oder Sekundärkreises aufzunehmen und mit dem Expansionsgefäß verbunden sein, damit ein Überlauf aufgefangen wird. — Zur Förderung der organischen Wärmeträger werden üblicherweise Kreiselpumpen verwendet. Als Werkstoff wird wegen der Thermospannungen nur Sphäroguß oder warmfester Stahlguß gewählt. Die Wellenabdichtung erfolgt durch wassergekühlte Gleitringdichtungen oder besser durch Edelstahlfaltenbalg-Gleitringdichtungen mit einer Hartmetall-Gleitpaarung ohne Fremdkühlung, die durch eine Sicherheitsstopfbuchse mit hitzebeständiger Packung ergänzt wird. In Sonderfällen kann es wirtschaftlich sein, (↑) *Spaltrohrmotorpumpen* oder (↑) *Magnetkupplungspumpen* zu benutzen. Falls Wärmeträger mit einem hohen Erstarrungspunkt verwendet werden, muß die Pumpe beheizbar sein. Bei der Auslegung von Pumpe und Motor ist der gesamte Arbeitsbereich, also auch das Anfahren der kalten Anlage, zu berücksichtigen, weil sich spezifisches Gewicht und Viskosität der Öle mit der Temperatur stark ändern. Der NPSH-Wert der Pumpe ist wichtig, weil die Wärmeträger oft bis in die Nähe des Siedebeginns erhitzt werden und beim Anfahren Luft und Wasserdampf Kavitation bewirken können, so daß eine entsprechende Zulaufhöhe gegeben sein muß, wenn die Anlage nicht laufend wegen Strömungsausfalls abgeschaltet werden soll. Die Rohrleitungsabmessungen sind entsprechend dem Wärmemengenbedarf optimal festzulegen, kostengünstig ist es, mit einer langen Primärkreisrohrleitung und vielen kurzen Sekundärkreisen zu arbeiten. Nachteilig ist dabei, daß die Verweilzeit des Wärmeträgers bei hoher Temperatur verlängert wird (Zersetzung). Wegen der hohen Temperatur und der daraus resultierenden Dehnungen und Spannungen muß das Rohrleitungssystem elastisch sein. Bei den Werkstoffen für Rohre, Flansche, Schrauben und Dichtungen ist auf die Warmfestigkeitseigenschaften zu achten. Grundsätzlich sind Schweißverbindungen zu bevorzugen und Flanschverbindungen auf ein Minimum zu reduzieren. Als Absperrarmaturen kommen vorwiegend Faltenbalgventile mit Sicherheitsstopfbuchse aus Werkstoff Stahlguß oder Schmiedestahl infrage. Die Isolierung ist nach VDI-Vorschrift 2055 auszuführen. Besonders zu beachten ist, daß keine brennbaren Materialien in der Isolierung enthalten sind. Wärmeübertragungsanlagen dienen unterschiedlichsten Aufgaben, so daß man es mit sehr verschiedenen Apparaten als Wärmeverbraucher zu tun hat. Hinsichtlich des Apparate-Werkstoffs ist vorwiegend auf ausreichende Warmfestigkeitseigenschaften zu achten. Für jeden Apparat ist am höchsten Punkt eine Entlüftung, am tiefsten eine separate Entleerung vorzusehen. Es ist insbes. auf eine ausreichende Strömungsgeschwindigkeit zu achten, damit man eine gute Wärmeübergangszahl erreicht. Außerdem sind die Temperaturdifferenzen zwischen Vor- und Rücklauf des Wärmeträgers sowie das sich daraus ableitenden Temperaturgefälle für den Wärmedurchgang im Verbraucher zu berücksichtigen (vor allem bei Sekundärkreisen mit konstanter Umlaufmenge und unterschiedlichen Wärmeleistungen). M.N.

Wärmeübertragungsmittel ↑ *Heizmedien, Wärmeträger, organische* F.W.

Walzen-Brikettpressen (s. Abb.). Maschine zur (↑) *Kornvergröberung* durch (↑) *Brikettierung*. Das zu brikettierende Material wird zwischen zwei sich gegenläufig drehenden Walzen gepreßt. Die Walzen besitzen an den Mantelflächen Formmulden, in denen eiförmige oder kissenförmige Briketts erzeugt werden. Die Deckungsgleichheit der Formmulden-Hälften auf beiden Walzen wird durch Kuppelzahnräder erreicht, die entweder auf den Walzenachsen aufgebracht sind oder in ein Untersetzungsgetriebe integriert werden, das zum Antrieb der Presse dient. Die Walzen liegen in einem entsprechend ausgebildeten Rahmen in Wälzlagern. Eine Walze ist hydraulisch abgestützt, um eine weitgehend konstante Preßkraft zu gewährleisten. Die Preßkraft ist vom Walzendurchmesser abhängig. Man baut Maschinen mit Walzendurchmessern von 500, 650, 750, 1000 und 1400 mm. Die Brikettgrößen betragen 1–350 cm³. Bevorzugt werden Briketts von 10–30 cm³ erzeugt. Die Breite der Walzen beträgt 200–1500 mm. Die Typen-Unterscheidung erfolgt nach der Gesamtpreßkraft zwischen den Walzen, die zwischen 350 kN und 10400 kN liegt. Die Walzendrehzahl beträgt 2 bis 20 U/min. Für die (↑) *Kompaktierung* werden Walzen mit glatten oder geriffelten Mantelflächen eingesetzt. Man erzeugt dann keine einzelnen Briketts sondern plattenförmige Preßlinge.   H.R.

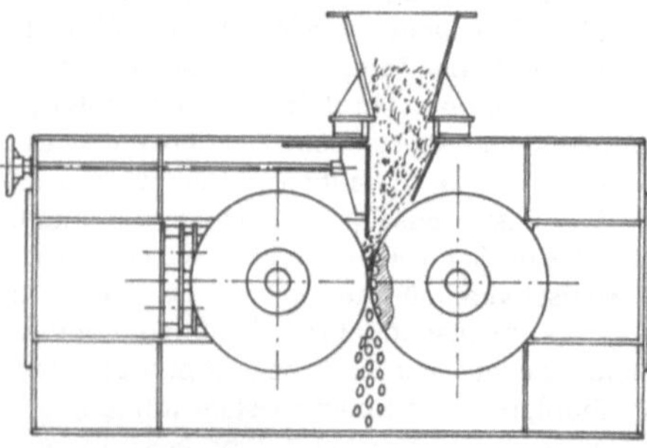

Walzen-Brikettpresse

Walzenbrecher ↑ *Brecher*   H.S.

Walzentrockner dienen zum kontinuierlichen Trocknen. Man unterscheidet Einwalzentrockner (für dünnflüssige Produkte) sowie Zweiwalzentrockner (für dickflüssige und breiige Produkte). Beim Einwalzentrockner geschieht die Gutaufgabe durch Eintauchen der Trocknerwalze in das Naßgut, durch Auftragen mittels einer oder mehrerer Aufgabewalzen oder durch Aufsprühen, während beim Zweiwalzentrockner das Naßgut in den oberhalb des Spaltes zwischen beiden Walzen angeordneten Sumpf oder durch oben angeordnete Aufgabewalzen aufgegeben wird. Die Walzen liegen in einem Gehäuse. Neben den eigentlichen Trockner gehören noch ein Naß- oder Trockenstaubfänger, ein Oberflächen- oder Trockenstaubfänger, ein Oberflächen- oder Mischkondensator sowie eine Vakuumpumpe zur Anlage. Die Beheizung erfolgt mit Dampf, Warmwasser oder Heißöl.   D.O.

Waschmittel sind Hilfsstoffe für den Haushalt sowie gewerbliche Wäschereien. Unter den Haushaltswaschmitteln spielen die Vollwaschmittel (optimierte Kombination für alle Waschverfahren) eine besonders wichtige Rolle.

Zusammensetzung von Vollwaschmitteln

Wirkstoff	Anteil in %
anionische + nichtionische Waschrohstoffe	10–15
Komplexbildner (fast stets Pentanatriumtriphosphat)	30–40
Bleichmittel (Natriumperborat)	20–30
optische Aufheller	0,1–0,3
Vergrauungsinhibitoren (Carboxymethylcellulose)	0,5–2
Korrosionsinhibitoren (Wasserglas)	3–6
Spezielle Seifen als Schauminhibitoren	2–3
Stabilisatoren	0,2–2,0
Stellmittel (Na_2SO_4)	5–15

Daneben werden ca. 0,1–0,2% Parfümöle und 0,0007–0,001% Farbstoffe zugesetzt. Enzymhaltige Vollwaschmittel enthalten 0,5–0,8% Enzymkonzentrate (Proteasen); in jüngster Zeit werden neben Proteasen, die eiweißhaltige Verschmutzungen hervorragend beseitigen, auch Amylasen zugesetzt, die gegen kohlenhydrathaltige Verschmutzungen wirksam sind.   D.O.

Wasserstoff. Wird entweder auf elektrochemischem Wege durch (↑) *Elektrolyse* gewonnen oder durch chemische Reaktionen. Möglichkeiten sind z.B. Umsetzung des Methans (Erdgas) mit Wasserdampf:

$$CH_4 + H_2O \rightleftharpoons 3H_2 + CO$$

Eine weitere Wasserstoff-Quelle ist (↑) *Raffineriegas*, aus dem H_2 durch Tieftemperaturzerlegung gewonnen werden kann. Große Bedeutung hat die Isolierung aus (↑) *Synthesegas* (CO/H_2-Gemisch) durch Konvertierung des CO nach:

$$CO + H_2O \rightleftharpoons CO_2 + H_2$$

und Entfernen des CO_2 durch Druckwäsche (↑ *Vergasung, Synthesegas aus Erdöl.*).   D.O.

Wasserverbrauch. Der Wasserverbrauch pro Person und Tag liegt in Mitteleuropa bei:

Städte über 100 000 Einwohner	ca. 140–250 l
Städte über 50 000 Einwohner	ca. 120–200 l
Städte über 10 000 Einwohner	ca. 100–140 l
Städte bis 10 000 Einwohner	ca. 80–100 l
ländliche Siedlungen	ca. 40– 60 l

D.O.

Wasser-Elektrolyse. Spaltung des Wassers in Wasserstoff und Sauerstoff durch (↑) *Elektrolyse*. An Elektroden aus CrNi-Stahl oder nickelplattiertem Stahl werden aus einem stark alkalischen Elektrolyten (mit hoher Leitfähigkeit), vorzugsweise KOH mit einer Konzentration, bei der ein Leitfähigkeitsmaximum auftritt, bei 80–90°C an der Anode Sauerstoff und an der Kathode Wasserstoff abgeschieden. KOH wird (theoretisch) nicht verbraucht. Die Elektroden sind durch ein Diaphragma getrennt, das es gestattet, Sauerstoff und Wasserstoff getrennt abzuziehen. Der Elektrolyt wird durch die Gasblasen zwischen Zelle und Gasabscheider umgewälzt. Die Zelle kann als offener Behälter gebaut sein, in den Diaphragma und Elektroden von oben eingehängt werden, oder in der Bauart von Filterpressen, bei denen einzelne komplette Pakete über Rahmendichtungen zusammengespannt werden. Die Elektroden sind üblicherweise (↑) *bipolar*, seltener (↑) *unipolar* geschaltet. Die Gase werden in der Regel bei Atmosphärendruck erzeugt und anschließend komprimiert. Bei Druckelektrolyse stehen der Elektrolyt und das erzeugte Gas unter Überdruck (30 bar). Das erspart eine getrennte Gaskompression, fordert aber druckfeste Zellen. Großanlagen werden nur dort rentabel betrieben, wo elektrische Energie billig ist (Assuan-Staudamm), dürften aber im Zusammenhang mit Kernkraftwerken (Speicherung und Transport von Energie in Form von Wasserstoff) neue Bedeutung erlangen. Richtwerte moderner Elektrolysezellen s. Tabelle.

Richtwerte moderner Elektrolysezellen

Stromstärke	4,5 . . . 8,0 kA
Zellspannung	1,8 . . . 2,0 V
Stromausbeute	98%
Energiebedarf	4,4 . . . 4,9 kWh/m$_n^3$ H$_2$
Elektrolyt	25 . . . 30% KOH (Massen-%)
Temperatur	75 . . . 90°C
Reinheit: H$_2$	99,8 . . . 99,9 Vol-%
O$_2$	99,6 . . . 99,7 Vol.-%

H.V.

Wasserglaskitte ↑ *Verlege- und Verfugewerkstoffe*
M.H. u. G.S.

Wasserkreislauf. Auf der Erde gibt es ca. 1,4 Mrd. km^3 Wasser, die zu 97,2% als salziges Meerwasser vorliegen. Weitere rund 2% liegen über den Polen und den Gebirgen in Form von ewigem Eis vor. Nur ca. 0,8% der gesamten irdischen Wasserreserven befinden sich im stetigen Kreislauf von Verdunstung–Niederschlag–Abfluß.
D.O.

Wasserringpumpen ↑ *Flüssigkeitsringpumpen*
W.W.

Waschrohstoffe sind die technisch wichtigste Gruppe unter den Tensiden. Sie dienen zur Herstellung von Wasch-, Reinigungs- und Spülmitteln (↑ *Tenside, Detergenien, Waschmittel*). Wichtigste Typen der sog. anionenaktiven Waschrohstoffe sind Alkylbenzolsulfonate, Alkylsulfate und Alkylsulfonate, während (↑) *äthoxylierte* (↑) *Fettalkohole* wichtigster Typ der sog. „Nonionics" sind. Daneben spielen im begrenzten

Typ	Formel	Name
anionenaktiv	R—COONa	Seife
	R—OSO$_3$Na	Na-Salze der sauren Alkylsulfate
	R—SO$_3$Na	Na-Salze der Alkylsulfonate
	R—⬡—SO$_3$Na	Na-Alkylbenzolsulfonate
	R—CH(SO$_3$Na)—COOH	Na-Salze der α-Sulfofettsäure
nichtionisch		
	R—O—(CH$_2$—CH$_2$—O)H$_n$	Äthoxylierte Fettalkohole
	R—⬡—O—(CH$_2$—CH$_2$)$_n$OH	Äthoxylierte Alkylphenole
kationenaktiv		Quartäre Ammoniumverbindungen
Amphotenside	R$_4$N$^\oplus$COO$^\ominus$	Alkylbetaine

Umfang kationenaktive Waschrohstoffe (z.B. quartäre Ammoniumverbindungen) eine Rolle. Weiterhin spielen sog. Amphotenside (Betainstruktur) in kleinen Mengen in Spezialprodukten eine Rolle.
D.O.

Weichmacher sind Verbindungen, die in Kunststoffe, insbesondere (↑) *Polyvinylchlorid* (PVC) sowie in Gummi, eingearbeitet werden, um diesen die notwendige Plastizität zu verleihen. Wichtiger Weichmacher für PVC ist Diisoocytylphthalat (gewonnen aus Isooctanol aus der (↑) *Oxo-Synthese* und (↑) *Phthalsäureanhydrid*).
D.O.

Weichmachung. Polymere können durch geeignete hochsiedende Lösungsmittel zur Quellung gebracht werden und erlangen dadurch neue mechanische Eigenschaften, die ihrerseits bedingen, daß erst jetzt die Kunststoffe verarbeitbar werden (↑ *Polyvinylchlorid*). Bei der Behandlung mit Weichmachern werden also gewisse Kunststoffe weich, plastisch und meist auch elastisch, wobei die Zugfestigkeit bei gleichzeitigem Ansteigen der Kerbzähigkeit sinkt. Diesen Vorgang nennt man „äußere Weichmachung" im Gegensatz zur „inneren Weichmachung", bei der man im starren Kunststoff durch chemischen Einbau elastischer Bindeglieder (↑ *Copolymerisation*) gleichfalls eine „Weichmachung" erreicht. So ist (↑) *Polystyrol* ein sprödes Material; durch Mischpolymerisation von Styrol mit Butadien gelangt man jedoch zu einem durch innere Weichmachung elastisch gemachten Werkstoff.
D.O.

Weitkammermühlen. Der Begriff ist unabhängig vom Mahlsystem. Entspr. Mühlengehäuse findet man bei sieblosen (↑) *Stiftmühlen* und bei (↑) *Schlagkreuzmühlen*, welche für die Vermahlung fetthaltiger, zum Ansatz im Gehäuse neigender Stoffe bestimmt sind.

H.S.

Wertungszahl von Füllkörpern. Für (↑) *Rektifiziersäulen* gibt die Anzahl der (↑) *theoretischen Böden* an, die durch eine 1 m-Schüttung (meist) bei einem (↑) *Rücklaufverhältnis* $v = \infty$ (d.h. ohne Kopfentnahme) experimentell zu erreichen ist. Die (↑) *Wertungszahl* in Abhängigkeit der Dampfgeschwindigkeit aufgetragen, ergibt eine Sattelkurve. Sie ist eine Funktion der Stoffeigenschaften der (↑) *Testgemische*. Die Wertungszahl n_{to} sinkt bei der oberen Grenzgeschwindigkeit des Dampfes mit steigenden Füllkörperabmessungen, bei Äthanol-Wasser-Gemisch z. B. von 11 auf 3 n_{th} pro Meter, wenn man anstelle von Porzellan-Raschigringen von 8 mm Durchmesser solche von 50 mm Durchmesser benutzt. Die Wertungszahl sinkt ferner bei kleinerwerdenden Rücklaufverhältnissen. Wird eine größere Schütthöhe betrachtet, so sinkt die Wertungszahl pro Meter zusätzlich durch die Randgängigkeit der Flüssigkeit bzw. bei kleineren Geschwindigkeiten durch Bachbildung.

H.M.

Wickelverfahren zur Verarbeitung von (↑) *Duroplasten*. Nach diesem Verfahren können z. B. zylindrische, ovale, rundeckige, konische und kugelförmige Körper hergestellt werden. Die wichtigste Anwendung dieses Verfahrens ist die Herstellung von Behältern, Behälterzylindern, Silos und Rohren. Man unterscheidet je nach Art des aufzuwickelnden Verstärkungsmaterials Drehbanksystem, Taumelsystem und kontinuierliches Wickelverfahren. Der Wickelkern der Anlage besteht aus einer Stützkonstruktion, deren Oberfläche aus einem endlosen, schräg auflaufenden Stahlband gebildet wird. Hierdurch entsteht eine schraubenförmige Bewegung, die ein kontinuierliches Aufwickeln von getränkten Bahnen aus Verstärkungsmaterial erlaubt. Durch schindelartige Überlappung der einzelnen Wickellagen kann man beliebige Wanddicken aufbauen und durch Wahl geeigneter Verstärkungsmaterialien die Festigkeit in Achs- und Radialrichtung in weiten Grenzen variieren. In einem Ringofen folgt die Härtung. Hinter der Härtungszone wird das Stahlband nach innen abgezogen und dem Anfang wieder zugeführt.

H.K.

Windsichter. Apparate zur Durchführung der (↑) *Windsichtung*. Wichtige Vertreter sind: (↑) *Jalousiesichter, Kanalsichtrad, Korbsichtrad, Querstromsichter, Schraubensichter, Spiralsichter Steigrohrsichter, Stromsichter, Windsichtung* und (↑) *Streuwindsichter*.

F.K.

Windsichtung. Es handelt sich um Verfahren zur Trennung eines Kornhaufwerks mittels Gasströmung nach der Korngröße, (genauer nach der Sinkgeschwindigkeit) in zwei Fraktionen ober- und unterhalb einer bestimmten Trenngrenze (Klassierung). Das Verfahren wird dort verwendet, wo andere Korngrößentrennverfahren, vor allem (↑) *Sieben* und (↑) *Naßsichten* insbesondere wegen hoher Feinheit, Verhaken oder Trocknungskosten unwirtschaftlich werden. Verwendung: Herausnehmen eines Produktes aus gemahlenem Gut, aus natürlichem oder technischem Rohgut; (↑) *Entstaubung* eines verhältnismäßig groben Produktes; Aussonderung geringer Mengen von Überkorn oder Fremdgut; Herstellung von Fraktionen mit bestimmter Ober- und Untergrenze; Sortierung nach Dichte und Kornform. Die in Luft dispergierten Gutteilchen beschreiben beim Sichten in einer Sichtzone unter dem Einfluß von Strömungs- und Massenkräften, die in unterschiedlicher Weise von der Korngröße abhängen, verschiedene Bahnen und können getrennt aufgefangen werden. Im Sichter wirken zwecks höherer Trennschärfe meist mehrere verschiedenartige Sichtzonen derart zusammen, daß etwa in einer Zone fehlgelaufene Körner in der anderen auf den richtigen Weg geschickt werden. Häufigster Fall: Eine Grobgutsichtzone bietet alles grenzkornnahe und feinere Gut wiederholt der Feingutsichtzone an, die nur das endgültige Feingut durchtreten läßt und alles andere wieder in die Grobgutzone zurückweist, so lange bis das saubere Grobgut ausgetragen wird. Es gibt jedoch auch Sichter mit vielen gleichen Sichtzonen (↑ *Zickzacksichter*) oder nur einer Sichtzone (↑ *Querstromsichter*). Die Durchluftsichter saugen reine Luft an und erreichen dadurch ein sehr sauberes Grobgut, benötigen aber zur Abscheidung des Feingutes aus der gesamten Sichtluft ein großes Filter. Die Umluftsichter arbeiten dagegen im Kreislauf mit einem einfachen (↑) *Zyklon* und ihr Grobgut ist daher weniger sauber; hier genügt ein kleines Filter zur Entstaubung der Leckluft. Bei den Stromsichtern (s. Abb.) wird das Aufgabegut

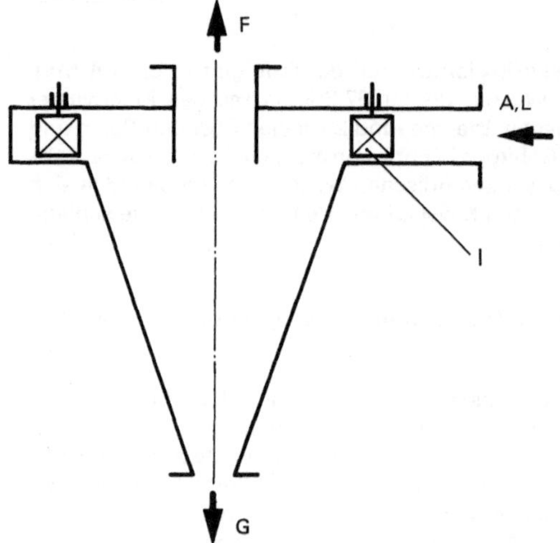

Windsichtung (Stromsichter) A = Aufgabegut; F = Feingut; G = Grobgut; L = Sichtluft; I = verstellbare Leitschaufeln

mit der gesamten Sichtluft zugeführt, wodurch ihr Grobgut sehr unsauber ist, so daß sie praktisch nur im Mahl-Sicht-Kreislauf verwendet werden. Der Durchsatz des Sichters wird durch den Aufgabe-, Fein- oder Grobgutmassenstrom gekennzeichnet, je nachdem, welcher im Einzelfall interessiert. Die Sichtfeinheit wird entweder als Trenngrenze oder durch eines oder mehrere Feinheitsmerkmale des jeweiligen Wertproduktes angegeben, z.B. Feingut 3% größer 37 µm oder Staubgehalt kleiner 1 mm im Grobgut 0,01%. Die Trennschärfe kennzeichnet man entweder als Ausbeute an jeweiligem Wertprodukt, bezogen auf dessen Gehalt bei einer willkürlichen Beurteilungskorngröße oder als Kennwert der Trennkurve, z.B. κ_{25-75}. Dazu kommt gegebenenfalls noch eine Angabe über den Spritzkorngehalt im Feingut. Auflösekraft für Agglomerate und Ansatzverhalten können bis jetzt nur durch den beherrschten Güterkreis gekennzeichnet werden. Der Verschleiß schränkt für Gut über Härte 4 (nach Mohs) den Kreis der wirtschaftlichen Sichterbauarten stark ein. Ein Schutz durch Panzerung ist nur bedingt möglich. Bei allen Sichtern kann die Trenngrenze im Stand oder Lauf verstellt werden. Die Trenngrenze folgt der Verstellung praktisch sofort, jedoch können noch Stunden später Spuren des früheren Feingutes mitkommen. Bei der Sichterauswahl sind zu beachten: Auswechselbarkeit von Verschleißteilen, Verunreinigung des Produktes durch Abrieb oder Schmierstoff, Reinigungsmöglichkeit bei Gutwechsel, Empfindlichkeit gegen Fremdkörper, Maßnahmen gegen Staubexplosionen. Wegen der Vielzahl der beteiligten physikalischen Vorgänge läßt sich kein einheitliches Ähnlichkeitsgesetz für Feinheit und Durchsatz formulieren. Für jede Bauart muß der Maßstabseinfluß theoretisch oder empirisch gesondert bestimmt werden. Meist nimmt die erzielbare Feinheit mit Größe und Durchsatz ab.

F.K.

Winkler-Generator. Nach seinem Erfinder Fritz Winkler (1888-1950) benannter Gaserzeuger, in dem pulverförmige Kohle in einer (↑) *Wirbelschicht* vergast wird (s. Abb.). Erste großtechnische Anwendung des Verfahrensprinzips der (↑) *Fluidisation* (Patentanmeldung 1922 durch die damalige I.G. Farbenindustrie). Pulverförmige Kohle wird über eine Förderschnecke in den Reaktionsraum eingebracht, wo sie durch ein Dampf-Luft-Sauerstoff-Gemisch fluidisiert wird. Die durch Teilverbrennung der Kohle entstehende Wärme dient zur Deckung des Wärmebedarfs der Wassergasreaktion.

J.W.

Wirbelbett ↑ *Wirbelschicht* J.W.

Wirbelbett-Trockner (Fließbett-Trockner) ↑ *Wirbelschicht-Trocknung* D.ST.

Wirbelradpumpen ↑ *Kreiselpumpen* W.W.

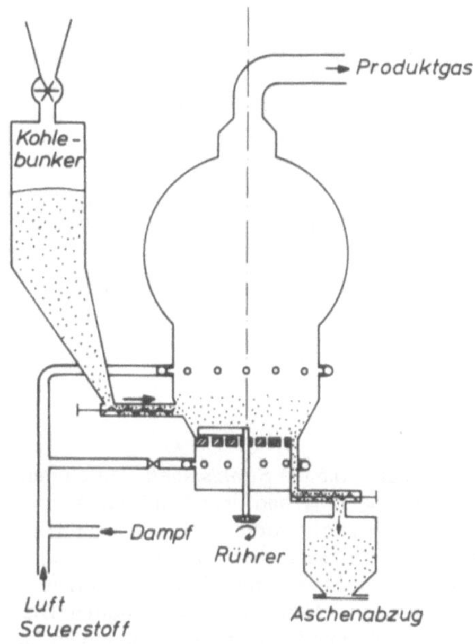

Winkler-Generator

Wirbelschicht (auch als Wirbelbett, Fluidatbett, Fließbett, engl. fluidized bed, fluid bed bezeichnet). Durch aufwärts strömendes Fluid in flüssigkeitsähnlichen Wirbelzustand versetzte Schüttung von Feststoffpartikeln. Zugrundeliegendes Verfahrensprinzip: (↑) *Fluidisation*. Bezüglich des Strömungszustandes sind folgende Erscheinungsformen von Wirbelschichten zu unterscheiden: Bei Steigerung des Fluidvolumenstromes $\dot{V}$ über den (↑) *Lockerungspunkt* kennzeichnenden Wert V_L hinaus beginnt bei der Fluidisation mit einer Flüssigkeit eine gleichmäßige Expansion der Schicht, während bei der — technisch wesentlich bedeutsameren — Fluidisation mit einem Gas die Bildung praktisch feststofffreier Gasblasen einsetzt. Die Blasenkoaleszenz bewirkt, daß die lokale mittlere Blasengröße mit zunehmender Höhe über dem Anströmboden rasch anwächst (s. Abb., S. 288). Bei genügend schlanken und hohen Wirbelschichtgefäßen füllen die Blasen schließlich den gesamten Querschnitt aus und durchlaufen die dann „stoßende" Wirbelschicht als eine Folge von Gaskolben — eine insbesondere für Labor-Wirbelschichten mit großen Verhältnissen von Schichthöhe zu -durchmesser typische Strömungsform. Bei sehr hohen Gasgeschwindigkeiten sind keine einzelnen Blasen mehr unterscheidbar; ebenso ist keine definierte Schichtoberfläche mehr zu erkennen. Derartige expandierte oder „zirkulierende" Wirbelschichten lassen sich wegen des hohen Feststoffaustrags nur durch ständige Zirkulation des Feststoffs über einen Rückführzyklon aufrechterhalten. Bei Feststoffpartikeln mit Durchmessern im Millimeterbereich und engen Kornspektren, die sich nur schlecht fluidisieren lassen, verwendet man statt einer Wirbelschicht

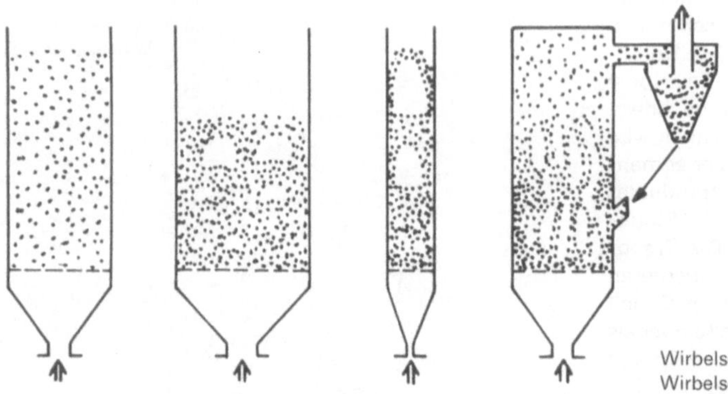

Wirbelschichtzustände. a) Flüssigkeits/Feststoff-Wirbelschicht; b-d) Gas/Feststoff-Wirbelschichten; c) stoßende Wirbelschicht; d) expandierte Wirbelschicht

zweckmäßig die (↑) *Strahlschicht*. Durch den intensiven Kontakt zwischen dem Fluidisiergas und dem in fein verteilter Form vorliegenden Feststoff bieten Gas/-Feststoff-Wirbelschichten günstige Bedingungen für Wärme- und Stoffaustauschprozesse sowie für nichtkatalytische und katalytische Reaktionen. Die Vorteile der (Gas/Feststoff-) Wirbelschicht sind im Einzelnen:

1. einfache Handhabung und einfacher Transport des Feststoffs durch flüssigkeitsähnliches Verhalten der Wirbelschicht,

2. gleichmäßige Temperaturverteilung infolge intensiver Feststoffdurchmischung,

3. große Austauschfläche zwischen Feststoff und Gas durch kleine Korngrößen des Feststoffs,

4. hohe Wärmeübergangszahlen sowohl zwischen der Wirbelschicht und eintauchenden Heiz- und Kühlflächen als auch zwischen Feststoff und Anströmgas.

Diesen Vorteilen stehen als Nachteile gegenüber:

1. Austrag des Feststoffs erfordert aufwendige Feststoffabscheidung und Gasreinigung,

2. intensive Feststoffbewegung kann zu Erosion an Einbauten und zu nennenswertem Abtrieb des Feststoffs führen,

3. Agglomeration des Feststoffs kann Zusammenbrechen der Fluidisation zur Folge haben,

4. hohe Rückvermischung des Gases reduziert Umsatz einer chemischen Reaktion,

5. Blasenentwicklung bedeutet im Fall einer katalytischen Reaktion unerwünschten bypass bzw. sehr breite Verweilzeitverteilung des Reaktionsgases,

6. Gegenstrom Gas/Feststoff nur in Mehrstufen-Anordnungen angenähert zu verwirklichen,

7. Maßstabsvergrößerung von Wirbelschichten schwierig.

Insbesondere das Maßstabsvergrößerungsproblem hat sich, da es den Bau kostspieliger Pilotanlagen erforder-

lich macht, in der Vergangenheit immer wieder als eines der wesentlichen Hindernisse für eine rasche Entwicklung neuer Wirbelschichtverfahren erwiesen.

Die technischen Anwendungen des Wirbelschichtprinzips lassen sich aufgliedern in:

1. Physikalische Prozesse

1.1. Mechanische Prozesse
(Fördern von Feststoffen in (↑) *Fließrinnen*, Trennen von Kornkollektiven nach Dichte und/oder Korngröße bei wenig über dem (↑) *Lockerungspunkt* liegenden Gasgeschwindigkeiten, Mischen von Feststoffen bei höheren Gasgeschwindigkeiten)

1.2. Prozesse mit Wärme- und Stoffübergang (Aufheizen/Kühlen von Feststoffen, ↑ *Wirbelschicht-Trocknung*, Adsorbieren/Desorbieren, ↑ *Wirbelschicht-Granulation*, *Wirbelsinter-Verfahren*)

2. Chemische Prozesse

2.1. Prozesse, in denen der Feststoff als Katalysator wirkt (z.B. ↑ *Fluid Catalytic Cracking-Verfahren*, Oxidation von Naphtalin zu Phtalsäureanhydrid nach dem (↑) *Sherwin-Williams/Badger-Verfahren, Sohio-Acrylnitril-Verfahren*)

2.2. Prozesse, in denen der Feststoff als Wärmeträger wirkt (z.B. ↑ *Fluid-Coking-Verfahren*, *BASF-Wirbelfließverfahren* zur Rohölspaltung, ↑ *Lurgi-Sandcracker* zur Äthylenherstellung)

2.3. Prozesse, in denen der Feststoff Reaktionsteilnehmer ist (z.B. (↑) *Wirbelschicht-Röstung* sulfidischer Erze, (↑) *Wirbelschicht-Calcination*, *Wirbelschicht-Schlammverbrennung, Winkler-Generator, Wirbelschicht-Feuerungen* zur Kohleverbrennung, (↑) *Wirbelschicht-Direktreduktionsverfahren*)   J.W.

Wirbelschicht-Calcination. Die (↑) *Calcination* stellt eine endotherme Reaktion dar. Die Verwendung von (↑) *Wirbelschichten* für Calcinationsprozesse ermöglicht eine Wärmezufuhr durch Verbrennung von Zusatzbrennstoff in der Wirbelschicht, d.h. in direktem Kontakt mit dem zu calcinierenden Feststoff. In mehrstufigen Wirbelschichten calciniert werden sowohl Kalkstein als auch Rohphosphat nach einem von Dorr-Oliver entwickelten Verfahren. In der Abb. dargestellt ist die Wirbelschichtcalcination von Tonerdehydrat nach dem System VAW/Lurgi. Die Calcination erfolgt dabei in einer expandierten Wirbelschicht. Das Verfahren zeichnet sich durch große spezifische Durchsätze

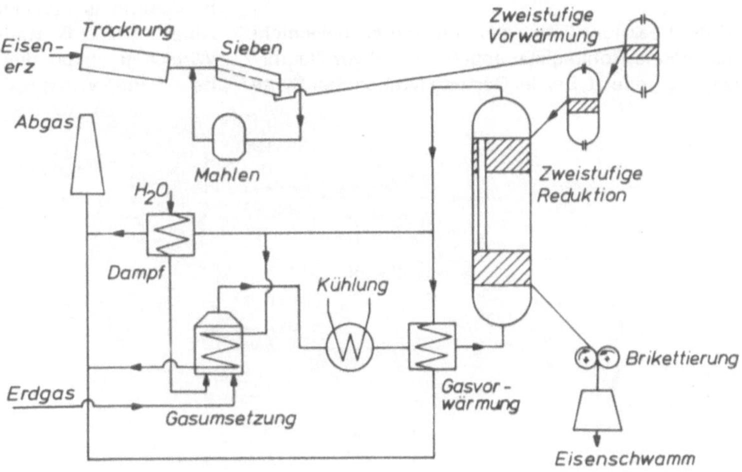

Tonerdecalcination nach dem System VAW/Lurgi

bei hoher Wärmewirtschaftlichkeit aus und hat sich bereits in Produktionseinheiten von über 650 tato bewährt.   J.W.

Wirbelschicht-Direktreduktionsverfahren. Verfahren zur Direktreduktion von Eisenerzen durch gasförmige Reduktionsmittel in der (↑) *Wirbelschicht*. Problematisch bei derartigen Prozessen ist, daß die im Laufe der Reduktion feinkörniger Eisenerze zu Eisenschwamm entstehenden hochreduzierten Eisenpartikeln zum Zusammenklumpen neigen, was zu Betriebsstörungen führen kann. In den Produktionsmaßstab gelangt sind bisher das HIB-Verfahren der US Steel (s. Abb.) und das FIOR-Verfahren der Esso, nach denen jeweils eine Anlage in Puerto Ordaz/Venezuela gebaut wurde.   J.W.

Wirbelschicht-Feuerung. Verfahren zur Energieerzeugung durch Verbrennung von Kohle in (↑) *Wirbelschichten*. Das Prinzip der Kohleverbrennung in der Wirbelschicht besitzt einige offensichtliche Vorteile gegenüber der konventionellen Staubfeuerung: kompakte Bauform, Absenkung der Verbrennungstemperatur auf 800–900° C, Möglichkeit des Einsatzes ballastreicher Kohlen und weitgehende Bindung des Schwefels der Kohle in der Asche bei Zugabe von Kalkstein oder Dolomit. Obwohl sich bereits einige dieser Verfahren im Stadium der Pilot- bzw. der Demonstrationsanlage befinden, dürften bis zur technischen Realisierung betriebssicherer großmaßstäblicher Wirbelschicht-Feuerungen noch erhebliche Entwicklungsarbeiten zu leisten sein. Insbesondere erfordert die Verwirklichung des in der Abb., S. 290, dargestellten Gas-Dampfturbinenprozesses, mit einer Druck-Wirbelschichtfeuerung im Hinblick auf die Schaufelerosion in der Abgasturbine eine zufriedenstellende Lösung des Entstaubungsproblems.   J.W.

Direktreduktion von Eisenerz
nach dem HIB-Verfahren

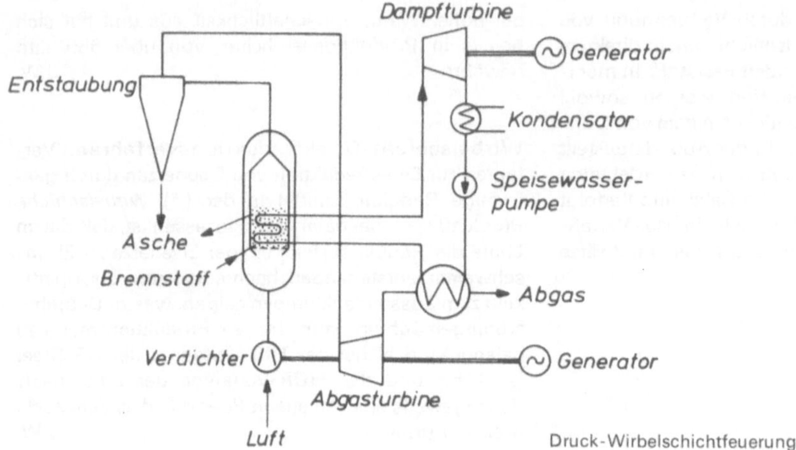

Wirbelschicht-Granulation. Verfahren zur Granulation in einer (↑) *Wirbelschicht*, bei dem eine evtl. mit Bindemittelzusatz versehene Lösung auf die Wirbelschicht aufgesprüht wird. Durch Trocknung der Lösung auf den Feststoffpartikeln bauen sich Granulate auf, die bei Überschreiten einer bestimmten Größe absinken und in der Nähe des Gasverteilerbodens aus dem Granulator abgezogen werden können. Anwendung: Granulation von Düngemitteln, Pharmazeutika.

J.W.

Wirbelschicht-Röstung. (↑) *Röstung* sulfidischer Erze in der (↑) *Wirbelschicht*. Ausgehend von BASF-und Dorr-Oliver-Entwicklungen in den Jahren 1945–1950 sind verschiedene Verfahrensvarianten entwickelt worden, die sich im wesentlichen durch die Art, wie die Reaktionswärme der Röstreaktion aus der Wirbelschicht abgeführt wird, unterscheiden. Bei dem in der Abb. dargestellten Lurgi-BASF-Verfahren zur einstufigen Röstung von Pyrit nach

$$2\ FeS_2 + 11/2\ O_2 \rightarrow Fe_2O_3 + 4\ SO_2$$

wird die Reaktionswärme durch in die Wirbelschicht eintauchende Rohrregister abgeführt und zur Dampferzeugung genutzt. Bei der Röstung feinkörniger Pyrite

werden zusätzliche Kühlrohre im Oberteil des Röstofens angeordnet, da die aus der Wirbelschicht ausgetragenen Feststoffpartikeln dort eine Nachröstung erfahren.

J.W.

Wirbelschicht-Schlammverbrennung. Verfahren zur Verbrennung von industriellen und kommunalen Klärschlämmen in (↑) *Wirbelschichten*. Zur Durchführung derartiger Prozesse, die das Ziel haben, sämtliche oxidierbaren Bestandteile eines gegebenen Schlammes in unschädliche Gase wie CO_2, H_2O usw. und in ablagerungsfähige mineralische Asche zu überführen, verwendet man Wirbelschichten inerter Feststoffe (Sand), in die der zu verbrennende Schlamm eingedüst wird. Wenn der Heizwert des Schlammes nicht ausreicht, um die Verbrennung bei 800–900° C selbstgängig zu halten, ist die Zufuhr eines zusätzlichen Brennstoffs notwendig. Dabei erfordert die Minimierung des Aufwandes an Zusatzbrennstoff eine möglichst weitgehende Ausnutzung der Abgaswärme zur Vorwärmung der Verbrennungsluft. Als Beispiel zeigt die Abb. eine Anlage zur Verbrennung von Ölschlämmen. Neuere Verfahrensentwicklungen zur Verbrennung fester Abfallstoffe (z.B. Hausmüll) sehen zur Erhöhung der Wirtschaftlichkeit die Kombination von unter Druck betriebenen Wirbelschichtöfen mit Abgasturbinen vor.

J.W.

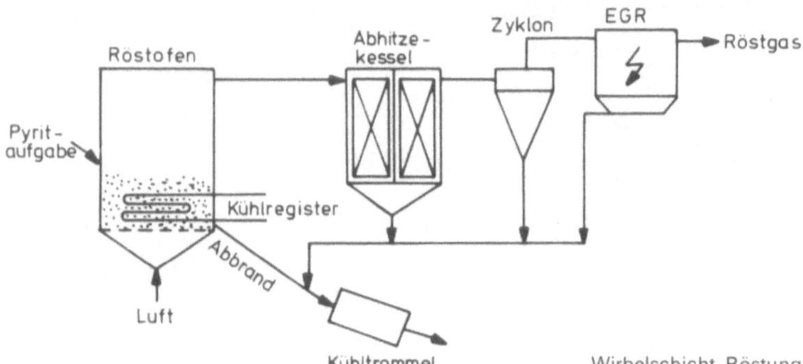

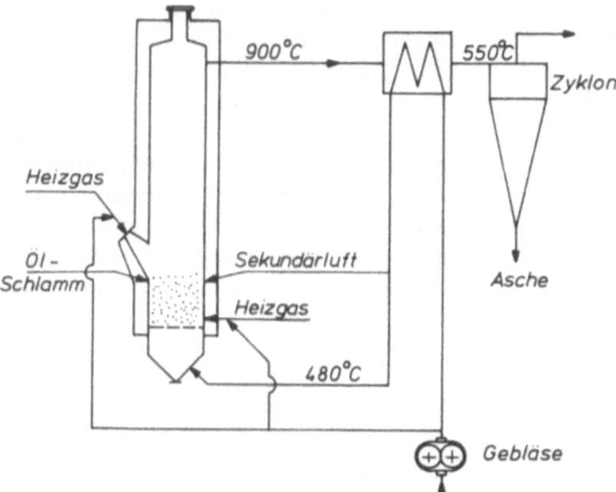

Verbrennung von Ölschlamm in einer Wirbelschicht

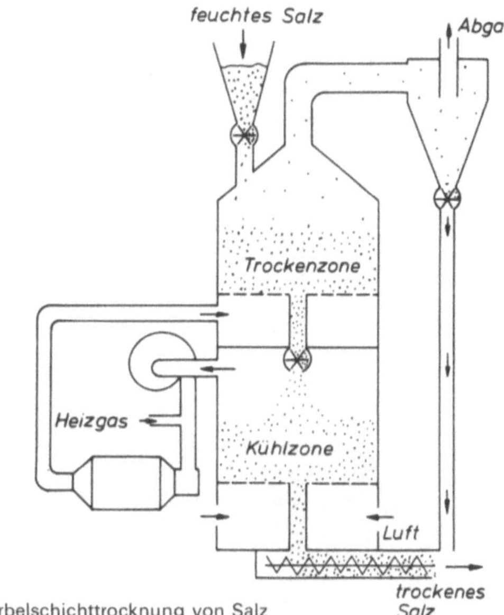

Wirbelschichttrocknung von Salz

Wirbelschicht-Trocknung. Trocknung pulverförmiger Feststoffe in ($\uparrow$) *Wirbelschichten*. Wirbelschicht-Trockner erlauben bei hohen spezifischen Leistungen eine — bedingt durch die der Wirbelschicht eigene Temperaturkonstanz — schonende und gleichmäßige Trocknung bis auf geringe Restfeuchten. Sie werden insbesondere zur Trocknung von Massengütern wie Dolomit, Kohle, Rohphosphat und Kunststoffgranulat mit Erfolg eingesetzt. Als Beispiel zeigt die Abb. die schematische Darstellung einer zweistufigen Wirbelschichtanlage zur Trocknung von Salz.   J.W.

Wirbelschichtöfen $\uparrow$ *Rösttechnik*   K.K.

Wirbelschichtreaktor (WSR). Der WSR zählt zusammen mit dem Rührkessel-Reaktor (RKR) und dem Rohrreaktor (RR) zu den industriell wichtigsten Reaktorgrundtypen in der chemischen Reaktionstechnik ($\uparrow$ *Reaktoren*). Einsatzbereich: Flüssig/Fest-Reaktionen ($\uparrow$ *Wasseraufbereitung* mit Ionenaustauscher), hauptsächlich jedoch Gas/Fest-Reaktionen wie z.B. ($\uparrow$) *Kracken* von Erdöl (Cat-Cracker) Kohle- ($\uparrow$) *Vergasung* (Winklergenerator), Chlorieren von Erzen, AlF_3 aus $Al(OH)_3$ + HF, ($\uparrow$) *Phtalsäureanhydrid* aus Naphtalin, ($\uparrow$) *Rösten* oder Reduktion von Erzen. Dabei dient der feinteilige Feststoff als Wärmeträger/Katalysator (Sandcracker der Lurgi/Ruhrgas, Wirbelschichtreaktor der BASF) oder nimmt an der Reaktion selbst teil. Rieselfähige, feinkörnige Schüttgutschichten dehnen sich am sog. Lockerungspunkt aus, wenn sie von Gasen durchströmt werden und gehen dabei in einen flüssigkeitsähnlichen Fließzustand über. Prinzipiell lassen sich nun je nach Auflockerungszustand des Schüttgutes im Wirbelbett verschiedene Untertypen ableiten, etwa: a) eine Wirbelschicht (WS) mit klar erkennbarer Oberfläche des Schüttgutes (relativ mäßige Bettbewegung, geringer Feststoff-Austrag, s. Abb. a); b) eine kräftig expandierte WS (starke Bettbewegung mit beträchtlichem Feststoffaustrag am Gasaustritt des WSR (s. Abb. b), die bei weiterer Erhöhung

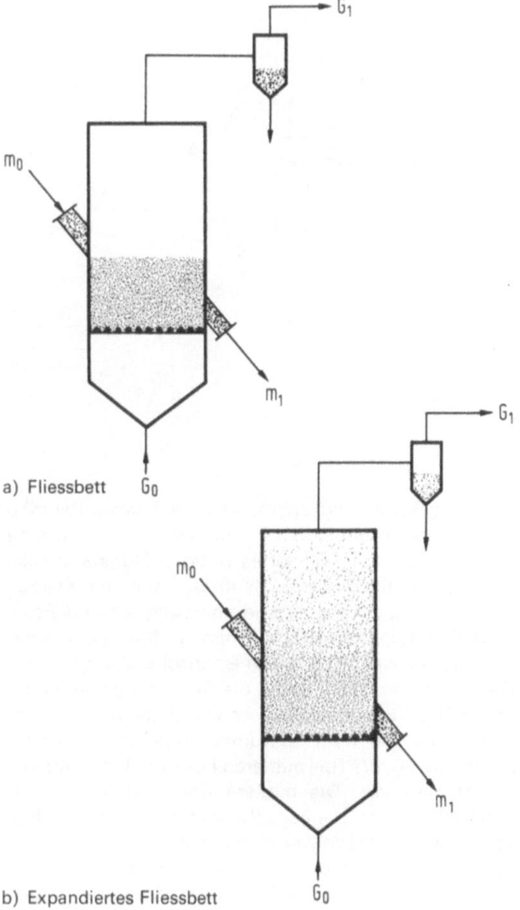

a) Fliessbett

b) Expandiertes Fliessbett

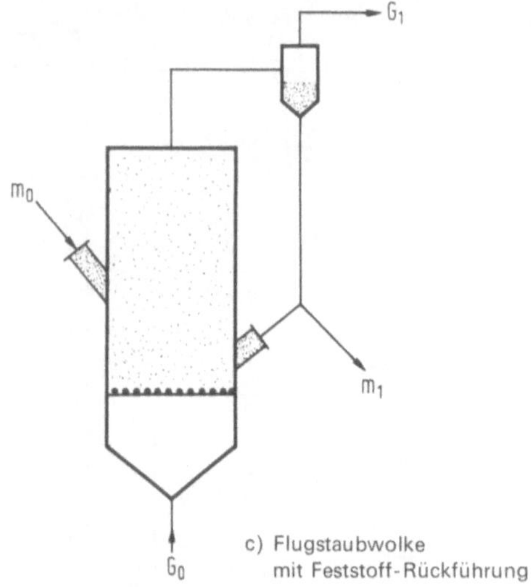

c) Flugstaubwolke
mit Feststoff-Rückführung

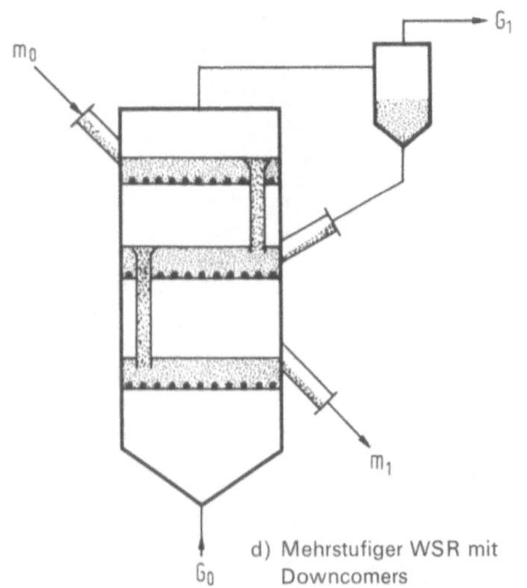

d) Mehrstufiger WSR mit
Downcomers

der Gasgeschwindigkeit in; c) eine Flugstaubwolke mit totalem Feststoffaustrag übergeht. Hier wird eine Rezirkulation des Feststoffes nötig („Flugstaubreaktor", z.B. Fischer-Tropsch-Synthese nach dem Kellog-Verfahren), s. Abb. c. Gasgeschwindigkeit und Feststoff-Korndurchmesser bestimmen bei gegebener Dichte des Feststoffes und kinematischer Zähigkeit des Gases, welcher WS-Typ für die Reaktion geeignet ist. In der Praxis kommen Gasgeschwindigkeiten von wenigen cm/s (bei mittleren Korndurchmessern von 10 – 20 µm) bis 20 m/s (bei mittleren Korndurchmessern bis zu 10 mm) vor. Die mittlere Gasverweilzeit hängt praktisch nur von der herrschenden Gasgeschwindigkeit ab, die Verweilzeitverteilung von der Gleichmäßigkeit der Durchströmung (Bodenkonstruktion, Einbauten). Bei kontinuierlich beschickten WSR ist die mittle-

re Feststoff-Verweilzeit durch das Verhältnis Bettinhalt (m^3) zu Durchsatz (m^3/h) gegeben und liegt zwischen 0,01 und mehreren Stunden. – Kontinuierliche, großtechnische WSR können auch mehrstufig angeordnet sein (s. Abb. d); die Aufgabe der Feststoffe erfolgt durch Zellenradschleusen, Schnecken oder pneumatischen Eintrag, der Weitertransport von Boden zu Boden mittels sogenannten „Downcomers" oder Zellenradschleusen, das Austragen bei nicht stark expandierten WS durch Bodenablaßventile, Schnecken oder Zellenradschleusen.   G.L.

Wischer ↑ *Dünnschichtverdampfer*   F.W.

Wirbelsinter-Verfahren. Verfahren zum Aufbringen von Kunstoffüberzügen auf metallische Werkstücke. Die zuvor erhitzten Werkstücke werden dazu in eine aus feinkörnigem Kunststoffpulver (vorzugsweise Polyvinylchlorid) bestehende (↑) *Wirbelschicht* eingetaucht (s. Abb.). Durch Ansintern der Feststoffpartikeln überziehen sich die Werkstücke mit einer gleichmäßigen Schicht, die sowohl dekorative als auch schützende Funktion haben kann.   J.W.

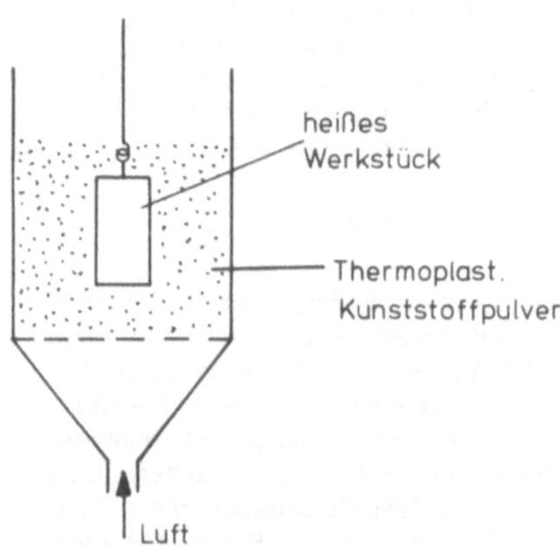

Wirbelsinter-Verfahren

Wolfram. W; Atomgew. 183,85; Dichte: 19,3 g/cm³; Kristallstruktur: kubisch raumzentriert; Fp: 3380° C; α: 4,44 · 10^{-6} grd^{-1}; λ: 1,78 W/cm grd; ϱ: 4,89 · 10^{-6} Ω cm; E: 390000 MN/m². – Wolfram ist ein sprödes, bei Raumtemperatur kaum verformbares Metall; zu seiner spanlosen Formgebung sind Temperaturen zwischen 800–1400° C erforderlich. Wolfram läßt sich mit Hartmetallwerkzeugen spanabhebend bearbeiten; Schweißen ist wegen der Grobkornbildung nicht möglich. Es ist gegen nichtoxidierende Säuren recht beständig, findet aber dennoch im chemischen Apparatewesen wegen seiner Sprödigkeit praktisch keine Verwendung, sondern fast ausschließlich dort, wo es auf die Hochtemperaturfestigkeit, den hohen Schmelzpunkt oder die hohe Dichte von Wolfram ankommt.

Wolfram

°C	20			100		
	1%	10%	konz	1%	10%	konz
HCl	1	1	1	1	1	1
H_2SO_4	1	1	1	1	1	1
HNO_3	1	1	1	1	1–2	2
				F-Ionen verstärken Angriff		
H_3PO_4	1	1	1	1	1	2
HF	1	1	1	1	1	1
CH_3COOH	1	1	1	1	1	1
NaOH	1	1	1	1	1	1–2
				Ox.-Mittel verstärken Angriff		
NH_4OH	1	1	1	1	1	1
NaCl	1	1	1	1	1	1

Wolfram

°C	20			100		
	1%	10%	konz	1%	10%	konz
NH_4Cl	1	1	1	1	2	2

Gase

°C	20	200	400	600	800	1000
Luft	1	2	2	3	3	
H_2O	1	1	1	1	2	
Cl_2	1–2	1–2	3	3	3	3
SO_2	1	1	2	2	3	3
H_2S	1	1	1	2	2	2

1: chemisch beständig Korr.-Angriff $<2,4$ g/m^2 Tag $<0,1$ mm/Jahr. 2: chemisch bedingt beständig bzw. verwendbar Korr.-Angriff 2,4–24 g/m^2 Tag (0,1–1 mm/Jahr). 3: chemisch unbeständig >24 g/m^2 Tag >1 mm Jahr   P.E.

Xanthatmühle. Ist die Sonderform einer vertikalen (↑) *Zahnscheibenmühle* für die Zellwolle- und Kunstseidenindustrie zum Einbau in die Zirkulationsleitung oberhalb oder unterhalb der Lösebehälter. Der Durchlauf durch die Xanthatmühle beschleunigt den Löseprozeß und bewirkt gleichzeitig die Homogenisierung.

H.S.

Zahnrad-Pumpen. In ihnen (s. Abb.) wird die Förderflüssigkeit in den Zahnlücken eines mit gleichförmiger Geschwindigkeit laufenden Zahnradpaares von der Saug- zur Druckseite bewegt. Zahnrad-Pumpen werden zum Fördern von Kraftstoffen und anderen schmierfähigen Flüssigkeiten verwendet. Die Schmierung erfolgt durch das Fördermedium. Sie arbeiten gegen hohe Drücke (bis 160 bar), der Förderstrom ist konstant (0,1 bis 300 m³/h), die Förderhöhe kann bis 200 m betragen. Die Pumpen können auch als Dosierpumpen eingesetzt werden. W.W.

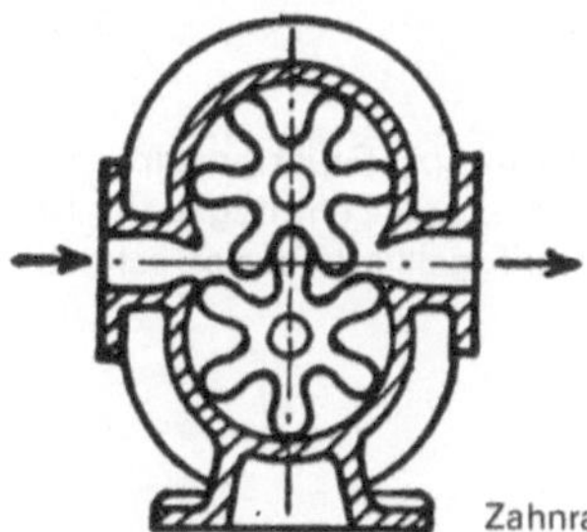

Zahnrad-Pumpe

Zahnringmühlen. Zur Gruppe der (↑) *Naßfeinmühlen, Kolloidmühlen* zählende Maschine. Die Dispersion oder Suspension durchfließt die aus Rotor und Stator gebildeten Mahlelemente durch ein stufen- bzw. labyrinthartiges Umlenksystem mit wechselnder Fließrichtung (s. Abb.). In jeder Zone sind wechselnde Zahn-

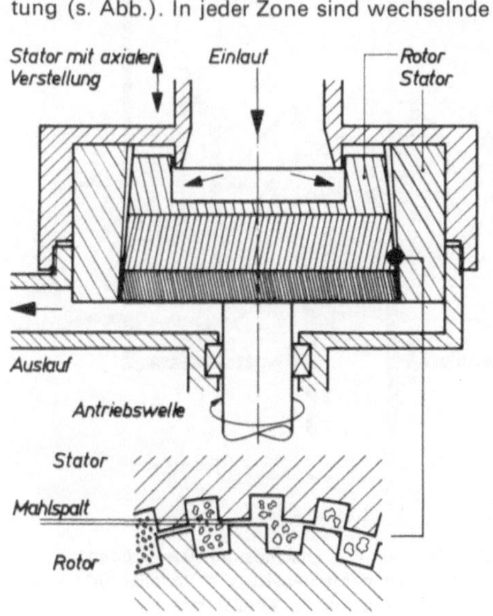

Zahnring-(Zahnkolloid-) Mühle: Bauart Fryma

ringe mit unterschiedlich engen und unterschiedlich tiefen Kanälen angeordnet woraus strömungstechnisch ein Wechsel zwischen Beschleunigung und Stau resultiert. In Verbindung mit der mehrfachen Strömungsumlenkung ergibt sich an den Zahnflanken eine starke Scherbeanspruchung der Feststoffteilchen. Die Veränderung des Mahlspaltes erfolgt mahlgutangepaßt über eine Verstelleinrichtung der Statorscheibe. H.S.

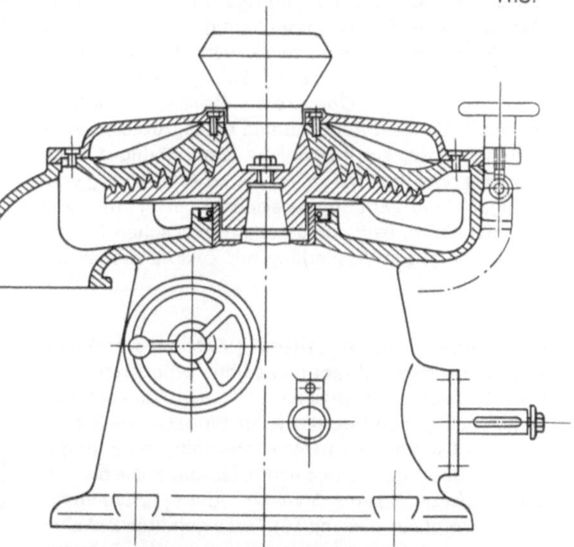

Horizontale Zahnscheibenmühle (Werkbild Condux)

Zahnscheibenmühlen. Je eine rotierende und eine feststehende Mahlscheibe ist mit einer Vielzahl, in konzentrischen Ringen angeordneten Zähnen versehen, die bei geschlossener Mühlentür ineinandergreifen. Der Mahlspalt kann beliebig verändert werden. Je nach Aufgabe werden grob oder fein verzahnte Mahlscheiben verwendet. Vertikale Zahnscheibenmühlen, 200–400 mm Scheibendurchmesser, dienen u. a. zum Schroten diverser Samen und Früchte, aber auch zum staubarmen Granulieren spröder Materialien. Horizontale Maschinen (s. Abb.), 600–1000 mm Scheibendurchmesser, dienen u. a. als Zerfaserer, wie auch in Verbindung mit kontinuierlicher (↑) *Extraktion* zum intensiven Benetzen und Durchtränken von Trockenstoffen, sowie als Durchlaufmischer. (↑ *Mischmühle*). H.S.

Zellen-Verdichter ↑ *Umlaufkolben-Verdichter* W.W.

Zellenrad ↑ *Karussell-Extrakteur* K.WE.

Zellenspannung. ist die an den äußeren Kontakten einer im Betrieb befindlichen Zelle gemessene Spannung. Der Wert ist für die Berechnung des gesamten Energieaufwands von technischer Bedeutung. Die Zellspannung umfaßt die Gleichgewichtspotentiale beider Elektroden, ihre (↑) *Überspannungen* und die Ohmschen Verluste im Ionenleiter (meist der Elektrolytlösung) und den Elektronenleitern (Elektroden, Stromschienen, Kontakte). H.V.

Zentrifugalmühlen. Die Gruppe der Zentrifugalmühlen umfaßt den größten Teil aller nach dem System der (↑) *Prallzerkleinerung* arbeitenden Mühlen. Es handelt sich um Maschinen für kontinuierlichen Mahlgutdurchlauf, wobei das über eine (↑) *Dosiervorrichtung* aufgegebene Material zum zentralen Mühleneinlauf gelangt. Der hochtourige Rotor bewirkt im Mahlraum eine Teilchenbeschleunigung, wodurch es zum Mahleffekt entsprechend dem Mühlensystem kommt (↑ *Stift, Schlagkreuz-, Schlagscheiben-, Gebläse-Hammerkorb, Querstrom-, Prallteller-, Sichter-Mühlen*). Alle Zentrifugalmühlen haben zugleich Ventilatorcharakter; sie saugen mit dem Mahlgut auch Raumluft oder Inertgas an. Für deren Abtrennung vom Mahlgut sind Entlüftungssysteme in Form von Schlauchfiltern, halb- oder vollautomatischen Filtern, gegebenenfalls in Verbindung mit Zyklonabscheidern erforderlich. H.S.

Zentrifugalreinigungsfilter (↑ *Filterapparate*) sind automatisierbare, diskontinuierlich arbeitende (↑) *Blattfilter*, deren zylindrischer vertikaler Druckbehälter geheizt oder gekühlt werden kann. Eine zentrale Filtratsammelachse trägt horizontale, oberseitig mit Filtergeweben bespannte Filterelemente. (s. Abb.). Die bis zu 6 bar erfolgende (↑) *Anschwemm-* oder (↑) *Scheidefiltration* erfolgt aus dem mit (↑) *Trübe* gefüllten Behälter bei ruhendem Elementensatz; durch rasche Rotation desselben wird der Filterrückstand abgeschleudert und am Filterboden stichfest oder als Schlamm ausgetragen. Filtertechnische Vorteile liegen u. a. in der Automatisierbarkeit des (↑) *Filterzyklus*, dem gegen Druckschwankungen und Filtrationsunterbrechungen sicheren Aufbaues des (↑) *Filterkuchens* und der problemlosen Reinigung. Einsatzgebiete sind (↑) *Feinfiltration* in Chemie- und Getränkeindustrie und (↑) *Scheidefiltration*. Filterfläche bis zu 80 m². H.W.

Zentrifugalverdampfer. Im Zentrifugalverdampfer (s. Abb.) werden bei Filmdicken in der Größenordnung von 0,1 mm extrem kurze (↑) *Verweilzeiten* (1–2 sec) der Lösung auf den rotierenden Heizflächen erreicht. Eingesetzt werden diese (↑) *Dünnschichtapparate* zur Behandlung temperaturempfindlicher Güter. F.W.

Zentrifugen, auch Schleudern genannt, sind Geräte zur mechanischen Trennung von Gemischen aus festen Stoffen und Flüssigkeiten durch Sedimentation oder Filtration aufgrund von Zentrifugalkräften bzw. zur

Trennung zweier nicht mischbarer Flüssigkeiten durch Zentrifugalkräfte. Erfolgt die Trennung von Feststoff-Flüssigkeit-Gemischen nach dem Prinzip der Sedimentation, so spricht man von (↑) *Vollmantelzentrifugen* oder Schleudern; erfolgt die Trennung nach dem Prinzip der Filtration, so spricht man von (↑) *Siebzentrifugen* oder Siebschleudern. Als Separatoren bezeichnet man hochtourige Vollmantelzentrifugen, die mit mindestens der doppelten Drehzahl im Vergleich zu den übrigen Vollmantelzentrifugen arbeiten. Die Bezeichnung „Vollmantelzentrifugen" sagt bereits, daß der Schleuderraum – im Gegensatz zu den Siebzentrifugen – von einem ungelochten Mantel umgrenzt wird. Siebzentrifugen eignen sich nur für körnige Feststoffe, Vollmantelzentrifugen dagegen auch für Schlämme, u. a. auch für Abwasserschlämme. Zentrifugen werden für kontinuierliche und diskontinuierliche Arbeitsweise sowie in horizontaler oder vertikaler Bauweise gebaut (↑ *Zentrifugen-Wirkungsprinzip*). D.O.

Zentrifugen-Wirkungsprinzip. Grundprinzip des Dekantierens, Sedimentierens und Zentrifugierens ist die Ausnutzung hoher Zentrifugalkräfte in sich schnell

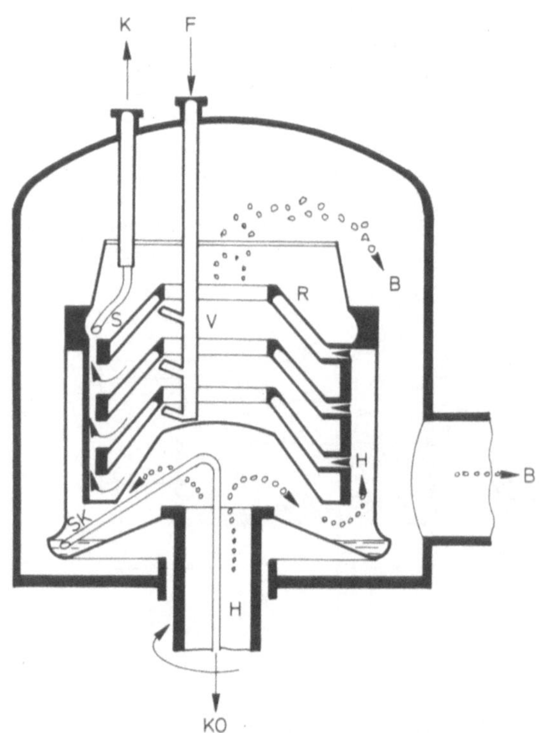

Zentrifugalverdampfer. F = Frischlösung; B = Brüden; R = rotierende Kegel, dampfbeheizt; V = Verteiler für Frischlösung; S = Schälrohr für Konzentrat; K = Konzentrat; H = Heizdampf; SK = Schälrohr für Kondensat; KO = Kondensat. (Centri-Therm, ALFA-Laval)

drehenden Trommeln. Das Verhältnis Z der mittleren Zentrifugalbeschleunigung zur Erdbeschleunigung g, die sog. Schleuderziffer, beträgt etwa 5000–8000.

$$Z=\frac{r\cdot\omega^2}{g}\approx\frac{D\cdot n^2}{1800}$$

Hierin ist r der Radius, ω die Winkelgeschwindigkeit, D der Durchmesser des Zentrifugenrohres und n die Rotordrehzahl in U/min.

Zentrifugentyp	Z
Filterzentrifugen	300 – 2 000
Dekanterierzentrifugen	1 000 – 3 000
Separatoren	6 000 –11 000
Röhrenzentrifugen	15 000 –50 000
Ultrazentrifugen	2×10^5–10^6

Die Sedimentationsgeschwindigkeit im Erdschwerefeld errechnet sich nach dem Stoke'schen Gesetz zu

$$v_s=\frac{D^2\cdot(\varrho-\varrho')\cdot g}{18\,\eta}$$

Hierin ist D der Teilchendurchmesser, ϱ die Dichte der Teilchen, ϱ' die Dichte der Flüssigkeit, und η die dynamische Viskosität der Flüssigkeit. Im Zentrifugalfeld gilt dann:

$$v_s'=v_s\cdot Z$$

Es gibt noch keine allgemein gültige Filterformel.

D.O.

Zerkleinerungstechnik (s. Abb.). Sie ist Oberbegriff einer Vielzahl bevorzugt maschinell betriebener Vorgänge wie Mahlen, Pulverisieren, Granulieren, Schroten, Brechen, Schnitzeln.   H.S.

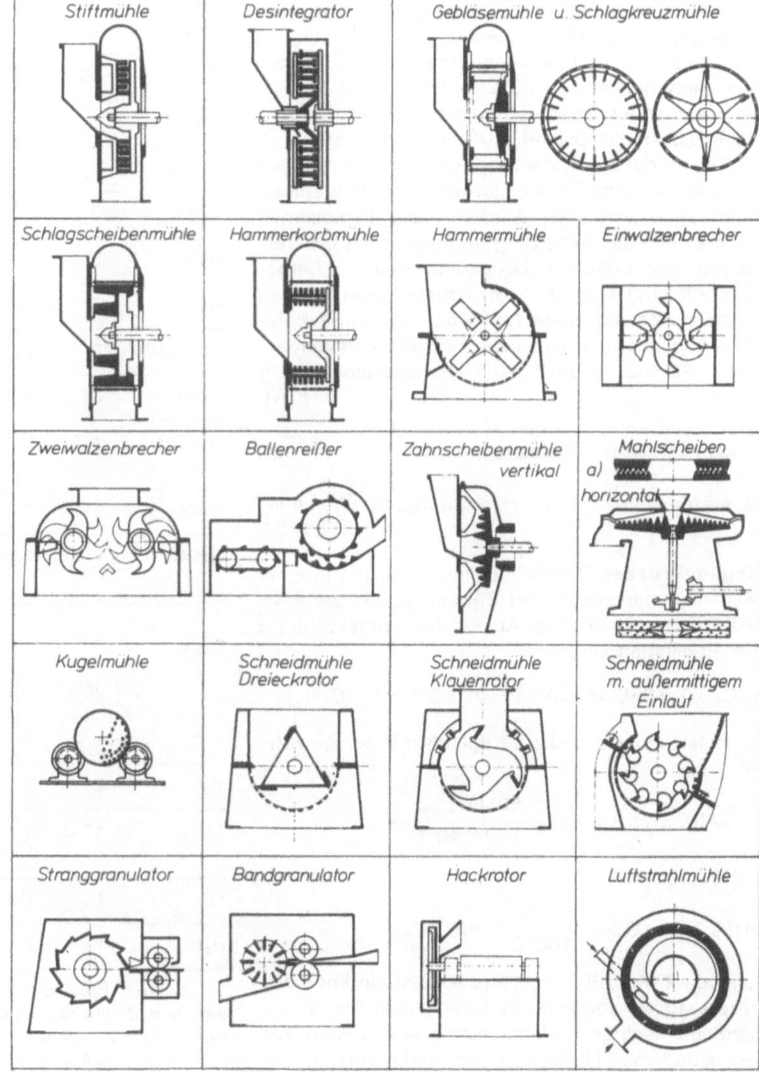

Zerkleinerungstechnik
(Systemübersicht)

Zersetzung, exotherme. Entsprechende Explosionen („Wärmeexplosionen") sind gefürchtete Schadensursachen. Die Enddrucke p_{max} und auch die Druckanstiegsgeschwindigkeiten $\left(\dfrac{dp}{dt}\right)_{max}$ sind z.T. so groß, daß (↑) *Sicherheitsventile*, (↑) *Berstscheiben* und andere (↑) *Druckentlastungseinrichtungen* nicht ausreichen und trotz deren Ansprechen die Apparatur und deren Umgebung zerstört wird. Stoffe, Stoffgemische und chemische Reaktionen, bei denen exotherme Zersetzungen nicht zweifelsfrei ausgeschlossen werden können, müssen daher vor ihrer Anwendung im technischen Maßstab geprüft werden. Methoden, bei denen nur sehr geringe Mengen geprüft werden (z.B. (↑) *Differentialthermoanalyse*) ergeben oft falsche Zersetzungstemperaturen, da der (↑) *Wärmestau* in technischen Behältern nicht berücksichtigt wird; deshalb sind nur (↑) *Wärmestauversuche* (Warmlagerversuche) hinreichend aussagekräftig. Als Schutzmaßnahmen gegen exotherme Zersetzungen kommen u.a. in Betracht: 1. Die Reaktions- (oder Lager-) temperatur muß mindestens 50°C unterhalb der Zersetzungstemperatur liegen. Bei Kurzzeit-Trocknung kann dieser Sicherheitsabstand u.U. verringert werden. 2. Die Zeit, in der die Stoffe bzw. Reaktionsmischungen sich unter erhöhter Temperatur befinden, muß auf ein Mindestmaß verringert werden; viele Explosionen durch exotherme Zersetzung erfolgten, weil die Verweilzeit auf höherem Temperaturniveau außergewöhnlich lang war. 3. In manchen Fällen können exotherme Zersetzungen (z.B. „durchgehende Polymerisationen") im Anlaufstadium abgefangen werden, indem „Stopper" in die Reaktionsbehälter eingebracht werden. F.WI.

Zickzacksichter ↑ *Querstromsichter* F.K.

Zerstäubungstrockner ↑ *Trocknung*, *Sprühtechnik* D.ST.

Ziegler-Prozess. Triäthylaluminium reagiert in einer „Kettenaufbaureaktion" im Strömungsrohr bei etwa 120°C unter 100–140 bar Äthylendruck unter Bildung von Aluminiumtrialkylen:

$$Al(C_2H_5)_3 + 3nC_2H_4 \rightarrow Al\,[\,(-CH_2-CH_2-)_n - C_2H_5]_3$$

Triäthylaluminium wird auf folgendem Wege gewonnen:

$$Al + 2Al(C_2H_5)_3 + 1^1/_2 H_2 \xrightarrow[110-140°C]{50-200 \text{ bar}}$$

$$3AlH(C_2H_5)_2$$

$$AlH(C_2H_5)_2 + C_2H_4 \xrightarrow[100°C]{25 \text{ bar}} Al(C_2H_5)_3$$

Geht von 2 Mol $Al(C_2H_5)_3$ aus, so liegt am Ende des Prozesses 3 Mol vor; in der Praxis liegen die Ausbeuten allerdings niedriger. Aluminiumtrialkyle dienen zur Herstellung von (↑) *Fettalkoholen* und können ferner über eine „Verdrängungsreaktion" in a-Olefine übergeführt werden:

$$\begin{array}{ccc}
R\diagdown\;\diagup R & & R\diagdown\;\diagup R \\
\quad Al & \xrightarrow[\;50\text{ bar}\;]{\;200-300°C\;} & \quad Al \\
CH_2\quad CH_2 & & CH_2\quad CH_2 \\
| \qquad\; \| & & \| \qquad\; | \\
CH_2\; +\; CH_2 & & CH\quad\; CH_3 \\
| & & | \\
R & & R \qquad\qquad D.O.
\end{array}$$

Zink. Zn; Atomgew. 65,37; Dichte: 7,13 g/cm³; Kristallstruktur: hexagonal dichteste Kugelpackung; Fp: 419,5°C; a: $27,8 \cdot 10^{-6}$ grd^{-1}; λ: 1,21 W/cm grd; ϱ: $5,65 \cdot 10^{-6}$ Ω cm; E: 94500 MN/m². – Zink wird wegen seiner leichten Angreifbarkeit durch Säuren und Laugen im chemischen Apparatebau kaum verwendet. Gegen Atmosphärilien ist es relativ gut beständig. In

Zink

°C	20			100		
	1%	10%	konz	1%	10%	konz
HCl	3	3	3	3	3	3
H_2SO_4	3	3	3	3	3	3
HNO_3	3	3	3	3	3	3
H_3PO_4	3	3	3	3	3	3
HF	3	3	3	3	3	3
CH_3COOH	3	3	3	3	3	3
NaOH	3	3	3	3	3	3
NH_4OH	1–2	2	3	3	3	3
			gelöste Salze verstärken Angriff			
NaCl	2–3	2–3	2–3	3	3	3
NH_4Cl	2–3	2–3	2–3	3	3	3
			H-Ionen verstärken Angriff			

Gase

°C	20	200	400	600	800	1000
Luft	1–2	3	3	3		
H_2O	2	3	3			
Cl_2	1*–3+	3	3	3	3	3
			* trockenes Chlor + feuchtes Chlor			
SO_2	1	2	3			
H_2S	1	1	2	3		

1: chemisch beständig Korr.-Angriff <2,4 g/m² Tag <0,1 mm/Jahr. 2: chemisch bedingt beständig bzw. verwendbar Korr.-Angriff 2,4–24 g/m² Tag (0,1-1 mm/Jahr). 3: chemisch unbeständig >24 g/m² Tag >1 mm Jahr P.E.

Form von Verzinkungsschichten schützt Zink Eisen und Stahl auf zweierlei Art vor Rost: Als dichter Überzug schützt es das Eisen vor dem Korrosionsangriff und bietet gleichzeitig kathodischen Schutz.

Zinn. Sn; Atomgew. 118,19; Dichte: 7,29 g/cm²; Kristallstruktur: tetragonal; Fp: 321,9° C; a: 27 · 10^{-6} grd^{-1}; λ: 0,63 W/cm grd; ϱ: 11,15 · 10^{-6} Ω cm; E: 55000 MN/m². – Zinn ist ein weiches, sehr duktiles Metall, das gegen oxidierende Einflüsse und verd. organische Säuren recht beständig ist. Es wird überwiegend in Form von korrosionsschützenden Überzügen auf Stahl verwendet, vor allem in der Nahrungsmittelindustrie (Weißblech). Zinn ist weiter ein wichtiger Legierungsbestandteil in Weichloten.

Zirkonium. Zr; Atomgew. 91,22; Dichte: 6,50 g/cm³; Kristallstruktur: hdp <862° C, krz 862–1852° C; Fp: 1852° C; a: 5,8 · 10^{-6} grd^{-1} λ: 0,21 W/cm grd; ϱ: 41 · 10^{-6} Ω cm; E: 69000 MN/m². – Zirkonium ist wie Titan ein mittelhartes, duktiles Metall, das allerdings zur Kaltverfestigung bei spanloser Verformung neigt. Weichglühungen müssen wie bei Titan bei dünnen Querschnitten unter Inertgas oder im Vakuum durchgeführt werden; nur bei großen Querschnitten kann unter leicht oxidierender Atmosphäre weichgeglüht werden. Zirkonium läßt sich ähnlich wie Aluminium und Kupfer spanabhebend bearbeiten, wobei wie bei Titan die Gefahr der Entzündung dünner Späne besteht. – Zirkonium ist gegen Chloride und Salzsäure noch beständiger als Titan, wird allerdings durch FeCl₃-Lösungen infolge Lochfraß rasch angegriffen.

Zinn

° C	20			100		
	1%	10%	konz	1%	10%	konz
HCl	2	3	3	3	3	3
H₂SO₄	1–2	2	3	2	2	3
HNO₃	3	3	3	3	3	3
H₃PO₄	1	2	3	2	3	3
HF	3	3	3	3	3	3
CH₃COOH	1	1–2	2–3	1–2	2–3	3
					O₂ verstärkt Angriff	
NaOH	3	3	3	3	3	3
NH₄OH	1	1–2	1–2	1–2	2	2
NaCl	1	1–2	1–2	1–2	2	2
NH₄Cl	2	2	3	2	3	3

Gase

° C	20	200	400	600	800	1000
Luft	1	2				
H₂O	1	1–2				
Cl₂	3	3	3	3	3	3
SO₂	1	2	2			
H₂S	1	2	2			

Zirkonium

° C	20			100		
	1%	10%	konz	1%	10%	konz
HCl	1	1	1	1	1	1
			FeCl₃ gibt Lochfraßkorrosion			
H₂SO₄	1	1	1	1	1	3
HNO₃	1	1	1	1	1	1
H₃PO₄	1	1	1	1	1–2	2
					F-Ionen verstärken Angriff	
HF	3	3	3	3	3	3
CH₃COOH	1	1	1	1	1	1
NaOH	1	1	1	1	1	1
NH₄OH	1	1	1	1	1	2
NaCl	1	1	1	1	1	1
NH₄Cl	1	1	1	1	1	1

Gase

° C	20	200	400	600	800	1000
Luft	1	1	2–3	3		
H₂O	1	1	1–2	3	3	3
Cl₂	1–2	2	2	3	3	3
					H₂O verzögert Angriff	
SO₂	1	1	1	2	3	3
H₂S	1	1	2	2	3	

1: chemisch beständig Korr.-Angriff <2,4 g/m² Tag <0,1 mm/Jahr. 2: chemisch bedingt beständig bzw. verwendbar Korr.-Angriff 2,4–24 g/m² Tag (0,1–1 mm/Jahr). 3: chemisch unbeständig >24 g/m² Tag >1 mm Jahr   P.E.

1: chemisch beständig Korr.-Angriff <2,4 g/m² Tag <0,1 mm/Jahr. 2: chemisch bedingt beständig bzw. verwendbar Korr.-Angriff 2,4–24 g/m² Tag (0,1–1 mm/Jahr). 3: chemisch unbeständig >24 g/m² Tag >1 mm Jahr

Zirkonium ist gegen Schwefelsäure und Alkalien erheblich beständiger als Titan. Druckwasser bzw. Heißdampf greifen Zirkonium erst oberhalb 400° C an. Das Korrosionsverhalten gegen Wasserdampf wird durch geringe Legierungsgehalte an Sn und Nb noch verbessert. P.E.

Zirkulation ↑ *Verdampfer* mit erzwungenem Umlauf, Verdampfer mit natürlichem Umlauf. F.W.

Zonenschmelzen ist ein Reinigungsverfahren im Rahmen der Schmelzkristallisation; unter bestimmten Bedingungen (Temperatur, Druck, Gasatmosphäre) wandert eine scharf begrenzte Schmelzzone geringer Breite durch einen Stab oder Barren. Sind Verunreinigungen in der Schmelze leichter löslich als im Feststoff, so wird nach mehreren Zonendurchgängen eine Anreicherung der Verunreinigungen am Stabende erreicht, das Grundmaterial wird entspr. gereinigt. H.-J.D.

Zündenergie. Die Zündenergie ist die zur Zündung eines explosionsfähigen Gas- (bzw. Staub)/Luftgemisches erforderliche Energie. Sie hängt von der Zusammensetzung des Gemisches und bei Stäuben zusätzlich auch vom Dispersionsgrad ab.

Mindestzündenergien von Gas- (Dampf-)/Luftgemischen

Stoff	Mindestzündenergie mJ
Methan	0,28
n-Butan	0,25
n-Hexan	0,24
Benzol	0,20
Diaethyläther	0,19
Propylenoxid	0,13
Butadien-1,3	0,13
Äthylenoxid	0,065
Acetylen	0,019
Wasserstoff	0,019
Schwefelkohlenstoff	0,009

Die Mindestzündenergien technischer Staub-Luftgemische sind wesentlich größer, nämlich 10 bis 100 mJ. Zwischen den Mindestzündenergien und der (↑) *Explosionsklasse* besteht ein funktioneller Zusammenhang. F.WI.

Zündgruppe. Je nach ihrer (↑) *Zündtemperatur* werden brennbare Gase und Dämpfe in Zündgruppen eingeteilt:

Zündgruppe	Zündtemperatur (°C)
G 1	> 450
G 2	300 bis 450
G 3	200 bis 300
G 4	135 bis 200
G 5	100 bis 135

Die Zündgruppe ist wichtig für die höchstzulässigen Oberflächentemperaturen elektrischer Betriebsmittel. Näheres s. VDE 0165 ,,Bestimmungen für die Errichtung elektrischer Anlagen in explosionsgefährdeten Bereichen." F.WI.

Zündtemperatur ist die Temperatur einer erhitzten Oberfläche, durch die ein zündfähiges Gas/Dampf-Luftgemisch gerade noch gezündet wird. Die Zündtemperatur hängt von Größe, Form und Beschaffenheit der heißen Oberfläche ab und ist daher keine Stoffkonstante im eigentlichen Sinne; ihre Bestimmung wird in genormten Apparaten vorgenommen (z.B. nach DIN 51794). Die Zündtemperatur ist eine wichtige sicherheitstechnische (↑) *Kennzahl* (Zahlenwerte s. dort), vor allem für den (↑) *Explosionsschutz:* Durch sie werden höchstzulässige Oberflächentemperaturen, z.B. elektrischer Betriebsmittel festgelegt. Sie ist daher Grundlage der Einteilung brennbarer Gase und Dämpfe in (↑) *Zündgruppen.* F.WI.

Zweisäulen-Rektifizieranlagen. Mit Scheider dienen sie zur Trennung von Gemischen, deren azeotrope Zusammensetzung im Bereich der Mischungslücke liegt. Die Kopfprodukte der Kolonnen von fast azeotroper Konzentration werden unterkühlt und trennen sich in einem Scheider in zwei Schichten, deren Zusammensetzung oberhalb bzw. unterhalb der azeotropen Konzentration liegt. Werden diese als Rücklauf den Kolonnen am Kopf aufgegeben, so können die Abläufe der Kolonnen die reinen Komponenten darstellen, z.B. Wasser und n-Butanol (s. Abb.) H.M.

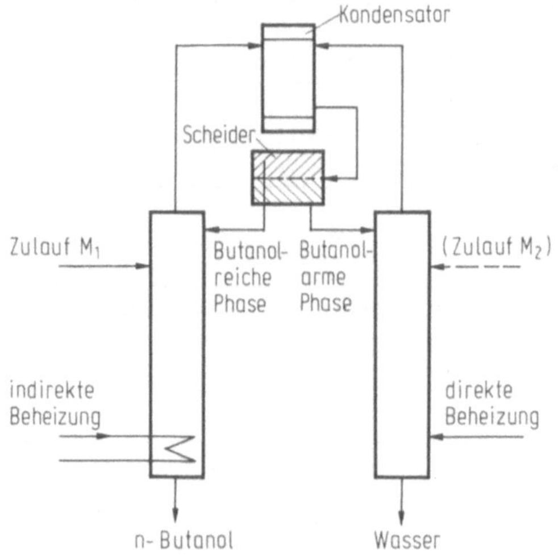

Zweisäulen-Rektifizieranlagen.
Anlage zur Zerlegung des Gemisches Wasser-n-Butanol. Ein Gemisch M_1 mit einer Konzentration kleiner als die der azeotropen, fließt der Butanol-Kolonne zu. Ist die Zulaufkonzentration größer als ozeotrop, so fließt der Zulauf M_2 der Wasser-Kolonne zu

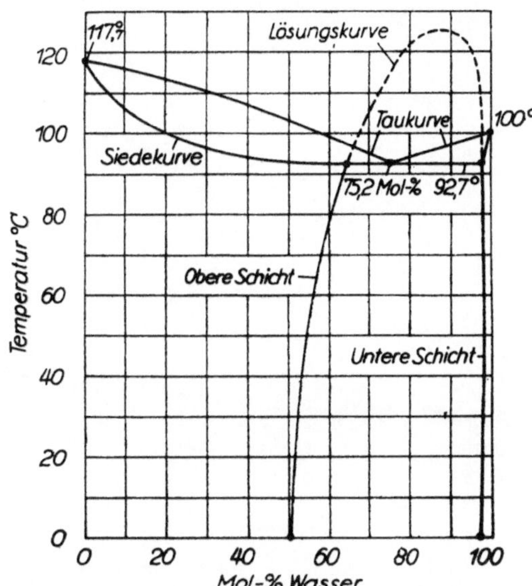

Wasser-n-Butanol (1 bar). Siede- und Taukurve von
Wasser-n-Butanol bei 1 bar; Konzentrationen der oberen
und unteren Flüssigkeitsschicht in Abhängigkeit von der
Temperatur im Bereich der Mischungslücke

Zwischenschichten ↑ *Säureschutztechnik*
M.H. u. G.S.

Zyklon. Staubabscheider (s. Abb.) bestehend aus
einem aufrechtstehenden Kessel mit tangentialem Eintritt der Staubluft, oberem zentralen Austritt der Rein-
luft und unterem zentralem Austritt des abgeschiede-

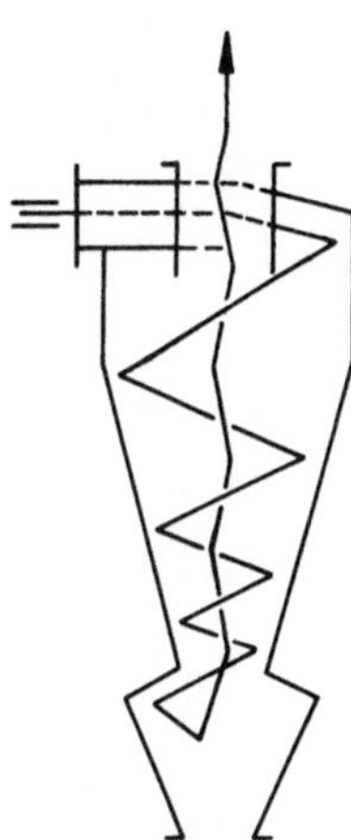

Zyklon

nen Staubes. Die Staubabscheidung erfolgt durch
Wirbelsenkenströmung, überlagert durch schraubenförmige Grenzschichtströmung zum Staubaustrag. Der
Beruhigungsbehälter unter dem Zyklon dient zur Verminderung der Wiederaufwirbelung von abgeschiede-
nem Staub durch die in der Mitte aufsteigende Trombe.
Bemessung z. B. nach Muschelknauz und Brunner,
Untersuchungen an Zyklonen, CIT 39 1968, S. 531–
538. Zyklone können die heutigen Forderungen nach
Reinhaltung der Luft meist nicht erfüllen, daher nur
noch Verwendung zur einfachen und billigen Staub-
und Tropfenabscheidung in geschlossenen Luftkreis-
läufen. Gelegentlich Verwendung als (↑) *Windsichter.*
Im Betrieb mit Flüssigkeit dient der „Hydrozyklon" zur
Gas-(Dampf)abscheidung, Klärung, Eindickung, (↑)
Naßsichtung, Schwerflüssigkeitstrennung (↑ *Wind-
sichtung*).
F.K.

Literatur

Bartknecht, W.: Explosionen, Ablauf und Schutzmaßnahmen. Berlin, Heidelberg, New York: Springer
1978

BASF-Kunststoffe, 4. Auflage

Batel, W.: Entstaubungstechnik, Grundlagen, Verfahren, Meßwesen. Berlin, Heidelberg, New York:
Springer 1972

Beck, F.: Elektroorganische Chemie. Weinheim: Verlag
Chemie 1974

Bergmann, M.: Rockstore 77, Storage in Excavated
Rock Caverns, Stockholm: Pergamon Press 1977

Bikerman, J. J.: Foams. Berlin, Heidelberg, New York:
Springer 1973

Billet, R.: Verdampfertechnik. Mannheim: Biographi-
sches Institut 1965

Bosnjakovic, F.: Technische Thermodynamik. I. und II.
Teil. Dresden, Leipzig: Th. Steinkopff, 1967/1971

Brikettierung der Steinkohle. Essen: Verlag Glückauf
1958

Bucksch, W., Briefs, H.: Preßwerkzeuge in der Kunst-
stofftechnik, 2. Aufl. Berlin, Heidelberg, New York:
Springer 1962

Davidson, J. F., Harrison, D.: Fluidization. London,
New York: Academic Press, 1971

Dechema, Werkstofftabellen. Weinheim: Verlag Chemie 1953

Deutsche Eichordnung, Anlage 9 und 10. DIN 8120,
Ausgabe 1975

Diller, et al.: Flüssigkeitsfiltration in der chemischen
Industrie, Symposium Filtration 1971, Symposium-
band, Selbstverlag Ciba-Geigy AG, Verfahrenstechnik 1, Basel 1971

Explosionsschutz-Richtlinien mit Beispielsammlung,
Richtlinie Nr. 11 der BG Chemie

Falcke, F. K.: Kleines Handbuch des Säureschutzes.
Weinheim: Verlag Chemie 1966

Fischer, W. A., Janke, D.: Metallurgische Elektrochemie. Düsseldorf: Verlag Stahleisen 1975

Fitzer, E., Fritz, W.: Technische Chemie. Berlin, Heidelberg, New York: Springer 1975

Flügge, W.: Stresses in Shells. Berlin, Heidelberg, New
York: Springer 1962

Franck, H., Collin, G.: Steinkohlenteer, Chemie, Technologie und Verwendung. Berlin, Heidelberg, New
York: Springer 1968

Füller, V.: Berechnung der Schichtspannungen in
ausgemauerten stählernen Gefäßen. Weinheim: Verlag Chemie 1964

Gericke, D.: Der technologische Stand des Glas-
Apparate- und Rohrleitungsbaues. CIB *43*, 1189–
1195 (1971)

Grassmann, P.: Physikalische Grundlagen der Verfahrenstechnik, 2. Aufl. Aarau: Sauerländer 1971

Grassmann, P., Widmer, F.: Einführung in die thermische Verfahrenstechnik, 2. Aufl. Berlin, New York:
de Gruyter 1974

Gregorig, R.: Wärmeaustausch und Wärmeaustauscher, 2. Aufl. Aarau: Sauerländer 1973

Gundelach, W., Alt, C., Busse, O.: Dechema-Erfah-
rungsaustausch, Sedimentation

Herrmann, H.: Schneckenmaschinen in der Verfahrenstechnik. Berlin, Heidelberg, New York:
Springer 1972

Hommel, G.: Handbuch der gefährlichen Güter. Berlin,
Heidelberg, New York: Springer 1977

Kegel, K.: Brikettierung der Braunkohle. Halle: Kanpp
1948

Kern, D. Q.: Process Heat Transfer. New York:
McGraw-Hill 1950

Kieffer, R., Jangg, G., Ettmayer, P.: Sondermetalle,
Berlin, Heidelberg, New York: Springer 1971

Kirschbaum, E.: Destillier- und Rektifiziertechnik, 4.
Aufl. Berlin, Heidelberg, New York: Springer 1969

Kröll, K.: Trockner und Trocknungsverfahren. Berlin,
Heidelberg, New York: Springer 1959

Kuhn, A. T.: Industrial Electrochemical Processes.
Amsterdam: Elsevier 1971

Kunststoff-Taschenbuch, 18. Aufl. München: Carl
Hanser Verlag 1971

Kühn-Birett: Merkblätter Gefährlicher Arbeitsstoffe.
München: Verlag Moderne Industrie

Matz, G.: Kristallisation, 2. Aufl. Berlin, Heidelberg,
New York: Springer 1969

McDermott, J.: Liquefied Natural Gas Technology.
New Jersey: Noyes Data Corporation 1973

Nagel, R. et al.: VDI-Richtlinie 2031, Feinheitsbestim-
mungen an technischen Stäuben. Düsseldorf: VDI-
Verlag 1962

Nitsche, R., Nowak, P.: Praktische Kunststoffprüfung.
Berlin, Heidelberg, New York: Springer 1961

Osteroth, D.: Natürliche Fettsäuren als Rohstoffe für
die chemische Industrie. Stuttgart: Enke 1966

Pattison, E. S.: Fatty Acids and their Industrial Applica-
tions. New York: Marcel Dekker 1968

Purchas, D. B.: Industrial Filtration of Liquids, 2nd ed.,
London: Hill 1971

Rant, Z.: Verdampfen in Theorie und Praxis, 2. Aufl.
Dresden: Th. Steinkopff 1977

Schmidt, A.: Angewandte Elektrochemie. Weinheim: Verlag Chemie 1976

Schubert: Aufbereitung fester mineralischer Rohrstoffe, Bd. 1. Leipzig: VEB Deutscher Verlag für Grundstoffindustrie 1968

Schubert, M., Viehweg, H.: Sprühturmtechnik. Leipzig: VEB Deutscher Verlag für Grundstoffindustrie 1969

Spinnarke, Schork: Arbeitssicherheitsrecht. Heidelberg, Karlsruhe: C. F. Müller Juristischer Verlag 1977

Stoeckhert, K.: Kunststoff-Lexikon, 6. Aufl. 1975

Thiene, H.: Glas, Bd. 2. Jena 1939

Tödt, F.: Korrosion und Korrosionsschutz. Berlin: de Gruyter 1961

Ullmann, F.: Enzyklopädie der technischen Chemie. Weinheim: Verlag Chemie 1972

VDI-Wärmeatlas, 2. Aufl. Düsseldorf: VDI-Verlag 1974

Wagner, W.: Wärmeträgerschicht mit organischen Flüssigkeiten, 3. Aufl. Gräfelfing: Technischer Verlag Resch 1977

Weissermel, K., Arpe, H.-J.: Industrielle Organische Chemie. Weinheim: Verlag Chemie 1976

Werner: Leitfaden der Brennstoffbrikettierung. Stuttgart: Enke 1953

Winnacker, Biener: Grundzüge der chemischen Technik. München: Carl Hanser Verlag 1974

Wiseman, P.: Industrial Organic Chemistry. London: Applied Science 1972

Wolf, M. B.: Technical Glasses, London, Prague: 1961

Abkürzungen

ABS	=	Acrylnitril-Butadien-Styrol-Copolymer
E	=	Elastizitätsmodul
Fp	=	Festpunkt, Schmelzpunkt
g	=	Gramm
H.E.T.P	=	Height Equivalent of a Theoretical Plate
hex.dp	=	hexagonal dicht gepackt
h	=	Stunde
kfz.	=	kubisch, flächenzentriert
krz.	=	kubisch, raumzentriert
kg	=	Kilogramm
KW	=	Kilowatt
m^2	=	Quadratmeter
m^3	=	Kubikmeter
ND	=	Niederdruck
PA	=	Polyamid
PBT	=	Polybutylenterephthalat
PE	=	Polyäthylen
PMMA	=	Polymethylmethacrylat
POM	=	Polyformaldehyd
PP	=	Polypropylen
PS	=	Polystyrol
PVC-H	=	Polyvinylchlorid hart
PVC-W	=	Polyvinylchlorid weich
p	=	Druck
q^*	=	Wärmestromdichte [W/m^2]
R	=	allgemeine Gaskonstante J/(kmol K)
Re	=	Reynoldszahl
SAN	=	Styrol-Acrylnitril-Copolymer
SB	=	Styrol-Butadien-Copolymer
s	=	Sekunde
T	=	Temperatur [°C bzw./K]
t	=	Tonne
t	=	Zeit [s]
V	=	Volumen

Basisgrößen des Internationalen Einheitensystems (SI)

Physikalische Basisgröße	Einheit	
	Name	Kurzzeichen
Länge	Meter	m
Masse	Kilogramm	kg
Zeit	Sekunde	s
elektrische Stromstärke	Ampere	A
Temperatur	Kelvin	K
Stoffmenge	Mol	mol
Lichtstärke	Candela	cd

Das Lurgi-Spektrum

Die Arbeitsgebiete von Lurgi umfassen das gesamte Spektrum moderner Verfahrenstechnik – der Know-how-Strom fließt durch alle Gebiete bis hin zu allen Teilbereichen:

„Entstaubung" und „Abgas, Wasser, Luft" zum Beispiel sind Verfahrensbereiche, die sich mit den unterschiedlichen Aufgaben zum Umweltschutz befassen.

Ebenso breit und differenziert wie das technische Angebot sind die Lurgi-Leistungen: Planung und Bau schlüsselfertiger Anlagen oder Anlagenteile, Bereitstellung von Know-how und Linzenzen oder deren Beschaffung aus allen Industriestaaten der Welt; Ingenieurdienst-Aufträge einschließlich Montage-Überwachung, Inbetriebnahme und Garantieerfüllung; technischer Einkauf – wenn immer möglich, im Lande des Kunden selbst; Durchführung von Entwicklungsaufträgen.

Technologisch hervorragende Einzellösungen; integriert in eine klare Gesamtplanung: Das ist unsere Stärke.

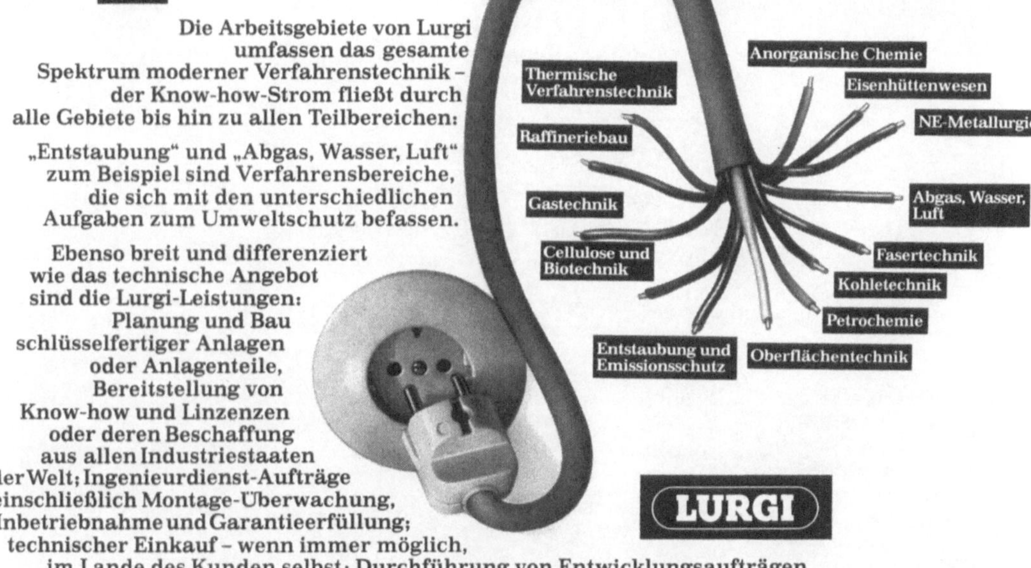

...die Anlagen baut Lurgi

D-6000 Frankfurt am Main 2 · Gervinusstraße 17/19 · Postfach 119181 · Telex 41236-0
Amsterdam · Bruxelles · Caracas · Johannesburg · Kuwait · London · Madrid
Manila · Melbourne · Mexico D.F. · Milano · Moskau · New Delhi · New York · Paris
Rio de Janeiro · Riyadh · Stockholm · Tehran · Tokyo · Toronto · Wien · Zürich

Lurgi ist eine Gruppe von Ingenieurunternehmen:
Lurgi Chemie und Hüttentechnik GmbH: Anorganische Chemie · Eisenhüttenwesen · NE-Metallurgie. ☐ Lurgi Kohle und Mineralöltechnik GmbH: Kohletechnik · Gastechnik · Raffineriebau · Petrochemie · Fasertechnik. ☐ Lurgi Umwelt und Chemotechnik GmbH: Entstaubung und Emissionsschutz · Abgas, Wasser, Luft · Thermische Verfahrenstechnik · Cellulose- und Biotechnik · Gotek (Oberflächentechnik)

A 1

ativa
Sulzer-Pumpen

für Energieerzeugungsanlagen, Wassertransport und Industrie

SULZER ist ein traditioneller Lieferant von Kreiselpumpen. Die der SULZER-Konzerngruppe Pumpen angeschlossenen Gesellschaften bauen und liefern Pumpen einheitlicher Konzeption. Ihre Merkmale: hohe Qualität, Betriebssicherheit und Wirtschaftlichkeit.

Hauptbüro:

Schweiz
Gebrüder Sulzer Aktiengesellschaft
CH-8401 Winterthur

Produktionsgesellschaften:

Großbritannien
Sulzer Bros (UK) Ltd., Pump Division
Dewsbury Road, Leeds LS 11 5NA

Bundesrepublik

Frankreich
Compagnie de Construction
Mécaniques Sulzer
Cédex 59,
F-75300 Paris-Bruns

Deutschland
Sulzer Weise GmbH
Industriestraße 29,
D-7520 Bruchsal

Brasilien
Sulzer Weise S. A.
Caixa postal 8454, 06859 São Paulo

Niederlande
Enschedesestraat 234, Hengelo 7700

Südafrika
Sulzer Bros. (South Africa) Ltd.
P.O. Box 930, Johannesburg 2000

Mexiko
Sulzer Hermanos S. A.
Apartado postal M-7183, México 1, D.F.

Vertretungen in den meisten Ländern der Welt.

Sulzer-Konzerngruppe Pumpen weltweit

A 2

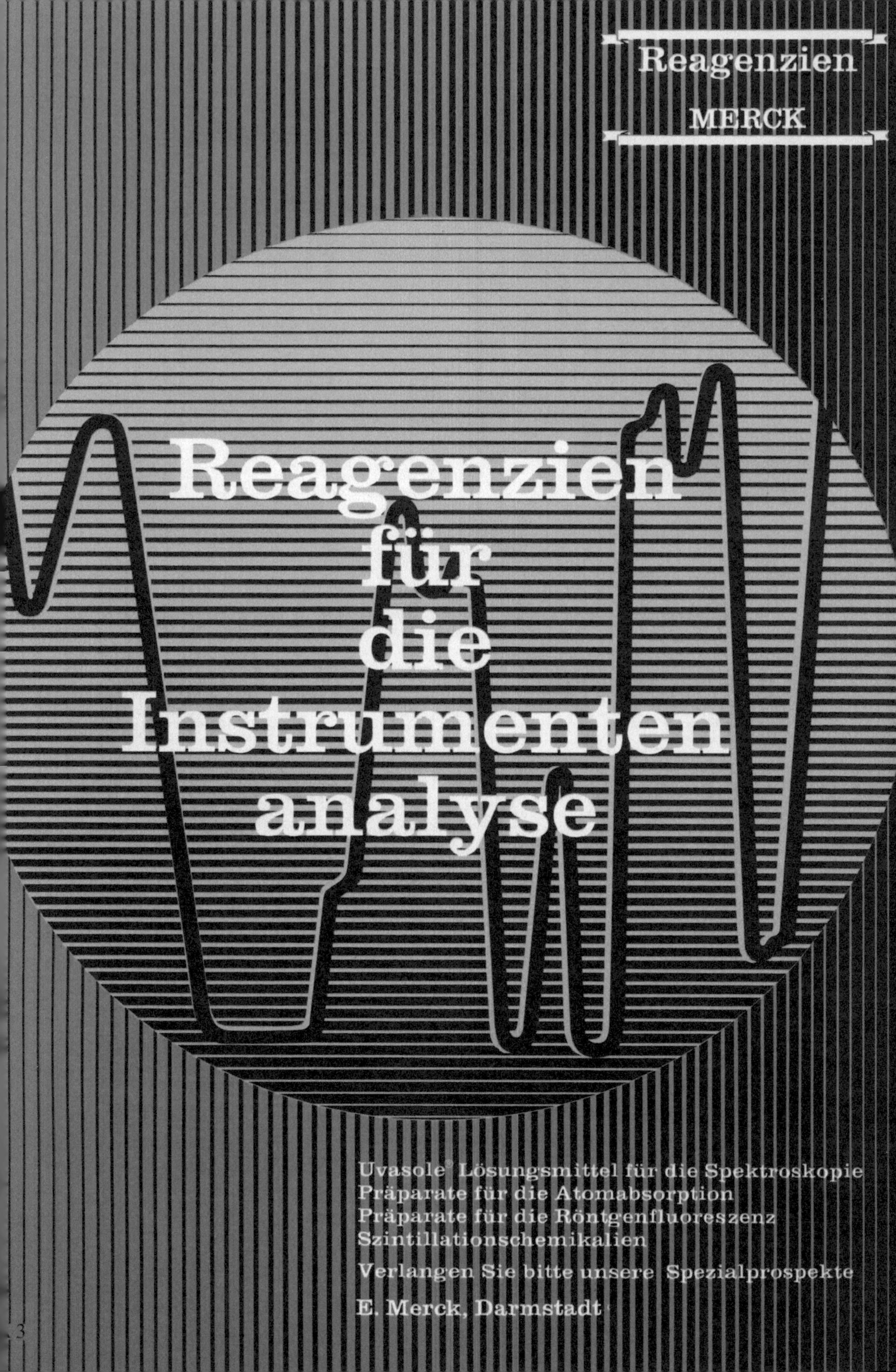

Reagenzien
MERCK

Reagenzien
für
die
Instrumenten
analyse

Uvasole® Lösungsmittel für die Spektroskopie
Präparate für die Atomabsorption
Präparate für die Röntgenfluoreszenz
Szintillationschemikalien

Verlangen Sie bitte unsere Spezialprospekte

E. Merck, Darmstadt

WIEGAND

Apparate und Anlagen der thermischen Verfahrenstechnik und Vakuumtechnik

Abluftreinigen • Anwärmen • Begasen
Belüften • Dampfkühlen • Desodorieren
Destillieren • Eindampfen • Entgasen
Erhitzen • Fördern • Kondensieren
Kristallisieren • Kühlen • Mischen
Rektifizieren • Sterilisieren • Strippen
Vakuumerzeugen • Vakuumanwenden
Verdichten • Wärmerückgewinnen

Wiegand Karlsruhe GmbH · D-7505 Ettlingen
Einsteinstraße 9-15 · Telefon (07243) 751 · Telex 0782805

Wiegand (Schweiz) AG · CH-5723 Teufenthal · Tannenheim 106
Telefon (0041) 64–463656 · Telex 68144

A 4

Warum sollte eine Waage,
die viel auf sich nehmen kann,
weniger präzise sein?

Der *Mettler DeltaRange* sprengt nun die Grenze, die dem Verhältnis Belastbarkeit/
Genauigkeit bei den herkömmlichen Waagen auferlegt ist. Die neuen elektronischen
PC-Präzisionswaagen von Mettler sind mit dem *Mettler DeltaRange* ausgerüstet.
Wer also zum Beispiel die PC4400 antippt, kann im Grobbereich beliebig oft einen
zehnmal genaueren Feinbereich von 400 g abrufen. Wann und wo immer eine
Ablesbarkeit von 0,01 g erwünscht ist. Dies bei einer Belastbarkeit der Waage von
sage und schreibe 4000 g!
In der Praxis bedeutet dies nicht weniger, als dass ohne Umschweife immer und
immer wieder Feineinwägungen in ein schweres Gefäss vorgenommen werden
können. Oder dass einmal auf ein leichtes Papier, das nächstemal in ein schweres
Gefäss auf zwei Stellen genau eingewogen werden kann.
Was mit einer PC-Waage des weitern mit höchster
Präzision erledigt werden kann, erfahren Sie
aus dem Prospekt, den wir Ihnen gerne zustellen.

Zuverlässig und präzis

Elektronische Waagen und Wägesysteme · Thermoanalytische Geräte · Automatische Titrationssysteme · Laborautomation

Mettler Instrumente AG, CH-8606 Greifensee, Schweiz, Telex 54592 · Mettler-Waagen GmbH, D-6300 Giessen 2, Postfach 2840
Mettler Instrumenten B.V., Postbus 68, Arnhem, Holland · Mettler Instrument Corporation, N.J. 08520, USA · Sofranie S.A., France

ALLGAIER

Siebmaschinen für die chemische Industrie.

Taumelsiebmaschine

Lieferprogramm:

Taumelsiebmaschinen
Plansiebmaschinen
Vibrationssiebmaschinen
Wirbelzylindersiebmaschinen
Magnetscheider, Schwerkrafttrenner
Zubehör

Haben Sie Siebprobleme? Rufen Sie an oder schreiben Sie uns, wir sind jederzeit für Sie da.
In unserem Versuchszentrum führen wir unverbindlich Siebversuche mit Ihrem Material durch.

ALLGAIER-Werke GmbH · Sieb- und Aufbereitungstechnik · D-7336 Uhingen
Postfach 40 · Ulmer Str. 45, 75–89 · Tel. (07161) 301-1 · Telex 07 27 777 allg d

A 6

UP TO DATE

Halten Sie Ihr technisches
Schrifftum über MAZZONI
stets auf dem
neuesten Stand!

vom ROHSTOFF
zum FERTIGPRODUKT

SEIFE

WASCHMITTEL

MAZZONI

Jede Woche wird irgendwo
auf der Welt eine neue
MAZZONI-Anlage installiert.

G.MAZZONI S.p.A.
Postfach 421 • 21052 Busto Arsizio, Italien

Bitte senden Sie mir/uns die Broschüre
"Vom Rohstoff zum Fertigprodukt".

Name

Firma

Adresse

G.MAZZONI S.p.A.
Postfach 421 • 21052 Busto Arsizio, Italien

Analyse der Metalle

Herausgeber:
Chemikerausschuß der Gesellschaft Deutscher Metallhütten- und Bergleute e.V.

1. BAND
Schiedsanalysen

3., neubearbeitete Auflage 1966
23 Abbildungen. XII, 507 Seiten
Gebunden DM 112,–   ISBN 3-540-03458-7

Inhaltsübersicht:
Aluminium. Antimon. Arsen. Beryllium. Blei. Bor. Cadmium. Chrom. Edelmetalle. Gallium. Germanium. Indium. Kobalt. Kohlenstoff. Kupfer. Lithium. Magnesium. Mangan. Molybdän. Nickel. Phosphor. Quecksilber. Selen. Silicium. Tantal/Niob. Tellur. Thallium. Titan. Uran. Vanadium. Wismut. Wolfram. Zink. Zinn. Zirkonium.– Namenverzeichnis.– Sachverzeichnis.

2. BAND
Betriebsanalysen

2., neubearbeitete Auflage 1961
227 Abbildungen. XX, 1568 Seiten
Gebunden DM 280,–   ISBN 3-540-02630-4

Inhaltsübersicht: Erster Teil:
Atomgewichte. Aluminium. Antimon. Arsen. Barium. Beryllium. Blei. Bor. Cadmium. Calcium. Caesium. Ceritmetall und Cerium. Chrom. Gallium. Germanium. Indium. Kalium. Kobalt. Kupfer. Lithium. Magnesium. Mangan. Molybdän. Natrium. Nickel. Niob und Tantal. Platinmetalle. Quecksilber. Rhenium. Rubidium. Schwefel.

Zweiter Teil:
Selen. Silber und Gold. Silicium. Strontium. Tellur. Thallium. Thorium. Titan. Uran. Vanadin. Wismut. Wolfram. Zink. Zinn. Zirkonium. Metallische und nichtmetallische Überzüge. Der Sauerstoffgehalt von Metallen. Feuerfeste Baustoffe. Feste Brennstoffe. Untersuchungsverfahren für Heizöle. Industrielle Gase. Wasseruntersuchungen im Kesselbetrieb. Beizereiabwässer. Photometrie. Polarographie. Potentiometrie. Konduktometrie. Hochfrequenztitration. Spektrochemische Analyse. Lösungen. Pufferlösungen. Genormte Metalle und Legierungen.– Namenverzeichnis.– Sachverzeichnis.

3. BAND
Probenahme

2., neubearbeitete Auflage 1975
242 Abbildungen. XII, 535 Seiten
Gemeinsam herausgegeben mit dem Verlag Stahleisen mbH, Düsseldorf
Gebunden DM 188,–   ISBN 3-540-06759-0

Inhaltsübersicht:
Allgemeiner Teil: Hilfsmittel für die Probenahme. Verfahren zur Probenahme von Erzen (Konzentraten) und ähnlichen Rohstoffen. Verfahren zur Probenahme von Metallen, ihren Legierungen und Verbindungen. Weiterbehandlung der Rohprobe. Probenahme für die Spektralanalyse. Anwendung der technischen Statistik auf die Probenahme.– Spezieller Teil: Probenahme bei speziellen Metallen und anderen Elementen. Probenahme von Hilfs- und sonstigen Stoffen.

Analyse der Metalle
1. ERGÄNZUNGSBAND ZU DEN BÄNDEN SCHIEDSANALYSEN, BETRIEBSANALYSEN

Herausgeber: Chemikerausschuß der Gesellschaft Deutscher Metallhütten- und Bergleute e.V., Clausthal-Zellerfeld
Redaktion: K. Wandelburg

1979. 5 Abbildungen. Etwa 240 Seiten
ISBN 3-540-09398-2
In Vorbereitung

Preisänderungen vorbehalten

Springer-Verlag
Berlin
Heidelberg
New York

Überall im Kreislauf der Technik.

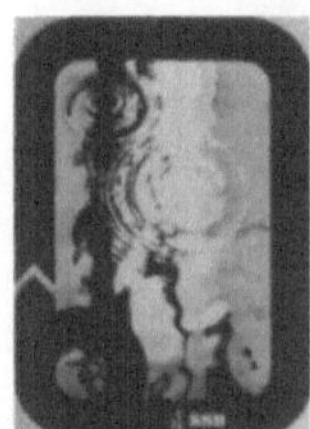
Wasserversorgung

Abwassertechnik

Umweltschutztechnik

Kraftwerkstechnik

Getränkeindustrie

Haus-u. Industrietechnik

Bergbau

Schiffstechnik

Offshoretechnik

Die Broschüre »Pumpen für die Verfahrenstechnik« dokumentiert das umfassende KSB Pumpenprogramm für aggressive, korrosive, abrasive oder viskose Flüssigkeiten, giftige oder als Gasgemisch explosive Medien. Temperaturen von −160 bis +450°C, Drücke bis 180 bar, Förderleistungen bis 8400 l/s und Förderhöhen bis 2000 m werden je nach Einsatz und Verfahren beherrscht.

Nach dem Baukastensystem entwickelt, lassen sich KSB Pumpen den Betriebsverhältnissen gut anpassen. Eine Palette erprobter, zum Teil speziell entwickelter Pumpenwerkstoffe steht zur Wahl.

Das abgebildete Informationsmaterial schicken wir Ihnen gerne zu.

Klein, Schanzlin & Becker
Aktiengesellschaft
D-6710 Frankenthal (Pfalz)

KSB pumpen

KSB Pumpen-Experten
sind überall in Rufweite:

8-0420-1

1000 Berlin (0 30) 8 81 20 61
2000 Hamburg (0 40) 22 84-1
2300 Kiel-Gaarden (04 31) 7 66 61
2800 Bremen (04 21) 50 02 11/12
3000 Hannover (05 11) 42 60 02-8
3500 Kassel (05 61) 1 44 22, 7 27 70
4000 Düsseldorf (02 11) 36 69-1

4300 Essen (02 01) 22 11 56
4600 Dortmund (02 31) 12 40 61/2/3
4800 Bielefeld (05 21) 6 60 16/17
5000 Köln (02 21) 12 20 91
5400 Koblenz (02 61) 1 24 68
5900 Siegen (02 71) 5 30 68/69
6000 Frankfurt (06 11) 40 05-1

6600 Saarbrücken (06 81) 40 43 21
6800 Mannheim (06 21) 44 30 75
7000 Stuttgart (07 11) 81 46 71
7700 Singen (0 77 31) 6 10 54/55
8000 München (0 89) 71 05-1
8500 Nürnberg (09 11) 3 73 45/46

A 9

J. SCHORMÜLLER,

Lehrbuch der Lebensmittelchemie

2., vollständig neubearbeitete Auflage 1974
129 Abbildungen, 165 Tabellen.
XV, 831 Seiten
Gebunden DM 98,–
ISBN 3-540-06601-2
Preisänderungen vorbehalten

Inhaltsübersicht:
Die Entwicklung der Lebensmittelwissen-
schaft. Die Baustoffe unserer Lebensmittel.
Die Grundzüge der Ernährungslehre.– Verarbeitung und Zubereitung der Lebensmittel.–
Die Haltbarmachung der Lebensmittel. Le-
bensmittelfarben.– Tierische Lebensmittel.
Speisefette und Speiseöle. Pflanzliche Lebensmittel. Trink- und Brauchwasser. Luft. Bedarfsgegenstände.

Aus den Besprechungen:
"... Der Verfasser hat es verstanden, neben
den rein chemischen Fragen der Lebensmittel deren Technloogie anschaulich darzustel-
len. Aber auch ernährungsphysiologische
Fakten sowie lebensmittelrechtliche Belange
sind nicht zu kurz gekommen.
Instruktive Abbildungen und Schemata, sowie reichliches Tabellenmaterial ergänzen das
Geschriebene auf vortreffliche Weise. ... Ein
umfangreiches Sachverzeichnis erschliesst
dem Leser den Stoff des Buches aufs Beste.
Dem Buch ist in der gesamten Lebensmittelindustrie, den amtlichen Laboratorien sowie
bei den Studierenden des Fachgebietes Le-
bensmittelchemie und -technologie eine weite Verbreitung zu wünschen. Hierzu kann der
günstige Preis wesentlich beitragen."
Chemische Rundschau

Springer-Verlag
Berlin
Heidelberg
New York

Kunstharze der Ciba-Geigy

Araldit
Verafil   **Aracast**
Ureol   **Aerodux**
Redux   **Cibamin**
Neonit   **Crastin**
Melopas   **Melocol**
Melolam

Markennamen vonWeltruf

Moderne
Lederle-Pumpen
lösen alle Förderprobleme

- **Chemie**
- **Pharmazie:**
  Salben und Pasten
- **Kosmetik:**
  Cremes und Pasten
  z. B. Zahnpasten
- **Nahrungsmittel-
  industrie:** Salate,
  wie Pilz- und Wurst-
  salate, Mayonnaisen,
  Milchprodukte usw.

- Wir liefern Edelstahlpumpen
  (antiseptische Ausführung)
  mit hoher Ansaugkraft!

Lederle GmbH

Pumpen- u. Maschinenfabrik
Guntramstraße 11
7800 Freiburg im Breisgau
Telefon (07 61) 27 20 44 — 47
Telex 772 761 + 771 881

Industriell
hochreine
organische
Produkte

Kristallisation

– direkt aus dem Reaktionsgemisch
– aus der Schmelze
– mehrstufiges Verfahren
– kompl. geschlossenes System

- **Pharmazeutische Wirksubstanzen**
- **Caprolactam**
- **Isocynate**
- **Monochloressigsäure**
- **Benzoesäure**
- **Fettsäuren/Palmöl**
- **Naphthalin**
- **Mono-, Di-, Trinitrotoluol**
- **Dichlorbenzol**
- **Nitrierte und chlorierte Aromaten**
- **. . . und weitere Produkte**

Metallwerk AG Buchs

CH-9470 Buchs / SG   Telefon 085 / 6 01 61
Schweiz   Telex 74264

Die Chemieaktivitäten der VEBA sind jetzt bei hüls
zusammengefaßt. 18500 Mitarbeiter stellen eine Vielzahl von Produkten in sechs Werken her: in Marl,
Bottrop, Brunsbüttel, Embsen, Herne und Langelsheim.
Hinzu kommen zahlreiche Beteiligungsgesellschaften
im In- und Ausland. Mit hüls-Erzeugnissen wird die
verarbeitende Industrie ebenso wie der Endverbraucher
beliefert.
hüls zählt zu den führenden Chemiewerken in Europa.
Wesentliche Bausteine für seine erfolgreiche Entwicklung sind: ein gesicherter Rohstoffverbund, eine
marktorientierte Forschung und Entwicklung, über-
zeugende Ergebnisse großchemischer Verfahrenstechnik, eine leistungsstarke Produktion und ein
weltweites Vertriebsnetz. Gegenwärtig ist hüls in fast
120 Ländern vertreten.

hüls
Auf breiter Basis

Grundstoffe, Anorganika
Methylenchloride, Perchlorethylen, DRIVERTAN®
(1.1.1-Trichlorethan), Trichlorethylen, Natronlauge, DRIVERON® (Methyltert.-butylether),
tert.-Butanol, Isobutylen, n-Butene, Säuren,
Salze, Technische Gase

Waschmittelrohstoffe, Organika
MARLON® (Alkylbenzolsulfonat), Vorprodukte für
Textilhilfsmittel, Emulgatoren, Ethylen- und Propy-
lenoxid und deren Derivate, Styrol, Vinylchlorid,
Organische Zwischenprodukte, Wärmeträger,
Phthalatweichmacher, Weichmacheralkohole,
Butandiol-1.4, Lacklösemittel, *Aromaten, *Dicarbon-
säuren und *Säureanhydride, *Säurederivate,
*Aldehyde, *Ketone, *Amine, *Alkohole, *Ether,
*Ester, *Diisocyanate, *Peroxide, *Spezialhärter für
Epoxidharze, *Papierhilfsmittel, *Kohlenwasserstoff-
harze, *Acetonchemie-Derivate

Kunststoffe und Kunststoffhilfsprodukte
VESTOLIT® (Polyvinylchlorid), VESTYRON®
(Standard-Polystyrol und schlagfestes Polystyrol),
VESTYPOR (Expandierbares Polystyrol),
VESTOLEN® A (Hochdichtes Polyethylen),
VESTOLEN® P (Polypropylen), VESTOPREN® TP
(Thermoplastischer Kautschuk), *Amorphe
Polyolefine, VESTOPAL® (ungesättigte
Polyesterharze), VESTAMID® (Polyamid 12),
VESTODUR® B (Polybutylenterephthalat),
Weichmacher, *Hartparaffine, *Hartwachse

Lackrohstoffe, Latices, Synthesekautschuk
PUR-Rohstoffe, Epoxidharzhärter,
LITEX® (Styrol-Ester und/oder Butadien-
Copolymerisate), Lackbindemittel,
BUNATEX® (Butadien-Styrol-Copolymerisate),
LIPOLAN® (Styrol-Butadien-Copolymerisate),
DURANIT® (Styrol-Butadien-Verstärkerharze),
**BUNA® hüls (Styrol-Butadien-Kautschuk),
**BUNA® AP (Ethylen-Propylen-Kautschuk)
**Polyöl hüls (flüssiges Polybutadien)

**Produkte der BUNAWERKE HÜLS GMBH

Stickstoff- und Agrarchemie
*RUSTICA® Düngemittel (Einzeldünger, Zweinähr-
stoffdünger, Volldünger, Spezialflüssigdünger)
*RUSTICA® Pflanzenschutzmittel
*RUSTICA® Futtermittelzusätze
*Stickstofferzeugnisse für Chemie und Technik
(Ammoniak, Ammonnitrat, Harnstoff, Salpeter-
säure, Schwefel)

(Verkauf durch RUHR-STICKSTOFF AG, Bochum)

0/6194

* jetzt hüls-Produkte durch die Zusammenfassung der Chemieaktivitäten der VEBA bei hüls

hüls

CHEMISCHE WERKE HÜLS AG
D-4370 Marl 1

A 13

E. Fitzer, W. Fritz

Technische Chemie

Eine Einführung in die Chemische Reaktionstechnik

Hochschultext
1975. 150 Abbildungen, 36 Tabellen, 31 Rechenbeispiele.
XIII, 552 Seiten
DM 44,–
ISBN 3-540-06787-6

Inhaltsübersicht:
Grundlagen der "Technischen Chemie". Die Aufgaben der Chemischen Reaktionstechnik. Wirtschaftlich optimale Prozeßführung. Physikalische und physikalisch-chemische Grundlagen der Chemischen Reaktionstechnik. Allgemeine Stoff- und Wärmebilanzen für einphasige Reaktionssysteme. Der Satzreaktor mit vollständiger (idealer) Durchmischung der Reaktionsmasse. Kontinuierliche Reaktionsführung ohne Rückvermischung der Reaktionsmasse (Ideales Strömungsrohr). Kontinuierliche Reaktionsführung mit vollständiger Rückvermischung der Reaktionsmasse im Reaktor (Idealkessel und Kasade). Vergleichende Be- ü trachtung von idealem Strömungsrohr, Idealkessel und Kasade von Idealkesseln. Der halbkontinuierlich betriebene ideal durchmischte Rührkessel (Teilfließbetrieb). Verweilzeitverteilung und Vermischung in kontinuierlich betriebenen Reaktoren. Chemische Reaktionen in mehrphasigen Systemen. Heterogene Reaktionen an der Grenzfläche zwischen einer fluiden und einer festen Phase. Heterogen katalysierte Reaktionen. Nicht-katalysierte heterogene Reaktionen zwischen fluiden Stoffen und Feststoffen. Nicht-katalysierte heterogene Reaktionen zwischen fluiden Stoffen und Feststoffen. Reaktionstechnik der Polyreaktionen.

Aus den Besprechungen:
"Mit dem Erscheinen dieses Buches schließt sich eine seit mehreren Jahren von dem Chemiestudierenden und Hochschullehrern empfundene Lücke in der deutschsprachigen Literatur. ...
Das didaktisch ausgezeichnete, verständlich und klar geschriebene Buch mit vielen Abbildungen und zahlreichen aus der Praxis gewählten Rechenbeispielen mit Lösungen ist nicht nur den Chemiestudenten als Lehrbuch zu empfehlen. Zum angesprochenen Leserkreis gehören auch viele der in der Industrie tätigen Chemiker und Wirtschaftler."
Angewandte Chemie

W. Bartknecht

Explosionen

Ablauf und Schutzmaßnahmen

Mit einem Vorwort von H. Brauer
1978. 259 Abbildungen, davon 17 farbig, 34 Tabellen.
VIII, 264 Seiten
DM 148,–
ISBN 3-540-08675-7

Inhaltsübersicht:
Explosionsablauf: Explosionen in geschlossenen Behältern. Explosionen – Detonationen in Rohrstrecken.– Schutzmaßnahmen gegen das Entstehen von Explosionen und gegen Explosionsauswirkungen: Sicherheitsmaßnahmen gegen das Entstehen von Explosionen. Sicherheitsmaßnahmen gegen die Auswirkungen von Explosionen in Behältern und Räumen. Sicherheitsmaßnahmen gegen die Auswirkungen von Explosionen in Rohrleitungen.– Anwendung von Schutzmaßnahmen an Apparaten und Apparaturen: Schutzmaßnahmen an Apparaten. Schutzmaßnahmen an Apparaturen.

Aus den Besprechungen:
"... Der Verfasser, der sich die Erforschung von Explosionen und ihre Verhinderung zur Lebensaufgabe gemacht hat, versteht es ausgezeichnet, auch den Nicht-Spezialisten aufzuzeigen, welche großen Fortschritte die letzten Jahre für die Beherrschung dieses Phänomens gebracht haben. ...
Zusammenfassend: Ein äußerst nützliches Buch von einem Praktiker für Praktiker geschrieben, das nicht nur ein wertvolles Instrument für den Sicherheitsspezialisten darstellt, sondern das auch allen Betriebsleitern und Verfahrenstechnikern bekannt sein sollte, die in ihrem Bereich mit dem Auftreten explosiver Gemische rechnen müssen."
Farben und Lacke

Preisänderungen vorbehalten

Springer-Verlag
Berlin Heidelberg New York

A 14

Dosieren Fördern Verdichten

Doppelmembranpumpen,
Kolbenpumpen,
Kolbenmembranpumpen,
Gaspumpen,
Metallmembranpumpen,
Metallmembran-
Verdichter,
Kleindosieranlagen,
Säurearmaturen,
Automatische Dosier-
und Regelanlagen.

Bitte fordern Sie Unterlagen.

Doppelmembranpumpe Typ R 411
0 – 120 Liter/Stunde

SEYBERT & RAHIER

MASCHINEN + APPARATEBAU

D-3524 Immenhausen
Telefon 0 56 73/79 41
Telex 9 94 829 sera d

SPRAY DRYERS

SÉCHEURS ATOMISEURS

ZERSTÄUBUNGSTROCKNER

für Lösungen, Suspensionen und Pasten

MIT NUBILOSA-ZWEISTOFF- ODER FLÜSSIGKEITSDRUCKDÜSEN

NUBILOSA

MOLEKULARZERSTÄUBUNG

D-7750 KONSTANZ (WESTDEUTSCHLAND)
Reichenaustraße 81

CableTorq*

der neue Eindicker
ohne Überlast-Probleme

Deutsches Bundespatent

Eine neue Idee wurde von Dorr-Oliver realisiert: Die an einem Spezialgelenk befestigten Krählarme des CableTorq schwenken bei auftretender Überlast nach oben und hinten aus. Dennoch wird die Schlammförderung durch die Krählschaufeln in jeder Armstellung unvermindert fortgesetzt. Bei diesen neuen Eindickern und Klärern gibt es daher keine Überlast-Probleme und keine Unterbrechung des Eindickungs-Prozesses. Eine separate Hebevorrichtung ist nicht mehr erforderlich. Konstruktionsprinzip: Der oberhalb des Schlammspiegels sich langsam drehende Antriebsarm bewegt den Krählarm über Drahtseile – daher der Name CableTorq. Durch die gelenkige Aufhängung kann sich der Krählarm auf das optimale Arbeitsniveau einstellen. Zudem kommt der rohrförmige Krählarm mit einem geringeren Drehmoment aus.

CT/W 3

* Eindicker Typ S (Ø 20–75 m) für die Behandlung von Erzkonzentraten, Rotschlamm, Goldcyanid-Schlämmen und Aufbereitungsbergen.
Klärer Typ S (Ø 12–75 m) für die Behandlung von Abwässern aller Art.

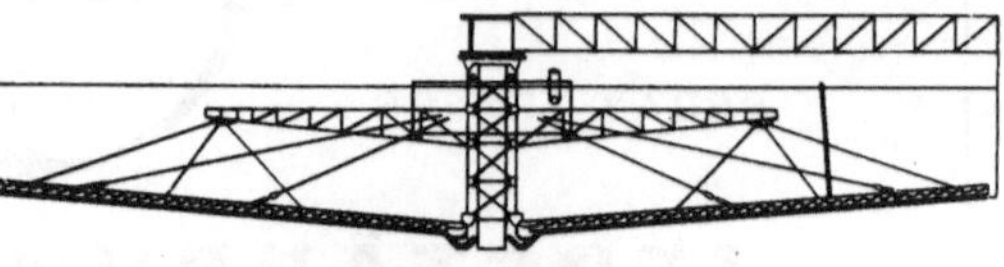

Der Partner, der zu Ihnen paßt.

Fest-/Flüssig-Trennung:
Eindickung, Filtration, Klassierung.

DORR-OLIVER
G. m. b. H.

Friedrich-Bergius-Straße 5 · 62 Wiesbaden 12
Telefon (06121) 2041

A 16